Entwurf von eingebetteten Mixed-Signal-Systemen

Edward H. Currie

Entwurf von eingebetteten Mixed-Signal-Systemen

Ein praktischer Leitfaden
für den Cypress PSoC

Band 1

Edward H. Currie
Hofstra University
Hempstead, NY, USA

ISBN 978-3-031-51487-6   ISBN 978-3-031-51488-3 (eBook)
https://doi.org/10.1007/978-3-031-51488-3

Die Deutsche Nationalbibliothek verzeichnet diese Publikation in der Deutschen Nationalbibliografie; detaillierte bibliografische Daten sind im Internet über https://portal.dnb.de abrufbar.

Übersetzung der englischen Ausgabe: „Mixed-Signal Embedded Systems Design" von Edward H. Currie, © Springer Nature Switzerland AG 2021. Veröffentlicht durch Springer International Publishing. Alle Rechte vorbehalten.

Dieses Buch ist eine Übersetzung des Originals in Englisch „Mixed-Signal Embedded Systems Design" von Edward H. Currie, publiziert durch Springer Nature Switzerland AG im Jahr 2021. Die Übersetzung erfolgte mit Hilfe von künstlicher Intelligenz (maschinelle Übersetzung). Eine anschließende Überarbeitung im Satzbetrieb erfolgte vor allem in inhaltlicher Hinsicht, so dass sich das Buch stilistisch anders lesen wird als eine herkömmliche Übersetzung. Springer Nature arbeitet kontinuierlich an der Weiterentwicklung von Werkzeugen für die Produktion von Büchern und an den damit verbundenen Technologien zur Unterstützung der Autoren.

© Der/die Herausgeber bzw. der/die Autor(en), exklusiv lizenziert an Springer Nature Switzerland AG 2024

Das Werk einschließlich aller seiner Teile ist urheberrechtlich geschützt. Jede Verwertung, die nicht ausdrücklich vom Urheberrechtsgesetz zugelassen ist, bedarf der vorherigen Zustimmung des Verlags. Das gilt insbesondere für Vervielfältigungen, Bearbeitungen, Übersetzungen, Mikroverfilmungen und die Einspeicherung und Verarbeitung in elektronischen Systemen.
Die Wiedergabe von allgemein beschreibenden Bezeichnungen, Marken, Unternehmensnamen etc. in diesem Werk bedeutet nicht, dass diese frei durch jede Person benutzt werden dürfen. Die Berechtigung zur Benutzung unterliegt, auch ohne gesonderten Hinweis hierzu, den Regeln des Markenrechts. Die Rechte des/der jeweiligen Zeicheninhaber*in sind zu beachten.
Der Verlag, die Autor*innen und die Herausgeber*innen gehen davon aus, dass die Angaben und Informationen in diesem Werk zum Zeitpunkt der Veröffentlichung vollständig und korrekt sind. Weder der Verlag noch die Autor*innen oder die Herausgeber*innen übernehmen, ausdrücklich oder implizit, Gewähr für den Inhalt des Werkes, etwaige Fehler oder Äußerungen. Der Verlag bleibt im Hinblick auf geografische Zuordnungen und Gebietsbezeichnungen in veröffentlichten Karten und Institutionsadressen neutral.

Planung/Lektorat: Charles Glaser
Springer Vieweg ist ein Imprint der eingetragenen Gesellschaft Springer Nature Switzerland AG und ist ein Teil von Springer Nature.
Die Anschrift der Gesellschaft ist: Gewerbestrasse 11, 6330 Cham, Switzerland

Das Papier dieses Produkts ist recyclebar.

Vorwort

Dieses Lehrbuch soll einen einzigartigen, tiefgehenden Einblick in die programmierbare System-on-Chip (PSoC)-Technologie aus der Perspektive der weltweit fortschrittlichsten PSoC-Technologie, nämlich der PSoC-Produktlinie von Cypress Semiconductor, bieten. Das Buch führt eine Vielzahl von Themen und Informationen ein, die dazu dienen sollen, Ihnen die Nutzung von echten visuellen eingebetteten Designtechniken und der Mixed-Signal-Technologie zu erleichtern. Der Autor hat versucht, ausreichend Hintergrundmaterial und anschauliche Beispiele zu liefern, um es dem erstmaligen PSoC-Benutzer sowie fortgeschrittenen Benutzern zu ermöglichen, schnell „auf den neuesten Stand zu kommen". Eine detaillierte Bibliographie und andere Quellen für nützliches ergänzendes Material werden ebenfalls bereitgestellt.

Leser werden ermutigt, die Website von Cypress unter www.cypress.com zu besuchen und das dort verfügbare Material zu erkunden, z. B. Benutzerforen, Anwendungsnotizen, Designbeispiele, Produktdatenblätter, die neuesten Versionen von Entwicklungstools (die den Benutzern kostenlos zur Verfügung gestellt werden), Datenblätter zu allen Cypress-Produkten, detaillierte Informationen zu den Hochschulallianzprogrammen von Cypress und Lernprogramme. Cypress hat eine enorme Menge an Material zu dem Thema dieses Buchs gesammelt, von dem das meiste für die Leser online zugänglich ist, und der Autor hat sich in keiner Weise zurückgehalten, wichtige Konzepte, Abbildungen, Beispiele und Quellcodes aus dieser Sammlung zu entnehmen.

Der Präsentationsstil, der in diesem Lehrbuch verwendet wird, basiert auf dem Wunsch des Autors, relevante und definitive Einblicke in das zu diskutierende Material zu geben, während er einen Sumpf von Details umschifft, in dem der Leser sonst stecken bleiben könnte. Daher werden mathematische Ableitungen, welche in einigen Fällen als quälendes Detail angesehen werden könnten, bereitgestellt, um die anstehende Aufgabe bestmöglich zu bewältigen. Aber verschiedene Formen von metaphorischem „syntaktischem Zucker" oder einem sinnvollen Faksimile dafür sowie andere Formen von Verzierungen wurden frei und großzügig angewendet, um dem Leser sowohl ein starkes intuitives Verständnis der Thematik als auch eine solide Grundlage zu vermitteln. Allerdings wurde echte mathematische Strenge im Sinne, wie es Puristen und theoretische Mathematiker bevorzugen, weitgehend vermieden.

Soweit möglich hat der Autor umgangssprachliche Ausdrücke wie „RAM-Speicher" (was wörtlich „Random-Access-Speicher-Speicher" bedeutet) vermieden und anerkannte Abkürzungen und Eselsbrücken verwendet, hoffentlich ohne dabei an Klarheit zu verlieren und sich in Details zu verzetteln, die für die Vollständigkeit vielleicht notwendig sind, aber oft von geringer praktischer Anwendbarkeit oder Wert sind.

Der Autor hat sich bei der Vorbereitung dieses Lehrbuchs bemüht, die Richtigkeit der Informationen zu gewährleisten. Die hierin enthaltenen Informationen werden jedoch nur zu pädagogischen Zwecken und ohne jede andere Garantie bereitgestellt, sei sie ausdrücklich oder stillschweigend. Der Autor wird nicht haftbar gemacht für Schäden, die, direkt oder indirekt, durch dieses Lehrbuch und/oder seinen Inhalt verursacht wurden oder angeblich verursacht wurden. Die druckfertige Kopie wurde mit den LaTeX-Dateien des Autors erstellt.

Fehler, die in dieser Arbeit gefunden werden, sind das alleinige und ausschließliche Eigentum des Autors, aber ein Großteil des hier gefundenen Inhalts ist entweder direkt oder indirekt das Ergebnis der Leistungen vieler Mitarbeiter von Cypress und natürlich seiner Kunden. Der Autor freut sich über Ihre Vorschläge, Kritiken und/oder Beobachtungen und bittet Sie, solche Mitteilungen an edward.currie@hofstra.edu zu senden.

Der Autor möchte seine tiefe Dankbarkeit gegenüber folgenden Personen, die die Veröffentlichung dieses Lehrbuchs ermöglicht haben, zum Ausdruck bringen: Ata Khan, George Saul, Dennis Sequine, Heather Montag, David Versdahl, Dave Van Ess, Don Parkman und insbesondere Dr. Patrick Kane.

Hempstead, NY, USA   Edward H. Currie

Inhaltsverzeichnis

1	**Einführung in eingebettete Systeme**...........................	1	
	1.1	Der Ursprung des eingebetteten Systems	2
	1.2	Entwicklung der Mikroprozessoren	5
	1.3	Eingebettete Systemanwendungen	34
	1.4	Eingebettete Systemsteuerung.............................	37
		1.4.1 Arten der Steuerung eingebetteter Systeme	37
		1.4.2 Offene Schleife, geschlossene Schleife und Rückkopplung	39
	1.5	Leistungskriterien für eingebettete Systeme	44
		1.5.1 Polling, Interrupts und ISR	48
		1.5.2 Latenz	51
	1.6	Untersysteme von eingebetteten Systemen	52
	1.7	Empfohlene Übungen	58
	Literatur		59
2	**Mikrocontroller-Subsysteme**...................................	61	
	2.1	PSoC 3 und PSoC 5LP: Grundfunktionalität	62
	2.2	Überblick über PSoC 3	63
		2.2.1 Die 8051-CPU (PSoC 3)........................	63
		2.2.2 Der 8051-Befehlssatz	79
		2.2.3 ARM Cortext M3 (PSoC 5LP)	88
		2.2.4 Befehlssatz....................................	89
		2.2.5 Interrupts und Interrupt-Behandlung................	91
		2.2.6 Speicher......................................	101
		2.2.7 Direkter Speicherzugriff (DMA)....................	103
		2.2.8 Speichenarbitrierung	107
		2.2.9 Prioritätsstufen und Latenzüberlegungen	108
		2.2.10 Unterstützte DMA-Transaktionsmodi................	109
		2.2.11 Taktungssystem des PSoC 3	110

		2.2.12	Taktteiler	122
		2.2.13	GPIO	123
	2.3	Energieverwaltung..................................		126
		2.3.1	Interne Regler	127
	2.4	Empfohlene Übungen		132
	Literatur			134
3	**Sensoren und Sensorik**			137
	3.1	Grundlagen der Sensoren		138
	3.2	Arten von Sensoren..................................		140
		3.2.1	Optische Sensoren.............................	141
		3.2.2	Potentiometer................................	142
		3.2.3	Induktive Näherungssensoren	143
		3.2.4	Kapazitive Erfassung...........................	143
		3.2.5	Magnetische Sensoren..........................	144
		3.2.6	Piezoelektrisch................................	146
		3.2.7	HF	146
		3.2.8	Ultraviolett...................................	146
		3.2.9	Infrarot......................................	147
		3.2.10	Ionisierende Sensoren	147
		3.2.11	Andere Arten von Sensoren......................	148
		3.2.12	Thermistoren	150
		3.2.13	Thermoelemente	155
		3.2.14	Verwendung von Brückenschaltungen zur Temperaturmessung............................	156
		3.2.15	Sensoren und Mikrocontrollerschnittstellen	160
	3.3	Empfohlene Übungen		161
	Literatur			163
4	**Verarbeitung und I/O-Protokolle von eingebetteten Systemen**			165
	4.1	Verarbeitung von Eingaben/Ausgaben		165
	4.2	Mikrocontroller-Subsysteme.............................		169
	4.3	Software-Entwicklungsumgebungen.......................		175
	4.4	Kommunikation in eingebetteten Systemen		180
		4.4.1	Das RS232-Protokoll...........................	180
		4.4.2	USB	182
		4.4.3	Inter-integrated-circuit-Bus (I2C)	183
		4.4.4	Serielle Peripherieschnittstelle (SPI)................	183
		4.4.5	Controller Area Network (CAN)	184
		4.4.6	Local Interconnect Network (LIN)	185
	4.5	Programmierbare Logik................................		187
	4.6	Mixed-Signal-Verarbeitung.............................		189
	4.7	PSoC: programmierbares System-on-Chip		190

4.8		Hauptmerkmale der PSoC 3/5LP-Architekturen	193
4.9		Empfohlene Übungen	194
Literatur			196

5 System- und Softwareentwicklung 197
5.1		Realisierung des eingebetteten Systems	197
5.2		Designphasen	200
5.3		Signalfluss und die schematische Ansicht des Systems	201
	5.3.1	Masons Regel	205
	5.3.2	Endliche Zustandsmaschinen	206
	5.3.3	Kopplung und Kohäsion	208
	5.3.4	Signalketten	210
5.4		Schematische Ansicht des Systems	213
5.5		Korrelierte Doppelabtastung (CDS)	216
5.6		Komponenten mit konfigurierbaren Eigenschaften verwenden	223
5.7		Arten von Resets	225
5.8		PSoC 3-Startverfahren	227
	5.8.1	PSoC 3/5LP-Bootloader	232
5.9		Empfohlene Übungen	239
Literatur			241

6 Hardwarebeschreibungssprachen 243
6.1		Hardwarebeschreibungssprachen (HDL)	243
6.2		Designablauf	244
	6.2.1	VHDL	245
	6.2.2	VHDL-Abstraktionsebenen	249
	6.2.3	VHDL-Literale	253
	6.2.4	VHDL-Datentypen	254
	6.2.5	Vordefinierte Datentypen und Subtypen	257
	6.2.6	Operatorüberladung	257
	6.2.7	VHDL-Datenobjekte	258
	6.2.8	VHDL-Operatoren	259
	6.2.9	Bedingte Anweisungen	260
	6.2.10	For, while, loop, end und exit	261
	6.2.11	Objektdeklarationen	262
	6.2.12	ZFSM und VHDL	263
6.3		Verilog	263
	6.3.1	Konstanten	265
	6.3.2	Datentypen	265
	6.3.3	Module	267
	6.3.4	Operatoren	268
	6.3.5	Blockierende versus nicht blockierende Zuweisungen	271
	6.3.6	*Wire*- versus *reg*-Elemente	272

		6.3.7	*Always*- und *initial*-Blöcke	272
		6.3.8	Tri-State-Synthese	273
		6.3.9	Synthese von Zwischenspeichern	274
		6.3.10	Synthese von Registern	274
		6.3.11	Verilog-Module	277
		6.3.12	Verilog-Tasks	279
		6.3.13	Systemtasks	280
	6.4	Verilog-Funktionen		281
	6.5	Warp™		282
	6.6	Verilog/Warp-Komponentenbeispiele		286
	6.7	Vergleich von VHDL, VERILOG und anderen HDL		290
	6.8	Empfohlene Übungen		291
	Literatur			294
7	PSoC Creator			295
	7.1	Integrierte Entwicklungsumgebung von PSoC		296
	7.2	Entwicklungswerkzeuge		296
	7.3	Die PSoC Creator IDE		298
		7.3.1	Workspace Explorer	300
		7.3.2	Komponentenbibliothek des PSoC Creator	300
		7.3.3	Die Fenster *Notice List* und *Build Output* im PSoC Creator	301
		7.3.4	Designübergreifende Ressourcen	304
		7.3.5	PSoC-Debugger	305
		7.3.6	Komponenten erstellen	306
	7.4	Erstellung eines PSoC 3-Designs		306
		7.4.1	Design Rule Checker	312
	7.5	Die Softwaretoolkette		313
	7.6	Öffnen oder Erstellen eines Projekts		314
	7.7	Assembler und PSoC 3		316
	7.8	Schreiben von Assemblercode in PSoC Creator		317
	7.9	Big-endian versus little-endian		320
	7.10	Ablaufinvarianter Code		321
	7.11	Erstellung eines ausführbaren Programms: Verknüpfung, Bibliotheken und Makros		325
	7.12	Ausführen/Korrigieren eines Programms (Debuggerumgebung)		326
	7.13	PSoC 3-Debugging		328
		7.13.1	Haltepunkte	331
		7.13.2	Die JTAG-Schnittstelle	331
	7.14	Programmierung des Zielgeräts		332
	7.15	Intel HEX-Format		333
		7.15.1	Organisation der Daten in der HEX-Datei	335

	7.16	Portierung von PSoC 3-Anwendungen auf PSoC 5LP	338
		7.16.1 CPU-Zugriff.	341
		7.16.2 Keil C 8051 Compiler-Schlüsselwörter (Erweiterungen).	342
		7.16.3 DMA-Zugriff.	352
		7.16.4 Zeitverzögerungen.	354
	7.17	Ablaufinvarianter Code	355
	7.18	Codeoptimierung.	355
		7.18.1 Techniken zur Optimierung von 8051-Code	357
	7.19	Echtzeitbetriebssysteme	365
		7.19.1 Aufgaben, Prozesse, Multithreading und Nebenläufigkeit	366
		7.19.2 Aufgabenplanung und -versand.	368
		7.19.3 PSoC-kompatible Echtzeitbetriebssysteme.	370
	7.20	Zusätzliche Referenzmaterialien.	373
	7.21	Empfohlene Übungen	376
	Literatur	377
8	**Programmierbare Logik**	379
	8.1	Programmierbare Logikgeräte.	380
	8.2	Boundary-Scanning.	382
	8.3	Makrozellen, Logik-Arrays und UDB.	386
	8.4	Der Datenpfad	393
		8.4.1 Eingabe/Ausgabe-FIFO.	396
		8.4.2 Verkettung	396
		8.4.3 Datenpfadeingänge und -ausgänge	396
		8.4.4 Datenpfadarbeitsregister	397
	8.5	Datenpfad-ALU.	398
		8.5.1 Carry-Funktionen	398
		8.5.2 ALU-Maskierungsoperationen	401
		8.5.3 Erkennung von allen Nullen und Einsen	401
		8.5.4 Überlauf.	401
		8.5.5 Schiebeoperationen	402
		8.5.6 Datenpfadverkettung	403
		8.5.7 Datenpfad und CRC/PRS	403
		8.5.8 CRC/PRS-Verkettung	406
		8.5.9 CRC/Polynomspezifikation	407
		8.5.10 Externer CRC/PRS-Modus	407
		8.5.11 Datenpfadausgänge und Multiplexing.	408
		8.5.12 Compares.	409
	8.6	Dynamischer Konfigurations-RAM (DPARAM)	410

	8.7	Status- und Steuermodus	412
		8.7.1 Betrieb des Statusregisters	412
		8.7.2 Statuszwischenspeicherung während des Lesens	413
		8.7.3 Transparentes Statuslesen	413
		8.7.4 Sticky-Status, mit „clear on read"	413
	8.8	Zählermodus	414
		8.8.1 Sync-Modus	414
		8.8.2 Status- und Steuerungstaktung	415
		8.8.3 Hilfssteuerregister	416
	8.9	Boolesche Funktionen	417
		8.9.1 Vereinfachen/Konstruieren von Funktionen	421
		8.9.2 Karnaugh-Diagramme	423
	8.10	Kombinatorische Schaltkreise	428
	8.11	Sequentielle Logik	430
	8.12	Endliche Zustandsmaschinen	437
	8.13	Empfohlene Übungen	443
	Literatur		444
9	**Kommunikationsperipherie**		**445**
	9.1	Kommunikationsprotokolle	445
	9.2	I2C	447
		9.2.1 Anwendungsprogrammierschnittstelle	451
		9.2.2 PSoC 3/5 I^2C-Slave-spezifische Funktionen	453
		9.2.3 PSoC 3/5 I^2C-Master/Multi-Master-Slave	454
		9.2.4 Master- und Multi-Master-Funktionen	457
		9.2.5 Multi-Master-Slave-Modus	460
		9.2.6 Multi-Master-Slave-Modus-Betrieb	460
		9.2.7 Arbitrage bei Adressbytebeschränkungen (*Hardware Address Match* aktiviert)	461
		9.2.8 Beginn der Multi-Master-Slave-Übertragung	461
		9.2.9 Interrupt-Funktionsbetrieb	462
		9.2.10 Manueller Funktionsbetrieb	463
		9.2.11 Wecken und Taktlängenänderung	464
		9.2.12 Slave-Betrieb	464
		9.2.13 Beginn der Multi-Master-Slave-Übertragung	466
	9.3	Universeller asynchroner Rx/Tx (UART)	467
		9.3.1 UART-Anwendungsprogrammierschnittstelle	471
		9.3.2 Interrupts	473
		9.3.3 UART-Konfigurationsregister	475
		9.3.4 Parität	475
		9.3.5 Simplex, Halb- und Vollduplex	476
		9.3.6 RS232-, RS422- und RS485-Protokolle	477

9.4		Serielle Peripherieschnittstelle (SPI).	478
	9.4.1	SPI-Gerätekonfigurationen	478
	9.4.2	SPI Master.	479
	9.4.3	SPI I/O.	481
	9.4.4	Tx-Statusregister	483
	9.4.5	Rx-Statusregister	484
	9.4.6	Tx-Datenregister	485
	9.4.7	Rx-Datenregister	486
	9.4.8	Bedingte Kompilierungsinformationen	486
9.5		SPI Slave	486
	9.5.1	Slave-I/O-Verbindungen	487
9.6		Grundlagen des Universal Serial Bus (USB).	489
	9.6.1	USB-Architektur	492
	9.6.2	USB-Signalwege	493
	9.6.3	USB-Endpunkte.	497
	9.6.4	USB-Transferstruktur	501
	9.6.5	Transferzusammensetzung	501
	9.6.6	Pakettypen	502
	9.6.7	Transaktionstypen	504
	9.6.8	USB-Bezeichner	505
	9.6.9	Konfigurationsbezeichner	507
9.7		Vollgeschwindigkeits-USB (USBFS)	508
	9.7.1	Verwaltung des Endpunktspeichers.	509
	9.7.2	Aktivierung der VBUS-Überwachung.	510
	9.7.3	USB-Funktionsaufrufe	511
9.8		Controller Area Network (CAN).	514
	9.8.1	CAN-Komponente des PSoC Creator	515
	9.8.2	Interrupt-Dienstroutinen	515
	9.8.3	Hardwaresteuerung der Logik bei Interrupt-Ereignissen	516
	9.8.4	Interrupt-Ausgabe-Interaktion mit DMA	516
	9.8.5	Benutzerdefinierte externe Interrupt-Service-Routine.	517
	9.8.6	Interrupt-Ausgabe-Interaktion mit dem Interrupt-Subsystem.	518
9.9		S/PDIF-Sender (*SPDIF_Tx*)	521
	9.9.1	*SPDIF_Tx*-Komponenten-I/O-Verbindungen	522
	9.9.2	*SPDIF_Tx API*.	523
	9.9.3	S/PDIF-Datenstromformat	524
	9.9.4	S/PDIF- und DMA-Transfers	526
	9.9.5	S/PDIF-Kanalcodierung	526
	9.9.6	S/PDIF-Protokollhierarchie.	526
	9.9.7	*S/PDIF*-Fehlerbehandlung.	527

	9.9.8	S/PDIF-Kanalcodierung	529
	9.9.9	SPDIF-Register	529
9.10		Vector CAN (VCAN)	531
	9.10.1	Vector CAN I/O-Verbindungen	532
	9.10.2	Vector CAN-API	533
9.11		Inter-IC Sound Bus (I2S)	535
	9.11.1	Funktionale Beschreibung der I2S-Komponente	535
	9.11.2	Aktivierung von Tx und Rx	536
	9.11.3	I2S-Eingabe/Ausgabe-Verbindungen	537
	9.11.4	I2S-Makros	538
	9.11.5	I2S-APIs	539
	9.11.6	I2S-Fehlerbehandlung	540
9.12		Lokales Verbindungsnetzwerk (LIN)	541
	9.12.1	LIN-Slave	543
	9.12.2	PSoC- und LIN-Bus-Hardwareschnittstelle	544
9.13		LCD (visuelle Kommunikation)	544
	9.13.1	Resistiver Touch	546
	9.13.2	Messmethoden	548
	9.13.3	Anwendungsprogrammierschnittstelle	552
	9.13.4	Kapazitive Touchscreens	553
9.14		Empfohlene Übungen	555
Literatur			556

10 Phasenregelschleifen 559
10.1	Verwendung und Anwendung von PLL	560
10.2	Phasendetektion (siehe Abb. 10.3 und 10.4)	561
10.3	Spannungsgesteuerte Oszillatoren	562
10.4	Modellierung eines spannungsgesteuerten Oszillators	563
10.5	Phase und Frequenz	565
10.6	PLL-Tiefpassfilter	566
	10.6.1 Phase und Jitter	566
	10.6.2 Phasenrauschen	566
10.7	PLL-Schlüsselparameter	567
10.8	Digitale Phasenregelschleifen	568
10.9	PSoC 3- und PSoC 5LP-Phasenregelschleife	569
10.10	Topologie der PSoC 3- und PSoC 5LP-PLL	569
10.11	Empfohlene Übungen	571
Literatur		572

11 Analoge Signalverarbeitung 573
11.1	Entwicklung der Mixed-Signal-Technologie	573
11.2	Analoge Funktionen	574
	11.2.1 Operationsverstärker (OpAmps)	577

11.3		Grundlegende Konzepte linearer Systeme.	580
	11.3.1	Eulersche Gleichung	580
	11.3.2	Impulscharakterisierung eines Systems	581
	11.3.3	Fourier-, Laplace- und Z-Transformationen	582
	11.3.4	Lineare zeitinvariante Systeme (LTI)	584
	11.3.5	Impuls- und Impulsantwortfunktionen	587
	11.3.6	Übertragungs-, Antriebs- und Antwortfunktionen	589
	11.3.7	Gleichtaktspannungen	591
	11.3.8	Gleichtaktunterdrückung	591
	11.3.9	Gesamte harmonische Verzerrung (THD)	592
	11.3.10	Rauschen	593
	11.3.11	Mehrere Rauschquellen	596
	11.3.12	Signal-Rausch-Verhältnis	597
	11.3.13	Impedanzanpassung	598
11.4		OpAmps und Rückkopplung	599
	11.4.1	Der ideale Operationsverstärker	600
	11.4.2	Nicht ideale Operationsverstärker	602
	11.4.3	Umkehrende Verstärker	604
	11.4.4	Miller-Effekt	605
	11.4.5	Nicht invertierender Verstärker	606
	11.4.6	Summenverstärker	607
	11.4.7	Differenzverstärker	607
	11.4.8	Logarithmischer Verstärker	609
	11.4.9	Exponentieller Verstärker	610
	11.4.10	OpAmp-Integrator	610
	11.4.11	Differenzierer	611
	11.4.12	Instrumentenverstärker	611
	11.4.13	Transimpedanzverstärker (TIA)	613
	11.4.14	Gyratoren	613
11.5		Kapazitätsverstärker	616
11.6		Analoge Komparatoren	617
	11.6.1	Schmitt-Trigger	619
	11.6.2	Abtast-/Folge- und Halteschaltungen	620
11.7		Geschaltete Kondensatorblöcke	624
	11.7.1	Geschaltete-Kondensator- und Kontinuierliche-Zeit-Bauteile	626
	11.7.2	Kontinuierliche-Zeit-Einheitsverstärkungsbuffer	633
	11.7.3	Kontinuierliche-Zeit-, programmierbarer Verstärker	633
	11.7.4	Kontinuierliche-Zeit-Transimpedanzverstärker	634
11.8		PSoC 3/5LP-Komparatoren	635
	11.8.1	Leistungseinstellungen	636

11.9	PSoC 3/5LP-Mischer		639
	11.9.1	Grundlegende Mischtheorie	640
	11.9.2	PSoC 3/5LP-Mischer-API	642
	11.9.3	Kontinuierlicher Mischer	643
	11.9.4	Abtastmischer	644
11.10	Filter		647
	11.10.1	Ideale Filter	648
	11.10.2	Bode-Diagramme	649
	11.10.3	Passive Filter	650
	11.10.4	Analoge aktive Filter	653
	11.10.5	Pulsweitenmodulator (PWM)	660
11.11	DC-DC-Wandler		664
11.12	Stromüberwachungskomponenten im PSoC Creator		665
	11.12.1	Spannungsfehlerdetektor (VFD)	666
	11.12.2	Trim und Margin	667
	11.12.3	Trim und Margin von I/O-Verbindungen	669
11.13	Voltage Sequencer		669
	11.13.1	Voltage Sequencer I/O	670
11.14	Power Monitor-Komponente		671
	11.14.1	Messungen der Spannung von Stromrichtern	671
	11.14.2	Messungen des Laststroms von Stromrichtern	672
	11.14.3	Messungen von Hilfsspannungen	673
	11.14.4	Sequentielles Scannen des ADC	673
	11.14.5	I/O-Verbindungen	673
11.15	Fan Controller-Komponente im PSoC Creator		675
	11.15.1	*Fan Controller*-API-Funktionen	680
11.16	Empfohlene Übungen		683
Literatur			687

12 Digitale Signalverarbeitung ... 689

12.1	Digitale Filter		690
12.2	FIR-Filter		692
12.3	IIR-Filter		693
12.4	Digitale Filterblöcke (DFB)		693
12.5	PSoC 3/5LP-Filterassistent		696
	12.5.1	Sinc-Filter	699
12.6	Datenkonvertierung		701
12.7	Analog-digital-Umwandlung		701
12.8	Grundlegende ADC-Konzepte		702
	12.8.1	Delta-Sigma-ADC	703
	12.8.2	PSoC 3/5LP-Delta-Sigma-Wandler	705
	12.8.3	Sukzessiveapproximationsregister-ADC	710

		12.8.4	Analoger MUX	711
		12.8.5	Analoger/digitaler virtueller MUX	713
		12.8.6	PSoC 3/5LP-Delta-Sigma-ADC (ADC_DelSig)........	714
		12.8.7	I/O-Pins	715
		12.8.8	Digital-zu-analog-Konverter (DAC)	718
		12.8.9	PSoC 3/5LP-Spannungs-DAC (VDAC8)	719
		12.8.10	PSoC 3/5LP-Strom-DAC (IDAC8)	720
	12.9	PSoC 3/5LP-Gatter		721
		12.9.1	Gatterdetails.....................................	722
		12.9.2	Tri-State-Buffer (Bufoe 1.10)	726
		12.9.3	D-Flipflop	726
		12.9.4	Digitaler Multiplexer und Demultiplexer	727
		12.9.5	Look-up-Tabellen (LUT)..........................	728
		12.9.6	Logisches High/Low	729
		12.9.7	Register	729
		12.9.8	PSoC 3/5LP-Zähler	730
		12.9.9	Timer	736
		12.9.10	Schieberegister...................................	739
		12.9.11	Pseudozufallssequenzgenerator (PRS)	740
		12.9.12	Präzisionsilluminationssignalmodulation (PrISM)	741
		12.9.13	Quadraturdecoder	742
		12.9.14	Die QuadDec-Anwendungsprogrammierschnittstelle....	744
		12.9.15	Zyklische Redundanzprüfung (CRC)	745
	12.10	Empfohlene Übungen		747
	Literatur			750
13	**Der Pierce-Oszillator**			751
	13.1	Historischer Hintergrund		752
	13.2	Q-Faktor...		753
		13.2.1	Barkhausen-Kriterium	754
	13.3	Externe Quarzoszillatoren		757
	13.4	Automatische Verstärkungsregelung des ECO		761
	13.5	Fehlererkennung beim MHz-ECO............................		762
	13.6	Amplitudenanpassung		763
	13.7	Echtzeituhr...		763
	13.8	Äquivalente Schaltung des Resonators		764
		13.8.1	Genauigkeit der ECO-Frequenz	764
		13.8.2	Anfängliche Frequenztoleranz......................	764
		13.8.3	Frequenztemperaturvariation.......................	765
		13.8.4	Alterung des Resonators	765
		13.8.5	Empfindlichkeit der Lastkapazitätsjustierung	765

13.9		Justierempfindlichkeit des ECO	765
	13.9.1	Negative Widerstandseigenschaften	766
	13.9.2	Serien- und Rückkopplungswiderstände	767
13.10		Ansteuerungspegel.	767
	13.10.1	Reduzierung des Taktgeberstromverbrauchs mit ECOs	769
	13.10.2	Anlaufverhalten des ECO	769
	13.10.3	Anlaufverhalten des 32-kHz-ECO	770
13.11		Verwendung von Taktressourcen in PSoC Creator	770
13.12		Empfohlene Übungen	771
Literatur			773

14 PSoC 3/5LP-Designbeispiele 775
    14.1   Spitzenwerterkennung 775
    14.2   Entprelltechniken 776
    14.3   Abtasten und Schalterentprellung 779
            14.3.1   Entprellen von Schaltern mit Software 780
            14.3.2   Hardwareentprellung 783
    14.4   PSoC 3/5LP-Amplitudenmodulation/-demodulation 784
    14.5   WaveDAC8-Komponente im PSoC Creator 786
    Literatur 792

15 PSoC Creator-Funktionsaufrufe 793
    15.1   Delta-Sigma Analog to Digital Converter 3.30 (ADC_DelSig) 794
            15.1.1   ADC_DelSig-Funktionen 3.30 795
            15.1.2   ADC_DelSig-Funktionsaufrufe 3.30 796
    15.2   Inverting Programmable Gain Amplifier (PGA_Inv) 2.0 799
            15.2.1   PGA_Inv-Funktionen 2.0 800
            15.2.2   PGA_Inv-Funktionsaufrufe 2.0 800
    15.3   Programmable Gain Amplifier (PGA) 2.0 801
            15.3.1   PGA-Funktionen 2.0 802
            15.3.2   PGA-Funktionsaufrufe 2.0 802
    15.4   Trans-Impedance Amplifier (TIA) 2.0 803
            15.4.1   TIA-Funktionen 2.0 804
            15.4.2   TIA-Funktionsaufrufe 2.0 804
    15.5   SC/CT Comparator (SCCT_Comp) 1.0 805
            15.5.1   SC/CT-Comparator (SC/CT_Comp)-Funktionen 1.0 805
            15.5.2   SC/CT-Comparator (SC/CT_Comp)-Funktionsaufrufe 1.0 805
    15.6   Mixer 2.0 806
    15.7   Mixer-Funktionen 2.0 807
    15.8   Mixer-Funktionsaufrufe 2.0 807

15.9	Sample/Track and Hold Component 1.40		808
	15.9.1	Sample/Track-and-Hold-Component-Funktionen 1.40	808
	15.9.2	Sample/Track-and-Hold-Component-Funktionsaufrufe 1.40	809
15.10	Controller Area Network (CAN) 3.0		809
	15.10.1	Controller Area Network (CAN)-Funktionen 3.0	810
	15.10.2	Controller Area Network (CAN)-Funktionsaufrufe 3.0	812
15.11	Vector CAN 1.10		816
	15.11.1	Vector-CAN-Funktionen 1.10	816
	15.11.2	Vector-CAN-Funktionsaufrufe 1.10	816
15.12	Filter 2.30		817
	15.12.1	Filter-Funktionen 2.30	818
	15.12.2	Filter-Funktionsaufrufe 2.30	818
15.13	Digital Filter Block Assembler 1.40		820
	15.13.1	Digital-Filter-Block-Assembler-Funktionen 1.40	820
	15.13.2	Digital-Filter-Block-Assembler-Funktionsaufrufe 1.40	821
15.14	Power Monitor 8, 16 und 32 Rails 1.60		824
	15.14.1	Power-Monitor-Funktionen für 8, 16 und 32 Rails 1.60	825
	15.14.2	Power-Monitor-Funktionsaufrufe für 8, 16 und 32 Rails 1.60	826
15.15	ADC Successive Approximation Register 3.10 (ADC_SAR)		829
	15.15.1	ADC_SAR-Funktionen 3.10	830
	15.15.2	ADC_SAR-Funktionsaufrufe 3.10	830
15.16	Sequencing Successive Approximation ADC 2.10 (ADC_SAR_Seq)		833
	15.16.1	ADC_SAR_Seq-Funktionen 2.10	833
	15.16.2	ADC_SAR_Seq-Funktionsaufrufe 2.10	834
15.17	Operational Amplifier (OpAmp) 1.90		837
	15.17.1	OpAmp-Funktionen 1.90	837
	15.17.2	OpAmp-Funktionsaufrufe 1.90	837
15.18	Analog Hardware Multiplexer (AMUX) 1.50		838
	15.18.1	Funktionen des Analog Hardware Multiplexer (AMUX) 1.50	839
	15.18.2	Funktionsaufrufe des Analog Hardware Multiplexer (AMUX) 1.50	839

15.19	Analog Hardware Multiplexer Sequencer (AMUXSeq) 1.80		840
	15.19.1	Funktionen des Analog Multiplexer Sequencer (AMUXSeq) 1.80	840
	15.19.2	Funktionsaufrufe des Analog Multiplexer Sequencer (AMUXSeq) 1.80.	840
15.20	Analog Virtual Mux 1.0		841
	15.20.1	Funktionen des Analog Virtual Mux 1.0	841
15.21	Comparator (Comp) 2.00		841
	15.21.1	Comparator-Funktionen (Comp) 2.00	842
	15.21.2	Comparator-Funktionsaufrufe (Comp) 2.00	842
15.22	Scanning Comparator 1.10		844
	15.22.1	Funktionen des Scanning Comparator 1.10	844
	15.22.2	Scanning-Comparator-Funktionsaufrufe 1.10	845
15.23	8-Bit Current Digital to Analog Converter (iDAC8) 2.00		847
	15.23.1	iDAC8-Funktionen 2.00	847
	15.23.2	iDAC8-Funktionsaufrufe 2.00	847
15.24	Dithered Voltage Digital/Analog Converter (DVDAC) 2.10		848
	15.24.1	DVDAC-Funktionen 2.10	849
	15.24.2	DVDAC-Funktionsaufrufe 2.10	849
15.25	8-Bit Voltage Digital to Analog Converter (VDAC8) 1.90		850
	15.25.1	VDAC8-Funktionen 1.90	850
	15.25.2	VDAC8-Funktionsaufrufe (VDAC8) 1.90	851
15.26	8-Bit Waveform Generator (WaveDAC8) 2.10		852
	15.26.1	WaveDAC8-Funktionen 2.10	852
	15.26.2	WaveDAC8-Funktionsaufrufe 2.10	853
15.27	Analog Mux Constraint 1.50		855
	15.27.1	Analog-Mux-Constraint-Funktionen 1.50	855
15.28	Net Tie 1.50		855
	15.28.1	Net-Tie-Funktionen 1.50	856
15.29	Analog Net Constraint 1.50		856
	15.29.1	Funktionen des Analog Net Constraint 1.50	856
15.30	Analog Resource Reserve 1.50		856
	15.30.1	Funktionen der Analog Resource Reserve 1.50	856
15.31	Stay Awake 1.50		857
	15.31.1	Funktionen von Stay Awake 1.50	857
15.32	Terminal Reserve 1.50		857
15.33	Funktionen von Terminal Reserve 1.50		857
15.34	Voltage Reference (Vref) 1.70		857
15.35	Capacitive Sensing (CapSense CSD) 3.5		858
	15.35.1	Capacitive-Sensing-Funktionen 3.5	858
	15.35.2	Capacitive-Sensing-Funktionsaufrufe (CapSense CSD) 3.5	859

	15.35.3	Capacitive-Sensing-Scanning-spezifische APIs 3.50	860
	15.35.4	Capacitive-Sensing-API-Funktionaufrufe 3.50	860
	15.35.5	Capacitive-Sensing-high-Level-APIs 3.50	861
	15.35.6	Capacitive-Sensing-Hi-Level-Funktionsaufrufe 3.50	862
15.36	File System Library (emFile) 1.20		865
	15.36.1	File-System-Library-Funktionen 1.20.	865
	15.36.2	File-System-Library-Funktionsaufrufe 1.20	866
15.37	EZI2C Slave 2.00.		866
	15.37.1	EZI2C-Slave-Funktionen 2.00.	867
	15.37.2	EZI2C-Slave-Funktionsaufrufe 2.00.	867
15.38	I2C Master/Multi-Master/Slave 3.5.		869
	15.38.1	I2C-Master/Multi-Master/Slave-Funktionen 3.5.	870
	15.38.2	I2C-Master/Multi-Master/Slave-Funktionsaufrufe 3.5	871
	15.38.3	Slave-Funktionen 3.50.	872
	15.38.4	I2C-Master/Multi-Master/Slave-Funktionsaufrufe 3.50	873
	15.38.5	I2C-Master- und -Multi-Master-Funktionen 3.50	874
	15.38.6	I2C-Slave-Funktionsaufrufe 3.5	874
15.39	Inter-IC Sound Bus (I2S) 2.70.		875
	15.39.1	Inter-IC-Sound-Bus (I2S)-Funktionen 2.70	876
	15.39.2	Inter-IC-Sound-Bus (I2S)-Funktionsaufrufe 2.70	877
	15.39.3	Makro-Callback-Funktionen 2.70	879
15.40	MDIO Interface Advanced 1.20		880
	15.40.1	MDIO-Interface-Funktionen 1.20	880
	15.40.2	MDIO-Interface-Funktionsaufrufe 1.20	881
15.41	SMBus und PMBus Slave 5.20		883
	15.41.1	SMBus- und PMBus-Slave-Funktionen 5.20	884
	15.41.2	SMBus- und PMBus-Slave-Funktionsaufrufe 5.20.	885
15.42	Software Transmit UART 1.50		888
	15.42.1	Software-Transmit-UART-Funktionen 1.50	889
	15.42.2	Software-Transmit-UART-Funktionsaufrufe 1.50.	889
15.43	S/PDIF Transmitter (SPDIF_Tx) 1.20.		890
	15.43.1	S/PDIF-Transmitter-Funktionen 1.20	890
	15.43.2	S/PDIF-Transmitter-Funktionsaufrufe 1.20	891
15.44	Serial Peripheral Interface (SPI) Master 2.50		893
	15.44.1	Serial-Peripheral-Interface (SPI)-Master-Funktionen 2.50.	893
	15.44.2	Serial-Peripheral-Interface (SPI)-Master-Funktionsaufrufe 2.50	894

15.45	Serial Peripheral Interface (SPI) Slave 2.70	896
	15.45.1 Serial-Peripheral-Interface (SPI)-Slave-Funktionen 2.70................................	897
15.46	Serial-Peripheral-Interface (SPI)-Slave-Funktionsaufrufe 2.70	898
15.47	Universal Asynchronous Receiver Transmitter (UART) 2.50.......	900
	15.47.1 UART-Funktionen 2.50............................	901
	15.47.2 UART-Funktionsaufrufe 2.50	902
	15.47.3 UART-Bootloader-Unterstützungsfunktionen 2.50......	904
	15.47.4 UART-Bootloader-Unterstützungsfunktionsaufrufe 2.50	905
15.48	Full Speed USB (USBFS) 3.20.............................	905
	15.48.1 USBFS-Funktionen 3.20...........................	905
	15.48.2 USBFS-Funktionsaufrufe 3.20	907
	15.48.3 USBFS Bootloader Support 3.20	911
	15.48.4 USBFS-Bootloader-Support-Funktionen 3.20	911
	15.48.5 USBFS-Bootloader-Support-Funktionsaufrufe 3.20.....	912
	15.48.6 USB Suspend, Resume und Remote Wakeup 3.20	912
	15.48.7 Link Power Management (LPM) Support.............	914
15.49	Status Register 1.90.....................................	915
	15.49.1 Status-Register-Funktionen 1.90.....................	915
	15.49.2 Status-Register-Funktionsaufrufe 1.90	915
15.50	Counter 3.0	915
	15.50.1 Counter-Funktionen 3.0............................	916
	15.50.2 Counter-Funktionsaufrufe 3.0.......................	916
15.51	Basic Counter 1.0	918
15.52	Basic-Counter-Funktionen 1.0..............................	918
15.53	Cyclic Redundancy Check (CRC) 2.50.......................	918
	15.53.1 CRC-Funktionen 2.50	919
	15.53.2 CRC-Funktionsaufrufe 2.50	920
15.54	Precision Illumination Signal Modulation (PrISM) 2.20	921
	15.54.1 PrISM-Funktionen 2.20...........................	921
	15.54.2 PrISM-Funktionsaufrufe 2.20	922
15.55	Pseudo Random Sequence (PRS) 2.40	923
	15.55.1 PRS-Funktionen 2.40	923
	15.55.2 PRS-Funktionsaufrufe 2.40........................	924
15.56	Pulse Width Modulator (PWM) 3.30.........................	925
	15.56.1 PWM-Funktionen 3.30	926
	15.56.2 PWM-Funktionsaufrufe 3.30.......................	928
15.57	Quadrature Decoder (QuadDec) 3.0	930
	15.57.1 QuadDec-Funktionen 3.0	931
	15.57.2 QuadDec Funktionsaufrufe 3.0.....................	931

15.58	Shift Register (ShiftReg) 2.30		932
	15.58.1	ShiftReg-Funktionen 2.30	933
	15.58.2	ShiftReg-Funktionsaufrufe 2.30	934
15.59	Timer 2.80		935
	15.59.1	Timer-Funktionen 2.80	936
	15.59.2	Timer-Funktionsaufrufe 2.80	937
15.60	AND 1.0		939
	15.60.1	AND-Funktionen 1.0	939
15.61	Tri-State Buffer (Bufoe) 1.10		939
	15.61.1	Tri-State-Buffer (Bufoe)-Funktionen 1.10	939
15.62	D Flip-Flop 1.30		939
	15.62.1	D-Flip-Flop-Funktionen 1.30	940
15.63	D Flip-Flop w/ Enable 1.0		940
15.64	D-Flip-Flop-w/-Enable-Funktionen 1.00		940
15.65	Digital Constant 1.0		940
	15.65.1	Digital-Constant-Funktionen 1.00	940
15.66	Lookup Table (LUT) 1.60		940
	15.66.1	Lookup-Table (LUT)-Funktionen 1.60	941
15.67	Digital Multiplexer und Demultiplexer 1.10		941
	15.67.1	Digital-Multiplexer- und Demultiplexer-Funktionen 1.10	941
15.68	SR Flip-Flop 1.0		941
15.69	SR-Flip-Flop-Funktionen 1.0		941
15.70	Toggle Flip-Flop 1.0		941
	15.70.1	Toggle-Flip-Flop-Funktionen 1.0	942
15.71	Control Register 1.8		942
	15.71.1	Control-Register-Funktionen 1.8	942
	15.71.2	Control-Register-Funktionsaufrufe 1.8	942
15.72	Status Register 1.90		942
	15.72.1	Status-Register-Funktionen 1.90	943
	15.72.2	Status-Register-Funktionsaufrufe 1.90	943
15.73	Debouncer 1.00		943
	15.73.1	Debouncer-Funktionen 1.00	944
15.74	Digital Comparator 1.00		944
	15.74.1	Digital-Comparator-Funktionen 1.00	944
15.75	Down Counter 7-bit (Count7) 1.00		944
	15.75.1	Down-Counter-7-bit (Count7)-Funktionen 1.00	944
	15.75.2	Down-Counter-7-bit (Count7)-Funktionsaufrufe 1.00	945
15.76	Edge Detector 1.00		946
	15.76.1	Edge-Detector-Funktionen 1.00	946
	15.76.2	Digital Vergleicher 1.0	946
	15.76.3	Funktionen des digitalen Vergleichers 1.00	946

15.77	Frequency Divider 1.0		946
	15.77.1	Frequency-Divider-Funktionen 1.00	947
15.78	Glitch Filter 2.00		947
	15.78.1	Glitch-Filter-Funktionen 2.00	947
15.79	Pulse Converter 1.00		947
	15.79.1	Pulse Converter-Funktionen 1.00	947
15.80	Sync 1.00		947
15.81	Sync-Funktionen 1.00		948
15.82	UDB Clock Enable (UDBClkEn) 1.00		948
	15.82.1	UDB-Clock-Enable (UDBClkEn)-Funktionen 1.00	948
15.83	LED Segment and Matrix Driver (LED_Driver) 1.10		948
	15.83.1	Funktionen des LED Segment and Matrix Driver (LED_Driver) 1.10	949
	15.83.2	Funktionsaufrufe des LED Segment and Matrix Driver (LED_Driver) 1.10	951
	15.83.3	Character-LCD-Funktionsaufrufe 2.00	955
15.84	Character LCD 2.00		957
	15.84.1	Character-LCD-Funktionen 2.00	957
15.85	Character LCD with I2C Interface (I2C LCD) 1.20		958
	15.85.1	Funktionen des Character LCD with I2C Interface (I2C LCD) 1.20	958
	15.85.2	Funktionsaufrufe des Character LCD with I2C Interface (I2C LCD) 1.20	959
15.86	Graphic LCD Controller (GraphicLCDCtrl) 1.80		960
	15.86.1	Graphic-LCD-Controller (GraphicLCDCtrl)-Funktionen 1.80	961
	15.86.2	Graphic-LCD-Controller (GraphicLCDCtrl)-Funktionsaufrufe 1.80	962
15.87	Graphic LCD Interface (GraphicLCDIntf) 1.80		963
	15.87.1	Graphic-LCD-Interface (GraphicLCDIntf)-Funktionen 1.80	964
	15.87.2	Graphic-LCD-Interface (GraphicLCDIntf)-Funktionsaufrufe 1.80	965
15.88	Static LCD (LCD_SegStatic) 2.30		968
	15.88.1	LCD_SegStatic-Funktion 2.30	969
	15.88.2	LCD_SegStatic-Funktionsaufrufe 2.30	969
	15.88.3	Optionale Hilfs-APIs (LCD_SegStatic)-Funktionen	971
	15.88.4	Optionale Hilfs-APIs (LCD_SegStatic)-Funktionsaufrufe	971
	15.88.5	Pins-API (LCD_SegStatic)-Funktionen	973
	15.88.6	Pins-API (LCD_SegStatic)-Funktionsaufrufe	973

15.89	Resistive Touch (ResistiveTouch) 2.00		973
	15.89.1	Resistive-Touch-Funktionen 2.00	974
	15.89.2	Resistive-Touch-Funktionsaufrufe 2.00.	974
15.90	Segment LCD (LCD_Seg) 3.40.............................		975
	15.90.1	Segment-LCD (LCD_Seg)-Funktionen 3.40.	976
	15.90.2	Segment-LCD (LCD_Seg)-Funktionsaufrufe 3.40	976
	15.90.3	Segment LCD (LCD_Seg) – Optionale Hilfs-APIs-Funktionen.	978
	15.90.4	LCD_Seg – Optionale Hilfs-APIs-Funktionsaufrufe	979
	15.90.5	LCD_Seg – Pins-Funktionen.	981
	15.90.6	LCD_Seg – Pins-Funktionsaufrufe	981
15.91	Pins 2.00		981
	15.91.1	Pins-Funktionen 2.00.	982
	15.91.2	Pins-Funktionsaufrufe 2.00........................	982
	15.91.3	Pins – Energieverwaltungsfunktionen 2.00...........	983
	15.91.4	Pins – Energieverwaltungsfunktionen 2.00...........	983
15.92	Trim and Margin 3.00		984
	15.92.1	Trim-and-Margin-Funktionen 3.00	984
	15.92.2	Trim-and-Margin-Funktionsaufrufe 3.00	987
15.93	Voltage Fault Detector (VFD) 3.00.........................		987
	15.93.1	Voltage-Fault-Detector (VFD)-Funktionen 3.00........	988
	15.93.2	Voltage-Fault-Detector (VFD)-Funktionsaufrufe 3.00	989
15.94	Voltage Sequencer 3.40..................................		992
	15.94.1	Voltage-Sequencer-Funktionen 3.40.................	992
	15.94.2	Voltage-Sequencer-Funktionsaufrufe 3.40	993
	15.94.3	Voltage Sequencer – Laufzeitkonfiguration-Funktionen 3.40..................................	995
	15.94.4	Voltage Sequencer – Laufzeitkonfiguration-Funktionsaufrufe 3.40	998
15.95	Boost Converter (BoostConv) 5.00		1003
	15.95.1	Boost-Converter (BoostConv)-Funktionen 5.00	1004
	15.95.2	Boost-Converter-(BoostConv)-Funktionsaufrufe 5.00 ...	1005
15.96	Bootloader und Bootloadable 1.60		1006
	15.96.1	Bootloader-Funktionen 1.60	1006
	15.96.2	Bootloader-Funktionsaufrufe 1.60.	1007
	15.96.3	Bootloadable-Funktionsaufrufe 1.60.	1009
15.97	Clock 2.20		1010
	15.97.1	Clock-Funktionen 2.20	1010
	15.97.2	Clock-Funktionsaufrufe 2.20.......................	1012
	15.97.3	UDB Clock Enable (UDBClkEn) 1.00	1014
	15.97.4	UDB-Clock-Enable (UDBClkEn)-Funktionen 1.00	1014

15.98		Die Temperature 2.10	1014
	15.98.1	Funktionen der Die Temperature 2.10................	1014
	15.98.2	Funktionsaufrufe der Die Temperature 2.10	1015
15.99		Direct Memory Access (DMA) 1.70.........................	1015
	15.99.1	Direct-Memory-Access-Funktionen 1.70	1016
	15.99.2	Direct-Memory-Access-Funktionsaufrufe 1.70	1016
15.100		DMA Library APIs (geteilt von allen DMA-Instanzen) 1.70	1016
	15.100.1	DMA-Controller-Funktionen.......................	1016
	15.100.2	Kanalspezifische Funktionen 1.70..................	1017
	15.100.3	Kanalspezifische Funktionsaufrufe 1.70	1017
	15.100.4	Transaction-Description-Funktionen 1.70.............	1018
	15.100.5	Transaction-Description-Funktionsaufrufe 1.70	1019
15.101		EEPROM 3.00...	1019
	15.101.1	EEPROM-Funktionen 3.00	1020
	15.101.2	EEPROM-Funktionsaufrufe 3.00	1020
15.102		Emulated EEPROM 2.20....................................	1021
	15.102.1	Emulated-EEPROM-Funktionen 2.20................	1022
	15.102.2	Emulated-EEPROM-Funktionsaufrufe zu Wrapper-Funktionen 2.20.....................	1022
15.103		External Memory Interface 1.30	1022
	15.103.1	External-Memory-Interface-Funktionen 1.30	1023
	15.103.2	External-Memory-Interface-Funktionsaufrufe 1.30	1024
15.104		Global Signal Reference (GSRef) 2.10........................	1025
	15.104.1	Global-Signal-Reference (GSRef)-Funktionen 2.10.....	1025
15.105		ILO Trim 2.00	1025
	15.105.1	ILO-Funktionen 2.00...........................	1026
	15.105.2	ILO-Funktionsaufrufe 2.00	1026
15.106		Interrupt 1.70..	1028
	15.106.1	Interrupt-Funktionen 1.70	1029
	15.106.2	Interrupt-Funktionsaufrufe 1.70	1029
15.107		Real Time Clock (RTC) 2.00................................	1031
	15.107.1	Real-Time-Clock (RTC)-Funktionen 2.00..............	1031
	15.107.2	Real-Time-Clock (RTC)-Funktionsaufrufe 2.00........	1032
15.108		Sleep Timer 3.20	1035
	15.108.1	Sleep-Timer-Funktionsaufrufe 3.20	1035
	15.108.2	Sleep-Timer-Funktionsaufrufe 3.20	1036
15.109		Fan Controller 4.10	1037
	15.109.1	Fan-Controller-Funktionen 4.10	1038
	15.109.2	Fan-Controller-Funktionsaufrufe 4.10................	1038
15.110		RTD Calculator 1.20	1041
	15.110.1	RTD-Calculator-Funktionen 1.20	1041
	15.110.2	RTD-Calculator-Funktionsaufrufe 1.20..............	1041

15.111	Thermistor Calculator 1.20		1041
	15.111.1	Thermistor-Calculator-Funktionen 1.20	1042
	15.111.2	Thermistor-Calculator-Funktionsaufrufe 1.20	1042
15.112	Thermocouple Calculator 1.20		1042
	15.112.1	Thermocouple-Calculator-Funktionen 1.20	1043
	15.112.2	Thermocouple-Calculator-Funktionsaufrufe 1.20	1043
15.113	TMP05 Temp Sensor Interface 1.10		1044
	15.113.1	TMP05-Temp-Sensor-Interface-Funktionen 1.10	1044
	15.113.2	TMP05-Temp-Sensor-Interface-Funktionsaufrufe 1.10	1045
15.114	LIN Slave 4.00		1046
	15.114.1	LIN-Slave-Funktionen 4.00	1046
	15.114.2	LIN-Slave-Funktionsaufrufe 4.00	1047
Literatur			1048

Weiterlesen 1053

Eine Zusammenfassung der PSoC 3-Spezifikationen 1063

PSoC 5LP-Spezifikationsübersicht 1067

Spezielle Funktionsregister (SFRs) 1071

Mnemonik 1073

Glossar 1075

Abbildungsverzeichnis

Abb. 1.1	Eine typische Architektur eines eingebetteten Systems............	2
Abb. 1.2	Der VERDAN-Computer.................................	3
Abb. 1.3	Der MARDAN-Computer................................	5
Abb. 1.4	Externe Geräte, die für Intels frühe mikroprozessorbasierte (Mikro-)Controller benötigt werden...........................	6
Abb. 1.5	Ein Mikrocontroller integriert alle grundlegenden Funktionen auf einem Chip...	7
Abb. 1.6	Vergleich der von Neumann- und Harvard-Architekturen..........	8
Abb. 1.7	Ein Intel 8749 ultraviolett (UV-)löschbarer Mikrocontroller........	9
Abb. 1.8	Schematische Darstellung eines offenen Schleifensystems.........	40
Abb. 1.9	Eingebetteter System-Motorcontroller.......................	41
Abb. 1.10	Schematische Darstellung eines geschlossenen Systems mit direktem Feedback.....................................	41
Abb. 1.11	Schematische Ansicht eines geschlossenen Systems mit „erfasster" Ausgangsrückmeldung.........................	42
Abb. 1.12	Ein allgemeines SISO-Rückmeldesystem.....................	42
Abb. 1.13	Ein eingebettetes System, das externen Störungen ausgesetzt ist....	43
Abb. 1.14	Blockdiagramm einer typischen Mikrocontroller-DMA-Konfiguration...	46
Abb. 1.15	Ein Beispiel für ein Tri-State-Gerät.........................	47
Abb. 1.16	PSoC 3- und PSoC 5LP-Interrupt-Quellen	49
Abb. 1.17	PSoC 3 und PSoC 5LP unterstützen 32 Interrupt-Stufen..........	50
Abb. 1.18	Intel 8051-Architektur...................................	53
Abb. 1.19	Ein einfaches Beispiel für die Verarbeitung analoger Signale.......	56
Abb. 1.20	Beispiel für Aliasing durch Unterabtastung....................	57
Abb. 2.1	Top-Level-Architektur für PSoC 3..........................	64
Abb. 2.2	Top-Level-Architektur für PSoC 5LP	65
Abb. 2.3	Vereinfachte PSoC 3-Architektur...........................	66
Abb. 2.4	PSoC 3 – Top-Level-Architektur	67
Abb. 2.5	Kommunikationswege innerhalb von PSoC 3	68

Abb. 2.6	Der 8051-Wrapper von PSoC 3	70
Abb. 2.7	Datentransferbefehlssatz	73
Abb. 2.8	Karte der speziellen Funktionsregister	74
Abb. 2.9	8051-interne Datenraumkarte	76
Abb. 2.10	Statusregister (PSW) [0xD0]	78
Abb. 2.11	Blockdiagramm des Interrupt-Controllers	92
Abb. 2.12	PSoC 3-Interrupt-Controller	92
Abb. 2.13	Interrupt-Verarbeitung im IDMUX	94
Abb. 2.14	Interrupt-Signalquellen	95
Abb. 2.15	PICU-Blockdiagramm	99
Abb. 2.16	EMIF-Blockdiagramm	103
Abb. 2.17	Blockdiagramm des PHUB	105
Abb. 2.18	Taktquellenoptionen für PSoC 3/5LP	110
Abb. 2.19	Taktungssystem des PSoC 3	112
Abb. 2.20	Taktverteilungsnetzwerk für PSoC 3 und PSoC 5LP	113
Abb. 2.21	Taktverteilungssystem des PSoC 3	114
Abb. 2.22	ILO-Taktblockdiagramm	116
Abb. 2.23	Interne Konstruktion der PLL	116
Abb. 2.24	4–33-MHz-Quarzoszillator	117
Abb. 2.25	Mastertaktgeber-Mux	120
Abb. 2.26	Der USB-Takt-Multiplexer	121
Abb. 2.27	GPIO-Blockdiagramm	125
Abb. 2.28	Blockdiagramm des Energiebereichs	126
Abb. 2.29	Der Aufwärtswandler	128
Abb. 2.30	Stromflusseigenschaften des Aufwärtswandlers	129
Abb. 2.31	Funktionen des Aufwärtswandlerregisters	131
Abb. 2.32	Blockdiagramm der Spannungsüberwachung	132
Abb. 3.1	Beispiele für Zug, Kompression, Biegung (Biegen) und Torsion	149
Abb. 3.2	Beispiel für Scherkraft	150
Abb. 3.3	Dehnungsmessstreifen auf einer Duraluminium-Zerreißprobe befestigt	150
Abb. 3.4	Nahaufnahme eines Dehnungsmessstreifens	151
Abb. 3.5	Widerstand gegen Temperatur für einen NCP18XH103F03RB-Thermistor	152
Abb. 3.6	Seebeck-Potenziale	156
Abb. 3.7	Die Wheatstone-Brücke	158
Abb. 3.8	Konstantstrommessung	159
Abb. 3.9	Widerstandsteiler	159
Abb. 4.1	Klassifizierung der Speichertypen, die in/mit Mikrocontrollern verwendet werden	171
Abb. 4.2	Ein Beispiel für eine SRAM-Zelle	172

Abb. 4.3	Die Antriebsmodi für jeden Pin sind programmatisch auswählbar	173
Abb. 4.4	Ein Beispiel für eine dynamische Zelle	174
Abb. 4.5	Entwicklung von Werkzeugen und Hardware-Evolution	179
Abb. 4.6	Das RS232-Protokoll (1 Startbit, 8 Datenbits, 1 Stoppbit)	181
Abb. 4.7	Hardwarebeispiel des I^2C-Netzwerks	183
Abb. 4.8	Eine grafische Darstellung der einfachsten Form der SPI-Kommunikation	183
Abb. 4.9	SPI – ein Master, mehrere Slaves	184
Abb. 4.10	CAN-Frameformat	186
Abb. 4.11	LIN-Frameformat	187
Abb. 4.12	Stammbaum der digitalen Logikfamilie	187
Abb. 4.13	Unprogrammiertes PAL	189
Abb. 4.14	Ein Beispiel für ein programmiertes PAL	189
Abb. 4.15	Ein Beispiel für einen auf einem PLD basierenden Multiplexer	190
Abb. 4.16	PSoC 1-/PSoC 2-/PSoC 3-Architekturen	192
Abb. 5.1	Wasserfall-Designmodell	198
Abb. 5.2	Das Spiralmodell	199
Abb. 5.3	Das V-Modell	199
Abb. 5.4	Blockdiagramme und ihre jeweiligen SFG	202
Abb. 5.5	Ein einfaches Beispiel für einen Signalpfad und die zugehörigen linearen Gleichungen	203
Abb. 5.6	Vereinfachung von zwei Blöcken zu einem	204
Abb. 5.7	Erweiterung einzelner Blöcke mit Summierstellen	204
Abb. 5.8	Erweiterung einzelner Blöcke zu zwei äquivalenten Blöcken	205
Abb. 5.9	Eine einfache Anwendung von Masons Regel	206
Abb. 5.10	Ein Beispiel für ein verschachteltes Zustandsdiagramm mit 6 Zuständen	207
Abb. 5.11	Schwache Kopplung zwischen den Modulen A, B, C und D	208
Abb. 5.12	Enge Kopplung zwischen den Modulen A, B, C und D	208
Abb. 5.13	Eine häufig anzutreffende Signalkette	211
Abb. 5.14	Ein Beispiel für Amplitudenmodulation	211
Abb. 5.15	Transformatorgekoppelter Eingangssensor	212
Abb. 5.16	Ein Blockdiagramm einer Temperaturmesssignalkette	213
Abb. 5.17	Ein schematisches Diagramm der in Abb. 5.16 gezeigten Signalkette	214
Abb. 5.18	Eine weitere Vereinfachung, die sich aus der Verwendung eines Strom-DAC ergibt	215
Abb. 5.19	Schematische Darstellung der Dreileiterschaltung in PSoC Creator	215
Abb. 5.20	Schematische Ansicht der Vierleiterschaltung in PSoC Creator	217
Abb. 5.21	CDS-OpAmp-Blockdiagramm	217

Abb. 5.22	CDS-Frequenzantwort	219
Abb. 5.23	CDS-Implementierung für PSoC 3/5-*ADC_DELSIG*	220
Abb. 5.24	Einzel- gegenüber differentiellem Eingangsmodus für ADC_DelSig; **a** einzel, **b** differentiell	221
Abb. 5.25	Einzel-/differentieller Eingang mit einem analogen Multiplexer	221
Abb. 5.26	Vierleiter-RTD mit Kompensation von Verstärkungsfehlern	222
Abb. 5.27	Das Dialogfeld *IDAC8 konfigurieren* in PSoC Creator	223
Abb. 5.28	PSoC Creator-Dialogfelder *ADC_Del_Sig_n konfigurieren*	224
Abb. 5.29	Logikdiagramm des Resetmoduls	226
Abb. 5.30	Resets, die aus verschiedenen Resetquellen resultieren	227
Abb. 5.31	Übersicht über das PSoC 3-Startverfahren	228
Abb. 5.32	Ausführungsschritte von KeilStart.A51	230
Abb. 5.33	*CyFitter_cfg.c*-Ausführungsschritte	230
Abb. 5.34	Auswahl des Geräteregistermodus	231
Abb. 5.35	Vergleich von Speicherplänen für ein Standardprojekt und ein Bootloader-Projekt	234
Abb. 5.36	Flash-Sicherheits-Registerkarte	235
Abb. 5.37	Flussdiagramm des Bootloaders	238
Abb. 6.1	VHDL-Designflussdiagramm. „Fitting" und „Place&Route" sind ähnliche Operationen, wobei Ersteres eine JEDEC (Joint Electron Device Engineering Council)-Datei und Letzteres eine beliebige Datei in einem Format erzeugt, das für das Programmiergerät des Zielgeräts akzeptabel ist	247
Abb. 6.2	Ein einzelner 1-bit-Volladdierer	251
Abb. 6.3	VHDL-Datentypen	255
Abb. 6.4	Wert von bedingten Ausdrücken, die x, z, 1 und/oder 0 enthalten	269
Abb. 7.1	Die Cypress PSoC 1/3/5LP Evaluation Board	297
Abb. 7.2	Das PSoC Creator-Framework	299
Abb. 7.3	Workspace Explorer	301
Abb. 7.4	Hinzufügen einer Komponente zu einem Design	302
Abb. 7.5	Das Fenster *Notice List* im PSoC Creator	302
Abb. 7.6	Das Fenster *Output* im PSoC Creator	303
Abb. 7.7	Pinzuweisung	304
Abb. 7.8	Die Pinzuweisungstabelle im DWR-Fenster	305
Abb. 7.9	Das Fenster *New Project* im PSoC Creator	307
Abb. 7.10	Analogpin, LCD und ADC_DelSig-Komponenten im PSoC Creator	307
Abb. 7.11	Einstellungen von ADC_DelSig für das einfache Voltmeterbeispiel	308
Abb. 7.12	Pinverbindungen für das Zielbauteil	309
Abb. 7.13	Registerkarte main.c im PSoC Creator	309

Abb. 7.14	Diese Tabelle dient der Auswahl der Zielbauteile/Revisionstypen.	311
Abb. 7.15	Pinzuweisung für das Zielbauteil.	312
Abb. 7.16	*Start Page* in PSoC Creator.	315
Abb. 7.17	Der Verknüpfungsprozess.	316
Abb. 7.18	Die Kette von Präprozessor, Compiler, Assembler, Linker und Loader.	319
Abb. 7.19	Dialogfeld für neue Elemente in PSoC Creator.	322
Abb. 7.20	Registerkarte Taktgeber (*Clock*) in PSoC Creator.	325
Abb. 7.21	Blockdiagramm des Testcontrollers für PSoC 3 (8051).	329
Abb. 7.22	Konfiguration des Testcontrollers für PSoC 5LP.	330
Abb. 7.23	DOC-, CPU- und TC-Blockdiagramm.	330
Abb. 7.24	MiniProg3 übernimmt die Protokollübersetzung zwischen einem PC und dem Zielgerät.	333
Abb. 7.25	Das Intel HEX-Dateiformat.	334
Abb. 7.26	Speicherorte für HEX-Dateien für PSoC 5LP.	336
Abb. 7.27	Auswahl eines neuen PSoC 5LP-Zielbauteils.	340
Abb. 7.28	Die Speicherabbildung des PSoC 3 (8051).	340
Abb. 7.29	Die Speicherabbildung des PSoC 5LP (Cortex-M3).	341
Abb. 7.30	Keil-Schlüsselwörter und zugehörige Speicherbereiche.	355
Abb. 7.31	Interne Speicheranordnung des 8051.	356
Abb. 7.32	Interne Speicherzuordnung des 8051.	357
Abb. 7.33	Task-Timing-Parameter.	360
Abb. 7.34	Einfaches Zustandsdiagramm des Zählers.	377
Abb. 8.1	Hierarchie der programmierbaren Logikgeräte.	381
Abb. 8.2	PSoC 3/5LP-JTAG-Schnittstellenarchitektur.	384
Abb. 8.3	TAP-Zustandsmaschine.	385
Abb. 8.4	Ein einfaches Gerät bestehend aus Gatter-Arrays und Makrozellen.	387
Abb. 8.5	Grundlegende Bausteine, die von PSoC Creator unterstützt werden.	389
Abb. 8.6	UDB-Blockdiagramm.	390
Abb. 8.7	Implementierung eines *count7*-Abwärtszählers in PSoC Creator.	391
Abb. 8.8	PLD-12C4-Struktur.	392
Abb. 8.9	PSoC 3/5LP-Makrozellenarchitektur.	393
Abb. 8.10	Makrozellenarchitektur nur lesbare Register.	393
Abb. 8.11	Datenpfad (Top-Level).	394
Abb. 8.12	FIFO-Konfigurationen.	399
Abb. 8.13	Blockdiagramm der Carry-Operation.	401
Abb. 8.14	Schiebeoperation.	404
Abb. 8.15	Datenpfadverkettungsfluss.	405
Abb. 8.16	Funktionale Struktur von CRC.	405

Abb. 8.17	Konfiguration der CRC/PRS-Verkettung	407
Abb. 8.18	CCITT-CRC-16-Polynom	408
Abb. 8.19	Externer CRC/PRS-Modus	408
Abb. 8.20	*Compare-gleich*-Verkettung	410
Abb. 8.21	*Compare-kleiner-als*-Verkettung	411
Abb. 8.22	Konfigurations-RAM-I/O	411
Abb. 8.23	Status- und Steuerbetrieb	412
Abb. 8.24	Statusleselogik	413
Abb. 8.25	Sync-Modus	415
Abb. 8.26	Bezeichnungen der Hilfssteuerregisterbits	416
Abb. 8.27	FIFO-Pegel-Steuerbits	417
Abb. 8.28	Das NAND-Gatter als Grundbaustein für AND-, OR- und NOT- (Inverter-)Gatter	418
Abb. 8.29	Karnaugh-Diagramm für $A \cdot B + A \cdot \overline{B}$	426
Abb. 8.30	Karnaugh-Diagramm für $A \cdot \overline{B} + \overline{A} \cdot B + \overline{A} \cdot \overline{B}$	426
Abb. 8.31	Karnaugh-Diagramm für $\overline{A} \cdot \overline{B} \cdot \overline{C} + \overline{A} \cdot B \cdot C + A \cdot B \cdot C$	427
Abb. 8.32	Eine K-Map mit 5 Produkten	427
Abb. 8.33	Ein Logikschaltkreis für einen SoP-Ausdruck mit 5 Termen	428
Abb. 8.34	Vereinfachte Version des Logikschaltkreises in Abb. 8.33	429
Abb. 8.35	Eine NAND-Gatter-Implementierung eines RS-Flipflops	430
Abb. 8.36	Ein D-Flipflop	430
Abb. 8.37	Blockdiagramm eines sequenziellen Schaltkreises	431
Abb. 8.38	Ein JK-Flipflop	432
Abb. 8.39	Ein serielles Schieberegister mit D-Flipflops (SIPO)	433
Abb. 8.40	Ein Parallele-Eingabe/Ausgabe-Register mit D-Flipflops	434
Abb. 8.41	Arten von Jitter	435
Abb. 8.42	Konfigurationen für AND-Gatter mit 3 und 4 Eingängen	435
Abb. 8.43	Konfigurationen für OR-Gatter mit 3 und 4 Eingängen	436
Abb. 8.44	Beispiele für Mehrfacheingangsgatter, die in PSoC Creator verfügbar sind	436
Abb. 8.45	Ein einfaches Beispiel für eine Wettlaufsituation, die zu einem „Glitch" führt	436
Abb. 8.46	Moore-Automat	438
Abb. 8.47	Mealy-Automat	439
Abb. 8.48	Eine sehr einfache endliche Zustandsmaschine	439
Abb. 8.49	Eine komplexere FSM, die ein Schieberegister darstellt	440
Abb. 8.50	PSoC 3/5LP-LUT. (**a**) Nicht registriert versus (**b**) registriert	441
Abb. 8.51	Ein Flankendetektor implementiert als Zustandsmaschine	442
Abb. 8.52	Eine PSoC 3/5LP-Implementierung eines Flankendetektors als FSM	442
Abb. 8.53	8-bit-Abwärtszähler	443
Abb. 9.1	Die Master-Slave-Konfiguration beim I2C	447

Abb. 9.2	Master- und Multi-Slave-Konfiguration beim I2C	448
Abb. 9.3	Start- und Stoppzustände	449
Abb. 9.4	Slave-ACK/NACK des einzelnen empfangenen Bytes	450
Abb. 9.5	Slave-Buffer-Struktur	456
Abb. 9.6	I2C-Schreibtransaktion	457
Abb. 9.7	Wecken und Taktlängenänderung	464
Abb. 9.8	UART-Konfigurationen in PSoC Creator	469
Abb. 9.9	UART-Konfigurationsregister in PSoC Creator	476
Abb. 9.10	Simplex, Halb- und Vollduplex	477
Abb. 9.11	Schaltplanmakros von *SPI Master* und *Slave*, die von PSoC Creator unterstützt werden	480
Abb. 9.12	USB-Pipe-Modell	490
Abb. 9.13	Ablauf der Enumerationsereignisse	491
Abb. 9.14	Ein Beispiel für ein verdrilltes Kabel	494
Abb. 9.15	Ein Beispiel für Bitstopfen	494
Abb. 9.16	Eine ideale Konfiguration eines Differenzverstärkers	495
Abb. 9.17	Ein Beispiel für die Gleichtaktunterdrückung beim USB	495
Abb. 9.18	Inhalt des USB-Pakets	501
Abb. 9.19	Inhalt des USB-Pakets	503
Abb. 9.20	USB-Bezeichnerbaum	508
Abb. 9.21	MIDI-Komponente des PSoC 3/5	511
Abb. 9.22	CAN-Komponente in PSoC Creator	515
Abb. 9.23	S/PDIF-Senderkomponente in PSoC 3/5	521
Abb. 9.24	SPDIF – Interrupt-Modus-Werte	524
Abb. 9.25	SPDIF – Statusmaskenwerte	525
Abb. 9.26	SPDIF – Frequenzwerte	525
Abb. 9.27	S/PDIF-Blockformat	527
Abb. 9.28	*S/PDIF*-Unterframe-Format	527
Abb. 9.29	Ein Blockdiagramm der Implementierung von SPDIF_Tx	528
Abb. 9.30	S/PDIF-Kanalcodierung Timing	530
Abb. 9.31	SPDIF-Steuerregister	530
Abb. 9.32	SPDIF-Statusregister	530
Abb. 9.33	Vector CAN-Komponente bei PSoC 3	531
Abb. 9.34	Der Inter-IC Sound Bus (I2S)	536
Abb. 9.35	I2S-Datenübergangszeitdiagramm	538
Abb. 9.36	I2S-Tx und -Rx	539
Abb. 9.37	I2S nur Rx und I2S nur Tx	539
Abb. 9.38	Das LIN-Nachrichtenframe	543
Abb. 9.39	LIN-Bus-Physical-Layer	544
Abb. 9.40	Unterstützte LCD-Segmenttypen	545
Abb. 9.41	Hitachi 2×16-LCD	546
Abb. 9.42	Resistive Touchscreenkonstruktion	547

Abb. 9.43	Äquivalenter Schaltkreis eines resistiven Touchscreens.	548
Abb. 9.44	Äquivalente Schaltkreismodelle eines resistiven Touchscreens	550
Abb. 9.45	Flussdiagramm für die Messung der Touchscreenparameter	551
Abb. 9.46	Pinkonfigurationen für die Messung der Touchkoordinaten	552
Abb. 10.1	Schematische Darstellung einer generischen PLL	560
Abb. 10.2	Der PLL-Ausgang ist größer als das Referenzsignal	560
Abb. 10.3	Eine einfache Implementierung eines Phasendetektors	561
Abb. 10.4	Eingang und Ausgang des XOR-Phasendetektors	561
Abb. 10.5	Phasendetektor	563
Abb. 10.6	Beispiel für einen spannungsgesteuerten Relaxationsoszillator.	564
Abb. 10.7	Beispiel für einen Ringzähler	564
Abb. 10.8	Ein typischer, auf einem OpAmp basierender Relaxationsoszillator	565
Abb. 10.9	Blockdiagramm der PSoC 3- und 5LP-Phasenregelschleife	568
Abb. 10.10	Schleifenfilter	570
Abb. 11.1	Eine analoge Computerlösung einer Differentialgleichung	578
Abb. 11.2	Impulsantwort für Beispiel 11.2	588
Abb. 11.3	Bode-Diagramm für Beispiel 11.2	589
Abb. 11.4	Beispiel für die Impedanzanpassung	598
Abb. 11.5	Ein generalisiertes SISO-Rückkopplungssystem	600
Abb. 11.6	Ein Beispiel für Clipping	603
Abb. 11.7	Einschwingzeit für einen realen OpAmp	604
Abb. 11.8	Konfiguration eines invertierenden Verstärkers	605
Abb. 11.9	Miller-Effekt	606
Abb. 11.10	Ein nicht invertierender Verstärker	607
Abb. 11.11	Summenverstärker	608
Abb. 11.12	Differenzverstärker	608
Abb. 11.13	Ein Beispiel für einen logarithmischen Verstärker	609
Abb. 11.14	Ein exponentieller Verstärker (e^{v_i})	610
Abb. 11.15	Ein OpAmp als Integrator konfiguriert	610
Abb. 11.16	Ein idealisierter Differenzierer	612
Abb. 11.17	Eine klassische Konfiguration des Instrumentenverstärkers	612
Abb. 11.18	Ein generischer TIA	614
Abb. 11.19	Typische Anwendung des TIA und Photodetektors	614
Abb. 11.20	Induktive Last implementiert als ein OpAmp-basierter Gyrator	614
Abb. 11.21	Spannungs-/Strom-Zeit-Kennlinie für den in Abb. 11.20 dargestellten Gyrator	615
Abb. 11.22	Ein Beispiel für einen Kapazitätsverstärker	616
Abb. 11.23	Kapazitiver Lade-/Entladezyklus	616
Abb. 11.24	Ein idealer Komparator	617
Abb. 11.25	Invertierender Schmitt-Trigger	620
Abb. 11.26	Nicht invertierender Schmitt-Trigger	620

Abb. 11.27	Die *Sample/Hold-and-Track/Hold*-Komponenten von PSoC 3/5LP	621
Abb. 11.28	I/O-Signale der *Sample-and-Hold*-Komponente	622
Abb. 11.29	Die grundlegende Konfiguration des geschalteten Kondensators	625
Abb. 11.30	Ein Integrator mit geschaltetem Kondensator	626
Abb. 11.31	Schaltplan des Geschalteter-Kondensator- und des Kontinuierliche-Zeit-Blocks	626
Abb. 11.32	PSoC 3/5LP-Operationsverstärkerverbindungen	630
Abb. 11.33	Grafische Darstellung eines OpAmp und eines PGA im PSoC Creator	631
Abb. 11.34	PSoC 3/5LP-Operationsverstärker konfiguriert als invertierender, variabler Verstärkungs-OpAmp unter Verwendung externer Komponenten	631
Abb. 11.35	Interne Verstärkungswiderstände des PGA	632
Abb. 11.36	Ein OpAmp konfiguriert als Einheitsverstärkungsbuffer	633
Abb. 11.37	CT-PGA-Konfiguration	634
Abb. 11.38	Differentieller Verstärker aus zwei PGA konstruiert	634
Abb. 11.39	Blockdiagramm des Komparators	636
Abb. 11.40	Ein Beispiel für Kosinusoberschwingungen, die verwendet werden, um eine Rechteckwelle darzustellen (http://de.wikipedia.org)	642
Abb. 11.41	PSoC 3/5LP-Konfiguration für einen CT-Mischer	643
Abb. 11.42	Ein Beispiel für CT-Mischer-Eingangs- und Ausgangswellenformen	644
Abb. 11.43	(Diskretzeit-) Abtast- und Haltemischer	645
Abb. 11.44	Abtastmischerwellenformen für $N=1$	646
Abb. 11.45	Abtastmischerwellenformen für $N=3$	647
Abb. 11.46	„Steilpass"-Übertragungsfunktionen für ideale Filter	649
Abb. 11.47	Phase als Funktion der Frequenz für ideale Filter	649
Abb. 11.48	Merkmale des Bode-Diagramms für einen Butterworth-Filter 1. Ordnung	650
Abb. 11.49	Ein sehr einfacher, passiver Tiefpassfilter	651
Abb. 11.50	Normalisierte Diagramme von gängigen Konfigurationen von Tiefpassfiltern 5. Ordnung	654
Abb. 11.51	Die generische Form des Sallen-Key-Filters	654
Abb. 11.52	Bode-Diagramm von Butterworth-Filtern n-ter Ordnung für $n = 1-5$	655
Abb. 11.53	Ein Sallen-Key-Tiefpassfilter mit Einheitsverstärkung	656
Abb. 11.54	Ein Sallen-Key-Hochpassfilter	657
Abb. 11.55	Ein Sallen-Key-Bandpassfilter	659
Abb. 11.56	Ein einfacher Allpassfilter 1. Ordnung	660
Abb. 11.57	Ein Blockdiagramm der PWM-Architektur von PSoC 3/5LP	663

Abb. 11.58	*Voltage Fault Detector*-Komponente	667
Abb. 11.59	Trim und Margin der Komponente	668
Abb. 11.60	*Voltage Sequencer*-Komponente	669
Abb. 11.61	*Power Monitor*-Komponente	672
Abb. 11.62	*Power Monitor*-Komponente	672
Abb. 11.63	Ein typischer Vierleiterlüfter	676
Abb. 11.64	Lüfterdrehzahl versus Tastverhältnis	677
Abb. 11.65	Pinbelegung des Vierleiterlüftersteckers	679
Abb. 11.66	R-R-Netzwerk	684
Abb. 12.1	Ein generisches Filter mit endlicher Impulsantwort der Ordnung n	692
Abb. 12.2	Das Blockdiagramm des digitalen Filters	694
Abb. 12.3	Filterkonfigurationsassistent von PSoC 3/5LP	696
Abb. 12.4	Die „normalisierte" Sinc-Funktion	700
Abb. 12.5	Die Rechteck- oder Rect-Funktion	700
Abb. 12.6	Einfache Dithering-Anwendung mit einer analogen Rauschquelle	703
Abb. 12.7	Dithering-Anwendung mit einer digitalen Rauschquelle	703
Abb. 12.8	Ein Beispiel für einen Modulator der ersten Ordnung, $\Delta\Sigma$	704
Abb. 12.9	Ein Beispiel für einen Delta-Sigma-Modulator der zweiten Ordnung	707
Abb. 12.10	Blockdiagramm des Delta-Sigma-Modulators	708
Abb. 12.11	Signale eines Delta-Sigma-Modulators erster Ordnung mit sinusförmigem Eingang	709
Abb. 12.12	Ein schematisches Diagramm eines SAR-ADC	710
Abb. 12.13	Ein einfacher analoger Multiplexer	711
Abb. 12.14	Das PSoC 3-ADC_DelSig-Blockdiagramm	715
Abb. 12.15	PSoC 3/5LP-Pinansteuerungsmodi	717
Abb. 12.16	Konfiguration des höherauflösenden Strom-DAC	721
Abb. 12.17	AND-Gatter führen eine logische Multiplikation aus	723
Abb. 12.18	OR-Gatter führen eine logische Addition aus	723
Abb. 12.19	Ein Inverter fungiert als ein NOT-Gatter	723
Abb. 12.20	Das NAND-Gatter fungiert als die Kombination eines logischen NAND- und NOT-Gatters	724
Abb. 12.21	Das NOR-Gatter fungiert als Kombination aus einem logischen OR- und NOT-Gatter	724
Abb. 12.22	Ein exklusives OR-Gatter	725
Abb. 12.23	Ein exklusives NOR-Gatter (XNOR)	725
Abb. 12.24	Ein Bufoe ist ein Buffer mit einem Ausgangsaktivierungssignal („output enable", oe)	726
Abb. 12.25	D-Flipflop von PSoC 3/5LP	727

Abb. 12.26	Ein einfaches Beispiel für einen Galois-PRNG	741
Abb. 12.27	QuadDec-Komponente	743
Abb. 12.28	QuadDec-Zeitdiagramm	743
Abb. 12.29	QuadDec-Zustandsdiagramm	743
Abb. 12.30	Globale Variablen von QuadDec	745
Abb. 12.31	Die QuadDec-Funktionen	745
Abb. 12.32	Polynomnamen	746
Abb. 12.33	CRC-Polynome	747
Abb. 13.1	**a** Reihen- und **b** Parallelresonanz in einem Quarz	752
Abb. 13.2	Schematische Darstellung des Barkhausen-Kriteriums für eine **a** geschlossene Schleife und **b** offene Schleife	754
Abb. 13.3	PSoC-basierter Pierce-Oszillator	755
Abb. 13.4	PSoC-basierter Pierce-Oszillator (Streukapazitätsfall)	755
Abb. 13.5	Einige grundlegende Oszillatortypen	757
Abb. 13.6	Beispiele für verschiedene „Quarzebenenschnitte"	758
Abb. 13.7	PSoC 3- und PSoC 5LP-Taktgeberblockdiagramm	759
Abb. 13.8	PSoC 3- und PSoC 5LP-Taktgeberübersichtsdiagramm	759
Abb. 13.9	PSoC Creator MHz-ECO-Konfigurationsdialog	762
Abb. 13.10	Ersatzschaltbild eines Resonators	764
Abb. 13.11	Konfiguration, die für den Test des negativen Widerstands erforderlich ist	767
Abb. 13.12	Topologie des Pierce-Oszillators mit Reihen- und Rückkopplungswiderständen	768
Abb. 13.13	Anlaufverhalten des 32-kHz-ECO	770
Abb. 14.1	PSoC Creator-Schaltplan für einen Spitzenwertdetektor mit Abtasten und Halten	776
Abb. 14.2	Spitzenwerterkennungswellenform des Abtastens und Haltens	777
Abb. 14.3	Richtige Taktwahl	777
Abb. 14.4	Ergebnisse einer zu schnellen Taktfrequenz	778
Abb. 14.5	Ergebnisse einer zu langsamen Taktfrequenz	778
Abb. 14.6	Vollwellengleichrichter	779
Abb. 14.7	Übergang des Schalterprellens von high zu low	779
Abb. 14.8	Das Entprellmodul von PSoC Creator	780
Abb. 14.9	Ein Beispiel für eine Hardwareentprellungsschaltung	783
Abb. 14.10	Beispiel für ein Tiefpassfilter (LP)	785
Abb. 14.11	Beispiel für ein Bandpassfilter (BP)	785
Abb. 14.12	Beispiel für eine Frequenzumtastungs („frequency shift keying", FSK)-Schaltung	786
Abb. 14.13	Ein Beispiel für einen AM-Modulator	787
Abb. 14.14	WaveDAC8-Datenflussdiagramm unter Verwendung einer LUT im Systemspeicher	788

Abb. 14.15	WaveDAC8-Datenflussdiagramm für zwei im Systemspeicher gespeicherte Signale	788
Abb. 14.16	Von WaveDAC8 unterstützte Funktionsaufrufe	791
Abb. 15.1	Quadraturbeispiel	928

Tabellenverzeichnis

Tab. 1.1	Einige der Arten von Untersystemen, die in Mikrocontrollern verfügbar sind	54
Tab. 2.1	Die vollständige Menge der 8051-Opcodes	72
Tab. 2.2	XDATA-Adresskarte	75
Tab. 2.3	Spezielle Funktionsregister	76
Tab. 2.4	Springanweisungen	82
Tab. 2.5	Arithmetische Anweisungen	83
Tab. 2.6	Datenübertragungsanweisungen	85
Tab. 2.7	Logische Anweisungen	86
Tab. 2.8	Boolesche Anweisungen	89
Tab. 2.9	Interrupt-Vektortabelle (PSoC 3)	93
Tab. 2.10	Bitstatus während des Lesens und Schreibens	97
Tab. 2.11	Pending-Bit-Status-Tabelle	97
Tab. 2.12	Flash-Schutzmodi	101
Tab. 2.13	Speichenparameter	106
Tab. 2.14	Schnittstellen zu PHUB	108
Tab. 2.15	Prioritätsstufe versus Busbandbreite	109
Tab. 2.16	Taktbenennungskonventionen	111
Tab. 2.17	Oszillatorparametertabelle	119
Tab. 4.1	Algorithmen, die in einem eingebetteten System verwendet werden	167
Tab. 5.1	Auflösung versus Konvertierungsrate und Taktfrequenz	225
Tab. 6.1	Von VHDL unterstützte Trennzeichen	253
Tab. 6.2	Reservierte Wörter in Verilog	264
Tab. 7.1	PSoC-Speicher und -Register	331
Tab. 7.2	Organisation der Metadaten einer LP-HEX-Datei	335
Tab. 7.3	Vergleich der Schlüsselunterschiede zwischen PSoC 3 und PSoC 5LP	339
Tab. 7.4	Speicherbereich	357
Tab. 7.5	Übergabe von Argumenten über Register	365

Tab. 7.6	Rückgabewerte von Funktionen über Register	365
Tab. 8.1	ALU-Funktionen	399
Tab. 8.2	Carry-in-Funktionen	400
Tab. 8.3	Zusätzliche Carry-in-Funktionen	400
Tab. 8.4	Geroutete Carry-in-Funktionen	400
Tab. 8.5	Schiebefunktionen	402
Tab. 8.6	Erzeugung von Datenpfadbedingungen	409
Tab. 8.7	Compare-Konfigurationen	410
Tab. 8.8	Algebraische Regeln für boolesche Funktionen	422
Tab. 8.9	Eine einfache Wahrheitstabelle	422
Tab. 8.10	Ein komplexeres Beispiel	422
Tab. 8.11	Beispiel Wahrheitstabelle	424
Tab. 8.12	Entsprechende K-Map	424
Tab. 8.13	Wahrheitstabelle für Gl. 8.31	428
Tab. 8.14	Wahrheitstabelle für ein RS-Flipflop	432
Tab. 8.15	Wahrheitstabelle für ein JK-Flipflop	432
Tab. 8.16	Wahrheitstabelle für ein D-Flipflop	432
Tab. 8.17	One-hot- gegenüber binärer Codierung	438
Tab. 9.1	Master-Statusinformationen, die von *unit8 I2C_MasterStatus(void)* zurückgegeben werden	451
Tab. 9.2	Busfrequenzen, die für einen 16x-Überabtastungstakt erforderlich sind	454
Tab. 9.3	*I2C_MasterSendStart()*- Rückgabewerte	461
Tab. 9.4	I2C-Slave-Status-Konstanten	466
Tab. 9.5	Vergleich der RS232- und RS485-Protokolle	479
Tab. 9.6	USB-Kommunikationszustände	496
Tab. 9.7	Eigenschaften der Endpunktübertragungstypen	500
Tab. 9.8	Gerätebezeichnertabelle	506
Tab. 9.9	Konfigurationsbezeichner typ	507
Tab. 9.10	SPDIF-DMA-Konfigurationsparameter	526
Tab. 9.11	Von PSoC Creator unterstützte Vector CAN-Funktionen	533
Tab. 9.12	Die globale Variable *Vector_CAN_initVar*	535
Tab. 9.13	DMA und die I2S-Komponente	537
Tab. 9.14	I2S-Rx-Interrupt-Quelle	540
Tab. 9.15	Zuordnung von logischem zu physikalischem LCD-Anschluss	547
Tab. 11.1	Beispiele für OpAmp-Anwendungen	579
Tab. 11.2	Einige gängige Laplace-Transformationen	587
Tab. 11.3	Register auswählbare Betriebsmodi	627
Tab. 11.4	Miller-Kapazität zwischen dem Verstärkerausgang und dem Ausgangstreiber	627
Tab. 11.5	Antriebssteuerungseinstellungen des SC/CT-Blocks	627

Tab. 11.6	Miller-Kapazität zwischen dem Verstärkerausgang und dem Ausgangstreiber	629
Tab. 11.7	C_{FB} für CT-Mischung, PGA, OpAmp, Einheitsverstärkungsbuffer und T/H-Modi	629
Tab. 11.8	Verstärkungseinstellungen für programmierbare Verstärker	632
Tab. 11.9	Werte des Rückkopplungswiderstands des Transimpedanzverstärkers.	635
Tab. 11.10	Einstellungen der Rückkopplungskapazität des TIA	635
Tab. 11.11	Steuerwörter für die LUT	639
Tab. 11.12	Tabelle mit *Fan Controller*-Funktionen (Teil 1)	681
Tab. 11.13	Tabelle mit *Fan Controller*-Funktionen (Teil 2)	682
Tab. 12.1	Quantisierte Ausgangsdaten.	705
Tab. 12.2	Ausgabebeispiel Delta-Sigma.	706
Tab. 12.3	Wahrheitstabelle des UND-Gatters.	723
Tab. 12.4	Wahrheitstabelle des ODER-Gatters.	723
Tab. 12.5	Wahrheitstabelle des NICHT-Gatters.	723
Tab. 12.6	Wahrheitstabelle des NAND-Gatters.	724
Tab. 12.7	Wahrheitstabelle des NOR-Gatters.	724
Tab. 12.8	Wahrheitstabelle des exklusiven ODER-Gatters (XOR).	725
Tab. 12.9	Wahrheitstabelle des exklusiven NOR-Gatters (XNOR).	725
Tab. 12.10	Wahrheitstabelle des 4-Eingabe-Multiplexers.	728
Tab. 12.11	Wahrheitstabelle des 4-Ausgabe-Demultiplexers.	728

Rechtlicher Hinweis

In diesem Lehrbuch hat der Autor versucht, die Techniken der eingebetteten „Mixed-Signal-Designs" anhand von Beispielen und Daten zu lehren, von denen angenommen wird, dass sie korrekt sind. Diese Beispiele, Daten und andere hierin enthaltene Informationen dienen jedoch ausschließlich als Lehrmittel und sollten nicht in einer bestimmten Anwendung ohne unabhängige Test und Verifikation durch die Person, die die Anwendung durchführt, genutzt werden. Unabhängige Tests und Verifikationen sind besonders wichtig in jeder Anwendung, in der eine falsche Funktion zu Personen- oder Sachschäden führen könnte. Aus diesen Gründen lehnen der Autor und die Cypress Semiconductor Corporation[1] ausdrücklich die stillschweigenden Garantien der Verwendbarkeit und der Eignung für einen bestimmten Zweck ab, selbst wenn der Autor und die Cypress Semiconductor Corporation von einem bestimmten Zweck in Kenntnis gesetzt wurden und selbst wenn ein bestimmter Zweck im Lehrbuch angegeben ist. Der Autor und die Cypress Semiconductor Corporation lehnen auch jede Haftung für direkte, indirekte, zufällige oder Folgeschäden ab, die aus der Verwendung der Beispiele, Übungen, Daten oder anderen hierin enthaltenen Informationen resultieren und geben keine Garantien, ausdrücklich oder stillschweigend, dass die Beispiele, Daten oder andere Informationen in diesem Band fehlerfrei sind, dass sie mit Industriestandards übereinstimmen oder dass sie die Anforderungen für eine bestimmte Anwendung erfüllen. Der Autor und die Cypress Semiconductor Corporation lehnen ausdrücklich die stillschweigenden Garantien der Verwendbarkeit und der Eignung für einen bestimmten Zweck ab, selbst wenn der Autor und die Cypress Semiconductor Corporation von einem bestimmten Zweck in Kenntnis gesetzt wurden und selbst wenn dieser im Lehrbuch angegeben ist. Der Autor und die Cypress Semiconductor Corporation lehnen auch jede Haftung für direkte, indirekte, zufällige oder Folgeschäden ab, die aus der Verwendung der Beispiele, Übungen, Referenzen, Daten oder anderen hierin enthaltenen Informationen resultieren.

---

[1] Cypress Semiconductor ist ein Unternehmen der Infineon Technologies

Cypress, PSoC, CapSense und EZ-USB sind Marken oder eingetragene Marken von Cypress in den Vereinigten Staaten und anderen Ländern. Andere hierin enthaltene Namen und Marken können als das alleinige und ausschließliche Eigentum ihrer jeweiligen Eigentümer beansprucht werden.

Einführung in eingebettete Systeme

1

Eingebettete Systeme sind anwendungsspezifische, informationsverarbeitende Systeme, die eng mit ihrer Umgebung verbunden sind.

Dr. T. Stefano (2008)

Zusammenfassung

Dieses Kapitel bietet einen kurzen Überblick über die Geschichte der eingebetteten Systeme, Mikroprozessoren und Mikrocontroller. Ebenfalls vorgestellt werden grundlegende Konzepte programmierbarer logischer Schaltungen, Überblicke über den 8051-Mikrocontroller, kurze Beschreibungen einiger der beliebteren und derzeit verfügbaren Mikrocontroller, die weit verbreitet sind, und Einführungen in eine Reihe von Themen, die mit Mikrocontrollern und eingebetteten Systemen zusammenhängen, z. B. Arten von Rückkopplungssystemen, die in eingebetteten Systemen verwendet werden, Mikrocontroller-Subsysteme, Speichertypen von Mikroprozessoren/Mikrocontrollern, Leistungskriterien für eingebettete Systeme, Interrupts, einführende Stichprobenthemen usw.

Die Architekturen der frühen Mikroprozessoren werden kurz diskutiert, ebenso wie die Rolle von Polling, Interrupts und Interrupt-Service-Routinen (ISR), die in späteren Kapiteln ausführlicher besprochen werden. DMA-Controller und Tri-State werden ebenfalls eingeführt.

Es kann gesagt werden, dass die Entwicklung des eingebetteten „Mixed-Signal-Systems" mit der Einführung des weltweit ersten vollständig soliden Computers durch Autonetics, dem VERDAN (Goldstein et al., Calif. Digit Comput Newslett 9(2–9):2 – via DTIC, 1957), begann und ebenso, dass die Entwicklung des modernen Mikrocomputers mit der Einführung des Altair im Januar 1975 begann. (Dieser wurde von H. Edward Roberts entwickelt, der den Begriff „Personal Computer" in

© Der/die Autor(en), exklusiv lizenziert an Springer Nature Switzerland AG 2024
E. H. Currie, *Entwurf von eingebetteten Mixed-Signal-Systemen*,
https://doi.org/10.1007/978-3-031-51488-3_1

den allgemeinen Sprachgebrauch brachte.) Während A/D- und D/A-Wandler schon in den 1930er-Jahren verfügbar waren, wurden Hochgeschwindigkeitswandler erst in den 1950er-Jahren weit verbreitet, als Folge der Einführung eines Hochgeschwindigkeits-/Präzisions-A/D-Designs durch Bernard Marshall Gordon im Jahr 1953 (Hochgeschwindigkeits-D/A-Wandler folgen als natürliche Konsequenz der Verfügbarkeit von Hochgeschwindigkeits-A/D-Wandlern.). Die Entwicklung einer großen Familie von A/D-Wandlern auf Basis der Festkörpertechnologie zu einem niedrigen Preis machte es praktisch möglich, eingebettete Systeme auf Basis von Mikroprozessoren/Mikrocontrollern, A/D- und D/A-Wandlern, Operationsverstärkern usw. zu schaffen, die in der Lage waren, sehr komplexe Systeme sowohl für kommerzielle als auch für militärische Anwendungen zu steuern und zu überwachen.

1.1 Der Ursprung des eingebetteten Systems

Es ist schwierig zu sagen, wann das erste, vollständig festkörperbasierte, eingebettete System aufgetaucht ist, insbesondere im Vergleich zu modernen eingebetteten Systemen. Ein sehr frühes Beispiel entstand jedoch als Ergebnis der Einführung einer Reihe von Trägheitsnavigationssystemen, die von Autonetics, einer Abteilung von North American Rockwell, in den frühen 1950er-Jahren entwickelt wurden (Abb. 1.1). Diese Arbeit beinhaltete, zumindest philosophisch, einen Vorläufer des modernen Mikrocontrollers, der VERDAN (Versatile Digital Analyzer) genannt wurde, dargestellt in Abb. 1.2. Dieses System, bekannt unter verschiedenen Namen (VERDAN, MARDAN, D9), entwickelte sich aus Arbeiten in der 2. Hälfte der 1940er-Jahre von Autonetics zu einem vollständig transistorisierten Flugsteuerungssystem [2], bestehend aus etwa 1500 Germaniumtransistoren, 10.670 Germaniumdioden, 3500 Widerständen und 670 Kondensatoren [7].

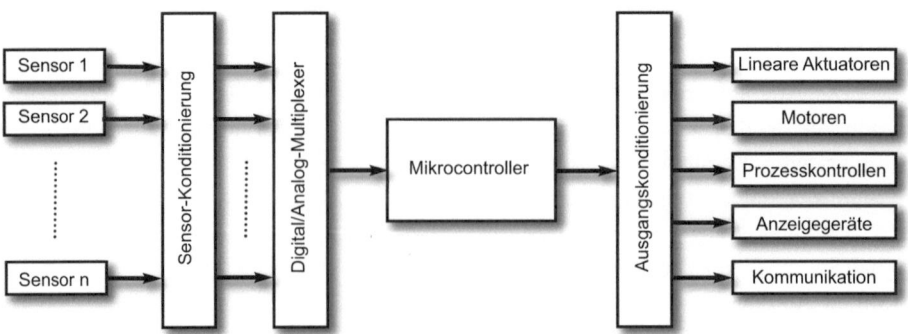

Abb. 1.1 Eine typische Architektur eines eingebetteten Systems

1.1 Der Ursprung des eingebetteten Systems

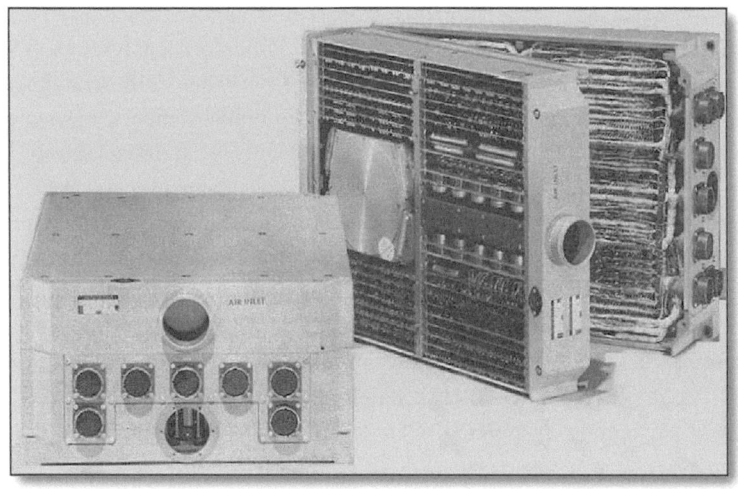

Abb. 1.2 Der VERDAN-Computer

Dies war eine besonders erstaunliche Leistung angesichts der damals bekannten Probleme mit der Herstellung von Germaniumtransistoren und ihren damit verbundenen und für einige berüchtigten thermischen „Durchbrennproblemen".[1]

Das resultierende „makrocomputerbasierte" System war in der Lage zu navigieren [9] und Fluggeräte zu steuern, die geeignet waren, mit Geschwindigkeiten weit über Mach 3, d. h. mehr als 2300 mph, zu operieren. Der Computeranteil des Systems bestand aus drei Abschnitten: (1) einem Allzweckabschnitt („General Purpose", GP) basierend auf 24-bit-Datenformaten, 56 24-bit-Befehle[2] und integrierter Multiplikations-/Divisionshardware[3], (2) ein „Input/Output (I/O)-Abschnitt", der in der Lage war, mehrere

---

[1] Einige Transistoren zeigen ein Phänomen, das als „thermisches Durchbrennen" bekannt ist, das daraus resultiert, dass die Anzahl der freien Elektronen eine Funktion der Temperatur ist. Daher führt eine Temperaturerhöhung zu einer Stromerhöhung, die zu zusätzlicher ohmscher Erwärmung und damit zu weiteren Temperaturerhöhungen führt. Diese Art von Problem kann zur Zerstörung des Transistors führen, bedeutet aber auch, dass das Verhalten von Schaltungen, die auf solchen Geräten basieren, „unvorhersehbar" werden kann.

[2] Obwohl die Befehlslänge 24 bit betrug, war die Wortlänge 26 bit mit einem Vorzeichenbit und einem Reservebit.

[3] Spätere Systeme, z. B. in den Minuteman-Raketen, basierten auf der gleichen Computerhardware und -architektur, unterstützten jedoch nur Hardwaremultiplikation. Die Division wurde durch Invertieren des Divisors und Multiplizieren durchgeführt. Funktionen wie Quadratwurzel, falls benötigt, wurden programmgesteuert behandelt. VERDAN-Multiplikations- und -Divisionsresultate waren jeweils 48 bit lang.

Ein- und Ausgangskanäle von Drehwinkelgeber- und auflöser[4] zu handhaben und (3) 128 digitale Integratoren in Form eines digitalen Differentialanalysators (DDA). Die Bewegungsgleichungen, ein Satz von gekoppelten, partiellen Differentialgleichungen, wurden im DDA-Abschnitt gelöst, basierend auf kontinuierlichen Eingaben von einer Kombination aus einem Sternsensor und einer Trägheitsnavigationsplattform. Der GP-Abschnitt interagierte mit dem DDA, um verschiedene Parameter in den Bewegungsgleichungen zu aktualisieren. Der DDA löste dann die Bewegungsgleichungen in Echtzeit, und die Lösungen wurden anschließend an den GP-Abschnitt weitergegeben, der mit dem I/O-Abschnitt kommunizierte, um Steuerinformationen und Befehle an die Flugsteuerungsaktoren des Systems auszugeben.

Die Architektur von VERDAN sollte in mehreren Verkörperungen wieder auftauchen [4], z. B. VERDAN II (auch bekannt als MARDAN [11]), Teil des US Navy Ships Inertial Navigation System (SINS) und der D17, der in Minuteman-Raketen eingesetzt wurde.[5] Jeder von diesen bestand aus mehreren steckbaren Karten, die einen gemeinsamen 84-Pin-Bus teilten. Autonetics könnten auch die Ersten gewesen sein, die eine Diskette als rotierende Speichereinheit in Betracht zogen, sich aber letztendlich für das, was der erste „Drehscheibenspeicher" zu sein scheint, entschieden. Es hatte feste Köpfe und der Magnetplattenspeicher, der einzige bewegliche Teil, drehte sich mit Geschwindigkeiten, die mit denen heutiger Festplatten vergleichbar sind, d. h. 6000 U/min.[6]

VERDAN wurde neu verpackt und erhielt eine „Frontplatte", um im Feld den Zugang zur Schaltung zu erleichtern, und wurde in MARDAN (Marine Digital Analyzer) umbenannt [8]. Die Busstruktur blieb die gleiche und die meisten der vergoldeten gedruckten Schaltkreise, die in VERDAN verwendet wurden, von denen es etwa 96 gab, waren vollständig kompatibel mit der Busarchitektur von MARDAN. MARDAN, dargestellt in Abb. 1.3, blieb von 1959 bis 2005 im Dienst, u. a. auf den Polaris- [5] und Trident-Klasse-U-Booten. VERDAN wurde ein drittes Mal als Navigationscomputer in den späteren Versionen der Minuteman-Systeme neu verpackt. Darüber hinaus wurden einige Aspekte des VERDAN-Designs in das Apollo-Führungssystem und den Apollo-Simulator integriert.

---

[4] Kodierer wurden verwendet, um die Position der Wellendrehung zu bestimmen.
[5] Autonetics vermarktete auch Desktop-Versionen des VERDAN namens RECOMP II und III [10], die als Allzweckcomputer gedacht waren [4].
[6] Moderne Festplatten drehen sich mit 5400–7200 U/min.

Abb. 1.3 Der MARDAN-Computer

1.2 Entwicklung der Mikroprozessoren

Der erste Mikroprozessor (Intel 4004) wurde 1971 von Intel eingeführt. Ihm folgten der Intel 8008 (1972) und der Intel 8080 (1974).[7] Alle diese Mikroprozessoren benötigten eine Reihe von externen Chips um ein „nützliches" Computersystem zu implementieren und benötigten mehrere Betriebsspannungen (-5, $+5$ und $+12$ V_{DC}, vgl. Abb. 1.4). Die Architekturen von von Neumann und Harvard sollten ihren Weg in spezifische Klassen von Computeranwendungen finden, nämlich Desktops/Laptops/Workstations und digitale Signalprozessoren (DSP)/Mikrocontroller.[8]

---

[7] Dr. H. Edward Roberts, Paul Allan und Bill Gates [1] beobachteten alle die Entwicklung von Intels Mikroprozessoren in den frühen 1970er-Jahren. Dr. Roberts entwarf den „ersten" echten Mikrocomputer auf Basis des Intel 8080-Mikroprozessors und prägte nebenbei den Begriff „Personal Computer". Er arbeitete mit Bill Gates und Paul Allan zusammen, die die erste Hochsprache auf einen Intel 8080 portierten, was zur Einführung des Altair-Computers im Januar 1975 führte, der später mit Microsoft BASIC erhältlich war.

[8] Die Intel 4004, 8008 und 8080 boten keine Hardwareunterstützung für Multiplikation oder Division, sondern überließen dies der Softwareimplementierung. Multiplikation und Division können natürlich auf diesen Architekturen durch wiederholte Addition und Subtraktion durchgeführt werden.

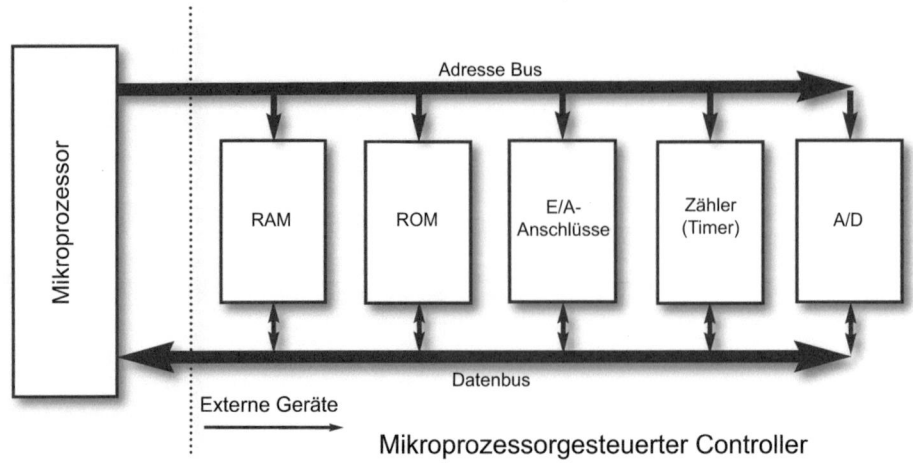

Abb. 1.4 Externe Geräte, die für Intels frühe mikroprozessorbasierte (Mikro-)Controller benötigt werden

Intel führte 1976 seinen ersten echten Mikrocontroller mit integriertem Speicher und Peripheriegeräten ein, bekannt als „Intel 8048", ein N-Kanal-Silizium-Gate-MOS-Bauteil, das ein Mitglied von Intels MCS-48 Familie von 8-bit-Mikrocontrollern war. Der 8048 hatte 27 I/O-Leitungen,[9] einen Timer/Counter, einen Hardwarereset, eine Unterstützung für einen externen Speicher, eine 8-bit-CPU, eine Unterstützung für Interrupts, eine Hardwareunterstützung für Einzelschritte und nutzte einen quarzgesteuerten Taktgeber.

1977 führte Intel den 8085 ein, eine modifizierte Form des Intel 8080, der aber weniger auf externe Chips angewiesen war und nur +5 V für den Betrieb benötigte. Als die Anzahl der mikroprozessorbasierten, eingebetteten Systemanwendungen wuchs, wurde bald offensichtlich, dass die Verwendung eines einfachen Mikroprozessors, wie dem Intel 8080, mit seiner Notwendigkeit für mehrere, zugehörige Unterstützungschips und den Einschränkungen der verfügbaren externen Peripheriegeräte, für viele potenzielle und tatsächliche eingebettete Systemanwendungen unzureichend ist (Abb. 1.5).

Eingebettete Systemmikrocontroller und -mikroprozessoren haben historisch entweder von Neumann- oder Harvard-Speicherarchitekturen verwendet, wie in Abb. 1.6 gezeigt. Die von Neumann-Speicherkonfiguration hat nur eine „Nullposition" der Speicheradressen für Daten und Speicher, und daher müssen Daten und Programmcode im selben Speicherbereich liegen. Da Daten und Adressen in der Harvard-Konfigura-

---

[9] Es gab zwei „quasi-bidirektionale" 8-bit-Ports; einen bidirektionalen Bus-Port und drei Testeingänge (T0, T1 und INT).

1.2 Entwicklung der Mikroprozessoren

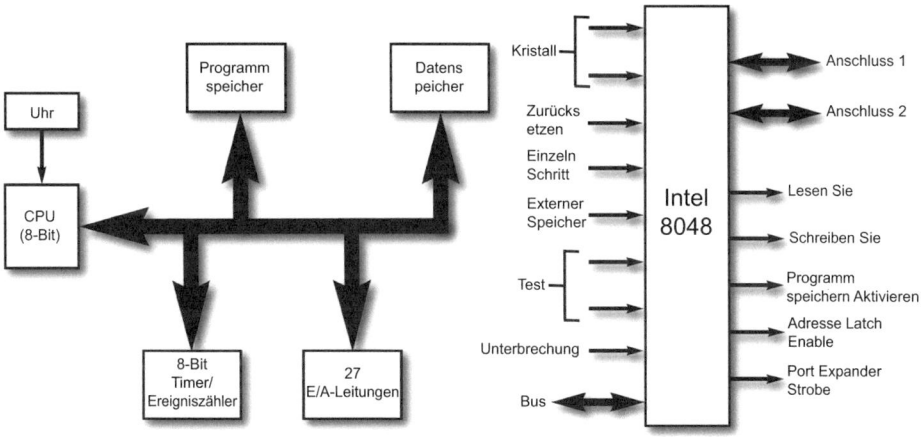

Abb. 1.5 Ein Mikrocontroller integriert alle grundlegenden Funktionen auf einem Chip

tion jeweils ihren eigenen Bus haben, werden das Programm und die Daten getrennt in verschiedenen Bereichen des Speichers abgelegt, um Befehle abzurufen, während Daten verarbeitet und gespeichert werden oder auf diese zugegriffen wird. Die Befehlsadresse 0 ist von der Datenadresse 0 in der Harvard-Architektur unterschiedlich, was es möglich macht, dass Adresse und Daten unterschiedliche Bitgrößen haben, z. B. 8-bit-Daten gegenüber 32-bit-Befehlen.

Eine dritte Konfiguration, manchmal als „modifizierte Harvard-Architektur" bezeichnet, ermöglicht es der CPU sowohl auf Daten als auch auf Befehle in getrennten Speicherbereichen zuzugreifen, erlaubt der CPU aber den Zugriff auf den Programmspeicher, als ob es sich um Daten handeln würde, so dass Befehle und Text als Daten behandelt und sie dadurch verschoben und/oder modifiziert werden können.

Da ein 8-bit-Adressbus nur maximal 256 Byte Speicher adressieren kann, muss eine andere Methode verwendet werden, um zusätzlichen RAM zu adressieren. Frühe Mikroprozessoren verwendeten manchmal Multiplexing von Adressleitungen, um einen größeren Speicherbereich zu ermöglichen, z. B. 64-k-adressierbar durch 16 bit, d. h. 2 Byte. In solchen Anwendungen wurde das untere Byte der Adresse auf den Adressbus gelegt und in einem externen Register gespeichert. Das obere Byte wurde dann auf den Adressbus gelegt und in einem zweiten externen Register gespeichert. Das Datenbyte, das in der externen Speicherstelle gehalten und durch die beiden Bytes adressiert wurde, wurde dann auf den Bus gelegt, um von dem Mikrocontroller abgerufen zu werden.

Abb. 1.6 Vergleich der von Neumann- und Harvard-Architekturen

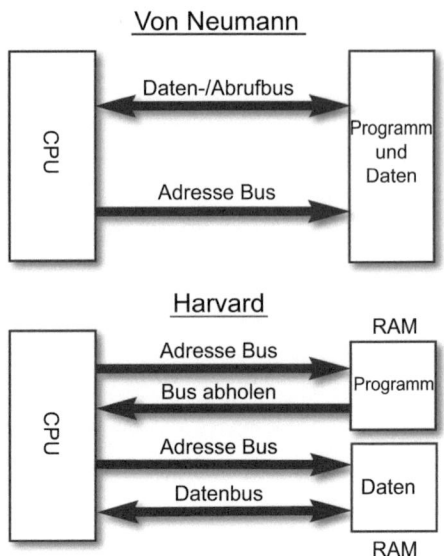

Eine weitere Speicheradressierungstechnik, die sowohl von Mikroprozessoren als auch von Mikrocontrollern verwendet wird, basiert auf dem Konzept der *Seiten* und nutzt ein spezielles Register, das eine „Seitennummer" enthält, die als Zeiger auf eine bestimmte Seite oder ein Segment des Speichers von vordefinierter Größe und Position dient. So kann eine CPU z. B. grundsätzlich eine beliebige Anzahl von Seiten mit 256 Byte oder mehr adressieren, indem sie ein Byte von einer durch dieses spezielle Register angezeigten Speicherstelle liest/schreibt. Diese Art von Speicherstruktur wird manchmal als *segmentiert* oder *seitenorientiert* bezeichnet. Mit dem Aufkommen des Intel 8080, wurde der Adressbus 16 bit breit und daher wurde die Seitengröße 64 k.

Allerdings haben seitenorientierte/segmentierte Speicherstrukturen zusätzliche Belastungen für die CPU verursacht und die Komplexität der Anwendungssoftware erhöht. Mikroprozessoren wie der Motorola 68000 hatten eine Speicherstruktur, die als linear/sequenziell/zusammenhängend[10] bezeichnet wurde und es ermöglichte, den gesamten verfügbaren Speicher direkt anzusprechen, der bis zu 16 MB groß sein konnte (Abb. 1.7).[11]

Speicher abbildende I/O, die nicht mit Speicher abbildenden Datei-I/O[12] zu verwechseln ist, verwendet den gleichen Adressbus, um sowohl den Speicher als auch die

---

[10] Lineare, sequenzielle, zusammenhängende Speicherarchitekturen verwenden einen Speicherbereich, in dem der Speicher physisch und logisch auf die gleiche Weise adressierbar ist.

[11] Moderne Mikrocontroller/Mikroprozessoren unterstützen mehrere *direkte* und *indirekte* Adressierungsmodi für den Zugriff auf Register und Speicher.

[12] Speicher abbildende Datei-I/O bezieht sich auf eine Technik, bei der ein Teil des Speichers so behandelt wird, als ob die darin enthaltenen Daten in einem Dateiformat organisiert sind.

Abb. 1.7 Ein Intel 8749 ultraviolett (UV-)löschbarer Mikrocontroller

I/O-Geräte anzusprechen. In solchen Fällen werden die CPU-Anweisungen, die zum Zugriff auf den Speicher verwendet werden, auch für den Zugriff auf externe Geräte verwendet. Um die I/O-Geräte unterzubringen, müssen Bereiche des adressierbaren Speicherplatzes der CPU für I/O reserviert werden. Die Reservierung könnte in einigen Systemen vorübergehend sein, um ihnen das Umschalten zwischen I/O-Geräten und permanentem und/oder RAM zu ermöglichen. Jedes I/O-Gerät überwacht den Adressbus und reagiert auf jeden Zugriff auf den dem Gerät zugewiesenen Adressraum, indem es den Datenbus mit einem geeigneten Gerätehardwareregister verbindet.

Port abbildende I/O verwendet eine spezielle Klasse von CPU-Anweisungen, die speziell für die Durchführung von I/O entwickelt wurden. Dies war in der Regel der Fall bei den meisten Intel-Mikroprozessoren, insbesondere die IN- und OUT-Anweisungen, die ein einzelnes Byte von/an ein I/O-Gerät lesen und schreiben können. I/O-Geräte haben einen separaten Adressraum vom allgemeinen Speicher, entweder durch einen zusätzlichen „I/O"-Pin auf der physischen Schnittstelle der CPU oder einen gesamten Bus, der für I/O reserviert ist. So werden Eingaben/Ausgaben durch Lesen/Schreiben von/an einer vordefinierten Speicherstelle erreicht.

Der 8051-Mikroprozessor wurde 1980 von Intel als „System-on-Chip" eingeführt und ist seitdem weltweit in den Bereichen Mikrocontroller und eingebettete Systeme zum Standard geworden. Es war eine Verfeinerung und Erweiterung des grundlegenden Designs des Intel 8048 und hatte in seiner einfachsten Konfiguration Folgendes:

- eine Harvard-Speicherarchitektur,
- eine ALU,
- sieben On-Chip-Register,
- einen seriellen Port (UART),
- einen Stromsparmodus,
- zwei 16-bit-Zähler/Timer,
- internen Speicher, bestehend aus GP bit-adressierbarem Speicher, Registerbänken und speziellen Funktionsregistern,

- Unterstützung für 64 k externen Speicher (Code),[13]
- Unterstützung für 64 k externen Speicher (Daten),
- vier bidirektionale 8-bit-I/O-Ports,[14]
- zwei 10-bit-adressierbare Speicherstellen,[15]
- 128 Byte internen RAM,
- 4 kByte internen ROM,
- mehrere Adressierungsmodi – indirekt/direkt zum Speicher, Register direkt über den Akkumulator,
- 12 Taktzyklen pro Maschinenzyklus,
- sehr effiziente Ausführung, da die meisten Anweisungen nur einen oder zwei Maschinenzyklen benötigten,
- 0,5–1 MIPS Leistung bei einer Taktfrequenz von 12 MHz,
- ein On-Chip-Taktoszillator,
- sechs Quellen, fünf Vektor-Interrupt-Handler,
- 64 k Programmspeicheradressraum,
- 64 k Datenspeicheradressraum,
- umfangreiche boolesche Handhabungsfähigkeit.

Intel stellte die Produktion des 8051 im Jahr 2007 ein, aber eine bedeutende Anzahl von Chipherstellern bietet weiterhin 8051-ähnliche Architekturen an, wovon viele im Vergleich zum ursprünglichen Design erheblich verbessert und erweitert wurden, z. B. Atmel, Cypress Semiconductor, Infineon Technologies, Maxim (Dallas Semiconductor), NXP, ST Microelectronics, Silicon Laboratories, Texas Instruments und Winbond. Obwohl der ursprüngliche 8051 auf NMOS-Technologie[16] basierte, sind in den letzten Jahren CMOS-Versionen[17] des 8051, oder ähnlicher Architektur, weit verbreitet erhältlich.

Zusätzlich zur Unterstützung von speichergemapptem I/O waren die Register des 8051 ebenfalls speichergemappt, und der Stapel befand sich im RAM, der intern zum Intel 8051 gehörte.[18] Die Fähigkeit des 8051, auf einzelne Bits zuzugreifen, machte

---

[13] Der 8051 verwendet getrennten Speicher für Daten und Code.

[14] Die I/O-Ports im Intel 8051 sind „speichergebunden", d. h., um von einem I/O-Port zu lesen/schreiben, muss das ausgeführte Programm auf die entsprechende Speicherstelle in der gleichen Weise lesen/schreiben, wie ein Programm normalerweise auf eine Speicherstelle lesen/schreiben würde.

[15] 128 davon befinden sich an den Adressen 0x20-0x2F, die restlichen 73 befinden sich in speziellen Funktionsregistern.

[16] n-Kanal-MOSFET (NMOS).

[17] Komplementärer MOSFET (CMOS).

[18] Intel hat eine Reihe von Herstellern lizenziert, um Mikroprozessoren auf Basis des Intel 8051 zu produzieren.

1.2 Entwicklung der Mikroprozessoren

es möglich, einzelne Bits mit einem einzigen 8051-Befehl zu setzen, zu löschen bzw. AND-, OR-Operationen usw. auszuführen. Registerbänke waren in den untersten 32 Byte des internen Speichers des 8051 enthalten. Acht Register wurden unterstützt, nämlich R0–R7, und ihre Standardorte befanden sich an den Adressen 0x00–0x07. Registerbänke konnten auch zur effizienten Kontextumschaltung verwendet werden und die aktive Registerbank wurde durch Bits im Statusregister („program status word",PSW) ausgewählt. Am oberen Ende des internen RAM befanden sich 21 spezielle Register an den Adressen $0x80-0xFF$. Einige dieser Register waren bit- und byteadressierbar,abhängig von der Anweisung, die das Register adressiert.

Als Entwickler immer vertrauter mit Mikrocontrollern wurden, begannen sie, immer komplexere eingebettete Systemanwendungen zu übernehmen. Dies führte zu einem Bedarf an einer viel größeren Vielfalt von Peripheriegeräten. PWM, zusätzliche UART, A/D-Wandler und D/A-Wandler waren einige der ersten Module, die „on Chip" verfügbar waren. Die Nachfrage nach mehr Speicher, CPU-Funktionalität, schnelleren Taktraten, besserer Interrupt-Behandlung [12], Unterstützung für mehr Interrupt-Level usw. wuchs stetig, und mit der Einführung von „OpAmps-on-Chip" – und alle typischerweise *interoperabel* – stieg auch die Nachfrage nach analogen Geräten. On-Chip-Fläche war schon immer ein äußerst wertvolles Gut, und obwohl zusätzliche digitale Funktionalität ebenfalls wünschenswert war, war der Bedarf an mehr analoger Unterstützung größer.

Daher war ein Kompromiss erforderlich und führte zur Einführung sogenannter „Mixed-Signal-Techniken"[19] in den Anwendungsbereich eingebetteter Systeme. Infolgedessen gibt es jetzt eine große Anzahl von Herstellern von Mikrocontrollern, die eine Vielzahl von Kernen verwenden, von denen viele 8051-Derivate sind, vollständig integriert mit verschiedenen Kombinationen/Permutationen von analogen und digitalen „Peripheriegeräten-on-Chip".

Einige repräsentative Typen, die derzeit verfügbar sind, sind unten mit einer kurzen Beschreibung aufgeführt:

68HC11 (Motorola) CISC, 8 bit, zwei 8-bit-Akkumulatoren, zwei 16-bit-Indexregister, ein Zustandscoderegister, 16-bit-Stackzeiger, 3–5 Ports, 768 Byte interner Speicher, max. 64 k externer RAM, 8051-8-bit-ALU und -Register, UART, 16-bit-Zähler/Timer, (bidirektionaler) 4-Byte-I/O-Port,

---

[19] Mixed-Signal bezieht sich auf eine Umgebung, in der sowohl analoge als auch digitale Signale vorhanden sind, die in vielen Fällen von analogen und digitalen Modulen verarbeitet werden, die interoperabel sind.

at91SAM3 (ATMEL at91SAM-Serie)	4 k On-Chip-ROM, 128–256 Byte Speicher für Daten, 4 kB Speicher für das Programm, 16-bit-Adressbus, 8-bit-Datenbus, Timer, On-Chip-Oszillatoren, Bootloader-Code im ROM, Energiesparmodi, In-Circuit-Debugging-Einrichtungen, I2C-/SPI-/USB-Schnittstellen, Resettimer mit Brownout-Erkennung, selbstprogrammierendes Flash-ROM (Programmspeicher), analoge Komparatoren, PWM-Generatoren, Unterstützung für LIN-/CAN-Busse, A/D- und D/A-Wandler, nichtflüchtiger Speicher (EEPROM) für Daten usw. ARM Cortex-M3 Revision 2.0, 32-bit-Kern, max. Taktrate 64 MHz, Speicherschutzeinheit („memory protection unit", MPU), Thumb-2-Befehlssatz, 64–256 kB eingebettetes Flash, 128 bit breiter Zugriffsspeicherbeschleuniger (einzelne Ebene), 16–48 kB eingebettetes SRAM, 16 kB ROM mit eingebetteten Bootloader-Routinen (UART, USB) und IAP-Routinen, 8 bit statischer Speichercontroller („static memory controller", SMC): SRAM/PSRAM/NOR- und NAND-Flash-Unterstützung, eingebauter Spannungsregler für Einzelversorgungsbetrieb, Power-on-Reset (POR), Brownout-Detektor (BOD) und Watchdog, Quarz- oder Keramikresonatoroszillatoren: 3–20 MHz Hauptleistung mit

1.2 Entwicklung der Mikroprozessoren

Fehlersuche und optionaler Niedrigleistung mit 32.768 kHz für RTC oder Gerätetakt, hochpräziser 8/12 MHz werkseitig getrimmter interner RC-Oszillator mit 4 MHz Standardfrequenz für den Gerätestart (In-Anwendungs-Trimmzugriff für Frequenzanpassung), langsamer interner RC-Oszillator als Gerätetakt für permanenten Niedrigleistungsmodus, zwei PLL mit bis zu 130 MHz für Gerätetakt und für USB, Temperatursensor, 22 periphere DMA (PDC)-Kanäle, Niedrigleistungsmodi (Schlaf- und Backup-Modi, bis zu 3 µA im Backup-Modus), Ultraniedrigleistungs-RTC, USB 2.0 (12 Mbit/s, 2668 Byte FIFO, bis zu acht bidirektionale Endpunkte, On-Chip-Transceiver), zwei USART mit ISO7816 (IrDA), RS-485, SPI, Manchester- und Modemmodus), zwei Zweileiter-UART, zwei Zweileiter-I2C-kompatible Schnittstellen SPI (ein Serial Synchronous Controller [I2S], eine High-Speed-Multimedia-Karten-Schnittstelle [SDIO/SD-Karte/MMC]), sechs Dreikanal-16-bit-Timer/Zähler mit Capture-, Wellenform-, Compare- und PWM-Modus, Quadratur-Decoder-Logik und 2-bit-Gray-Code-auf/ab-Zähler für den Antrieb eines Schrittmotors, 4-Kanal-16-bit-PWM mit komplementärem Ausgang, Fehlereingang, 12-bit-

	Totzeitgeneratorzähler für Motorsteuerung, 32-bit-Echtzeittimer und RTC mit Kalender- und Alarmfunktionen, 15-Kanal-1-MSPS-ADC mit differentiellem Eingangsmodus und programmierbarer Verstärkungsstufe, ein Zweikanal-12-bit-1-MSPS-DAC, ein analoger Komparator mit flexibler Eingangsauswahl/Fenstermodus und wählbarer Eingangshysterese, 32-bit-Cyclic Redundancy Check Calculation Unit (CRCCU), 79 I/O-Leitungen mit externer Interrupt-Fähigkeit (Kanten- oder Pegelsensitivität), Entprellung, Glitch-Filterung und On-Die-Vorwiderstandsabschluss, drei 32-bit-parallel-Eingabe/Ausgabe-Controller und peripherem DMA-unterstützter paralleler Erfassungsmodus.
ST92F124xx (STMicroelectronics ST92F-**Familie**)	Registerorientierter 8/16-bit-CORE mit RUN-, WFI-, SLOW-, HALT- und STOP-Modi, einheitlicher Spannungs-Flash 256 kB (max.), 8 kB RAM (max.), 1 kB E^3 (emuliertes EEPROM), In-Application-Programmierung (IAP), 224 allgemeine Register (Registerdatei) verfügbar als RAM, Akkumulatoren oder Indexzeiger, Taktgeber, Reset und Versorgungsmanagement, 0–24 MHz Betrieb (interner Taktgeber), Spannungsbereich 4,5–5,5 V, PLL-Taktgeber (3–5-MHz-Quarz), minimale Anweisungszeit: 83 ns (24 MHz

interner Takt), 80 I/O-Pins, vier externe schnelle Interrupts + 1 NMI, 16 Pins programmierbar als Wecker oder zusätzlichen externen Interrupt mit mehrstufigem Interrupt-Handler, DMA-Controller zur Reduzierung des Prozessoroverheads, 16-bit-Timer mit 8-bit-Vorteiler und Watchdog-Timer (aktiviert durch Software oder durch Hardware), 16-bit-Standardtimer, der zur Erzeugung einer von dem PLL-Taktgeber unabhängigen Zeitbasis verwendet werden kann, zwei unabhängige 16-bit-erweiterte-Funktionstimer (EFT) mit Vorteiler, zwei Capture-Eingängen und zwei Compare-Ausgängen, zwei 16-bit-Multifunktionstimer mit einem Vorteiler, zwei Capture-Eingängen und zwei Compare-Ausgängen, *serielle Peripherieschnittstelle* („serial peripheral interface", SPI) mit wählbarem Master/Slave-Modus, eine multiprotokollfähige *serielle Kommunikationsschnittstelle* mit asynchronen und synchronen Fähigkeiten, eine asynchrone serielle Kommunikationsschnittstelle mit 13-bit-LIN-Synch-Break-Generierungsfähigkeit, J1850 Byte Level Protocol Decoder (JBLPD), zwei vollständige I2C-multiple-Master/Slave-Schnittstellen, die den Zugriffsbus unterstützen, zwei CAN 2.0B-aktiv-Schnittstellen,

ATmega8 (Atmel AVR 8-bit-Familie) | 10-bit-A/D-Wandler (niedrige Stromkopplung). Stromsparender AVR-8-bit-Mikrocontroller, RISC-Architektur, 130 Anweisungen (die meisten sind Ein-Taktzyklus-Ausführung), 32×8 allgemeine Register, vollständig statischer Betrieb bis zu 16 MIPS Durchsatz bei 16 MHz, On-Chip-2-Zyklen-Multiplikator, hoher 8 k–32 kB selbstprogrammierbarer In-System-Flash-Programmspeicher, 512 Bytes EEPROM, 1 kByte SRAM, 10.000 Flash-/100.000 EEPROM-Schreib-/Löschzyklen (20 Jahre Datenhaltung, optionaler Boot-Code-Bereich mit unabhängigen Sperrbits, In-System-Programmierung durch On-Chip-Boot-Programm, echter „Read-while-write-Betrieb", Programmiersperre für Softwaresicherheit, zwei 8-bit-Timer/Zähler mit separatem Vorteiler und einem Compare-Modus, ein 16-bit-Timer/Zähler mit separatem Vorteiler und Compare/Capture-Modus, eine RTC mit separatem Oszillator, drei PWM-Kanäle, 6–8-Kanal-ADC mit 10 bit Genauigkeit, byteorientierte serielle Zweileiterschnittstelle, programmierbare serielle USART, Master/Slave-SPI, programmierbarer Watchdog-Timer mit separatem On-Chip-Oszillator, analoger Komparator, Power-on-Reset und programmierbare Brownout-Erkennung, kalibrierter

1.2 Entwicklung der Mikroprozessoren 17

80C51 (Atmel) RC-Oszillator, externe und interne Interrupt-Quellen, fünf Schlafmodi (Leerlauf, ADC-Rauschreduzierung, Stromsparmodus, Stromabschaltung und Standby), 23 programmierbare I/O-Leitungen, Betriebsspannungen: 2,7–5,5 V, Taktfrequenzen: 0–16 MHz, Stromverbrauch (4 MHz, 3 V, 25 °C) – aktiv: 3,6 mA/Leerlauf: 1,0 mA/Stromabschaltung: 0,5 µA. 8051-Kern-Architektur, 256 Bytes RAM, 1 kB SRAM, 32 kByte Flash, Datenhaltung: 10 Jahre bei 85 °C, Lösch-/Schreibzyklen: 100 k, Boot-Code-Bereich mit unabhängigen Sperrbits, 2 kByte Flash für Bootloader, In-System-Programmierung durch Boot-Programm, CAN-, UART- und IAP-Fähigkeit, 2 kB EEPROM, Lösch-/Schreibzyklen: 100 k, 14-Quellen-4-Level-Interrupts, drei 16-bit-Timer/Zähler, Vollduplex-UART, maximale Quarzfrequenz von 40 MHz (X2-Modus)/20 MHz (CPU-Kern, 20 MHz), fünf Ports: 32 + 2 digitale I/O-Leitungen, Fünfkanal-16-bit-PCA mit: PWM (8 bit), High-Speed-Ausgang, Timer und Flankenerfassung, doppelter Datenzeiger, 21-bit-Watchdog-Timer (sieben programmierbare Bits), 10-bit-analog-digital-Wandler (ADC) mit acht gemultiplexten Eingängen, On-Chip-Emulationslogik (erweitertes

Hook-System), stromsparende Modi: Leerlauf und Stromabschaltung. Vollständiger CAN-Controller (CAN Rev2.0A und 2.0B), 15 unabhängige Nachrichtenobjekte: jedes Nachrichtenobjekt programmierbar auf Übertragung oder Empfang, individuelle Tag- und Maskenfilter bis zu 29-bit-Identifier/Kanal, zyklisches 8-Byte-Datenregister (FIFO)/Nachrichtenobjekt, 16-bit-Status- und -Steuerregister/Nachrichtenobjekt, 16-bit-Zeitstempelregister/Nachrichtenobjekt, CAN-Spezifikation 2.0 Teil A oder 2.0 Teil B programmierbar für jedes Nachrichtenobjekt, Zugriff auf Nachrichtenobjektsteuerungs- und Datenregister über SFR, programmierbare Empfangsbufferlänge bis zu 15 Nachrichtenobjekten, Prioritätsmanagement bei Empfang von Treffern auf mehrere Nachrichtenobjekte gleichzeitig, Prioritätsmanagement für Übertragungsnachrichtenobjekt, Überlauf-Interrupt, Unterstützung für zeitgesteuerte Kommunikation Autobaud und Abhörmodus, programmierbarer automatischer Antwortmodus, 1 Mbit/s maximale Übertragungsrate bei 8 MHz Quarzfrequenz im X2-Modus, lesbare Fehlerzähler, ein programmierbarer Link zum Timer für Zeitstempelung und Netzwerksynchronisation, unabhängiger

1.2 Entwicklung der Mikroprozessoren

PIC (MicroChip PIC 18F-Familie)

Baudraten-Vorteiler, Daten-/Remotefehler- und Überlastframe-Handling.
Nutzt eine 8-bit-Harvard-Architektur, einen oder mehrere Akkumulatoren, einen kleinen Befehlssatz, allgemeine I/O-Pins, 8-/16-/32-bit-Timer, internes EEPROM, USART/UART, CAN-/USB-/Ethernet-Unterstützung, interne Taktoszillatoren, Hardware-Stack, Capture/Compare/PWM-Module, A/D-Wandler usw., mehrere stromverwaltete Modi („Run": CPU an, Peripheriegeräte an, „Idle": CPU aus, Peripheriegeräte an, „Sleep": CPU aus, Peripheriegeräte aus), mehrere Stromverbrauchsmodi (PRI_RUN: µA, 1 MHz, 2 V, PRI_IDLE: 37 µA, 1 MHz, 2 V SEC_RUN: 14 µA, 32 kHz, 2 V, SEC_IDLE: 5,8 µA, 32 kHz, 2 V, RC_RUN: 110 µA, 1 MHz, 2 V, RC_IDLE: 52 µA, 1 MHz, 2 V, Sleep: 0,1 µA, 1 MHz, 2 V), Timer1-Oszillator: 1,1 µA, 32 kHz, 2 V, Watchdog-Timer: 2,1 µA, Zwei-Geschwindigkeits-Oszillator-Startup, vier Quarzmodi (LP, XT, HS: bis zu 25 MHz), HSPLL: 4–10 MHz (16–40 MHz intern), zwei externe RC-Modi, bis zu 4 MHz, zwei externe Taktmodi, bis zu 40 MHz, interner Oszillatorblock (acht benutzerwählbare Frequenzen: 31, 125, 250, 500 kHz, 1, 2, 4, 8 MHz), 125 kHz–8 MHz kalibriert auf R1 %, zwei Modi wählen einen

oder zwei I/O-Pins, OSCTUNE ermöglicht dem Benutzer die Frequenzverschiebung, sekundärer Oszillator mit Timer1 @ 32 kHz, ausfallsicherer Taktmonitor (ermöglicht sicheres Herunterfahren, wenn der Peripherietakt stoppt), hoher Stromsenke/Quelle 25 mA/25 mA, drei externe Interrupts, erweitertes Capture/Compare/PWM („enhanced capture/compare/PWM", ECCP)-Modul (ein, zwei oder vier PWM-Ausgänge, wählbare Polarität, programmierbare Totzeit, Auto-Shutdown und Auto-Restart, Capture ist 16 bit, max. Auflösung 6,25 ns [TCY/16], Compare ist 16 bit, max. Auflösung 100 ns [TCY]), kompatibles 10-bit-13-Kanal-analog-digital-Wandler-Modul (A/D) mit programmierbarer Erfassungszeit, erweitertes USART-Modul: unterstützt RS-485, RS-232 und LIN 1.2 Auto-Wake-up bei Startbit, Auto-Baud-Erkennung, 100.000 Lösch-/Schreibzyklen erweiterter Flash-Programmspeicher typisch, 1.000.000 Lösch-/Schreibzyklen Daten-EEPROM-Speicher typisch, Flash/Daten-EEPROM-Retention: >40 Jahre, selbstprogrammierbar unter Softwarekontrolle, Prioritätsstufen für Interrupts, 8×8 Single-Cycle Hardware Multiplier, erweiterter Watchdog-Timer (WDT, programmierbarer

1.2 Entwicklung der Mikroprozessoren

MSP430 (Texas Instruments MSP 430F-Familie)

Zeitraum von 41 ms bis 131 s mit 2 % Stabilität), Einzelversorgung 5 V, serielle In-Circuit-Programmierung („in-circuit serial programming", ICSP) über zwei Pins, In-Circuit-Debugging (ICD) über zwei Pins, breiter Betriebsspannungsbereich: 2,0–5,5 V.

RISC[20], von Neumann-Architektur, 27 Befehle, maximal 25 MIPS, Betriebsspannung: 1,8–3,6 V, interner Spannungsregler, Konstantgenerator, Programmspeicher: 1–55 kB, SRAM: 128–5120 Byte, I/O: 14–48 Pins, Mehrkanal-DMA, 8-16-Kanal-ADC, Watchdog, Echtzeituhr (RTC), 16-bit-Timer, Brownout-Schaltung, 12-bit-DAC, Flash ist bit-, byte- und wortadressierbar, maximal zwölf bidirektionale 8-bit-Ports (Ports 1 und 2 haben Interrupt-Fähigkeit), individuell konfigurierbare Pull-up-/Pulldown-Widerstände, Unterstützung für statische/2-mux-/3-mux- und 4-mux-LCD, ein integrierter Ladepumpenkonverter für Kontraststeuerung, Einzelversorgungs-OpAmps, Rail-to-Rail-Betrieb, programmierbare Einschwingzeiten, OpAmp-Konfiguration um-

---

[20] Computer werden typischerweise entweder als Complex-Instruction-Set-Computers (CISC) oder als Reduced-Instruction-Set-Computers (RISC) kategorisiert. Das Grundkonzept ist, dass RISC-Befehle weniger Maschinenzyklen pro Befehl benötigen als CISC-Befehle. Bei RISC-Maschinen sind die Befehle typischerweise von fester Länge, jeder ist für eine einfache Operation verantwortlich, allgemeine Register werden für Datenoperationen und nicht für Speicher verwendet, Daten werden über Load- und Store-Befehle bewegt usw.

	fasst: Einheitsverstärkungsmodus/Komparatormodus/ invertierender PGA/nicht invertierender PGA, differentielle und Instrumentenmodi, Hardwaremultiplikator unterstützt 8/16 bit × 8/16 bit, vorzeichenbehaftet und vorzeichenlos mit optionalem „Multiplizieren und Akkumulieren", DMA zugänglich, maximal sieben 16-bit-Sigma-Delta-A/D-Wandler, jeder hat bis zu acht vollständig differentielle gemultiplexte Pinouts einschließlich eines eingebauten Temperatursensors, Versorgungsspannungsüberwacher, asynchrone 16-bit-Timer mit bis zu sieben Capture/Compare-Registern, PWM-Ausgänge, ein USART, SPI, LIN, IrDA und I2C-Unterstützung, programmierbare Baudraten, USB 2.0-Unterstützung bei 12 Mbit/s, USB-Suspend/Resume und Remote-Wake-up.
PSoC 1 (Cypress CY8C29466)	Ein programmierbares System-on-Chip, Harvard-Architektur, M8C-Prozessorgeschwindigkeiten bis zu 24 MHz, zwei 8×8-Multiplikationen mit 32 bit Akkumulation, Betriebsspannung 4,75–5,25 V, 14-bit-ADC, 9-bit-DAC, programmierbare Verstärker, programmierbare Filter, programmierbare Komparatoren, 8–32-bit-Timer/-Zähler, PWM, CRC/PRS, vier Voll-Duplex- oder acht Halb-Duplex-UART, mehrere SPI-Master/Slaves (an

alle GPIO-Pins anschließbar), interner ±4-%-24-MHz-Oszillator, hochgenaue 24 MHz mit optionalem 32.768-kHz-Quarz und PLL, optionaler externer Oszillator, bis zu 24 MHz, interner Low-Speed-low-Power-Oszillator für Watchdog- und Sleep-Funktionalität, 24-MHz-Oszillator mit hochgenauem 24-MHz-Takt, optionaler 32.768-kHz-Quarz und PLL-Unterstützung, externe Oszillatorunterstützung bis 24 MHz, Watchdog- und Sleep-Funktionalität, flexibler On-Chip-Speicher, 32 kByte Flash-Programmspeicher, 100 k Lösch-/Schreibzyklen, 2 kByte SRAM-Datenspeicher, In-System-Serial-Programming (ISSP), partielle Flash-Updates, flexible Schutzmodi, EEPROM-Emulation in Flash, programmierbare Pin-Konfigurationen: 25 mA Sink, 10 mA Drive an allen GPIO, Pull-up-, Pull-down-, High-Z-, Strong- oder Open-Drain-Drive-Modi an allen GPIO, bis zu 12 Analogeingänge an GPIO [1], vier 30-mA-Analogausgänge an GPIO, konfigurierbarer Interrupt an allen GPIO, I2C-Master/Slave- oder Multi-Master-Betrieb bis 400 kHz, Watchdog/Sleep-Timer, benutzerkonfigurierbare Unterspannungserkennung, integrierte Überwachungsschaltung und Präzisionsspannungsreferenz.

PSoC 3 (Cypress CY8C34-**Familie**) Ein Single-Cycle-8051-CPU-Kern, DC- bis 67-MHz-Betrieb, Multiplikations-/Divisionsbefehle, Flash-Programmspeicher bis 64 kB, 100.000 Schreibzyklen, 20 Jahre Datenhaltung, mehrere Sicherheitsfunktionen, max. 8 kB Flash ECC oder Konfigurationsspeicher, max. 8 kB SRAM, max. bis zu 2 kB EEPROM (1 M Zyklen, 20 Jahre Datenhaltung), 24-Kanal-DMA mit mehrschichtigem AHB-Bus-Zugriff, programmierbare verkettete Deskriptoren und Prioritäten, hohe Bandbreitenunterstützung für 32-bit-Übertragung, Betriebsspannungsbereich von 0,5 bis 5,5 V, hocheffizienter Boost-Regler (0,5 V Eingang bis 1,8–5,0 V Ausgang), Stromverbrauch 330 µA bei 1 MHz, 1,2 mA bei 6 MHz, 5,6 mA bei 40 MHz, 200 nA im Ruhezustand mit RAM-Aufbewahrung und LVD, 1-µA-Schlafmodus mit Echtzeituhr und Low-Voltage-Reset, 28–72 I/O-Kanäle (62 GPIO, 8 SIO, 2 USBIO), jede GPIO zu jeder digitalen oder analogen Peripherie routbar, LCD-Direktantrieb von jeder GPIO (max. 46×16 Segmente), 1,2–5,5 V I/O-Schnittstellenspannungen (max. 4 Domänen), maskierbare unabhängige IRQ[21] an jedem Pin oder Port, Schmitt-

---

[21] Das Akronym für eine Interrupt-Anforderung ist IRQ.

Trigger-TTL-Eingänge, alle GPIO konfigurierbar (open Drain high/low, pull up/down, high-Z oder strong Output), konfigurierbarer GPIO-Pin-Zustand bei Power-on-Reset (POR), 25 mA Sink auf SIO, 16–24 programmierbare PLD-basierte universelle Digitalblöcke, vollständiger CAN 2.0b 16-Rx-8-Tx-Buffer, USB 2.0 (12 Mbit/s) mit internem Oszillator, max. vier 16-bit-konfigurierbare Timer, Zähler und PWM-Blöcke, 8-, 16-, 24- und 32-bit-Timer, -Zähler und -PWM, SPI, UART, I2C, zyklische Redundanzprüfung („cyclic redundancy check", CRC), Pseudo-Random-Sequence (PRS)-Generator, LIN-Bus 2.0, Quadraturdecoder, konfigurierbarer Delta-Sigma-ADC mit 12-bit-Auflösung (programmierbare Verstärkungsstufe: x0,25–x16, 12-bit-Modus, 192 kSPS, SNR 70 dB, 1-bit-INL/DNL), zwei 8-bit-8-MSPS-IDAC oder 1-MSPS-VDAC, vier Komparatoren mit 75 ns Reaktionszeit, zwei ungebundene OpAmps mit 25 mA Antriebsfähigkeit, zwei konfigurierbare multifunktionale analoge Blöcke (konfigurierbar als PGA, TIA, Mischer und Abtasten/Halten), JTAG (Vierleiter), Serial Wire Debug (SWD, Zweileiter), Single-Wire-Viewer (SWV)-Schnittstellen, Bootloader-Programmierung unter-

PSoC 4 (Cypress CY8C34-**Familie**) stützbar durch I2C, SPI, UART, USB und andere Schnittstellen, präzise, programmierbare Taktgebung (1–48 MHz [±1 % mit PLL]), 4–33-MHz-Quarzoszillator für Quarz-PPM-Genauigkeit, PLL-Taktgenerierung bis 48 MHz, ein 32.768-kHz-Uhrenquarzoszillator, interner Niedrigleistungsoszillator bei 1 und 100 kHz.

Eine skalierbare und rekonfigurierbare Plattformarchitektur für eine Familie von gemischtsignalprogrammierbaren eingebetteten Systemcontrollern mit einer ARM Cortex-M0-CPU. Sie kombiniert programmierbare und rekonfigurierbare analoge und digitale Blöcke mit flexibler automatischer Verdrahtung. Die PSoC 4200-Produktfamilie, basierend auf dieser Plattform, ist eine Kombination aus einem Mikrocontroller mit digitaler programmierbarer Logik, hochleistungsfähiger Analog-digital-Wandlung, OpAmps mit Komparatormodus und standardmäßigen Kommunikations- und Timing-Peripheriegeräten. Die PSoC 4200-Produkte werden vollständig aufwärtskompatibel mit Mitgliedern der PSoC 4-Plattform für neue Anwendungen und Designanforderungen sein. Programmierbare analoge und digitale Teilsysteme ermöglichen Flexibilität und In-Feld-Tuning des Designs. Besitzt ein 32-bit-MCU-Teilsystem.

1.2 Entwicklung der Mikroprozessoren

	48-MHz-ARM-Cortex-M0-CPU mit Einzelzyklusmultiplikation. Bis zu 32 kB Flash mit Read Accelerator. Bis zu 4 kB SRAM analog programmierbar. Zwei OpAmps mit rekonfigurierbarem externem High-Drive und internem Hochbandbreiten-Drive, Komparatormodi und ADC-Eingangsbufferfähigkeit. 12-bit-1-MSPS-SAR-ADC mit differentiellen und Single-Ended-Modi; Kanalsequenzer mit Signalmittelung. Zwei Strom-DAC (IDAC) für allgemeine Zwecke oder kapazitive Sensoranwendungen an jedem Pin. Zwei stromsparende digital programmierbare Komparatoren, die im Deep-Sleep-Modus arbeiten. Vier programmierbare Logikblöcke, sogenannte universelle digitale Blöcke (UDB), jeweils mit acht Makrozellen und Datenpfad. Von Cypress bereitgestellte Peripheriekomponentenbibliothek, benutzerdefinierte Zustandsmaschinen und Verilog-Eingabe. Niedrigleistungsbetrieb 1,71–5,5 V. 20-nA-Stoppmodus mit GPIO-Pin-Aufweckfunktion. Hibernate- und Deep-Sleep-Modi ermöglichen Aufweckzeit- gegenüber Leistungs-Trade-offs.
PSoC 4 und Capacitive Sensing	Cypress CapSense Sigma-Delta (CSD) bietet bestes SNR (>5:1) und Wasserverträglichkeit. Die von Cypress bereitgestellte Softwarekomponente macht kapazitives Sensing-Design ein-

fach. Automatisches Hardwaretuning (SmartSense)-Segment LCD Drive. LCD-Antrieb unterstützt auf allen Pins (gemeinsam oder Segment). Funktioniert im Deep-Sleep-Modus mit 4 bit pro Pinspeicher. Serielle Kommunikation: zwei unabhängige laufzeitrekonfigurierbare serielle Kommunikationsblöcke (SCBs) mit rekonfigurierbarer I2C-, SPI- oder UART-Funktionalität. Timing und Pulsweitenmodulation: vier 16-bit-Timer/Counter-Pulsweitenmodulator (TCPWM)-Blöcke. Zentrierte, flanken- und pseudozufällige Modi. Komparatorbasiertes Auslösen von Kill-Signalen für Motorantrieb und andere hochzuverlässige digitale Logikanwendungen. Bis zu 36 programmierbare GPIO. Jeder GPIO-Pin kann CapSense, LCD, analog oder digital sein. Antriebsmodi, Stärken und Anstiegsraten sind programmierbar. Fünf verschiedene Gehäuse: 48-Pin-TQFP-, 44-Pin-TQFP-, 40-Pin-QFN-, 35-Ball-WLCSP- und 28-Pin-SSOP-Gehäuse. 35-Ball-WLCSP-Gehäuse wird mit I2C-Bootloader im erweiterten Industrie-Flash-Speicher ausgeliefert. Temperaturbetrieb: 40–105 °C. PSoC Creator Integrated Development Environment (IDE) bietet schematische Designeingabe und Build (mit analoger und digitaler automatischer Verdrahtung). API: Komponente für alle festen

PSoC 5LP (Cypress CY8C53-**Familie**)

Funktionen und programmierbaren Peripheriegeräte. Industriestandardtoolkompatibilität: Nach schematischer Eingabe kann die Entwicklung mit ARM-basierten Industriestandardentwicklungstools durchgeführt werden.
32-bit-ARM Cortex-M3 CPU-Kern, DC bis 80-MHz-Betrieb, Flash-Programmspeicher (max. 256 kB, 100.000 Schreibzyklen, 20 Jahre Aufbewahrung), mehrere Sicherheitsfunktionen, 64 kB SRAM (max.), 2-kB-EEPROM (1 Mio. Zyklen, 20 Jahre Aufbewahrung), 24 Kanäle DMA mit mehrschichtigem AHB-Bus-Zugriff, programmierbare verkettete Deskriptoren und Prioritäten, Unterstützung für Hochbandbreiten-32-bit-Transfer, Betriebsspannungsbereiche: 0,5–5,5 V, hocheffizienter Verstärkungsregler (0,5 V Eingang auf 1,8–5,0 V Ausgang, Stromentnahme von 2 mA bei 6 MHz), 300 nA Ruhezustand mit RAM-Aufbewahrung und LVD, 2 µA Schlafmodus mit Echtzeittakt und Niederspannungsrücksetzung, 28–72 I/O-Kanäle (62 GPIO, 8 SIO, 2 USBIO), beliebige GPIO zu beliebiger digitaler oder analoger Peripherieoutbarkeit, LCD-Direktantrieb von jedem GPIO (max. 46×16 Segmente), 1,2–5,5 V I/O-Schnittstellenspannungen (max. vier Domänen), maskierbare, unabhängige IRQ auf jedem Pin oder Port, Schmitt-

Trigger-TTL-Eingänge, alle GPIO konfigurierbar („open drain high/low", „pull up/down", „high-Z" oder „strong output"), konfigurierbarer GPIO-Pin-Zustand bei Power-on-Reset (POR), 25 mA Sink auf SIO, 20–24 programmierbare PLD-basierte universelle digitale Blöcke, vollständiges CAN 2.0b 16 Rx-, 8 Tx-Buffer, vollständiges USB 2.0 (12 Mbit/s mit internem Oszillator), max. vier 16-bit-konfigurierbare Timer-, Zähler- und PWM-Blöcke, 8, 16, 24 und 32-bit-Timer, Zähler und PWM SPI, UART, I2C, zyklische Redundanzprüfung („cyclic redundancy check", CRC), Pseudozufallssequenz („pseudo random sequence", PRS) Generator, LIN-Bus 2.0, Quadraturdecoder, SAR ADC (12 bit bei 1 Msps), vier 8 bit 8 Msps IDACs oder 1 Msps VDAC, vier Komparatoren mit 75 ns Reaktionszeit, vier unverbindliche OpAmps mit 25 mA Antriebsfähigkeit, vier konfigurierbare multifunktionale analoge Blöcke (PGA, TIA, Mischer und Abtasten und Halten), JTAG (Vierleiter), Serial Wire Debug (SWD) (Zweileiter), Single Wire Viewer (SWV) und TRACEPORT-Schnittstellen, Cortex-M3 Flash Patch und Breakpoint (FPB) Block, Cortex-M3 eingebettete Trace Makrozelle („embedded trace macrocell", ETM) zur Erzeugung eines Befehlsfolge-Stream. Cor-

1.2 Entwicklung der Mikroprozessoren

	tex-M3 Datenüberwachungspunkt und Trace („data watchpoint and trace", DWT) zur Erzeugung von Daten-Trace-Informationen, Cortex-M3 Instrumentation Trace Macrocell (ITM) für printf-artiges Debugging, DWT-, ETM- und ITM-Blöcke, die über SWV oder TRACEPORT mit Off-Chip-Debug- und Tracesystemen kommunizieren können, Bootloaderprogrammierung unterstützbar durch I2C, SPI, UART, USB und andere Schnittstellen, Präzision, programmierbare Taktung von 1 bis 72 MHz mit PLL, 4–33 MHz Quarzoszillator für Quarz-PPM-Genauigkeit, PLL-Taktgenerierung bis zu 80 MHz, 32,768 kHz Quarzoszillatorunterstützung, interner Niedrigleistungsoszillator bei 1 und 100 kHz.
PSoC 6 (Cypress CY8C53-**Familie**)	Eine skalierbare und rekonfigurierbare Plattformarchitektur für eine Familie von programmierbaren eingebetteten Systemcontrollern mit ARM Cortex CPUs (Einzel- und Mehrkern). Die PSoC6-Produktfamilie, basierend auf einer 40-nm-Ultraniedrigleistungsplattform, ist eine Kombination aus einem Dual-Core-Mikrocontroller mit Niedrigleistungs-Flash-Technologie und digital programmierbarer Logik, Hochleistungs-analog-digital- und -digital-analog-Wandlung, Niedrigleistungskomparatoren und Standardkommunikations-

und Timingperipheriegeräten. 32-bit-Dual-Core-CPU-Subsystem, 150-MHz-ARM-Cortex-M4F CPU mit Einzelzyklusmultiplikation (Gleitkomma- und Speicherschutzeinheit) für Benutzeranwendung, 100-MHz-Cortex M0+ CPU mit Einzelzyklusmultiplikation und MPU für Systemfunktionen (nicht vom Benutzer programmierbar). Benutzerselektierbarer Kernlogikbetrieb bei entweder 1,1 oder 0,9 V. Interprozessorkommunikation wird in Hardware unterstützt. 8 kB 4-Wege-Set assoziativ. Befehls-Caches für die M4 und M0+ CPUs jeweils. Anstieg der aktiven CPU-Leistungsaufnahme bei 1,1 V Kernbetrieb beträgt für den Cortex M4 40 A/MHz und für den CortexM0+ 20 A/MHz, beide bei 3,3 V Chipversorgungsspannung mit dem internen Abwärtsregler. Zwei DMA-Controller mit jeweils 16 Kanälen flexibles Speichersubsystem. 1 MB Anwendungs-Flash mit 32 kB EEPROM-Bereich und 32 kB sicherer Flash. 128 bit breite Flash-Zugriffe reduzieren die Leistung. SRAM mit wählbarer Retentionsgranularität. 288 kB integrierter SRAM. 32 kB Retentionsgrenzen (kann 32–288 kB in 32-kB-Schritten behalten). OTP E-Fuse-Speicher für Validierung und Sicherheit, Niedrigleistungsbetrieb 1,7–3,6 V. Aktiv, niedrigleistungsaktiv, Schlaf, Deep-Sleep-Modus-

Strom mit 64 kB SRAM-Retention beträgt 7 A mit 3,3 V externer Versorgung und internem Abwärtsregler. On-Chip-SIMO-DC-DC-Abwärtswandler, <1 A Ruhestrom. Back-up-Domäne mit 64 Byte Speicher und Echtzeituhr (RTC), flexible Taktungsoptionen. On-Chip-Quarzoszillatoren (Hochgeschwindigkeit, 4–33 MHz, und Uhrenquarz, 32 kHz). Phasenregelschleife (PLL) zur Multiplikation von Taktfrequenzen. 8 MHz interner Hauptoszillator (IMO) mit 2 % Genauigkeit. 32-kHz-ILO („internal low-speed oscillator", ILO) mit sehr geringem Stromverbrauch und 10 % Genauigkeit. Frequenzregelschleife („frequency locked loop", FLL) zur Multiplikation der IMO-Frequenz. Serielle Kommunikation. Neun unabhängige laufzeitrekonfigurierbare serielle Kommunikationsblöcke (SCB), jeder ist softwarekonfigurierbar als I2C, SPI oder UART. Timing und Pulsweitenmodulation. 32 Timer/Counter-Pulsweitenmodulator (TCPWM)-Blöcke. Zentriert ausgerichtete, flanken- und pseudozufällige Modi. Komparatorbasiertes Auslösen von Kill-Signalen. Bis zu 78 programmierbare GPIO. Antriebsmodi, Stärken und Flankensteilheiten sind programmierbar. Sechs überspannungstolerante (OVT) Pins.

1.3 Eingebettete Systemanwendungen

Eingebettete Systeme finden sich in einer stetig wachsenden Anzahl von Anwendungen, einschließlich: Fernsehgeräte, Kabelboxen, Satellitenboxen, Kabelmodems, Router, Drucker, Mikrowellenherde, Surround-Sound-Systeme, Computermonitore, Digitalkameras, Zoomobjektive, Autos und Lastwagen (einige Fahrzeuge haben 100+ solcher Systeme), Stereos, Geschirrspüler, Trockner, Waschmaschinen, Mobiltelefone, digitale Multimeter, Taschenrechner, Klimaanlagen, MP3-Player, Heizungen, Flugsteuerungssysteme (Fly-by-Wire), Laufschuhe, Tennisschläger, Ampeln, Aufzüge, Telekommunikationssysteme, medizinische Geräte, Flugzeuge, Automobil-Tempomaten, Zündsysteme, PDAs, Freizeitboote, Motorräder, Kinderspielzeug, Oszilloskope, Schiffe, Industrie- und Prozesssteuerungsanwendungen, Bahnsysteme, Laborgeräte, PCs, Datenerfassungs-/Logging-Geräte, numerische Verarbeitungsanwendungen, „smarte" Schuhe, Robotik, Brand-/Sicherheitsalarme, biometrische Systeme, Näherungsdetektoren, Trägheitsführungssysteme, GPS-Geräte, Drohnen etc. Die Hauptmärkte für eingebettete Systeme umfassen Automobil, Medizin, Avionik, Kommunikation, Industrie und Unterhaltungselektronik.

Zum Beispiel produzieren immer mehr Automobilhersteller Produkte, die eingebettete Systeme nutzen, welche die Hauptfunktionen ihres Fahrzeugs steuern, wie z. B. Antriebsstrangmanagement, Klimaanlagen (Heiz-/Kühlsysteme), Sitzpositionierungsmechanismen, Kraftstoffsysteme, Bremsmechanismen, Armaturenbrettinstrumente, GPS-Systeme etc. Automobilhersteller müssen auch weiterhin auf stetig wachsende Anforderungen an erweiterte Sicherheit, Umweltschutz und Fahrerkomfort reagieren, wodurch die Anzahl der Mikroelektronikkomponenten in einem Fahrzeug zunimmt, die alle immer mehr „Codezeilen" benötigen. Eingebettete Systeme sind auch die Grundlage für die Steuerungs- und Überwachungssysteme autonomer Fahrzeuge.

In den letzten zwei Jahrzehnten ist die Gesamtzahl der von Automobilherstellern verwendeten Codezeilen Berichten zufolge von etwa 1 Mio. Zeilen auf nahezu 100 Mio. Zeilen proprietären und Drittanbietercodes gewachsen. Daher wird die Leichtigkeit, mit der neuer Code entwickelt und in zukünftigen Designs wiederverwendet werden kann, von größter Bedeutung. Dies gilt insbesondere, da Mikrocontroller mit zunehmend komplexeren Architekturen weiterentwickelt werden, um den Marktanforderungen gerecht zu werden.[22]

Die Notwendigkeit, kontinuierlich

---

[22] In den Anfangstagen von Mikrocomputern/Mikrocontrollern prahlten Softwareentwickler oft mit der Anzahl der Codezeilen, die sie für eine Anwendung geschrieben hatten, wobei die Implikation war, je mehr Codezeilen, desto ausgefeilter der Entwickler, der oft in Begriffen von KLOC (Tausend Zeilen Code) sprach. Es wurde bald klar, dass das wahre Maß für die Fähigkeiten eines Entwicklers das Gegenteil war.

1.3 Eingebettete Systemanwendungen

- die Markteinführungszeit für neue Designs zu reduzieren,
- weniger teure Mikrocontroller mit immer größerer Leistungsfähigkeit und in einigen Fällen mehr Spezialisierung einzuführen,
- die immer zunehmende Anwendungskomplexität zu unterstützen und,
- den Stromverbrauch zu senken,

hat wiederum die Nachfrage nach einer Vielzahl von generischen und spezialisierten Mikrocontrollern erhöht und den Stand der verfügbaren Mikrocontroller-Technologie und zugehörigen Peripheriegeräte erheblich vorangetrieben.

Automobilelektronik Fahrzeughersteller setzen weiterhin aggressiv mehr und mehr eingebettete Systemtechnologie in neue Fahrzeuge ein, um ihre Wettbewerbsstärken bei der Bewältigung der neuen Herausforderungen ihrer Wettbewerber und der öffentlichen Nachfrage nach effizienteren, zuverlässigeren und funktionsreicheren Transportmitteln zu erhöhen.

Derzeit liegt die Anzahl der Mikroprozessoren/Mikrocontroller in Automobilen zwischen 10 und mehr als 100, wobei aktuelle Schätzungen darauf hindeuten, dass bis zu 40 % des Wertes einiger Automobile in die Elektroniksysteme und Vernetzung investiert werden. Einige moderne Fahrzeuge verwenden drei oder mehr Netzwerkprotokolle, z. B. LIN[23] (10 kbit/s), CAN[24] (1 Mbit/s) und FlexRay[25] (10 Mbit/s), um die breite Palette von Echtzeitanforderungen in modernen Fahrzeugen zu erfüllen.

Hochgeschwindigkeitsnetzwerke, die FlexRay und High-Speed-CAN nutzen, sind erforderlich, um Kraftstoffzünd- und Abgassysteme, Zünd-/Ventilsteuerung, Kraftstoffeinspritzsysteme, Antiblockiersysteme, Tempomat, Airbags, aktive Federung, Steer-by-Wire, Brake-by-Wire und andere „X-by-Wire-Systeme" zu handhaben. Niedriggeschwindigkeitsnetzwerke, die LIN und Low-Speed-CAN verwenden, werden eingesetzt um weniger anspruchsvolle Echtzeitanforderungen zu bewältigen, wie das Armaturenbrett (Dashboard), Klimaanlage, Scheibenwischer, elektrische Fensterheber, Spiegeleinstellungen, Sitzsteuerungen, Alarmanlagen, Türschlösser, Scheinwerfer, Innenbeleuchtungssysteme, Bremslicht, Rückfahr-/Nebelscheinwerfer und Fern-/Abblendlicht, Sitztemperaturregler etc.

---

[23] Local Interconnect Network (LIN).

[24] Controller Area Network (CAN).

[25] FlexRay ist ein offenes, skalierbares Netzwerkprotokoll, das von einem Konsortium bestehend aus Philips Semiconductor, BMW, Daimler Chrysler, Motorola, BMW, Ford Motor Company, General Motors Corporation und Robert Bosch GMBH speziell für Automobilanwendungen erstellt wurde. Es unterstützt sowohl synchrone als auch asynchrone Datenübertragungen und kann im Einzel- oder Doppelkanalmodus betrieben werden, wenn Redundanz erforderlich ist.

Luftfahrtelektronik Private, kommerzielle und militärische Avioniksysteme machen umfangreichen Gebrauch von eingebetteten Systemen für Fly-by-Wire, GPS-basierte und andere Navigationssysteme wie Trägheitsnavigationssysteme. Head-up-Displays, Überwachung und Steuerung von Kraftwerken, Instrumentenanzeigen, Kommunikationssysteme und zugehörige Ausrüstung, Transponder, Instrumententafeln, interne/externe Beleuchtungssysteme, offensive und defensive Waffensysteme, Wetterradar, Navigationssysteme usw. werden ebenfalls zunehmend von eingebetteten Systemen gesteuert und/oder überwacht.

Unterhaltungselektronik Seit der Einführung des Mikroprozessors haben Verbraucherelektronikgeräte kontinuierlich zunehmenden Gebrauch von Halbleitertechnologie und insbesondere von Mikrocontrollern gemacht. Moderne Häuser machen umfangreichen Gebrauch von eingebetteten Systemen in Form von Sicherheits-, Beleuchtungssteuerungs-, Stereo-, Telekommunikations-, Kabel-TV- und Internetsystemen, PCs, MP3-Playern usw.

Kommunikationselektronik Mobiltelefone, Telefonschalter, GPS, Router, mikrowellen- und satellitengestützte Systeme usw. machen umfangreichen Gebrauch von eingebetteten Systemen.

Industrieelektronik Prozesssteuerungssysteme, numerisch gesteuerte Fräs- und Bohrmaschinen, 3D-Drucksysteme, Robotik, automatisierte Inspektionssysteme usw. sind stark abhängig von eingebetteten Systemen, insbesondere für hochvolumige, eng tolerierte Fertigungsprozesse und -systeme.

Medizinelektronik Messgeräte für Blutdruck, Herzfrequenz von Kleinkindern/Erwachsenen, fetale Herzfrequenz, Pulsoximetrie, Blutzucker, Elektrokardiogramm, Beatmung/Atmung, elektronische Stethoskope, Vitalzeichen, Blutzucker- und Anästhesiemonitore verwenden alle eingebettete Systeme und werden sowohl zuhause als auch in Kliniken, Arztpraxen und Krankenhäusern eingesetzt. Bildgebungssysteme, z. B. akustische (Sonogramme), CT (Computertomographie), MRT (Magnetresonanztomographie), SPECT („single-photon emission computed tomography", Einzelphotonen-Emissionscomputertomographie) und PET (Positronen-Emissions-Tomographie), motorisierte Patientenbetten, Überwachungssysteme, Operationssaalsysteme, robotergestützte Chirurgiesysteme sind ebenfalls wichtige Anwendungen von eingebetteten Systemen.

Jeder dieser Bereiche stützt sich auf ein oder mehrere eingebettete Systeme, um Eingabedaten von Geräten, die als „Sensoren" bezeichnet werden, und/oder anderen Datenquellen zu sammeln. Basierend auf den gesammelten Informationen führen sie dann eine numerische/logische Verarbeitung der Eingabedaten durch, unterliegen bestimmten vordefinierten Einschränkungen und/oder Betriebsmodi (Zustände), treffen Entscheidungen basierend auf den Eingabedaten und liefern anschließend Ausgaben an verschiedene Arten von Geräten, wie andere Computersysteme, Anzeigegeräte, lineare/drehende Aktuatoren, Motoren, Lautsprecher, Datenübertragungskanäle usw.

1.4 Eingebettete Systemsteuerung

Unabhängig von der Anwendung, Art der Datenquellen, ob digital oder analog, in Echtzeit oder auf Abruf, Reaktionszeit, sequenzieller oder paralleler Betrieb usw., teilen alle eingebetteten Systeme eine Reihe von gemeinsamen Merkmalen.

1.4.1 Arten der Steuerung eingebetteter Systeme

Eingebettete Systeme sind in der Lage, in einer Reihe verschiedener Modi zu funktionieren, z. B.:

1. **Ereignisgesteuerter Modus („event-driven mode", EDM)** – vielleicht die häufigste Art von eingebettetem System, das darauf beschränkt ist, auf zuvor definierte Ereignisse zu reagieren und vordefinierte Antworten zu liefern. Das System wartet auf ein Ereignis in Form eines Tastendrucks, eines Parameters, der einen bestimmten Schwellenwert erreicht und somit ein Ereignis darstellt, oder anderer „auslösender" Ereignis(se),
2. **Kontinuierlicher Modus („continuous-time mode", CTM)** – solche Systeme überwachen kontinuierlich Eingangskanäle und reagieren auf verschiedene Eingangsbedingungen.
3. **Diskreter Modus („discrete-time mode", DTM)** – diese Systeme *wachen auf* zu vorbestimmten Intervallen, nehmen Eingangsdaten auf, führen die entsprechenden Antworten aus und gehen dann wieder *schlafen*.

Oder es kann eine Kombination dieser sein.

Zum Beispiel kann es erforderlich sein, dass ein System *aufwacht,* auf eine Reihe von Eingangsbedingungen auf ereignisgesteuerter Basis reagiert und dann wieder *schläft*. Einige Systeme verwenden *Watchdog-Funktionen*[26], die, wenn das System innerhalb einer vorbestimmten Zeit nicht reagiert, das System automatisch zurücksetzen, um zu verhindern, dass das System aufgrund einer anomalen Situation oder Fehlfunktion „eingefroren" wird und anschließend nicht mehr ordnungsgemäß funktioniert.

Während einige eingebettete Systeme hauptsächlich in Steuerungsfunktionen involviert sind und in geringerem Maße in der Datenverarbeitung, sind andere hauptsächlich in der Datenverarbeitung/-sammlung und einigen Steuerungsfunktionen tätig, und wieder andere sind stark in beidem involviert. In solchen Fällen werden die Ersteren normalerweise als Zustandsmaschinen bezeichnet, die als Ergebnis bestimmter Ereignisse oder Eingangsdatenbedingungen/-werte von „Zustand zu Zustand" wechseln. In solchen Fällen bleibt das eingebettete System in einem gegebenen Zustand, bis aus-

---

[26] Watchdog-Parameter können entweder hart codiert oder weich codiert sein.

reichende Bedingungen in Bezug auf Ereignisse oder Eingangsdaten vorliegen, die die Kriterien für einen Zustandsübergang erfüllen. Das Zurücksetzen/Einstellen solcher Systeme führt dazu, dass die Zustandsmaschine einen vorbestimmten „Heimzustand" betritt.

Ob als

- ein Controller, der darauf ausgelegt ist, bestimmte Parameter oder Betriebsbedingungen eines Systems oder Prozesses innerhalb vordefinierter Bereiche oder Kontexte zu halten,
- Teil eines Netzwerks von eingebetteten Systemen, die Entscheidungen treffen, Aktivitäten überwachen und/oder Informationen über die verschiedenen zu überwachenden oder zu steuernden Systeme oder Prozesse und deren jeweiligen Zustände austauschen,
- ein anwendungsspezifisches eingebettetes System für Bild-/Videoverarbeitung, Grafik, Multimediaverarbeitung,
- ein eingebettetes System für anspruchsvolle Rechenanwendungen und Schnittstellenanwendungen,
- ein Datenprotokollierungssystem für Anwendungen wie Fernerkundungssysteme

oder

- ein spezialisiertes/benutzerdefiniertes digitales Kommunikationsverarbeitungssystem, wie ein Teil einer Datenverbindung,

jedes besteht aus einer CPU, Speicher, Registern, Adress-/Datenbussen und verschiedenen Peripheriegeräten wie Analog-digital-Wandlern, Pulsweitenmodulatoren, Digital-analog-Wandlern, verschiedenen Arten von Signalconditionern wie Filtern, Komparatoren etc.

Einige eingebettete Systeme verwenden Echtzeitbetriebssysteme [3], während andere lediglich Subsysteme in einer Echtzeitbetriebssystemumgebung [4] sind.[27] Im letzteren Fall könnte ein Ausfall eines oder mehrerer der eingebetteten Subsysteme es ermöglichen, dass ein Teil des Gesamtsystems weiterhin funktioniert. In Systemen, in denen das eingebettete System die Hauptkontrolle hat, könnte ein Ausfall katastrophal sein und daher viel mehr Aufmerksamkeit für Ausfallmodi und wie man sie am besten durch

---

[27] Es sollte bedacht werden, dass ein Betriebssystem sowohl Vorteile als auch Kosten mit sich bringt. Zum Beispiel kann ein erheblicher Kostenfaktor die effektive Anzahl der Maschinenzyklen sein, die benötigt werden, um den Overhead des Betriebssystems zu unterstützen. Aus diesem Grund sind Entwickler oft zögerlich, ein Betriebssystem einzubeziehen, insbesondere wenn es andere weniger kostspielige Ansätze in Bezug auf Speicher, CPU-Zyklen, I/O-Übertragungsraten und weitere Ressourcen gibt.

den Einsatz von z. B. Fail-safe-Modi behandelt erfordern.[28] Allerdings fügen Echtzeitbetriebssysteme Komplexität, Kosten und Verarbeitungsoverhead hinzu, was für einige Anwendungen unerwünscht ist und die Leistung des Systems erheblich beeinträchtigen kann.

1.4.2 Offene Schleife, geschlossene Schleife und Rückkopplung

Eingebettete Systeme können als offene oder geschlossene Schleifensysteme implementiert werden. Ein „offenes Schleifensystem", manchmal als *Vorwärtssteuerung* bezeichnet, wie in Abb. 1.8 dargestellt, erfasst Eingangsinformationen und erzeugt entsprechende Ausgaben basierend auf den Eingängen, ohne die Fähigkeit zu haben, zu bestimmen, ob letztendlich die richtige Aktion oder Aktionen stattgefunden haben.[29] Darüber hinaus geht ein solches System davon aus, dass die Eingangsdaten immer korrekt sind und dass es keine Störungen, z. B. Rauschen oder andere Anomalien, zu berücksichtigen gibt.

Ein offenes, eingebettetes System sammelt Informationen, reagiert auf die Eingabeparameterwerte auf eine vordefinierte Weise und erzeugt die entsprechenden Ausgangssignale und/oder Befehle, z. B. ein Thermostat erfasst die Temperatur *(TempSensed)*, vergleicht die Temperatur mit einem voreingestellten Wert *(TempUpperLimit)*, und wenn

$$TempUpperLimit < TempSensed, \qquad (1.1)$$

schließt es einige Schaltkontakte, um einen Ventilator einzuschalten. Dieses einfache System weiß jedoch nicht, ob der Ventilator funktioniert oder ob er mit einer Geschwindigkeit arbeitet, die ausreicht um die Temperatur innerhalb einer erforderlichen Zeitspanne auf einen akzeptablen Wert zurückzuführen. Darüber hinaus wird das System, solange die *TempSensed TempUpperLimit* überschreitet, weiterhin versuchen, Kühlung zu liefern, unternimmt jedoch keinen Versuch, weitere Korrekturmaßnahmen zu ergreifen. Dieses System ist repräsentativ für das in Abb. 1.8 gezeigte offene System.

Sollte der Ventilator nicht mit der richtigen Geschwindigkeit aktiviert werden, würde der Controller in diesem Beispiel keine weiteren Maßnahmen einleiten, da es keine Rückmeldung an den Controller gibt, ob eine Kühlung stattfindet oder nicht. Diese Art von offenem System wird als *Zweipunktregler* bezeichnet, da es keine proportionale Steuerung des Geräts bietet, d. h., der Ventilator arbeitet entweder mit einer konstanten Geschwindigkeit (Umdrehungen pro Minute), oder er ist inaktiv. Es wäre natürlich möglich, den Controller so zu programmieren, dass er die Eingangstemperatur als explizite

---

[28] Fail-safe-Engineering bezieht sich auf eine Designmethodik, die sicherstellt, dass im Falle eines Software- und/oder Hardwareausfalls eines kritischen Systems/Teilsystems, es auf einen „sicheren Modus" zurückfällt.

[29] In einigen Situationen kann keine Aktion die richtige Aktion darstellen.

Abb. 1.8 Schematische Darstellung eines offenen Schleifensystems

Funktion der Zeit überwacht, so dass er, wenn er z. B. feststellt, dass die Temperatur sich nicht ändert, andere Maßnahmen ergreifen könnte, z. B. das Auslösen eines Alarms.

Ein ähnliches Beispiel für ein offenes System ist in Abb. 1.9 dargestellt, in dem ein Motor von einem Sensor und einem eingebetteten System, bestehend aus einem Mikrocontroller und einem Pulsweitenmodulator (PWM),[30] gesteuert wird, in diesem Fall unter der Kontrolle eines Mikrocontrollers, der in dem vorliegenden Beispiel die Geschwindigkeit des Motors über einen weiten Bereich variieren lässt und einen Verstärker mit ausreichender Ausgangsspannung und Stromstärke antreibt, um einen Motor zu betreiben. In diesem Fall wird die Geschwindigkeit des Motors durch das eingebettete System bestimmt, das den Tastgrad[31] der vom PWM erzeugten Pulskette steuert. Daher ist der Controller in der Lage, eine proportionale Steuerung des Ventilators durch Kontrolle der durchschnittlichen Leistung, die ihm zur Verfügung gestellt wird, zu bieten.

Einige Motoren haben integrierte Tachometer und/oder Hall-Sensoren[32], die verwendet werden können, um ein analoges Signal zu erzeugen, das direkt an die Summierstelle zurückgegeben werden kann, um ein Fehlersignal zu erzeugen, das vom Controller verarbeitet wird, und zu bestätigen, dass der Motor mit der richtigen Geschwindigkeit läuft. In Abb. 1.10 gibt das System ein Signal, z. B. eine analoge Spannung/Stromstärke oder digitale Daten, das den Ausgangszustand des Systems widerspiegelt, zum Vergleich an den Eingang zurück.

In einigen Fällen wird das eingebettete System mit Eingabeparametern versorgt, die den gewünschten Zustand eines Systems erzeugen. Der Controller vergleicht die Werte, die den aktuellen Zustand des Systems charakterisieren, mit solchen vordefinierten Zustandsbedingungen und trifft Entscheidungen darüber, welche Schritte, wenn überhaupt, unternommen werden müssen, um das System in Übereinstimmung mit den entsprechenden Bedingungen zu bringen. Andere eingebettete Systeme nutzen einen Sensor oder Sensoren, um die Parameterwerte zu definieren, die den gewünschten Zustand eines Systems charakterisieren, und zusätzliche Sensoren, die den tatsächlichen Zustand des Prozesses oder Systems darstellen. In beiden Fällen werden die Eingangs- und Aus-

---

[30] Ein Pulsweitenmodulator (PWM) ist ein Gerät, das in der Lage ist, Pulse variabler Breite und Frequenz zu erzeugen.

[31] Der Tastgrad ist definiert als das Verhältnis von Einschaltzeit zu Ausschaltzeit, über einen vordefinierten Zeitraum.

[32] Hall-Effekt und andere Formen von magnetischen Sensoren werden in Abschn. 3.2.5 besprochen.

1.4 Eingebettete Systemsteuerung

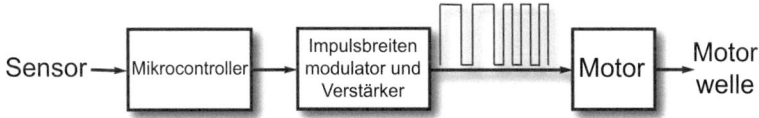

Abb. 1.9 Eingebetteter System-Motorcontroller

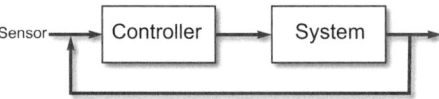

Abb. 1.10 Schematische Darstellung eines geschlossenen Systems mit direktem Feedback

gangssignale an eine *Summierstelle* (oder Äquivalentes) geliefert, um ein Fehlersignal zu erzeugen.

Beachten Sie, dass im ersteren Fall ein Sensor verwendet wird, um einen Vergleich zwischen *einem Sollwert,* d. h. dem gewünschten Eingabeparameterwert, und einem anderen Sensor herzustellen, der zur Bestimmung des Ausgangs, d. h. des *tatsächlichen Zustands,* verwendet wird, so dass der gewünschte gegenüber dem *tatsächlichen Zustand* ermittelt werden kann, um dem Controller zu ermöglichen zu bestimmen, welcher Fehler, wenn überhaupt, besteht und welche Maßnahme oder Maßnahmen erforderlich sind, um das resultierende *Fehlersignal* an der Summierstelle zu minimieren. Moderne Thermostate und Tempomaten sind Beispiele für solche Systeme. Diese Konfigurierbarkeit ermöglicht es, den *Gleichgewichtspunkt* extern einzustellen, während in dem letzteren Fall dieser Punkt programmatisch innerhalb des Controllers festgelegt wird, z. B. wie im Fall von Trägheitsnavigationssystemen, Antiblockiersystemen usw.

Bei der Gestaltung von eingebetteten Systemen ist es wichtig, Eigenschaften wie Latenz, Phasenverschiebung und Stabilität zu berücksichtigen. Abb. 1.11 zeigt eine Darstellung eines Systems mit einfacher Rückmeldung, die symbolisch dargestellt ist. Beachten Sie, dass die Blöcke, die die Übertragungsfunktionen des Controllers und des Systems darstellen, wie in Abb. 1.12 gezeigt, kombiniert werden können.

Dies entspricht der Kombination der beiden Übertragungsfunktionen wie folgt:

$$G_1 = H_{Controller} H_{System} \tag{1.2}$$

wobei $H_{Controller}$ und H_{System} die Übertragungsfunktionen für den Controller und das System darstellen.

Das in Abb. 1.11 dargestellte eingebettete System kann daher wie folgt dargestellt werden:

$$E = S_I - G_2 F \tag{1.3}$$

$$F = G_1 E \tag{1.4}$$

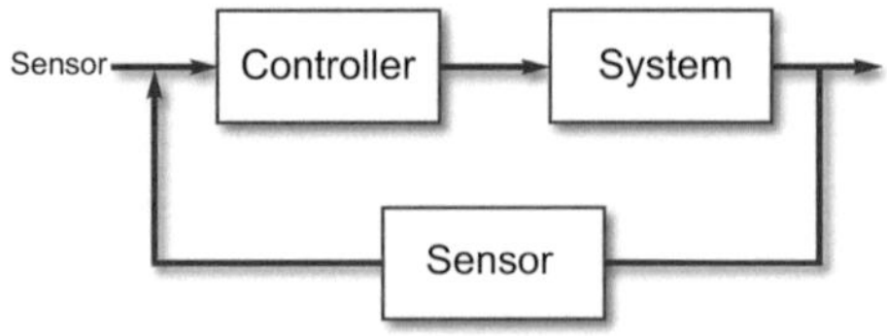

Abb. 1.11 Schematische Ansicht eines geschlossenen Systems mit „erfasster" Ausgangsrückmeldung

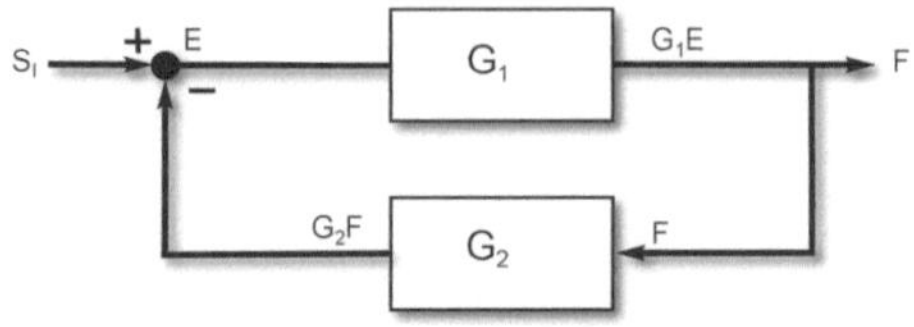

Abb. 1.12 Ein allgemeines SISO-Rückmeldesystem

$$G_2F = G_2G_1E \tag{1.5}$$

was zu dem Ergebnis führt, dass:

$$\frac{f(t)}{s(t)} = \frac{G_1}{1 + G_1G_2} \tag{1.6}$$

Unter der Annahme, dass dieses System ein LTI (linear, zeitinvariant)-System ist, kann die entsprechende Laplace-Transformation[33] symbolisch ausgedrückt werden als:

$$\frac{F(s)}{S(s)} = \frac{(s-z_1)(s-z_2)(s-z_3)\ldots(s-z_{m-1})(s-z_m)}{(s-p_1)(s-p_2)(s-p_3)\ldots(s-p_{n-1})(s-p_n)} \tag{1.7}$$

wobei $s = \sigma + j\omega$. Die z_m-Größen sind die Nullstellen der Übertragungsfunktion und die p_n-Größen sind die Pole. Die Stabilität, oder das Fehlen davon, dieses Systems kann dann durch eine Untersuchung der Lage der Pole des Systems p_n in der komplexen Ebene oder durch andere Techniken bestimmt werden. Ein eingebettetes System wird als „*bounded-input-bounded-output* (BIBO)-stabil" bezeichnet, wenn jeder begrenzte Eingang zu einem begrenzten Ausgang führt. Die Stabilität eines eingebetteten Systems kann eine von mehreren Arten sein, z. B. instabil, gleichmäßig stabil, marginal stabil, bedingt stabil usw.

Obwohl es auch über den Rahmen dieses Lehrbuchs hinausgeht, wäre eine weitere Verfeinerung dieses Typs von mathematischem Modell für ein eingebettetes System, die Auswirkungen von Störungen, d. h. verschiedene Arten von Störungen, denen das eingebettete System unterliegen kann, wie elektromagnetische Störungen, Vibrationen, Reibungseffekte, Variationen in der Belastung von Motoren und Aktuatoren, nichtlineare

---

[33] Siehe Kap. 11 für weitere Diskussionen über Übertragungsfunktionen, Pole, Nullstellen und Laplace-Transformationen.

1.4 Eingebettete Systemsteuerung

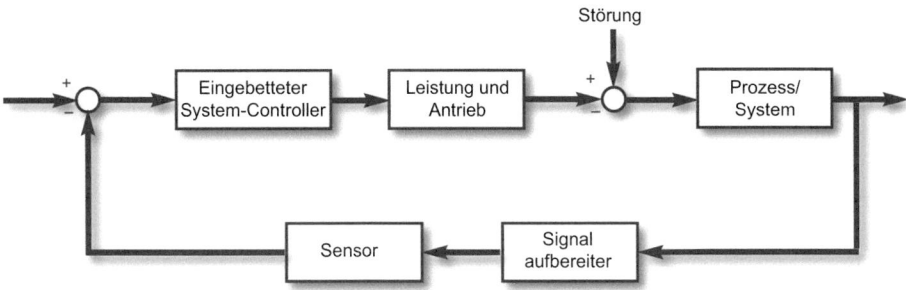

Abb. 1.13 Ein eingebettetes System, das externen Störungen ausgesetzt ist

Effekte, Auswirkungen von magnetischen und/oder elektrischen Streufeldern usw., einzubeziehen. Beachten Sie auch, dass es bei der Verwendung von Sensoren in einem eingebetteten System manchmal notwendig ist, verschiedene Arten von Signalverarbeitung zu verwenden, z. B. kann eine Vielzahl von Filtertechniken verwendet werden, um die Signalintegrität zu erhalten und damit sicherzustellen, dass die entsprechenden Strom-/Spannungsbegrenzungen auferlegt werden, usw. Abb. 1.13 stellt ein solches System dar.

Adaptive eingebettete Systeme[34] werden eingesetzt, wenn erforderlich, um ihnen zu ermöglichen, ihre Eigenschaften zu ändern, um – oft in Echtzeit – variablen „Umweltbedingungen" wie Stromversorgungsschwankungen/-abbau und extern veränderlichen Prozess- und Systembedingungen gerecht zu werden. Viele eingebettete Systeme können ihre Taktfrequenzen reduzieren, in Schlafmodi wechseln und bei Änderungen der Umgebungsbedingungen mit niedrigeren Leistungsstufen arbeiten. Andere können Aufgaben zwischen mehreren Kernen verschieben, um die Leistung zu optimieren und kritische Lastpunkte zu minimieren.

Man könnte argumentieren, dass jedes System, das eine Rückmeldung verwendet, als *adaptiv* betrachtet werden könnte, da das eingebettete System seine Antworten auf Basis von Eingabedaten anpasst. Die Anpassungsfähigkeit im gegenwärtigen Kontext bezieht sich jedoch auf die Anpassung innerhalb des Controllers selbst als Reaktion

---

[34] Ein eingebettetes System wird als *adaptiv* betrachtet, wenn es in der Lage ist, sein Programm und seine Hardwareressourcen in Echtzeit neu zu konfigurieren, um weiterhin die geltenden funktionalen und Leistungsspezifikationen zu erfüllen. In einigen Fällen kann eine Verschlechterung dieser Spezifikationen als akzeptabel angesehen werden, wenn die Leistung des eingebetteten Systems innerhalb definierter Grenzen bleibt.

z. B. auf sich ändernde Umweltbedingungen. Adaptive Systeme können Fuzzy-Logik, neuronale Netze, radiale Basisfunktionen (RBF)[35], Kalman-Filter[36] usw. verwenden, die oft zur Approximation, Interpolation und zur Überwindung von durch Wavelets, Polynominterpolation, kleinste Quadrate und andere Techniken auferlegten Beschränkungen verwendet werden, wenn mehrdimensionale Parameter beteiligt sind, wie z. B. bei der Signalverarbeitung.

1.5 Leistungskriterien für eingebettete Systeme

Zwei der wichtigsten Überlegungen für eingebettete Systeme sind (1) dass sie jede Aufgabe korrekt ausführen und (2) dass alle Reaktionen/Antworten eines eingebetteten Systems in einer angemessenen Zeit erfolgen. Es ist auch wichtig, dass ein eingebettetes System robust ist.[37] Die Aktualität, oder deren Fehlen, kann im gegenwärtigen Kontext als Soft, Firm oder Hard charakterisiert werden. [9]

Ein *hartes Echtzeitsystem* („hard real-time system", HRTS) ist eines, bei dem ein Ausfall ein katastrophales Ergebnis erzeugen könnte, z. B. ein Ausfall eines Feueralarmsystems oder ein Herzschrittmacherfehler, der zum Tod führt. Ein Ausfall eines *festen Echtzeitsystems* („firm real-time system", FRTS) könnte eine automatische Geschwindigkeitsregelung sein, für die der neueste Wert der aktuellen Geschwindigkeit nicht rechtzeitig für den Geschwindigkeitsregelungsalgorithmus verfügbar ist, um zu bestimmen, welche, wenn überhaupt, korrigierende Maßnahme erforderlich ist. In solchen Fällen kann der Algorithmus in der Lage sein, die zuvor gemeldete Geschwindigkeit zu verwenden und dennoch die notwendigen Operationen durchzuführen, um eine relativ konstante Geschwindigkeit aufrechtzuerhalten. Ein Fehler eines *weichen Echtzeitsystems* („soft real-time system", SRTS) wird durch den Ausfall eines Geldautomaten veranschaulicht, der, obwohl vielleicht unpraktisch, kaum ein festes oder hartes Versagen ist. Ausfälle dieser drei Arten (HRTS, FRTS und SRTS) werden normalerweise in Bezug auf *Fristüberschreitungen* und ihre jeweiligen Auswirkungen auf das System analysiert. Da von solchen Systemen erwartet wird, dass sie in Echtzeit reagieren, sind sie aufgrund ihrer Natur typischerweise asynchron.

Die Latenz, im Falle eines eingebetteten Systems, bezieht sich auf die Verzögerung $(t_1 - t_0)$ zwischen der Zeit (t_0), zu der ein Zustand besteht, der eine Reaktion erfordert, und der Zeit (t_1), zu der die Reaktion auftritt. Solche Verzögerungen können als Ergebnis von Hardwareverzögerungen in Sensoren, Mikrocontrollern, peripheren Ausgabe-

---

[35] Summen von radialen Basisfunktionen können zur Approximation von Funktionen verwendet werden.
[36] Kalman-Filterung wird manchmal als lineare quadratische Schätzung („linear quadratic estimation", LQE) bezeichnet.
[37] Robustheit wird definiert als substanzieller Widerstand gegen Störungen.

1.5 Leistungskriterien für eingebettete Systeme

geräten und/oder Softwareverzögerungen, die durch Programmausführungsoverhead erzeugt werden, z. B. Programmausführungsgeschwindigkeit und Interrupt-Bedienung, entstehen.[38]

Eingebettete Systeme sind oft asynchron und erhalten Eingabedaten aus mehreren Quellen. In solchen Fällen müssen diese Daten warten, bis das eingebettete System verfügbar ist, um sie anzunehmen. Einige Eingabegeräte führen zu einer Verzögerung zwischen dem Zeitpunkt, zu dem ein Eingabeparameter erfasst/aktualisiert wird, und dem Zeitpunkt, zu dem die Daten für die Eingabe in den Mikrocontroller *zwischengespeichert* wurden. Zwischenspeicherung wird häufig eingesetzt, um sicherzustellen, dass der Mikrocontroller genügend Zeit hat, seine aktuellen Aufgaben abzuschließen oder zu unterbrechen, wenn Daten von einem externen Gerät wie einem Sensor verfügbar sind. Die Unterbrechung laufender Aufgaben tritt auf, wenn eine *Unterbrechungsanforderung* (engl. „interrupt request") von ausreichender Priorität empfangen wird. Für Aufgaben mit niedrigerer Priorität als die derzeit laufende Aufgabe oder wenn große Datensätze beteiligt sind, können verschiedene Techniken verwendet werden, um die Eingaben von Sensoren zu *buffern,* bis sie verarbeitet werden können. Flipflops sind bistabile Bauelemente und werden häufig verwendet, um Eingabe- oder Ausgabedaten, insbesondere auf Byteebene, zwischenzuspeichern, während sie auf ein Gerät wie einen Mikrocontroller warten in einen Bereitschaftszustand zu gelangen, um anschließend die Daten anzunehmen. Verschiedene *Shared-Memory-Techniken* wie Direct-Memory-Access-Transfers können ebenfalls eingesetzt werden, um das notwendige Buffern zu gewährleisten.

Eingebettete Systeme verwenden verschiedene Techniken um die Latenz zu minimieren:

- Direct-Memory-Access (DMA) – diese Technik, die normalerweise keine Vorverarbeitung von Daten beinhaltet, ermöglicht es, dass Ein-/Ausgänge relativ transparent ohne signifikanten CPU-Overhead stattfinden. I/O-Geräte können Daten zum/vom eingebetteten System übertragen, indem sie direkt auf den Speicherbereich des Mikrocontrollers zugreifen. Ein DMA-Controller, wie der in Abb. 1.14 gezeigte, wird verwendet um die Übertragung zu erleichtern, sobald die CPU definiert hat, wo die Daten im lokalen Speicher liegen oder gespeichert werden sollen.

  In einigen Fällen ist ein Speicherbereich vordefiniert und dem DMA-Controller zugewiesen, so dass die direkte Beteiligung der CPU an Datenübertragungen unter DMA-Kontrolle entfällt. Der DMA-Controller kann ein Flag oder Flags setzen, die anzeigen, ob neue Daten für die Verarbeitung durch die CPU verfügbar sind oder an ein oder mehrere externe Geräte übertragen wurden. Diese Technik adressiert sowohl Latenz als auch Bandbreitenoverhead, indem sie es ermöglicht, dass die Daten mit

---

[38] Interrupts werden in Abschn. 1.5.1 diskutiert.

Abb. 1.14 Blockdiagramm einer typischen Mikrocontroller-DMA-Konfiguration

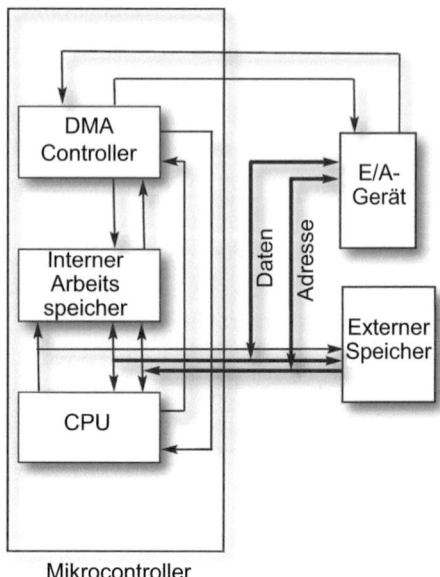

einer für das externe Gerät (oder die Geräte) am besten geeigneten Rate übertragen werden, sobald sie verfügbar sind.

Die CPU kann unter Softwaresteuerung programmiert werden, um den DMA-Controller zu initialisieren und die Datenadressen für Quelle und Ziel sowie die Menge der zu übertragenden Daten bereitzustellen. Mikrocontroller ermöglichen es dem DMA-Controller, auf Anfrage die Kontrolle über den Bus zu übernehmen und Daten in einem sogenannten Burst-Modus zu übertragen. Dabei wird der Zugriff der CPU auf den Adressbus normalerweise tri-stated[39] um Buskonflikte zu vermeiden (vgl. Abb. 1.15). Wenn die Übertragung abgeschlossen ist, gibt der DMA-Controller die Kontrolle über den Bus an die CPU zurück.

Der DMA-Controller kann einen *Cycle-stealing-Modus* verwenden. In diesem Fall gibt er die Kontrolle über den Speicherbus nach jeder Übertragung auf. Beachten Sie, dass die meisten DMA-Controller Adress- und Längenregister haben, die unterschiedlich groß sind, so dass, wenn das Adressregister größer als das Längenregister ist, es einen großen Teil des Speichers adressieren kann. Wenn die Größen des Adressregisters 32 bit und des Längenregisters 16 bit sind, dann kann der DMA-Control-

---

[39] Tri-State bezieht sich auf das Versetzen eines Geräteeingangs oder -ausgangs in einen von drei Zuständen, z. B. hoch (1), niedrig (0) oder hochohmig, wobei letzterer es effektiv aus einer Schaltung, z. B. einem Bus, entfernt. Diese Technik verhindert Buskonflikte und die Möglichkeit, dass zwei Subsysteme zur gleichen Zeit versuchen, den Bus zu „steuern", d. h. Signale zu senden oder zu empfangen.

Abb. 1.15 Ein Beispiel für ein Tri-State-Gerät

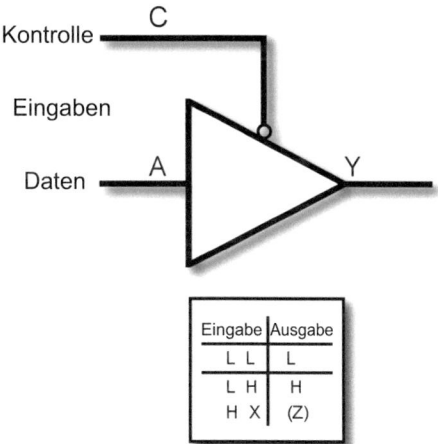

ler Daten in Blöcken von 64 kB, überall innerhalb von 4 GB Speicher übertragen. Wie in Abb. 1.14 gezeigt, können Daten entweder zum/vom internen Speicher des Mikrocontrollers oder, falls notwendig, zum externen Speicher übertragen werden, abhängig von der Menge der zu übertragenden Daten, den Latenzbedenken und der Anwendung.

- Looping – Da ein I/O-Gerät selbst in einem aktiven (beschäftigten) oder wartenden (inaktiven) Zustand sein kann, kann ein eingebettetes System in einer Schleife verbleiben, die auf das Setzen eines Flags wartet, bevor es mit der Programmausführung fortfährt. Dies hat den Vorteil, dass der Mikrocontroller in einem inaktiven Zustand verbleibt und auf Daten wartet, was zumindest einige Latenz reduziert. Diese Technik hat jedoch die Einschränkung, dass die CPU in diesem Modus keine Daten von anderen Quellen annehmen kann.
- Polling – Alternativ kann ein eingebettetes System *Status-Flags* für I/O-Geräte abfragen, um zu bestimmen, ob ein Gerät 1) Daten zur Übertragung an den Mikrocontroller bereit hat, 2) für den Empfang von Daten verfügbar ist oder 3) beschäftigt ist. Die Abfrage kann periodisch oder aperiodisch sein, abhängig von der Anwendung.
- FIFO – First-in-first-out-Buffer und andere Formen des Buffering können mit externen Geräten verwendet werden, um Ein-/Ausgänge zu buffern, bis die Ressourcen des Mikrocontrollers verfügbar sind. Diese Technik, wie im Fall der Verwendung von DMA, kann für Gelegenheiten eingesetzt werden, wenn Daten schneller gesammelt werden, als sie vom Mikrocontroller verarbeitet werden können.
- Interrupts – Es können Interrupt-Schemata verwendet werden, die die CPU nur dann unterbrechen, wenn I/O stattfinden muss.

1.5.1 Polling, Interrupts und ISR

Die Computerwelt war etwas langsam darin, die Bedeutung von Interrupts vollständig zu würdigen.[40] Aber Interrupts und Interrupt-Service-Routinen sind offensichtlich integraler Bestandteil fast jeder Mikrocomputer-/Mikrocontroller-Anwendung heute, insbesondere in Anwendungen, in denen Mikroprozessoren/Mikrocontroller in komplexen Umgebungen arbeiten, komplexe Aufgaben ausführen oder beides. Die Einführung von Interrupt-gesteuerten Systemen wurde von einigen Systementwicklern mit gemischten Gefühlen aufgenommen.[41] Die Umgebung, in der sich eine CPU befand, war viel komplexer geworden und – vielleicht noch wichtiger – nichtdeterministisch, wie Dijkstra herausstellte (Abb. 1.16) [3].

Interrupts sind ein wichtiger Teil jeder eingebetteten Anwendung. Sie befreien die CPU von der Notwendigkeit, kontinuierlich auf das Auftreten eines bestimmten Ereignisses zu warten, und benachrichtigen die CPU stattdessen nur, wenn dieses Ereignis eintritt. In System-on-Chip (SoC)-Architekturen wie PSoC werden Interrupts häufig verwendet, um den Status von On-Chip-Peripheriegeräten an die CPU zu kommunizieren.

Es gibt in PSoC 3 und PSoC 5LP 32 Interrupt-Leitungen int[0] bis int[31], wie in Abb. 1.17 gezeigt. Jeder Interrupt-Leitung kann eine von acht Prioritätsstufen (0 bis 7) zugewiesen werden, wobei 0 die höchste Priorität ist. Jeder Interrupt-Leitung wird eine Interrupt-Vektoradresse zugewiesen, die auf die Startadresse des Interrupt-Codes verweist. Die CPU verzweigt zu dieser Adresse, nachdem sie eine Interrupt-Anforderung

---

[40] „Der Interrupt veränderte grundlegend die Art und Weise, wie ein Computer arbeitet, und damit auch die Art der Software, die darauf läuft. Ein Interrupt schafft nicht nur eine Pause in der zeitlichen Schritt-für-Schritt-Verarbeitung eines Algorithmus, sondern schafft auch eine Öffnung in seinem Betriebsraum. Er bricht den Solipsismus des Computers als Turing-Maschine auf und ermöglicht es der Außenwelt, einen Algorithmus zu "berühren" und sich mit ihm auseinanderzusetzen. Der Interrupt erkennt an, dass Software nicht aus sich selbst heraus ausreichend ist, sondern Aktionen außerhalb ihrer codierten Anweisungen einschließen muss. Im Grunde genommen macht er die Software sozial, indem sie ihre Leistung von den Verbindungen mit anderen Prozessen und Leistungen anderswo abhängig macht. Dies können menschliche Benutzer, andere Softwareteile oder zahlreiche Formen von Phänomenen sein, die von physischen Sensoren wie Wettermonitoren und Sicherheitsalarmen erfasst werden. Der Interrupt verbindet den Datenraum der Software mit dem Sensorium der Welt. Abfragen wurden oft verwendet, um den Programmfluss periodisch anzuhalten, um zu bestimmen, ob externe Aufgaben auf ihre Verarbeitung warten. Interrupt-Controller ermöglichen es, den Programmfluss zu "unterbrechen", wann immer eine Aufgabe mit höherer Priorität sofortige Aufmerksamkeit benötigte." *Simon Yuill* [12].

[41] „Es war eine großartige Erfindung, aber auch eine Büchse der Pandora. Da die genauen Momente der Interrupts unvorhersehbar und außerhalb unserer Kontrolle waren, verwandelte der Interrupt-Mechanismus den Computer in eine nichtdeterministische Maschine mit einem nicht reproduzierbaren Verhalten, und konnten wir ein solches Biest kontrollieren …" [3].

1.5 Leistungskriterien für eingebettete Systeme

Unter-brechungs-vektor #	Unterbrechungsquellen für feste Funktionen		DMA-nrq-Unterbrechungs-quellen	UDB-Unterbrechungs-quellen
	Unterbrechungsquelle	PSoC-Creator-Komponente		
0	Niederspannungserkennung (LVD)	Globale Signalreferenz	phub_termout0[0]	udb_intr[0]
1	Cache	Globale Signalreferenz	phub_termout0[1]	udb_intr[1]
2	Reserviert	Nicht anwendbar	phub_termout0[2]	udb_intr[2]
3	Power Manager	RTC, SleepTimer, globale Signalreferenz	phub_termout0[3]	udb_intr[3]
4	PICU[0]	Digitaler Eingangs-Pin, digitaler bidirektionaler Pin	phub_termout0[4]	udb_intr[4]
5	PICU[1]		phub_termout0[5]	udb_intr[5]
6	PICU[2]		phub_termout0[6]	udb_intr[6]
7	PICU[3]		phub_termout0[7]	udb_intr[7]
8	PICU[4]		phub_termout0[8]	udb_intr[8]
9	PICU[5]		phub_termout0[9]	udb_intr[9]
10	PICU[6]		phub_termout0[10]	udb_intr[10]
11	PICU[12]		phub_termout0[11]	udb_intr[11]
12	PICU[15]		phub_termout0[12]	udb_intr[12]
13	Kombinierte Komparatoren	Nicht unterstützt	phub_termout0[13]	udb_intr[13]
14	Geschaltete Caps kombiniert	Nicht unterstützt	phub_termout0[14]	udb_intr[14]
15	I2C	I2C	phub_termout0[15]	udb_intr[15]
16	CAN	CAN	phub_termout1[0]	udb_intr[16]
17	Timer/Zähler0	Timer, Zähler, PWM	phub_termout1[1]	udb_intr[17]
18	Timer/Zähler1	Timer, Zähler, PWM	phub_termout1[2]	udb_intr[18]
19	Timer/Zähler2	Timer, Zähler, PWM	phub_termout1[3]	udb_intr[19]
20	Timer/Zähler3	Timer, Zähler, PWM	phub_termout1[4]	udb_intr[20]
21	USB SOF Int	USBFS	phub_termout1[5]	udb_intr[21]
22	USB Arb Int		phub_termout1[6]	udb_intr[22]
23	USB-Bus Int		phub_termout1[7]	udb_intr[23]
24	USB-Endpunkt[0]		phub_termout1[8]	udb_intr[24]
25	USB-Endpunktdaten		phub_termout1[9]	udb_intr[25]
26	Reserviert	Nicht anwendbar	phub_termout1[10]	udb_intr[26]
27	LCD	Segment-LCD	phub_termout1[11]	udb_intr[27]
28	DFB	Filter	phub_termout1[12]	udb_intr[28]
29	Dezimierer	Delta-Sigma-ADC	phub_termout1[13]	udb_intr[29]
30	PHUB-Fehler	Nicht unterstützt	phub_termout1[14]	udb_intr[30]
31	EEPROM-Fehler	Nicht unterstützt	phub_termout1[15]	udb_intr[31]

Abb. 1.16 PSoC 3- und PSoC 5LP-Interrupt-Quellen

erhalten hat. Der Interrupt-Code wird als Interrupt-Service-Routine (ISR) bezeichnet. Der Interrupt-Controller fungiert als Schnittstelle zwischen den Interrupt-Leitungen und der CPU. Er sendet die Interrupt-Vektoradresse einer Interrupt-Leitung zusammen mit dem Interrupt-Anforderungssignal an die CPU. Der Interrupt-Controller empfängt auch

Abb. 1.17 PSoC 3 und PSoC 5LP unterstützen 32 Interrupt-Stufen

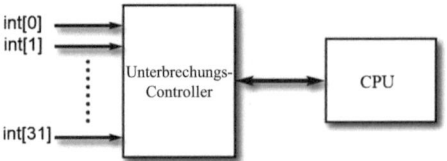

Bestätigungssignale von der CPU bei Ein- und Ausstiegsbedingungen von Interrupts. Der Interrupt-Controller löst die Interrupt-Priorität im Falle von Anfragen von mehreren Interrupt-Leitungen.

Ein Interrupt ist eine von einem Gerät eingeleitete Anforderung, die verlangt, dass die CPU *unterbrochen* wird, um eine bestimmte Aufgabe zu *bearbeiten*. Wenn das Gerät, das den Interrupt einleitet, eine Aufgabe von ausreichend hoher Priorität hat, d. h. eine höhere Priorität als die Aufgabe, die von der CPU zum Zeitpunkt des Eingangs der Interrupt-Anforderung durchgeführt wird, und es keine anderen Interrupt-Anforderungen von höherer Priorität gibt, die auf ihre Bearbeitung warten, dann:

- wird die Interrupt-Anforderung akzeptiert,
- werden Interrupts der gleichen oder niedrigeren Priorität blockiert,
- wird die aktuelle Aufgabe ausgesetzt (was erfordert, dass der Zustand der CPU erhalten bleibt, um die unterbrochene Aufgabe zu einem späteren Zeitpunkt abschließen zu können),[42]

und,

- die angeforderte Aufgabe wird bearbeitet.

Wenn andere Interrupt-Anforderungen von höherer Priorität als die der ursprünglichen Aufgabe existieren, werden sie alle bearbeitet, bevor die CPU zur Fortsetzung der Bearbeitung ihrer ursprünglichen Aufgabe zurückkehrt. Wenn der Mikrocontroller mit einer Aufgabe beschäftigt ist und eine Reihe von zunehmend höher priorisierten Interrupt-Anforderungen auftritt, bevor der vorherige Interrupt vollständig bedient wurde, dann enthält der Stapel Zustandsinformationen über jede der unterbrochenen Aufgaben, die durch eine höher priorisierte Aufgabenanforderung ausgesetzt wurde, und die ursprüngliche Aufgabe, mit Ausnahme des höchstpriorisierten Interrupts, der dann von einer Interrupt-Service-Routine (ISR) bedient wird. Es ist wichtig, den Zustand jeder Aufgabe mit niedrigerer Priorität auf dem Stapel vollständig zu erhalten, z. B. durch Speichern des

---

[42] Der Akkumulator, das Statusregister („program status word", PSW), Programmzähler und alle verwandten Register werden typischerweise auf dem Stapel gespeichert, wenn eine Aufgabe ausgesetzt wird, um einen Interrupt zu bedienen, damit die unterbrochene Aufgabe vollständig wiederhergestellt werden kann.

Inhalts des Akkumulators, des Programmzählers, des Statusregisters und aller anderen beteiligten Register. Der Mikrocontroller kann dann die vorherige(n) Aufgabe(n) wiederherstellen und die Programmausführung fortsetzen, bis der nächste Interrupt auftritt.

1.5.2 Latenz

Die Gesamtlatenz eines eingebetteten Systems ist die Zeit zwischen dem Zeitpunkt, an dem die Eingabedaten bereit sind (zwischengespeichert) und dem Zeitpunkt, an dem der Mikrocontroller in der Lage ist, die Daten einzugeben, zu verarbeiten und die erforderlichen Ergebnisse zu liefern. Im Falle eines Ausgabegeräts, z. B. einer Festplatte, UART oder eines Geräts, das *beschäftigt* ist, muss der Mikrocontroller warten, bis das Gerät bereit ist, Daten/Befehle anzunehmen, d. h., sich in einem *nicht beschäftigten* Zustand befindet. Daher kann die maximale Gesamtlatenz (L_{max}) für ein System wie folgt definiert werden:

$$L_{max} = L_{sensors} + L_{microcontroller} + L_{peripherals} + L_{actuators} + \ldots \quad (1.8)$$

wobei $L_{Mikrocontroller}$ eine Funktion der Programmausführungszeiten, der zur Bedienung von Interrupts benötigten Zeit, der Aufwachzeit[43], der Boot-Zeit[44] usw. ist, und jeder der in Gl. (1.8) dargestellten Latenzparameter repräsentiert die schlechtesten Bedingungen.

Interrupts führen zu Verzögerungen aufgrund der zur Bedienung eines gegebenen Interrupt benötigten Zeit und der Tatsache, dass sie in der Reihenfolge ihrer Priorität behandelt werden. Im schlimmsten Fall muss ein Interrupt mit niedriger Priorität warten, bis alle Interrupts mit höherer Priorität bedient wurden, bevor er bedient wird. Wenn Interrupts mit höherer Priorität häufig auftreten, ist es möglich, dass Interrupts mit niedrigerer Priorität für inakzeptable Zeiträume blockiert werden oder überhaupt nicht bedient werden. In einigen Anwendungen ist die Leistung des eingebetteten Systems zufriedenstellend, solange es innerhalb einer vordefinierten Zeitspanne reagiert. In anderen Fällen sind je nach Zustand der überwachten/gesteuerten Prozesse unterschiedliche Reaktionszeiten erforderlich.

Daher ist bei Interrupt-gesteuertem I/O ein zusätzlicher Latenzfaktor die Prioritätszuweisung, die die Aufgabenreihenfolge bestimmt. Während Aufgaben mit höherer Priorität, ob Eingabe oder Ausgabe, früher als Aufgaben mit niedrigerer Priorität be-

---

[43] Einige Mikrocontroller sind so programmiert, dass sie in den *Schlafmodus* gehen, wenn nichts Interessantes passiert, um Energie zu sparen. Sie können periodisch oder durch das Auftreten eines Interrupt geweckt werden. In solchen Fällen kann der Mikrocontroller, wenn die erforderlichen Aufgaben abgeschlossen sind, wieder in einen Schlafzustand versetzt werden, bis er wieder benötigt wird. In einigen Anwendungen kann es notwendig sein, die mit der Rückkehr von einem Schlafzustand zu einem aktiven Zustand verbundene Latenz zu berücksichtigen.

[44] In einigen eingebetteten Systemen startet das eingebettete System sich selbst nach einer vorbestimmten Zeit neu, wenn es „eingefroren" ist.

arbeitet werden, können in einigen Anwendungen alle Aufgaben die gleiche Priorität zugewiesen bekommen, so dass keine Aufgabe Vorrang vor einer anderen hat. Alternativ kann das eingebettete System, wie zuvor besprochen, Eingabe-/Ausgabegeräte abfragen, um festzustellen, ob diese Geräte beschäftigt sind, Daten zur Eingabe in den Mikrocontroller bereit haben, verfügbar sind um Daten zu übertragen/zu empfangen usw. Allerdings kann das Abfragen zu einer erheblichen Verschwendung von Maschinenzyklen führen, wenn nach Daten, die nicht verfügbar sind, und/oder Bedingungen, die nicht sehr oft existieren, abgefragt wird. Interrupts ermöglichen es auch, Bedingungen innerhalb des Mikrocontrollers zu erkennen, wie z. B. Timer-/Zählerüberlauf, Datenverfügbarkeit in einem internen UART, Verfügbarkeit eines internen UART für die Zeichenübertragung, dass ein Multiplikationsprodukt verfügbar ist usw.

Daher reagiert ein Mikrocontroller auf Interrupts, indem er zunächst feststellt, ob mehr als ein Interrupt aufgetreten ist. Wenn ja, bedient der Mikrocontroller die Interrupts auf der Grundlage der Priorität, indem er die Ausführung der aktuellen Aufgabe anhält, alle Informationen speichert, die zur Wiederherstellung dieser Aufgabe benötigt werden, und dann die Interrupt-Anforderung *bedient*[45], z. B. durch Sammeln der zwischengespeicherten Eingabedaten, Ergreifen der erforderlichen Maßnahmen, wie Speicherung der Daten, ihre numerische Verarbeitung und/oder Durchführung geeigneter Maßnahmen, wie Setzen/Übertragen von Ausgangsparametern für Aktuatoren, Daten für Übertragungskanäle, Daten für Anzeigegeräte usw. Es sollte beachtet werden, dass die meisten Mikrocontroller einen reservierten Interrupt haben, der als *nicht maskierbarer Interrupt* (NMI) bezeichnet wird und Vorrang vor allen anderen Interrupts hat. Dieser Interrupt ist normalerweise für katastrophale Ereignisse wie Festplatten- oder andere schwerwiegende Ausfälle reserviert (Abb. 1.18).

1.6 Untersysteme von eingebetteten Systemen

Mikrocontroller benötigen eine Vielzahl von Untersystemen, wenn sie die Grundlage für komplexe Anwendungen von eingebetteten Systemen bilden sollen, z. B. Spannungs-A/D- und Strom-/Spannungs-D/A-Wandler, Mischer, Pulsweitenmodulatoren (PWM), programmierbare Verstärker („programmable gain amplifier", PGA), Instrumentenverstärker usw., wie in Tab. 1.1 gezeigt. In vielen Anwendungen beinhalten eingebettete Systeme mehrere analoge/digitale Dateneingangskanäle, da Daten oft von einer Vielzahl von Sensoren, Kommunikationskanälen usw. bereitgestellt werden. Das ein-

---

[45] Die Routine, die für die Beantwortung der Interrupt-Anforderung verantwortlich ist, wird als Interrupt-Service-Routine (ISR) bezeichnet.

1.6 Untersysteme von eingebetteten Systemen

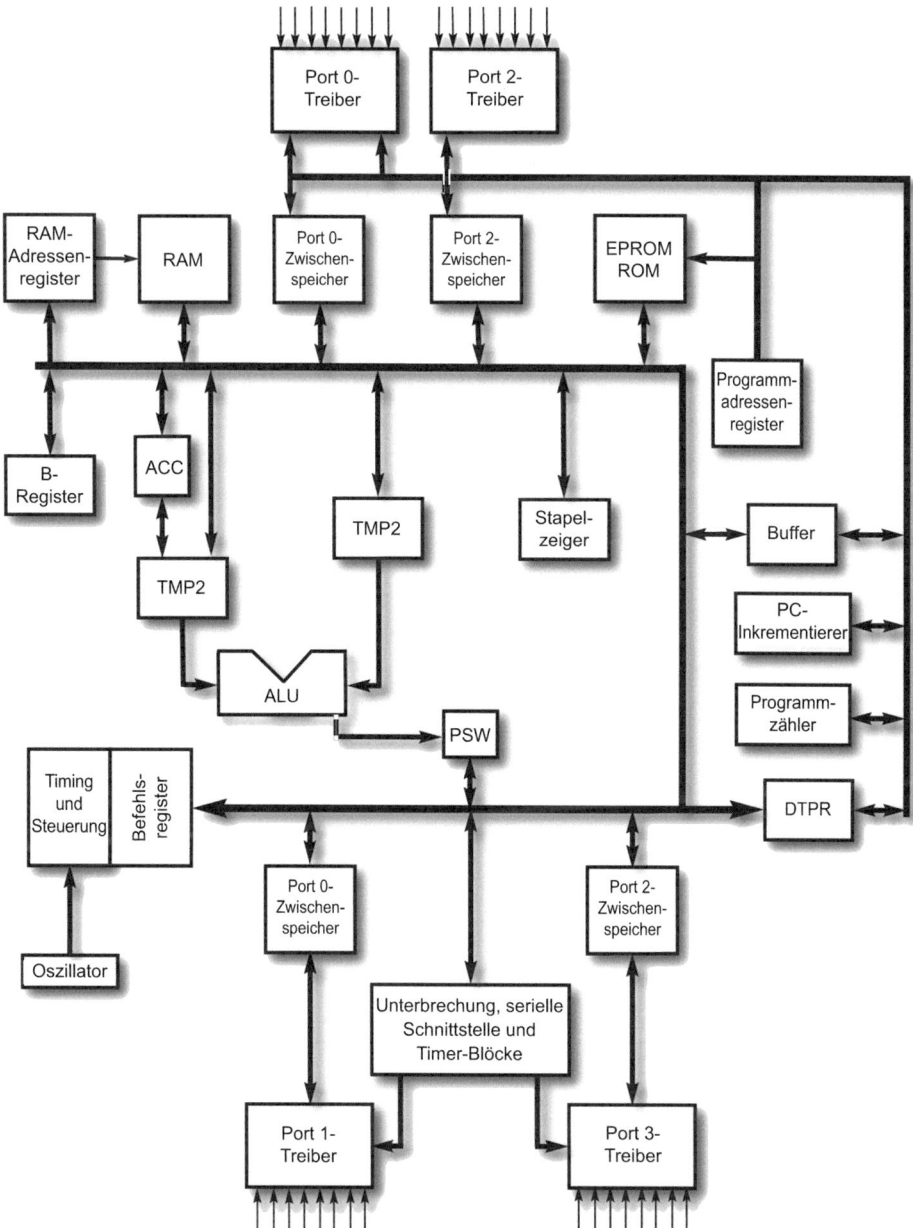

Abb. 1.18 Intel 8051-Architektur

Tab. 1.1 Einige der Arten von Untersystemen, die in Mikrocontrollern verfügbar sind

Verstärker	Prog. Verstärkung	Instr	Transkonduktanz	Komparatoren	OpAmp
A/D-Wandler	Delta-Sigma	SAR	Inkremental		
D/A-Wandler	Vervielfachend	Strom-DAC	Spannungs-DAC	–	–
Wähler	DTMF	–	–	–	–
Zähler	8 bit	16 bit	24 bit	32 bit	–
Timer	16-bit-Tach/Timer	8 bit	16 bit	24 bit	32 bit
Zufallssequenz	PRS8	PRS16	PRS24	PRS32	–
PWM	PWM8	PWM16	PWM24	PWM32	–
Analoge Mux	AMUX4	AMUX8	RefMUX	Virtuell	Sequenzer
Filter	Tiefpass	Bandpass	Hochpass	Kerbfilter	Anpassbar
Digitale Kommunikation	UART	USART	CRC-Generatoren	–	–
Digitale Kommunikation	SPI	SPIM	SPIS	CAN	LIN
Digitale Kommunikation	IDaTX/IrDARX	I2Cm	I2CHW	USBFS	–
Digitale Kommunikation	Einleiter	I2C	FlexRay	I2S	–
MAC	–	–	–	–	–
LCD	Zeichen	Statische Segmente	Segment	–	–
LED	7-Segment-LED	–	–	–	–
Sleeptimer	–	–	–	–	–
LVDT	–	–	–	–	–
Logik	AND	OR	XOR	NAND	NOR
Logik	NOT	XNOR	Logisch high	Logisch low	LUT
Logik	Digitaler MUX	Demultiplexer	D-Flipflop	–	–
Register	Kontrolle	Status	–	–	–
DMA	–	–	–	–	–
Pins/Ports	Analog	Digital bi-direktional	Digitaler Eingang	Digitaler Ausgang	–
Logik	AND	OR	XOR	NAND	NOR
Logik	NOT	XNOR	Logisch high	Logisch low	
Logik	Digitaler MUX	Demultiplexer	–	–	–

(Fortsetzung)

1.6 Untersysteme von eingebetteten Systemen

Tab. 1.1 (Fortsetzung)

Verstärker	Prog. Verstärkung	Instr	Transkonduktanz	Komparatoren	OpAmp
Register	Kontrolle	Status	Verschiebung	–	–
Mischer	–	–	–	–	–

gebettete System verwendet einen Mikrocontroller/Mikroprozessor[46] für numerische Berechnungen und logische Funktionen, die auf den Eingabedaten ausgeführt werden sollen, z. B. numerische Verarbeitung von Eingabedaten und die darauf basierende Entscheidungsfindung. Ausgangstreiber für eine Vielzahl von Geräten, z. B. Motoren, lineare/rotierende Aktuatoren, LCD und andere Arten von Anzeigegeräten, Kommunikationsgeräte für I2C, CAN, SPI, RS232[47] usw., sind ebenfalls Teil des eingebetteten Systems und verbinden sich direkt mit dem Mikrocontroller und den Aktuatoren, Displays, PCs, Netzwerken usw.

Typischerweise beinhaltet ein eingebettetes System eine Kombination aus analogen und digitalen Geräten, die unter der Kontrolle eines Mikrocontrollers stehen und gemeinsam als Rückkopplungs-/Kontrollsystem dienen, um eine Vielzahl von elektromechanischen, elektrooptischen Systemen, chemischen Prozessen usw. zu überwachen und zu steuern. Eingebettete Systeme können so einfach sein wie ein Lüftercontroller, der dazu dient, einen oder mehrere Lüfter zu steuern, um vordefinierte Temperaturen in einem Server aufrechtzuerhalten, oder sie können aus einem komplexen Netzwerk von eingebetteten Systemen bestehen, die Daten sammeln und teilen sowie verschiedene Ausgabe-/Kontrollfunktionen handhaben.

Darüber hinaus müssen eingebettete Systeme möglicherweise auch Echtzeitaktionen in Bezug auf das Reagieren innerhalb vordefinierter Zeitlimits auf bestimmte kritische Eingangsbedingungen oder deren Fehlen mit geeigneten Ausgangsreaktionen bereitstellen, wie im Falle von Antiblockiersystemen, des Auslösens von Airbags, der Reaktion auf das Versagen eines oder mehrerer Geräte, des Einleitens kritischer Abschaltverfahren, des Sammelns von Daten mit ausreichend hohen Raten, um die Datenverarbeitung und geeignete Kontrollfunktionen zu ermöglichen, usw.

Moderne eingebettete Systeme müssen gezwungenermaßen und so weit wie möglich auch an veränderliche Marktanforderungen anpassbar sein, steile Lernkurven für den

---

[46] Die Unterscheidung zwischen Mikrocontroller und Mikroprozessor ist in der modernen Fachsprache etwas unklar geworden und die beiden Begriffe werden manchmal synonym verwendet, ohne Rücksicht auf ihre Unterschiede. In der folgenden Diskussion bezieht sich der Begriff Mikrocontroller mindestens auf einen Mikroprozessor, Speicher und eine Form von I/O-Fähigkeit, alle innerhalb eines einzigen Chips, der als „System-on-Chip" funktioniert.

[47] Zur Familie der RS232-Treiber gehören die Protokolle RS422 und RS485, die spezifische Hardwareprotokolle im Gegensatz zu Datenprotokollen sind und Unterstützung für Master-Slave-Betrieb sowie eine deutlich verbesserte Störfestigkeit und längere Übertragungswege bieten.

Abb. 1.19 Ein einfaches Beispiel für die Verarbeitung analoger Signale

Entwickler vermeiden usw. Darüber hinaus sind Themen wie niedrige Komponentenkosten, minimaler Platzbedarf auf der Leiterplatte, einfache Herstellung, minimale Abhängigkeit von externen Komponenten, In-Circuit-Debugging/-Programmierfähigkeit, Unterstützung für Standardkommunikationsprotokolle und Interoperabilität mit anderen Geräten und Systemen ebenfalls wichtig.

Die Einführung der Mikroprozessor-/Mikrocontroller-Technologie führte dazu, dass die ersten Anwender zu dem Schluss kamen, dass die eingebetteten Systeme der Zukunft einfach aus einem oder mehreren Analog-digital- und Digital-analog-Wandlern bestehen würden, die mit einem Mikroprozessor/Mikrocontroller verbunden sind, wie in Abb. 1.19 gezeigt. Die grundlegende Designphilosophie bestand darin, alle Eingangssignale sofort in ihre digitale Entsprechung umzuwandeln, die resultierende digitale Form der Eingänge zu verarbeiten und dann, falls erforderlich, die digitalen Ergebnisse über Digital-analog-Wandler zurück in ein analoges Signal umzuwandeln, um sie mit der Außenwelt zu verbinden.

Diese Ansicht wurde durch die Tatsache verstärkt, dass analoge Signale durch Bauteiltoleranzen, unerwünschte Nichtlinearitäten, Empfindlichkeit gegenüber elektrischem Rauschen (EMI), Änderungen der Umgebungsbedingungen wie Temperatur und Feuchtigkeit, Vibration, begrenzten Strom-/Spannungsdynamikbereich, Speicherung analoger Informationen in anderen als digitalen Formaten usw. beeinträchtigt werden können.

Es wurde jedoch bald erkannt, dass die analoge Signalverarbeitung ein wichtiger Bestandteil vieler eingebetteter Systeme ist, aber es war auch wichtig, den Stromverbrauch zu minimieren,[48] schnelle Reaktionszeiten für die Umwandlung aller Daten in ein digitales Format zu bieten und gleichzeitig die Fähigkeit zu haben, eine Vielzahl von Problemen zu bewältigen, z. B. Aliasing, Digitalfilteroverhead, einfache Fehlersuche usw.

Bei der Verwendung digitaler Methoden zur Erfassung und Verarbeitung von Daten muss sorgfältig überlegt werden, wie viele Daten pro Zeiteinheit über einen bestimmten Zeitraum gesammelt werden und mit welcher Rate diese Daten gesammelt werden. In der folgenden Diskussion wird davon ausgegangen, dass das zu betrachtende Signal ein

---

[48] Dies würde unter anderem das systemische Rauschen reduzieren.

1.6 Untersysteme von eingebetteten Systemen

Abb. 1.20 Beispiel für Aliasing durch Unterabtastung

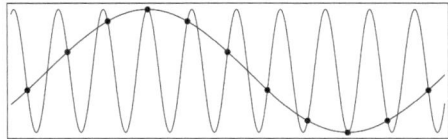

kontinuierliches, *wohlverhaltenes*[49] Signal ist und dass das Ziel darin besteht, das analoge Signal unter Bedingungen, die eine genaue Rekonstruktion des ursprünglichen analogen Signals ermöglichen, in sein digitales Äquivalent umzuwandeln. Eine Abtastung mit einer Rate unterhalb der höchsten Frequenzkomponente eines gegebenen Signals kann zu einem Phänomen führen, das als *Aliasing* bekannt ist, wie in Abb. 1.20 gezeigt. In diesem Fall wird ein festfrequentes, sinusförmiges Signal einmal pro Sekunde abgetastet, während das durch die Abtastung abgeleitete Signal eine Periode von etwa 10 s zu haben scheint.

Das Nyquist-Shannon-Abtasttheorem, auch als Nyquist- oder Shannon-Kriterium bezeichnet, verlangt unter diesen Bedingungen, dass die Abtastrate gleich oder größer als das Doppelte der höchsten Frequenzkomponente des Signals ist, oder äquivalent, dass, wenn die Frequenzkomponente B Hertz beträgt, die Abtastrate sein soll:

$$f_s = 2\beta B \tag{1.9}$$

wobei f_s die Abtastfrequenz, B die Bandbreite (basierend auf der höchsten Frequenzkomponente des Signals) und β ein Maß für die Menge an Überabtastung, falls vorhanden, sind. Überabtastung wird wichtig, wenn man versucht, Aliasing-Effekte zu minimieren, insbesondere bei A/D-Umwandlung.[50]

Abtastung, im gegenwärtigen Kontext, bezieht sich auf die periodische oder aperiodische Datenerfassung, die in einer *diskreten Zeitreihe* resultiert. Die Abtastrate, in Bezug auf Abtastungen pro Sekunde, wird in der Regel durch die Anwendung, die in dem eingebetteten System verwendete Hardware und Gl. (1.9) bestimmt. Die Menge der pro Abtastung gesammelten Daten wird offensichtlich durch die Anzahl der pro Abtastung gesammelten Bits (Bytes) bestimmt, und die Rate wird durch die Häufigkeit bestimmt, mit der eine Abtastung durchgeführt wird.

Wenn beispielsweise jede Abtastung aus 2 Byte oder äquivalent 16 bit besteht, die Abtastrate 200 Abtastungen pro Sekunde beträgt und die Länge der Zeit, über die mit dieser Rate abgetastet wird, 24 h beträgt, ist die Größe des abgetasteten Datensatzes D gegeben durch:

$$D = (bits\ per\ sample)(\#\ of\ samples\ per\ second)(total\ sampling\ time) \tag{1.10}$$

---

[49] Für die Zwecke der vorliegenden Diskussion soll der Ausdruck *wohlverhaltenes* Signal als jedes Signal verstanden werden, das sich jeder angewendeten mathematischen Technik anpasst.
[50] Überabtastung wird manchmal verwendet, um einen Mittelungsmechanismus zu bieten und das Quantisierungsrauschen zu reduzieren.

und daher:

$$D = \frac{(16)(200)(24)(3600)}{8} = 34{,}56\,\text{MB} \tag{1.11}$$

Beachten Sie, dass in diesem Beispiel stillschweigend angenommen wird, dass die höchste Frequenzkomponente im abgetasteten Signal 100 Hz für die Einheitsüberabtastung beträgt, d. h. für $\beta = 1$. Darüber hinaus kann *Abtastung*, die oft eingeführt wird, wenn man sich auf digitale Signalverarbeitungstechniken wie A/D- und D/A-Umwandlung verlässt, zum Informationsverlust (Aliasing) führen, zusätzlichen CPU-Overhead erzeugen und potenzielle Quantisierungsprobleme und Rundungsfehler einführen.

In einigen Anwendungen wird der Ausgang eines D/A-Wandlers von einer digitalen Filterung gefolgt, die zwar eine ausgezeichnete Filterantwort liefern kann, aber ein Beispiel dafür sein kann, ausgezeichnete Ausgangscharakteristiken auf Kosten der Datenverarbeitungszeit und daher der Latenz zu erzielen, was ihren Einsatz in bestimmten Arten von Steuerungssystemen ausschließen kann. In solchen Fällen können analoge Filter verwendet werden, die, obwohl sie vielleicht viel weniger ausgefeilte Filterfähigkeiten bieten, oft billiger, schneller sind und charakteristisch einen größeren Dynamikbereich haben. Wie bei jedem optimierten Design eines eingebetteten Systems sind oft Kompromisse erforderlich, um die beste Gesamtlösung in Bezug auf Reaktionszeit, Stromverbrauch, Kosten, Herstellbarkeit, Bauteilanzahl, Leiterplattenfläche usw. zu bieten.

1.7 Empfohlene Übungen

1-1 Vergleichen Sie die Architekturen der Intel 4004, 8008 und 8080. Erklären Sie, was die Unterschiede sind und warum der Intel 8080 eine viel bessere Wahl für den ersten Mikrocomputer war. Erläutern Sie kurz die jeweiligen Architekturen, die Unterschiede im Befehlssatz und die Taktfrequenzen.

1-2 Was ist das kürzeste Programm, das Sie schreiben können, das auf den in 1-1 beschriebenen Architekturen ausgeführt werden kann. Was macht es?

1-3 In einigen Anwendungen werden ein Filter am Eingang eines A/D-Wandlers und ein Filter nach dem Ausgang des D/A-Wandlers platziert. Erläutern Sie die Gründe für die jeweiligen.

1-4 Vergleichen und kontrastieren Sie das Polling gegenüber der Verwendung von Interrupt-Service-Routinen (ISR), und erklären Sie die Vor- und Nachteile jeder Methode.

1-5 Praktisch jeder Mikroprozessor/Mikrocontroller hat eine Nulloperation (NOP)-Anweisung. Warum?

1-6 Erklären Sie, wie Sie einen D/A mit einem A/D und einigen zusätzlichen Logikschaltungen erstellen könnten. Können Sie einen A/D mit einem D/A und einigen zusätzlichen Logikschaltungen erstellen?

1-7 Kann ein Prozessor mit einer gegebenen Wortlänge von 4 bit und einer Taktfrequenz von 1 MHz mit einem Prozessor mit einer Wortlänge von 8 bit und einer höheren Taktfrequenz konkurrieren, also 8 bit und eine höhere Taktrate haben die gleiche Ausführungsgeschwindigkeit? Was wäre die resultierende Einschränkung des 4004 in einem solchen Fall, wenn es eine gibt?

1-8 Wenn Sie Daten in „Echtzeit" sammeln möchten, die mit jedem Abtasten einen Zeitstempel haben, und der CPU-Taktzyklus länger ist als die Zeit zwischen dem Abtasten, welche Methoden könnten Sie anwenden? Wenn der Taktzyklus und die Zeit zwischen dem Abtasten gleich sind, ist es möglich, zeitgestempelte Daten zu sammeln? Wenn ja, wie?

1-9 Der VERDAN hat eine Wortlänge von 26 bit und eine Taktfrequenz von 345 kHz. Angenommen, 2 bit sind reserviert. Wenn der VERDAN der Flugcomputer für ein Flugzeug ist, das mit 2000 mph fliegt, könnte stattdessen ein PC-Laptop mit Windows und einer Taktfrequenz von 2 GHz als Leitcomputer verwendet werden?

1-10 Eine Abtast- und Halteschaltung ist typischerweise erforderlich, wenn ein A/D-Wandler zur Datenerfassung verwendet wird, aber nicht bei einem D/A-Wandler, der in Verbindung mit einem Mikrocontroller oder Mikroprozessor verwendet wird. Warum?

1-11 Ermitteln Sie die Verstärkung des geschlossenen Regelkreises des unten gezeigten Blockdiagramms, und nehmen Sie an, dass $\beta_1 = 0{,}23$, $\beta_2 = 1$, $A_1 = A_2 \geqslant 1$. Leiten Sie einen ungefähren Ausdruck für die Verstärkung im geschlossenen Regelkreis ab.

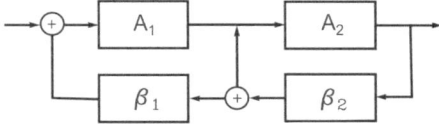

Literatur

1. P. Allen, Idea man: a memoir by the cofounder of microsoft. Portfolio; Reprint edition. (2012)
2. Digital Computers for Aircraft. Flight International. 85 (2867): 288. ISSN 0015-3710 (1964)
3. E.W. Dijkstra, My recollections of operating system design. Oper. Syst. Rev. **39**(2), 4–40 (2005)
4. L. Donglin, H. Xiabo, S. Lemmon, D. Michael, L. Qiang, Firm real-time system scheduling based on a novel QoS constraint. IEEE Trans. Comput. **55**(3), 320–333 (2006)

5. Elliott Bros And Autonetics Fit Verdan Computers To Polaris Submarines. Electronics Weekly, 2 January 2018
6. D. Goldstein, J. Gordon, A. Neumann, COMPUTERS. U. S. A. autonetics, RECOMP, Downey, Calif. Digit. Comput. Newslett. **9**(2–9), 2 – via DTIC (1957)
7. H. Kreiger, VERDAN technical reference manual. EM-1319-1. Autonetics a division of North American Rockwell Corporation. (1959). Revised 13 June 1962
8. MARDAN Computer – Time and Navigation. https://timeandnavigation.si.edu/multimedia-asset/mardan-computer
9. C.F. O'Donnell, *Inertial Navigation Analysis and Design* (McGraw Hill Company, New York, 1964)
10. Recomp III Service Manual. A3958-501. Autonetics Division of North American Rockwell. 20 August 1959
11. The amazing MARDAN – accelerating vector. https://acceleratingvector.com/2014/06/21/the-amazing-mardan/
12. S. Yuill, M. Uller, *Software Studies: A Lexicon, Cambridge, Massachusetts, London, England* (The MIT Press, Cambridge, 2008)

Mikrocontroller-Subsysteme 2

Zusammenfassung

In diesem Kapitel konzentriert sich die Diskussion auf Subsysteme, die PSoC 3 und PSoC 5LP (PSoC 3 Architecture Technical Reference Manual. Dokument Nr. 001-50235 Rev. *M. Cypress Semiconductor, 8. April 2020; PSoC 5LP Architecture Technical Reference Manual. Dokument Nr. 001-78426 Rev. *G. Cypress Semiconductor, 6. Nov 2019) als illustrative Beispiele für die grundlegenden Aspekte aktueller Mikrocontroller-Architekturen (J.A. Borrie, Modern control systems – a manual of design methods. Prentice Hall, London, 1986) verwenden. Enthalten ist eine detaillierte Diskussion des 8051-Befehlssatzes, des Wrapper-Konzepts, wie es in PSoC 3 zur Integration eines 8051-Kerns in die PSoC-Umgebung verwendet wird, grundlegende Konzepte von Interrupts und Interrupt-Handling, DMA-Transferkonzepte einschließlich der Verwendung verschiedener DMA-Funktionen in Verbindung mit einem Peripherie-Hub zum Übertragen von Daten und zu/von Peripheriegeräten, Taktquellen und Taktverteilung, interne und externe Speichernutzung, Energiemanagement, Schlaf-/Hibernationsberücksichtigung, Implementierung einer RTC, Hardwaretest und -debugging usw. In den folgenden Kapiteln konzentriert sich die Diskussion auf Mikrocontroller, digitale und analoge Peripheriegeräte, die Entwicklungsumgebung und Module wie Delta-Sigma-Wandler, PWM, OpAmps usw. und schließt schließlich mit einer detaillierten Implementierung eines digitalen Voltmeters ab. Verschiedene für Mikrocontroller übliche Subsysteme, wie z. B. die CPU, Interrupt-Controller, DMA-Funktionalität, Busse, Speicher, Taktung, allgemeine I/O (GPIO), Energiemanagement und Hardwaredebuggingunterstützung von PSoC 3 und PSoC 5LP sind auch Themen in diesem Kapitel, um die Schlüsselkonzepte, die in jedem dieser Themen involviert sind, zu veranschaulichen. (Es sollte angemerkt werden, dass die grundlegenden Architekturen von PSoC 3 und PSoC 5LP recht ähnlich sind, aber aufgrund der tiefgreifenden Unterschiede in den Mikroprozessorkernen, die in jedem Fall verwendet werden, sind die Implementierungsdetails einiger Aspekte dieser programmierbaren Systeme auf einem Chip recht unterschiedlich. Solche Unterschiede sind jedoch nicht der primäre Fokus dieses Kapitels und werden, wenn überhaupt, anderswo in diesem Lehrbuch ausführlich behandelt.)

2.1 PSoC 3 und PSoC 5LP: Grundfunktionalität

Bevor wir eine Diskussion über Mikrocontroller-Subsysteme beginnen, ist es wichtig, die gemeinsame Funktionalität von PSoC 3 und PSoC 5LP zu diskutieren, z. B. haben sie:

- die gleiche Pin-out-Konfiguration und sind daher pin- und peripheriekompatibel,
- Unterstützung für eine Vielzahl von Kommunikationsprotokollen, z. B. USB, I2C, CAN, UART etc.,
- eine gemeinsame Entwicklungsumgebung, nämlich PSoC Creator,
- hochpräzise/leistungsstarke analoge Funktionalität mit bis zu 20-bit-ADC- und -DAC-Unterstützung, zusätzlich zu Komparatoren, OpAmps, PGA, Mischern, TIA, konfigurierbaren Logikarrays etc.,
- ein leicht konfigurierbares Logikarray,
- SRAM-, Flash- und EEPROM-Speicher,
- analoge Systeme [7], die sowohl geschaltete Kapazitäts- (SW) als auch Kontinuierliche-Zeit (CT)-Blöcke, 20-bit-Sigma-Delta-Wandler, 8-bit-DAC konfigurierbar für 12-bit-Betrieb, PGA etc. beinhalten,
- digitale Systeme, die auf universellen Digitalblöcken („universal digital blocks", UDB) und spezifischen Funktionsperipherien wie CAN und USB basieren,
- Programmier- und Debuggingunterstützung über JTAG, Serial Wire Debug (SWD) und Single Wire Viewer (SWV),
- einen geschachtelten, vektorisierten Interrupt-Controller,
- einen leistungsstarken DMA-Controller und
- flexibles Routing zu allen Pins.

Es gibt jedoch einige signifikante Unterschiede zwischen PSoC 3 und PSoC 5LP, z. B.:

- Das CPU-Subsystem (Kern) von PSoC 3 [16] basiert auf einem 8-bit-8051-Kern plus DMA-Controller und digitalem Filterprozessor, mit bis zu 67-MHz-Einzelzyklus[1], 8-bit-8051-basiertem Harvard-Architektur-Prozessor, der mit Taktraten bis zu 67 MHz arbeiten kann, was ihm ermöglicht, Standard-8051-Verkörperungen um bis zu einem Faktor 10 oder äquivalent eine Größenordnung zu übertreffen.
- Das CPU-Subsystem (Kern) von PSoC 5LP basiert auf einem 32-bit-Harvard-Architektur-ARM Cortex-M3-Prozessor mit dreistufiger Pipeline, der mit Taktraten bis zu 80 MHz arbeiten kann. Sein Befehlssatz ist der gleiche wie Thumb-2 und unterstützt sowohl 16- als auch 32-bit-Befehle. PSoC 5LP hat einen Flash-Cache, der die Anzahl der benötigten Flash-Zugriffe reduziert und dadurch den Stromverbrauch senkt.

---

[1] Einzelzyklus bezieht sich auf Anweisungen, die in einem einzigen Maschinen (Takt)-Zyklus ausgeführt werden.

2.2 Überblick über PSoC 3

Der grundlegende Ansatz zur PSoC-Architektur [1] und -Philosophie ist im Grunde unverändert geblieben, während sie sich von basierend auf dem proprietären M8C-Mikroprozessor [12] zur Unterstützung für sowohl 8051- als auch ARM-Kerne [2] entwickelt hat. Die letzteren Prozessoren, obwohl sie auf ganz unterschiedlichen Architekturen basieren, steuern beide einen Standardsatz von Analog-/Digitalblöcken und die I/O-Ports des Systems, wie in den Abb. 2.1 und 2.2 gezeigt.

PSoC 3 integriert einen Einzelzyklus-pro-Anweisung-8051-Kern, ein programmierbares digitales System, programmierbare analoge Komponenten und konfigurierbare digitale Systemressourcen zusammen mit einem hochkonfigurierbaren I/O-System. Die interne Kommunikation basiert hauptsächlich auf dem ARM Advanced High-Performance Bus (AHB) in Verbindung mit einem Multi-Spoke-Bus-Controller namens Peripheral Hub (PHUB)[2]. Dies ermöglicht vielen der Funktionsblöcke innerhalb von PSoC 3 mit wenig oder keiner CPU-Beteiligung zu kommunizieren. Zusätzlich gibt es einen analogen globalen Bus („analog global bus", AGB), der zur Verbindung mit dem I/O-System verwendet werden kann. Eine sekundäre Busstruktur ermöglicht es der CPU, direkt mit den I/O-Ports zu kommunizieren. Die EEPROM-, Flash- und SPC-Blöcke sind mit diesem Bus verbunden, um die SPC-Programmiersteuerung zu ermöglichen. CPU-Subsystemverbindungen zum Cache und Interrupt-Controller ermöglichen es der CPU, direkt mit beiden zu kommunizieren, wodurch die Latenz und jegliche Anforderungen für die Kommunikation mit dem Peripheriecontroller minimiert werden.

Der „8051-Kern"[3] kann von DC bis 67 MHz getaktet werden, bietet sowohl Hardwaremultiplikation als auch -division, 24 Kanäle für den direkten Speicherzugriff (DMA), bis zu 8 k jeweils von Flash und SRAM und bis zu 2 k von einer Million Zyklen, 20-jährige Datenhaltung, EEPROM.

2.2.1 Die 8051-CPU (PSoC 3)

Die in Abb. 2.3 schematisch dargestellte PSoC 3-Architektur basiert auf einem 8051-Kern (Abb. 2.4).[4]

---

[2] Der PHUB-Bus basiert auf dem Advanced Microcontroller Bus Architecture (AMBA)-AHB-Protokoll von ARM, das 1996 von ARM eingeführt wurde, und besteht aus einem zentralen Hub und radialen Speichen, die mit einem oder mehreren Peripherieblöcken verbunden sind.

[3] Dieser Kern ist vollständig kompatibel mit dem MCS-51 Befehlssatz [11], d. h., er ist „aufwärtskompatibel".

[4] Der CORTEX M3-Kern basiert auf einem ARM-Prozessor, der für „kostensensitive" Mikrocontroller-Anwendungen optimiert ist. Der im PSoC 5LP verwendete CORTEX M3 verwendet einen 3-stufigen, Harvard-Architektur-mit-Pipeline-Kern, der Einzelzyklus-Hardware-Multiplikation/Division, Verzweigungsspekulation und Thumb-2-Instruktionen unterstützt.

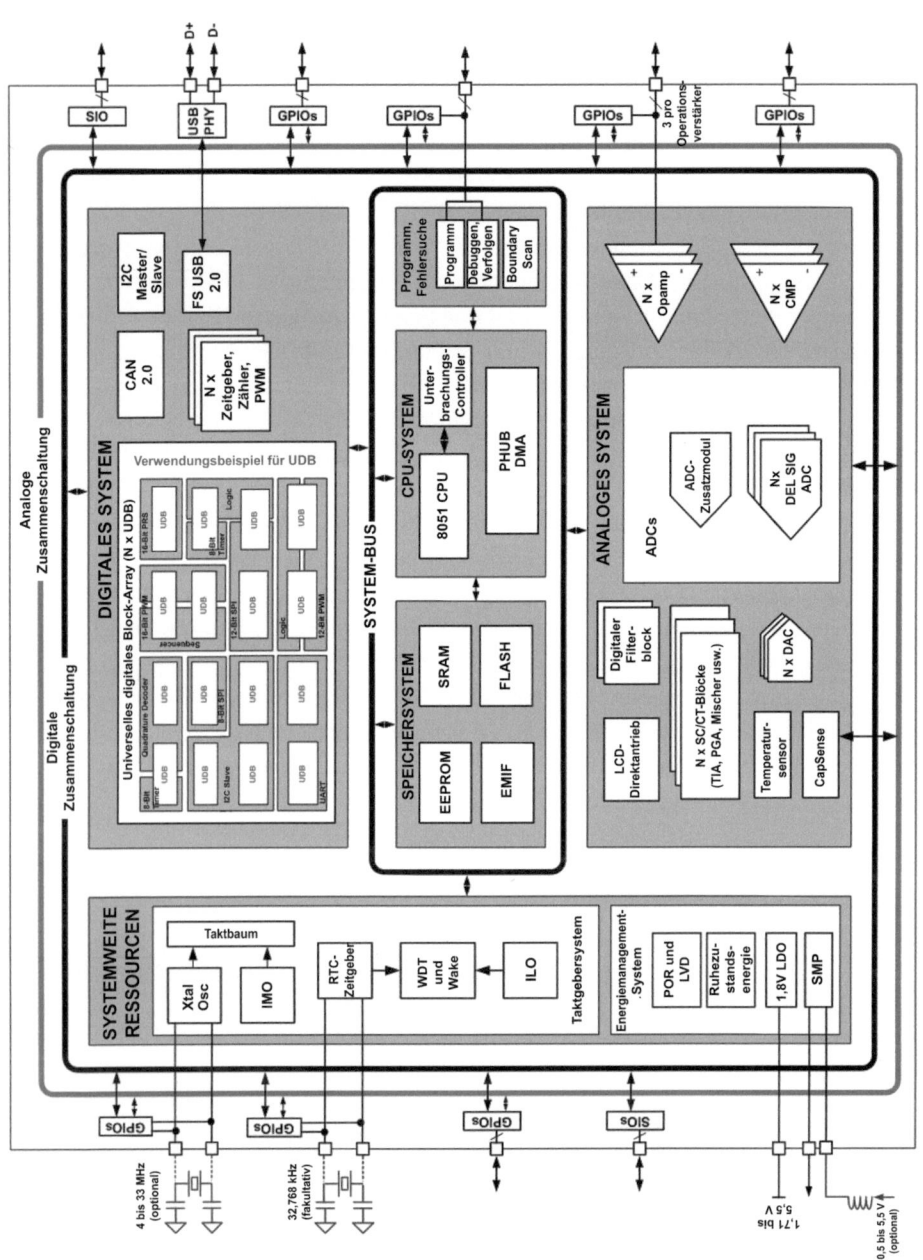

Abb. 2.1 Top-Level-Architektur für PSoC 3

2.2 Überblick über PSoC 3

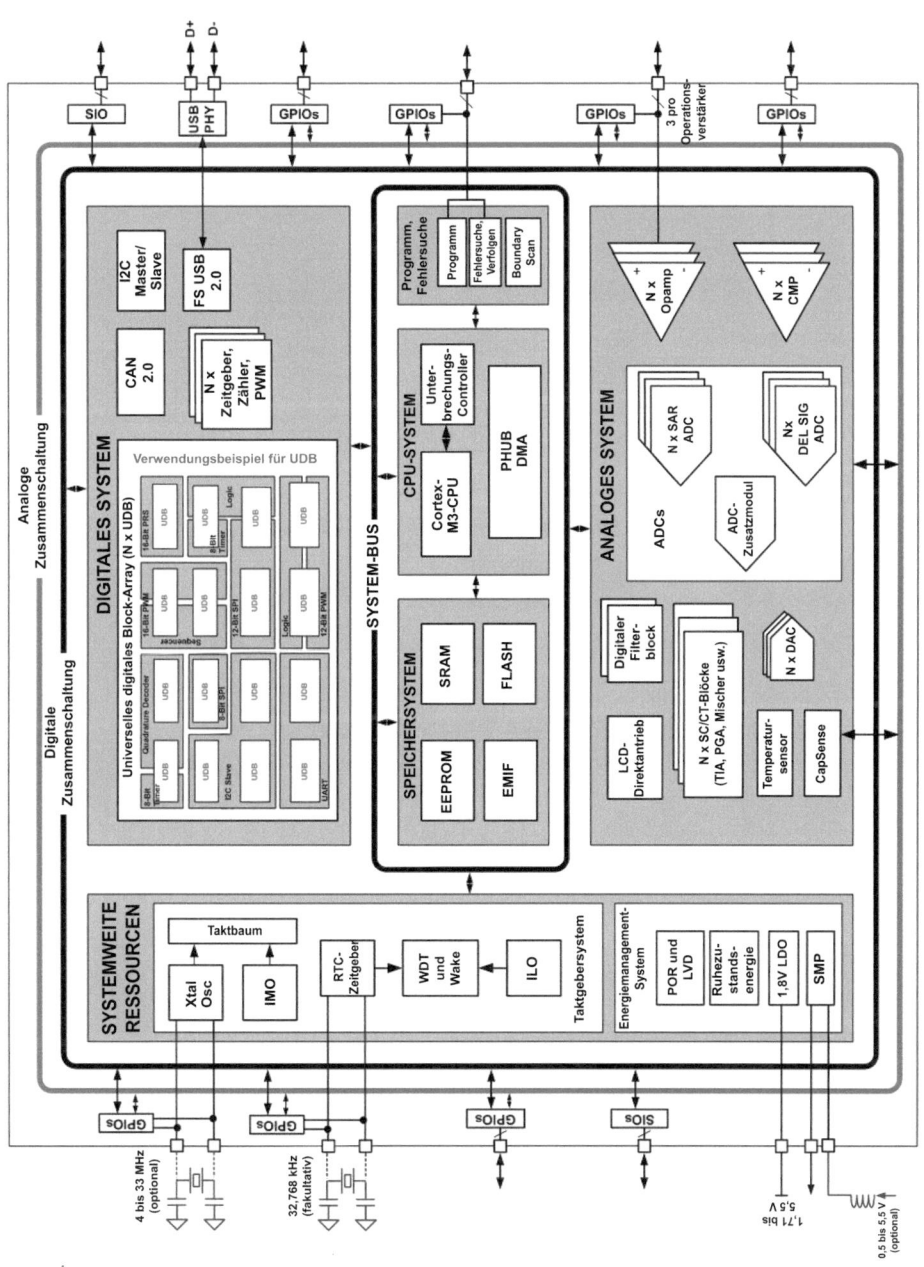

Abb. 2.2 Top-Level-Architektur für PSoC 5LP

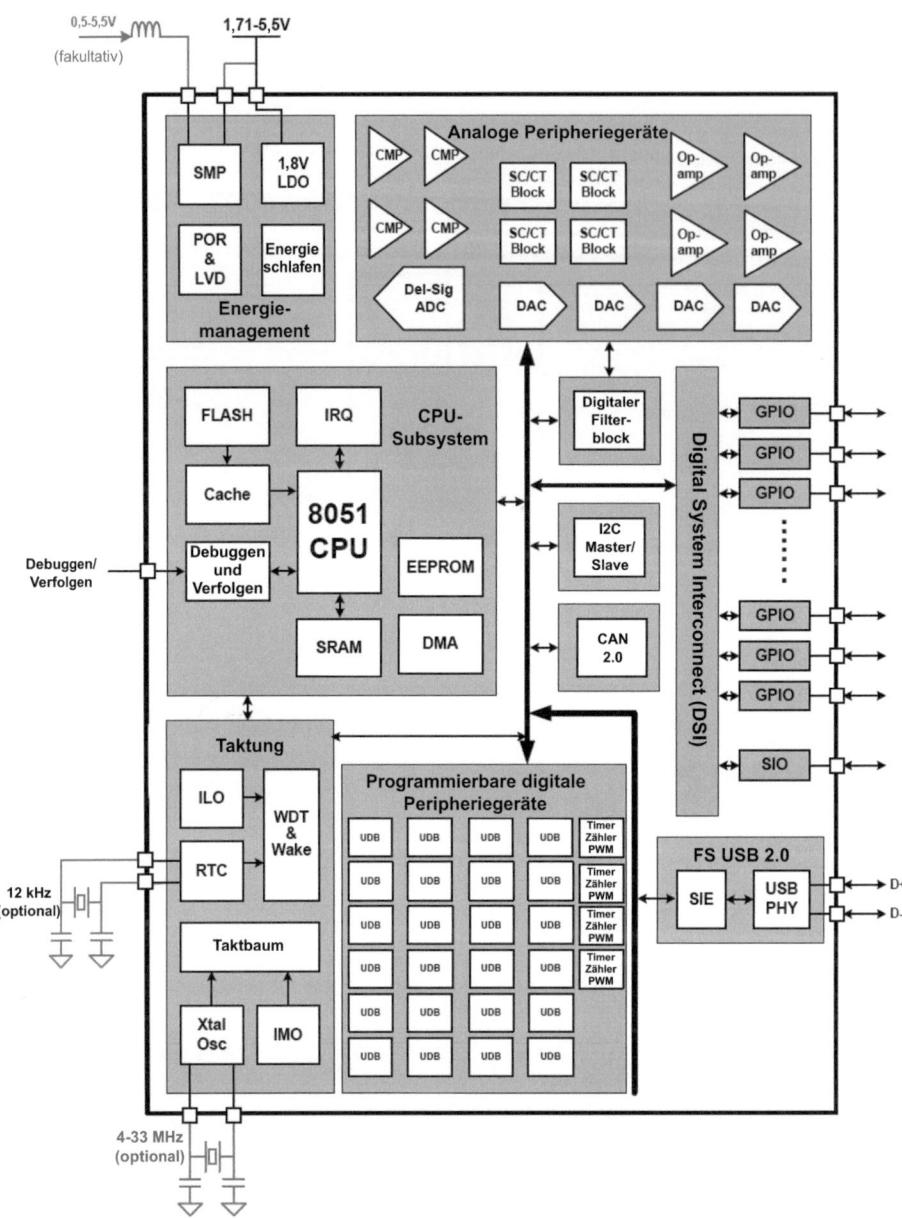

Abb. 2.3 Vereinfachte PSoC 3-Architektur

2.2 Überblick über PSoC 3

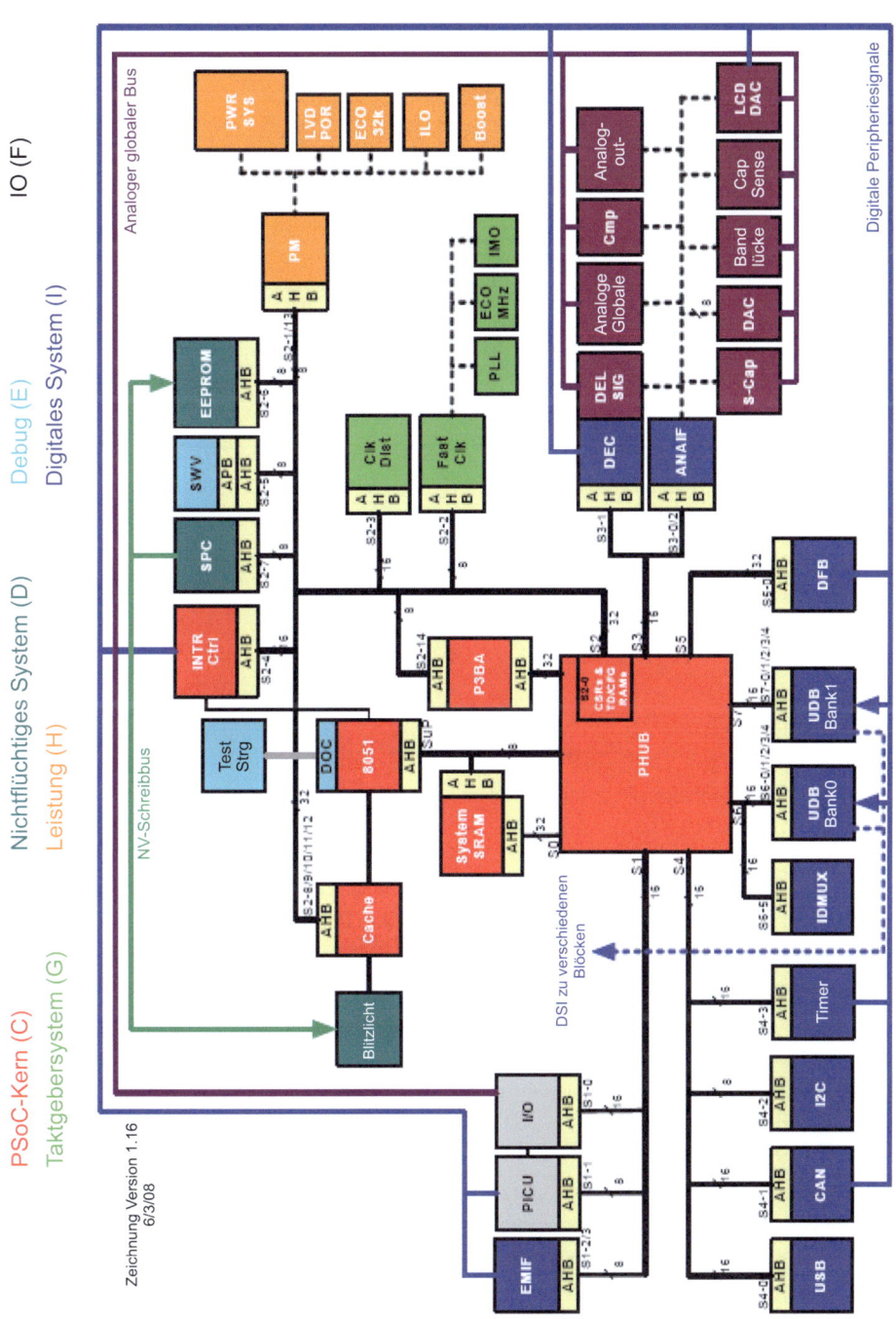

Abb. 2.4 PSoC 3 – Top-Level-Architektur

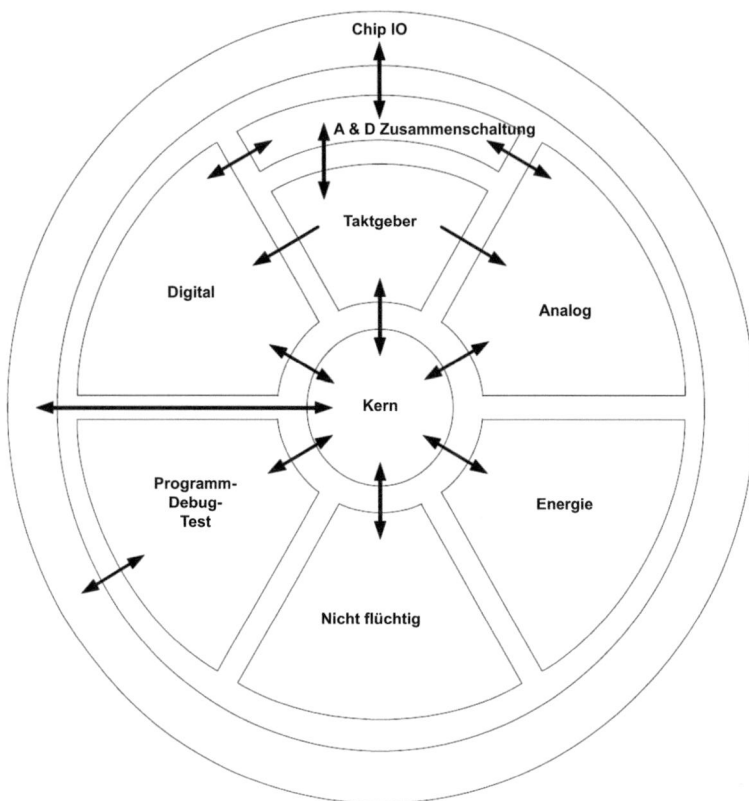

Abb. 2.5 Kommunikationswege innerhalb von PSoC 3

Wie in Kap. 1 besprochen, ist der 8051-Mikrocontroller eine Art Klassiker im Bereich der Mikroprozessoren und Mikrocontroller, der 1980 von der Intel Corporation eingeführt wurde (Abb. 2.5).

In seiner einfachsten Konfiguration bestand er aus:

- einer ALU,
- sieben On-Chip-Registern,
- einer seriellen Schnittstelle,
- zwei 16-bit-Timern,
- internem Speicher, bestehend aus GP/bit-adressierbarem Speicher und Registerbänken und speziellen Funktionsregistern,
- Unterstützung für 64 k externen Speicher (Code),[5]

---

[5] Der 8051 verwendet getrennten Speicher für Daten und Code.

2.2 Überblick über PSoC 3

- Unterstützung für 64 k externen Speicher (Daten),
- vier 8-bit-I/O-Ports,[6]
- 210-bit-adressierbaren Speicherplätzen.[7]

Neben der Unterstützung von speichergebundenem I/O sind die Register ebenfalls speichergebunden und der Stapel befindet sich im RAM, der intern zum 8051 gehört. Die Fähigkeit, auf einzelne Bits zuzugreifen, macht es möglich, AND, OR etc. zu setzen, zu löschen, indem man eine einzige 8051 Anweisung verwendet. Registerbänke sind in den untersten 32 Byte des internen Speichers des 8051 enthalten. Acht Register werden unterstützt, nämlich R0–R7, und ihre Standardorte befinden sich an den Adressen 0x00–0x07. Registerbänke können zur effizienten Kontextumschaltung verwendet werden und die aktive Registerbank wird durch Bits im Statusregister („program status word", PSW) ausgewählt. Am oberen Ende des internen RAM befinden sich 21 spezielle Register an den Adressen $0x80-0xFF$. Einige dieser Register sind bit- und byteadressierbar, abhängig von der Anweisung, die das Register adressiert.

Die 8051-Implementierung in PSoC 3 hat die folgenden Merkmale:

- Die Architektur basiert auf RISC und ist pipelined.
- Sie ist 100 % binärkompatibel mit dem branchenüblichen 8051-Befehlssatz, d. h., sie ist in Bezug auf ausführbare Dateien aufwärtskompatibel.
- Die meisten Anweisungen werden in einem oder zwei Maschinenzyklen ausgeführt.[8]
- Sie unterstützt einen 24 bit externen Datenspeicher, der den Zugriff auf den On-Chip-Speicher und Register sowie den Off-Chip-Speicher ermöglicht.
- Es wurde eine neue Interrupt-Schnittstelle bereitgestellt, die direktes Interrupt-Vektorisieren ermöglicht.
- 256 Byte interner Daten-RAM stehen zur Verfügung.
- Der Dual Data Pointer (DPTR) wurde von 16 bit in der „Standard-8051-Architektur" auf 24 bit erweitert, um das Kopieren von Datenblöcken zu erleichtern.
- Spezielle Funktionsregister (SFR) ermöglichen einen schnellen Zugriff auf die PSoC 3-I/O-Ports und die Steuerung der CPU-Taktfrequenz.

---

[6] I/O-Ports im 8051 sind „speichergebunden", d. h., um Regionen für SFRwrite von/zu einem I/O-Port zu erreichen, muss das ausgeführte Programm auf die entsprechende Speicherstelle in der gleichen Weise lesen/schreiben, wie ein Programm normalerweise auf eine Speicherstelle lesen/schreiben würde.

[7] 128 davon befinden sich an den Adressen 0x20–0x2F, die restlichen 73 befinden sich in speziellen Funktionsregistern.

[8] Der Begriff Anweisungszyklus bezieht sich auf die Zeit, die benötigt wird, um eine Anweisung abzurufen, zu interpretieren und auszuführen. Maschinen- oder Taktzyklus ist die Taktperiode.

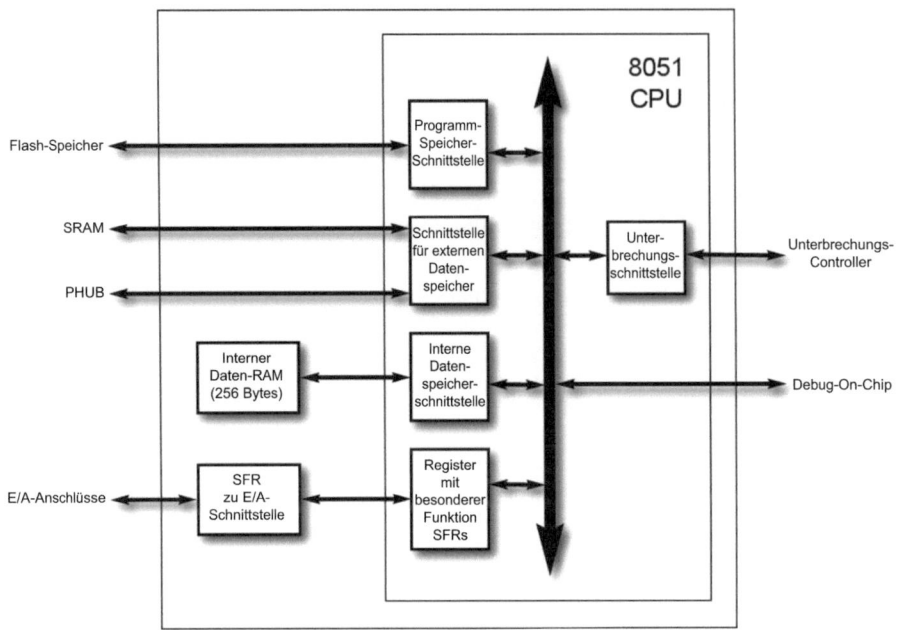

Abb. 2.6 Der 8051-Wrapper von PSoC 3

2.2.1.1 8051-Wrapper

Um den 8051-Kern am effizientesten und effektivsten in PSoC 3 zu integrieren, wird ein „Wrapper" [1] bereitgestellt, wie in Abb. 2.6 dargestellt. Dieser sogenannte Wrapper[9] ist in der Tat einfach eine Logik, die den Kern umgibt und eine Schnittstelle zwischen dem Kern und dem Rest des PSoC 3-Systems bereitstellt. Der 8051 ist einer von zwei Busmastern, der andere ist der DMA-Controller. Zwei Busslaves stehen in Form des PHUB, besprochen in Abschn. 2.2.7, und des On-Chip-SRAM zur Verfügung und sind über den externen Speicherbereich des 8051 zugänglich. Diese Konfiguration ermöglicht den Zugriff auf alle Register von PSoC 3 sowie auf den externen Speicher. Der Wrapper stellt auch eine SFR-I/O-Schnittstelle bereit und ermöglicht den direkten Zugriff auf die I/O-Port-Register über die SFR. Ein CPU-Taktteiler ist ebenfalls im Wrapper enthalten. Jeder Port hat zwei Schnittstellen; eine der Schnittstellen ist zum PHUB, um die Boot-Konfiguration und den Zugriff auf alle I/O-Port-Register zu ermöglichen, und die zweite Schnittstelle ist zu den SFR im 8051, die einen schnelleren Zugriff auf eine begrenzte Anzahl von I/O-Port-Registern ermöglichen. Der Taktteiler ermöglicht es, die CPU mit Frequenzen zu betreiben, die Teiler der Bustaktfrequenz sind, vgl. Abschn. 2.2.11.

---

[9] Der Begriff Wrapper wird verwendet, um Code zu kapseln, so dass seine Verwendung über eine API oder eine sonst einfacher zu bedienende Schnittstelle erfolgen kann.

2.2 Überblick über PSoC 3

2.2.1.2 8051-Befehlssatz

Der 8051-Befehlssatz besteht aus 44 Grundbefehlen, wie in Tab. 2.1 dargestellt.[10] Diese Grundbefehle resultieren in 256 möglichen Befehlen, von denen 255 (24 3-Byte-Befehle, 92 2-Byte-Befehle und 139 1-Byte-Befehle) dokumentiert sind. Die vollständige Menge der Opcodes ist in Tab. 2.1 (Abb. 2.7 und 2.8) dargestellt.

2.2.1.3 Interne und externe Datenraumkarten

Ein Diagramm der XDATA-Adresskarte des 8051[11] und des internen Datenraums ist in Tab. 2.2 und Abb. 2.9 dargestellt. Dieser Raum ist wie gezeigt in fünf Bereiche unterteilt. Obwohl die Adressen des internen Datenspeichers tatsächlich nur 1 Byte breit sind, was impliziert, dass der Adressraum auf 256 Byte begrenzt ist, greifen direkte Adressen höher als 7FH auf einen Speicherbereich zu und indirekte Adressen höher als 7FH auf einen anderen Speicherbereich. Daher können die oberen 128 Byte als SFR-Raum für Ports, Statusbits usw. verwendet werden, wenn direkte Adressierung verwendet wird. Sechzehn der Adressen im SFR-Speicherbereich sind sowohl bit- als auch byteadressierbar.

Die unteren 128 Byte bestehen aus den untersten 32 Byte, die als 4 Bänke von 8 Registern gruppiert sind, die als R0–R7 bezeichnet werden. Die Bankauswahl wird durch 2 bit im PSW bestimmt. Die nächsten 16 Byte, d. h. über den Registerbänken, sind ein bitadressierbarer Speicherbereich mit Bitadressen von 00H bis einschließlich 7FH. Der Befehlssatz des 8051 enthält eine Reihe von Befehlen zur Manipulation einzelner Bits in diesem Bereich, unter Verwendung direkter Adressierung.

2.2.1.4 Anweisungstypen

Der 8051 hat fünf Arten von Anweisungen:

1. **Arithmetik** – Addition, Subtraktion, Division, Inkrementierung und Dekrementierung,
2. **boolesche** – ein Bit löschen, ein Bit umkehren, ein Bit setzen, ein Bit umschalten, ein Bit auf Carry verschieben usw.,
3. **Datenübertragung** – interne Daten, externe Daten und Tabellendaten,
4. **logische** – boolesche Operationen wie AND, OR, XOR und Drehen/Tauschen von Nibbles und
5. **Programmverzweigung** – bedingte und unbedingte Sprünge (Verzweigungen), um den Programmablauf zu ändern.

---

[10] Die hier für den 8051(8052) verwendeten Mnemoniken sind urheberrechtlich geschützt von Intel Corporation, 1980.

[11] Tab. 2.2 ist eine Tabellierung des von PSoC 3 adressierbaren externen Speichers.

Tab. 2.1 Die vollständige Menge der 8051-Opcodes

	0x00	0x01	0x02	0x03	0x04	0x05	0x06	0x07	0x08	0x09	0x0a	0x0b	0x0c	0x0d	0x0e	0x0f
0x00	AJMP	LJMP	RR	INC	INC	INC	INC	INC	INC	INC	INC	INC	INC	INC	INC	INC
0x10	ACALL	LCALL	RRC	DEC	DEC	DEC	DEC	DEC	DEC	DEC	DEC	DEC	DEC	DEC	DEC	DEC
0x20	AJMP	RET	RL	ADD	ADD	ADD	ADD	ADD	ADD	ADD	ADD	ADD	ADD	ADD	ADD	ADD
0x30	ACALL	RETI	RLC	ADDC	ADDC	ADDC	ADDC	ADDC	ADDC	ADDC	ADDC	ADDC	ADDC	ADDC	ADDC	ADDC
0x40	AJMP	ORL	ORL	ORL	ORL	ORL	ORL	ORL	ORL	ORL	ORL	ORL	ORL	ORL	ORL	ORL
0x50	ACALL	ANL	ANL	ANL	ANL	ANL	ANL	ANL	ANL	ANL	ANL	ANL	ANL	ANL	ANL	ANL
0x60	AJMP	XRL	XRL	XRL	XRL	XRL	XRL	XRL	XRL	XRL	XRL	XRL	XRL	XRL	XRL	XRL
0x70	ACALL	ORL	JMP	MOV	MOV	MOV	MOV	MOV	MOV	MOV	MOV	MOV	MOV	MOV	MOV	MOV
0x80	AJMP	ANL	MOVC	DIV	MOV	MOV	MOV	MOV	MOV	MOV	MOV	MOV	MOV	MOV	MOV	MOV
0x90	ACALL	MOV	MOVC	SUBB	SUBB	SUBB	SUBB	SUBB	SUBB	SUBB	SUBB	SUBB	SUBB	SUBB	SUBB	SUBB
0xa0	AJMP	MOV	INC	MUL	?	MOV	MOV	MOV	MOV	MOV	MOV	MOV	MOV	MOV	MOV	MOV
0xb0	ACALL	CPL	CPL	CJNE	CJNE	CJNE	CJNE	CJNE	CJNE	CJNE	CJNE	CJNE	CJNE	CJNE	CJNE	CJNE
0xc0	AJMP	CLR	SWAP	XCH	XCH	XCH	XCH	XCH	XCH	XCH	XCH	XCH	XCH	XCH	XCH	XCH
0xd0	ACALL	SETB	SETB	DA	DJNZ	XCHD	XCHD	XCHD	XCHD	XCHD	XCHD	XCHD	XCHD	XCHD	XCHD	XCHD
0xe0	AJMP	MOVX	MOVX	CLR	MOV	MOV	MOV	MOV	MOV	MOV	MOV	MOV	MOV	MOV	MOV	MOV
0xf0	ACALL	MOVX	MOVX	MOVX	CPL	MOV	MOV	MOV	MOV	MOV	MOV	MOV	MOV	MOV	MOV	MOV

2.2.1.5 Datenübertragungsanweisungen

Der 8051 ist in der Lage, drei Arten von Datenübertragungen durchzuführen:

1. **Externe Datenübertragung** – MOVX-Anweisungen werden verwendet, um Daten zwischen dem Akkumulator und einer externen Speicheradresse zu übertragen.
2. **Interne Datenübertragungen** – direkte, indirekte, Register- und unmittelbare Adressierungsanweisungen ermöglichen die Übertragung von Daten zwischen zwei beliebigen internen RAM-Standorten von SFR.
3. **Tabellenübertragungen** – MOVC-Anweisungen werden verwendet, um Daten zwischen dem Akkumulator und Programmspeicheradressen zu übertragen.

2.2.1.6 Datenzeiger

Der Datenzeiger (DPTR) befindet sich in einem 16-bit-Register bei 0x83 (hohes Byte) und 0x82 (niedriges Byte), das für den Zugriff auf bis zu 64 k externen Speicher verwendet wird.

2.2.1.7 Doppelte Datenzeiger-SFR

Um das Kopieren von Datenblöcken zu erleichtern, werden vier spezielle Funktionsregister (SFR), wie in Tab. 2.3 gezeigt, verwendet, um zwei 16-bit-Zeiger, DPTR0 und DPTR1, zu halten, und INC DPTR kann verwendet werden, um zwischen ihnen zu wechseln. Das aktive DPTR-Register wird durch das SEL-Bit (0x86) im SFR-Bereich ausgewählt; z. B., wenn das SEL-Bit gleich 0 ist, dann wird DPTR0 (SFR 0x83:0x82) ausgewählt, ansonsten wird DPTR1 ausgewählt.

2.2 Überblick über PSoC 3

Mnemonik	Beschreibung	Zyklen
MOV A,Rn	Register in den Akkumulator verschieben	1
MOV A, Direct	Direktes Byte in den Akkumulator verschieben	2
MOV A,@Ri	Indirekten RAM in den Akkumulator verschieben	2
MOV A,#Data	Unmittelbare Daten in den Akkumulator verschieben	2
MOV Rn,A	Akkumulator in Register verschieben	1
MOV Rn,Direct	Direktes Byte in Register verschieben	3
MOV Rn,#Data	Sofortige Daten in das Register verschieben	2
MOV Direkt,A	Akkumulator auf direktes Byte verschieben	2
MOV Direkt,Rn	Register auf direktes Byte verschieben	2
MOV Direkt,Direkt	Direktes Byte auf direktes Byte verschieben	3
MOV Direkt@Ri	Indirekten RAM in direktes Byte verschieben	3
MOV Direkt,#Daten	Unmittelbare Daten in direktes Byte verschieben	3
MOV @Ri,A	Akkumulator in indirekten RAM verschieben	2
MOV @Ri,Direkt	Direktes Byte in indirekten RAM verschieben	3
MOV @Ri,#Daten	Unmittelbare Daten in indirekten RAM verschieben	2
MOV DPTR,#Daten16	Datenzeiger mit 16-Bit-Konstante laden	3
MOVC A,@A+DPTR	Code-Byte relativ zu DPTR in den Akkumulator verschieben	5
MOVCA,@A+PC	Code-Byte relativ zum PC in den Akkumulator verschieben	4
MOVXA,@Ri	Externen RAM (8-Bit) in den Akkumulator verschieben	3
MOVXA.DPTR	Externen RAM (16-Bit) in den Akkumulator verschieben	2
MOVX @Ri,A	Akkumulator in externen RAM verschieben (8-Bit)	4
MOVX DPTR.A	Akkumulator in externen RAM verschieben (16-Bit)	3
PUSH Direkt	Direktes Byte auf den Stapel schieben	3
POP Direkt	Direktes Byte vom Stapel holen	2
XCHA.Rn	Direktes Byte mit Akkumulator austauschen	2
XCH A,Direkt	Austausch direkt mit Akkumulator	3
XCH A<@Rn	Indirekten RAM mit Akkumulator austauschen	3
XCH A,@Ri	Austausch von indirektem Digit-RAM niedriger Ordnung mit Akkumulator	3

Abb. 2.7 Datentransferbefehlssatz

	0/8 (Bit-adressierbar)	1/9	2/A	3/B	4/C	5/D	6/E	7/F
0xF8	SFRPRT15DR	SFRPRT15PS	SFRPRT15SEL					
0xF0	B		SFRPRT12SEL					
0xE8	SFRPRT12DR	SFRPRT12PS	MXAX					
0xE0	ACC							
0xD8	SFRPR6DR	SFRPRT6PS	SFRPRT15S6					
0xD0	PSW							
0xC8	SFRPRT5DR	SFRPRT5PS	SFRPRT5SEL					
0xC0	SFRPRT4DR	SFRPRT4PS	SFRPRT4SEL					
0xB8								
0xB0	SFRPRT3DR	SFRPRT3PS	SFRPRT3SEL					
0xA8	IE							
0xA0	P2AX	CPUCLK_DIV	SFRPRT1SEL					
0x98	SFRPRT2DR	SFRPRT2PS	SFRPRT2SEL					
0x90	SFRPRT1DR	SFRPRT1PS		DPX0		DPX1		
0x88		SFRPRT0PS	SFRPRT0SEL					
0x80	SFRPRT0DR	SP	DPL0	DPH0	DPL1	DPH1	DPS	

Abb. 2.8 Karte der speziellen Funktionsregister

Das Datenzeiger-Auswahlregister wird in Verbindung mit den folgenden Anweisungen verwendet:

- INC DPTR
- JMP @A+DPTR
- MOVX @DPTR,A
- MOVX A,@DPTR
- MOVC A,A+DPTR
- MOV DPTR,#data16

2.2.1.8 Boolesche Operationen

Boolesche Anweisungen ermöglichen Einzelbitoperationen auf den einzelnen Bits von Registern, Speicherorten und dem CY-Flag (die AC-, OV- und P-Flags können durch diese Anweisungen nicht geändert werden). Die Operationen, die auf einzelne Bits durchgeführt werden können, sind löschen, komplementieren, verschieben, setzen, AND, OR und Tests für bedingte Sprünge:

JC/JNC – springe zu einer relativen Adresse, wenn das CY-Flag gesetzt oder gelöscht ist.
JB/JNB – springe zu einer relativen Adresse, wenn das CY-Flag gesetzt oder gelöscht ist.
JBC – springe zu einer relativen Adresse, wenn ein Bit gesetzt oder gelöscht ist.
Kurzer Sprung.

Tab. 2.2 XDATA-Adresskarte

Adressbereich	Zweck
0x00 0000 - 0x00 1FFF	SRAM
0x00 2000 - 0x00 2FFF	SRAM nachverfolgen
0x00 4000 - 0x00 42FF	Taktung, PLLs und Oszillatoren
0x00 4300 - 0x00 430F	Energieverwaltung
0x00 4400 - 0x00 44FF	Unterbrechungs-Controller
0x00 4500 - 0x00 45FF	Ports-Unterbrechungssteuerung
0x00 4600 - 0x00 46FF	Reserviert
0x00 4700 - 0x00 47FF	Flash-Programmierschnittstelle
0x00 4900 - x00 49FF	I2C-Steuerung
0x00 4E00 - 0x00 4EFF	Dezimator
0x00 4F00 - 0x00 4FFF	Feste Timer/Zähler/PWMs
0x00 5000 - 0x00 51FF	General Purpose IOs
0x00 5300 - 0x00 530F	Ausgangs-Port-Auswahlregister
0x00 5400 - 0x00 54FF	Externe Speicherschnittstelle (EMIF) Steuerregister
0x00 5800 - 0x00 5FFF	Analoge Subsystem-Schnittstelle
0x00 6000 - 0x00 60FF	USB-Steuerung
0x00 6400 - 0x00 6FFF	UDB-Konfiguration
0x00 7000 - x00 7FFF	PHUB-Konfiguration
0x00 8000 - 0x00 8FFF	EEPROM
0x00 A000 - 0x00 A400	CAN
0x00 C0000 - 0x00 C800	Digitaler Filterblock
0x00 0000 - 0x00 FFFF	Digitale Zusammenschaltungskonfiguration
0x00 0000 - 0x00 FFFF	Direkter Zugriff auf den Cache-Speicher
0x00 0000 - 0x00 FFFF	Flash-Speicher
0x00 0000 - 0x00 FFFF	Direkter Zugriff auf 8051 IDATA
0x00 0200 - 0x00 021F	Test-Controller (intern)

2.2.1.9 Stackzeiger

Der Stackzeiger („stack pointer", SP) ist ein 8-bit-Register, das sich an der Stelle 0x81 befindet und den Standardwert 0x07 enthält, wenn das System zurückgesetzt wird. Dies führt dazu, dass der erste „Push" auf den Stack an der Stelle 0x80 gespeichert wird und daher die Registerbank 1 und möglicherweise die Registerbänke 2 und 3 nicht zugänglich sein können. Die Initialisierung des SP-Zeigers ermöglicht jedoch die Nutzung aller Registerbänke.

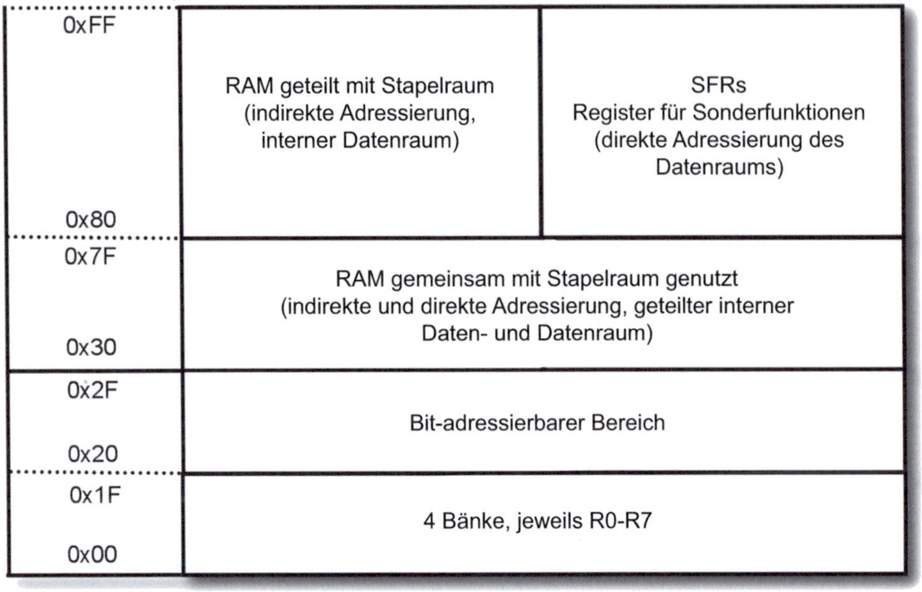

	0x FF		
		RAM geteilt mit Stapelraum (indirekte Adressierung, interner Datenraum)	SFRs Register für Sonderfunktionen (direkte Adressierung des Datenraums)
	0x80		
	0x7F		
		RAM gemeinsam mit Stapelraum genutzt (indirekte und direkte Adressierung, geteilter interner Daten- und Datenraum)	
	0x30		
	0x2F		
		Bit-adressierbarer Bereich	
	0x20		
	0x1F		
		4 Bänke, jeweils R0-R7	
	0x00		

Abb. 2.9 8051-interne Datenraumkarte

Tab. 2.3 Spezielle Funktionsregister

	0/8 (Bit-adressierbar)	1/9	2/A	3/B	4/C	5/D	6/E	7/F
0xF8	SFRPRT15DR	SFRPRT15PS	SFRPRT15SEL					
0xF0	B		SFRPRT12SEL					
0xE8	SFRPRT12DR	SFRPRT12PS	MXAX					
0xE0	ACC							
0xD8	SFRPR6DR	SFRPRT6PS	SFRPRT15S6					
0xD0	PSW							
0xC8	SFRPRT5DR	SFRPRT5PS	SFRPRT5SEL					
0xC0	SFRPRT4DR	SFRPRT4PS	SFRPRT4SEL					
0xB8								
0xB0	SFRPRT3DR	SFRPRT3PS	SFRPRT3SEL					
0xA8	IE							
0xA0	P2AX	CPUCLK_DIV	SFRPRT1SEL					
0x98	SFRPRT2DR	SFRPRT2PS	SFRPRT2SEL					
0x90	SFRPRT1DR	SFRPRT1PS		DPX0		DPX1		
0x88		SFRPRT0PS	SFRPRT0SEL					
0x80	SFRPRT0DR	SP	DPL0	DPH0	DPL1	DPH1	DPS	

2.2.1.10 Statusregister (PSW)

Das Statusregister befindet sich an der Stelle 0xD0 und enthält Informationen über die Flags des 8051, wie in Abb. 2.10 gezeigt. Das Carry-Flag (CF) kann auch als „boolescher 1-bit-Akkumulator", d. h. als 1-bit-Register für boolesche Anweisungen, verwendet werden. Flag 0 ist ein allgemeines Flag und RS0/RS1 wird verwendet, um das aktive Register zu bestimmen. Das Überlauf-Flag wird nach einer Subtraktion oder Addition gesetzt, wenn ein arithmetischer Überlauf aufgetreten ist. Das Paritätsbit wird in jedem Maschinenzyklus verwendet, um die gerade Parität des Akkumulatorbytes zu erhalten und B ist ein bitadressierbares Register (Akkumulator) an der Stelle 0xF0 für Multiplikations- und Divisionsoperationen.[12]

2.2.1.11 Adressierungsmodi

Die 8051-Architektur unterstützt sieben Adressierungsmodi:

1. **Direkt** – der Operand wird durch eine „direkte" 8-bit-Adresse angegeben, aber nur interner RAM und spezielle Funktionsregister können mit diesem Modus adressiert werden.
2. **Indirekt** – ein Register, entweder R0 oder R1, das die 8-bit-Adresse des Operanden enthält, wird durch die Anweisung angegeben. In diesem Modus wird der Datenzeiger (DPTR) verwendet, um 16-bit-Adressen anzugeben.
3. **Unmittelbare Konstanten** – mit Ausnahme des Datenzeigers verwenden alle 8051-Anweisungen, die unmittelbare Adressierung beinhalten, 8-bit-Datenwerte. Im Falle des Datenzeigers muss eine 16-bit-Konstante verwendet werden.
4. **Bitadressierung** – in diesem Modus wird der Operand als eines von 256 bit angegeben.
5. **Indizierte Adressierung** – die indizierte Adressierung verwendet den Datenzeiger als Basisregister mit einem Offset, der im Akkumulator gespeichert ist, um auf eine Adresse im Programmspeicher zu zeigen, die gelesen werden soll. Dieser Adressierungsmodus ist für das Lesen von Daten aus Nachschlagetabellen vorgesehen. In solchen Fällen wird ein 16-bit-"Basisregister", wie der DPTR oder PC, verwendet, um auf die Basis einer Tabelle zu zeigen, und der Akkumulator hält einen Wert, der auf einen bestimmten Eintrag in der Tabelle zeigt. Somit ist die tatsächliche Adresse im Programmspeicher die Summe der Werte, die im Akkumulator und im 16-bit-Basisregister gehalten werden.[13]
6. **Registeradressierung** – acht Register (R0–R7) werden für die Registeradressierung verwendet. Anweisungen, die diese Register verwenden, nutzen die drei am

---

[12] Nach einer 8-bit-mal-8-bit-Multiplikation wird der resultierende 16-bit (2-Byte)-Wert in A (niedriges Byte) und B (hohes Byte) gespeichert.

[13] Eine andere Form der indizierten Adressierung wird von „Case-jump-Anweisungen" verwendet, d. h., die Zieladresse einer Sprunganweisung wird durch die Summe des Basiszeigers und des Werts im Akkumulator bestimmt.

| CY | AC | F0 | RS1 | RS0 | OV | UDF | P |

CY - Carry-Flag
AC - Zusätzliche Carry-Flag
F0 - Flag 0 (verfügbar als Allzweck-Flag)
RS0 - Registerbankauswahlbit 1
RS1 - Registerbankauswahlbit 2
OV - Überlauf-Flag
UDF - Benutzerdefinierbare Flag
P - Paritäts-Flag

RS1	RS0	Registerbank	Adresse
0	0	0	0x00-0x07
0	1	1	0x08-0x0F
1	0	2	0x10-0x17
1	1	3	0x18-0x1F

Abb. 2.10 Statusregister (PSW) [0xD0]

niedrigswertigen Bits des Anweisungs-Opcodes, um ein bestimmtes Register anzugeben. Da ein Adressbyte nicht benötigt wird, führt die Verwendung dieses Modus, wo möglich, zu einer verbesserten Codeeffizienz. Die Bankauswahlbits, die im PSW gespeichert sind, bestimmen, welche Bank das Register hält.

7. **Registerspezifisch** – einige Anweisungen werden nur in Verbindung mit spezifischen Registern wie dem Akkumulator oder DPTR verwendet, und daher wird ein Adressbyte vermieden, z. B., jede Anweisung, die den Akkumulator (A) referenziert, ist sowohl akkumulator- als auch registerspezifisch.

Die folgenden sind illustrative Beispiele für einige der gebräuchlichsten Adressierungsmodi:

- SBB A,2FH (direkte Adressierung).
- SBB AA,@R0 (indirekte Adressierung).
- SBB A,R4 (Registeradressierung).
- SBB A,#31 (unmittelbare Adressierung).

- **Absolut** – ACALL und AJMP erfordern die Verwendung von absoluten Adressen und speichern die 11 niedrigstwertigen Bits der Adresse, und die verbleibenden 5 bit werden aus den 5 höchstwertigen Bits des Programmzählers abgeleitet.

2.2 Überblick über PSoC 3

- **Relativ** – relative Adressierung wird mit einigen der Sprunganweisungen verwendet. Die relative Adresse dient als 8-bit(-128-127)-Offset, der zum Programmzähler hinzugefügt wird, um die Adresse der nächsten auszuführenden Anweisung zu liefern. Die Verwendung von relativer Adressierung kann zu einem Programmcode führen, der umsetzbar ist, d. h., keine Abhängigkeit von Speicherorten hat.
- **Lang** – LCALL und LJMP erfordern eine lange Adressierung und bestehen aus einer 3-Byte-Anweisung, die die 16-bit-Zieladresse als Bytes 2 und 3 enthält. Diese Opcodes ermöglichen die vollständige Nutzung des 64-k-Codespeichers.

2.2.2 Der 8051-Befehlssatz

Die folgenden sind kurze Beschreibungen des 8051-Befehlssatzes:[14]

- **ACALL LABEL** – ruft bedingungslos eine Unterfunktion auf, die sich an einer Adresse LABEL befindet. Wenn diese Anweisung aufgerufen wird, werden der Programmzähler und der Stapelzeiger beide um 2 Byte vorgerückt, so dass die nächste auszuführende Anweisungsadresse, nach der Rückkehr aus der Unterfunktion, auf dem Stapel gespeichert wird.
- **ADD A, <src-byte>** – führt eine 8-bit-Addition von zwei Operanden durch, von denen einer im Akkumulator gespeichert ist. Das Ergebnis der Addition wird im Akkumulator gespeichert, und das CY-Flag wird je nach Ergebnis der Addition gesetzt/zurückgesetzt. <src-byte> kann R_n (ein Register), Direct (ein direktes Byte), @R_i (indirekter RAM), oder *#data* (unmittelbare Daten) sein.
- **ADDC A, <src-byte>** – ruft eine 8-bit-Addition von zwei Operanden auf, basierend auf dem vorherigen Wert der CY-Flag, z. B. bei der Durchführung von 16-bit-Additionsoperationen. <src-byte> kann R_n (ein Register), Direct (ein direktes Byte), @R_i (indirekter RAM), oder *#data* (unmittelbare Daten) sein.
- **AJMP addr11** – absoluter Sprung mit einer 11-bit-Adresse. Dies ist eine 2-Byte-Anweisung, die die oberen 3 bit der Adresse, kombiniert mit einem 5-bit-Opcode, verwendet, um das erste Byte und die unteren 8 bit der Adresse aus dem zweiten Byte zu bilden. Die 11-bit-Adresse ersetzt die 11 bit des PC, um die 16-bit-Adresse des Ziels zu erzeugen. Daher liegen die resultierenden Positionen innerhalb der 2-kByte-Speicherseite, die die **AJMP**-Anweisung enthält.
- **ANL <dest-byte>,<src-byte>** – führt eine bitweise logische AND-Operation zwischen dem dest- und src-Byte durch und speichert das Ergebnis in dest.
- **ANL, bit** – führt eine logische AND-Operation zwischen dem Carry-Bit und einem Bit durch und platziert das Ergebnis im Carry-Bit.

---

[14] Weitere Informationen sind in den Referenzen [15] und [11] verfügbar.

- **ANL, /bit** – führt eine logische AND-Operation zwischen dem Carry-Bit und der Inversion eines Bits durch und platziert das Ergebnis im Carry-Bit.
- **CJNE <dest-byte>,<src-byte>, rel** – vergleicht den Betrag der ersten beiden Operanden und verzweigt, wenn sie nicht gleich der Adresse sind, die sich durch Hinzufügen von **rel** (vorzeichenbehaftete Relativverschiebung) zum PC ergibt, nachdem er bis zum Beginn der nächsten Anweisung inkrementiert wurde. Die Carry-Flag wird gesetzt, wenn der vorzeichenlose, ganzzahlige Wert von **<dest-byte>** kleiner ist als der vorzeichenlose Ganzzahlwert von **<src-byte>**; sonst wird das Carry gelöscht. Die ersten beiden Operanden ermöglichen 4 Adressierungsmoduskombinationen: Der Akkumulator kann mit jedem direkt adressierten Byte oder unmittelbaren Daten verglichen werden, und jeder indirekte RAM-Standort oder Arbeitsregister kann mit einer unmittelbaren Konstante verglichen werden.
- **CLR A** – löscht den Akkumulator, d. h., setzt alle A-Bits auf 0. Flags werden nicht beeinflusst.
- **CLR bit** – löscht das angegebene Bit, d. h., setzt es auf 0. Flags werden nicht beeinflusst. CLR kann auf die Carry-Flag oder jedes direkt adressierbare Bit wirken.
- **CPL A** – komplementiert den Akkumulator.
- **CPL bit** – komplementiert ein Bit. Keine anderen Flags werden beeinflusst.
- **DA A** – passt den Akkumulator dezimal an. Diese Anweisung „passt" den 8-bit-Wert im Akkumulator an, der aus der vorherigen Addition von zwei Variablen resultiert, von denen jede im gepackten BCD-Format ist, was zur Erzeugung von zwei 4-bit-Werten führt. Jede ADD- oder DDC-Anweisung kann für die Addition verwendet worden sein.
- **DEC <src-byte>** – dekrementiert den Operanden um 1. <src> kann eine direkte Adresse, eine indirekte Adresse, der Akkumulator oder ein Register sein ($00H \Rightarrow 0FFH$).
- **DIV AB** – teilt den vorzeichenlosen Inhalt des Akkumulators (A) durch den vorzeichenlosen Inhalt des B, wobei der resultierende Ganzzahlwert des Quotienten in A und der Ganzzahlrest in B platziert werden. Wenn B ursprünglich 00H enthielt, dann werden beide der zurückgegebenen Werte undefiniert sein, und die Überlauf-Flag wird gesetzt. Die Carry-Flag wird in allen Fällen gelöscht.
- **DJNZ <byte>,<rel-addr>** – verringert den Bytewert und springt, wenn er nicht 0 ist, zu der relativen Adresse, die durch Hinzufügen von **rel** (vorzeichenbehaftete Relativverschiebung) zum PC ermittelt wird, nachdem er auf das erste Byte der nächsten Anweisung erhöht wurde. Keine Flags werden beeinflusst und $00H \Rightarrow 0FFH$.
- **INC <src-byte>** – erhöht den Operanden um 1. Der Operand kann eine direkte Adresse, indirekte Adresse, Register, Akkumulator oder der Datenzeiger (DPTR) sein.[15] Keine Flags werden beeinflusst. <src-byte> kann R_n (ein Register), Direct (ein direktes Byte), $@R_i$ (indirekter RAM) oder *#data* (unmittelbare Daten) sein.

---

[15] Das Erhöhen des DPTR um 1 führt dazu, dass dieser 16-bit-Zeiger um 1 erhöht wird. Ein Überlauf des unteren Bytes (DPL), d. h. $0xFF \Rightarrow 0x00$, führt dazu, dass das obere Byte (DPH) erhöht wird. DPTR ist das einzige PSoC 3-16-bit-Register, das auf diese Weise erhöht werden kann.

2.2 Überblick über PSoC 3

- **JB bit,rel** – springt, wenn das Bit auf 1 gesetzt ist, andernfalls gehe zur nächsten Anweisung über. Das Verzweigungsziel wird berechnet, indem die vorzeichenbehaftete Relativverschiebung zum PC hinzugefügt wird, nachdem der PC auf das erste Byte der nächsten Anweisung erhöht wurde. Das getestete Bit wird nicht geändert und keine Flags werden beeinflusst.
- **JBC bit,rel** – springt, wenn das Bit auf 1 gesetzt ist, und löscht das Bit. Das Ziel wird berechnet, indem die vorzeichenbehaftete Relativverschiebung zum PC hinzugefügt wird, nachdem der PC auf das erste Byte der nächsten Anweisung erhöht wurde.
- **JC rel** – wenn das Carry gesetzt ist, dann verzweige zur Zieladresse, die durch Hinzufügen der vorzeichenbehafteten Relativverschiebung zum PC berechnet wird, nachdem der PC auf das erste Byte der nächsten Anweisung erhöht wurde. Keine Flags werden beeinflusst.
- **JMP @A+DPTR** – indirekter Sprung. Addiert den vorzeichenlosen 8-bit-Inhalt des Akkumulators zum 16-bit-Datenzeiger und lädt die resultierende Summe in den Programmzähler. Die resultierende Summe ist die Adresse für die Anweisung. Sechzehn-bit-Addition wird durchgeführt (modulo 2^{16}). Ein Carry aus den niedrigsten 8 bit propagiert durch die höherwertigen Bits. Weder der Akkumulator noch der Datenzeiger werden verändert. Keine Flags werden beeinflusst.
- **JNB bit** – wenn das Bit nicht gesetzt ist, dann verzweige zur Zieladresse, die durch Hinzufügen der vorzeichenbehafteten Relativverschiebung zum PC berechnet wird, nachdem der PC auf das erste Byte der nächsten Anweisung erhöht wurde. Keine Flags werden beeinflusst.
- **JNC rel** – wenn die Carry-Flag eine 0 ist, verzweige zur angegebenen Adresse, andernfalls fahre mit der nächsten Anweisung fort. Das Verzweigungsziel wird berechnet, indem die Relativverschiebung zum PC hinzugefügt wird, nachdem der PC zweimal erhöht wurde, um auf die nächste Anweisung zu zeigen. Die Carry-Flag wird nicht modifiziert.
- **JNZ** – wenn der Akkumulator einen anderen Wert als 0 enthält, verzweige zur angegebenen Adresse, andernfalls fahre mit der nächsten Anweisung fort. Das Verzweigungsziel wird berechnet, indem die vorzeichenbehafteten Relativverschiebung nach Erhöhung des PC zweimal hinzugefügt wird. Der Akkumulator wird nicht modifiziert und keine Flags werden beeinflusst.
- **JZ** – wenn der Wert im Akkumulator 0 ist, verzweige zu der angegebenen Adresse, ansonsten fahre mit der nächsten Anweisung fort. Das Verzweigungsziel wird berechnet, indem die vorzeichenbehafteten Relativverschiebung im zweiten Anweisungsbyte zum PC hinzugefügt wird, nachdem der PC zweimal inkrementiert wurde. Der Akkumulator wird nicht modifiziert. Keine Flags werden beeinflusst (Tab. 2.4 und 2.5).
- **LCALL addr16** – ruft eine Unterfunktion an der angegebenen Adresse auf. Die Anweisung addiert drei zum Programmzähler, um die Adresse der nächsten Anweisung zu generieren, und legt das Ergebnis dann auf den Stapel (niedriges Byte zuerst),

Tab. 2.4 Springanweisungen

Mnemonik	Beschreibung	Zyklen
ACALL addr11	Absoluter Unterprogrammaufruf	4
LCALL addr16	Langer Unterprogrammaufruf	4
RET	Rückkehr aus einem Unterprogramm	4
RETI	Rückkehr von einer Unterbrechung	4
AJMP addr11	Absoluter Sprung	3
LJMP addr16	Weiter Sprung	4
SJMP rel	Kurzer Sprung (relative Adresse)	3
JMP @A+ DPTR	Indirekter Sprung relativ zu DPTR	5
JZ rel	Springen, wenn der Akkumulator null ist	4
JNZ rel	Sprung, wenn der Akkumulator ungleich null ist	4
CJNE A,Direct,rel	Sofortige Daten mit dem Akkumulator vergleichen	5
CJNE A,#Data,rel	Sofortige Daten mit dem Akkumulator vergleichen	4
CJNE Rn,#Daten,rel	Sofortige Daten mit dem Register vergleichen und springen, wenn sie nicht gleich sind	4
CJNE @Ri,#data,re;	Direkte Daten mit indirektem RAM vergleichen und springen, wenn sie nicht gleich sind	5
DJNZ Rn,rel	Register dekrementieren und springen, wenn nicht null	4
DJNZ Direkt,rel	Direktes Byte dekrementieren und springen, wenn nicht null	5
NOP	Keine Operation	1

wobei der Stapelzeiger um zwei erhöht wird. Die höherwertigen und niederwertigen Bytes des PC werden dann jeweils mit dem zweiten und dritten Byte der LCALL-Anweisung geladen. Die Programmausführung setzt sich mit der Anweisung an dieser Adresse fort. Die Unterfunktion kann daher irgendwo im vollen 64-kByte-Programmspeicheradressraum beginnen. Keine Flags werden beeinflusst.
- **LJMP addr16** – langer Sprung mit einer 16-bit-Adresse. Dies ist ein unbedingter Sprung mit 3 Byte zu einer beliebigen Stelle im 64-k-Programmspeicher. Adressierung durch Laden der höherwertigen und niederwertigen Bytes des PC (jeweils) mit dem zweiten und dritten Anweisungsbyte. Das Ziel kann daher irgendwo im vollen 64-k-Programmspeicheradressraum liegen. Keine Flags werden beeinflusst.
- **MOV <dest-byte><src-byte>** – die durch das src-Byte angegebene Byte-Variable wird in den durch das erste dest-Byte angegebenen Ort kopiert. Das Quellbyte wird nicht beeinflusst. Kein anderes Register oder Flag wird beeinflusst. Für diese Anweisung gibt es 15 Kombinationen von Quell- und Zieladressierungsmodi.
- **MOVC A,@A+<base-reg>** – lädt den Akkumulator mit einem Codebyte oder Konstante aus dem Programmspeicher. Die Adresse des abgerufenen Bytes ist die Summe des ursprünglichen unveränderten 8-bit-Akkumulatorinhalts und des Inhalts eines

Tab. 2.5 Arithmetische Anweisungen

Mnemonik	Beschreibung	Zyklen
ADD A,Rn	Register zum Akkumulator hinzufügen	1
ADD A,Direct	Direktes Byte zum Akkumulator hinzufügen	2
ADD A,@Ri	Indirektes RAM zum Akkumulator hinzufügen	2
ADDA,#Daten	Unmittelbare Daten zum Akkumulator hinzufügen	2
ADDCA,Rn	Register zum Akkumulator mit Carry addieren	1
ADDC Direkt	Direktes Byte zum Akkumulator mit Carry addieren	2
ADDCA,@Ri	Indirektes RAM zum Akkumulator mit Carry addieren	2
ADDC A,#Daten	Sofortige Addition von Daten zum Akkumulator mit Carry	2
SUBBA.Rn	Subtraktion des Registers vom Akkumulator mit Übertrag	1
SUBB Direkt	Subtrahieren eines direkten Bytes vom Akkumulator mit Übertrag	2
SUBBA,@Ri	Indirekten RAM vom Akkumulator subtrahieren mit Übertrag	2
SUBBA,#Daten	Unmittelbare Daten vom Akkumulator subtrahieren mit Übertrag	2
INCA	Akkumulator inkrementieren	1
INC Rn	Register inkrementieren	2
INC Direkt	Direktes Byte inkrementieren	3
INC @Ri	Indirekten RAM inkrementieren	3
DECA	Akkumulator dekrementieren	1
DEC Rn	Dekrementregister	2
DEC Direkt	Direktes Byte dekrementieren	3
DEC @Ri	Verkleinerung des indirekten RAM	3
INC DPTR	Datenzeiger inkrementieren	1
MUL AB	Akkumulator mit B multiplizieren	2
DIV AB	Akkumulator durch B dividieren	6
DA A	Akkumulator für die Dezimaleinstellung	3

16-bit-Basisregisters, das entweder der Datenzeiger oder der PC sein kann. Im letzteren Fall wird der PC auf die Adresse der folgenden Anweisung inkrementiert, bevor er zum Akkumulator hinzugefügt wird, ansonsten wird das Basisregister nicht verändert. Eine 16-bit-Addition wird durchgeführt, so dass ein Übertrag aus den niederwertigen 8 bit durch höherwertige Bits propagieren kann. Keine Flags werden beeinflusst.

- **MOVX A,@Ri** – diese Anweisungen, die in Tab. 2.6 aufgeführt sind, übertragen Daten zwischen dem Akkumulator und einem Byte des externen Datenspeichers und werden durch Anhängen eines X an MOV gekennzeichnet. Es gibt zwei Arten von Anweisungen, die sich darin unterscheiden, ob sie eine indirekte 8-bit- oder 16-bit-Adresse für den externen Daten-RAM bereitstellen. Bei der ersten Art liefern die Inhalte von R0 oder R1, in der aktuellen Registerbank, eine 8-bit-Adresse, die mit Daten auf P0 gemultiplext ist.[16] Acht Bits sind ausreichend für die externe I/0-Erweiterungsdekodierung oder für ein relativ kleines RAM-Array. Für etwas größere Arrays können beliebige Ausgangsportpins verwendet werden, um höherwertige Adressbits auszugeben. Diese Pins würden durch eine Ausgabeanweisung gesteuert, die dem MOVX vorausgeht. Bei der zweiten Art der MOVX-Anweisung erzeugt der Data Pointer eine 16-bit-Adresse. P2 gibt die höherwertigen 8 Adressbits aus (den Inhalt von DPH), während P0 die niederwertigen 8 bit (DPL) mit Daten multiplext. Das P2-SFR behält seinen vorherigen Inhalt bei, während die P2-Ausgabebuffer den Inhalt von DPH ausgeben. Diese Form ist schneller und effizienter beim Zugriff auf sehr große Datenarrays (bis zu 64 kByte), da keine zusätzlichen Anweisungen benötigt werden, um die Ausgangsports einzurichten. In einigen Situationen ist es möglich, die beiden MOVX-Typen zu mischen. Ein großes RAM-Array mit seinen höherwertigen Adressleitungen, die von P2 gesteuert werden, kann über den Datenzeiger oder mit Code adressiert werden.
- **MUL AB** – diese Anweisung multipliziert die vorzeichenlosen 8-bit-Ganzzahlen im Akkumulator und im Register B. Das niederwertige Byte des 16-bit-Produkts bleibt im Akkumulator und das höherwertige Byte in B. Wenn das Produkt größer als 255 (0PPH) ist, wird die Überlauf-Flag gesetzt; ansonsten wird sie gelöscht. Die Carry-Flag wird immer gelöscht.
- **NOP** – die Ausführung wird bei der folgenden Anweisung fortgesetzt. Außer dem PC werden keine Register oder Flags beeinflusst.
- **ORL<dest-byte><src-byte>** – führt die bitweise logische OR-Operation zwischen den angegebenen Variablen durch und speichert die Ergebnisse im Zielbyte. Keine Flags werden beeinflusst. Die beiden Operanden ermöglichen sechs Adressierungsmoduskombinationen. Wenn das Ziel der Akkumulator ist, kann die Quelle Register-, Direkt-, Register-indirekt- oder unmittelbare Adressierung verwenden; wenn das Ziel eine direkte Adresse ist, kann die Quelle der Akkumulator oder unmittelbare Daten sein. Wenn diese Anweisung verwendet wird, um einen Ausgangsport zu ändern, wird der Wert, der als ursprüngliche Portdaten verwendet wird, aus dem Ausgangsdatenspeicher gelesen, nicht von den Eingangspins.
- **POP direkt** – führt dazu, dass der Inhalt der internen RAM-Position, die vom Stackzeiger adressiert wird, gelesen („POPed") wird, und der Stackzeiger wird um 1 dekrementiert. Der gelesene Wert wird dann auf das direkt adressierte Byte übertragen. Keine Flags werden beeinflusst (Tab. 2.7).

---

[16] P0, P1, P2 und P3 sind die SFR-Zwischenspeicher an den Ports 0, 1, 2 und 3.

Tab. 2.6 Datenübertragungsanweisungen

Mnemonik	Beschreibung	Zyklen
MOV A,Rn	Register in den Akkumulator verschieben	1
MOV A, Direct	Direktes Byte in den Akkumulator verschieben	2
MOV A,@Ri	Indirekten RAM in den Akkumulator verschieben	2
MOV A,#Daten	Unmittelbare Daten in den Akkumulator verschieben	2
MOV Rn,A	Akkumulator in Register verschieben	1
MOV Rn,Direkt	Direktes Byte in Register verschieben	3
MOV Rn,#Daten	Sofortige Daten in das Register verschieben	2
MOV Direkt,A	Akkumulator auf direktes Byte verschieben	2
MOV Direkt,Rn	Register auf direktes Byte verschieben	2
MOV Direkt,Direkt	Direktes Byte auf direktes Byte verschieben	3
MOV Direkt@Ri	Indirekten RAM in direktes Byte verschieben	3
MOV Direkt,#Daten	Unmittelbare Daten in direktes Byte verschieben	3
MOV @Ri,A	Akkumulator in indirekten RAM verschieben	2
MOV @Ri,Direkt	Direktes Byte in indirekten RAM verschieben	3
MOV @Ri,#Daten	Unmittelbare Daten in indirekten RAM verschieben	2
MOV DPTR,#Daten16	Datenzeiger mit 16-Bit-Konstante laden	3
MOVC A,@A+DPTR	Code-Byte relativ zu DPTR in den Akkumulator verschieben	5
MOVC A,@A+PC	Code-Byte relativ zum PC in den Akkumulator verschieben	4
MOVX A,@Ri	Externen RAM (8-Bit) in den Akkumulator verschieben	3
MOVX A.DPTR	Externen RAM (16-Bit) in den Akkumulator verschieben	2
MOVX @Ri,A	Akkumulator in externen RAM verschieben (8-Bit)	4
MOVX DPTR,A	Akkumulator in externen RAM verschieben (16-Bit)	3
PUSH Direkt	Direktes Byte auf den Stapel schieben	3
POP Direkt	Direktes Byte vom Stapel holen	2
XCH A,Rn	Direktes Byte mit Akkumulator austauschen	2
XCH A,Direkt	Austausch direkt mit Akkumulator	3
XCH A,<@Rn	Indirekten RAM mit Akkumulator austauschen	3
XCH A,@Ri	Austausch von indirektem Digit-RAM niedriger Ordnung mit Akkumulator	3

- **PUSH direkt** – erhöht den Stackzeiger um 1. Der Inhalt der angegebenen Variablen wird dann in die interne RAM-Position kopiert („PUSHed"), die vom Stackzeiger adressiert wird. Die Flags werden nicht beeinflusst.
- **RET** – Rückkehr von einer Unterfunktion, indem die Rückkehradresse vom Stack „POPed" wird und die Ausführung von dieser Stelle aus fortgesetzt wird. RET poppt die höher- und niederwertigen Bytes des PC nacheinander vom Stack und

Tab. 2.7 Logische Anweisungen

Mnemonik	Beschreibung	Zyklen
ANL A,Rn	AND Register zum Akkumulator	1
ANL A,Direct	AND direktes Byte zum Akkumulator	2
ANL A@Ri	AND indirekten RAM zum Akkumulator	2
ANLA,#Daten	AND unmittelbare Daten zum Akkumulator	2
ANL Direkt,A	AND Akkumulator zu direktem Byte	3
ANL Direkt,#Daten	AND unmittelbare Daten zum direkten Byte	3
ORLA.Rn	OR Register zum Akkumulator	1
OR LA, Direkt	OR direktes Byte zum Akkumulator	2
ORLA,@Ri	OR indirekten RAM zum Akkumulator	2
ORLA,#Daten	OR unmittelbare Daten zum Akkumulator	2
ORL Direkt,A	OR Akkumulator zu direktem Byte	3
ORL Direkt,#Daten	OR unmittelbare Daten zum direkten Byte	3
XRLA.Rn	XOR Register zum Akkumulator	1
XRL A,Direkt	XOR direktes Byte zum Akkumulator	2
XRLA@Ri	XOR indirekten RAM zum Akkumulator	2
XRLA,#Daten	XOR unmittelbare Daten zum Akkumulator	2
XRL Direkt,A	XOR Akkumulator zu direktem Byte	3
XRL Direkt,#Daten	XOR unmittelbare Daten zu direktem Byte	3
CLRA	Löscht den Akkumulator	1
CPLA	Komplementiert den Akkumulator	1
RLA	Akkumulator nach links drehen	1
RLCA	Akkumulator durch Carry nach links rotieren	1
RRA	Akkumulator nach rechts drehen	1
RRCA	Akkumulator durch Carry nach rechts drehen	1
SWAP A	Vertauschen von Nibbles im Akkumulator	1

dekrementiert den Stackzeiger um zwei. Die Programmausführung wird an der resultierenden Adresse fortgesetzt, in der Regel die Anweisung unmittelbar nach einem ACALL oder LCALL. Keine Flags werden beeinflusst.
- **RETI** – kehrt von einer Interrupt-Service-Routine zurück, indem die Rückkehradresse vom Stapel „POPed", und stellt die Interrupt-Logik wieder her, um Interrupts [3] auf der gleichen Ebene des Interrupt wie des gerade verarbeiteten anzunehmen und die Ausführung von der Adresse fortzusetzen, die vom Stapel abgerufen wurde.

(Beachten Sie, dass das PSW nicht automatisch wiederhergestellt wird.) RETI holt die hohen und niedrigen Bytes des PC nacheinander vom Stapel und stellt die Interrupt-Logik wieder her, um zusätzliche Interrupts auf der gleichen Prioritätsebene wie der gerade verarbeiteten zu akzeptieren. Der Stapelzeiger wird um zwei verringert. Keine anderen Register sind betroffen. *Besondere Anmerkung: Das PSW wird nicht automatisch auf seinen vorherigen Interrupt-Status zurückgesetzt.* Die Programmausführung wird an der resultierenden Adresse fortgesetzt, die in der Regel die Anweisung unmittelbar nach dem Punkt ist, an dem die Interrupt-Anforderung erkannt wurde. Wenn ein Interrupt auf niedrigerer oder gleicher Ebene ansteht, während die RETI-Anweisung ausgeführt wird, wird diese Anweisung ausgeführt, bevor der anhängige Interrupt verarbeitet wird.

- **RL A** – dreht den Inhalt des Akkumulators A um 1 Bitposition nach links. Die 8 bit im Akkumulator werden um 1 bit nach links gedreht. Bit 7 wird in die Bit-0-Position gedreht. Keine Flags sind betroffen.
- **RLC A** – dreht den Inhalt des Akkumulators um 1 Bitposition nach links durch die Carry-Flag. Die 8 bit im Akkumulator werden um 1 bit nach links gedreht. Bit 7 wird in die Bit-0-Position gedreht. Keine Flags sind betroffen.
- **RR A** – dreht den Inhalt des Akkumulators um 1 Bitposition nach rechts. Die 8 bit im Akkumulator werden um 1 bit nach rechts gedreht. Bit 0 wird in die Bit-7-Position gedreht. Keine Flags sind betroffen.
- **RRC A** – dreht den Inhalt des Akkumulators um 1 Bitposition nach rechts durch die Carry-Flag. Die 8 bit im Akkumulator und die Carry-Flag werden zusammen um 1 bit nach rechts gedreht. Bit 0 geht in die Carry-Flag; der ursprüngliche Wert der Carry-Flag geht in die Bit-7-Position. Keine anderen Flags sind betroffen.
- **SETB** – setzt das angegebene Bit auf 1. SETB kann auf die Carry-Flag oder jedes direkt adressierbare Bit wirken. Keine anderen Flags sind betroffen.
- **SJMP rel** – verursacht einen kurzen Sprung mit einem vorzeichenbehafteten 8-bit-Offset relativ zum ersten Byte der nächsten Anweisung. Diese Anweisung veranlasst das Programm einen bedingungslosen Kontrollzweig zur angegebenen Adresse zu machen. Das Zweigziel wird berechnet, indem die vorzeichenbehaftete Verschiebung zum PC hinzugefügt wird, nachdem der PC zweimal inkrementiert wurde. Daher ist der Bereich der erlaubten Ziele von 128 Byte vor dieser Anweisung bis zu den 127 Byte danach.
- **SUBB A,<src-byte>** – Subtraktion mit Übertrag ergibt die Subtraktion eines Operanden und des vorherigen Werts der CY-Flag. (A <= A–<Operand>– CY). Diese Anweisung subtrahiert die angegebene Variable und die Carry-Flag vom Akkumulator, wobei das Ergebnis im Akkumulator bleibt. SUBB setzt die Carry (Übertrags)-Flag, wenn ein Übertrag für Bit 7 benötigt wird, und löscht C sonst. (Wenn C vor der Ausführung einer **SUBB**-Anweisung gesetzt war, bedeutet dies, dass ein Übertrag für den vorherigen Schritt in einer mehrfachen Präzisionssubtraktion benötigt wurde, so dass der Übertrag vom Akkumulator zusammen mit dem Quellenoperanden subtrahiert wird.) Ein C wird gesetzt, wenn ein Übertrag für Bit 3 benötigt wird, und

sonst gelöscht. OV wird gesetzt, wenn ein Übertrag in Bit 6 benötigt wird, aber nicht in Bit 7, oder in Bit 7, aber nicht Bit 6. Bei der Subtraktion von vorzeichenbehafteten Integers zeigt OV eine negative Zahl an, die produziert wird, wenn ein negativer Wert von einem positiven Wert subtrahiert wird, oder ein positives Ergebnis, wenn eine positive Zahl von einer negativen Zahl subtrahiert wird. Der Quelloperand erlaubt 4 Adressierungsmodi: Register, direkt, Register-indirekt oder sofort. <src-byte> kann R_n (ein Register), Direct (ein direktes Byte), $@R_i$ (indirektes RAM) oder #*data* (sofortige Daten) sein.

- **SWAP A** – tauscht (SWAPs) die niedrigen und hohen Nibbles (4-bit-Felder) des Akkumulators (Bits 3–0 und Bits 7–4). Die Operation entspricht einer 4-bit-Rotationsanweisung. Keine Flags sind betroffen.
- **XCH A,<byte>** – lädt den Akkumulator mit dem Wert der Bytevariable und lädt den Inhalt des Akkumulators in die Bytevariable. Der src/dest-Operand kann Register-, Direkt- oder Register-indirekte Adressierung verwenden.
- **XCHD A,@Ri** – tauscht das niederwertige Nibble des Akkumulators (Bits 3–0), das in der Regel eine hexadezimale oder BCD-Ziffer darstellt, mit dem der internen RAM-Position, die indirekt durch das angegebene Register adressiert wird. Die höherwertigen Nibbles (Bits 7–4) jedes Registers sind nicht betroffen.
- **XRL <dest-byte><src-byte>** – diese Anweisung führt eine bitweise, logische, XOR-Operation zwischen <dest-byte> und <src-byte> durch und speichert das Ergebnis in <dest>. Keine Flags werden beeinflusst. Die beiden Operanden ermöglichen sechs Adressierungsmoduskombinationen. Wenn das Ziel der Akkumulator ist, kann die Quelle Register-, Direkt-, Register-indirekt- oder Sofortadressierung verwenden; wenn <dest> eine direkte Adresse ist, kann <src> der Akkumulator oder unmittelbare Daten sein. (Hinweis: Wenn diese Anweisung verwendet wird, um einen Ausgangsport zu ändern, wird der als ursprüngliche Portdaten verwendete Wert aus dem Ausgangsdatenspeicher gelesen, nicht von den Eingangspins.)
- **XCHD** – tauscht das niederwertige indirekte Ziffern-RAM mit dem Akkumulator aus.
- **Undefiniert** – OpCode 0xA5 ist eine undokumentierte Funktion.

2.2.3 ARM Cortext M3 (PSoC 5LP)

Der ARM CORTEX M3 nutzt eine dreistufige, pipelined, Harvard-basierte Busarchitektur, um eine Einzelzyklus-, hardwarebasierte Multiplikations-/Divisionsfähigkeit zu bieten. Er unterstützt auch den Thumb-2-Befehlssatz [2].[17]

---

[17] Der Thumb-Befehlssatz ist eine Teilmenge des 32-bit-Befehlssatzes, der von 32 bit auf 16 bit komprimiert wurde, was zu einer Reduzierung der Codedichte von etwa 30 % führt. Aufgrund dieser Reduzierung ist es möglich, mehr Anweisungen im On-Chip-Speicher zu halten, was den Stromverbrauch weiter reduziert, da Off-Chip-Abfragen tendenziell mehr Strom verbrauchen als On-Chip-Abfragen.

2.2.4 Befehlssatz [13]

Thumb-Anweisungen beinhalten arithmetische Operationen, logische Operatoren, bedingte/unbedingte Verzweigungen und Speicher-/Lade-Datenoperationen [14]. I/O und Ausnahmehandhabung erfordern typischerweise die Verwendung von 32-bit-ARM-Anweisungen [10]. Es sollte jedoch beachtet werden, dass es inhärente Einschränkungen des Thumb-Befehlssatzes gibt. Während die Verwendung von Thumb-Anweisungen eine effiziente Codeausführung garantiert, ist der Stromverbrauch bei der Verwendung von Thumb-Operatoren nicht garantiert [9]. Der ARM CORTEX M3 bietet Hardwareunterstützung, die das Debuggen durch Bereitstellung von Trace, Profiling, Breakpoints, Watchpoints und Code-Patching erheblich erleichtert. Die Advanced RISC Machines (ARM) haben eine 32-bit-Architektur mit 16 Registern, von denen eines der Programmzähler („program counter", PC) ist. Die meisten Anweisungen haben einen 4-bit-Bedingungscode, um die Verzweigung zu erleichtern (Tab. 2.8).

2.2.4.1 RISC- gegen CISC-Systeme

Einige moderne Mikroprozessorarchitekturen können als Complex-Instruction-Set-Computer (CISC) beschrieben werden und sind in der Lage, beliebig komplexe Anweisungen auszuführen. Eine andere Klasse von Mikroprozessoren wird als RISC-Maschinen oder Reduced-Instruction-Set-Computer bezeichnet. RISC-Anweisungen werden in der Regel

Tab. 2.8 Boolesche Anweisungen

Mnemonik	Beschreibung
CLR C	Carry löschen
CLR-Bit	Direktes Bit löschen
SETB C	Carry setzen
SETB-Bit	Direktes Bit setzen
CPL C	Carry komplementieren
CPL-Bit	Direktes Bit komplementieren
ANL c,bit	AND direktes Bit zum Carry
ANLC,/bit	AND indirektes Bit zum Carry
ORL C, bit	OR direktes Bit zum Carry
ORLC,/bit	OR Komplement des direkten Bits
MOV C,bit	Direktes Bit zum Carry verschieben
MOV bit,C	Carry auf direktes Bit verschieben
JC rel	Springen, wenn Carry gesetzt ist
JNC rel	Springen, wenn kein Carry gesetzt ist
JB bit,rel	Springen, wenn das direkte Bit gesetzt ist
JNB bit,rel	Springen, wenn das direkte Bit nicht gesetzt ist
JBC bit,rel	Springen, wenn direkte Bit gesetzt ist und Bit löschen

in einer einzigen Taktanweisung ausgeführt und können zu erheblich verbesserten Ausführungszeiten führen. Eine solche Verbesserung ist jedoch nicht ohne Kosten, da mehr RISC-Anweisungen als CISC-Anweisungen zur Ausführung eines gegebenen Programms erforderlich sein können, was wiederum zu erhöhten Speicheranforderungen führt.

Advanced RISC Machines (ARM) verwenden einen Satz von Anweisungen, die als Thumb-Anweisungen bezeichnet werden und aus 16-bit-Anweisungen bestehen, die „Erweiterungen" der 32-bit-ARM-Anweisungen sind. Thumb-Anweisungen werden als 16-bit-Anweisungen[18] abgerufen und dann mit Hilfe spezieller Hardware innerhalb des Mikroprozessors auf 32 bit erweitert. Daher sind Thumb-Anweisungen und ihre 32-bit-Gegenstücke funktional äquivalent.[19] ARM-Anweisungen sind auf einer 4-Byte-Grenze ausgerichtet und Thumb-Anweisungen auf einer 2-Byte-Grenze. Jede Thumb-Anweisung, die eine Datenverarbeitung beinhaltet, arbeitet mit 32-bit-Werten. Anweisungsabrufe und Datenzugriffsanweisungen erzeugen 32-bit-Adressen. Im Thumb-Zustand werden 8 allgemeine Ganzzahlregister (R0–R7) verwendet.

Thumb-Anweisungen fallen in die folgenden Kategorien:

- Arithmetik
- Verzweigung
- Erweitern
- Laden
- Logisch
- Verschieben
- Prozess- oder Zustandsänderung
- Push und Pop
- Umkehren
- Verschieben und Rotieren
- Speichern

Thumb-Anweisungen sind eine 16-bit-Teilmenge von ARM-32-bit-Anweisungen, die bedingt ausgeführt werden können, während Thumb-Anweisungen immer ausgeführt werden. Der Thumb-2-Anweisungssatz besteht aus einer Mischung von 16- und 32-bit-Anweisungen.

---

[18] Dadurch wird Speicherplatz gespart.

[19] Es sollte beachtet werden, dass bei der Behandlung von Ausnahmen der Prozessor im „ARM-Zustand" sein muss, d. h., Ausnahmen können nicht im Thumb-Zustand und daher nicht von Thumb-Anweisungen behandelt werden.

2.2.5 Interrupts und Interrupt-Behandlung

Wie in Kap. 1 besprochen, sind Interrupts und die Behandlung von Interrupts äußerst wichtige Aspekte vieler eingebetteter Systemanwendungen. Eine ordnungsgemäße Behandlung von Interrupts ermöglicht die effizienteste Reaktion solcher Systeme und stellt sicher, dass Anfragen in der richtigen Reihenfolge mit minimaler Latenzzeit bearbeitet werden. Ein Interrupt-Controller bietet Hardwareressourcen, die es dem System ermöglichen, Aufgaben vor ihrer Fertigstellung zu unterbrechen (Abb. 2.11).

Der in PSoC 3 verwendete Interrupt-Controller verfügt über eine Reihe von erweiterten Funktionen, die im ursprünglichen 8051 nicht verfügbar sind, z. B.

- 8 Prioritätsstufen (0–7),
- konfigurierbare Interrupt-Vektoradresse
- mehrere I/O-Vektoren,
- flexible Interrupt-Quellen,
- programmatische Interrupts,
- programmatische Löschung von Interrupts,
- 32 Interrupt-Vektoren und
- dynamische Zuweisung einer von acht Prioritäten.

Wie in Abb. 2.12 dargestellt, unterstützt der integrale Interrupt-Controller von PSOC 3 bis zu 32 Interrupt-Signale (vgl. Tab. 2.9), einschließlich, die bei Aktivierung vom Interrupt-Controller verarbeitet werden. Jeder dieser Eingänge kann programmgesteuert aktiviert/deaktiviert werden und eine dedizierte Interrupt-Vektortabelle,[20] speichert die Adressen der jeweiligen Interrupt-Service-Routinen (ISR). Unter der Programmkontrolle können die einem Eingangssignal zugewiesene Priorität sowie die Vektoradresse geändert werden.

Wenn ein Interrupt auftritt, verarbeitet der Interrupt-Controller diesen und weist ihm eine Priorität zu, basierend auf der vorab zugewiesenen Interrupt-Priorität für jedes Interrupt-Signal [8]. Wenn ein Interrupt auftritt, müssen alle Informationen, die zur Wiederherstellung der unterbrochenen Aufgabe erforderlich sind, auf dem Stapel gespeichert werden, wie in Kap. 1 diskutiert. Wenn das Programm in C geschrieben wurde, führt der C-Compiler automatisch den notwendigen Code ein, um die erforderlichen Informationen auf dem Stapel zu speichern. Wenn das Programm jedoch in Assemblersprache geschrieben wurde, müssen die notwendigen Push- und Pop-Befehle manuell in die Assemblerquelldatei aufgenommen werden, so dass vor dem Eintritt in die ISR und nach einer Rückkehr und vor dem Versuch, die unterbrochene Aufgabe fortzusetzen, die erforderlichen Informationen auf den Stapel gepusht/aus dem Stapel gepoppt werden.

---

[20] Solche Tabellen werden manchmal als „Sprung-Tabellen" bezeichnet.

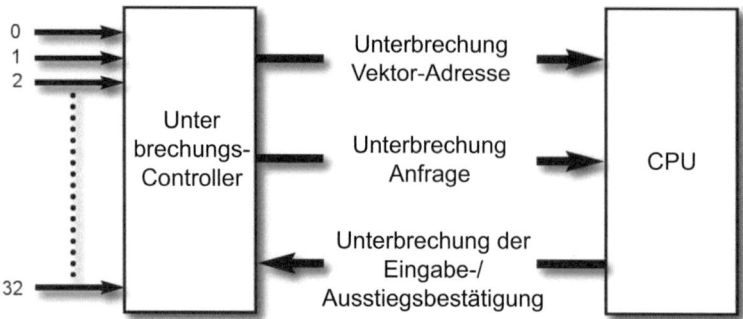

Abb. 2.11 Blockdiagramm des Interrupt-Controllers

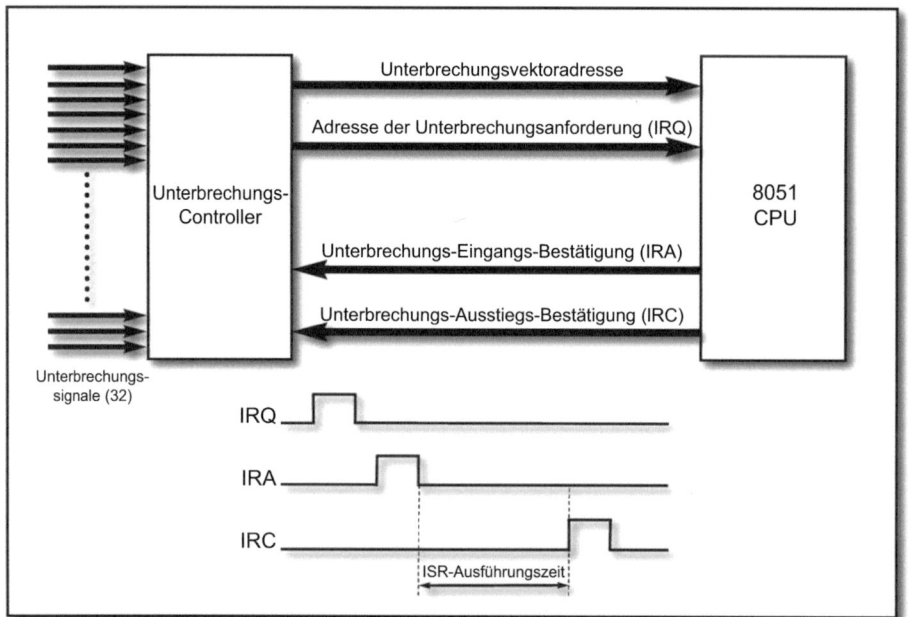

Abb. 2.12 PSoC 3-Interrupt-Controller

Der Interrupt-Controller verwaltet zwei Hardwarestapel, einen zur Speicherung der Interrupt-Prioritäten und einen für die zugehörigen Vektoradressen. Wenn ein Interrupt-Bestätigungseintrag („interrupt acknowledgment entry", IRA) von der CPU empfangen wird, schiebt der Interrupt-Controller die aktuelle Interrupt-Vektoradresse und Prioritätsstufe auf ihre jeweiligen Stapel. Wenn eine Bestätigung für einen Interrupt-Ausgang (IRC) empfangen wird, holt der Interrupt-Controller die vorherigen Zustandsinformationen vom Stapel.

2.2 Überblick über PSoC 3

Tab. 2.9 Interrupt-Vektortabelle (PSoC 3)

#	Feste Funktion	DMA	UDVB
0	LVD	phub_termout0[0]	udb_intr[0]
1	ECC	phub_termout0[1]	udb_intr[1]
2	Reserviert	phub_termout0[2]	udb_intr[2]
3	Schlafen (Pwr Mgr)	phub_termout0[3]	udb_intr[3]
4	PICU[0]	phub_termout0[4]	udb_intr[4]
5	PICU[1]	phub_termout0[5]	udb_intr[5]
6	PICU[2]	phub_termout0[6]	udb_intr[6]
7	PICU[3]	phub_termout0[7]	udb_intr[7]
8	PICU[4]	phub_termout0[8]	udb_intr[8]
9	PICU[5]	phub_termout0[9]	udb_intr[9]
10	PICU[6]	phub_termout0[10]	udb_intr[10]
11	PICU[12]	phub_termout[11]	udb_intr[11]
12	PICU[15]	phub_termout0[12]	udb_intr[12]
13	Komparator-Int	phub_termout0[13]	udb_intr[13]
14	Geschalteter Cap-Int	phub_termout0[14]	udb_intr[14]
15	PC	phub_termout0[15]	udb_intr[15]
16	CAN	phub_termout0[0]	udb_intr[16]
17	Timer/Zähler0	phub_termout0[1]	udb_intr[17]
18	Timer/Zähler1	phub_termout0[2]	udb_intr[18]
19	Timer/Zähler2	phub_termout0[3]	udb_intr[19]
20	Timer/Zähler3	phub_termout0[4]	udb_intr[20]
21	USB-SOF-Int	phub_termout0[5]	udb_intr[21]
22	USB-ARB-Int	phub_termout0[6]	udb_intr[22]
23	USB-Bus-Int	phub_termout0[7]	udb_intr[23]
24	USB-Endpunkt [0]	phub_termout0[8]	udb_intr[24]
25	USB-Endpunktdaten	phub_termout0[9]	udb_intr[25]
26	Reserviert	phub_termout0[10]	udb_intr[26]
27	Reserviert	phub_termout0[11]	udb_intr[27]
28	DFB-Int	phub_termout012]	udb_intr[28]
29	Dezimierer-Int	phub_termout0[13]	udb_intr[29]
30	PHUB-Error-Int	phub_termout0[14]	udb_intr[30]
31	EEPROM-Fehler-Int	phub_termout0[15]	udb_intr[31]

Interrupts können verschachtelt werden, so dass ein Interrupt höherer Priorität einen Interrupt niedrigerer Priorität „unterbrechen" kann. Interrupts, die auftreten, während der Mikrocontroller von PSoC 3 heruntergefahren ist, z. B. während des Schlafens, sollten vom Typ „sticky" Interrupts sein,[21] d. h., Interrupts, die ausgelöst werden, während PSoC 3 inaktiv ist, müssen gehalten werden, bis PSoC 3 „aufwacht".

---

[21] Dies soll die Möglichkeit vermeiden, dass ein Interrupt ausgelöst und dann gelöscht wird, während der Mikroprozessor „schläft", was zu einer verpassten Interrupt-Anforderung führen würde.

Wenn eine Interrupt-Anforderung auftritt, die eine höhere Priorität als die der gerade ausgeführten Aufgabe hat, werden die aktuelle Aufgabe unterbrochen und die Aufgabe mit der höheren Priorität aufgerufen. Sobald diese abgeschlossen ist, wird die Aufgabe mit der niedrigeren Priorität fortgesetzt. Prioritäten werden als Zahlen im Bereich von 0–31 zugewiesen, wobei 0 die höchste Priorität und 31 die niedrigste ist. Wenn zwei Aufgaben die gleiche Priorität zugewiesen bekommen haben und ihre jeweiligen Interrupt-Anforderungen gleichzeitig auftreten, dann hat die Aufgabe mit der niedrigeren Vektornummer Priorität.

2.2.5.1 Interrupt-Leitungen

Wie zuvor besprochen, hat der Interrupt-Controller 32 Interrupt-Eingangsleitungen, nummeriert wie in Abb. 2.11 gezeigt, und mögliche Eingangsquellen, welche diese Leitungen behaupten, sind definiert als:

1. **Fixed Function** – diese werden von Peripheriegeräten wie I2C, Sleep, CAN, Port Interrupt Control Unit (PICU) und dem Low Voltage Detector (LVD) aktiviert.
2. **DMA Controller Interrupts** – diese signalisieren das Ende einer DMA-Übertragung.
3. **UDB** – Interrupts, die von verschiedenen „universal device blocks" eingeleitet werden, die als Timer, Zähler usw. implementiert sind (Abb. 2.13).

Jedoch wird jeder Interrupt-Leitung einer dieser drei Typen von Interrupt-Quellen zugewiesen, wie in Abb. 2.14 gezeigt, und die Bezeichnung für jede Leitung wird durch das IDMUX-Steuerregister, IDMUX.IRQ_CTL, bestimmt

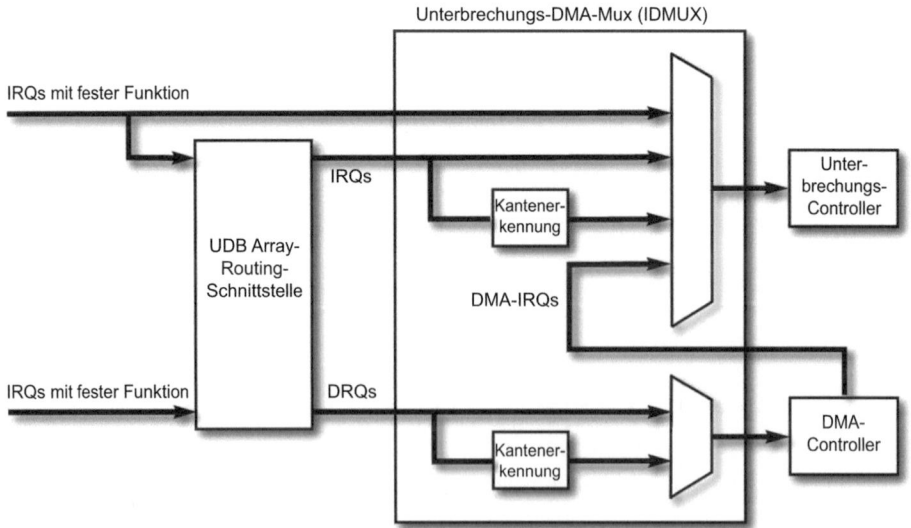

Abb. 2.13 Interrupt-Verarbeitung im IDMUX

Abb. 2.14 Interrupt-Signalquellen

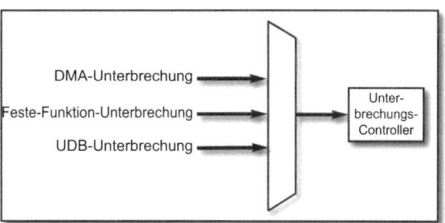

Interrupt-Leitungen passieren einen Multiplexer auf ihrem Weg zum Interrupt-Controller, wie in Abb. 2.13 gezeigt, der eines der Folgenden auswählt: eine Interrupt-Anforderung (IRQ) mit fester Funktion, eine UDB-IRQ mit Pegel, eine UDB-IRQ mit Flanke oder eine DMA-IRQ. Das IDMUX,IRQ_CTL-Register bestimmt den Mux-Pfad in Bezug auf die IRQ-Auswahl.

Der Interrupt-Controller unterstützt zwei Arten von Interrupt-Durchsetzungen auf den Leitungen:

1. **Level Shift** – eine Interrupt-Anforderung wird durch eine Verschiebung des Pegels der Interrupt-Leitung eingeleitet.
2. **Pulse** – ein Puls auf einer dafür vorgesehen Interrupt-Leitung erzeugt eine IRQ, wenn der Übergang von der niedrigen zur hohen Flanke auftritt, was dazu führt, dass das anstehende Bit für diese Interrupt-Leitung gesetzt wird. Im Falle, dass ein zweiter Puls auftritt, während der erste noch ansteht, hat er keine Auswirkung. Wenn die CPU den Empfang der IRQ durch Übertragung einer IRA bestätigt, wird das anstehende Bit für diese Leitung zurückgesetzt. Wenn nun ein weiterer Puls auftritt, wird das anstehende Bit erneut gesetzt, auch wenn der erste ISR noch aktiv ist.

2.2.5.2 Aktivieren/Deaktivieren von Interrupts

Das Enable-Register (SETEN) und die Clear-ENABLE-Register des Interrupt-Controllers ermöglichen das Aktivieren und Deaktivieren von Interrupt-Leitungen. Das Schreiben einer 1 in das SETEN-Register aktiviert einen Interrupt, während eine 0 keine Auswirkung hat. Das Lesen einer 1 aus dem SETEN-Register impliziert, dass der Interrupt aktiviert ist, und eine 0 impliziert, dass der Interrupt deaktiviert ist. Ebenso deaktiviert das Schreiben einer 1 in das CLREN-Register einen Interrupt, und das Schreiben einer 0 hat keine Auswirkung. Das Lesen einer 1 aus dem CLREN-Register impliziert, dass ein Interrupt aktiviert ist, und das Lesen einer 0 impliziert, dass er deaktiviert ist.

2.2.5.3 Anstehende Interrupts

Das „Pending-Bit" wird gesetzt, wenn der Interrupt-Controller ein Interrupt-Signal erhält. Dies kann auch programmgesteuert gesetzt/gelöscht werden, indem das „Set-Pending-Register" (SETPEND) und das „Clear-Pending-Register" (CLRPEND) verwendet werden. Jedes der Bits in diesen Registern repräsentiert den Status einer Interrupt-Leitung. Interrupt-Anforderungen können entweder durch Durchsetzen einer Pegelverschiebung oder eines Pulses auf einer Interrupt-Leitung gesetzt werden. In beiden Fällen wird das Pending-Bit sofort gelöscht, sobald eine Interrupt-Bestätigung von der CPU erhalten wurde. Sollte ein neuer Puls auf der gleichen Leitung nach Erhalt der Bestätigung der CPU empfangen werden, wird das Pending-Bit gesetzt. Wenn jedoch eine Leitungspegelverschiebung auftritt, überprüft der Interrupt-Controller den Status der Leitung, nachdem er eine Bestätigung erhalten hat, dass die CPU die Interrupt-Service-Routine (ISR) verlassen hat.

2.2.5.4 Interrupt-Priorität

Die korrekte Handhabung von Prioritäten ist offensichtlich sehr wichtig, und es gibt zwei Möglichkeiten, die in solchen Fällen in Betracht gezogen werden müssen:

1. **Ein Interrupt tritt auf, während eine Interrupt-Service-Routine (ISR) für den vorherigen Interrupt ausgeführt wird.** Wenn der Interrupt eine höhere Priorität hat, werden die ISR unterbrochen, die Informationen, die zur Wiederherstellung dieser ISR benötigt werden, auf den Stapel gelegt und die ISR, die mit dem höher priorisierten Interrupt verbunden ist, aufgerufen. Wenn die Priorität des Interrupt niedriger ist als die des vorherigen Interrupt, setzt die ISR die Ausführung fort, bis sie abgeschlossen ist. Wenn bis zu dem Zeitpunkt keine neuen Interrupt-Anforderungen eingegangen sind, wird die ISR für die zuletzt angeforderte aufgerufen. Wenn der neueste Interrupt die gleiche Priorität hat wie die derzeit ausgeführte ISR, dann wird die ISR weiter ausgeführt und nach Abschluss wird die neue ISR aufgerufen.
2. **Zwei Interrupts treten gleichzeitig auf.** Wenn sie die gleiche Priorität haben, wird der Interrupt mit der niedrigeren Indexnummer[22] zuerst bedient. Andernfalls wird der Interrupt mit der höheren Priorität zuerst bedient.

Wenn ein Interrupt-Signal auftritt, d. h. ein IRQ, wird das anstehende Bit für diese Leitung im anstehenden Register gesetzt, was darauf hinweist, dass ein IRQ aufgetreten ist und wartet. Die Priorität für diesen IRQ wird gelesen, und es wird bestimmt, wann diese Anforderung bedient werden soll. Die Anforderung und die zugehörige Vektoradresse werden dann an die CPU gesendet. An diesem Punkt bestätigt die CPU die Anforderung und gibt ein Interrupt-Eintrittsbestätigungssignal (IRA) zurück. Wenn die ISR abgeschlossen ist, sendet die CPU eine Interrupt-Ausgangsbestätigung (IRC), vgl. Tab. 2.10 und 2.11.

---

[22] Die 32 Eingangsleitungen des Interrupt-Controllers sind von 0–31 nummeriert und werden als „Indexnummern" bezeichnet.

2.2 Überblick über PSoC 3

Tab. 2.10 Bitstatus während des Lesens und Schreibens

Register	Operation	Bit-Wert	Kommentar
SETEN	Schreiben	1	Um die Unterbrechung zu aktivieren
SETEN	Schreiben	0	Keine Wirkung
SETEN	Lesen	1	Unterbrechung ist aktiviert
SETEN	Lesen	0	Unterbrechung ist deaktiviert
CLREN	Schreiben	1	Um die Unterbrechung zu deaktivieren
CLREN	Schreiben	0	Keine Wirkung
CLREN	Lesen	1	Unterbrechung ist aktiviert
CLREN	Lesen	0	Unterbrechung ist deaktiviert

Tab. 2.11 Pending-Bit-Status-Tabelle

Register	Operation	Bit-Wert	Kommentar
SETPEND	Schreiben	1	Um eine Unterbrechung in den Schwebezustand zu versetzen
SETPEND	Schreiben	0	Keine Wirkung
SETPEND	Lesen	1	Unterbrechung steht an
SETPEND	Lesen	0	Unterbrechung ist nicht anstehend
CLRPEND	Schreiben	1	Um eine anstehende Unterbrechung zu löschen
CLRPEND	Schreiben	0	Keine Wirkung
CLRPEND	Lesen	1	Unterbrechung steht an
CLRPEND	Lesen	0	Unterbrechung ist nicht anstehend

2.2.5.5 Interrupt-Vektoradressen

PSoC 3 ermöglicht es, die Startadressen der ISR explizit anzugeben, d. h., die Adressen sind programmierbar. Daher beinhaltet das Aufrufen einer ISR keine Verzweigungsanweisung und daher wird die Latenz durch die Fähigkeit, direkte Aufrufe an eine ISR zu machen, reduziert. Die programmierbaren ISR-Adressen werden in den 16-bit-Vektoradressregistern, VECT[0...31],[23] gespeichert. Beim Schreiben in diese Register muss zuerst das LSB geschrieben werden, gefolgt vom MSB.[24] Wenn eine IRQ auftritt, wird die entsprechende Adresse an die CPU zur Ausführung der entsprechenden ISR übergeben.

2.2.5.6 Schlafmodusverhalten

Es sollte beachtet werden, dass im Schlafmodus alle Status- und Konfigurationsregister, die mit Interrupts verbunden sind, ihre Werte beibehalten. Allerdings werden die Pending- und Interrupt-Controller-Stapelregister beim Aufwachen mit dem „Einschaltwert" gesetzt.

2.2.5.7 Port-Interrupt-Control-Unit

PSoC 3 hat eine Port-Interrupt-Control-Unit (PICU), die sich mit den GPIO-Pins verbindet und eine Möglichkeit bietet, extern generierte Interrupts zu verarbeiten, die:

- 8 Pins unterstützen,
- Interrupts auf steigende/fallende/beiden Flanken behandeln,
- sich über AHB mit dem PHUB zum Lesen/Schreiben seiner Register verbinden,
- keine pegelsensitiven Interrupts unterstützen,
- es erlauben, Pin-Interrupts individuell zu deaktivieren,
- einzelne Interrupt-Anforderungen (PIRQ) an den Interrupt-Controller übertragen und
- Pinstatusbits hat, um die Bestimmung der Interrupt-Quelle auf Pinebene zu erleichtern.

So kann jeder Pin eines Ports unabhängig durch das „Interrupt-Typ-Register", das jeden Pin steuert, konfiguriert werden, um steigende Flanken-/fallende Flanken-/beide Flanken-Interrupts zu erkennen. Basierend auf dem für jeden Pin konfigurierten Modus werden bei einem Interrupt das entsprechende Statusregisterbit, d. h. das Statusbit des Pins, auf „1" gesetzt und eine Interrupt-Anforderung an den Interrupt-Controller gesendet. Jeder der PICU hat ein „wakeup_in-Eingangssignal" und ein „wakeup_out-Ausgangssignal".

---

[23] Es gibt 32 dieser Register, d. h., eines für jede der Eingangsleitungen.

[24] Das Akronym für das höchstwertige Byte ist MSB.

2.2 Überblick über PSoC 3

Wie in Abb. 2.15 gezeigt, sind alle PICU in Reihe geschaltet, so dass ein endgültiges Wecksignal an den Leistungsmanager geht.

2.2.5.8 Interrupt-Verschachtelung

PSoC 3 unterstützt bis zu 8 Ebenen von „verschachtelten" Interrupts. Eine Verschachtelung tritt immer dann auf, wenn eine Interrupt-Routine niedrigerer Ebene aufgrund des Eingangs eines Interrupt höherer Ebene ausgesetzt wird. Die Interrupt-Verschachtelung beinhaltet sowohl den CPU-Stack als auch den/die Stack(s) des Interrupt-Controllers, die die Interrupt-Nummer und -Priorität speichern. Zwei aufwärts wachsende Stacks mit einer Tiefe von 8 Ebenen werden vom Interrupt-Controller verwaltet, nämlich STK, der die Interrupt-Priorität speichert, und STP_INT_NUM, der die Interrupt-Nummer speichert.

Der CPU-Stack wird verwendet, um den Inhalt verschiedener Register zu speichern, z. B. ACC, B, GPR, PC, PSW und SFR. Während die CPU das Pushen und Poppen des PC-Registers zum/vom Stack automatisch handhabt, muss die ISR alle anderen erforderlichen Registerinhalte speichern.

2.2.5.9 Interrupt-Maskierung und Ausnahmebehandlung

Ausnahmen sind vordefinierte Interrupts, die dazu dienen, verschiedene, typischerweise schwerwiegende, Fehlerzustände zu behandeln, die auftreten können, wie z. B.

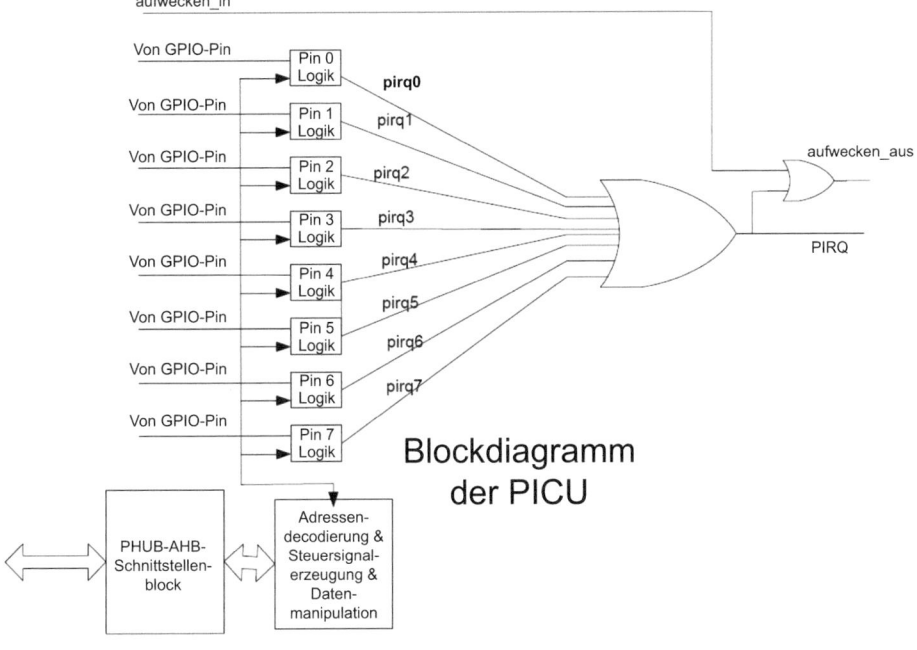

Abb. 2.15 PICU-Blockdiagramm

Busfehler, Speicherverwaltungsfehler, Programmfehler usw. PSoC 5LP bietet Unterstützung für 15 verschiedene Arten von Ausnahmen und nicht maskierbaren Interrupts (NMI). NMI sind nicht im allgemeinen Sinne programmierbar, sondern vordefinierte ISR, die dazu dienen, schwerwiegende Systemfehler zu behandeln.

Maskierung ist eine Technik zur Blockierung eines Interrupt oder einer Gruppe von Interrupts und beinhaltet:

- BASEPRI – die Angabe eines spezifischen Prioritätslevels im BASEPRI-Register wird maskiert, d. h. blockiert.
- FAULTMASK – das Setzen eines Bits im FAULTMASK-Register blockiert alle Interrupts außer NMI.
- PRIMASK – das Setzen eines Bits im PRIMASK-Register blockiert alle Interrupts außer Hard Fault (3) und NMI (2).

Die Ausnahmebehandlung und NMI werden in PSOC 3 nicht explizit unterstützt.

2.2.5.10 Interrupt „Best Practices"

Es ist wichtig, bei der Behandlung von Interrupts Vorsicht walten zu lassen, um unter anderem unnötige Latenzen zu vermeiden, die die Reaktionsfähigkeit des eingebetteten Systems [4] beeinträchtigen. Die folgenden stellen einige oft übersehene Richtlinien dar, die bei der Entwicklung von Programmcode, der Interrupts beinhaltet, beachtet werden sollten [8]:

1. Wenn ein Funktionsaufruf an mehr als einer Stelle erfolgt, z. B. im Hauptcode und im Interrupt-Code, dann sollte er als „reentrant" (eintrittsinvariant) deklariert werden.
2. Das Aufrufen von Funktionen aus einer ISR sollte vermieden werden, um Pop-/Push-Operationen zu minimieren.
3. Das Statusregister sollte innerhalb einer ISR gelesen werden, wenn das Interrupt-Signal eine Pegelverschiebung ist.
4. ISR sollten so wenig Code wie möglich beinhalten. (Ein Flag-Bit in der ISR zu setzen und dann seinen Status vom Hauptcode aus zu überprüfen kann die Latenz erheblich reduzieren.)
5. Damit der 8051 (PSoC 3) Interrupts bedienen kann, muss das globale Interrupt-Aktivierungsbit (EA) im Interrupt-Enable (Bit 7 von IE)-Spezialfunktionsregister (SFR 0xA8) gesetzt werden.
6. Bevor ein Interrupt aktiviert wird, sollte das Pending-Bit gesetzt werden, um unerwartete ISR-Anrufe zu vermeiden. Der Interrupt sollte auch deaktiviert werden, bevor die Vektoradresse und Priorität in der Software dynamisch geändert werden. Nachdem die Konfiguration abgeschlossen ist, sollte der Interrupt dann aktiviert werden.

2.2.6 Speicher

Bis zu 8 k statischer RAM (SRAM) wird in PSoC 3 für temporäre (flüchtige) Datenspeicherung verwendet, auf den sowohl der DMA-Controller als auch der 8051 zugreifen können. Gleichzeitiger Zugriff wird ebenfalls unterstützt, solange kein Versuch unternommen wird, auf denselben 4-k-Block zuzugreifen. Flash wird auch als nicht flüchtiger Speicher für Firmware, Benutzerkonfigurationsdaten, Massendatenspeicherung und optionale Fehlererfassungscode („error collecting codes", ECC)-Daten verwendet. Der Flash-Speicher kann bis zu 64 kByte für die Speicherung des Benutzerprogrammspeichers betragen. Ein zusätzlicher 8-k-Flash-Speicherplatz steht für ECC zur Verfügung, aber wenn ECC nicht verwendet werden, dann steht dieser Speicherplatz für Gerätekonfigurations- und Massenbenutzerdaten zur Verfügung. Benutzercode kann jedoch nicht aus dem ECC-Speicherbereich ausgeführt werden.

Die aktuelle ECC-Technologie ist im Allgemeinen sehr effektiv bei der Korrektur von Einzelbitfehlern, die die häufigste Form von Fehlern sind. Die in PSoC 3 verwendeten ECC sind in der Lage, 2-bit-Fehler in jedem 8-Byte-Firmwarespeicher zu erkennen. Wenn ein Fehler erkannt wird, kann ein Interrupt erzeugt werden, um eine angemessene Aktion zu ermöglichen. Der Flash-Ausgang ist 9 Byte breit, wobei 1 Byte für ECC-Daten reserviert ist.

2.2.6.1 Speichersicherheit

Die Sicherheit von proprietärem Code zu gewährleisten ist oft ein großes Anliegen, und eingebettete Controller wie PSoC 3 und PSoC 5LP haben Mechanismen, um den Zugriff auf und die Sichtbarkeit von solchem Code zu verhindern und um Reverse-Engineering oder Duplizierung des geistigen Eigentums zu verhindern. Der Flash-Speicher ist als Blöcke von 256 Byte Programmcode oder Daten und 32 Byte ECC oder Konfigurationsdaten organisiert. Daher werden bis zu 256 Blöcke für 64 kByte Flash bereitgestellt. Es gibt 4 Schutzstufen, die jeder Reihe von Flash zugewiesen werden können, wie in Tab. 2.12 gezeigt.

Diese Schutzstufen können nur durch eine vollständige Flash-Löschung geändert werden. Der Vollschutzmodus ermöglicht interne Lesevorgänge, schließt jedoch externe Lese-/Schreibvorgänge und interne Schreibvorgänge aus, was unter anderem das Laden von Code zum Herunterladen des internen Codes verhindert. Zusätzlich ist eine fünfte Option verfügbar, die als „Gerätesicherheit" bezeichnet wird und die als weitere

Tab. 2.12 Flash-Schutzmodi

Modus	Beschreibung	Lesen	Externes Schreiben	Internes Schreiben
00	Ungeschützt	Ja	Ja	Ja
01	Schreibschutz	Nein	Ja	Ja
10	Externes Schreiben deaktivieren	Nein	Nein	Ja
11	Internes Schreiben deaktivieren	Nein	Nein	Nein

Sicherheitsmaßnahme alle Test-, Programmier- und Debug-Ports dauerhaft deaktiviert. Obwohl es möglicherweise keine vollständig wirksame Methode zum Schutz von Code gibt, stellen die hier beschriebenen Methoden den aktuellen Stand der Technik dar.

2.2.6.2 EEPROM

Byteadressierbarer nicht flüchtiger Speicher, bestehend aus 128 Reihen zu je 16 Byte, wird in Form von EEPROM bereitgestellt, der auf Reihenebene gelöscht und beschrieben werden und bis zu 2 kB Benutzerdaten speichern kann. Auf Byteebene können direkte Zufallszugriffslesungen durchgeführt werden und Schreibvorgänge werden durch Senden von Schreibbefehlen an eine EEPROM-Programmschnittstelle ausgeführt. Es ist nicht notwendig, die CPU-Aktivität während EEPROM-Schreibvorgängen zu unterbrechen. Die CPU kann jedoch keinen EEPROM-Code direkt ausführen und es gibt keine ECC-Hardware, um die Integrität des EEPROM-Codes zu sichern. In Anwendungen, die einen ECC-Schutz für EEPROM-Code erfordern, ist es notwendig, dies auf Firmwareebene zu tun.

2.2.6.3 Schnittstelle zu externem Speicher

Viele Anwendungen von eingebetteten Systemen, die Mikrocontroller verwenden, sind auf externen Speicher angewiesen, um eine Vielzahl von Datenspeicheranforderungen zu erfüllen. Dies beinhaltet normalerweise die Verwendung einer Art von External-Memory-Interface (EMIF). Diese Schnittstelle ermöglicht es der CPU, von externen Speichern zu lesen und in diese zu schreiben. Die EMIF-Funktionen von PSoC 3 arbeiten zusammen mit I/O-Ports, UDB und anderer Hardware, um die notwendigen externen Speicherkontroll- und Adresssignale bereitzustellen. Auf 8 oder 16 bit Speicher kann in einem durch bis zu 24 bit adressierbaren Speicherbereich zugegriffen werden, d. h., 16 MByte Speicher.

Das EMIF ist kompatibel mit vier Arten von externem Speicher:

1. asynchroner SRAM,
2. synchroner SRAM,
3. zellulärer RAM/PSRAM und
4. NOR-Flash.

Das EMIF liefert externe Speicherkontrollsignale für synchronen Speicher, aber nicht für die anderen Speicherformen. Auf sowohl 8 als auch 16 bit externen Speicher kann entweder über den XDATA-Speicherbereich (PSoC 3) oder den externen RAM-Bereich des ARM Cortex-M3 (PSoC 5LP) zugegriffen werden. EMIF-Adressen können 1, 2 oder 3 Byte sein und nutzen 1, 2 oder 3 der in Abb. 2.16 gezeigten Ports. Diese Ports werden ausgewählt, indem das 3-bit-Feld *portEmifCfg* im PRT*_CTL-Register konfiguriert wird, das es ermöglicht, das niedrigstwertige und mittlere Byte oder das höchstwertige

2.2 Überblick über PSoC 3

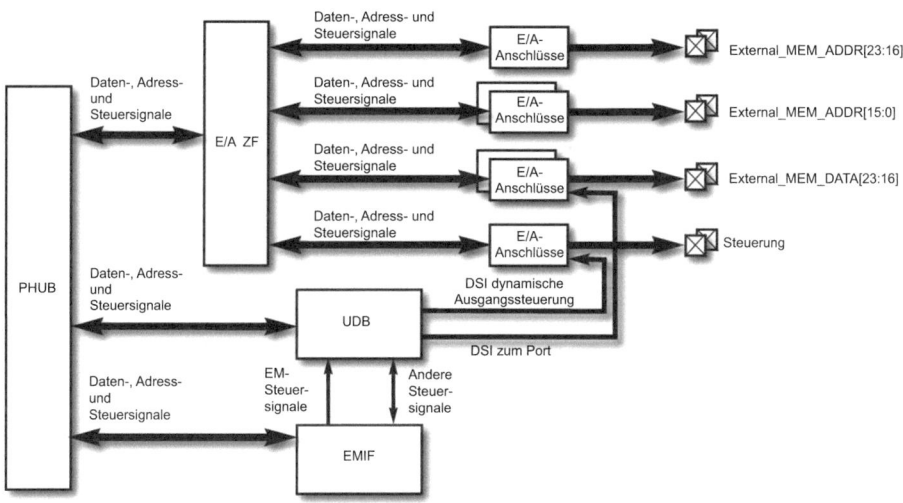

Abb. 2.16 EMIF-Blockdiagramm

Byte einer 3-Byte-Adresse einem bestimmten Port zuzuweisen. Allerdings ist die über das EMIF übertragene Datenmenge auf entweder einen einzelnen Port oder zwei Ports beschränkt. Ein bestimmter Datenport kann als Pfad für entweder das höchstwertige oder das niedrigstwertige Byte der Daten ausgewählt werden. Der vierte Port wird verwendet, um die Steuerung mit 3-6 Pins am vierten I/O-Port bereitzustellen. Während ungenutzte Pins an diesem Port, je nach Anwendung, für andere Zwecke verfügbar sind, dürfen ungenutzte Adresspins nicht für andere Zwecke verwendet werden. Wenn das System im Schlafmodus ist, behalten alle EMIF-Register ihre jeweiligen Konfigurationen bei.

Die EMIF-Taktung wird vom Bustakt abgeleitet, der auch als Takt für den PHUB und die CPU dient. Dieses Signal kann als EM_CLOCK an den externen Speicher mit Frequenzen geliefert werden, die entweder gleich, die Hälfte oder ein Viertel des Bustakts sind, d. h., der Bustakt geteilt durch einen Faktor von 1, 2 oder 4. Allerdings beträgt die maximal zulässige I/O-Rate für PSoC 3- und PSoC LP5-GPIO-Pins 33 MHz. Darüber hinaus sind die maximalen Bustaktfrequenzen 67 bzw. 80 MHz für PSoC 3 bzw. PSoC 5LP. Daher wird in den meisten Fällen EM-CLOCK nur für externen Speicher mit Frequenzen zur Verfügung stehen, die niedriger als die Bustaktfrequenz sind.

2.2.7 Direkter Speicherzugriff (DMA)

Wie in Kap. 1 besprochen, ist die Minimierung der Latenz oft ein primäres Anliegen bei der Gestaltung eines eingebetteten Systems, aufgrund der Notwendigkeit, innerhalb bestimmter Zeitbeschränkungen auf erwartete Ereignisse und/oder Bedingungen reagieren zu können. Darüber hinaus kann bei der Verarbeitung von Daten, beispielsweise von einer Anzahl von Sensoren, die Datenrate viel schneller sein als die Fähigkeit der CPU, sie unter bestimmten Umständen zu verarbeiten. Daher kann die Fähigkeit, Daten zu/ von einem eingebetteten System zu bewegen, ohne signifikanten CPU-Overhead zu verursachen, ein wichtiges Anliegen sein, wenn man versucht die Latenz zu minimieren.

PSoC 3 und PSoC 5LP verfügen über integrierte Direct-Memory-Access-Controller, die Folgendes können:

- Speicher-zu-Speicher-Übertragungen,
- Speicher-zu-Peripherie-Übertragungen,
- Peripherie-zu-Speicher-Übertragungen,
- Peripherie-zu-Peripherie-Übertragungen,
- Unterstützung von bis zu 24 unabhängigen DMA-Kanälen,
- Verarbeitung von Datenübertragungen, die initiiert, gestoppt oder beendet werden können,
- das Verketten oder Verschachteln mehrerer DMA-Kanäle oder Transaktionsdeskriptoren ermöglichen, um komplexe Aufgaben auszuführen,
- Zuweisung eines oder mehrerer Transkriptionsdeskriptoren[25] zu jedem DMA-Kanal für komplexe Operationen,
- das Aufteilen großer Datenübertragungen in mehrere Pakete ermöglichen, die in Größen von 1 bis 127 Byte variieren und in „Bursts" übertragen werden können,
- das Auslösen von DMA-Übertragungen durch extern geroutete, digitale Signale über GPIO durch einen anderen DMA-Kanal oder durch die CPU unterstützen,
- Zuweisung einer von 8 Prioritätsstufen (0–7) zu jedem DMA-Kanal,
- Unterstützung von bis zu 128 Transkriptionsdeskriptoren und
- einen Interrupt (nrq) erzeugen, wenn eine Datenübertragung (DMA-Übertragung) abgeschlossen wurde.

Eine Technik zur Bewältigung solcher Anforderungen ist die Verwendung einer Kombination aus einem DMA-Controller, einem Bus, über den der Zugriff auf Peripheriegeräte erfolgt und Massendatenübertragungen, die als DMA-Übertragungen bezeichnet werden, stattfinden, und einem zugehörigen Controller. Der PHUB ist eine Kombination aus Hochgeschwindigkeitsbus, Arbiter, Router und DMA-Controller mit abstrahlenden „Speichen", von denen jede mit einem Peripheriegerät verbunden ist, wie in Abb. 2.17 dargestellt. Die Busports unterstützen 16-, 24- und 32-bit-Adressierungsmodi. Da sowohl die CPU als auch der DMA-Controller (DMAC) Blockübertragungen initiieren

---

[25] Transaktionsdeskriptoren enthalten Informationen über die Datenübertragung, z. B. Quelladresse, Zieladresse und Anzahl der zu übertragenden Bytes und ermöglichen *Termout*-Signale nach Abschluss der Übertragung.

2.2 Überblick über PSoC 3

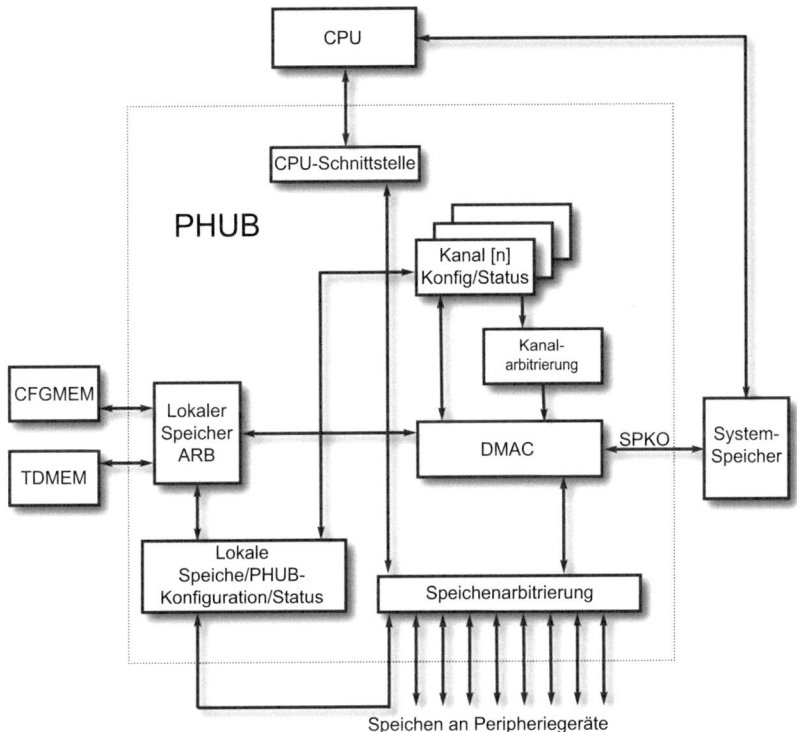

Abb. 2.17 Blockdiagramm des PHUB

können, bestimmt der Arbiter, wie solche Übertragungen zu handhaben sind.[26] Speichernummern, die Anzahl der jeweils unterstützten Peripheriegeräte, die Adressbreiten der Speichen und die Datenbreiten der Speichen sind in Tab. 2.13 aufgeführt.

Sowohl die CPU als auch der DMAC können als Master agieren und Transaktionen auf dem Bus initiieren. Im Falle mehrerer Anfragen bestimmt der Arbiter im zentralen Hub, welcher DMA-Kanal die höchste Priorität hat. Wenn eine Anfrage mit höherer Priorität auftritt, während eine Übertragung mit niedrigerer Priorität stattfindet, kann die Übertragung mit niedrigerer Priorität unterbrochen werden. Die primären Konfigurationen des PHUB sind die Anzahl der DMA-Kanäle und Speichen. Die Architektur des

---

[26] Der PSoC 5LP-DMA-Controller kann nicht direkt auf SRAM-Speicheradressen von 0x1FFF8000 bis 0x1FFFFFFF zugreifen. Er kann jedoch auf Speicher im Bereich von 0x20008000 bis 0x2000FFFF zugreifen. Daher ist es notwendig, 64 k zur Startadresse hinzuzufügen, um dem DMA-Controller den Zugriff auf die Adressen 0x1FFF8000 bis 0xFFFFFFFF zu ermöglichen.

Tab. 2.13 Speichenparameter

Speichen-nummer	Anzahl der Peripheriegeräte	Speichenadressbreite (Bits)	Speichen-Datenbreite (Bits)
00	1	14	32
01	4	9	16
02	15	19	32
03	3	11	16
04	4	10	16
05	1	11	32
06	6	17	16
07	5	17	16
08-15	0	NA	NA

PHUB ermöglicht es der CPU und dem DMAC, gleichzeitig auf Peripheriegeräte zuzugreifen, die sich auf verschiedenen Speichen befinden.

Der PHUB verwendet zwei lokale Speicher, die als CFGMEM und TDMEM bezeichnet werden. CFGMEM dient als Kanalkonfigurationsspeicher, der Informationen für jeden als CH[n]_CONF0/1 definierten Datensatz mit einem 8-Byte-Set pro Kanal speichert, so dass CFGMEM als 8 Byte × die Anzahl der DMA-Kanäle dimensioniert ist. CFGMEM ist als x64-Speicher konfiguriert, um auf alle 8 Byte eines CHn_CONFIG0/1-Sets in einem einzigen Zyklus zugreifen zu können, um die DMA-Verarbeitungseffizienz zu maximieren. TDMEM speichert die Transkriptionsdeskriptorketten für einen gegebenen Kanal und enthält die für eine DMA-Übertragung über die Kanalspeichen erforderlichen DMAC-Anweisungen. Solche Ketten werden als TD, mit 8 Byte Breite und maximal 128 TD in TDMEM betrachtet. Die Zuweisung von TD-Ketten basiert auf einer gegebenen Sequenz, die der DMA-Kanal benötigt, und einer maximalen Konfiguration. TDMEM kann maximal 8 Byte × 128 TD oder 1 kByte sein. Wenn mehrere Bursts erforderlich sind, muss der DMAC verfolgen, wo er sich beim Abschluss des letzten Burst befand, während er den Buszugriff anderer Kanäle verschachtelt. Die Zwischenzustände der TD können entweder auf CH(n)_ORIG_TD0/0 der TD-Kette oder in CH[N]_SEP_TD0/1 gespeichert werden, um die Kette zu erhalten.

Der DMA-Controller hat fünf halbunabhängige Funktionen, die parallel in einer Pipelineweise arbeiten:

1. **ARB** – arbitriert zwischen den verschiedenen DMA-Anfragen bezüglich der DMA-Kanäle,
2. **DST** – handhabt Daten-Bursts über die Ziel („Destination", DST)-Speiche,

3. **Fetch** – veranlasst, dass die Transaktionsbeschreibung („transaction description", TD) und Konfiguration (CONFIG) für einen Kanal abgerufen werden, wenn ein Kanal die Arbitrierung gewinnt,
4. **SRC** – veranlasst Daten-Bursts auf der Quellen („Source", SRC)-Speiche für den Kanal,
5. **WRBAK** – die aktualisierten TD- und CONFIG-Informationen werden an ihre jeweiligen Standorte zurückgeschrieben, wenn der Burst für einen Kanal abgeschlossen wurde.

2.2.8 Speichenarbitrierung

Die CPU und DMAC können auf alle Speichen zugreifen, außer auf SPK0, das die SYS-MEM-Speiche ist, vorausgesetzt, sie versuchen nicht gleichzeitig auf die gleiche Speiche zuzugreifen. Wenn die CPU und DMA verschiedene Speichen verwenden, gibt es keinen Konflikt. Sollten jedoch die CPU und entweder der DMAC oder die DST-Motoren versuchen, auf die gleiche Speiche zuzugreifen, muss der DMAC der CPU den ersten Zugriff auf die Speiche erlauben. Die Ergebnisse der Arbitrierung sind eine Funktion von (1) der Priorität der Speiche, (2) wer zuerst den Zugriff versucht hat, (3) ob beide gleichzeitig den Zugriff versucht haben und (4) ob die betreffende Speiche eine CPU- oder DMA-Prioritätsspeiche ist, was durch SPKxx_CPU_PRI(CFG_15:1) bestimmt wird. Wenn die DMA-Engine darauf wartet, dass die CPU ihre Nutzung einer Speiche beendet, kann sie immer noch durch einen höher priorisierten DMA-Kanal unterbrochen werden, der die folgende Abfolge von Ereignissen einleitet:

- Der unterbrochene DMA-Kanal vervollständigt alle Daten, die unterwegs sind, wie es erforderlich sein kann, wenn er Zugang zu der Speiche/den Speichen erhält.
- Der Zustand des Kanals wird dann durch die DMA-WRBACK-Funktion gespeichert, und das AUTO_RE_REQ-Bit für diesen Kanal wird gesetzt. Das Setzen dieses Bits führt dazu, dass der Kanal zurück in den DMA-Anfragepool gemäß den normalen Arbitrierungsregeln gegeben wird.
- Wenn dieser Kanal wieder Zugang zum DMAC hat, setzt er einfach den „Burst" fort, wo er aufgehört hat.

Während einzelne Anfragen sofortigen Zugang erhalten, müssen mehrere Anfragen einer Arbitrierung unterzogen werden, die den folgenden Richtlinien unterliegt:

- PRIO hat die höchste Priorität und ist daher nicht der Arbitrierung unterworfen (Tab. 2.14).

Tab. 2.14 Schnittstellen zu PHUB

Speichen-nummer	Peripheriegerät-Nummer	Kurzname
00	00	SYSMEM
01	00	IOIF
01	01	PICU
01	02	EMIF CSR
01	03	EMIF-DATEN
02	00	PHUB LOCSPK
02	01	PM
02	03	CLKDIST
02	04	IC
02	05	SWV
02	06	EE
02	07	SPC
02	13	PM TRIM
02	14	BIST_ASSIST
03	00	ANALOG I/F
03	01	DECIMATOR
03	02	ANALOG I/F TRIM
04	00	FS USB
04	01	CAN
04	02	I2C
04	03	TIMERS
05	00	DFB
06	00	UDB SET0 8-BIT
06	01	UDB SET0 16-BIT
06	02	UDB SET0 CONFIG
06	03	UDB SET0 DSI
06	04	UDB SET0 CTRL
06	05	UDBIF
07	00	UDB SET1 8-BIT
07	01	UDBSET1 16-BIT
07	02	UDB SET1 CONFIGI
07	03	UDB SET1 DS
07	04	UDB SET1 CTRL

2.2.9 Prioritätsstufen und Latenzüberlegungen

Wie bereits erwähnt, können DMA-Kanäle mit höherer Priorität DMA-Übertragungen mit niedrigerer Priorität unterbrechen, d. h. solche mit einer niedrigeren Prioritätsnummer, unter der Bedingung, dass die Übertragung mit niedrigerer Priorität ihre aktuelle Transaktion abschließen darf. In Fällen, in denen mehrere DMA-Zugriffsanfragen aufgetreten sind, wird ein „Fairness"-Algorithmus verwendet, um die Latenz zu minimieren. Dieser Algorithmus erfordert, dass die Prioritätsstufen 2–7, einschließlich, wenigstens einen bestimmten Mindestanteil der Busbandbreite haben. Wenn zwei Anfragen gleichgestellt sind, wird eine einfache Round-Robin-Methode verwendet, um jedem die Hälfte der zugewiesenen Bandbreite zu ermöglichen. Diese Technik kann jedoch für jeden DMA-Kanal deaktiviert werden, um diesem Kanal immer Priorität zu gewähren. Tab. 2.15 zeigt die minimale Busbandbreite, die für jede Prioritätsstufe zugewiesen ist, sobald die CPU- und DMA-Transaktionen der Priorität 0 und 1 abgeschlossen sind. Wenn der Fairness-Algorithmus deaktiviert wurde, dann basiert der DMA-Zugriff ausschließlich auf seiner jeweiligen Prioritätsstufe und es existieren keine Mindestbandbreitenbeschränkungen.

2.2.10 Unterstützte DMA-Transaktionsmodi

Die Fähigkeit Transaktionen zu verketten und die Flexibilität, die bei der Konfiguration jedes DMA-Kanals zur Verfügung steht, ermöglichen es, einfache, relativ komplexe und hochkomplexe Transaktionsmodi zu unterstützen, z. B.:

- **„Auto-repeat-DMA"** – die gleichen Speicherinhalte werden wiederholt übertragen.
- **„Circular DMA"** – mehrere Buffer und TD werden verwendet, wobei das letzte TD zurück zum ersten TD verkettet wird.
- **„Indexed DMA"** – diese Technik ermöglicht es einem externen Master, auf Positionen auf dem Systembus zuzugreifen, als ob sie im gemeinsamen Speicher wären.
- **„Nested DMA"** – da der TD-Konfigurationsspeicher speichergemappt ist, kann ein TD einen anderen modifizieren, z. B. lädt ein TD die Konfiguration eines anderen TD und ruft dann diesen TD auf. Wenn die Transaktion des zweiten TD abgeschlossen ist, ruft er den ersten auf, der die Konfiguration des zweiten TD aktualisiert, wobei dieser Zyklus so oft wie nötig wiederholt wird.

Tab. 2.15 Prioritätsstufe versus Busbandbreite

Prioritätsstufe	% Bus-Bandbreite
0	100
1	100
2	50
3	25
4	12,5
5	6,3
6	3,1
7	1,5

- **„Packet-queuing-DMA"** – Pakete werden mit spezifischen Protokollen verwendet, die separate Konfigurations-, Daten- und Statusphasen für die Übertragung und den Empfang von Daten verwenden.
- **„Ping-pong-DMA"** – doppeltes Buffern wird verwendet, um einen Buffer zu füllen, während der Inhalt des anderen übertragen wird.
- **„Scatter-gather-DMA"** – eine Transaktion, die mehrere, nicht zusammenhängende Quellen und/oder Standorte für eine gegebene DMA-Transaktion beinhaltet.

2.2.11 Taktungssystem des PSoC 3

PSoC 3 und PSoC 5LP enthalten viele Taktquellen, die in Frequenz und Genauigkeit variieren. Dieser Abschnitt beschreibt jede potenzielle Taktquelle im Detail. Abb. 2.18 zeigt die Taktquellenoptionen im MHz-Bereich und veranschaulicht die Betriebsbereiche für PLL, IMO-Verdoppler, ECO und IMO sowohl für PSoC 3 als auch für PSoC 5LP.

Mikroprozessor-/Mikrocontroller-Takte synchronisieren nahezu alle internen Mikroprozessorsignale und sind besonders wichtig für die fehlerfreie Kommunikation sowohl interner als auch externer digitaler Komponenten. Außerdem synchronisieren sie die Umwandlung von analogen Signalen von A/D und D/A. Es gibt mehrere Taktquellen in PSoC 3 und PSoC 5LP, deren Frequenz und Genauigkeit variabel sind.

Die Takte von PSoC 3 und PSoC 5LP spielen eine entscheidende Rolle bei den PSoC-Operationen; z. B. werden sie zur Synchronisation interner Signale verwendet, um eine fehlerfreie Kommunikation mit anderen digitalen Geräten zu gewährleisten, und zur Steuerung der Umwandlung von Signalen in und aus dem analogen Bereich. Diese Rollen machen die Konfiguration der verschiedenen in einem Mikrocontroller verwendeten Takte sehr wichtig.

PSoC 3 und PSoC 5LP enthalten viele Taktquellen, die in Frequenz und Genauigkeit variieren. Dieser Abschnitt beschreibt jede potenzielle Taktquelle im Detail. Abb. 2.18 zeigt die Betriebsbereiche für PLL, IMO-Verdoppler, ECO und IMO sowohl für PSoC 3 als auch für PSoC 5LP. Der Taktgenerator von PSoC 3 bietet die Haupt-/Master-Zeitbasen und ermöglicht dem Entwickler, Abwägungen zwischen Genauigkeit, Leistung und Frequenz zu treffen. Eine breite Palette von Taktfrequenzen steht zur

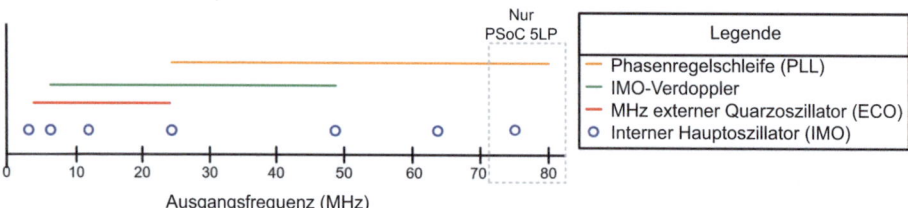

Abb. 2.18 Taktquellenoptionen für PSoC 3/5LP

Tab. 2.16 Taktbenennungskonventionen

Taktsignal	Beschreibung
clk_sync	Synchronisierungtakt vom Master-Clock-Mux, der zur Synchronisierung der Teiler in der Verteilung verwendet wird.
dsi_clkin	Takte, die als Eingang in die Taktverteilung von DSI genommen werden.
clk_bus	Bustakt für alle Peripheriegeräte.
clk_d[0:7]	Ausgangstakt der sieben digitalen Teiler.
clk_ad[0:3]	Ausgangstakt der vier analogen Teiler, synchronisiert mit dem digitalen Domänentakt.
clk_a[0:3]	Ausgangstakt der vier analogen Teiler, synchronisiert mit dem analogen Synchronisationstakt.
clk_usb	Taktgeber für USB-Block.
clk_imo2x	Ausgang des Verdopplers im IMO-Block.
clk_imo	IMO-Ausgangstakt.
Clk_ilo1k	1-kHz-Ausgang vom ILO.
clk_ilo100k	100 kHz vom ILO.
clk_ilo33k	33-kHz-Ausgang des ILO.
clk_eco_kHz	32,768-kHz-Ausgang des MHz-ECO.
clk_eco_kHz	4-33-MHz-Ausgang des MHz-ECO.
clk_pll	PLL-Ausgang.
dsi_glb_div	Globale DSI-Taktquelle für den USB-Block.

Verfügung, da mehrere Takteingänge untergebracht und das hochkonfigurierbare interne Taktverteilungssystem von PSoC 3 verwendet werden können. Tab. 2.16 bietet eine Übersicht über die Taktbenennungskonventionen.

Der interne Taktgenerator von PSoC 3 kann interne/externe Taktquellen im kHz- und MHz-Bereich verwenden,[27] wie in Abb. 2.19 gezeigt. Des Weiteren können der Eingang von „digital system interconnects" (DSI)[28] und eine interne Phasenregelschleife („phase-locked loop", PLL) zur Frequenzsynthese verwendet werden.

---

[27] Externe Taktquellen wie Quarzoszillatoren werden oft verwendet.
[28] DSI kann Taktimpulse liefern, die in UDB erzeugt werden, Off-Chip-Takte, die über I/O-Pins geroutet werden, und Taktimpulse von den Systemtaktverteilungsressourcen.

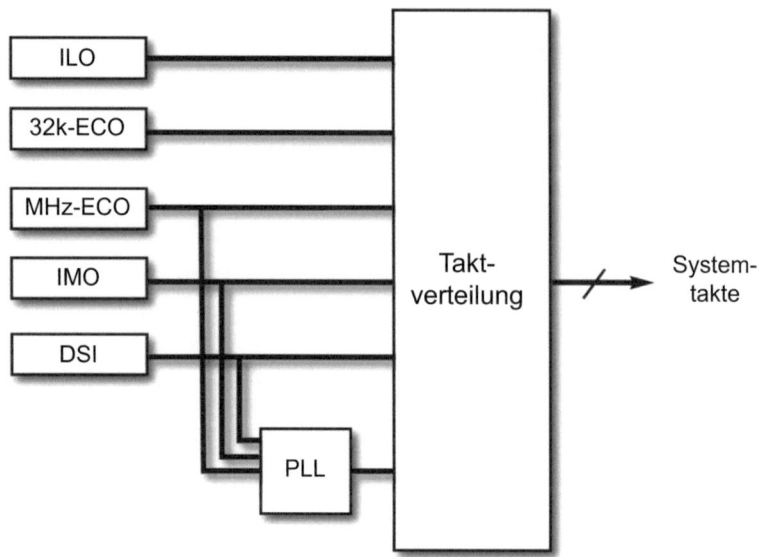

Abb. 2.19 Taktungssystem des PSoC 3

Neben der Unterstützung für mehrere Taktquellen gibt es 8 individuell gespeiste, 16-bit-Taktteiler für die digitalen Systemperipheriegeräte, 4 individuell gespeiste 16-bit-Teiler für die analogen Systemperipheriegeräte und 1 speziellen 16-bit-Teiler für den Bustakt.

Die primären Taktquellen bestehen aus Folgendem:

1. einem festen 36-MHz-Takt, der zu SPC führt,
2. einem 4–33-MHz-Quarzoszillator,
3. einem internen Hauptoszillator (IMO) mit 3–67 MHz,
4. 12–67-MHz-Verdopplerausgangsquelle aus dem IMO, externem MHz-Quarzoszillator (MHzECO) oder „digital system interconnect" (DSI),
5. internem Niedriggeschwindigkeitsoszillator („internal low speed oscillator", ILO) mit 1, 33 und 100 kHz und
6. „digital system interconnect" von einem I/O-Pin oder anderer Logik; fraktionaler 12–67-MHz-Phasenregelschleife (PLL) angetrieben durch den IMO, MHzECO oder DSI.

2.2 Überblick über PSoC 3

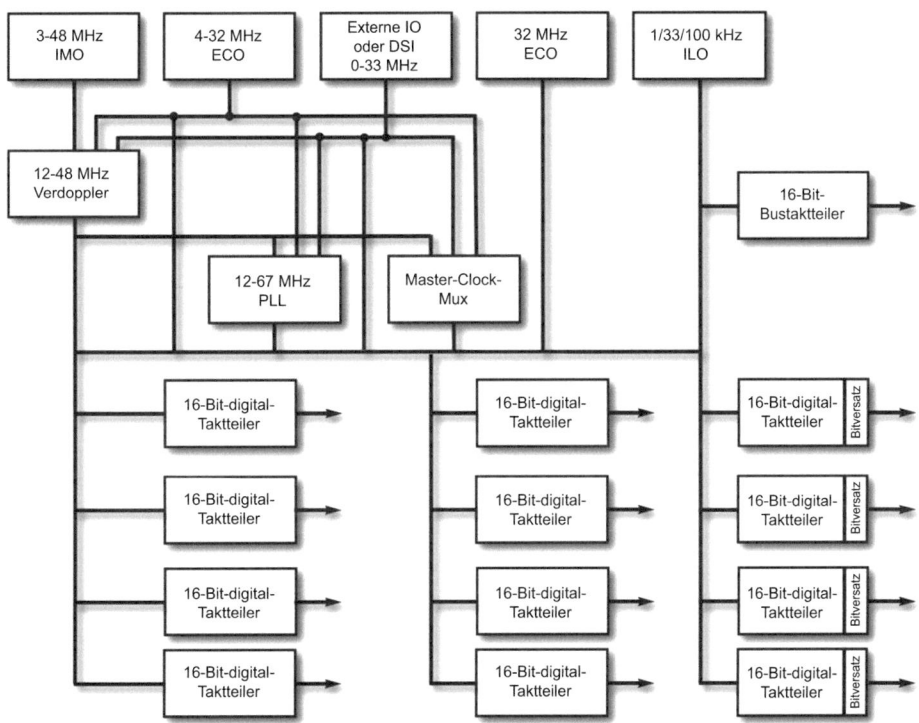

Abb. 2.20 Taktverteilungsnetzwerk für PSoC 3 und PSoC 5LP

Falls erforderlich, kann die interne PLL[29] verwendet werden, um Frequenzen im Bereich von 12–100 MHz zu synthetisieren. Der Eingang der PLL kann vom IMO, einem MHz-Quarzoszillator oder von einem DSI-Signal stammen. Wie in Abb. 2.20 gezeigt, wählt der Master-Clock-Mux den IMO, DSI, PLL oder MHz-Quarzoszillator als primäre Taktquelle aus. Beachten Sie, dass es auch möglich ist, die Phase der primären Taktquelle sowohl für digitale als auch für analoge Taktgeber unabhängig voneinander zu steuern. Diese Anordnung ermöglicht es auch, die Taktquelle für den primären Taktgeber in mehreren Systemen zu ändern.

2.2.11.1 Der interne Hauptoszillator (IMO)

Der interne Hauptoszillator („internal master oscillator", IMO) erzeugt eine stabile Taktfrequenz ohne den Einsatz von externen Komponenten und enthält eine Verdopplerschaltung, die einen Ausgang liefert, der doppelt so hoch ist wie die Frequenz des IMO, d. h. 6–24 MHz. Allerdings kann der Ausgang des IMO entweder die Frequenz des IMO oder die doppelte Frequenz sein, aber nicht beides.

---

[29] Ein integraler PLL-Vorteiler (Q) und PLL-Teiler (P) können verwendet werden, um Taktfrequenzen zu erzeugen, die P/Q mal der Eingangsfrequenz der PLL sind.

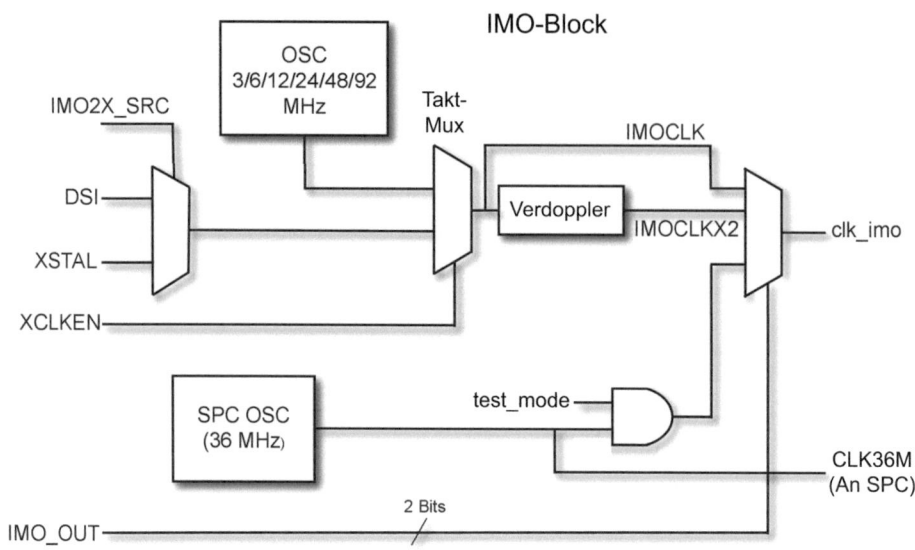

Abb. 2.21 Taktverteilungssystem des PSoC 3

Alternativ können andere Taktquellen durch den IMO geleitet werden, wie in Abb. 2.21 gezeigt, z. B. ein DSI- oder MHz-Quarzoszillatorausgang, und damit durch den IMO-Verdoppler.[30] Wie gezeigt, wählt IMO2X_SRC(PSoC 3) entweder DSI oder XTAL\CLK als Quelle für das Taktsignal. Somit können DSI, XTAL oder OSC (3, 6, 12, 24, 48 oder 92 MHz) dann durch den Takt-Mux (wie durch das (CLKDIST.CR) IMO_OUT-Register bestimmt) ausgewählt werden, woraufhin das resultierende Taktsignal (clk_imo) IMOCLK, IMOCLK2 oder 36 MHz sein kann.[31]

Der IMO-Block verwendet präzise Eingangsspannung und -strom, um einen Kondensator von Erde zu einer Referenzspannung aufzuladen. Ein integraler Komparator erkennt, wann eine vorbestimmte Schwellenspannung erreicht ist und veranlasst den Ladezyklus, sich zwischen zwei Kondensatoren zu wiederholen, was zu einem Impuls an jeder Flanke des Eingangstakts führt und eine Taktfrequenz erzeugt, die doppelt so hoch ist wie der Eingangstakt. (Die AHB-Schnittstelle und Register für den IMO sind in der FAST-Taktgeberschnittstelle implementiert, d. h. Logik für die PLL, IMO und einen externen Oszillator.)

2.2.11.2 Trimmen des IMO

Der IMO hat Möglichkeiten die Taktfrequenz sowohl in Bezug auf Verstärkung als auch auf Offset zu „trimmen". Die Offsettrimmschrittgröße wird durch die

---

[30] Um die Leistung [5] zu reduzieren, kann der Verdoppler deaktiviert werden.

[31] Dieses Taktsignal (36 MHz) wird zur SPC geleitet und steht nur im Testmodus zur Verfügung, d. h., es ist nicht im Benutzermodus verfügbar. Seine Genauigkeit beträgt etwa 10 %.

2.2 Überblick über PSoC 3 115

Verstärkungseinstellung bestimmt. Werkseitige Trimmeinstellungen werden für die korrekte 24-MHz-Einstellung bereitgestellt, da diese Frequenz für den USB-Betrieb verwendet wird. Für den Nicht-USB-Betrieb sollte die Verstärkung festgelegt werden, um die Leistungsanforderungen zu reduzieren. Es wird empfohlen, dass die verwendete Verstärkungseinstellung dieselbe ist wie die Einstellung für 24 MHz. Wenn es notwendig ist, Bereiche zu wechseln, sollte der Offsettrim zuerst im unteren Frequenzbereich geladen werden, d. h., wenn man zu einem höheren Frequenzbereich wechselt, wendet man den neuen Offsetwert an und ändert dann den Bereich. Umgekehrt, wenn man zu einem niedrigeren Frequenzbereich wechselt, ändert man den Bereich und wendet dann den neuen Offset an. Beachten Sie, dass Bereichs- und Trimmwerte sofort wirksam werden.[32]

Die Fähigkeit, die Frequenz zu trimmen, ermöglicht es, dass automatisches „Taktfrequenz-Locking" für den USB-Betrieb eingesetzt wird, so dass kleine Frequenzvariationen von eingehenden USB-Signalen [6] durch Vergleich des eingehenden USB-Timings (Frame-Marker) mit der IMO-Taktrate korrigiert werden können.[33] Alternativ könnte ein quarzgesteuerter Taktgeber, der mit 24 MHz „verdoppelt" auf 48 MHz arbeitet, für den Full-Speed-USB-Betrieb verwendet werden, oder andere quarzgesteuerte Frequenzen könnten in Verbindung mit der PLL verwendet werden, um 48 MHz zu synthetisieren.

2.2.11.3 Schnellstart-IMO

Der IMO kann auch im Schnellstart-IMO („Fast-start-IMO", FIMO)-Modus betrieben werden, der beim „Aufwachen" aktiviert wird und einen Takt/Ausgang innerhalb von 1 μs nach dem Verlassen des Stromsparmodus liefert [17]. In diesem Modus beträgt die Taktfrequenz 48 MHz mit einer Genauigkeit von etwa 10 % des primären IMO-Modus. Der FIMO-Modus wird durch Setzen des FASCLK_IMO_CR[3]-Bits im IMO.CR-Register ausgewählt, was dazu führt, dass der IMO-Taktgeber beim nächsten Aufwachen ersetzt wird. Der FIMO-Modus wird durch Löschen des FIMO-Bits deaktiviert, was dazu führt, dass der IMO-Taktgeber beim nächsten Aufwachen den FIMO ersetzt.

2.2.11.4 Interner Niedriggeschwindigkeitsoszillator

Der interne Niedriggeschwindigkeitsoszillator („internal low speed oscillator", ILO) erzeugt zwei unabhängige Taktfrequenzen, eine bei 1 kHz und die andere bei 100 kHz, die beide keine externen Komponenten benötigen, wie in Abb. 2.22 gezeigt.

Diese werden nicht nur unabhängig voneinander betrieben, sondern sind auch nicht miteinander synchronisiert und können unabhängig voneinander oder gleichzeitig aktiviert/deaktiviert werden. Der 1-kHz-Taktgeber wird typischerweise als „Herzschlag-Timer" und für den Watchdog-Timer eingesetzt. Der 100-kHz-Taktgeber dient als

---

[32] Der Takt kann eine leichte Variation in einem Zyklus aufweisen.
[33] Dies erfordert jedoch, dass die IMO-Frequenz 24 MHz beträgt und dass der Verdoppler verwendet wird, um 48 MHz zu liefern.

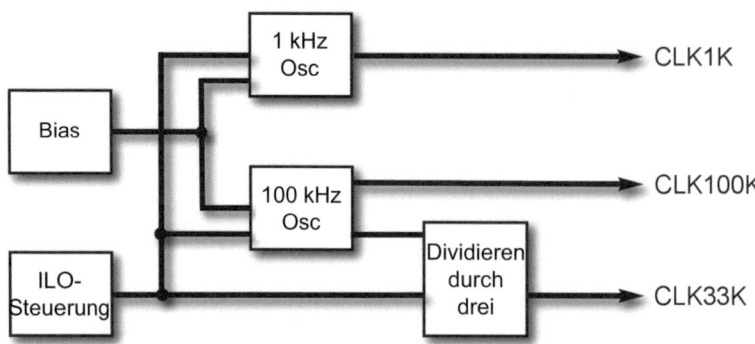

Abb. 2.22 ILO-Taktblockdiagramm

Systemtaktgeber mit niedrigem Stromverbrauch und kann verwendet werden, um Schlafmoduseintritts-/-austrittsintervalle zu timen. Schließlich wird eine dritte Taktfrequenz erzeugt, die durch Anwendung von „Teilen-durch-drei" auf den 100-kHz-Taktgeber abgeleitet wird. Der Leistungsbedarf, in Bezug auf den Strom, liegt im Bereich von 100 nA bis 1 μA, mit einer Genauigkeit von 0,20 % und einer Anlaufzeit von 300 μs.

2.2.11.5 Phasenregelschleife

Die PLL ist in der Lage, synthetisierte Frequenzen im Bereich von 12–67 MHz zu erzeugen. Die PLL verwendet einen 4-bit-Eingangsteiler Q (FASTCLK_PLL_Q), um den Referenztakt, ausgewählt durch den Mux als IMO, einen externen Quarzoszillator oder das DSI (ein externes Taktsignal) zu teilen, und einen 8-bit-Rückkopplungsteiler P (FASTCLOCK_PLL_P), um den Ausgang zu teilen, wie in Abb. 2.23 gezeigt. Die Ausgänge der beiden Teiler werden vom Phasenfrequenzdetektor (PFD) verglichen. Der PFD vergleicht die Phasen- und Frequenzdifferenz zwischen den beiden Signalen, um zu bestimmen, ob das vom Ausgang zurückgespeiste Signal das Referenzsignal F_{ref} führt oder hinterherhinkt, definiert durch Gl. (2.1). Der PFD treibt die Ausgangsfrequenz über

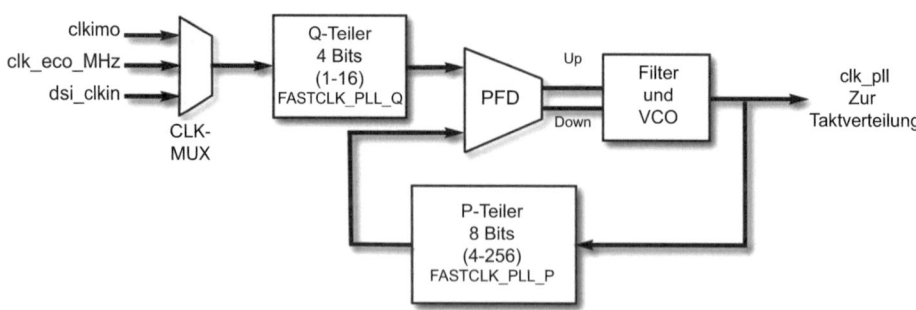

Abb. 2.23 Interne Konstruktion der PLL

2.2 Überblick über PSoC 3

„Up-" oder „Down-Signale" je nach Bedarf entweder höher oder niedriger. Diese wird dann „verriegelt", so dass eine Ausgangsfrequenz erzeugt wird, die dem P/Qfachen des Eingangsreferenztakts entspricht. Diese PLL ist in der Lage, die Frequenz innerhalb von 10 μs zu regeln, und sobald eine Verriegelung erreicht wurde, wird ein Bit (FASTCLK_PLL_SR[0]) gesetzt, und zu diesem Zeitpunkt ist die Ausgangsfrequenz für die Verteilung an die Taktbäume verfügbar.

Also:

$$F_{ref} = \frac{F_{in}}{Q}, \tag{2.1}$$

$$clk\_pll = F_{VCO} = F_{ref}(P) = \left[\frac{F_{in}}{Q}\right]P. \tag{2.2}$$

Im Niedrigleistungsbetrieb, während des Schlaf- und Ruhezustands, muss die PLL deaktiviert werden, um einen „sauberen Eintritt" in diese Betriebsmodi zu ermöglichen. Nach dem Aufwachen und Verriegeln kann die PLL aktiviert werden, damit sie als Systemtakt dienen kann. PSoC 3/5LP wird nicht in den Schlaf- oder Ruhezustand eintreten, solange die PLL aktiviert bleibt.

2.2.11.6 Externer 4–33-MHz-Oszillator

Präzise Taktsignale im Bereich von 4–33 MHz können durch Hinzufügen eines externen parallelen Grundschwingungsresonanzquarzes und zwei Kondensatoren erzeugt werden, wie in Abb. 2.24 gezeigt. Die für diesen Zweck verwendeten Pins können auch mit Standard-I/O-Funktionen, z. B. GPIO, LCD und analog global, verwendet werden, daher müssen sie hochohmig geschaltet werden, wenn sie mit einem externen Quarz verwendet werden. Das resultierende Signal wird zum Taktverteilungsnetzwerk geleitet und kann zum IMO-Verdoppler geleitet werden, wenn die Quarzfrequenz in einem gültigen Bereich für den Verdoppler liegt, d. h. kleiner oder gleich 24 MHz. Während diese Konfiguration mit einer breiten Palette von Quarzen kompatibel ist, sind die Anlaufzeiten der Quarze eine Funktion der Resonanzfrequenz und Qualität des Quarzes. Oszillatoreinstellungen können an einen gegebenen Quarz angepasst werden, indem die xcfg-Bits des

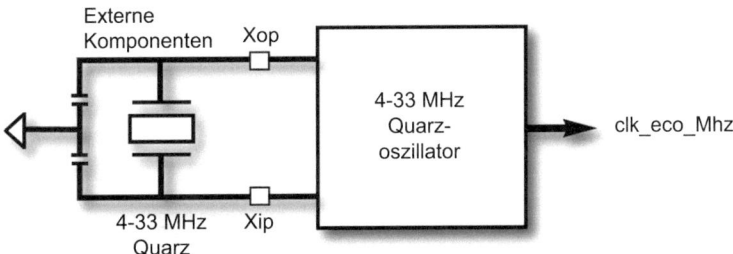

Abb. 2.24 4–33-MHz-Quarzoszillator

FASTCLK_XMHZ_CFG0[4:0]-Registers eingestellt werden. Der Oszillator wird durch FASTCLK_XMHZ_CSR[0] aktiviert.

Sollte der Quarzoszillator ausfallen, z. B. aufgrund der negativen Auswirkungen von Feuchtigkeit oder aus einem anderen Grund, ist es möglich, diesen Zustand zu erkennen, indem das Taktfehlerstatusbit FASTCLK_XMHZ_CSR[7] überprüft wird. Wenn das FASTCLK_XMHZ_CSR[6]-Bit gesetzt ist und der Quarzoszillator ausfällt, dann werden der Ausgang des Quarzoszillators auf „low" gesetzt und der IMO aktiviert, vorausgesetzt, er läuft nicht bereits, und der Ausgang des IMO wird durch den Ausgangs-Mux des Quarzoszillators geleitet. So kann das System weiterhin betrieben werden, auch wenn ein Quarzfehler vorliegt. Wenn das System im SLEEP/HIBERNATE-Modus ist, ist es nicht notwendig, den Quarzoszillator weiterlaufen zu lassen und dadurch Strom zu verbrauchen. Der 32-kHz-Oszillator kann aktiv gehalten werden, wenn eine genaue Zeitmessung erforderlich ist, z. B. für die Echtzeituhr (RTC). Es ist jedoch nicht möglich, in den SLEEP/HIBERNATE-Modus zu gehen, wenn der MHz-Quarzoszillator läuft. Ein Ansatz besteht darin, die Taktbäume auf die IMO-Quelle umzuschalten und dann den MHz-Quarzoszillator und die PLL, falls sie aktiv ist, zu deaktivieren. Dann ist es möglich, in einen Schlafmodus zu gehen. Wenn das System aus einem Schlafmodus aufwacht, können der MHz-Quarzoszillator und falls notwendig die PLL aktiviert und verwendet werden, sobald die Stabilität erreicht wurde.

2.2.11.7 Externer 32-kHz-Quarzoszillator

Der 32-kHz-Oszillator, kHzECO, nutzt einen kostengünstigen, externen Quarz (32.768 kHz) und externe Kondensatoren, um ein Präzisionstimingsignal zu erzeugen, und dient als Grundlage für eine Echtzeituhr, die mit sehr geringer Leistung, d. h. Stromstärken unter 1 μA, arbeitet. Das resultierende Timingsignal, clk_eco_Khz, wird an das Taktverteilungsnetzwerk innerhalb von PSoC 3 geleitet und dient als Taktquelle für die Taktverteilungslogik und den Echtzeituhr (RTC)-Timer. Das Ein-/Ausschalten des kHzECO wird durch Setzen/Löschen von SLOWCLK_X32_CR[0] erreicht. Dieser Oszillator kann auf einer von zwei Leistungsstufen arbeiten, abhängig vom Zustand des LPM-Bits, SLOWCLK_X32_CR[1], und dem Schlafmodusstatus des Systems.

Der Standardmodus für den kHzECO ist „aktiv", und eine Hardwareverriegelung zwingt den Oszillator in seinen Hochleistungsmodus, der 1–2 μA verbraucht und die Rauschempfindlichkeit minimiert. Vorausgesetzt, dass das LPM-Bit für den Niedrigleistungsmodus gesetzt ist, arbeitet der Oszillator nur im Niedrigleistungsmodus, wenn das System im SLEEP/HIBERNATE-Modus ist. Wenn jedoch LP_ALLOW (SLOWCLK_X32_CFG[7]) gesetzt ist, tritt der Oszillator sofort in den Niedrigleistungsmodus ein, wenn das LPM-Bit gesetzt ist.

Es sollte beachtet werden, dass dieser Oszillator nicht stabil ist, wenn er aktiviert wird, und daher ist einige Zeit erforderlich, bis er Stabilität erreicht. Das DIG_STAT-Statusbit, SLOWCLK_X2_CR[4], zeigt an, dass die Oszillation stabil ist, indem es mit dem

2.2 Überblick über PSoC 3

Tab. 2.17 Oszillatorparametertabelle

Quelle	Frequenz	Strom	Genauigkeit	Anlaufzeit	Verwendungshinweise
Interner Hauptoszillator (IMO)	3-92 MHz	100-300 μS		5 μS	Keine externen Komponenten
Interner Oszillator mit niedriger Geschwindigkeit (ILO)	1, 33, 100 kHz	100 nA - 1μA	20%	300 μS	Watchdog, Sleep-Timer
Externer 32-kHz-Quarzoszillator		100 nA - 1μA	10 ppm	1 S	Kann zur Bereitstellung einer Echtzeituhr verwendet werden
Externer 4-33-MHz-Quarzoszillator		1-4 mA	10 ppm	100 μS	
Phasenregelschleife		500 μA	Gleich wie die Eingangsquelle	50 μS	Synthese der gewünschten Ausgangsfrequenz

33-kHz-ILO-Signal verglichen wird. Das ANA_STAT-Bit, SLOWCLK_X32_CR[5], verwendet einen internen analogen Monitor, um die Amplitude des Oszillators zu messen (Tab. 2.17).[34]

2.2.11.8 Implementierung einer Echtzeituhr
Viele eingebettete Systeme erfordern die Verfügbarkeit einer Echtzeituhr, um Ereignisse zu timen, Zeit aufzuzeichnen, Daten zu loggen usw. Der kHzECO-Oszillator kann verwendet werden, um Echtzeituhrfunktionalität zu bieten, indem das kHzECO-Signal durch 32.768 geteilt wird, um einen Impuls pro Sekunde zu erzeugen, der wiederum verwendet werden kann, um Interrupts in 1-s-Intervallen zu erzeugen, Zähler zu aktualisieren usw., es sei denn, das System befindet sich im HIBERNATE-Modus.

2.2.11.9 Taktverteilung
Die zuvor besprochenen Taktquellen erzeugen Signale, die anderen PSoC-Ressourcen durch die Taktverteilungslogik innerhalb von PSoC 3 zur Verfügung gestellt werden können, indem sie durch analoge und digitale Taktteiler geleitet werden. Einige Peripheriegeräte benötigen spezifische Taktgeber für ihren Betrieb, z. B. benötigt der Watchdog-Timer (WDT) den ILO. Die Taktverteilung wird durch die Verwendung von Taktbäumen erleichtert. PSoC 3 hat 4 solche Bäume für die Taktverteilung, nämlich

1. analoger Taktbaum,
2. digitaler Taktbaum,
3. Systemtaktbaum, und
4. USB-Taktbaum.

---

[34] Um übermäßig lange Anlaufzeiten zu vermeiden, bevor Stabilität erreicht ist, ist es eine gute Praxis, den Oszillator im Hochleistungsmodus zu starten.

Acht Teiler für den digitalen Taktbaum und 4 analoge Teiler für den analogen Taktbaum sind Teil des Taktverteilungssystems, wie zuvor in Abb. 2.20 gezeigt. Die Taktquellen werden jeweils durch einen Mux mit 8 Eingängen für die Verbindung zu den Teilern ausgewählt, und die Ausgänge der Teiler werden mit ihren jeweiligen Domänentakten synchronisiert. Die Verteilung von Synchrontakten wird durch den Master-Clock-Mux erleichtert, und es gibt Optionen, die eine Verzögerung für den digitalen Synchrontakt bieten. Alle digitalen Teiler sind auf die gleiche digitale Uhr synchronisiert, aber die analogen Teiler können jeweils auf ihre jeweilige analoge Uhr mit unterschiedlichen oder gleichen Verzögerungen synchronisiert werden.

Der Master-Clock-Mux (MCM), gezeigt in Abb. 2.25, wählt einen Taktgeber aus den verfügbaren Eingängen, nämlich PLL, IMO, ECO_MHz oder DSI. Der Ausgang dieses Mux wird zur Quelle, die der Phasenmodulationsschaltung zugeführt wird, um verzögerte Takte zu erzeugen, die von den digitalen und analogen Phasen-Mux-Blöcken ausgewählt werden. Der MCM liefert zwei Resynchronisierungstakte für das System: clk_sync_dig für die digitalen Taktgeber und clk_sync_a für die analogen Systemtaktgeber. Der Mastertaktgeber, der immer der schnellste Takt im System ist, ist auch die Grundlage für das Umschalten der Taktquelle für mehrere Taktbäume gleichzeitig. Taktbäume wählen die clk_sync_dig- oder clk_sync_a-Taktgeber als ihren Eingang für Systeme, die bekannte Beziehungen aufrechterhalten müssen. Ein 8-bit-Teiler ermöglicht es, Takte mit niedrigeren Frequenzen zu erzeugen, CLKDIST_MSTR0[7:0].

2.2.11.10 USB-Taktgeberunterstützung

Die Einführung des nun allgegenwärtigen universal serial Bus (USB) hat zu einer zunehmenden Unterstützung auf Mikrocontroller-Ebene geführt. PSoC 3 bietet der USB-Logik eine synchrone Busschnittstelle, während es dieser Logik ermöglicht, asynchron zur Verarbeitung von USB-Daten zu arbeiten.

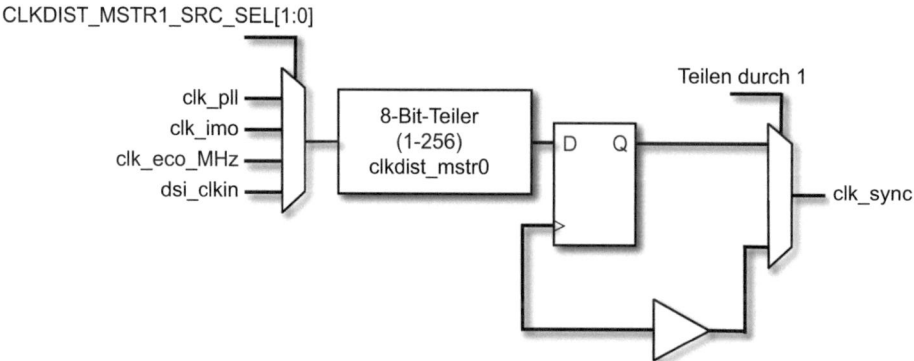

Abb. 2.25 Mastertaktgeber-Mux

2.2 Überblick über PSoC 3

Der USB-Takt-Multiplexer, dargestellt in Abb. 2.26, kann verwendet werden, um die USB-Taktquelle wie folgt auszuwählen:

- imo1x:
  - Der 48-MHz-DSI-Takt ist von der Genauigkeit des Taktgebers abhängig.
  - Da der Oszillator nicht bei 48 MHz arbeiten kann, muss imo1x daher mit dem PLL multipliziert werden, um 48 MHz zu erreichen.
- imo2x:
  - 24-MHz-Quarz mit Verdoppler.
  - 24-MHz-IMO und Verdoppler mit USB-Sperre.
  - 24-MHz-DSI mit Verdoppler.
- clk_pll:
  - Quarz und PLL zur Erzeugung von 48 MHz.
  - IMO und PLL zur Erzeugung von 48 MHz.
  - DSI-Eingang und PLL zur Erzeugung von 48 MHz.
- DSI-Eingang:
  - 48 MHz.

Wenn der interne Hauptoszillator ausgewählt ist, muss die Oszillator-Sperrfunktion verwendet werden, um ihm die Entwicklung der erforderlichen USB-Genauigkeit für den USB-Verkehr zu ermöglichen. Diese automatische Taktfrequenz-Sperrfunktion ermöglicht kleine Frequenzanpassungen basierend auf dem Timing des eingehenden Frame-Markers in Bezug auf die IMO-Frequenz. Diese Art der Taktfrequenz-Sperrung ermöglicht es der Taktfrequenz, innerhalb von $\pm 0{,}25\,\%$ in Bezug auf die Genauigkeit für den USB-Vollgeschwindigkeitsmodus zu bleiben. Der Sperrmodus wird durch Einstellen des FASTCLK_IMO_CR[6] aktiviert. Es ist auch möglich, einen quarzgesteuerten 24-MHz-Taktgeber

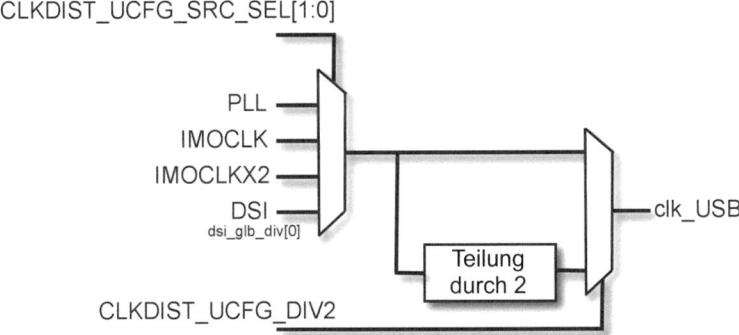

Abb. 2.26 Der USB-Takt-Multiplexer

zu verwenden, der anschließend auf 48 MHz für den USB-Vollgeschwindigkeitsbetrieb verdoppelt wird. Eine weitere Option besteht darin, andere Frequenzen, z. B. 4 MHz, mit der PLL zur Synthese von 48 MHz zu verwenden. Zusätzlich zur clk_imo-Option kann auch das DSI-Signal, dsi_glb_div[0], verwendet werden.

2.2.12 Taktteiler

Taktteiler sind ein integraler und wichtiger Aspekt des Taktverteilungssystems. Darüber hinaus bieten sie auch eine gewisse Kontrolle über die Taktzyklen. Es ist möglich, einen einzelnen Taktimpuls zu erzeugen. Ein 50-%-Taktzyklusmodus erzeugt einen Takt mit ungefähr einem 50-%-Taktzyklus. Ein Teiler lädt seinen Teilerzähler neu, nachdem er einen Endzählerstand von 0 erreicht hat. Der Teilerzähler wird im CLKDIST_DCFG[0..7]_CFG0/1-Register für digitale Teiler und im CLKDIST_ACFG[0..3]_CFG[0..3]_CFG0/1-Register für analoge Teiler eingestellt. Der Zähler wird von einer durch einen 8-bit-Mux gesteuerten Taktquelle angetrieben, die von CLKDIST_DCFG[0..7]_CFG2[2:0] für digitale Teiler und CLKDIST_ACFG[0..7]_CFG2[2:0] für analoge Teiler gesteuert wird, entweder im Einzelimpulsmodus oder im nominellen 50-%-Taktzyklusmodus.

Unabhängig vom gewählten Modus führt eine Division durch 0 dazu, dass der Teiler umgangen wird, was zu einer Division durch 1 führt, und der Eingangstakt wird nach einer Resynchronisation auf den Ausgang angewendet, vorausgesetzt, die Synchronisationsoption wurde zuvor ausgewählt. Wenn der geladene Wert M ist, dann wird die Gesamtperiode für den Ausgangstakt durch

$$N = M + 1 \qquad (2.3)$$

gegeben.

Das CLKDIST_DCFG[x]_CFG2[4]- oder CLKDIST_ACFG[x]_CFG2[4]-Bit im Konfigurationsregister für jeden Taktausgang wird auf high gesetzt, um den 50-%-Taktzyklusmodus zu aktivieren. Es ist jedoch möglicherweise nicht in allen Fällen möglich, 50 % zu liefern, aufgrund von Abhängigkeiten von Phasen- und Frequenzunterschieden zwischen dem Synchronisationstakt und dem Ausgangstakt.

2.2.12.1 Taktphase

Ein weiterer wichtiger Taktparameter ist die Phase. Neben zwei Taktzyklusoptionen können die Ausgänge phasenverschoben werden, um nach dem Endzählerstand oder im Halbperiodenzyklus auf high zu gehen. Der Standardmodus wird als „standard phase" bezeichnet und bezieht sich auf die steigende Flanke des Ausgangs, nach dem Endzählerstand. Alternativ bezieht sich die „early phase" auf den Ausgang, der effektiv zu einem früheren Zeitpunkt verschoben wird, zu einem ungefähren Zählerstand, der die Hälfte des Teilerwerts ist. Das Setzen des CLKDIST_DCFG_CFG2[5]- oder CLKDIST_ACFG_CFG2[5]-Bits im Konfigurationsregister für jeden Taktgeber aktiviert den Early-Phase-Modus, und die steigende Flanke tritt nahe dem Halbzählerpunkt auf. Während analoge Taktteiler architektonisch den digitalen Teilern ähnlich sind, haben sie eine zusätzliche Resynchronisationsschaltung, um die analogen und digitalen Takte zu synchronisieren. Die Synchronisation der digitalen und analogen Takten erleichtert die Kommunikation zwischen den digitalen und analogen Domänen.

2.2.12.2 Early Phase

Die Taktausgänge können auch phasenverschoben werden, indem verlangt wird, dass sie nach dem Endzählerstand oder im Halbperiodenzyklus „auf high gehen". Der Ausdruck „standard phase" bezieht sich auf das Auftreten der steigenden Flanke des Ausgangs nach dem Endzählerstand. Die Option „early phase" ermöglicht es, den Ausgang als zu einem früheren Zeitpunkt verschoben zu betrachten, für einen ungefähren Zählerstand, der die Hälfte des Teilerwerts ist. Der Early-Phase-Modus kann durch Setzen des CLKDIST_DCFG_CFG2[5]-Bits aktiviert werden, so dass die steigende Flanke nahe dem Halbzählerpunkt auftritt. Während analoge Teiler den digitalen Teilern ähnlich sind, haben sie eine zusätzliche Resynchronisationsschaltung, um den analogen Takt mit dem digitalen Domänentakt zu synchronisieren, wodurch die Ausgabe der analogen Teiler, clk_ad genannt, mit der digitalen Domäne synchronisiert wird.

2.2.12.3 Taktsynchronisation

Jeder der Taktbäume kann für eine der folgenden Optionen eingestellt werden, bezogen auf die Ausgangstakte:

- **Umgehende Taktquelle** – wenn der Teilerwert auf 0 gesetzt und das Synchronisationsbit zurückgesetzt sind, wird die ausgewählte Quelle des Taktbaums ohne Teilung auf den Ausgang geleitet und ergibt einen asynchronen Takt.
- **Phasenverzögerte clk_sync**, z. B. als clk_sync_dig – der Baum arbeitet mit der gleichen Frequenz wie clk_sync, aber mit der entsprechenden Phase. In diesem Fall wird die Eingangstaktquelle ignoriert.
- **Resynchronisierter Takt** – das Aktivieren des Synchronisationsbits führt dazu, dass ein Takt mit einer maximalen Frequenz von clk_sync/2 durch die phasenverzögerte clk_sync resynchronisiert wird.
- **Unsynchronisierter geteilter Takt** – dieser Takt ist asynchron und tritt auf, wenn das Synchronisationsbit zurückgesetzt ist und der Teiler einen Wert ungleich 0 hat.

Der Bustakt (BUS_CLK) ist der CPU-Takt im PSoC 3. Er kann jedoch mit Hilfe des 8051-SFR-CPUCLK_DIV weiter geteilt werden.

2.2.13 GPIO

Moderne Mikrocontroller machen umfangreichen Gebrauch von Bussen, die analoge oder digitale Übertragungswege sind, typischerweise bestehend aus mehreren zusammengefassten Leitungswegen, um digitale und analoge Signalübertragung zu erleichtern. Zum Beispiel hängt der Speicherzugriff kritisch von der Verfügbarkeit von Hochgeschwindigkeitsdaten- und Adressbussen ab, um Programmcode und Daten schnell und effizient zwischen z. B. der CPU und dem RAM zu bewegen. Ebenso werden Busse auch für interne Peripheriegeräte benötigt, um die Kommunikation Peripherie-zu-Peripherie, Peripherie-zu-CPU, CPU-zu-Peripherie, CPU-zu-I/O usw. zu ermöglichen. Das Design von Bussen variiert, aber sie sind typischerweise mindestens 8 parallele Pfade breit. Bei der Verlegung solcher Pfade muss darauf geachtet werden, dass die elektrische Pfadlänge für jeden Pfad in einem gegebenen Bus gleich ist, insbesondere wenn die Geschwindigkeit des zulässigen Busverkehrs erhöht wird. Da eine bedeutende Anzahl von Geräten Zugang zum gleichen Bus haben kann, werden oft Tri-State-Techniken, wie sie in Kap. 1 beschrieben sind, verwendet, um sicherzustellen, dass die Busleistung nicht beeinträchtigt wird, um Kollisionen zu vermeiden und die Busnutzung zu vereinfachen.

PSoC 3 und PSoC 5LP machen umfangreichen Gebrauch von Bussen und insbesondere von der analogen Verbindung, digitalen Verbindung und dem Systembus. Der Systembus ermöglicht den Verkehr zwischen der CPU, dem Speicher und den Debugeinrichtungen und den digitalen/analogen Systemen. Der Systembus wird auch von den systemweiten Ressourcen genutzt. Das Routing von Daten entlang der Buspfade ist auch eine gängige Anforderung, und analoge/digitale Multiplexer und Schalter werden verwendet, um zu bestimmen, wie der Busverkehr geroutet werden soll.

Schalter sind funktional recht ähnlich zu einem Multiplexer, da sie beide auf analogen Schaltern basieren, mit Ausnahme der Tatsache, dass im Falle von Multiplexern, obwohl es „n" Eingänge geben kann, zu einem gegebenen Zeitpunkt nur einer mit dem Ausgang verbunden ist. Im Falle eines Schalters ist es jedoch möglich, dass 0 bis „n" Eingänge zu einem gegebenen Zeitpunkt mit dem Ausgang verbunden sind. Dies ist ein wichtiger Unterschied, und es sollte auch beachtet werden, dass im Falle eines Multiplexers weniger Bits benötigt werden, um einen Eingang mit einem Ausgang zu verbinden, als dies bei einem Schalter der Fall ist, wenn beide die gleiche Anzahl von Eingängen haben.[35] PSoC 3 und PSoC 5LP haben mehrere analoge Routingressourcen, z. B. lokale analoge Busse (abus), globale analoge Busse (AG), analoge Mux-Busse (AMUXBUS) und einen LCD-Bias-Bus (LCDBUS). Die analogen Globalen und AMUXBUS verbinden sich mit den GPIO und bieten eine Methode zur Verbindung von GPIO und den analogen Ressourcenblöcken (ARB) wie DAC, Komparatoren, geschalteten Kondensatoren, CapSense, Delta-Sigma-ADC und OpAmps. Ein Spannungsreferenzbus (V_{ref}) stellt Präzisionsreferenzspannungen für die ARB bereit, die vom Präzisionsreferenzblock erzeugt werden, der in der Lage ist, Präzisionsspannungen und -ströme zu erzeugen, die nicht temperaturabhängig sind.

Jeder GPIO-Pin kann mit einem analogen globalen Pfad durch einen Schalter verbunden werden, und es ist möglich, zwei Pins an jedem Port mit dem gleichen globalen

---

[35] Zum Beispiel erfordert die Auswahl eines von 8 Eingängen nur 3 bit für einen Multiplexer und 8 bit für einen Schalter.

2.2 Überblick über PSoC 3

Pfad zu verbinden. Der analoge globale Bus bietet Verbindungsoptionen über Muxes und Schalter zu den Eingängen/Ausgängen der folgenden ARB für I/O: CapSense (ein virtueller Block), Komparator, DAC, Delta-Sigma-ADC und der Ausgangsbuffer. Jeder GPIO-Pin hat zwei analoge Schalter: einen um den Pin mit dem analogen Globalen zu verbinden und den anderen um mit dem AMXBUS zu verbinden. Die Steuersignale, die benötigt werden, um diese Schalter zu öffnen oder zu schließen, werden entweder durch die Verwendung der PRT[x]_AMUX- und PRT[x]_AG-Register aufgerufen – was die Standardoption ist – oder dynamisch durch die Verwendung der DSI-Steuerung, die mit dem Eingang des Port-Pin-Logikblocks verbunden ist. Bevor jedoch die letztere Option verwendet wird, ist es notwendig, ein Bit im Port „bidirection enable register", d. h. PRT[x]_BIE, zu setzen.

Es gibt 9 Ein-/Ausgabeports, bestehend aus 7 allgemeinen Eingabe/Ausgabe („general purpose I/O", GPIO)-Ports, 1 SIO und 1 Gemischte-Funktionen-Port. Dies ermöglicht digitale Eingangserfassung, Ausgangstreiber, Pin-Interrupts, Konnektivität für analoge Ein-/Ausgabe, LCD und Zugang zu internen Peripheriegeräten direkt über definierte Ports, oder die UDB-individual-I/O-Kanäle [5] sind in Gruppen von 8 Bits oder Pins angeordnet und als die jeweiligen „Ports" definiert (Abb. 2.27).

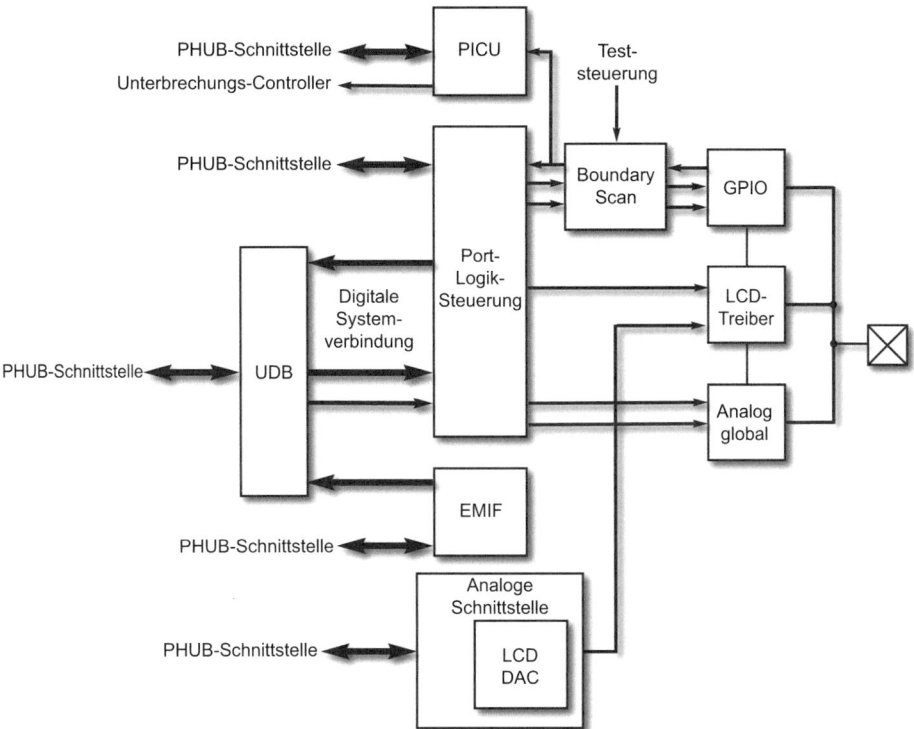

Abb. 2.27 GPIO-Blockdiagramm

2.3 Energieverwaltung

Das Energiemanagement in jedem eingebetteten System ist eine wichtige Überlegung in Bezug auf die Aufrechterhaltung der richtigen Energiepegel, die Minimierung des Energieverbrauchs, die richtige Verteilung der Energie, die Minimierung von Rauschen und dessen Auswirkungen auf die Versorgungsleitungen usw. PSoC 3 und PSoC 5LP halten separate externe analoge und digitale Versorgungspins für die interne Kernlogik bereit. Zwei interne 1,8-V-Spannungsregler werden verwendet, um V_{ccd} für die digitale und V_{cca} für die analoge Schaltung bereitzustellen. Um den Betrieb in den Schlafmodi aufrechtzuerhalten gibt es außerdem einen Schlafregler, einen I^2C-Regler für die Stromversorgung von I^2C Logik und einen Hibernate-Regler zur Bereitstellung von „Keep-alive-Strom", um die Zustandserhaltung zu gewährleisten, wenn das System im Hibernate-Modus ist. Externe Verbindungen zu den internen Stromverteilungssystemen werden über Pins hergestellt, die als V_{dda}, V_{ddd} und V_{ddiox} für die analogen, digitalen und I/O-Stromsysteme gekennzeichnet sind. Kondensatoren sind erforderlich, wie in Abb. 2.28 gezeigt, vorzugsweise so nah wie möglich an ihren jeweiligen Pins platziert. Die Kondensatoren dienen dazu, externe Stromversorgungstransienten und negative Lasteffekte zu minimieren. Die digitalen und analogen Regler werden als „Aktive-Domänen-Regler" bezeichnet,

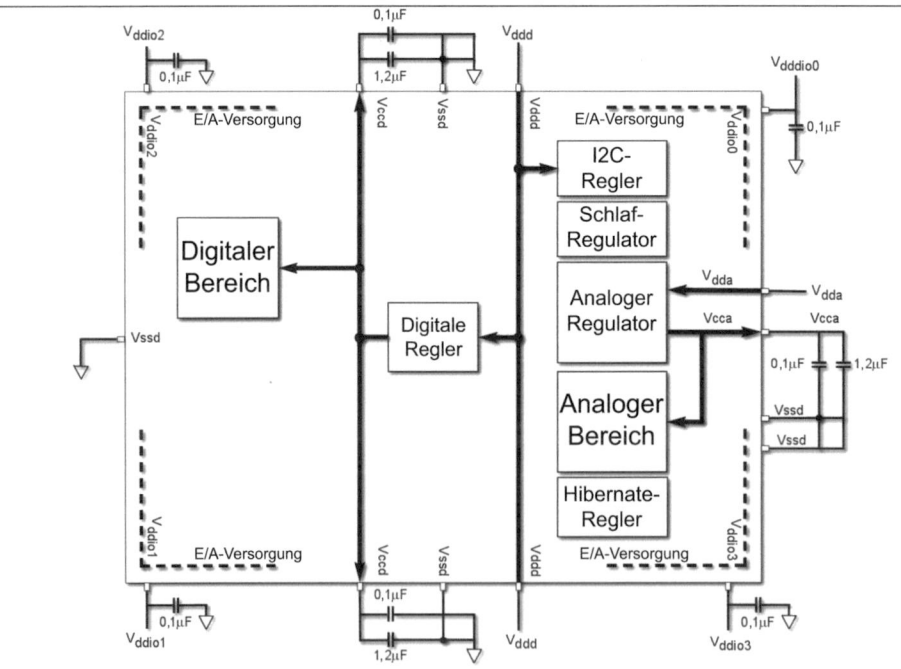

Abb. 2.28 Blockdiagramm des Energiebereichs

2.3 Energieverwaltung

da sie im Schlafmodus in den Niedrigstrombetrieb wechseln. Schlaf- und Hibernate-Regler liefern die notwendige Energie, wenn das System in seine niedrigsten Stromverbrauchsmodi eintritt.

2.3.1 Interne Regler

Wenn in Regionen gearbeitet wird, in denen externe Stromversorgungen Spannungen im Bereich von 1,95–5,55 V liefern, ziehen die internen Regler Strom von diesen externen Versorgungen über die V_{ddd}- und V_{cca}-Pins. Wenn die externe Stromversorgung eine Spannung im Bereich von 1,71–1,95 V liefert, bleiben die internen Regler standardmäßig nach dem Einschalten eingeschaltet. Allerdings sollte das Register PWR-SYS.CR0 verwendet werden, um diese Regler nach dem Einschalten zu deaktivieren, um den Stromverbrauch zu minimieren.

2.3.1.1 Schlafregler

Wenn das System im Schlafmodus ist, liefert ein Schlafregler eine geregelte Spannung, V_{sleep}, für den 32-kHz-ECO, „central timewheel" (CTW), „fast timewheel" (FTW), ILO, RTC-Timer und Watchdog-Timer (WDT). Der Hibernate-Regler liefert Keep-alive-Strom, V_{pwrKA}, an jene Domänen, die für die Zustandserhaltung während der Hibernation verantwortlich sind.

2.3.1.2 Aufwärtswandler

PSoC 3 und PSoC 5LP können aus Spannungsversorgungen im Bereich von 1,7 bis 5,5 V betrieben werden. Allerdings können externe Versorgungen unter Umständen nicht in der Lage sein, eine konstante Spannung an das System zu liefern. Zum Beispiel können Systeme, die externe Versorgungen in Form von Batterien verwenden, eine große Schwankung der Versorgungsspannung erleben, wenn das Batteriesystem entladen wird oder wie im Fall von Solarzellen die Umgebungsbeleuchtung variiert. Daher haben PSoC 3/5LP einen integrierten Aufwärtswandler, der in der Lage ist, Eingangsspannungen über einen weiten Bereich, z. B. bis zu 0,5 V, zu akzeptieren und eine konstante Ausgangsspannung auf den erforderlichen Leistungsstufen zu erzeugen. Der interne Wandler benötigt eine Eingangsspannung, eine externe Induktivität und Kondensatoren, es sei denn, die externe Spannung ist größer als 3,6 V; in diesem Fall ist auch eine externe Schottky-Diode[36] erforderlich. Neben der Möglichkeit, Spannung für den internen Gebrauch bereitzustellen, ist ein externer Pin, V_{Boost}, vorgesehen, um Spannungen für externe Geräte, z. B. eine LCD, zu liefern.

---

[36] Schottky-Dioden sind nach Walter H. Schottky, einem deutschen Physiker (1886–1976), benannt, dessen Arbeit zur Entwicklung der Heißträgerdiode, auch bekannt als Schottky-Diode, führte. Sie hat die wichtige Eigenschaft, dass sie beim Leiten einen deutlich geringeren Spannungsabfall über die Diode hat als die meisten Dioden, nämlich 0,15–0,45 V gegenüber 0,7–1,7 V.

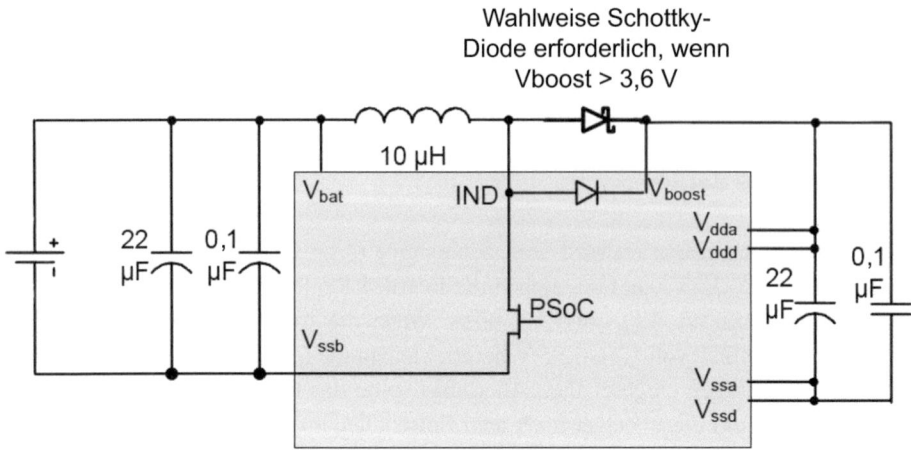

Abb. 2.29 Der Aufwärtswandler

Der Aufwärtswandler von PSoC 3/5LP kann deaktiviert oder aktiviert werden, indem BOOST_CR1[3] zurückgesetzt oder gesetzt wird, und die Ausgangsspannung kann durch Schreiben in das BOOST_CR0[4:0]-Register geändert werden. Beim Start ist der Aufwärtswandler aktiviert, und standardmäßig ist die Ausgangsspannungseinstellung 1,8 V. Wenn der Aufwärtswandler nicht verwendet werden soll, dann sollte V_{bat} „auf Masse gelegt" werden und der IND-Pin sollte freischwebend gelassen werden.

Der folgende C-Sprachcode-Ausschnitt veranschaulicht, wie man den Aufwärtswandler startet, seine Betriebsfrequenz auf 100 kHz einstellt und ihn dann stoppt (Abb. 2.29).[37]

```
# include <device.h>
void main( )
{
Boostconv_1_Start( );
BoostConv_1_SelFrequency(BoostConv_1_SWITCH_FREQ_100KHZ);
BoostConv_1_Stop( );
}
```

Wie in Abb. 2.30 gezeigt, beträgt die Spannung über der Induktivität, wenn der MOSFET des Aufwärtswandlers leitet:

$$V_{input} = V_L = L\frac{di}{dt}, \qquad (2.4)$$

und daher:

$$\frac{di_L}{dt} = \frac{V_{input}}{L} = constant, \qquad (2.5)$$

---

[37] Beachten Sie, dass der Aufwärtswandler standardmäßig „aktiv" ist, wenn das System hochfährt.

2.3 Energieverwaltung

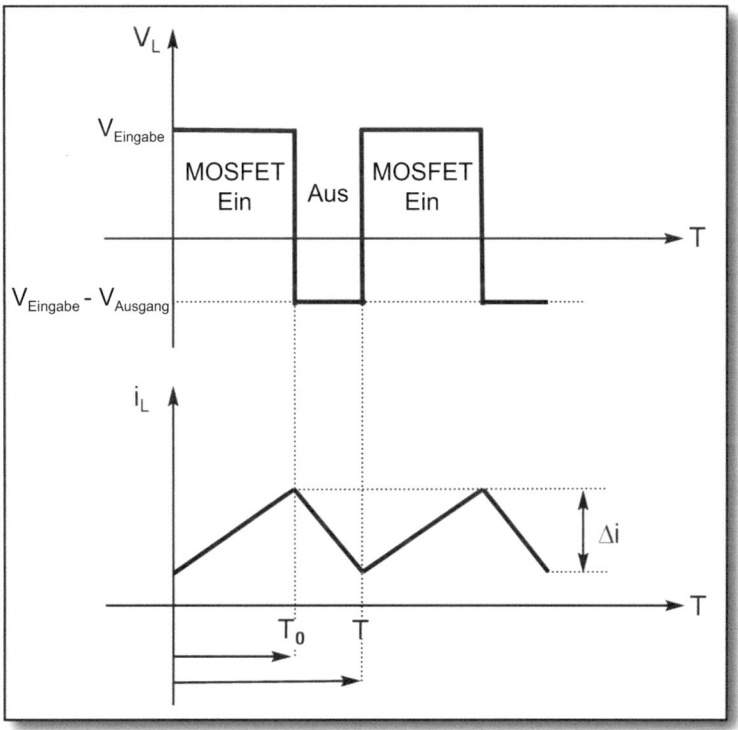

Abb. 2.30 Stromflusseigenschaften des Aufwärtswandlers

Der Tastgrad wird gegeben durch:

$$Duty\, Cycle = \frac{T_0}{T} = D, \quad (2.6)$$

und daher:

$$T_0 = DT. \quad (2.7)$$

Gl. (2.5) impliziert, dass[38]

$$\frac{di_L}{dt} = \frac{\Delta i_L}{\Delta t} = \frac{\Delta i_L}{DT_2}, \quad (2.8)$$

und somit:

$$[\Delta i_L]_{on} = \frac{V_{input} DT}{L} \quad (2.9)$$

---

[38] Einige werden zweifellos die Verwendung von Δt und dt im selben Ausdruck störend finden, wie sie sollten. Diese Übertretung beeinträchtigt jedoch nicht die Berechnung oder ihr Ergebnis.

Wenn der MOSFET nicht leitet (MOSFET-off-Zustand),

$$V_L = V_{input} - V_{output} = L\frac{di_L}{dt}, \quad (2.10)$$

und daher

$$\frac{di_L}{dt} = \frac{V_{input} - V_{output}}{L} = \frac{\Delta i_L}{\Delta t} = \frac{\Delta i_L}{(1-D)T}, \quad (2.11)$$

so dass:

$$[\Delta i_L]_{off} = \frac{(1-DT)(V_{input} - V_{output})}{L}. \quad (2.12)$$

Aber,

$$[\Delta i]_{off} + [\Delta i]_{on} = 0, \quad (2.13)$$

und daher:

$$\frac{V_{input}DT}{L} + \frac{(1-D)T(V_{input} - V_{output})}{L} = 0, \quad (2.14)$$

so dass:

$$V_{output} = \frac{V_{input}}{(1-D)}. \quad (2.15)$$

Daher, wenn der MOSFET leitet, wird Energie im magnetischen Feld der Spule gespeichert, und der Kondensator versorgt die Last mit Strom. Im Gegensatz dazu werden, wenn der MOSFET nicht leitet, die an die Spule gelieferte Energie plus die zusätzliche Eingangsenergie an die Last und den Kondensator geliefert. Es sollte beachtet werden, dass bei der Ableitung von Gl. (2.15) der Widerstand des Induktors, der Widerstand der Diode und die Durchlassspannung als vernachlässigbar angenommen wurden und dass der MOSFET rein als Schalter mit unbedeutendem Widerstand beim Leiten fungierte.

2.3.1.3 Betriebsmodi des Aufwärtswandlers

Der Aufwärtswandler kann in einem von drei Modi arbeiten, die durch das BOOST_CR0[6:5]-Register bestimmt werden:

1. **Aktiv** – in diesem Modus erzeugt der Verstärkungsregler eine geregelte Ausgangsspannung aus einer Batterie. Die Schaltfrequenz des Aufwärtswandlers wird durch das BOOST_CR[1:0]-Register ausgewählt. Die verfügbaren Schaltfrequenzen sind 100 kHz, 400 kHz und 2 MHz, sind jedoch nicht synchron mit einer anderen Uhr, d. h., diese Frequenzen sind „freilaufend".
2. **Standby** – im Standby-Modus sind nur die Bandlücke und die Komparatoren aktiv, und andere Systeme sind deaktiviert, um den vom Aufwärtswandler verbrauchten Strom zu reduzieren. Die Ausgangsspannung des Aufwärtswandlers wird

2.3 Energieverwaltung

kontinuierlich überwacht, und Überwachungsdaten sind in BOOST_SR[4:0] verfügbar. Die Überwachungsdaten beziehen sich auf die ausgewählte Spannung.

3. **Schlaf** – in diesem Modus sind außer der Bandlücke die Komparatoren und andere Schaltungen ausgeschaltet. In diesem Modus ist der Ausgang des Aufwärtswandlers eine sehr hohe Impedanz, und die aktiven Schaltungen werden durch die in dem 22-μF-Kondensator gespeicherte Energie versorgt. Über einen längeren Zeitraum wird die Spannung über den Kondensator abfallen. Dies kann in einigen Fällen durch Aufwecken des Systems und Aufladen des Kondensators gehandhabt werden (Abb. 2.31).

2.3.1.4 Überwachung des Ausgangs des Aufwärtswandlers

Das Statusregister BOOST_SR enthält Informationen über die Eingangs- und Ausgangsspannungen des Aufwärtswandlers, bezogen auf die Nennspannungseinstellung. Das BOOST_SR[4:0]-Register liefert die folgenden Statusinformationen:

1. Bit4: ov – über der Überspannungsschwelle (Nennwert +50 mV).
2. Bit3: vhi – über der hohen Regelschwelle (Nennwert +25 mV).
3. Bit 2: vnom – über der Nennschwelle (Nennwert).
4. Bit 1: vlo – unter der niedrigen Regelschwelle (Nennwert bis 25 mV).
5. Bit 0: uv – unter der Unterspannungsgrenze (Nennwert bis 50 mV).

Register	Funktion
PWRSYS_CR0	Steuerung des Reglers
PWRSYS_CR1	Analoge Reglersteuerung
Boost_CR0	Boost-Thump, Spannungswahl und Moduswahl
Boost_CR1	Boost-Aktivierung und -Steuerung
Boost_CR2	Boost-Steuerung
Boost_CR3	Boost-PWM-Tastverhältnis
Boost_SR	Status erhöhen
RESET_CR0	LVI-Auslösewert-Einstellung
RESET_CR1	Steuerung der Spannungsüberwachung
RESET_SR0	Status der Spannungsüberwachung
Zurücksetzen_SR2	Status der Spannungsüberwachung in Echtzeit

Abb. 2.31 Funktionen des Aufwärtswandlerregisters

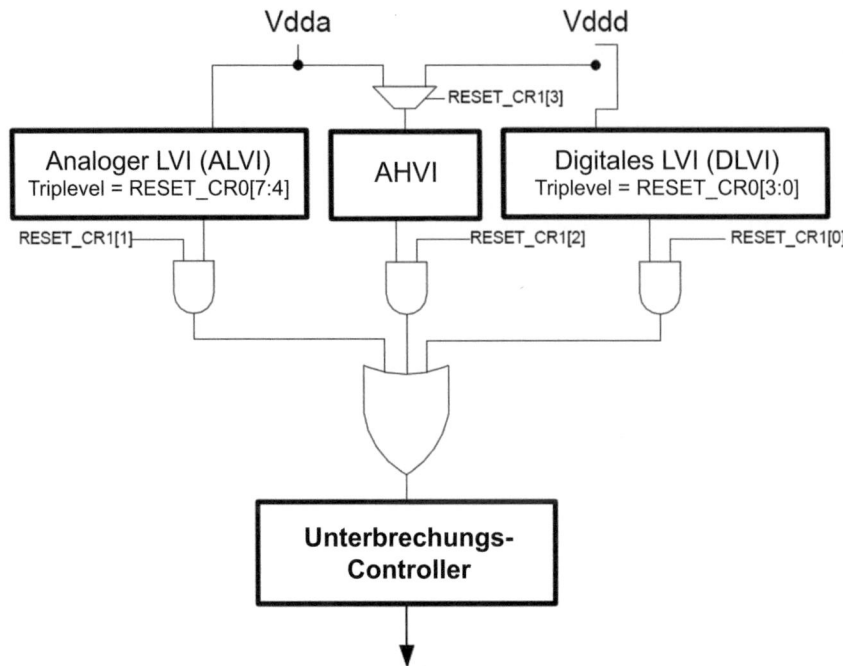

Abb. 2.32 Blockdiagramm der Spannungsüberwachung

2.3.1.5 Überwachung von Spannungen

Zwei Schaltungen, dargestellt in Abb. 2.32, sind vorgesehen für die Überwachung von Spannungen um jede Abweichung von den ausgewählten Schwellenwerten für externe analoge und digitale Versorgungen zu erkennen:

1. **Interrupt bei niedriger Spannung** („low voltage interrupt", LVI) – diese Schaltung erzeugt einen Interrupt, wenn sie eine Spannung unterhalb des eingestellten Wertes erkennt. Die Überwachung der niedrigen Spannung ist standardmäßig ausgeschaltet. Allerdings wird der Auslösepegel für den LVI im RESET_CRO-Register über einen Bereich von 1,7–5,45 V, in Schritten von 250 mV eingestellt.
2. **Interrupt bei hoher Spannung** („high voltage interrupt", HVI) – diese Schaltung erzeugt einen Interrupt, wenn sie eine Spannung über dem eingestellten Wert erkennt.

2.4 Empfohlene Übungen

2-1 Erklären Sie, welche Funktion die unten gezeigte 8051-Liste ausführt, und dokumentieren Sie jede Zeile des Quellcodes:

2.4 Empfohlene Übungen

```
MOV R0,20H;
MOV R1, #30H;
MOV A, @R0;
INCR0;
MOV B,@R0;
MUL AB ;
MOV @R1, B;
INC R1;
MOV @R1, A;
```

2-2 Schreiben Sie einen äquivalenten Assembler-Code zu dem in (2-1) für den Intel 4004 und 8080.

2-3 Schlagen Sie eine Methode vor, um den Speicherplatz des Intel 8051 über 64 k hinaus mit Hilfe eines Paging-Schemas zu erweitern. Erklären Sie den Unterschied zwischen einem linearen Speicherplatz und einem gepageten. Erklären Sie die Vorteile von jedem.

2-4 Wenn der CPU-Takt temperaturabhängig ist, welche Probleme könnten sich aus wechselnden Umgebungstemperaturen ergeben? Sollten Scheibenkondensatoren und Kohlewiderstände verwendet werden, um einen stabilen CPU-Takt zu gewährleisten? Wenn nicht, welche anderen Optionen stehen zur Verfügung?

2-5 Geben Sie Beispiele, wie Sie das PSW in verschiedenen Arten von Steuerungssystemen verwenden könnten.

2-6 Vervollständigen Sie das folgende Assembler-Programm, indem Sie die Befehlscodes für die Positionen A, B, C und D schreiben. Dies könnte verwendet werden, um durch ein LED-Array zu rotieren.

```
   org     1000h
   mov TMOD,#01h ;Select Timer0
   mov a,#11111111B
loop: A;Move Accumulator to Port 1
   call delay
   B ;Rotate Accumulator 1 bit to the left
       jmp loop
delay: C ; Timer 0 start counting in the
       TCON register
again: TL0,#<(65536-1000) ; set TL0's
           value
       TL0,#<(65536-1000) ; set TL0's
           value
       D ; Jump to loop3 if TF0(overflow)
           is 1, clear TF0
   jmp loop2      ; Jump to loop2
```

2-7 Erstellen Sie ein 8051-Assembler-Programm, das 16 k Daten, die an der Speicherstelle 1000H gespeichert sind, an die Speicherstelle 400H übertragen kann. Nehmen Sie an, dass die Startadresse in jedem Fall in einem Ort gespeichert ist, der in Ihrem Programmregister explizit angegeben ist.

2-8 Betrachten Sie die folgende Auflistung:

```
              mov  R1,#02H    ;
              mov  R2,#04H    ;
              mov  R3,#00H    ;
      Up:     inc  03H        ;
              djnz R2,Up      ;
              djnz R1,UP      ;
      Nm:     simp Nm         ;
```

(a) Was ist in R3 gespeichert, wenn das Programm ausgeführt wurde. (b) Was ist die Rolle der letzten Anweisung im Code?

2-9 Skizzieren Sie die Interrupt-Tabelle des 8051, und erklären Sie, wie die Interrupt-Priorität unter Programmkontrolle geändert werden kann. Erstellen Sie ein Assembler-Programm, um diese Fähigkeit zu veranschaulichen.

2-10 Erstellen Sie ein Assembler-Programm, das es einem 8051 ermöglicht, serielle Daten mit 2400 Baud zu empfangen. Nehmen Sie an, dass die Daten in einem 11-bit-Frame-Format übertragen werden, bestehend aus 1 Startbit, 1 Datenbyte, 1 Paritätsbit und 1 Stoppbit. Das Programm muss in der Lage sein, einen Paritätsfehler zu erkennen und eine LED, die an Pin P1.2 angeschlossen ist, zu beleuchten.

Literatur

1. M. Ainsworth, PSoC 3 8051 Code optimization. Application Note: AN60630. Cypress Semiconductor (2011)
2. J.A. Borrie, *Modern Control Systems – A Manual of Design Methods* (Prentice Hall, London, 1986)
3. V.S. Kanna, PSoC 3 and PSoC 5 interrupts. AN54460. Document No. 001-54460 Rev. *D 1. Cypress Semiconductor (2012)
4. M. Kingsbury, PSoC 3 and PSoC 5LP clocking resources. AN60631. Cypress Semiconductor (2017)
5. E.E. Klingman, *Microprocessor Systems Design* (Prentice Hall, Englewood Cliffs, 1977)
6. J.K. Peckol, *Embedded Systems, A Contemporary Design Tool* (Wiley, Hoboken, 2008)
7. E.W. Kamen, B.S. Heck, *Fundamentals of Signals and Systems*, 3rd ed. (Prentice Hall, Upper Saddle River, 2007)

8. V.S. Kannan, J. Chen, PSoC 3, PSoC 4, and PSoC 5LP temperature measurement with a diode. AN60590. Document No. 001-60590 Rev. *K 1 Cypress Semiconductor (2020)
9. A. Krishswamy, R. Gupta, Profile guided selection of ARM and thumb instructions. LCTES'02-Scopes'02. 19–21 June 2002
10. J. Lemieux, Introduction to ARM thumb. Embedded systems design. Sept 2003
11. MCS-51 Microcontroller Family User's Manual. Chapter 2, pp 28–75. Intel Corporation (1993)
12. F. Nekoogar, G. Moriarty, *Digital Control Using Digital Signal Processing* (Prentice Hall, Upper Saddle River, 1999)
13. R. Phelan, *Improving Arm Code Density and Performance (New Thumb Extensions to the Arm Architecture)* (Arm Limited, 2003)
14. PSoC 3 Architecture Technical Reference Manual. Document No. 001-50235 Rev. *M Cypress Semiconductor, 8 April 2020
15. PSoC 3, PSoC 5 Architecture TRM (Technical Reference Manual). Document No. 001-50234 Rev D, Cypress Semiconductor (2009)
16. PSoC 5LP Architecture Technical Reference Manual. Document No. 001-78426 Rev. *G. Cypress Semiconductor, 6 Nov 2019
17. G. Reynolds, PSoC 3 and PSoC 5LP low-power modes and power reduction techniques. AN77900. Document No. 001-77900 Rev.*G1. Cypress Semiconductor (2017)

Sensoren und Sensorik 3

Zusammenfassung

Sensoren und Sensortypen, Dehnungsmessstreifen-/Thermoelement-/Thermistorsensorik und Messverfahren werden in diesem Kapitel ausführlich besprochen. Da Sensoren ein integraler Bestandteil nahezu jedes eingebetteten Systems sind, wird viel Diskussion darauf verwendet, einige der beliebteren Sensortypen zu identifizieren und zu charakterisieren (Kannan, Chen, PSoC 3, PSoC 4 und PSoC 5LP – temperature measurement with a diode. AN60590. Dokument Nr. 001-60590 Rev. *K 1 Cypress Semiconductor, 2020). Die in diesem Kapitel besprochenen Sensortypen stellen jedoch nur eine kleine Auswahl der derzeit verfügbaren Typen dar. Bei der Entwicklung für eine spezifische Anwendung und insbesondere für eine bestimmte Umgebung, eine Reihe von Umgebungen und/oder Umgebungsbedingungen, wird dem Leser empfohlen, die Literatur sorgfältig nach den am besten geeigneten Sensortypen für die Anwendung und die damit verbundenen Umgebungsbedingungen/Einschränkungen zu durchsuchen. Es wird in diesem Kapitel davon ausgegangen, dass, sobald die ausgewählten Sensoren für eine gegebene Anwendung ausgewählt sind, PSoC 3 und PSoC LP5 verwendet werden, um auf die Sensordaten über A/D oder andere PSoC-bezogene Mittel zuzugreifen, um die Daten zu verarbeiten, die notwendige Logik anzuwenden und eine angemessene Kontrolle auszuüben, z. B. mit PSoC D/A-Komponenten.

3.1 Grundlagen der Sensoren

Sensoren sind Geräte, die einen oder mehrere physikalische Parameter in digitale oder analoge Signale für Verarbeitungs- und Steuerungsanwendungen umwandeln. Solche Sensoren, oft als Wandler bezeichnet,[1] wandeln typischerweise physikalische Parameter wie Temperatur [4], Druck, lineare/kurvilineare Bewegung von Objekten (Beschleunigung, Geschwindigkeit, Verschiebung usw.), Salzgehalt, Wasserstoffionenkonzentration (pH), Windgeschwindigkeit, Meeresströmungen, Vibration, Vorhandensein von giftigen Materialien, Feuer, Nähe von Objekten, Kraft (linear, Drehmoment), Flüssigkeitsfluss[2] (Geschwindigkeit, Beschleunigung, Verschiebung usw.), Strahlungsmessung (Langwelle, Kurzwelle, Mikrowelle, ultraviolettes Licht, sichtbares Licht, Infrarot usw.), Wärmefluss, Spannung/Dehnung, chemische Signale (z. B. Gerüche), quasistatische elektrische und magnetische Felder [5] (d. h. nicht strahlend), Höhe, Metall, Widerstand, Kapazität, Induktanz, elektrische Leistung, mechanische Leistung, Massenfluss, Volumenfluss usw. in eine analoge Spannung oder Strom oder das digitale Äquivalent davon um. In den letzten Jahren gab es viele Fortschritte bei Sensoren, die eine Vielzahl von Sensortechniken verwenden, z. B. mit Feldeffekttransistoren (FETs) oder Leuchtdioden (LEDs) zur Sensorik. [12]

Zusätzlich zu *Punktmessungen* mit einem einzelnen Sensor können auch mehrere Sensoren in Gruppen sowohl in heterogenen als auch in homogenen Arrays verwendet werden, um Datenfelder über eine gegebene Oberfläche oder ein Volumen bereitzustellen. Unabhängig von den physikalischen Parametern, die erfasst, d. h. gemessen oder erkannt werden, einschließlich deren Fehlen, wird der umgewandelte Parameter als ein einzigartiger und zugehöriger Spannungs-, Strom- oder Digitalwert bereitgestellt. Dieser Wert kann dann von einem Mikrocomputer oder Mikrocontroller verarbeitet und für Rückkopplungs- oder Vorwärtsinformationen in einer Vielzahl von Anwendungen verwendet werden.

Einige der häufiger anzutreffenden Eingangssensoren sind Mikrofone, Tachometer, Thermistoren/Thermoelemente, Sonar oder andere Formen von akustischen Sensoren, Drucksensoren, Flüssigkeitsstandssensoren [11], Infrarotsensoren (passiv und aktiv), Ultraschallsensoren, RFID-Lesegeräte, Dehnungsmessstreifen, lineare/drehbare Positionssensoren, mechanische Schalter verschiedener Konfigurationen, Entfernung (Höhenmesser, Entfernungssensoren usw.), Geschwindigkeit, Beschleunigung, Rollen,

---

[1] Wandler können einen physikalischen Parameter in einen anderen umwandeln, aber für die Zwecke dieser Diskussionen bezieht sich der Begriff *Wandler* ausdrücklich auf ein Gerät, das in der Lage ist, den (die) Wert(e) eines physikalischen Parameters in eine entsprechende Spannung, einen Strom oder einen digitalen Wert umzuwandeln.

[2] Sowohl Gase als auch Flüssigkeiten sollen für die Zwecke dieser Diskussionen als Flüssigkeiten betrachtet werden.

Gieren, Neigen, GPS und Näherungsdetektoren. Gängige Ausgabegeräte[3] sind Lautsprecher, Elektromotoren, lineare/drehbare Positionierer, Aktuatoren, Optokoppler, Magnetspulen, drahtlose Verbindungen verschiedener Typen und Protokolle, Flüssigkristalldisplays („liquid crystal display", LCD) und PC-Verbindungen.

Hunderte von Sensortypen wurden entwickelt, um Beschleunigung, Verschiebung, Kraft, Feuchtigkeit, räumliche Position/Orientierung, zeitliche Parameter, taktile Kontakte oder deren Fehlen, Biometrie (Netzhaut, Fingerabdruck, DNA, Gesicht usw.), Nähe, Geschwindigkeit und eine Vielzahl anderer Parameter zu erfassen. Diese Geräte liefern Widerstand, Kapazität, Induktanz, Strom, Spannung, Amplitude, Frequenz, Phase, Quadraturmodulation und Daten in binärer oder anderer Form als Ausgangsparameter. Alle diese Geräte sind anfällig für elektromagnetisches Rauschen (EMI), Alterung, Temperatur, Vibration und andere Formen der Degradation ihrer Ausgangssignale. Daher ist es wichtig, solche Geräte sorgfältig mit bekannten Referenzen zu kalibrieren, oft gegen die Spezifikationen des Herstellers, unter einer Vielzahl von erwarteten Betriebsbedingungen. In einigen Fällen kann das eingebettete System *Nachschlagetabellen* („look-up tables", LUT) und andere Mittel verwenden, um Korrekturen an den von solchen Geräten bereitgestellten Daten vorzunehmen. Die Filterung von analogen Signalen kann auch verwendet werden, um die Integrität der Eingangsdaten zu erhalten. Im Falle von drahtlosen Sensoren [6] muss zusätzliche Vorsicht getroffen werden, um zu vermeiden, dass durch die Umgebung zusätzliche Signale aufgeprägt werden, insbesondere wenn es sich um niedrige Sensorsignale handelt [8].

Im Umgang mit Sensoren ist es wichtig, zwischen der *Genauigkeit* eines Sensors und seiner *Präzision* zu unterscheiden. Letzteres bezieht sich auf den Grad, in dem ein Sensor den quantitativen Wert eines Parameters misst, und wie nahe eine Messreihe eines Parameters, die von einem gegebenen Sensor durchgeführt wird, quantitativ zusammenhängt. Es ist also möglich, dass ein Sensor eine Reihe von Messungen eines Parameters durchführt und ähnliche Werte erzielt, ohne jedoch eine besonders genaue Beurteilung des tatsächlichen quantitativen Werts zu liefern. Beachten Sie, dass Präzision in Bezug auf die Anzahl der signifikanten Ziffern definiert ist, auf die der Wert gemessen wird, während Genauigkeit damit zusammenhängt, wie nahe der Wert dem wahren Wert des gemessenen Parameters kommt. Genauigkeit und in einigen Fällen Präzision wird auch durch die Umwandlung von analogen Daten in ein digitales Format beeinflusst. Typische Mikrocontroller haben *Datenbreiten* von 8 bis 16 bit, die sowohl die Genauigkeit als auch die Präzision beeinflussen können, abhängig von der Anwendung.[4]

Sensoren haben auch inhärente Einschränkungen in Bezug auf den dynamischen Bereich und die Bandbreite des Eingangssignals und können Rauschen verursachen, unter Nichtlinearitäten leiden, von Offsets betroffen sein, Sättigungseffekten unterliegen

---

[3] Beachten Sie, dass diese auch als Wandler betrachtet werden können.
[4] Neuere Architekturen, wie der Cortex M3, der in PSoC5 verwendet wird, haben 32-bit-Datenbreiten.

und, abhängig von ihren Eingangs- und Ausgangsimpedanzen, eine ordnungsgemäße Impedanzanpassung[5] sowohl für Eingangssignale als auch für die Schnittstelle zu den I/O-Kanälen des Mikrocontrollers benötigen.

Im Falle von analogen Signalen ist der Dynamikbereich, wie er auf Sensoren angewendet wird, eine quantitative Leistungszahl, die als Verhältnis zwischen dem maximalen Eingangssignal zum minimal erkennbaren, d. h. detektierbaren Eingangssignal definiert ist, das einem Sensor zugeführt werden kann, ohne dass der Sensor eine Verzerrung erzeugt. Der Dynamikbereich für digitale Signale wird durch das *Bitfehlerverhältnis* („bit error ratio", BER) angegeben, das wie folgt definiert ist:

$$BER = (number\ of\ altered\ bits)/(number\ of\ bits\ transmitted), \tag{3.1}$$

wo sich *„altered Bits"* sich auf „transmitted Bits" beziehen, die durch nachteilige Phänomene wie Interferenzen, Rauschen usw. verändert wurden.

Es muss darauf geachtet werden, dass *Impedanzfehlanpassungen*[6] und/oder die Sensorwerte, die in den Mikrocontroller eingegeben werden, die Messungen nicht verzerren und die Ausgabe des Mikrocontrollers zu Aktuatoren, Peripheriegeräten, Motoren, Aktuatoren usw. negativ beeinflussen.

3.2 Arten von Sensoren

Derzeit sind drahtlose Sensoren, ultraniedriger Stromverbrauch, Plug-and-Play, MEMs-basiert,[7] PWM-Ausgang und Sensorfusion[8] sind einige der beliebtesten Bereiche der Sensortechnologie. Kommunikationsprotokolle, die in Verbindung mit Sensoren verwendet werden, sind: CAN/CANOpen, Devicenet, Ethernet IP, TCP/IP „wireless", USB, RS232, RS485 und verschiedene proprietäre Netzwerke. In Bezug auf die Prioritäten eines eingebetteten Systemdesigners sind in absteigender Reihenfolge Zuverlässigkeit, Genauigkeit, Präzision, Haltbarkeit (Robustheit), Störfestigkeit, Empfindlichkeit, Sensor-/Dynamikbereich, Auflösung, Wartungsfreundlichkeit, einfache Einrichtung und

---

[5] Überlegungen zum Impedanzabgleich sind wichtig, wenn Sensoren eingesetzt werden, um nachteilige Störungen des zu erfassenden Objekts zu vermeiden.

[6] *Impedanzfehlanpassung* ist ein oft verwendeter Ausdruck für Unterschiede zwischen der Ausgangsimpedanz einer Stufe, z. B. eines Sensors, und der Eingangsimpedanz einer zweiten Stufe, z. B. eines Verstärkers, wenn die Leistungsübertragung eine Rolle spielt. In solchen Fällen sollten die Ausgangs- und Eingangsimpedanzen nicht gleich sein, d. h. *angepasst* werden, wenn es wichtig ist, dass der Mikroprozessor dem Sensor keine nennenswerte Leistung entnimmt, um die Möglichkeit einer Verfälschung des gemessenen Parameters zu vermeiden.

[7] Mikroelektromechanische oder MEMs-Sensoren können in der Größenordnung von $5 \times 5 \times 1$ mm^3 sein und sind als Druck-, Beschleunigungs-, Kreisel-, Gasfluss-, Temperatur- und andere Arten von Sensoren erhältlich.

[8] Unter Sensorfusion versteht man die Kombination von Sensordaten, die von mehreren Sensoren stammen, um die Unsicherheit der Messwerte zu reduzieren.

3.2 Arten von Sensoren

Betriebsumgebung die wichtigsten Anliegen. Derzeit sind für moderne eingebettete Systeme die gängigsten Sensortypen Bildsensoren, drahtlose Sensoren [6], Drehsensoren, Näherungssensoren, lineare Wegsensoren und photoelektrische Sensoren.

3.2.1 Optische Sensoren

Optische Sensoren sind beliebt, weil sie eine ausgezeichnete elektrische Isolierung bieten, eine gute elektromagnetische Immunität aufweisen, sowohl punktuelle als auch dezentrale Konfigurationen ermöglichen, einen weiten Dynamikbereich bieten und in feindlichen Umgebungen eingesetzt werden können. Es sind verschiedene Gerätetypen verfügbar, um optische Parameter zu messen und das Vorhandensein/Fehlen von Strahlung im optischen Teil des elektromagnetischen Spektrums zu erkennen. Diese Geräte können zur Messung von Temperatur, chemischen Substanzen, Druck, Fluss, Kraft, Strahlung, Flüssigkeitsstand, pH-Wert (Wasserstoffionenkonzentration), Vibration, Rotation, Magnetfeldern, elektrischen Feldern, Beschleunigung, akustischen Feldern, Geschwindigkeit, Dehnung, Feuchtigkeit und Strahlung eingesetzt werden.

Typischerweise trifft ein Strahlenbündel, oft entweder sichtbar oder infrarot, auf einen interessierenden Bereich und eines oder mehrere der folgenden Punkte werden optisch erfasst:

- Intensität
- Phase
- Polarisation
- Wellenlänge und/oder
- Spektraler Inhalt

Einige Sensoren verwenden optische Fasern in entweder intrinsischen oder extrinsischen Konfigurationen.[9] Extrinsische Sensoren verwenden optische Fasern, um den interessierenden Bereich zu bestrahlen und eine zweite Faser, um die aus diesem Bereich austretende Strahlung zu sammeln und sie zu einem Lichtdetektor, z. B. Photomultipliern, PIN-Dioden, Photoleitern oder Photodioden, zu übertragen.

- Photomultiplier haben mehrere Stufen der Lichtverstärkung, die in einem Strom resultieren, der proportional zur Intensität der Beleuchtung ist. Diese Geräte verwenden Materialien mit niedriger Austrittsarbeit,[10] z. B. Beschichtungen auf Alkalimetallbasis, um Photonenstöße in Elektronen und somit Ströme umzuwandeln.

---

[9] Intrinsische Sensoren verwenden ein Glasfaserkabel als Sensor, während extrinsische Sensoren optische Fasern verwenden, um das Licht zu/von einem herkömmlichen Sensor zu übertragen.

[10] Austrittsarbeiten repräsentieren die minimale Energie, die benötigt wird, um ein Elektron aus einem Festkörper auszustoßen und sind definiert als $W = h\nu$, wobei ν die minimale Photonenfrequenz ist, die für die photoelektrische Emission von einer gegebenen festen Oberfläche erforderlich ist.

- PIN-Dioden/Photodioden sind Halbleiter, z. B. p-n-Übergänge, die einen Strom erzeugen, der proportional zur Intensität der Beleuchtung ist, d. h., sie reagieren auf die Amplitude der einfallenden Strahlung. Photovoltaiken sind eine Art von Photodiode, die auf einem p-n-Übergang basiert, der eine Spannung erzeugt.
- Photoleiter sind Geräte, deren Widerstand eine Funktion der einfallenden Strahlungsintensität und Wellenlänge ist. Ein lichtabhängiger Widerstand kann eine ähnliche Reaktion wie das menschliche Auge haben, aber er kann langsamer reagieren als das Auge oder andere Arten von Lichtsensoren.

Intrinsische Sensoren verwenden Glasfasern, sind aber in der Lage, Strahlung in den interessierenden Bereich zu liefern und die resultierende Strahlung zu sammeln, ohne dass die Strahlung die Glasfaser verlässt. Solche Sensoren basieren auf Änderungen von Druck, Temperatur [4], Krümmung usw., die die physikalischen Eigenschaften einer Glasfaser verändern und entsprechende Änderungen in Polarisation, Phase, spektralem Inhalt und/oder Amplitude in der von der Glasfaser von einer Strahlungsquelle zu einem Detektor übertragenen Strahlung bewirken.

Strahlungsquellen umfassen:

- inkohärente lichtemittierende Dioden (LEDs), die in spektralen Bereichen von ultraviolett (UV) bis infrarot (IR) verfügbar sind,
- hochleistungslichtemittierende Dioden,
- kohärente Laserdioden (LD), die in spektralen Bereichen von ultraviolett (UV) bis infrarot (IR) verfügbar sind und
- Oberflächenemitter („vertical-cavity surface-emitting laser", VCSEL), die in der Lage sind, in einer Multimodenkonfiguration zu arbeiten.

3.2.2 Potentiometer

Potentiometer sind eine sehr beliebte Form von Messwertgebern und werden häufig in Positionserfassungsanwendungen eingesetzt. Dieser Sensortyp kann sowohl lineare als auch Winkelpositionen messen. Typische Potentiometer bestehen aus einem Stück resistivem Material und einem gleitenden Kontakt, der sich entlang des Materials bewegt. Eine Spannung wird über die Enden des Materials angelegt und die Spannung am gleitenden Kontakt ist direkt proportional zu seiner Position. Dieser Sensortyp ist relativ preiswert und wird oft in Rückkopplungsschleifen eingesetzt, um die Positionen von Aktuatoren genau zu steuern sowie ihre Position zu erfassen.

3.2.3 Induktive Näherungssensoren

Dieser Sensortyp basiert auf der Tatsache, dass die Induktivität einer Spule eine Funktion der Nähe eines ferromagnetischen Objekts zur Spule ist. Solche Geräte können Selbstinduktanz, gegenseitige Induktanz[11] oder eine Kombination aus beidem verwenden. Der Wert eines induktiven Näherungssensors kann durch eine Kombination aus einer AC-Stromquelle und einer AC-Brücke oder durch ein AC-Voltmeter gemessen werden.

3.2.4 Kapazitive Erfassung

In den letzten Jahren hat die kapazitive Erfassung in Anwendungen wie Autos, Mobiltelefonen, einer Vielzahl von Verbraucherelektronik einschließlich Haushaltsgeräten, Stereoanlagen, Fernsehern, einer Vielzahl von Verbraucherprodukten sowie einer breiten Palette von militärischen und industriellen Anwendungen immer mehr an Bedeutung gewonnen. Die kapazitive Erfassung bietet eine Reihe von Vorteilen gegenüber ihrem mechanischen Gegenstück, z. B. keine mechanischen Teile, eine vollständig abgedichtete Schnittstelle usw.

Die kapazitive Erfassung basiert auf einer sehr einfachen Beziehung zwischen der Fläche eines Kondensators, dem Abstand zwischen zwei leitenden Oberflächen eines Kondensators, d, der Permittivität des freien Raums, ϵ_0, der relativen Dielektrizitätskonstante, ϵ_r und seiner Kapazität, C, wie folgt:

$$C = \epsilon_0 \epsilon_r \frac{A}{d}, \qquad (3.2)$$

wo C (in MKS-Einheiten) die Kapazität in Farad ist, A ist die Fläche der „Platten" des Kondensators, d ist der Abstand zwischen den Platten, $\epsilon_0 = 8{,}84 x 10^{-12}$ und ϵ_r ist die relative Permittivität.

Es gibt zwei grundlegende Arten von kapazitiven Erfassungssystemen: (1) basierend auf der gegenseitigen Kapazität, bei der ein geladenes Objekt, z. B. ein Finger, oder eine andere ladungstragende Oberfläche die gegenseitige Kopplung zwischen zwei anderen leitenden Oberflächen verändert und (2) eine geladene Oberfläche, die in enger Nähe zu einer anderen geladenen Oberfläche bewegt wird, führt zu erhöhten oder verringerten kapazitiven Effekten zwischen den beiden oder in Bezug zur Masse. In beiden Fällen ist es egal, ob es sich um eine Veränderung der gegenseitigen Kapazität oder der absoluten Kapazität handelt. Jede der beiden kann erkannt werden und führt zu einer Kapazitätsänderung [1].

---

[11] Die Selbstinduktanz ist das Verhältnis des magnetischen Flusses einer gegebenen Schaltung zum Strom, der ihn erzeugt hat. Die gegenseitige Induktanz ist definiert als das Verhältnis des Flusses, der von einer Schaltung in einer zweiten Schaltung erzeugt wird, zum Strom, der ihn erzeugt hat.

Aktuelle Schätzungen legen nahe, dass bis zu 2,5 Milliarden Tasten und Schalter durch diese Technologie ersetzt wurden. Diese *berührungslosen Sensortechnologie* ist in einigen Anwendungen ausreichend empfindlich, dass sie in Anwendungen eingesetzt werden kann, die eine Auflösung im Nanometerbereich erfordern. Neben dem Ersatz der traditionellen Tasten werden kapazitive Erfassungstechniken [11] auch verwendet, um als Schieberegler, Näherungserkennung, LED-Dimmung, Lautstärkeregler, Motorsteuerungen usw. zu fungieren. Die kapazitive Erfassung ist in der Lage, die Anwesenheit von leitfähigen Materialien einschließlich Fingern zu erfassen und eine Näherungserkennung für eine Vielzahl von Touchpads und -screens zu bieten. Viele kapazitive Erfassungsanwendungen bestehen aus einer leitenden Oberfläche, die oft durch Glas oder Kunststoff geschützt ist, und die die Nähe eines oder mehrerer Finger erfasst.

Eine typische kapazitive Erfassungsanordnung beinhaltet zwei separate leitende Oberflächen, die oft durch Spuren auf einer gedruckten Schaltung erzeugt werden und eine Kapazität von 10 bis 30 pF darstellen. Angenommen, die Spuren sind durch ein isolierendes Material geschützt, vielleicht 1 mm dick, stellt ein sich nähernder Finger eine Kapazität im Bereich von 1 bis 2 pF dar.

3.2.5 Magnetische Sensoren

Es gibt verschiedene Formen von magnetischen Sensoren, die in einigen Fällen durch Schließen oder Öffnen von Schaltkontakten arbeiten (z. B. Reed-Relais), den Hall-Effekt zur Veränderung des Stromflusses auswerten, den Stromfluss erfassen usw. Magnetische Sensoren nutzen auch den Curie-Punkt.[12]

Sie werden in einer Vielzahl von Anwendungen eingesetzt, einschließlich:

- Bürstenlose Gleichstrommotoren
- Drucksensoren
- Drehgeber
- Tachometer
- Vibrationssensoren
- Ventilpositionssensoren
- Pulszähler
- Positionssensoren
- Durchflussmesser
- Wellenpositionssensoren
- Endschalter
- Näherungssensoren

---

[12] Der Curie-Punkt bezieht sich auf die Temperatur, bei der die magnetischen Eigenschaften einer Substanz von ferromagnetisch zu paramagnetisch wechseln. Wenn die Temperatur anschließend auf unter den Curie-Punkt gesenkt wird, wird die Substanz wieder ferromagnetisch.

3.2 Arten von Sensoren

Magnetische Sensoren, im Gegensatz zu anderen Arten von Sensoren, messen in den meisten Fällen keinen physikalischen Parameter direkt. Stattdessen reagieren magnetische Sensoren [13] auf Störungen in lokalen Magnetfeldern in Bezug auf Stärke und Richtung, um den Zustand von elektrischen Strömen, Richtung, Rotation, Winkelposition usw. zu bestimmen.

Die Einheiten des Magnetfeldes sind Gauß, Tesla und Gamma, und sie sind durch den folgenden Ausdruck miteinander verbunden:

$$10^5 \, g = 10^{-4} \, T = 1 \, Gs \tag{3.3}$$

Magnetische Sensoren können in Bezug auf den Bereich der Magnetfeldstärke, den sie erfassen, wie folgt klassifiziert werden:

- niedrige Felder – Magnetfelder, deren Stärke kleiner als 1 Gs ist,
- Erdmagnetfeld – Magnetfelder im Bereich von 1 µGs bis 10 Gs,
- vorgespannte Magnetfelder – Magnetfelder mit einer Stärke von mehr als 10 g.

Da ein Magnetfeld ein Vektorfeld ist, das sowohl die Größe als auch die Richtung des Feldes bestimmt, kann ein magnetischer Sensor die Anwesenheit, Stärke oder Richtung und Stärke eines Magnetfeldes zur Messung eines bestimmten Parameters nutzen, z. B.,

- nutzt ein Vektormagnetfeldsensor sowohl Größe als auch Richtung,
- nutzt ein omnidirektionaler Magnetfeldsensor das Magnetfeld in einer Richtung,
- misst ein bidirektionaler Magnetfeldsensor das Magnetfeld in beiden Richtungen und
- nutzt ein skalierbarer Magnetfeldsensor nur die Magnetfeldstärke.

Schließlich können magnetische Sensoren weiter klassifiziert werden als:

- Anisotrope magnetoresistive (AMR) Sensoren werden zur Messung der Position in Bezug auf Winkel, lineare Position und Verschiebung in Feldern verwendet, die vergleichbar mit dem der Erde sind. Sie bestehen aus Dünnschichtwiderständen, die durch Abscheidung von Nickel-Eisen auf Silizium erzeugt werden, deren Widerstand in Anwesenheit eines Magnetfeldes um mehrere Prozent variiert werden kann.
- Vorgespannte Magnetfeldsensoren verwenden Hall-Sonden.
- Magnetfeldmesssensoren[13] werden oft in Navigationssystemen verwendet.
- Hall-Effekt-Sensoren erfassen den Strom in einer kleinen Platte als Ergebnis der Lorentz-Kraft, $F = q(v \times B)$, auf Elektronen. Dies erzeugt wiederum eine Hall-Spannung, die direkt proportional zum Magnetfeld ist.

---

[13] Magnetfeldmesssensoren wurden während des 2. Weltkriegs entwickelt, um U-Boote von tieffliegenden Flugzeugen aus zu entdecken. In seiner einfachsten Form besteht er aus einem sättigbaren Kern und einer Antriebsspule. Er funktioniert als variable Induktivität [13], die eine Funktion des Antriebsstroms und des externen Magnetfelds ist.

- Magnetoinduktive Sensoren nutzen eine Spule mit einer Wicklung, die einen ferromagnetischen Kern in der Rückkopplungsschleife eines Operationsverstärkers hat, um einen Relaxationsoszillator zu bilden. Änderungen im Umgebungsmagnetfeld verändern die Frequenz des Oszillators um bis zu 100 %. Eine Frequenzverschiebung kann durch die *Capture/Compare*[14] Funktionalität eines Mikrocontrollers erkannt werden.
- Prüfspulensensoren beruhen auf der Tatsache, dass ein sich änderndes Magnetfeld ein sich änderndes elektrisches Feld in einer Spule induziert. Allerdings erfordern Prüfspulensensoren, dass entweder das Magnetfeld variiert oder die Spule bewegt wird.
- Squid-Sensoren basieren auf dem Josephson-Kontakt[15]. Es ist der empfindlichste Sensor und kann Felder zwischen 10^{-15} und 9×10^4 Gs (9 T) erfassen, was 15 Größenordnungen entspricht.

3.2.6 Piezoelektrisch
3.2.7 HF

HF-Sensoren erkennen Flüssigkeitsviskosität, Flüssigkeitskontamination, Flüssigkeitsfluss, lineare und Drehgeschwindigkeiten, Verschiebung und Position in Automobil- und Luftfahrtanwendungen. Diese Art von Sensor misst die magnetische Suszeptibilität und die elektrische Permittivität innerhalb eines vordefinierten Volumenbereichs und kann mit Frequenzen weit über 1 GHz mit Auflösungen mit einer Genauigkeit von 10^5 in Umgebungen mit Temperaturen von -170 bis $1000\,^\circ\text{C}$ arbeiten. HF-Sensoren können zwischen einer Vielzahl von Materialien unterscheiden, einschließlich Verbundwerkstoffen, Gläsern, Kunststoffen, Flüssigkeiten,[16] Nichteisen und Eisenmaterialien. Sie können auch zur Messung von linearer bzw. Drehverschiebung sowie von Flüssigkeitsfluss, stand [1], Kontamination und Viskosität verwendet werden.

3.2.8 Ultraviolett

Diese Art von Sensor stützt sich oft auf die physikalischen Eigenschaften von Zinkoxid, das bei Bestrahlung mit sichtbarem Licht transparent und bei Bestrahlung mit

---

[14] Capture bezieht sich auf die Fähigkeit eines Mikrocontrollers, die Dauer eines Ereignisses zu messen. Compare bezieht sich auf seine Fähigkeit, die Werte in zwei Registern zu vergleichen und anschließend ein externes Ereignis auszulösen.

[15] 1962 sagte Josephson im Alter von 22 Jahren voraus, dass ein Sandwich aus Supraleiter-Isolator-Supraleiter, z. B. Niob-Aluminiumoxid-Niob, das 10 Å oder weniger dick ist, die Eigenschaft haben wird, dass Strom durch die Verbindung fließen kann, ohne dass eine Spannung über die Verbindung angelegt wird, bis zu einem kritischen Strom. Dieser Strom hängt stark vom Umgebungsmagnetfeld ab.

[16] HF-Sensoren können das Vorhandensein von Wasser in Öl bis zu 1 ppm erkennen.

3.2 Arten von Sensoren   147

ultraviolettem Licht im Bereich von 220 bis 400 nm undurchsichtig ist. Siliziumphotodioden werden ebenfalls zur UV-Erkennung verwendet, aber Silizium absorbiert auch UV-Licht, was es als Sensor weniger wünschenswert macht. UV-Sensoren sind relativ unempfindlich gegenüber sichtbarer und infraroter Strahlung.

3.2.9 Infrarot

Infrarot (IR)-Näherungssensoren in Anwendungen wie Fernbedienungen für Fernseher, drahtlose Verbindungen zwischen PCs und Druckern nutzen Licht im Bereich von 600 bis 1200 nm, das für den Menschen nicht sichtbar ist.

Verschiedene optische Techniken werden eingesetzt, darunter:

- Moduliertes IR – dieses moduliert einen IR-Strahl zur Fernsteuerung von Geräten. Die Modulation des Trägers verbessert das Signal-Rausch-Verhältnis („signal-to-noise ratio", SNR), was in IR-verrauschten Umgebungen wichtig sein kann.
- Reflektierendes IR – diese Technik basiert auf der Messung von infrarotem Licht, das von einem Objekt reflektiert wird. Sie kann jedoch durch hintergrundthermische Strahlung negativ beeinflusst werden, ist aber kostengünstig zu implementieren.
- Transmissives IR – erkennt Objekte, die sich zwischen einem IR-Sender und -Empfänger befinden.
- Triangulation – bietet die beste Leistung für die Näherungserkennung mit einem fokussierten Strahl und einem Empfängerarray zur Messung des Reflexionswinkels von einem Objekt.

3.2.10 Ionisierende Sensoren

Rauchmelder verwenden eine Kammer, die eine radioaktive Quelle, z. B. Americium-41, enthält, um α-Teilchen bereitzustellen, die den Sauerstoff und Stickstoff, die in der Luft in der Kammer vorhanden sind, ionisieren. Es gibt auch einen Satz von Platten, eine positiv geladen und die andere negativ geladen. Die negativ geladene Platte zieht die ionisierten Sauerstoff-/Stickstoffionen an. Ebenso werden die Elektronen an die positive Platte angezogen. Das Nettoergebnis ist ein kleiner, aber kontinuierlicher Stromfluss. In Anwesenheit von Rauch bindet jedoch Partikelmaterial im Rauch mit den Sauerstoff-/Stickstoffionen, wodurch die Ladung neutralisiert und der Strom reduziert wird. Diese Verringerung des Stroms wird dann erkannt und löst einen Alarm aus.

Photoelektrische Detektoren werden auch als Detektoren in Rauchmeldern verwendet, indem entweder die Menge des Lichts überwacht wird, die einen Detektor erreicht und die in Anwesenheit von Rauch reduziert wird, oder indem die Menge des Lichts gemessen wird, die von einem Strahl in Anwesenheit von Rauch gestreut wird.

3.2.11 Andere Arten von Sensoren

Obwohl es offensichtlich eine große Anzahl von Sensortypen gibt [10], sind die drei häufigsten Formen von Sensoren Dehnungsmessstreifen, Thermistoren und Thermoelemente [11]. Die Techniken zur Messung mit diesen drei Sensortypen sind ähnlich und werden kurz behandelt.

Da der Widerstand eines Drahtstücks eine Funktion der Länge (L), des Querschnitts (A) und einer physikalischen Größe ist, die durch die Art des betrachteten Drahts bestimmt und als Resistivität (ρ) bezeichnet wird, ist gegeben durch:

$$R = \rho \frac{L}{A} \tag{3.4}$$

und daher

$$dR = \rho \left[\frac{AdL - LdA}{A^2} \right], \tag{3.5}$$

so dass

$$\Delta R = \rho \frac{\Delta L}{A}. \tag{3.6}$$

Wenn die Änderung des Bereichs vernachlässigbar ist, ist die Änderung des Widerstands eine lineare Funktion der Änderung der Länge (dL), vorausgesetzt, dass ρ keine explizite Funktion der Länge (L) oder des Bereichs (A) ist.

Dehnungsmessstreifen[17] sind darauf ausgelegt, einen dimensionslosen Parameter zu messen, der als „Dehnung" („strain") bezeichnet wird und als die Verformung eines Objekts definiert ist, wenn eine Last aufgebracht wird, ausgedrückt als:

$$Strain = \frac{(\Delta L)}{L}, \tag{3.7}$$

wobei ΔL die Länge der Verformung und L die ursprüngliche Länge sind. Es sollte beachtet werden, dass die Dehnung entweder kompressiv oder zugfest (gestreckt) sein kann. Dehnungsmessstreifen sind darauf ausgelegt, mechanische Verformungen in eine Art von elektronischer Änderung umzuwandeln, z. B. in Widerstand, Induktivität oder Kapazität, die proportional zur Dehnung ist.

Dehnungsmessstreifen messen die Verformung nur in einer Richtung und daher sollten, wenn die Verformung in zwei oder drei Dimensionen erfolgt, mehrere Dehnungsmessstreifen so platziert werden, dass sie orthogonal zueinander sind. Darüber hinaus neigen die meisten Materialien dazu, zumindest etwas anisotrop zu sein[18], so dass die gleiche Belastung in orthogonalen Richtungen zu unterschiedlich starken Dehnungen führen kann.

---

[17] Dehnungsmessstreifen wurden 1938 von Simmons und Ruge erfunden.
[18] Wenn die Eigenschaften eines Materials unabhängig von der Richtung sind, wird das Material als isotrop bezeichnet, ansonsten wird das Material als anisotrop bezeichnet.

3.2 Arten von Sensoren

Die drei grundlegenden Formen der Dehnung sind:

- Biegedehnung, manchmal auch als „Momentdehnung" bezeichnet, ist definiert als die Stärke an Dehnung, die durch eine gegebene Kraft entsteht.
- Poisson-Dehnung ist ein Maß für die Verlängerung und Dickenabnahme eines Objekts, die als Folge der auf ein Objekt ausgeübten Spannung auftritt.
- Scherdehnung – Scherdehnung ist eine Dehnung, die parallel zur Fläche eines Objekts verläuft, auf die sie wirkt, wie in Abb. 3.2 gezeigt.

Spannung, dargestellt in Abb. 3.1, ist definiert als:

$$\sigma = \frac{F}{A}, \tag{3.8}$$

wobei F orthogonal zur Fläche, A, ist und in fünf verschiedenen Zuständen existieren kann:

- Kompression – verursacht durch externe Kräfte, die auf ein Objekt einwirken und benachbarte Partikel innerhalb eines Materials dazu bringen, gegeneinander zu drücken, was zu einer „Verkürzung" des Materials führt.
- Biegung – wird auch als Biegen bezeichnet.
- Zug – verursacht durch externe Kräfte, die auf ein Objekt einwirken und benachbarte Partikel innerhalb eines Materials dazu bringen, voneinander weggezogen zu werden, was zu einer „Dehnung" führt.
- Torsion – tritt auf, wenn ein Material „verdreht" wird.
- Scherung – tritt auf, wenn benachbarte Teile eines Materials voneinander „weggleiten", wie in Abb. 3.2 gezeigt. Scherung kann entweder vertikal oder horizontal sein und bei Biegung tritt beides auf.

Der Scherwinkel ist definiert als:

$$\theta = arctan\left(\frac{\Delta x}{L}\right). \tag{3.9}$$

Abb. 3.1 Beispiele für Zug, Kompression, Biegung (Biegen) und Torsion

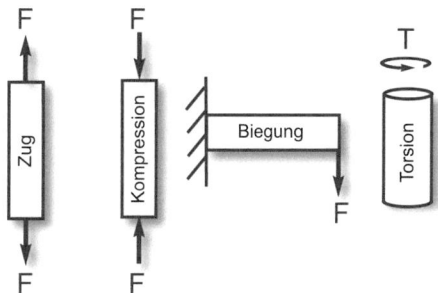

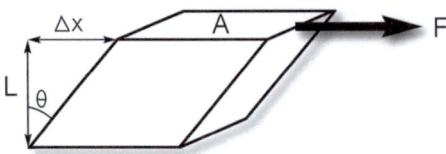

Abb. 3.2 Beispiel für Scherkraft

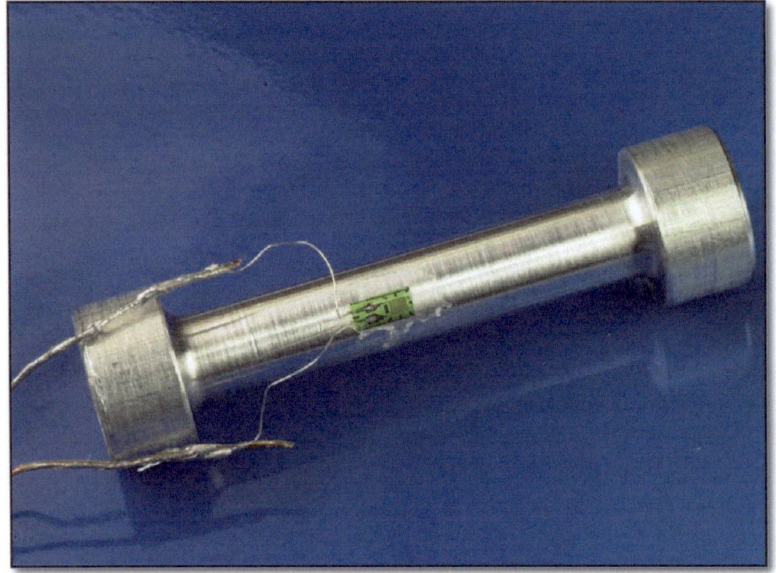

Abb. 3.3 Dehnungsmessstreifen auf einer Duraluminium-Zerreißprobe befestigt[20]

Viele Sensoren verwenden Spannung und Dehnung zur Messung von Parametern wie Winkelverschiebung, lineare Verschiebung, Druck, Kompression, Biegung, Drehmoment, Kraft, Beschleunigung usw. Die Abb. 3.3 und 3.4 zeigen eine Anwendung eines Dehnungsmessstreifens an Duraluminium-Zerreißproben.

3.2.12 Thermistoren

Verschiedene Techniken werden zur Temperaturmessung verwendet [3], aber die gebräuchlichsten Thermosensoren sind Thermistoren [14], die gesinterte[19] Halbleitermaterialien sind,

---

[19] Der Begriff gesintert bezieht sich auf das Ergebnis des Erhitzens, ohne Schmelzen, eines pulverförmigen Materials typischerweise zu einer porösen Masse.

[20] Dieses Bild stammt aus Wikipedia [10] und ist unter Creative Commons Attribution 2.5 lizenziert.

3.2 Arten von Sensoren 151

Abb. 3.4 Nahaufnahme eines Dehnungsmessstreifens[21]

deren Widerstand stark temperaturabhängig ist. Einfach ausgedrückt, ist ein Thermistor ein Halbleiter mit entweder einem positiven oder negativen Temperaturkoeffizienten, dessen Widerstand eine Funktion der Umgebungstemperatur ist. Moderne Thermistoren basieren auf Oxiden von Kobalt, Kupfer, Eisen, Mangan und Nickel. Thermistoren sind empfindlich gegenüber statischer Aufladung und ihre Verwendung ist typischerweise auf Anwendungen ohne statische Aufladung beschränkt. Die gebräuchlichsten Typen arbeiten bei Temperaturen von 0 bis 100 °C. Kohlewiderstände werden oft für extrem niedrige Temperaturmessungen verwendet, z. B. $-250°K \leq -T \leq -150°K$ und haben in diesem Bereich einen sehr linearen negativen Temperaturkoeffizienten.

Im einfachsten Fall kann ein Thermistor [14] durch die folgende Beziehung charakterisiert werden:

$$k = \frac{\Delta R}{\Delta T}, \tag{3.10}$$

wobei k als Temperaturkoeffizient bezeichnet wird und ΔR die Änderung des Widerstands für die entsprechende Temperaturänderung, ΔT, ist. Je nach Art des Thermistors kann k entweder negativ oder positiv sein.

Allerdings zeigen Thermistoren, z. B. wie der in Abb. 3.5 gezeigte Typ, typischerweise keine lineare Beziehung, außer über kleine Temperaturbereiche. Der Widerstand

---

[21] Dieses Bild stammt aus Wikipedia [10] und ist unter Creative Commons Attribution 2.5 lizenziert.

Abb. 3.5 Widerstand gegen Temperatur für einen NCP18XH103F03RB-Thermistor

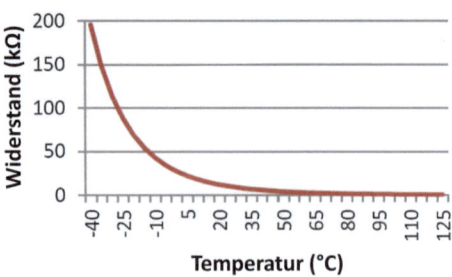

von Thermistoren liegt typischerweise in einem Bereich von 1 bis 100 kΩ. Daher muss der Widerstand der an einen Thermistor angeschlossenen Leitungen nicht berücksichtigt werden. Metalloxide werden verwendet, um Thermistoren mit negativen Temperaturkoeffizienten herzustellen. Thermistoren mit negativem Temperaturkoeffizienten („negative temperature coefficients", NTCs) und Barium/Strontium-Verbindungen werden verwendet, wenn positive Temperaturkoeffizienten („positive temperature coefficients", PTCs) erforderlich sind.

Eine genauere Darstellung der Widerstandsänderung eines Thermistors kann wie folgt ausgedrückt werden:

$$\frac{R(T_1)}{R(T_2)} = A^{(T_1-T_2)}, \qquad (3.11)$$

wobei T_1 und T_2 Temperaturen in Grad Kelvin sind und A ist ein empirisch abgeleiteter Wert, der kleiner als 1 ist. Eine noch bessere Näherung an die Beziehung zwischen Widerstand und Temperatur für einen Thermistor wird gegeben durch:

$$ln(R) \approx a_0 + \frac{a_1}{T} + \frac{a_2}{T^2} + \frac{a_3}{T^3} \cdots + \frac{b_n}{T^n}. \qquad (3.12)$$

Dies wird oft weiter approximiert als:

$$R = exp\left[a_0 + \frac{a_1}{T} + \frac{a_3}{T^3}\right]. \qquad (3.13)$$

Die Steinhart-Hart-Gleichung [5, 15] ist eine empirisch abgeleitete Beziehung mit drei Konstanten, die den Widerstand einer entsprechenden Temperatur zuordnen:

$$\frac{1}{T_c+273.15} = A + B\ln(R) + C\ln(R)^3. \qquad (3.14)$$

Die drei Unbekannten können leicht durch Verwendung von drei Datenpunkten bestimmt werden: (1) die niedrigste Temperatur, (2) die höchste Temperatur und (3) ein Wert in der Mitte zwischen (1) und (2).

3.2 Arten von Sensoren

Dies kann auch als ein logarithmisches Polynom 3. Ordnung mit drei Konstanten ausgedrückt werden, d. h.,

$$\frac{1}{T_K} = A + B\ln(R) + C\ln(R)^3, \tag{3.15}$$

wobei **A**, **B** und **C** empirische Konstanten, **R** der Widerstand des Thermistors in Ohm und T_K die Temperatur in Kelvin sind. Im Allgemeinen beträgt der Fehler in der Steinhart-Hart-Gleichung weniger als 0,02 °C.

Eine noch nützlichere Gleichung, die die Temperatur in Celsius liefert, lautet:

$$T_C = \frac{1}{A + B\ln(R) + C\ln(R)^3} - 273,15. \tag{3.16}$$

Viele Thermistoren sind mit den Parametern **A**, **B** und **C** definiert. Wenn diese Parameter für einen bestimmten Thermistor nicht verfügbar sind, können ihre jeweiligen Werte aus drei Punkten in der vom Hersteller zur Verfügung gestellten Umrechnungstabelle berechnet und diese Konstanten gelöst werden. Der Mindest-, Maximal- und ein Mittelwert für den interessierenden Temperaturbereich sind nützliche Punkte, um die Parameter zu bestimmen. Die Kosten für Thermistoren werden hauptsächlich durch die Genauigkeit ihrer Temperatur-Widerstands-Merkmale bestimmt und daher wird die exponentielle Natur der Thermistoren zu einem Vorteil [2].

Für einen Thermistor mit einer Toleranz von n ist der mögliche Temperaturfehler:

$$(1+n)R(T_k) = (1+n)A^{T_k} = \left[A^{\frac{\ln(1+n)}{\ln(A)}}\right]A^{T_k} \approx \left[A^{\frac{n}{\ln(A)}}\right]A^{T_k} = A^{\left[T_k + \frac{n}{\ln(A)}\right]}, \tag{3.17}$$

was zeigt, dass die Widerstandstoleranz eines Thermistors als Temperaturverschiebung dargestellt werden kann. Diese Verschiebung kann durch eine Einpunktkalibrierung kompensiert werden, die den Thermistor auf 25 °C bringt und seinen Widerstand misst, z. B., wenn sein Widerstand eine Temperatur von 26,2 °C beträgt, dann muss das eingebettete System einen Offset von 1,2 °C besitzen, um die tatsächliche Temperatur zu bestimmen. In einigen Thermistoranwendungen hat der Benutzer über das GUI Zugriff auf ein Offsetregister und kann die notwendige Kalibrierung vornehmen, bevor eine Messung durchgeführt wird.

Eine nützliche Heuristik ist die Tatsache, dass eine Widerstandsunsicherheit eines Thermistors von n% einer Temperaturverschiebung von etwa (n/3) °C entspricht und diese Beobachtung kann benutzt werden, um zu bestimmen, ob eine Kalibrierung notwendig ist. Die Entscheidung, ob Gl. (3.10), (3.11), (3.13) oder (3.16) verwendet wird, hängt von der Anwendung und der erforderlichen Genauigkeit, den Kostenbeschränkungen, der verfügbaren Rechenzeit und anderen Faktoren ab.

3.2.12.1 Selbsterwärmung des Thermistors

Der Stromfluss durch einen Thermistor erhöht seine Temperatur, was wiederum einen Fehler bei der Temperaturmessung verursacht.[22] Hersteller geben in der Regel einen Dissipationsfaktor in den Einheiten mW/°C an.

Dieser Faktor repräsentiert die Leistung, die die Temperatur des Thermistors um 1 °C über die Umgebungstemperatur erhöht, d. h.,

$$DissipationFactor = \frac{T_{Power}}{T_{Error}}, \tag{3.18}$$

wobei T_{Power} die an den Thermistor gelieferte Leistung und T_{Error} der Unterschied zwischen dem gemessenen Temperaturwert und der Umgebungstemperatur sind.

3.2.12.2 Dissipationsfaktor des Thermistors

Die Selbsterwärmung des Thermistors kann ein wichtiger Faktor sein, weil Temperaturerhöhungen zu einem höheren Stromfluss durch den Thermistor führen und dies einen Fehler in der Temperaturmessung erzeugt. Hersteller beziehen sich auf die Selbsterwärmung in Bezug auf den „Dissipationsfaktor", der in mW/°C angegeben wird. Er wird definiert als die Leistung, die erforderlich ist, um die Temperatur des Thermistors um 1 °C über die Umgebungstemperatur zu erhöhen, d. h.,

$$DissipationFactor = \frac{T_{power}}{T_{error}}, \tag{3.19}$$

wobei T_{power} als die an den Thermistor gelieferte Leistung und T_{error} als der Unterschied zwischen der Umgebungstemperatur und der gemessenen Temperatur definiert sind.

3.2.12.3 Steigungskonstante „B" des Thermistors

Thermistoreigenschaften werden typischerweise in Bezug auf den Betriebstemperaturbereich, NTC oder PTC und einen normalisierten Parameter ausgedrückt, der eine Funktion der Art der Keramik ist, die bei der Herstellung des Thermistors verwendet wird, und der Steigung der R-gegen-T-Kurve über einen bestimmten Temperaturbereich.

Es wird definiert durch:

$$B_{(T1/T2)} = \frac{T_2 \times T_1}{T_2 - T_1} \times \ln\left(\frac{R_1}{R_2}\right), \tag{3.20}$$

---

[22] Obwohl es scheinen mag, dass die Eigenschaften des Thermistors als Funktion der Temperatur ein unerwünschtes Merkmal sind, gibt es Anwendungen, bei denen es nützlich sein kann. Ein Beispiel hierfür sind PTC-Thermistoren, die oft verwendet werden, um den Anlaufstrom zu begrenzen oder als Strombegrenzer, weil der Widerstand des PTC-Thermistors mit zunehmendem Stromfluss steigt.

wobei T_1 die Temperatur in Grad Kelvin am unteren Temperaturpunkt ist, T_2 die Temperatur am oberen Temperaturpunkt und R^1, R^2 jeweils die Widerstände bei den unteren und oberen Temperaturen sind.

3.2.13 Thermoelemente

Thomas Johan Seebeck[23] entdeckte, dass, wenn zwei ungleiche Metalle in Kontakt miteinander in Anwesenheit eines Temperaturgradienten sind, eine Spannung erzeugt wird, die eine Funktion der Arten der ungleichen Metalle und der beteiligten Temperaturen ist. Der *Seebeck-Effekt* [24] wird auch als der „thermoelektrischer Effekt" bezeichnet und kann mathematisch ausgedrückt werden als:

$$\Delta V = \alpha \Delta T, \tag{3.21}$$

wobei α als der *Seebeck-Koeffizient* bezeichnet und T in Kelvin gemessen wird. Wenn zwei Drähte, z. B. Kupfer und Konstantan,[25] zusammengefügt werden, kann die Temperatur durch Messung der Spannung zwischen ihnen bestimmt werden, wie in Abb. 3.6 gezeigt. Kupfer-Konstantan-Thermoelemente, auch als Typ-T-Thermoelemente bezeichnet, erzeugen etwa 40 μV/°C (22 μV/°F). Um jedoch die Spannung zu messen, müssen metallische Verbindungen zu ihnen hergestellt werden. Wenn die Anschlüsse zu dem Gerät, das die Spannung misst, z. B. ein Digitalvoltmeter, aus Kupfer bestehen, dann werden zwei zusätzliche Verbindungen, nämlich Kupfer-zu-Kupfer und Kupfer-zu-Konstantan, eingeführt. Die Kupfer-zu-Kupfer Verbindung führt keine zusätzliche Seebeck-Spannung ein, weil sie keine ungleichen Metalle beinhaltet.

Jedoch wird die Konstantan-zu-Kupfer-Verbindung eine Spannung, V_{J2}, einführen. Daher ist die gemessene Spannung:

$$V_{J1} - V_{J2} = \alpha T_1 - \alpha T_2 = \alpha(T_1 - T_2). \tag{3.22}$$

Weil T in Kelvin ist:

$$T_2 = t_2 + 273. \tag{3.23}$$

wo t_2 die Temperatur in Grad Celsius ist, wird Gl. 3.22 zu:

$$V_{J1} - V_{J2} = \alpha(t_1 + 273 - t_2 - 273) = \alpha(t_1 - t_2). \tag{3.24}$$

---

[23] Seebeck war ein deutsch-estnischer Physiker, der 1821 den thermoelektrischen Effekt entdeckte.
[24] Dieser Effekt wird manchmal auch als Peltier-Seebeck-Effekt bezeichnet.
[25] Konstantan ist eine Legierung aus Kupfer (55 %) und Nickel (45 %) mit der Eigenschaft, dass ihr Widerstand über einen weiten Temperaturbereich relativ konstant bleibt. Neben seiner Verwendung in Thermoelementen [4] wird es auch weit verbreitet in Dehnungsmessstreifenanwendungen verwendet.

Abb. 3.6 Seebeck-Potenziale

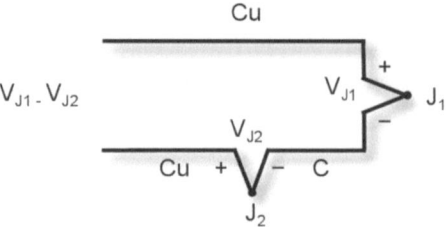

In der Praxis, wenn J_2 in Eis gelegt wird, so dass $t_2 = 0°C$, reduziert sich Gl. 3.24 zu:

$$V_{J1} - V_{J2} = \alpha t_1. \tag{3.25}$$

Es sollte beachtet werden, dass das National Institute of Standards and Technology (NIST) 0°C als Referenzvergleichstemperatur, in diesem Fall J_2, in den von NIST[26] veröffentlichten Tabellen für Thermoelemente des Typs J verwendet.[27]

3.2.14 Verwendung von Brückenschaltungen zur Temperaturmessung

Sensoren wie Dehnungsmessstreifen und Thermistoren [5] sind Geräte, deren Widerstand eine Funktion von Dehnung und Temperatur ist. Um Temperatur- und Dehnungsdaten zu sammeln, ist es notwendig, den Widerstand solcher Geräte zu lesen. Es gibt eine Reihe von weit verbreiteten Techniken für solche Messungen, zwei davon basieren auf dem ohmschen Gesetz [16], z. B.:

---

[26] Das National Institute of Standards and Technology ist keine Aufsichtsbehörde des US-Handelsministeriums. Es fungiert als physikalisches Wissenschaftslabor und befasst sich mit Messverfahren und Standards in den Bereichen Nanowissenschaft und -technologie, Ingenieurwesen, Informationstechnologie, Neutronenforschung, Materialmessung und physikalische Messung. Es wird manchmal aus historischen Gründen als „Bureau of Standards" bezeichnet.

[27] Da PSoC 3/PSoC 5LP [2] in der Lage sind, Spannungen bis zu 2 µV zu messen, wenn sie im 20-bit-Auflösungsmodus verwendet werden, können sie direkt mit K-Typ-Thermoelementen [4] verbunden werden, die etwa 41 µV/°C erzeugen. Allerdings wird ein externer IC für die Kaltstellenkompensation benötigt und Widerstände sollten hinzugefügt werden, um negative Thermoelementspannungen zu kompensieren. Die Spannung des Kaltstellen-IC wird gemessen und verwendet, um die äquivalente Umgebungstemperatur zu bestimmen. Wenn ein Präzisionstemperatursensor, z. B. der LM35 von Texas Instruments, für die Kaltstellenkompensation verwendet wird, erzeugt das Thermoelement bei 25 °C eine Spannung von 250 mV, d. h. 10 mV/°C. Das Verfahren ist wie folgt: Messen Sie die differentielle Spannung des K-Typ-Thermoelements und addieren Sie diesen Wert zur zuvor bestimmten Spannung des Kaltstellen-IC.

3.2 Arten von Sensoren

- Ein empfindliches Strommessgerät [9] wie eine Wheatstone-Brücke wird verwendet, um den Wert des Widerstands eines Sensors zu bestimmen, dessen Widerstand eine bekannte Funktion der Temperatur ist.
- Ein bekannter Strom wird durch einen Sensor geleitet, dessen Widerstand eine bekannte Funktion der Temperatur ist, und die resultierende Spannung wird gemessen.
- Eine Referenzspannung wird an einen Referenzwiderstand angelegt, der mit einem Sensor in Reihe geschaltet ist, dessen Widerstand eine bekannte Funktion der Temperatur ist, und die resultierende Spannung wird gemessen.

Sobald der Widerstandswert eines Sensors ermittelt wurde, können die Daten mit verfügbaren Umrechnungstabellen[28] verglichen werden, die Nichtlinearitäten und alle anderen wandlerbezogenen Abhängigkeiten berücksichtigen.

Eine gängige Methode zur Temperaturmessung mit Thermoelementen besteht darin, eine Wheatstone-Brücke zu verwenden,[29] wie in Abb. 3.7 dargestellt. Der Wert von R_x kann mit Hilfe des ohmschen Gesetzes[30] wie folgt bestimmt werden:

$$V_1 = i_1 R_1, \tag{3.26}$$

$$V_2 = i_2 R_2, \tag{3.27}$$

$$V_3 = i_3 R_3, \tag{3.28}$$

$$V_x = i_x R_x, \tag{3.29}$$

wobei i_1 der Strom in R_1, i_2 der Strom in R_2 usw. sind.

Wenn die Spannung, V_w, 0 ist, dann ist:

$$i_1 = i_2, \tag{3.30}$$

$$i_3 = i_x \tag{3.31}$$

und daher:

$$i_1 R_1 = i_3 R_3, \tag{3.32}$$

---

[28] Die meisten Sensoren werden mit Umrechnungstabellen oder -diagrammen geliefert, die vom Sensorhersteller erstellt wurden.

[29] Die Wheatstone-Brücke wurde 1833 von Samuel H. Cristie erfunden, wurde aber später als „Wheatstone-Brücke" bekannt, als Ergebnis der Aufmerksamkeit, die Sir Charles Wheatstone ihr 1843 zukommen ließ.

[30] Das ohmsche Gesetz, meist ausgedrückt als V = IR, besagt, dass die über einen stromführenden Widerstand gemessene Potenzialdifferenz direkt proportional zum Wert des Stroms durch den Widerstand multipliziert mit dem Wert des Widerstands ist.

Abb. 3.7 Die Wheatstone-Brücke

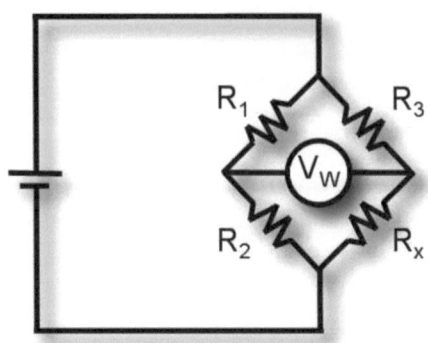

$$i_2 R_2 = i_x R_x, \tag{3.33}$$

$$\frac{i_1 R_1}{i_2 R_2} = \frac{i_3 R_3}{i_x R_x} = \frac{R_1}{R_2} = \frac{R_3}{R_x}, \tag{3.34}$$

$$R_x = \frac{R_2 R_3}{R_1}. \tag{3.35}$$

Diese Technik, obwohl recht empfindlich, kann durch eine viel kosteneffektivere und oft wünschenswerte Verwendung von Mikrocontrollern wie PSoC 3/5LP [16] ersetzt werden, um Daten von einem oder mehreren solchen Sensoren zu sammeln, indem eine Technik angewendet wird, die einen bekannten Strom an den Sensor liefert und dann die resultierende Spannung über den Sensor misst.

$$i = \frac{(V_1 - V_2)}{R_2}, \tag{3.36}$$

$$V_2 = \frac{(V_1 - V_2)}{R_1} R_2, \tag{3.37}$$

$$R_2 = \left[\frac{V_2}{V_1 - V_2}\right] R_1, \tag{3.38}$$

Ein vereinfachtes Diagramm einer solchen Anordnung ist in Abb. 3.8 dargestellt. Eine Konstantstromquelle wird verwendet, um einen bekannten Stromwert an den Sensor zu liefern, und die resultierende Spannung wird unter Verwendung eines Verstärkers und eines A/D-Wandlers gemessen, wie in Abb. 3.8 gezeigt. Wenn nötig, kann ein Verstärker eingesetzt werden, der eine ausreichend hohe Eingangsimpedanz hat, um eine signifikante Störung der zu messenden Spannung/des zu messenden Stroms zu vermeiden. Offensichtlich hängt die Genauigkeit dieses Ansatzes wesentlich von der Genauigkeit der

3.2 Arten von Sensoren

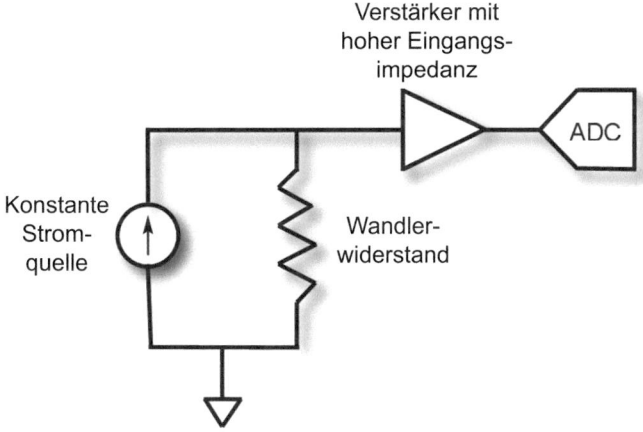

Abb. 3.8 Konstantstrommessung

Stromquelle und eventuellen Fehlern bei der Messung der resultierenden Spannung ab, z. B. Verstärkungs- und Offsetfehler.

Eine zweite Technik wird in Abb. 3.9 gezeigt. In diesem Fall kann der Widerstand des Sensors aus der folgenden Beziehung bestimmt werden:

$$\frac{V_{ref} - V_{response}}{R_{ref}} = \frac{V_{response}}{R_t} \tag{3.39}$$

und daher:

$$R_t = \left[\frac{V_{response}}{V_{ref} - V_{response}}\right] R_{ref}. \tag{3.40}$$

Obwohl diese Technik in der Lage sein sollte, sehr genaue Messungen über einen weiten Bereich zu machen, können Abweichungen in den Werten für R_{ref}, Verstärkung und der Offsetspannung des Verstärkers ihre Genauigkeit limitieren. Die Auswahl eines hochwertigen Widerstands für R_{ref}, eines OpAmp mit guten Offseteigenschaften und einer sehr stabilen Referenzspannung, wie in Abb. 3.9 gezeigt, ermöglicht genaue Messungen von R_t über einen sinnvollen Bereich für gängige Widerstandswandler.

Abb. 3.9 Widerstandsteiler

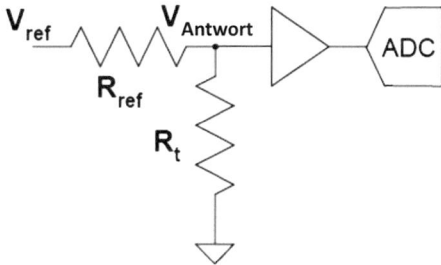

3.2.15 Sensoren und Mikrocontrollerschnittstellen

Eingebettete Systeme verwenden oft Eingangs-/Ausgangswerte in Form von analogen Spannungen, Strömen und/oder digitalen Daten, um Informationen von einer Vielzahl von Eingabegeräten wie Sensoren zu erhalten und Signale an Geräte wie Motoren, Aktuatoren, Anzeigegeräte, digitale Übertragungskanäle usw. auszugeben. Dies erfordert, dass Mikrocontroller sowohl mit analogen als auch mit digitalen Signalen unterschiedlichster Art umgehen können. Dies wird oft, zumindest teilweise, durch Mikrocontroller erleichtert, die konfigurierbare I/O-Pins haben, die es einigen Sensoren ermöglichen, direkt an die I/O-Pins der Mikrocontroller anzuschließen.

Eingangssensoren können Daten in Form von analogen Signalen [7] liefern, die in Bezug auf Phase, Amplitude, Strom, Frequenz, Frequenzverschiebung, Phasenverschiebung, andere Formen der Modulation oder eine Kombination davon ausgewertet werden können. Das Eingangssignal kann durch Verwendung eines auf dem Chip befindlichen A/D-Wandlers in ein digitales Format umgewandelt werden, um Datenverarbeitung, Protokollierung und/oder Weiterleitung an externe Geräte zu ermöglichen. Es ist jedoch auch möglich, auf dem Chip befindliche Peripheriegeräte wie analoge Filter und/oder verschiedene Arten von analogen Verstärkern in Verbindung mit auf dem Chip befindlichen A/D-Wandlern für den Eingang zu verwenden und anschließend ein analoges Signal auszugeben, ohne das Eingangssignal in ein digitales Äquivalent umzuwandeln.

Die Handhabung dieser Arten von analogen Eingangssignalen erfordert die Verfügbarkeit einer Reihe von verschiedenen analogen Schaltungen, z. B. analoge Multiplexer/Demultiplexer, A/D-Wandler, analoge Komparatoren, analoge Demodulatoren, Amplituden-/Frequenzdetektoren, analoge Mischer, analoge Filter usw. Ähnlich erfordern digitale Eingangssignale digitale Multiplexer/Demultiplexer, die Fähigkeit, serielle, parallele oder beide Datenformate zu handhaben, Unterstützung für verschiedene Protokolle wie I2C, RS232 (UART, USART), CAN, SPI, Firewire, USB usw. sowie Hardwarevarianten von RS232 wie RS422 und RS485. Parallele Daten können von einigen Mikrocontrollern verarbeitet werden, die gleichzeitig Daten von einer Gruppe von Pins, z. B. P0–P7, für 8-bit-Paralleleingabe, Bytedatenübertragungen, erfassen können. In einigen Anwendungen werden mehrere Byte große Eingangsdaten Byte für Byte an den bzw. vom Mikrocontroller übertragen, indem eine solche Technik verwendet wird.

Ein Mikrocontroller ist im Wesentlichen eine CPU. Diese kommuniziert/interagiert auf verschiedene Weisen, z. B. durch Reaktion auf Interrupts, die von den Peripheriegeräten erzeugt werden, oder auf die an den Eingangspins anliegenden Zustände des Mikrocontrollers mit einer Vielzahl von auf dem Chip befindlichen analogen/digitalen Peripheriegeräten. Diese kommunizieren wiederum mit Eingabegeräten wie Sensoren, die Eingaben in Form von analogen Spannungen, Strömen, Frequenzen, Pulsen, digitalen Daten usw. liefern. Der Mikrocontroller kann die entsprechenden numerischen Algorithmen anwenden und die geeignete Logik aufrufen. Er kann diese Daten unabhängig von der ursprünglichen Form verarbeiten, die geeignete Logik manchmal auf der Grundlage der Ergebnisse der numerischen Verarbeitung der Eingangsdaten anwenden und dann Befehle an andere auf dem Chip befindliche Peripheriegeräte übertragen, um die notwendigen Ausgangssignale an externe Geräte zu liefern.

3.3 Empfohlene Übungen

3-1 Welche Schlüsselfaktoren müssen berücksichtigt werden, wenn man einen oder mehrere Sensoren für ein eingebettetes System auswählt?

3-2 Ein *NCP*18*XH*103*F*03*RB*-Thermistor hat einen Dissipationsfaktor von 1 mW/°C. Nehmen Sie an, dass die über den Thermistor angelegten Spannungen 3,9 und 1,3 V bei 25 und 100 °C betragen. Berechnen Sie den Temperaturfehler (T_{error}) bei einem Thermistorwiderstand von 10 kΩ bei 25 °C und B = 4538. Wie können solche Fehler reduziert werden? Wie hoch ist der Thermistorwiderstand bei 100 °C?

3-3 Metallische und nicht metallische Objekte bewegen sich auf einem Fördersystem. Die nicht metallischen Objekte bestehen entweder aus Keramik, Glas oder Holz. Die metallischen Objekte können magnetisch oder nicht magnetisch sein und Widerstände aufweisen, die von dem spezifischen Metallgehalt jedes Objekts abhängen. Entwerfen Sie ein Array von Sensoren, das in der Lage ist, zwischen jedem Objekttyp zu unterscheiden.

3-4 Ein Temperatursensor hat eine stark nichtlineare Temperatur-Widerstands-Kennlinie und ist empfindlich gegenüber Schwankungen der Umgebungstemperatur. Erklären Sie, wie man einen solchen Sensor in Verbindung mit einem 8051 verwenden kann, um ein sehr genaues Temperaturregelungssystem zu erhalten.

3-5 Das Nyquist-Kriterium legt nahe, dass ein Sensor mit der doppelten Rate der höchsten Frequenz im Sensorsignal abgetastet werden sollte, um den genauesten Datensatz zu erzeugen. In einigen Fällen werden die Daten mit einer viel höheren Rate abgetastet. Warum?

3-6 Kreuzempfindlichkeit wird definiert als die Reaktion eines Gassensors auf andere Reize, die die Reaktion des Sensors verändern können. Skizzieren Sie eine Wheatstone-Brücke mit einem, zwei und vier Drucksensoren und geben Sie eine Gleichung für den Ausgang in jedem Fall an. Jeder der Sensoren ist empfindlich gegenüber Umgebungstemperaturschwankungen. Was kann getan werden, um die Kreuzempfindlichkeit in diesem Fall zu minimieren?

3-7 Erklären Sie, wie ein Zinn-Oxid-Sensor funktioniert. Was kann er messen und welche Designüberlegungen müssen bei der Verwendung in einer Mikrocontrolleranwendung berücksichtigt werden?

3-8 Der Elastizitätsmodul für einen piezoelektrischen Scheibenwandler, der Ladungskoeffizient in y-Richtung, der dielektrische Koeffizient und der dielektrische Koeffizient im Vakuum betragen jeweils 71 GPa, 0,550 C/m, 450 und $8{,}86 \times 10^{-12}$.

3-9 Kreisel können als eine Art Sensor dienen, der die Winkelgeschwindigkeitsänderung um eine beliebige Achse eines Objekts messen kann. Erklären Sie eine Technik, die die Integration verwendet, um die Translation und die Orientierung eines Objekts zu bestimmen/messen. Ihre Erklärung muss ein 8051-Assemblerprogramm enthalten, das eine einfache Integration durchführen kann.

3-10 Der leitende Draht in einem Dehnungsmessstreifen hat eine Länge von 3,75 cm und einen Durchmesser von 0,0625 mm. Er ist mit der Oberseite eines freitragenden Balkens verbunden. Vor der Belastung beträgt der Widerstand des Balkens des Dehnungsmessstreifens 7,84 Ω. Durch das Anbringen einer Last am Balken verlängert sich die Länge des Drahts um zwei Zehntel eines Millimeters, so dass seine elektrische Widerstandsfähigkeit 2×10^{-8} Ω beträgt. Die Poisson-Zahl für den Draht beträgt 0,443441. Ermitteln Sie die Änderung des Widerstands im Draht aufgrund der Dehnung auf ein Hundertstel Ohm genau.

3-11 Die Temperatur einer Flüssigkeit soll mit einem NTC-Thermistor gemessen werden, der einen Stein-Hart-Koeffizienten von $A = 1{,}245 \times 10^{-3} K^{-1}$, $B = 2{,}5 \times 10^{-4} K^{-1}$ und $C = 1 \times 10^{-7} K^{-1}$ besitzt. Der gemessene Widerstand, wenn er in die Flüssigkeit eingetaucht ist, beträgt 3,75 kΩ. Wie hoch ist die Temperatur der Flüssigkeit in Grad Celsius?

3-12 Eine Spule aus Kupferdraht kann als Sensor zur Messung der magnetischen Feldstärke verwendet werden. Nehmen Sie eine dicht gepackte Spule (Induktor) mit 60 Windungen, 1,8 mH und einer Länge von 1 cm mit einer Querschnittsfläche von 0,75 cm² an. Wenn die Feldstärke des magnetischen Felds B = 0,8 T beträgt, wie hoch ist die maximale Spannung, die in der Spule induziert werden kann? Ist dieser Sensor linear?

3-13 Ein Dehnungsmessstreifen ist an einen metallischen Zylinder mit einem Durchmesser von 2,5 cm und einer Länge von 2,5 m angebracht. Der Zylinder wird belastet und verlängert sich um 25,4 mm. Wenn der anfängliche Widerstand des Dehnungsmessstreifens 128 Ω betrug, schätzen Sie, wie hoch der resultierende Widerstand des Dehnungsmessstreifens sein wird.

3-14 Ferroelektrisches Lithiumniobat (FLN) ist ein künstlich hergestelltes Material, das in der Natur nicht häufig vorkommt. Es hat eine Reihe sehr nützlicher optischer, piezoelektrischer, elektrooptischer, elastischer, photoelastischer und photorefraktiver Eigenschaften. Es kann in Drucksensoren verwendet werden, die den piezoelektrischen Effekt nutzen. Wenn seine Querschnittsfläche 2,5 cm^2 beträgt, bestimmen Sie die Coulomb-Oberflächenladung und die resultierende piezoelektrische Spannung, wenn der Wandler einem Druck von 3,14 atm ausgesetzt ist.

Literatur

1. CE202479 -PSoC 4 capacitive liquid level sensing. Document No. 002-02479 Rev. Cypress Semiconductor (2015)
2. CE210514-PSoC 3, PSoC 4, and PSoC 5LP temperature sensing with a thermistor. Document No. 002-10514Rev.*B. Cypress Semiconductor (2018)
3. E. Denton, Tiny Temperature Sensors for Portable Systems. National Semiconductor (2001)
4. T. Dust, PSoC 3/PSoC 5LP – Temperature Measurement with Thermocouples. AN75511. Document No. 001-75511Rev.*F17. Cypress Semiconductor (2017)
5. D.G. Fernandez, A. Blanco, A. Duran, C. Jimenez-Jorquera, Olimpia and Arias de Fuentes. Portable measurement system for type microsensors based on PSoC microcontroller. J. Phys. Conference Series (2013)
6. J. Fraden, *AIP Handbook of Modern Sensors*. Physics, Design and Application. American Institute of Physics (1993)
7. V.S. Kannan, J. Chen, PSoC 3, PSoC 4,and PSoC 5LP–temperature measurement with a diode. AN60590. Document No. 001-60590 Rev. *K 1 Cypress Semiconductor (2020)
8. R. Lossio, PSoC 3, PSoC 4, and PSoC 5LP temperature measurement with a TMP05/TMP06 digital sensor. AN65977 (2016)
9. P. Madaan, Maintaining accuracy with small magnitude signals. EE Times Design (http://www.eetimes.com/design) (2011)
10. T. Matthams, Introduction to mechanical testing. University of Cambridge -DoITPoMS [Online]. [Citação: 2013 de June de 6]
11. R. Ohba, *Intelligent Sensor Technology* (Wiley, Hoboken, 1992)
12. Portable measurement system for FET type microsensors based on PSoC microcontroller. J. Phys. Conf. Ser. **421**(1), 1–5, 2015 · (2013)
13. PSoC 4 Magsense^{TM} inductive sensing. Document Number: 002-24878 Rev.**. Cypress Semiconductor. Revised August 20, 2018
14. G. Singh, S. More, S. Shetty, R. Pednekar, Implementation of a wireless sensor node using PSoC and CC2500 RF module, in *2014 International Conference on Advances in Communication and Computing Technologies (ICACACT)* (2014)
15. J.S. Steinhart, S.R. Hart, Calibration curves for thermistors. Deep Sea Res. Oceanogr. Abstr. **15**(4), 497–503 (1968)
16. D. Van Ess, PSoC 1 temperature measurement with thermistor. PSoC 1 temperature measurement with thermistor. Document No. 001-40882 Rev. *E. Cypress Semiconductor (2002)

Verarbeitung und I/O-Protokolle von eingebetteten Systemen

4

Zusammenfassung

Eingebettete Systeme sind in der Lage, verschiedene Arten von Funktionalitäten bereitzustellen, einschließlich, aber nicht beschränkt auf, Datenerfassung/-verarbeitung/-übertragung. Da viele eingebettete Systeme Datenverarbeitung auf Daten durchführen, die entweder als digitale Daten begannen oder anschließend in das digitale Äquivalent eines analogen Signals oder Signale übersetzt wurden, müssen Mikrocontroller in der Lage sein, eine Reihe von verschiedenen niedrigstufigen Rechenaufgaben wie Addition, Subtraktion, Multiplikation und Division sowie Bitmanipulationen, Schiebeoperationen, Bitprüfungen, Überlauf- und Unterlaufbehandlungen, Array-Manipulationen, zusammen mit verschiedenen Schleifen- und Verschachtelungsfunktionen durchzuführen.

4.1 Verarbeitung von Eingaben/Ausgaben

Eingebettete Systeme sind in der Lage, verschiedene Arten von Funktionalitäten bereitzustellen, einschließlich, aber nicht beschränkt auf, Datenerfassung/-verarbeitung/-übertragung. Da viele eingebettete Systeme Datenverarbeitung auf Daten durchführen, die entweder als digitale Daten begannen oder anschließend in das digitale Äquivalent eines analogen Signals oder Signale übersetzt wurden, müssen Mikrocontroller in der Lage sein, eine Reihe von verschiedenen niedrigstufigen Rechenaufgaben wie Addition, Subtraktion, Multiplikation und Division sowie Bitmanipulationen, Schiebeoperationen, Bitprüfungen, Überlauf- und Unterlaufbehandlung, Array-Manipulationen, zusammen mit verschiedenen Schleifen- und Verschachtelungsfunktionen durchzuführen. Die

Berechnung von Algorithmen wie Fast-Fourier-Transformationen, digitale Filterung usw. wird durch spezielle Funktionen, wie die von einem MAC bereitgestellt, erleichtert.[1]

In einigen Fällen, wenn eine umfangreiche Hochgeschwindigkeitsberechnung einer großen Menge von Daten komplexen Algorithmen unterzogen werden muss, wo die Rechenzeit eine Rolle spielt [10], können digitale Signalprozessoren (DSP) oder andere Arten von spezialisierten Prozessoren eingesetzt werden, deren Architektur optimiert ist um Hochgeschwindigkeits-, oft komplexe, Berechnungen durchzuführen. Die Verfügbarkeit von extrem schnellen ADC hat es möglich gemacht, eine Vielzahl von komplexen digitalen Algorithmen auf Hochfrequenz (HF)-Anwendungen anzuwenden. Die Rechenaufgaben werden an den DSP oder andere spezialisierte Co-Prozessoren weitergegeben, und die Ergebnisse der Berechnung werden dann dem Mikrocontroller über gemeinsamen Speicher oder andere Mittel zur Verfügung gestellt. DSP sind spezialisierte Mikroprozessoren, die zur Berechnung komplexer Algorithmen in der digitalen Bildgebung, Radar-, Seismik-, Sensorarray-, statistischen, Kommunikations- und biomedizinischen Signalverarbeitung konzipiert sind. Einige Beispiele für solche Algorithmen sind in Tab. 4.1 gezeigt. Field Programmable Gate Arrays (FPGA) werden ebenfalls als Co-Prozessoren verwendet.

FPGA sind auch in der Lage, parallele Verarbeitung zu unterstützen, indem sie mehrere CPUs[2] (Multicore), Multiplizierer-Akkumulatoren (MAC) und andere spezielle Funktionseinheiten wie Grafikprozessoren, DMA-Controller etc. auf einem einzigen Chip verwenden. MAC bieten sehr hohe Geschwindigkeiten bei Multiplikationen und haben die Fähigkeit, die Produkte zu einer *laufenden Summe* vorheriger Produkte hinzuzufügen. Diese Algorithmen und andere werden verwendet, um spezifische Eingangssignale auszuwählen, Signale zu synthetisieren, komprimieren, verbessern, wiederherzustellen, wiederzuerkennen sowie zukünftige Werte vorherzusagen und/oder fehlende Werte eines Signals zu interpolieren. In solchen Fällen kann der Mikrocontroller als Hauptcontroller fungieren, der Daten an den DSP zur Verarbeitung weitergibt und dann die erforderlichen Operationen auf das Ergebnis der DSP-Berechnungen ausführt. Spezialisierte Mathematikprozessoren wie der Intel 80387-Gleitkomma-Coprozessor haben die Fähigkeit, die Adress- und Datenbusse vollständig zu steuern und sind oft hoch optimiert für die Durchführung bestimmter spezialisierter Funktionen, aber sie können etwas eingeschränkte Verwendung haben.

---

[1] Die Kombination von Multiplikation gefolgt von Addition tritt häufig in der digitalen Berechnung von Skalarprodukten, Matrixmultiplikation, Newton-Methode, Polynomauswertung usw. auf. Daher enthalten viele moderne Computerarchitekturen Hardwaremodule, die optimiert sind, um eine Multiplikation durchzuführen, die von einer Addition gefolgt wird. Diese Multiplizieren-Akkumulieren-Fähigkeit (engl. „multiply-accumulate capability") wird als MAC bezeichnet.

[2] Die derzeit verfügbare Technologie ist in der Lage, bis zu 16 CPUs pro FPGA zu unterstützen. Das Ziel sind jedoch 1000+ pro FPGA.

4.1 Verarbeitung von Eingabe/Ausgabe

Tab. 4.1 Algorithmen, die in einem eingebetteten System verwendet werden

Diskrete Fourier-Transformationen (DFT)	Spektralanalyse
Bilineare Transformation	Digitale Signalverarbeitung
Echtzeitfaltung	RADAR-Systeme
Z-Transformationen	Anwendungen im Schaltungsentwurf
Koordinatenrotationen/-verschiebungen	Computererzeugte Bilder
Quadratische & höhergradige Polynome	Numerische Analyse
Diskrete Fourier-Reihen	Digitale Signalverarbeitung
Diskrete Wavelet-Transformation (DWT)	Bildverbesserung
Kleinste-Quadrate-Berechnung (LMS)	Kurvenanpassung
Sprachverarbeitungsalgorithmen	Spracherkennung
Korrelationsalgorithmen	Signalerkennung
Computer-Vision-Algorithmen	Robotik
Raytracing-Algorithmen	Optikdesign
Array-Verarbeitungsalgorithmen	3D-Grafik
Multimedia-Algorithmen	Bildkompression/-dekompression
Zeichenerkennungsalgorithmen	Optische Zeichenerkennung
Spracherkennungsalgorithmen	Sicherheit
Bildverarbeitungsalgorithmen	Bildverbesserung
Videoverarbeitungsalgorithmen	Videotransmissionssysteme
Zielerkennungsalgorithmen	Verteidigungssysteme
Kompressionsalgorithmen	Videokompression/-dekompression
Fingerabdruckverarbeitungsalgorithmen	Strafverfolgung
EEG/EKG-Verarbeitungsalgorithmen	Medizinische Anwendungen
Digitale Filter	Signalverarbeitung
	FIR
	IIR
	Allpass
	Adaptiv
	Kamm

Mikrocontroller mit integrierten MAC sind sehr nützlich für Multiplikationen, für die das Produkt *akkumuliert* wird – eine häufige Anforderung für viele digitale Signalverarbeitungsalgorithmen wie z. B. Skalarprodukte (Audio, Video, Bilder), Finite-Impulse-Response (FIR)- und Infinite-Impulse-Response (IIR)-Filter, Fast-Fourier-Transformationen (FFT), diskrete Kosinustransformationen (DCT), Faltungsalgorithmen etc.

Für Skalarproduktberechnungen kann eine typische Berechnung wie folgt dargestellt werden:

$$x = \sum a_i * b_i \tag{4.1}$$

Und für Faltungsberechnungen:

$$y[n] = y[n] + x[i] * h[n-i] \tag{4.2}$$

Ähnlich für Matrixmultiplikation:

$$\begin{bmatrix} x_1 \\ x_2 \\ x_3 \\ x_4 \end{bmatrix} = \begin{bmatrix} a_{11} & a_{12} & a_{13} & a_{14} \\ a_{21} & a_{22} & a_{23} & a_{24} \\ a_{31} & a_{32} & a_{33} & a_{34} \\ a_{41} & a_{42} & a_{43} & a_{44} \end{bmatrix} \begin{bmatrix} b_1 \\ b_2 \\ b_3 \\ b_4 \end{bmatrix} \tag{4.3}$$

wobei,

$$x_1 = a_{11}b_1 + a_{12}b_2 + a_{13}b_3 + a_{14}b_4 \tag{4.4}$$

$$x_2 = a_{21}b_1 + a_{22}b_2 + a_{23}b_3 + a_{24}b_4 \tag{4.5}$$

$$x_1 = a_{31}b_1 + a_{32}b_2 + a_{33}b_3 + a_{34}b_4 \tag{4.6}$$

$$x_1 = a_{41}b_1 + a_{42}b_2 + a_{43}b_3 + a_{44}b_4 \tag{4.7}$$

was jedes Mal, wenn der Vektor $\vec{x}$ berechnet wird, 16 Multiplikationen und 9 Additionen erfordert.

Während sich der Rückgriff auf Co-Prozessoren für die Berechnung von Algorithmen, insbesondere für zeitkritische Anwendungen, d. h. Anwendungen, bei denen die Ausführungszeiten eine wichtige Rolle spielen, als erfolgreich erwiesen hat, sind eingebettete Systeme in den letzten Jahren eine Synthese aus Netzwerken, Übertragungswegen, Sensoren, Daten- und Signalverarbeitung geworden. Als Ergebnis haben Mikrocontroller-Hersteller begonnen, einige ihrer Standard-Mikrocontroller-Architekturen zu überarbeiten, um ihnen die Ausführung einer oder mehrerer Funktionen zu ermöglichen, die früher Co-Prozessoren oder anderer externer Hardware zugewiesen waren.

Systemprozesse und Steuerungsalgorithmen, wie sie von eingebetteten Systemen verwendet werden, können oft in Form von einem oder mehreren Systemen linearer oder in einigen Fällen Differentialgleichungen ausgedrückt werden, die Widerstand, Kapazität, Induktivität, OpAmps usw. betreffen, wie z. B.:

$$b_{11}\frac{d^2y(t)}{dt^2} + b_{12}\frac{dy(t)}{dt} + b_{13}y(t) = a_{11}\frac{d^2x(t)}{dt^2} + a_{12}\frac{dx(t)}{dt} + a_{13}x(t) \tag{4.8}$$

$$b_{21}\frac{d^2y(t)}{dt^2} + b_{22}\frac{dy(t)}{dt} + b_{23}y(t) = a_{21}\frac{d^2x(t)}{dt^2} + a_{22}\frac{dx(t)}{dt} + a_{23}x(t) \tag{4.9}$$

$$b_{31}\frac{d^2y(t)}{dt^2} + b_{32}\frac{dy(t)}{dt} + b_{33}y(t) = a_{31}\frac{d^2x(t)}{dt^2} + a_{32}\frac{dx(t)}{dt} + a_{33}x(t) \quad (4.10)$$

und äquivalent in Form eines Systems von „Differenzengleichungen,, im digitalen Bereich:

$$b_{11}y[n-2] + b_{12}y[n-1] + b_{13}y[n] = a_{11}x[n-2] + a_{12}x[n-1] + a_{13}x[n] \quad (4.11)$$

$$b_{21}y[n-2] + b_{22}y[n-1] + b_{23}y[n] = a_{21}x[n-2] + a_{22}x[n-1] + a_{23}x[n] \quad (4.12)$$

$$b_{31}y[n-2] + b_{32}y[n-1] + b_{33}y[n] = a_{31}x[n-2] + a_{32}x[n-1] + a_{33}x[n] \quad (4.13)$$

wobei b_{mn} und a_{mn} Konstanten sind. Beachten Sie, dass dieses System von Differenzengleichungen nur das Dekrementieren von Ganzzahlwerten, Multiplikation und Addition beinhaltet, die alle Funktionen sind, die leicht von einer CPU mit MAC-Unterstützung ausgeführt werden können.

4.2 Mikrocontroller-Subsysteme

Die folgende Diskussion beschränkt sich auf gemischtsignalige, mikrocontrollerbasierte Architekturen, d. h. Mikrocontroller, die aus einem Mikroprozessor und einer Anzahl von analogen und digitalen Subsystemen bestehen, die oft als „Module" bezeichnet werden. In einigen Fällen wird die Funktionalität der analogen und digitalen Subsysteme auf einen begrenzten Bereich und Konfigurierbarkeit beschränkt sein. In anderen Fällen, wie bei PSoC, der Familie von programmierbaren System(en)-on-Chip von Cypress, wird eine ungewöhnlich hohe Variabilität, Konfigurierbarkeit und Funktionalität geboten, wie im Laufe dieses Lehrbuchs gezeigt wird [9].

Im Vergleich zu einem typischen Computer sind Mikroprozessoren in Bezug auf Speicherressourcen, Anzahl der Register, Taktraten, Programm- und Datenkapazität, Befehlssätze, Multitasking-Fähigkeit (falls vorhanden) usw. eher begrenzt. Mikrocontroller haben typischerweise mindestens On-Chip-Unterstützung für Analog-digital-, Digitalanalog- und vielleicht Pulsweitenmodulation, abhängig vom Hersteller. Mikrocontroller-Befehle sind typischerweise 8–16 bit breit und die Unterstützung für Interrupts ist im Vergleich zu Computern relativ begrenzt.

Mikrocontroller enthalten typischerweise die folgenden Subsysteme:

CPU – eine zentrale Verarbeitungseinheit (engl. „central processing unit"), bestehend aus einer arithmetisch-logischen Einheit („arithmetic logic unit", ALU), z. B. 8051- oder ARM-basierten Mikroprozessorarchitekturen. Die ALU führt mathematische Operationen wie Addition, Subtraktion, Multiplikation, Division und logische Operationen wie Gleichheit, kleiner als, größer als, AND, OR, NOT, Rechts-Shift, Links-Shift usw. aus und hat Zugriff auf sehr schnelle, lokale Register, die zur Durchführung dieser Operationen verwendet werden.

Die zentrale Verarbeitungseinheit, oder wie sie allgemein bekannt ist, die CPU, ist das Herz des eingebetteten Systems und verantwortlich für die Ausführung einer Reihe von vordefinierten und gespeicherten Anweisungen, die gemeinsam als „das Programm,, bekannt sind. Die CPU holt Anweisungen aus dem Speicher, decodiert sie, führt die Anweisung aus und speichert die Ergebnisse. Ein Programmzähler („program counter", PC) hält die Speicherstelle fest, von der die nächste Anweisung geholt werden soll. In Fällen, in denen die vorherige Anweisung ausgeführt wurde und die Ergebnisse gespeichert wurden, bevor die nächste Anweisung verfügbar ist, muss die CPU dann auf das Laden der neuen Anweisung warten, bevor sie mit dem Decodieren und Ausführen beginnen kann. Dies kann daraus resultieren, dass das Programm in einem relativ langsamen Speicher im Vergleich zur Ausführungsgeschwindigkeit der CPU liegt.

In einigen Systemen werden Anweisungen von langsamem Speicher in eine kleine Menge schnellen Speichers, genannt *Cache*, vorgeladen und bei Bedarf aus dem Cache abgerufen. Das Verschieben von Anweisungen in den Cache erfolgt als *Hintergrundaufgabe*, d. h., diese spezielle Aktivität erfordert keine CPU-Beteiligung und erfolgt in einem ausreichenden Tempo, um sicherzustellen, dass die Anweisungen bei Bedarf verfügbar sind. Alternativ wird manchmal sogenanntes *Pipelining* verwendet.[3]

Sobald eine Anweisung *abgerufen* wurde, muss sie decodiert werden, um zu bestimmen, welche Aktionen von der CPU durchgeführt werden sollen. Typischerweise enthalten diese spezifische CPU-Anweisungen, Operanden (oder deren Speicherplätze) und Speicherplätze, an die die Ergebnisse geschrieben werden sollen. Typische Opcodes könnten ADD (Addition), SUB (Subtraktion), MOV (Verschieben) usw. sein, und die Operanden könnten Zeichen, Zahlen, Adressen von Speicherorten, Register innerhalb der CPU oder im Speicher usw. sein.

Speicher – von der CPU für Programmspeicherung und Datenspeicherung genutzt, kann tatsächlich aus mehreren Arten von Speicher bestehen, wie SRAM,[4] RAM[5] und EEPROM.[6] Einige Mikroprozessoren/Mikrocontroller unterstützen sowohl On-Chip- als auch Off-Chip-Speicher. Die Unterstützung für Off-Chip-Speicher ist jedoch in einigen Fällen in Bezug auf Leistung und/oder Speichergröße eingeschränkt. Mikrocontroller, die *gepageten Speicher*[7] verwenden, erfordern, dass der Entwickler programmatisch

---

[3] Pipelining ist eine Technik, die die nächsten Anweisungen abruft, bevor die CPU die aktuelle Anweisung ausgeführt hat.

[4] SRAM – statischer Random-Access-Memory (benötigt kein Refresh).

[5] Random-Access-Memory – Speicher, dessen Speicherorte beliebig zugegriffen werden können.

[6] EEPROM – elektrisch löschbarer programmierbarer Nur-lese-Speicher, der nicht flüchtig ist und in Computern und anderen elektronischen Geräten verwendet wird, um kleine Mengen von Daten zu speichern, die gespeichert werden müssen, wenn die Stromversorgung entfernt wird, z. B. Kalibrierungstabellen oder Gerätekonfigurationen, um Aktualisierungen im Feld zu ermöglichen.

[7] Ein System der Speicherverwaltung, das nicht zusammenhängende Teile des Speichers, sogenannte *Seiten*, als zusammenhängend behandelt und so einen virtuellen, linearen Speicherplatz schafft.

4.2 Mikrocontroller-Subsysteme

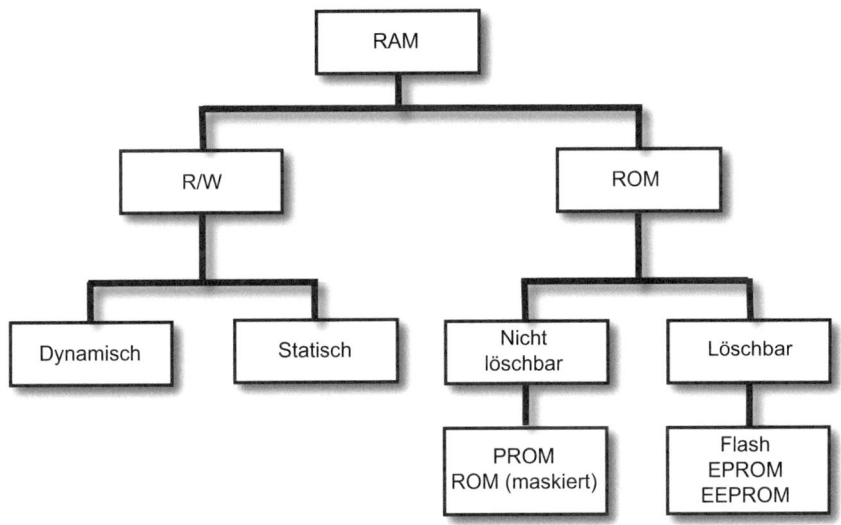

Abb. 4.1 Klassifizierung der Speichertypen, die in/mit Mikrocontrollern verwendet werden

nachverfolgt, was auf jeder Seite gespeichert ist, auf die verschiedenen Seiten zugreift usw.

Speicher kann in Bezug auf seine Lese-, Schreib-, Programmier- und Löschbarkeitseigenschaften klassifiziert werden, wie in Abb. 4.1 dargestellt:

- ROM – Nur-lese-Speicher (engl. „read-only memory")
- PROM – programmierbarer Nur-lese-Speicher (engl. „programmable read-only memory")
- EPROM – löschbarer (engl. „erasable") PROM (UV)
- EEPROM – elektrisch löschbarer PROM
- FLASH – hauptsächlich nur lesbar, nicht flüchtig
- RAM – lesbar, beschreibbar, flüchtig

Der Speicher für Mikrocontroller und Mikroprozessoren fällt in die zwei breiten Kategorien Lese-schreib (R/W)- und Nur-lese-Speicher (ROM) und entweder flüchtig oder nicht flüchtig, je nachdem, ob das Programm und/oder die Daten in Abwesenheit von Versorgungsspannungen im Speicher behalten werden sollen. Lese-schreib-Speicher kann weiter als statisch (SRAM) oder dynamisch (DRAM) kategorisiert werden.

Statischer RAM (SRAM) besteht aus einer großen Anzahl sogenannter „Zellen,", von denen jede aus zwei Invertern besteht, wie in Abb. 4.2 gezeigt. Diese Kombination von Invertern schafft ein bistabiles Gerät und macht es damit zu einem brauchbaren Speichergerät. Eine dynamische RAM-Zelle, die in der Lage ist, ein einzelnes Bit zu speichern, besteht aus einer Transistor- und Kondensatorkombination, wie in Abb. 4.4 gezeigt. Während dynamischer RAM eine höhere Speicherdichte als statischer Speicher

Abb. 4.2 Ein Beispiel für eine SRAM-Zelle

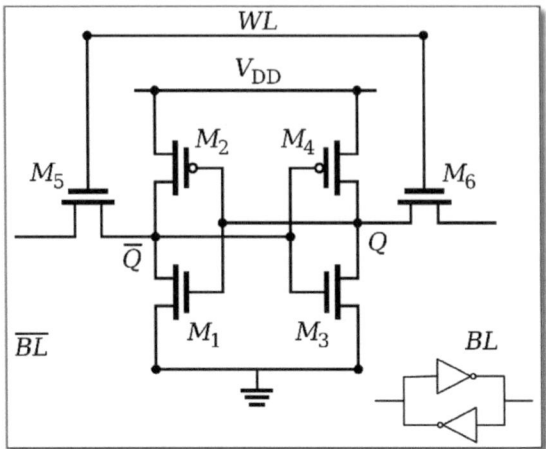

bietet, ist SRAM im Allgemeinen viel schneller als dynamischer Speicher. Er ist jedoch auch teurer, weil er 4–6 Transistoren (MOSFETs) pro Bit Speicherplatz zur Implementierung benötigt, aber im Gegensatz zu dynamischem Speicher muss er nicht aufgefrischt werden.

On-Chip-Flash-Speicher ist nicht flüchtig und wird oft für die On-Chip-Programmspeicherung verwendet, während SRAM on-chip verwendet wird, um eine schnelle Programmausführung zu ermöglichen, für Cache-RAM[8] und flüchtigen Datenspeicher. Je nach Anwendung können DRAM und Flash, SRAM und Flash oder Mischungen aus SRAM, DRAM und Flash für den Off-Chip-Speicher verwendet werden. Dynamischer Speicher benötigt nur einen Transistor pro Bit, erfordert aber auch einen Kondensator zur Speicherung jedes Bits. Aufgrund von kapazitiven Leckagen ist es notwendig, den dynamischen Speicher regelmäßig aufzufrischen, z. B. Tausende Male pro Sekunde, um die Speicherintegrität zu gewährleisten.

- Analoges Subsystem – Mikrocontroller verwenden verschiedene Kombinationen von analogen Funktionen, wie sie von OpAmps, Komparatoren, Strom-/Spannungs-analog-digital (A/D)- und -digital-analog (D/A)-Wandlern, Mischern, analogen Multiplexern, programmierbaren Verstärkern, Instrumentenverstärkern, Transimpedanzverstärkern, Filtern usw. bereitgestellt werden.
- Digitales Subsystem – ähnlich sind digitale Funktionen wie Zähler, Timer, CRC, PRS, PWM, Quadraturdecoder, Schieberegister, Logik (AND, NAND, NOR, NOT, OR, Tri-State-Buffer, D-Flipflop, logisches High, logisches Low, Multiplexer,

---

[8] Cache-Speicher wird als temporärer Speicher definiert, der den Zugriff auf häufig benötigte Informationen viel schneller ermöglicht als aus dem Hauptspeicher.

4.2 Mikrocontroller-Subsysteme

Demultiplexer, virtueller Multiplexer, Look-up-Tabelle), Präzisionsbeleuchtungssignalmodulatoren („precision illumination signal modulators", PRISM), Anzeigen (LCD), Steuer- und Statusregister ebenfalls in einigen Mikrocontrollern zu finden.

- **Interne Busstrukturen** – offensichtlich sind die Verbindungen zwischen dem Mikroprozessor und den verschiedenen Subsystemen in einem Mikrocontroller eine Kombination aus festen und variablen Verbindungen und dienen als Kommunikationswege zwischen den Subsystemen, dem Speicher, der CPU und externen Geräten und Pfaden. Mikrocontroller, die programmatische Änderungen in internen Verbindungen unterstützen, ermöglichen es in einigen Fällen, die interne „Verkabelung„ in Echtzeit tatsächlich neu zu konfigurieren, so dass eine optimale Nutzung der internen Ressourcen des Mikrocontrollers erreicht werden und das eingebettete System sich an verändernde Bedingungen und funktionale Anforderungen anpassen können.
- **GPIO-System** – die Schnittstelle eines Mikrocontrollers (General-Purpose-I/O-System) kommuniziert über seine Pins mit externen Geräten und Peripheriegeräten. In einigen Fällen sind die Pins in 8er-Sets gruppiert und werden als „Port„ bezeichnet, z. B. für Byte-I/O-Übertragungen. Ob als Gruppe von Pins oder einzeln behandelt, sind alle GPIO-Pins normalerweise entweder als Ausgangs- oder Eingangspins konfigurierbar. Die Impedanzcharakteristika, die Quell- und Senkfähigkeit der Pins sind in einigen Fällen konfigurierbar, abhängig vom Gerät und der Anwendung. Einige GPIO-Schnittstellen sind auch spannungstolerant, so dass ein Mikrocontroller, der mit Spannungen unterhalb der an einen oder mehrere Pins angelegten Spannungen arbeitet, normal funktionieren kann, d. h., ohne beschädigt oder fehlerhaft zu werden.

Mikrocontroller, die es ermöglichen, Gruppen von Pins als 8-bit-Parallelports zu behandeln, so dass jeder der 8 einem bestimmten Port zugewiesenen Pins als General-Purpose-I/O-Verbindung dient, ermöglichen auch, dass jeder Pin seinen eigenen Eingangsbuffer, Ausgangstreiber, 1-bit-Register und zugehörige Konfigurationslogik hat. Darüber hinaus ist jeder Pin programmierbar in Bezug auf den benötigten Treibermodus, unabhängig davon, ob er Teil einer Multibit-Portkonfiguration ist.

Verschiedene Arten von MOSFET-basierten Pinkonfigurationen sind verfügbar, wie in Abb. 4.3 gezeigt. Konfiguration a ist der Open-Drain-Modus, in dem beide MOSFET im Off-Modus sind, was dazu führt, dass der Ausgang im hochohmigen Zustand ist; b wird als *starker, langsamer Ansteuerungsmodus* bezeichnet und funktioniert als Inverter; c ist der hochohmige Modus; d ist der *Open-Drain-Modus* und kompatibel

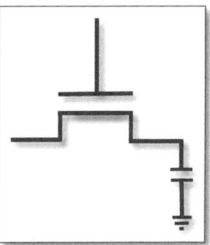

Abb. 4.3 Die Antriebsmodi für jeden Pin sind programmatisch auswählbar

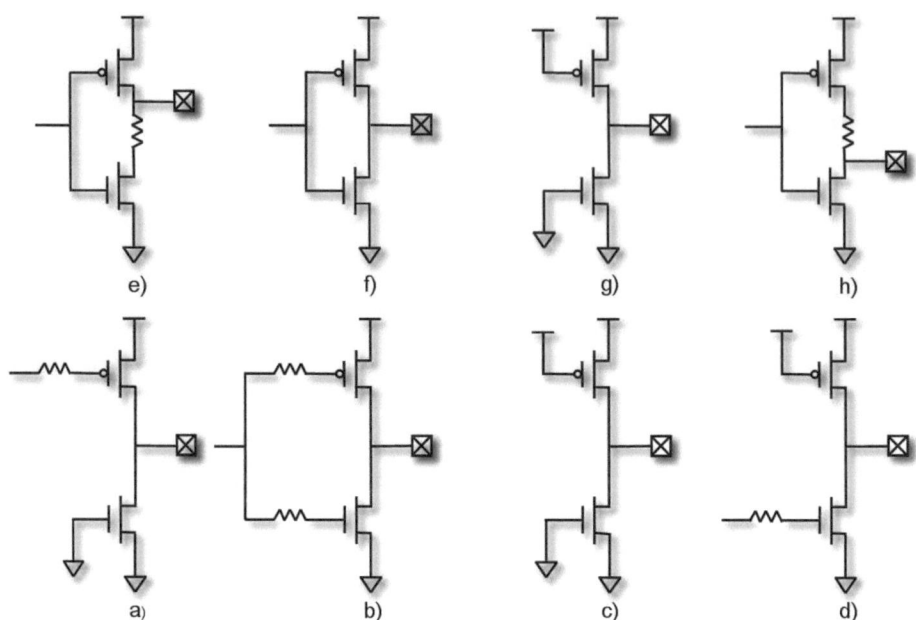

Abb. 4.4 Ein Beispiel für eine dynamische Zelle

mit I2C-Verbindungen; e ist der *Pull-down-Modus* (resistiv) und bietet eine starke Antriebsfähigkeit; (f) funktioniert als Inverter mit *starker Ansteuerungsfähigkeit*, und (g) ist der *starke Pull-up-Modus*. Es sollte beachtet werden, dass der Einsatz von Widerständen bei den MOSFET-Konfigurationen die Anstiegs- und Abfallzeiten der verschiedenen Konfigurationen beeinflussen kann.

Ausgabegeräte wie Motoren, Aktuatoren und andere Geräte benötigen oft mehr Leistung, als ein Mikrocomputer-Ausgangskanal liefern kann. Außerdem können Motoren induktiv auf eine Anregung durch einen Mikrocontroller reagieren, so dass eine Art von Transientenschutz erforderlich sein kann, oder zusätzliche Leistungsstufen können erforderlich sein, um solche Geräte mit dem Mikrocontroller zu verbinden. Mechanische Schalter werden häufig zu diesem Zweck verwendet, ebenso wie optisch gekoppelte Darlington-Paare in Verbindung mit Schutzdioden, die in der Lage sind, induktive Spannungen zu handhaben. Ein typischer Mikrocontroller ist in der Lage, 10–25 mA an externe Geräte auf nominell 5-V-Ebene zu liefern. Ob Leistungsverstärker, andere Halbleiter-Leistungsgeräte wie siliziumgesteuerte Gleichrichter (SCR), Thyristoren, Hochleistungs-MOSFET, Halbleiterrelais, optisch gekoppelte Darlington-Paare oder andere isolierte Halbleitergeräte verwendet werden, um Motoren, Aktuatoren, LCDs und andere Geräte, die erhebliche Leistung benötigen, zu steuern, muss darauf geachtet werden, den Mikrocontroller und seine Peripheriegeräte,

einschließlich Eingabegeräte, vor schädlichen Potenzialen, Strömen, Temperaturen usw. zu schützen.
- **Zusätzliche Systemfunktionalität** – einige Mikrocontroller verfügen über einen internen Aufwärtswandler, der es ermöglicht, Spannungspegel zu erzeugen, die höher sind als die verfügbaren Eingangsspannungen, um den „gewünschten Systemspannungspegel," zu liefern. Fortgeschrittene Mikrocontroller können auch zusätzliche Taktgeberfunktionalität bieten, außerdem die Fähigkeit, die Die-Temperatur programmgesteuert hauptsächlich in Fällen zu überwachen, in denen es notwendig ist, auf internes EEPROM zu schreiben, einen internen DMA-Controller,[9] EEPROM (typischerweise wird Unterstützung für das Löschen eines EEPROM-Sektors, das Schreiben auf EEPROM, das Blockieren von Lesevorgängen während des Schreibens und das Überprüfen des Zustands eines Schreibvorgangs bereitgestellt), einen ausgefeilten Interrupt-Handler, Echtzeituhren (RTC), Schlaf-Timer, Referenzspannungen usw.

4.3 Software-Entwicklungsumgebungen

In den Anfangstagen der Computer wurden Programme in einer Sprache geschrieben, die als *Maschinencode* bezeichnet wurde. Jeder Befehl wurde in Form einer einzigartigen Kombination aus Nullen und Einsen definiert.[10] Der nächste Schritt bestand darin, jedem solchen Befehl Mnemoniken, sogenannte *Opcodes,* zuzuweisen, was zur Entwicklung der *Assemblersprache* führte.[11] Die Mnemoniken, die jedem Maschinencode zugewiesen wurden, identifizieren normalerweise einen Aspekt der Funktion des Befehls, z. B. NOP für „no operation"[12] oder MVI für „move an immediate value". Zum Beispiel repräsentierte MVI A, 0 den Befehlscode „00111110 00000000" und führte zur Verschiebung des „unmittelbaren Wertes 0" zum Akkumulator.

---

[9] Dynamische Speicherübertragung bezieht sich auf die Fähigkeit, Daten zu/von Speicher zu übertragen, ohne signifikanten CPU-Overhead zu benötigen.

[10] Einzigartig bedeutet, für eine bestimmte Architektur. Es gibt grundsätzlich, abgesehen von jeglichen Urheberrechtsfragen, kein Verbot, dass verschiedene Architekturen die gleiche Kombination von Nullen und Einsen verwenden, um die gleichen oder unterschiedliche Befehle darzustellen.

[11] Es sollte angemerkt werden, dass die Assemblersprache an sich keine neue Funktionalität bietet, sondern lediglich Mnemoniken ersetzt, die mit der spezifischen Funktion des Befehls in Zusammenhang stehen und aus Sicht der Softwareentwicklung weitaus effizienter zu handhaben und viel einfacher zu debuggen sind.

[12] Man könnte sich fragen, warum es einen Befehl gibt, der nichts tut. Während es wahr ist, dass ein solcher Befehl keine Aktion auslöst, verbraucht er CPU-Zyklen und bietet daher eine Möglichkeit, Verzögerungen in die Ausführung eines Programms einzuführen.

Mit dem Aufkommen der C-Sprache,[13] wurde sie schnell von Entwicklern aufgrund ihrer Portabilität, d. h. ihrer Fähigkeit, Anwendungen zu erstellen, die auf einer bedeutenden Anzahl verschiedener Hardware-Architekturen laufen können, und der Tatsache, dass sie eine etwas höhere Abstraktionsebene als die Assemblersprache bietet, angenommen. Glücklicherweise unterscheiden sich C-Anwendungen in Bezug auf Codegröße oder Ausführungsgeschwindigkeit für die meisten Anwendungen nicht wesentlich vom Assemblercode. Die frühe Entwicklung erfolgte in Unix-basierten Umgebungen und auf Befehlsebene mit einer Vielzahl von Texteditoren, Präprozessoren,[14] Compilern,[15] Assemblern, Linkern, Debuggern, Profilern und verschiedenen, bereits vorhandenen Bibliotheken von Quell- und Objektcode.[16] Sobald grafische Benutzeroberflächen („graphical user interfaces", GUI) allgegenwärtig wurden, wurden sie bald von integrierten Entwicklungsumgebungen („integrated development environments", IDE) gefolgt. Diese Umgebungen boten ein auf einer grafischen Benutzeroberfläche basierendes System, das nahezu alle für die Entwicklung benötigten Werkzeuge unterstützte. Diese IDE konnten in einer Vielzahl von Betriebssystemumgebungen gehostet werden, einschließlich Microsoft Windows in seinen verschiedenen Inkarnationen und den vielen *Varianten* von UNIX, MAC OS, Linux usw.

Moderne IDE bestehen in der Regel aus Präprozessoren, Compilern, Assemblern, Linkern, in einigen Fällen Profilern, Debuggingtools verschiedener Komplexitätsgrade und Sammlungen vordefinierter Funktionalität in Form von benutzerdefinierten Modulen und/oder sogenannten „Standardbibliotheken". Die verfügbaren Debugger bieten in der Regel mindestens die Möglichkeit jede Zeile des ausführbaren Quellcodes einzeln auszuführen und das Setzen von Haltepunkten, Beobachtungspunkten, Ansichten von benutzerdefinierten Speicherorten, Ansichten von Registern usw.

Profiler, obwohl weniger verbreitet in solchen IDE, werden verwendet, um zu bestimmen, wie viel Ausführungszeit an einem bestimmten Ort oder an bestimmten Orten in einem Softwareprogramm verbracht wird. Diese Kenntnis von *Hot Spots* ermöglicht es, die Hardware-/Softwareleistung eines eingebetteten Systems für eine effiziente

---

[13] C, eine universelle Computerprogrammiersprache, wurde 1972 von Dennis Ritchie bei den Bell Telephone Laboratories entwickelt und fand schnell weit verbreitete Anwendung für die Entwicklung portabler Anwendungssoftware. C ist eine der beliebtesten Programmiersprachen, insbesondere für die Entwicklung von eingebetteten Systemanwendungen.

[14] Präprozessoren laden die entsprechenden Include-Dateien, Anforderungen an die bedingte Kompilierung und Makros vor dem Aufruf eines Compilers.

[15] Einige C- und C++-Compiler erzeugen Assemblersprache, die von einem Assembler verarbeitet wird, der Objektcode ausgibt und anschließend verlinkt wird, um ein ausführbares Programm für das Zielsystem zu erstellen.

[16] Die ersten Versionen von C++ waren tatsächlich Übersetzer, die C++ in C übersetzten, das dann von einem C-Compiler kompiliert werden konnte. Dieser Ansatz ermöglichte es, C++-Quellcode auf praktisch jeder Hardware-Architektur zu kompilieren, für die ein robuster C-Compiler existierte.

4.3 Software-Entwicklungsumgebungen

Programmausführung zu *tunen,* d. h. zu optimieren. Debugging und Profiling sind in der Regel am effektivsten in *Single-Tasking*-Umgebungen. Mikrocontroller, die Betriebssysteme ausführen, können in komplexen Anwendungen manchmal schwierig zu debuggen sein.

Typischerweise erstellt ein Entwickler den benötigten Quellcode in einer Editorumgebung, z. B. Notepad, VI, Ultra-Edit, Emacs, oder einer IDE mit integriertem Editor und ruft dann einen Assembler- oder C-Compiler auf, um eine Objekt- oder Assemblersprachenquelle zu erstellen. Dies kann zur Generierung von Warnungen und/oder Fehlermeldungen[17] führen, die aufgrund von Programminkonsistenzen, Syntaxfehlern usw. auftreten können. Wenn der Compiler eine Assemblersprachenausgabe erzeugt, anstatt einer Objektdatei, wird dann ein Assembler aufgerufen.

Dann findet der *Verschiebungsprozess*, manchmal als *Link-Editing* bezeichnet, statt. Dies erfordert, dass der Linker die symbolischen Referenzen oder Namen, die in jeder Bibliotheksroutine verwendet werden, durch die entsprechenden verschiebbaren Adressen ersetzt. Im Verlauf der Verknüpfung aller anwendbaren Objektdateien muss der Linker auch versuchen, alle nicht aufgelösten Symbole aufzulösen und die Unfähigkeit dies zu tun sowie andere Fehler und/oder potenzielle Fehler zu melden. Linker liefern auch symbolische Informationen zur Unterstützung bei der Fehlersuche in Programmen. Der Linker erzeugt ein Skript, das Informationen für den Locator enthält, z. B. die Größe und den Speicherort des Stacks sowie andere Informationen, die zur Erstellung einer vollständigen Datei verwendet werden. Die Linker-Locator-Phase stellt das letzte Stadium des Verknüpfungsprozesses dar und bestimmt unter anderem, wo verschiedene Aspekte des ausführbaren Codes im physischen Speicherplatz des Ziels liegen werden. Es sollte beachtet werden, dass Bibliotheken in der Regel so konzipiert sind, dass sie verschiebbar sind, d. h., es gibt keine spezifische Abhängigkeit von der Speicheradresse. Wenn der Linker-Locator bestimmt hat, wo jeder Teil des Codes physisch liegen soll, wird eine ausführbare Datei erzeugt, die als *Firmware* bezeichnet wird und dann auf die Zielhardware heruntergeladen werden kann.

In einigen Anwendungen läuft ein Programm in dem, was effektiv ein „virtueller" Speicher ist, der für das Programm wie ein linearer Speicherplatz erscheint, aber tatsächlich aus nicht zusammenhängenden Speicherbereichen besteht, die in einen scheinbar linearen Speicherplatz abgebildet werden. Debugger bieten in der Regel Unterstützung für Haltepunkte, Beobachtungspunkte und Trace-Buffer, so dass ein Programm unterbrochen und die letzten „n" Anweisungen untersucht werden können, sowie die Möglichkeit, Register und Speicherorte während der Ausführung zu überwachen/abzufangen. Außerdem bieten einige IDE Simulatoren an, obwohl diese häufig nichts anderes

---

[17] *Warnungen* sind Hinweise, die vom Compiler oder Assembler auf mögliche Probleme mit dem Programm gegeben werden, die vom Entwickler ignoriert werden können oder nicht, im Gegensatz zu *Fehlern,* die schwerwiegende Mängel in einem Programm sind und vor dem Versuch, die Anwendung zu verwenden, korrigiert werden sollten.

sind als Programme, die es dem Entwickler ermöglichen die Logik des Programms zu testen. In einem späteren Kapitel wird eine moderne IDE im Detail untersucht und zur Veranschaulichung verschiedener Aspekte des eingebetteten Systemdesigns verwendet.

Linker führen auch andere Aufgaben aus, bevor sie die als Firmware bezeichnete ausführbare Datei erzeugen. Sobald die Firmware erstellt ist, wird sie in den *Zielmikrocontroller* heruntergeladen. Einige Mikrocontroller unterstützen Echtzeitdebugging über physisches Handshaking mit externer Hardware und Übertragung von Informationen zu externen Plattformen zur Analyse. In anderen Fällen werden In-Circuit-Emulatoren (ICE) oder Logikanalysatoren als Debugginghilfen eingesetzt.

Es gibt vier grundlegende Arten von Problemen, die bei einem eingebetteten System auftreten:

1. **Kompilierzeitfehler** sind Fehler, die aus Syntax- und Logikfehlern resultieren und vom Compiler gemeldet werden. Dies sind die häufigsten Probleme, mit denen Entwickler von eingebetteten Systemen konfrontiert sind.
2. **Laufzeitfehler** treten nur zur Laufzeit auf und können daher recht schwierig zu lösen sein und erfordern oft eine sorgfältige und detaillierte Analyse zur Lösung. Guter Gebrauch kann manchmal von *Isolieren-und-eliminieren-Techniken* gemacht werden. In anderen Fällen kann der Einsatz von Diagnosehardware, wie Logikanalysatoren, die es dem System ermöglichen, mit voller Geschwindigkeit zu arbeiten und dabei die Aktivitäten des Systems genau zu verfolgen, erforderlich sein.
3. **Harte Systemabstürze:** In solchen Fällen funktioniert das System überhaupt nicht. Diese Art von Problemen kann extrem schwierig zu lösen sein, weil alle Informationen, die zum Absturz geführt haben, verloren gegangen sein können. Viele neuere mikrocontrollerbasierte Systeme verfügen über eine Art von Hardwaredebugging, das bei der Fehlersuche in dieser Klasse von Problemen hilfreich sein kann. Hardwarediagnosewerkzeuge, die ein *Langzeitgedächtnis*[18] aufweisen, können manchmal sehr effektiv bei der Diagnose von harten Ausfällen sein, indem sie die Geschichte des Systems vor einem Absturz aufzeichnen.
4. **Aufhängen** bezieht sich auf ein eingebettetes System, das in einer Routine oder einem Modus stecken bleibt, so dass es die normale Programmausführung nicht fortsetzen kann. Dies kann ein Codierungs- oder ein anderes Problem sein, das nur auftritt, wenn das Programm auf eine Hardwarebedingung wartet, die erfüllt werden muss, um die normale Programmausführung fortzusetzen, oder als Ergebnis von Timingfehlern usw.

---

[18] Tiefer Speicher bezieht sich auf die Verwendung von beliebig großen Mengen von Speicher, um Tausende oder Zehntausende von Anweisungen zu speichern, um Ursachen und Wirkungen zu fangen, die durch Ereignisse getrennt sind, die z. B. Hunderttausende von Anweisungen auseinander liegen.

4.3 Software-Entwicklungsumgebungen

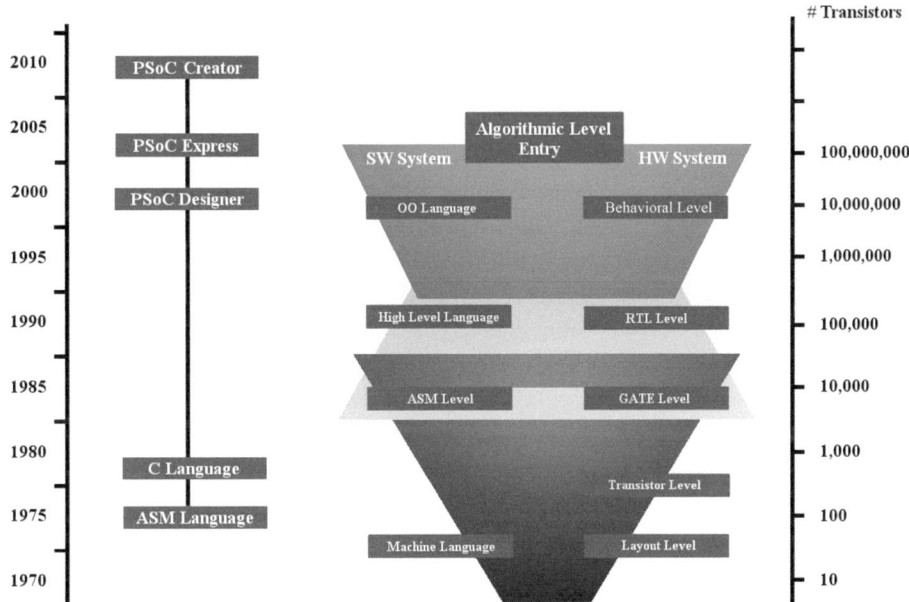

Abb. 4.5 Entwicklung von Werkzeugen und Hardware-Evolution

Wann immer möglich, sollten Entwickler von der Notwendigkeit entlastet werden, sich mit vielen der niedrigen Implementierungsdetails der beteiligten Hardware auseinanderzusetzen und sich mit der Entwicklung von Designs auf einer viel höheren Abstraktionsebene beschäftigen können. Leider sind die Hersteller in vielen Fällen langsam darin, mit der Hardwaretechnologie Schritt zu halten, wenn es um die Weiterentwicklung ihrer jeweiligen Entwicklungsumgebungen geht. Die Betrachtung von Abb. 4.5 zeigt, dass von der Zeit der Einführung des ersten Mikroprozessors im Jahr 1972 bis 2001 praktisch keine signifikanten Fortschritte in der Entwicklung von Softwaretools für Embedded-System-Designer gemacht wurden, abgesehen von einigen bescheidenen Fortschritten in der Compilertechnologie und geringfügigen Verbesserungen in der Debuggingfunktionalität, Texteditoren und Linkern. Tools wie Source Code Control System (SCCS) haben sich weiterentwickelt, aber sie sind in erster Linie für große Gruppen von Entwicklern nützlich, die am selben Quellcode arbeiten. In den letzten Jahren haben IDE wie Cypress' PSoC Designer und PSoC Creator bedeutende Fortschritte in der IDE-Technologie gemacht und es Anwendungsentwicklern und Entwicklern ermöglicht, zunehmend komplexere Anwendungen für eingebettete Systeme zu erstellen, die deutlich ausgefeiltere, gemischtsignalige, eingebettete Systeme integrieren.

4.4 Kommunikation in eingebetteten Systemen

Eine wichtige Komponente von eingebetteten Systemen sind die Kanäle, die Eingabe und Ausgabe unterstützen [8], insbesondere in Bezug auf Verbindungen zwischen verschiedenen Aspekten eines Systems oder einer Gruppe oder Gruppen von Systemen, die standardisierte Kommunikationsprotokolle verwenden wie CAN,[19] I2C,[20] RS232,[21] SPI[22] und eine ständig wachsende Reihe von Kommunikationsschemata und -protokollen.

Kommunikationsprotokolle existieren für den Informationsaustausch innerhalb eines Chips, zwischen Chips und für sowohl lange als auch kurze Entfernungen für den Informationsaustausch zu/von einem eingebetteten System. Sie können zustandsbasiert, ereignisbasiert, basierend auf serieller oder paralleler Kommunikation und entweder Punkt-zu-Punkt- (Datenverbindungen) oder gemeinsame Mediennetzwerke (Datenautobahnen) sein. Master-Slave-Konfigurationen können einen einzelnen Master und mehrere Slaves oder mehrere Master und mehrere Slaves umfassen, wobei die Punkt-zu-Punkt-Verbindung eine Peer-Konfiguration ist und es daher weder Master noch Slaves gibt.

4.4.1 Das RS232-Protokoll

Frühe Mikrocontroller boten eine begrenzte Kommunikationsfähigkeit und stützten sich in der Regel auf das RS232-Protokoll, wie in Abb. 4.6 gezeigt, welches mit Baudraten (Bits pro Sekunde), die von 60 bis 115 kBaud variieren, arbeitet. Dieses serielle Datenübertragungsprotokoll ist grundsätzlich ein Dreileitersystem, bei dem ein Leiter eine dedizierte Übertragungsleitung (Tx) ist, ein zweiter eine dedizierte Empfangsleitung (Rx) und der dritte als gemeinsame Masse für sowohl Tx als auch Rx gehalten wird. Handshaking, eine Form der Signalisierung zwischen zwei durch eine RS232-Verbindung verbundenen Systemen, wird manchmal eingesetzt und nutzt zusätzliche „Steuerleitungen",

---

[19] Controller Area Network (CAN oder CAN-Bus) [9] ist ein nachrichtenbasiertes, standardisiertes Protokoll, das es Mikrocontrollern und Geräten ermöglicht zu kommunizieren. Es wird in der Automobilindustrie, in der industriellen Automatisierung und in medizinischen Anwendungen eingesetzt.

[20] Der Inter-IC-Bus (I2C, I^2C oder IIC) ist ein bidirektionaler Zweileiterbus, der ursprünglich von Philips als 100-kbit/s-Bus entwickelt wurde. Derzeit unterstützt das Protokoll eine maximale Datenrate von 3,4 Mbit/s.

[21] RS-232 („recommended standard 232") ist ein standardisiertes Hardwareprotokoll für die serielle Übertragung von binären Datensignalen und wird am häufigsten in Verbindung mit seriellen Computeranschlüssen und externen Geräten verwendet.

[22] SPI („serial peripheral interface", serielle Peripherieschnittstelle) [5] ist ein serieller Vollduplex-Vierleiter-Bus, der als synchroner, serieller Datenlink dient. Die Kommunikation erfolgt in einem Master-Slave-Modus, wobei die Master-Geräte den Datenframe initiieren.

4.4 Kommunikation in eingebetteten Systemen

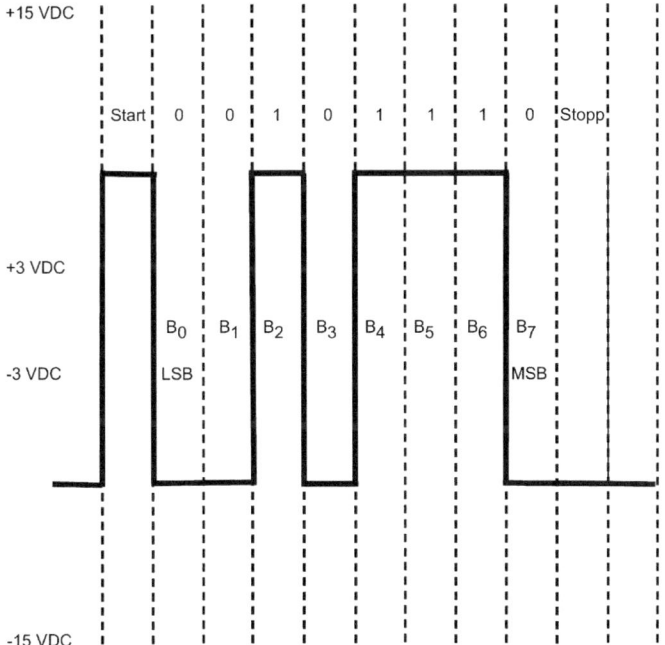

Abb. 4.6 Das RS232-Protokoll (1 Startbit, 8 Datenbits, 1 Stoppbit)

z. B. „clear to send", „data terminal ready" usw., bei der Implementierung von RS232-Kommunikationen, um Kollisionen und Datenverlust zu vermeiden, indem sichergestellt wird, dass, wenn ein System sendet, das andere zuhört, und umgekehrt.

Daten werden häufig in Form von „Paketen" von einem Ort zum anderen übertragen, die so klein wie ein einzelnes Byte sein können. Das Format dieser Pakete basiert auf einer Reihe von bekannten, standardisierten Protokollen. Jedes Paket kann ein Zyklische-Redundanzprüfungs („cyclic redundancy check", CRC)[23]-Byte oder ein Paritätsbit[24] sein, welches verwendet wird, um den Empfang eines Pakets zu erkennen, das wäh-

---

[23] Ein CRC-Check basiert auf der Division eines Pakets, das als „Nachricht" bezeichnet wird und ein oder mehrere Bytes enthält, durch ein Polynom, das zu einem CRC-Wert führt, z. B. 16 oder 32 bit, der dann vor der Übertragung an das Paket angehängt wird. Bei Empfang einer Nachricht wird sie durch das gleiche Polynom geteilt. Beachten Sie, dass diese Division den CRC-Wert in den Dividenden einschließt. Wenn das Ergebnis 0 ist, dann ist die Integrität der Nachricht bestätigt, ansonsten ist ein Übertragungsfehler aufgetreten.

[24] Ein Paritätsbit ist ein Bit, das zu einer Gruppe von Bits, z. B. einem Byte, hinzugefügt wird, um anzuzeigen, ob die Anzahl der Bits mit dem Wert „1", ohne das Paritätsbit, eine gerade oder ungerade Zahl ist. Bei gerader/ungerader Parität wird das Paritätsbit auf „1" gesetzt, was anzeigt, dass die Anzahl der Bits in der Gruppe ungerade/gerade ist, wodurch die Gesamtzahl der Bits gerade/ungerade wird, einschließlich des Paritätsbits. Parität wird typischerweise in Systemen verwendet, in denen Einzelbitfehler am wahrscheinlichsten sind.

rend der Übertragung beschädigt wurde. Dies ermöglicht es dem Empfänger ein erneutes Senden des Pakets vom Sender anzufragen und bietet eine einfache Methode zur Sicherstellung einer gewissen Integrität der übertragenen Daten. Selbst wenn der Empfänger nicht in der Lage ist, eine erneute Übertragung eines oder mehrerer Pakete anzufordern, ist das empfangende System zumindest darüber im Klaren, dass es kompromittierte Daten erhalten hat. Während RS232-Systeme zwar noch in Gebrauch sind, werden sie zusehends durch andere Protokolle wie den Universal Serial Bus (USB) ersetzt.

Eine zusätzliche Behandlung dieses Protokolls wird in Kap. 8 bereitgestellt, zusammen mit einer Diskussion der verwandten RS422- und RS485-Protokolle.

4.4.2 USB

USB [2] wurde ursprünglich entworfen, um mit Geschwindigkeiten von bis zu 12 Mbit/s zu arbeiten, aber derzeit sind Implementierungen mit 480 Mbit/s[25] verfügbar und weit verbreitet. Es wird am häufigsten verwendet, um PCs und eine Vielzahl von Peripheriegeräten zu verbinden. Allerdings hat USB einige signifikante Einschränkungen, z. B. ist es auf eine Kabellänge von etwa 5 m begrenzt, aufgrund von Timing-Beschränkungen, die durch die USB-Spezifikation auferlegt werden. Diese Einschränkungen können in gewisser Weise überwunden werden, aber verwandte Protokolle wie RS422 und RS485 bieten eine Kabellängenunterstützung von bis zu 4800 ft und Master-Slave-Unterstützung, wenn auch mit viel niedrigeren Baudraten als USB.

Es handelt sich um ein Vierleitersystem, bestehend aus positiver Datenleitung (D+), negativer Datenleitung (D−), die ein differentielles Paar bilden, einer 5-V-Stromleitung (V_{bus}) und Masse. Daten werden in Paketen übertragen, die durch Leerlaufzustände getrennt sind. Der Stromverbrauch ist auf 500 mA begrenzt. Pull-up-Widerstände auf D+ und D− ermöglichen es einem Host wie einem PC zu bestimmen, ob er mit einer niedrigen oder vollen Geschwindigkeit verbunden ist. USB 1.0 (Low-Speed-Modus), USB 1.1 (Full-Speed-Modus) und USB 2.0 (High-Speed-Modus) arbeiten mit 1,5 Mbit/s, 12 Mbit/s und 480 Mbit/s. Entsprechend niedriger, voller und hoher Geschwindigkeit sind die Datenpegel 3,5 V Spitze-zu-Spitze, 3,5 V Spitze-zu-Spitze und 400 mV Spitze-zu-Spitze.

Die Kommunikation erfolgt asynchron, wobei Fehlererkennung/-korrektur und Geräteerkennung/-konfiguration automatisch erfolgen. USB unterstützt mehrere Datenflusstypen: Bulk (aperiodisch, Burst-Modus, große Pakete), Control (aperiodisch, Burst-Modus, Host-initiierte Antwort/Anfrage), Interrupt (begrenzte Latenz, geringe Periodizität) und isochron (periodisch, kontinuierliche Datenübertragung, z. B. Audio und Video). USB-Datenübertragungen verwenden Pakete, und jeder Block von übertragenen Daten beginnt mit dem Host, der ein Token überträgt, das den Typ der Übertragung, die statt-

---

[25] Entspricht 60 Mbit/s.

4.4 Kommunikation in eingebetteten Systemen

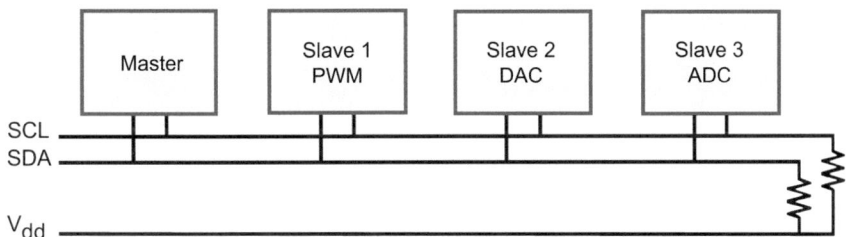

Abb. 4.7 Hardwarebeispiel des I^2C-Netzwerks

Abb. 4.8 Eine grafische Darstellung der einfachsten Form der SPI-Kommunikation

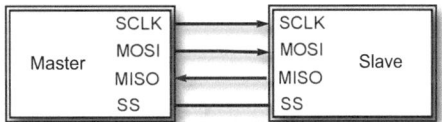

finden wird, identifiziert. Daten werden in die im Token angegebene Richtung übertragen, gefolgt von einem Handshake-Paket, das gesendet wird, um zu bestimmen, ob die Daten erfolgreich übertragen wurden (Abb. 4.7).

4.4.3 Inter-integrated-circuit-Bus (I2C)

Der „inter-integrated circuit" (-Bus) oder I2C ist effektiv ein Protokoll für ein kleines Netzwerk („small area network", SAN). Es wurde geschaffen, um die Kommunikation zwischen integrierten Schaltkreisen auf einer gedruckten Schaltplatine zu erleichtern und ist in Bezug auf die Leitungslänge auf ≈ 4 m begrenzt. Sowohl I2C als auch SPI basieren auf einem Taktsignal (max. 100 kHz) auf einem Leiter (SCL), Daten (SDA) auf einem zweiten Leiter und einem dritten Leiter für die gemeinsame Masse. I2C ist ein bidirektionales System, bei dem die Richtung der Daten durch das I2C-Protokoll bestimmt wird und es keine Begrenzung für die Länge der übertragenen Daten gibt. Slave-Adressen sind 7–10 bit und jedes übertragene Byte wird bestätigt. I2C-Geschwindigkeiten liegen im Bereich von 100 kbit/s bis 3,4 Mb/s. Es werden eindeutige Start- und Stoppbedingungen festgelegt und die Slaves haben jeweils eine 7–10-bit-Adresse. Der Master erzeugt den Takt, setzt die Start-/Stoppbedingungen, überträgt eine Slave-Adresse und bestimmt die Richtung der Datenübertragung.

4.4.4 Serielle Peripherieschnittstelle (SPI)

Die serielle Peripherieschnittstelle („serial peripheral interface", SPI), ursprünglich von Motorola entwickelt, ist ein Protokoll, das hauptsächlich für die Kommunikation mit

Abb. 4.9 SPI – ein Master, mehrere Slaves

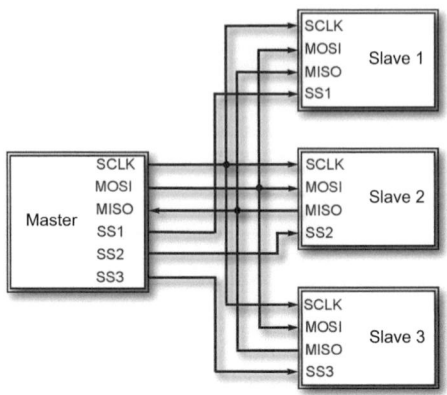

Peripheriegeräten geschaffen wurde. Daten werden synchron übertragen, aber die Daten werden zusammen mit dem Taktsignal übertragen, und daher ist die Taktrate variabel. SPI ist ein Master-Slave-Protokoll, wie in Abb. 4.8 dargestellt, und der Master steuert das Taktsignal. Es kann auch mehrere Slaves geben, wie in Abb. 4.9 gezeigt, aber keine Datenübertragung, es sei denn, ein Taktsignal ist vorhanden. SPI kann entweder als „Einleitersystem" betrieben werden oder im Vollduplexmodus, um die Übertragung in beide Richtungen gleichzeitig zu ermöglichen.

4.4.5 Controller Area Network (CAN)[26]

Der CAN-Bus wurde in den 1980er-Jahren als kostengünstiger, serieller Multi-Master-Bus entwickelt, der speziell in der Lage sein sollte, in elektrisch verrauschten Umgebungen zu arbeiten. CAN unterstützt Master-Slave-, Peer-to-Peer- und Multi-Master-Betriebsmodi. Er wurde erstmals 1992 von Mercedes-Benz in einem Automobilumfeld eingesetzt. Seitdem ist er „der Standard" in der Automobilindustrie und wird von einer Vielzahl von Controllern zur Steuerung/Überwachung von Airbags, Türschlössern, dem Antriebsstrang des Fahrzeugs, Antiblockiersystemen, Scheibenwischern, Regenerkennungssensoren, Motorsteuerung, Armaturenbeleuchtung/Anzeigen, Sitzheizung, Sicherheitsgurtsystemen, Sitzverstellsystemen, Navigationssystemen, Sprach-/Datenkommunikation im Auto, Tempomat, Spiegeleinstellung, Radio/CD-Player-Systemen usw. unterstützt.

Der physische Datenpfad wird durch Flachbandkabel („ribbon cable", RC), geschirmte Kabel mit verdrillten Aderpaaren („shielded twisted pair", STP) oder ungeschirmte Kabel mit verdrillten Aderpaaren („unshielded twisted pair", UTP) bereit-

---

[26] Siehe ISO 11898 für eine detaillierte Spezifikation.

gestellt. Die Übertragung ist nicht synchron, so dass jeder Knoten auf dem Bus in der Lage ist zu senden, vorausgesetzt, der Bus wird gerade nicht genutzt. Es ist jedoch auch möglich, dass mehrere Knoten gleichzeitig Übertragungen initiieren, in welchem Fall eine bitweise Arbitrierung aufgerufen wird, um zu bestimmen, welche Nachricht die höchste Priorität hat.

Vier Arten von Nachrichten werden unterstützt:

1. Datenframe[27] – dies ist der Frame, der zur Übertragung von Daten verwendet wird.
2. Fehlerframe – dieser Frame informiert die anderen Knoten im Netzwerk, dass die Datenintegrität des Datenframes beeinträchtigt wurde und weist den Master an, den Datenframe erneut zu senden.
3. Überlastframe – diese Nachricht tritt auf, wenn ein Gerät keine Daten empfangen kann.
4. Remoteframe – ist eine Frameanforderung für die Übertragung von Daten.

Jeder Knoten auf dem Bus kann den Busverkehr mithören, und daher kann ein Knoten, wenn er einen Fehler in einer Übertragung erkennt, anfordern, dass der Sender, entweder ein Master oder ein anderer Knoten, die Nachricht erneut sendet. Die Übertragung eines Frames beginnt mit der Übertragung eines Start-of-Frame (SOF)-Bits, dem dann das Arbitrierungsfeld folgt, entweder 11 oder 29 bit, das die Art der Nachricht und den Knoten definiert, von dem die Nachricht stammt. Als Nächstes werden die Daten übertragen, beginnend mit 4 bit zur Definition der Datenlänge, dann folgen die Daten. Als Nächstes wird das zyklische Redundanzfeld gesendet. Der Sender berechnet die CRC, platziert sie im Datenframe vor der Übertragung, und dann, nach dem Empfang durch den Empfänger, berechnet der Empfänger seine eigene und vergleicht sie mit der des Senders. Wenn sie den gleichen Wert haben, geht der Empfänger davon aus, dass die Datenintegrität erhalten geblieben ist, ansonsten sendet der Empfänger eine Nachricht zurück, die angibt, dass der Datenframe erneut gesendet werden muss.

4.4.6 Local Interconnect Network (LIN)

Der LIN-Bus[28] [6] ist ein weiterer Bus, der von der Automobilindustrie verwendet wird und im Einzel-Master-multi-Slave-Modus funktioniert. Er wird typischerweise in Verbindung mit dem CAN-Protokoll verwendet, wie in Abb. 4.10 dargestellt, um Kosten zu reduzieren. Das LIN-Protokoll ist viel günstiger zu implementieren, hat aber eine geringere Leistungsfähigkeit, so dass es oft als Subnetz zu CAN dient. Während LIN derzeit

---

[27] Frame bezieht sich auf das Format, das zur Verpackung einer Nachricht für die Übertragung verwendet wird.
[28] Siehe ISO9141 für vollständige Details.

Arbitrierungsfeld STD-ID (11 Bits) EXT-ID (29 Bits)	Kontrollfeld (6 Bits)	Datenfeld (6-8 Bits)	CRC-Feld (16 Bits)	ACK-Feld (2 Bits)	EOF-Feld (7 Bits)	INT-Feld (3 Bits)

Abb. 4.10 CAN-Frameformat

nicht von PSoC 3 und PSoC 5LP unterstützt wird, wird es von PSoC 4 unterstützt und ist hier nur der Vollständigkeit halber aufgeführt.

LIN, ein serielles „Einleiterkommunikationsprotokoll"[29] basiert teilweise auf dem UART[30] und ist darauf ausgelegt, Automobilanwendungen mit geringen Anforderungen wie Fensterheber, Lichter, Türsteuerungen und andere Anwendungen mit geringen Anforderungen zu bewältigen. Die maximale Datenrate für ein LIN-Netzwerk beträgt 20 kbit/s. Das LIN-Nachrichtenformat ist in Abb. 4.11 dargestellt. Die Architektur von LIN ist selbstsynchronisierend, so dass die Knoten keine Quarze oder Resonatoren benötigen. Ein Master bestimmt die Nachrichtenpriorität und -reihenfolge, steuert die Fehlerbehandlung und liefert die Systemtaktreferenz. Slaves sind auf maximal 16 begrenzt und hören auf Nachrichten mit ihren jeweiligen IDs. Obwohl es nur einen Master geben kann, kann ein Slave als Master fungieren. Es sollte beachtet werden, dass sowohl CAN als auch LIN mit höheren Netzwerken verbunden werden können, falls erforderlich. Die Nachrichtenframes enthalten ein Synchronisationsbyte, gefolgt von einem ID-Byte, das Informationen über den Sender, den/die beabsichtigten Empfänger, den Zweck der Nachricht und die Feldlänge der Daten enthält.

Der Frame beginnt mit einer Pause, die aus 13 dominanten Bits besteht.[31] Das nächste Feld ist die Synchronisation, die als x55 definiert ist. Dieses Feld zwingt die Slaves, ihre Baudraten anzupassen, so dass sie mit der des Busses synchronisiert sind. Nachdem das Synchronisationsfeld übertragen wurde, wird eines von 64 möglichen ID-Feldern übertragen: 0 bis 59 sind Datenframes; 60–61 enthalten Diagnosedaten; 62 ist für benutzerdefinierte Zwecke reserviert, und 63 ist für zukünftige Verwendung reserviert. Das Byte, das dieses Feld repräsentiert, enthält 2 Paritätsbits, und die verbleibenden unteren 6 bit sind für die ID reserviert. Die Slave-Antwort ist ein Feld, das 1–8 Byte Daten, gefolgt von einem 8-bit-Prüfsummenfeld enthält. Zwei Methoden werden zur Erstellung der Prüfsumme verwendet: Entweder werden die Bytes im Datenfeld summiert oder die Datenbytes und die ID. Letzteres wird als „erweiterte Prüfsumme" bezeichnet.

---

[29] Der Ausdruck „Einleiter" ist etwas irreführend, bezieht sich aber auf ein System, bei dem die Datenübertragung mit einer einzigen Leitung bezogen auf Masse stattfindet.

[30] Universelles asynchrones Empfangs-/Übertragungsprotokoll („universal asynchronous receiver transmitter", UART) – ein Startbit wird von 7–8 Datenbits gefolgt, die wiederum von Stoppbit(s) gefolgt werden.

[31] Dominante Bits sind als Nullen definiert. Rezessive Bits sind Einsen.

4.5 Programmierbare Logik

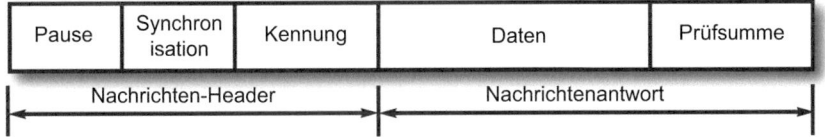

Abb. 4.11 LIN-Frameformat

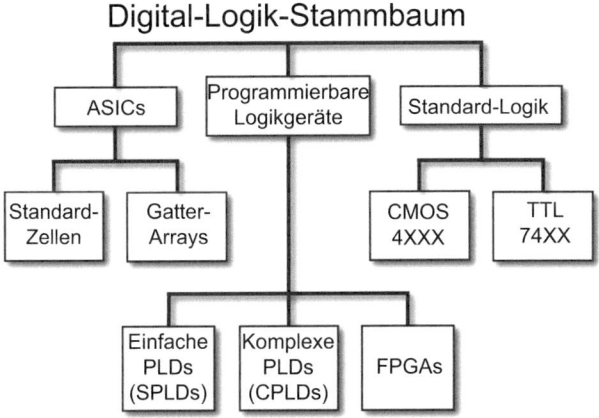

Abb. 4.12 Stammbaum der digitalen Logikfamilie

4.5 Programmierbare Logik

Aufgrund der inhärenten Kosten bei der Gestaltung von IC und der Raffinesse der Geräte und Techniken für ihre Herstellung ist die effizienteste Art der Produktion in großen Mengen. Allerdings werden viele IC-Designs in relativ kleinen Mengen benötigt, und idealerweise sollte ein IC in kleinen Mengen herstellbar sein, wenn erforderlich, aber in großen Mengen produziert werden können, wenn benötigt. Dies hat zur Entstehung einer Familie von programmierbaren Logikgeräten [3] geführt, wie in Abb. 4.12 gezeigt, die wirtschaftlich in großen Mengen hergestellt werden können, aber auch so programmiert werden können, dass sie große Mengen verschiedener relativ geringvolumiger Konfigurationen liefern. Es gibt programmierbare Geräte, die im Feld programmierbar sind. Einige davon sind löschbar und neu programmierbar, um Feldeinsätze und Prototypenentwicklungen zu ermöglichen, die dann, wenn sie erfolgreich sind, in hohen Mengen als herkömmliche integrierte Schaltungen hergestellt werden können. Die dauerhafte Form der programmierbaren Logik ist entweder maskenprogrammiert oder verwendet Sicherungen oder Antisicherungen.[32] Die Hauptproduzenten solcher Geräte waren Actel, Altera, Atmel, Cypress, Lattice, Lucent Technologies, QuickLogic und Xilinx.

---

[32] Sicherungen sind „Links", d. h. Verbindungen, die geöffnet werden können, und Antisicherungen sind potenzielle Verbindungen, die „verlinkt", d. h. verbunden, werden können.

Das erste programmierbare Logikgerät erschien 1984 und bestand aus 320 Gatter, verpackt in einem 20-Pin-Gerät, das mit Geschwindigkeiten von bis zu 10 MHz arbeiten konnte. Das erste Field-Programmable Gate Array (FPGA) erschien 1989 und bestand aus 100 k Gatter, repräsentierte mehr als 10 Mio. Transistoren und war in der Lage, Geschwindigkeiten von bis zu 100 MHz zu erreichen.

Es gibt drei grundlegende Arten von Programmierbaren Logikgeräten („programmable logic devices", PLD):

1. Programmierbarer Nur-lese-Speicher („programmable read-only memory", PROM)
2. Programmierbare Array-Logikgeräte („programmable array logic devices", PAL)
3. Programmierbare Logik-Arrays („programmable logic arrays", PLA)

Das erste benutzerprogrammierbare, festkörperbasierte Gerät, das zur Implementierung von Logikschaltungen im Feld verwendet werden konnte, war der programmierbare Nur-lese-Speicher (PROM). Die Adressleitungen wurden als Eingang und die Datenleitungen als Ausgang verwendet. Ein PROM, der für diese Art von Anwendung verwendet wird, ist jedoch aus Hardwaresicht inhärent komplexer als wirklich notwendig. PROM wurden anschließend durch das feldprogrammierbare Logik-Array („field-programmable logic array", FPLA), auch als PLA bezeichnet, abgelöst.

Ein PLA besteht aus zwei Ebenen oder Stufen, eine mit AND-Gattern und eine zweite mit OR-Gattern, wie in Abb. 4.13 gezeigt. Die Verbindungen in den AND- und OR-Arrays sind programmierbar, was PLA sehr vielseitig gemacht hat. PAL erlauben jedoch nur die Programmierung der AND-Ebene, d. h., die Verbindungen der OR-Ebene sind fest. Dies macht PAL weniger flexibel als PLA, hat aber den Vorteil, dass OR schneller schalten als ihre programmierbaren Verbindungsgegenstücke. Logikexpander können mit PAL verwendet werden, können aber zu erheblichen Laufzeitverzögerungen führen. Im Falle von PROM ist das AND-Array fest, und das OR-Array ist programmierbar (Abb. 4.14 und 4.15).

Ein PLD verwendet Systeme sogenannter „Makrozellen", bestehend aus einfachen Kombinationen von Gattern und einem Flipflop. Jede Makrozelle kann konfiguriert werden, um verschiedene boolesche Gleichungen in Hardware bereitzustellen, und sie hat Eingangs- und Ausgangsverbindungen, die von der booleschen Gleichung verwendet werden. Die resultierende Gleichung kombiniert den Zustand einer beliebigen Anzahl von Eingängen, um einen Ausgang zu erzeugen, der, falls notwendig, im integralen Flipflop gespeichert werden kann, bis das entsprechende Taktsignal auftritt. PLA und PAL werden durch die Anzahl der AND-Gatter, die Anzahl der OR-Gatter und die Anzahl der Eingänge charakterisiert [1].

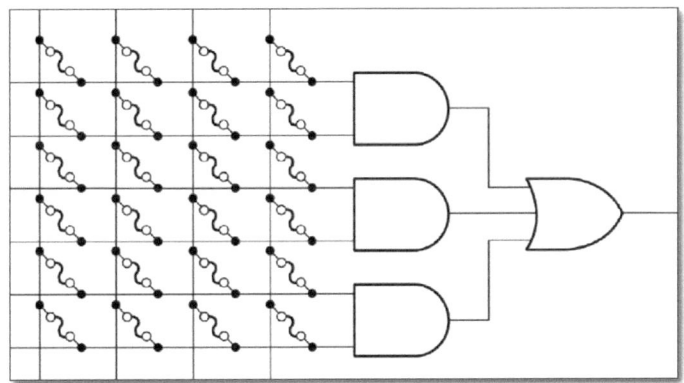

Abb. 4.13 Unprogrammiertes PAL

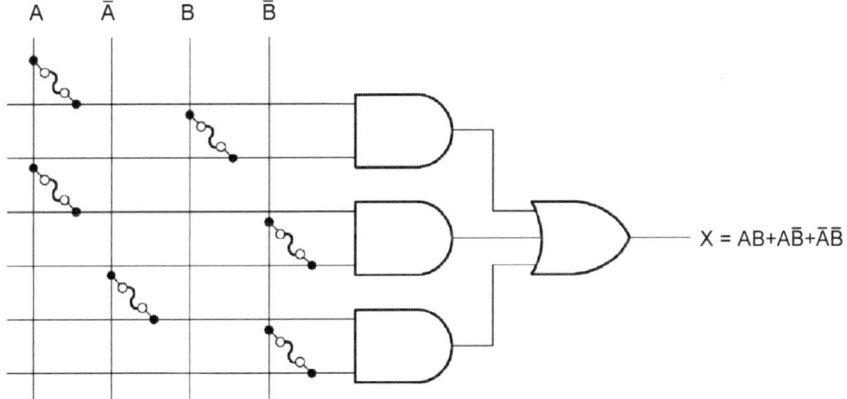

Abb. 4.14 Ein Beispiel für ein programmiertes PAL

4.6 Mixed-Signal-Verarbeitung

Die frühesten eingebetteten Systeme mussten sich größtenteils mit analogen Signalen in Form von Spannungen auseinandersetzen und stützten sich auf Analog-digital- und Digital-analog-Wandler, um die Schnittstelle zwischen dem eingebetteten System und der realen Welt zu ermöglichen. In den letzten Jahren mussten Mixed-Signal-Anwendungen erhebliche Steigerungen der digitalen und analogen Verarbeitungsfähigkeit bereitstellen, die eine Vielzahl von digitalen/analogen Sensoren und Peripheriegeräten sowie Kommunikationsprotokolle, die sowohl digitale Techniken als auch ein breites Spektrum der elektromagnetischen Übertragungs-/Empfangs- und Ausbreitungstechniken und -geräte verwenden, oft in komplexen Kombinationen, umfasst. Die Inte-

Abb. 4.15 Ein Beispiel für einen auf einem PLD basierenden Multiplexer

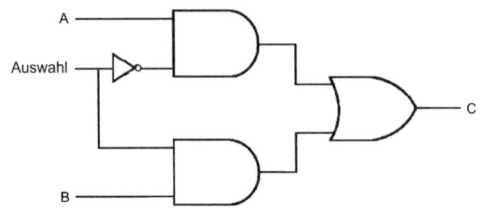

gration von komplexen analogen und digitalen Geräten (Peripheriegeräten) auf einem einzigen Chip hat sich als sehr erfolgreich erwiesen, um viele der aufkommenden Anforderungen an eingebettete Systeme zu erfüllen, und letztendlich zum Konzept eines programmierbaren System-on-Chip, oder PSoC, geführt.[33]

4.7 PSoC: programmierbares System-on-Chip

Die PSoC 1/3/5-Gerätefamilie von Cypress Semiconductor verwendet eine hochkonfigurierbare System-on-Chip-Architektur für ein eingebettetes Steuerungsdesign und bietet ein Flash-basiertes Äquivalent zu einem feldprogrammierbaren ASIC ohne Vorlaufzeit- oder NRE-Strafen[34]. PSoC-Geräte integrieren konfigurierbare analoge und digitale Schaltungen, die von einem On-Chip-Mikrocontroller gesteuert werden, und bieten sowohl eine verbesserte Designüberarbeitungsfähigkeit als auch eine Einsparung von Bauteilen. Ein einzelnes PSoC-Gerät kann bis zu 100 Peripheriefunktionen bereitstellen, während es minimalen Platz auf der Platine und Stromverbrauch benötigt, was die Systemqualität verbessert und die Systemkosten senkt.

Alle PSoC-Geräte sind auch dynamisch rekonfigurierbar, so dass ihre internen Ressourcen spontan „gemorpht" werden können, wodurch weniger Komponenten benötigt werden, um eine bestimmte Aufgabe auszuführen. Dieser Text konzentriert sich auf zwei spezielle PSoC-basierte Architekturen, die hervorragende Leistung und unübertroffene Time-to-Market, Integration und Flexibilität über 8-, 16- und 32-bit-Anwendungen bieten. Diese programmierbaren, analogen und digitalen, eingebetteten Designplattformen werden von einer innovativen Entwicklungsumgebung namens PSoC Creator Integrated Development Environment (PSoC Creator IDE) unterstützt, die über eine einzigartige, schemabasierte, Schaltplanerstellungsfunktionalität und vollständig getestete Bibliotheken von vorgefertigten analogen und digitalen Peripheriegeräten verfügt, die durch die Verwendung von benutzerintuitiven Assistenten und APIs leicht angepasst werden können. PSoC Creator ermöglicht es Entwicklern, neue Designs auf eine hochintuitive

---

[33] PSoC ist ein Warenzeichen der Cypress Semiconductor Corporation.
[34] Nicht wiederkehrende Ingenieurleistungen.

Weise zu entwickeln, die stark die Art und Weise widerspiegelt, wie Entwickler über ihre Designs nachdenken, und verkürzt die Time-to-Market dramatisch.

Die programmierbaren analogen und digitalen Peripheriegeräte in PSoC 3/5LP, Hochleistungs-8-bit- und -32-bit-MCU-Subsysteme und Fähigkeiten wie Motorsteuerung, intelligente Stromversorgung/Batteriemanagement und Unterstützung für Mensch-Maschine-Schnittstellen mit CapSense-Berührungserkennung, LCD-Segmentanzeigen, Grafiksteuerungen, Audio-/Sprachverarbeitung, Kommunikationsprotokolle und vieles mehr, ermöglichen es Entwicklern, eine Vielzahl von eingebetteten Mixed-Signal-Anwendungen zu adressieren, einschließlich aller Phasen der industriellen, medizinischen, automobilen, Kommunikations- und Verbrauchermärkte.

Die PSoC 3/5LP-Architekturen beinhalten hochpräzise, programmierbare analoge Ressourcen, die als ADC, DAC, TIA, Mischer, PGA, OpAmps etc. konfiguriert werden können, und erweiterte programmierbare logikbasierte digitale Ressourcen, die als 8-, 16-, 24- und 32-bit-Timer, -Zähler und -PWM und fortgeschrittene digitale Peripheriegeräte wie zyklische Redundanzprüfung („cyclic redundancy check", CRC), Pseudozufallssequenz („pseudo-random sequence", PRS)-Generatoren und Quadraturdecoder konfiguriert werden können. Diese Ressourcen ermöglichen es Entwicklern, die allgemeine PLD-basierte Logik von PSoC 3/5LP anzupassen. Diese Architekturen unterstützen auch eine breite Palette von Kommunikationsschnittstellen, einschließlich Full-Speed-USB, I2C, SPI, UART, CAN, LIN und I2S.

Die neuen PSoC 3/5LP-Architekturen [4] werden von Hochleistungs-, Industriestandard-Prozessoren angetrieben. Die PSoC 3-Architektur basiert auf einem neuen, leistungsstarken 8-bit-8051-Prozessor, der bis zu 33 MIPS liefert. Die PSoC 5LP-Architektur beinhaltet einen leistungsstarken 32-bit-ARM Cortex-M3-Prozessor und ist in der Lage, 100 DMIPS zu liefern.[35] Beide Architekturen erfüllen die Anforderungen von extrem stromsparenden Anwendungen aufgrund ihrer Fähigkeit, über einen Spannungsbereich von 0,5 bis 5 V und mit einem Ruhezustandsstrom von nur 200 nA zu arbeiten. Sie bieten eine nahtlose, programmierbare Designplattform von 8- bis 32-bit-Architekturen mit Pin- und API-Kompatibilität zwischen PSoC 3 und PSoC 5LP, zusammen mit programmierbarem Routing, das es ermöglicht, jedes Signal, ob analog oder digital, zu jedem allgemeinen I/O zu routen, um das Layout der Schaltplatine zu erleichtern. Diese Fähigkeit beinhaltet die Möglichkeit, LCD-Segmentanzeige- und CapSense-Signale zu jedem GPIO-Pin zu routen.

---

[35] DMIPS bezieht sich auf den Dhrystone-Test, der ein Computerbenchmark ist, der 1984 entwickelt wurde und zur Beurteilung der relativen Leistung eines Prozessors verwendet wird. Seine Ausführungsgeschwindigkeit für einen bestimmten Prozessor wird in *Millionen von Anweisungen pro Sekunde* (MIPS) gemessen. Dies ist jedoch ausschließlich ein Test der Leistung der CPU und nicht der Zugriffs-/Lese-/Schreibperformance des externen Speichers oder der Peripheriegeräte, die oft viel langsamer als die CPU sind.

Die PSoC 3/5LP-Architekturen dienen als skalierbare Plattformen mit der Rechenleistung von Hochleistungs-MCU, der Präzision von eigenständigen analogen Geräten und der Flexibilität von PLD, alles im Rahmen der leistungsstarken, benutzerfreundlichen Designumgebung von PSoC 3/5LP. So können Entwickler von 8-, 16- und 32-bit-Anwendungen die inhärente Flexibilität und Integration der echten Programmierbarkeit auf Systemebene von PSoC 3/5LP voll ausnutzen und das Konzept der Programmierbarkeit über Anweisungen für den Prozessor hinaus auf die Konfiguration von Peripheriegeräten und die Anpassung von digitalen Funktionen erweitern.

Die interne Architektur von PSoC 3/5LP, vgl. Abb. 4.16, besteht aus 14 konfigurierbaren digitalen Modulen (PWM, UART, A/D etc.), 10 analogen Modulen (A/D, Filter etc.) und einem CPU-Kern (entweder 8051 oder ARM Cortex-M3) mit Interrupt-Controller, internem Oszillator, digitalen Taktgebern, Flash, SRAM, I2C- und USB-Controllern, Schaltnetzpumpe, Dezimierer und MAC. All diese Ressourcen werden von einer umfangreichen programmierbaren, Interconnect- und Routing-Einrichtung unterstützt, die praktisch unbegrenzte Konfigurationen und Verbindungen von digitalen und ana-

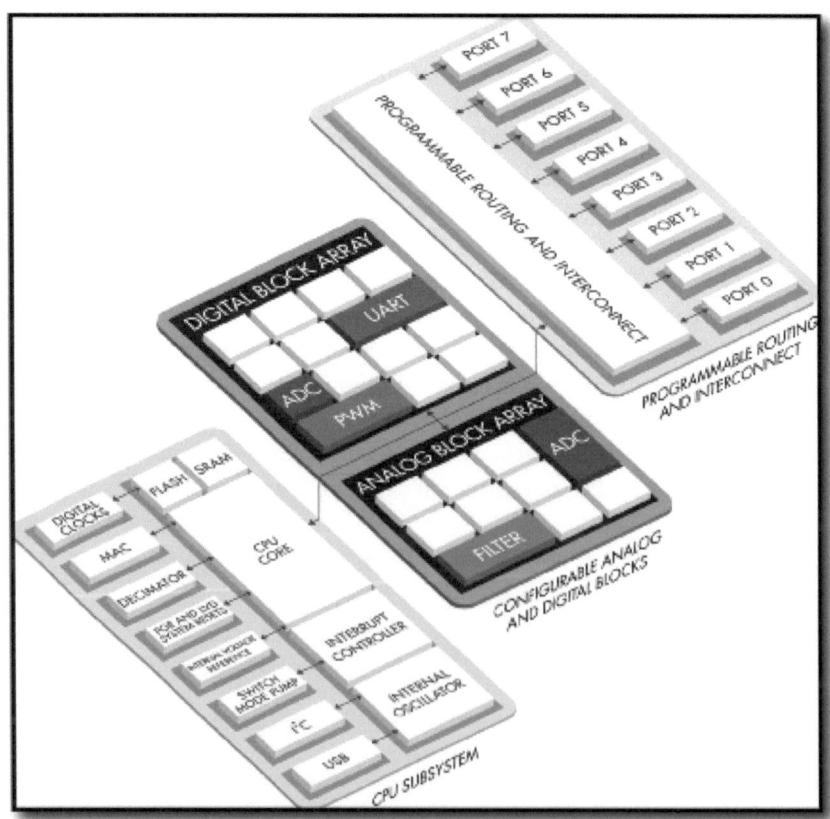

Abb. 4.16 PSoC 1-/PSoC 2-/PSoC 3-Architekturen

logen Modulen und Ressourcen bietet. Die externe Schnittstelle wird durch 8 Ports (0–7) bereitgestellt.

4.8 Hauptmerkmale der PSoC 3/5LP-Architekturen

- Ein programmierbares Präzisions-analog-Subsystem, das eine Auflösung von bis zu 20 bit für den integralen Delta-Sigma-ADC bietet, Abtastraten von bis zu 1 Msps für den 12-bit-SAR-ADC, eine Referenzspannung, die über typische industrielle Temperatur- und Spannungsbereiche auf +/−0,1 genau ist, bis zu vier 8-bit-8-Msps-DAC, 1–50x PGA, allgemeine Operationsverstärker mit 25 mA Antriebsfähigkeit, bis zu vier Komparatoren mit 30 ns Reaktionszeit, DSP-ähnliche digitale Filterimplementierung für Instrumentierung und medizinische Signalverarbeitung, eine große Bibliothek von vorcharakterisierten, analogen Peripheriegeräten in PSoC Creator und CapSense-Funktionalität für alle Geräte.
- Ein programmierbares, leistungsstarkes Array von universellen Digitalblöcken („universal digital blocks", UDB), bestehend aus einer Kombination von ungebundener Logik (PLD), strukturierter Logik (Datenpfad) und flexibler Verbindung zu anderen UDB, I/O oder Peripheriegeräten, mit einer großen Bibliothek von vordefinierten digitalen Peripheriegeräten in der PSoC Creator-Software, z. B. 8-, 16-, 24- und 32-bit-Timer, -Zähler und -PWM.
- Ein anpassbares digitales System wird durch die voll ausgestattete, allgemeine PLD-basierte Logik ermöglicht, die auf dem Chip bereitgestellt wird.
- PSoC 3/5LP unterstützen Hochgeschwindigkeitskonnektivität für Full-Speed-USB, I2C, SPI, UART, CAN [7], LIN und I2S.
- Hochleistungs-CPU-Subsysteme basieren entweder auf dem 8-bit-8051-Kern von PSoC 3 mit 33 MIPS Leistung (32-bit-ARM Cortex-M3-Kern von PSoC 3 oder PSoC 5LP mit 100 [Dhrystone] MIPS Leistung), mehrschichtiger 24-Kanal-direct-Memory-Access (DMA) mit gleichzeitigem Zugriff auf SRAM und CPU, On-Chip-Debugging- und Trace-Funktionalität mit JTAG und Serial Wire Debug (SWD) und die Verfügbarkeit einer Vielzahl von branchenüblichen Compilern und Echtzeitbetriebssystemen.
- Die Betriebsmodi mit geringem Stromverbrauch von PSoC 3/5 bieten einen Betriebsbereich von 0,5–5,0 V ohne Beeinträchtigung der analogen Leistung. Der aktive Stromverbrauch von PSoC 3/5 beträgt 1,2 mA bei 6 MHz für PSoC 3 und 2 mA bei 6 MHz für PSoC 5LP. Der Stromverbrauch im Schlafmodus beträgt 1 µA für PSoC 3 und 2 µA für PSoC 5LP. Der Stromverbrauch im Ruhezustand für PSoC 3 beträgt 200 nA und 300 nA für PSoC 5LP.
- PSoC 3/5 bieten programmierbare, funktionsreiche I/O und Taktgebung durch die Verbindung von jedem Pin zu jedem analogen oder digitalen Peripheriegerät, LCD-Segmentanzeige an jedem Pin mit bis zu 16 Verbänden/736 Segmenten, CapSense an jedem Pin zur Ersetzung von mechanischen Tasten und Schiebereglern. PSoC

3/5 unterstützen auch 2–5,5-V-I/O-Schnittstellenspannungen, bis zu 4 Domänen für eine einfache Schnittstelle mit Systemen, die in verschiedenen Spannungsbereichen arbeiten, und einen internen 1–66 MHz-, +/− 1-%-Oszillator mit PLL über den vollen Temperatur- und Spannungsbereich.

In den folgenden Kapiteln werden detailliertere Diskussionen und illustrative Software- und Hardwarebeispiele bereitgestellt, die sich auf die Themen in diesem Kapitel sowie auf andere beziehen, mit besonderem Schwerpunkt auf der PSoC 3/5-Familie von programmierbaren Systemen-on-Chip.

4.9 Empfohlene Übungen

4-1 Erstellen Sie basierend auf der unten gezeigten Wahrheitstabelle eine Schaltung, die ein PAL mit 3 Eingängen, 2 Ausgängen und 3 Produkttermen verwendet.

$$
\begin{array}{ccc|cc}
A & B & C & F_1 & F_2 \\
\hline
1 & 1 & 1 & 1 & 1 \\
1 & 1 & 0 & 0 & 0 \\
1 & 0 & 1 & 1 & 1 \\
1 & 0 & 0 & 1 & 0 \\
0 & 1 & 1 & 0 & 0 \\
0 & 1 & 0 & 0 & 0 \\
0 & 0 & 1 & 0 & 0 \\
0 & 0 & 0 & 0 & 0 \\
\end{array}
\tag{4.14}
$$

4-2 Erstellen Sie eine auf PAL basierende kombinatorische Schaltung, basierend auf den folgenden booleschen Gleichungen.

$$
\begin{aligned}
w(A,B,C,D) &= \sum(2,12,13) \\
x(A,B,C,D) &= \sum(7,8,9,10,11,12,13,14,15) \\
y(A,B,C,D) &= \sum(0,2,3,4,5,6,7,8,10,11,15) \\
z(A,B,C,D) &= \sum(1,2,8,12,13)
\end{aligned}
\tag{4.15}
$$

4-3 Implementieren Sie ein programmierbares Array mit den folgenden logischen Gleichungen:

$$
\begin{aligned}
X &= AB + AC' \\
Y &= AB' + BC'
\end{aligned}
\tag{4.16}
$$

4.9 Empfohlene Übungen 195

4-4 Vergleichen und kontrastieren Sie die Protokolle RS432, RS422 und RS485, und zeigen Sie die Vorteile und Einschränkungen jedes einzelnen auf. Erklären Sie die Vorteile, die der universal serial Bus (USB) gegebenenfalls gegenüber jedem einzelnen hat. Wie unterscheidet sich der USB 2-Standard vom USB 3-Standard?

4-5 Entwerfen Sie mit PSoC Creator eine Schaltung, die kontinuierlich „Hello World„ über einen RS232-Seriellport sendet, und zwar jede Sekunde für 100 Wiederholungen.

4-6 Eine Black Box hat die folgende I/O-Tabelle, in der A_n und B_n den Eingang bzw. Ausgang darstellen.

A_1	A_2	A_3	B_1	B_2	B_3	B_4	B_5	B_6
0	0	0	0	0	0	0	0	0
0	0	1	0	0	0	0	0	1
0	1	0	0	0	1	0	0	0
0	1	0	0	1	0	0	1	1
1	0	0	0	1	0	0	0	0
1	0	1	0	1	1	0	0	1
1	1	0	1	0	0	1	0	0
1	1	1	1	1	0	0	0	1

Entwerfen Sie eine 8×4-Schaltung, die diese tabellarischen Daten im ROM speichert.

4-7 Vergleichen und kontrastieren Sie die Protokolle UART, SPI und I2C, und zeigen Sie die Vorteile und Einschränkungen jedes einzelnen auf. Wie verhalten sie sich im Vergleich zu RS232, RS422 und RS485?

4-8 Vergleichen und kontrastieren Sie CAN mit den Protokollen SPI und I2C, und zeigen Sie deren Vorteile und Einschränkungen auf. Geben Sie Beispiele für geeignete Anwendungen jedes einzelnen.

4-9 Ein Frame von RS232-Daten ist unten dargestellt. Identifizieren Sie jedes Zeitintervall im Datenframe, und identifizieren Sie den übertragenen Character.

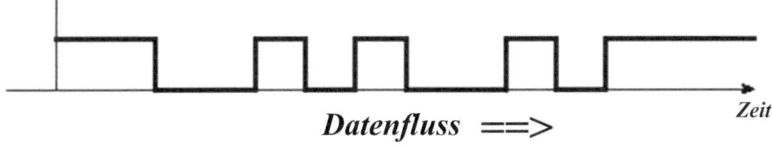

Datenfluss ==>   *Zeit*

4-10 Erklären Sie im Detail die verschiedenen Unterschiede und Ähnlichkeiten zwischen den Protokollen I2C und SPI. Geben Sie mehrere Beispiele an, für die Sie das eine Protokoll gegenüber dem anderen wählen würden, und erklären Sie den Grund Ihrer Wahl.

Literatur

1. M.D. Anu, I2C to SPI Bridge. AN49217. Document No. 001-49217 Rev. **. Cypress Semiconductor (2008)
2. A. Bhat, The unlikely origins of USB, the port that changed everything (29.5.19) https://www.fastcompany.com/3060705/an-oral-history-of-the-usb
3. J.M. Birkner, *PAL Programmable Array Logic Handbook* (Monolithic Memories, Santa Clara, 1978)
4. Full Speed USB (USBFS) 3.20. Document Number: 002-19744 Rev. *A. Cypress Semiconductor (2017)
5. I2C Master/Multi-Master/Slave2.0. Document Number: 001-62887 Rev. *B. Cypress Semiconductor (2013)
6. LIN Slave5.0. Document Number: 002-26390 Rev. *A. Cypress Semiconductor (2019)
7. R. Murphy, PSoC®3and PSoC 5LP–Introduction to Implementing USB Data Transfers. AN56377. Document No. 001-56377 Rev.*M. Cypress Semiconductor (2017)
8. R. Murphy, PSoC 3 and PSoC 5LP USB General Data Transfer with Standard HID Drivers. Document No. 001-82072Rev. *. Cypress Semiconductor (2017)
9. M. Ranjith, PSoC 3and PSoC 5LP–Getting Started with Controller Area Network (CAN). AN52701. Document No.001-52701 Rev. *L1. Cypress Semiconductor (2017)
10. D. Van Ess, What's Next For Programmable Devices? Cypress Semiconductor. (6/29/2009) https://www.cypress.com/documentation/technical-articles/whats-next-programmable-devices

System- und Softwareentwicklung 5

Zusammenfassung

In diesem Kapitel werden empfohlene Designphasen diskutiert, einschließlich Signalfluss. Die integrierte Designumgebung (IDE) von Cypress PSoC, die Komponentenbibliothek, der PSoC-Debugger und der Designregelprüfer werden ebenfalls ausführlich beschrieben. Die Erstellung von benutzerdefinierten Komponenten wird auch hinsichtlich der Ergänzungen zur standardmäßigen Komponentenbibliothek, die vom PSoC Creator bereitgestellt wird, diskutiert. Es werden auch Vorschläge für das Portieren von Anwendungen zwischen den verschiedenen PSoC-Inkarnationen gegeben. Das Intel Hex-Format, das das Protokoll ist, das beim Herunterladen des kompilierten ausführbaren Programms auf das Ziel-PSoC-Gerät verwendet wird, wird ebenfalls beschrieben. Ebenfalls beschrieben werden ablaufinvarianter Code, Assembler-Codierung, big-endian versus small-endian und 8051-Codeoptimierung. Eine kurze Diskussion wird über die Implementierung eines Echtzeitbetriebssystems bereitgestellt, das mit PSoC kompatibel ist und Multithreading und Nebenläufigkeit unterstützt.

5.1 Realisierung des eingebetteten Systems

Die Entwicklung von eingebetteten Systemen auf Basis von Hardwareplattformen wie PSoC 3 und PSoC 5LP erfordert einen Designprozess, der mit einem Konzept beginnt und mit der fertigen Anwendung endet [1]. Es gibt zwar keinen „besten Weg", einen solchen Prozess durchzuführen, aber es gibt eine Reihe von weit verbreiteten Modellen für diese Art von Aktivität, z. B.:

- Wasserfall – eine Reihe von sequenziellen Schritten, wie in Abb. 5.1 dargestellt, d. h. Entwicklung einer Spezifikation, Erstellung eines vorläufigen Designs (Ver-

Abb. 5.1 Wasserfall-Designmodell

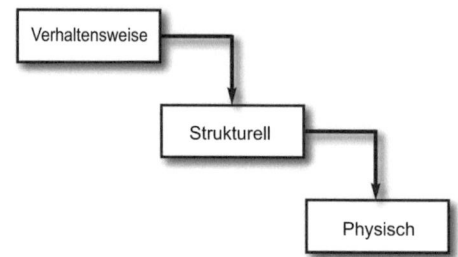

haltensweise), Entwicklung zu einem detaillierten Design (strukturell) und vollständige Implementierung (physisch).[1]

- Top-down – das Design entwickelt sich von einer abstrakten Beschreibung zu einem spezifischen Design.
- Bottom-up – beginnt auf der niedrigsten Ebene mit einzelnen Modulen oder Komponenten und entwickelt sich als Komplex zu einem größeren System.
- Spirale[2] – kann als Kombination von Top-down- und Bottom-up-Methoden beschrieben werden. Das Design beginnt mit einer minimalen Konfiguration, die dann iterativ durch die Einbeziehung einer zusätzlichen Funktion oder Funktionen erweitert, getestet und bewertet wird, und anschließend werden iterativ weitere Funktionen ergänzt, getestet und bewertet, bis das fertige Design entsteht, wie diagrammatisch in Abb. 5.2 dargestellt [17].
- V-Zyklus[3] – erlaubt Tests frühzeitig im Projektverlauf und bietet die Möglichkeit, Fehler im Design früher im Designprozess zu entdecken. Die linke Seite des V repräsentiert den Definitions- und Zerlegungsprozess, und die rechte Seite repräsentiert die Verifizierungs- und Integrationsprozesse, wie in Abb. 5.3 dargestellt.

Jedes dieser Modelle wird allgemein als *Lebenszyklusmodell*[4] bezeichnet, und jedes bietet bestimmte Vor- und Nachteile. Unabhängig davon, welches ein Entwickler wählen mag, gibt es eine zugrunde liegende Reihe von Prinzipien und Schritten, die als Grundlage für jedes dienen und im Rest dieses Kapitels ausführlich besprochen werden. Die diskutierten Modelle entstanden hauptsächlich als Softwareentwicklungsmodelle, aber

---

[1] Der Übergang zum nächsten Schritt erfordert die vorherige Fertigstellung des vorhergehenden Schritts.

[2] Dieses Modell ist besonders nützlich, wenn sich die Anforderungen während des Designprozesses ändern.

[3] Wird auch als Validierungs- und Verifizierungsmodell bezeichnet.

[4] Es gibt eine vierte Designmethodik, die als „Big-Bang-Modell" bezeichnet wird. In diesem Fall erfolgt die Entwicklung für eine gewisse Zeit in relativer Isolation und wird dann in der fiebrigen Hoffnung freigegeben, dass sie mit etwas Glück akzeptabel sein wird.

5.1 System- und Softwareentwicklung

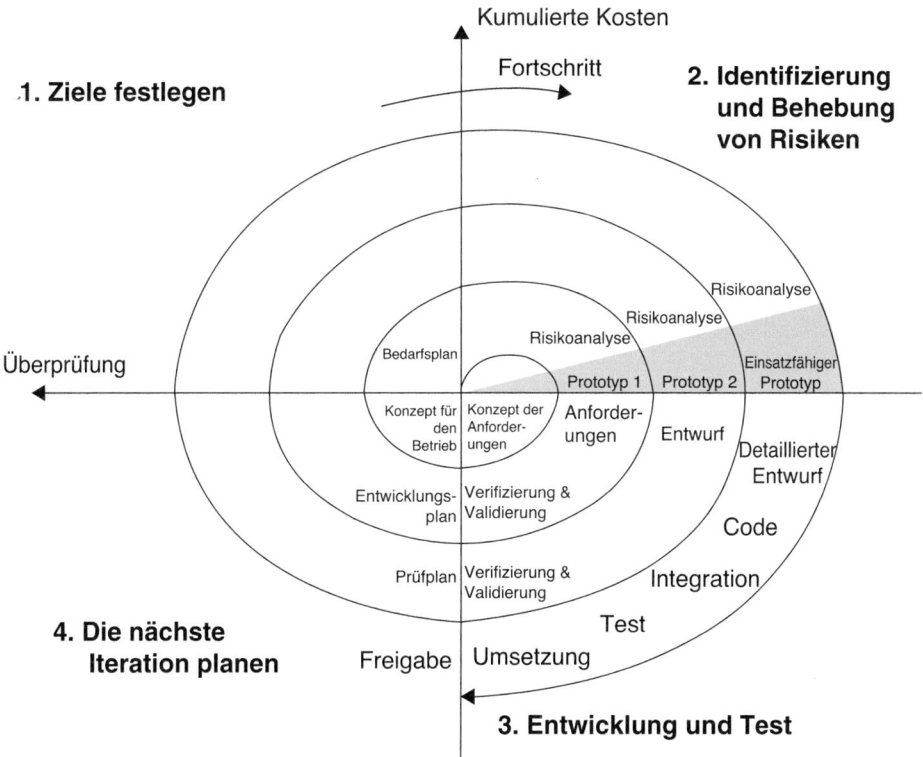

Abb. 5.2 Das Spiralmodell

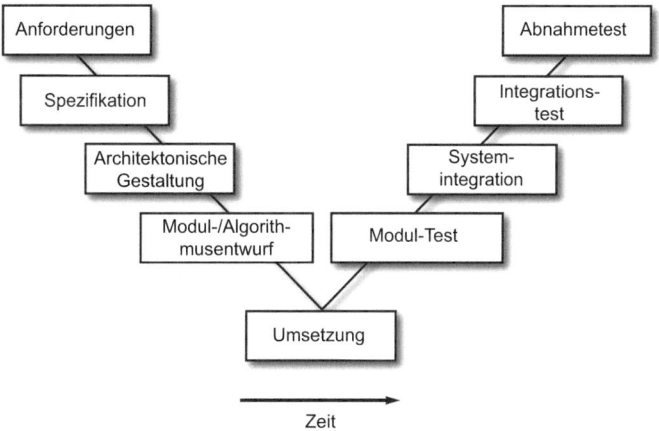

Abb. 5.3 Das V-Modell

da die Linie zwischen Hardware und Software oft, zumindest in einigen Aspekten, als frei wählbar betrachtet werden kann, sind sie durchaus auf den Designprozess für eingebettete Systeme anwendbar.

5.2 Designphasen

Bei der Planung eines eingebetteten Systems ist der erste Schritt, das physische System zu definieren, das gesteuert werden soll, und die damit verbundenen Anforderungen[5] an das System zu bestimmen. Dann ist es möglich, ein Funktionsblockdiagramm des Systems zu zeichnen und von diesem Punkt aus ein Schema abzuleiten. Das Schema kann dann verwendet werden, um ein Signalflussdiagramm, ein zugehöriges Blockdiagramm oder eine Zustandsraumdarstellung des Systems zu erstellen. Dies führt zu einem offenen oder geschlossenen Regelkreis, der implementiert und getestet werden kann, um zu bestimmen, ob er den Anforderungen und Spezifikationen entspricht. Es ist üblich, dass eingebettete Systeme, die ein System oder einen Prozess steuern sollen, negative Rückkopplungsschleifen verwenden, um sicherzustellen, dass das Regelungssystem stabil bleibt, und/oder um das System „selbstkorrigierend" zu machen. Offene Regelkreise können dazu führen, dass das System von den gewünschten (Soll-)Betriebspunkten[6] und Bedingungen für das gesteuerte System oder den Prozess abweicht. Wie in einem vorherigen Kapitel besprochen, müssen auch Störungen des Systems berücksichtigt werden, selbst bei gut entworfenen eingebetteten Systemen.

Zu berücksichtigende Parameter bei der Gestaltung von eingebetteten Systemen sind:

- Variablen, die gesteuert werden sollen,
- Variablen, die manipuliert werden sollen,
- Variablen, die mit Störungen verbunden sind,
- Reglerausgangsvariablen,
- Fehlersignalvariablen,
- interne Sollwerte, die vom Regler verwendet werden,
- externe Sollwerte, die mit dem gesteuerten System oder Prozess verbunden sind, und
- Prozess- oder Systemvariablen, die gesteuert werden sollen.

---

[5] Im gegenwärtigen Kontext bezieht sich der Begriff *Anforderungen* auf eine Beschreibung eines explizit festgelegten Anforderungssatzes, während der Begriff *Spezifikation* auf eine Beschreibung des Systems verweist, das vollständig den Anforderungen entspricht [100].

[6] Sollwerte sind die gewünschten oder Zielparameterwerte für ein gesteuertes System oder einen Prozess, die ein Regler innerhalb akzeptabler Grenzen einhalten soll, z. B. eine Prozesstemperatur, Durchflussrate, Winkelgeschwindigkeit usw.

Beachten Sie, dass zusätzlich zu diesen Variablen auch ihre jeweiligen Änderungsraten wichtige Variablen sein können, z. B. Ableitungen erster und höherer Ordnung. Eine der Leistungsmerkmale eines eingebetteten Systems ist die Robustheit, die im gegenwärtigen Kontext als Maß für die Fähigkeit eines eingebetteten Systems definiert ist, in Anwesenheit von externen Störungen wie gewünscht zu funktionieren,[7] und die Fähigkeit des Systems, Sollwerte trotz externer Störungen beizubehalten.

Es gibt verschiedene Ansätze/Techniken für Systemmodellierung, z. B.:

- deterministisch versus stochastisch
- linear versus nichtlinear,
- zeitkontinuierlich versus zeitdiskret,
- zeitunabhängig versus zeitabhängig.

Systeme, die Rückkopplung verwenden und daher Ausgänge haben, die von vorherigen Variablenwerten abhängen, werden oft als eine Reihe von Differentialgleichungen modelliert, für die die unabhängige Variable die Zeit ist [7]. Ein solches System kann dann in den Frequenzbereich abgebildet und analytisch in Form von Übertragungsfunktionen dargestellt werden, was es relativ einfach macht, die Stabilität des Systems zu untersuchen. Nichtlineare Systeme können erheblich herausfordernder sein als lineare Systeme, denn, wie von Poincaré bemerkt, „…es kann passieren, dass kleine Unterschiede in den Anfangsbedingungen sehr große in den Endphänomenen erzeugen. Ein kleiner Fehler in den Ersteren wird einen enormen Fehler in den Letzteren erzeugen. Vorhersage wird unmöglich…" [103].

5.3 Signalfluss und die schematische Ansicht des Systems

Ein Signalflussdiagramm ist einfach eine grafische Darstellung von Knoten, die durch mehrere gerichtete Zweige miteinander verbunden sind und Variablen wie Eingänge, Ausgänge usw. darstellen. Ein gerichteter Zweig veranschaulicht die Abhängigkeit einer Variable von einer anderen, die mit jedem Zweig verbundene Verstärkung und die Richtung des Signalflusses. Der Standardwert für die Verstärkung ist 1, und die zulässige Richtung des Signalflusses wird durch die Richtung des Pfeils auf jedem Zweig definiert.

Ein Pfad wird definiert als jeder Zweig oder kontinuierliche Sequenz von Zweigen, die durchlaufen werden können, um von einem gegebenen Knoten zu einem zweiten gegebenen Knoten zu gelangen. Zwei Schleifen werden als *nicht berührend* bezeichnet, wenn sie keinen gemeinsamen Knoten teilen. Zweige, die einen oder mehrere gemeinsame Knoten teilen, werden als *berührend* bezeichnet. Jeder Pfad, der am selben

---

[7] Es ist definiert als das Verhältnis der relativen Änderung im stationären Ausgang zur relativen Änderung eines Systemparameters.

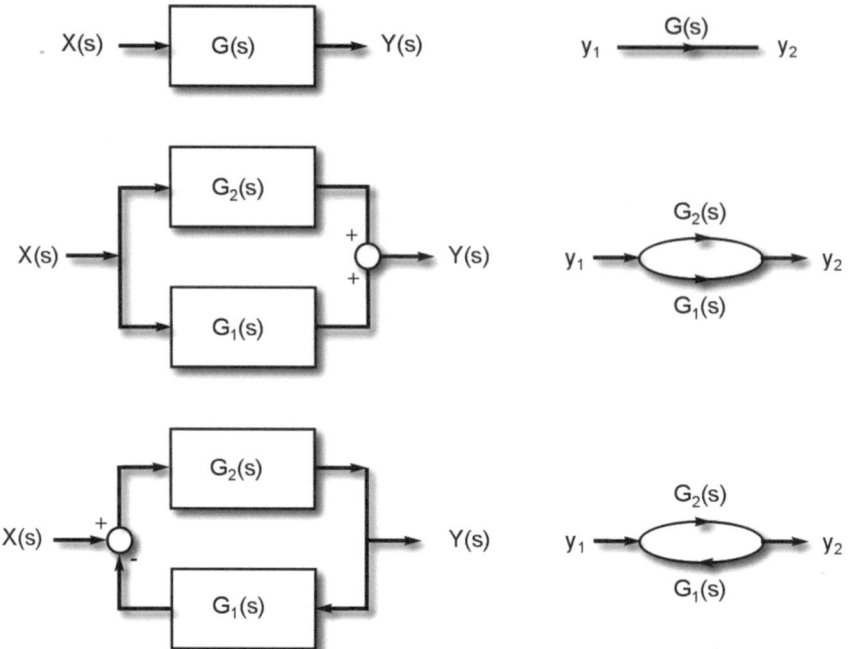

Abb. 5.4 Blockdiagramme und ihre jeweiligen SFG

Knoten beginnt und endet, wird als *Schleife* bezeichnet. Ein *Vorwärtspfad* wird definiert als ein Pfad von einer *Quelle* zu einer *Senke*. Der *Verstärkungsfaktor eines Pfades* wird definiert als das multiplikative Produkt[8] der Verstärkungen jedes der Zweige, die Teil des Pfades sind. Abb. 5.4 zeigt Beispiele für einige häufig anzutreffende Blockdiagramme und die zugehörigen Signalgraphen.

Ein Signalgraph ist also in einfachsten Begriffen nur eine grafische Darstellung einer Reihe von linearen Beziehungen und ist daher nur auf lineare Systeme anwendbar[9] [103]. Es wird auch als *gerichteter Graph* bezeichnet, weil die Richtung des Signalflusses durch die Pfeile in jedem Zweig angezeigt wird. Die Knoten im Signalgraphen

---

[8] Wenn die Verstärkung jedes Zweiges in dB ausgedrückt wird, dann ist die Gesamtverstärkung, ausgedrückt in dB, die Summe der dB-Verstärkung jedes Zweiges.

[9] Wenn jedoch die nichtlinearen Terme des Systems als hinreichend klein betrachtet werden können, kann das System in einigen Fällen durch einen Satz linearer Gleichungen *angenähert* werden. Wenn ein nichtlineares System nur in einem linearen Bereich betrieben wird, kann es möglich sein, die in diesem Kapitel beschriebenen Techniken anzuwenden, die sonst nur für wirklich lineare Systeme reserviert wären. Der Leser wird jedoch darauf hingewiesen, dass das Ignorieren nichtlinearer Aspekte eines Systems zu unerwarteten Folgen führen kann, z. B. chaotisches Verhalten, wie Poincaré 1908 zeigte, der sich der Empfindlichkeit solcher Systeme gegenüber Anfangsbedingungen sehr wohl bewusst war.

5.3 Signalfluss und die schematische Ansicht des Systems

Abb. 5.5 Ein einfaches Beispiel für einen Signalpfad und die zugehörigen linearen Gleichungen

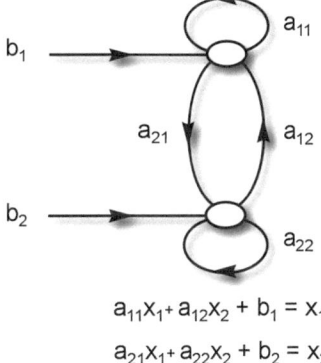

$$a_{11}x_1 + a_{12}x_2 + b_1 = x_1$$
$$a_{21}x_1 + a_{22}x_2 + b_2 = x_2$$

repräsentieren die Variablen eines Satzes von linearen Gleichungen, die das System darstellen, wie z. B. in Abb. 5.5 gezeigt. Beachten Sie, dass a_{11} und a_{22} nicht berührende *Selbstschleifen* sind, und die Schleife, die durch a_{12} und a_{21} gebildet wird, ist ebenfalls eine Selbstschleife.

Das in Abb. 5.5 gezeigte Paar linearer Gleichungen kann umgeschrieben werden als

$$(1 - a_{11})x_1 - a_{12}x_2 = b_1, \tag{5.1}$$

$$-a_{21}x_1 + (1 - a_{22})x_2 = b_2, \tag{5.2}$$

und die Lösung für x_1 und x_2 ergibt

$$x_1 = \frac{(1 - a_{22})}{\Delta b_1} + \frac{a_{12}}{\Delta b_2}, \tag{5.3}$$

$$x_2 = \frac{(1 - a_{11})}{\Delta b_2} + \frac{a_{21}}{\Delta b_1}, \tag{5.4}$$

wobei:

$$\Delta \stackrel{def}{=} \begin{vmatrix} (1 - a_{11}) & -a_{12} \\ -a_{21} & a_{22} \end{vmatrix} = determinant \tag{5.5}$$

$$= 1 - a_{11} - a_{22} + a_{22}a_{11} - a_{12}a_{21}. \tag{5.6}$$

Mit sogenannten „Blockregeln" ist es manchmal möglich, ein Blockdiagramm eines Systems erheblich zu vereinfachen, bevor man versucht, den Signalpfadgraphen zu erstellen. Mehrere dieser Regeln sind in den Abb. 5.6, 5.7 und 5.8 dargestellt. So ist es, wie dieses

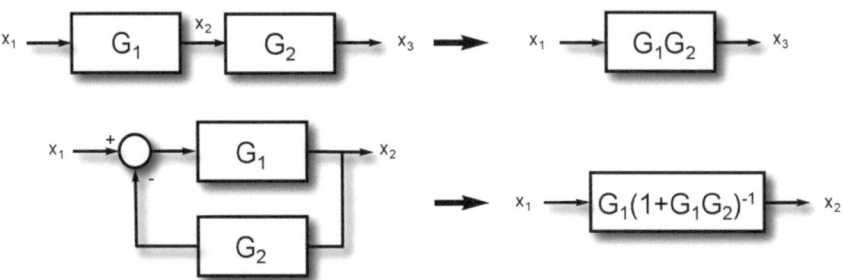

Abb. 5.6 Vereinfachung von zwei Blöcken zu einem

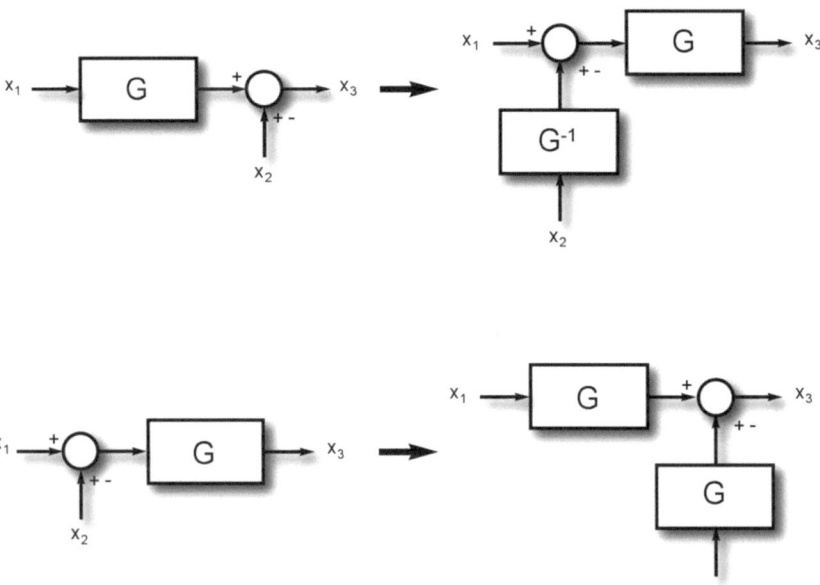

Abb. 5.7 Erweiterung einzelner Blöcke mit Summierstellen

einfache Beispiel zeigt, möglich, mit einer grafischen Darstellung des Signalflusses für ein bestimmtes System zu beginnen und daraus auf direktem Weg eine analytische Darstellung des Systems zu entwickeln.

5.3 Signalfluss und die schematische Ansicht des Systems

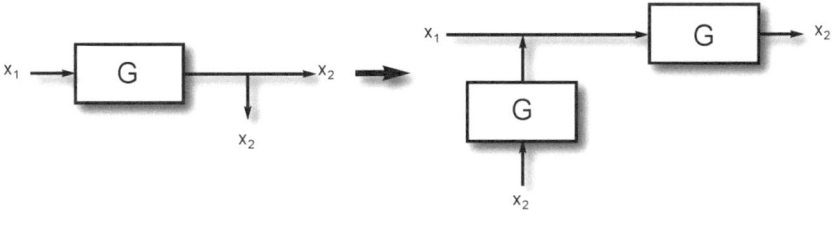

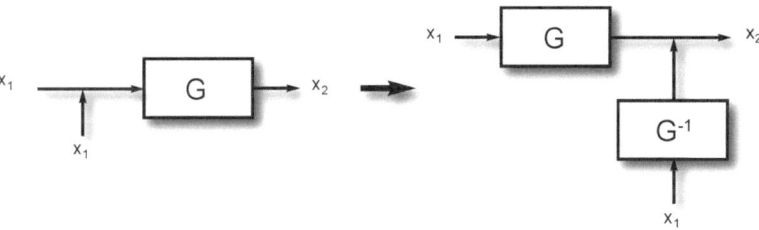

Abb. 5.8 Erweiterung einzelner Blöcke zu zwei äquivalenten Blöcken

5.3.1 Masons Regel

Ein wichtiger Parameter eines Systems, wie die in dem vorherigen Abschnitt besprochenen, ist seine Gesamtverstärkung [58], die für lineare Systeme ausgedrückt werden kann durch:[10]

$$H = \frac{y_{out}}{y_{in}} = \sum_{k=1}^{N} \frac{G_k \Delta_k}{\Delta}, \qquad (5.7)$$

wobei y_{in} und y_{out} die Eingangs- und Ausgangsknotenparameter darstellen, und H ist die *Übertragungsfunktion*, die die Gesamtverstärkung des Systems darstellt. G_k ist die Vorwärtsverstärkung des k-ten Vorwärtspfades und Δ_k ist die Schleifenverstärkung der k-ten Schleife. Die Determinante Δ ist im gegenwärtigen Kontext formal definiert als: Gl. 5.9 kann in Worte gefasst werden als:

$$\Delta = 1 - \sum L_i + \sum L_i L_j - \sum L_i L_j L_k + \cdots + (-1)^n \sum \cdots + \cdots . \qquad (5.8)$$

---

[10] Masons Regel (engl. „Mason's rule") wird auch als „Formel von Mason" oder im Englischen als „Mason's gain formula", „Mason's gain equation" bezeichnet.

Abb. 5.9 Eine einfache Anwendung von Masons Regel

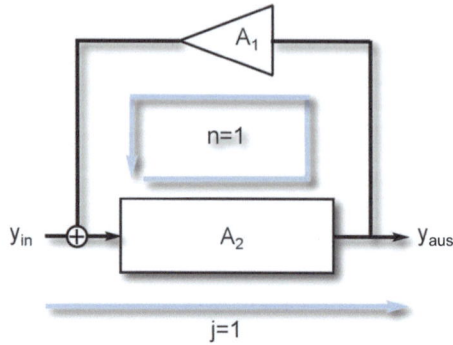

$$\Delta = 1 - (\text{sum all the different loop gains}) \\ + (\text{sum of the products of all pairs of loop gains for non} - \text{touching loops}) \\ - (\text{sum of products of all the triples of loop gains, for non} - \text{touching loops}) \\ + \cdots . \tag{5.9}$$

Die Verstärkung der in Abb. 5.9 gezeigten Schaltung kann durch Anwendung von Masons Regel wie folgt bestimmt werden:

$$M_1 = A_2, \tag{5.10}$$

$$\Delta_1 = 1, \tag{5.11}$$

und daher

$$\Delta = 1 - L_1 = 1 - A_2 A_1, \tag{5.12}$$

so dass

$$H = \frac{\sum M_j \Delta_j}{\Delta} = \frac{A_2}{1 - A_1 A_2}. \tag{5.13}$$

5.3.2 Endliche Zustandsmaschinen

Systeme, die ausschließlich aus kombinatorischer Logik bestehen, haben keine explizite Zeitabhängigkeit, und daher sind die Ausgaben nicht von der Zeit oder der Historie abhängig. Einfach ausgedrückt, hängen die Ausgaben solcher Systeme nicht von vorherigen Werten der Eingabe oder Ausgabe ab.[11] Die Ausgaben einer endlichen Zustandsmaschine [4] zu einem bestimmten Zeitpunkt hängen jedoch von den Zuständen

---

[11] Dies setzt natürlich voraus, dass die Ausgaben solcher Systeme nicht Verzögerungen innerhalb des Systems unterliegen und daher eine unmittelbare Folge der Eingaben in das System sind.

5.3 Signalfluss und die schematische Ansicht des Systems

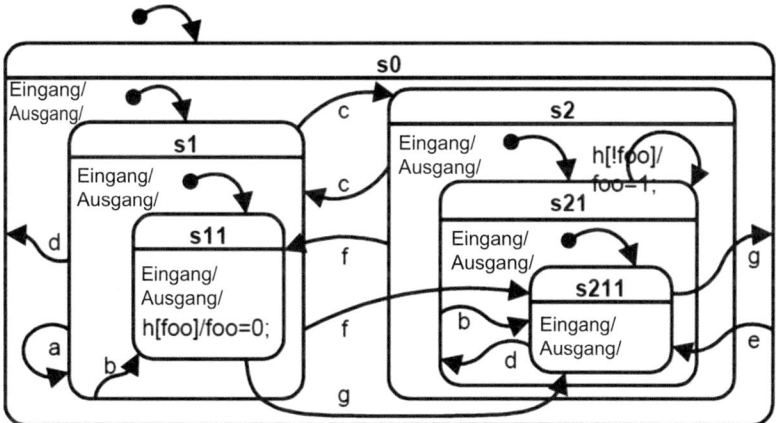

Abb. 5.10 Ein Beispiel für ein verschachteltes Zustandsdiagramm mit 6 Zuständen

ab, durch die das System gegangen ist um den aktuellen Zustand zu erreichen, den aktuellen Eingabewerten, und daher der Zeit, die benötigt wird, um die aktuellen Ausgaben zu erzeugen.[12]

Endliche Zustandsmaschinen („finite state machines", FSM) werden häufig verwendet, um Entscheidungsalgorithmen zu implementieren, die ein Schlüsselelement der meisten eingebetteten Systeme sind. Sie sind besonders attraktiv für Systeme, die stark ereignisgesteuert sind, und werden oft als Alternative zu einem System auf Basis eines Echtzeitbetriebssystems eingesetzt. Zustandsmaschinen werden in Anwendungen verwendet, in denen unterscheidbare, diskrete Zustände existieren. Endliche Zustandsmaschinen basieren auf der Idee, dass es für ein gegebenes System, das eine endliche Anzahl von Zuständen hat, zwei Arten von FSM (Mealy- und Moore-Automaten) gibt. Sie unterscheiden sich durch ihre Ausgabegenerierung: Ein Mealy-Automat hat Ausgaben, die vom Zustand und der Eingabe abhängen, und ein Moore-Automat hat Ausgaben, die nur vom Zustand abhängen. FSM können auch durch grafische Darstellungen in Form von Zustandsdiagrammen und hierarchisch verschachtelten Zuständen dargestellt werden, wie das Beispiel in Abb. 5.10 zeigt.[13]

---

[12] Kapitel 8 behandelt FSM ausführlicher.
[13] Zustandsverschachtelung ermöglicht die Definition neuer Zustände in Bezug auf zuvor definierte Zustände und daher in Bezug auf Unterschiede zu vorherigen Zuständen, was die Wiederverwendbarkeit fördert. Diese Technik basiert auf dem Konzept der Vererbung.

Abb. 5.11 Schwache Kopplung zwischen den Modulen A, B, C und D

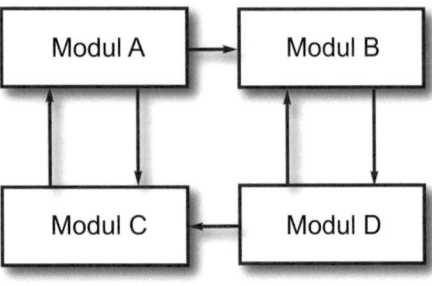

Abb. 5.12 Enge Kopplung zwischen den Modulen A, B, C und D

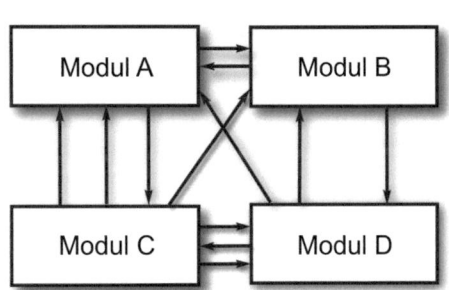

5.3.3 Kopplung und Kohäsion

Es gibt eine Reihe wichtiger Eigenschaften eines eingebetteten Systems, z. B. Fehlertoleranz/-vermeidung, Identifizierung von Ausnahmen, Ausnahmebehandlung und Modulunabhängigkeit in Bezug auf Kopplung und Kohäsion. Der Begriff Kopplung bezieht sich auf die relative gegenseitige Abhängigkeit von Modulen und kann grob als entweder *enge* oder *lose Kopplung* charakterisiert werden. Beispiele für lose und enge Kopplung sind in den Abb. 5.11 und 5.12 dargestellt.

> Die Begriffe *enge* und *lose Kopplung* drücken den Grad aus, zu dem alle Elemente eines Moduls auf eine einzige Aufgabe/Prozedur ausgerichtet sind und alle auf diese Aufgabe/Prozedur ausgerichteten Elemente in einer einzigen Komponente enthalten sind.

Ein Design, das aus zwei oder mehr lose gekoppelten Modulen besteht, kann einige unmittelbare Vorteile bieten, da die Komplexität eines Systems oft direkt proportional zum

5.3 Signalfluss und die schematische Ansicht des Systems

Grad der Kopplung zwischen den Modulen ist,[14] d. h., je enger die Kopplung, desto größer die Abhängigkeit zwischen den Modulen und daher auch die Komplexität der Interaktion zwischen ihnen. Daher sollten die Interaktionen zwischen den Modulen als allgemeine Regel auf das Mindestmaß beschränkt werden, das erforderlich ist, um sie effektiv interagieren zu lassen. Durch die Verwendung von lose gekoppelten Modulen in einem Design können das Debugging oft erheblich reduziert und Designänderungen/ Fehlerbehebungen im Feld erheblich erleichtert werden.[15] Es gibt natürlich Systeme, in denen einige Module zwangsläufig extrem eng gekoppelt sein müssen, um effektiv zu funktionieren, z. B. in Fällen, in denen eine fehlerfreie Kommunikation erforderlich ist und/oder hohe Datenübertragungsraten beteiligt sind.

Kohäsion ist ein Maß für den Grad, zu dem eine Reihe von Aufgaben/Prozeduren innerhalb eines Moduls verwandt sind. Es gibt eine Vielzahl von Kohäsionstypen, z. B.:

- *Zufällige Kohäsion* – Prozeduren/Aufgaben sind zufällig innerhalb eines Moduls gruppiert, aber die Abhängigkeit zwischen solchen Prozeduren/Aufgaben ist schwach.
- *Zeitliche Kohäsion* – unabhängige Aufgaben sind innerhalb eines Moduls gruppiert, weil sie einige zeitliche Abhängigkeiten haben, z. B., sie müssen innerhalb eines bestimmten Zeitraums abgeschlossen sein und/oder sind zeitlich sequenziell geordnet.
- *Sequentielle Kohäsion* – eine gegebene Aufgabe hängt von Prozeduren ab, die sequenziell geordnet sein müssen.
- *Funktionale Kohäsion* – die einzige Funktion des Moduls besteht darin, eine spezifische Aufgabe auszuführen, und die Prozeduren innerhalb dieses Moduls sind auf diejenigen beschränkt, die zur Ausführung der Aufgabe notwendig sind.
- *Kommunikative Kohäsion* – alle Operationen innerhalb eines Moduls arbeiten auf einem gemeinsamen Satz von Eingabedaten und/oder erzeugen die gleichen Ausgabedaten.
- *Logische Kohäsion* – eine Reihe von Aufgaben/Prozeduren, die logisch und nicht funktional verwandt sind. Typischerweise befinden sich mehrere logisch verwandte Aufgaben innerhalb eines gegebenen Moduls und werden von einem externen Benutzer ausgewählt.
- *Prozedurale Kohäsion* – verwandte Aufgaben/Prozeduren sind in einem Modul enthalten, um eine bestimmte Ausführungsreihenfolge zu gewährleisten. In solchen Modulen werden die Kontrolle und nicht die Daten von einer Prozedur/Aufgabe zur anderen übertragen.

---

[14] Eine analoge Situation kann in Anwendungen auftreten, die Softwaremodule verwenden, die auf globalen Variablen basieren, wenn die Datenübertragung per Wert oder Referenz vorzuziehen ist.

[15] Die Fehlerbehebung im Feld basiert oft auf der bewährten Praxis der „Isolieren-und-zerstören-Techniken". Schwach gekoppelte Module erleichtern in der Regel die Isolierung von Problemen erheblich.

5.3.4 Signalketten

Der Ausdruck *Signalkette*[16] bezieht sich auf den Weg eines Signals durch eine Reihe von Signalverarbeitungskomponenten, wie sie in eingebetteten Systemen verwendet werden, die Datensignale erfassen und sie seriell verarbeiten. Eine *programmierbare Signalkette* („programmable signal chain", PSC) basiert auf programmierbaren analogen Geräten, die in Verbindung mit digitaler Logik und einer leistungsstarken CPU in Form eines Mikrocontrollers, Mikroprozessors oder DSP eingesetzt werden.[17] Solche Konfigurationen sind durchaus in der Lage, eingebettete Systeme bereitzustellen, die sehr anpassungsfähig, vielseitig und effektiv für die Bewältigung einer Vielzahl von Mixed-Signal-Anwendungen sind. Dies ist besonders wichtig bei der Gestaltung von Systemen, die von der Fähigkeit eines solchen Systems profitieren können, sich in Echtzeit neu zu konfigurieren, um variable Betriebsumgebungen und -bedingungen zu erfüllen.[18]

Eine der am häufigsten anzutreffenden Signalketten ist in Abb. 5.13 dargestellt. Der Eingang zu einem solchen System stammt oft von verschiedenen Arten von Sensoren, und der Ausgang kann zu Aktuatoren, Datenkanälen, drahtloser Übertragung oder anderen Geräten führen. Eingangsverstärker in Form von generischen OpAmps, Instrumentenverstärkern, Lock-in-Verstärkern, Hochfrequenzverstärkern usw. werden typischerweise verwendet, um Eingänge von Quellen mit niedrigem Pegel und hoher Impedanz zu akzeptieren und sie in Signale mit niedrigen Impedanzen[19] und hohen Pegeln umzuwandeln. Die verwendeten OpAmps sind oft fünfpolige Geräte, d. h., positiver Eingang, negativer Eingang, Masse und 2 Versorgungsspannungen, z. B. +/−6 V. Es gibt jedoch eine Vielzahl von speziellen Anwendungsverstärkern, die für spezifische Arten der Signalverarbeitung ausgelegt sind und in der Lage sind:

- analoge Signale für die Verarbeitung durch A/D- und D/A-Wandler vorzubereiten,
- niedrige Ausgangsimpedanz und Hochgeschwindigkeitsausgang zu liefern und automatische Verstärkungsregelung (AGC) oder variable Verstärkungsregelung (VGC) bereitzustellen,

---

[16] Der Ausdruck *Signalverarbeitungskette* wird manchmal anstelle von *Signalkette* verwendet, bezieht sich aber in beiden Fällen auf eine Reihe von Signalkonditionierungskomponenten [13, 14], die in der analogen Signalakquisition, -verarbeitung und -steuerung beteiligt sind, wie sie typischerweise in eingebetteten Mixed-Signal-Systemen vorkommen.

[17] Digitale Signalprozessoren sind hochspezialisierte Mikroprozessoren, deren Architektur speziell darauf ausgelegt ist, hoch optimierte Signalverarbeitungsfunktionen auszuführen, z. B. die Echtzeitverarbeitung von Videosignalen.

[18] Diese Fähigkeit wird als *dynamische Rekonfigurierbarkeit* bezeichnet.

[19] Niedrige Impedanz ermöglicht es, ausreichend Leistung für nachfolgende Stufen bereitzustellen, um das Signal nicht negativ zu beeinflussen.

5.3 Signalfluss und die schematische Ansicht des Systems

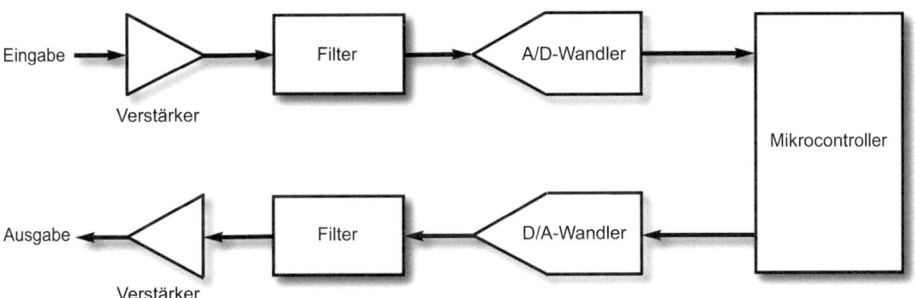

Abb. 5.13 Eine häufig anzutreffende Signalkette

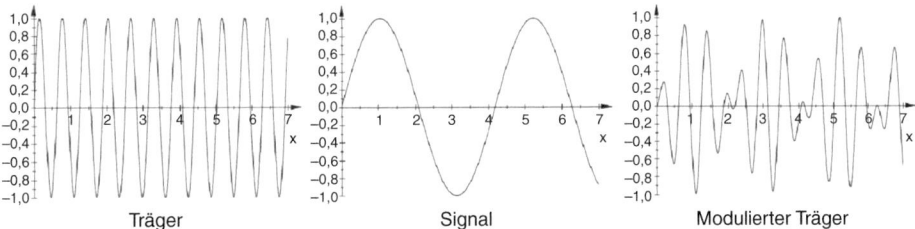

Abb. 5.14 Ein Beispiel für Amplitudenmodulation

- schwache Signale zu demodulieren und Signale mit hohem Dynamikbereich zu komprimieren,[20]
- ein schwaches, differentielles Signal aus einem größeren Gleichtaktsignal zu extrahieren, während transiente und/oder andere unerwünschte Signale herausgefiltert werden, und
- Eingangssignale genau zu reproduzieren, indem die Verzerrung der Eingangswellenform minimiert wird.

Einige Sensoren erzeugen Ausgangssignale, die in Form von *modulierten Trägern* sind. Das heißt, das Signal wird entweder mit variabler Amplitude oder mit variabler Frequenz oder einer Kombination davon übertragen. Als Beispiel ist in Abb. 5.14 ein Signal dargestellt, das in einen Träger eingebettet ist.

Diese Technik wird oft verwendet, um die Auswirkungen von Verstärkerrauschen, Offset und Erdungsproblemen zu minimieren. Eine Technik, die in solchen Fällen

---

[20] Dynamikbereich wird definiert als das Verhältnis von möglichen hohen zu niedrigen Signalwerten, entweder Strom oder Spannung, die von einem gegebenen Gerät unterstützt werden.

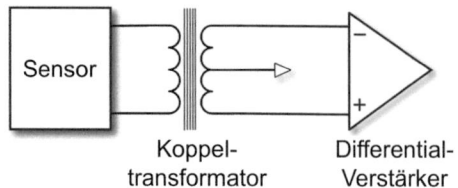

Abb. 5.15 Transformatorgekoppelter Eingangssensor

angewendet wird, ist die Verwendung eines sogenannten Kopplungstransformators um eine DC-Trennung zwischen dem Sensor und dem Eingangsverstärker herzustellen, wie in Abb. 5.15 gezeigt.

In solchen Fällen bietet eine Mittelanzapfung auf der Sekundärseite oder am Ausgang des Transformators eine gemeinsame Masse als Referenz für den Ausgang der Sekundärwicklung des Transformators. Beachten Sie, dass diese Technik einen single-ended Eingang in einen differentiellen Ausgang umwandelt.

Demodulation dieses Signals kann durch die Verwendung einer Vielzahl von Techniken erreicht werden, z. B. können für extrem schwache Signale Lock-in-Verstärker verwendet werden, die in der Lage sind ein Signal zu erfassen, das bis zu 100 dB[21] unter dem Umgebungsgeräuschpegel liegt. Signale können entweder als single-ended oder differentielle Eingänge gemessen werden. Im ersteren Fall wird das Eingangssignal in Bezug auf die Masse[22] gemessen und manchmal kapazitiv an den Eingang des Verstärkers gekoppelt. Differentielle Signale erfordern, dass sowohl die positiven als auch die negativen Eingänge eines Verstärkers verwendet werden,[23] und die differentielle Messung beider Eingänge erfolgt daher nicht in Bezug auf eine gemeinsame Masse.

Obwohl auf Blockebene Signalketten relativ einfach sein können, können selbst die einfachsten Signalketten, die vielleicht die Messung eines externen Widerstands beinhalten, der mit einem interessierenden physikalischen Parameter wie Temperatur, Druck, Durchflussrate usw. in Beziehung steht, erhebliche Probleme aufwerfen, die berücksichtigt

---

[21] dB ist eine logarithmische Maßeinheit, die auf dem Verhältnis einer physikalischen Größe zu einem Referenzwert derselben physikalischen Größe basiert. Im Falle von Leistung ist es definiert als $10\,log_{10}\left(\frac{P_1}{P_0}\right)$ und für Spannung als $20\,log_{10}(\frac{V_1}{V_0})$. Daher entspricht 100 dB unter dem Umgebungspegel -100 dB oder 0,0000000001 (10^{-10}) des zugehörigen Referenzwerts.

[22] Beachten Sie, dass die Signalmasse die des Netzgeräts oder eine gemeinsame Masse sein kann oder auch nicht. Die verwendete Masse kann eine Quelle für unerwünschte Signale, d. h. Rauschen, sein, und in solchen Fällen muss sorgfältig darauf geachtet werden, geeignete Erdungstechniken zu verwenden.

[23] Ein OpAmp mit sowohl positiven als auch negativen Eingängen kann als einseitiger oder differentieller Verstärker dienen. Einseitige Anwendungen werden einfach durch Erdung eines der Verstärkereingänge und Anlegen des Eingangssignals an den anderen Eingang erreicht.

Abb. 5.16 Ein Blockdiagramm einer Temperaturmesssignalkette

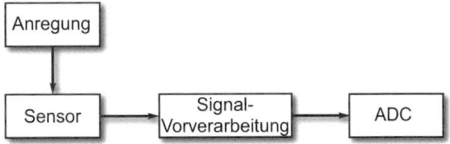

werden müssen. Zum Beispiel müssen Nichtlinearitäten im Widerstand gegenüber dem Wert des gemessenen physikalischen Parameters, Temperatur- gegenüber Widerstandsvariationen im Sensor und den Verbindungen zum Sensor,[24] Genauigkeits- und Präzisionsanforderungen, Umgebungsstörungen und damit verbundene negative Auswirkungen auf den Sensor und Verbindungen zum eingebetteten System, Variationen im Widerstand der Verbindungen zwischen dem Sensor und dem eingebetteten System, Verstärkungsvariationen der Eingangsstufe, Sensoranregungsanforderungen, Wechselwirkungen durch Übersprechen und erforderliche Filterung ebenfalls berücksichtigt werden.

5.4 Schematische Ansicht des Systems

Als illustratives Beispiel kann eine einfache Signalkette, die mit einer Temperaturmessung in Zusammenhang steht, wie in Abb. 5.16 gezeigt, in Form eines Blockdiagramms dargestellt werden. Eine schematische Darstellung dieses Blockdiagramms ist in Abb. 5.17 gezeigt. Es sollte beachtet werden, dass in praktischen Anwendungen die Masseverbindungen für den Sensorwiderstand und ADC alle in der Nähe gemacht werden, wenn sie in einem physischen System implementiert werden. Diese Art von differentieller Messverbindung reduziert Rauschprobleme, da Gleichtaktmessungen dazu neigen, Signale zu eliminieren, die von den differentiellen Eingangsleitungen aufgenommen werden. Eine noch einfachere Signalwegkette für diese Art von Messung ist in Abb. 5.18 gezeigt, in der der Digital-analog-Wandler durch einen Digital-Strom-Wandler ersetzt wurde, wodurch die Anforderung für den Referenzwiderstand entfällt.

Temperaturmessungen mit Hilfe von Widerstandseinrichtungen wie Thermistoren,[25] deren Widerstand eine Funktion der Umgebungstemperatur ist, neigen dazu, nichtlineare Eigenschaften aufzuweisen. Wie in Kap. 1 diskutiert, kann der Widerstand eines Thermistors als Funktion der Temperatur durch die Gleichung

---

[24] Einschließlich solcher Überlegungen wie Temperaturgradienten entlang der Leitungen, die mit dem Sensor und dem eingebetteten Systemeingang verbunden sind.

[25] Thermistor ist ein Akronym für thermischen Widerstand, das sich auf einen Widerstand bezieht, dessen Widerstand eine bekannte Funktion der Temperatur ist. Während normalerweise eine nichtlineare Beziehung zwischen Temperatur und Widerstand für solche Geräte besteht, können sie manchmal als quasi-linear über den Bereich von Interesse betrachtet werden.

Abb. 5.17 Ein schematisches Diagramm der in Abb. 5.16 gezeigten Signalkette

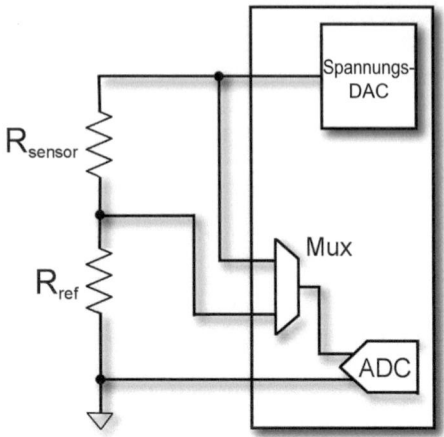

$$\frac{1}{T} = A + B\,ln(R) + C[ln(R)]^3 \qquad (5.14)$$

approximiert werden, wobei T die Umgebungstemperatur des Thermistors ist, R der gemessene Widerstand und A, B und C Konstanten sind, die den betreffenden Thermistor charakterisieren. Anstatt diese Gleichung explizit für jede Temperaturmessung zu lösen, ist es einfacher und effizienter, eine Look-up-Tabelle zu verwenden, die die diskreten Werte für Widerstand und Temperatur für diesen speziellen Thermistortyp enthält. Falls notwendig, kann für zusätzliche quantitative Details lineare Interpolation[26] unter Verwendung der Koordinaten der bekannten Punkte auf der Kurve angewendet werden.

Widerstandstemperaturdetektoren[27] („resistance temperature detectors", RTD) sind eine besonders nützliche Art von Temperatursensor, der die Eigenschaft hat, dass bei 0

---

[26] Die lineare Interpolation basiert auf der Idee, dass, wenn zwei Punkte auf einer gegebenen Kurve bekannt sind, z. B. ein Graph der Temperatur gegen den Widerstand (T gegen R), dann kann die Steigung einer Linie, die zwischen den beiden Punkten gezeichnet wird, leicht bestimmt werden, und der Wert der Temperatur für einen gegebenen Widerstand zwischen diesen beiden Punkten kann durch Auswertung des folgenden Ausdrucks approximiert werden: $T = T_0 + [(T_1 - T_0)/(R_1 - R_0)]$, wobei (R_0, T_0) und (R_1, T_1) bekannte Werte sind und ausreichend nahe gewählt werden, um die erforderliche Genauigkeit zu liefern. Es wird angenommen, dass die lineare Interpolation bereits von den Babyloniern zwischen 2000 und 1700 v. Chr. verwendet wurde [84].

[27] C.H. Meyers [86] schlug zuerst den RTD in Form einer spiralförmigen Platinspule auf einem gekreuzten Mica-Netz in einem Glasrohr vor. Allerdings war seine thermische Ansprechzeit für viele Anwendungen zu langsam und wurde anschließend durch ein Design von Evans und Burns [40] ersetzt, das stattdessen eine ungelagerte Platinspule verwendete, die sich als Ergebnis von thermischer Ausdehnung und Kontraktion frei bewegen konnte.

5.4 Schematische Ansicht des Systems

Abb. 5.18 Eine weitere Vereinfachung, die sich aus der Verwendung eines Strom-DAC ergibt

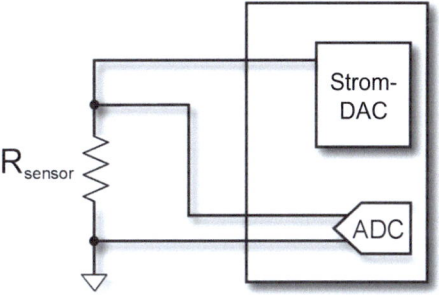

Abb. 5.19 Schematische Darstellung der Dreileiterschaltung in PSoC Creator

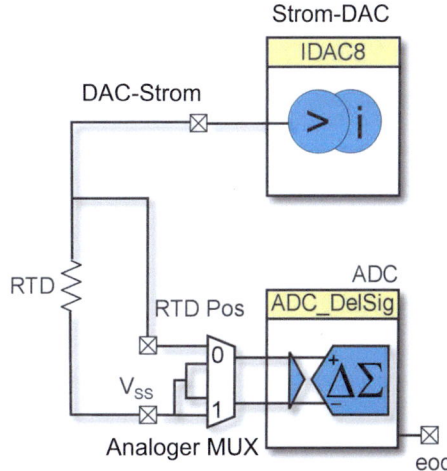

°C der Widerstand nominell 100 Ω beträgt und die Änderungsrate des Widerstands in Bezug auf die Temperatur (dR/dT) 3,85 Ω/°C beträgt.[28] RTD haben einen sehr niedrigen Widerstand, und daher muss der Effekt von zusätzlichen niederohmigen Pfaden berücksichtigt werden. Typischerweise wird die Spannung über einem RTD gemessen, indem entweder Drei- oder Vierleitermethoden verwendet werden. Die Dreileitermethode ist in Abb. 5.19 dargestellt.

Die vom ADC gemessene Spannung ist eine Kombination aus dem Abfall über den RTD und der Leitung, die den DAC mit dem Widerstand verbindet, und der Spannung über dem Widerstand. Der Strom durch den Leiter und den Widerstand ist bekannt, und der Widerstand der Leitung kann gemessen werden, so dass der Spannungsabfall über den Leiter bekannt ist.

---

[28] Platin-RTD sind extrem genau und stabil im Vergleich zu Thermistoren und anderen häufig anzutreffenden Temperatursensoren.

5.5 Korrelierte Doppelabtastung (CDS)

Signalketten beinhalten oft Signale mit kleinen Amplituden und relativ niedrigen Frequenzen. Die Genauigkeit sowie Präzision von Messungen solcher Signale können durch verschiedene nicht ideale Eigenschaften wie Offset und Rauschen begrenzt sein. Offsetpotenziale,[29] Offsetpotenzialdrift[30] und Niederfrequenzrauschen,[31] die alle Funktionen der Temperatur sind, treten häufig in Systemen wie denen in den Abb. 5.19 und 5.20 auf. Offensichtlich sind dies höchst unerwünschte Effekte, wenn man empfindliche Messungen durchführt. Einige OpAmps verwenden Chopper-Stabilisierung, um Drift zu minimieren, indem sie periodisch die Eingänge des Verstärkers erden.[32]

Eine Technik, die als *korreliertes Doppelsampling* [10] („correlated double sampling", CDS) bekannt ist, kann verwendet werden, um diese Effekte zu minimieren [111]. CDS fungiert als Hochpassfilter, der es ermöglicht das 1/f-Rauschen zu reduzieren, und ist eine Signalverarbeitungsmethode, die unerwünschte Effekte reduziert, die häufig beim Einsatz empfindlicher Sensoren auftreten. Diese Technik ist am effektivsten bei der Behandlung von langsam wechselnden Signalen, sowohl in Bezug auf Frequenz als auch Amplitude, wie sie bei der Verwendung von Hall-,[33] kapazitiven Sensoren oder Thermoelementen angetroffen werden.[34]

Wie in Abb. 5.21 gezeigt,

---

[29] Ideale OpAmps haben keinen Ausgang, wenn die Eingangsspannungsdifferenz 0 ist, im Gegensatz zu nicht idealen OpAmps, die unter solchen Bedingungen eine gewisse Ausgangsspannung aufweisen. Dies kann in einigen Fällen durch Anlegen eines kleinen Potenzials an einen der Eingänge „ausgeglichen" werden, um sicherzustellen, dass der Ausgang unter solchen Eingangsbedingungen 0 V beträgt. PSoC 3/5-Offset-Spannung ist als maximal 2 mV spezifiziert.

[30] Typische Offset-Spannungsdrift (TCV_{os}) für einen PSoC 3/5 -OpAmp beträgt $\approx 6\mu V/°C$ ($12\mu V/°C$ Maximum). Der Delta-Sigma-analog-digital-Wandler (ADC_DelSig) des PSoC 3 beinhaltet eine Funktion namens Vref_Vssa. Wenn eine externe Referenz geliefert wird, kann die Vref_Vssa-Verbindung durch das analoge Routing-Gewebe zu einem externen Pin auf dem Gerät geroutet werden. Eine Verbindung zu diesem Pin einer externen Referenz eliminiert jeglichen Offset in der Referenz als Ergebnis von internen IR-Abfällen im Vssa-Pin und Bonding-Draht.

[31] Das in diesem Beispiel betrachtete Rauschen wird als „1/f-Rauschen" klassifiziert, das in jedem Halbleitergerät zu finden ist.

[32] Frühe Operationsverstärker, die in Anwendungen wie Integratoren verwendet wurden, verwendeten mechanische Schalter, die elektrisch angetrieben wurden. Aktuelle Geräte verwenden Halbleiterschalter für diesen Zweck.

[33] Die Ausgabe eines Hall-Sensors ist eine Funktion des umgebenden Magnetfelds. Ein dünnes Stück leitfähiges Material wird verwendet, das zwei Verbindungen hat, die senkrecht zur Richtung des Stromflusses durch das Gerät platziert sind. Ein externes Magnetfeld wird ein Potenzial zwischen den beiden Verbindungen verursachen, das direkt proportional zum umgebenden Magnetfeld ist.

[34] Die in diesem Abschnitt beschriebenen grundlegenden Techniken sind anwendbar auf PSoC 1, PSoC 3 und PSoC 5LP [116, 139].

5.5 Korrelierte Doppelabtastung (CDS)

Abb. 5.20 Schematische Ansicht der Vierleiterschaltung in PSoC Creator

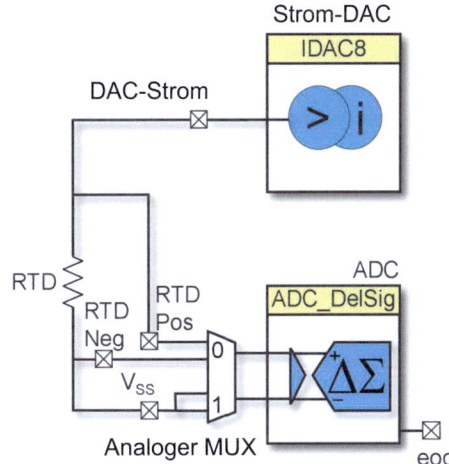

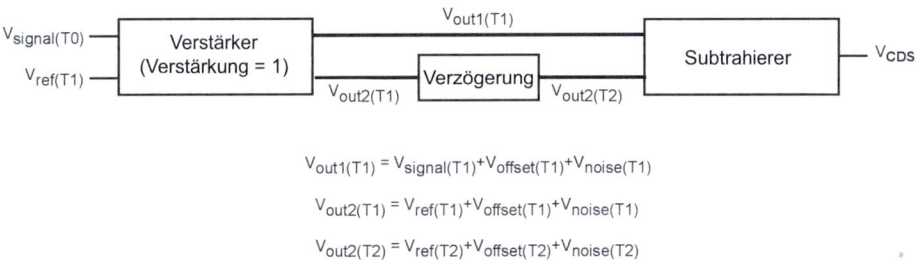

$V_{out1(T1)} = V_{signal(T1)} + V_{offset(T1)} + V_{noise(T1)}$

$V_{out2(T1)} = V_{ref(T1)} + V_{offset(T1)} + V_{noise(T1)}$

$V_{out2(T2)} = V_{ref(T2)} + V_{offset(T2)} + V_{noise(T2)}$

Abb. 5.21 CDS-OpAmp-Blockdiagramm

$$v_{out1(T1)} = v_{signal(T1)} + v_{offset(T1)} + v_{noise(T1)}, \tag{5.15}$$

und,

$$v_{out2(T2)} = v_{signal(T2)} + v_{offset(T2)} + v_{noise(T2)}, \tag{5.16}$$

unter der Annahme, dass

1. v_{ref} und v_{signal} konstant sind für Werte von t, so dass $t_1 < t < t_2$;
2. v_{offset} einen konstanten Wert hat, d. h., es ist keine explizite Funktion der Zeit;
3. Systemrauschen ausschließlich eine Funktion der Zeit ist.

Daher ergibt das Subtrahieren von Gl. (5.15) von Gl. (5.16):

$$v_{CDS} = (v_{out(T1)} - v_{out(T2)}) \tag{5.17}$$

$$= (v_{signal} - v_{ref}) + (v_{noise(T1)} - v_{noise(T2)}) + (v_{offset(T1)} - v_{offset(T2)})$$
$$= (v_{noise(T1)} - v_{noise(T2)}) \qquad (5.18)$$

Diese Methode basiert auf der Durchführung von zwei Messungen: eine von einem Sensor mit unbekanntem Eingang und eine mit bekanntem Eingang. Da davon ausgegangen wird, dass der Verstärker nur einen Ausgang gleichzeitig erzeugen kann, ermöglicht das Verzögern des Ausgangs eines Signals in Bezug auf das andere, dass Gl. (5.17) ausgewertet wird.[35] Dann, indem das Ergebnis des bekannten Eingangs vom unbekannten Eingang subtrahiert wird, ist es möglich, den Offset zu kompensieren. Diese Technik basiert darauf, zuerst das Offsetpotenzial über den Sensor mit beiden kurzgeschlossenen Eingängen zu messen und dann

$$v_t = v_{tc} + v_n + v_{ov}. \qquad (5.19)$$

zu messen, wobei v_t die nullbezogene Spannung, v_{tc} die tatsächliche Thermoelementspannung, v_n die Rauschspannung und v_{ov} die Offsetspannung sind.

Daher sind für die vorherige nullbezogene Probe

$$v_{zref} = v_n + v_{ov} \qquad (5.20)$$

und

$$v_{zref\_prev} = (v_n + v_{ov})Z^{-1} \qquad (5.21)$$

im kontinuierlichen Zeitbereich.

Es kann in den diskreten Zeitbereich transformiert werden, indem man die Tustin-Methode verwendet,[36] d. h.,

$$v_{signal} = (v_{tc} + v_n + v_{offset}) - (v_n + v_{offset})Z^{-1}, \qquad (5.22)$$

$$v_{signal} = v_{tc} + (v_n + v_{offset})(1 - Z^{-1}), \qquad (5.23)$$

wobei Z die bilineare Transformation ist, d. h.,

$$Z = \frac{(1 + \frac{sT}{2})}{(1 - sT)} \qquad (5.24)$$

---

[35] Einige Anwendungen verwenden eine Sample-and-Hold-Schaltung, gefolgt von einem Subtraktor, anstatt eine Verzögerung zu verwenden. Die Sample-and-Hold-Komponente von PSoC Creator wird in Abschn. 11.6.2 ausführlich besprochen.

[36] Diese Methode, auch bekannt als die *bilineare Transformation*, ist tatsächlich eine konforme Abbildung und stellt im vorliegenden Fall eine Abbildung einer linearen, zeitinvarianten Funktion im Zeitbereich auf eine lineare, verschiebungsinvariante Übertragungsfunktion im diskreten Zeitbereich dar. Konforme Abbildungen bewahren bestimmte Schlüsselaspekte der abgebildeten Funktionen, z. B. im vorliegenden Fall die Erhaltung von Eigenschaften im Frequenzbereich. Die Tustin-Methode wird oft verwendet, um eine gute Übereinstimmung im Frequenzbereich zwischen den diskreten und kontinuierlichen Zeitbereichen zu gewährleisten, und in Fällen, in denen die Dynamik eines Systems [10] nahe der Nyquist-Frequenz [8, 10, 11] von Interesse ist.

5.5 Korrelierte Doppelabtastung (CDS)

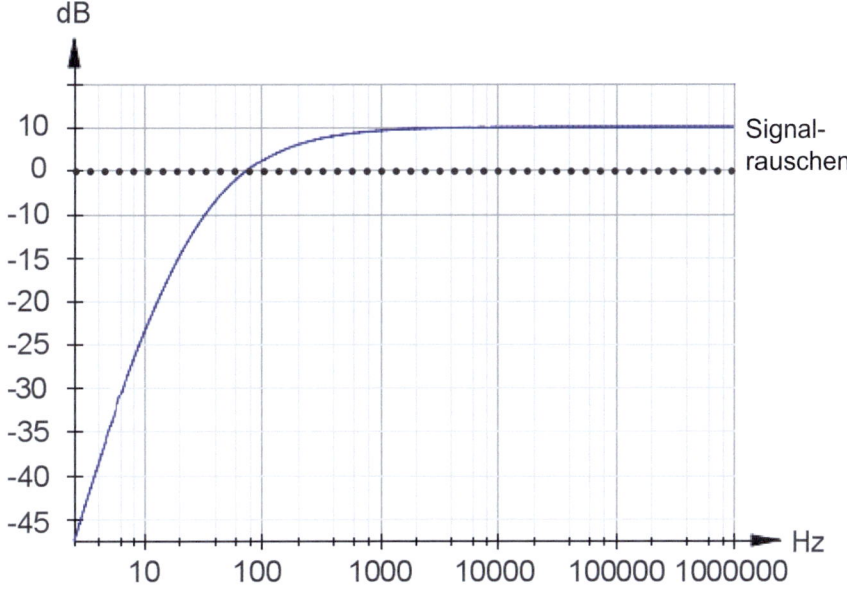

Abb. 5.22 CDS-Frequenzantwort

und

$$T = \frac{1}{f_{sample}}, \quad (5.25)$$

und daher, unter Verwendung der Gl. (5.24) und (5.25),

$$\frac{1}{Z} = \frac{1 - \frac{sT}{2}}{1 + \frac{sT}{2}} = \frac{\left[1 - \frac{s}{2f_s}\right]}{\left[1 + \frac{s}{2f_s}\right]}, \quad (5.26)$$

so dass

$$1 - \frac{1}{Z} = 1 - \frac{\left[1 - \frac{s}{2f_{sample}}\right]}{\left[1 + \frac{s}{2f_{sample}}\right]} = \frac{\left[1 + \frac{s}{2f_{sample}}\right] - \left[1 - \frac{s}{2f_{sample}}\right]}{\left[1 + \frac{s}{2f_{sample}}\right]} = \frac{2s}{(s + 2f_{sample})}, \quad (5.27)$$

und daher [116]

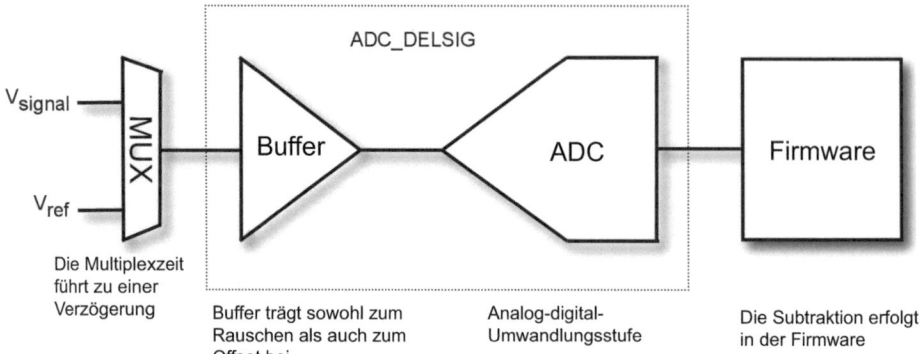

Abb. 5.23 CDS-Implementierung für PSoC 3/5-*ADC_DELSIG*

$$v_{signal} = v_{tc} + v_n \left[\frac{2s}{(s + 2f_{sample})} \right] = v_{tc} + v_n \left[\frac{2}{1 + (\frac{2f_{sample}}{s})} \right], \quad (5.28)$$

unter der Annahme, dass der Offset keine Funktion der Zeit ist. Gl. (5.28) ist eindeutig eine Hochpassantwort, wie in Abb. 5.22 gezeigt.

Jedoch, da diese Konfiguration höherfrequentes Rauschen nicht reduziert, kann eine zusätzliche Filterung erforderlich sein. Zum Beispiel kann in solchen Fällen ein unendliches Impulsantwortfilter (IIR-Filter)[37] verwendet werden, um unerwünschte Hochfrequenzkomponenten zu reduzieren.

Eine ähnliche Technik kann beim Einsatz des Delta-Sigma-ADC von PSoC 3/5LP in einer CDS-Konfiguration angewendet werden, wie in Abb. 5.23 gezeigt. In diesem Fall werden die Eingangssignale V_{signal} und V_{ref} abwechselnd an eine Bufferstufe geleitet,[38] die unerwünschte Offset und Rauschen einführen kann,[39] bevor sie dem ADC zugeführt werden. Die resultierenden digitalen Formen dieser beiden Signale werden dann in der Firmware subtrahiert. Beachten Sie, dass dieser Delta-Sigma-ADC entweder in einem Einzel- oder differentiellen Eingangsmodus konfiguriert werden kann,[40] wie in

---

[37] Diese Filter können als $y[n] = \sum_{k=0}^{M} x[n-k] + \sum_{k=1}^{N} y[n-k]$ implementiert werden, wobei die b_k die Vorwärtskoeffizienten und die a_k die Rückkopplungskoeffizienten sind.

[38] Die Abtastzeit zwischen den beiden Signalen dient als die in dem vorherigen OpAmp-Beispiel verwendete Verzögerung.

[39] Offset und Rauschen können auch durch andere Geräte im Signalpfad eingeführt werden. Um solche Effekte zu minimieren, ist es wichtig, dass das Referenzsignal und das Eingangssignal den gleichen *Signalpfad* so weit wie möglich befolgen.

[40] Während der Anschluss eines Eingangs an die Signalmasse im Prinzip äquivalent zu einem Nulleingang ist, kann die Signalmasse in der Realität Rauschen einführen, so dass in der Praxis der Differentialmodus oft vorzuziehen ist.

5.5 Korrelierte Doppelabtastung (CDS)

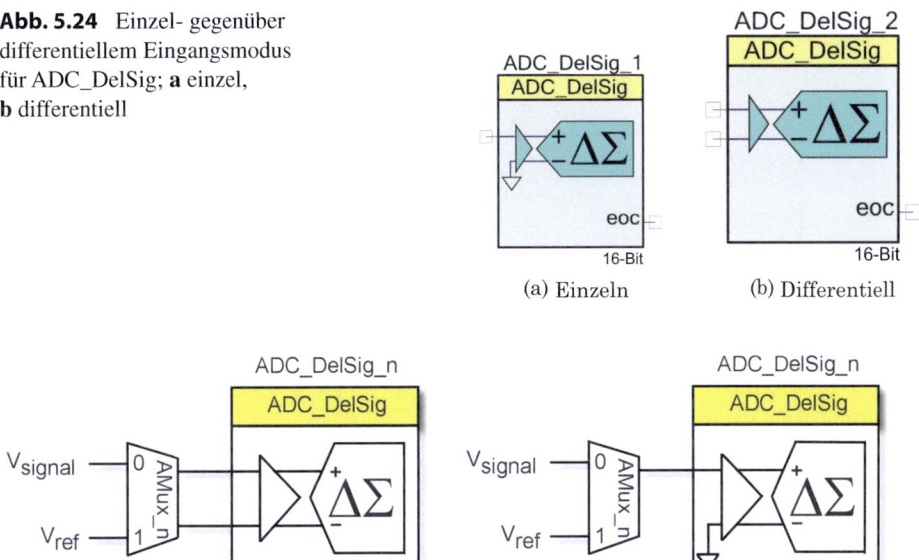

Abb. 5.24 Einzel- gegenüber differentiellem Eingangsmodus für ADC_DelSig; **a** einzel, **b** differentiell

Abb. 5.25 Einzel-/differentieller Eingang mit einem analogen Multiplexer

Abb. 5.24a, b gezeigt. Einzel- und differentielle Eingangsmodi können auch mit einem analogen Multiplexer implementiert werden, wie in Abb. 5.25 gezeigt.

Im Folgenden finden Sie ein Beispiel für den PSoC Creator-Quellcode für diese Anwendung:

```
/*Get the first sample Vout1*/
    AMux_1_Select(0);
    ADC_DelSig_1_StartConvert();
    ADC_DelSig_1_IsEndConversion(
        ADC_DelSig_1_WAIT_FOR_RESULT);
    iVout1 = ADC_DelSig_1_GetResult32();
    ADC_DelSig_1_StopConvert();

/*Get the second sample Vout2*/
    AMux_1_Select(1);
    ADC_DelSig_1_StartConvert();
    ADC_DelSig_1_IsEndConversion(
        ADC_DelSig_1_WAIT_FOR_RESULT);
    iVout2 = ADC_DelSig_1_GetResult32();
    ADC_DelSig_1_StopConvert();

/*perform CDS*/
    iVcds = iVout1 - iVout2;
```

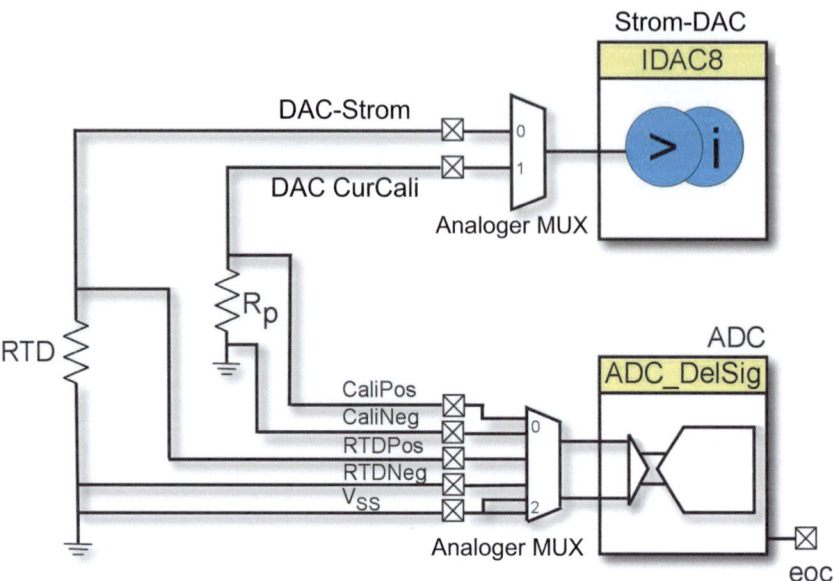

Abb. 5.26 Vierleiter-RTD mit Kompensation von Verstärkungsfehlern

In dem in Abb. 5.20 gezeigten System ist klar, dass seine Genauigkeit ausschließlich eine Funktion der Genauigkeit des IDAC ist. Unerwünschte Schwankungen, d. h. Abweichungen, im Ausgang der IDAC- und ADC-Verstärkungsfehler, können sich aus Temperaturabhängigkeiten ergeben. IDAC- und ADC-Fehler der in dieser speziellen Art von Anwendung gefundenen Art können durch Einführung eines zusätzlichen, genaueren Widerstands[41] reduziert werden, wie in Abb. 5.26 gezeigt.

Bei solchen Messungen ist es wichtig, folgende Punkte zu beachten:

- Wählen Sie den am besten geeigneten Sensor für die Anwendung aus.
- Verwenden Sie eine Technik wie CDS, um Offsetfehler zu vermeiden.[42]
- Verwenden Sie eine Stromanregung, um ungenaue Referenzwiderstände zu vermeiden.[43]

---

[41] Kommerziell erhältliche Widerstände sind verfügbar, deren Abweichungen weniger als 0,1 % in Abhängigkeit von der Temperatur betragen.

[42] Ein Filter kann verwendet werden, um Rauschen bei der Verwendung eines Thermoelements zu entfernen.

[43] Wenn eine Spannungsanregung verwendet wird, sollten Vierleitermessverfahren verwendet werden.

5.6 Komponenten mit konfigurierbaren Eigenschaften verwenden

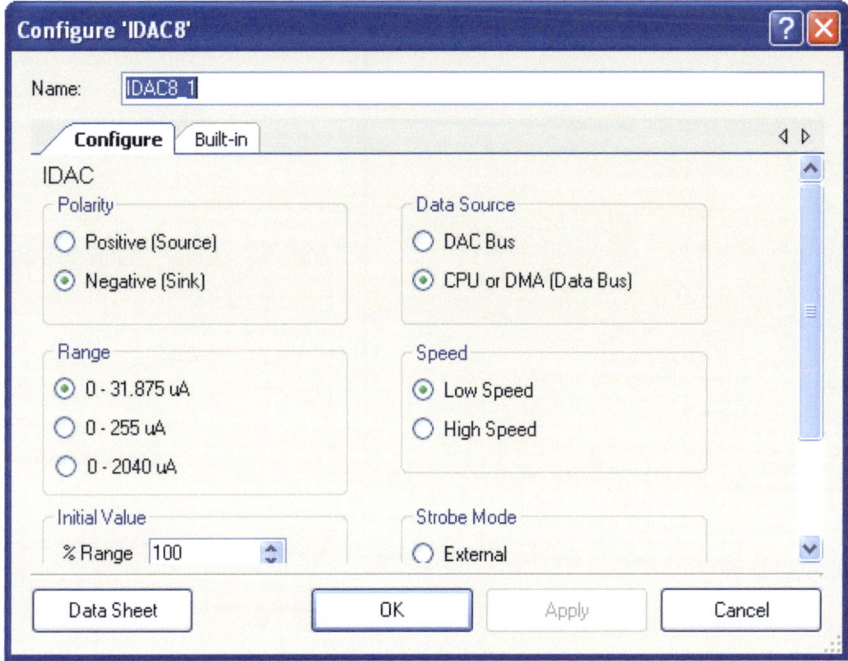

Abb. 5.27 Das Dialogfeld *IDAC8 konfigurieren* in PSoC Creator

- Verwenden Sie einen Delta-Sigma-ADC mit hoher Genauigkeit und Auflösung, um die höchstmögliche Gesamtgenauigkeit zu gewährleisten.[44]

5.6 Komponenten mit konfigurierbaren Eigenschaften verwenden

Der ADC und der Strom-DAC des vorherigen Abschnitts sind grundlegende Komponenten, die von PSoC Creator unterstützt werden, und als solche sind sie hoch konfigurierbar, wie die meisten der PSoC Creator-Komponenten. Die Stromquelle, *IDAC*, kann durch Hardware, Software oder eine Kombination aus beidem gesteuert werden und kann entweder als Quelle oder als Senke fungieren (Abb. 5.27).

Ebenso ist der Delta-Sigma-analog-digital-Wandler, *ADC_DelSig*, ebenfalls hoch konfigurierbar. PSoC Creator bietet tabellarische Dialogfelder, von denen ein Beispiel in

---

[44] PSoC 3/5 sind hervorragende Plattformen für solche Messungen, da Funktionen wie ein sehr hochauflösender Delta-Sigma-ADC, Stromquelle, Spannungsquelle, Mehrpolfilter und hochauflösende/schnelle digitale Verarbeitung alle kompakt in einem einzigen Chip integriert sind.

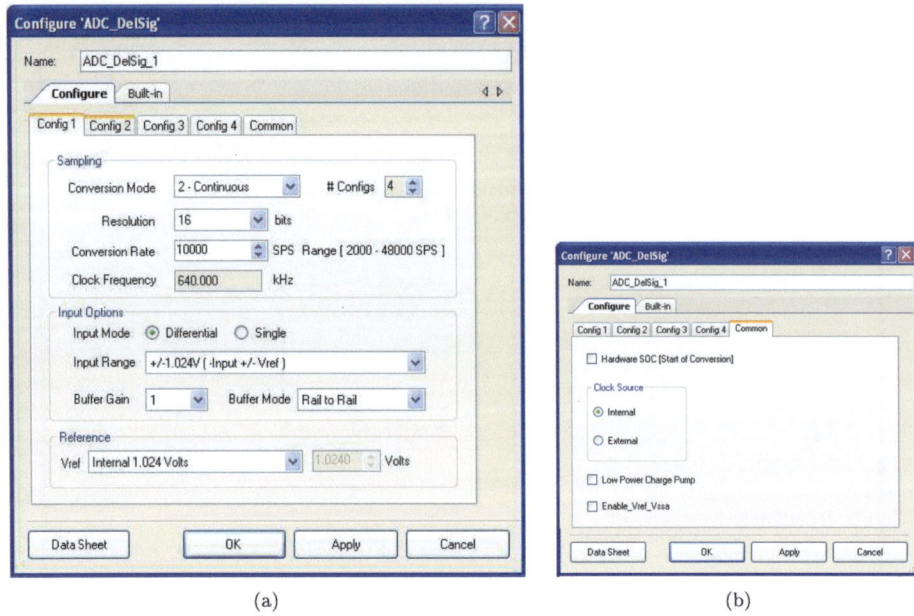

Abb. 5.28 PSoC Creator-Dialogfelder *ADC_Del_Sig_n konfigurieren*

Abb. 5.28a, b gezeigt wird, um eine benutzerdefinierte Konfiguration für eine gegebene Anwendung zu ermöglichen.

Die Konvertierungsmodi (0 – Einzelprobe, 1 – mehrere Proben, 2 – kontinuierliche Proben, 3 – mehrere Proben [Turbo]), Auflösung (8–20 bit), Konvertierungsrate (2000–48.000 Proben pro Sekunde), Taktfrequenz[45] für jede der Komponenten in seinem integrierten *Komponentenkatalog* erlauben dem Entwickler, Schlüsselanforderungen für ein gegebenes Design zu spezifizieren, z. B. Parameter wie *Leistung* (niedrig, mittel oder hoch), *Konvertierungsmodus* (schnelles Filter, kontinuierlich, schnelle FIR), Auflösung (8, 9, 10, 11, 12, 13, 14, 15, 16, 17, 18, 19, 20), *Konvertierungsrate, Taktfrequenz, Eingangsbufferverstärkung* (1, 2, 4, 8 und deaktiviert), *Referenz* (verschiedene Formen von internem V_{ref} [1,024 V] und externe Referenzanschlüsse), *Taktfrequenz*, externe/interne *Taktquelle* usw., und geben dem Entwickler die Möglichkeit, das auf PSoC 3/5 eingebettete System an die relevanten Spezifikationen und Anforderungen jeder Anwendung anzupassen (Tab. 5.1).

---

[45] Die Taktfrequenz ist eine Funktion der Auflösung und ändert sich programmgesteuert in Abhängigkeit von der ausgewählten Konvertierungsrate.

Tab. 5.1 Auflösung versus Konvertierungsrate und Taktfrequenz

Auflösung	Konversionsrate (sps) (Einzelprobe)	Taktfrequenz
8	1911- 91.701	,128037 - ,6143967 MHz
9	1.543 - 74.024	,128069 -,6143992 MHz
10	1.348 - 64.673	,128060 - ,6143935 MHz
11	1.154 - 55.351	,128094 - ,6143961 MHz
12	978 - 46.900	,128118 - ,6143900 MHz
13	806 - 38.641	,128154 - ,6143919 MHz
14	685 - 32855	,128095 - ,6143885 MHz
15	585 - 28054	,128115 - ,6143826 MHz
16	495 - 11861	,128205 - ,3071999 MHz
17	124 - 2965	,128464 - ,3071740 MHz
18	31 - 741	,128464 - ,3070704 MHz
19	4 - 93	,131840 - ,3065280 MHz
20	2 - 46	,263680 - ,3032320 MHz

5.7 Arten von Resets

PSoC 3/5LP unterstützt Power-on-Resets (POR),[46] Hibernate-Resets *(HRES)*, Watchdog-Resets *(WRES)*,[47] Softwareresets *(SRES)* und externe Resets *(XRES_N)*[48] über das Resetmodul, wie in Abb. 5.29 gezeigt. Wenn ein Reset auftritt, unabhängig von der

---

[46] Wenn ein PSoC 3/5 eingeschaltet wird, bleibt er im Resetzustand, bis alle VDDx- und VCCx-Versorgungen die geeigneten Werte für den korrekten Betrieb erreicht haben.

[47] Der Watchdog-Reset wird verwendet, um Fehler zu beheben, die sonst das ordnungsgemäße Funktionieren des Systems verhindern würden und die möglicherweise behebbar sind, wenn das System „zurückgesetzt", d. h. „neu gestartet", wird. Die Watchdog-Timer (WDT)-Schaltung startet das System automatisch neu, wenn der WDT nicht kontinuierlich innerhalb einer vom Benutzer definierten Zeitspanne zurückgesetzt wird.

[48] Wenn ein Resetpin nicht benötigt wird, kann dieser Pin neu programmiert werden, um ein GPIO zu sein.

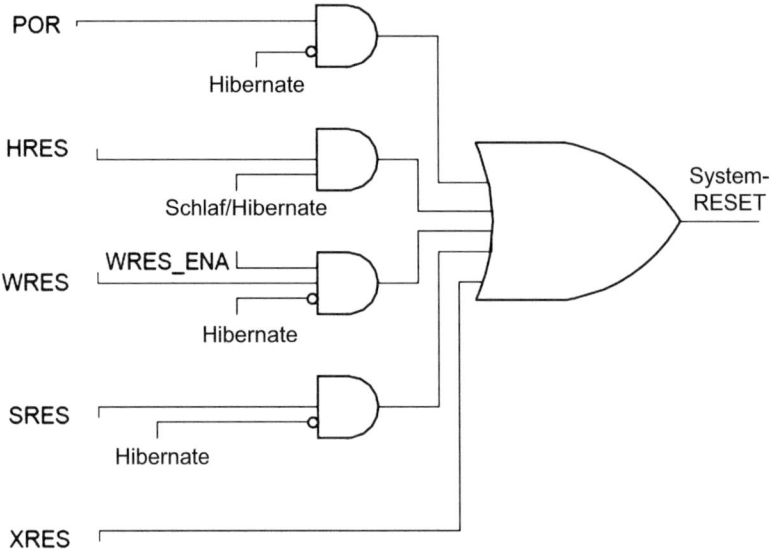

Abb. 5.29 Logikdiagramm des Resetmoduls

Art, werden alle Register auf ihre Standardzustände zurückgesetzt,[49] mit Ausnahme der sogenannten persistenten Register.[50] Abb. 5.30 zeigt verschiedene Resetreaktionen als Funktion der Zeit in Bezug auf die Änderung in V_{dd}/V_{cc} sowie die Zeitabhängigkeiten für Reset während des normalen Power-up (POR). In einigen Designs ist eine geringe Startzeit unerlässlich. In diesen Designs gibt es eine Reihe von Schritten, die unternommen werden können, um die Startzeit von PSoC 3 zu reduzieren. Die Steigerung hängt stark von der Konfiguration des Zielgeräts ab, aber der Wechsel von CPU- zu DMA-Befüllung kann in der Größenordnung von 1–20 ms einsparen. Den teilweise getrimmten IMO mit 48 statt 12 MHz zu betreiben, beschleunigt die meisten Teile des Starts um den Faktor 4, aber ein vollständig getrimmter IMO mit einer höheren Frequenz verbessert auch die Startzeit.

Da der größte Teil des Starts unter teilweise getrimmtem IMO stattfindet, werden die Vorteile nicht so signifikant sein wie die Änderung der Frequenz des teilweise getrimmten IMO. Wie bei der Erhöhung der Frequenz des teilweise getrimmten IMO, wird

---

[49] DMA ist viel schneller als CPU-Eingriffe beim Befüllen von Geräteregistern.

[50] Sowohl das *RESET_SR0*- als auch das *RESET_SR1*-Register enthalten „persistente Statusbits", die nur unter bestimmten Umständen zurückgesetzt werden können, z. B. im Falle eines POR. Spezifische Bits in diesen Registern werden für jede Art von Reset gesetzt und bleiben gesetzt, bis das *tsrst_en*-Bit gelöscht ist und entweder ein POR oder ein vom Benutzer/von der Anwendung ausgelöster Reset auftritt. Diese Bits sind jedoch nur zugänglich, wenn das *tsrst_en*-Bit (Bit 4) im *TC_TST_CR2*-Register des Testcontrollers gesetzt ist.

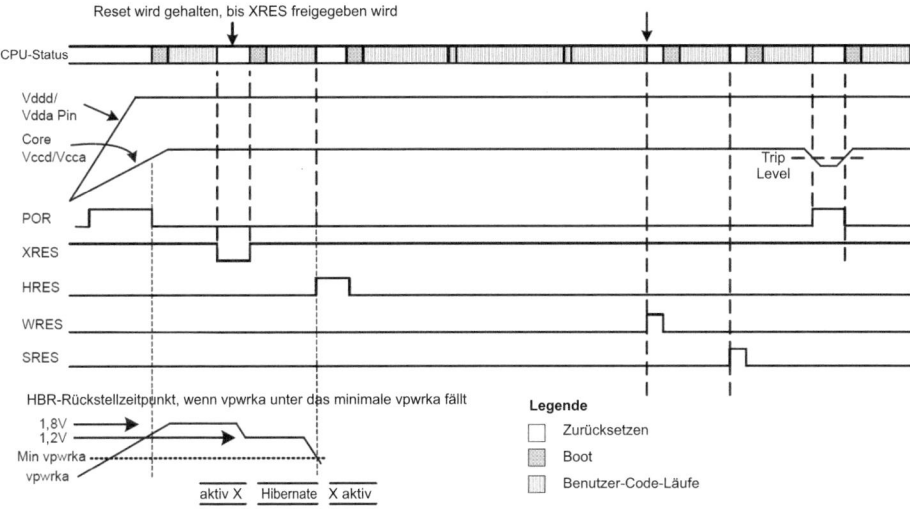

Abb. 5.30 Resets, die aus verschiedenen Resetquellen resultieren

diese Änderung den Stromverbrauch erhöhen. Ein Großteil des Starts [3] ist durch CPU oder DMA begrenzt, und diese beiden Ressourcen arbeiten mit der Geschwindigkeit des IMO. Der Nachteil der Erhöhung der Geschwindigkeit des teilweise getrimmten IMO ist, dass der Stromverbrauch des Geräts steigen wird. Während der Anstieg der Stromversorgung normalerweise nicht als Teil des Mikrocontroller-Starts bet7rachtet wird, blockiert er den Beginn des Startvorgangs, und die Leistung kann in einigen Fällen durch Erhöhung der Geschwindigkeit der VDD-Rampen verbessert werden, um die Startzeit weiter zu minimieren.

5.8 PSoC 3-Startverfahren

Anwendungssoftware, die entwickelt wurde, um ein eingebettetes System zu realisieren, muss in einer bekannten Hardwareumgebung und unter den Einschränkungen, die durch einen spezifischen Satz von Initialisierungsparametern und -bedingungen [6] auferlegt werden, arbeiten, wenn der Mikrocontroller mit Strom versorgt wird. Daher muss der Mikrocontroller mit einem Code versehen werden, der dazu führt, dass er in einen bekannten Zustand mit der entsprechenden Initialisierung eintritt. Dies wird durch eine Kombination von zwei Firmwarekomponenten erreicht, die jeweils als Bootloader [2] und ein bootloadbares Projekt [5] bekannt sind.

Nach dem *Hochfahren*, oder alternativ einem *Reset*, verursacht durch den XRES-Pin, Watchdog-Timer, Niederspannungserkennungsschaltung, Power-on-Reset oder eine andere Quelle, wird die PSoC 3/5-Hardware konfiguriert, indem die entsprechenden

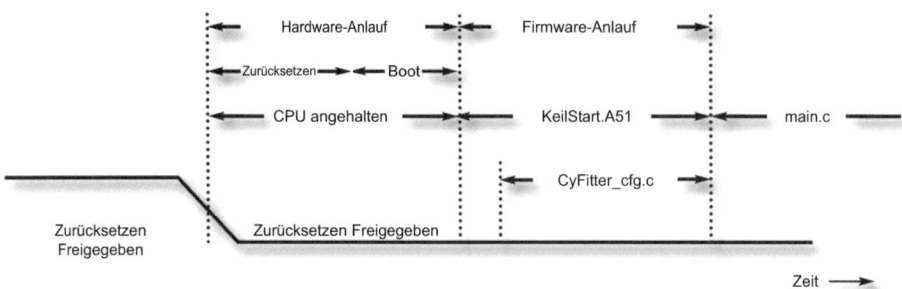

Abb. 5.31 Übersicht über das PSoC 3-Startverfahren [64]

Hardwarestartverfahren eingeleitet werden.[51] *Power-on-Reset* (*POR*) tritt während des Anstiegs der Versorgungsspannung auf und wird nicht freigegeben, bis alle zugehörigen Stromversorgungen ihre geeigneten Betriebswerte erreicht haben. Sobald der POR freigegeben wurde, tritt das Gerät in die Boot-Phase ein, in der eine Hardwarezustandsmaschine die Grundkonfiguration und die Einstellung des Zielgeräts steuert, unter Verwendung von Direct-Memory-Access (DMA).

Der *Start* beginnt nach dem Zurücksetzen einer Resetquelle oder am Ende einer Stromversorgungsrampe.[52] Es gibt zwei primäre Startsegmente: Hardware und Firmware, wie in Abb. 5.31 gezeigt.

Sobald die Hardwarestartphase abgeschlossen ist, beginnt das System mit dem Firmwarestart. Die Firmware lädt die Konfigurationsregister, abhängig von den Anforderungen, die durch die Anwendung und PSoC Creator gestellt werden, z. B. Konfiguration der analogen und digitalen Peripheriegeräte, Taktgeber, Routing usw. Darüber hinaus werden auch die Debugging-, Bootloader- und DMA-Ressourcen konfiguriert.[53] Nach Abschluss des Firmwarestarts beginnt die CPU mit der Ausführung des vom Benutzer verfassten Codes, beginnend bei der Speicheradressposition 0.

Das Register RESET_SR0 (0x46FA)[54] enthält Informationen über den Status des Softwareresets, des Watchdog-Resets, des analogen HVI-Detektors, des analogen LVI-

---

[51] Die I/O-Pins des Geräts werden in den High-Z-Treibermodus versetzt, während der Reset anliegt und bis das Pinverhalten geladen wurde.

[52] Da die Stromversorgungsrampen den Beginn des Starts blockieren, wird V_{dd} in den Datenblättern der Cypress Semiconductor Corporation als *Svdd* bezeichnet und sollte als Teil des Designprozesses berücksichtigt werden.

[53] Nicht alle PSoC Creator-Komponenten werden vollständig konfiguriert sein, nachdem die Firmwarestartphase abgeschlossen ist. In einigen Fällen wird zusätzlicher Code benötigt, um sie vollständig zu aktivieren.

[54] Reset- und Spannungsstatusregister 0 (RESET_SR0).

5.8 PSoC 3-Startverfahren

Detektors und des digitalen LVI-Detektors, und RESET_SR1 (0x46F8)[55] enthält Informationen über den Status des analogen PRES, des digitalen PRES,[56] des analogen LPCOMP[57] und des digitalen LPCOMP.

RESET_CR2 (0x46F6) steuert den softwareinitiierten Reset (SRES). Das Setzen von Bit 0 dieses Registers (*swr*) auf 1 führt zu einem Systemreset, der durch Software, Firmware oder DMA initiiert werden kann und das Setzen von RESET_SR [8] zur Folge hat. Es bleibt gesetzt, bis es vom Benutzer zurückgesetzt wird oder bis ein POR/HRES-Reset[58] auftritt.

KeilStart.A51[59] enthält 8051-Assemblercode, der zu Beginn des Firmwarestarts ausgeführt wird, um einige der grundlegenden Komponenten in PSoC 3 zu konfigurieren, z. B. Debugging, Bootloader, DMA-Endpunkte und, falls erforderlich, das Löschen von SRAM. Der Code von KeilStart. A51 beginnt an der Speicheradresse 0 im Flash, die einen bedingungslosen Sprung zu STARTUP enthält. KeilStart ruft auch *CyFitter_cfg()* auf, das vom Entwickler zur Behandlung bestimmter Taktstartfehler, z. B. schlechter MHz-Quarz, Verlust der PLL-Sperre usw., und zur Konfiguration einiger analoger Gerätestandardeinstellungen verwendet werden kann. Der Schritt „IDATA löschen", der in Abb. 5.32 gezeigt wird, schreibt Nullen in den für IDATA zugewiesenen Programmspeicher.[60] Der Schritt „DMAC-Konfiguration" konfiguriert die DMA-Ressourcen gemäß den Spezifikationen von PSoC Creator für die jeweilige Anwendung.

Die Funktion *CyFitter_cfg()* wird von *CyFitter_cfg.c* aufgerufen und führt zur Belegung einer erheblichen Anzahl von Registern, wie in Abb. 5.33 dargestellt, wobei die größte Gruppe davon die mit analogen und digitalen Ressourcen verbunden ist. Dieser Schritt kann entweder unter CPU-Kontrolle oder über DMA durchgeführt werden.[61] Eine etwas kleinere Gruppe von Registern wird als Ergebnis des *ClockSetup()*-API-Aufrufs konfiguriert, der zur Konfiguration des PSoC 3-Taktbaums und der Taktressourcen führt. Die spezifische Konfiguration der Taktgeber des Projekts wird durch PSoC Creator bestimmt.[62]

---

[55] Reset- und Spannungserkennungsstatusregister 1 (RESET_SR1).

[56] Präzisions-POR (PRES) bezieht sich auf einen Reset, der aufgrund eines präzisen Auslösepunkts erfolgt. Ein ungenauer POR (IPOR) bezieht sich auf einen Reset, der während des Hochfahrens auftritt und das Zielgerät im Reset hält, bis Vdda, Vcca, Vddd und Vccd die im Datenblatt des Geräts angegebenen Werte erreicht haben.

[57] LPCOMP bezieht sich auf die Low-Power-Vergleichsschaltung von PSoC 3/5.

[58] POR/HIB bezieht sich auf Power-on-Reset und/oder Hibernate-Reset.

[59] KeilStart.A51 ist proprietärer, auf 8051 basierender Quellcode von Cypress Semiconductor für die Integration in mit Keil-Entwicklungstools entwickelte PSoC 3-Anwendungen.

[60] Diese Speicherzuweisung erfolgt in der Regel für Variablen.

[61] Die Funktion *cfg_write_bytes_code()* lädt diese Gruppe von Registern unter Nutzung der CPU. Die Funktion *cfg_dma_dma_init()* lädt dieselbe Gruppe von Registern über DMA.

[62] Die Registerkarte „clocks" in PSoC Creator kann aufgerufen werden, indem man die .cydwr-Datei eines Projekts doppelklickt.

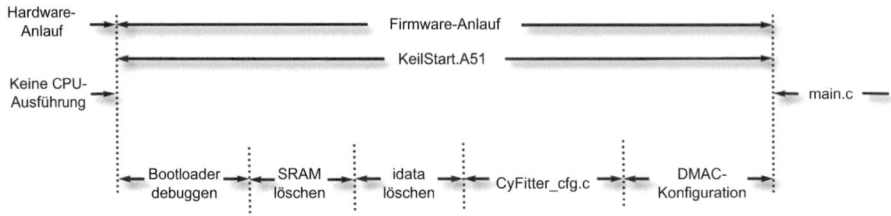

Abb. 5.32 Ausführungsschritte von KeilStart.A51 [64]

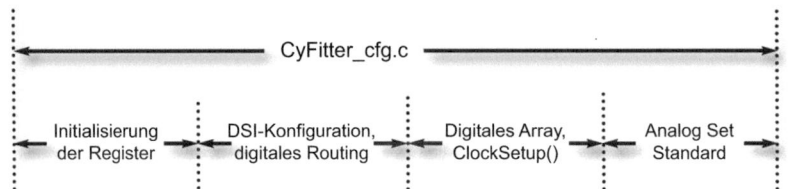

Abb. 5.33 *CyFitter_cfg.c*-Ausführungsschritte [64]

Nachdem das Zielgerät zurückgesetzt wurde, wird es durch den schnellen Ausgang des internen Hauptoszillators (IMO), der auf einer schnellen Referenz basiert, getaktet. Sobald die normale Referenz stabil wird, wird der normale IMO gültig. Der IMO beginnt während der Resetphase, die normale Referenz zu liefern. Der IMO läuft dann nominal entweder mit 12 oder 48 MHz, wie durch die nicht flüchtigen Latches („non-volatile latches", NVL) des Geräts konfiguriert.[63] T_{IO_init} ist die Verzögerung, wie im Datenblatt des Zielgeräts angegeben, die die Verzögerung bestimmt, nach der die Pins und andere Ressourcen beginnen, sich wie von der Anwendung gefordert zu verhalten.

Die Belegung der Register wird durch die Modusauswahloptionen in der *.cydwr*-Registerkarte in PSoC Creator bestimmt, wie in Abb. 5.34 gezeigt. Die Option „komprimierter Modus" veranlasst die CPU, die Konfigurationsregister zu belegen und Daten im Flash zu speichern, wobei der Flash-Nutzung optimiert wird, anstatt die Startzeit. Der DMA-Modus belegt die Register unter DMA-Kontrolle und blockiert die CPU-Ausführung, bis die DMA-Konfiguration der Register abgeschlossen ist. Wie erwartet, ist die DMA-Belegung deutlich schneller als die CPU-Belegung. „SRAM löschen" bestimmt,

---

[63] Ein nicht flüchtiger Latch („non-volatile latch", NVL oder NV-Latch) ist ein Array von programmierbaren, nicht flüchtigen Speicherelementen, deren Ausgänge bei niedriger Spannung stabil sind. Es wird verwendet, um das Gerät beim Einschalten zurückzusetzen. Jedes Bit im Array besteht aus einem flüchtigen Latch, der mit einer nicht flüchtigen Zelle gepaart ist. Bei der Freigabe von POR werden die Ausgänge der nicht flüchtigen Zellen auf die flüchtigen Latches geladen und der flüchtige Latch treibt den Ausgang des NVL an.

5.8 PSoC 3-Startverfahren

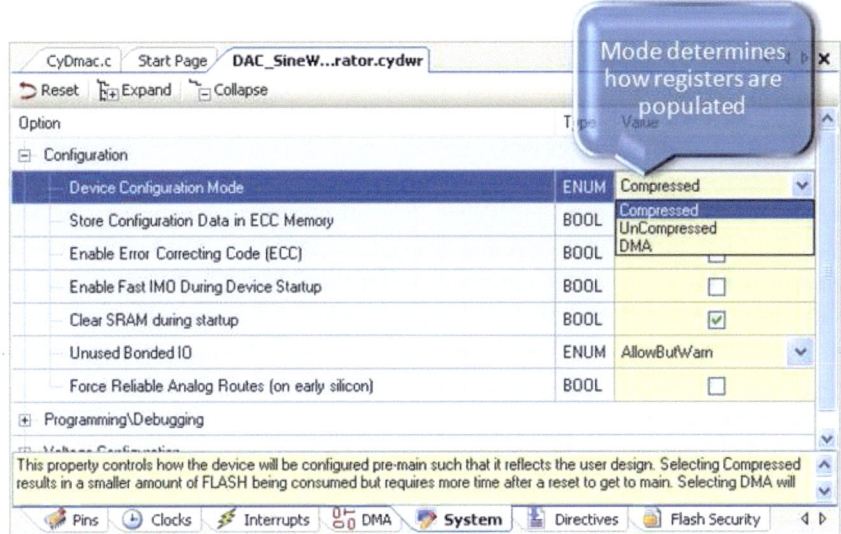

Abb. 5.34 Auswahl des Geräteregistermodus

ob der SRAM nach einem Reset[64] bei einer IMO-Geschwindigkeit von 12 MHz gelöscht werden soll. „Schnelles IMO aktivieren" wählt die IMO-Geschwindigkeit als entweder 2 oder 48 MHz, teilweise getrimmt, entsprechend langsamem oder schnellem Boot-Modus.

Es sollte beachtet werden, dass der Startcode jedes Mal neu generiert wird, wenn eine Änderung an einem PSoC Creator-Schaltplan oder -Design vorgenommen wird.

Wenn der Entwickler also Änderungen an den *KeilStart.A51-* und/oder *CyFitter_cfg.c*-Dateien vorgenommen hat, können diese verloren gehen. Um einen solchen Verlust zu vermeiden, dürfen diese Dateien nur bearbeitet werden, wenn keine „Generieren"-Operation durchgeführt werden muss, um sicherzustellen, dass die Konfiguration in den automatisch generierten Quelldateien den Designressourcen und dem Schaltplan der Anwendung entspricht. Änderungen an den designweiten Ressourcen (DWR) und am Schaltplan werden von einem „clean and build"[65] gefolgt und dann von der Bearbeitung der Quelldateien. Das Projekt kann dann einem „Build" unterzogen werden, und die resultierende Firmware wird die jeweiligen Bearbeitungen widerspiegeln. Allerdings wer-

---

[64] Das Löschen von 8 k SRAM erfordert etwa 4500 CPU-Taktzyklen bei 12 MHz. Wenn jedoch der SRAM nicht gelöscht, aber die Variablen ordnungsgemäß initialisiert werden, hat das Nichtlöschen des SRAM keine nachteiligen Auswirkungen auf den Firmwarebetrieb.

[65] Der Befehl *Clean and Build Project* von PSoC Creator führt dazu, dass die Zwischen- und Ausgabedateien einer vorherigen Erstellung gelöscht werden, bevor eine neue Erstellung eingeleitet wird.

den alle nachfolgenden „Clean-and-build-Aktionen" zu Modifikationen am generierten Quellcode führen.

5.8.1 PSoC 3/5LP-Bootloader

Sobald der Quellcode für eine eingebettete Systemanwendung kompiliert, mit den entsprechenden Bibliotheken verknüpft und debuggt wurde,[66] ist er bereit, auf das Zielgerät heruntergeladen zu werden, z. B. ein PSoC 3 oder PSoC 5LP. Dies wird teilweise durch die Verwendung eines *Bootloaders* erreicht.[67] Ein PSoC 3/5-Bootloader liest Daten von einem Kommunikationsport und schreibt sie in den internen Flash. Neben dem Herunterladen einer Anwendung auf ein Ziel während der Design- und Herstellungsphase ist die Möglichkeit, Firmwareupgrades und Fehlerbehebungen im Feld auf ein Ziel herunterzuladen, oft sehr wichtig bei der Verwendung von eingebetteten Systemanwendungen.

Häufig verwendete Kommunikationsports in solchen Fällen sind USB, I2C, UART, JTAG und SWD. Allerdings werden USB, I2C und UART oft bevorzugt, um Software in ein System im Feld zu laden, anstatt SWD und JTAG.[68] Darüber hinaus nutzen viele Systeme USB-, I2C- oder UART-Kommunikationskanäle, die vom eingebetteten System verwendet werden, um andere Anforderungen zu erfüllen.

Ein *Bootloader-Projekt* ist Anwendungssoftware, die vom Bootloader in den Flash-Speicher des Ziels geladen wird.[69] Die Funktionen, die bei der Erstellung eines Bootloaders implementiert werden können, sind auf folgende beschränkt:

- CyBtldrCommRead – Lese-Funktion,
- CyBtldrCommWrite – Schreib-Funktion,
- CyBtldrCommStart – Kommunikation initiieren,
- CyBtldrCommStop – Kommunikation stoppen,
- CyBtldrCommReset – den Kommunikationskanal zurücksetzen.

---

[66] Das Debuggen kann auch durchgeführt werden, nachdem die ausführbare Datei auf das Ziel heruntergeladen wurde.

[67] PSoC Creator bietet einen Programmierer, der einen Standard-Bootloader im Zielgerät verwendet. In einigen Fällen ist jedoch die Verwendung dieses Bootloaders im Feld unerwünscht, in welchem Fall der Entwickler einen geeigneten Bootloader für die Feldprogrammierung/-aktualisierung bereitstellen muss.

[68] USB-, I2C- und UART-Ports in einem eingebetteten System können für mehrere Zwecke verwendet werden, da sie generische Kommunikationsprotokolle sind, während SWD und JTAG eher anwendungsspezifisch sind.

[69] Es kann nur ein bootloadbares Projekt in einem PSoC 3/5 gleichzeitig verwendet werden.

5.8 PSoC 3-Startverfahren

Der Anwendungscode und die zugehörigen Daten werden in den Flash-Speicher des Ziels übertragen. Der von PSoC Creator für bootloadbare Dateien erstellte Dateityp ist *.cyacd* und besteht aus einem 5 Byte großen Header, gefolgt von dem Datensatz. Das Format des Headers besteht aus

- [4 Byte SiliconID][1 Byte SiliconRev]

und das Format des folgenden Datensatzes aus

- [1 Byte ArrayID][2 Byte RowNumber][2 Byte DataLength][N Byte Daten][1 Byte Checksum],

wobei der Wert der Prüfsumme berechnet wird, indem alle Bytes, außer der Prüfsumme, summiert und dann das 2er-Komplement der resultierenden Summe genommen werden. Die SiliconID ist ein Wert, der den Pakettyp des Ziels identifiziert, und die SiliconRev ist ein Wert, der die zugehörige Revisionsnummer identifiziert.

Der Bootloader ist verantwortlich für das Akzeptieren/Ausführen von Befehlen und das Zurückgeben von Antworten auf diese Befehle an eine Kommunikationskomponente. Der Bootloader sammelt/organisiert die empfangenen Daten und verwaltet das tatsächliche Schreiben von Flash über eine einfache Befehls-/Statusregisterschnittstelle. Eine Bootloader-Komponente wird in PSoC Creator nicht als typische Komponente dargestellt, d. h., sie ist nicht im *Komponentenkatalog* verfügbar. Die *Kommunikationskomponente* verwaltet das Kommunikationsprotokoll, das verwendet wird, um Befehle von einem externen System zu empfangen, und leitet diese Befehle an den Bootloader weiter. Sie leitet auch Befehlsantworten vom Bootloader zurück an das Off-Chip-System.[70]

Um eine Bootloader-Komponente und den zugehörigen Code zu erstellen, ist es notwendig, sowohl ein *Bootloader* als auch ein *bootloadbares* Projekt in PSoC Creator zu erstellen. Wenn ein Bootloader-Projekt erstellt wird, wird automatisch eine *Bootloader-Komponente* von PSoC Creator erstellt. Das Design erfordert in der Regel das Ziehen einer Kommunikationskomponente auf das Schema, das Routing von I/O zu Pins, das Einrichten von Taktgebern usw.

Während ein Standardprojekt im Flash ab Adresse 0 liegt, belegt ein Bootloader-Projekt Speicher an einer Adresse über 0, und der zugehörige Bootloader beginnt bei Speicheradresse 0, wie in Abb. 5.35 gezeigt.

Der Code des Bootloader-Projekts überträgt ein bootloadbares Projekt oder neuen Code auf den Flash über die Kommunikationskomponente des Bootloader-Projekts. Nachdem die Übertragung abgeschlossen ist, wird der Prozessor immer zurückgesetzt,

---

[70] I2C ist die einzige unterstützte Kommunikationsmethode für den Bootloader und der Hardware-I2C muss ausgewählt und nicht der UDB-basierte I2C.

Abb. 5.35 Vergleich von Speicherplänen für ein Standardprojekt und ein Bootloader-Projekt

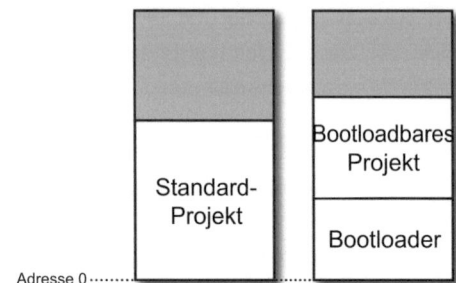

was dazu führt, dass die Ausführung des Codes bei Speicheradresse 0 beginnt. Das Bootloader-Projekt ist auch dafür verantwortlich, zum Zeitpunkt des Resets bestimmte Bedingungen zu testen und möglicherweise eine Übertragung automatisch zu initiieren, wenn das bootloadbare Projekt nicht existiert oder beschädigt ist. Beim Start lädt der Bootloader-Code seine jeweiligen Konfigurationsbytes. Er muss auch den Stack und andere Ressourcen/Peripheriegeräte, die an der Übertragung beteiligt sind, initialisieren. Wenn die Übertragung abgeschlossen ist, wird die Kontrolle an das bootloadbare Projekt über einen Softwarereset übergeben. Das bootloadbare Projekt lädt dann Konfigurationsbytes für seine eigene Konfiguration und initialisiert den Stack, andere Ressourcen und die Peripheriegeräte für seine Funktionen neu. Das bootloadbare Projekt kann die Funktion *CyBtldr_Load()* im Bootloader-Projekt aufrufen, um eine Übertragung zu initiieren.[71]

Ob ein Bootloader- oder ein bootfähiges Projekt erstellt wird, es wird eine Ausgabedatei erzeugt, die sowohl den Bootloader als auch das bootfähige Projekt enthält. Sie wird verwendet, um beide Projekte entweder über JTAG oder SWD in den Flash-Speicher des Zielgeräts herunterzuladen. Die Konfigurationsbytes für ein Bootloader-Projekt werden immer im Haupt-Flash gespeichert, aber nicht im ECC-Flash. Die Konfigurationsbytes für ein Bootloader-Projekt können jedoch entweder im Haupt-Flash oder im ECC-Flash gespeichert werden. Das Format der Ausgabedatei des bootfähigen Projekts ist so gestaltet, dass bei deaktivierten ECC-Bytes die Übertragungsoperationen in kürzerer Zeit ausgeführt werden. Dies wird erreicht, indem Datensätze im bootloadbaren Haupt-Flash-Adressraum mit Datensätzen im ECC-Flash-Adressraum verflochten werden. Der Bootloader nutzt diese verflochtene Struktur, indem er die zugehörige Flash-Zeile programmiert, sobald die Zeile Bytes für den Haupt-Flash und den ECC-Flash enthält. Jedes Projekt hat seine eigene Prüfsumme, die zur Erstellungszeit des Projekts in den Ausgabedateien enthalten ist.

Ein unbeabsichtigtes Überschreiben des Bootloaders kann vermieden werden, indem die Flash-Schutzeinstellungen für den Bootloader-Bereich des Flashs festgelegt werden.

---

[71] Dies führt zu einem weiteren Softwarereset.

5.8 PSoC 3-Startverfahren

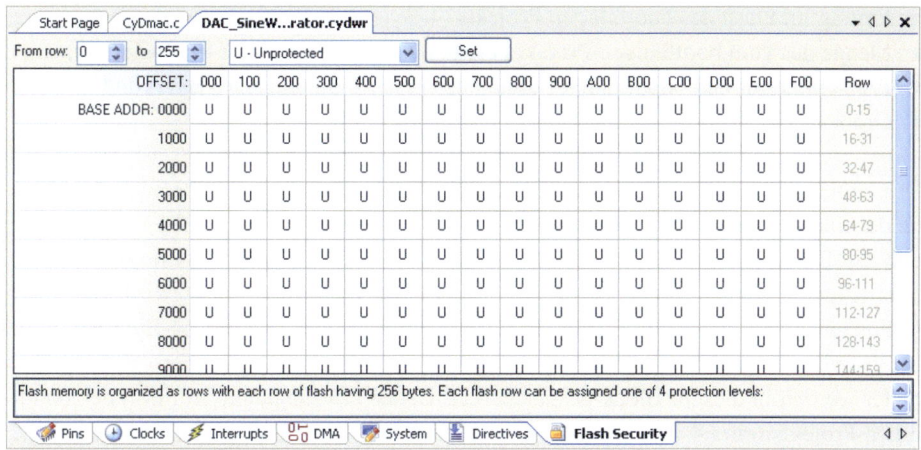

Abb. 5.36 Flash-Sicherheits-Registerkarte

Wenn der Bootloader in PSoC Creator erstellt wird, zeigt das *Ausgabe*-Fenster die Menge des für den Bootloader benötigten Flash-Speichers an, z. B.:

```
Flash verwendet: 6859 von 65536 Byte (10,5 %).
```

In diesem Fall belegt der Bootloader 27 Zeilen (Obergrenze 6859/256) des Flashs, d. h. Flash-Speicherorte 0x000 bis 0x1B00. Er wird geschützt, indem dieser Teil des Flashs in der Flash-Sicherheits-Registerkarte hervorgehoben und der Flash-Schutz als *W-Vollschutz* (Abb. 5.36) eingestellt werden.

Das Bootloader-Projekt belegt immer die untersten N 256-Byte-Blöcke des Flashs, wobei N groß genug ist, um ausreichend Speicher bereitzustellen für die

- Vektortabelle für das Projekt, beginnend bei Adresse 0 (nur PSoC 5LP),
- Konfigurationsbytes des Bootloader-Projekts,
- Code/Daten des Bootloader-Projekts, und
- Prüfsumme für den Bootloader-Bereich des Flashs.

Die entsprechende Option wird aus der *.cydwr*-Datei des Projekts entfernt. Der Bootloader-Bereich des Flashs ist geschützt und kann nur durch Herunterladen über JTAG/SWD überschrieben werden.

Der höchste 64-Byte-Block des Flashs wird als gemeinsamer Bereich für beide Projekte verwendet. Verschiedene Parameter werden in diesem Block gespeichert; dazu gehören:

- Eintrag im Flash des bootfähigen Projekts (4-Byte-Adresse),
- Menge des vom bootfähigen Projekt belegten Flashs (Anzahl der Flash-Zeilen),
- Prüfsumme für den bootfähigen Bereich des Flashs (ein einzelnes Byte) und
- Größe des bootfähigen Bereichs des Flashs (4 Bytes).

Das bootfähige Projekt belegt den Flash ab der ersten 256-Byte-Grenze nach dem Bootloader und beinhaltet die Vektortabelle für das Projekt (nur PSoC 5LP) und den Code und die Daten des bootfähigen Projekts. Die Speicherung der Konfigurationsbytes des bootfähigen Projekts, entweder im Haupt-Flash oder im ECC-Flash, wird durch Einstellungen in der *.cydwr*-Datei des Projekts bestimmt. Der höchste 64-Byte-Block des Flashs wird als gemeinsamer Bereich für beide Projekte verwendet. Verschiedene Parameter werden in diesem Block gespeichert, z. B. der Eintrittspunkt im Flash des bootfähigen Projekts (eine 4-Byte-Adresse), die Menge des vom bootfähigen Projekt belegten Flashs (die Anzahl der Flash-Zeilen), die Prüfsumme für den bootfähigen Bereich des Flashs (ein einzelnes Byte) und/oder die Größe des bootfähigen Bereichs des Flashs (4 Byte).

Der einzige von PSoC 3 unterstützte *Ausnahmevektor* ist die 3-Byte-Anweisung an der Adresse 0, die beim Prozessorreset ausgeführt wird.[72] Daher beginnt der 8051-Bootloader-Code beim Reset einfach mit der Ausführung von der Flash-Adresse 0. Im PSoC 5LP existiert eine Tabelle[73] von Ausnahmevektoren an der Adresse 0, und der Bootloader-Code beginnt unmittelbar nach der Tabelle. Die Tabelle enthält den initialen Stackzeiger („stack pointer", SP)-Wert für das Bootloader-Projekt, die Adresse des Anfangs des Bootloader-Projekt-Codes und Vektoren für die vom Bootloader zu verwendenden Ausnahmen/Interrupts. Das bootfähige Projekt hat auch seine eigene Vektortabelle, die den Startstackzeigerwert dieses Projekts und die erste Anweisungsadresse enthält. Wenn die Übertragung abgeschlossen ist, wird als Teil der Übergabe der Kontrolle an das bootfähige Projekt der Wert im *Vektortabellenoffsetregister* auf die Adresse der Tabelle des bootfähigen Projekts geändert.

- **Warten auf Befehl** – beim Reset, wenn der Bootloader erkennt, dass die Prüfsumme im bootfähigen Projekt-Flash gültig ist, kann er optional auf einen Befehl zum Starten einer Übertragungsoperation warten, bevor er zum bootfähigen Projektcode springt. Wenn die Auswahl „ja" ist, dann ist der Parameter *Warten auf Befehlszeit* bearbeitbar. Wenn die Auswahl „nein" ist, dann ist dieser Parameter ausgegraut. In diesem Fall

---

[72] Die Interrupt-Vektoren befinden sich nicht im Flash. Sie werden vom Interrupt-Controller (IC) bereitgestellt.

[73] Auf diese Tabelle wird durch das *Vektortabellenoffsetregister* an der Adresse 0xE000ED08 verwiesen, dessen Wert beim Reset auf 0 gesetzt wird.

5.8 PSoC 3-Startverfahren

kann ein externes System in der Regel keine Übertragung initiieren. Allerdings kann der bootfähige Projektcode immer noch eine Übertragungsoperation starten, indem er *Bootloader_Start()* aufruft [9].[74]

- **Warten auf Befehlszeit** – beim Reset, wenn der Bootloader erkennt, dass die Prüfsumme im bootfähigen Projekt-Flash gültig ist, kann er optional auf einen Befehl zum Starten einer Übertragungsoperation warten, bevor er zum bootfähigen Projektcode springt. Dieser Parameter ist die Wartezeitüberschreitungsperiode. Zulässige Einstellungen sind 1–255, in Einheiten von 10 ms.[75]
- **I/O-Komponente** – dies ist die Kommunikationskomponente, die der Bootloader verwendet, um Befehle zu empfangen und Antworten zu senden. Eine und nur eine Kommunikationskomponente muss ausgewählt werden. Es werden nur Zwei-Wege-Kommunikationskomponenten verwendet, z. B. muss ein UART sowohl Rx als auch Tx aktiviert haben, und eine Infrarot (IrDA)-Komponente könnte nicht verwendet werden. Eine *Designregelprüfung* („design rule check", DRC) existiert für den Fall, dass keine Zwei-Wege-Kommunikationskomponente auf das Bootloader-Projektschema gesetzt wurde. Diese Eigenschaft ist eine Liste der verfügbaren I/O-Kommunikationsprotokolle auf dem Schaltplan, die Bootloader unterstützt werden. Es gibt typischerweise nur eine *Kommunikationskomponente* auf einem Bootloader-Projektschema, aber es können mehr sein, wenn der Bootloader auch eine benutzerdefinierte Funktion während der Übertragung ausführen muss.[76]

Der Bootloader hat eine öffentliche API, die nur verwendet werden kann, um eine Übertragungsoperation von einem bootfähigen Projekt zu starten. Wenn sie aufgerufen wird, erfolgt ein Softwarereset, gefolgt von der Übernahme der Kontrolle über die CPU durch den Bootloader. Bootfähiger Code, der Interrupts enthält, wird in diesem Fall nicht ausgeführt. Wenn die Übertragung beginnt, werden Ressourcen und Peripheriegeräte nach Bedarf neu konfiguriert, und alle anderen Ressourcen/Peripheriegeräte werden deaktiviert. Wenn die Übertragung abgeschlossen ist, wird die CPU automatisch zurückgesetzt. *void CyBtldr_Load(void)* startet eine Übertragung und konfiguriert das Gerät gemäß dem Bootloader-Projekt. Obwohl die CPU nach Abschluss der Übertragung zurückgesetzt wird, gibt es keinen Rückgabewert. Abb. 5.37 zeigt das Flussdiagramm für den Bootloader.

---

[74] Der Standardwert ist „ja".

[75] Dieser Parameter ist nur bearbeitbar, wenn der Parameter *Wait for Command* auf *ja* gesetzt ist, ansonsten ist er ausgegraut.

[76] Wenn es nur eine Kommunikationskomponente auf dem Schaltplan gibt, dann ist sie die Einzige, die im DWR-Dropdown verfügbar ist.

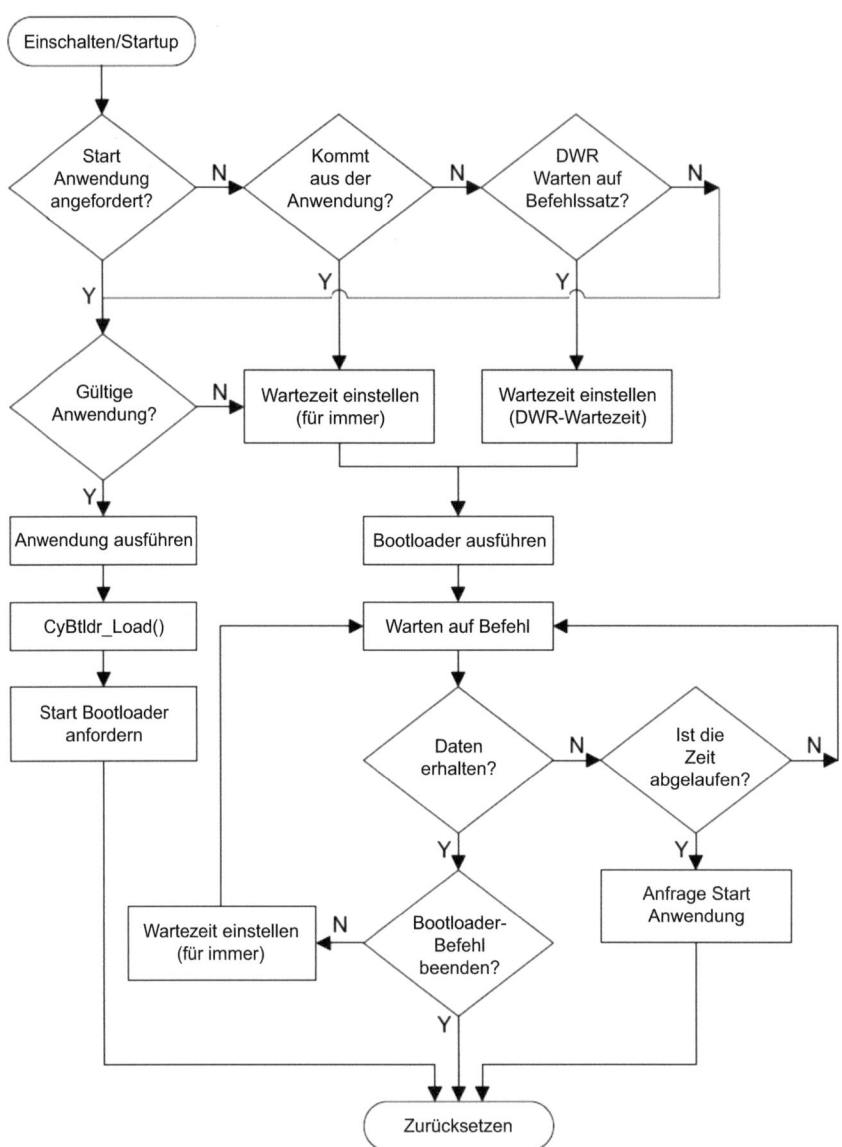

Abb. 5.37 Flussdiagramm des Bootloaders

5.9 Empfohlene Übungen

5-1 Gegeben ist die unten gezeigte endliche Zustandsmaschine. Ermitteln Sie die Wahrheitstabelle, die logischen Gleichungen und eine logische Schaltung bestehend aus zwei D-Flipflops und den erforderlichen Gattern für diesen 2-bit-Zähler.

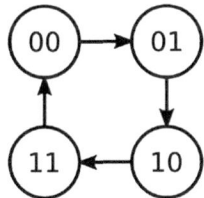

5-2 Ein Sequenzdetektor (FSM) muss die Sequenz 1010011 identifizieren, indem er $y = 1$ setzt, wenn die Sequenz erkannt wird. Skizzieren Sie die Zustandstabelle, das Zustandsdiagramm und die Anregungstabellen unter der Annahme, dass der Eingang x und der Ausgang y sind. Vereinfachen Sie die äquivalente logische Schaltung mit K-Diagramm-Techniken. Handelt es sich hierbei um einen Mealy- oder Moore-Automaten?

5-3 Zeichnen Sie ein FSM-Zustandsdiagramm (Mealy/Moore) für einen seriellen Vergleicher, der vorzeichenlose n-bit-Zahlen x und y als Eingaben nutzt. Die FSM nimmt alle Taktzyklen 2 bit, x_i und y_i auf. Geben Sie die von Ihnen gewählte Bitreihenfolge an, z. B. x_{n-1} und y_{n-1} kommen zur Zeiteinheit 1 und x_{n-2} und y_{n-2} zur Zeiteinheit 2. Der Ausgang der FSM muss 00 sein, wenn die beiden Werte gleich sind, 10, wenn x einen größeren Wert hat, und 01, wenn y einen größeren Wert als x hat.

5-4 Eine endliche Zustandsmaschine (FSM) fungiert als abwärtszählender 3-bit-Primzahlzähler. Im Anfangszustand beträgt der Primwert 010. Erstellen Sie die Zustandsübergangstabelle und das Übergangsdiagramm. Der Zustand muss in drei D-Flipflops gespeichert werden.[77]

5-5 Das Nyquist-Kriterium verlangt, dass zur Vermeidung von Aliasing die Abtastung [12] mit dem Doppelten der höchsten Frequenzkomponente im Signal erfolgen sollte. Einige Systeme tasten mit deutlich höheren Raten ab. Erklären Sie den Grund für das Überschreiten der Nyquist-Frequenz.[78]

---

[77] In diesem Fall besteht die Menge der zulässigen Primzahlen aus 2, 3, 5 und 7.

[78] Das Nyquist-Kriterium muss mit einiger Vorsicht verwendet werden. Es geht davon aus, dass die in diskreten Intervallen zu messende Probe tatsächlich bandbegrenzt ist. Damit dies zutrifft, müsste das Signal bis ins Unendliche reichen. Eine Abtastrate von 10–20 mal der höchsten Frequenzkomponente im Signal kann erforderlich sein, um die besten Ergebnisse zu erzielen.

5-6 Unter welchen Umständen ist es ratsam, Abtast- und Halteverfahren bei der Datenerfassung des in diesem Kapitel beschriebenen Typs anzuwenden. Listen Sie die Schlüsselmerkmale der Abtast- und Haltephase von Datenerfassungshardware und -software auf.

5-7 Ein analoges Signal wird durch

$$x(t) = 2\sin(240\pi t) + 2{,}75\sin(360\pi t)$$

dargestellt und mit einer Rate von 600 *sps* abgetastet. Was sind die Nyquist-Abtastrate und die Nyquist-Frequenz? Bestimmen Sie die Nyquist-Abtastrate für $x(t)$ und die Nyquist-Frequenz. Welche Frequenzen sind im diskreten Zeitsignal zu finden? Angenommen, x[n] wird von einem idealen D/A-Wandler verarbeitet, wie sieht das rekonstruierte Signal aus?

5-8 Angenommen, dass

$$H_p(s) = \frac{a}{s+a}.$$

Zeigen Sie, dass

$$H(z) = \frac{(1-e^{-aT})z}{z-e^{-aT}} = \frac{(1-e^{-aT})}{1-e^{-aT}z^{-1}}.$$

5-9 Ein Bandpassfilter hat eine Übertragungsfunktion, die durch

$$H(s) = \frac{s}{s^2 + 2\zeta\omega_n s + \omega_n^2}$$

gegeben ist. Zeigen Sie, dass die z-Domänen-Übertragungsfunktion durch

$$H(z) = 2T\frac{z^2 - 1}{(T^2\omega_n^2 + 4\zeta T\omega_n + 4)z^2 + (2T^2\omega_n^2 - 8)z + (T^2\omega_n^2 - 4\zeta T\omega_n + 4)}$$

gegeben ist. Angenommen, dass $\zeta = 0{,}25$, $\omega_n = 3{,}47$ und $T = 0{,}063$, skizzieren Sie das z-Ebenen-Diagramm und die Bandpasscharakteristiken.

5-10 Angesichts eines 5-bit-Zählers, der einen aktiven High-Pin für Last und Inkrement-Eingang hat, entwerfen Sie eine Logikschaltung, die die folgende Sequenz erzeugt und wiederholt: $\to 00000 \to 00010 \to 00100 \to 01010 \to 01100 \to 01110 \to 00000 \to \cdots$

Literatur

1. M. Ainsworth, PSoC 3 to PSoC 5LP Migration Guide. AN77835. Document No. 001-77835Rev.*D1. Cypress Semiconductor (2020)
2. M.D. Anu, T. Rastogi, PSoC 3 and PSoC 5LP I2C Bootloader. Document No. 001-60317 Rev. *L1. AN60317. Cypress Semiconductor (2020)
3. T. Dust, G. Reynolds, Designing PSoC Creator Components with UDB Datapaths. AN82156. Document No. 001-82156Rev. *I. Cypress Semiconductor (2020)
4. J. Kathuria, C. Keeser, Implementing State Machines with PSoC 3, PSoC 4, and PSoC 5LP. AN62510. Document No. 001-62510 Rev. *F. Cypress Semiconductor (2017)
5. C. Keeser, PSoC Designer Boot Process, from Reset to Main. AN73617. Document No. 001-73617Rev. *C1. Cypress Semiconductor (2017)
6. M. Kingsbury, PSoC 3 and PSoC 5LP Startup Procedure. AN60616. Document No. 001-60616Rev. *G. Cypress Semiconductor (2017)
7. A. Megretsk, Multivariable Control Systems. Massachusetts Institute of Technology. Department of Electrical Engineering and Computer Science. April 3, 2004
8. H. Nyquist, Certain topics in telegraph transmission theory. Trans. AIEE. **47**(2), 617–644 (1928)
9. P. Phalguna, PSoC 3 and PSoC 5LP SPI Bootloader. AN84401. PSoC 3 and PSoC 5LP SPI Bootloader. Document No. 001-84401Rev.*D. Cypress Semiconductor (2017)
10. C.E. Shannon, A mathematical theory of communication. Bell Syst. Tech. J. **27**(3), 379–423 (1948)
11. C.E. Shannon, Communication in the presence of noise. Proc. Inst. Radio Eng. **37**(1), 10–21 (1949). https://doi.org/10.1109/jrproc.1949.232969. S2CID 52873253
12. A. Yarlagadda, PSoC 3 and PSoC 5LP Correlated Double Sampling to Reduce Offset, Drift, and Low-Frequency Noise. AN66444. Document No. 001-66444 Rev. *D. Cypress Semiconductor (2017)
13. https://www.planetanalog.com/design-considerations-the-analog-signal-chain-part-1-of-2/. January 30, 2011
14. https://www.planetanalog.com/design-considerations-the-analog-signal-chain-part-2-of-2/#. February 4, 2011

Hardwarebeschreibungssprachen 6

Zusammenfassung

VLSI-Digitalschaltungen umfassen oft Hunderte von Logikzellen und vielleicht Tausende von Verbindungen. Die damit verbundene Schwierigkeit, solche PDL-Anwendungen zu entwickeln, die komplexe Funktionen ausführen können, hat zu sogenannten Hardwarebeschreibungssprachen geführt, die es dem Entwickler ermöglichen, digitale Systeme zu modellieren. Diese HDL-Sprachen werden von Entwicklungsumgebungen unterstützt, die in der Regel Schaltplanentwurf, Simulationen/Verifizierungen bieten und ermöglichen, das Design in eine „Konfigurationsdatei" umzuwandeln und dann auf das Zielgerät herunterzuladen. Die HDL-Form eines Designs ist eine zeitliche und räumliche Beschreibung des Designs und beinhaltet Ausdrücke, die die digitalen Logikschaltungen des Designs formal beschreiben. Die Beschreibungen sind textbasiert, beinhalten explizite Zeitabhängigkeiten und berücksichtigen Verbindungen zwischen Blöcken, die in einer hierarchischen Reihenfolge ausgedrückt werden. Die Umwandlung von der Beschreibung einer Logikschaltung in eine Implementierung, die in Bezug auf Gatter definiert ist, wird als *Synthese* bezeichnet. Das Ergebnis des Syntheseprozesses ist eine *Netzliste*. (Eine Netzliste ist eine textbasierte Beschreibung der in der Konstruktion verwendeten Gatter und ihrer Verbindungen.)

6.1 Hardwarebeschreibungssprachen (HDL)

Eine ideale Hardwarebeschreibungssprache („hardware description language", HDL) sollte in der Lage sein, Designs mit Zehntausenden von Gattern zu unterstützen, hochrangige Konstrukte zur Beschreibung komplexer Logik bereitzustellen, modulare Designmethoden und mehrere Hierarchieebenen zu unterstützen, sowohl Design als auch Simulation zu unterstützen, geräteunabhängige Designs zu erstellen, Schaltpläne zu unterstützen sowie HDL-Beschreibungen usw. In der folgenden Diskussion werden mehrere HDL diskutiert, die diese Kriterien in größerem oder geringerem Maße erfüllen [10].

6.2 Designablauf

Bei der Gestaltung eingebetteter Systeme werden verschiedene Modellierungstechniken eingesetzt, z. B. Datenfluss für Systeme mit Parallelität und Signalanalyse, diskrete Ereignisse für Systeme mit expliziten Zeitabhängigkeiten, Zustandsmaschinen [7] für Systeme, die auf sequenzieller Entscheidungslogik basieren, zeitgesteuert für Systeme, die periodische und/oder zeitabhängige Aktionen beinhalten, kontinuierliche Zeit für Systeme mit Dynamik usw. HDL sind in der Lage, jeden dieser Ansätze in einer Vielzahl von Fällen zu erleichtern, können aber in Bezug auf bestimmte Arten von Anwendungen einige Einschränkungen haben [1].

Ein Design kann mit einer grafischen Darstellung der Logikschaltungen beginnen, d. h. einem Schaltplan oder einer rein textbasierten Beschreibung des Designs. Verfügbare Werkzeuge umfassen oft sowohl Schaltplan- als auch HDL-Editoren. Wenn die HDL- oder Schaltplandesignphase abgeschlossen ist, ist es dann möglich, das Design zu simulieren, um eine Verhaltensbewertung durchzuführen, vorläufige Leistungsbewertungen durchzuführen, Testvektoren zu erstellen usw. Prüfstandswellenformen können auch als Teil des Simulationsprozesses eingeführt werden. Nach der Synthesephase des Designs ist es möglich, zusätzliche Simulationstests durchzuführen, um die Leistung des Logikdesigns einschließlich des Timings zu überprüfen, das, obwohl in einigen Fällen begrenzt, dennoch wichtige Informationen über das Design liefern kann.

Sobald die Beschreibungen, Einschränkungen und Netzlisten erstellt wurden, können sie dann in eine Datenbank zusammengeführt werden, damit der *Platzierungs-und-Routing-Prozess* aufgerufen werden kann. In modernen Entwicklungsumgebungen werden der Bauplan und das Routing grafisch angezeigt, was dem Entwickler zusätzliche Kontrolle über das Design ermöglicht, indem manuelle Änderungen im Design vorgenommen werden.

Diese Beschreibungen sind so detailliert und vollständig, dass sie in Verbindung mit Simulatoren verwendet werden können, die die Beschreibungen als Eingabe verwenden, um das Verhalten und die Leistung der entsprechenden Schaltung in vollständigem Detail zu studieren. Darüber hinaus können die Beschreibungen, sobald die Modellierung mit Simulatoren abgeschlossen ist, als Eingabe für CAD-Werkzeuge[1] verwendet werden, um Hardwaredesigns zu synthetisieren. HDL werden verwendet, um formale Beschreibungen von digitalen Schaltungen zu erstellen. Einige Simulatoren können tatsäch-

---

[1] Computerunterstütztes Design („computer-aided design").

lich mit Hardware-Implementierungen des Designs interagieren, um das System-under-Design weiter zu optimieren.

VHSP/*VHDL* wurde ursprünglich entwickelt, um die Dokumentationsherausforderungen von *ASIC*-Designs zu erleichtern, wurde aber bald als wichtiges Werkzeug für die Gestaltung von sehr hochintegrierten Schaltungen erkannt und wird als *VHSIC* bezeichnet. VHDL ist eine auf ADA basierende VHSIC-Hardwarebeschreibungssprache, die vom Verteidigungsministerium ab 1983 entwickelt wurde.

6.2.1 VHDL

Während Einige VHDL vielleicht einfach als „noch eine Programmiersprache" beschreiben würden, ist es in Wirklichkeit viel mehr. Es entstand als Ergebnis einer Regierungsinitiative im Jahr 1980 durch das Verteidigungsministerium („Department of Defense", DoD) der USA und war ursprünglich dazu gedacht, eine formale Methodik zur Beschreibung digitaler Schaltungen zu sein. Es wurde jedoch bald klar, dass ihr Anwendungsbereich erweitert werden könnte, um sie nicht nur als Sprachstandard für digitale Schaltungsbeschreibungen, sondern auch für die Simulation digitaler Schaltungen zu nutzen. VHDL hat eine Reihe von Reinkarnationen[2] durchlaufen, und ihre Notation wird für jede durch ein Sprachreferenzhandbuch („language reference manual", LRM) definiert. Es wird von der IEEE reguliert und als internationaler Standard gepflegt. VHDL unterstützt sowohl Top-down- als auch Bottom-up-Design und, wie Einige vorgeschlagen haben, sogar „Middle-out-Design" [1].

Die VHSIC-Hardwarebeschreibungssprache[3] (VHDL) bietet einem Entwickler eine Reihe von wichtigen Vorteilen bei der Entwicklung neuer Designs, insbesondere solcher, die Zehntausende von Logikgattern beinhalten. Zum Beispiel unterstützt VHDL sehr ausgefeilte und leistungsfähige Konstrukte zur Beschreibung komplexer Logik, eine modulare Designmethodik, mehrere Hierarchieebenen, und eine VHDL-Beschreibung kann sowohl für Design als auch Simulation verwendet werden. Die resultierenden Designs sind geräteunabhängig und daher hochgradig portabel, so dass der Entwickler den optimalen Anbieter, das optimale Gerät und die optimale Synthese auswählen kann.

Ein Entwickler kann mit einer sehr hohen Abstraktionsebene für ein Design beginnen, VHDL verwenden, um eine Architektur für das Design zu entwickeln, und dann diese Struktur in Subsysteme, manchmal als „Subdesigns" bezeichnet, zerlegen. Diese Subsysteme können wiederum oft weiter in Subsysteme von Subsystemen zerlegt wer-

---

[2] Obwohl es eine Reihe von Versionen von VHDL gibt, z. B. VHDL'87, VHDL'93, VHDL'2000, VHDL'2008 usw., bleibt die Version VHDL'93 die am weitesten verbreitete Version.
[3] „Very-High-Speed integrated circuit".

den, bis man schließlich, falls erforderlich, bei dem Äquivalent eines Standardsets von „Basismodulen"[4] ankommt, z. B. handelsübliche integrierte Schaltungen.

Ein einfaches Modul auf der niedrigsten Ebene dieser Hierarchie könnte aus einem oder mehreren Geräten mit zwei Eingängen und einem Ausgang bestehen, z. B. einem Gatter. Ein solches Modul, das als Instanz einer *Entität* bezeichnet wird, muss nicht weiter zerlegt werden und kann streng in Bezug auf seine Eigenschaften behandelt werden, d. h. die Beziehung(en) zwischen den Eingangs- und Ausgangssignalpegeln, Verzögerungszeiten usw. [2]. Module an der Basis einer solchen Hierarchie werden typischerweise in *verhaltensmäßigen* oder *funktionalen* Begriffen beschrieben. Wenn jedoch die Basismodule eine Rückkopplung verwenden, werden die verhaltensmäßigen/funktionalen Modulbeschreibungen komplex. Glücklicherweise ist VHDL so konzipiert, dass es auch diese Situation bewältigen kann.

VHDL basiert auf Konstrukten wie *Architekturen, Konfigurationen, Entitäten, Paketen* und den entsprechenden *Paketkörpern*. Architekturen sind funktionale Beschreibungen von Modulen, Konfigurationen, die die Architektur definieren, und Entitäten, die benötigt werden, um ein Modell zu erstellen. Entitäten definieren Schnittstellen und beinhalten oft eine Portliste. Pakete enthalten die Definitionen von Datentypen wie Konstanten, verschiedene Datentypen und *Unterprogramme.*[5] Darüber hinaus wird Prozesscode, der eine Sequenz von Anweisungen in einer definierten Reihenfolge ausführt, als gleichzeitiges Objekt verwendet.

VHDL unterstützt sowohl sequenzielle als auch gleichzeitige Anweisungen. Sequenzielle Anweisungen sind in Funktionen, Prozeduren oder Prozessanweisungen enthalten. *If-then-else, case* und *loop* sind Beispiele für sequenzielle Anweisungen. Gleichzeitige Anweisungen treten in der Architektur in Form von Anweisungen auf, die gleichzeitige Prozeduraufrufe, Signalzuweisungen und Komponenteninstanziierungen enthalten.[6]

Signale werden verwendet, um Informationen zwischen Designanweisungen zu übertragen, insbesondere zwischen Entitäten und Prozessen. Sie werden als globale Größen in Architekturen und Blöcken behandelt. Wenn sie in einem PORT deklariert werden, muss den Signalen eine Richtung zugewiesen werden. Wenn sie jedoch in einer Architektur, einem Block oder einem Paket deklariert werden, ist keine Richtung erforderlich. Signalzuweisungen enthalten typischerweise Spezifikationen, d. h. Zeitangaben

---

[4] Der Ausdruck Basismodule bezieht sich auf ein Set von Modulen, die eine Basis im Sinne der linearen Algebra bilden.

[5] Unterprogramme in VHDL sind das Analogon zu Funktionen in C.

[6] Es gibt einen Unterschied zwischen Gleichzeitigkeit und Parallelität, insofern als Gleichzeitigkeit sich auf Teile eines Programms bezieht, die auf konzeptioneller Ebene gleichzeitig ausgeführt werden sollen, d. h. logische Gleichzeitigkeit. Parallelität impliziert, dass bestimmte Teile eines Programms tatsächlich gleichzeitig auf Hardwareebene ausgeführt werden. Programme, die Anweisungen sequenziell ausführen, sind daher nicht gleichzeitig. Einige Compiler sind in der Lage, eine Datenflussanalyse durchzuführen und parallelen Code für Hardware auszugeben, die Parallelität unterstützt.

6.2 Designablauf

Abb. 6.1 VHDL-Designflussdiagramm. „Fitting" und „Place&Route" sind ähnliche Operationen, wobei Ersteres eine JEDEC (Joint Electron Device Engineering Council)-Datei und Letzteres eine beliebige Datei in einem Format erzeugt, das für das Programmiergerät des Zielgeräts akzeptabel ist

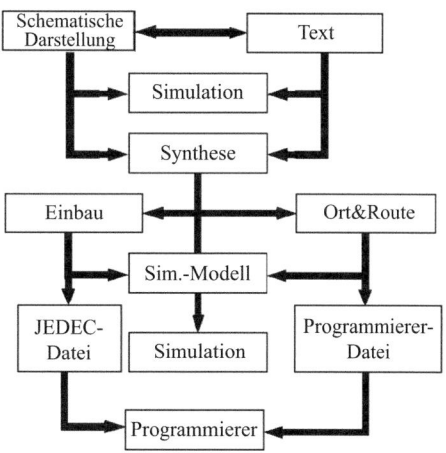

der Verzögerungszeit, die vergehen muss, bevor das Signal einen neuen Wert annehmen darf. Wenn der Zeitausdruck nicht angegeben ist, ist der Standardwert 0 fs.[7] Es sollte beachtet werden, dass Variablenaktualisierungen in VHDL sofort erfolgen, während Signalaktualisierungen nach einer Verzögerung oder am Ende eines Prozesses erfolgen.

Das Designflussdiagramm, dargestellt in Abb. 6.1, veranschaulicht die verschiedenen Stadien in der Entwicklung eines VHDL-basierten Designs. Die grundlegenden Schritte im Designfluss sind wie folgt:

1. *Designeingabe* – dies wird oft im Kontext eines computergestützten Design (CAD)-Tools durchgeführt und führt dazu, dass das Design in einem maschinenlesbaren Format verfügbar ist.
2. *Funktionale Simulation* – Schritt 1 erzeugt die Designbeschreibung, und dieser Schritt simuliert das Design, um zu bestätigen, dass das Design tatsächlich die Anforderungsspezifikation erfüllt. Dies wird oft als Verhaltens- oder Funktionssimulation bezeichnet,[8] und ihr Zweck ist es, zu überprüfen, dass das Verhalten aus logischer Sicht korrekt ist.

---

[7] fs ist ein Akronym für Femtosekunde und repräsentiert 1×10^{-15} Sekunden.

[8] Es ist wichtig zu bedenken, dass diese Art von Simulation keine der physischen Implementierungsdetails berücksichtigt, z. B. werden tatsächliche Ausbreitungs- und andere Arten von Timingverzögerungen, die durch die verschiedenen physischen Komponenten eingeführt werden, von dieser Simulationsebene nicht berücksichtigt. Daher kann die Simulation zwar als notwendiger Schritt angesehen werden, sie ist jedoch kaum ausreichend. Es ist jedoch möglich, auf dieser Ebene Anweisungen einzufügen, die Werte für verschiedene Verzögerungen zuweisen. Diese sind allerdings nicht synthetisierbar und dienen lediglich dazu, die Auswirkungen der Verzögerungen auf das Verhalten zu reflektieren.

3. *Synthese* – für diesen Schritt wird ein CAD-Tool verwendet, um die VHDL-Beschreibung zu interpretieren und eine ausreichende Menge an Standardbausteinen, z. B. LUT, Multiplexer, Register, Addierer usw., zur Implementierung des Designs zu verwenden. Der Schritt erzeugt eine Netzliste[9], die vom nächsten Schritt, nämlich der *Implementierung*, verwendet wird.
4. *Implementierung* – dieser Schritt beinhaltet das Aufrufen einer Übersetzungsphase (TRANSLATE), die die von dem vorherigen Schritt erzeugte Netzliste in ein Format übersetzt, das mit dem Zielgerät übereinstimmt. Ein Mapping-Prozess (MAP) mappt den von dem Syntheseprozess verwendeten Standardsatz von Blöcken auf die verfügbaren Geräte in der Zielhardware. Dies wird gefolgt von der Zuweisung der Zielressourcen und der Verlegung aller erforderlichen Verbindungen zwischen diesen Ressourcen (PLACING und ROUTING). An diesem Punkt, da die tatsächlichen Ausbreitungs- und andere Arten von Verzögerungen berücksichtigt wurden, ist es möglich, das zu tun, was als POST-PLACE-und-ROUTE-Simulation bezeichnet wird, die ein Modell des tatsächlichen Verhaltens des physischen Designs darstellt.
5. *Programmiergerätedownload* – in diesem Stadium wurde das Design verifiziert und ist bereit zum Herunterladen auf das Zielgerät. Dies wird durch die Erstellung einer Datei erreicht, die seriell zu einem Programmiergerät für das Zielgerät heruntergeladen wird.[10]

Wie zuvor besprochen, sind VHDL-Designs Beschreibungen, auch als „Designentitäten" bezeichnet, bestehend aus einer *ENTITY*-Deklaration, die das I/O des Designs beschreibt, und einem *ARCHITECTURE*-Körper, der den Inhalt des Designs beschreibt, z. B. kann eine AND-Funktion mit zwei Eingängen in VHDL ausgedrückt werden als

```
ENTITY and2 IS PORT (
        a,b : IN std_logic;
          f:OUT std_logic);
END and2;
ARCHITECTURE behavioral OFand2IS
BEGIN
    f <= a ANDb;
END behavioral;
```

---

[9] Im Falle von PLD und CPLD können anstelle einer Netzliste Summe-von-Produkten-Gleichungen erzeugt werden.

[10] Dieser Schritt sollte als nichtlinear betrachtet werden, in dem Sinne, dass die Systemleistung auf nichtlineare Weise von den von diesem Prozess ausgewählten Komponenten abhängen kann.

6.2 Designablauf

Die ENTITY-Deklaration ist formal definiert als

```
ENTITY entity_name IS PORT (
   -- optional generics
   name : mode type
       ...
);
END entity_name;
```

wobei *entity_name* ein beliebiger Name ist, *generics* zur Definition von parametrisierten Komponenten verwendet werden, *name* der Signal-/Portbezeichner ist,[11] *mode* die Richtung des Datenflusses beschreibt und *type* den Satz von Werten definiert, die einem Portnamen zugewiesen werden können. PORTS sind Kommunikationspunkte, oft mit den Pins eines Geräts verbunden, die eine spezielle Klasse von SIGNAL mit einem zugehörigen *name, mode* und *type* sind.

MODE repräsentiert die Richtung des Datenflusses und kann sein:

- IN – Daten treten in die Entität ein, verlassen sie aber nicht,
- OUT – Daten verlassen die Entität, treten aber nicht ein und werden nicht intern verwendet,
- INOUT – Daten gehen in die Entität ein und aus, d. h., sie sind bidirektional, oder
- BUFFER – Daten verlassen die Entität und werden auch intern zurückgespeist.

6.2.2 VHDL-Abstraktionsebenen

VHDL ermöglicht es dem Entwickler, einen Entwurf auf verschiedenen Abstraktionsebenen anzugehen, d. h. auf der Algorithmusebene, die lediglich eine Reihe von auszuführenden Anweisungen ohne Rücksicht auf den Takt ist, außer vielleicht lose in Bezug auf die Reihenfolge der Ausführung von Anweisungen oder Verzögerungsprobleme. Alternativ kann ein Ansatz auf Registerebene verwendet werden, der als Registerübertragungsebene („register transfer level", RTL) bezeichnet wird. Auf dieser Abstraktionsebene beinhaltet die Beschreibung eine Taktabhängigkeit, die alle Operationen steuert. Allerdings werden Propagation und die verschiedenen Formen der zeitlichen Verzögerung nicht unterstützt. Und schließlich, auf der niedrigsten Abstraktionsebene, wird die Beschreibung in Form eines Netzwerks von Registern und Gattern ausgedrückt, die aus Standardbibliotheken instanziiert werden.

VHDL hat fünf sehr grundlegende Konstrukte zur Verfügung:

---

[11] Dies kann eine separate Liste für Ports identischer Modi und Typen sein.

1. Entitätdeklarationen, die NAME und PORTS spezifizieren,[12]
2. Architekturkörper, die die Schaltungen innerhalb der Entitätkonfigurationsdeklarationen modellieren, die definieren, welche Architektur mit welcher Entität verwendet werden soll,[13]
3. Paketdeklarationen[14], die ähnlich wie eine Header-Datei in einem C-Programm funktionieren,
4. Paketkörper, die ähnlich wie Implementierungsdateien in C-Programmen sind.

Neben der Unterstützung mehrerer Architekturen innerhalb einer gegebenen Entität ermöglicht VHDL dem Entwickler zu bestimmen, welche Architektur während der Synthesephase verwendet werden soll. Die Reihenfolge dieser Konstrukte innerhalb einer VHDL-Datei ist: Entität, Architektur und Konfiguration. Das IEEE hat bestimmte Standard-VHDL-Bibliotheken definiert, z. B. IEEE 1164[15], die sowohl Standardsignale als auch -datentypen festlegt.

Betrachten Sie den Fall einer Logikfunktion mit 4 Eingängen und 1 Ausgang. Eine Entitätsbeschreibung kann folgendermaßen aussehen:

```
library IEEE;
use IEEE>std_logic_1164.all;
entity LogicFunction is
        port (
            a: in std_logic;
            b: in std_logic;
            c: in std_logic;
            d: in std_logic;
            e: out std\_logic;
        );
end entity LogicFunction;
```

Der Architekturkörper definiert die interne Funktionalität der Entität, d. h. die Schaltung, basierend auf einer der folgenden vier Modalitäten:

---

[12] Entitäten sind analog zu der klassischen „Black Box", für die die interne Funktionalität verborgen ist, aber die Eingangs- und Ausgangsports, d. h. die Schnittstellen, sind spezifiziert. Die Entität ist das funktionale Äquivalent zu einem „Software-Wrapper".

[13] Die Architektur enthält eine detaillierte Beschreibung der internen Funktionalität/Verhaltensweise der Entität.

[14] Pakete sind Bibliotheken von Prozeduren, Funktionen, überladenen Operatoren, Typdeklarationen und Komponenten, die aus einem BODY-Bereich und einem deklarativen Bereich bestehen. Die Bestandteile eines Pakets können von mehr als der Entität in einem Design verwendet werden.

[15] Standard Multivalue Logic System for VHDL Model Interoperability (1993).

6.2 Designablauf

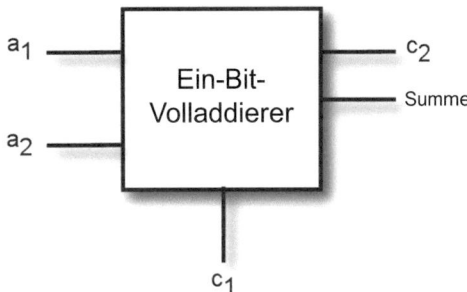

Abb. 6.2 Ein einzelner 1-bit-Volladdierer

1. Verhaltensmodellierung in Form einer Reihe von sequenziellen Zuweisungsanweisungen, die als *Prozess* bezeichnet werden,
2. Datenflussmodellierung, ausgedrückt in Form einer Reihe von „gleichzeitigen" Signalzuweisungsanweisungen,
3. Strukturmodellierung in Form einer Reihe von miteinander verbundenen Komponenten oder als
4. eine Permutation der Verhaltens-, Datenfluss- und/oder Strukturmodellierung.[16]

Als Beispiel betrachten Sie einen 1-bit-Volladdierer, wie in Abb. 6.2 gezeigt. Die VHDL-Beschreibung für diese Schaltung ist

```
entity full_add_1 is
    port(
        a1: in bit;   addend in
        a2: in bit;   addend
        c1: in bit;   carry in
        sum: out bit; sum
        c2: out bit); carry out
    end full_add_1
```

wobei der Port in Begriffen wie Eingang, Ausgang oder bidirektional definiert ist, d. h., ein Port wird in Bezug auf das mit dem Port verbundene Signal, seine Richtung und seinen Typ definiert. Der Signaltyp kann entweder die einzelnen Bits, 0 oder 1, oder in Form eines Bitvektors sein, der ein Array von Bits darstellt. Auch benutzerdefinierte Datentypen werden unterstützt, wie Bytes oder Mnemoniken.

Das vorherige Beispiel eines einzelnen Bit-Addierers kann erweitert werden, wie im Fall eines 8-Bit-Addierers, der durch das folgende Codefragment dargestellt wird:

```
entity: full_add_8 is
```

---

[16] Solche Kombinationen werden oft als „gemischte Modelle" bezeichnet.

```
                port(
                    a1: in bit_vector(7 downto 0);
                    a2: in bit_vector(7 downto 0);
                    c1: in bit; carry
                    sum: out bit_vector(7 downto 0); sum
                    c2: out bit);
                end full_add_8;
```

Es ist auch möglich, mit VHDL das Verhalten eines Moduls auf einer höheren Abstraktionsebene für einen 1-bit-Addierer zu beschreiben, wie das folgende Codefragment zeigt:

```
            architecture dataflow of full_add_1 is
        begin
            sum <= a1 xor a2 xor c1 after 3 ns;
            c2 <= (a1 and a2) or (a1 and c1) or (a2 and c1) after 3 ns
;
        end;
```

Bezeichner sind nicht abhängig von Groß-/Kleinschreibung und dürfen keine Schlüsselwörter enthalten. Unterstriche können in Bezeichnern verwendet werden, dürfen jedoch nicht am Anfang oder Ende eines Bezeichners stehen, und zwei oder mehr Unterstriche dürfen nicht aufeinanderfolgen.[17] *Erweiterte Bezeichner* sind formal definiert als:

```
        extended_identifier ::= \ graphic_character {graphic_character}
```

Ein erweiterter Bezeichner ist groß- und kleinschreibungssensitiv und kann Leerzeichen, aufeinanderfolgende Unterstriche und/oder Schlüsselwörter enthalten. Unterstützte Trennzeichen[18] werden in Tab. 6.1 gezeigt.

Der für VHDL'93 unterstützte Zeichensatz besteht aus 256 Zeichen, darunter Großbuchstaben, Kleinbuchstaben, Ziffern und eine Sammlung von nicht-alphanumerischen Zeichen.

Zeichenketten werden durch doppelte Anführungszeichen abgegrenzt, z. B.,

„Dies ist eine Zeichenkette'"

---

[17] Der Standard von 1993 für VHDL (VHDL'93) erlaubt die Verwendung von Bezeichnern, die schreibungsabhängig sind, mit einem Backslash beginnen oder enden, aus grafischen Zeichen in beliebiger Reihenfolge und beliebiger Länge bestehen.

[18] Trennzeichen sind als Trenner definiert, die vordefinierte Bedeutungen haben.

6.2 Designablauf

Tab. 6.1 Von VHDL unterstützte Trennzeichen

Single-char-Trennzeichen	Beschreibung	Double-char-Trennzeichen	Beschreibung
#	Wörtliche Basis	?>	Bedingt
'	Einzelnes Anführungszeichen	?<	Bedingt
"	Doppeltes Anführungszeichen	**	Potenzierung
&	Verkettung	/=	Ungleichheit
(	Linke Klammer	??	Bedingt
)	Rechte Klammer	?=	Bedingt
+	"Addition" oder "Positiv"	?>=	Bedingt
-	"Subtraktion" oder "Minus"	?<=	Bedingt
*	Multiplikation	?/=	Bedingt
:	Daten :Typ Trennzeichen	<>	Box
;	Anweisungsterminierer	>=	Größer als oder gleich
/	Division	<=	Signalzuweisung
?	Bedingt	:=	Variablenzuweisung
		OR-Operator	=>	"Erhält" oder "Dann"

wird zu

„„„Dies ist eine Zeichenkette""""

Bitketten werden als Arrays vom Typ Bit ausgedrückt, z. B.,

literal_bit_string ::= base-specifier „bit_value"

6.2.3 VHDL-Literale

VHDL unterstützt fünf Arten von Literalen: Bitketten[19], Aufzählungen, numerische Werte, Zeichenketten und NULL. Bitkettenliterale beginnen und enden mit ", können Unterstriche enthalten, z. B. B"0101_0101", und werden als eindimensionales Array behandelt, das den VHDL'93-256-Zeichen-Spezifikationen entspricht. Unterstützte Basen sind binär (B), oktal (O) und hexadezimal (X). Während die Bitkette Unterstriche enthalten kann, beinhaltet die Länge der Kette die Unterstriche nicht. Aufzählungsliterale können Bit oder Char sein.

---

[19] Bitketten werden häufig zur Initialisierung von Registern verwendet.

Numerische Literale können Unterstriche, die Buchstaben „E" oder „e" enthalten, um die Einbeziehung eines Exponenten zu kennzeichnen, und „#" um eine Basis im Bereich von 2–16 zu definieren. Physische Schriftzeichen müssen ein Leerzeichen zwischen dem numerischen Wert und der Maßeinheit des physischen Schriftzeichens haben. Die Verwendung des NULL-Literals ist auf Zeiger beschränkt, in Fällen, in denen der Zeiger „leer" ist. Die „basierten" Literale sind formal definiert als

```
based_literal::= base#based_integer{based_integer}#{exponent}
```

und

```
based_integer::=extd_digit{[underlined]extd_digit}
```

wobei

```
extd_digit::=digit|letters_A-F
```

und die Basis und der Exponent müssen in Dezimalform ausgedrückt werden. Numerische Literale sind standardmäßig dezimal, können Unterstriche zur Verbesserung der Lesbarkeit enthalten, aber keine Leerzeichen und sollten keinen Basispunkt oder negative Exponenten haben. Die Verwendung von wissenschaftlicher Notation ist auf ganzzahlige Exponenten beschränkt

---

Examples of VHDL Literals:

a) VHDL Bit String Literals: B"10101010" - - decimal 170
                                     B"1010_1010" - - decimal 170
                                     O"252" - - decimal 170
                                     X"AA" - - decimal 170

b) VHDL Numeric Literals:

6.2.4 VHDL-Datentypen

Jedes der VHDL-Datenobjekte hat zugeordnete Datentypen, vgl. Abb. 6.3, die den zulässigen Wertebereich für den Datentyp definieren.

VHDL ist eine *stark typisierte* Sprache,[20] d. h., jedes Datenobjekt ist ein vordefinierter Typ. Diese Einschränkung bedeutet, dass ein Datenobjekt eines Typs nicht einem Objekt eines anderen Datentyps zugewiesen werden kann.

VHDL unterstützt die folgenden Datentypen:

---

[20] Der Ausdruck „stark typisiert" ist etwas mehrdeutig, impliziert jedoch unter anderem, dass der Typ jeder Variablen vor der Verwendung deklariert werden muss und strenge Regeln in Bezug auf jegliche Variablenmanipulationen enthält. Ein Vorteil solcher Sprachen ist, dass ihre jeweiligen Compiler viele Fehler vor der Laufzeit erkennen können. C++, C# und Java gelten als stark typisiert, während C als schwach oder locker typisiert gilt. Es ist vielleicht genauer zu sagen, dass die Ersteren stärker typisierte Sprachen sind als die Letzteren.

6.2 Designablauf

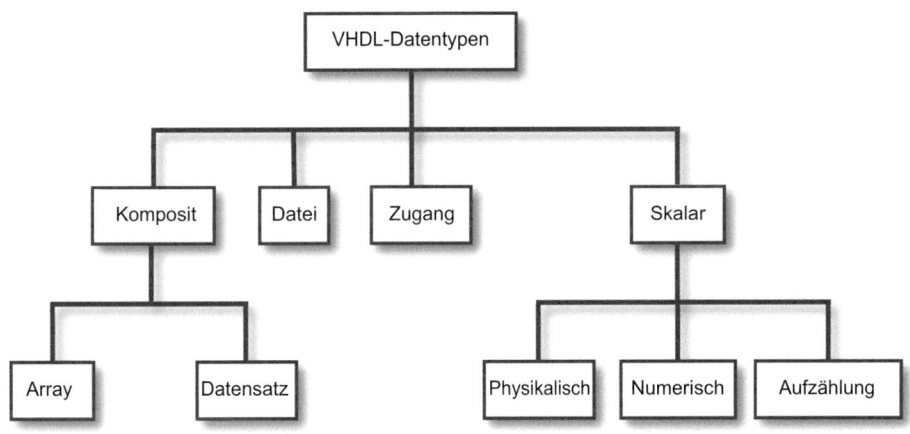

Abb. 6.3 VHDL-Datentypen

1. Integeres (Ganzzahlen) – zulässige Werte −2147483647 bis 214748347.
2. Fließkommazahl (real) – zulässige Werte −1.0 E 38 bis 1.0 E 38. Die Genauigkeit beträgt mindestens sechs Dezimalstellen.
3. Physisch – ein numerischer Typ, der physische Größen wie Zeit, Masse, Länge, Spannung, Widerstand usw. repräsentiert. Die Basiseinheit muss in der Deklaration angegeben werden, z. B.:

```
type resistance is range 0 to 1E8
    units
        ohms;
        kohms=1000 ohms;
        Mohms=1E6 ohms;
    end units;
```

4. Arrays – keine Begrenzung der Array-Dimensionen, kann durch jeden diskreten Typ indiziert werden, logische und Verschiebeoperationen nur auf Arrays mit Bit oder Elementen anwendbar.
5. Signale – innerhalb eines Blocks oder einer Architektur sind Signale global. Signale erhalten Werte durch die Verwendung von „<=" und erhalten Standardwerte durch die Verwendung von „:=". Signale, die mit einem Port verbunden sind, müssen eine Richtung haben, aber nicht innerhalb eines Blocks oder einer Architektur.
6. Signalattribute[21] –
   signal_name'event (gibt boolesch TRUE für das Eintreten eines Signalereignisses zurück, sonst gibt es boolesch FALSE zurück),

---

[21] Attribute sind Funktionen, die einen Werttyp oder den Bereich eines Datentyps zurückgeben.

signal_name'active (gibt boolesch TRUE zurück, wenn eine Transaktion auf einem Signal auftritt, sonst gibt es boolesch FALSE zurück),

signal_name'transaction (gibt ein Signal vom Typ Bit zurück, das für jede nachfolgende Transaktion auf dem Signal umschaltet),

signal_name'last_event (gibt boolesch TRUE zurück, wenn ein Signalereignis eintritt, sonst gibt es boolesch FALSE zurück),

signal_name'last_active (gibt boolesch TRUE zurück, wenn ein Signalereignis eintritt, sonst gibt es boolesch FALSE zurück),

signal_name'delayed(T) (gibt boolesch TRUE zurück, wenn ein Signalereignis eintritt, sonst gibt es boolesch FALSE zurück),

signal_name'stable[T] (gibt boolesch TRUE zurück, wenn kein Ereignis auf dem Signal während der Zeit T eingetreten ist, sonst gibt es boolesch FALSE zurück; der Standardwert von T ist 0),

signal_name'quiet[T] (gibt boolesch TRUE zurück, wenn keine Transaktion auf dem Signal während der Zeit T aufgetreten ist, sonst gibt es boolesch FALSE zurück; der Standardwert von T ist 0).

7. Skalare Attribute: *scalar_type'left* (gibt den ersten oder ganz linken Wert zurück),
scalar_type'right (gibt den letzten oder ganz rechten Wert zurück),
scalar_type'low (gibt den niedrigsten Wert zurück),
scalar_type'high (gibt den höchsten Wert zurück),
scalar_type'ascending (gibt TRUE zurück, wenn T aufsteigend ist, sonst FALSE),
scalar-type'value(s) (gibt den Wert T zurück, der durch den Zeichenkettenwert *s* dargestellt wird).

8. Array-Attribute:
MATRIX'left(N) (linker Elementindex),[22]
MATRIX'right(N) (rechter Elementindex),
MATRIX'high'(N) (Obergrenze),
MATRIX'low(N) (Untergrenze),
MATRIX'length(N) (Anzahl der Elemente),
MATRIX'range(N) (Bereich),
MATRIX'reverse_range(N) (umgekehrter Bereich),
MATRIX'ascending(N) (TRUE, wenn der Index ein aufsteigender Bereich ist, sonst FALSE).

In VHDL sind Aufzählungs-, numerische und physische Datentypen Skalare. Numerische Datentypen können entweder real oder ganzzahlig [−2147482647, 2147482647] sein. Physische Datentypen sind skalare numerische Werte, die mit einem Einheitensystem und/oder physischen Messungen verbunden sind. Die Zeit wird als vordefinierter physischer Typ unterstützt, andere physische Typen müssen jedoch vom Benutzer

---

[22] N ist optional für jedes Array-Attribut, für das die Matrix ein eindimensionales Array ist.

6.2 Designablauf

definiert werden. Zeitwerte können von 0 bis 1E20 reichen, mit Einheiten in Femtosekunden. Arrays, bestehend aus mehreren Elementen desselben Typs, werden von VHDL unterstützt, wobei Zeichenketten, Bitvektoren (Bit_vector) und Standardlogikvektoren (Std_logic_vector) vordefinierte Arrays sind.

6.2.5 Vordefinierte Datentypen und Subtypen

VHDL unterstützt eine Reihe von vordefinierten Datentypen, nämlich Ganzzahlen, reale Zahlen, Zeit (fs), Bit (0,1), (wahr, falsch), Bit_vector (ein uneingeschränktes Array von Bits), Char (128 Zeichen in VHDL'87 und 256 in VHDL'93), severity_level (Hinweis, Warnung, Fehler, Ausfall), file_open_kind (read_mode, write_mode, append_mode) file_open_status (open_ok, status_error, name_error, mode_error), Zeichenkette (ein uneingeschränktes Array von Zeichen). Die vordefinierten Subtypen sind natürlich (0–2147483647), positiv (1–2147483647) und delay_length 90 fs – 2147483647).

Die Prioritäten für

- Ganzzahlen, reale Zahlen und Zeit sind abs, **, *, /, mod, rem, +(-Zeichen), −(-Zeichen), + (Addition), − (Subtraktion), =, /=, <, <=, > und >=,
- Bit_vector sind NOT, &, sll, srl, sla, sra, rol, ror, =, /=, <, <=, >, AND, NAND, OR, NOR, XOR und XNOR, für Bit sind NOT, =, /=, <, <=, >, >=, AND, NAND, OR, NOR, XOR und XNOR,
- natürlich und positiv sind die gleichen wie für Ganzzahlen,
- delay_length sind die gleichen wie für Zeit.

6.2.6 Operatorüberladung

VHDL erlaubt es dem Benutzer, bestehenden Operatoren wie +, −, *, NAND usw. neue Definitionen zuzuweisen, wenn benutzerdefinierte Datentypen erstellt werden.[23] Dieser objektorientierte Ansatz basiert darauf, dass VHDL bestimmt, welche die geeignete Operatoraktion für einen gegebenen Datentyp (Argument) ist. Objekte können durch Überladung, Operatoren, Parameter oder Unterprogrammnamen überladen werden. Überladene Funktionen können den gleichen Namen haben, aber eine unterschiedliche Anzahl von Argumenten oder unterschiedliche Argumenttypen. In solchen Fällen verwendet VHDL die Anzahl oder den Typ der Argumente, um die geeignete Aktion oder Aktionen zu bestimmen. Funktionsnamen können auch in Form eines Operators sein, so dass eine Funktion durch Symbole wie +, −, >, < usw. aufgerufen werden kann. Zum

---

[23] Die Zuweisung einer neuen Funktion zu einem bestehenden Operator wird als „Operatorüberladung" bezeichnet.

Beispiel könnte der +-Operator „überladen" werden, um Vektoraddition, Addition von zwei Zeichenketten usw. zu unterstützen.

6.2.7 VHDL-Datenobjekte

Zu den VHDL-Datenobjekten gehören Variablen, Signale und die zugehörigen Signalattribute. Variablen müssen deklariert werden, bevor sie verwendet werden können und nur im Kontext eines Unterprogramms oder Prozesses. Bei der Deklaration von Variablen muss auch eine Spezifikation des Datentyps enthalten sein. Die Initialisierung von Variablen zum Zeitpunkt der Deklaration ist optional, aber wenn sie nicht spezifiziert sind, dann ist der Standardwert das ganz linke Element des deklarierten Datentyps.

Signale werden auf ähnliche Art und Weise wie Variablen deklariert und unterliegen den folgenden Bedingungen und Einschränkungen:

- Sie werden als *entweder Zwischenknoten* (Architektur) oder *Ports* (Entität) deklariert.
- Entitäten können Portzugriff haben.
- Die Zuweisung von Werten zu Eingangsports wird von VHDL unterstützt.
- „Signale" beziehen sich auf Knoten, die Spannungsabhängigkeiten haben können, die eine Funktion der Zeit sind.
- Signalzuweisungen verwenden das „$\leq$"-Trennzeichen.
- Eine *Transaktion* ist die Planung eines Wertes für ein Signal.
- Man sagt, ein *„Ereignis"* ist eingetreten, wenn sich der Wert eines Signals ändert.
- Signale, denen ein Wert ohne Angabe einer Verzögerung zugewiesen wird, ändern den Wert während der Simulation erst nach Ablauf des Unterintervalls der Simulation.
- Signale haben die folgenden Attribute:
  1. *X'active* gibt TRUE zurück, wenn während der aktuellen Simulationszeit eine Transaktion stattgefunden hat, sonst gibt es FALSE zurück,
  2. *X'quiet(n)* gibt TRUE zurück, wenn in den vorherigen „n" Sekunden keine Transaktion stattgefunden hat,
  3. *X'event* gibt TRUE zurück, wenn der Wert von X während der aktuellen Simulationszeit geändert wurde,
  4. *X'stable(n)* gibt TRUE zurück, wenn X in den letzten „n" Sekunden kein Ereignis erlebt hat,
  5. *X'delayed* verzögert das Signal X um n Sekunden,
  6. *X'last_active* gibt die Zeit zurück, die seit der letzten Transaktion vergangen ist,
  7. *X'last_event* gibt die Zeit zurück, die seit dem letzten Ereignis vergangen ist,
  8. *X'last_value* gibt den vorherigen Wert von X zurück.

6.2.8 VHDL-Operatoren

VHDL-Ausdrücke bestehen aus Operatoren und sogenannten Primärteilen.[24] Logische Operatoren wie AND, *NAND, OR, ROR,* NOR und *NOT* können sowohl auf Arrays als auch auf eindimensionale Arrays oder Werte vom Typ Bit angewendet werden.

Zu den Operatortypen gehören:

1. logische Operatoren:[25] *AND, NAND, XOR, OR, NOR, XNOR* und *NOT;*
2. unäre Vorzeichenoperatoren: Plus (+) und Minus (−);
3. Additionsoperatoren: Plus (+);
4. Additionsoperatoren: Plus (+), Minus (−) und Verkettung[26] (&);
5. Verschiebeoperatoren:[27] rechts logisch verschieben[28] („shift right logical", srl), links logisch verschieben („shift left logical", sll), links arithmetisch verschieben[29] („shift left arithmetic", sla), rechts arithmetisch verschieben („shift right arithmetic", sra), links rotieren („rotate left", rol) und rechts rotieren („rotate right", ror);
6. Multiplikationsoperatoren: multiplizieren (*), teilen (0, Modulus[30] [mod] und Rest [rem]);
7. Potenzieren (**) unterliegt der Einschränkung, dass der linksseitige Operand ein Integer- oder Fließkommawert sein muss und der rechtsseitige Operand nur ein Integer sein darf;
8. Absolutwert (abs) – dieser Operator kann auf jeden numerischen Typ innerhalb eines Ausdrucks angewendet werden;
9. NOT – der Inversionsoperator.

Die Reihenfolge der Priorität für diese Operatoren von der höchsten zur niedrigsten ist: Potenzieren, Absolutwert und NOT (Inversion), gefolgt von Multiplikation, Addition, Verschiebung, relationale und schließlich logische Operatoren. Wenn zwei Operatoren mit gleicher Priorität aufeinandertreffen, wird der linke Operator ausgewertet, gefolgt

---

[24] Der Begriff *Primärteile* bezieht sich auf Funktionsaufrufe, Objektnamen, Literale und geklammerte Ausdrücke.

[25] Diese Operatoren unterliegen keiner Präzedenzordnung, daher wird die liberale Anwendung von Klammern empfohlen.

[26] Der Verkettungsoperator verbindet die Bits auf beiden Seiten des Verkettungsoperators.

[27] Verschiebeoperatoren haben zwei Operanden. Der linke Operand ist das Bit_Vektor, das verschoben oder rotiert wird, und der rechte Operand ist ein Integer-Wert, der die Anzahl der Verschiebungen oder Rotationen darstellt. Ein negativer Wert für den Letzteren führt zur Ausführung der inversen Operation.

[28] Der *Füllwert* für sll und srl ist „0".

[29] Der Füllwert für sla ist das rechte Bit und für sra das linke Bit.

[30] Die mod- und rem-Operatoren sind nur auf Integer-Typen anwendbar.

vom rechten Operator. Alle diese Regeln werden beginnend mit den am tiefsten verschachtelten Klammern im Ausdruck angewendet.

Arithmetische Operationen wie Division und Multiplikation können auf Fließkomma- und Integer-Werte angewendet werden. Wenn der rechte Operand negativ ist, muss der linke Operand ein Fließkommawert oder ein physisches Schriftzeichen sein. Während der Exponentialoperator auf Fließkomma- oder Integer-Werte angewendet werden kann, muss der rechte Operand ein Integer sein. Relationale Operatoren wie =, /=, >, >=, < und <= erzeugen Ergebnisse, aber sowohl der rechte als auch der linke Operand müssen vom gleichen Typ sein. Zwei Werte werden als gleich behandelt, vorausgesetzt, die entsprechenden Elemente von jedem sind gleich. Der Verkettungsoperator, der typischerweise zum Verbinden von Zeichenketten verwendet wird, kann auf zwei eindimensionale Arrays mit mindestens einem Element angewendet werden. Einzelelemente können mit mehrelementigen Arrays verkettet werden.

6.2.9 Bedingte Anweisungen

VHDL unterstützt sowohl *if-then-else-* als auch *case-*Anweisungen. Die Ausführung unterliegt benutzerdefinierten Bedingungen in Form von Ausdrücken, die zu Werten ausgewertet werden. Wenn ein solcher Ausdruck als wahr ausgewertet wird, dann werden die entsprechenden Anweisungen ausgeführt, ansonsten werden die else-Anweisungen ausgeführt.

If-Anweisungen haben die allgemeine Form[31]

```
if <condition> then
    statements
        ...
[
elsif <condition> then
    statements
        ...
else
    statements
        ...
]
end if;
```

---

[31] Beachten Sie, dass „Bedingungen" auf den Typ beschränkt sind, „elsif" enthält ein „e" und „end if" besteht aus zwei Wörtern.

und case-Anweisungen haben die Form

```
case <expression> is
when <choice(s)> =>
<expression>;
       ...
when ...
[when others => ... ]
end case;
```

Case-Anweisungen ermöglichen die Ausführung abhängig von dem Wert einer Auswahlanweisung. Case-Anweisungen müssen alle möglichen Werte des auszuwertenden Ausdrucks enthalten, jedoch können Werte, die nicht von der case-Anweisung behandelt werden sollen, als „OTHERS" in Verbindung mit dem reservierten Wort „NULL" aufgenommen werden, was zu keiner Aktion für diese Werte führt. Unterstützte Ausdruckstypen umfassen Ganzzahlen, Aufzählungstypen und eindimensionale Char-Arrays.

6.2.10 For, while, loop, end und exit

For- und while-Schleifen werden in VHDL unterstützt, zusammen mit exit, was verwendet wird, um eine Schleife zu verlassen,[32] und end loop, um eine Schleife zu beenden. Loop kann verwendet werden, um eine Schleife unendlich oft zu wiederholen, z. B.:

```
loop
    some_activity;
end loop;
```

Die formale Syntax für sowohl while als auch for lautet:

```
loop statement ::=
    [loop label :] [ while -expression | for ]
loop
    { statements }
end loop
```

---

[32] Auch als „aus einer Schleife springen" bezeichnet.

Das reservierte Wort *while* bewertet eine Testbedingung vor jeder Iteration, und wenn der Ausdruck als true bewertet wird, wird die nächste Iteration aufgerufen, sonst endet die Schleife. Die *for*-Iteration läuft für eine vordefinierte Anzahl von Iterationen ab, und ein Schleifenparameter hält die Anzahl der aufgetretenen Iterationen fest. Eine *next*-Anweisung kann verwendet werden, um die aktuelle Iteration zu beenden, und eine *exit*-Anweisung beendet die Schleife und übergibt die Kontrolle an die nächste auszuführende Anweisung. Die null-Anweisung wird typischerweise verwendet, um anzuzeigen, dass keine Aktion stattfinden soll.

Die *assert*-Anweisung bietet Ausnahmebehandlung und hat die folgende formale Form:

```
assertion_statement::=[label : ]assertion;
```

wobei

```
assertion::=
    Assert condition
        [Report expression]
        [Severity expression];
```

Wenn der Status nicht mit dieser Bedingung übereinstimmt und die *report*-Klausel präsent ist, tritt eine Nachricht auf, z. B. „assertion violation" (Aussageverletzung). Die *severity*-Klausel weist einen Schweregrad zu, nämlich *note* (Hinweis), *warning* (Warnung), *error* (Fehler) oder *failure* (Ausfall). Wenn die *severity*-Klausel nicht vorhanden ist, dann wird der Sicherheitslevel standardmäßig auf *error* gesetzt. Die assert-Anweisung kann verwendet werden, um die Ausführung einer Simulation zu stoppen.

6.2.11 Objektdeklarationen

Drei Arten von Objekten werden in VHDL unterstützt, nämlich Variablen, Konstanten und Signale. Konstanten werden mit einem spezifischen Wert initialisiert, der danach nicht mehr geändert werden darf,[33] im Gegensatz zu Variablen, deren Werte nach der Initialisierung geändert werden können. Eine *deferred constant*-Deklaration erfolgt in einer entsprechenden Paketdeklaration, wird aber in dem Paketkörper einem Wert zugewiesen. Nicht geteilte Variablen werden als lokale Variablen in Unterprogrammen und Prozessen behandelt und geteilte Variablen werden als globale Variablen behandelt. Variablen werden durch die Verwendung von „:=" Werte zugewiesen. Wenn ein Objekt lediglich deklariert wird, ohne initialisiert zu werden, wird sein Wert auf den ersten Wert im Paketkörper gesetzt.

---

[33] In der Praxis sind Konstanten in VHDL schreibgeschützt.

6.2.12 ZFSM und VHDL

Endliche Zustandsmaschinen [7] werden oft in VHDL beschrieben, indem Prozesse verwendet werden, die nur auf den Takt und asynchrone Resets für Zustandsübergänge *sensibel* sind. Ausgänge werden in solchen Fällen als gleichzeitige Anweisungen außerhalb des Prozesses ausgedrückt. Zustandsmaschinen können einfach als Black Boxes betrachtet werden, und daher reicht ein Verhaltensmodell, das ein Entität-Architektur-Paar verwendet, aus, um es zu beschreiben.[34] Die internen Zustände können in Form von Aufzählungstypen definiert werden.

Ein kombinatorischer Prozess kann verwendet werden, um die Logik für die nächste Zustandsbedingung bereitzustellen, ein synchroner Prozess kann verwendet werden, um die aktuellen Zustandsvariablen bereitzustellen, und ein dritter Prozess kann die Ausgangslogik bereitstellen. Jeder der Prozesse arbeitet gleichzeitig in VHDL, und daher würde die Kombination als ZFSM fungieren. Die Logik für die nächste Zustandsbedingung bestimmt den nächsten Zustand als Funktion des aktuellen Zustands und der Eingänge. In VHDL kann die Auswahl des nächsten Zustands durch die Verwendung einer *case*-Anweisung verwaltet werden.[35] Der synchrone Prozess kann die Register in Bezug auf die aktuelle Zustandsbedingung behandeln und die Zustandsmaschine auf einen vordefinierten Zustand zurücksetzen. Die Ausgangslogik kann in VHDL als eine Reihe von *if-then-else*-Anweisungen implementiert werden.[36]

6.3 Verilog

Verilog [5] ist eine Hardwarebeschreibungssprache, in einigen Aspekten ähnlich zu VHDL, die hauptsächlich auf der Registerebene zur Modellierung elektronischer Schaltungen verwendet wird.[37] Ursprünglich 1984 eingeführt, bot es Entwicklern eine Beschreibungssprache, die für die meisten Entwürfe viel einfacher zu erlernen und zu verwenden war als VHDL. Mit weniger Datentypen als VHDL, begrenzt erlaubtem Casting, keiner Unterstützung für benutzerdefinierte Typen und sich auf primitive Typen stützend, konnte die Sprache einen schnellen, speichereffizienten, einfacheren als den für VHDL erforderlichen Compiler verwenden. Ursprünglich eine proprietäre Sprache, wurden 1990 Open Verilog International (OVI) gegründet und ein gemeinsames Bemühen unter-

---

[34] Die Entität definiert die Schnittstelle und die Architektur definiert das interne Verhalten.

[35] Es ist wichtig, alle Möglichkeiten für eine gegebene Fallanweisung anzugeben, auch wenn einige Möglichkeiten nicht verwendet werden, um Ausnahmen zu vermeiden.

[36] Es ist eine gute Praxis, für jede if-Anweisung eine else-Anweisung einzufügen, da VHDL-Signale ein „implizites Gedächtnis" haben.

[37] Verilog [3, 6] berücksichtigt Signaltiming, Propagationsverzögerungen und Flankenübergänge in der Beschreibung und Modellierung.

Tab. 6.2 Reservierte Wörter in Verilog

always	and	assign	automatic	begin
buf	bufifo	bufif1	case	casex
casez	cell	cmos	config	deassign
default	defparam	design	disable	edge
else	end	endcase	endconfig	endfunction
endgenerate	endmodule	endprimitive	endspecify	endtable
endtask	event	for	force	forever
fork	function	generate	genvar	highz0
highz1	if	ifnone	incdir	include
initial	inout	input	instance	integer
join	large	liblist	library	localparam
nmos	no	noshowcancelled	not	notif0
notif1	or	output	parameter	pmos
posedge	primitive	pull0	pull1	pulldown
pullup	pulsestyle_oneevent	pulsestyle_ondetect	nrcmos	real
realtime	reg	release	repeat	mmos
rpmos	rtran	rtranif0	rtranif1	scalared
showcancelled	signed	small	specify	specparameter
strong0	strong1	supply0	supply1	table
task	time	tran	tranif0	tranif1
tri	tri0	tri1	triand	trior
trireg	unsigned	use	vectored	wait
wand	weak0	weak1	while	wire
wor	xnor	xor		

nommen, ein Verilog-Standard-Referenzhandbuch zu erstellen, das letztendlich zur Etablierung eines IEEE-Standards für die Sprache führte [9].

Die Verilog-Reserved-Words-Liste (auch bekannt als Keywords-Liste) ist in Tab. 6.2 dargestellt. Sowohl Zeilen- als auch Blockkommentare werden in Verilog unterstützt, wobei zwei Schrägstriche den Beginn des Kommentars darstellen, der bis zum Ende dieser Zeile angenommen wird. Blockkommentare beginnen mit /* und enden mit */ und können nicht verschachtelt werden.

Bezeichner, die mit einem Backslash (\) beginnen und mit einem Leerzeichen enden, z. B. Zeilenumbruch, Leerzeichen oder Tab, werden als „escaped"-Bezeichner behandelt. Allerdings werden der führende Backslash und das abschließende Leerzeichen als Teil des Bezeichners behandelt.

In Verilog [8] kann ein Bit einen von vier Werten annehmen: 0, 1, X oder Z, entsprechend logisch 0, logisch 1, einem unbekannten logischen Wert[38] oder hochohmig (floating).

---

[38] Unbekannte logische Werte sind auf 0, 1 oder Z beschränkt oder ein Übergang von einem der drei zu einem anderen der drei erlaubten Werte. X repräsentiert entweder einen „Weiß-nicht-" oder „Ist-egal-Zustand" oder beides.

6.3.1 Konstanten

Konstante Werte können entweder als einfache Dezimalzahlen, d. h. als eine Sequenz von Ziffern mit den Werten 0–9, oder als eine größenbestimmte Konstante[39] dargestellt werden, die eine basisbezogene Zahl repräsentiert.[40] Zeichenkettenkonstanten werden als vorzeichenlose Ganzzahlkonstanten behandelt, die durch eine Sequenz von 8-bit-ASCII-Werten dargestellt werden, wobei jeder solche Wert ein bestimmtes Zeichen darstellt.

6.3.2 Datentypen

Verilog unterstützt Datentypen, die zu einer von drei Klassen gehören, nämlich

- *Netze* – Der Netzdatentyp stellt eine physische Verbindung zwischen Hardwareblöcken dar und kann durch eine kontinuierliche Zuweisungsanweisung oder den Ausgang eines Moduls oder Gatters angetrieben werden. Ein Netzdatentyp speichert jedoch seinen Wert nicht. Ein Netzdatentyp kann ein wire-,[41] tri-, supply0- oder supply1-Typ sein. Wire- und tri-Datentypen sind in Bezug auf Syntax und Funktionalität identisch und werden unterstützt, um zwischen wire-Netzen, die von einem einzigen Gatter angetrieben werden, und tri-Netzen, die von mehreren Treibern angetrieben werden, zu unterscheiden, supply0 und supply1 sind die Netze, die logisch 0 (Masse) und logisch 1 (Strom) darstellen, wenn Stromversorgungen modelliert werden. Die Deklaration eines skalaren Netzes muss den Bereich der Bits enthalten, z. B.:

```
        wire [7:0] dataA; /*dataA where bit0 is the LSB and bit7 is
the MSB.
   wire [0:7] dataA; /*dataA where bit0 is the MSB and bit7 is the LSB.
```

Ein Netz kann entweder ein Skalar[42] oder Vektor sein, wobei Ersteres einzelne Signale und Letzteres Bussignale darstellen. Die *Stärke* eines Netzes wird durch die Ansteuerungsstärke und die Ladung bestimmt.[43,44]

---

[39] Größenbestimmte Konstanten bestehen aus drei Tokens, nämlich einer optionalen Größe, einem einfachen Anführungszeichen gefolgt von einem basierten Zeichen und einer Sequenz von Ziffern, die den Wert darstellen.
[40] Zum Beispiel: hexadezimal, oktal, binär oder dezimal.
[41] Ein wire stellt eine 1-bit-Verbindung zwischen Modulen dar.
[42] Standardmäßig werden alle Netze als Skalare behandelt.
[43] Spezifiziert als weak0, weak1, highz0, highz1, pull0, pull1, pullup oder pulldown.
[44] Spezifiziert als klein, mittel oder groß.

- *Register* – Registerdatentypen speichern ihre Werte, bis sie durch eine Anweisung von Funktionen oder Aufgaben in *always*-Blöcken geändert werden, und werden als Variablen verwendet. Um einen reg-Typ zu deklarieren, wird das reservierte Wort *reg* verwendet und mit dem Schlüsselwort *reg* deklariert.[45] Der Integer-Registerdatentyp wird für Werte verwendet, die nicht als Register behandelt werden sollen. Registervariablen können entweder als Skalare oder Vektoren deklariert werden. Vektorregisterdeklarationen enthalten eine Spezifikation des Bereichs der Bits nach *reg* oder *integer*. Die Werte auf der linken und rechten Seite in diesem Bereich spezifizieren das höchstwertige und das niedrigstwertige Bit.
- *Parameter* – Parameterwerte werden in parametrisierten Modellen als Konstanten während der Laufzeit behandelt und wie folgt deklariert:[46]

```
         parameter_assignment {,parameter_assignments}
     parameter_assignment ::= parameter_identifier=constant_ex-
pression
```

Beispiele für die Verwendung von Parametern sind:

```
         parameter lsb = 0, msb =3;  // lsb und msb are parameters
     reg [msb,lsb] x ;               // x is a vector with range 3:0
     parameter tPD = 7;              // parameter tPD is used to represent
                                      propagation delay
```

Parameter werden als Zeichenketten beliebiger Länge behandelt, es sei denn, sie werden vom Benutzer eingeschränkt, z. B.:

```
         parameter unconst_param = 12 /* unconstrained
                     // (size is determined by usage) */
     parameter [3:0] const_param = 12; //constrained to 4 bits
```

---

[45] *reg* ist nicht unbedingt ein Hardwareregister oder ein Flipflop, sondern bezeichnet einfach die Tatsache, dass der Wert beibehalten wird. Nicht initialisierte *reg*-Werte werden als X, d. h. undefiniert, behandelt.

[46] Wenn ein gegebener Parameter nicht von einem höheren Modul geändert werden soll, sollte die Compiler-Direktive *define* verwendet werden.

6.3.3 Module

Ein Verilog-Modul kapselt die Beschreibung eines Designs, die entweder

1. eine Verhaltensbeschreibung (algorithmisch) sein kann, die das Verhalten einer Schaltung in abstrakten, High-Level-Algorithmen definiert oder in Form von Low-Level-booleschen-Gleichungen ausdrückt,

oder

2. eine strukturelle Beschreibung sein kann, die die Struktur der Schaltung in Bezug auf Komponenten definiert und einer Netzliste ähnelt, die ein schematisches Äquivalent des Designs beschreibt und Nebenläufigkeit unterstützt.[47]

6.3.3.1 Modulsyntax

Ein Verilog-Design besteht aus einem oder mehreren Modulen,[48] die durch Ports verbunden sind. Jeder Port hat einen zugeordneten Namen und Modus, nämlich *input, output* und *inout*. Moduldefinitionen können nicht verschachtelt werden. Ein Modul wird mit der folgenden Syntax definiert:

```
module <name> (interface_list) ;{ module_item }
endmodule
interface_list ::= port_reference
 | {port\_reference {, port_reference}}
port\_reference ::= port_identifier
 | port_identifier [ constant_expression ]
 | port_identifier [ msb_constant_expression : lsb_constant_expression ]
module_item ::= module_item_declaration
 | continuous_assignment
 | gate_instantiation
 | module_instantiation
 | always_statement
module_item_declaration ::= parameter\_declaration
 | input_declaration
 | output_declaration
 | inout_declaration
 | net_declaration
```

---

[47] Strukturelle Beschreibungen enthalten eine Hierarchie, in der die Komponenten auf verschiedenen Ebenen definiert sind und die Logik in Bezug auf Gatterprimitiven definiert ist.
[48] Warp [12] behandelt die Schlüsselwörter *macromodule* und *module* als Synonyme.

```
| reg_declaration
| integer_declaration
| task_declaration
| function\_declaration
```

Beispiel:

```
// a module definition for a d flip-flop
module
my\_dff (clk, d, q);
input clk, d;
output q;
wire clk, d;
reg q ;
always @(posedge clk)
begin
q = d ;
end
endmodule
// a module definition for module
my\_dff (clk, d, q);
input clk, d;
output q;
wire clk, d;
reg q ;
        always @(posedge clk)
                begin
                        q = d ;
                end
endmodule
```

6.3.4 Operatoren

Verilog unterstützt eine Vielzahl von Operationen einschließlich a*rithmetische, bitweise, Verkettung, bedingte, Gleichheit, logische, Reduktion, relationale, Replikation* und *Verschiebung:*

- *Arithmetische Operatoren*: binäre Operatoren für Addition, Subtraktion, Multiplikation, Division und Modul und unäre Operationen zur Angabe des Vorzeichens eines Wertes, d. h. Plus oder Minus. Ganzzahldivision wird unterstützt, kürzt jedoch

6.3 Verilog

Abb. 6.4 Wert von bedingten Ausdrücken, die x, z, 1 und/oder 0 enthalten

	0	1	x	z
0	0	x	x	x
1	x	1	x	x
x	x	x	x	x
z	x	x	x	x

den Bruchteil ab. Registerdatentypen werden als vorzeichenlose Werte behandelt und negative Werte werden im Zweierkomplementformat ausgedrückt. Der Moduloperator weist das Ergebnis das gleiche Vorzeichen wie das des ersten Operanden zu.

- *Bitweise Operatoren* führen bitweise Operationen an den jeweiligen Bits der beiden Operanden durch. Wenn die beiden Operanden unterschiedliche Bitlängen haben, wird der kürzere Wert bitweise mit ausreichend Nullen aufgefüllt, um die Bitlänge seines Gegenstücks zu erreichen. Unterstützte bitweise Operationen umfassen AND (&), OR (|), XOR (^) und XNOR (^~ oder ~^), d. h. Äquivalenz.
- *Verkettungsoperatoren* verwenden geschweifte Klammern, um die zu verkettenden Werte einzuschließen. Jeder solche Wert wird durch ein Komma getrennt, z. B. {a, eb[4:0], c, 5'b11011}.
- *Bedingungsoperatoren* haben die folgende syntaktische Form:

$$\text{condition ? expression1;}$$
$$\text{expression2}$$

Wenn *condition* (Bedingung) als falsch, d. h. 0, ausgewertet wird, dann wird *expression2* ausgewertet, sonst wird *expression1* ausgewertet. Wenn *condition* entweder z oder v auswertet, dann werden sowohl *expression1* als auch *expression2* ausgewertet, und der resultierende Wert wird durch eine bitweise Untersuchung bestimmt, basierend auf Abb. 6.4. Wenn *expression1* oder *expression2* vom Typ real sind, ist der Wert des gesamten Ausdrucks 0. Wenn *expression1* und *expression2* unterschiedliche Längen haben, dann wird der Länge des gesamten Ausdrucks die Länge des längeren Ausdrucks zugewiesen, und an den kürzeren Ausdruck werden so viele führende Nullen wie nötig angefügt.

- *Gleichheitsoperatoren* – es gibt zwei Arten von Gleichheitsoperatoren, nämlich Fall- und logische Gleichheit. Für Fallgleichheit sind die Operatoren a===b (a ist gleich b für 0, 1, z und x) und a!==b (a ist nicht gleich b für 0, 1, z und x). Für logische Gleichheit sind die Operatoren a==b und a!=b und in einigen Fällen kann das Er-

gebnis undefiniert sein. Diese Operatoren werden bitweise verglichen, wobei Nullen hinzugefügt werden, um die beiden Operanden gleich lang zu machen. Wenn einer der Operanden ein z oder ein x enthält, dann ist das Ergebnis x für $a == b$ und $a! = b$. Wenn einer der Operanden ein x oder ein z enthält, dann können a==b und a!==b nur dann wahr sein, wenn die entsprechenden Bits in a und b die gleichen Werte von x und z haben.
- *Logische Operatoren* – sind logisches *NOT* (!), logisches *OR* (||) und logisches *AND* (&&). Logisches *NOT* und logisches *AND* werden von links nach rechts ausgewertet.
- *Reduktionsoperatoren* – sind die unären Operatoren *AND, OR, XOR, NAND, NOR* und *XNOR*, die bitweise Operationen an einem einzelnen Operanden durchführen und ein einziges Bit als Ergebnis liefern, z. B.:

&(4'b0101) = 0 & 1 & 0 & 1 = 1'b0.

- *Relationale Operatoren* – sind die Kleiner-als-, Größer-als-, Kleiner-oder-gleich- und Größer-oder-gleich-Operatoren, die einen skalaren Wert von 0 erzeugen, wenn die Relation falsch ist, 1, wenn die Relation wahr ist, und x, wenn einer der Operanden unbekannte x-Bits enthält. Wenn ein Operand x oder z ist, wird das Ergebnis als falsch behandelt.
- *Replikationsoperatoren* – replizieren eine Gruppe von Bits *n* Mal, z. B. {1, 1,{3{1,0}}}= 11101010.
- Verschiebeoperatoren – führen Rechts- oder Linksverschiebungen am rechtsseitigen Operanden durch, wobei die Anzahl der Verschiebungen, rechts (>>) oder links (<<), durch den Wert des rechtsseitigen Operanden bestimmt wird.[49]

Das folgende ist ein illustratives Beispiel für ein Verilog-Programm, das dazu entworfen wurde, die Quadratwurzel zu berechnen:

```
module sqrt32(clk, rdy, reset, x, .y(acc));
input   clk;
output  rdy;
input   reset;
input   [31:0] x;
output  [15:0] acc;
// acc = accumulated result, and acc2 = accumulated acc^2
reg [15:0] acc;
reg [31:0] acc2;
// Track bit being worked on.
reg [4:0]  bitl;
```

---

[49] Frei gewordene Bits werden durch Nullen ersetzt.

6.3 Verilog

```verilog
            wire [15:0] bit  = 1 << bitl;
            wire [31:0] bit2 = 1 << (bitl << 1);
            // Output ready when bitl counter underflows.
            wire rdy = bitl[4];
            // guess h=next values for acc. guess2=square of that guess
h.
            // guess2 = (acc + bit) * (acc + bit)
            //        = (acc * acc) + 2*acc*bit + bit*bit
            //        = acc2 + 2*acc*bit + bit2
            //        = acc2 + 2 * (acc<<bitl) + bit
            // Note: bit and bit2 have only a single bit in them.
            wire [15:0] guess  = acc | bit;
            wire [31:0] guess2 = acc2 + bit2 + ((acc << bitl) << 1);
            (* ivl_synthesis_on *)
            always @(posedge clk or posedge reset)
            if (reset) begin
                    acc  = 0;
                    acc2 = 0;
                    bitl = 15;
              end else begin
                              if (guess2 <= x) begin
                              acc  <= guess;
                        end
                        bitl <= bitl - 5'd1;
            end
            endmodule
```

6.3.5 Blockierende versus nicht blockierende Zuweisungen

In Verilog/Warp muss eine *blockierende Anweisung*, die Teil eines sequenziellen Blocks ist, ausgeführt werden, bevor die nachfolgenden Anweisungen ausgeführt werden. Im Falle von nicht blockierenden Anweisungen erfolgen Zuweisungen ohne Blockierung des prozeduralen Flusses. Blockierende Zuweisungen verwenden das Symbol „=" und nicht blockierende Anweisungen verwenden das Symbol „<=" für die Zuweisung. Nicht blockierende Anweisungen ermöglichen es, Ereignisse für einen späteren Zeitpunkt zu planen.

6.3.6 *Wire-* versus *reg*-Elemente

Wire-Elemente werden in Verilog-Anwendungen verwendet, um die Eingangs- und Ausgangsports einer Modulinstanziierung mit anderen Elementen innerhalb eines Designs zu verbinden. Im Gegensatz zu ihrem Gegenstück, *reg,* sind sie jedoch nicht in der Lage, Werte zu speichern und müssen angesteuert werden. Effektiv dienen *wires* als „zustandslose" Verbindungsmechanismen. *Wire*-Elemente werden nur in Fällen verwendet, in denen das Modell auf kombinatorischer Logik basiert. *Reg*-Elemente führen eine ähnliche Funktion wie *wires* aus, haben jedoch die Fähigkeit, Werte in einer Art und Weise zu speichern, die der von Registern ähnlich ist. Diese Elemente werden sowohl in sequenziellen als auch in kombinatorischen Logikmodellen verwendet. Während *reg* nicht auf der linken Seite einer Zuweisungsanweisung verwendet werden kann, kann es in Verbindung mit always@(posedge clock)-Anweisungen/Blöcken verwendet werden, um Register zu erstellen. *Reg* kann auch auf der linken Seite von always@block-=- oder -<=-Symbolen verwendet werden. Es kann auch als Eingabe zu einem Modul oder innerhalb einer Moduldeklaration verwendet werden, jedoch nicht, um mit dem Ausgangsport eines Moduls zu verbinden.

6.3.7 *Always-* und *initial*-Blöcke

Bei der Modellierung von kombinatorischen und sequenziellen Elementen spielen die *initial-* und *always*-Blöcke wichtige Rollen. *Initial*-Blöcke[50] sind prozedurale Blöcke, die aus sequenziellen Anweisungen bestehen, die nur einmal ausgeführt werden, typischerweise zu Beginn der Ausführung einer Simulation, während ein *always*-Block immer verfügbar ist, solange das Programm ausgeführt wird. Eine *always*-Anweisung enthält eine *Sensitivitätsliste*[51], die bestimmt, wann der mit dem *always*-Block assoziierte Codeblock ausgeführt werden soll. Jede Änderung der Signale in der Sensitivitätsliste führt zur Ausführung des *always*-Blocks.

Das Standardformat für eine *always*-Anweisung ist wie folgt definiert:

```
always@(event_expression_1 [or event_expression_2]{or event_ex-
pression_3})
```

*event_expression*s können Timingsteuerungen enthalten, die entweder *posedge* oder *negedge* für positive oder negative Flankensteuerung sind. Wenn sequenzielle Trigger in der Sensitivitätsliste verwendet werden, wird sequenzielle Logik synthetisiert. Asyn-

---

[50] Warp ignoriert *initial*-Konstrukte.
[51] Manchmal auch als *sensitive Liste* bezeichnet.

6.3 Verilog

chrone oder synchrone Trigger können in der *Sensitivitätsliste* verwendet werden, aber nicht beide.

```
// Always block with asynchronous triggers:
        always @(x or y)
begin
        ...
end
/* Always block which realizes sequential logic with
rising edge of a clock: */
always @(posedge clock)
begin
        ...
end
/* Always block which realizes a sequential logic with
falling edge of clock and an asynchronous preload */
always @(negedge  clock or posedge load)
begin
        ...
end
```

Die Folgenden sind syntaktisch äquivalent:

```
always@(signal_1 or signal_2 or signal_3 or signal_4)
always@(signal_1, signal_2, signal_3, signal_4)
always@(*)
always@*
```

wobei * sich auf alle Signale innerhalb des *always*-Blocks bezieht.

6.3.8 Tri-State-Synthese

Warp synthetisiert keine Tri-State-Logik. Um Tri-State-Logik in ein Verilog-Modul einzubinden, muss cy_bufoe [11] instanziiert werden.[52] Der Tri-State-Ausgang dieses Moduls, y, muss dann an einen inout-Port des Verilog-Moduls angeschlossen werden. Dieser Port kann dann direkt an einen bidirektionalen Pin des Geräts angeschlossen werden. Das Rückkopplungssignal des cy_bufoe, yfb, kann verwendet werden, um eine voll-

---

[52] cy_bufoe ist ein nicht invertierender Tri-State-Buffer [11] mit einem aktiven High-Ausgang und einem Enable-Eingang.

ständig bidirektionale Schnittstelle zu implementieren, oder es kann freigelassen werden, um nur einen Tri-State-Ausgang zu implementieren.

```
module ex\_tri\_state (out1, en, in1);
        inout out1;
        input en;
        input in1;
        cy\_bufoe buf\_bidi (
                .x(in1), // (input) Value to send out
                .oe(en), // (input)  Output Enable
                .y(out1), // (inout) Connect to the bidirec-
                tional pin
                .yfb()); // (output) Value on the pin brought
                back in
endmodule
```

6.3.9 Synthese von Zwischenspeichern

Warp synthetisiert einen Zwischenspeicher, wann immer eine Variable innerhalb eines always-Blocks mit asynchronem Trigger ihren vorherigen Wert behalten muss. Der folgende Codeausschnitt synthetisiert einen Zwischenspeicher (engl. „latch").

```
// example: latch synthesis with if statement
always @ (signal1 or signal2)
begin
        if( signal1 )
                begin
                        out\_sig = signal2 ;
                end
end
```

6.3.10 Synthese von Registern

Ein Register ist typischerweise eine Gruppe von Flipflops, die einen gemeinsamen Takteingang teilen und dazu verwendet werden, eine Gruppe von Bits zu speichern. Das Register wird aktualisiert, wenn die nächste Taktflanke auftritt. Die meisten Register verwenden sowohl Reset- als auch Lasteingangssteuerungen. Im Falle eines Schieberegisters sind die Flipflops in einer Kette verbunden, in der der Ausgang eines Flipflops zum Eingang des nächsten Flipflops in der Kette wird. Dieses Verbindungsschema ermöglicht es, dass Daten bei jedem Taktflankenereignis zum nächsten Flipflop *verschoben* werden. Schieberegister können „serial-in-serial-out" (SISO), „parallel-in-parallel-out"

(PIPO), „serial-in-parallel-out" (SIPO) oder „parallel-in-serial-out" (PISO) sein. Daher ist es zur Synthese von Registern notwendig, Flipflops synthetisieren zu können.

6.3.10.1 Synthese von flankensensitiven Flipflops

Warp verwendet die folgenden Vorlagen zur Synthese von synchronen Flipflops. Die Vorlage für das positive flankensensitive Flipflop lautet:

```
always @ (posedge clock\_signal)
    synchronous\_signal\_assignments
```

Und die Vorlage für das negativ-flankensensitive Flipflop lautet:

```
always @ (negedge clock\_signal)
    synchronous\_signal\_assignments
```

6.3.10.2 Synthese von asynchronen Flipflops

Warp verwendet das folgende Format zur Synthese von asynchronen Flipflops mit Reset oder Preset.

```
always @ (edge\_of clock\_signal or
          edge\_of preset\_signal or
          edge\_of reset\_signal)
if (reset\_signal)
        reset\_signal\_assignments
else if (preset\_signal)
        preset\_signal\_assignments
else
        synchronous\_signal\_assignments
```

Das *posedge*-Konstrukt wird verwendet, um einen aktiven High-Zustand zu spezifizieren, und das *negedge*-Konstrukt, um einen aktiven Low-Zustand zu spezifizieren. Die Variablen in der Sensitivitätsliste können in beliebiger Reihenfolge auftreten. Nachfolgende Reset- oder Preset-Bedingungen können in den else-if-Anweisungen erscheinen. Der letzte else-Block repräsentiert die synchrone Logik. Die Polarität des *reset/preset*-Signalzustands, der in der Sensitivitätsliste verwendet wird, und die Polarität des *reset/preset*-Zustands in den *if-/else-if*-Anweisungen sollten gleich sein.

Beispiel Ein Zustand *posedge* reset_signal in der Sensitivitätsliste ist erforderlich, wenn die Reset-Bedingung eine der folgenden Formen ist:

```
if( reset\_signal)
if( reset\_signal == constant\_one\_expression)
```

Ein Zustand *negedge* reset_signal in der Sensitivitätsliste ist erforderlich, wenn die Reset-Bedingung eine der folgenden Formen ist:

```
if( !reset\_signal)
if( ~reset\_signal)
if( reset\_signal == constant\_zero\_expression)
```

Warp erzeugt einen Fehler, wenn die oben genannte Polaritätsbeschränkung verletzt wird. Warp erlaubt mehr als zwei asynchrone if-/else-if-Anweisungen vor der synchronen else-Anweisung, wie im folgenden Beispiel gezeigt.

```
// An example of two different preset signals:
module asynch\_rpp(in1, clk, reset, preset, preset2, out1);
input in1, clk, reset, preset, preset2;
output out1;
reg out1;
always @ (posedge clk or posedge reset or posedge preset or
posedge preset2)
            if (reset)
               out1 = 1'b0;
            else if (preset)
               out1 = 1'b1;
            else if (preset2)
               out1 = 1'b1;
            else
               out1 = in1;
endmodule
```

Die Schlüsselwörter *posedge* und *negedge* werden verwendet, um aktive High- und Low-Zustände zu spezifizieren. Variablen in der Sensitivitätsliste können in beliebiger Reihenfolge auftreten. Die Polarität der reset/preset-Signalbedingungen in einer Sensitivitätsliste und die Polarität der reset/preset-Bedingungen in entsprechenden if-/else-if-Anweisungen müssen gleich sein.

Ein Zustand *posedge* reset_signal in der Sensitivitätsliste ist erforderlich, wenn die Reset-Bedingung eine der folgenden Formen ist:

```
if(reset\_signal)
if(reset\_signal == constant_one_expression)
```

Ein Zustand *negedge* reset_signal in der Sensitivitätsliste ist erforderlich, wenn die Reset-Bedingung eine der folgenden Formen ist:

```
if(!reset\_signal)
```

```
            if(~reset\_signal)
            if(reset\_signal == constant\_zero\_expression)
```

Warp erzeugt einen Fehler, wenn die oben genannte Polaritätsbeschränkung verletzt wird. Warp erlaubt mehr als zwei asynchrone if-/else-if-Anweisungen vor der synchronen else-Anweisung, wie im folgenden Beispiel gezeigt.

```
// An example of two different preset signals:
module asynch\_rpp(in1, clk, reset, preset, preset2, out1);
input in1, clk, reset, preset, preset2;
output out1;
reg out1;
```

6.3.11 Verilog-Module

Verilog-Module[53] werden verwendet, um die Beschreibung eines Designs zu kapseln, das entweder als Verhaltens- oder Strukturbeschreibung ausgedrückt wird. Eine Verhaltensbeschreibung definiert das Verhalten einer Schaltung in Bezug auf abstrakte High-Level-Algorithmen oder in Bezug auf Low-Level-Gleichungen.

Eine Strukturbeschreibung definiert die Struktur der Schaltung in Bezug auf Komponenten und ähnelt einer Netzliste, die ein schematisches Äquivalent des Designs beschreibt. Strukturbeschreibungen enthalten die Hierarchie, in der Komponenten auf verschiedenen Ebenen definiert sind.

Ein Verilog-Design besteht aus einem oder mehreren Modulen,[54] die durch Ports miteinander verbunden sind, die eine Möglichkeit zur Verbindung verschiedener Hardwareelemente bieten. Jeder Port hat einen zugeordneten Namen und Modus (*input, output* und *inout*). Ein Modul wird mit der folgenden Syntax definiert:

```
module <name>(interface\_list) ;{ module\_item }
endmodule
interface_list ::= port_reference
| {port\_reference {, port\_reference}}
port\_reference ::= port\_identifier
| port\_identifier [ constant\_expression ]
| port_identifier [ msb_constant_expression : lsb\_constant\_expression
```

---

[53] Ein Verilog-Modul kann ein einzelnes Gatter, Flipflop, Register oder andere wesentlich komplexere Schaltungen darstellen.
[54] Moduldefinitionen können nicht verschachtelt werden.

```
module_item ::= module_item_declaration
 | continuous_assignment
 | gate_instantiation
 | module_instantiation
 | always_statement
module_item_declaration ::= parameter_declaration
 | input_declaration
 | output_declaration
 | inout_declaration
 | net_declaration
 | reg_declaration
 | integer_declaration
 | task_declaration
 | function_declaration
```

In Verilog werden hierarchische Designs durch Instanziierung eines oder mehrerer Module in einem Top-Level-Modul spezifiziert, das von keinem anderen Modul instanziiert wird. Die Syntax der Modulinstanziierungsanweisung lautet wie folgt:

```
<module_name> [parameter_value_assignment]
<instance_name>
module_instance {, module_instance} ;
module_instance ::= instance_identifier
([list_of_module_connections])
list_of_module_connections ::= ordered_port_connection {,
ordered\_port\_connection }
 | named\_port_connection {,named_port_connection }
```

Eine oder mehrere Instanziierungen desselben Moduls können auch in einer einzigen Modulinstanziierungsanweisung angegeben werden. Die vier Instanziierungsanweisungen im obigen Beispiel können zu einer Instanziierungsanweisung zusammengefasst werden, wie folgt:

```
my\_dff inst\_3(clk, d, q0),
        inst\_2(clk, q0, q1),
        inst\_1(clk, q1, q2),
        inst\_0(clk, q2, q) ;
```

Eine Modulverbindung beschreibt die Verbindung zwischen den in der Modulinstanziierungsanweisung aufgeführten Signalen und den Ports in der Moduldefinition. Diese Verbindung kann auf zwei Arten angegeben werden: geordnete Portzuordnung und benannte Portzuordnung. Im Falle einer geordneten Portzuordnung sollten die Signale in der Instanziierungsanweisung in der gleichen Reihenfolge wie die Ports in der Moduldefinition

6.3 Verilog

aufgeführt sein. Im Falle einer benannten Portzuordnung sind die Portnamen der instanziierten Module ebenfalls in der Verbindungsliste enthalten.

```
    my_dff inst_3(clk, d, q0)
; // ordered connection list.
    my_dff inst_3(.d(d), .q(q0), .clk(clk))
; /* named association: q0 is
                                        connected to the port
q of
                                        my_dff module. */
```

Der Portausdruck in der Modulverbindungsliste kann eines der Folgenden sein: ein einfacher Bezeichner, eine Bitauswahl eines innerhalb des Moduls deklarierten Vektors oder eine Teilauswahl eines innerhalb des Moduls deklarierten Vektors oder eine Kombination davon.

Im Folgenden wird das Verhalten eines Zählers beschrieben, der den Zählerstand bei der steigenden Flanke eines Takts (Trigger) um 1 erhöht. Er enthält auch ein asynchrones Resetsignal, das den Zähler auf 0 zurücksetzt.

```
module counter (trigger, reset, count);
    parameter counter_size = 4;
    input trigger;
    input reset;
    inout [counter_size:0] count;
    reg [counter_size:0] tmp_count;
    always @(posedge reset or posedge trigger)
    begin
        if (reset == 1'b 1)
            tmp_count <= {(counter_size + 1){1b 0}};
        else
            tmp_count <= count + 1;
    end
    assign count = tmp_count;
endmodule
```

6.3.12 Verilog-Tasks

Tasks sind Sequenzen von Deklarationen und Anweisungen, die wiederholt von verschiedenen Teilen einer Verilog-Beschreibung aufgerufen werden können. Sie bieten auch die Möglichkeit, für einfache Lesbarkeit und Wartung des Codes eine große Verhaltensbeschreibung in kleinere Beschreibungen aufzuteilen. Eine Task kann 0 oder andere Werte zurückgeben.

Eine *task*-Deklaration hat die folgende Syntax:

```
task \textless task\_name\textgreater\ ;{ task\_item\_declaration}
statement\_or\_null endtask
task\_item\_declaration ::= parameter\_declaration
reg\_declaration
integer\_declaration
input\_declaration
output\_declaration
inout_declaration
```

Warp ignoriert alle Timingsteuerungen, die innerhalb einer Aufgabe vorhanden sind. Die Reihenfolge der Variablen in der Taskaktivierungsanweisung, die eine Task aufruft, muss die gleiche sein wie die Reihenfolge, in der die I/Os innerhalb einer Taskdefinition deklariert sind. Nur *reg*-Variablen können Ausgabewerte von einer Task erhalten, d. h., wire-Variablen können dies nicht. Beachten Sie, dass die Inferenz von Datenpfadoperatoren innerhalb von Tasks nicht unterstützt wird. Wenn Datenpfadoperatoren (+, −, *) innerhalb von Tasks verwendet werden, muss mindestens einer der Operanden eine Konstante oder ein Eingang sein.

Im Folgenden ist ein Beispiel für eine Modultask:

```
module task_example(a,b,c,d,sum);
    output sum;
    input a,b,c,d;
    reg sum;
    always @(a or b or c or d)
    begin
        t_sum(a,b,c,d,sum);
    end
    task t_sum;
        input i1,i2,i3,i4;
        output sum ;
        begin
            sum = i1+i2+i3+i4;
        end
    endtask
endmodule
```

6.3.13 Systemtasks

Verilog unterstützt eine Reihe von *Systemtasks*, die I/O- und Messfunktionen unterstützen. Diese Tasks sind alle durch das Symbol „$" gekennzeichnet und beinhalten Folgendes:

- $display – schreibt Text auf den Bildschirm,
  ```
  $display(<parameter_1>, <parameter_2>, <parameter_3>)
  ```
- $dumpfile – deklariert den Ausgabedateinamen (VCD-Format),
- $dumpports – verwirft die Variablen (erweitertes VCD-Format),
- $dumpvars – verwirft die Variablen,
- $fdisplay – gibt auf den Bildschirm aus und fügt einen Zeilenumbruch hinzu,
- $fclose – schließt und gibt einen offenen Datei-Handle frei,
- $fopen – öffnet einen Handle zu einer Datei zum Lesen oder Schreiben,
- $fscanf – liest eine formatspezifizierte Zeichenkette aus einer Variablen,
- $fwrite – schreibt in eine Datei ohne Zeilenumbruch,
- $monitor – gibt die aufgelisteten Variablen aus, wenn eine von ihnen ihren Wert ändert,
- $random – gibt einen zufälligen Wert zurück,
- $readmemb – liest den Binärdateiinhalt in ein Speicher-Array,
- $readmemh – liest den HEX-Dateiinhalt in ein Speicher-Array,
- $sscan – liest eine formatspezifizierte Zeichenkette aus einer Variablen,
- $swrite – gibt eine Zeile ohne Zeilenumbruch in eine Variable aus,
- $time – der Wert der aktuellen Simulationszeit,
- $write – schreibt eine Zeile auf den Bildschirm ohne Zeilenumbruch.

6.4 Verilog-Funktionen

Ähnlich wie bei *Tasks* sind auch *Funktionen* Abfolgen von Deklarationen und Anweisungen, die wiederholt aus verschiedenen Teilen eines Verilog-Designs aufgerufen werden können. Wie bei *Tasks* bieten *Funktionen* die Möglichkeit, eine große Verhaltensbeschreibung in kleinere zu zerlegen, um die Lesbarkeit und Wartung zu verbessern. Verilog-Funktionen sind formal definiert als:

```
function [range_or_type] <function_name>
    function_item_declaration {function_item_declaration}
    statement endfunction
function_item_declaration ::= parameter_declaration
    | reg_declaration
    | integer_declaration
    | input_declaration
```

Im Gegensatz zu einer *Task* gibt eine *Funktion* nur einen Wert zurück. Die *Funktionsdeklaration* deklariert implizit ein internes Register, das denselben Typ hat wie der in der *Funktionsdeklaration* angegebene Typ. Der Rückgabewert der Funktion ist der Wert dieses impliziten Registers. Eine *Funktion* muss mindestens ein *input*-Typ-Argument haben. Sie kann kein *output*- oder *inout*-Typ-Argument haben.

Eine *Funktionsdeklaration* kann aus den folgenden Arten von Deklarationen bestehen: *input, reg, integer* oder *parameter*. Die Reihenfolge, in der die Eingaben deklariert werden, sollte der Reihenfolge entsprechen, in der die Argumente im Funktionsaufruf verwendet werden. Zeitsteuerungen und *nicht blockierende* Zuweisungsanweisungen sind in einer Funktionsdefinition nicht zulässig. Datenpfadoperatorinferenz wird in *Funktionen* nicht unterstützt. Wenn Datenpfadoperatoren (+, −, *) in *Funktionen* verwendet werden, muss mindestens einer der Operanden eine Konstante oder eine Eingabe sein. Die Funktionseingaben können innerhalb der Funktion keinem Wert zugewiesen werden. Alle Systemtaskfunktionen werden von Warp ignoriert.

Beispiel
```
module func_example(a,b,c,d,sum);
output[2:0] sum;
input a,b,c,d;
reg[2:0] sum;
always @(a or b or c or d)
begin
    sum = func_sum(a,b,c,d);
end
function[2:0] func_sum;
    input i1,i2,i3,i4;
    begin
        func_sum = i1+i2+i3+i4;
    end
endfunction
endmodule
```

6.5 Warp™

Cypress Semiconductor unterstützt einen Teilbereich von Verilog, bekannt als Warp™ [13]. Es gibt jedoch eine Reihe von signifikanten Unterschieden zwischen Verilog und Warp, nämlich:

- Warp erfordert, dass das erste Zeichen in einem Bezeichner ein Buchstabe sein muss.
- Warp benennt Bezeichner, die mit einem Unterstrich beginnen, neu, indem es das Präfix „warp" hinzufügt.
- Warp unterstützt keine „escaped"-Bezeichner.
- Wenn ein Unterstrich in einer Konstante verwendet wird, wird er von Warp ignoriert.
- Warp erlaubt es, dass Parameter auf der rechten Seite einer anderen Parameterdefinition erscheinen.

6.5 Warp™

- Warp ignoriert die Verzögerungsausdrücke, d. h. Minimum, typisch und Maximum.
- Warp behandelt die Schlüsselwörter macromodule und module als Synonyme.
- Warp ignoriert die Ladungsstärke, Ansteuerungsstärke und Verzögerung, die in den kontinuierlichen Zuweisungsanweisungen angegeben sind.
- Warp ignoriert alle Systemtasks und Systemfunktionsbezeichner.
- Die folgenden Verilog-Netztypen werden von Warp nicht unterstützt:
  1. tri0
  2. tri1
  3. wand tri
  4. and
  5. wor
  6. trior
  7. trireg
- Warp ignoriert die mit jedem Netz verbundenen Stärken. Warp behandelt Ganzzahlen als vorzeichenbehaftete 32-bit-Mengen und *reg*-Datentypen standardmäßig als vorzeichenlose Mengen, es sei denn, sie werden als vorzeichenbehaftete Mengen angegeben.
- Warp unterstützt keine mehrfachen Treiber für Register- und Ganzzahlvariablen.
- Die Zeit-, Real- und Realzeitdeklarationen werden in Warp nicht unterstützt.
- Bereiche und Arrays für Ganzzahlen werden von Warp nicht unterstützt. Arrays von Registerdatentypen (Speicher) werden in Warp ebenfalls nicht unterstützt.
- Warp handhabt die Größe oder die vorzeichenbehaftete/vorzeichenlose Natur von Parametern nicht automatisch.
- Warp verwendet die Standardwerte, wenn ein Parameter keine Größenbeschränkung oder eine Typenbezeichnung (vorzeichenbehaftet/vorzeichenlos/Ganzzahl/usw.) hat.
- Warp erlaubt nur, dass *defparam* verwendet wird, um die Parameter von unmittelbaren Instanzen zu ändern.
- Parameterwerte in einem Modul können auch durch Verwendung der *defparam*-Konstruktion neu definiert werden. Auf jeder Ebene des Designs erlaubt Warp die Neudefinition von Parametern nur der auf dieser Ebene instanziierten Module. Mehr als eine Ebene von hierarchischen Pfadnamen wird derzeit nicht unterstützt.
- Die von Warp unterstützten Verilog-Operatoren umfassen arithmetische, Verschiebe-, relationale, Gleichheits-, bitweise, Reduktions-, logische, Bedingungs- und Verkettungsoperatoren.
- Warp unterstützt die case-equal-Operatoren === und !== nicht.
- Obwohl in Verilog eine Verkettung mit einem Wiederholungsmultiplikator wiederholt werden kann, erfordert Warp, dass der Wiederholungsoperator eine Konstante ist.
- Warp unterstützt keine Bereichsspezifikationen in Modulinstanzen (Array von Instanzen).
- Warp unterstützt die folgenden primitiven Gatter: *and, nand, or, nor, xor, xnor, buf, not, bufif0, bufif1, notif0, notif1.*

- Warp erlaubt nicht, einem Register eine Wertzuweisung mit entweder blockierender oder nicht blockierender Zuweisung zu geben.
- Nicht blockierende Zuweisungsanweisungen innerhalb einer Funktion/Task werden von Warp nicht unterstützt.
- Warp unterstützt keinen parallelen Block.
- Warp unterstützt *casex*- und *casez*-Anweisungen teilweise. Für die *casex*-Anweisung sind ?, x, z in einem case-item-Ausdruck erlaubt, aber nicht in einem case-Ausdruck. Ähnlich sind für die *casez*-Anweisung ?, z in einem case-item-Ausdruck erlaubt, aber nicht in einem case-Ausdruck.
- Wenn Warp eine der case-Anweisungen synthetisiert, synthetisiert es ein Speicherelement für jede Ausgabe, die ihm in der case-Anweisung zugewiesen ist, um alle Ausgaben auf ihren vorherigen Werten zu halten, es sei denn, eine der folgenden Bedingungen tritt auf: (1) Alle Ausgaben innerhalb des Körpers der case-Anweisung werden zuvor einem Standardwert innerhalb des always-Blocks zugewiesen; (2) die case Anweisung spezifiziert vollständig das Verhalten des Designs nach jedem möglichen Ergebnis des bedingten Tests.[55]
- Warp unterstützt zwei Arten von Schleifenanweisungen: *for* und *while*.[56] Die in Warp unterstützte while-Schleifenvorlage wird als *while (<Vergleich><Zahl>)*. geschrieben.
- Warp ignoriert die intra-Zuweisungs-Timing-Steuerungen, verzögerungsbasierte Timing-Steuerungen und Warte-Timing-Steuerungen.[57]
- In strukturierten Verfahren ignoriert Warp das initiale Konstrukt.
- Warp erfordert, dass eine *always*-Anweisung eine Sensitivitätsliste hat.
- Warp ignoriert alle Timingsteuerungen, die in einer Aufgabe vorhanden sind.
- Warp unterstützt nicht das Deaktivieren von benannten Blöcken und Aufgaben mit dem disable-Konstrukt.
- Warp ignoriert alle Systemtasks und Systemtaskfunktionen.
- Wenn eine *ifdef*-Compiler-Direktive verwendet wird, kompiliert Warp nur den Code innerhalb des '*ifdef*-Warp-Blocks.
- Warp gibt eine Warnung aus, wenn es auf eine der nicht unterstützten Compiler-Direktiven stößt.

---

[55] Der beste Weg, um eine vollständige Spezifikation des Designverhaltens zu gewährleisten, besteht darin, eine Standardklausel innerhalb der case-Anweisung einzuschließen. Daher sollten Sie, um während der Synthese die geringstmöglichen Ressourcen zu verwenden, entweder Standardwerte für Ausgaben im *always*-Block zuweisen oder sicherstellen, dass alle case-Anweisungen eine Standardklausel enthalten.

[56] In Warp muss die Schleifenvariable auf einen konstanten Wert initialisiert werden, und die Schrittzuweisung muss „+" oder „−" sein.

[57] Ereignistimingsteuerungen werden teilweise unterstützt (nur *posedge*- und *negedge*-Ereignistimingsteuerungen werden unterstützt, wenn sie mit einem *always*@ verwendet werden).

6.5 Warp™

- Warp synthetisiert keine Tri-State-Logik.[58]
- Warp synthetisiert einen Zwischenspeicher, wann immer eine Variable innerhalb eines *always*-Blocks mit einem asynchronen Trigger ihren vorherigen Wert behalten muss.
- Warp verwendet die folgenden Vorlagen zur Synthese von synchronen Flipflops. Die Vorlage für ein positiv-flankengesteuertes Flipflop ist

```
always @ (posedge clock\_signal)
    synchronous\_signal\_assignments
```

und die Vorlage für ein negativ-flankengesteuertes Fliflop ist

```
always @ (negedge clock\_signal)
    synchronous\_signal\_assignments
```

- Warp verwendet das folgende Format zur Synthese von asynchronen Flipflops mit Reset oder Preset:

```
always @ (edge\_of clock\_signal or
    edge\_of preset\_signal or
    edge\_of reset\_signal)
if (reset\_signal)
    reset\_signal\_assignments
else if (preset\_signal)
    preset\_signal\_assignments
else
    synchronous\_signal\_assignments
```

Die *posedge*-Konstruktion wird verwendet, um einen aktiven High-Zustand zu spezifizieren, und die *negedge*-Konstruktion wird verwendet, um einen aktiven Low-Zustand zu spezifizieren. Die Variablen in der Sensitivitätsliste können in beliebiger Reihenfolge auftreten. Nachfolgende Reset- oder Preset-Bedingungen können in den else-if-Anweisungen erscheinen. Der letzte *else*-Block repräsentiert die synchrone Logik. Die Polarität der Reset/Preset-Signalbedingung, die in der Sensitivitätsliste

---

[58] Um Tri-State-Logik in einem Modul zu verwenden, muss *cy_bufoe* instanziiert werden. Der Tri-State-Ausgang dieses Moduls, y, muss dann an einen *inout*-Port des Verilog-Moduls angeschlossen werden. Dieser Port kann dann direkt an einen bidirektionalen Pin des Geräts angeschlossen werden. Das Rückkopplungssignal von *cy_bufoe, yfb,* kann verwendet werden, um eine vollständig bidirektionale Schnittstelle zu implementieren, oder es kann freigelassen werden, um nur einen Tri-State-Ausgang zu implementieren.

verwendet wird, und die Polarität der Reset/Preset-Bedingung in den if-/else-if-Anweisungen müssen gleich sein.
- Warp erlaubt mehr als zwei asynchrone *if-/else-if*-Anweisungen vor einer synchronen *else*-Anweisung.
- Warp ermöglicht es dem Benutzer, einen bestimmten case-Block zur Implementierung zu spezifizieren, z. B. einen Multiplexer (*parallel case*) anstelle eines Prioritätsencoders (*full case*). Ein *parallel case* oder ein *full case* wird durch Hinzufügen der Direktiven *warp parallel_case* und *warp full_case* vor einer case-Anweisung spezifiziert. Diese Direktiven können im Verilog-Kommentarbereich (Zeilenkommentar oder Blockkommentar) angegeben werden. Die Direktive muss dem Wort „warp" folgen.

6.6 Verilog/Warp-Komponentenbeispiele

Eine häufige Verwendung für Verilog/Warp ist die Erstellung von speziellen Komponenten. Zum Beispiel kann ein N-teilbarer 4-bit-Zähler leicht mit der Verilog/Warp-Unterstützung erstellt werden, die von PSoC Creator, der Entwicklungsumgebung von Cypress Semiconductor, bereitgestellt wird. Nach dem Laden von PSoC Creator und dem Starten eines neuen Projekts, z. B. *CountByN,* navigieren Sie zur Komponentenregisterkarte im Workplace Explorer, und klicken Sie mit der rechten Maustaste auf das Projekt „CountByN". Dies öffnet ein Menü, aus dem Sie *Add Component Item* auswählen können. Das Fenster *Add Component* erscheint dann, und Sie müssen *Symbol Wizard* auswählen und optional einen Namen für Ihre Komponente angeben, z. B. *DivideByNCounter.* Klicken Sie dann auf die Schaltfläche *Create New.*

Dies lädt den Symbol Creation Wizard, dessen Fenster es Ihnen ermöglicht, den Namen, den Typ und die Richtung der Terminals des *DivideByN_Counter* auszuwählen. Beachten Sie, dass der Zählerausgang als count[3:0] gekennzeichnet ist, was darauf hinweist, dass der Ausgang 4 parallele Bits sind. Dieses Fenster zeigt auch eine Vorschau des Symbols *DivideByN_Counter.* Im aktuellen Beispiel sind reset und clock Eingangsterminals und count ist ein 4-Terminal-Ausgang, wie gezeigt. Durch Klicken auf OK wird die Seite *DivideByN_Counter.cysym* geladen. Klicken Sie mit der rechten Maustaste in einen vom Zählersymbol entfernten Bereich innerhalb dieses Fensters. Dies lädt ein kleines Menü, aus dem Sie *Symbol Parameter...* auswählen können. An dieser Stelle ist es notwendig, den Parameter N in Bezug auf seinen Typ und Wert zu definieren. Wählen Sie *int,* und setzen Sie den Wert auf „1".

Beispiel 1 Die von PSoC Creator erzeugte Quellcodevorlage wird folgendermaßen aussehen:

```
//===========================================================
```

6.6 Verilog/Warp-Komponentenbeispiele

```verilog
module CountByN (
        count;
        clock;
        reset;
);
        output [3:0]
        input clock;
        input reset;
    parameter N=1;
// `#start` body -- edit after this line, do not edit this line
        reg [3:0] count;
        always@(posedge clock or posedge reset)
            begin
                    if (reset) count \textless= 4'b0;
                    else count \textless= count + N;
            end
// `#end` -- edit above this line, do not edit this line
endmodule
```

Beispiel 2 Ebenso kann der Verilog/Warp-Code für einen 4-bit-Zähler mit einem Enable-Terminal, der von 0 bis zu einem definierten Limit zählt, wie folgt ausgedrückt werden:

```verilog
module Count4Enable  (
      count;
      clock;
      enable;
);
      output [3:0] count;
      input clock;
      input enable;
      Parameter Limit= 15;
//`#start body -- edit after this line, do not edit this line
      reg [3:0] count;
      always@(posedge clock)
      begin
              if (enable) begin
                      if (count == Limit) count = 4b'0;
                      else count <=count +1;
                      end
      end
//`#end` -- edit above this line, do not edit this line
//endmodule
```

Beispiel 3 Ein getaktetes Registeräquivalent kann wie folgt ausgedrückt werden:

```
module DFF (
        clk;
        D;
        Q;
)
        input clk;
        input D;
        output Q;
// '#start' body -- edit after this line,
        do not edit this line
        reg Q;
        always@(posedge clk)
        begin
                Q <= D;
        end
//'#end' -- edit above this line, do not edit this line
        endmodule
```

Beispiel 4 Ein getaktetes Register mit einem asynchronen Reset kann wie folgt implementiert werden:

```
module DFFR (
        clk;
        D;
        R;
        Q;



)
        input clk;
        input D;
        input R;
        Output q;
        reg q;
        always @ (posedge clk or posedge R)
        begin
                if (R) Q <= 1'b0;
                else Q <= D;
        end
endmodule
```

Beispiel 5 Ein getaktetes Register mit einem asynchronen „Set" kann wie folgt implementiert werden:

```
module DFFS (
        clk;
        D;
        S;
        Q;
)
        input clk;
        input D;
        input S;
        output Q;
        reg Q;
        always @ (posedge clk or posedge S)
        begin
                if (S) Q <= 1'b1;
                else Q <= D;
        end
endmodule
```

Beispiel 6 Ein 2-Eingaben-1-Ausgabe-Mux kann durch Folgendes implementiert werden:

```
module muxA (
        sel;
        A;
        B;
        Z;
)
        reg Z;
        always@(sel or A or B)
        begin
                if (sel) Z = A;
                else Z = B;
        end
endmodule
```

Beachten Sie, dass die Zuweisung in diesem Beispiel das Symbol „=" verwendet, da die Zuweisungen kombinatorisch sind, d. h., es gibt keine Speicherung von Werten. Dieses Modul ist eine Darstellung des booleschen Ausdrucks

$$Z = sel \cdot A + \overline{sel} \cdot B. \tag{6.1}$$

6.7 Vergleich von VHDL, VERILOG und anderen HDL

Die Entscheidung, welcher Ansatz zur Modellierung einer Schaltung oder eines Systems am besten geeignet ist, hängt stark von der Anwendung, der zu verwendenden Technologie, der Komplexität des Entwicklers, der Benutzerfreundlichkeit der zugehörigen Tools, der Steilheit der zugehörigen Lernkurven, der Kompatibilität mit anderen Tools usw. ab. Einige Designs sind nicht für HDLs geeignet, z. B. einfache Designs oder Designs, die die Vorteile von HDL nicht nutzen können.

Verilog basiert auf einer einfachen Sprachsyntax und -struktur, die es einem Entwickler ermöglicht, Verilog schnell zu erlernen und sowohl digitale als auch analoge Schaltungen[59] zu modellieren. Verilog ermöglicht auch, dass der Code eines Modells überwacht wird, um Fehler in frühen Stadien des Designprozesses zu identifizieren. Verilog-Modelle benötigen in der Regel weniger Speicher und laufen daher oft deutlich schneller während der Simulation als vergleichbare VHDL-Modelle.

VHDL bietet jedoch eine bessere Wiederverwendbarkeit, indem es erlaubt, Prozeduren und Funktionen in *Paketen* zu kapseln. VHDL unterstützt Bibliotheken als Speicher für Konfigurationen, Architekturen und Pakete, aber ein ähnliches Konzept existiert nicht für Verilog.[60] Im Gegensatz zu Verilog hat VHDL Funktionen, die das Management von großen Designs erleichtern, z. B. *generate* (Strukturreplikation), *generic* (generische Modelle), *package* (Modellwiederverwendung) und *configuration* (Designstruktur). Verilog unterstützt Reduktionsoperatoren, aber VHDL nicht. Verilogs Unterstützung für Systemaufgaben und -funktionen ermöglicht es einem Entwickler, Steuerbefehle in eine Beschreibung einzufügen, um das Debugging zu erleichtern. Diese Debuggingtechnik wird in VHDL nicht unterstützt. Allerdings werden Konzepte wie benutzerdefinierte Typen in VHDL unterstützt, aber nicht in Verilog, und es gibt viel mehr Unterstützung in VHDL für High-Level-Modellierung.

VHDL wird oft als „ausführlich" im Vergleich zu anderen Sprachen beschrieben, da es mehr als eine Möglichkeit bietet, Dinge auszudrücken. VHDL ist „stark typisiert" und Verilog ist „schwach typisiert". VHDL bietet einen „reichen" Satz von Datentypen, und Verilog ist eine kleinere Sprache und in der Regel viel einfacher zu verwenden. Verilog und VHDL sind syntaktisch ähnlich, aber es gibt keine Garantie, dass sich Verilog-Modelle in verschiedenen Tools gleich verhalten. Verilog gilt im Allgemeinen als viel einfacher zu erlernen als VHDL, teilweise weil Verilog „C-ähnlicher" als VHDL ist.

---

[59] Verilog-AMS unterstützt sowohl analoge als auch gemischte Signale, teilweise durch die Unterstützung eines kontinuierlichen Zeitsimulators, der in der Lage ist, Differentialgleichungen im analogen Bereich zu lösen, und die Möglichkeit bietet, die digitalen und analogen Bereiche miteinander zu verknüpfen.

[60] Verilog begann als Interpreter, und daher wurden Bibliotheken nicht unterstützt.

SystemC[61] wird manchmal als HDL verwendet, um eine „VHDL-ähnliche" Fähigkeit zu bieten, aber seine Verwendung kann herausfordernd sein, wenn komplexe Schaltungen modelliert werden. Es ermöglicht das Konzept von Zeit und Gleichzeitigkeit in C++-Anwendungen, wie z. B. bei der Modellierung von synchroner Hardware. Da es auf C++ basiert, wird es auf einer breiten Palette von C++-Plattformen unterstützt. SystemC hat Unterstützung für Module, die über Ports kommunizieren, gleichzeitige Prozesse, Kanäle,[62] Ereignisse und Festkomma-/logische/erweiterte Standard-Datentypen.

Das Folgende ist ein Beispiel für einen einfachen Addierer, der in SystemC geschrieben ist.

```
include "systemc.h"
#define WIDTH  4
SC\_MODULE(adder) {
    sc_in<sc_uint\textless <WIDTH> >   a, b;
    sc_out sc_uint<WIDTH> > sum;
    void do_add() {
        sum.write(a.read() + b.read());
}
SC_CTOR(adder)        {
SC_METHOD(do\_add);
sensitive << a <<  b;
}
};
```

6.8 Empfohlene Übungen

6-1 Drücken Sie die durch Gl. (8.22) gegebene Funktion in Form einer Wahrheitstabelle aus. Verwenden Sie diese Tabelle, um das zugehörige Logikdiagramm zu skizzieren. Wiederholen Sie diesen Prozess für Gl. (8.26), und schreiben Sie einen kurzen Vergleich der beiden Logikdiagramme, indem Sie die Anzahl und Arten der in beiden Fällen verwendeten Gatter auflisten.

6-2 Zeigen Sie, dass

$$F = A \cdot B \cdot \overline{D} + A \cdot \overline{B} \cdot C + \overline{A} \cdot \overline{B} \cdot \overline{D} + A \cdot D + \overline{B} \cdot \overline{C} \cdot \overline{D}$$

---

[61] SystemC ist eine Sammlung von Open-Source, C++-Klassen und Makros, die als ereignisgesteuerter Simulationskern fungieren, der zur Modellierung von gleichzeitigen Prozessen verwendet werden kann, die in einer simulierten Echtzeitumgebung kommunizieren können.

[62] Kanäle können Leitungen, Buskanäle, FIFO, Signale, Buffer, Semaphore usw. sein.

reduziert werden kann zu
$$F = A + \overline{B} \cdot \overline{D}.$$

6-3 Vereinfachen Sie die Funktion F und zeigen Sie, dass F = 1 [4].

$$F = A \cdot B \cdot C \cdot D + \overline{A} \cdot \overline{B} \cdot \overline{C} \cdot \overline{D} + A \cdot \overline{D} + \overline{A} \cdot B \cdot \overline{C} + A \cdot B \cdot \overline{C} \cdot D + B \cdot C \cdot D + \overline{A} \cdot C \cdot \overline{D}.$$

6-4 Welche der folgenden ist eine Summe von Produkten und welche ist ein Produkt von Summen:

$$\overline{AB C} + A\overline{B}C,$$
$$A\overline{B}\,\overline{C} + \overline{A}BC,$$
$$(\overline{A} + B)(B + \overline{C} + D),$$
$$(A + \overline{B + C})(\overline{B + C}),$$
$$\overline{A}\,\overline{B}\,\overline{C} + AB\overline{C} + A\overline{B}\,C.$$

6-5 Skizzieren Sie den Logikschaltkreis für $(A + B + C)(\overline{A} + B + \overline{C})(A + B + \overline{C})$.

6-6 Zeigen Sie, wie man NOT-, OR- und AND-Gatter mit jeweils 1, 2 und 3 NOR-Gatter implementiert.

6-7 Drücken Sie jede der folgenden Ausdrücke als Summe von Produkten aus:

(a) $(A + B) \cdot (\overline{A} + \overline{B})$,
(b) $A \cdot (B + C)$,
(c) $-(A + B \cdot C)$.

6-8 Schreiben Sie eine VHDL-Entitätsdeklaration mit den folgenden Eigenschaften:

- Port A ist ein 12-bit-Ausgangsbus,
- Port AD ist ein dreistufiger bidirektionaler 12-bit-Bus,
- Port INT ist ein dreistufiger Ausgang,
- Port AS ist ein Ausgang, der intern verwendet wird,
- Port OE ist ein Eingangsbit,
- Port CLK ist ein Eingangsbit.

6-9 Gegeben ist die folgende Entitätsdeklaration für einen Vergleicher:

```
LIBRARY ieee;
USE ieee.std_logic_1164.ALL;
ENTITY compare IS PORT (
```

6.8 Empfohlene Übungen

```
        a, b:  IN std\_logic\_vector(0 TO 3);
        aeqb: OUT std\_logic);
        END compare;
```

Schreiben Sie den VHDL-Code für eine Architektur, die aebq auslöst, wenn a gleich b ist, unter Verwendung von (a) bedingter Zuweisung, (b) booleschen Gleichungen und (c) einem *Prozess* mit *sequenziellen* Anweisungen.

6-10 Vereinfachen Sie $A \cdot B \cdot C + A \cdot \overline{B} \cdot \overline{C} + \overline{A} \cdot \overline{B} \cdot \overline{C}$ mit Hilfe einer Karnaugh-Karte.

6-11 Die Wahrheitstabelle für die binäre Addition hat drei Eingänge: Addend, Augend und Übertrag. Der Ausgang besteht aus einer Summe und einem Übertrag. Was ist die Wahrheitstabelle für den summierenden Teil der binären Addition? Vereinfachen Sie den Ausdruck, der diese Tabelle darstellt, mit Hilfe einer Karnaugh-Karte.[63]

6-12 Zeichnen Sie das Zustandsdiagramm für einen 3-bit-Binärzähler als Zustandsmaschine, und fügen Sie alle zugehörigen Wahrheitstabellen hinzu. Zeigen Sie, wie dieser Zähler mit kombinatorischer Logik und D-Flipflops implementiert werden kann.

6-13 Schreiben Sie ein Entitäts-Architektur-Paar für die folgende Schaltung.

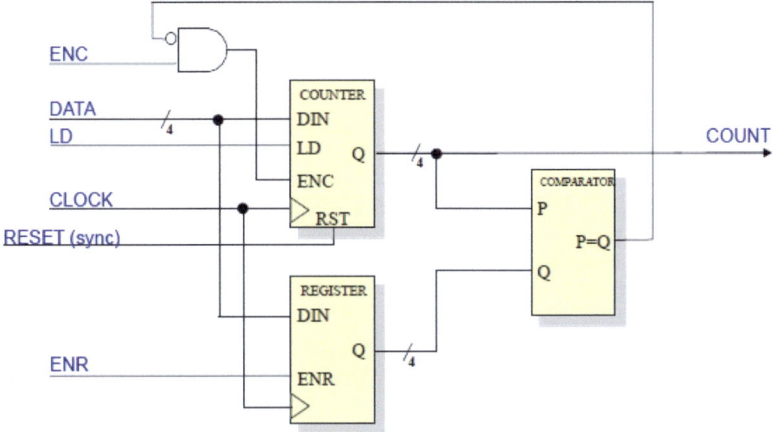

---

[63] Die Übungen 10 und 11 wurden von Bob Harbort und Bob Brown, Computer Science Department, Southern Polytechnic State University, vorgeschlagen.

Literatur

1. P.J. Ashenden, *The Designers Guide to VHDL*, 3. Aufl. (Elsevier, New York, 2008)
2. P.J. Ashenden, *The VHDL Cookbook*, 1. Aufl. (1990) http://tams-www.informatik.uni-hamburg.de/vhdl/doc/cookbook/VHDL-Cookbook.pdf
3. Creating A Verilog-Based Component. http://www.ue.eti.pg.gda.pl/~bpa/pusoc/kit_files/Creating a Verilog-based Component.pdf
4. J. Crenshaw, A primer on Karnaugh Maps. Programmers Toolbox. EE Times Design (2003)
5. T. Dust, G. Reynolds, Designing PSoC Creator Components with UDB Datapath. AN82156. Document No. 001-82156Rev. *I1. Appendix D. Auto-generated Verilog Code. Cypress Semiconductor (2017)
6. Just Enough Verilog for PSoC. https://www.cypress.com/file/42161/download
7. J. Kathuria, C. Keeser, Implementing State Machines with PSoC 3, PSoC 4, and PSoC 5LP. AN62510. Document No. 001-62510Rev. *F1. Cypress Semiconductor
8. Y. Magda, Designing PSoC Embedded Systems Using Verilog: A Practical Guide (2020)
9. V.K. Marrivagu, A.R. De Lima Fernandes, PSoC Creator – Implementing Programmable Logic Designs with Verilog. AN82250. Document NUMBER:001-82250Rev.*J1. Cypress Semiconductor (2018)
10. J.A. Peter, The VHDL Cookbook, 1. Aufl. http://tams-www.informatik.uni-hamburg.de/vhdl/doc/cookbook/VHDL-Cookbook.pdf Cypress Semiconductor (1990)
11. Tri-State Buffer (Bufoe) 1.10. Document Number: 001-50451 Rev. *F. Cypress Semmiconductor (2017)
12. *WARP^{TM}* Verilog Reference Guide. Synthesis Tool for PSoC Creator. Document 001-48352 Rev.*D. Cypress Semiconductor (2014) http://www.ue.eti.pg.gda.pl/~bpa/pusoc/kit_files/Creating a Verilog-based Component.pdf
13. Warp™ Verilog Reference Guide. Document #001-483-52 Rev. *A. Cypress Semiconductor, San Jose (2009)

PSoC Creator 7

Zusammenfassung

PSoC Creator (Kannan, PSoC 3 and PSoC 5LP Interrupts. AN54460. Document No. 001-54460 Rev. *K. Cypress Semiconductor, 2020) ist eine integrierte Entwicklungsumgebung („integrated design environment", IDE), die ein gleichzeitiges Bearbeiten von Hard- und Firmware, Kompilieren und Debuggen von PSoC-Systemen ermöglicht. Diese IDE ermöglicht zusammen mit einem voll integrierten System zur Schaltplanerfassung die Entwicklung von Anwendungen, die mehr als 150 vorgeprüfte, produktionsreife Peripheriekomponenten nutzen (PSoC Creator bietet auch Komponenten, die PSoC 3- und PSoC 5LP-UDB-Datenpfadmodule [„universal digital block", UDB] verwenden, die zur Implementierung gängiger Funktionen, z. B. UART, Zähler, PWM etc., sowie zur Bewältigung von Datenmanagementaufgaben, die sonst CPU-Zyklen verbrauchen würden, genutzt werden [Dust und Reynolds, Designing PSoC Creator components with UDB datapaths. AN82156. Dokument Nr. 001-82156 Rev. *I. Cypress Semiconductor, 2018].) Die von PSoC Creator unterstützten Komponenten sind robuste analoge/digitale Peripheriegeräte und beinhalten benutzerdefinierte Komponenten, um dem Entwickler die Erstellung von kundenspezifischen Komponenten zu ermöglichen (Der Entwickler kann Zustandsdiagramme [Kathuria und Keeser, Implementing state machines with PSoC 3, PSoC 4, and PSoC 5LP. AN62510. Dokument Nr. 001-62510 Rev. *F1. Cypress Semiconductor, 2017] oder Verilog verwenden, um die Hardware und den Stromverbrauch weiter zu optimieren.). Der Benutzer zieht lediglich die entsprechenden Komponenten in den Schaltplanbereich von PSoC Creator. Der Benutzer kann dann die verschiedenen Parameter, die mit solchen Komponenten verbunden sind, festlegen, um die Designanforderungen einer breiten Palette von Anwendungsanforderungen zu erfüllen. Jede Komponente im umfangreichen Mixed-Signal-Komponentenkatalog von Cypress verfügt über einen vollständigen Satz dynamisch generierter API-Bibliotheken und einen Einrichtungsdialog. Nach der Konfiguration aller Peripheriegeräte kann die Firmware innerhalb von PSoC Creator geschrieben, kompiliert und debuggt oder zu führenden Drittanbieter-IDEs wie IAR Embedded Workbench®, ARM®Microcontroller Development Kit und Eclipse™ exportiert werden. Die von der IDE bereitgestellte Suite von PSoC-Komponenten ist energieoptimiert, so dass nur die benötigte Funktionalität bereitgestellt wird und somit die Stromanforderungen des Designs minimiert werden.

7.1   Integrierte Entwicklungsumgebung von PSoC

PSoC Creator ist eine kostenlose, Windows-basierte IDE, die Folgendes beinhaltet:

- Hardwaredesign mit vollständiger Schaltplanerfassung und einfach zu bedienendem Verkabelungstool,
- über 150 vorgeprüfte, produktionsbereite Komponenten,
- vollständige Kommunikationsbibliothek einschließlich I2C, USB, UART, SPI, CAN, LIN und Bluetooth Low Energy,
- digitale Peripheriegeräte mit leistungsstarken, grafischen Konfigurationstools
- umfassende Unterstützung für analoge Signalwege mit Verstärkern, Filtern, ADC und DAC,
- dynamisch generierte API-Bibliotheken,
- kostenloser C-Quellcode-Compiler ohne Codegrößenbeschränkungen,
- integrierter Quelleneditor mit Inlinediagnose, Autovervollständigung und Code-Snippets und einem
- eingebauten Debugger.

7.2   Entwicklungswerkzeuge

Die Einführung leistungsfähiger Werkzeuge wie die integrierte Entwicklungsumgebung („integrated design environment", IDE) hat es Entwicklern ermöglicht, relativ anspruchsvolle Designs mit nicht mehr als einem Desktop- oder tragbaren Computer und einem sogenannten Evaluation Board, z. B. des in Abb. 7.1 gezeigten Typs, die auf dem Zielgerät basiert, zu erstellen.[1] Frühe IDEs bestanden aus einem eher einfachen Texteditor,

---

[1] Evaluierungs- oder Eval-Platinen werden von Mikroprozessor-/Mikrocontrollerherstellern oft zu einem nominalen Preis bereitgestellt, um Entwicklern die Möglichkeit zu geben, sich mit einem Gerät oder einer Gerätefamilie vertraut zu machen und in einigen Fällen die Eval-Platine in einen Prototypen für Test- und Proof-of-Concept-Zwecke zu integrieren. Solche Platinen enthalten in der Regel verschiedene Arten von I/O-Verbindungen, LEDs, verschiedene Arten von Schaltern, Anzeigegeräte wie LED/LCD-Displays und zusätzliche Hardware zur Unterstützung der On-Board-Programmierung des Zielgeräts.

7.2 Entwicklungswerkzeuge

Abb. 7.1 Die Cypress PSoC 1/3/5LP Evaluation Board

einem Assembler und einem Linker, die in gewisser Weise durch eine relativ primitive Debuggingfähigkeit unterstützt wurden. Mit der Zeit entwickelten sich diese Systeme weiter und beinhalteten verschiedene Compiler, primitive Simulatoren, deren Fähigkeiten im Allgemeinen auf eher eingeschränkte Möglichkeiten zur Überprüfung der Logik eines Designs beschränkt waren, aber wenig anderes und verbesserte Debuggingfähigkeiten.

Das Debugging, ein Prozess, der der zeitaufwändigste Aspekt der Entwicklung eines neuen Designs sein kann, war zunächst auf die nachträgliche Untersuchung eines Speicherbereichs nach der Ausführung eines Programms, das auf das Zielsystem heruntergeladen wurde, auf das schrittweise Durchlaufen eines Programms mit einer Anweisung nach der anderen und auf eine recht begrenzte Möglichkeit, Haltepunkte zu setzen, beschränkt. Spätere IDE-Debugger ermöglichten es, Bereiche eines Programms, beliebige Speicherorte, Register usw. während und nach der Ausführung zu überwachen, um festzustellen, ob unerwartete, folgenschwere Bedingungen aufgetreten waren, was eine Möglichkeit darstellte, fehlerhaften Code zu isolieren/einzufangen. Einige IDEs erlaubten es, Programmvariablen und -ausdrücke während der Programmausführung zu „beobachten"[2] und während der Programmausführung auszuwerten. Diese Form des Debugging führte manchmal nur dazu, „das Problem an einen anderen Ort zu verschieben", da solche Techniken die Betriebsbedingungen des ausführenden Programms erheblich verändern konnten, z. B. indem sie einen zu großen Debuggingoverhead einführten und die Reaktionsfähigkeit und Ausführungsgeschwindigkeit des Systems nachteilig beeinflussten.

Aktuelle IDEs für Mikrocontroller und Mikroprozessoren unterstützen hauptsächlich die Entwicklung in Assembler und C. Es gibt jedoch einige bemerkenswerte IDE-Ausnahmen, die Sprachen wie BASIC,[3] FORTH,[4] Pascal usw.[5] unterstützen. Typischerweise erzeugt der zugehörige Compiler für Anwendungen, die die C-Sprache verwenden, einen Assemblerquellcode als Ausgabe. Der resultierende Assemblerquellcode wird dann vom Assembler der IDE verarbeitet und anschließend an einen integralen Linker weitergegeben.[6] Das Debugging im Kontext einer IDE kann jedoch auf Einzelschritte und das Setzen einer begrenzten Anzahl von Haltepunkten beschränkt sein.

7.3 Die PSoC Creator IDE

Die Benutzeroberfläche von PSoC Creator ist in Abb. 7.2 dargestellt.

Es handelt sich um eine Kombination aus einem hochintuitiven und innovativen grafischen Designeditor und einer Reihe von hochentwickelten Werkzeugen, die gut integriert sind, um ein schnelles Testen neuer Designideen, eine schnelle Reaktion auf Hardwareänderungen, eine fehlerfreie Softwareinteraktion mit der On-Chip-Peripherie des Zielsystems und vollen Zugriff auf alle Aspekte des Designs zu ermöglichen. Es bietet eine

---

[2] Ein *Beobachtungsfenster* (*Watch Window*) kann verwendet werden, um Variablen, Register und/oder Ausdrücke zu bewerten und anzuzeigen, die einfache Variablen, Array-Variablen, Strukturvariablen, Register und Zuweisungen betreffen. Dieses Fenster wird unmittelbar nach jedem Halteereignis aktualisiert und zeigt den Namen, den Wert, die Adresse, den Typ und die Radix des beobachteten Parameters an. Auch Speicherorte können beobachtet werden.

[3] Beginners All-Purpose Symbolic Instruction Code (BASIC) ist ein Interpreter, der ursprünglich 1964 von Thomas Kurtz und George Kemeny am Dartmouth College entwickelt und in die Public Domain gestellt wurde. Später wurden verschiedene Inkarnationen als Interpreter oder Compiler entwickelt, von denen einige immer noch zur Entwicklung von Anwendungen für Mikrocontroller verwendet werden, z. B. BASCOM von MCS für Atmel und 8051-Architekturen.

[4] VFX FORTH für Windows.

[5] Es gibt IDEs für Ada, C/C++, C#, Eiffel, Fortran, Java und JavaScript, Pascal und Object Pascal, Perl, PHP, Python, Ruby, Smalltalk usw., aber nicht alle sind entweder konzipiert oder geeignet für die Entwicklung von eingebetteten Systemen.

[6] Ein Linker, manchmal auch als Linkage-Editor bezeichnet, wird verwendet, um verschiedene Objektdateien zu einer einzigen Datei zu verknüpfen, die zur Erzeugung des resultierenden ausführbaren Programms verwendet werden kann.

7.3 Die PSoC Creator IDE

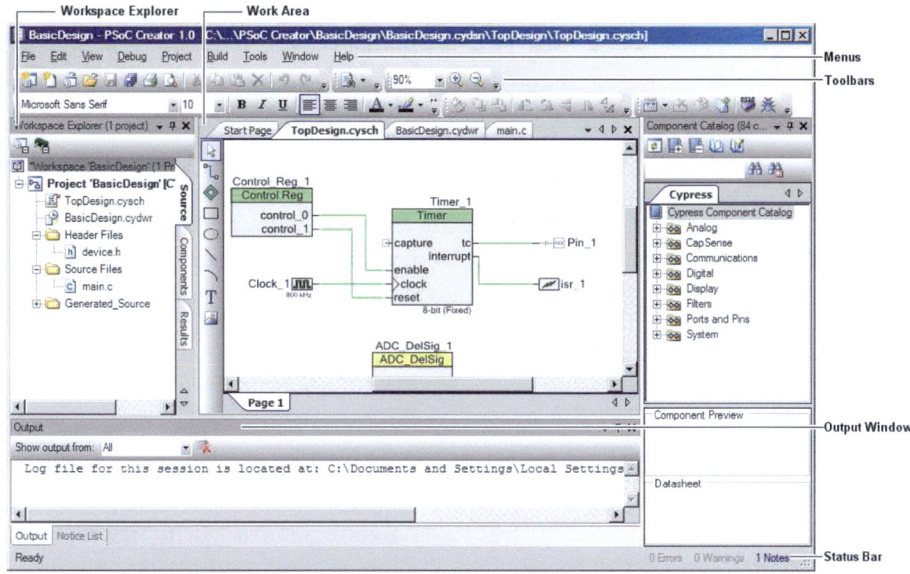

Abb. 7.2 Das PSoC Creator-Framework

einzigartige Kombination aus Hardwarekonfiguration und Softwareentwicklung in einem einzigen, einheitlichen Tool. Dieses Design befreit Entwickler von eingebetteten Systemen von der innovationshemmenden Trennung zwischen Hardwaredesign und Softwareentwicklung, die für andere IDE-Systeme charakteristisch ist.

PSoC Creator beinhaltet

- eine integrierte Schaltbilderfassung für die Gerätekonfiguration,
- einen umfangreichen Komponentenkatalog,
- einen integrierten Quelleneditor,
- einen eingebauter Debugger,
- eine Unterstützung für C/C++/EC++/Ada-Compilern,
- eine Unterstützung für die Erstellung von Komponenten (ermöglicht eine Wiederverwendung des Designs),
- einen PSoC 3-Compiler – Keil PK51 (keine Codegrößenbeschränkung),
- einen PSoC 5LP-Compiler – Sourcery G ®Lite Edition von CodeSourcery,
- ein ausgefeiltes und zuverlässiges Bootloading,
- Parameterdialoge für Komparatoren, OpAmps, IDACs, VDACs usw.,
- ein statischer Timing-Checker,
- Unterstützung für den PSoC 3-Befehlscache,
- einen *Generate Application* Befehl/Knopf und
- eine automatisierte Unterstützung bei der Fehlerberichterstattung.

Wenn PSoC Creator geöffnet wird, zeigt es die *Start Page* an und bietet dem Benutzer Zugang zu kürzlich verwendeten Projekten, der Einrichtung neuer Projekte und Informationen über verfügbare Updates. Links zu Tutorials, Hilfedateien, Foren, Anwendungshinweisen und dem Referenzdesign, Build-Projekten, die online auf der Website von Cypress (www.cypress.com) verfügbar sind, werden ebenfalls angezeigt. Wenn ein Hardwareentwicklungskit an den PC des Entwicklers angeschlossen ist, wird es durch einen von PSoC Creator initiierten Scan erkannt, um das vorhandene Entwicklungskit zu bestimmen, und passt *View* von PSoC Creator für dieses Hardwarekit an.

7.3.1 Workspace Explorer

PSoC Creator verwendet eine Reihe von andockbaren Fenstern und ermöglicht es, diese Fenster nach Wunsch des Entwicklers über eine umschaltbare Option (Stecknadelsymbol) in der oberen rechten Ecke des Fensters auszublenden. Wenn das Fenster verborgen ist, bleibt eine kleine Registerkarte übrig, die bei einem Mouseover das jeweilige Fenster wieder einblendet. Das *Workspace Explorer*-Fenster, teilweise in Abb. 7.3 dargestellt, hat drei Tabs: *Source*, *Components* und *Results*. Die Registerkarte *Source* zeigt die Quell- und Headerdateien für ein Projekt in Form einer baumähnlichen Struktur an. Quelldateien, die in diesem Modus angezeigt werden, bestehen aus den von PSoC Creator generierten Dateien und denen, die vom Entwickler eingefügt wurden. Die Registerkarte *Components* zeigt die zu jedem Projekt gehörenden Komponenten an. Die Registerkarte *Results* ist eine dynamische Auflistung der Dateien, die aus dem letzten Build resultieren, z. B. Programmierdatei, Debuggingdatei (wenn sie sich von der Programmierdatei unterscheidet) und in einigen Fällen eine Gerätedatei, ein Codegenerierungsbericht, Listen- und/oder Map-Dateien.

7.3.2 Komponentenbibliothek des PSoC Creator

Die *Komponentenbibliothek* umfasst eine Vielzahl von analogen, CapSense, Kommunikations-, digitalen, Anzeige-, Filter-, Port/Pin- und Systemkomponenten. Der Entwickler zieht einfach jede Komponente aus der Komponentenbibliothek auf die Arbeitsfläche von PSoC Creator, wie in Abb. 7.4 gezeigt, und verbindet die verschiedenen Komponenten nach Bedarf. Ein Doppelklick auf eine Komponente auf der Arbeitsfläche öffnet ein Dialogfeld mit den verfügbaren, vom Benutzer auswählbaren Optionen für das Bauteil und Zugriff auf das Datenblatt der Komponente. Wenn die Komponenten ausgewählt und wie für ein bestimmtes Design erforderlich miteinander verbunden wurden, kann ein Build gestartet werden. *Warnungen*, *Fehler* und *Hinweise* werden dann im Fenster *Notice List* angezeigt.

Abb. 7.3 Workspace Explorer

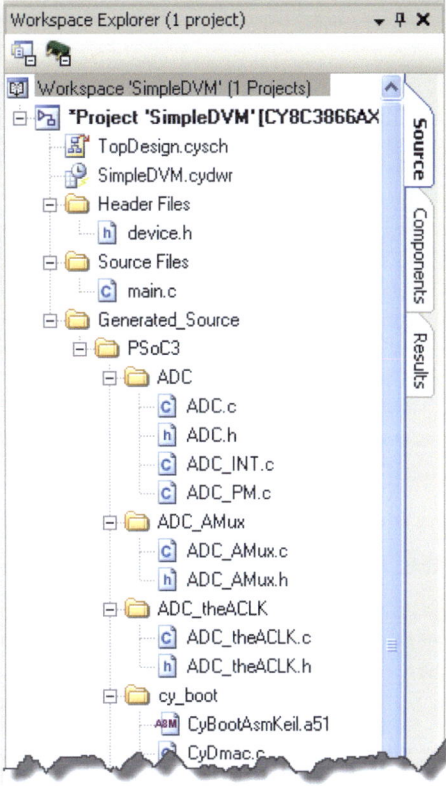

7.3.3 Die Fenster *Notice List* und *Build Output* im PSoC Creator

Das Fenster *Notice List*, dargestellt in Abb. 7.5, kombiniert Hinweise (Fehler, Warnungen und Hinweise) aus vielen Quellen in einer zentralen Liste. Wenn eine Datei und/oder ein Fehlerort angezeigt wird, kann durch Doppelklicken auf den Eintrag der Fehler oder die Warnung angezeigt werden. Es gibt auch die Schaltflächen *Go To Error* und *View Details*. Dieses Fenster befindet sich normalerweise am unteren Rand des PSoC Creator-Frameworks und oft in der gleichen Fenstergruppe wie das Ausgabefenster.[7]

Die *Notice List* enthält die folgenden Spalten:

---

[7]Es ist möglich, dass ein Build ohne ersichtlichen Grund fehlschlägt und sollte es keine Anzeichen für die Ursache des Fehlers in der Notice List geben, sollte der Entwickler das Ausgabefenster Build überprüfen, um die Ursache zu ermitteln.

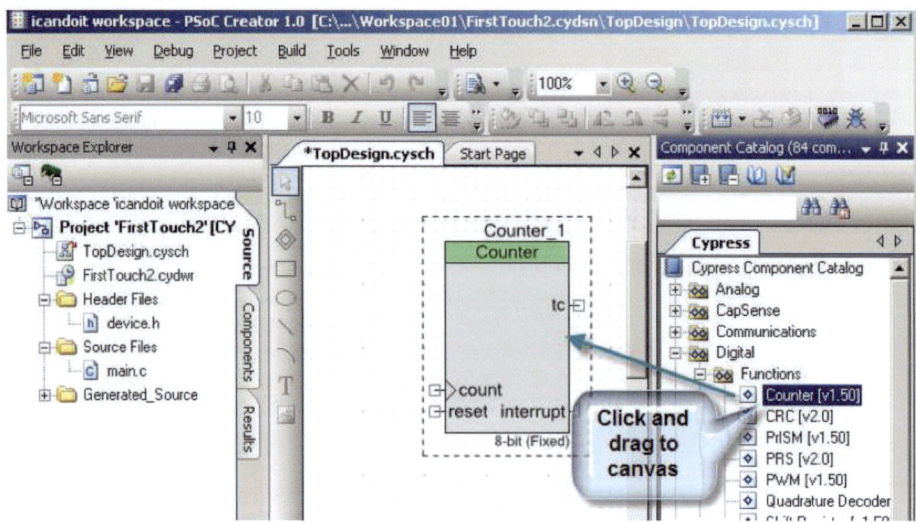

Abb. 7.4 Hinzufügen einer Komponente zu einem Design

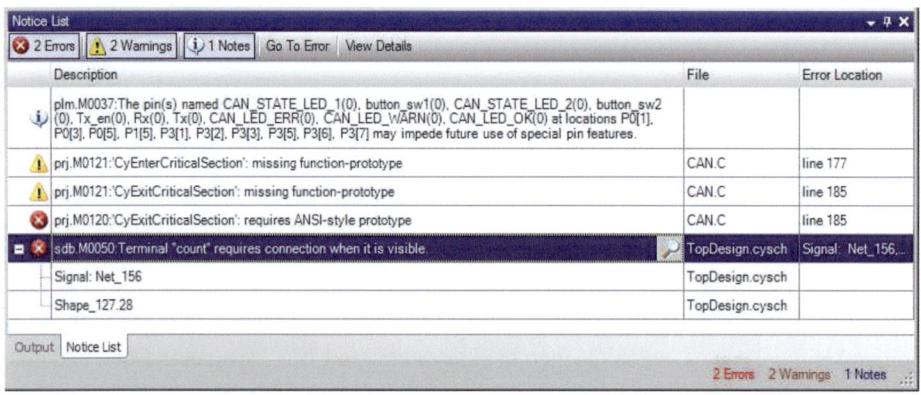

Abb. 7.5 Das Fenster *Notice List* im PSoC Creator

- *Icons* – zeigt die Symbole für den Fehler, die Warnung oder den Hinweis an. Eine bestimmte Zeile kann auch eine Baumstruktur enthalten, die einzelne Teile der Gesamtnachricht enthält.
- *Description* – zeigt eine kurze Beschreibung des Hinweises an.
- *File* – zeigt den Dateinamen an, aus dem der Hinweis stammt.
- *Error Location* – zeigt die spezifische Zeilennummer oder andere Stelle der Nachricht an, wenn zutreffend.

7.3 Die PSoC Creator IDE

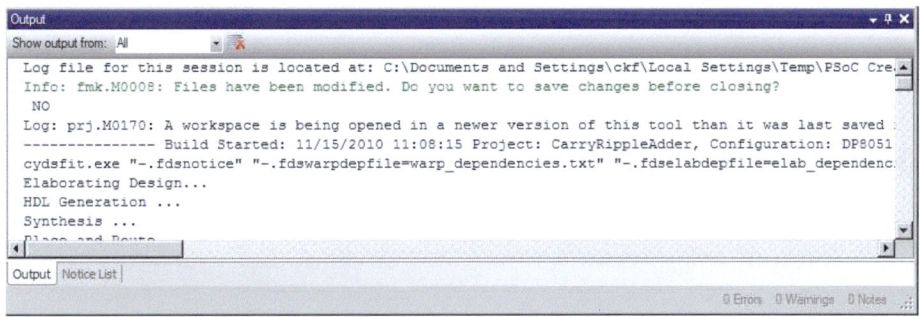

Abb. 7.6 Das Fenster *Output* im PSoC Creator

Die Anzahl der Fehler, Warnungen und Hinweise wird auch in der Statusleiste des PSoC Creators angezeigt:

- *Fehler* weisen darauf hin, dass mindestens ein Problem behoben werden muss, bevor ein erfolgreicher Build erfolgen kann. Typische Fehler sind: Compiler-Build-Fehler, dynamische Konnektivitätsfehler in Schaltplänen und DRC-Fehler („design rule checker", DRC). Fehler aus dem Build-Prozess bleiben in der Liste bis zum nächsten Build.
- *Warnungen* melden ungewöhnliche Bedingungen, die auf ein Problem hinweisen könnten, obwohl sie einen erfolgreichen Build nicht ausschließen müssen.
- *Hinweise* sind informative Nachrichten bezüglich des letzten Build-Versuchs.

Die Spalten *File* und *Error Location* zeigen die Datei an, in der ein Fehler/eine Warnung aufgetreten ist und ihren Ort innerhalb dieser Datei. Die drei Schaltflächen über der *Notice List*, beschriftet mit *Errors*, *Warnings* und *Notes* (*Fehler, Warnungen* und *Hinweise*), können verwendet werden, um Elemente in der Hinweisliste für jede der drei Kategorien ein- oder auszublenden.[8] Ein Doppelklick auf einen Fehler/eine Warnung in der *Notice List* öffnet das zugehörige Fenster und hebt den Fehler hervor. Die Auswahl eines Fehlers oder einer Warnung durch Doppelklick darauf in der *Notice List* führt dazu, dass die zugehörige Datei bzw. der Bildschirm geöffnet wird. Die Schaltfläche *View Details* öffnet ein Fenster mit zusätzlichen Informationen über die ausgewählte Warnung/den Fehler. Sobald designübergreifende Ressourcen- und Schaltplanfehler behoben sind, läuft der DRC und entfernt den Fehler/die Warnung aus der *Notice List*. Andere Arten von Fehlern werden nicht aus der *Notice List* entfernt, bis der nächste Build erfolgt. Ein Klick auf die Registerkarte *Output* führt dazu, dass das Fenster die verschiedenen Build-, Debugger-, Status-, Log- und andere Nachrichten anzeigt, wie in Abb. 7.6 gezeigt.

---

[8] Diese Schaltflächen sind mit der Anzahl der Fehler, Warnungen und Hinweise beschriftet.

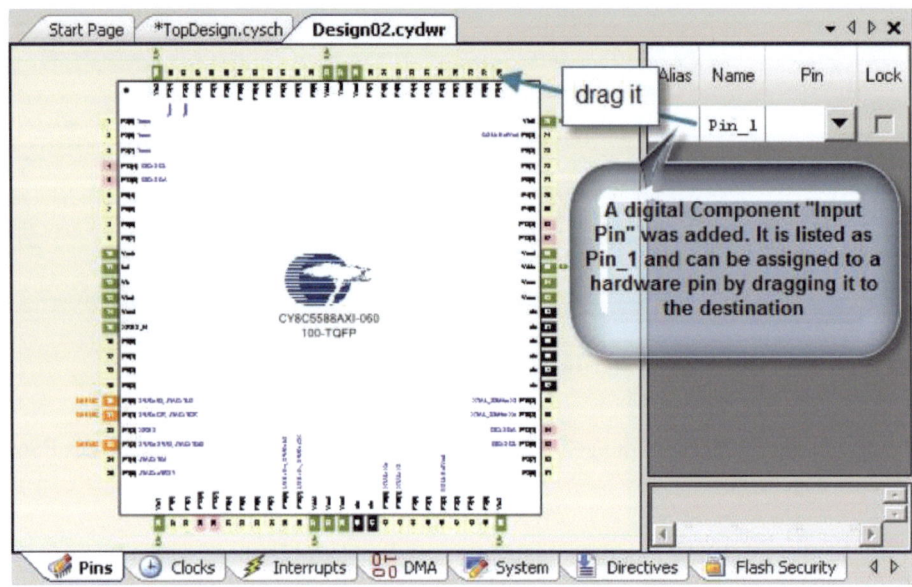

Abb. 7.7 Pinzuweisung

7.3.4 Designübergreifende Ressourcen

PSoC Creator bietet ein designübergreifendes Ressourcensystem („design-wide resource", DWR), das es dem Entwickler ermöglicht, alle in einem bestimmten Design enthaltenen Ressourcen von einem Ort aus zu verwalten, wie in Abb. 7.8 gezeigt. Unterstützte Ressourcen umfassen Taktgeber, DMA, Interrupts, Pins, System und Direktive. Jedes Design hat seine eigene Standard-DWR-Datei, deren Dateityp als .cydwr angegeben ist, und deren Dateiname dem Namen des Projekts entspricht. Wenn die .cydwr-Datei aus irgendeinem Grund gelöscht wird, werden die Standardwerte verwendet. Der Pineditor, gezeigt in Abb. 7.8, ermöglicht es, die Pins zuzuweisen und/oder zu sperren[9], bevor die Platzierungs- und Routing-Operationen des Build-Prozesses ausgeführt werden. Ein Doppelklick auf die .cydwr-Datei in der Registerkarte *Source* im Workspace Explorer öffnet das DWR-Fenster und zeigt standardmäßig den Pineditor an (Abb. 7.7).

Im Pineditor wird eine Signaltabelle angezeigt, die den Namen jedes Signals, jeden Alias, der einem einzelnen Logikpin oder Logikport zugewiesen wurde, vom Benutzer

---

[9] Gesperrte Pins sind auf zuvor festgelegte Pinpositionen beschränkt. Alle anderen werden während des Build-Prozesses zugewiesen.

7.3 Die PSoC Creator IDE

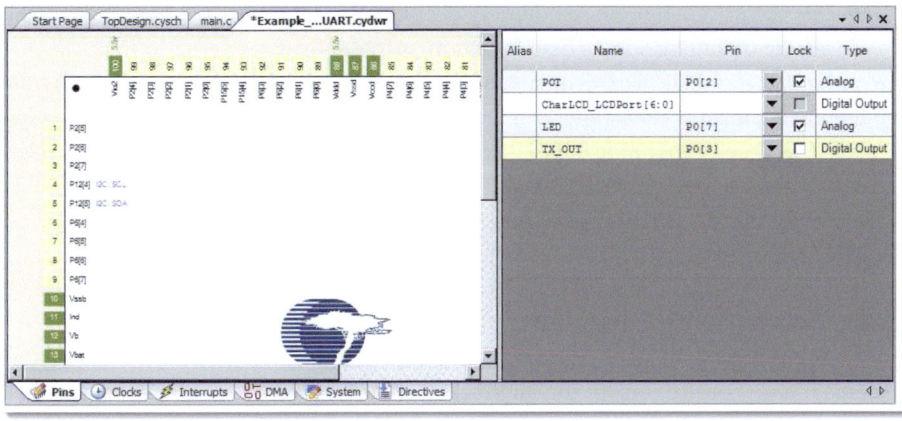

Abb. 7.8 Die Pinzuweisungstabelle im DWR-Fenster

erzwungene Pinzuweisungen[10] und eine Anzeige, ob ein bestimmter Pin gesperrt ist, enthält. Die Pinzuweisung ist in Abb. 7.8 dargestellt.

7.3.5 PSoC-Debugger

Der eingebaute Debugger von PSoC Creator unterstützt die folgenden Befehle:

- *Execute Code/Continue* wird verwendet, um einen Build zu starten/fortzusetzen, wenn das Projekt veraltet ist, die Meldung in der Statusleiste zu aktualisieren, um anzuzeigen, dass der Debugger gestartet wird, das ausgewählte Ziel mit der neuesten Version des Projektcodes zu programmieren und die Debuggingsitzung zu starten.
- *Halt Execution* hält das Ziel an.
- *Stop Debugging* beendet die Debuggingsitzung.
- *Step Into* wird verwendet, um eine einzelne Zeile des Quellcodes auszuführen. Handelt es sich bei der Zeile um einen Funktionsaufruf, erfolgt der Abbruch der Ausführung bei der ersten Anweisung in der Funktion, andernfalls erfolgt ein Abbruch bei der nächsten Anweisung.
- *Step Over* wird verwendet, um die nächste Zeile des Quellcodes auszuführen. Wenn die nächste Zeile ein Funktionsaufruf ist, wird die Ausführung der Funktion nicht durchgeführt.

---

[10] Diese Zuweisungen werden durch einen Build nicht geändert. Diese Spalte kann auch verwendet werden, um eine Pinzuweisung vorzunehmen, indem der gewünschte physische Pin aus einer integrierten Drop-down-Liste ausgewählt wird. Sowohl ein „–" als auch die weiße Hintergrundfarbe zeigen an, dass für ein gegebenes Signal keine Zuweisung vorgenommen wurde.

- *Step Out* vervollständigt die Ausführung der aktuellen Funktion und hält an der Quellzeile an, die unmittelbar nach dem Funktionsaufruf auftritt.
- *Rebuild and Run* hält die Debuggingsitzung an, kompiliert das Projekt neu, programmiert das Zielbauteil und startet den Debugger erneut.
- *Restart* setzt den Programmzähler („program counter", PC) auf 0 zurück und versetzt den Prozessor in einen Betriebszustand.
- *Enable/Disable All Breakpoints* schaltet alle Haltepunkte im Arbeitsbereich um.

7.3.6 Komponenten erstellen

Obwohl PSoC Creator einen umfangreichen Katalog von Komponenten hat, z. B. OpAmps, ADCs, DACs, Komparatoren, einen Mischer, UARTS etc., ist es möglich, neue Komponenten hinzuzufügen. Komponenten können auf verschiedene Weisen implementiert werden, über einen Schaltplan, C-Code oder mit Verilog. Ein *Schaltplanmakro* ist ein Minischaltplan, das aus bestehenden Komponenten wie Taktgebern, Pins etc. besteht. Auf diese Weise erstellte Komponenten können aus mehreren Makros bestehen und Makros können Instanzen haben, einschließlich der Komponente, für die das Makro definiert wird. Das *Component Update Tool* von PSoC Creator wird verwendet, um Instanzen von Komponenten auf Schaltplänen zu aktualisieren. Wenn ein Makro auf einem Schaltplan platziert wird, verschwindet die „Makrohaftigkeit" der platzierten Elemente. Die einzelnen Teile des Makros werden zu unabhängigen Schaltplanelementen. Da es keine „Instanzen" von Makros auf einem Schaltplan gibt, hat das *Component Update Tool* nichts zu aktualisieren. Ein Schaltplanmakro selbst wird jedoch als Schaltplan definiert. Dieser Schaltplan kann Instanzen von anderen Komponenten enthalten, die über das *Component Update Tool* aktualisiert werden können.

7.4 Erstellung eines PSoC 3-Designs

Das folgende Beispiel zeigt die grundlegenden Schritte, die beim Erstellen von PSoC 3/5-Designs [8] mit PSoC Creator erforderlich sind. Nach der Installation und dem Öffnen von PSoC Creator navigieren Sie zum Fenster *New Project*, das in Abb. 7.9 dargestellt ist.

Dieses Design beinhaltet nur drei Komponenten: einen Delta Sigma ADC,[11] eine LCD-Anzeige und einen Analogpin, wie in Abb. 7.10 dargestellt. Diese Komponenten werden aus dem Komponentenkatalog auf die *Arbeitsfläche* gezogen. Mit dem Verdrahtungswerkzeug[12] kann dann der Analogpin mit dem positiven Eingangsanschluss von ADC_DelSig verbunden werden. Das Dialogfeld *Configure „ADCDel-*

---

[11] Dieser ADC hat eine Auflösung von 8 bis 20 bit, die in den Menüs des PSoC Creator und/oder in der Softwaresteuerung definiert werden kann.

[12] Dieses Werkzeug kann durch Drücken der W-Taste auf der Tastatur aktiviert werden.

7.4 Erstellung eines PSoC 3-Designs

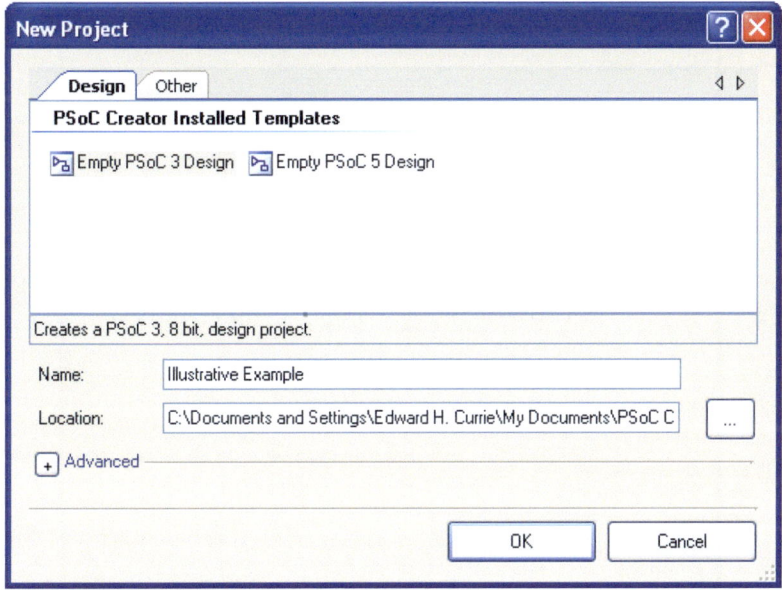

Abb. 7.9 Das Fenster *New Project* im PSoC Creator

Abb. 7.10 Analogpin, LCD und ADC_DelSig-Komponenten im PSoC Creator

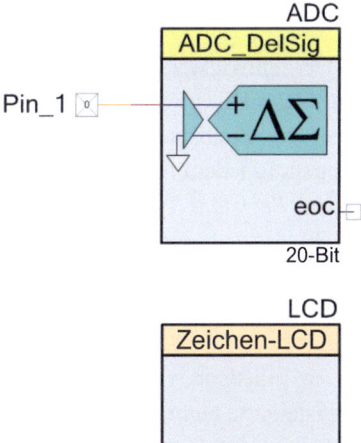

sig", dargestellt in Abb. 7.11, wird in diesem Beispiel verwendet, um die *Resolution* als 20 bit, die *Conversion Rate* als 100 Samples pro Sekunde (SPS),[13] den Eingangsmodus als *Single* und den Eingangsbereich als V_{ssa} bis 1,024 V (0,0 bis V_{ref}) auszuwählen.

---

[13] Diese Auswahl führt automatisch dazu, dass die Abtastung auf einen Bereich von 8 bis 187 Proben pro Sekunde (SPS) beschränkt wird.

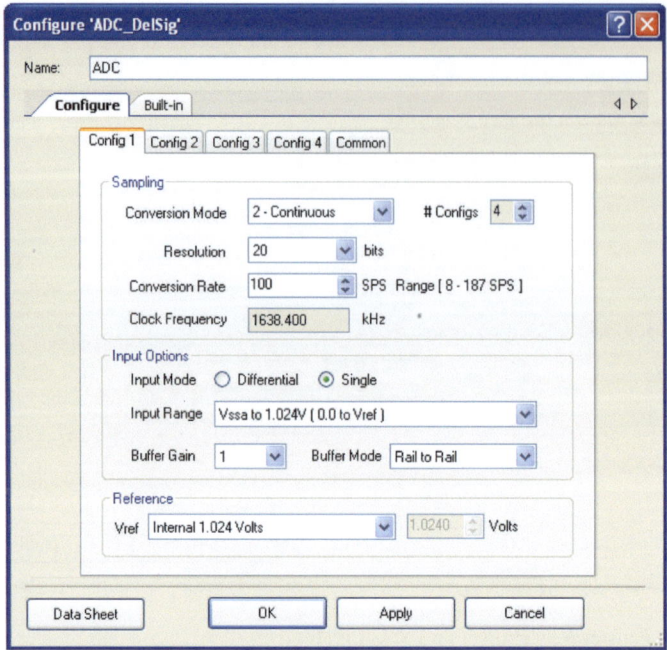

Abb. 7.11 Einstellungen von ADC_DelSig für das einfache Voltmeterbeispiel

Der Entwickler kann das Ziel entweder manuell auswählen oder die Schaltfläche *Start Auto Select* verwenden, die in Abb. 7.14 dargestellt ist, um programmgesteuert das geeignete Zielbauteil auszuwählen, vorausgesetzt, das Ziel ist mit PSoC Creator verbunden. In jedem Fall muss der Entwickler jedoch manuell für das Ziel den zugehörigen *Device Revisions*-Typ als *Production, ES2, ES3* auswählen.[14]

Die Auswahl eines analogen Eingangspins und dessen Verbindung mit dem Eingang von ADC_DelSig vervollständigt die physischen Verbindungen für dieses Design. Ein Doppelklick auf die zugehörige *.cydwr*-Registerkarte führt dazu, dass das Pinlayout für das Zielbauteil angezeigt wird, wie in Abb. 7.12 dargestellt.

Anschließend wird ein *Build*-Befehl[15] aufgerufen und ein Klick auf main.c öffnet die Registerkarte *main.c,* wie in Abb. 7.13 dargestellt.

Sobald der Quellcode wie unten gezeigt eingegeben wurde und nach erfolgreicher Kompilierung und Verknüpfung kann der resultierende ausführbare Code durch Aufrufen der Option *Program* im Menü *Debug* auf das Ziel heruntergeladen werden.

Der Quellcode für dieses Beispiel ist unten dargestellt und besteht darin, dass das Ergebnis in 32 bit ausgedrückt und als Gleitkommawert auf dem LCD-Bildschirm an-

---

[14] Der Standardtyp ist *Production*.
[15] Oder alternativ ein Befehl *Clean and Build Project*.

7.4 Erstellung eines PSoC 3-Designs

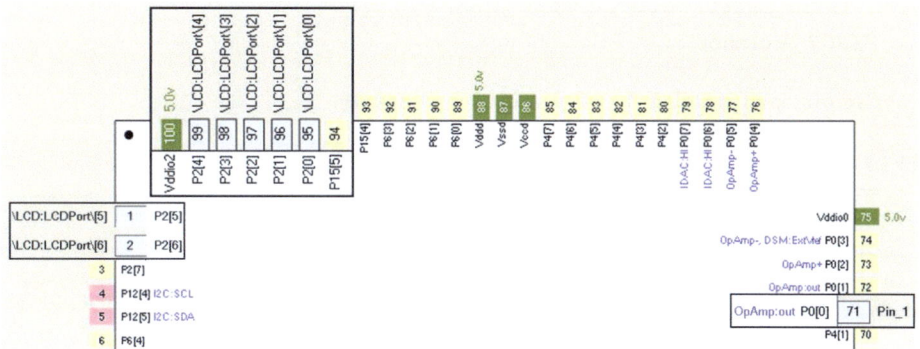

Abb. 7.12 Pinverbindungen für das Zielbauteil

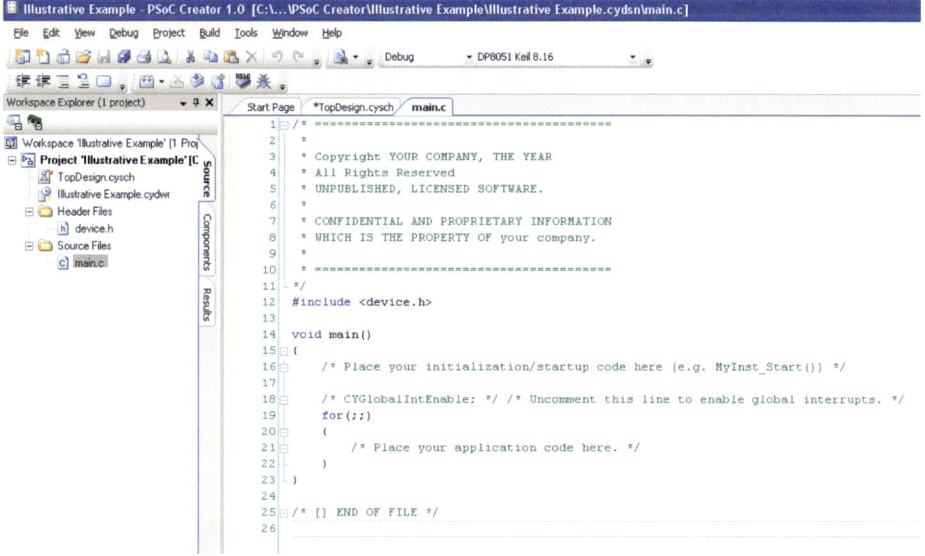

Abb. 7.13 Registerkarte main.c im PSoC Creator

gezeigt werden soll. Der ADC und das LCD müssen *gestartet* werden, was erfordert, dass Strom angelegt wird und dass beide initialisiert werden. Die Cursorposition wird auf (0, 0) gesetzt und die folgende Meldung „PSoC Voltmeter" wird auf dem LCD angezeigt. Es wird ein Startbefehl für die Konvertierung gesendet, woraufhin das System in eine Endlosschleife eintritt, in der es die Eingabedaten sammelt, jeden Eingabewert konvertiert und skaliert, eine formatierte Zeichenkette erstellt und das Ergebnis in der 2. Zeile des LCD anzeigt, woraufhin sich der Prozess ad infinitum wiederholt.

```c
/* =========================================
 * PSoC3_Voltmeter
 *
 * Simple project to read a voltage between
 * 0 and 1 volts and display it on an LCD.
 *
 * =========================================
*/
#include <device.h>
#include <stdio.h> /* printf is needed for printing
 output */

void main()
{
    int32 adcResult;   /* Result to be 32-bit */
    float adcVolts;    /* Result will be displayed as a
     floating point value */
    char tmpStr[25]; /* 25 character temporary
     string */

    ADC_Start();   /* Initialize and start the ADC */
    LCD_Start();   /* Initialize and start the LCD */
    LCD_Position(0,0);    /* Display message beginning
     at location (0,0) */
    LCD_PrintString("PSoC VoltMeter");
    ADC_StartConvert();    /* Start ADC conversions */

    for(;;)   /* Loop forever */
    {

    if(ADC_IsEndConversion(ADC_RETURN_STATUS) != 0)
      /*Data available?
 */
       {
        adcResult = ADC_GetResult32() ;
/* Get Reading (32-bit) */
        adcVolts = ADC_CountsTo_Volts(adcResult);
/* Convert to volts & scale */
        sprintf(tmpStr,"%+1.3f volts", adcVolts);
/* Create formatted string */

        LCD_Position(1,0);
/* 2nd line of the LCD */
      LCD_PrintString(tmpStr);
/* Display the result */
       }
     }
}
```

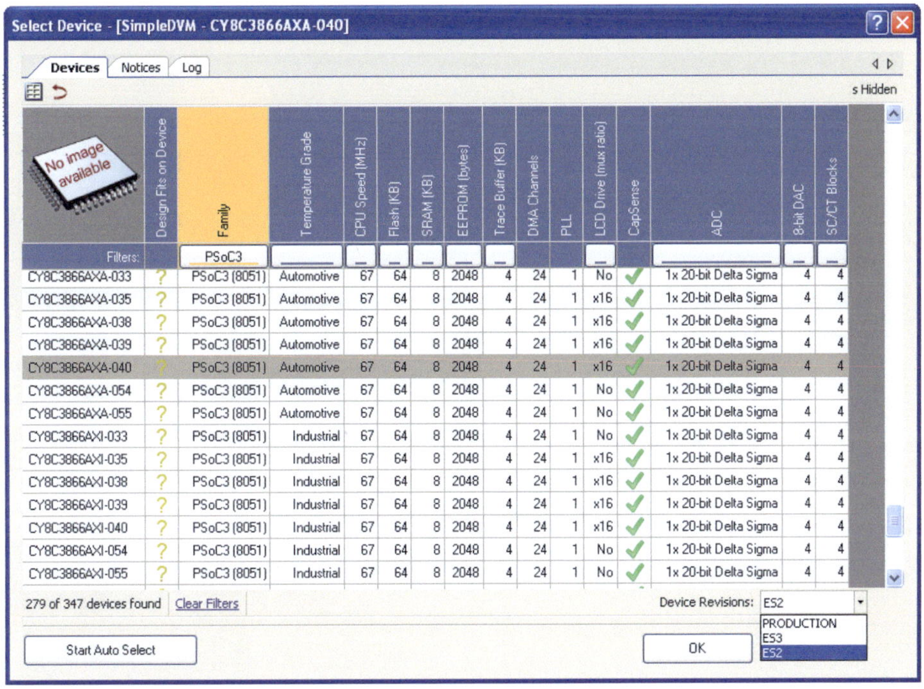

7.4 Erstellung eines PSoC 3-Designs

Abb. 7.14 Diese Tabelle dient der Auswahl der Zielbauteile/Revisionstypen

Beachten Sie, dass *sprintf* in diesem Beispiel verwendet wird, um die resultierende Zeichenkette in einem Buffer namens *tmpStr* zu speichern, im Gegensatz zu *printf*, was dazu führen würde, dass die Zeichenkette in den Ausgabestrom geschrieben wird. *LCD_PrintString* gibt anschließend *tmpStr* auf dem LCD aus. Viele der von PSoC Creator bereitgestellten Komponenten müssen durch einen Startbefehl initialisiert werden. Nachdem der Quellcode für die Anwendung in den PSoC Creator-Editor eingegeben wurde[16] wird der *Device Selector* verwendet, um das Zielgerät auszuwählen, wie in Abb. 7.14 gezeigt.

Die Pinzuweisung für das Zielbauteil liegt in der Kontrolle des Entwicklers. Die LCD- und Eingangspins für dieses spezielle Design sind wie in Abb. 7.15 gezeigt eingestellt.

---

[16] Alternativ kann die Quelle auch von anderen Editoren erstellt werden.

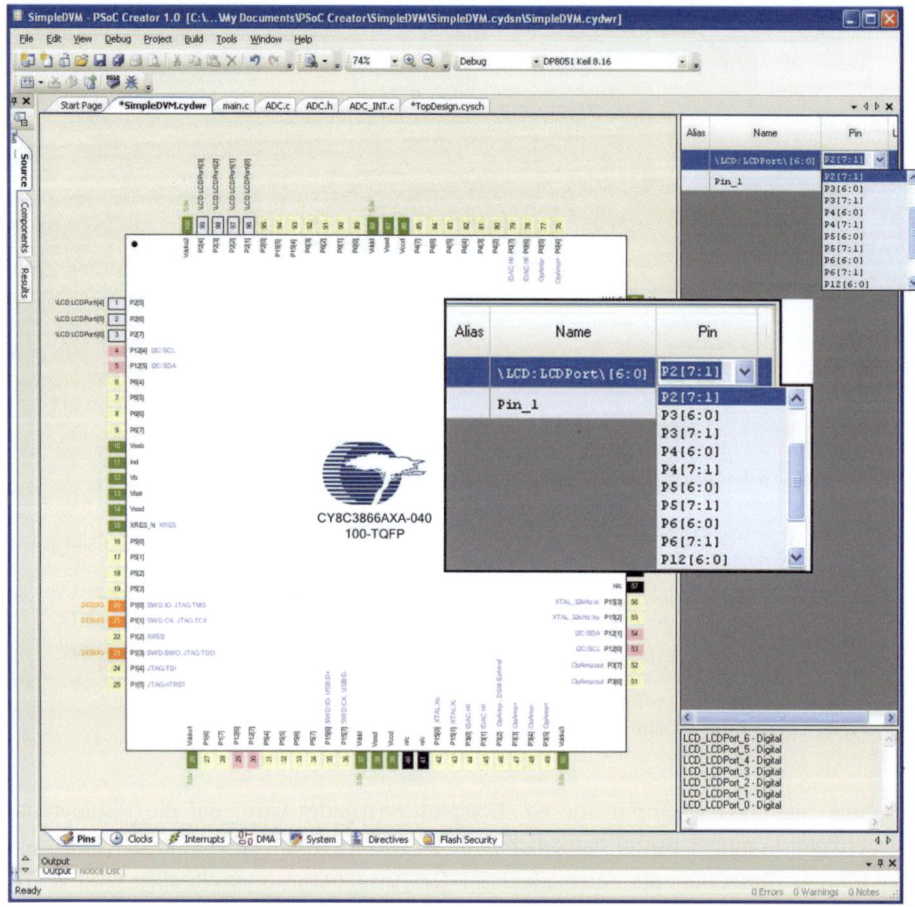

Abb. 7.15 Pinzuweisung für das Zielbauteil

7.4.1 Design Rule Checker

Der *Design Rule Checker* (DRC) von PSoC Creator bewertet das Design auf der Grundlage einer Sammlung von vorgegebenen Regeln in der Projektdatenbank. Der DRC weist auf potenzielle Fehler oder „Regelverstöße" im Projekt hin, die Probleme verursachen könnten, und zeigt die zugehörigen Meldungen im Fenster *Notice List* an. Einige Konnektivitäts- und dynamische Fehler aktualisieren sich, sobald Änderungen am Design vorgenommen werden, während andere Fehler nach Lade- und Speichervorgängen aktualisiert werden.

7.5 Die Softwaretoolkette

Die integrierte Entwicklungsumgebung (IDE) von PSoC Creator umfasst einen Editor, Compiler, Assembler, Linker, Debugger und Programmierer. Der Editor dient zur Eingabe und/oder Änderung einer Textdatei, die als Quelldatei bezeichnet wird.[17]

Nachdem Sie zu *Tools>Options>Text Editor* navigiert haben, können verschiedene Optionen eingestellt werden, um Zeilennummern anzuzeigen, die Registerkartengröße festzulegen, weiche Tabulatoren/Spaltenhilfslinien zu aktivieren, die aktuelle Zeile hervorzuheben und Farben für die Hervorhebung von gespeicherten/nicht gespeicherten Änderungen festzulegen. Die Befehlsoptionen *Find and Replace* des Editors können so eingestellt werden, dass sie Informationsmeldungen anzeigen und *Find What* automatisch mit Text aus dem Editor füllen. Neben der Unterstützung der C-Sprachentwicklung wird auch die Assemblerprogrammierung unterstützt, entweder als separate Assemblerquelldatei[18] oder als Assemblerbefehle innerhalb einer C-Quelldatei.[19]

Der Seitenhintergrund kann eingestellt werden, indem Sie zu *Tools>Options>Design Entry>General* navigieren und eine geeignete *Canvas Background Color* auswählen. Terminaloptionen beinhalten *Always Enable Terminal Name Dialog, Always Show Terminals, Schematic Analog Terminal Color, Schematic Digital Color, Symbol Analog Terminal Color, Symbol Digital Terminal Color, Terminal Connector Indicator Color, Terminal Contact Color, Terminal Font* und *Terminal Font Color*.

Die Farben der Haupt- und Nebengitterlinien können ebenfalls eingestellt werden, ebenso wie die Optionen *Show Grid* und *Show Grid as Lines*. Analoge und digitale *Wire Colors, Wire Bus Size, Wire Dot Size, Wire Font, Wire Font Color* und *Wire Size* können vom Benutzer gewählt werden. Es ist auch möglich, benutzerdefinierte Vorlagen hinzuzufügen, *Show Hidden Components* und *Enable Param Edit Views*.

Projektmanagementoptionen beinhalten die Einstellung des *Project location, Always Show the Error List window if a build has errors, Always display the workspace in the Workspace Explorer, Display the Output window when a build starts, Reload open documents when a workspace is opened* und *Reload the last workspace on startup*.

---

[17] Ein PSoC Creator-kompatibler Quellcode kann auch von externen bzw. Texteditoren von Drittanbietern erstellt werden.

[18] Um eine separate Assemblerdatei zu erstellen, klicken Sie mit der rechten Maustaste auf den Projektnamen im *Workspace Explorer* und wählen Sie *Add New Item*. Wählen Sie *8051 Keil Assembly File* und geben Sie einen Namen für die Datei ein. Dies wird eine Assemblerquelle erstellen, mit der Erweiterung .a51, in den S*ource Files* im Projekt.

[19] Inline-Assemblercode wird zwischen den beiden Direktiven, #pragma asm und #pragma endasm in der C-Quelldatei platziert. Klicken Sie mit der rechten Maustaste auf die C-Quelldatei im *Workplace Explorer* und wählen Sie *Build Settings*. Wählen Sie die Option *General* unter *Compiler* und setzen Sie die Option *Inline Assembly* auf *True*. Der Compiler wird den Assemblersprachenteil der Quelldatei während der Kompilierung verarbeiten.

Die *Programmer/Debugger*-Optionen[20] beinhalten: *Ask before deleting all breakpoints, Require source files to exactly match the original version* und *Evalute xx*[21] *children upon expanding in variable view,* Der *Default Radix* kann als *Hexadecimal Display, Octal Display, Decimal Display* oder *Binary Display* eingestellt werden. Optionen beinhalten *On Run/Reset run to Reset Vector, Main or First Breakpoint* und *When inserting software breakpoints, warn: Never, On First* oder *On Each, Disable Clear-On-Read, Automatically reset device after programming, Automatically show disassembly, after programming if no source is available and Allow debugging even if build failed.*

Spezifische Debuggeroptionen beinhalten *Show Settings for: Breakpoint Windows, Call Stack Window, Debug Intellipoint, Disassembly Window, Locals Window, Memory Window, Registers Window* oder *Watch Window.* Eine große Auswahl an Schriftarten wird für das Debuggen bereitgestellt und die Schriftgröße ist zwischen 6–24 Punkten variabel. *Item foreground* und *Item background* sind ebenfalls vom Benutzer wählbar für *Display items: Plain text, Changed Text, Changing Text* und *Address Text.*

MiniProg3[22]-Optionen beinhalten *Applied Voltage: 5,0 V, 3,3 V, 2,5 V, 1,8 V* oder *Supply Vtarg; Transfer Mode JTAG, SWD, SWD/SWV or Idle; Active Port 10 Pin or 5 Pin; Acquire Mode: Reset, Power Cycle* oder *Voltage Sense. Debug Clock Speed* ist wählbar als *200 Hz, 400 Hz, 800 Hz, 1,5 MHz, 1,6 MHz, 3,0 MHz, 3,2 MHz* oder *4 MHz. Acquire Retries* sind ebenfalls vom Benutzer wählbar. Die *Environment*-Optionen beinhalten: *Detect when files are changed outside this environment, Auto-load changes, if saved, At Startup Show* Start Page*, external Application Extensions File Extensions and Require Components Update Dialog Check for up-to-date components when a project is loaded.*

7.6 Öffnen oder Erstellen eines Projekts

Ein *Projekt* in PSoC Creator enthält alle Informationen über ein bestimmtes Design. Wenn PSoC Creator aufgerufen wird, zeigt es eine *Start Page,* wie in Abb. 7.16 dargestellt, die es dem Benutzer ermöglicht, entweder ein vorheriges Projekt zu öffnen oder ein neues zu beginnen. Es scannt das System nach installierten Entwicklungskits, und selbst wenn keine installiert sind, wird es trotzdem, wenn möglich, versuchen, ein Bauteil zu konfigurieren und Code zu generieren. Allerdings erfordert das Debuggen eines

---

[20] Navigieren Sie zu *Tools > Options*.

[21] „xx" ist ein vom Benutzer bereitgestellter Ganzzahlwert.

[22] Das PSoC MiniProg3 ist ein All-in-One-Programmierer für PSoC 1-, PSoC 3- und PSoC 5LP-Architekturen, der auch als Debugtool für PSoC 3- und PSoC 5LP-Architekturen [12] fungiert und eine USB-I2C-Brücke für das Debuggen von I2C-Serienverbindungen und die Kommunikation mit PSoC-Geräten darstellt. Es unterstützt die folgenden Protokolle: SWD, JTAG, ISSP und USB-I2C.

7.6 Öffnen oder Erstellen eines Projekts

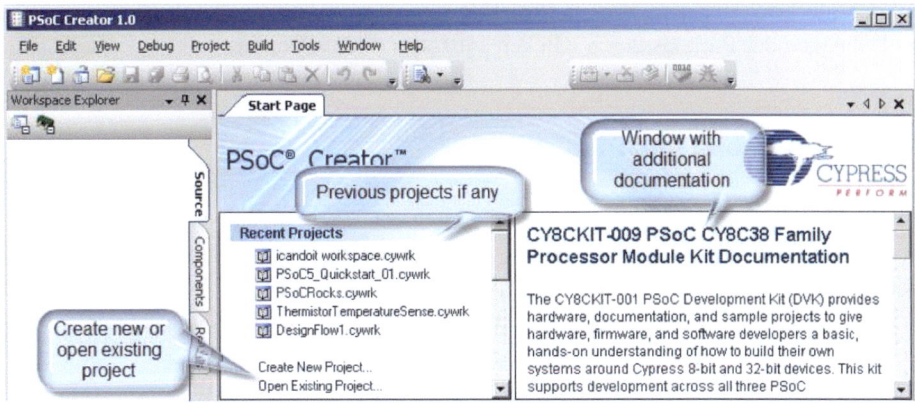

Abb. 7.16 *Start Page* in PSoC Creator

Projekts die Anwesenheit von Hardware. Die grundlegenden Schritte, die bei der Erstellung einer Anwendung in der Entwicklungsumgebung von PSoC Creator beteiligt sind, bestehen aus folgenden:

- Erstellen oder Öffnen eines bestehenden Projekts – ein Projekt besteht aus einer Gruppe von Dateien, z. B.,
  1. *TopDesign.cysch* – ein schematisches Layout des Projekts,
  2. main.c – eine Datei con.
- Auswahl der Komponenten, die im Projekt verwendet werden sollen – Komponenten werden aus dem Cypress Component Catalog ausgewählt und in das Schaltplanfenster (.cysch) gezogen.
- Konfiguration jeder dieser Komponenten – durch Klicken auf jede der Komponenten wird das jeweilige Dialogfeld angezeigt, das verschiedene Benutzeroptionen für die Komponente enthält.[23]
- Fertigstellung des Schaltplans – sobald die erforderlichen Komponenten im Schaltplanfenster platziert wurden, kann der Entwickler dann fortfahren, die verschiedenen Verbindungen zwischen den Komponenten, die erforderlich sind, zu integrieren.
- Zuweisung aller Ressourcenänderungen von main.c, um den Zugriff auf alle Komponenten zu ermöglichen, die im Design verwendet werden.
- Hinzufügen von Firmware zu main.c.
- Erstellung des Projekts.

---

[23] Die Konfiguration und Leistungsmerkmale einer gegebenen Komponente werden durch Werte definiert, die in PSoC-Ressourcenregistern platziert sind, die mit der Komponente verbunden sind.

- Herunterladen des kompilierten Projekts.
- Debuggen des Projekts durch Klicken auf **Datei>Neu>Projekt**.

7.7 Assembler und PSoC 3

PSoC Creator unterstützt sowohl C als auch die Assembleranwendungsentwicklung. Assembler übersetzt den symbolischen Befehlscode in einen Objektcode. Assemblerbetriebscodes sind in der Quelle in Form von leicht zu merkender Mnemonik eingebaut, z. B. MOV, ADD, SUB etc.

Assemblerquelldateien bestehen aus:

- Direktiven, die die Struktur und Symbole des Programms definieren.
- Assemblersteuerungen, die die Assemblermodi einstellen und den Ablauf steuern.
- Maschinenbefehle sind die Codes, die tatsächlich vom Mikroprozessor ausgeführt werden.

Ein Linker/Locator verknüpft (verbindet) verschiebbare Objektmodule, die vom Assembler oder Compiler erstellt wurden, löst öffentliche und externe Symbole auf und erzeugt absolute Objektmodule, wie in Abb. 7.17 dargestellt. Er ist auch in der Lage, eine Auflistungsdatei zu erstellen, die einen Querverweis von externen/öffentlichen Symbolnamen, Programmzeichen und anderen Informationen enthält.

Der integrierte Assembler von PSoC Creator, AX51, ist ein mehrstufiger Makroassembler, der x51 Assemblercodequelldateien in Objektdateien übersetzt, die dann mit dem integrierten Linker/Locator von PSoC Creator, LX51, kombiniert oder verknüpft werden können, um ein ausführbares Programm in Form eines absoluten Objektmoduls in einem Intel-Hex-Dateiformat zu erzeugen. Das von LX51-Linker erzeugte Objektmodul ist ein absolutes Objektmodul, das alle Informationen für die Initialisierung globaler Variablen, Nullinitialisierung globaler Variablen, Programmcode und Konstanten sowie symbolische Informationen, Zeilennummerninformationen und andere Debuggingdetails und die umsetzbaren Abschnitte, die festen Adressen zugewiesen und lokalisiert sind, enthält.

Abb. 7.17 Der Verknüpfungsprozess

7.8 Schreiben von Assemblercode in PSoC Creator

Es gibt zwei Optionen für die Verwendung von Assemblercode in PSoC Creator-Projekten, nämlich eine separate Assemblerquelldatei erstellen oder Inlineassembler in eine C-Quelldatei einfügen. Um eine separate Assemblercodequelldatei zu erstellen: Rechtsklick auf *Project name* im Project Explorer und dann *Add new item* auswählen, *8051 Keil Assembly File* auswählen und einen Namen für die Datei angeben. Dies wird eine Assemblerquelldatei mit einer .a51-Dateierweiterung im Ordner *Source Files* im Projekt erstellen. Assemblercode kann dann zu dieser Datei mit Standard-8051-Befehlscodes hinzugefügt werden.[24]

Inlineassemblercode kann verwendet werden, indem der Assemblercode innerhalb der Direktive *#pragma asm* und *#pragma endasm*[25] platziert wird, z. B.

```
extern void test( );
void main (void)  {
   test( );
#pragma asm
     JMP    \$    ; endless loop
# pragma endasm
     }
```

Im *Project Explorer* klicken Sie mit der rechten Maustaste auf die Quelldatei, die den Inlineassembly enthält, und wählen Sie *Build Settings* aus. Wählen Sie die Compileroption und setzen Sie den Wert für den Parameter *Inline Assembly* auf *True*. Der Inlineassemblercode wird dann während der Kompilierung verarbeitet.

Quelldateien des Assemblers bestehen aus Zeilen von Anweisungen der folgenden allgemeinen Form:

```
   label:    mnemonic operand, operand

   $ITLE(Example Assembly Program)
          CSEG    AT 00000h
          JMP $
          END
```

---

[24] Siehe PSoC Creator: *Hilfe > Dokumentation > Keil > Ax51 Assembler Benutzerhandbuch*, das Anweisungen, Vorlagen etc. für zusätzliche Informationen zur Assemblerprogrammierung bereitstellt.

[25] Pragmas werden im Quellcode verwendet, um spezielle Anweisungen für den Compiler bereitzustellen.

wobei $TITLE eine Direktive ist[26] und CSEG und END sind Steueranweisungen. Der Assembler unterstützt Symbole, die aus bis zu 31 Zeichen bestehen. Unterstützte Zeichen sind A–Z, a–z, 0–9, Unterstrich und ?.

Symbole können auf folgende Weise definiert werden:

```
NUMBER_ONE    EQU    1
TRUE_FLAG     SET    1
FALSE_FLAG    SET    0
```

Labels können in einem Assemblerprogramm verwendet werden, um einen Ort, d. h., eine Adresse, in einem Programm- oder Datenraum zu definieren. Labels müssen im ersten Textfeld einer Zeile beginnen und durch einen Doppelpunkt (:) beendet werden. Pro Zeile darf nicht mehr als ein Label auftreten, und einmal definiert, dürfen sie nicht neu definiert werden. Labels können auf die gleiche Weise verwendet werden wie ein Programmoffset innerhalb eines Befehls. Labels können sich auf Programmcode, auf einen Variablenraum im internen oder externen Datenspeicher oder sie können sich auf konstante Daten beziehen, die im Programm- oder Codespeicher gespeichert sind. Labels können auch verwendet werden, um die Programmausführung an einen anderen Ort zu übertragen.

Labels werden wie folgt definiert (Abb. 7.18):

```
ALABEL:    DJNZ    R0, ALABEL
```

Der Assembler von PSo C3/5 unterstützt die folgenden Direktiven:

- CASE – aktiviert Groß- und Kleinschreibung für Symbolnamen (primär).
- COND – beinhaltet bedingte Quellzeilen, die vom Präprozessor übersprungen wurden (allgemein).
- DATE – gibt das entsprechende Datum in der Auflistungsdatei an (primär).
- DEBUG – fügt Debugginginformationen in die Auflistungsdatei ein (primär).
- DEFINE – definiert C-Präprozessorsymbole (Kommandozeile) (primär).
- EJECT – fügt einen Seitenumbruch in die Auflistungsdatei ein (allgemein).
- ELSE – assembliert den aktuellen Block, wenn die Bedingung eines vorherigen *IF* falsch ist (allgemein).
- ELSEIF – assembliert den aktuellen Block, wenn die Bedingung wahr ist und ein vorheriges IF falsch ist (allgemein).
- ENDIF – beendet einen IF-Block (allgemein).
- ERRORPRINT – gibt den Dateinamen für Fehlermeldungen an (primär).
- GEN – beinhaltet alle Makroerweiterungen in der Auflistungsdatei (allgemein).
- IF – assembliert Block, wenn die Bedingung wahr ist (allgemein).

---

[26] Es gibt zwei Arten von Direktiven: primäre und allgemeine. Primäre Direktiven treten in den ersten Zeilen der Quelldatei auf und wirken sich auf die gesamte Quelldatei aus. Allgemeine Direktiven können überall innerhalb der Quelldatei auftreten und können während der Ausführung des Assemblers geändert werden.

7.8 Schreiben von Assemblercode in PSoC Creator

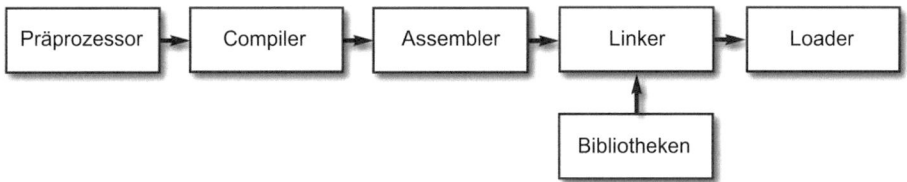

Abb. 7.18 Die Kette von Präprozessor, Compiler, Assembler, Linker und Loader

- INCDIR – legt zusätzliche Include-Dateipfade fest. (Primär)
- INCLUDE – beinhaltet den Inhalt einer anderen Datei (allgemein).
- LIST – beinhaltet den Assemblerquelltext in der Auflistungsdatei (allgemein).
- MACRO – aktiviert die Präprozessorerweiterung von Standardmakros (primär).
- MOD51 – aktiviert die Codeerzeugung und definiert SFR für klassische 8051-Bauteile (primär).
- NOAMAKE – schließt Build-Informationen aus der Objektdatei aus (primär).
- NOCASE – deaktiviert Groß- und Kleinschreibung für Symbolnamen (alle Symbole werden in Großbuchstaben umgewandelt) (primär).
- NOCOND – schließt bedingte Quellzeilen, die vom Präprozessor übersprungen wurden, aus der Auflistungsdatei aus (primär).
- NODEBUG – schließt Debugginginformationen aus der Auflistungsdatei aus (primär).
- NOERRORPRINT – deaktiviert die Ausgabe von Fehlermeldungen auf dem Bildschirm (primär).
- NOGEN – schließt Makroerweiterungen aus der Auflistungsdatei aus (allgemein).
- NOLINES – schließt Zeilennummerninformationen aus dem erzeugten Objektmodul aus (primär).
- NOLIST – schließt den Assemblerquelltext aus der Auflistungsdatei aus (allgemein).
- NOMACRO – deaktiviert die Präprozessorerweiterung von Standardmakros (primär).
- NOMOD51 – unterdrückt SFR-Definitionen für ein 8051-Bauteil (primär).
- NOOBJECT – deaktiviert die Erzeugung von Objektdateien (primär).
- NOPRINT – deaktiviert die Erzeugung von Auflistungsdateien (primär).
- NOREGISTERBANK – deaktiviert die Reservierung von Speicherplatz für Registerbanken (primär).
- NOSYMBOLS – schließt die Symboltabellen aus der Auflistungsdatei aus (primär).
- NOSYMLIST – schließt nachfolgend definierte Symbole aus der Symboltabelle aus (primär).
- NOXREF – schließt die Kreuzreferenztabelle aus der Auflistungsdatei aus (primär).
- OBJECT – gibt den Namen für eine Objektdatei an (primär).
- PAGELENGTH – gibt die Anzahl der Zeilen auf einer Seite in der Auflistungsdatei an (primär).

- PAGEWIDTH – gibt die Anzahl der Zeichen auf einer Zeile in der Auflistungsdatei an (primär).
- PRINT – gibt den Namen für die Druckdatei an (primär).
- REGISTERBANK – reserviert Speicherplatz für Registerbanken (primär).
- REGUSE – gibt an, welche Register für eine spezifische Funktion geändert wurden (allgemein).
- RESET – setzt Symbole, die durch IF oder ELSEIF getestet werden können, auf falsch.
- RESTORE – stellt Einstellungen für die LIST- und GEN-Direktiven wieder her (allgemein).
- SAVE – speichert Einstellungen für die LIST- und GEN-Direktiven (allgemein).
- SET – setzt Symbole, die durch IF oder ELSEIF getestet werden können, auf wahr oder einen angegebenen Wert (allgemein).
- SYMBOLS – beinhaltet die Symboltabelle in der Auflistungsdatei (primär).
- SYMLIST – beinhaltet nachfolgend definierte Symbole in der Symboltabelle.
- TITLE – gibt den Seitentitel im Seitenkopf der Auflistungsdatei an (primär).
- XREF – beinhaltet die Kreuzreferenztabelle in der Auflistungsdatei (primär).

7.9 Big-endian versus little-endian

Little-endian und big-endian beziehen sich auf die Anordnung von Bytes für ein bestimmtes Datenformat, z. B. bezieht sich big-endian auf Situationen, in denen das höchstwertige Byte („most significant byte", MSB) zuerst und das niedrigstwertige Byte zuletzt auftreten.[27] Umgekehrt impliziert little-endian, dass das niedrigstwertige Byte zuerst und das höchstwertige Byte zuletzt auftreten.[28]

Der PSoC 3 Keil-Compiler verwendet das Big-endian-Format sowohl für 16-bit- als auch für 32-bit-Variablen. Das PSoC 3-Gerät verwendet jedoch das Little-endian-Format für Multibyteregister (16-bit- und 32-bit-Register). Wenn die Quell- und Zieldaten in unterschiedlicher „Endständigkeit" organisiert sind, kann der DMA-Transaktionsdeskriptor so programmiert werden, dass die Bytereihenfolge während der Übertragung umgedreht wird („endian-swapped"). Das *SWAP_EN* Bit des *PHUB.TDMEM[0..127].ORIG_TD0*-Registers gibt an, ob ein Endungstausch stattfinden soll. Wenn *SWAP_EN* 1 ist, dann findet ein Endungstusch statt und die Größe des Tauschs wird durch das *SWAP_SIZE* Bit des *PHUB.TDMEM[0..127].ORIG_TD0*-Registers bestimmt. Wenn *SWAP_SIZE = 0* ist, dann beträgt die Tauschgröße 2 Byte, d. h., alle 2 Byte werden während der

---

[27] Jonathan Swift hat angeblich das Konzept der „Endianness" in *Gullivers Reisen* eingeführt. Es entstand als Ergebnis des königlichen Erlasses, welches Ende eines Eis aufgeknackt werden sollte.

[28] Einige Architekturen erlauben es, die Endianness programmatisch zu ändern, z. B. ARM.

DMA-Übertragung endungsgetauscht. Der Codeausschnitt der TD-Konfigurations-API zur Aktivierung des Bytetauschs für 2 Byte Daten ist nachfolgend gegeben.

```
CyDmaTdSetConfiguration(myTd, 2, myTd, TD_TERMOUT0\_EN |
  TD\_SWAP_EN);
```

Wenn SWAP_SIZE = 1 ist, dann beträgt die Tauschgröße 4 Byte, d. h., alle 4 Byte werden während der DMA-Übertragung endungsgetauscht. Der Codeausschnitt der TD-Konfigurations-API zur Aktivierung des Bytetauschs für 4 Byte Daten ist nachfolgend gegeben.[29]

```
(myTd, 4, myTd, TD\_TERMOUT0\_EN | TD\_SWAP\_EN |
  TD\_SWAP\_SIZE4);
```

7.10 Ablaufinvarianter Code

Der ablaufinvariante Code wird definiert als Code, der gleichzeitig von mehreren Prozessen geteilt werden kann. Bei der Behandlung von Interrupts ist es recht häufig, eine Funktion zu unterbrechen und einem anderen Prozess den Zugriff auf die Funktion zu erlauben, z. B., wenn eine Funktion sowohl vom Hauptcode als auch von einer Interrupt-Service-Routine aufgerufen wird. Die Deklaration einer Funktion als ablaufinvariant bewahrt die lokalen Variablen, die in der Funktion verwendet werden, wenn die Funktion mehrfach aufgerufen wird. In eingebetteten Systemen ist der RAM- und Stackspeicher oft begrenzt und die Leistung ist ein wichtiges Kriterium, was gegen das gleichzeitige Aufrufen der gleichen Funktion spricht.

Funktionen, einschließlich Komponenten-APIs, die mit dem C51-Compiler geschrieben wurden, sind typischerweise **NICHT** ablaufinvariant. Der Grund für diese Einschränkung ist, dass Funktionen als Argumente und lokale Variablen aufgrund der begrenzten Größe des 8051-Stacks in festen Speicherplätzen gespeichert werden. Rekursive Aufrufe der Funktion verwenden die gleichen Speicherorte, so dass Argumente und lokale Variablen beschädigt werden könnten.

Ablaufinvariante Funktionen [3] können rekursiv und gleichzeitig von zwei oder mehr Prozessen aufgerufen werden und sind oft in Echtzeitanwendungen oder in Situationen erforderlich, in denen der Interrupt-Code und der Nicht-Interrupt-Code eine Funktion teilen müssen. Trotz der Tatsache, dass Funktionen in PSoC Creator standardmäßig

---

[29] Im Gegensatz zum PSoC 3 Keil-Compiler verwendet der PSoC 5LP-Compiler little-endian. Daher muss der DMA-Bytetausch deaktiviert werden, wenn der Code auf ein PSoC 5LP-Gerät portiert wird.

nicht ablaufinvariant sind, können Funktionen durch Erstellung einer *Reentrancy-Datei* (*.cyre*) als ablaufinvariant deklariert werden. Diese gibt an, welche Funktionen als ablaufinvariant behandelt werden sollen [9]. Insbesondere muss jede Zeile dieser Datei ein einzelner Funktionsname sein.

Um eine *.cyre*-Datei für ein Projekt zu erstellen, sind die folgenden Schritte erforderlich:

1. Klicken Sie mit der rechten Maustaste auf ein Projekt im Workplace Explorer und wählen Sie *Add >New Item*
2. Wählen Sie das *Keil Reentrancy File* aus, um die Datei im Editor zu öffnen, wie in Abb. 7.19 gezeigt.
3. Dies öffnet eine leere Seite im Codeeditor mit der Dateiendung *.cyre*. Geben Sie den Namen jeder Funktion ein, die als ablaufinvariant behandelt werden soll, z. B. *ADC_Start* , *PWM_Start* usw., als einzelnen Funktionsnamen pro Zeile.

Während die *cyre*-Datei nicht für benutzerdefinierte ablaufinvariante Funktionen verwendet werden kann, kann sie für von PSoC Creator erzeugte APIs verwendet werden. Im Falle von benutzerdefinierten Funktionen, die als ablaufinvariant behandelt werden sollen, ist es notwendig, das *CYREENTRANT #define* aus *cytypes.h* als Teil des

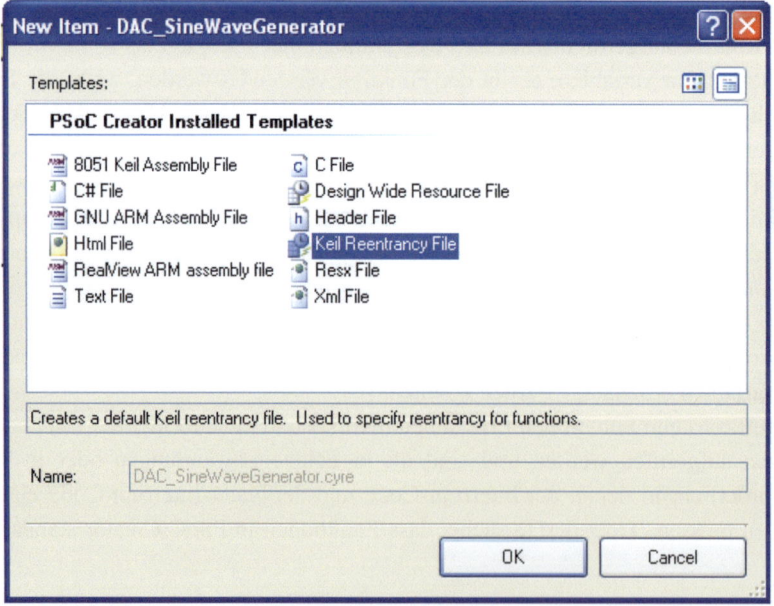

Abb. 7.19 Dialogfeld für neue Elemente in PSoC Creator

7.10 Ablaufinvarianter Code

Funktionsprototyps anzugeben. Dies wird zum ablaufinvarianten Schlüsselwort ausgewertet, z. B.

```
void Foo(void) CYREENTRANT;
```

Wenn eine benutzerdefinierte Komponente Ablaufinvarianz erfordert, wird die Funktion durch Verwendung des
ReentrantKeil-Build-Ausdrucks,[30] z. B.

```
void INSTANCE_NAME{Foo(void)} = ReentrantKeil(INSTANCE_NAMR_Foo);
```

Der Keil-Compiler kann verwendet werden, um zu bestimmen, welche Funktionen ablaufinvariant sein sollten, wenn die Optimierungsstufe [2] auf 2 oder höher eingestellt ist und vorausgesetzt, dass die Funktionen nicht als ablaufinvariant in den Quelldatei(en) deklariert wurden. Ein Build führt dazu, dass der Keil-Compiler eine Warnung für solche Funktionen ausgibt, die gleichzeitig aufgerufen werden können. Eine Funktion sollte nur dann als ablaufinvariant markiert werden, wenn der Compiler RAM-Speicherplatz für die Funktion zuweist, zusätzlich zu ihrer gleichzeitigen Aufrufbarkeit. Ein typisches Beispiel für eine vom Keil-Linker ausgegebene Warnung ist:

```
Warning: L15 MULTIPLE CALL TO FUNCTION
NAME: \_MYFUNC/MAIN CALLER1: ?C\_51STARTUP
CALLER2: ISR\_1\_INTERRUPT/ISR\_1
```

was das Ergebnis der Funktion *MyFunc* ist, die sowohl von *main()* als auch von der Interrupt-Service-Routine isr_1 aufgerufen wird.[31]

Der Keil-Compiler legt einen speziellen Stack für die Speicherung der Argumente und lokalen Variablen der ablaufinvarianten Funktionen an. Der zugehörige Stackzeiger wird verwendet, um mehrfache Aufrufe der Funktion so zu behandeln, dass jeder der Aufrufe korrekt abgewickelt wird.[32] Der ablaufinvariante Stack wird im *xdata-*, *pdata-*

---

[30] Standardmäßig wird die Funktion eine Standardfunktion sein, es sei denn, sie ist in der Reentrancy-Datei aufgeführt.

[31] Wenn die betreffende Funktion eine API-Funktion ist, die zur *.re-Datei hinzugefügt werden soll, dann sollte der in der Datei verwendete Funktionsname nicht mit einem Unterstrich beginnen und sollte als der ursprüngliche Name – unter Beachtung der Groß- und Kleinschreibung – für die Funktion ausgedrückt werden.

[32] Der mit ablaufinvarianten Funktionen [3] assoziierte Stackzeiger sollte nicht mit dem Hardwarestackzeiger („stack pointer", SP)-SFR des 8051 verwechselt werden, dessen Wert im SFR-Register in der 8051-CPU gespeichert ist.

oder *idata*-Raum erstellt,[33] abhängig vom Speichermodelltyp der Funktion,[34] d. h., *small*,[35]*compact*[36] oder *large*.[37] Im Gegensatz zum Hardwarestack des 8051 wächst der ablaufinvariante Stack nach unten und sollte daher an einer hohen Adresse im Speicher initialisiert werden, die sicherstellt, dass Variablen in niedrigeren, festen Speicherbereichen nicht überschrieben werden, wenn der Stack wächst. Der ablaufinvariante Stack, der dem verwendeten Speichermodell entspricht, muss für die Initialisierung aktiviert und die höchste Adresse des Stacks im *KeilStart.A51*-Datei spezifiziert werden. In dieser Datei wird das große Modell, der ablaufinvariante Stack, aktiviert. PSoC Creator initialisiert den großen, ablaufinvarianten Stackzeiger standardmäßig so, dass er auf den oberen Teil des SRAM zeigt.[38]

```
IBSTACK        EQU  0
XBPSTACK       EQU  1
XBPSTACKTOP    EQU  CYDEV_SRAM_SIZE
PBPSTACK       EQU  0
```

Je nach Anwendung können ähnliche Änderungen am ablaufinvarianten Stackzeiger für andere Speichermodelle vorgenommen werden. Es sollte bedacht werden, dass die Verwendung von ablaufinvarianten Codetechniken in PSoC 3-Anwendungen einige deutliche Vorteile bieten kann, z. B. eine erhebliche Reduzierung des Funktionsoverheads. Allerdings führen diese Techniken auch den zusätzlichen Overhead ein, der zur Unterstützung von Ablaufinvarianz erforderlich ist. Sie können dazu führen, dass andere Variablen im unteren Speicher überschrieben werden und sollten nicht in der Firmware verwendet werden, wenn sie eine erhebliche Auslastung von SRAM erfordert.

---

[33] *idata*, *pdata* und *xdata* beziehen sich jeweils auf Speicher auf dem Chip (RAM), Speicher, der mit einer 8-bit-Adresse auf einer externen Speicherseite adressiert wird, und externen Speicher (RAM), der mit einer 16-bit-Adresse adressiert wird.

[34] Das Standardspeichermodell ist groß für den Stackspeicherbereich (xdata).

[35] Das Speichermodell small des PSoC 3 platziert Funktionsvariablen und lokale Datensegmente im internen Speicher. Obwohl dieses Modell einen kleinen Speicherplatz vorgibt, bietet es einen sehr effizienten Zugriff auf Datenobjekte.

[36] Das Speichermodell compact des PSoC 3 führt dazu, dass alle Funktions-/Prozedurvariablen und lokalen Datensegmente auf einer externen Speicherseite (256 Byte) liegen, die über @R0/R1 adressierbar ist.

[37] Das Speichermodell large (8051) führt dazu, dass alle Variablen und lokalen Datensegmente im externen Speicher liegen.

[38] Die Verwendung des Speichermodells large (8051) erfordert mehr Instruktionszyklen, um auf den „großen" externen (xdata) Speicherplatz zuzugreifen.

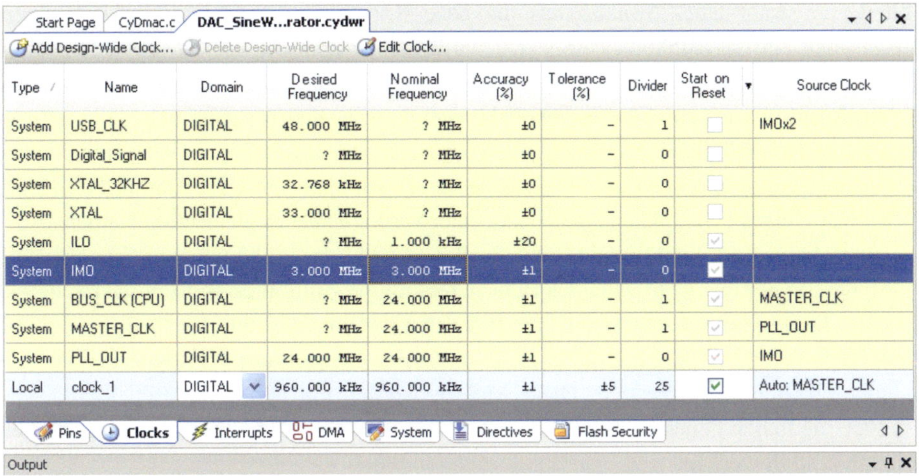

Type	Name	Domain	Desired Frequency	Nominal Frequency	Accuracy (%)	Tolerance (%)	Divider	Start on Reset	Source Clock
System	USB_CLK	DIGITAL	48.000 MHz	? MHz	±0	-	1	☐	IMOx2
System	Digital_Signal	DIGITAL	? MHz	? MHz	±0	-	0	☐	
System	XTAL_32KHZ	DIGITAL	32.768 kHz	? MHz	±0	-	0	☐	
System	XTAL	DIGITAL	33.000 MHz	? MHz	±0	-	0	☐	
System	ILO	DIGITAL	? MHz	1.000 kHz	±20	-	0	☑	
System	IMO	DIGITAL	3.000 MHz	3.000 MHz	±1	-	0	☑	
System	BUS_CLK (CPU)	DIGITAL	? MHz	24.000 MHz	±1	-	1	☑	MASTER_CLK
System	MASTER_CLK	DIGITAL	? MHz	24.000 MHz	±1	-	1	☑	PLL_OUT
System	PLL_OUT	DIGITAL	24.000 MHz	24.000 MHz	±1	-	0	☑	IMO
Local	clock_1	DIGITAL	960.000 kHz	960.000 kHz	±1	±5	25	☑	Auto: MASTER_CLK

Abb. 7.20 Registerkarte Taktgeber (*Clock*) in PSoC Creator

7.11 Erstellung eines ausführbaren Programms: Verknüpfung, Bibliotheken und Makros

Sobald der Quellcode fertiggestellt ist, kann das Projekt entweder durch Aufrufen von *Build All Projects* im Menü *Build* oder durch Drücken der Funktionstaste *F6* auf der Tastatur kompiliert werden. Während des Erstellungsprozesses werden alle zugehörigen Fehler und/oder Warnungen im Fenster *Notice List* angezeigt. Wenn die Erstellung erfolgreich war, wird die Nachricht *Build Succeeded* angezeigt (Abb. 7.20).[39]

Wenn die Kompilierung und Verknüpfung erfolgreich sind, folgt die Nachricht *Build Succeeded*, gefolgt von Datum und Uhrzeit. Die Verknüpfungsphase bindet unter anderem symbolische an absolute Adressen und gemeinsam genutzte Bibliotheken[40] an spezifische Adressen. Der gesamte Code im Baum *Generated Source* wird als Teil des Erstellungsprozesses in eine einzige Bibliothek kompiliert und die kompilierte Bibliothek wird mit dem Benutzercode verknüpft.[41]

PSoC Creator bietet eine umfassende Bibliothek von Komponenten, die in ein eingebettetes Design integriert werden können. Der Entwickler kann zusätzliche Bibliotheken erstellen, indem er die Bibliotheksvorlage des PSoC verwendet. []9] Der Prozess beginnt

---

[39] Wenn das Fenster *Notice List* nicht sichtbar ist, werden die Anzahl der Fehler, Warnungen und Hinweise in der Statusleiste angezeigt.

[40] Die Bindung kann entweder statisch oder dynamisch sein. Im ersteren Fall findet die Bindung zur Verknüpfungszeit statt und im letzteren Fall zur Laufzeit. Gemeinsam genutzte Bibliotheken verbessern die Laufzeit und sparen Speicher.

[41] Die GCC-Implementierung für PSoC 5LP verwendet alle Standard-GCC-Bibliotheken, d. h. libcs3, libc, libcs3unhosted, libgcc, die standardmäßig eingebunden sind.

mit der Auswahl eines *Symbols*, das die neue Komponente repräsentiert. Nach einem Rechtsklick auf das Bibliotheksprojekt,[42] wird *Add Component Item* ausgewählt und ein Dialogfeld erscheint, das dem Entwickler ermöglicht den *Symbol Wizard* auszuwählen. Durch Auswahl von *Add New Terminals* können die Ein- und Ausgangspins definiert werden. Es ist auch möglich zu spezifizieren, wo im *Component Catalog* die neue Komponente angezeigt werden soll. Die Funktionalität der neuen Komponente kann dann in Form eines Schaltplans, eines Schaltplanmakros[43] oder einer Verilog-Datei implementiert werden.

Zusätzlich zu der Funktionalität, die für Pins als Teil der Pinkomponente bereitgestellt wird, wird in der *cypins.h*-Datei des PSoC Creator eine Bibliothek von Pinmakros bereitgestellt. Diese Makros nutzen das Port-Pin-Konfigurationsregister, das für jeden Pin auf dem Gerät verfügbar ist. Makros für Lese- und Schreibzugriff auf die Register des Geräts werden ebenfalls bereitgestellt. Diese Makros werden mit den definierten Werten verwendet, die in den generierten cydevice.h-, *cydevice_rm.h*- und cyfitter.h-Dateien zur Verfügung gestellt werden.

7.12 Ausführen/Korrigieren eines Programms (Debuggerumgebung)

Das Debuggen ist ein wichtiger Aspekt eines jeden Entwicklungsprojekts für eingebettete Systeme. Die Debuggingfähigkeit von PSoC Creator umfasst die In-Circuit-Emulation in Echtzeit und in voller Geschwindigkeit mit einem In-Circuit-Emulator (ICE). Diese Fähigkeit ermöglicht es dem Entwickler, eine Anwendung auf Quellcodeebene zu überwachen, und zwar sowohl für C- als auch für Assembleranwendungen Zeile für Zeile auf Basis des Quellcodes. Neben der Unterstützung für Haltepunkte, Beobachtungsvariablen und *dynamischen Ereignispunkten*,[44] unterstützt PSoC Creator auch die Möglichkeit, CPU-Register, Flash, RAM und Register zu betrachten und verfügt über einen 128-kB-Tracebuffer.[45] Traces können während der Programmausführung über die

---

[42] Dieses kann über die Auswahl der Registerkarte *Component* im *Workspace Explorer* aufgerufen werden.

[43] Ein Schaltplanmakro ist ein Minischaltplan, der es ermöglicht, eine neue Komponente zu erstellen, die mehrere Makros mit mehreren Elementen sein kann, z. B. vorhandene Komponenten, Pins, Taktgeber usw. Makros können Instanzen (einschließlich der Komponente, für die das Makro definiert wird), Anschlüsse und Drähte haben. Schaltplanmakros werden in der Regel erstellt, um die Verwendung der Komponenten zu vereinfachen.

[44] Dynamische Ereignispunkte sind eine Art komplexer Haltepunkt, der es ermöglicht, mehrere Ereignisse zu überwachen, zu sequenzieren und logisch zu vereinigen.

[45] Ein Tracebuffer dieser Art hält eine Aufzeichnung der zuletzt ausgeführten Anweisungen in einem zeitlich sequenzierten 128k-Buffer fest. Dies ermöglicht es dem Entwickler, die genaue Reihenfolge der Ausführung von Anweisungen zu verfolgen, während das System in Echtzeit und mit voller Geschwindigkeit arbeitet.

7.12 Ausführen/Korrigieren eines Programms (Debuggerumgebung)

Verwendung von dynamischen Ereignispunkten ein- oder ausgeschaltet werden. Traceanzeigeoptionen beinhalten das Speichern des Tracebuffers als Datei und das Anzeigen, Speichern und/oder Drucken der Traceanzeige in Form einer HTML-Datei. Dies ermöglicht es dem Entwickler, einen Bericht zu erstellen, der außerhalb von PSoC Creator verwendet werden kann.

Eine Statusleiste am unteren Rand des PSoC Creator-Bildschirms zeigt ICE-bezogene Statusinformationen an. Einzelschritte ermöglichen es, die Programmausführung auf Zeilenbasis auf Quellcodeebene auszuführen. Die Inhalte des Programmzählers, des Akkumulators, des Stackzeigers oder der Zeitstempel, die jedem „Schritt" entsprechen, werden im Tracebuffer gespeichert und angezeigt. Benutzerselektierbare Positionen im Programmquellcode, sogenannte „Haltepunkte", lassen das Programm laufen, bis es auf einen „Haltepunkt" trifft, an dem die Programmausführung anhält.[46] Das Menü von PSoC Creator und/oder die Symboloptionen ermöglichen es, das Programm an diesem Punkt neu zu starten. Sobald ein Haltepunkt erreicht ist, wird die Programmausführung angehalten und die CPU aktualisiert die Register und Variablenwerte.

Da der C-Compiler Assemblercode ausgibt, unterstützt PSoC Creator auch das Debuggen auf Assemblerebene in C. In diesem Modus werden auch *Einzelschrittbefehle*, das *Überspringen eines Verfahrens*, das *aus einem Verfahren heraustreten* und *in den Assembler eintreten* und Haltepunktfähigkeit auf C-Ebene unterstützt.

Um zusätzliche Leistungsvorteile zu bieten, unterstützt PSoC Creator drei Modi der Codeoptimierung[47], und zwar

1. Codekompression,
2. Eliminierung ungenutzter User-Modul-APIs (Bereich),
3. Multiplizieren/Akkumulieren auf Hardwareebene.

Die Arten von Fehlern, die am häufigsten bei der Entwicklung von eingebetteten Systemen auftreten, fallen in die folgenden Kategorien:

- Korruption des Speichers durch fehlerhaften Code,
- unsachgemäße Verwendung von Zeigern,
- Hardwaredesignfehler,
- unzureichende Interrupt-Behandlung und
- sogenannte „Off-by-one-Error".

---

[46] Es sollte beachtet werden, dass während das Programm an benutzerspezifischen Stellen im Programmcode angehalten wird, der Code an dieser Stelle nicht ausgeführt wird, bis die Ausführung fortgesetzt wird.

[47] Optimierung bezieht sich in diesem Kontext hauptsächlich auf die Reduzierung der Codegröße und der Ausführungsgeschwindigkeit. Viele Compiler wie die Keil-Compiler bieten verschiedene Optimierungsstufen an.

Während PSoC Creator hervorragende Möglichkeiten zur Identifizierung, Isolierung und Lokalisierung von Fehlern bietet, sollten gute Codierungspraktiken angewendet werden, um die Debuggingzeit zu minimieren.

7.13 PSoC 3-Debugging

Die Architekturen für PSoC 3 und PSoC 5LP beinhalten einen Testcontroller (TC), der den Zugriff auf Pins für Boundary-Scanning und auf Speicher/Register über das Debug-on-Chip-Modul von PSoC 3 [13, 14] oder den „debug access port" von PSoC 5LP [15] ermöglicht, der funktionale Tests, Programmierung und Programmdebugging unterstützt. Die Verbindung zum PSoC 3-Debugging wird durch die Verfügbarkeit von Debug-on-Chip (DOC) und dem „single wire viewer" (SWV) erleichtert. Das DOC dient als Schnittstelle zwischen der CPU und dem Testcontroller (TC) und wird zum Debuggen, Nachverfolgen der Codeausführung und zur Fehlerbehebung der Bauteilkonfiguration verwendet.[48]

Der Testcontroller dient als physische Schnittstelle zwischen einem Debugginghost und den Debugmodulen von PSoC 3 und PSoC 5LP und verbindet sich mit dem Host entweder über JTAG oder SWD. Die JTAG-Unterstützung für PSoC 3 und PSoC 5LP übertrifft den IEEE 149-Standard hinsichtlich des Zugriffs auf Befehle und Register. Im Falle von PSoC 3 übersetzt der Testcontroller JTAG-Befehle/Register oder SWD-Zugriffe in Registerzugriffe im DOC-Modul, wie in Abb. 7.21 schematisch dargestellt.

Das DOC hat eine Reihe wichtiger Funktionen:

- Es kann die Kontrolle über die CPU von PSoC 3 (8051) übernehmen und über die PHUB-Schnittstelle auf jede von der CPU erreichbare Adresse zugreifen. Diese Fähigkeit umfasst den internen Speicher der CPU, SFR und PC.
- Das DOC kann die CPU HALTEN und einzelne Befehle durchlaufen.
- Die Haltepunktfunktionen des DOC umfassen das Setzen von bis zu acht Programmadressenhaltepunkten, das Setzen eines Speicherzugriffshaltepunkts und das Setzen eines Watchdog-Trigger-Haltepunkt.
- Die Trace-Fähigkeit umfasst: das Tracen des PC, ACC und eines einzelnen Bytes aus dem internen Speicher der CPU oder SFR; Tracebuffer für 2048 Befehle für den PC; Tracebuffer für 1024 Befehle für PC, ACC und ein einzelnes SFR/Speicherbyte; Betrieb in einem getriggerten, kontinuierlichen oder fensterbasierten Modus; CPU-Halt

---

[48] DOC wird für PSoC 3 und die CY8C38-Bauteilfamilie von Cypress Semiconductor verwendet. Das Debuggen für PSoC 5LP erfolgt durch die Verwendung von ARM's Coresight-Komponenten für Debugging und Traces. SWV zielt auf residenten Code ab, um diagnostische Informationen über einen einzigen Pin bereitzustellen.

7.13 PSoC 3-Debugging

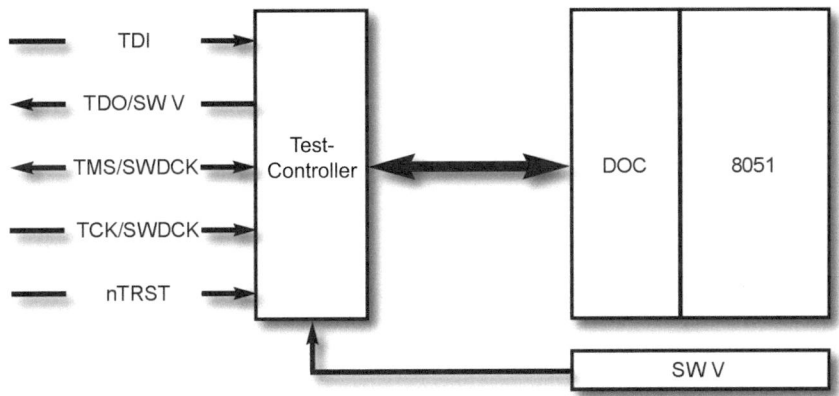

Abb. 7.21 Blockdiagramm des Testcontrollers für PSoC 3 (8051)

oder Überschreiben des ältesten Traces, wenn der Tracebuffer voll ist und wenn nicht getraced wird, ist der Tracebuffer für andere Zwecke verfügbar.

Das SWV bietet:

- entweder Manchester oder UART für den Ausgang,
- ein einfaches, effizientes Packing- und Serialisierungsprotokoll und
- 32 Stimulus-Port-Register.

PSoC 3 unterstützt drei Debugging-/Testprotokolle zur Kommunikation mit PSoC 3:

1. JTAG,[49]
2. Paralleltestmodus (PTM) und
3. „serial wire debug" (SWD) – dieses Protokoll ermöglicht es einem Entwickler, nur mit zwei Pins des PSoC 3-Geräts zu debuggen (Abb. 7.22).[50]

Die DOC-Funktionalität wird durch den Zugriff auf Register innerhalb des DOC gesteuert. Diese Register sind jedoch nur über die TC-Schnittstelle und nicht über PHUB zugänglich. Eine Debuggingsitzung, die das DOC nutzt, erfordert, dass die CPU das Debugging aktiviert. Debuggingbefehle werden über JTAG oder SWD an den TC und von

---

[49] PSoC 3 entspricht der IEEE 1149.1 (JTAG-Spezifikation).
[50] Diese beiden Pins, die einmal für das SWD-Debugging festgelegt wurden, müssen für den Debugginggebrauch reserviert sein und dürfen nicht für andere Zwecke verwendet werden.

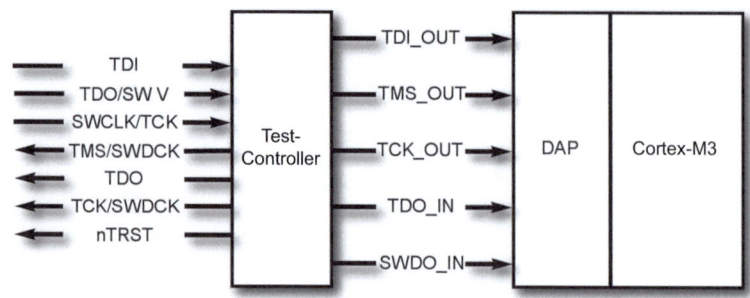

Abb. 7.22 Konfiguration des Testcontrollers für PSoC 5LP

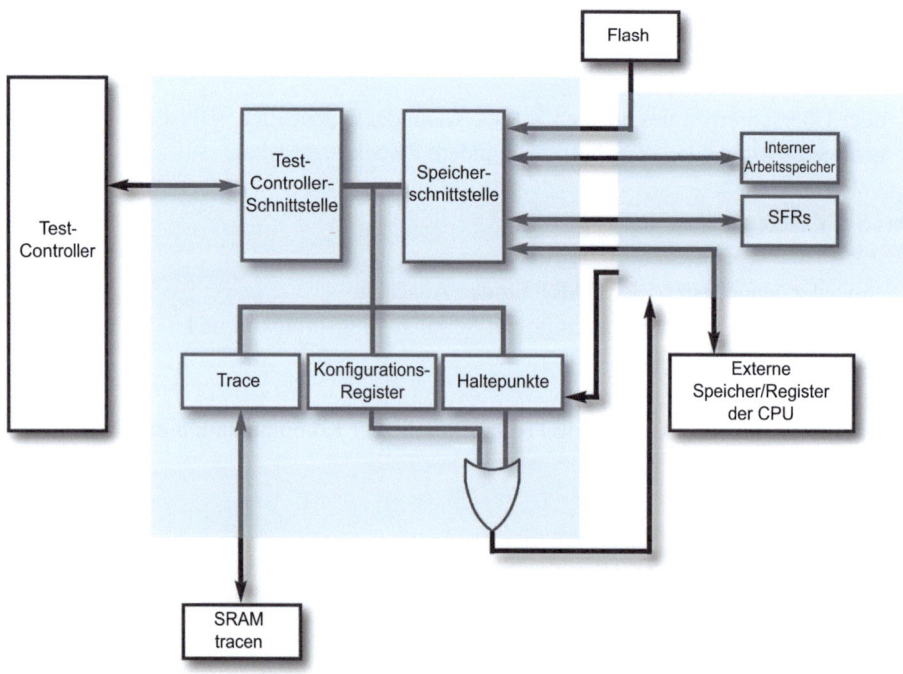

Abb. 7.23 DOC-, CPU- und TC-Blockdiagramm

dort an das DOC gesendet, wie in Abb. 7.23 gezeigt. Auf diese Weise übertragene Adressen werden verwendet, um auf TC- und DOC-Register zuzugreifen oder alternativ werden diese Adressen an die DOC-Speicherschnittstelle gesendet. Innerhalb des DOC gibt es eine Reihe von Speicherschnittstellen und eine eingehende Adresse wird decodiert und an den korrekten Speicherschnittstellenadressausgang weitergeleitet. Das DOC wartet, bis der Speicherzugriff abgeschlossen ist, und das DOC sendet ein Signal an den TC,

7.13 PSoC 3-Debugging

Tab. 7.1 PSoC-Speicher und -Register

Adressbereich	Beschreibung
0x050000 - 0x0500FF	CPU-interner Speicher
0x050000 - 0x0500FF	CPU PC (16-Bit-Register)
0x050000 - 0x0500FF	CPU SFR-Speicherplatz
0x050000 - 0x0500FF	TC- und DOC-Register
Alle anderen Adressen	CPU-externe Speicher/Register

dass entweder der Schreibvorgang abgeschlossen ist oder dass Daten von einem Lesebefehl verfügbar sind.

Das DOC kann die Kontrolle über die Speicherschnittstellen der CPU übernehmen und Lese- und Schreibvorgänge im Speicher durchführen, als ob die Aktionen von der CPU ausgeführt würden. Flash, interner Speicher der CPU, CPU SFR und der externe Speicher und Register der CPU und der PC können alle vom DOC zugegriffen werden. Das Lesen und Schreiben auf diese Ressourcen basiert auf den in Tab. 7.1 gezeigten Adressen. Im Falle des Lesens oder Schreibens auf den PC ist es notwendig, die CPU zuerst anzuhalten.

7.13.1 Haltepunkte

Haltepunkte sind ein nützliches Werkzeug zur Analyse und Diagnose von Problemen im Programmablauf, insbesondere in Anbetracht der Tatsache, dass es möglich ist, das Programm mit normaler Ausführungsgeschwindigkeit laufen zu lassen, bevor es an einem Haltepunkt angehalten wird. PSoC 3 unterstützt acht Programmadressenhaltepunkte, einen Speicherzugriffshaltepunkt und einen Watchdog-Trigger-Haltepunkt. Programmadressenhaltepunkte verwenden acht Register, DOC_PA_BKPT0 – DOC_PA_BKPT7. Um einen Adressenhaltepunkt zu setzen, muss die Adresse für den Haltepunkt in Bits [15:0] gespeichert werden.

7.13.2 Die JTAG-Schnittstelle

Eine der beliebtesten Schnittstellen zum Testen von integrierten Schaltkreisen (IC) wie PSoC 3 und PSoC 5LP wurde von der Joint Test and Action Group (JTAG) als Methode zum Steuern und Lesen der Pinwerte eines IC entwickelt. Die JTAG-Schnittstelle umfasst die folgenden Signale: "test data in" (TDI), "test data out" (TDO), "test mode select" (TMS) und ein Taktsignal (TCK). Diese Konfiguration ermöglicht es, mehrere IC auf einer gegebenen Platine in einer Daisy-Chain-Weise zu testen.

7.14 Programmierung des Zielgeräts

PSoC 3/5 kann mit dem Cypress MiniProg3 programmiert werden. Dieses Gerät unterstützt ISSP-,[51] SWD-[52] und JTAG[53]-Programmierprotokolle sowie I2C-,[54] SWV-,[55] ISSP-,[56] SWD-[57] und JTAG-Schnittstellen, daher dient es als Protokollkonverter zwischen einem PC und dem Zielgerät, wenn es wie in Abb. 7.24 gezeigt angeschlossen ist.

Es sollte beachtet werden, dass es darauf ausgelegt ist, mit Zielgeräten zu kommunizieren, die nur I/O-Spannungen im Bereich von 1,5 bis 5,5 V verwenden.

MiniProg3 hat fünf LEDs, die den Status anzeigen und wie folgt beschriftet sind:

- Beschäftigt (Rot) – zeigt an, dass eine Operation, wie Programmierung oder Debugging, im Gange ist.
- Status (Grün) – zeigt an, dass das MiniProg3 auf dem USB-Bus „enumeriert" wurde und blinkt, wenn es USB-Verkehr empfängt.
- Zielstrom (Rot) – zeigt an, dass das MiniProg3 Strom an die Anschlüsse des Ziels liefert.
- Aux (Gelb) – reserviert.

---

[51] *In-System Serial Programming* (ISSP) ist eine Cypress Legacy-Schnittstelle, die zum Programmieren der PSoC 1-Familie von Mikrocontrollern verwendet wird.

[52] SWD verwendet weniger Pins des Geräts als JTAG. MiniProg3 unterstützt das Programmieren und Debuggen von PSoC 3/5-Bauteilen mit SWD.

[53] *JTAG* wird von vielen High-End-Mikrocontrollern unterstützt, einschließlich der PSoC 3/5-Familien. Diese Schnittstelle ermöglicht das Daisy-Chaining mehrerer JTAG-Geräte.

[54] Ein gängiger serieller Schnittstellenstandard ist der *Inter-IC Communication* (I^2C) Standard von Philips. Er wird hauptsächlich für die Kommunikation zwischen Mikrocontrollern und anderen ICs auf der gleichen Platine verwendet, kann aber auch für die Kommunikation zwischen Systemen eingesetzt werden. MiniProg3 implementiert einen I2C-Multi-Master-Host-Controller, der den Datenaustausch mit I2C-fähigen Geräten auf der Zielplatine ermöglicht. Diese Funktion kann zur Abstimmung von CapSense-Designs verwendet werden.

[55] Die SWV-Schnittstelle ("single wire viewer", SWV) wird zur Überwachung von Programmen und Daten verwendet, wobei die Firmware Daten auf eine ähnliche Weise wie beim „printf"-Debugging auf PCs ausgeben kann, und das mit nur einem Pin. MiniProg3 unterstützt die Überwachung von PSoC 3/LP-Firmware mit SWV über den 10-Pin-Stecker und nur in Verbindung mit SWD.

[56] In-System Serial Programming (ISSP) ist eine Cypress Legacy-Schnittstelle, die zum Programmieren der PSoC 1-Familie von Mikrocontrollern verwendet wird. MiniProg3 unterstützt die Programmierung von PSoC 1-Bauteilen nur über den 5-Pin-Stecker.

[57] *Serial Wire Debug* (SWD) bietet die gleichen Programmier- und Debuggingfunktionen wie JTAG, mit Ausnahme von Boundary-Scanning und Daisy-Chaining.

Abb. 7.24 MiniProg3 übernimmt die Protokollübersetzung zwischen einem PC und dem Zielgerät

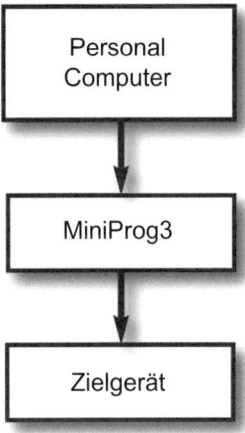

- Unbeschriftet (Gelb) – zeigt die Konfiguration des MiniProg3 an. Es blinkt während der anfänglichen Konfiguration des MiniProg3 und leuchtet durchgehend, wenn ein Konfigurationsfehler aufgetreten ist. Nach einem Konfigurationsfehler muss das MiniProg3 vom USB-Port getrennt und erneut angeschlossen werden.

7.15 Intel HEX-Format

Das Intel Hexadezimal-8-bit-Objektformat ist eine Darstellung einer absoluten Binärobjektdatei in einem ASCII-Format. Die Firmware, die von PSoC Creator für die PSoC 3/5-Mikrocontroller erzeugt wird, wird im Intel HEX-Format heruntergeladen, d. h., die heruntergeladene Datei besteht aus sechs Teilen, wie in Abb. 7.25 gezeigt, und definiert Folgendes:

1. *Start Code* – ein einzelnes Zeichen, nämlich ein ASCII-Doppelpunkt (:).[58]
2. *Byte Count* – zwei Hexadezimalziffern, die ein einzelnes Byte darstellen, das die Anzahl der Bytes im Datenfeld angibt.
3. *Address* – vier Hexadezimalziffern, dargestellt durch 2 Byte, die die Startadresse des Speicherorts für die Daten angeben.
4. *Record Type* – zwei Hexadezimalziffern mit Werten zwischen 00 und 05, einschließlich der, die das Datenfeld definieren.

---

[58] Der American Standard Code for Information Interchange (ASCII) ist eine numerische Darstellung von alphabetischen und speziellen Zeichen, die ursprünglich als 7-bit-Telegraphencode entwickelt wurde. Er besteht aus numerischen Definitionen für 128 Zeichen, von denen 94 „druckbar" und 33 nicht druckbar sind, wie z. B. Steuerzeichen (Zeilenumbruch, Wagenrücklauf etc.) und das „Leerzeichen". Der numerische Wert für Doppelpunkt im ASCII-Code ist 58 (03AH).

Start-Code (Doppelpunkt-Zeichen)	Byte-Anzahl (1 Byte)	Adresse (2 Bytes)	Satzart (1 Byte)	Daten (N Bytes)	Prüfsumme (1 Byte)

Abb. 7.25 Das Intel HEX-Dateiformat

PSoC Creator erzeugt die folgenden Datensatztypen:
- 00 zur Kennzeichnung eines Datensatzes, der Daten und eine 16-bit-Adresse enthält.
- 01 zeigt das Ende eines Datensatzes an, der als *Dateiabschlussdatensatz* bezeichnet wird. Dieser Datensatz enthält keine Daten und kann nur einmal pro Datei vorkommen.
- 04 bezeichnet einen erweiterten linearen Adressdatensatz für die vollständige 32-bit-Adressierung. Das Adressfeld ist als 0000 und die Byteanzahl als 2 Byte definiert. Die beiden Datenbytes stellen die oberen 16 Byte einer 32-bit-Adresse dar, wenn sie mit der unteren 16-bit-Adresse des 00-Datensatzes kombiniert werden.
5. *Data* – eine Sequenz von N Datenbytes, dargestellt durch 2N Hexadezimalziffern.
6. *Checksum* – zwei Hexadezimalziffern, die ein einzelnes Byte darstellen, welches das niedrigstwertige Byte des Zweierkomplements der Summe der Werte aller Felder ist, mit Ausnahme des ersten und letzten Feldes, d. h. mit Ausnahme des Startcodes und der Prüfsumme.

Beispiele für die verschiedenen von PSoC Creator verwendeten Datensatztypen sind:

- :0200000490006A – ein erweiterter linearer Adressdatensatz, wie durch den Wert im Feld Record Type (04) angezeigt. Das zugehörige Adressfeld ist 0000, das zwei Datenbytes darstellt. Der obere 16-bit-Teil der 32-bit-Adresse wird durch 9000 gegeben, daher ist die Basisadresse 0x90000000 und 6A ist der Wert der Prüfsumme.
- :0420000000000005F7 – dies stellt einen Datensatz dar, wie durch den Wert 900 im Feld Record Type angezeigt, und die Byteanzahl ist 04, d. h., es gibt vier Datenbytes in diesem Datensatz (00000005). Der untere 16-bit-Wert der 32-bit-Adresse, wie im Adressfeld dieses Datensatzes angegeben, ist 2000 und F7 ist die *Prüfsumme* für diesen Datensatz.
- :00000001FF – dies ist der letzte Datensatz und daher ein End-of-File-Datensatz, wie durch den Wert 01 im Feld Record Type definiert.

Tab. 7.2 Organisation der Metadaten einer LP-HEX-Datei

Startadresse	Datentyp	Anzahl der Bytes
0x9050 0000	Version der Hex-Datei	2 (big-endian)
0x9050 0002	JTAG-ID	4 (big-endian)
0x9050 0006	Silizium-Überarbeitung	1
0x9050 0007	Debuggen aktivieren	1
0x9050 0008	Interne Verwendung	4

7.15.1 Organisation der Daten in der HEX-Datei

Die von PSoC Creator erzeugte HEX-Datei enthält verschiedene Arten von Daten,[59] z. B. die Haupt-Flash-Daten, ECC-Daten, Flash-Schutzdaten, kundenspezifische nicht flüchtige Zwischenspeicherdaten, einmal beschreibbare Zwischenspeicherdaten und Metadaten.[60] All diese Informationen, einschließlich der Metadaten, wie in Tab. 7.2 gezeigt, werden unter spezifischen Adressen gespeichert, wie z. B. in Abb. 7.26 für PSoC 5LP gezeigt. Dies ermöglicht dem Entwickler zu identifizieren, welche Daten für welchen Zweck bestimmt sind.

- 0x0000 0000 – Flash-Zeilendaten: Die Hauptdaten des *Flash-Speichers* beginnen bei der Adresse 0x0000 0000 der HEX-Datei. Jeder Datensatz in der HEX-Datei enthält 64 Byte tatsächlicher Daten, die in Reihen von 256 Byte angeordnet sind. Dies liegt daran, dass jede Flash-Reihe des Geräts eine Länge von 256 Byte hat. Die letzte Adresse dieses Abschnitts hängt von der Flash-Speichergröße des Geräts ab, für das die HEX-Datei bestimmt ist.[61]
- x8000 0000 – *Konfigurationsdaten (ECC):* LP-Geräte verfügen über eine Fehlerkorrekturcode (ECC)-Funktion, die zur Korrektur und Erkennung von Bitfehlern in den Haupt-Flash-Daten verwendet wird. Für jeweils 8 Byte Flash-Daten gibt es ein ECC-Byte. Daher gibt es 32 Byte ECC-Daten für jede Flash-Reihe. Es besteht die

---

[59] Die Datensätze sind im Big-endian-Format (MSB-Byte in niedrigerer Adresse), z. B. haben die Prüfsummendaten der HEX-Datei die Adresse 0x90300000 und die Metadaten der HEX-Datei die Adresse 0x9050 0000. Die Datensätze im Rest der Multibytebereiche in einer HEX-Datei sind alle im Little-endian-Format (LSB-Byte in niedrigerer Adresse).

[60] Metadaten sind Informationen, die in der HEX-Datei enthalten sind und nicht für die Programmierung verwendet werden. Sie dienen zur Aufrechterhaltung der Datenintegrität der HEX-Datei und speichern die Siliziumrevisions- und JTAG-ID-Informationen des Bauteils.

[61] Es sollte auf das jeweilige Gerätedatenblatt oder das Geräteauswahlmenü in PSoC Creator verwiesen werden, um die spezifische FLASH-Speichergröße für verschiedene Teilnummern zu bestimmen.

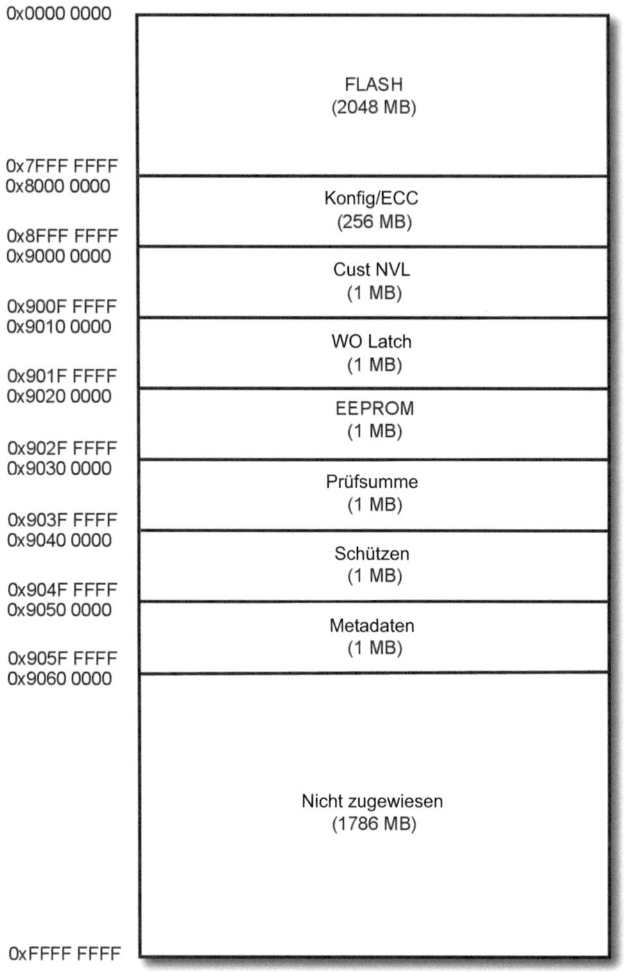

Abb. 7.26 Speicherorte für HEX-Dateien für PSoC 5LP

Möglichkeit, den ECC-Speicher zur Speicherung von Konfigurationsdaten zu verwenden, wenn die Fehlerkorrekturfunktion nicht benötigt wird. Das ECC-Aktivierungsbit im Gerätekonfigurations-*NV-Zwischenspeicher* (Bit 3 von Byte 3) kann verwendet werden, um zu bestimmen, ob die ECC aktiviert sind. Das *NV-Zwischenspeicher*-Datenbyte befindet sich an der Adresse 0x90000003. PSoC Creator erzeugt diesen Abschnitt der HEX-Datei nur, wenn die ECC-Option deaktiviert ist. Wenn dieser Abschnitt in der HEX-Datei vorhanden ist, müssen die Daten während des Flash-Programmierschritts mit den Haupt-Flash-Daten angehängt werden. Für jeweils 256 Byte im Programm-Flash werden 32 Byte aus diesem Abschnitt angehängt. Die letzte Adresse dieses Abschnitts hängt von der Flash-Speicherkapazität des Geräts ab. Ein

7.15 Intel HEX-Format

Gerät mit 256 KB Flash-Speicher hat 32 KB ECC-Speicher. In diesem Fall ist die letzte Adresse 0x80007FFF.

- x9000 0000 – *Gerätekonfigurationsdaten NV-Zwischenspeicher:* Es gibt einen 4-Byte-Gerätekonfigurations-NV-Zwischenspeicher, der zur Konfiguration des Geräts verwendet wird, noch bevor das Reset freigegeben wird. Diese 4 Byte werden in Adressen ab 0x9000 0000 gespeichert. Ein wichtiges Bit in diesen NV-Zwischenspeicherdaten ist das ECC-Aktivierungsbit (Bit 3 von Byte 3 an der Adresse 0x9000 0003). Dieses Bit bestimmt die Anzahl der Bytes, die während eines Flash-Reihenschreibvorgangs geschrieben werden sollen.
- 0x9010 0000 – *Konfigurationsdaten für den gesicherten Gerätemodus*: Dieser Abschnitt enthält 4 Byte der einmal beschreibbaren nicht flüchtigen Zwischenspeicherdaten, die zur Aktivierung der Gerätesicherheit verwendet werden sollen.[62] PSoC Creator erzeugt alle 4 Byte als 0, wenn die Gerätesicherheitsfunktion nicht aktiviert wurde, um sicherzustellen, dass der Zwischenspeicher nicht versehentlich mit dem korrekten Schlüssel programmiert wird. Die Unterstützung für die Fehleranalyse kann auf Geräten verloren gehen, nachdem dieser Schritt mit dem korrekten Schlüssel durchgeführt wurde.
- 0x9030 0000 *Prüfsummendaten:* Diese 2-Byte-Prüfsumme ist die Prüfsumme, die aus dem gesamten Flash-Speicher des Geräts berechnet wird (Hauptcode und Konfigurationsdaten, wenn ECC deaktiviert ist). Diese 2-Byte-Prüfsumme wird mit dem aus dem Gerät gelesenen Prüfsummenwert verglichen, um zu überprüfen, ob die korrekten Daten programmiert wurden. Obwohl der *CHECKSUM*-Befehl, der an das Gerät gesendet wird, einen 4-Byte-Wert zurückgibt, werden nur die unteren 2 Byte des zurückgegebenen Werts mit den Prüfsummendaten in der HEX-Datei verglichen. Die 2-Byte-Prüfsumme im Datensatz ist im Big-endian-Format (MSB-Byte ist das erste Byte).
- 0x9040 0000 *Flash-Schutzdaten:* Dieser Abschnitt enthält Daten, die programmiert werden sollen, um die Schutzeinstellungen des Flash-Speichers zu konfigurieren. Die Daten in diesem Abschnitt sollten in einer einzigen Reihe angeordnet sein, um der internen Flash-Speicherarchitektur zu entsprechen. Da es für jede Haupt-Flash-Reihe 2 bit Schutzdaten gibt, hat ein 256-KB-Flash (der 1024 Reihen hat, 256 Reihen in jedem von vier 64 k-Flash-Arrays) 256 Byte Schutzdaten.
- *HEX-Dateiversion*: Diese 2-Byte-Daten (Big-endian-Format) werden verwendet, um zwischen verschiedenen HEX-Dateiversionen zu unterscheiden, z. B., wenn neue Metadateninformationen oder EEPROM-Daten zur von PSoC Creator erzeugten HEX-Datei hinzugefügt werden, besteht die Notwendigkeit, zwischen den verschiedenen Versionen von HEX-Dateien zu unterscheiden. Durch das Lesen dieser

---

[62] Die Programmierung des einmal beschreibbaren NV-Zwischenspeichers mit dem korrekten 32-bit-Schlüssel sperrt das Gerät. Dieser Schritt sollte nur durchgeführt werden, wenn alle vorherigen Schritte ohne Fehler durchgeführt wurden.

beiden Bytes ist es möglich zu ermitteln, welche Version der HEX-Datei programmiert werden soll.
- *JTAG-ID:* Dieses Feld enthält die 4-Byte-JTAG-ID (Big-endian-Format), die für jede Teilenummer einzigartig ist. Die vom Gerät gelesene JTAG-ID sollte mit der in diesem Feld vorhandenen JTAG-ID verglichen werden, um sicherzustellen, dass das richtige Gerät, für das die HEX-Datei bestimmt ist, programmiert wird.
- *Siliziumrevision:* Dieser 1-Byte-Wert ist für die verschiedenen Revisionen des Siliziums, die für eine gegebene Teilenummer existieren können. Das in der HEX-Datei gespeicherte Byte sollte dem Wert im *MFGCFG.MLOGIC.REV_ID*-Register des Chips entsprechen.
- *Debugging aktivieren:* Dieses Byte speichert einen booleschen Wert, der angibt, ob das Debugging für den Programmcode aktiviert ist. (0/1 bedeutet, dass das Debugging deaktiviert/aktiviert ist.)
- *Interne Verwendung:* Diese 4-Byte-Daten werden intern von der PSoC-Programmier-Software verwendet. Sie stehen nicht in Zusammenhang mit der tatsächlichen Geräteprogrammierung und müssen nicht von Hardwareprogrammierern von Drittanbietern verwendet werden.

7.16 Portierung von PSoC 3-Anwendungen auf PSoC 5LP

Wie zuvor besprochen, sind PSoC 3 und PSoC 5LP beide leistungsstarke Mikrocontroller, wobei Ersterer auf einer 8-bit-8051-Klasse von Mikroprozessorarchitektur (33 MIPS) basiert und Letzterer auf einer 32-bit-ARM-Cortex-M3 (100 DMIPS).[63] Einige der wichtigeren Unterschiede zwischen den beiden Architekturen sind in Tab. 7.3 dargestellt.

Es kann Fälle geben, in denen es von Interesse wäre, eine PSoC 3-Anwendung [7] in eine PSoC 5LP-Umgebung zu portieren, vielleicht um zusätzliche Leistungsvorteile zu erzielen, die Vorteile der 32-bit-Architektur zu nutzen, Komponenten einzusetzen, die einzigartig für PSoC 5LP sind, usw.[64] Obwohl die Speicherabbildungen für die beiden Geräte recht unterschiedlich sind, teilweise aufgrund der Unterschiede in ihren jeweiligen CPU-Architekturen, kann die erste Phase eines solchen Ports einfach durch die Ver-

---

[63] MIPS bezieht sich auf die Millionen von CPU-Anweisungen, die pro Sekunde ausgeführt werden, und ist kein so quantitativ ein Maß für die Geschwindigkeit eines Prozessors wie DMIPS, das sich auf die Millionen von Dhrystones bezieht, die pro Sekunde ausgeführt werden. Der Dhrystone-Benchmark ist ein kleines, auf Ganzzahlen basierendes Programm, das ein etablierter Benchmark für Prozessoren aller Art ist. Obwohl beide im Vergleich von Prozessoren von einigem Nutzen sind, sind sie nicht der endgültige Maßstab für die potenzielle Leistung eines Prozessors in einer spezifischen Anwendung.

[64] Der Assemblerquellcode des 8051 kann praktisch nicht direkt in den Cortex-M3-Raum portiert werden.

Tab. 7.3 Vergleich der Schlüsselunterschiede zwischen PSoC 3 und PSoC 5LP

Merkmal	PSoC3	PSoC5
Prozessor	8-Bit-8051	32-Bit-ARM Cortex-M3
ADC	Ein DelSig-ADC	Ein DelSig-ADC Zwei SAR-ADCs
Flash	Bis zu 64 KB (einschließlich)	Bis zu 256 KB (einschließlich)
RAM	Bis zu 8 KB (einschließlich)	Bis zu 64 KB (einschließlich)
Cache	Nein	Befehls-Cache
EMIF	Datenspeicher	Daten-/Codespeicher

wendung von PSoC Creator und Navigation zu Projekt >Device Selector, Auswahl des gezielten PSoC 5LP-Bauteils aus der in Abb. 7.27 gezeigten Tabelle und dann das Projekt neu erstellen.[65]

Wenn jedoch der Port im neuen Zielumfeld optimiert werden soll, muss eine Reihe von Faktoren berücksichtigt werden, z. B. besteht das Speicherabbild von PSoC 3 aus drei verschiedenen Codebereichen, wie in Abb. 7.28 gezeigt.

1. Der interne Datenspeicher des 8051, der Teil des 8051-Kerns ist, enthält 256 Byte RAM und 128 Byte Spezialfunktionsregister (SFR). Auf diesen Speicher wird von den *schnellen* Registern und Bitbefehlen und dem Ort des 8051-Hardwarestacks ($\geqslant$256 Byte) zugegriffen.
2. Der externe Datenspeicher, obwohl intern im PSoC 3, ist extern zum 8051-Kern. Alle SRAM-, Flash-,[66] Register- und EMIF[67]-Adressen sind in diesem Speicher abgebildet. Der Assemblerbefehl MOVX wird verwendet, um auf den externen Datenspeicher zuzugreifen, der 16 MByte groß ist und eine 24-bit-Zugriffsadresse erfordert.
3. Der Codespeicher besteht aus 64-kByte-Flash-Speicher und hier befinden sich die 8051-Anweisungen.

Der Speicherbereich von PSoC 5LP basiert auf einer 32-bit-linearen Speicherabbildung, wie in Abb. 7.29 gezeigt.

Das SRAM von PSoC 5LP befindet sich in dem durch [0x1FFF8000, 0x20007FFF] definierten Speicherbereich und liegt zentriert auf der Grenze zwischen dem Code- und dem SRAM-Speicherbereich. Der Rest des Codespeichers wird von Flash belegt, begin-

---

[65] PSoC Creator unterstützt drei Compiler, und dieses Verfahren basiert auf der Annahme, dass ein kompatibler Zielcompiler verwendet wird.
[66] Flash wird hauptsächlich für den DMA-Datenzugriff in diesen Speicher abgebildet.
[67] Externe Speicherschnittstelle (EMIF).

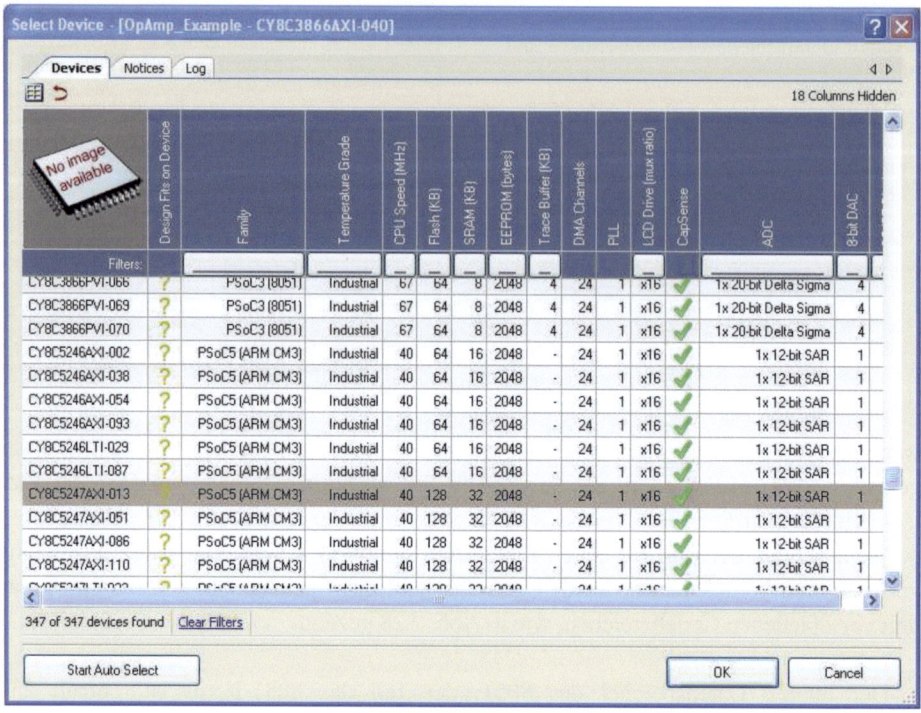

Abb. 7.27 Auswahl eines neuen PSoC 5LP-Zielbauteils

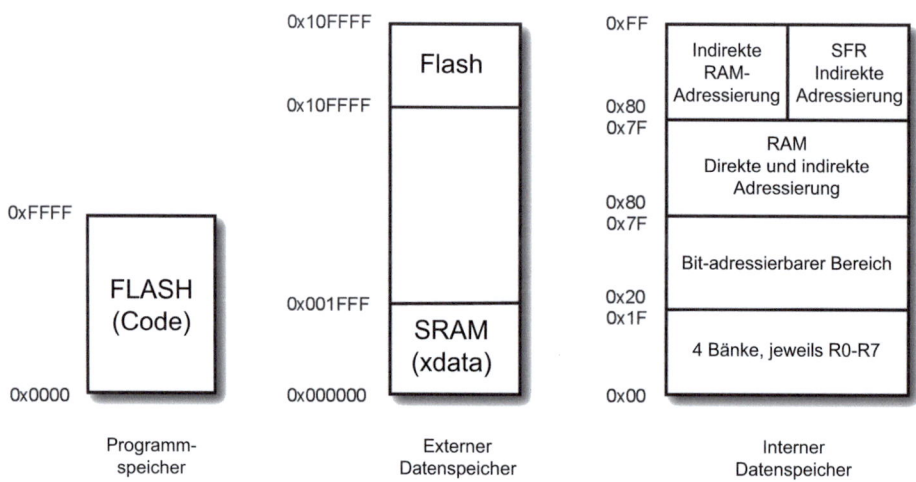

Abb. 7.28 Die Speicherabbildung des PSoC 3 (8051)

Abb. 7.29 Die Speicherabbildung des PSoC 5LP (Cortex-M3)

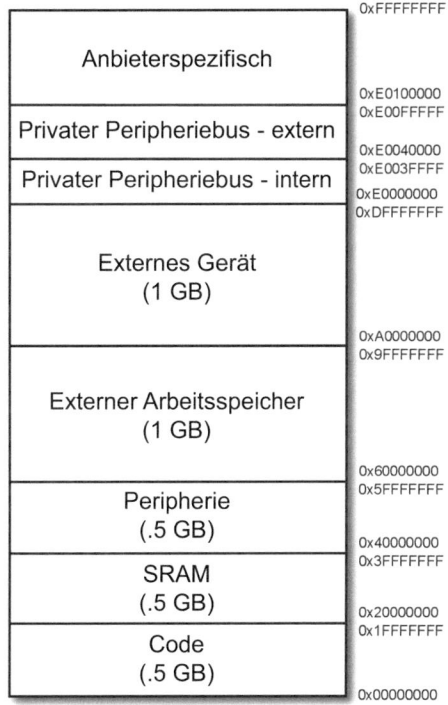

nend bei Speicheradresse 0. Die Register von PSoC 5LP befinden sich in den Peripheriebereichen und die EMIF-Adressen befinden sich im externen RAM-Bereich. Der Keil-Compiler verwendet das Big-endian-Format für 16- und 32-bit-Variablen für PSoC 3 und little-endian für PSoC 5LP-Multibytevariablen.[68]

7.16.1 CPU-Zugriff

PSoC Creator unterstützt die folgenden Makros, um den Registerzugriff mit einem Bytetausch zu ermöglichen. Diese Makros dienen dem Zugriff auf Register, die in den ersten 64 kByte des 8051 externen Datenspeichers abgebildet sind:

---

[68] Im Gegensatz zum PSoC 3 Keil 8051-Compiler verwenden alle PSoC 5LP-Compiler das Little-endian-Format.

CY_GET_REG8(addr)
CY_SET_REG8(addr, value)
CY_GET_REG16(addr)
CY_SET_REG16(addr, value)
CY_GET_REG24(addr)
CY_SET_REG24(addr, value)
CY_GET_REG32(addr)
CY_SET_REG32(addr, value)

Die folgenden Makros können verwendet werden, um auf Register zuzugreifen, die über den ersten 64 kByte des 8051 externen Datenspeichers abgebildet sind

CY_GET_XTND_REG8(addr)
CY_SET_XTND_REG8(addr, value)
CY_GET_XTND_REG16(addr)
CY_SET_XTND_REG16(addr, value)
CY_GET_XTND_REG24(addr)
CY_SET_XTND_REG24(addr, value)
CY_GET_XTND_REG32(addr)
CY_SET_XTND_REG32(addr, value)

und sie behandeln die Übersetzung des Endian-Formats korrekt und können direkt auf PSoC 5LP-Compiler portiert werden.

7.16.2 Keil C 8051 Compiler-Schlüsselwörter (Erweiterungen)

Keil hat eine Reihe wichtiger Erweiterungen zum Satz von Schlüsselwörtern hinzugefügt, die von Standard-C bereitgestellt werden, z. B.

- _at_ – Variablen können an absoluten Speicheradressen platziert werden[69] mit:
    << memory_type > > type variable_name_at_constant;
  wobei *Speicher_typ* der Speichertyp der Variable, *Typ* der Variablentyp, *Variable_name* der Name der Variable und *Konstante* die Adresse der Variable sind.
- *alien* – wird verwendet, um PL/M-51-Routinen von C-Funktionen aufzurufen, indem sie zunächst mit dem *alien*-Funktionstypspezifizierer als extern deklariert werden, z. B.,

          extern alien char plm_func (int, char);
          char c_func (void) {

---

[69] Die absolute Adresse, die auf das Schlüsselwort _at_ folgt, muss den physischen Grenzen des Speicherplatzes für die Variable entsprechen. Der Cx51-Compiler prüft auf ungültige Adressspezifikationen und meldet diese.

7.16 Portierung von PSoC 3-Anwendungen auf PSoC 5LP

```
            int i;
            char c;
             for (i = 0; i < 100; i++) {
             c = plm_func (i, c);          /* call PL/M func */
            }
             return (c);
            }
```

Um C-Funktionen zu erstellen, die von PL/M-51-Routinen aufgerufen werden können, muss der *alien*-Funktionstypspezifizierer für einen fremden Funktionstyp in der C-Funktionsdeklaration verwendet werden, z. B.:

```
            alien char c_func (char a,  int b) {
                return (a * b);
        }
```

Parameter und Rückgabewerte von PL/M-51-Funktionen können bit, char, unsigned char, int und unsigned int sein. Andere Typen, einschließlich long, float und alle Arten von Zeigern, können in C-Funktionen mit dem *alien*-Typspezifikator deklariert werden. Diese Typen müssen jedoch mit Vorsicht verwendet werden, da PL/M-51 32-bit-Binärzahlen oder Fließkommazahlen nicht direkt unterstützt.

Öffentliche Variablen, die in einem PL/M-51-Modul deklariert sind, stehen C-Programmen zur Verfügung, indem sie wie jede C-Variable als extern deklariert werden.

- *bdata* – bitadressierbare Objekte können als Bits oder Wörter adressiert werden. Nur Datenobjekte, die den bitadressierbaren Bereich des internen Speichers des 8051 belegen, fallen in diese Kategorie.
- *bit* – definiert eine einzelne Bitvariable,[70] z. B.

```
                                            bit name << = value >>
```
wobei *name* der Name der Bitvariable und *wert* der zuzuweisende Wert sind.

Bitvariablen werden in einem Segment im internen Speicherbereich des 8051 gespeichert. In den meisten Fällen können Bitvariablen auf die gleiche Weise definiert und abgerufen werden wie jede andere Variable:

```
                                        bit doneFlag = 0;
```
Um Bitvariablen auf PSoC 5LP zu portieren, kann der Bittyp wie folgt neu definiert werden:

```
                                        #define bit uint8
```
Das folgende ist ein Beispiel für die Verwendung des Bittyps:

---

[70] Alle Bitvariablen werden in einem Bitsegment im internen Speicherbereich des 8051 gespeichert, der 16 Byte lang ist. Daher können maximal 128-bit-Variablen innerhalb eines Bereichs deklariert werden.

```
                 static bit done_flag = 0;       /* bit variable */


         bit testfunc (                /* bit function */
            bit flag1,                 /* bit arguments */
         bit flag2)
         {
              .
              .
              .
              return (0);              /* bit return value */
         }
```

- *code* – Der Programmspeicher (CODE) ist schreibgeschützt. Der Programmspeicher kann innerhalb der 8051-MCU liegen, extern sein oder beides. Obwohl die 8051-Architektur bis zu 64 kByte Programmspeicher unterstützt, kann der Programmspeicherplatz durch Code-Banking erweitert werden. Programmcode, einschließlich aller Funktionen und Bibliotheksroutinen, wird im Programmspeicher gespeichert. Konstante Variablen können ebenfalls im Programmspeicher gespeichert werden. Der 8051 führt Programme aus, die nur im Programmspeicher gespeichert sind. Auf den Programmspeicher kann von C-Programmen mit dem Typspezifizierer des Codespeichers zugegriffen werden.
- *compact* – Die Argumente und lokalen Variablen einer Funktion werden im Standardspeicherbereich gespeichert, der durch das Speichermodell angegeben wird. Es ist möglich, das zu verwendende Speichermodell für eine einzelne Funktion anzugeben, indem das Funktionsattribut *small, compact* oder *large* in der Funktionsdeklaration enthalten ist, z. B.:

```
              #pragma small            /* Default to small model */


      extern int calc (char i, int b) large reentrant;
      extern int func (int i, float f) large;
      extern void *tcp (char xdata *xp, int ndx) compact;


      int mtest (int i, int y)         /* Small model */
        {
           return (i * y + y * i + func(-1, 4.75));
        }
         int large_func (int i, int k) large  /* Large model */
           {
              return (mtest (i, k) + 2);
           }
```

7.16 Portierung von PSoC 3-Anwendungen auf PSoC 5LP

Der Vorteil von Funktionen, die das SMALL-Speichermodell verwenden, besteht darin, dass die lokalen Daten und Parameter der Funktionsargumente im internen 8051-RAM gespeichert werden. Daher ist der Datenzugriff sehr effizient. Da der interne Speicher begrenzt ist, kann das kleine Modell die Anforderungen eines sehr großen Programms möglicherweise nicht erfüllen, in welchem Fall andere Speichermodelle verwendet werden müssen. In solchen Fällen kann eine Funktion deklariert werden, die ein anderes Speichermodell verwendet, wie oben gezeigt.

Durch Angabe des Funktionsmodellattributs in der Funktionsdeklaration ist es möglich anzugeben, welcher der drei möglichen ablaufinvarianten Stacks und die zugehörigen Framezeiger verwendet werden sollen.[71]

- *data* – dieser Speicherspezifizierer bezieht sich immer auf die ersten 128 Byte des internen Datenspeichers.[72]
- *far* – Dieses Schlüsselwort ermöglicht den Zugriff auf Variablen und Konstanten im externen Speicher mit 24-bit-Adressen. Für Variablen ist der *far*-Speicher auf 16 Megabyte begrenzt. Objekte sind auf 64k begrenzt und dürfen eine 64k-Grenze nicht überschreiten. Konstanten (ROM-Variablen) sind auf 16 Megabyte begrenzt.
- *idata* – dieser Speicherspezifizierer bezieht sich auf alle 256 Byte des internen Datenspeichers, erfordert jedoch eine indirekte Adressierung, die langsamer ist als die direkte Adressierung.
- *interrupt* – Interrupts können zum Zählen, zum Timing, zur Erkennung externer Ereignisse und zum Senden/Empfangen von Daten über eine serielle Schnittstelle verwendet werden.[73]
- *large* – wählt das große Speichermodell aus, in dem alle Variablen und lokalen Datensegmente von Prozeduren/Funktionen im externen Speicher gehalten werden.
- *pdata* – dieser Speichertyp wird nur zur Deklaration von Variablen verwendet und auf ihn wird indirekt durch 8-bit-Adressen einer Seite einer 256-Byte-Seite des externen Daten-8051-RAM zugegriffen.
- *_priority_* – dieses Schlüsselwort gibt die Priorität einer Aufgabe an, z. B.,
  ```
  void func (void) _task_ num _priority_ pri
  ```
  wo *num* eine Aufgaben-ID-Nummer und *pri* die Priorität der Aufgaben sind.
- *reentrant* – erlaubt es, Funktionen als ablaufinvariant zu deklarieren und daher rekursiv aufzurufen, z. B.
  ```
          int calc (char i, int b) reentrant {
      int  x;
      x = table [i];
  ```

---

[71] Beachten Sie, dass der Stackzugriff im SMALL-Modell effizienter ist als im LARGE-Modell.
[72] Auf Variablen, die an dieser Stelle gespeichert sind, wird mit direkter Adressierung zugegriffen.
[73] 32 Interrupts befinden sich in der Sprungtabelle ab der Adresse 0003h bis einschließlich 00FBh.

```
            return (x * b);
}
```

Small, compact und *large* ablaufinvariante Modellfunktionen simulieren jeweils den ablaufinvarianten Stack in den Speichern *idata, pdata* und *xdata*. Bittypfunktionsargumente dürfen nicht verwendet werden und lokale Bitskalare sind ebenfalls nicht verfügbar. Die Fähigkeit zur Ablaufinvarianz unterstützt keine bitadressierbaren Variablen. Ablaufinvariante Funktionen dürfen nicht von *alien*-Funktionen aufgerufen werden und können nicht den *alien*-Attributspezifizierer verwenden, um PL/M-51-Argumentübergabekonventionen zu aktivieren. Eine ablaufinvariante Funktion kann gleichzeitig andere Attribute haben, wie z. B. die Verwendung eines Interrupts, und kann ein explizites Speichermodellattribut enthalten (*small, compact, large*).

Rückgabeadressen werden im 8051-Hardwarestack gespeichert. Alle anderen erforderlichen PUSH- und POP-Operationen beeinflussen ebenfalls den 8051-Hardwarestack. Obwohl ablaufinvariante Funktionen mit unterschiedlichen Speichermodellen gemischt werden können, muss jede ablaufinvariante Funktion ordnungsgemäß prototypisiert und ihr Speichermodellattribut im Prototyp enthalten sein. Dies ist notwendig, damit aufrufende Routinen die Funktionsargumente im richtigen ablaufinvarianten Stack platzieren können.[74] Zum Beispiel, wenn die ablaufinvarianten Funktionen *small* und *large* in einem Modul deklariert sind, werden sowohl der ablaufinvariante Stack *small* als auch der ablaufinvariante Stack *large* zusammen mit zwei zugehörigen Stackzeigern (einer für *small* und einer für *large*) erstellt.

- sbit – definiert ein Bit innerhalb eines speziellen Funktionsregisters (SFR). Es wird auf eine der folgenden Arten verwendet:

```
            sbit name = sfr-name ^ bit-position;
            sbit name = sfr-address ^ bit-position;
            sbit name = sbit-address;
```

wobei *name* der Name des SFR-Bits, *sfr-name* der Name eines zuvor definierten SFR, *bit-position* die Position des Bits innerhalb des SFR, *sfr-address* die Adresse eines SFR und *sbit-address* die Adresse des SFR-Bits sind, z. B.

```
/* define the sbit */
sbit PIN1_6 = SFRPRT1DR^6;
/* access the sbit */
PIN1_6 = 1;
```

---

[74] Jedes der drei möglichen ablaufinvarianten Modelle enthält seinen eigenen ablaufinvarianten Stackbereich und -zeiger.

7.16 Portierung von PSoC 3-Anwendungen auf PSoC 5LP

Das *sbit*-Schlüsselwort wird in PSoC 3 für einen schnelleren Zugriff auf Bits in bestimmten Registern verwendet, kann jedoch nicht in PSoC 5LP verwendet werden. Stattdessen sollten die C-Bit-Manipulationsoperatoren und -makros verwendet werden, z. B.
CY_SET_REG8(CYDEV_IO_PRT_PRT1_DR,
CY_GET_REG8(CYDEV_IO_PRT_PRT1_DR) |
  0x40;

Es ist oft notwendig, auf einzelne Bits innerhalb eines SFR zuzugreifen, und der *sbit*-Typ bietet Zugriff auf bitadressierbare SFR und andere bitadressierbare Objekte, z. B.
```
sbit EA = 0xAF;
```
Diese Deklaration definiert *EA* als das SFR-Bit an der Adresse *0xAF*, welches das Bit *enable all* im Register *interrupt enable* ist.

Die Speicherung von Objekten, auf die mit *sbit* zugegriffen wird, wird als little-endian (LSB zuerst) angenommen. Dies ist das Speicherformat des *sfr16*-Typs, aber es ist das Gegenteil der Speicherung von int- und long-Datentypen. Vorsicht ist geboten, wenn *sbit* verwendet wird, um auf Bits innerhalb von Standarddatentypen zuzugreifen. Jeder symbolische Name kann in einer *sbit*-Deklaration verwendet werden. Der Ausdruck rechts vom Gleichheitszeichen gibt eine absolute Bitadresse für den symbolischen Namen an. Es gibt drei Varianten zur Angabe der Adresse:
```
sbit name = sfr-name ^ bit-position;
```
Das zuvor deklarierte SFR (*sfr-name*) ist die Basisadresse für das *sbit* und es muss durch 8 teilbar sein. Die Bitposition, die eine Zahl von 0 bis 7 sein muss, folgt dem Caret-Symbol (^) und gibt die zugreifende Bitposition an, z. B.

```
sfr  PSW = 0xD0;
sfr  IE  = 0xA8;
sbit OV  = PSW^2;
sbit CY  = PSW^7;
sbit EA  = IE^7;
```

```
sbit name = sfr-address ^ bit-position;
```
Eine Zeichenkonstante (*sfr-address*) gibt die Basisadresse für das *sbit* an und muss durch 8 teilbar sein. Die Bitposition (die eine Zahl von 0 bis 7 sein muss) folgt dem Caret-Symbol (^) und gibt die zu zugreifende Bitposition an, z. B.

```
sbit OV = 0xD0^2;
sbit CY = 0xD0^7;
sbit EA = 0xA8^7;
```

```
sbit name = sbit-address;
```

Eine Zeichenkonstante (*sbit-address*) gibt die Adresse des *sbit* an. Es muss ein Wert von 0x80 bis 0xFF sein, z. B.

```
            sbit OV = 0xD2;
    sbit CY = 0xD7;
    sbit EA = 0xAF;
```

Nur SFR, deren Adresse gleichmäßig durch 8 teilbar ist, sind bitadressierbar und das untere Nibble der SFR-Adresse muss 0 oder 8 sein. Zum Beispiel sind SFR bei 0xA8 und 0xD0 bitadressierbar, während SFR bei 0xC7 und 0xEB nicht bitadressierbar sind. Um eine SFR-Bitadresse zu berechnen, addiert man die Bitposition zur SFR-Byteadresse, z. B.: Um auf Bit 6 im SFR bei 0xC8 zuzugreifen, wäre die SFR-Bitadresse 0xCE (0xC8 + 6). Spezielle Funktionsbits stellen eine unabhängige Deklarationsklasse dar, die möglicherweise nicht mit anderen Bitdeklarationen oder Bitfeldern austauschbar ist. Der *sbit*-Datentypspezifizierer kann verwendet werden, um auf einzelne Bits von Variablen zuzugreifen, die mit dem *bdata*-Speichertypspezifizierer deklariert wurden. *sbit*-Variablen müssen außerhalb des Funktionskörpers deklariert werden.

- *sfr* – definiert ein spezielles Funktionsregister (SFR). Es wird wie folgt verwendet:

```
            sfr name = address;
```

wobei *name* der Name des SFR und *address* die Adresse des SFR sind. SFR werden auf die gleiche Weise deklariert wie andere C-Variablen, außer dass der angegebene Typ sfr anstelle von char oder int ist, z. B.

```
        sfr P0 = 0x80;    /* Port-0, address 80h */
    sfr P1 = 0x90;    /* Port-1, address 90h */
    sfr P2 = 0xA0;    /* Port-2, address 0A0h */
    sfr P3 = 0xB0;    /* Port-3, address 0B0h */
```

P0, *P1*, *P2* und *P3* sind die SFR-Namensdeklarationen.[75] Die Adressspezifikation nach dem Gleichheitszeichen muss eine numerische Konstante sein. *sfr*-Variablen müssen außerhalb des Funktionskörpers deklariert werden.

- *sfr16* – definiert ein 16-bit-Spezialfunktionsregister (SFR) und wird wie folgt implementiert:

```
            sfr16 name = address;
```

wobei *name* der Name des 16-bit SFR und *address* die Adresse des 16-bit-SFR ist. Der Cx51-Compiler bietet den *sfr16*-Datentyp an, um auf zwei 8-bit-SFR als ein einzelnes 16-bit-SFR zuzugreifen.

---

[75] Namen für *sfr*-Variablen werden genauso definiert wie andere C-Variablendeklarationen und jeder symbolische Name kann in einer *sfr*-Deklaration verwendet werden.

7.16 Portierung von PSoC 3-Anwendungen auf PSoC 5LP

Der Zugriff auf 16-bit-SFR mit *sfr16* ist nur möglich, wenn das niedrige Byte unmittelbar vor dem hohen Byte liegt (kleines Big-) und wenn das niedrige Byte zuletzt geschrieben wird. Das niedrige Byte wird als Adresse in der sfr16-Deklaration verwendet, z. B.

```
        sfr16 T2 = 0xCC;    /* Timer 2: T2L 0CCh, T2H 0CDh */
  sfr16 RCAP2 = 0xCA;  /* RCAP2L 0CAh, RCAP2H 0CBh        */
```

In diesem Beispiel werden *T2* und *RCAP2* als 16-bit-Spezialfunktionsregister deklariert. Die *sfr16*-Deklarationen folgen den gleichen Regeln wie für *sfr*-Deklarationen. Jeder symbolische Name kann in einer *sfr16*-Deklaration verwendet werden. Die Adressspezifikation nach dem Gleichheitszeichen muss eine numerische Konstante sein. Ausdrücke mit Operatoren sind nicht erlaubt. Die Adresse muss das niedrige Byte des *SFR*-Niederbyte-Hochbyte-Paares sein. Beim Schreiben auf *srf16* schreibt der vom Keil Cx51-Compiler generierte Code zuerst auf das hohe Byte und dann auf das niedrige Byte. In vielen Fällen ist dies nicht die gewünschte Reihenfolge, und daher, wenn die Reihenfolge, in der die Bytes geschrieben werden, wichtig ist, muss das sfr-Schlüsselwort verwendet werden, um die SFR byteweise zu definieren und zuzugreifen, um die Reihenfolge, in der auf die SFR zugegriffen wird, zu gewährleisten. *sfr16*-Variablen dürfen nicht innerhalb einer Funktion deklariert werden, sondern müssen außerhalb des Funktionskörpers deklariert werden.

- *klein* – Die Argumente und lokalen Variablen einer Funktion werden im Standardspeicherbereich gespeichert, der durch das Speichermodell festgelegt wird. Es ist jedoch möglich, das zu verwendende Speichermodell für eine einzelne Funktion anzugeben, indem das Funktionsattribut *small*, *compact* oder *large* in der Funktionsdeklaration enthalten ist, z. B.

```
          #pragma small         /* Default to small model */

  extern int calc (char i, int b) large reentrant;
  extern int func (int i, float f) large;
  extern void *tcp (char xdata *xp, int ndx) compact;
  int mtest (int i, int y)        /* Small model */
  {
    return (i * y + y * i + func(-1, 4.75));
  }
   int large_func (int i, int k) large /* Large model */
  {
   return (mtest (i, k) + 2);
  }
```

Der Vorteil von Funktionen, die das Speichermodell *SMALL* verwenden, besteht darin, dass die lokalen Daten und Funktionsargumentparameter im internen RAM des 8051 gespeichert werden. Daher ist der Datenzugriff sehr effizient. Gelegentlich kann das kleine Modell aufgrund des begrenzten internen Speichers die Anforderungen eines sehr großen Programms nicht erfüllen, und es müssen andere Speichermodelle verwendet werden. In diesem Fall muss eine Funktion deklariert werden, die ein anderes Speichermodell verwendet. Durch Angabe des Funktionsmodellattributs in der Funktionsdeklaration ist es möglich, auszuwählen, welcher der drei möglichen ablaufinvarianten Stacks und Framezeiger verwendet werden sollen.[76]

- *_task_* – dieses Schlüsselwort kennzeichnet eine Funktion als Echtzeitaufgabe bei Verwendung eines Betriebssystems mit Echtzeitmultitasking.[77]
- *using* – Die ersten 32 Byte des *DATA*-Speichers (*0x00-0x1F*) sind in vier Bänke zu je acht Registern gruppiert. Programme greifen auf diese Register als *R0-R7* zu. Die Registerbank wird durch 2 Bits des Programmstatusworts, *PSW*, ausgewählt. Registerbänke sind nützlich bei der Verarbeitung von Interrupts oder bei der Verwendung eines Echtzeitbetriebssystems, da die MCU zu einer anderen Registerbank für eine Aufgabe oder einen Interrupt wechseln kann, anstatt alle 8 Register auf dem Stack zu speichern. Die MCU kann dann vor der Rückkehr zur ursprünglichen Registerbank wechseln. Das Funktionsattribut *using* gibt an, welche Registerbank eine Funktion verwendet, z. B.

```
void rb_function (void) using 3
{
.
.
.
}
```

Das Argument für das Attribut *using* ist eine Ganzzahlkonstante von 0 bis 3. Das Attribut *using* ist in Funktionsprototypen nicht erlaubt und Ausdrücke mit Operatoren sind nicht erlaubt. Das Attribut *using* beeinflusst den Objektcode der Funktion wie folgt:

- Die aktuell ausgewählte Registerbank wird bei Funktionseintritt auf dem Stack gespeichert.
- Die angegebene Registerbank wird eingestellt.

---

[76] Der Stackzugriff im SMALL-Modell ist effizienter als im LARGE-Modell.
[77] Die Keil RTX51 Full- und RTX51 Tiny-Kerne [6] unterstützen sowohl die Echtzeitsteuerung als auch Multitasking, um mehrere Operationen gleichzeitig auszuführen und Operationen durchzuführen, die innerhalb eines vordefinierten Zeitraums erfolgen müssen.

7.16 Portierung von PSoC 3-Anwendungen auf PSoC 5LP

- Die vorherige Registerbank wird vor dem Verlassen der Funktion wiederhergestellt.

Das folgende Beispiel zeigt, wie das Funktionsattribut *using* angegeben wird und wie der generierte Assemblercode für den Funktionseintritt und -austritt aussieht.

```
stmt  level   source
1
2             extern bit alarm;
3             int alarm_count;
4             extern void alfunc (bit b0);
5
6             void falarm (void) using 3 {
7     1           alarm_count++;
8     1           alfunc (alarm = 1);
9     1       }


            ASSEMBLY LISTING OF GENERATED OBJECT CODE


; FUNCTION falarm (BEGIN)
   0000 C0D0           PUSH   PSW
      0002 75D018      MOV    PSW,#018H
                              ; SOURCE LINE # 6
                              ; SOURCE LINE # 7
      0005 0500   R    INC    alarm_count+01H
      0007 E500   R    MOV    A,alarm_count+01H
      0009 7002        JNZ    ?C0002
      000B 0500   R    INC    alarm_count
      000D ?C0002:
                       ; SOURCE LINE # 8
      000D D3          SETB   C
      000E 9200   E    MOV    alarm,C
      0010 9200   E    MOV    ?alfunc?BIT,C
      0012 120000 E    LCALL  alfunc
                       ; SOURCE LINE # 9
      0015 D0D0        POP    PSW
      0017 22          RET
                    ; FUNCTION falarm (END)
```

Im vorherigen Beispiel speichert der Code, der bei Offset *0000h* beginnt, das ursprüngliche *PSW* auf dem Stack und setzt die neue Registerbank. Der Code, der bei Offset *0015h* beginnt, stellt die ursprüngliche Registerbank wieder her, indem das ursprüngliche *PSW* vom Stack *gepoppt* wird.

Das Attribut *using* darf nicht in Funktionen verwendet werden, die einen Wert in Registern zurückgeben. Es sollte äußerste Vorsicht angewendet werden, um sicherzustellen, dass Registerbankwechsel nur in sorgfältig kontrollierten Bereichen durchgeführt werden. Ein Versäumnis dies zu tun, kann zu falschen Funktionsergebnissen führen. Selbst wenn die gleiche Registerbank verwendet wird, können Funktionen, die mit dem *using*-Attribut deklariert sind, keinen Bitwert zurückgeben. Das *using*-Attribut ist am nützlichsten bei der Implementierung von Interrupt-Funktionen. Normalerweise wird für jede Interrupt-Prioritätsstufe eine andere Registerbank angegeben. Daher kann eine Registerbank für den gesamten Nicht-Interrupt-Code, eine zweite Registerbank für den Interrupt auf hoher Ebene und eine dritte Registerbank für den Interrupt auf niedriger Ebene verwendet werden.

- *xdata* – Ein externer Datenspeicher ist lesbar/schreibbar. Da auf den externen Datenspeicher indirekt über ein Datenzeigerregister (das mit einer Adresse geladen werden muss) zugegriffen wird, ist der Zugriff langsamer als der Zugriff auf den internen Datenspeicher. Auf den *XRAM*-Bereich wird mit den gleichen Befehlen wie auf den traditionellen externen Datenspeicher, der über dedizierte Chipkonfigurations-*SFR*-Register aktiviert wird, zugegriffen und überlappt den externen Speicherbereich.

Obwohl es bis zu 64 kByte externen Datenspeicher geben kann, muss dieser Adressraum nicht als Speicher verwendet werden. Ein Hardwaredesign kann Peripheriegeräte in den Speicherbereich mappen, so dass das Programm, was wie externer Datenspeicher erscheint, zugreift, um das Peripheriegerät zu programmieren und zu steuern.[78] Der C5- Compiler bietet zwei Speichertypen, die auf externe Daten zugreifen: *xdata* und *pdata*. Der *xdata*-Speicherspezifizierer bezieht sich auf eine beliebige Stelle im 64-kByte-Adressraum des externen Datenspeichers. Das große Speichermodell platziert Variablen in diesem Speicherbereich. Der *pdata*-Speichertypspezifizierer bezieht sich genau auf eine (1) Seite (256 Byte) des externen Datenspeichers. Das kompakte Speichermodell platziert Variablen in diesem Speicherbereich.

7.16.3 DMA-Zugriff

DMA-Transaktionsdeskriptoren können so programmiert werden, dass sie Bytes beim Übertragen von Daten tauschen.[79] Die Tauschgröße kann auf 2 Byte für 16-bit-Übertragungen oder 4 Byte für 32-bit-Übertragungen eingestellt werden. Die folgenden Beispiele behandeln 2- bzw. 4-Bytetausche:

```
CyDmaTdSetConfiguration(myTd, 2, myTd,
    TD_TERMOUT0_EN | TD_SWAP_EN);
```

---

[78] Dies wird in einigen Fällen als Memory-Mapped I/O bezeichnet.

[79] Der Bytetausch von DMA muss deaktiviert werden, wenn der Code auf PSoC 5LP portiert wird.

und,

$$\text{CyDmaTdSetConfiguration(myTd, 4, myTd,}$$
$$\text{TD\_TERMOUT0\_EN | TD\_SWAP\_EN |}$$
$$\text{TD\_SWAP\_SIZE4);}$$

7.16.3.1 DMA-Quell- und Zieladressen

PSoC 3n und PSoC 5LP haben den gleichen Typ von DMA-Controllern (DMAC), die 32-bit-Adressen sowohl für die Quelle als auch für das Ziel in zwei 16-bit-Registern speichern. Die obere Hälfte der Adressen für jeden DMA-Kanal wird wie folgt angegeben:

$$\text{DMA\_DmaInitalize(..., uppersrcAddr, upperDestAddr)}$$

und ähnlich werden die unteren Hälften der Adressen für jeden Transaktionsdeskriptor (TD) innerhalb eines DMA-Kanals wie folgt angegeben:

$$\text{CyDmaTdSetAddress(..., lowerSrcAddr, lowerDestAddr)}$$

Die Inhalte einer Zeigervariablen können nicht verwendet werden, um Quell- oder Zieladressen bereitzustellen, da der Keil 8051-Compiler einen 3-Byte-Zeiger verwendet, d. h., 2 Byte, die eine 16-bit-Absolutadresse darstellen, und ein drittes Byte für den verwendeten Speicherplatz.

Auf die Quelle im Flash kann wie folgt zugegriffen werden:

```
upperSrcAddr = (CYDEV_FLS_BASE) >> 16
SRAM for source or destination:
upperSrcAddr = 0;
upperDestAddr = 0;
```

und für ein Peripherieregister, für Quelle oder Ziel:
```
upperSrcAddr = 0;
upperDestAddr = 0;
```
Die obere Hälfte der PSoC 5LP-Adresse für SRAM oder Peripherieregister für Quelle oder Ziel wird wie folgt ausgedrückt:
```
upperSrcAddr = HI16(srcArray);
upperDestAddr = HI16(destArray);
```
und die untere Hälfte der Adresse mit Hilfe des LO16-Makros, das in der Datei „cytypes.h" definiert ist:
```
lowerSrcAddr = LO16(srcArray);
lowerDestAddr = LO16(destArray);
```
Adressen können auch mit Hilfe von bedingter Kompilierung gefunden werden:
```
#if (defined(__C51__))
 upperSrcAddr = 0;
#else /* PSoC 5 LP*/
 upperSrcAddr = HI16(srcArray);
#endif
```

7.16.4 Zeitverzögerungen

Die Funktion *CyDelay,* definiert in *CyLib.c,*, wird verwendet, um absolute Zeitverzögerungen zu erzeugen. Sie wählt die Anzahl der Schleifendurchläufe basierend auf dem Prozessortyp und der CPU-Geschwindigkeit aus. Die unterstützten Systemfunktionsaufrufe beinhalten:

- *void CyDelay(uint32 milliseconds)* erzeugt eine Verzögerung, die durch *uint32 milliseconds* spezifiziert ist.[80] Wenn die Taktkonfiguration zur Laufzeit geändert wird, dann wird die Funktion *CyDelayFreq* verwendet, um die neue *Bus Clock*-Frequenz anzugeben. *Cy delay* wird von mehreren Komponenten verwendet, daher kann eine Änderung der Taktfrequenz ohne Aktualisierung der Frequenzeinstellung für die Verzögerung dazu führen, dass diese Komponenten versagen. *CyDelay* wurde mit der Annahme implementiert, dass der Befehlscache aktiviert ist. Wenn der PSoC 5LP-Befehlscache deaktiviert ist, wird *CyDelay* doppelt so groß sein.[81]
- *void CyDelayUs(uint16 microseconds)* erzeugt eine Verzögerung, die durch *uint16 microseconds* spezifiziert ist.
- *void CyDelayFreq(uint32 freq)* setzt die *Bus Clock*-Frequenz, die verwendet wird, um die Anzahl der Zyklen zu berechnen, die für die Implementierung der durch *CyDelay* spezifizierten Verzögerung erforderlich sind. Die verwendete Frequenz basiert standardmäßig auf dem Wert, der von PSoC Creator zur Erstellungszeit bestimmt wurde.[82]
- *void CyDelayCycles(uint32 cycles)* führt zu einer Verzögerung für die angegebene Anzahl von Zyklen mittels einer softwarebasierten Verzögerungsschleife.

Es sollte beachtet werden, dass Softwareverzögerungen durch Interrupts beeinflusst werden können, daher muss man bei ihrer Verwendung Vorsicht walten lassen. Wenn genauere Verzögerungen erforderlich sind, kann ein Timer oder PWM verwendet werden. Eine einfache Assemblerverzögerung kann implementiert werden, indem ein Wert in den Akkumulator geladen und dekrementiert wird, bis der Wert 0 wird. Wenn mehrere Verzögerungen benötigt werden, kann der zu dekrementierende Wert für eine gegebene Verzögerung aus einer LUT geladen werden.

---

[80] Die Verzögerung basiert auf der in PSoC Creator standardmäßig eingegebenen Taktkonfiguration.

[81] *CyDelay*-Funktionen implementieren einfache softwarebasierte Verzögerungsschleifen, die dazu ausgelegt sind, die Bustaktfrequenz und andere Faktoren, z. B. Funktionsein- und -austritt, zu kompensieren, wenn die Verzögerungszeit relativ klein ist.

[82] 0: Verwenden Sie den Standardwert, Nicht-0: Setzen Sie den Frequenzwert.

7.17 Ablaufinvarianter Code

Der Keil-Compiler geht standardmäßig davon aus, dass Funktionen nicht ablaufinvariant sind, und verwendet daher feste Speicherorte im RAM, um die lokalen Variablen der Funktion zu speichern. Wenn die Funktion von verschiedenen Threads (wie Main- und Interrupt-Handler) oder rekursiv aufgerufen werden muss, dann muss sie speziell als ablaufinvariante Funktion definiert werden:

```
/* reentrant function declaration */
void delay (uint32) reentrant;
* reentrant function definition */
void delay (uint32 x) reentrant
    {
        . . .
    }
```

PSoC 5-Compiler definieren Funktionen als ablaufinvariant und unterstützen das Schlüsselwort *reentrant* nicht. Um Funktionen mit diesem Schlüsselwort auf PSoC 5LP zu portieren, kann *reentrant* ignoriert werden, indem es wie folgt neu definiert wird:

```
#define reentrant /**/
```

Der PSoC 3 Keil-Compiler bietet verschiedene Schlüsselwörter, um Variablen in verschiedenen Speicherbereichen des 8051 zu platzieren, wie in Abb. 7.30 gezeigt.

Schlüsselwörter wie *code*, *idata*, *bdata* und *xdata*, die Variablen in verschiedenen Speicherbereichen des 8051 platzieren, können auch ignoriert werden, wenn von PSoC 3 auf PSoC 5LP portiert wird, indem sie auf ähnliche Weise neu definiert werden [4].

7.18 Codeoptimierung

Ausführungsgeschwindigkeit und Codegröße sind oft zwei vorrangige Anliegen bei der Gestaltung eines eingebetteten Systems. Historisch gesehen haben Entwickler typischerweise versucht, von C und höheren Programmiersprachen abzuweichen, wenn sie zusätzliche Optimierung suchen und haben auf Assembler zurückgegriffen, insbesondere in

Abb. 7.30 Keil-Schlüsselwörter und zugehörige Speicherbereiche

Speicherplatz	Schlüsselwort
Interner Arbeitsspeicher	bit, data, idata, bdata
Interne SFRs	sfr, sbit
Externer Speicher	xdata
Code (Flash)	code

Abb. 7.31 Interne Speicheranordnung des 8051

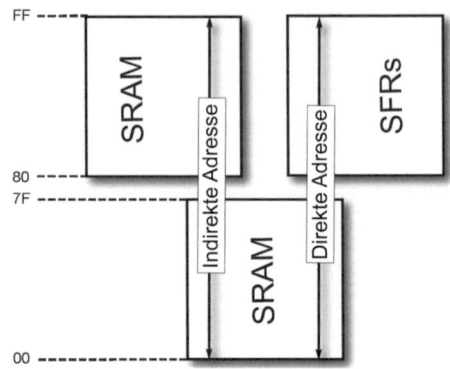

Fällen, die Mikrocontroller mit Mikroprozessoren der 8051-Klasse betreffen. Allerdings haben es Fortschritte in der Compiler-Technologie möglich gemacht, hocheffizienten C-Code zu schreiben, sowohl in Bezug auf Speicheranforderungen als auch auf Geschwindigkeit. Der Keil-Compiler hat eine Reihe von Keil-spezifischen Schlüsselwörtern hinzugefügt, die die Optimierung unterstützen, so dass Assemblercode möglicherweise vermieden werden kann. Allerdings werden diese Schlüsselwörter nicht unbedingt von Compilern für andere Prozessoren wie den Cortex-M3 in PSoC 5LP unterstützt.[83] Der Keil-Compiler unterstützt mehrere Optimierungsstufen, wobei Stufe 2 die Standardstufe in PSoC Creator ist. Stufe 3 optimiert den kompilierten Code in Bezug auf die Codegröße, indem redundante MOV-Operationen gelöscht werden, die in einigen Fällen einen signifikanten Einfluss auf sowohl Codegröße als auch Geschwindigkeit haben.

Der 8051-Kern ist ein 256-Byte-Adressraum, der 256-Byte-SRAM und eine große Anzahl von speziellen Funktionsregistern (SFR) enthält, wie in Abb. 7.31 gezeigt, und der 8051 ist am effizientesten, wenn er diesen Speicher nutzt. Wie in Abb. 7.31 gezeigt, sind die unteren 128 Byte SRAM und sowohl direkt als auch indirekt zugänglich. Die oberen 128 Byte enthalten weitere 128 Byte SRAM, die nur indirekt zugänglich sind. Der gleiche obere Adressraum enthält auch eine Reihe von SFR, die nur direkt zugänglich sind. Die Tab. 7.4 gibt Details zu Bytes im unteren Adressraum an, die in anderen Modi zugänglich sind. Die Speicherzuordnung für die ersten 256 Byte im Speicherbereich des 8051 ist in Abb. 7.32 dargestellt. des 8051 für Schlüsselworte

---

[83] PSoC Creator unterstützt eine Reihe von äquivalenten Makros, um das Portieren von Code von PSoC 3 auf PSoC 5LP zu erleichtern.

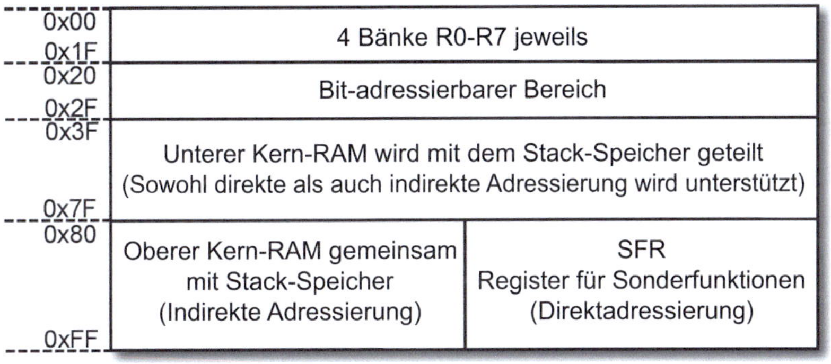

7.18 Codeoptimierung

0x00		
0x1F	4 Bänke R0-R7 jeweils	
0x20		
0x2F	Bit-adressierbarer Bereich	
0x3F		
	Unterer Kern-RAM wird mit dem Stack-Speicher geteilt (Sowohl direkte als auch indirekte Adressierung wird unterstützt)	
0x7F		
0x80	Oberer Kern-RAM gemeinsam mit Stack-Speicher (Indirekte Adressierung)	SFR Register für Sonderfunktionen (Direktadressierung)
0xFF		

Abb. 7.32 Interne Speicherzuordnung des 8051

Tab. 7.4 Speicherbereich

Speicherplatz	Schlüsselwort
Interner Arbeitsspeicher	bit, data, idata, bdata
Interne SFRs	sfr, sbit
Externer Speicher	xdata
Code (Flash)	code

7.18.1 Techniken zur Optimierung von 8051-Code[84]

Wann immer möglich, ist es ratsam [1] Bitvariablen für alle Variablen zu verwenden, die nur binäre Werte haben, d. h. 0 und nicht 0, und sie als Typ *bit* zu definieren, d. h.

$$\text{bit myvar;}$$

Die Verwendung von Bitvariablen ermöglicht es dem Compiler, das vollständige Set von 8051-Bitlevelassemblerbefehle zu nutzen, um sehr schnellen und kompakten Code zu erstellen, z. B.

```
myvar = ~myVar;
if (!myVar)
{
    ...
}
```

Das veranlasst den Compiler, die folgenden zwei Zeilen Assemblercode zu produzieren:

```
B200      CPL     myVar
200006    JB      myVar,?C0002
```

---

[84] In diesem Abschnitt wird häufig auf Assemblercode Bezug genommen. Der Leser wird jedoch gebeten, sich daran zu erinnern, dass der hier besprochene Code, sofern nicht anders angegeben, als Ausgabe des PSoC-C-Compilers angenommen wird und daher kein handcodierter, in Assemblersprache verfasster Quellcode ist.

Dieser benötigt 5 Byte Flash und acht CPU-Zyklen.

Wann immer möglich, sollte das Aufrufen von Funktionen aus in C geschriebenen Interrupt-Handlern vermieden werden. Der Keil C-Compiler speichert alle Registerinhalte, von denen er annimmt, dass sie durch den ISR geändert werden könnten, was zu einer erheblichen Menge an zusätzlichem Code führen kann, wie das folgende Beispiel zeigt:

```
CY_ISR(myISR)
{
UART_1_ReadRxStatus():
}
```

Das ist ein einfacher ISR, der bei Kompilierung den folgenden Assemblercode erzeugen kann:

```
C0F0    PUSH  B
C083    PUSH  DPH
C082    PUSH  DPL
C085    PUSH  DPH1
C084    PUSH  DPL1
C086    PUSH  DPS
58600   MOV   DPS,#00H
C000    PUSH  ?C?XPAGE1SFR
750000  MOV   ?C?XPAGE1SFR,#?C?XPAGE1RST
C0D0    PUSH  PSW
75D000  MOV   PSW,#00H
C000    PUSH  AR0
C001    PUSH  AR1
C002    PUSH  AR2
C003    PUSH  AR3
C004    PUSH  AR4
C005    PUSH  AR5
C006    PUSH  AR6
C007    PUSH  AR7
120000  LCALL UART_1_ReadRxStatus
D007    POP   AR7
D006    POP   AR6
D005    POP   AR5
D004    POP   AR4
D003    POP   AR3
D002    POP   AR2
D001    POP   AR1
D000    POP   AR0
D0D0    POP   PSW
D000    POP   ?C?XPAGE1SFR
D086    POP   DPS
D084    POP   DPL1
D085    POP   DPH1
D082    POP   DPL
D083    POP   DPH
D0F0    POP   B
D0E0    POP   ACC
32      RETI
```

7.18 Codeoptimierung

Ein besserer Ansatz wäre, in der ISR einen Flag in Form einer globalen Variable zu verwenden. Das Flag ist einfach ein einzelnes Bit, das von Hintergrundcode gelesen wird, der auf das Register zugreift, das das Flagbit enthält. Das folgende Beispiel ist ein Beispiel, bei dem ein Flag in Form einer globalen Variable vom Typ *bit* verwendet wird, das anschließend vom Hintergrundcode gelesen wird:

```
CYBIT flag;
CY_ISR(myISR)
{
    flag =1;
}

void main()
{
if (flag)
    {
      flag = 0;
      UART_1+_ReadRxStatus();
            ...
    }
}
```

Der ISR-Teil dieses Codes führt zu dem folgenden Assemblercode:

```
D200  SETB  flag
32    RETI
```

Das ist weniger als 10 % des vom vorherigen Beispiel erzeugten Assemblercodes. Es sollte jedoch beachtet werden, dass die Verwendung eines Flags auf diese Weise voraussetzt, dass das Statusregister, das das Flag enthält, oft genug überprüft wird, um den gewünschten Betrieb zu erzielen.

Das Platzieren von Variablen im internen Speicher des 8051 kann erhebliche Vorteile bringen. Die Position von Variablen im Speicher sollte auf der relativen Zugriffshäufigkeit basieren, z. B. sollten die am häufigsten zugegriffenen Variablen vom Typ *data* sein, die als Nächstes am häufigsten zugegriffenen vom Typ *idata* usw., ebenso für *pdata* und *xdata*. Wie bereits erwähnt, speichert der Keil-Compiler aufgrund des begrenzten Stackspeichers lokale Variablen an festen Speicherorten und teilt diese Speicherorte unter lokalen Variablen in Funktionen, die sich nicht gegenseitig aufrufen. Daher sollten Variablen innerhalb von Funktionen, wenn möglich, lokale Variablen sein, die es dem Keil-Compiler ermöglichen, solche Variablen in den Registern R0–R7 zu speichern. Das Dekrementieren von Schleifen ist effizienter, da es einfacher ist, auf 0 zu testen als auf einen Wert, der nicht 0 ist, wie die folgenden Beispiele zeigen:

Abb. 7.33 Task-Timing-Parameter

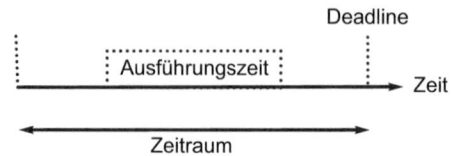

```
void main()
{
  data uint8 i;
  /* loop 10 times */
  for (i = 10; i != 0; i--)
    {
      ...
    }
}
```

wird kompiliert als:

```
75000A      MOV  i,#0AH  ; i = 10
            ?C0002:
E500        MOV  A,i     ; i != 0
6006        JZ   ?C0003
                         ...
1500        DEC  i       ; i--
80EF        SJMP ?C0002
            ?C0003:
```

Im Gegensatz zu:

```
void main()
{
   data uint8 i;
   /* loop 10 times */
   for (i = 0; i < 10; i++)
     {
       ...
     }
}
```

Das kompiliert als:

7.18 Codeoptimierung

```
E4          CLR  A   ;  i = 0
F500        MOV  i,A
            ?C0002:
E500        MOV  A,i ;  i < 10
C3          CLR  C
940A        SUBB A, #0AH
5006        JNC  ?C0003
                        ...
0500        INC  i   ;  i++
80EF        SJMP ?C0002
            ?C0003:
```

Bitvariablen können verwendet werden, um die Effizienz drastisch zu verbessern. Bitweise Assemblerbefehle können ebenfalls verwendet werden, um bitweise C-Operationen zu implementieren. Einige Beispiele für das Setzen von Bitvariablen werden sind nachfolgend gegeben:

```
uint8 x;
x |= 0x10;  /* set bit 4 */
x &= ~0x10; /* clear bit 4 */
x ^= 0x10;  /* toggle bit 4 */
if (x & 0x10) /* test bit 4 */
{
    ...
}
```

Der bitweise Assemblerbefehl im 8051 kann verwendet werden, um bitweise C-Operationen zu implementieren, indem das Schlüsselwort *sbit* und der ∧-Operator verwendet werden.[85]

Eine Methode ist gegeben durch:

```
/*myVar is located in idata at 202F */
        bdata uint8 myVar;
/* this is bit 4 of myVar */
        sbit mybit4 = myVar^4;
/* set bit 4*/
        mybit4 = 1;
/* clear bit 4 */
        mybit4 = 0;
/* toggle bit 4
        mybit4 = ~mybit4;
/* test bit 4 */
        if (mybit4)
{
    ...
}
```

---

[85] In dieser Diskussion ist der ∧-Operator nicht das in der Sprache C übliche exklusive oder (XOR).

Diese Methode kann auch für Variablen verwendet werden, die größer als 8 bit sind, z. B. uint16, uint32 usw. Es sollte beachtet werden, dass *sbit*- und *bdata*-Definitionen global und nicht lokal innerhalb einer Funktion sind. PSoC Creator bietet Unterstützung für *sbit*- und *sfr*-Schlüsselwörter wie folgt:

```
sfr  PSW = 0xD0;
sbit P   = PSW^0;
sbit F1  = PSW^1;
sbit OV  = PSW^2;
sbit RS0 = PSW^3;
sbit RS1 = PSW^4;
sbit F0  = PSW^5;
sbit AC  = PSW^6;
sbit CY  = PSW^7;
```

Alternativ kann ein bitadressierbares SFR verwendet werden, da SFR PSW das Programmstatuswort bei D0 enthält und daher direkt zugänglich ist. Das *sbit*-Schlüsselwort kann verwendet werden, um auf jedes der PSW-Bits mit der in diesem Abschnitt besprochenen Technik zuzugreifen, z. B.

```
F0 = ~F0;
```

(Die PSW-Bits F0 und F1 stehen für den allgemeinen Gebrauch zur Verfügung.) Der Akkumulator (*ACC*) und das *B*-Register können als temporäre SFR verwendet werden. Allerdings müssen die einzelnen Bits jedes einzelnen spezifisch definiert werden, z. B.

```
/* bit 4 of ACC SFR */
sbit A4 = ACC^4;
/* bit 3 of B SFR */
sbit B3 = B^3;
```

In diesem Fall kann ein schnellerer Bittest erreicht werden, indem man Folgendes verwendet:

```
/* assume return value is 8 bits */
ACC = UART_1_ReadRxStatus();
if (A4) /* test bit 4 */
{
    ...
}
```

Das B-Hilfsregister kann zur Speicherung verwendet werden, um Anweisungen wie MUL und DIV zu erleichtern oder um zwei 8-bit-Variablen zu wechseln

```
uint8 x, y;
B = x;
x = y;
y = B;
```

Zeiger werden häufig in eingebetteten Systemen verwendet und ihre Größe ist eine Funktion des verwendeten Adressraums, z. B. wird ein 64k-Adressraum 2-Byte-Zeiger

7.19 Echtzeitbetriebssysteme

benötigen, während größere Räume wie die von PSoC 5LP 4-Byte-Zeiger benötigen, um den Adressraum zu überbrücken. Allerdings verwendet der 8051-PSoC 3 mehrere Speicherräume von 256 bis 64 kByte und daher verwendet der Keil C-Compiler speicherspezifische und generische Zeiger.[86] Die Verwendung von speicherspezifischen Zeigern ist effizienter als die Verwendung von generischen Zeigern und daher sollten letztere nur verwendet werden, wenn der Speichertyp unbekannt ist.[87] Im 8051 kann ein generischer Zeiger verwendet werden, um auf Daten zuzugreifen, unabhängig davon, in welchem Speicher sie gespeichert sind. Er verwendet 3 Byte – das Erste ist der Speichertyp, das Zweite ist das höherwertige Byte der Adresse und das Dritte ist das niederwertige Byte der Adresse. Ein speicherspezifischer Zeiger verwendet nur 1 oder 2 Byte, abhängig vom angegebenen Speichertyp.

Das C-Schlüsselwort *const*, das zu einer Array-Deklaration oder Variablen hinzugefügt werden kann, wird verwendet, um zu verlangen, dass die Variable nicht geändert wird, kontrolliert aber nicht, wo die Variable gespeichert wird, z. B.:

```
const char testvar = 37;
void main()
{
char testvar2 = testvar;
}
```

Dies wird kompiliert als

```
900000    MOV DPTR,#testvar
E0        MOVX A,@DPTR ; MOVX accesses xdata space
900000    MOV DPTR,#testvar2
F0        MOVX @DPTR,A
```

und zeigt, dass die const-Variable *testvar* im Flash gespeichert und in eine im Startcode initialisierte SRAM-Position kopiert wird. Wenn nicht genügend SRAM vorhanden ist, um alle const-Variablen zu speichern, muss das Schlüsselwort *code* (oder CYCODE) in der Deklaration verwendet werden, d. h.:

---

[86] Ein generischer Zeiger kann verwendet werden, um auf Daten zuzugreifen, unabhängig davon, in welchem Speicher sie gespeichert sind. Er verwendet 3 Byte – das Erste ist der Speichertyp, das Zweite ist das höherwertige Byte der Adresse und das Dritte ist das niederwertige Byte der Adresse. Ein speicherspezifischer Zeiger verwendet nur 1 oder 2 Byte, abhängig vom angegebenen Speichertyp.

[87] Die Mehrheit der Keil-Bibliotheksfunktionen nimmt generische Zeiger als Argumente, und speicherspezifische Zeiger werden automatisch zu generischen Zeigern gecastet.

```
code const char testvar = 37;
void main()
{
        char testvar2 = testvar;
}
```

Dann wird der entsprechende Assemblercode gegeben durch:

```
900000   MOV  DPTR,#testvar
E4       CLR  A
93       MOVC A,@A+DPTR  ; MOVC accesses code space
900000   MOV  DPTR,#testvar2
F0       MOVX @DPTR,A
```

Das bedeutet, dass const-Variable *testvar* im Flash gespeichert ist.

Arrays und Strings können im FLASH gespeichert werden, wie das folgende Beispiel zeigt:

```
const float code array[512] = { ... };
code const char hello[] = "Hello World";
```

Die Argumente für C-Funktionen werden typischerweise auf dem Hardwarestack der CPU übergeben. Der Keil-Compiler verwendet jedoch entweder Register *R0–R7* oder feste Speicherorte für die Übergabe solcher Argumente und überträgt keine Argumente über den Stack. Register werden verwendet, weil sie schneller sind und weniger Codebytes benötigen. Letzteres kann aufgrund der Begrenzung des Hardwarestacks des 8051 auf 256 Byte wichtig sein. Diese Methode hat jedoch einige Einschränkungen, wie in Tab. 7.5 gezeigt.

Wenn andere Arten von Argumenten beteiligt sind, können sie an festen Speicherorten übergeben werden. Soweit möglich, sollten nicht mehr als drei Funktionsargumente verwendet werden. Es gibt jedoch keine Garantie, dass der Compiler drei Argumente in Registern überträgt.

Argumente vom Typ *bit* werden immer an einem festen Speicherort im Bitbereich (interner Speicher) des 8051 übergeben und können nicht in einem Register übergeben werden. Bitvariablen sollten am Ende der Argumentliste einer Funktion deklariert werden, um die anderen Argumente konsistent mit denen, die in Tab. 7.5 gegeben sind, zu halten. Rückgabewerte von Funktionen werden wie in Tab. 7.6 beschrieben behandelt. Rückgabewerte vom Typ bit werden immer über Register übergeben. Wenn ein Funktionsargument der Rückgabewert einer anderen Funktion ist, sollte dieses Argument, wann immer möglich, das Erste in der Argumentliste sein.

Tab. 7.5 Übergabe von Argumenten über Register

Argument-Nummer	Char, 1-Byte-Zeiger	Int, 2-Byte-Zeiger	Long, float	Generischer Zeiger
1	R7	R7, R6 (MSB)	R7-R4 (MSB)	R3 (Mem-Typ) R2 (MSB) R1
2	R5	R5, R4 (MSB)	R7-R4 (MSB)	R3 (Mem-Typ) R2 (MSB) R1
3	R3	R3, R2 (MSB)	-	R3 (Mem-Typ) R2 (MSB) R1

Tab. 7.6 Rückgabewerte von Funktionen über Register

Rückgabetyp	Register
Bit	Carry-Flag
char, 1-Byte-Zeiger	R7
int, 2-Byte-Zeiger R7, R6 (MSB)	R7, R6 (MSB)
long, float	R7-R4 (MSB)
Generischer Zeiger	R3 (Mem-Typ), R2 (Mem-Typ), R1

7.19 Echtzeitbetriebssysteme

In einem typischen eingebetteten System sind oft mehrere Aufgaben[88] beteiligt, die Anforderungen an den Austausch und die gemeinsame Nutzung von Daten zwischen solchen Aufgaben stellen. Die Planung von Aufgaben[89] und die gemeinsame Nutzung von Ressourcen in diesen Fällen könne manchmal erheblich erleichtert werden, indem ein

---

[88] Einige Aufgaben müssen parallel bearbeitet werden, andere in serieller Reihenfolge. Diese Aktivitäten werden zusammen als Multitasking bezeichnet.
[89] Aufgaben werden auch als Prozesse bezeichnet und im gegenwärtigen Kontext werden die beiden Begriffe als gleichwertig betrachtet.

Echtzeitbetriebssystem[90] eingeführt wird, so dass Aufgaben unter Berücksichtigung spezifischer, vordefinierter Zeitbeschränkungen verarbeitet werden. Diese Art von Betriebssystem wird als Echtzeitbetriebssystem oder RTOS bezeichnet.[91] Der Mehrheit der beliebten Mikrocontroller fehlt der Speicherplatz, die Ausführungsgeschwindigkeit und/oder andere Ressourcen, um ein RTOS ausreichend zu unterstützen. Die ARM-Architektur des PSoC 5LP, seine Taktfrequenz (maximal 67 MHz), der RAM-Speicher (4 GB) und andere Ressourcen sind jedoch ausreichend, um ein Echtzeitbetriebssystem (RTOS) wie FreeRTOS zu unterstützen.[92]

Die Rolle des Echtzeitbetriebssystems besteht darin, eine Umgebung bereitzustellen, die in der Lage ist, die verfügbaren Ressourcen zu verwalten und eine Vielzahl von Diensten für Aufgaben bereitzustellen, z. B.

- Verwaltung von Systemressourcen und CPU,
- Sicherstellung, dass Aufgaben in einer vordefinierten Art und Weise und innerhalb der vorgegebenen Zeitbeschränkungen behandelt werden,
- Handhabung der Datenbewegung und Kommunikation zwischen Aufgaben,
- effiziente Verwaltung der RAM-Zuweisung und Nutzung,
- Bestimmung, welche Ressourcen geteilt werden können und welche exklusiv zugewiesen sind,
- Reaktion auf Ereignisse,
- Zuweisung von Prioritäten zu Aufgaben,
- Koordination von internen und externen Ereignissen,
- Synchronisierung von Aufgaben und
- Handhabung von rechen- und I/O-gebundenen Aufgaben.

7.19.1 Aufgaben, Prozesse, Multithreading und Nebenläufigkeit

Aufgaben können sich in verschiedenen Zuständen befinden, z. B. laufend, bereit (ausstehend oder angehalten) und blockiert (verzögert, ruhend oder wartend). Wenn das eingebettete System das Multitasking in optimierter Weise einsetzen soll, müssen rechenintensive und I/O-intensive Aufgaben Prioritäten zugewiesen bekommen, damit der Executive eine Grundlage für die Zuweisung der Ausführungsreihenfolge der Aufgaben hat. Dieser Ansatz ermöglicht es, dass Aufgaben mit niedrigerer Priorität von Aufgaben höhe-

---

[90] Ein Echtzeitbetriebssystem ist eine Art von Betriebssystem, das eine oder mehrere Antworten innerhalb vordefinierter Zeiträume liefert.

[91] Echtzeitbetriebssysteme werden auch als Echtzeit-Executives und -kernels bezeichnet.

[92] *OpenRTOS*[TM] ist eine kommerziell lizenzierte und unterstützte Version von FreeRTOS, die voll ausgestattete professionelle USB-, Dateisystem- und TCP/IP-Komponenten enthält. OpenRTOS ist eine kommerzielle Version von FreeRTOS und wird unter Lizenz bereitgestellt.

7.19 Echtzeitbetriebssysteme

rer Ordnung durch den Scheduler verdrängt werden. Im Falle der Round-Robin-Planung von Aufgaben werden Aufgaben gleicher Priorität in einer vordefinierten Reihenfolge ausgeführt. Präemptive Planung weist die Reihenfolge der Aufgabenausführung auf der Grundlage des Konzepts zu, dass der Prozess mit der höchsten Priorität in einer Gruppe von wartenden Aufgaben zuerst ausgeführt wird, d. h., er *präemptiert* andere Aufgaben.

Jeder Aufgabe werden die notwendigen Ressourcen zugewiesen, z. B. RAM-Speicherplatz, ein Aufgabenstack, Programmzähler, I/O-Ports, Dateibeschreibungen, Register usw. Diese Ressourcen können mit anderen Aufgaben geteilt werden. Der Zustand eines Prozesses zu einem bestimmten Zeitpunkt wird durch den aktuellen Wert des Programmzählers, die Datenwerte im zugewiesenen Speicherbereich der Aufgabe und/oder den Registern bestimmt. Die CPU-Zeit wird jeder Aufgabe vom Betriebssystem zugewiesen, und wenn Aufgaben effektiv/effizient gleichzeitig laufen sollen, muss die CPU von einer Aufgabe zur anderen wechseln,[93] oft unabhängig davon, ob eine bestimmte Aufgabe abgeschlossen ist oder nicht, und dann zu einem späteren Zeitpunkt zu den unvollständigen Aufgaben zurückkehren, bis jeder Prozess abgeschlossen ist.[94] Wenn die CPU schnell genug zwischen den Aufgaben wechselt, wird gesagt, dass die Aufgaben *nebenläufig* laufen, oder alternativ werden sie als *nebenläufige Prozesse* bezeichnet. In einigen Betriebssystemen wechselt die CPU die Ausführung von Aufgaben in festen Intervallen, eine Praxis, die als *Zeitscheibenverfahren* bezeichnet wird. Aufgaben, die auf ihre Ausführung warten, befinden sich in einem *Wartezustand*. Eine Aufgabe kann entweder nach Abschluss oder als Ergebnis eines "Kill-Befehls" beendet werden.[95] Typischerweise wird ein beendeter Prozess, ob abgeschlossen oder gekillt, aus dem Speicher entfernt und die zugehörigen Ressourcen werden freigegeben.

Ein *Thread* ist ein Satz von Anweisungen, der Zugriff auf Stackspeicher und Register hat, und die zugehörigen *Ressourcen*, die benötigt werden, um eine Aufgabe (Prozess) auszuführen. Aufgaben können *bereit, blockiert, laufend* oder *beendet* sein. Mehrere Threads werden verwendet, wenn Aufgaben gleichzeitig auftreten müssen und werden als *parallele Prozesse* bezeichnet. Ein Scheduler wird verwendet, um zu steuern, welche Aufgabe ausgeführt werden soll und wann sie ausgeführt werden soll. Ein *Dispatcher* startet jede Aufgabe, initiiert vier Intertaskkommunikationen oder jede erforderliche

---

[93] Dies wird typischerweise als *Kontextwechsel* bezeichnet.

[94] In dieser Diskussion wird davon ausgegangen, dass die CPU mit einer ausreichend hohen Taktrate arbeitet, um zwischen den Aufgaben wechseln zu können und dabei sicherzustellen, dass die Gesamtreaktion des Systems den Leistungskriterien des Systems entspricht. Einige Aufgaben werden möglicherweise nie abgeschlossen, während andere verschiedene Lebensdauern haben.

[95] Das *Killing* einer Aufgabe beinhaltet typischerweise das Senden eines Signals (Nachricht) an einen Prozess, um ihn zu beenden.

Interprozesskommunikation zum Austausch von Informationen zwischen Aufgaben. Mehrere Threads können in einer Einzel- oder Mehrprozessorumgebung laufen.[96]

Im Einzelprozessorfall wird der Prozessor von einem Thread zum anderen gewechselt, ein Modus, der als Multithreading auf der Basis von *Zeitmultiplexverfahren* bekannt ist. Wenn mehrere Prozessoren beteiligt sind, kann jeder einen einzelnen Thread ausführen. *Multithreading* bezieht sich auf das Vorhandensein von mehreren Threads innerhalb eines gegebenen Prozesses, die, obwohl sie unabhängig voneinander ausgeführt werden, die dem Prozess zugewiesenen Ressourcen teilen.

In einer Multithreadumgebung werden manchmal Semaphore[97] verwendet, um Kollisionen zu vermeiden, wenn Daten geändert werden. Es sollte jedoch beachtet werden, dass Threads *nicht* synonym mit Prozessen oder Aufgaben sind, z. B.

- Der Kontextwechsel von einem Thread zu einem anderen innerhalb eines gegebenen Prozesses ist in der Regel wesentlich schneller als der Kontextwechsel von Prozessen.
- Threads teilen den Adressraum, während Prozesse unabhängige Adressräume haben.
- Prozesse verlassen sich ausschließlich auf Interprozesskommunikationen, um Daten und Informationen auszutauschen.
- Prozesse sind in der Regel unabhängige Aufgaben, die Daten und/oder Ressourcen teilen können oder auch nicht.

Während die nebenläufige Verarbeitung eine Reihe von attraktiven Vorteilen bietet, die bei der sequenziellen Codeausführung nicht verfügbar sind, ist sie kein Allheilmittel. Wie Sutter und Larus [] bemerken, ist die Entwicklung von nebenläufigen Systemen keine leichte Aufgabe, obwohl, wie Lee [11] beobachtet, die Welt „hochgradig nebenläufig" ist und Menschen recht geschickt darin sind, nebenläufige Systeme zu analysieren.

7.19.2 Aufgabenplanung und -versand

Das RTOS enthält sowohl einen Scheduler als auch einen Dispatcher innerhalb des RTOS-*Kernel*. Das Betriebssystem ist verantwortlich für die Verwaltung von Speicher, I/O, Aufgaben, Dateisystem, Netzwerk und Interpretation von Befehlen. Tasksteuer-

---

[96] „Obwohl Threads nur ein kleiner Schritt von der sequenziellen Berechnung zu sein scheinen, stellen sie tatsächlich einen riesigen Schritt dar. Sie verwerfen die wesentlichsten und attraktivsten Eigenschaften der sequenziellen Berechnung: Verständlichkeit, Vorhersagbarkeit und Determinismus. Threads sind als Berechnungsmodell wild nicht deterministisch, und die Aufgabe des Programmierers besteht darin, diesen Nichtdeterminismus zu beschneiden." [11].

[97] Die einfachste Form eines Semaphors ist eine boolesche Variable oder eine Ganzzahl, die signalisiert, dass der Zugriff auf einen kritischen Codeabschnitt oder eine kritische Variable stattgefunden hat.

7.19 Echtzeitbetriebssysteme

blöcke ("task control blocks", TCB), entweder statisch oder dynamisch,[98] werden verwendet, um die wichtigen Informationen, die mit einer gegebenen Aufgabe verbunden sind, zu kapseln, z. B.

- zugeordnete CPU-Register,
- Inhalt des Programmzählers,
- Zustand eines Prozesses und eine zugeordnete ID,
- Liste der offenen Dateien,
- ein Zeiger auf eine Funktion.

Ein typisches RTOS verwendet eine Reihe von Klassen, die Kerneldienste unterstützen, die von den Anwendungsaufgaben aufgerufen werden können und beinhaltet Unterstützung für folgende Aufgaben:

- *Interprozesskommunikation* – die Übermittlung von Informationen zwischen Aufgaben wird durch Klassen verwirklicht wie Ereignisflags, Mailboxen,[99] Nachrichten, Warteschlangen,[100] Pipes, Timer, Mutexes[101] und Semaphoren.[102]
- *Aufgaben* verwalten die Programmausführung. Während jede Aufgabe unabhängig von anderen Aufgaben ist, können Aufgaben über Datenstrukturen, I/O und andere Konstrukte interagieren. Die Kommunikation zwischen Aufgaben verwendet Semaphore, Nachrichtenwarteschlangen, Pipes, gemeinsamen Speicher, Signale, Mailslots und Sockets.
- *Kerneldienstroutinen* verarbeiten *Kerneldienstanfragen*, die von einer Anwendung initiiert wurden, um Betriebssystemfunktionen bereitzustellen, die von der Anwendung benötigt werden.

---

[98] Statische TCB-Zuweisung impliziert, dass TCB erstellt und beibehalten werden, während dynamische TCB typischerweise gelöscht werden, sobald eine Aufgabe abgeschlossen oder beendet wurde.

[99] Nachrichten und Mailboxen werden verwendet, um Daten zwischen einem Sender und einem Empfänger zu übertragen.

[100] Warteschlangen werden verwendet, um Daten zwischen einem Produzenten und einem Konsumenten zu übergeben.

[101] Mutexes sind binäre Flags, die sicherstellen, dass gemeinsam genutzter Code auch gegenseitig exklusiv ist. So können mehrere Aufgaben eine Ressource nutzen, aber die Ressource kann immer nur von einer Aufgabe gleichzeitig genutzt werden.

[102] Semaphoren können auch Konstrukte sein, die zur Synchronisation von Aufgaben und Ereignissen verwendet werden. Das Konzept der Semaphore wurde von Edsger Dijkstra, einem niederländischen Informatiker, eingeführt, der auch zur Abschaffung der *GOTO*-Anweisung, zur Erstellung der umgekehrten polnischen Notation (RPN) und eines Multitaskingbetriebssystems namens „THE" beigetragen hat.

- *Interrupts* sind ein wichtiger Aspekt eines RTOS, insbesondere in Bezug auf die Priorisierung von Aufgaben. Allerdings ist die Priorisierung allein nicht ausreichend, um sicherzustellen, dass Aufgaben rechtzeitig bearbeitet werden.

Planung kann entweder takt- oder prioritätsgesteuert sein. Planungsvariablen wie Ankunftszeit, Berechnung, Frist, Endzeit, Verspätung, Periode und Startzeit werden verwendet, um Reaktionsfähigkeit zu garantieren und Latenz zu minimieren.

- *Ankunftszeit* wird definiert als der Zeitpunkt, zu dem eine Aufgabe bereit ist, ausgeführt zu werden.
- *Berechnungszeit* wird definiert als die Prozessorzeit, die benötigt wird, um die Ausführung einer Aufgabe ohne Unterbrechung abzuschließen.
- *Frist* wird definiert als der späteste Zeitpunkt, zu dem eine Aufgabe abgeschlossen sein muss.
- *Verspätung* wird definiert als die Zeit, die nach Ablauf der Frist benötigt wird, um eine Aufgabe abzuschließen.
- *Periode* wird definiert als die minimale Zeit, die zwischen der Freigabe der CPU vergeht.[103]
- *Startzeit* wird definiert als der Zeitpunkt, an dem die Aufgabe mit der Ausführung beginnt.

Jede Aufgabe hat eine Frist, eine Ausführungszeit und eine Periode, die mit ihr verbunden sind, wie in Abb. 7.33 gezeigt.

In den meisten Fällen sind die Frist und die Periode quantitativ gleich. Allerdings kann eine Aufgabe zu jedem Zeitpunkt innerhalb der Periode starten.

7.19.3 PSoC-kompatible Echtzeitbetriebssysteme

Es gibt eine Reihe von RTOS-Quellen, die als kommerzielle oder Freewareimplementierungen verfügbar sind und entweder PSoC 3 oder PSoC 5LP unterstützen. In diesem Abschnitt wird eine kurze Beschreibung einiger dieser Systeme gegeben. In einigen Fällen ist auch der Quellcode für das RTOS verfügbar, wie angegeben.

Micriμm[104] bietet eine kommerzielle Version von μC/OS III für PSoC 5LP. Es hat die folgenden Merkmale/Vorteile:

---

[103] In einigen RTOS-Umgebungen erhalten die Aufgaben mit den kürzesten Perioden die höchste Priorität.

[104] http://micrium.com. Der Quellcode ist verfügbar.

7.19 Echtzeitbetriebssysteme

- relativ kleiner Fußabdruck,[105]
- ist in ANSI C geschrieben,
- unterstützt eine Vielzahl von vom Benutzer auswählbaren Funktionen,
- verwendet *Round-Robin-Scheduling,*
- schützt kritische Bereiche durch Deaktivierung von Interrupts, während der Overhead minimiert und eine deterministische Interrupt-Antwort bereitgestellt wird,
- unterstützt eine beliebige, obwohl vom Benutzer auswählbare, Anzahl von Prioritäten,[106]
- ist speziell für eingebettete Systemanwendungen konzipiert,
- blockiert NULL-Zeiger, um sicherzustellen, dass Argumente innerhalb zulässiger Bereiche liegen,
- unterstützt die Benutzerallokation von Kernelobjekten zur Laufzeit,
- Ausführungszeiten sind nicht abhängig von der Anzahl der ausführenden Aufgaben,
- legt keine Beschränkungen für die maximale Aufgabengröße fest,[107]
- ermöglicht mehreren Aufgaben auf der gleichen Prioritätsstufe in einem vom Benutzer festgelegten, zeitgesteuerten Modus zu laufen,
- legt keine Beschränkungen für die Anzahl der Aufgaben, Semaphore, Mutexe, Ereignisflags, Nachrichtenwarteschlangen, Timer oder Speicherpartitionen fest,
- unterstützt die Überwachung des Stackwachstums von Aufgaben.

FreeRTOS[108] (PSoC 5) ist als Freeware verfügbar[109] und hat die folgenden Merkmale/Funktionen:

- minimaler ROM-, RAM- und Verarbeitungsoverhead,
- kleiner Fußabdruck,[110]
- ist relativ einfach,[111]
- sehr skalierbar,
- bietet eine kleinere/einfachere Echtzeitverarbeitungsalternative für Anwendungen, für die eCOS, eingebettetes Linux (oder Echtzeit-Linux) und uCLinux zu groß, nicht geeignet oder nicht verfügbar sind.

---

[105] Die Größe des Fußabdrucks wird teilweise durch die vom Benutzer auswählbaren Funktionen bestimmt.

[106] Typische eingebettete Systeme verwenden 32–256 Prioritätsebenen.

[107] Minimale Aufgabengrößen werden vorgegeben.

[108] http://www.freertos.org. Der Quellcode ist verfügbar.

[109] Die Dokumentation ist gegen eine geringe Gebühr erhältlich.

[110] Die typische Größe des Kernelbinärbilds liegt zwischen 4–9 kB.

[111] Der Kernelkern ist in drei C-Sprachdateien enthalten.

RTX51 Tiny[112] (PSoC 3) ist das Echtzeitbetriebssystem von Keil, das eine RTOS-Umgebung für Programme bietet, die auf Standard-C-Konstrukten basieren und mit dem Keil C51 C-Compiler kompiliert werden. Keil-Ergänzungen zur C-Sprache ermöglichen es, Aufgabenfunktionen zu deklarieren, ohne dass eine komplexe Stack- und Variablenrahmenkonfiguration erforderlich ist.

RTX51 (PSoC 3) bietet die folgenden Merkmale:

- Code-Banking, explizites Aufgabenschalten,
- Kennzeichnung der Aufgabenbereitschaft,
- Unterstützung des CPU-Leerlaufmodus,
- Benutzercodeunterstützung im Timermodus,
- Unterstützung der Intervallanpassung,
- Skalierbarkeit.

Der Fußabdruck kann minimiert werden, indem das Round-Robin-Umschalten deaktiviert[113] und die Stacküberprüfung und der unnötige Gebrauch von Systemfunktionen vermieden werden.

Die unterstützten Funktionen umfassen:

- isr_send_signal veranlasst, dass ein Signal an die Aufgabe des *task_id* gesendet wird. Wenn die Aufgabe bereits auf ein Signal wartet, wird sie zur Ausführung vorbereitet, ohne sie zu starten. Andernfalls wird das Signal im Signalflag der Aufgabe gespeichert.
- isr_set_ready versetzt die durch task_id angegebene Aufgabe in den Bereitschaftszustand. Diese Funktion kann nur von Interrupt-Funktionen aufgerufen werden. Die Funktion isr_send_signal gibt einen Wert von 0 zurück, wenn sie erfolgreich ist, und − 1, wenn die angegebene Aufgabe nicht existiert.
- os_clear_signal löscht das Signalflag der durch den *task_id* angegebenen Aufgabe.
- *os_create_task* veranlasst, dass eine Aufgabe als bereit markiert und bei der nächsten verfügbaren Gelegenheit ausgeführt wird.
- os_delete_task stoppt die durch den *task_id* identifizierte Aufgabe und entfernt sie aus der Aufgabenliste.
- os_reset_interval wird verwendet, um Timerprobleme zu korrigieren.
- os_running_task_id bestimmt den *task_id* für die gerade laufende Aufgabe.
- os_wait stoppt die aktuelle Aufgabe und wartet auf ein Ereignis wie ein Zeitintervall, ein Timeout oder ein Signal von einer anderen Aufgabe oder einen Interrupt.

---

[112] http://www.keil.com.

[113] Die Reduzierung des Round-Robin-Aufgabenwechsels reduziert auch die Anforderungen an den Datenspeicherplatz.

- os_switch_task ermöglicht es einer Aufgabe, die Ausführung zu stoppen und eine andere Aufgabe auszuführen. Wenn die aufrufende Aufgabe die einzige ist, die zur Ausführung bereit ist, wird sie sofort wieder ausgeführt.

Bei der Verwendung von PSoC 5LP mit einem Echtzeitbetriebssystem sollte beachtet werden, dass der Cortex M3-Kern numerisch niedrige Prioritätsnummern verwendet, um Interrupts mit HOHER Priorität darzustellen. Wenn einem Interrupt eine niedrige Priorität zugewiesen wird, darf er nicht die Priorität 0 (oder einen anderen niedrigen numerischen Wert) haben, da dies dazu führen kann, dass der Interrupt tatsächlich die höchste Priorität im System hat und zu einem Systemabsturz führen kann, wenn diese Priorität über *configMAX_SYSCALL_INTERRUPT_PRIORITY* liegt.

Die niedrigste Priorität auf einem Cortex M3-Kern ist 255.[114]

Wenn eine PSoC 5LP-Anwendung ihre eigene Implementierung einer Interrupt-Service-Routine bereitstellt, die auf die Kernel-API zugreift, muss die Priorität gleich oder numerisch größer als die *configMAX_SYSCALL_INTERRUPT_PRIORITY* sein, so dass sie effektiv eine niedrigere Priorität hat. Um eine angepasste Interrupt-Service-Routine zu installieren, rufen Sie die Funktion *Peripheral_StartEx(vCustomISR)* auf (wobei "Peripheral" der Name des Peripheriegeräts ist, auf das sich die ISR bezieht) und übergeben Sie die Interrupt-Service-Routine-Funktion, die ihren Prototyp als *C__ISR_PROTO(vCustomISR)* und die Funktion mit *CY_ISR(vCustomISR)*. deklariert hat.

In der Funktion *vInitialiseTimerForIntQTests()* in *IntQueueTimer.c* wird die ISR mit einem Aufruf von *isr_ High_ Frequency_ 2001Hz_ StartEx()* installiert. Jeder Port # definiert *"portBASE_TYPE"* als den effizientesten Datentyp für diesen Prozessor. Dieser Port definiert *portBASE_ TYPE* als Typ long.

7.20 Zusätzliche Referenzmaterialien

Es gibt eine Reihe wertvoller Ressourcen, die über www.cypress.com verfügbar sind, darunter Schulungsdokumente/-videos, Gerätedatenblätter, ein technisches Referenzhandbuch ("technical reference manual", TRM), Komponentendatenblätter, Systemreferenzhandbücher, Komponentenautorenleitfaden ("component author guide", CAG), Anwendungsnotizen, Beispielprojekte, Wissensbasisforen und verschiedene Foren, die dem Entwickler bei der Entwicklung der eingebetteten Systeme PSoC 3/PSoC 5LP helfen.

Die Gerätedatenblätter von PSoC 3/PSoC 5LP bieten eine Übersicht über die Funktionen, Gerätespezifikationen, Pinbelegungen und elektrische Spezifikationen der festen funktionalen Peripheriegeräte. Das technische Referenzhandbuch beschreibt die

---

[114] Verschiedene Cortex M3-Anbieter implementieren eine unterschiedliche Anzahl von Prioritätsbits und liefern Bibliotheksfunktionen, die erwarten, dass Prioritäten auf unterschiedliche Weise angegeben werden.

Funktionalität aller Peripheriegeräte im Detail und enthält die zugehörigen Registerbeschreibungen. Die Komponentendatenblätter enthalten die Informationen, die zur Auswahl und Verwendung einer Komponente sowie deren Funktionsbeschreibung, API-Dokumentation, Assembler- und C-Beispielquellcode und die relevanten elektrischen Eigenschaften der Komponente benötigt werden.

Das Systemreferenzhandbuch ("system reference guide", SRG) beschreibt die PSoC Creator *cy_boot*-Komponente. Diese Komponente wird automatisch in jedes Projekt von PSoC Creator[115] eingefügt und beinhaltet eine API, die von der Firmware mit folgenden Aufgaben verbunden wird:

- Taktung – PSoC 3/5 hat flexible Taktungsfähigkeiten, die im PSoC Creator durch Auswahl in den DWR-Einstellungen, die Verbindung von Taktungssignalen auf dem Entwurfsschaltplan und API-Aufrufe, die die Taktung zur Laufzeit ändern können, gesteuert werden können.
- DMA – Die DMAC-Dateien stellen die API-Funktionen für den DMA-Controller, die DMA-Kanäle und die Transferbeschreibungen bereit. Diese API ist die Bibliotheksversion, nicht der automatisch generierte Code, der erzeugt wird, wenn der Benutzer eine DMA-Komponente auf den Schaltplan setzt. Der automatisch generierte Code würde die APIs in diesem Modul verwenden.
- Flash-Linker-Skripte.[116]
- Energieverwaltung.[117]
- Start-up-Code – die *cy_boot*-Funktionalität beinhaltet einen Resetvektor, die Einrichtung des Prozessors zur Ausführung, die Einrichtung von Interrupts/Stacks, die Konfiguration des Zielgeräts, die Beibehaltung des Resetstatus und den Aufruf des main()-C-Einstiegspunkts.[118]

- Verschiedene Bibliotheksfunktionen:
  1. unit8 CyEnterCriticalSection(void) – deaktiviert Interrupts und gibt einen Wert zurück, der angibt, ob Interrupts zuvor aktiviert waren (der tatsächliche Wert hängt davon ab, ob das Gerät PSoC 3 oder PSoC 5LP ist).
  2. unit8 CyExitCriticalSection(void) – aktiviert Interrupts wieder, wenn sie vor dem Aufruf von CyEnterCriticalSection aktiviert waren. Das Argument sollte der Wert sein, der von CyEnterCriticalSection zurückgegeben wurde.

---

[115] Es kann nur eine einzige Instanz in einem Projekt enthalten sein, enthält keine symbolische Darstellung und ist nicht im Komponentenkatalog enthalten.

[116] Vergleiche Systemreferenzhandbuch, *cyboot*-Komponentendokument.

[117] ebd.

[118] Die Initialisierung von statischen/globalen Variablen und das Löschen aller verbleibenden statischen/globalen Variablen wird ebenfalls von *cy_boot* behandelt.

3. void CYASSERT(uint32 expr) – Makroauswertung eines Ausdrucks und wenn dieser falsch ist, d. h. zu 0 ausgewertet wird, dann wird der Prozessor angehalten. Dieses Makro wird ausgewertet, es sei denn, NDEBUG ist definiert, wenn nicht, dann wird der Code für dieses Makro nicht generiert. NDEBUG ist standardmäßig für eine Release-Build-Einstellung und nicht für eine Debug-Build-Einstellung definiert.
4. void CySoftwareReset(void) – erzwingt einen Softwarereset des Geräts, währenddessen der Start-up-Code erkennt, dass der Reset das Ergebnis eines Softwareresets war und der SRAM-Speicherbereich, der durch entsprechende Argumente angezeigt wird, nicht gelöscht wird. Wenn ein Teil dieses Bereichs Initialisierungszuweisungen hat, wird diese Initialisierung trotzdem durchgeführt.
5. void CyDelay(uint32 milliseconds) – ruft eine Verzögerung[119] um die angegebene Anzahl von Millisekunden auf. Standardmäßig basiert die Anzahl der Zyklen zur Verzögerung auf der Taktkonfiguration. Wenn die Taktkonfiguration zur Laufzeit geändert wird, dann wird die Funktion *CyDelayFreq* verwendet, um die neue Bustaktfrequenz anzugeben. CyDelay wird von mehreren Komponenten verwendet, daher kann eine Änderung der Taktfrequenz ohne Aktualisierung der Frequenzeinstellung für die Verzögerung dazu führen, dass diese Komponenten versagen.
6. void CyDelayUs(uint16 microseconds) – die Anzahl der Zyklen zur Verzögerung basiert standardmäßig auf der Taktkonfiguration. Wenn die Taktkonfiguration zur Laufzeit geändert wird, dann wird die Funktion *CyDelayFreq* verwendet, um die neue Bustaktfrequenz anzugeben. *CyDelayUs* wird von mehreren Komponenten verwendet, daher kann eine Änderung der Taktfrequenz ohne Aktualisierung der Frequenzeinstellung für die Verzögerung dazu führen, dass diese Komponenten versagen.
7. void CyDelayFreq(uint32 freq) – legt die Bustaktfrequenz fest, die zur Berechnung der Anzahl der Zyklen verwendet wird, die zur Implementierung einer Verzögerung mit *CyDelay* benötigt werden. Die verwendete Frequenz basiert standardmäßig auf dem Wert, der von PSoC Creator zur Build-Zeit bestimmt wurde.
8. void CyDelayCycles(uint32 cycles) – die Verzögerung, die durch die angegebene Anzahl von Zyklen bestimmt wird, wird durch eine softwarebasierte Verzögerungsschleife erzeugt.

---

[119] Die *CyDelay*-Funktionen implementieren einfache softwarebasierte Verzögerungsschleifen, die so ausgelegt sind, dass sie die Bustaktfrequenz und andere Faktoren kompensieren. Weitere Faktoren können auch die tatsächlich in der Schleife verbrachte Zeit beeinflussen, z. B. Funktionsein- und -austritt und andere Overheadfaktoren können auch die Gesamtzeit beeinflussen, die für die Ausführung der Funktion aufgewendet wird. Dies kann besonders auffällig sein, wenn die nominale Verzögerungszeit klein ist.

7.21 Empfohlene Übungen

7-1 Finden Sie mit der Mason-Regel den Verstärkungsfaktor für das unten dargestellte Signalflussdiagramm.

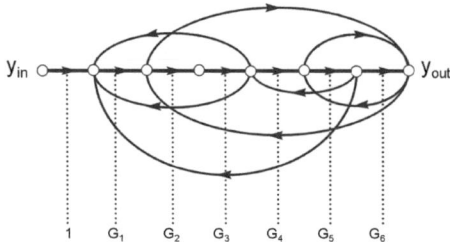

7-2 Erklären Sie die Unterschiede und Vorteile von Multithreading, Multitasking und sequenziellem Tasking. Beschreiben Sie ein physisches System, das alle drei verwendet. Warum wird gesagt, dass Threads nicht deterministisch sind?

7-3 Zeichnen Sie ein Blockdiagramm eines eingebetteten Systems, das ein Verkehrssignal, Fußgängersignale und Aktivierungstasten an einer vierseitigen Kreuzung steuert. Zeichnen Sie das/die Signaldiagramm(e) für ein solches System und diskutieren Sie, wie das Design geändert werden müsste, um Notfallfahrzeugen Vorrang zu gewähren.

7-4 Schreiben Sie zwei aufrufbare PSoC 3-Routinen, eine in C und eine in Assembler, die eine programmgesteuerte Verzögerung erzeugen, um variable Verzögerungszeiten zu ermöglichen. Kommentieren Sie die relative Geschwindigkeit und die jeweiligen Anforderungen an den Overhead.

7-5 Skizzieren Sie ein Beispiel für die Frequenzmodulation des in Abb. 5.14 dargestellten Sensorsignals.

7-6 Skizzieren Sie Abb. 5.10 in Form eines Signaldiagramms.

7-7 Erstellen Sie ein Zustandsdiagramm für eine Uhr, die Minuten, Stunden und Sekunden anzeigt.

7-8 Geben Sie ein Beispiel dafür, wie die RTX51-Funktionsaufrufe zur Erleichterung eines in C geschriebenen Programms zur Steuerung einer Ampel verwendet werden können. Nehmen Sie an, dass das Verkehrssteuerungssystem in der Lage ist, Notfallverkehr wie Feuerwehr, Krankenwagen, Polizeifahrzeuge usw. auf einer Prioritätsbasis zu behandeln, abhängig von der Art des Notfallfahrzeugs.

Abb. 7.34 Einfaches Zustandsdiagramm des Zählers

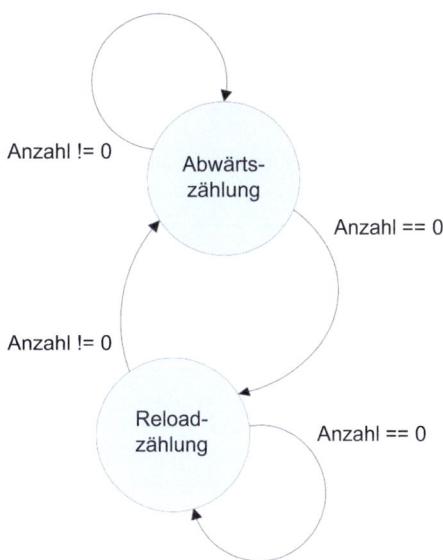

7-9 Beschreiben Sie das Design für ein Temperaturmesssystem, das einen temperaturabhängigen Widerstand wie einen Thermistor verwendet, dessen Widerstand ausschließlich eine Funktion der Temperatur ist, die in einer Look-up-Tabelle gespeichert werden kann. Erstellen Sie eine Anforderungsbeschreibung, eine Spezifikation, ein Signalflussdiagramm und ein Blockdiagramm für das Design. Wie kann ein solches System implementiert werden, wenn die Funktion selbst auch andere Abhängigkeiten hat, z. B. den Umgebungsdruck?

7-10 Angenommen, das in Übung 7-9 entwickelte Design wurde für einen PSoC 3 und in C erstellt. Welche Änderungen, falls überhaupt, wären notwendig, um das Design auf einen PSoC 5LP zu übertragen, d. h., welche Änderungen wären erforderlich, um es auf einen PSoC 5LP zu portieren?

7-11 Erstellen Sie einen einfachen 8-bit-down-Counter als datenpfadbasierte Komponente mit PSoC Creator. Ein einfacher Down-Counter kann durch einen Zustandsautomaten mit zwei Zuständen dargestellt werden, wie in Abb. 7.34 gezeigt.

Literatur

1. M. Ainsworth, PSoC 3 8051 Code Optimization. Application Note: AN60630. Cypress Semiconductor Corporation (2011)
2. M. Ainsworth, PSoC®3 – 8051 Code And Memory Optimization. AN60630. Document No. 001-60630 Rev.*H. Cypress Semiconductor (2017)

3. M. Ainsworth, PSoC®3 to PSoC 5LP Migration Guide. Document No. 001-77835 Rev.*D1A. AN77835. Cypress Semiconductor (2017)
4. M. Ainsworth, A. Ganesan, M. Balan, K. Mikoleit, B. McAndrews, PSoC Arm Cortex Code Optimization. AN89610. Document Number:001-89610 Rev.*F. Cypress Semiconductor (2020)
5. T. Dust, G. Reynolds, Designing PSoC Creator Components with UDB Datapaths. AN82156. Document No. 001-82156 Rev. *I. Cypress Semiconductor (2018)
6. K. Edlow, PSoC 3 and KEIL RTX51 Tiny. AN64429. Document No. 001-64429 Rev. ** 1. Cypress Semiconductor. November 1, 2010
7. S. Gupta, L. Ntarajan, Migrating from PSoC 3 to PSoC 5. Application Note: AN62083. Cypress Semiconductor Corporation (2011)
8. V.S. Kannan, PSoC 3 and PSoC 5LP Interrupts. AN54460. Document No. 001-54460 Rev. *K. Cypress Semiconductor (2020)
9. V.S. Kannan, J. Chen, PSoC 3, PSoC 4,and PSoC 5LP Temperature Measurement with a Diode. AN60590. Document No. 001-60590 Rev. *K 1 Cypress Semiconductor (2020)
10. J. Kathuria, C. Keeser, Implementing State Machines with PSoC 3, PSoC 4, and PSoC 5LP. AN62510. Document No. 001-62510 Rev. *F1. Cypress Semiconductor (2017)
11. E.A. Lee, The Problem with Threads. Technical Report UCB/EECS-2006-1 (2006). http://www.eecs.berkeley.edu/Pubs/TechRpts/2006/EECS-2006-1.html
12. M.S. Nidhin, Getting Started with PSoC 5LP. AN77759. Document No. 001-77759 Rev.*G. Cypress Semiconductor (2018)
13. PSoC 3 Architecture TRM (Technical Reference Manual), Document No. 001-50235 Rev.*M. Cypress Semiconductor. April 8, 2020
14. PSoC 3 Registers TRM (Technical Reference Manual), Document No. 001-50581 Rev.*. Cypress Semiconductor. March 25, 2020
15. PSoC 5LP Architecture TRM (Technical Reference Manual), Document No. 001-78426 Rev. *G. Cypress Semiconductor. November 6, 2019

Programmierbare Logik

8

> **Zusammenfassung**
>
> In diesem Kapitel wird die Aufmerksamkeit auf die Vorzüge von programmierbaren Logikgeräten, Boundary-Scanning-Techniken zur Prüfung programmierbarer Geräte, boolesche Funktionen und deren Vereinfachung mit Hilfe von Karnaugh-Karten gelenkt. Es wird gezeigt, dass Makrozellen und Logik-Arrays die Grundlage für UDB bilden, und es wird ausführlich darauf eingegangen. Die erforderlichen Schritte zur Vereinfachung von booleschen Ausdrücken werden detailliert dargestellt. Programmierbare Logikgeräte, die auf Kombinationen von Makrozellen und Logik-Arrays basieren, werden in einigen Details besprochen sowie ihre Verwendung in einer Inkarnation in Form von universellen digitalen Blöcken. Ein integraler Bestandteil der Verwendung solcher Geräte ist die Fähigkeit, boolesche Ausdrücke zu bilden und zu vereinfachen, die aus Wahrheitstabellen oder Karnaugh-Karten abgeleitet sind und die erforderliche Logik darstellen.
>
> Eine einfache, aber direkte Technik wird vorgestellt, um Karnaugh-Karten zu bewerten, vorgeschlagen von Mendelson (*Schaum's Outline of Theory and Practice of Boolean Algebra,* McGraw-Hill, 1970), Harbort und Brown (https://www.slideshare.net/hangkhong/karnaugh, 2001) et al., die boolesche Ausdrücke vereinfacht, um die Hardwareanforderungen in den nachfolgenden Implementierungen zu minimieren. Der universelle digitale Block von PSoC 3/5LP wird in Bezug auf seine interne Architektur und die Beziehung/Interaktion mit dem Datenpfad diskutiert. Die Backus-Naur-Notation wird im Kontext einer Diskussion über HDL und die grundlegenden Konstrukte von VHDL, Verilog und WARP eingeführt und anhand eines Beispiels veranschaulicht. Darüber hinaus werden endliche Zustandsmaschinen vorgestellt, und ein Beispiel für eine Zustandsmaschinenimplementierung eines UART mit Verilog wird präsentiert. Die Architekturdetails und die Funktionalität von PSoC 3/5LP wer-

den in diesem Kapitel verwendet, um Schlüsselaspekte des vorgestellten Materials zu veranschaulichen.

8.1 Programmierbare Logikgeräte

Eingebettete Systeme sind wirklich allgegenwärtig geworden und übertreffen ihre PC-Pendants um mindestens ein bis zwei Größenordnungen. In der häufigsten Inkarnation führen eingebettete Systeme eine Funktion oder typischerweise eine begrenzte Reihe von Funktionen aus, an die sie eng gebunden sind. Sie sollen schnell, kostengünstig, sehr reaktionsschnell sein, minimalen Strom benötigen usw. Darüber hinaus müssen viele eingebettete Systeme oft Änderungen in ihrer Betriebsumgebung erkennen und die notwendigen Anpassungen vornehmen, wenn überhaupt, um eine hohe Leistung aufrechtzuerhalten. Berechnungen und Entscheidungen, die von eingebetteten Systemen getroffen werden, müssen in Echtzeit erfolgen und dürfen keine Verschlechterungen der Gesamtsystemleistung verursachen.

Vom Entwickler wird erwartet, dass er ein Design erstellt, das die Designspezifikationen erfüllt oder übertrifft, während es gut innerhalb der durch Kostenwirksamkeit, kleine Größe, geringen Stromverbrauch usw. auferlegten Beschränkungen funktioniert. Dies führt unweigerlich dazu, dass der Entwickler mehrere Aspekte des Designs optimieren muss, um ein System zu erstellen, das insgesamt hinsichtlich der Schlüsseldesignkriterien hoch optimiert ist. Typische Metriken sind Materialkosten, Größe, Robustheit, Stromverbrauch, Herstellungskosten, Verfügbarkeit kritischer Komponenten, Markteinführungszeit, Entwicklungskosten usw. Neben der Erstellung eines optimierten Designs muss der Entwickler auch die verschiedenen Designmetriken berücksichtigen und ein System erstellen, das die besten Kompromisse in Bezug auf diese Metriken darstellt.

Eine weitere Komplikation entsteht durch die Tatsache, dass ein eingebettetes System eine Synthese aus Hardware *und* Software ist. Obwohl ein eingebettetes System strengen Tests unterzogen werden kann, ist die Softwarekomponente oft schwierig, wenn nicht unmöglich, vor der Markteinführung gründlich zu testen. Eine zusätzliche Komplikation besteht darin, dass der Entwickler oft erhebliche Fachkenntnisse in Software- und Hardwaredesign und -implementierung haben muss, um die Hardware- und Softwareaspekte des Systems effektiv zu optimieren. Schließlich muss der Entwickler auch technische Kompetenz in einer Vielzahl von Technologien haben, z. B. Optik, analoge/digitale Untersysteme, Sensoren, Mikrocontroller, ADC/DAC-Technologie, Kommunikationsprotokolle usw.

Wie in Kap. 1 kurz besprochen, ermöglichen programmierbare Logikgeräte den Entwicklern, vorhandene generische Geräte zu verwenden, die die Möglichkeit bieten, entweder interne Verbindungen zu erstellen oder vorhandene Verbindungen zu löschen, wie es zur Implementierung der erforderlichen Funktionalität erforderlich sein kann. Eines der gebräuchlichsten solcher Geräte ist das Field-Programmable Gate Array (FPGA) [3].

8.1 Programmierbare Logikgeräte

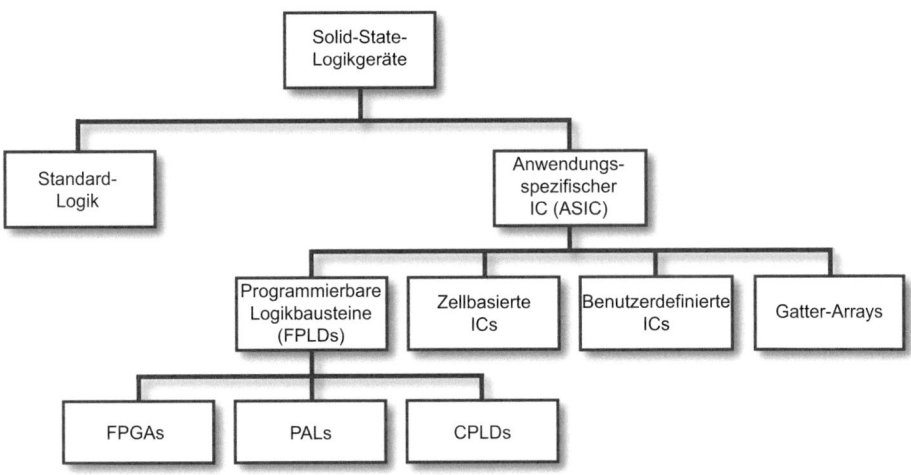

Abb. 8.1 Hierarchie der programmierbaren Logikgeräte

Obwohl PLD die nicht wiederkehrenden Engineering-Kosten (NRE[1]) senken können und den zusätzlichen Vorteil haben, dass kundenspezifische Geräte fast sofort verfügbar sind, haben sie den Nachteil, dass sie oft mehr Strom benötigen, größere Geräte sind, potenziell langsamer als ihr Produktionsgegenstück sein könnten und erheblich teurer sein können. Obwohl sie maskenprogrammiert, d. h. werkseitig, programmiert werden können, ist es in der Regel nicht praktisch, diese Art von Technologie zu verwenden, es sei denn, es werden große Mengen an Geräten benötigt. Feldprogrammierbare Geräte können schnell in kleinen Mengen hergestellt werden und ermöglichen es dem Entwickler, „Kurskorrekturen" im Feld vorzunehmen. FPGA-basierte Designs können auch beliebig komplex sein und sind in der Regel hoch skalierbar.[2]

Die Hierarchie der programmierbaren, festkörperbasierten Logikgeräte ist in Abb. 8.1 dargestellt.

Glücklicherweise und praktisch gesehen, spielt es oft nur eine geringe Rolle, ob ein Aspekt eines eingebetteten Systems in Hardware, Software oder einer Synthese aus beidem implementiert ist. In der Regel basiert die Entscheidung, was in Software und was in Hardware implementiert werden soll, auf einem von mehreren Kompromissen in Bezug auf Kosten, Stromanforderungen, Größe, Fähigkeit, sich schnell an verändernde Marktanforderungen anzupassen usw. In Fällen, in denen die erwartete Produktion re-

---

[1] Nicht wiederkehrende Engineering-Kosten sind einmalige Kosten, die mit der Entwicklung, dem Engineering, dem Testen und dem Design eines Systems oder Produkts verbunden sind.
[2] Als Beispiel für die Komplexität und Skalierbarkeit von FPGA existieren Designs, die die Funktionalität von 1000 verschiedenen Kernen für den Einsatz in extrem schneller Bildverarbeitung haben.

lativ geringe Mengen in Bezug auf die Stückzahlen darstellen kann, die Zeit bis zum Prototyp, die Zeit bis zur Markteinführung, die NRE und/oder die Fähigkeit sich an verändernde Marktanforderungen anzupassen ein wichtiges Anliegen sind, können PLD eine ausgezeichnete Alternative zu kundenspezifischen IC bieten.

PLD bestehen typischerweise aus einer großen Anzahl von Flipflops und Gattern[3], die unter Softwaresteuerung in beliebig komplexen Konfigurationen verbunden werden können, um spezifische logische Funktionalität bereitzustellen. Wie in Kap. 1 kurz besprochen, gibt es drei grundlegende Arten von PLD, nämlich einfache PLD (SPLD), komplexe PLD (CPLD) [4] und feldprogrammierbare PLD, die typischerweise als Field-Programmable Gate Arrays (FPGA) bezeichnet werden. Die programmierbaren Logik-Arrays, die eine Art von PLD sind, verwenden Sicherungen, die durch spezielle Arten von Hardware-/Softwareprogrammierern dauerhaft in einem offenen Zustand gehalten werden können. Die generische Array-Logik (GAL) ist ein PLD ähnlich dem PAL [2], außer dass es umprogrammierbar ist, und sie sind relativ schnelle Geräte, die sowohl mit 3,3- als auch mit 5-V-Logik kompatibel sind. Neben der Array-Logik enthalten sowohl GAL als auch PAL Ausgangslogik, z. B. Tri-State-Steuerungen und/oder Gatter, die die Kombination von Logik-Arrays und Ausgangslogik ermöglichen, die als „MacroCell" bezeichnet wird. PAL und GAL haben typischerweise mehrere Eingänge und Ausgänge, was ihre Vielseitigkeit und Nützlichkeit weiter erhöht.

Programmierbare Logikgeräte [9] werden unter Softwaresteuerung programmiert und erfordern in der Regel, dass die Funktionalität des Zielgeräts in Form von Zustandsgleichungen, Wahrheitstabellen, booleschen Ausdrücken usw. bereitgestellt wird. Die Programmiersoftware kann dann diese Beschreibungen verwenden, um eine branchenübliche Binärdatei zu erstellen, die als JEDEC-Datei[4] bekannt ist, die anschließend in einen Hardwareprogrammierer geladen wird, der in der Lage ist, PLD zu löschen, zu kopieren, zu überprüfen und/oder zu programmieren.

8.2 Boundary-Scanning

Obwohl es manchmal sehr wünschenswert ist, dass ein Entwickler benutzerdefinierte Geräte in ein Design oder eine Anwendung einbinden kann, um deren Optimierung zu erleichtern, ist es unerlässlich, dass der Entwickler sicher sein kann, dass dadurch nicht eine neue Ebene der Komplexität eingeführt wurde. Ein wichtiger Aspekt beim Einbinden programmierbarer Geräte, insbesondere in anspruchsvolle Designs, ist die Fähig-

---

[3] PLD haben typischerweise Hunderte oder Tausende von AND-, OR- und NOT-Gatter und in einigen Fällen Flipflops, die programmatisch miteinander verbunden werden können, um eine Vielzahl von Geräten zu realisieren.

[4] Der Joint Electron Devices Engineering Council (JEDEC) hat standardisierte Objektdateitransferformate für den Dateitransport zu PLD-Programmiergeräten definiert, z. B. JESD3-C.

8.2 Boundary-Scanning

keit zu bestätigen, dass jedes solches Gerät an sich in der Lage ist, die relevanten Spezifikationen und Erwartungen des Entwicklers zu erfüllen. Komplexe Systeme sind im Allgemeinen herausfordernd genug, ohne zusätzliche Herausforderungen in Form von anomalem oder unbeabsichtigtem Verhalten/Folgen eines programmierbaren Geräts, das eine Teilkomponente des Systems ist, einzuführen.

Boundary-Scanning[5] ist eine Technik, die es ermöglicht, programmierbare Geräte extern zu testen, d. h. ohne Zugang zur internen Logik. Interne Register werden vom Hersteller des Geräts bereitgestellt, die das Testen der internen Logik und Verbindungen ermöglichen. Das Gerät ist jedoch nicht darüber informiert, dass ein solcher Scan stattfindet, und daher können die Tests durchgeführt werden, während der Prüfling („device under test", DUT) in einem ungestörten Zustand oder Zuständen arbeitet. PSoC 3/5LP enthalten in ihren jeweiligen Architekturen einen Testcontroller, der verwendet werden kann, um die I/O-Pins des Geräts für Boundary-Tests zu nutzen, indem ein internes, seriell geschaltetes Register verwendet wird, das über alle ihre Pins geroutet ist, und daher der Name „Boundary-Scan".

Die Schaltung an jedem PSoC 3/5LP-Pin wird durch ein Mehrzweckelement ergänzt, das als Boundary-Scan-Zelle bezeichnet wird, und die meisten GPIO- und SIO-Port-Pins haben eine Boundary-Scan-Zelle, die mit ihnen verbunden ist. Die Schnittstelle, die zur Steuerung der Werte in den Boundary-Scan-Zellen verwendet wird, wird als Test-Access-Port (TAP) bezeichnet und ist allgemein als JTAG-Schnittstelle bekannt. Sie besteht aus drei Signalen: 1) Testdaten-Input (TDI), 2) Testdaten-Output (TDO) und 3) Testmodusauswahl („test mode select", TMS). Ebenfalls enthalten ist ein Taktsignal (TCK), das die anderen Signale taktet. TDI, TMS und TCK sind alle Eingänge zum Gerät, und TDO ist ein Ausgang vom Gerät, wie in Abb. 8.2 gezeigt.

Diese Schnittstelle ermöglicht das Testen mehrerer IC auf einer Leiterplatte im Daisy-Chain-Verfahren.

Das TMS-Signal steuert eine Zustandsmaschine im TAP. Die Zustandsmaschine steuert, welches Register (einschließlich des Boundary-Scan-Pfads) sich im TDI-zu-TDO-Shift-Pfad befindet, wie in Abb. 8.3 gezeigt, für die:

- *ir* sich auf das Instruktionsregister bezieht,
- *dr* sich auf eines der anderen Register bezieht (einschließlich des Boundary-Scan-Pfads), wie durch den Inhalt des Instruktionsregisters bestimmt,
- *capture* sich auf die Übertragung des Inhalts eines *dr* in ein Schieberegister, um auf TDO ausgegeben zu werden (Lesen des dr), bezieht und
- *update* sich auf die Übertragung des Inhalts eines Schieberegisters, das von TDI eingeschoben wurde, in ein dr (Schreiben des dr) bezieht.

---

[5] PSoC 3/5LP unterstützen Boundary-Scanning gemäß dem JTAG IEEE Standard 1149.1 − 2001 Test Access Port and Boundary Scan Architecture.

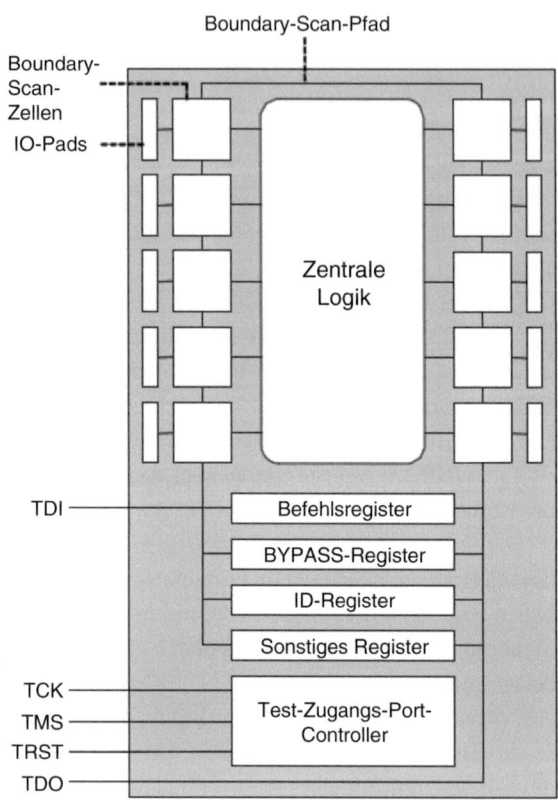

Abb. 8.2 PSoC 3/5LP-JTAG-Schnittstellenarchitektur

Die Register im TAP sind:

- *Instruction* – typischerweise 2–4 bit breit und hält die aktuelle Anweisung, die definiert, welches Datenregister in den TDI-zu-TDO-Verschiebungspfad gelegt wird.
- Bypass – 1 bit breit, verbindet TDI direkt mit TDO, wodurch das Gerät für JTAG-Zwecke umgangen wird.
- ID – 32 bit breit und wird verwendet, um die JTAG-Hersteller-/Teilenummer-ID des Geräts zu lesen.
- *Boundary-Scan-Pfad (BSR)* – seine Breite entspricht der Anzahl der I/O-Pins, die Boundary-Scan-Zellen haben, und wird verwendet, um die Zustände dieser I/O-Pins zu setzen oder zu lesen.

Weitere Register können gemäß den Spezifikationen des Geräteherstellers enthalten sein. Der Standardsatz von Anweisungen (Werte, die in das Anweisungsregister verschoben werden können), wie in IEEE 1149 festgelegt, ist:

8.2 Boundary-Scanning

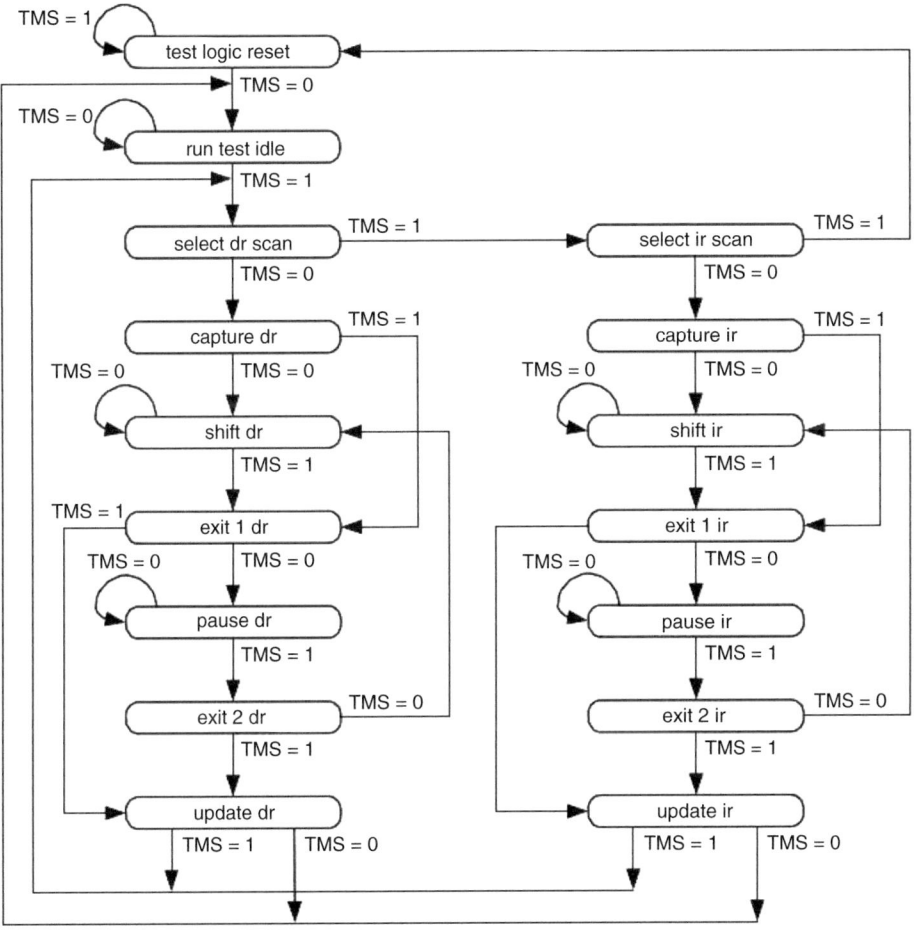

Abb. 8.3 TAP-Zustandsmaschine

- *EXTEST* – verbindet TDI und TDO mit dem *Boundary-Scan-Pfad* (BSR). Das Gerät wird von seinem normalen Betriebsmodus in einen Testmodus geändert. Dann können die Pinzustände des Geräts mit dem *capture dr*-JTAG-Zustand abgetastet und neue Werte können mit dem *update dr*-Zustand auf die Pins des Geräts angewendet werden.
- *SAMPLE* – verbindet TDI und TDO mit dem BSR, aber das Gerät bleibt in seinem normalen Betriebsmodus. Während dieser Anweisung kann der BSR durch den *capture dr*-JTAG-Zustand gelesen werden, um einen Abtastwert der funktionalen Daten, die das Gerät betreten und verlassen, zu nehmen.
- *PRELOAD* – verbindet TDI und TDO mit dem BSR, aber das Gerät bleibt in seinem normalen Betriebsmodus. Die Anweisung wird verwendet, um Testdaten in den BSR

zu laden, bevor eine EXTEST-Anweisung geladen wird. Optionale, aber häufig verfügbare Anweisungen sind:

- *IDCODE* – verbindet TDI und TDO mit einem IDCODE-Register.
- *INTEST* – verbindet TDI und TDO mit dem BSR. Während die EXTEST-Anweisung Zugang zu den Pins des Geräts ermöglicht, ermöglicht INTEST einen ähnlichen Zugang zu den Kernlogiksignalen eines Geräts.

8.3 Makrozellen, Logik-Arrays und UDB

Die Kombination von Gatter-Arrays und Makrozellen[6] bietet eine deutlich höhere Funktionalität, insbesondere wenn die Makrozellen Register, ALU, Flipflops usw. enthalten, als das, was durch die alleinige Verwendung von Gattern erreichbar ist. Eine der einfachsten Konfigurationen einer solchen Kombination besteht aus einer kombinatorischen *Summe-von-Produkten* (SoP)-Logikfunktion und einem Flipflop. Ein Beispiel für ein Gerät, das mehrere solcher Makrozellen, wie zuerst definiert, Zellen, Logik-Arrays verwendet, ist in Abb. 8.4 dargestellt.

Gatter und Makrozellen dienen als grundlegende Bausteine von PLD. Kombinationen von Makrozellen und Gatter können in beliebig großen Arrays konfiguriert werden, um sehr komplexe sequenzielle und kombinatorische Logik bereitzustellen. Einige Konfigurationen werden von Look-up-Tabellen und programmierbarem Speicher gesteuert. Die in den LUT gespeicherten Informationen können bei Bedarf in den Speicher geladen werden, um die erforderlichen Logikfunktionen bereitzustellen. Während prinzipiell die Anzahl der Eingänge zu einer Makrozelle unbegrenzt ist und es daher möglich sein sollte, beliebig komplexe Funktionen zu haben, führt eine lineare Zunahme der Fan-ins[7] zu einer geometrischen Zunahme der in der LUT zu speichernden Bits.

PSoC Creator ermöglicht es dem Entwickler, universelle digitale Blöcke auf der Basis von Makrozell-Gatter-Array-Kombinationen zu verwenden, die nicht nur konfigurierbar sind, sondern speziell dazu entworfen wurden, als anpassbare Blöcke innerhalb von PSoC 3/5LP für eine breite Palette von eingebetteten Systemanwendungen zu dienen, die einen Mikrocontroller und zugehörige Peripheriegeräte integrieren. Diese Blöcke, die als UDB bezeichnet werden, bestehen aus einer Kombination von ungebundener Logik, ähn-

---

[6] In der vorliegenden Diskussion bezieht sich der Begriff Makrozelle ausschließlich auf eine Kombination von Flipflops und I/O-Geräten, ausgenommen Logik-Arrays und OR-Gatter. Einige Definitionen des Begriffs Makrozelle stellen jedoch eine breitere Definition dar und schließen alle Logiken ein, die benötigt werden, um die boolesche Funktionalität, Flipflops und I/O zu liefern, die nicht durch das Logik-Array bereitgestellt werden. Die letztere Definition soll alle Funktionalitäten eines bestimmten Bereichs vollständig umfassen und wird oft als „Block" bezeichnet. Im Falle von PSoC Creator wird ein umfassendes Set solcher „Bausteine" bereitgestellt, und sie werden als UDB oder universelle digitale Blöcke bezeichnet.

[7] Fan-in wird definiert als die Anzahl der Eingänge zu einem Gatter oder einem anderen Gerät.

8.3 Makrozellen, Logik-Arrays und UDB

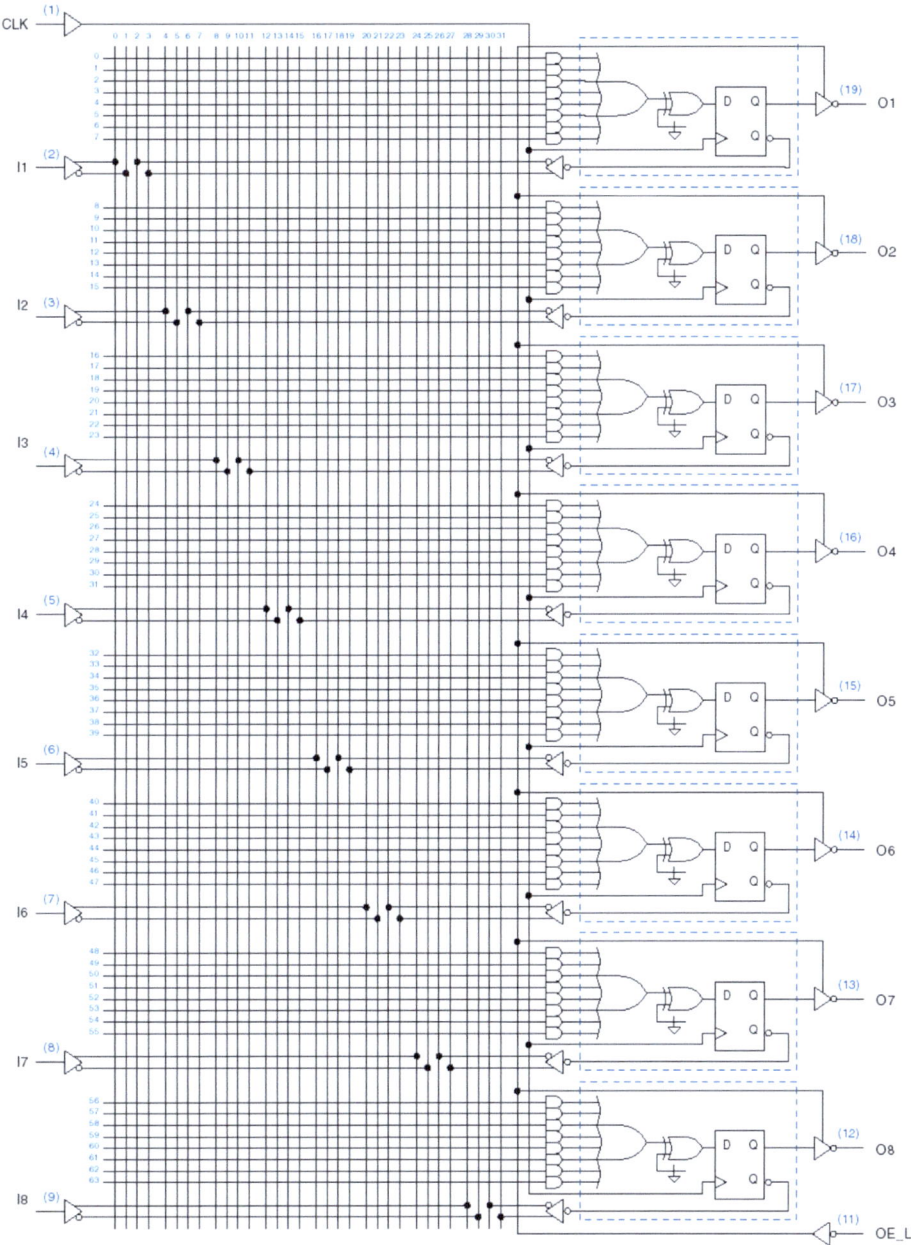

Abb. 8.4 Ein einfaches Gerät bestehend aus Gatter-Arrays und Makrozellen

lich zu programmierbaren Logikgeräten, strukturierter Logik (Datenbanken) und einem flexiblen Routingschema. Die UDB können durch boolesche Elemente, die aus grundlegenden Logikfunktionen, die von PSoC Creator unterstützt werden, wie AND, NAND, OR, NOR, NOT, XOR, XNOR, D-Flipflops usw., weiter verbessert und ergänzt werden.[8] Boolesche Funktionen können mit diesen grundlegenden Logikfunktionen erstellt werden, um die zusätzliche Funktionalität bereitzustellen, die für spezifische Anwendungen erforderlich ist. So können Entwickler mit dem Standardset von PSoC 3/5LP-Blöcken anspruchsvolle Systeme erstellen oder Kombinationen von booleschen Elementen und UDB erstellen, um die erforderliche Funktionalität durch die Verwendung von Verilog/Warp bereitzustellen.[9]

PSoC 3 hat 24 UDB, und im Falle von Pulsweitenmodulatoren (PWM) ermöglicht PSoC Creator die Erstellung von bis zu 24 PWM, von denen jeder zwei unabhängige Ausgänge hat. So ist es möglich, 48 PWM-Ausgänge zu haben.[10] Es ist auch möglich, die 24 UDB zu verwenden, um 12 UART in einem einzigen PSoC 3/5LP-Gerät zu konfigurieren.

Zusätzlich zu den UDB, die zur Bereitstellung programmierbarer Peripheriefunktionen verwendet werden können, enthält PSoC 3/5LP auch eine Reihe von benutzerkonfigurierbaren Blöcken, die eine breite Palette von zusätzlichen Fähigkeiten bieten, z. B. analog, CapSense, Kommunikation, digitale Logik, Displays, Filter, Ports/Pins und Systemblöcke, wie in Abb. 8.5 gezeigt.

All diese Blöcke, d. h. digitale, analoge und UDB, sind interoperabel, und zusätzlich können externe Komponenten wie Widerstände und Kondensatoren verwendet werden, um die Fähigkeiten von PSoC 3/5LP weiter auszubauen, wie in Kap. 11 gezeigt wird.

UDB-Blöcke unterstützen Folgendes:

- Universelle digitale Blockarrays mit bis zu 64 UDB.
- Teile von UDB können entweder verkettet oder geteilt werden, um größere Funktionen zu ermöglichen.
- Mehrere digitale Funktionen, die von den UDB unterstützt werden, umfassen Timer, Zähler, PWM (mit Totbandgenerator), UART, SPI und CRC-Generierung/Prüfung.
- Jeder UDB enthält:
  * einen ALU-basierten, 8-bit-Datenpfad,

---

[8] In diesem Lehrbuch werden sowohl Groß- als auch Kleinbuchstaben verwendet, wenn auf logische Operatoren Bezug genommen wird, hauptsächlich aus Gründen der Notationsbequemlichkeit.
[9] Die Diskussion über Verilog/Warp beginnt in Kap. 6.
[10] Zusätzlich stehen 4 Einzelausgang-PWM zur Verfügung, die durch die Verwendung der Zähler/Timer/PWM mit fester Funktion von PSoC 3 erzeugt werden können.

8.3 Makrozellen, Logik-Arrays und UDB

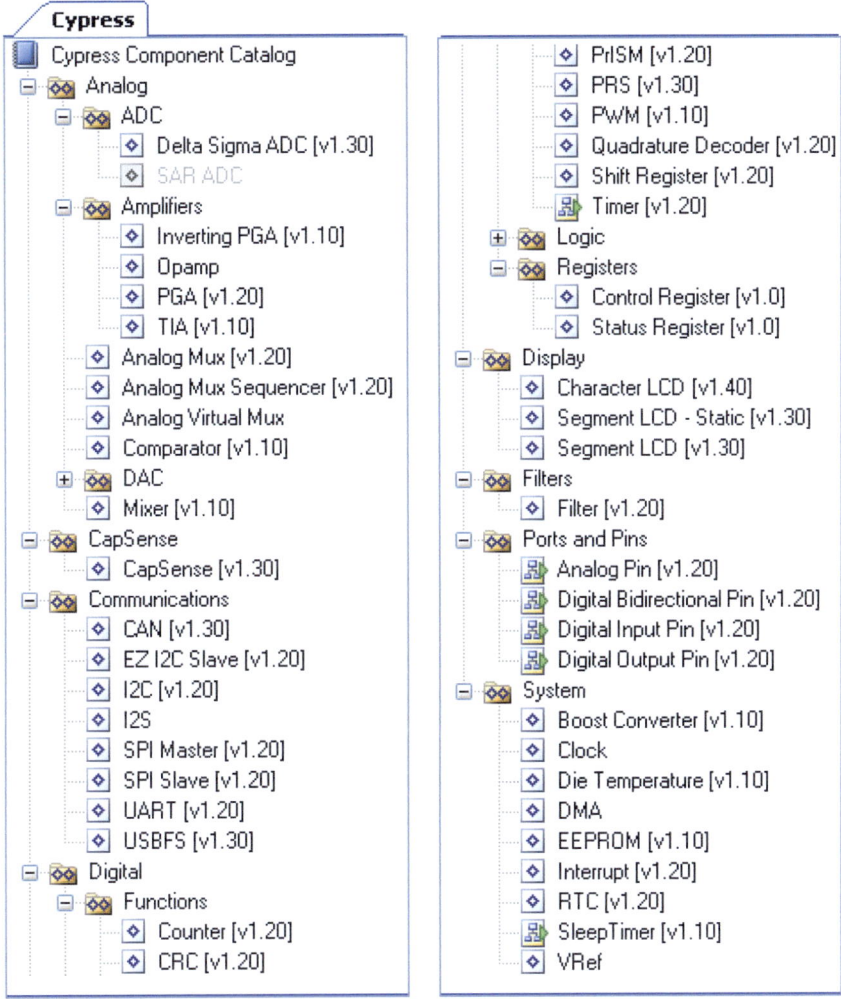

Abb. 8.5 Grundlegende Bausteine, die von PSoC Creator unterstützt werden

* zwei feinkörnige PLD[11],
* ein Steuerungs- und Statusmodul,
* ein Takt- und Resetmodul,

wie in Abb. 8.6 gezeigt.

---

[11] Feinkörnig bezieht sich in diesem Zusammenhang auf die Implementierung von relativ großen Mengen einfacher Logikmodule, im Gegensatz zu grobkörnig, was relativ wenige, aber größere Logikmodule impliziert, oft jeweils mit 2 oder mehr sequenziellen Logikelementen.

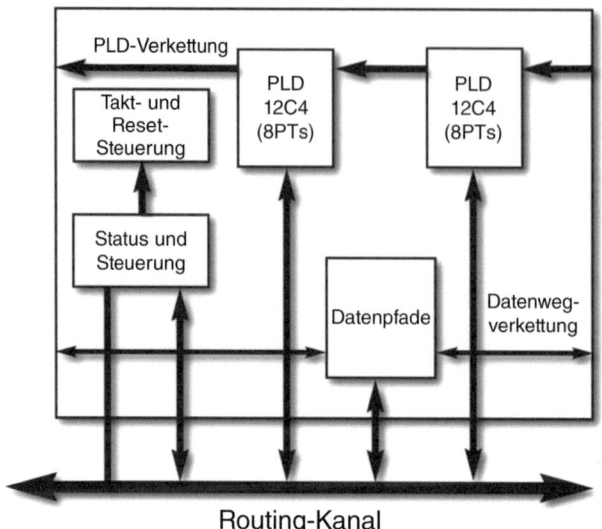

Abb. 8.6 UDB-Blockdiagramm

Der UDB besteht aus einem Paar von PLD, einem Datenpfad und Steuer-, Status-, Takt- und Resetfunktionen. Die PLD nehmen Eingaben vom Routing entgegen und bilden registrierte oder kombinatorische Summe-von-Produkten-Logik, um Zustandsmaschinen,[12] Datenpfadoperationen zu steuern, Zustandseingaben zu konditionieren und Ausgänge zu treiben. Der Datenpfadblock enthält eine dynamisch programmierbare ALU, zwei FIFO, Komparatoren und Zustandsgenerierung. Die Steuer- und Statusregister bieten eine Möglichkeit für die CPU-Firmware, mit den UDB-Operationen zu interagieren und zu synchronisieren. Steuerregister steuern das interne Routing und Statusregister lesen das interne Routing. Der Reset- und Taktsteuerblock bietet Taktselektion/-aktivierung und Resetselektion für die einzelnen Blöcke im UDB.

Die PLD und der Datenpfad haben Verkettungssignale, die es ermöglichen, benachbarte Blöcke zu verlinken, um Funktionen mit höherer Präzision zu erstellen. UDB-I/O sind über eine programmierbare Schaltmatrix mit dem Routingkanal verbunden, um Verbindungen zwischen Blöcken in einem UDB und zu allen anderen UDB im Array herzustellen. Alle Register und RAM in jedem UDB sind in den Systemadressraum abgebildet und sowohl als 8- als auch als 16-bit-Daten zugänglich.

Zusätzlich zu einem UDB-Datenpfad, Statusregister, Steuerregister und 2 PLD, steht auch ein *count7*-Abwärtszähler zur Verfügung, der bestimmte Ressourcen im UDB nutzt, d. h. das Steuerregister, das Maskenregister des Statusregisters und, falls eine geroutete

---

[12] Zustandsmaschinen werden in Abschn. 5.3.2 besprochen.

8.3 Makrozellen, Logik-Arrays und UDB

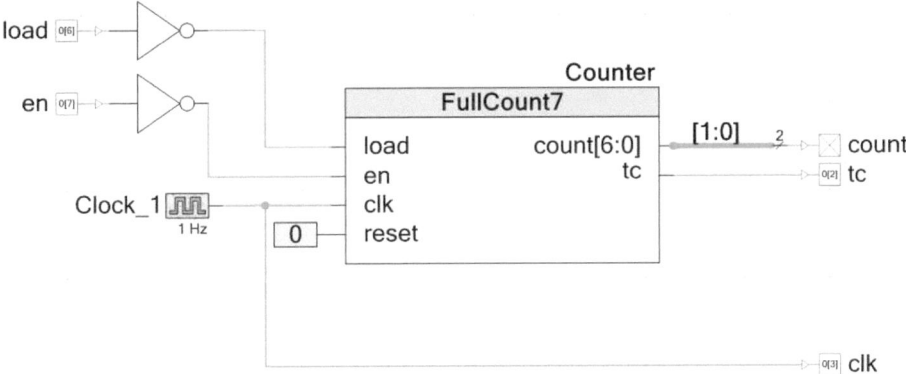

Abb. 8.7 Implementierung eines *count7*-Abwärtszählers in PSoC Creator

Last oder Enable verwendet wird, die Eingänge des Statusregisters. Im letzteren Fall, wenn die Eingänge nicht vom count7 verwendet werden, bleibt das Statusregister für die Nutzung verfügbar.[13] In PSoC Creator kann *count7* wie in Abb. 8.7 dargestellt implementiert werden.

Abb. 8.8 zeigt die interne Struktur der PLD. Sie können verwendet werden, um Zustandsmaschinen zu implementieren, Eingabe- oder Ausgabedaten zu konditionieren und Look-up-Tabellen (LUT) zu erstellen. Die PLD können auch so konfiguriert werden, dass sie arithmetische Funktionen ausführen, den Datenpfad sequenzieren und Status generieren. Allgemeine RTL[14] kann synthetisiert und auf die PLD-Blöcke abgebildet werden. Jeder hat 12 Eingänge, die über 8 Produktterme (PT) im AND-Array gespeist werden. In einem gegebenen Produktterm kann der Wahrwert („true", T) oder das Komplement („complement", C) des Eingangs ausgewählt werden. Die Ausgänge der PT sind Eingänge in das OR-Array. Der Buchstabe C in 12C4 zeigt an, dass die OR-Terme konstant über alle Eingänge sind, und jeder OR-Eingang kann programmgesteuert auf einen oder alle der PT zugreifen. Diese Struktur bietet maximale Flexibilität und stellt sicher, dass alle Eingänge und Ausgänge vertauschbar sind.[15]

Die Makrozellenarchitektur von PSoC 3/5LP ist in Abb. 8.9 dargestellt. Der Ausgang treibt das Routing-Array an und kann registriert oder kombinatorisch sein. Die registrierten Modi sind D-Flipflop mit wahrem oder invertiertem Eingang und Toggle-Flipflop bei High- oder Low-Eingang. Das Ausgangsregister kann entweder für Initialisierungs-

---

[13] Die Interrupt-Fähigkeit des Statusregisters (Status) steht jedoch unter diesen Umständen nicht zur Verfügung.

[14] RTL („register-level-transfer") bezieht sich auf Registerebenenübertragung in Bezug auf Verilog-Code [7], der die Transformation von Daten beschreibt, wie sie von Register zu Register übertragen werden.

[15] Beachten Sie, dass es 4 Ausgänge gibt: OUT0, OUT1, OUT2 und OUT3.

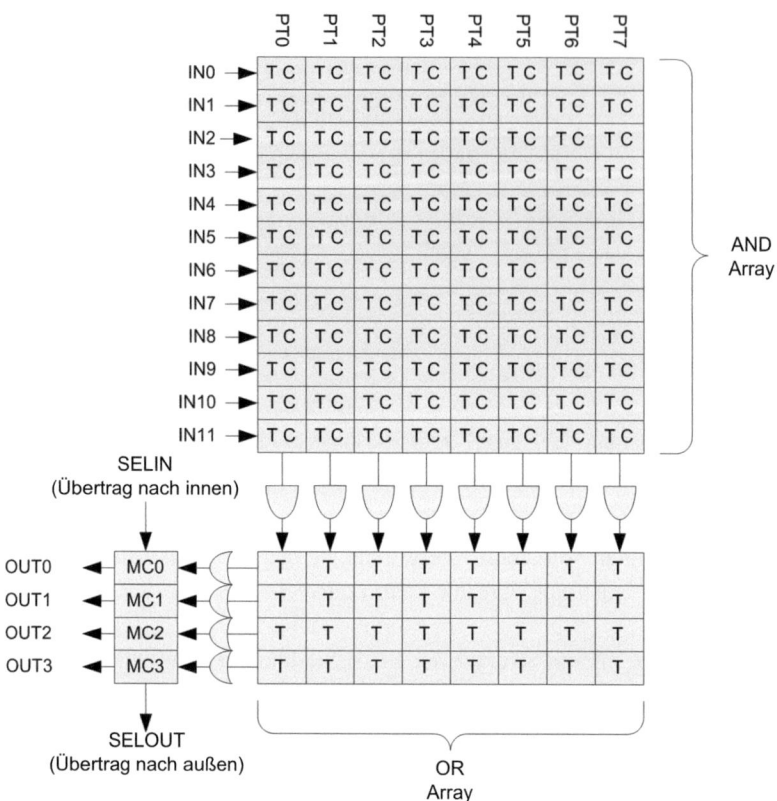

Abb. 8.8 PLD-12C4-Struktur

zwecke gesetzt oder zurückgesetzt werden oder asynchron während des Betriebs unter der Kontrolle eines gerouteten Signals. Die Ausgänge der beiden PLD sind als nur lesbare 8-bit-UDB-Arbeitsregister in den Adressraum abgebildet, das direkt von der Firmware der CPU adressierbar ist, wie in Abb. 8.10 gezeigt. Die PLD sind in UDB-Adressreihenfolge miteinander verkettet (die PLD-Carry-Kette). Der Carry-Ketten-Eingang wird vom vorherigen UDB in der Kette geroutet, durch jede Makrozelle in beiden PLD, und dann zum nächsten UDB als Carry-Ketten-Ausgang. Um die effiziente Abbildung von arithmetischen Funktionen zu unterstützen, werden spezielle Produktterme erzeugt und in der Makrozelle in Verbindung mit der Carry-Kette verwendet.

8.4 Der Datenpfad

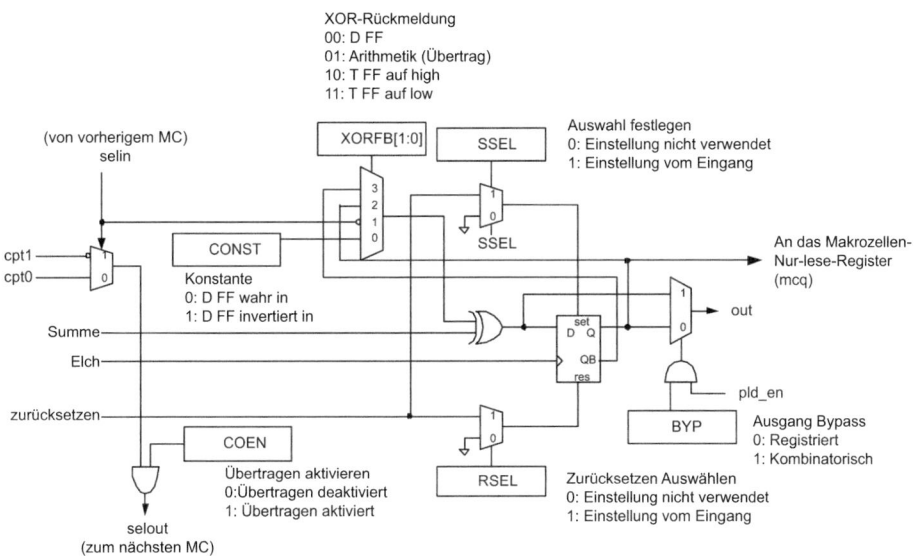

Abb. 8.9 PSoC 3/5LP-Makrozellenarchitektur

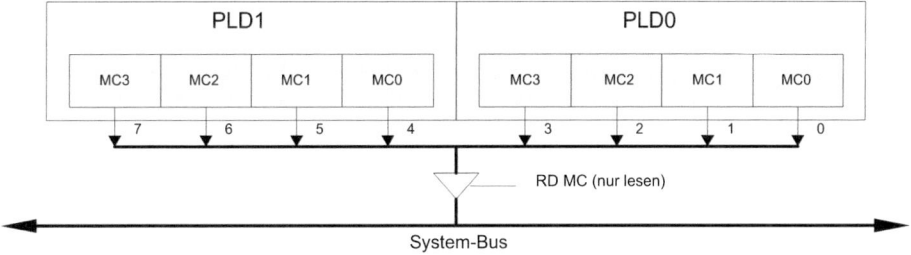

Abb. 8.10 Makrozellenarchitektur nur lesbare Register

8.4 Der Datenpfad

Der Datenpfad, dargestellt in Abb. 8.11, enthält eine 8-bit-Einzelzyklus-ALU,[16] mit zugehörigen Vergleichs- und Zustandsgenerierungsschaltungen. Ein Datenpfad kann mit Datenbanken in benachbarten UDB verkettet werden, um Funktionen höherer Genauig-

---

[16] Die Einzelzyklus-arithmetisch-logischen-Einheiten (ALU) holen, führen aus und speichern Ergebnisse in einem einzigen Taktzyklus.

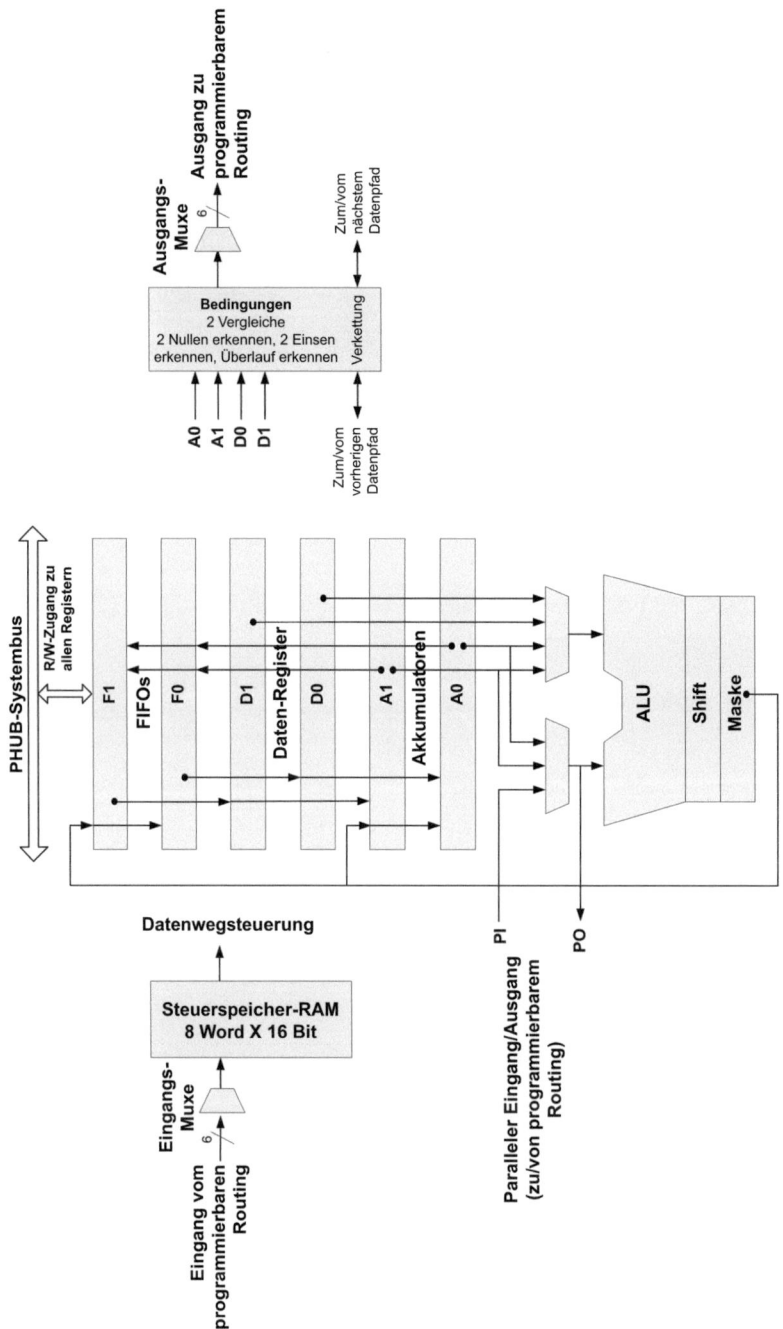

Abb. 8.11 Datenpfad (Top-Level)

8.4 Der Datenpfad

keit zu erreichen. Der Datenpfad enthält einen kleinen, RAM-basierten Steuerspeicher,[17] der dynamisch die Operation und Konfiguration auswählen kann, die in einem gegebenen Zyklus durchgeführt werden soll. Der Datenpfad ist optimiert, um typische eingebettete Funktionen zu implementieren wie Timer, Zähler, PWM, PRS, CRC, Shifter und Totbandgeneratoren. Die Additions- und Subtraktionsfunktionen ermöglichen die Unterstützung für digitale Delta-Sigma-Operationen.

Dynamische Konfiguration, oder vielleicht treffender „dynamische Rekonfiguration", bezieht sich auf die Fähigkeit, die Datenpfadfunktionen und -verbindungen auf einer Zyklus-für-Zyklus-Basis unter Sequenzerkontrolle zu ändern. Dies wird mit dem Konfigurations-RAM implementiert, der acht 16 bit breite Konfigurationen speichert. Der Adresseneingang zu diesem RAM kann von jedem Block geroutet werden, der mit dem digitalen Peripheriegewebe verbunden ist, meistens PLD-Logik, I/O-Pins oder andere Datenbanken.

Die ALU kann 8 allgemeine Funktionen ausführen: Inkrementieren, Dekrementieren, Addieren, Subtrahieren, AND, OR, XOR und PASS. Die Funktionenauswahl wird vom Konfigurations-RAM auf einer Zyklus-für-Zyklus-Basis gesteuert. Unabhängige Shift- (links, rechts, Nibble-Swap) und Maskierungsoperationen sind am Ausgang der ALU verfügbar.

Jeder Datenpfad hat zwei Vergleicher, mit Bitmaskierungsoptionen, die konfiguriert werden können, um eine Vielzahl von Datenpfadeingaben für den Vergleich auszuwählen. Andere erkennbare Bedingungen beinhalten alle Nullen, alle Einsen und Überlauf. Diese Bedingungen bilden die primären Datenpfadauswahlmöglichkeiten, die zur digitalen Peripheriematrix als Ausgänge oder Eingänge für andere Funktionen geleitet werden können.

Der Datenpfad hat eingebaute Unterstützung für die Berechnung der zyklischen Redundanzprüfung („cyclic redundancy check", CRC) in einem einzigen Zyklus und die Erzeugung von Pseudozufallssequenzen („pseudorandom sequence", PRS)[18] von beliebiger Breite und Polynomspezifikation. Um CRC/PRS-Breiten größer als 8 bit zu erreichen, können Signale zwischen Datenbanken verkettet werden. Diese Funktion wird dynamisch gesteuert und kann daher mit anderen Funktionen verflochten werden. Das höchstwertige Bit einer arithmetischen und einer Shift-Funktion kann programmatisch spezifiziert werden (variables MSB). Dies unterstützt variable Breiten von CRC/PRS-Funktionen und kann in Verbindung mit ALU-Ausgangsmaskierung beliebige Breiten von Timern, Zählern und Schiebeblöcken implementieren.

---

[17] Der Steuerspeicher hält die Mikrobefehle, die zur Implementierung des Befehlssatzes der ALU verwendet werden. Einige ALU wurden mit beschreibbaren Steuerspeichern implementiert, die es ermöglichen, den Befehlssatz in Echtzeit zu ändern.

[18] Pseudozufall bezieht sich auf die Tatsache, dass die Sequenz deterministisch ist und sich irgendwann wiederholt. Abschnitt 12.9.11 präsentiert eine Diskussion über PRS-Erzeugungstechniken.

8.4.1 Eingabe/Ausgabe-FIFO

Jeder Datenpfad enthält zwei 4-Byte-FIFO, die individuell für die Richtung als Eingabebuffer (Systembus schreibt in den FIFO, Datenpfadinterne lesen von dem FIFO) oder als Ausgabebuffer (Datenpfadinterne schreiben in den FIFO, der Systembus liest von dem FIFO) konfiguriert werden können. Diese FIFO erzeugen Status, die zur Interaktion mit Sequenzern, Interrupts oder DMA-Anforderungen weitergeleitet werden können.

8.4.2 Verkettung

Der Datenpfad kann konfiguriert werden, um Bedingungen und Signale mit benachbarten Datenbanken zu verketteten. Shift-, Carry-, Capture- und andere bedingte Signale können verkettet werden, um höhere Präzision in arithmetischen, Shift- und CRC/PRS-Funktionen zu bilden.

In Anwendungen, die überabgetastet sind oder nicht die höchsten Taktraten benötigen, kann der einzelne ALU-Block im Datenpfad effizient mit zwei Registergruppen und Bedingungsgeneratoren geteilt werden. ALU- und Shift-Ausgänge sind registriert und können in nachfolgenden Zyklen als Eingaben verwendet werden. Anwendungsbeispiele sind die Unterstützung von 16-bit-Funktionen in einem 8-bit-Datenpfad oder das Verflechten einer CRC-Generierungsoperation mit einer Datenverschiebeoperation.

8.4.3 Datenpfadeingänge und -ausgänge

Der Datenpfad hat drei Arten von Eingängen: Konfiguration, Steuerung und serielle/parallele Daten. Die Konfigurationseingänge wählen die RAM-Adresse des Steuerspeichers aus. Die Steuereingänge laden die Datenregister aus den FIFO und erfassen Akkumulatorausgänge in den FIFO. Serielle Dateneingänge beinhalten *shift-in* und *carry-in*. Ein paralleler Dateneingangsport ermöglicht es, bis zu 8 bit Daten aus dem Routing zu übernehmen.

Es werden insgesamt 16 Signale im Datenpfad erzeugt. Einige dieser Signale sind bedingte Signale, z. B. Vergleiche, einige sind Statussignale, z. B. FIFO-Status, und der Rest sind Datensignale, z. B. *shift-out*. Diese 16 Signale werden in die 6 Datenpfadausgänge multiplexiert und dann zur Routingmatrix getrieben. Standardmäßig sind die Ausgänge einzeln synchronisiert (gebuffert). Eine kombinatorische Ausgangsoption ist auch für diese Ausgänge verfügbar.

8.4.4 Datenpfadarbeitsregister

Jedes Datenpfadmodul hat sechs 8-bit-Arbeitsregister, die alle von CPU und DMA lesbar und beschreibbar sind:

- **Akkumulator (A0,A1)** – die Akkumulatoren können sowohl eine Quelle als auch ein Ziel für die ALU sein. Sie können auch aus einem Datenregister oder einem FIFO geladen werden. Die Akkumulatoren enthalten typischerweise den aktuellen Wert einer Funktion, wie z. B. eine Zählung, CRC oder Verschiebung.
- **Daten (D0,D1)** – die Datenregister enthalten typischerweise konstante Daten für eine Funktion, wie z. B. einen PWM-Vergleichswert, Timer-Zeit oder CRC-Polynom.
- **FIFO (F0,F1)** – die beiden 4-Byte-FIFO bieten sowohl eine Quelle als auch ein Ziel für gebufferte Daten. Die FIFO können als ein Eingabebuffer und ein Ausgabebuffer, zwei Eingabe- oder zwei Ausgabebuffer konfiguriert werden. Statussignale zeigen den Lese- und Schreibstatus dieser Register an. Die FIFO können zum Buffern von Tx- und Rx-Daten bei SPI oder UART sowie von PWM-Vergleichs- und Timer-Zeitdaten verwendet werden.

Jeder FIFO hat eine Vielzahl von möglichen Betriebsmodi und Konfigurationen:

- **Eingabe/Ausgabe** – im Eingabemodus schreibt der Systembus in den FIFO, und die Daten werden von den Datenpfadinterna gelesen und verbraucht. Im Ausgabemodus wird der FIFO von den Datenpfadinterna beschrieben und vom Systembus gelesen und verbraucht.
- **Einzelner Buffer** – der FIFO arbeitet als einzelner Buffer ohne Status. Daten, die in den FIFO geschrieben werden, stehen sofort zum Lesen zur Verfügung und können jederzeit überschrieben werden.
- **Pegel/Flanke** – die Steuerung zum Laden des FIFO aus den Datenpfadinterna kann entweder Pegel- oder Flanken-getriggert sein.
- **Normal/Schnell** – die Steuerung zum Laden des Datenpfads wird auf dem aktuell ausgewählten Datenpfadtakt (normal) oder dem Bustakt (schnell) abgetastet. Dies ermöglicht Erfassungen mit der höchsten Rate im System (Bustakt), unabhängig von dem Datenpfadtakt.
- **Software-Capture** – wenn dieser Modus aktiviert ist und der FIFO im Ausgabemodus ist, initiiert ein Lesen durch die CPU/DMA des zugehörigen Akkumulators (A0 für F0, A1 für F1) eine synchrone Übertragung des Akkumulatorwerts in den FIFO. Der erfasste Wert kann dann sofort von den Datenpfadinterna aus dem FIFO gelesen werden. Wenn eine Verkettung aktiviert ist, folgt der Vorgang der Kette zum MS-Block für atomare Lesevorgänge von Datenbanken mit Mehrbytewerten.

- **Asynch** – wenn der Datenpfad asynchron zu den Systemtakten getaktet wird, wird der FIFO-Status für die Verwendung durch die Datenpfadzustandsmaschine *(blk_stat)* auf den aktuellen DP-Takt resynchronisiert.
- **Unabhängige Taktpolarität** – jeder FIFO hat ein Steuerbit, um die Polarität des FIFO-Takts in Bezug auf den Datenpfadtakt zu invertieren.

Die durch das FIFO-Richtungsbit gesteuerten Konfigurationen sind in Abb. 8.12 dargestellt.

Der Tx/Rx-Modus hat einen FIFO im Eingabemodus und den anderen im Ausgabemodus. Die hauptsächliche Verwendung für diese Konfiguration ist eine Serielle-Peripherieschnittstellen (SPI)-Buskommunikation. Die Dual-Capture-Konfiguration ermöglicht eine unabhängige Erfassung von A0 und A1 oder zwei separat gesteuerte Erfassungen von entweder A0 oder A1. Der Dual-Buffer-Modus bietet gebufferte Perioden und Vergleiche oder zwei unabhängige Perioden/Vergleiche.

8.5 Datenpfad-ALU

Die ALU des Datenpfadblocks besteht aus drei unabhängigen, programmierbaren 8-bit-Funktionen, die eine arithmetische/logische, eine Shifter-Einheit und eine Maskeneinheit verwenden. Die in Tab. 8.1 gezeigten ALU-Funktionen werden dynamisch durch den RAM-Steuerungsspeicher konfiguriert.[19]

8.5.1 Carry-Funktionen

Die *Carry-in*-Option wird in arithmetischen Operationen verwendet. Es gibt einen Standard *Carry-in*-Wert für jede Funktion, wie in Tab. 8.2 gezeigt.

Zusätzlich zum Standardarithmetikmodus für Carry-Operationen gibt es drei weitere Carry-Optionen, wie in Tab. 8.3 gezeigt. Die CI SELA- und CI SELB-Konfigurationsbits bestimmen das *Carry-in* für einen gegebenen Zyklus. Dynamisches Konfigurations-RAM wählt entweder die A- oder B-Konfiguration auf Zyklus-für-Zyklus-Basis. Wenn ein geroutetes Carry verwendet wird, ist die Bedeutung in Bezug auf jede arithmetische Funktion in Tab. 8.4 gezeigt.[20]

Wie in den Abb. 8.8–8.13 gezeigt, ist die *Carry-out*-Option ein wählbarer Datenpfadausgang und wird aus der aktuell definierten MSB-Position abgeleitet, die statisch programmierbar ist. Dieser Wert wird auch an den nächsten höchstwertigen Block als

---

[19] „srca" und „srcb" beziehen sich auf die Eingänge a und b der ALU.
[20] Beachten Sie, dass im Falle der Dekrement- und Subtraktionsfunktionen das Carry-aktiv low (invertiert) ist.

8.5 Datenpfad-ALU

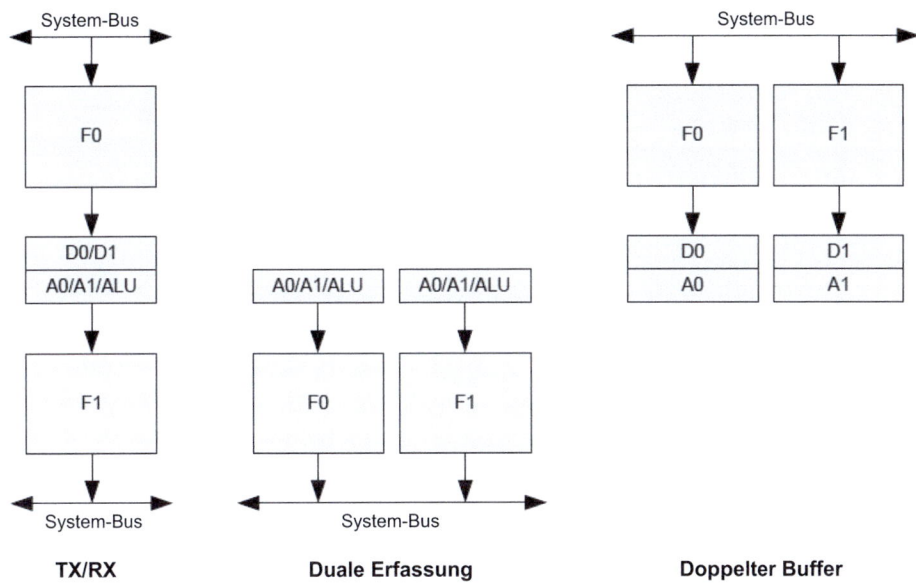

Abb. 8.12 FIFO-Konfigurationen

Tab. 8.1 ALU-Funktionen

Func[2:0]	Funktion	Operation
000	PASS	srca
001	INC	++srca
010	DEC	--srca
011	ADD	scra + srcb
100	SUB	srca - srcb
101	XOR	srca ^ srcb
110	AND	srca & srcb
111	OR	srca | srcb

optionales *Carry-in* gekettet. Beachten Sie, dass im Falle von Dekrement- und Subtraktionsfunktionen das Carry-out invertiert ist. Optionen für *carry-in* und für die MSB-Auswahl für die Carry-out-Generierung sind in Abb. 8.13 gezeigt.

Der registrierte Carry-out-Wert kann als *carry-in* für eine nachfolgende arithmetische Operation ausgewählt werden. Diese Funktion kann verwendet werden, um höherpräzise Funktionen in mehreren Zyklen zu implementieren. Zusätzliche *Carry-in*-Funktionen werden durch CI SEL A und CI SEL B bereitgestellt. Der A-Wert von 00 legt den Stan-

Tab. 8.2 Carry-in-Funktionen

Funktion	Operation	Standard-Carry-in-Implementierung
INC	++srca	srca + 00h + ci (ci = 1)
DEC	--srca	srca + ffh + ci (ci=0)
ADD	srca + srcb	srca + srcb + ci (ci=0)
SUB	srca -srcb	srca + -srcb + ci (ci=1)

Tab. 8.3 Zusätzliche Carry-in-Funktionen

Funktion	Carry-out Polarität	Carry-out aktiv	Carry-out inaktiv
Inc	Wahr	++srca == 0	srca
Dec	Invertiert	--srca == -1	srca
ADD	Wahr	(srca + srcb) > 255	srca+srcb
Sub	Invertiert	(srca + srcb) < 0	scra-scrb

Tab. 8.4 Geroutete Carry-in-Funktionen

Funktion	Carry-in Polarität	Carry-in aktiv	Carry-in inaktiv
Inc	Wahr	++srca	srca
Dec	Invertiert	--srca	srca
ADD	Wahr	(srca + srcb) + 1	srca+srcb
Sub	Invertiert	(srca + srcb) - 1	scra-scrb

dard-Carry-Modus fest. Ein Wert von „01" setzt den Carry-Modus als *registriert*, so dass Addieren mit Carry und Subtrahieren mit Übertragsoperationen implementiert werden können. In diesem Modus repräsentiert das Carry-Flag das Ergebnis des vorherigen Zyklus. Ein Wert von „10" setzt den *gerouteten Carry*-Modus für Fälle, in denen das Carry anderswo erzeugt und zum Eingang geroutet wird, was steuerbare Zähler ermöglicht. Schließlich setzt der Wert „11" den *kettbaren* Carry-Modus, der es ermöglicht, das Carry von dem vorherigen Datenpfad zu *ketten* und Einzelzyklusoperationen höherer Genauigkeit mit zwei oder mehr Datenbanken zu implementieren.

8.5 Datenpfad-ALU

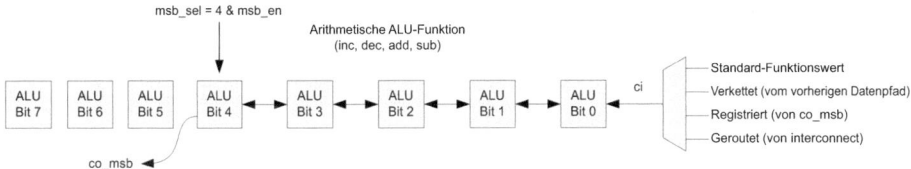

Abb. 8.13 Blockdiagramm der Carry-Operation

8.5.2 ALU-Maskierungsoperationen

Ein 8-bit-Maskenregister im statischen UDB-Konfigurationsregisterbereich definiert die Maskierungsoperation. Bei dieser Operation wird der Ausgang der ALU mit dem Wert im Maskenregister maskiert (AND-verknüpft). Eine typische Verwendung für die ALU-Maskenfunktion ist die Implementierung von freilaufenden Timern und Zählern in *Zweierpotenz*-Auflösungen.

8.5.3 Erkennung von allen Nullen und Einsen

Jeder Akkumulator hat eine dedizierte Erkennungsfähigkeit für *alle Nullen* und *alle Einsen*. Diese Bedingungen sind statisch kettbar, wie in den UDB-Konfigurationsregistern angegeben. Darüber hinaus wird die Anforderung, diese Bedingungen zu ketten oder nicht zu ketten, statisch in den UDB-Konfigurationsregistern angegeben. Das Ketten der Nullerkennung ist das gleiche Konzept wie das Vergleichen auf Gleichheit. Aufeinanderfolgende gekettete Daten werden AND-verknüpft, wenn das Ketten aktiviert ist.

8.5.4 Überlauf

Ein Überlauf wird definiert als das XOR des Carry in das MSB und das *Carry-out* des MSB. Die Berechnung erfolgt auf dem aktuell definierten MSB, wie durch die MSB_SEL-Bits angegeben. Obwohl dieser Zustand nicht kettbar ist, ist die Berechnung gültig, wenn sie im höchstwertigen Datenpfad einer Multipräzisionsfunktion durchgeführt wird, solange das Carry zwischen den Blöcken gekettet ist.

Tab. 8.5 Schiebefunktionen

Verschiebung[1:0]	Funktion
00	Pass
01	Links verschieben
10	Rechts verschieben
11	Nibble-Swap

8.5.5 Schiebeoperationen

Schiebeoperationen, dargestellt in Tab. 8.5, können unabhängig von denen der ALU auftreten. Ein *Shift-out*-Wert steht als Datenpfadausgabe zur Verfügung. Sowohl shift out right (sor) als auch shift out left (sol_msb) teilen diese Auswahlausgabe. Ein statisches Konfigurationsbit (SHIFT_OUT im Register CFG15) bestimmt, welche Schiebeausgabe als Datenpfadausgabe verwendet wird. In Abwesenheit einer Verschiebung sind das sor- und sol_msb-Signal als das LSB[21] bzw. MSB der ALU-Funktion definiert.

Die SI SELA- und SI SELB-Konfigurationsbits bestimmen die Verschiebung der Daten für eine gegebene Operation. Dynamischer Konfigurations-RAM wählt die A- oder B-Konfiguration auf einer Zyklus-für-Zyklus-Basis aus. Verschobene Daten sind nur für Links- und Rechtsverschiebung gültig; sie werden nicht für Pass und Nibble-Swap verwendet. Die Auswahl und Verwendung gelten für beide Verschiebungsrichtungen, und wenn für entweder SI SEL A oder SI SEL B die Bitwerte 00 sind, ist die Verschiebungsquelle Default/arithmetisch, d. h., die Defaulteingabe ist der Wert des DEF SI-Konfigurationsbits (fixiert 0 oder 1). Wenn jedoch das MSB SI-Bit gesetzt ist, dann ist die Defaulteingabe das aktuell definierte MSB, aber nur für Rechtsverschiebung.

Wenn die Bitwerte 01 sind, dann ist die Verschiebungsquelle registriert, und der Verschiebungswert wird vom aktuellen registrierten Shift-out-Wert aus dem vorherigen Zyklus bestimmt. Die Shift-left-Operation verwendet den letzten Shift-out-left-Wert. Die Shift-right-Operation verwendet den letzten Shift-out-Right-Wert. Wenn die Bitwerte 10 sind, dann ist die Verschiebungsquelle *geroutet*. Die Verschiebung wird aus dem Routingkanal ausgewählt, d. h. dem SI-Eingang. Schließlich, wenn die Bitwerte 11 sind, ist die Verschiebungsquelle verkettet, und shift-in-left wird vom rechten Datenpfadnachbarn geroutet.

Die Shift-out-Daten kommen von der aktuell definierten MSB-Position, und die Daten, die von links verschoben werden *(shift-in-right)*, gehen in die aktuell definierte MSB-Position. Beide Shift-out-Daten (links oder rechts) sind registriert und können in einem nachfolgenden Zyklus verwendet werden. Diese Funktion kann verwendet wer-

---

[21] Das Akronym für das niedrigstwertige Byte ist LSB („least siginificant byte").

den, um eine Verschiebung mit höherer Genauigkeit in mehreren Zyklen zu implementieren. Die Bits, die durch die MSB-Auswahl isoliert sind, werden trotzdem verschoben.

Im in Abb. 8.14 gezeigten Beispiel verschiebt Bit 7 immer noch den *sil*-Wert bei einer Rechtsverschiebung und Bit 5 verschiebt Bit 4 bei einer Linksverschiebung. Der *Shiftout*, entweder rechts oder links, von den isolierten Bits geht verloren.

8.5.6 Datenpfadverkettung

Wie zuvor besprochen, enthält jeder Datenpfadblock eine 8-bit-ALU, die darauf ausgelegt ist, Überträge, verschobene Daten, Auslösesignale und bedingte Signale zu den nächstgelegenen Nachbardatenbanken zu verketten, um arithmetische Funktionen und Schieberegister höherer Genauigkeit zu erstellen. Diese Verkettungssignale, die dedizierte Signale sind, ermöglichen die effiziente Implementierung von 16-, 24- und 32-bit-Einzelzyklusfunktionen ohne die zeitliche Unsicherheit von Kanalroutingressourcen. Darüber hinaus ermöglicht die Capture-Verkettung eine atomare Leseoperation der Akkumulatoren in verketteten Blöcken. Wie in Abb. 8.15 gezeigt, verketten alle erzeugten bedingten und Capture-Signale in Richtung von den niedrigst- zu den höchstwertigen Blöcken. Shift-left verkettet auch vom niedrigst- zum höchstwertigen Block und shift-right verkettet vom höchst- zum niedrigstwertigen Block. Das CRC/PRS-Verkettungssignal für Feedback verkettet vom niedrigst- zum höchstwertigen Block; der MSB-Ausgang verkettet vom höchst- zum niedrigstwertigen Block.

8.5.7 Datenpfad und CRC/PRS

Der Datenpfad hat eine spezielle Konnektivität, um zyklische Redundanzprüfung (CRC) und Pseudozufallssequenz (PRS)-Erzeugung zu ermöglichen. Verkettungssignale werden zwischen Datenpfadblöcken geroutet, um CRC/PRS-Bitlängen von mehr als 8 bit zu unterstützen. Das höchstwertige Bit („most siginificant bit", MSb) des höchstwertigen Blocks in der CRC/PRS-Berechnung wird ausgewählt und geroutet, während es über Blöcke hinweg verkettet wird, zum niedrigstwertigen Block. Das MSB wird dann mit dem Dateninput (SI-Daten) XOR-verknüpft, um das Rückkopplungs („feedback", FB)-Signal zu liefern. Das FB-Signal wird dann geroutet und über Blöcke hinweg zum höchstwertigen Block verkettet. Dieser Rückkopplungswert wird in allen Blöcken verwendet, um das XOR des Polynoms aus dem Data0- oder Data1-Register mit dem aktuellen Akkumulatorwert zu steuern.

Abb. 8.16 zeigt die strukturelle Konfiguration für die CRC-Operation. Die PRS-Konfiguration ist identisch, außer dass das *shift-in* (SI) auf „0" festgelegt ist.

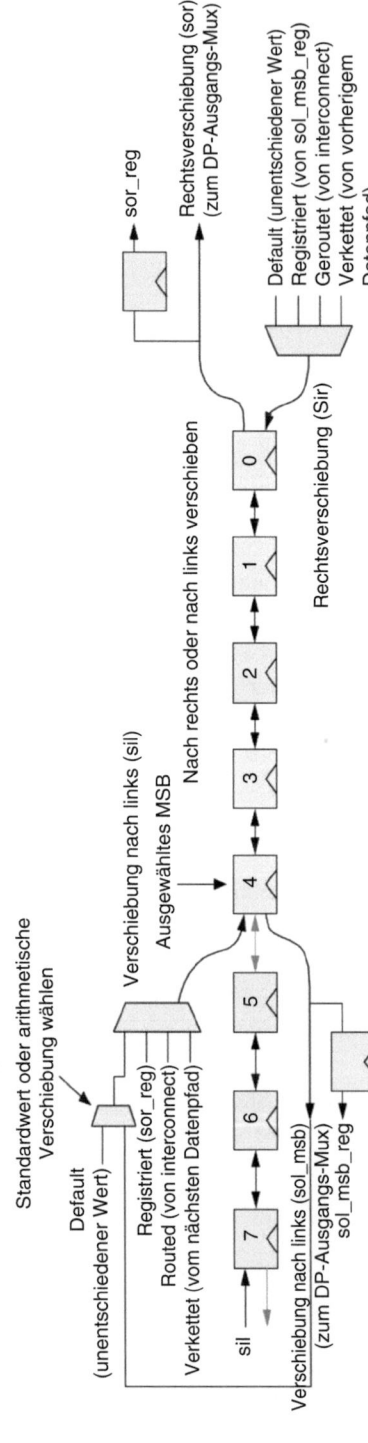

Abb. 8.14 Schiebeoperation

8.5 Datenpfad-ALU

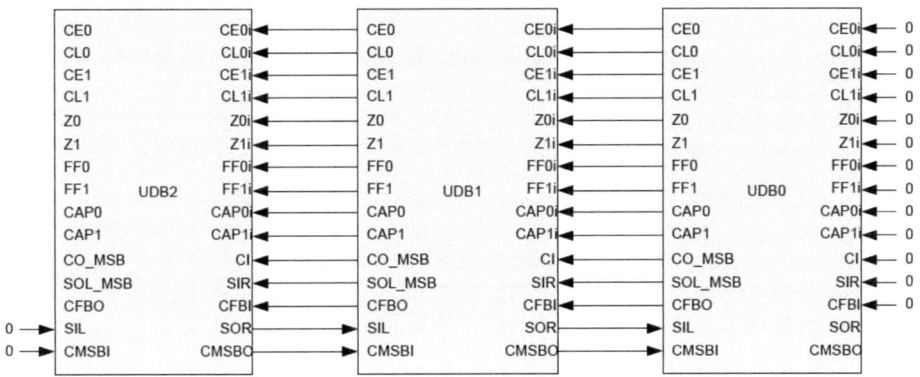

Abb. 8.15 Datenpfadverkettungsfluss

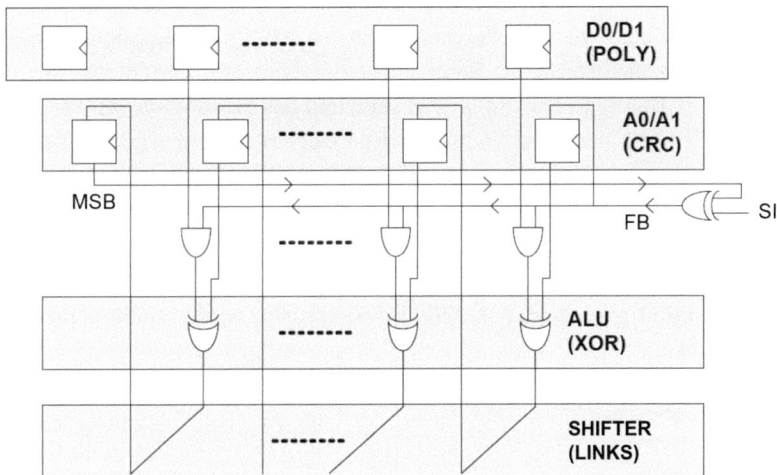

Abb. 8.16 Funktionale Struktur von CRC

In der PRS-Konfiguration enthalten D0 oder D1 den Polynomwert, während A0 oder A1 den Anfangs- oder Seed[22]-Wert und den CRC-Residualwert am Ende der Berechnung enthalten. Um die CRC-Operation zu ermöglichen, muss das CFB_EN-Bit im dynamischen Konfigurations-RAM auf „1" gesetzt werden. Dies ermöglicht die AND-Verknüpfung des SRCB-ALU-Eingangs mit dem CRC-Rückkopplungssignal. Wenn es auf „0" gesetzt ist, wird das Rückkopplungssignal auf „1" getrieben, was eine normale arith-

---

[22] Der Ausdruck *Seed-Wert* wird in diesem Lehrbuch in verschiedenen Kontexten verwendet und bezieht sich auf einen Anfangswert, mit dem ein Prozess begonnen wird.

metische Operation ermöglicht. Die dynamische Steuerung dieses Bits auf einer Zyklus-für-Zyklus-Basis bietet die Möglichkeit, eine CRC/PRS-Operation mit anderen arithmetischen Operationen zu verflechten.

8.5.8 CRC/PRS-Verkettung

Abb. 8.17 veranschaulicht ein Beispiel für CRC/PRS-Verkettung über drei UDB. Diese Anordnung ist in der Lage, eine 17- bis 24-bit-Operation zu unterstützen. Die Verkettungssteuerbits werden entsprechend der Position des Datenpfads wie gezeigt in der Kette eingestellt.

Das CRC/PRS-MSB-Signal (cmsbo, cmsbi) wird auf der Grundlage des Folgenden verkettet:

- Wenn ein gegebener Block der höchstwertige Block ist, wird das MSb-Bit (entsprechend dem ausgewählten Polynom) mit den MSB_SEL-Konfigurationsbits konfiguriert. Wenn ein gegebener Block nicht der höchstwertige Block ist, muss das CHAIN MSB-Konfigurationsbit gesetzt sein, und das MSb-Signal wird vom nächsten Block in der Kette verkettet. Wenn ein gegebener Block der niedrigstwertige Block ist, dann wird das Rückkopplungssignal in diesem Block aus der eingebauten Logik erzeugt, die das Shift-in von rechts *(sir)* nimmt und es mit dem MSb-Signal XOR-verknüpft (für PRS ist das *sir*-Signal auf „0" festgelegt).
- Wenn ein gegebener Block nicht der niedrigstwertige Block ist, muss das CHAIN FB-Konfigurationsbit gesetzt sein, und die Rückkopplung wird vom vorherigen Block in der Kette verkettet.

Das CRC/PRS-MSb-Signal *(cmsbo, cmsbi)* wird auf der Grundlage des Folgenden verkettet:

- Wenn ein gegebener Block der höchstwertige Block ist, wird das MSB-Bit (entsprechend dem ausgewählten Polynom) mit den MSB_SEL-Konfigurationsbits konfiguriert.
- Wenn ein gegebener Block nicht der höchstwertige Block ist, muss das CHAIN MSB-Konfigurationsbit gesetzt sein, und das MSB-Signal wird vom nächsten Block in der Kette verkettet.

8.5 Datenpfad-ALU

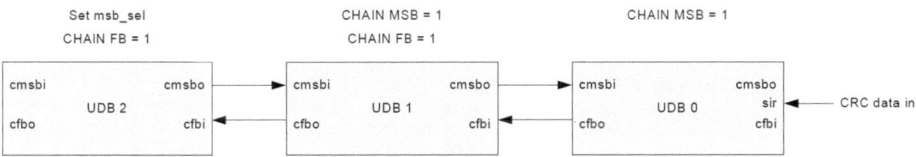

Abb. 8.17 Konfiguration der CRC/PRS-Verkettung

8.5.9 CRC/Polynomspezifikation

Das Folgende ist ein illustratives Beispiel dafür, wie das Polynom für die Programmierung in das zugehörige D0/D1-Register konfiguriert wird. Betrachten Sie das CCITT[23]-CRC-16-Polynom, das als $x16 + x12 + x5 + 1$ definiert ist. Die Methode zur Ableitung des Datenformats aus dem Polynom wird in Abb. 8.18 gezeigt.

Der X0-Term ist inhärent immer „1" und muss daher nicht programmiert werden. Für jeden der verbleibenden Terme im Polynom wird eine „1" in der entsprechenden Position in der gezeigten Ausrichtung gesetzt.[24]

Angenommen, D0 enthält das Polynom und A0 wird verwendet, um CRC/PRS zu berechnen, so muss ein geeignetes Polynom ausgewählt und in D0 geschrieben werden. Als Nächstes wird ein Seed-Wert ausgewählt und in A0 geschrieben.

8.5.10 Externer CRC/PRS-Modus

Ein statisches Konfigurationsbit kann gesetzt werden (EXT CRCPRS), um die Unterstützung für die externe Berechnung eines CRC oder PRS zu ermöglichen. In Abb. 8.19 ist die Berechnung der CRC-Rückkopplung dargestellt.

Dies geschieht in einem PLD-Block. Wenn das Bit gesetzt ist, wird das CRC-Rückkopplungssignal direkt vom CI *(Carry-in)*-Datenpfadeingangsauswahl-Mux gesteuert, wobei die interne Berechnung umgangen wird. Die Abbildung zeigt eine einfache Konfiguration, die bis zu 8-bit-CRC oder -PRS unterstützt. Normalerweise wird die eingebaute Schaltung verwendet, aber diese Funktion ermöglicht komplexere Konfigurationen, wie bis zu 16-bit-CRC/PRS-Funktion in einem UDB, unter Verwendung von

---

[23] CCITT ist eine Abkürzung für Comité Consultatif International Téléphonique et Télégraphhique, eine internationale Normungsorganisation, die sich mit der Entwicklung von Kommunikationsstandards befasst.

[24] Dieses Polynomformat unterscheidet sich leicht von dem Format, das normalerweise in HEX angegeben wird. Zum Beispiel wird das CCITT CRC16-Polynom typischerweise als 1021H bezeichnet. Um es in das für den Datenpfadbetrieb erforderliche Format zu konvertieren, verschieben Sie es um eins nach rechts und fügen Sie eine „1" an der MSb-Stelle hinzu. In diesem Fall ist der korrekte Polynomwert, der in das D0- oder D1-Register geladen werden soll, 1810H.

X^{16}	X^{15}	X^{14}	X^{13}	X^{12}	X^{11}	X^{10}	X^9	X^8	X^7	X^6	X^5	X^4	X^3	X^2	X^1	X^0
X^{16}	+			X^{12}			+				X^5		+			1
0	0	0	0	1	0	0	0	0	0	0	1	0	0	0	0	

CCITT-16-Bit-Polynom ist 0x0810

Abb. 8.18 CCITT-CRC-16-Polynom

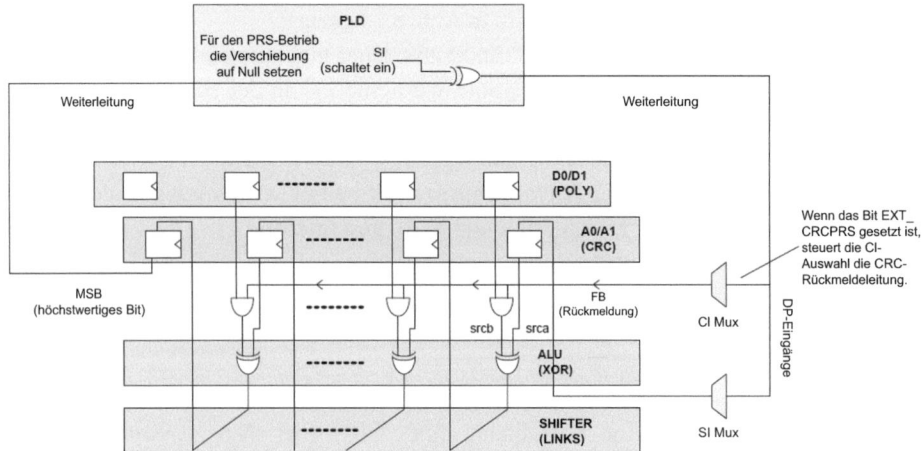

Abb. 8.19 Externer CRC/PRS-Modus

Zeitmultiplexing. In diesem Modus steuert das dynamische Konfigurations-RAM-Bit CFB_EN immer noch, ob das CRC-Rückkopplungssignal mit dem SRCB-ALU-Eingang verknüpft wird. Daher kann die Funktion, wie bei der eingebauten CRC/PRS-Operation, mit anderen Funktionen verflochten werden, wenn gewünscht.

8.5.11 Datenpfadausgänge und Multiplexing

Datenpfadausgänge und Multiplexing-Bedingungen werden aus den registrierten Akkumulatorwerten, ALU-Ausgängen und FIFO-Status generiert. Diese Bedingungen können zum UDB-Kanalrouting für die Verwendung in anderen UDB-Blöcken als Interrupts, DMA-Anforderungen oder auf globale Größen und I/O-Pins angewendet werden. Die 16 möglichen Bedingungen sind in Tab. 8.6 dargestellt.

Tab. 8.6 Erzeugung von Datenpfadbedingungen

Zustand	Kette ?	Beschreibung
Vergleiche gleich	Y	A0==D0
Vergleiche weniger als	Y	A0<D0
Null-Erkennung	Y	A0==OOh
Einsen erkennen	Y	A0==FFh
Vergleiche gleich	Y	A1 oder A0 == D1
Vergleiche weniger als	Y	A1 oder A0 < D1
Null-Erkennung	Y	A1 == 00h
Einsen erkennen	Y	A1 == FFh
Überlauf	N	Übertrag(msb)^ Übertrag(msb-1)
Carry-out	Y	Übertrag des MSB-definierten Bits
CRC MSB	Y	MSB der CRC/PRS-Funktion
Herausschieben	Y	Auswahl der Shift-Ausgabe
FIFO0-Blockstatus	N	Abhängig von der FIFO-Konfiguration
FIFO1-Blockstatus	N	Abhängig von der FIFO-Konfiguration
FIFO0-Blockstatus	N	Abhängig von der FIFO-Konfiguration
FIFO1-Blockstatus	N	Abhängig von der FIFO-Konfiguration

Es gibt insgesamt 6 Datenpfadausgänge. Jeder Ausgang hat einen 16–1-Multiplexer, der es ermöglicht, dass eines dieser 16 Signale zu einem der Datenpfadausgänge geroutet wird.

8.5.12 Compares

Es gibt zwei Compares, von denen einer feste Quellen (Compare 0) und der andere dynamisch auswählbare Quellen hat (Compare 1). Jeder Compare hat ein statisch programmiertes 8-bit-Maskenregister, das den Compare in einem bestimmten Bitfeld ermöglicht. Standardmäßig ist die Maskierung ausgeschaltet (alle Bits werden verglichen) und muss aktiviert werden. Die Eingänge des Compare 1 sind dynamisch konfigurierbar. Wie in Tab. 8.7 dargestellt, gibt es 4 Optionen für Compare 1, die sowohl für die *Kleiner-als-* als auch für die *Gleich*-Bedingungen gelten.

Die CMP SELA- und CMP SELB-Konfigurationsbits bestimmen die möglichen Compare-Konfigurationen. Ein dynamisches RAM-Bit wählt eine der A- oder B-Konfigurationen auf einer Zyklus-für-Zyklus-Basis aus.

Tab. 8.7 Compare-Konfigurationen

CMP SEL A CMP SEL B	Vergleiche 1 Konfiguration vergleichen
00	A1 im Vergleich zu D1
01	A1 vergleichen mit A0
10	A0 vergleichen mit D1
11	A0 vergleichen mit A0

Compare 0 und Compare 1 sind unabhängig voneinander an die Bedingungen ankettenbar, die im vorherigen Datenpfad (in Adressreihenfolge) erzeugt wurden. Ob Compares verkettet werden oder nicht, wird statisch in den UDB-Konfigurationsregistern festgelegt. Abb. 8.20 veranschaulicht die *Compare-gleich*-Verkettung, die nur eine AND-Verknüpfung des *Compare-gleich* in diesem Block mit dem verketteten Eingang aus dem vorherigen Block ist.

Abb. 8.21 veranschaulicht die *Compare-kleiner-als*-Verkettung. In diesem Fall wird das *Kleiner-als* durch den *Compare-kleiner-als*-Ausgang in diesem Block gebildet, der bedingungslos ist. Dies wird mit der Bedingung, bei der dieser Block gleich ist, OR-verknüpft, und der verkettete Eingang aus dem vorherigen Block wird als kleiner als festgelegt.

8.6 Dynamischer Konfigurations-RAM (DPARAM)

Jeder Datenpfad enthält einen dynamischen 16-bit-mal-8-Wort-Konfigurations-RAM, der in Abb. 8.22 dargestellt ist.

Der Zweck dieses RAM besteht darin, die Konfigurationsbits des Datenpfads auf einer Zyklus-für-Zyklus-Basis zu steuern, basierend auf dem für diesen Datenpfad ausgewählten Takt. Dieser RAM hat synchrone Lese- und Schreibports zum Laden der Kon-

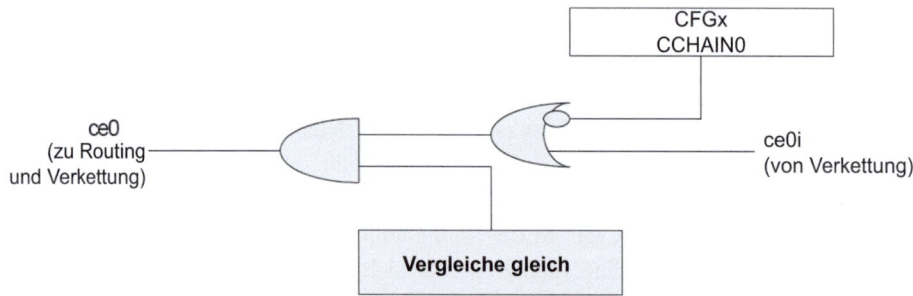

Abb. 8.20 *Compare-gleich*-Verkettung

8.6 Dynamischer Konfigurations-RAM (DPARAM)

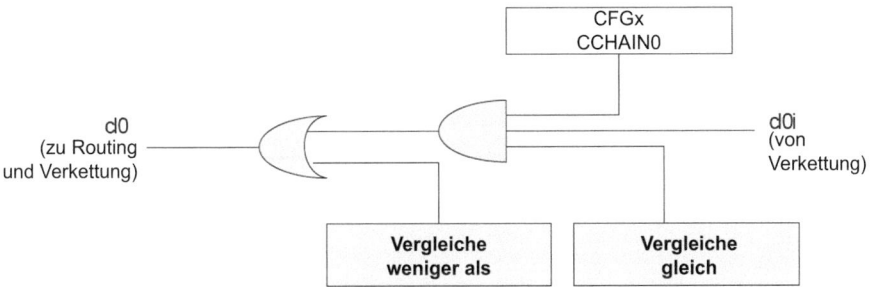

Abb. 8.21 *Compare-kleiner-als*-Verkettung

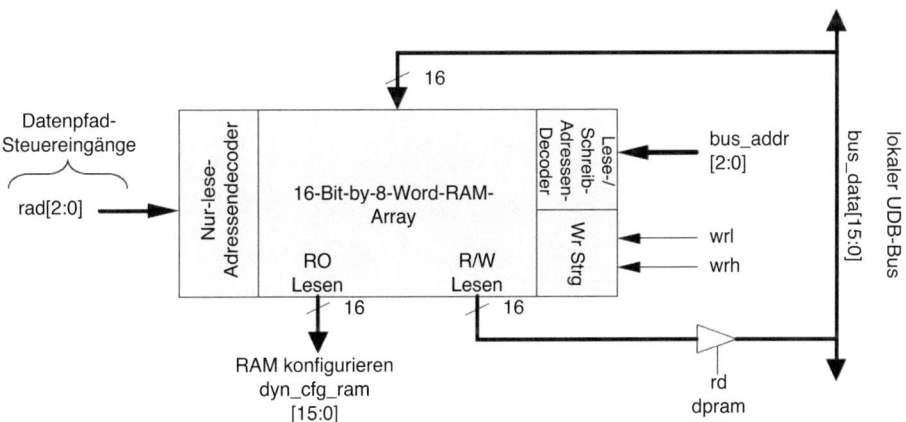

Abb. 8.22 Konfigurations-RAM-I/O

figuration über den Systembus. Ein zusätzlicher asynchroner Leseport wird als schneller Pfad zur Ausgabe dieser 16-bit-Wörter als Steuerbits an den Datenpfad bereitgestellt. Die asynchronen Adresseneingänge werden aus Datenpfadeingängen ausgewählt und können aus jedem der möglichen Signale auf der Kanalroute generiert werden, einschließlich I/O-Pins, PLD-Ausgängen, Steuerblockausgängen oder anderen Datenpfadausgängen. Der Hauptzweck des asynchronen Lesezugriffs besteht darin, eine schnelle Einzelzyklusdecodierung der Datenpfadsteuerbits bereitzustellen.

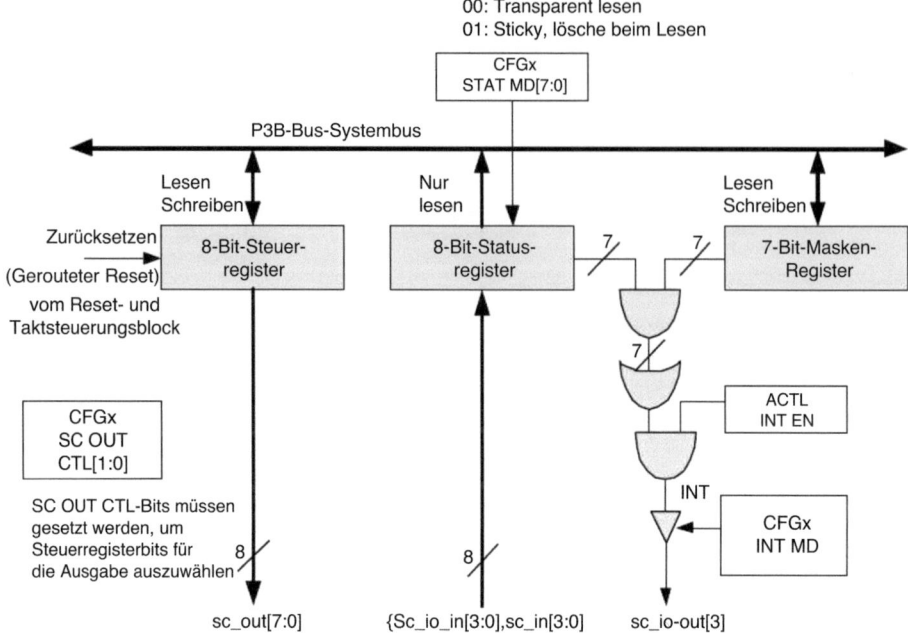

Abb. 8.23 Status- und Steuerbetrieb

8.7 Status- und Steuermodus

Im Status- und Steuermodus fungiert dieses Modul als Statusregister, Interrupt-Maskenregister und Steuerregister in der in Abb. 8.23 gezeigten Konfiguration.

8.7.1 Betrieb des Statusregisters

Für jede UDB ist ein 8-bit-lese-Statusregister verfügbar, und die Eingänge zu diesem Register stammen von jedem Signal im digitalen Routinggewebe. Das Statusregister ist nicht speichernd, d. h., es verliert seinen Zustand während Schlafintervallen und wird beim Aufwachen auf 0x00 zurückgesetzt. Jedes Bit kann unabhängig programmiert werden, um auf eine von zwei Arten zu arbeiten: 1) Für STAT MD = 0 gibt Lesen den aktuellen Wert des gerouteten Signals zurück (transparent) und 2) für STAT MD = 1 wird ein High auf dem internen Netz abgetastet und erfasst („sticky", „clear on read").[25]

Eine wichtige Eigenschaft der Löschoperation des Statusregisters besteht darin, dass das Löschen des Status nur auf die gesetzten Bits angewendet wird. Dies ermöglicht es,

---

[25] Es wird gelöscht, wenn das Register gelesen wird.

8.7 Status- und Steuermodus

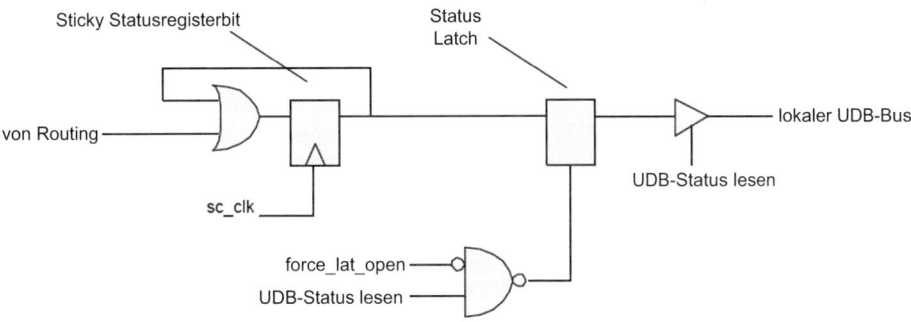

Abb. 8.24 Statusleselogik

dass andere Bits, die nicht gesetzt sind, weiterhin den Status erfassen können, und eine kohärente Sicht auf den Prozess kann aufrechterhalten werden.

8.7.2 Statuszwischenspeicherung während des Lesens

Abb. 8.24 zeigt die Struktur der Statusleselogik. Das Sticky-Statusregister wird von einer Zwischenspeicherung gefolgt, die die Daten des Statusregisters zwischenspeichert und während der Dauer des Lesezyklus stabil hält, unabhängig von der Anzahl der Wartezustände in einem gegebenen Lesevorgang.

8.7.3 Transparentes Statuslesen

Standardmäßig wird der Zustand des zugehörigen Routingnetzes durch einen CPU-Lesevorgang dieses Register transparent gelesen. Dieser Modus kann für einen transienten Zustand verwendet werden, der intern in dem UDB berechnet und registriert wird.

8.7.4 Sticky-Status, mit „clear on read"

In diesem Modus wird das zugehörige Routingnetz in jedem Zyklus des Status- und Steuertakts abgetastet. Wenn das Signal in einem gegebenen Abtastwert high ist, wird es im Statusbit erfasst und bleibt high, unabhängig vom nachfolgenden Zustand der zugehörigen Route. Wenn die CPU-Firmware das Statusregister liest, wird das Bit gelöscht. Das Löschen des Statusregisters ist unabhängig vom Modus und erfolgt auch, wenn der Blocktakt deaktiviert ist; es basiert auf dem Bustakt und erfolgt als Teil des Lesevorgangs.

8.8 Zählermodus

Wenn ein UDB im Zählermodus ist, fungiert das Steuerregister als 7-bit-Abwärtszähler mit programmierbarer Periode und automatischem Reload, der für interne UDB-Operationen oder Firmwareanwendungen verwendet werden kann. Routingeingänge können so konfiguriert werden, dass sie sowohl das Enable als auch das Reload des Zählers steuern. Wenn aktiviert, ist die Steuerregisteroperation nicht verfügbar.

Der Zähler hat die folgenden Eigenschaften:

- ein 7-bit-lese/schreib-Periodenregister, ein 7-bit-Zählregister, das Lese-/Schreibzugriff hat, aber nur zugänglich ist, wenn der Zähler deaktiviert ist,
- automatisches Nachladen der Periode in das Zählregister bei Terminalzählung (0),
- ein Firmwaresteuerbit im Hilfssteuerarbeitsregister namens CNT START, um den Zähler zu starten und zu stoppen,[26]
- auswählbare Bits aus dem Routing zur dynamischen Steuerung der Zähler-enable- und Load-Funktionen: EN, geroutetes Enable zum Starten oder Stoppen des Zählens, und LD, geroutetes Load-Signal zum Erzwingen des Reload der Periode,[27]
- er ist pegelsensitiv und lädt die Periode weiter, während er behauptet wird. Die 7-bit-Zählung kann auf das Routinggewebe als sc_out[6:0] ausgegeben werden,
- die Terminalzählung kann auf das Routinggewebe als sc_out[7] ausgegeben werden.

Um diesen Modus zu aktivieren, müssen die SC_OUT_CTl[1:0]-Bits auf Zählerausgang gesetzt werden. In diesem Modus ist der normale Betrieb des Steuerregisters nicht verfügbar. Das Statusregister kann weiterhin für Leseoperationen verwendet werden, sollte aber nicht zur Erzeugung eines Interrupts verwendet werden, da das Maskenregister als Zählerperiodenregister wiederverwendet wird. Die Verwendung des SYNC-Modus hängt davon ab, ob die dynamischen Steuereingänge (LD/EN) verwendet werden. Wenn sie nicht verwendet werden, bleibt der SYNC-Modus unbeeinflusst. Wenn sie verwendet werden, ist der SYNC-Modus nicht verfügbar.

8.8.1 Sync-Modus

Wie in Abb. 8.25 gezeigt, kann das Statusregister als 4-bit-Doppelsynchronisierer arbeiten, der von dem aktuellen SC_CLK getaktet wird, wenn das SYNC MD-Bit gesetzt ist. Dieser Modus kann verwendet werden, um eine lokale Synchronisation von asynchro-

---

[26] Dies ist ein überschreibendes Enable und muss gesetzt sein, damit das optional geroutete Enable betriebsbereit ist.

[27] Wenn dieses Signal behauptet wird, überschreibt es eine anstehende Terminalzählung.

8.8 Zählermodus

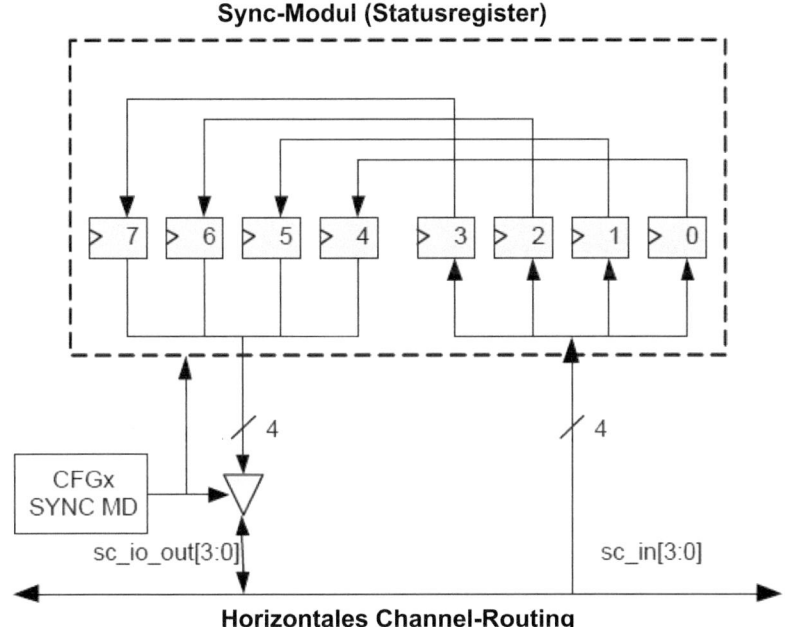

Abb. 8.25 Sync-Modus

nen Signalen, wie GPIO-Eingängen, zu implementieren. Wenn aktiviert, werden die zu synchronisierenden Signale von den UDB-Pins SC_IN[3:0] ausgewählt, die Ausgänge werden auf die SC_IO_OUT[3:0]-Pins ausgegeben, und SYNC MD setzt automatisch die SC_IO-Pins in den Ausgabemodus. In diesem Modus ist der normale Betrieb des Statusregisters nicht verfügbar, und der Status-Sticky-Bit-Modus wird unabhängig von den Steuereinstellungen für diesen Modus abgeschaltet. Das Steuerregister wird durch den Modus nicht beeinflusst. Der Zähler kann weiterhin mit Einschränkungen verwendet werden. In diesem Modus können keine dynamischen Eingänge (LD/EN) zum Zähler aktiviert werden.

8.8.2 Status- und Steuerungstaktung

Die Status- und Steuerregister erfordern eine Taktwahl für einen der folgenden Betriebsmodi:

Abb. 8.26 Bezeichnungen der Hilfssteuerregisterbits

Auxiliary Control Register							
7	6	5	4	3	2	1	0
		START CNT	INT EN	FIFO1 LVL	FIFO0 LVL	FIFO1 CLR	FIFO0 CLR

- Steuerregister im Zählermodus,
- Statusregister mit einem beliebigen Bit, das auf *sticky* gesetzt ist,[28]
- Sync-Modus.

Der Takt für diesen Block wird im Reset- und Taktsteuerungsmodul zugewiesen.

8.8.3 Hilfssteuerregister

Ein Hilfssteuerregister ist ein Lese-schreib-Register, das die Hardware im UDB steuert und es der CPU-/DMA-Firmware ermöglicht, die Interrupt-, FIFO- und Zähler-Festfunktionshardware dynamisch zu steuern. Die CPU und/oder die DMA werden verwendet, um die Interrupt-, Zähler- und FIFO-Funktionen dynamisch zu steuern. Die Beschreibung der einzelnen Steuerbits ist in Abb. 8.26 dargestellt.

8.8.3.1 FIFO0-Pegel, FIFO1-Pegel

Die FIFO0 CLR- und FIFO1 CLR-Bits setzen den Zustand des zugehörigen FIFO zurück. Eine „1", die auf diese Bits geschrieben wird, löscht den Zustand des zugehörigen FIFO. Diese Bits müssen jedoch zurückgesetzt, d. h. auf 0, gesetzt werden, damit der FIFO-Betrieb fortgesetzt werden kann. Wenn diese Bits behauptet bleiben, arbeiten die FIFO als einfache 1-Byte-Buffer, ohne Status. Die FIFO0 LVL- und FIFO1 LVL-Bits steuern den Pegel, bei dem der 4-Byte-FIFO den Busstatus behauptet (wenn der Bus entweder liest oder in den FIFO schreibt). Der FIFO-Busstatus hängt von der konfigurierten Richtung ab. Die Registerbits und Beschreibungen sind in Abb. 8.27 dargestellt.

8.8.3.2 Interrupt Enable

Wenn die Generierungslogik des Statusregisters aktiviert ist, schaltet das INT EN-Bit das resultierende Interrupt-Signal.

---

[28] Sticky-Bits sind als Bits definiert, die ihren aktuellen Wert beibehalten, bis sie zurückgesetzt werden, z. B. durch die CPU.

8.9 Boolesche Funktionen

FIFO x LVL	Eingabe-Modus (Bus schreibt FIFO)	Ausgabe-Modus (Bus liest FIFO)
0	Nicht voll Mindestens ein Byte kann geschrieben werden	Nicht leer Mindestens ein Byte kann gelesen werden
1	Mindestens halbleer Mindestens 2 Bytes können geschrieben werden	Mindestens halb voll Mindestens 2 Bytes können gelesen werden

Abb. 8.27 FIFO-Pegel-Steuerbits

8.8.3.3 Zählersteuerung

Das CNTSTART-Bit wird verwendet, um den Zähler zu aktivieren/deaktivieren, vorausgesetzt, die SC_OUT_CTL[1:0]-Bits sind entsprechend konfiguriert, d. h. auf Zählerausgangsmodus gesetzt.

8.9 Boolesche Funktionen

George Boole[29] veröffentlichte 1847 ein bahnbrechendes Werk mit dem Titel *The Mathematical Analysis of Logic*, das 1854 von einem zweiten ebenso wichtigen Werk mit dem Titel *An Investigation of the Laws of Thought, on Which Are Founded the Mathematical Theories of Logic and Probabilities* gefolgt wurde. Sein Ansatz bestand darin, eine Art linguistische Algebra[30] auf der Basis der drei Konstrukte AND ($A \cdot B$), OR ($A+B$) und NOT ($\overline{A}$)[31] zu entwickeln. Er konnte dann zeigen, dass sie zur Durchführung grundlegender mathematischer Funktionen und Vergleiche verwendet werden konnten. So wurde es möglich, logische Aussagen in Form von algebraischen Gleichungen auszudrücken. Seine Arbeit bildete letztendlich die Grundlage für einen Großteil der modernen Computertechnologie. Claude Elwood Shannon[32] war der Erste, der die boolesche Algebra zur Beschreibung digitaler Schaltkreise verwendete.

---

[29] George Boole (1815–1864), ein Mathematiker, führte nicht nur eine bahnbrechende Theorie der symbolischen Logik ein, die letztendlich als boolesche Logik bekannt wurde, sondern auch zwei wichtige Abhandlungen über Differentialgleichungen und die Berechnung der endlichen Differenzen.

[30] Die letztendlich allgemein als „boolesche Algebra" bezeichnet wurde.

[31] Beachten Sie, dass obwohl AND und OR binäre Operatoren sind, NOT ein unärer Operator ist, da er nur auf einen Operanden wirkt.

[32] Claude E. Shannon wird von vielen als der Begründer des elektronischen Kommunikationszeitalters angesehen. Sowohl als Mathematiker als auch als Ingenieur wandte er Booles logische Algebra auf Telefonschaltkreise an und verfasste eine klassische Arbeit mit dem Titel *A Symbolic Analysis of Relay and Switching Circuits*. Seine Arbeiten zur Informationstheorie, die mit seiner zweiteiligen Arbeit *A Mathematical Theory of Communication* begannen, werden weiterhin intensiv studiert und haben viel zur Entwicklung der modernen Computertechnologie beigetragen.

Abb. 8.28 Das NAND-Gatter als Grundbaustein für AND-, OR- und NOT- (Inverter-) Gatter

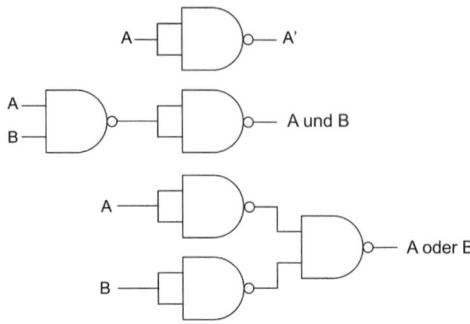

Einfach ausgedrückt, ermöglicht die boolesche Algebra, dass jeder berechenbare Algorithmus oder realisierbare digitale Schaltkreis als System von booleschen Gleichungen ausgedrückt werden kann. AND, OR und NOT können leicht aus NAND-Gattern konstruiert werden, was einem AND-Gatter gefolgt von einem NOT-Gatter entspricht, wie in Abb. 8.28 gezeigt.

Die Verwendung eines einzigen Typs von Bausteinen, d. h. NAND-Gattern, als Grundlage für diese drei Funktionen ermöglicht die Erstellung sehr komplexer Schaltkreise aus demselben Baustein [8]. Boolesche Funktionen arbeiten mit booleschen Variablen, und der resultierende Wert einer booleschen Funktion ist entweder 1 oder 0.

Die formale Definition einer booleschen Funktion lautet:

> A Boolean function is a mapping from the Cartesian product $x^n\{0, 1\}$ to $\{0, 1\}$, i.e., a function $F : x^n\{0, 1\} \Rightarrow set B = \{0, 1\}$ where $x^n\{0, 1\}$ is the set of all n-tuples $\{x_1, x_2 \cdots .x_n\}$ and the x_n are either one or zero.

Die Menge $B = \{0,1\}$ ist wohl eine der am häufigsten verwendeten Mengen der Welt. Die boolesche Algebra liefert die Operationen und Regeln für die Arbeit mit dieser Menge und bildet die Grundlage für die Entwicklung und Verwendung von digitalen Schaltkreisen und für das VLSI-Design. Eine boolesche Algebra besteht aus einer Menge von Operatoren und einer Menge von Axiomen. Die Operatoren für die hier zu diskutierende boolesche Algebra sind $+$, $\cdot$ und $'$ für OR, AND und das Komplement.[33] Die Reihenfolge der Prioritäten für diese Operatoren ist Komplement, Produkt und dann Summe.

Die Menge der Axiome umfasst:

---

[33] Das Komplement von 1 ist 0 und das Komplement von 0 ist 1.

8.9 Boolesche Funktionen

- Abschluss,[34]
- das Vorhandensein von Identitätselementen für AND (1) und OR (0), aber nicht für NOT,
  $(A+0=A, A \cdot 1=A)$,
- assoziativ: A + (B+C) = (A+B) +C,
- kommutativ: $A+B=B+A$ und $A \cdot B=B \cdot A$,
- distributiv: $A+(B \cdot C) = (A+B) \cdot (A+C)$ und $A \cdot (B+C)=(A \cdot B)+(A \cdot C)$,
- invers: $A+A'=1$ und $A \cdot A'=0$.

Boolesche Ausdrücke werden entweder in Bezug auf *Minterme* oder *Maxterme* gegeben, die jeweils als das *Produkt* von N Literalen definiert sind, von denen jedes nur einmal vorkommt, und die *Summe* von N Literalen, von denen jedes nur einmal vorkommt. Ein *Literal* ist eine Variable innerhalb eines Terms des Ausdrucks, die ergänzt werden kann. Eine boolesche Funktion ist eine Abbildung von einem Bereich, der aus n-Tupeln von Nullen und Einsen besteht, auf einen Bereich, der aus einem Element von B besteht. Boolesche Funktionen können als eine *Summe von Produkten* (SoP),

$$F = (\overline{A} \cdot B) + (A \cdot \overline{B}), \tag{8.1}$$

oder als ein *Produkt von Summen* (POS),

$$F = (A + B) \cdot (\overline{A} + \overline{B}), \tag{8.2}$$

ausgedrückt werden. Es ist möglich, einen Summe-von-Produkten-Ausdruck für jeden digitalen Logikschaltkreis abzuleiten, egal wie komplex, vorausgesetzt, es existiert eine Beschreibung davon in Form einer Wahrheitstabelle. Die Verwendung von Summe-von-Produkten garantiert jedoch nicht, dass das Endergebnis ein optimales Design sein wird. Dies ist von Bedeutung, da die Minimierung der benötigten Anzahl von Gattern in der Praxis zu sehr signifikanten Kosteneinsparungen, besserer Leistung und oft erhöhter Geschwindigkeit führen kann. Was dem flüchtigen Beobachter als Addition und Multiplikation erscheinen mag, sind in Wirklichkeit die Operationen von OR und AND. Für diese Operationen wurden verschiedene Notationen angenommen, z. B.

$$A \cdot B = AB = A \text{ \textbf{OR} } B = A \vee B, \tag{8.3}$$

$$A + B = A \text{ \textbf{AND} } B = A \wedge B. \tag{8.4}$$

Die AND- und OR-Operatoren sind assoziativ,

$$(A \cdot B) \cdot C = A \cdot (B \cdot C), \tag{8.5}$$

---

[34] x ist eine boolesche Variable, wenn und nur wenn (iff) ihre Werte auf Elemente von B unter AND, OR und NOT beschränkt sind.

$$(A + B) + C = A + (B + C), \tag{8.6}$$

kommutativ,
$$A \cdot B = B \cdot A, \tag{8.7}$$

$$A + B = B + A, \tag{8.8}$$

und distributiv,
$$A \cdot (B + C) = (A \cdot B) + (A \cdot C), \tag{8.9}$$

$$A + (B \cdot C) = (A + B) \cdot (A + C). \tag{8.10}$$

Darüber hinaus existiert für jeden Wert A ein A', so dass $A + A' = 1$ und $A \cdot A' = 0$. All dies führt zu einigen sehr wichtigen und nützlichen Ergebnissen, z. B.

$$
\begin{aligned}
A \cdot B &= B \cdot A, \\
A + B &= B + A, \\
A \cdot (B \cdot C) &= (A \cdot B) \cdot C, \\
A + (B + C) &= (A + B) + C, \\
A \cdot (B + C) &= (A \cdot B) + (A \cdot C), \\
A + (B \cdot C) &= (A + B) \cdot (A + B), \\
A \cdot A &= A, \\
A + A &= A, \\
A \cdot (A + B) &= A, \\
A + (A \cdot B) &= A, \\
A \cdot A' &= 0, \\
A + A' &= 1, \\
(A')' &= A, \\
(A \cdot B)' &= A' + B', \\
(A + B)' &= A' \cdot B', \\
A + 1 &= 1, \\
A \cdot 1 &= A, \\
A \cdot 0 &= 0, \\
A + 0\ 4 &= A, \\
&\ldots
\end{aligned}
$$

Es sollte beachtet werden, dass für jeden gültigen booleschen Ausdruck, wenn die +-Operatoren im Ausdruck durch -Operatoren ersetzt werden, die -Operatoren durch +-Operatoren und 0er durch 1er und 1er durch 0er ersetzt werden, das Ergebnis auch ein gültiger boolescher Ausdruck ist, obwohl die Werte der beiden Ausdrücke nicht gleich sein müssen. Diese Eigenschaft wird als *Dualität* bezeichnet.

8.9 Boolesche Funktionen

De Morgans Theorem[35] besagt, dass das Komplement des Produkts von Variablen gleich der Summe der Komplemente der Variablen ist und umgekehrt das Komplement der Summe von Variablen gleich dem Produkt der Komplemente der Variablen ist,[36] d. h.,

$$\overline{A + B} = \overline{A} \cdot \overline{B} \tag{8.11}$$

und

$$\overline{A \cdot B} = \overline{A} + \overline{B}, \tag{8.12}$$

was oft die Vereinfachung von booleschen Ausdrücken und damit die Logik ermöglicht. Einige der wichtigsten algebraischen Regeln für boolesche Funktionen sind in Tab. 8.8 dargestellt.

8.9.1 Vereinfachen/Konstruieren von Funktionen

Eine Funktion kann als Logik (-Schaltkreis)-Diagramm, Wahrheitstabelle oder Ausdruck dargestellt werden. Logikdiagramme zeigen, wie die einzelnen Gatter miteinander verbunden sind. Beispiele für Wahrheitstabellen sind in den Tab. 8.9 und 8.10 gezeigt. Die Anzahl der möglichen Funktionen bei gegebenen n Eingängen und m Ausgängen kann ausgedrückt werden als

$$N = 2^{m2^n}, \tag{8.13}$$

so dass es für 2 Eingänge und 1 Ausgang $2^2 = 4$ Funktionen gibt, für 2 Eingänge und 2 Ausgänge gibt es $2^8 = 256$ Funktionen, für 3 Eingänge und 2 Ausgänge gibt es $2^{16} = 65.536$ Funktionen usw.

Um ein Logikdiagramm zu optimieren, für das es viele mögliche Implementierungen geben kann, kann der Entwickler mit einer Wahrheitstabelle beginnen. Betrachten Sie z. B. die in Abb. 8.9 dargestellte Wahrheitstabelle für die Funktion F, wie sie in Gl. 8.14 definiert ist.

$$F = A + A \cdot B = A \cdot 1 + A \cdot B, \tag{8.14}$$

---

[35] Augustus De Morgan (1806–1871). De Morgan war ein britischer Mathematiker und Logiker, geboren in Indien, der ein Zeitgenosse von Charles Babbage und William Hamilton war. Er führte den Begriff *mathematische Induktion* ein und war ein bedeutender Reformer der mathematischen Logik. Am besten erinnert man sich an ihn für seine Arbeit an rein symbolischen Algebren, De Morgans Gesetzen und symbolischer Logik.

[36] Beachten Sie, dass im Allgemeinen $\overline{A \cdot B \cdot C \cdots} = \overline{A} + \overline{B} + \overline{C} + \cdots$ und $\overline{A + B + C + \cdots} = \overline{A} \cdot \overline{B} \cdot \overline{C} \cdots$.

Tab. 8.8 Algebraische Regeln für boolesche Funktionen

Assoziativ	$(A \cdot B) \cdot C = A \cdot (B \cdot C)$	$(A+B)+C = A+(B+C)$
Distributiv	$A \cdot (B+C) = (A \cdot B)+(A \cdot C)$	$A \cdot (B+C) = (A \cdot B)+(A \cdot C)$
Idempotent	$A \cdot A = A$	$A+A = A$
Doppelte Negation	$\overline{(\overline{A})} = A$	–
De Morgan	$\overline{A \cdot B} = \overline{A} + \overline{B}$	$\overline{A+B} = \overline{A} + \overline{B}$
Kommutativ	$A \cdot B = B \cdot A$	$A+B = B+A$
Absorption	$A+(A \cdot B) = A$	$A \cdot (A+B) = A$
Grenze	$A \cdot 0 = 0$	a
Negation	$A \cdot (\overline{A}) = 0$	$A + \overline{A} = 1$

Tab. 8.9 Eine einfache Wahrheitstabelle

A	B	$A \cdot B$	$A+(A \cdot B)$
0	0	0	0
0	1	0	0
1	0	0	1
1	1	1	1

Tab. 8.10 Ein komplexeres Beispiel

A	B	C	$A \cdot B$	$A \cdot \overline{B}$	$B \cdot C$	$A \cdot \overline{B} + A \cdot B + B \cdot C$	$A+B \cdot C$
0	0	0	0	0	0	0	0
0	1	0	0	0	0	0	0
1	0	0	0	1	0	0	0
1	1	0	0	0	0	1	1
0	0	1	0	0	0	0	0
0	1	1	0	0	1	1	1
1	0	1	0	1	0	1	1
1	1	1	1	0	1	1	1

$$= A \cdot (1 + B), \tag{8.15}$$

$$= A \cdot 1, \tag{8.16}$$

$$= A. \tag{8.17}$$

8.9 Boolesche Funktionen

Beachten Sie, dass der ursprüngliche Ausdruck für F mit einer Anforderung für zwei Gatter vereinfacht werden könnte, was zu einer Implementierung führt, die keine Gatter benötigt. Ein komplexerer Fall, dessen Wahrheitstabelle in Tab. 8.10 dargestellt ist, wird im Folgenden veranschaulicht.

Betrachten Sie Folgendes:

$$F = A \cdot \overline{B} + A \cdot B + B \cdot C. \tag{8.18}$$

Durch die Anwendung der distributiven, inversen und identischen Eigenschaften zusammen mit dem de morganschen Theorem kann die Funktion erheblich vereinfacht werden, z. B. kann Gl. 8.18 ausgedrückt werden als

$$F = A \cdot (\overline{B} + B) + B \cdot C, \tag{8.19}$$

$$= A \cdot 1 + B \cdot C, \tag{8.20}$$

$$= A + B \cdot C, \tag{8.21}$$

was die Anzahl der zur Implementierung dieser Funktion erforderlichen Gatter um 50 % reduziert.

Und schließlich wird ein noch komplexeres Beispiel gegeben durch

$$F = \overline{A} \cdot B \cdot C + A \cdot \overline{B} \cdot C + A \cdot B \cdot \overline{C} + A \cdot B \cdot C, \tag{8.22}$$

$$= \overline{A} \cdot B \cdot C + A \cdot \overline{B} \cdot C + A \cdot B \cdot \overline{C} + A \cdot B \cdot C + A \cdot B \cdot C + A \cdot B \cdot C, \tag{8.23}$$

$$= (\overline{A} \cdot B \cdot C + A \cdot B \cdot C) + (A \cdot \overline{B} \cdot C + A \cdot B \cdot C) + (A \cdot B \cdot \overline{C} + A \cdot B \cdot C), \tag{8.24}$$

$$= (\overline{A} + A) \cdot B \cdot B \cdot C + (\overline{B} + B) \cdot C \cdot A + (\overline{C} + C) \cdot A \cdot B, \tag{8.25}$$

$$= B \cdot C + C \cdot A + A \cdot B, \tag{8.26}$$

was die Anzahl der Gatter von 14 auf 5 reduziert.

8.9.2 Karnaugh-Diagramme

Karnaugh-Diagramme[37] können verwendet werden, um Wahrheitstabellen und logische Gleichungen in logische Diagramme umzuwandeln und als Ersatz für beide. Darüber hinaus ermöglichen Karnaugh-Diagramme die Vereinfachung von logischen Diagrammen.

---

[37] Einiges Material in diesem Abschnitt basiert teilweise auf Beispielen, die von Bob Harbort und Bob Brown, Computer Science Department, Southern Polytechnic State University zur Verfügung gestellt und hier mit ihrer Erlaubnis reproduziert wurden.

Tab. 8.11 Beispiel Wahrheitstabelle

A	B	C	D	F
0	0	0	0	0
0	0	0	1	1
0	0	1	0	0
0	0	1	1	0
0	1	0	0	0
0	1	0	1	0
0	1	1	0	0
0	1	1	1	1
1	0	0	0	0
1	0	0	1	0
1	0	1	0	0
1	0	1	1	0
1	1	0	0	1
1	1	0	1	0
1	1	1	0	0
1	1	1	1	0

Tab. 8.12 Entsprechende K-Map

	$\overline{C}\overline{D}$	$\overline{C}D$	CD	$C\overline{D}$
$\overline{A}\overline{B}$	0	1	0	0
$\overline{A}B$	0	0	1	0
AB	0	1	0	0
$A\overline{B}$	0	0	1	0

Betrachten Sie die in Tab. 8.11 gezeigte Wahrheitstabelle. Eine boolesche Funktion kann als Summe von Produkten ausgedrückt werden, die aus der entsprechenden Karnaugh-Karte (K-Map) abgeleitet wird, die in Tab. 8.12 gezeigt wird, und sich bei der Betrachtung als

$$F = \overline{A}BCD + A\overline{B}CD + AB\overline{C}D + \overline{ABC}D \tag{8.27}$$

herausstellt, wobei jedes Quadrat der Karnaugh-Karte eine Zeile der Wahrheitstabelle darstellt. Beachten Sie, dass die Karnaugh-Karte in Bezug auf Variablen konfiguriert ist, in einer Weise, die nur eine Variable erlaubt zu ändern, während man von einer Zelle zu einer anderen wechselt, ob horizontal oder vertikal, d. h., $\overline{AB}$, $\overline{A}B$, AB, $A\overline{B}$ und nicht

8.9 Boolesche Funktionen

$\overline{AB}$, $A\overline{B}$, $\overline{A}B$, AB, weil $A\overline{B} \Rightarrow \overline{A}B$ eine Änderung in zwei Variablen ist.[38] Jede *Zelle* der K-Map, die eine 1 enthält, repräsentiert das, was als Minterm bezeichnet wird, d. h. ein Produktterm von N Variablen.

Der beteiligte Prozess ist weitgehend ein mechanischer, im Gegensatz zur Manipulation von booleschen Ausdrücken, und ist erheblich einfacher. Praktisch ist diese Technik nützlich für Ausdrücke von 6 oder weniger Variablen. Wenn mehr als 6 Variablen beteiligt sind, ist die Quine-McCluskey (Q-M)-Methodik vorzuziehen.[39]

Der Q-M-Algorithmus bietet eine Reihe von Vorteilen:

- es gibt keine Begrenzung für die Anzahl der Eingabevariablen,
- er findet immer die primären *Implikanten*[40],
- der Algorithmus kann in Form eines Computerprogramms angewendet werden.

Sowohl K-Map als auch Q-M basieren auf einem sehr einfachen Ausdruck, nämlich

$$A \cdot B + A \cdot \overline{B},$$

und es folgt, dass

$$A \cdot B + A \cdot \overline{B} = A \cdot (B + \overline{B}) = A \cdot 1 = 1 \cdot A = A. \tag{8.28}$$

Es ist diese einfache Beziehung, die die Grundlage für den Karnaugh-Karten-Algorithmus bildet.

Die folgenden Schritte ermöglichen die Verwendung einer K-Map zur Vereinfachung eines booleschen Ausdrucks:

1. Zeichnen Sie eine *Karte* in Form einer Tabelle, wobei jeder Produktterm durch eine Zelle in der Tabelle repräsentiert wird. Die Zellen müssen so angeordnet sein, dass sich beim Übergang von einer Zelle zur anderen entweder horizontal oder vertikal genau eine Variable ändert.
2. Setzen Sie ein Häkchen in jede Box, deren Labels Produktterme und ihre jeweiligen Komplemente sind.

---

[38] Diese Art von Anordnung wird manchmal als Gray-Codierung für ein Binärsystem bezeichnet, in der zwei aufeinanderfolgende Werte, z. B. Bytes, sich nur um 1 bit unterscheiden.

[39] Der Quine-McCluskey-Algorithmus basiert auf zwei grundlegenden Eigenschaften von booleschen Ausdrücken: 1) $A \cdot \overline{A} = 1$ und 2) das Distributivgesetz. Neben der Implementierbarkeit als effizienter Computeralgorithmus bietet es eine Möglichkeit zu bestätigen, dass die resultierende boolesche Funktion eine *Minimalform* hat.

[40] Der Produktterm einer booleschen Funktion F ist ein *primärer Implikant*, wenn der Funktionswert für alle Minterme des Produktterms 1 ist. In Bezug auf K-Maps ist ein primärer Implikant jede Schleife, die vollständig ausgeweitet ist. Ein *essenzieller primärer Implikant* ist jede Schleife, die keine andere Schleife schneidet.

Abb. 8.29 Karnaugh-Diagramm für $A \cdot B + A \cdot \overline{B}$

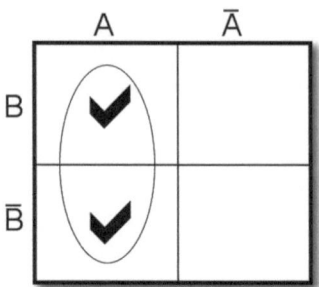

Abb. 8.30 Karnaugh-Diagramm für $A \cdot \overline{B} + \overline{A} \cdot B + \overline{A} \cdot \overline{B}$

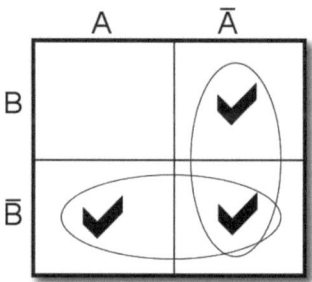

3. Zeichnen Sie Schleifen um jedes horizontal oder vertikal benachbarte Paar von Häkchen.[41]
4. Bilden Sie für jede Schleife eine nicht duplizierte Liste der Terme. Mehrfache Instanzen eines Literal sollten auf eine Instanz reduziert werden, und ein Literal und sein Komplement in der Liste sollten aus der Liste gelöscht werden.
5. Bilden Sie das boolesche Produkt der Terme, die nach Schritt 4 übrig bleiben.
6. Bilden Sie die boolesche Summe der Produkte, die aus Schritt 5 resultieren.

Das folgende einfache Beispiel veranschaulicht das Verfahren, das in den Schritten 1–6 skizziert ist. Nehmen wir an, der zu vereinfachende Ausdruck ist $A \cdot B + A \cdot \overline{B}$, ein Ausdruck mit zwei Variablen, A und B. Eine Tabelle wurde wie in Abb. 8.29 dargestellt gezeichnet. Häkchen wurden in den Zellen gesetzt, die die *AB*- und $A\overline{B}$-Produktterme darstellen. Die um diese beiden Zellen gezeichnete Schleife enthält A, B, A und $\overline{B}$. Die B und $\overline{B}$ heben sich auf und die doppelten A werden auf ein einzelnes A reduziert. Das Endergebnis ist: $AB + A\overline{B} = A$. Betrachten Sie als nächstes den Ausdruck $A \cdot \overline{B} + \overline{A} \cdot B + \overline{A} \cdot \overline{B}$. In diesem Fall werden die Häkchen wie in Abb. 8.30 dargestellt

---

[41] Eine Zelle kann in mehr als einer Schleife sein und eine einzelne Schleife kann mehrere Zeilen, Spalten oder beides umfassen, vorausgesetzt, die Anzahl der eingeschlossenen Häkchen ist ein Vielfaches von 2, z. B. 1, 2, 4, 8, 16,...

Abb. 8.31 Karnaugh-Diagramm für $\overline{A} \cdot \overline{B} \cdot \overline{C} + \overline{A} \cdot B \cdot C + A \cdot B \cdot C$

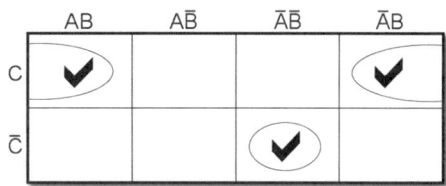

Abb. 8.32 Eine K-Map mit 5 Produkten

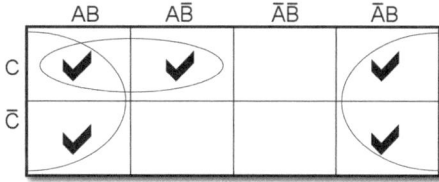

gesetzt. Zwei Schleifen implizieren, dass es zwei Terme im vereinfachten Ausdruck geben wird. Die vertikale Schleife ergibt $\overline{A}, B, \overline{A}$ und $\overline{B}$, und die horizontale Schleife enthält $A, \overline{B}, \overline{A}, \overline{B}$, die auf $\overline{A}$ und $\overline{B}$ reduziert werden. Nach Entfernung von Duplikaten und Anwendung des Inversgesetzes reduziert sich der Ausdruck auf

$$A \cdot \overline{B} + \overline{A} \cdot B + \overline{A} \cdot \overline{B} = \overline{A} + \overline{B}. \tag{8.29}$$

Ein drittes Beispiel veranschaulicht die Vereinfachung eines booleschen Ausdrucks mit 3 Variablen, nämlich

$$\overline{A} \cdot \overline{B} \cdot \overline{C} + \overline{A} \cdot B \cdot C + A \cdot B \cdot C.$$

Die K-Map für dieses Beispiel ist in Abb. 8.31 dargestellt.

Dieses Beispiel beinhaltet eine *toroidale* Schleife, die die Zellen ABC und $\overline{ABC}$ umfasst. Der vereinfachte Ausdruck in diesem Fall ist gegeben durch:

$$F = B \cdot C + \overline{A} \cdot \overline{B} \cdot \overline{C}. \tag{8.30}$$

Betrachten Sie als Nächstes eine SoP mit 5 Produkttermen, die jeweils aus 3 Variablen bestehen, nämlich

$$F = \overline{A} \cdot B \cdot \overline{C} + \overline{A} \cdot B \cdot C + A \cdot \overline{B} \cdot C + A \cdot B \cdot \overline{C} + A \cdot B \cdot C. \tag{8.31}$$

Die K-Map für dieses Beispiel ist in Abb. 8.32 dargestellt, und der äquivalente Logikschaltkreis ist in Abb. 8.33 dargestellt. Die Wahrheitstabelle, die diese Konfiguration darstellt, ist in Tab. 8.13 dargestellt.

Nachdem redundante Instanzen von Variablen und ihren Komplementen entfernt wurden, wird der Ausdruck auf $A \cdot C + B$ reduziert und kann in diskreter Logik wie in Abb. 8.34 dargestellt implementiert werden.

Abb. 8.33 Ein Logikschaltkreis für einen SoP-Ausdruck mit 5 Termen

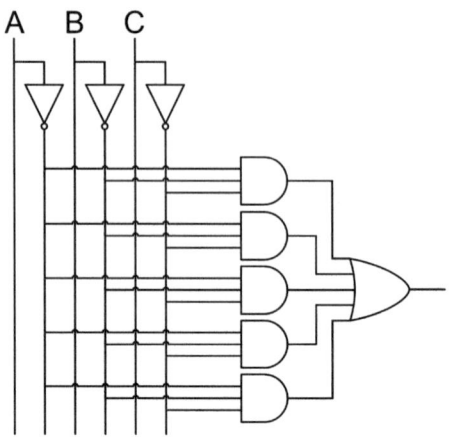

Tab. 8.13 Wahrheitstabelle für Gl. 8.31

A	B	C	F
0	0	0	0
0	0	1	0
0	1	0	1
0	1	1	1
1	0	0	0
1	0	1	1
1	1	0	1
1	1	1	1

Die Schleifen in einer Karnaugh-Karte sollten so groß wie möglich gemacht werden, unter der Bedingung, dass die Anzahl der Häkchen innerhalb einer gegebenen Schleife ein ganzzahliges Vielfaches von 2 sein muss. Wenn eine Karnaugh-Karte aus mehr als 2 Zeilen besteht, stellt sie mehr als 3 Variablen dar, und die oberen und unteren Ränder werden als benachbart behandelt. Eine Schleife, die innerhalb von Schleifen liegt, wird nicht berücksichtigt, da alle ihre Terme in den anderen Schleifen berücksichtigt wurden.

8.10 Kombinatorische Schaltkreise

Ein kombinatorischer Schaltkreis wird definiert als jede Kombination der Grundoperationen AND, OR und NOT, die sowohl Eingänge als auch Ausgänge umfasst. Jeder der Ausgänge ist mit einer eindeutigen Funktion verknüpft. Ein klassisches Beispiel für einen kombinatorischen Schaltkreis ist der *Halbaddierer*, der in der Lage ist, eine 1-bit-Summe und Übertrag zu erzeugen, basierend auf der Funktion

8.10 Kombinatorische Schaltkreise

Abb. 8.34 Vereinfachte Version des Logikschaltkreises in Abb. 8.33

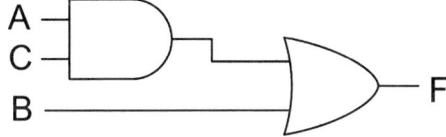

$$\text{Sum} = A' \cdot B + A \cdot B' \tag{8.32}$$

und das resultierende Übertragbit, falls vorhanden, durch

$$\text{Carry} = A \cdot B. \tag{8.33}$$

Ein Halbaddierer kann jedoch, obwohl er einen Übertrag erzeugen kann, keinen *Übertrag-Eingang* (C_i) zur Summe hinzufügen. Diese Fähigkeit ist in dem sogenannten Volladdierer verkörpert, der in Termen als

$$\text{Sum} = ABC_i + AB'C_i' + A'BC_i' + A'B'C_i \tag{8.34}$$

und *Übertrag-Ausgang* (C_o) durch

$$C_o = AC_i + BC_i + AB \tag{8.35}$$

repräsentiert werden kann. Ein Halbaddierer kann also mit einer Anzahl von $n-1$ Volladdierern kaskadiert werden, um n bit zu addieren. Da jedoch kombinatorische Schaltkreise verwendet werden, ist eine Art von Speicher erforderlich. Dies liegt daran, dass bei kombinatorischen Schaltkreisen jede Änderung eines Eingangs eine Änderung der Ausgänge bewirkt,[42] und daher sind die Schaltkreise *gedächtnislos*.

Glücklicherweise ist es möglich, ein sehr einfaches Speichergerät aus demselben Grundbaustein wie den Logikfunktionen zu erstellen, d. h. aus einem NAND-Gatter, wie in Abb. 8.35 gezeigt. Diese Konfiguration ist eine zweistufige oder *bistabile* Konfiguration, für die R und S normalerweise beide auf 1 gesetzt sind. Wenn der Eingang R oder S kurzzeitig umgeschaltet wird, dann werden Q und Q' in entgegengesetzte Zustände gezwungen und bleiben dort, bis einer der Eingänge erneut umgeschaltet wird. Wenn jedoch beide Eingänge gleichzeitig auf 0 gesetzt werden, werden Q und Q' in den Zustand 1 gezwungen.

Eine einfache Modifikation dieses Schaltkreises löst dieses potenzielle Problem und erfordert, dass das Flipflop synchron arbeitet, wenn es den Zustand ändert. Abb. 8.36 zeigt die Modifikation, die die Hinzufügung von 3 NAND-Gattern beinhaltet, von

---

[42] Es gibt natürlich eine gewisse endliche Verzögerung bei der Durchleitung durch einen Logikschaltkreis, aber für die Zwecke der vorliegenden Diskussion werden solche Verzögerungen ignoriert. Es sollte jedoch beachtet werden, dass Verzögerungen oft kumulativ sind und es in solchen Fällen möglicherweise nicht angemessen ist, sie zu ignorieren.

Abb. 8.35 Eine NAND-Gatter-Implementierung eines RS-Flipflops

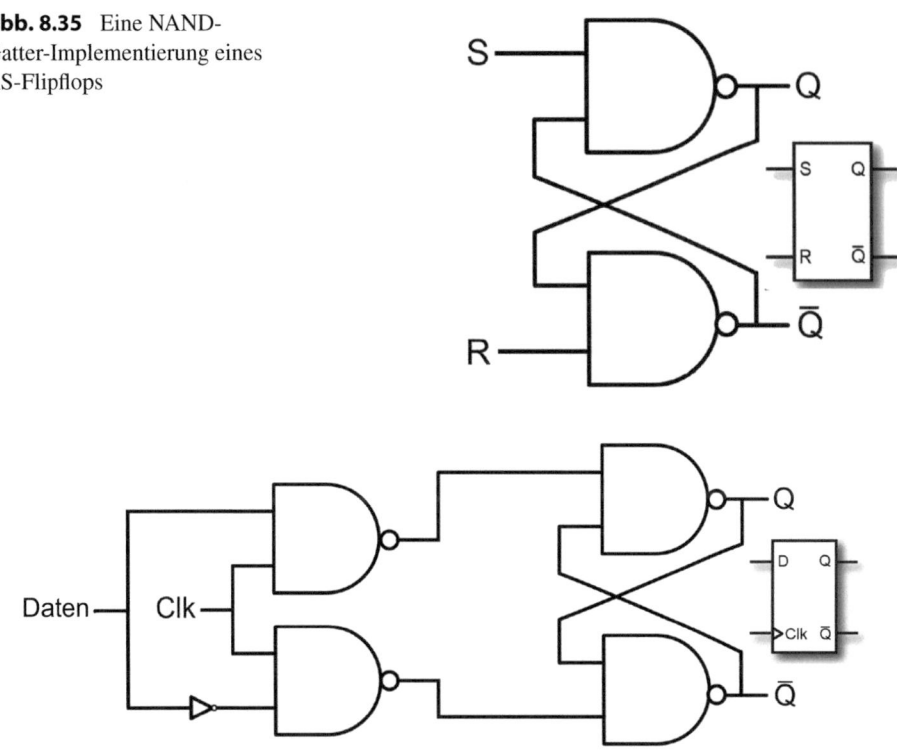

Abb. 8.36 Ein D-Flipflop

denen eines als Inverter konfiguriert ist. Diese Konfiguration ist als Daten- oder D-Flipflop bekannt und hat einen Takteingang (Clk), der es ermöglicht, dass die Operation des Flipflops synchron ist. Ein Takteingang 0–1–0 bewirkt, dass der Dateneingang auf den Q-Ausgang kopiert wird, wo er bis zum nächsten Taktimpuls *zwischengespeichert,* d. h. beibehalten, wird. Flipflops können in parallelen Konfigurationen kombiniert werden, um als Speicher zu fungieren, in dem Bits parallel gespeichert und abgerufen werden können, z. B. wie im Fall von herkömmlichen Registern, oder in einer Daisy-Chain, um als Schieberegister zu fungieren.

8.11 Sequentielle Logik

Im Gegensatz zur kombinatorischen Logik, die keinen internen Zustand hat und deren Ausgabe ausschließlich vom Zustand der Eingabe abhängt, ist die Ausgabe der sequenziellen Logik zu jedem gegebenen Zeitpunkt eine Funktion ihres internen Zustands und der Eingaben. Sequenzielle Logik ist *taktbasiert* und stützt sich auf eine Kombination

8.11 Sequentielle Logik

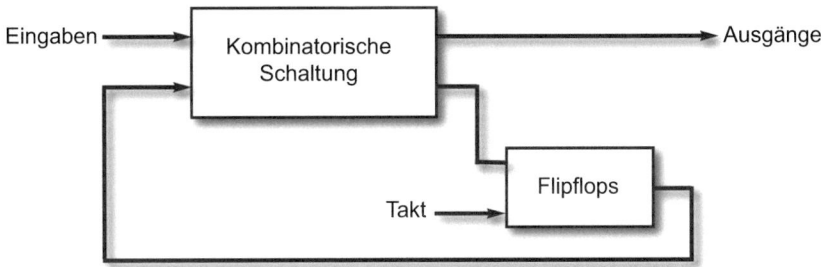

Abb. 8.37 Blockdiagramm eines sequenziellen Schaltkreises

aus kombinatorischer Logik und einem oder mehreren Flipflops, wie in Abb. 8.37 gezeigt.

Flipflops bieten einen Mechanismus zum Speichern eines Zustands und damit zum Speichern von Daten – eine Fähigkeit, die mit kombinatorischer Logik allein nicht erreichbar ist. Das einfachste Beispiel für sequenzielle Logik ist das Flipflop, das in verschiedenen Konfigurationen verbunden werden kann, z. B. Zähler, Timer, Register, RAM usw. Zähler sind sequenzielle Schaltkreise, die ein Taktsignal als Eingabe haben. Das elektronische Flipflop wurde 1919 von F. W. Jordan und William Eccles als bistabiles Gerät bestehend aus zwei Vakuumröhren erfunden.[43] Die einfachste Form des Flipflops ist das SR-Flipflop, manchmal auch als SR-Latch bezeichnet. Seine Eingänge bestehen aus S(et) und R(eset). Die Wahrheitstabelle für dieses Gerät ist in Tab. 8.14 gezeigt. Ein JK-Flipflop, gezeigt in Abb. 8.38, ähnelt einem D-Flipflop, außer dass unbestimmte Zustände vermieden werden, wenn beide Eingänge auf high gehalten werden, indem verlangt wird, dass in solchen Fällen die Ausgabe mit dem Takt *toggelt*[44], vgl. Tab. 8.15.

In einigen Fällen werden zusätzliche Steuerstifte für JK-Flipflops bereitgestellt, die ein asynchrones Löschen und Voreinstellen ermöglichen. Das D- oder Daten-Flipflop hat den gleichen Wert wie der Eingang, wenn eine *Taktflanke* auftritt,[45] wie in Tab. 8.16 gezeigt.

Flipflops können auf verschiedene Weisen konfiguriert werden, um sehr nützliche Funktionen zu bieten. Zum Beispiel können 4 Flipflops, wie in Abb. 8.39 gezeigt, konfiguriert werden, um ein Register bereitzustellen, das serielle Daten als Eingabe akzeptiert und die Daten in einem parallelen Ausgabeformat verfügbar macht. Jedes Mal, wenn ein Taktimpuls auftritt, werden die in jedem der Flipflops gespeicherten Daten um eine

---

[43] Manchmal auch als bistabiler Multivibrator bezeichnet. Monostabile (Impuls-) und astabile (Oszillator-)Funktionen mit zwei Vakuumröhren in ähnlichen Konfigurationen waren ebenfalls möglich.

[44] Toggle bezieht sich auf das Ändern des Zustands eines zweistufigen Geräts, d. h., es wird durch ein Ereignis oder eine Aktion veranlasst, in den anderen Zustand zu wechseln.

[45] Einige D-Flipflops werden durch positive und einige durch negative Flanken ausgelöst.

Abb. 8.38 Ein JK-Flipflop

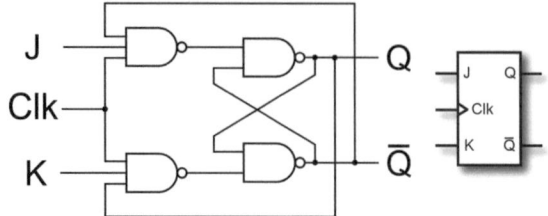

Tab. 8.14 Wahrheitstabelle für ein RS-Flipflop

S	R	Q	$\overline{Q}$
0	0	Unverändert	Unverändert
0	1	0	1
1	0	1	0
1	1	Unbestimmt	Unbestimmt

Tab. 8.15 Wahrheitstabelle für ein JK-Flipflop

J	K	Q	$\overline{Q}$
0	0	Unverändert	Unverändert
0	1	0	1
1	0	1	0
1	1	Umschalten	Umschalten

Tab. 8.16 Wahrheitstabelle für ein D-Flipflop

Takt	D	Q	$\overline{Q}$
Flanke	0	0	1
Flanke	1	1	0
Nicht-Flanke	Unverändert	Halten	Halten

Bitposition nach rechts verschoben. Das am Eingang festgesetzte Bit wird zum ersten Flipflop verschoben und ist am Ausgang Q0 zugänglich, die zuvor im ersten Flipflop gespeicherten Daten werden zum zweiten Flipflop verschoben und sind am Ausgang Q1 zugänglich usw. Somit geht das ursprünglich im vierten Flipflop gespeicherte Bit verloren. Offensichtlich muss die Anzahl der angewendeten Taktimpulse der Anzahl der Bits entsprechen, die dem Schieberegister zur Speicherung hinzugefügt werden. Diese Art von Register kann als Methode zur Umwandlung der seriellen Eingabe in parallele Ausgabe („serial input, parallel output", SIPO) und/oder als Speicherort für 4 bit verwendet werden.

Alternativ können die 4 Flipflops auch so konfiguriert werden, wie in Abb. 8.40 gezeigt, um parallele Eingabe und parallele Ausgabe („parallel input, parallel out-

8.11 Sequentielle Logik

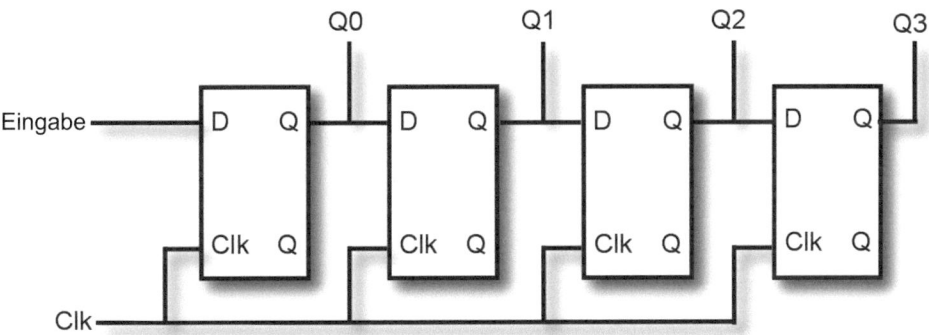

Abb. 8.39 Ein serielles Schieberegister mit D-Flipflops (SIPO)

put", PIPO) zu ermöglichen. Jedes Mal, wenn ein Taktimpuls auftritt, werden die 4 Eingangsbits in ihren jeweiligen Flippositionen gespeichert und erscheinen parallel auf Q0, Q1, Q2 und Q3. Wenn die Eingangsdaten von einem parallelen 4-bit-Datenbus stammen, bietet diese Konfiguration eine Möglichkeit, Busdaten in einem 4-bit-Register zu speichern. Dies ist eine gängige Technik zur temporären Speicherung von Daten in einem Mikroprozessor.

Eine wichtige Überlegung bei der Konfiguration von Gruppen von Flipflops, die ein gemeinsames Taktsignal teilen, bezieht sich auf das Phänomen, das als Taktverzerrung. Dies tritt auf, wenn ein Gerät wie ein Flipflop flankengesteuert ist und die Taktflanke nicht für jedes der Flipflops gleichzeitig am Takteingang ankommt. Taktverzerrung kann als Ergebnis von Unterschieden in den Pfaden auftreten, die das Taktsignal durchlaufen muss, um die Takteingänge der Flipflops zu erreichen. Sie kann auch durch die Verwendung einer Gruppe von Flipflops verstärkt werden, die an unterschiedlichen Flanken des Taktsignals ausgelöst werden.

In einigen Konfigurationen von Flipflops sind auch Gatter erforderlich, um die erforderliche sequenzielle Logik zu erreichen. In solchen Fällen führen die Gatter zu Verzögerungen, wenn sie im Taktweg liegen. Zusätzlich zu den räumlichen Variationen in den Taktflanken, d. h. Taktverzerrung, können auch zeitliche Variationen auftreten. Letztere werden als Taktjitter bezeichnet.[46] Offensichtlich variiert die Taktverzerrung für ein bestimmtes Gerät in einer gegebenen Situation nicht von einem Taktübergang zum anderen, während der Taktjitter oft als Funktion der Zeit auf einer Zyklus-für-Zyklus-Basis variiert. Taktverzerrung kann nicht nur durch Pfadlängenunterschiede, sondern auch durch die Stromversorgung, Temperatur und Taktgebervariationen eingeführt werden.

---

[46] Alle Taktgeber weisen einen gewissen Grad an Jitter auf. In den meisten Fällen wird die Menge des Jitters auf einem Niveau gehalten, das sie nicht unbrauchbar macht, z. B. durch den Einsatz einer Phasenregelschleife.

Abb. 8.40 Ein Parallele-Eingabe/Ausgabe-Register mit D-Flipflops

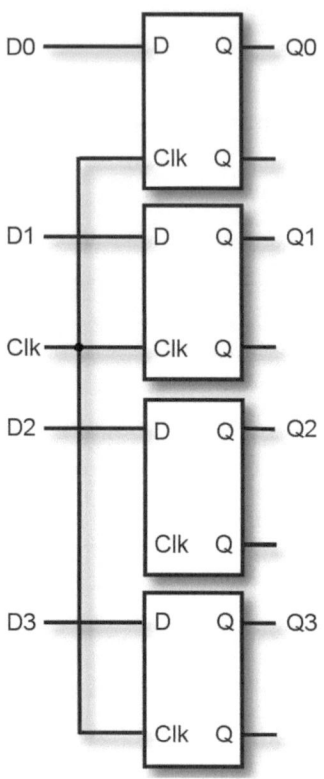

Jitter, mit einfachen Worten, ist eine unerwünschte Variation im Timing eines Signals und kann als Ergebnis von Variationen in der Taktquelle, Stromversorgung, Temperatur, kapazitiver Belastung und/oder Kopplung usw. auftreten. Die verschiedenen Arten von Jitter sind in Abb. 8.41 dargestellt. Zufälliger Jitter, manchmal als Hintergrund- oder thermisches Rauschen bezeichnet, äußert sich als stochastische, gaußsche Timingstörung, und weil er in allen solchen Systemen vorhanden ist, wird er oft als intrinsischer Typ von Jitter bezeichnet [1].

Deterministischer Jitter[47] kann schmalbandig sein, ist manchmal periodisch und kann in datenabhängigen und periodischen Jitter unterteilt werden. Letzterer kann durch Übersprechen und andere Wege eingeführt werden. Datenabhängiger Jitter kann in einigen seriellen Datenströmen gefunden werden und entsteht als Ergebnis von dynamisch verketteten Taktzyklen und unregelmäßigen Taktflanken. Im Gegensatz zu zufälligem Jitter kann deterministischer Jitter oft minimiert werden, indem die Quellen identifiziert und ihre unerwünschten Effekte minimiert werden.

---

[47] Deterministischer Jitter wird als zeitlicher Unterschied zwischen dem Zeitpunkt, zu dem ein Übergang auftritt, und dem Zeitpunkt, zu dem der Übergang hätte auftreten sollen, definiert.

8.11 Sequentielle Logik

Abb. 8.41 Arten von Jitter

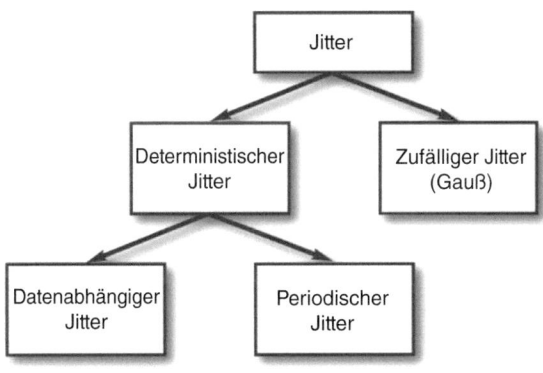

Abb. 8.42 Konfigurationen für AND-Gatter mit 3 und 4 Eingängen

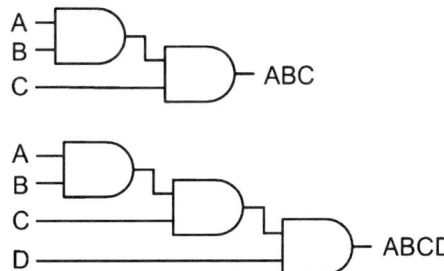

Flipflops werden oft als *statische* Speichergeräte verwendet, da sie bistabile Geräte sind, die in der Lage sind, einen gegebenen Zustand so lange zu speichern, wie die Stromversorgung aufrechterhalten wird, im Gegensatz zu dynamischen Speichergeräten, die einen Zustand in Form von Ladung auf parasitären Kondensatoren speichern und eine kontinuierliche Aktualisierung benötigen. Während sie einfacher und billiger herzustellen sind, sind dynamische Speichergeräte anfällig für Rauschen, das ihre Fähigkeit, einen gegebenen Zustand zu behalten, negativ beeinflusst.

Einige Logikgeräte sind auf maximal 2 Eingänge beschränkt. Diese Einschränkung kann durch die Kombination mehrerer Geräte überwunden werden, wie in den Abb. 8.42 und 8.43 beispielhaft dargestellt. PSoC Creator ermöglicht es dem Entwickler, Logikgeräte wie die in Abb. 8.44 gezeigten zu konfigurieren.

Diese Art der Erweiterung der Eingänge erhöht jedoch offensichtlich die Ausbreitungszeit und damit die Latenz und kann zu Wettlaufproblemen[48] führen. Ein Beispiel dafür ist in Abb. 8.45 dargestellt.

---

[48] Wettlaufsituationen können in Logikschaltungen als Folge von Ausbreitungszeitunterschieden auftreten, die dazu führen, dass ein Ausgang in einen unangemessenen Zustand wechselt, oft als „Glitch" bezeichnet, verursacht durch eine Verzögerung in einem oder mehreren Eingangssignalen im Vergleich zu anderen Eingängen zur Schaltung.

Abb. 8.43 Konfigurationen für OR-Gatter mit 3 und 4 Eingängen

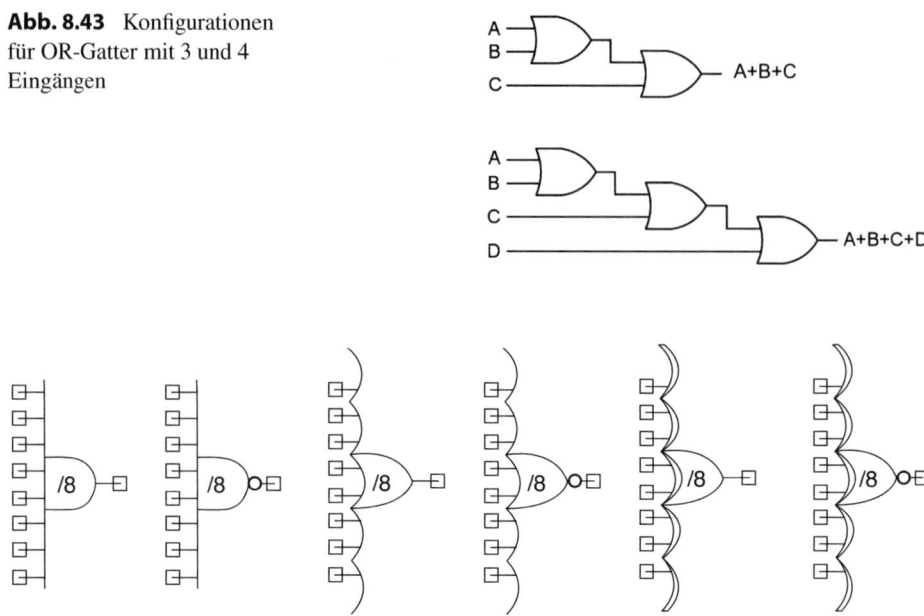

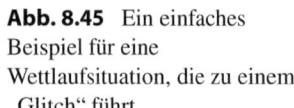

Abb. 8.44 Beispiele für Mehrfacheingangsgatter, die in PSoC Creator verfügbar sind

Abb. 8.45 Ein einfaches Beispiel für eine Wettlaufsituation, die zu einem „Glitch" führt

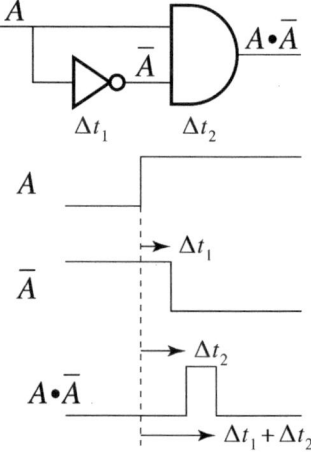

Nehmen Sie an, dass Eingang A zu einem ausreichend frühen Zeitpunkt t < 0 ausgelöst wurde, um die in der Abbildung gezeigte Logik einen stabilen Zustand erreichen zu lassen. Wenn bei $t=0$ $A=0$ ausgelöst wird, dann wird nach einer Ausbreitungsverzögerung von Δt_1, eingeführt durch den Inverter, $\overline{A} = 1$. Das bedeutet, dass für die Dauer von Δt_1 sowohl A als auch $\overline{A} = 1$ gelten. Dies erzeugt einen Impuls der Breite Δt_1, in der

Zeit um Δt_2 verschoben. Dieser Impuls wird als *Glitch* bezeichnet und ist die Folge von *Wettlaufsituationen* im Signalpfad.

8.12 Endliche Zustandsmaschinen

Das Konzept einer endlichen Zustandsmaschine („finite-state machine", FSM) ist eine Abstraktion eines Systems, dessen erlaubte Zustände zu einem Zeitpunkt auf nur einen von einer endlichen Anzahl von Zuständen beschränkt sind und die „Übergänge"[49] zwischen diesen Zuständen.[50] Ein Übergang zwischen Zuständen erfolgt nur als Ergebnis von Eingaben, die manchmal als *ereignisgesteuert* bezeichnet werden. Während eine gegebene Zustandsmaschine einen Ausgang oder Ausgänge erzeugen kann, tun dies einige Zustandsmaschinen nicht. Es kann der Fall sein, dass das Ergebnis eines Zustandsübergangs einfach darin besteht, das System in einen anderen Zustand zu versetzen. Einige Maschinen können einen Fehlerzustand haben, um unvorhergesehene und/oder unerwartete Eingaben zu behandeln. Sobald eine Zustandsmaschine einen *Fehlerzustand* betritt, bleibt sie dort, auch in Anwesenheit nachfolgender Eingaben. Übergänge werden durch sogenannte Regeln oder Bedingungen gesteuert, und diese werden typischerweise in Form von Fallaussagen ausgedrückt. Übergänge werden durch „Ereignisse" ausgelöst, die entweder extern oder intern sein können. Switch-Anweisungen und Zustandstabellen werden häufig zur Implementierung von FSM verwendet.

FSM werden häufig in der natürlichen Sprachverarbeitung, Textverarbeitung, zellulären Automaten, natürlichem Computing, elektronischer Designautomatisierung, Kommunikation, künstlicher Intelligenz, Videospielen, Verkaufsautomaten, Verkehrssteuerung, Spracherkennung, Sprachsynthese, Parsing, Webanwendungen, Modellierung neurologischer Systeme, Protokolldesign, Prozesssteuerung, Verkaufsautomaten und vielen anderen Anwendungen verwendet.

FSM werden definiert in Bezug auf die:

- erlaubten Zustände,
- Eingangssignale,
- Ausgangssignale,
- Nächster-Zustand-Funktion,
- Ausgabefunktion und
- den Anfangszustand,

und als Ergebnis sind FSM *sequenzielle* Maschinen.

---

[49] „Übergang" bezieht sich in diesem Zusammenhang einfach auf den Wechsel von einem Zustand zu einem anderen.
[50] Theoretisch kann jedes System, das Speicher verwendet, als Zustandsmaschine behandelt werden.

Abb. 8.46 Moore-Automat

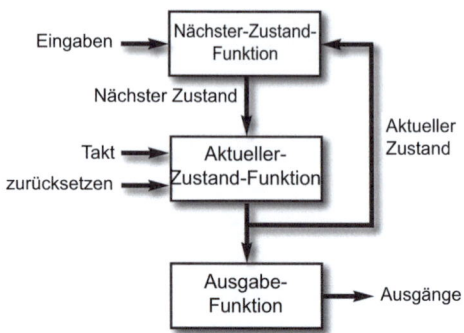

Tab. 8.17 One-hot- gegenüber binärer Codierung

Zu-stand	Binäre Kodierung	One-Hot-Codierung
S0	00000001	00000001
S1	00000010	00000010
S2	00000011	00000100
S3	00000100	00001000
S4	000001001	00010000
S5	000001010	00100000
S6	00001011	01000000
S7	00001111	10000000

Der Moore-Automat, schematisch dargestellt in Abb. 8.46, hat die Eigenschaft, dass Ausgaben unabhängig von Eingaben sind, d. h., Ausgaben werden innerhalb eines gegebenen Zustands erzeugt und können sich nur ändern, wenn eine Zustandsänderung auftritt.[51] Zustandszuweisungen können entweder willkürlich oder spezifiziert sein. Willkürliche Zustandszuweisungen hängen entweder von kombinatorischen oder registrierten, decodierten Zustandsbits ab. Spezifizierte Zustandszuweisungen basieren entweder auf Zustandsbits oder auf sogenannter One-hot-Codierung, z. B. wie in Tab. 8.17 gezeigt.[52]

---

[51] Obwohl Eingaben eine Zustandsänderung verursachen können, bestimmen sie nicht den Zustand, zu dem die FSM wechselt.

[52] „One hot" bezieht sich auf den Fall, in dem bei einer gegebenen Bitfolge nur ein Bit nicht 0 sein kann, z. B. 00010000. Die umgekehrte Situation wird als „one cold" bezeichnet, z. B. 11101111. One-hot-Code wird oft für Decoder, Ringzähler und einige Zustandsmaschinenimplementierungen verwendet.

8.12 Endliche Zustandsmaschinen

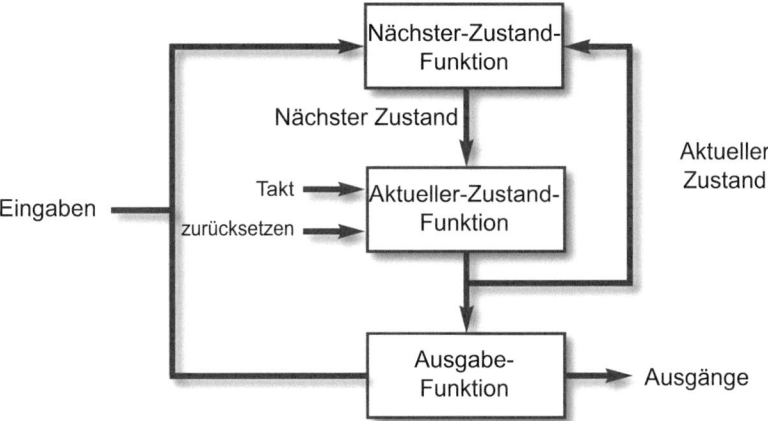

Abb. 8.47 Mealy-Automat

Abb. 8.48 Eine sehr einfache endliche Zustandsmaschine[56]

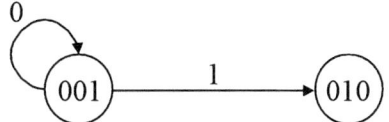

Für Zustandsmaschinen, die One-hot-Codierung verwenden, können n Flipflops, oft als *Zustandsspeicher* bezeichnet, verwendet werden, um die n Zustände der FSM darzustellen.

Der Zustandsvektor ist der Wert, der derzeit im *Zustandsspeicher* gespeichert ist. Moore-Automat-Ausgaben sind eine Funktion des Zustandsvektors, aber die Ausgaben eines Mealy-Automaten, dargestellt in Abb. 8.47, sind eine Funktion der Eingaben und des *Zustandsvektors*. Während diese Methode n Flipflops erfordert, um den aktuellen Zustand der FSM zu codieren und zu decodieren, wird das Decodieren dadurch vereinfacht, dass keine andere Logik erforderlich ist, um den aktuellen Zustand der Maschine zu bestimmen. Die Ausgaben des Mealy-Automaten werden entweder durch den gegenwärtigen Zustand oder durch eine Kombination aus dem aktuellen Zustand und den dann aktuellen Eingaben bestimmt.[53] Einige Anwendungen verwenden sowohl Moore- als auch Mealy-Automaten, und in der Praxis können ähnliche FSM funktionale Äquivalente sein.

---

[53] Mealy-Automat-Ausgaben können sich asynchron ändern.

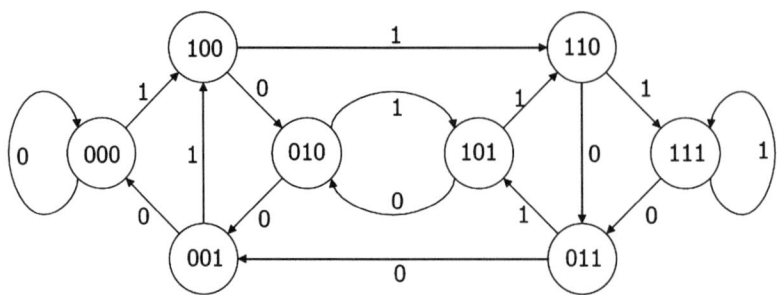

Abb. 8.49 Eine komplexere FSM, die ein Schieberegister darstellt

Zustandsmaschinen werden oft durch Zustandsdiagramme dargestellt, wie in den Abb. 8.48 und 8.49 gezeigt. Nach Konvention werden Bögen und/oder gerade Linien verwendet, um Zustandsübergänge darzustellen, und jeder Knoten stellt einen spezifischen Zustand dar. Im Falle von Selbstübergängen sind die Quell- und Zielzustände die gleichen Zustände. Moore-Ausgaben werden innerhalb des Kreises oder der „Blase" gegeben, die den Zustand darstellt. Mealy-Ausgaben werden auf dem zugehörigen Bogen oder der Linie gezeigt.

Zustandsmaschinen können auch als algorithmische Zustandsmaschinen („algorithmic state machines", ASM) dargestellt werden, in welchem Fall die grafische Darstellung in Form eines Flussdiagramms mit Zustands-, Entscheidungs- und Bedingungskästen erfolgt. ASM können als Zustandsdiagramme umgeformt werden und umgekehrt.

Typische Eigenschaften von Mealy-Automaten:

- haben weniger Zustände als ihre Moore-Pendants,
- reagieren schneller auf Eingaben,[54]
- haben Ausgaben, die eine Funktion sowohl des aktuellen Zustands als auch der Eingaben sind, die sich asynchron ändern können,[55]
- Ausgaben können sich asynchron ändern,
- können weniger Zustände als ein Moore-Automat haben und
- können manchmal Verzögerungen in kritischen Pfaden einführen.

PSoC 3/5LP sind durchaus in der Lage, Zustandsmaschinen zu implementieren, und dies wird teilweise dadurch erleichtert, dass PSoC Creator Look-up-Tabellen (LUT) unterstützt. LUT haben die Eigenschaft, dass eine bestimmte Kombination von Eingangswerten das Ausgeben einer spezifischen Kombination von Ausgängen zur Folge hat. Da-

---

[54] Moore-Automaten müssen auf den nächsten Taktzyklus warten, bevor sie den Zustand ändern.
[55] Dies kann zu „Glitches" führen. Moore-Automaten erzeugen keine Glitches.

8.12 Endliche Zustandsmaschinen

Abb. 8.50 PSoC 3/5LP-LUT. (**a**) Nicht registriert versus (**b**) registriert

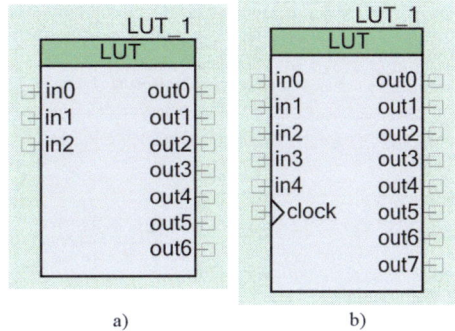

durch kann eine LUT praktisch jede logische Funktion bereitstellen, und im Falle von PSoC Creator kann jede LUT-Komponente so konfiguriert werden, dass sie entweder nur 1 Eingang und 1 Ausgang hat, z. B. als *in0* und *out0*, oder bis zu 5 Eingänge und 8 Ausgänge als *in0, in1, in2, in3, in4* und *out0, out1, out2, out3, out4, out5, out6, out7*. Die Standardkonfiguration sind 2 Eingänge und 2 Ausgänge.

Das Registrieren der Ausgänge wird einfach durch Anklicken eines Kontrollkästchens im PSoC Creator-Dialogfeld *Configure „LUT"* erreicht, vgl. Abb. 8.50. Das Registrieren der Ausgänge und das Zurückleiten einiger Ausgänge zu den Eingängen ermöglicht die Implementierung von Zustandsmaschinen. Die tatsächliche Implementierung von LUT basiert auf Logikgleichungen, die in den PLD gespeichert sind. LUT ersparen dem Entwickler die Mühe, sie mit kombinatorischen Logikkomponenten erstellen zu müssen, und durch das Registrieren einer LUT kann sie zur Implementierung von sequenzieller Logik verwendet werden. Das Registrieren der Ausgänge führt dazu, dass die LUT den Ausgang an steigenden Flanken des LUT-Taktsignals registriert.

Die Taktfrequenz sollte 33 MHz nicht überschreiten, wenn einer der LUT-Ausgänge mit I/O verbunden ist. Es sollte beachtet werden, dass die LUT als reines Hardwaredesign implementiert ist und daher keine LUT-API vorhanden ist.

Als Beispiel betrachten wir einen Steigende-Flanken-Detektor, der wie in Abb. 8.51 dargestellt als Moore-Automat implementiert ist, der jedes Mal einen Impuls erzeugt, wenn eine steigende Flanke erkannt wird [6]. Die Erstellung einer LUT-basierten Zustandsmaschine beginnt mit der Erstellung einer Tabelle, die jeden möglichen *Zustand* und alle möglichen Kombinationen von Eingängen enthält. Als Nächstes wird überlegt, wie der *nächste Zustand* für jeden Zustand und die zugehörigen Eingänge definiert wird. Dann ist es möglich, die LUT zu erstellen. Sobald diese Tabelle fertiggestellt ist, können ihre Einträge in das Dialogfeld *Configure „LUT"* in PSoC Creator eingegeben werden. Die Implementierung der Flankendetektor-LUT ist in Abb. 8.52 dargestellt.

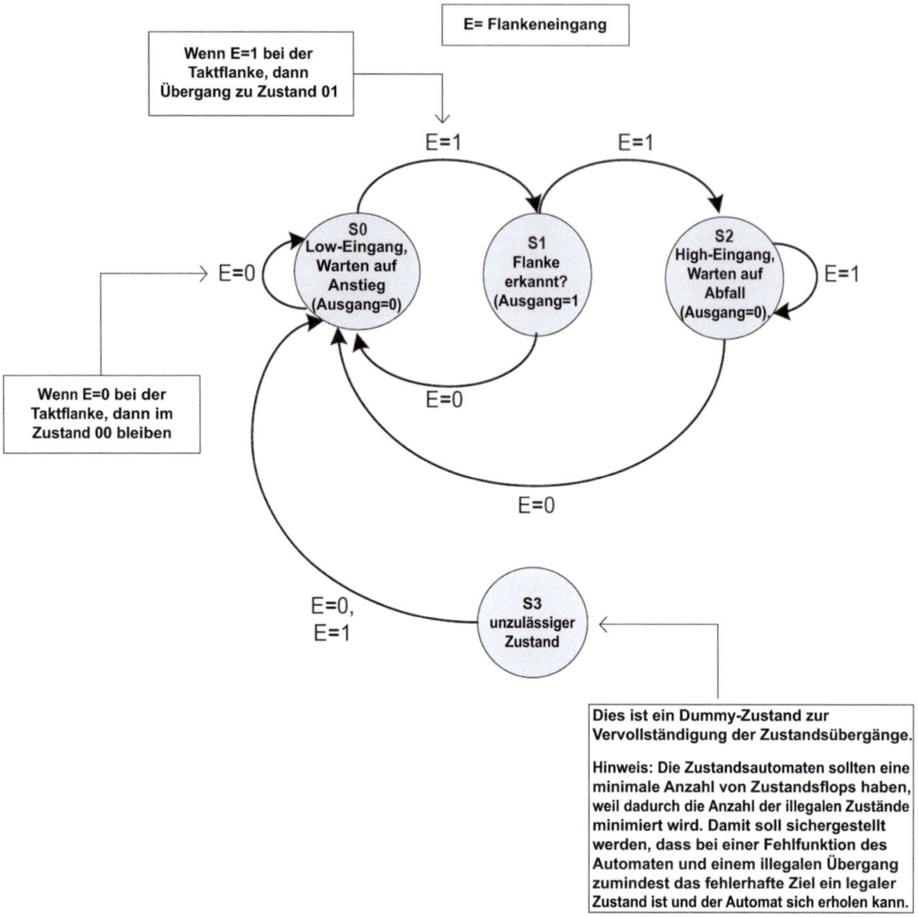

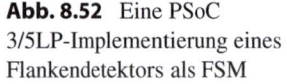

Abb. 8.51 Ein Flankendetektor implementiert als Zustandsmaschine

Abb. 8.52 Eine PSoC 3/5LP-Implementierung eines Flankendetektors als FSM

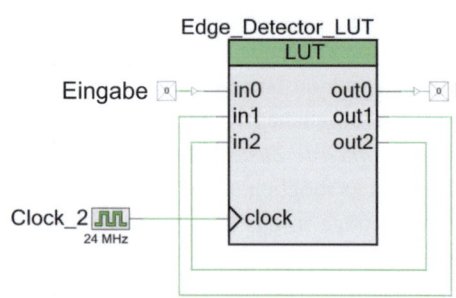

8.13 Empfohlene Übungen

8-12 Erstellen Sie unter Verwendung des in Abb. 8-13 gezeigten PAL als grundlegenden Baustein ein Logik-Array, das in der Lage ist, zwei 4-bit-Binärwerte zu subtrahieren.

8-13 Berechnen Sie unter der Annahme einer angemessenen Latenz für jedes der Geräte in der von Ihnen in Übung 8-12 erstellten Logikschaltung die Gesamtlatenz. Listen Sie alle Ihre Annahmen auf.

8-14 Die in Abb. 8.53 dargestellte Zustandsmaschine repräsentiert einen einfachen Abwärtszähler. Der Zähler dekrementiert vom Anfangswert bis er 0 erreicht, und die Periode wird neu geladen. Zeigen Sie, wie man einen solchen Zähler mit Datenpfad implementiert. Verwenden Sie A0, um den Zählwert zu speichern, und D0, um den Wert zu halten, der beim Zurücksetzen des Zählers verwendet wird [5].

8-15 Durch Hinzufügen eines Compare ist es möglich, den einfachen Zähler in einen PWM umzuwandeln. Um einen PWM zu erstellen, vergleichen Sie den Wert in A0 mit einem anderen festen Wert. Verwenden Sie ein Register, z. B. D1, um den Referenzwert zu halten, und stellen Sie den Compare-Block so ein, dass überprüft wird, ob A0 kleiner als D1 ist.

8-16 Welcher der folgenden Gründe ist ein guter Grund, ein FIFO zu verwenden, wenn Daten zu I/O-Geräten übertragen werden?

(i) FIFO können als permanenter Datenspeicher verwendet werden.
(ii) FIFO bieten Backup und Sharing.
(iii) Es ermöglicht Software und Hardware, mit unterschiedlichen Geschwindigkeiten zu arbeiten.

Abb. 8.53 8-bit-Abwärtszähler

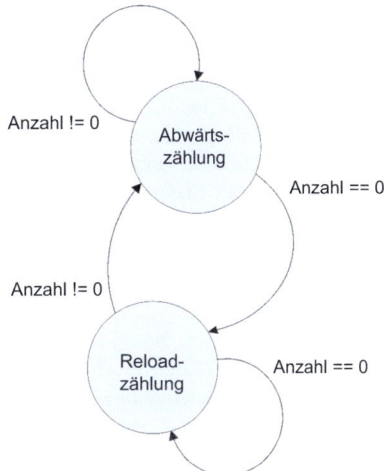

(iv) Ein FIFO kann eine beliebig große Menge an Daten speichern.
(v) Keiner der oben genannten.
(vi) Alle der oben genannten.

8-17 Gegeben die Nachricht 1110101 und das Polynom 110011, berechnen Sie die CRC an der Übertragungsstelle und bestätigen Sie, dass es keinen Fehler an der Empfangsstelle gibt, indem Sie zeigen, dass die CRC 0 ist.

8-18 Leiten Sie eine Wahrheitstabelle und SOP-Ausdruck für $F = A \oplus B \oplus C$ ab. Zeigen Sie das Logikdiagramm für diesen Ausdruck.

8-19 Ein 8-Eingaben-Mux wird durch die drei Logikeingänge A, B und C gesteuert. Wenn die Eingänge I_n für $n = 0, 1, 2, 3, 4, 5, 6, 7$ sind und der Ausgang Z ist, leiten Sie den Ausdruck für Z ab.

8-20 Zeigen Sie die Mealy- und Moore-Automatendiagramme für einen Sequenzdetektor, der eine 1 ausgibt, wenn er das letzte Bit im seriellen Datenstrom 1101 erkennt.

8-21 Finden Sie unter Verwendung des in Abb. 8.49 gezeigten Zustandsdiagramms seine Zustandstabelle. Zeichnen Sie die zugehörige Logikschaltung, und erklären Sie, wie Sie sie in PSoC Creator implementieren könnten.

Literatur

1. A Primer on Jitter, Jitter Measurement and Phase-Locked Loops. AN687. Silicon Laboratories. Rev.0.1. (2012)
2. J.M. Birkner, *PAL Programmable Array Logic Handbook* (Monolithic Memories, Santa Clara, 1978)
3. S. Brown, J. Rose, FPGA and CPLD architectures: A tutorial. IEEE Des. Test (Summer 1996)
4. Complex Programmable Logic Devices (CPLD) Information on GlobalSpec., N.p., n.d. Web. 6 Apr. 2013. www.globalspec.com/learnmore/analog_digital_ics/programmable_logic/complex_programmable_logic_devices_cpld
5. T. Dust, G. Reynolds, AN82156. Designing PSoC Creator Components with UDB Datapaths. www.cypress.com. Document No. 001-82156Rev. *I. Cypress Semiconductor (2018)
6. J. Kathuria, C. Keeser, Implementing State Machines with PSoC 3, PSoC 4, and PSoC 5LP. AN62510. Document No. 001-62510 Rev. *F. Cypress Semiconductor (2017)
7. V.K. Marrivagu, A.R. De Lima Fernandes, PSoC creator - Implementing Programmable Logic Designs with Verilog. AN82250. Document NUMBER:001-82250Rev.*J1. Cypress Semiconductor (2018)
8. D. Van Ess, Learn Digital Design with PSoC. A bit at a time. CreateSpace Independent Publishing Platform (August 9, 2014)
9. Xilinx, *Programmable Logic Design – Quick Start Hand Book,* 2nd ed. (Jan 2002)

Kommunikationsperipherie 9

> **Zusammenfassung**
>
> Dieses Kapitel bietet eine Diskussion über eine Reihe der wichtigeren Kommunikationsprotokolle, die in Verbindung mit eingebetteten Systemen verwendet werden. Es war nicht möglich, jedes dieser Protokolle im Detail zu behandeln, aber es wurde versucht, dem Leser einen breiten Überblick über solche Protokolle zu geben und in geringerem Maße einige relative Vergleiche zwischen ihnen zu liefern. Jedes der diskutierten Protokolle bietet bestimmte Vorteile gegenüber den anderen und alle sind derzeit weit verbreitet. Der Leser wird ermutigt, die in diesem Kapitel für diese Protokolle zitierten Standards zu überprüfen, um zusätzliche Einblicke in ihre jeweiligen Architekturen und Implementierungsdetails zu gewinnen. Themen wie Fehlererkennung/-behebung, Implementierungskosten, Anzahl der erforderlichen Kommunikationswege, unterstützte Übertragungsgeschwindigkeiten, Codierungskomplexität, unterstützte Master/Slave-Konfigurationen und Übertragungsmodi werden im Detail erörtert.

9.1 Kommunikationsprotokolle

Eingebettete Systeme müssen oft mit anderen Systemen [2] kommunizieren und Daten auf visuellen Anzeigegeräten wie LED-Zeichendisplays und LCD-Bildschirmen darstellen. Ob sie mit Anzeigegeräten oder anderen lokalen/fernen Systemen kommunizieren, es wird eine Vielzahl von Kommunikationsprotokollen verwendet, z. B. I2C, UART, SPI, USB, RS232, RS485 usw. Viele dieser Protokolle haben bestimmte gemeinsame Merkmale und andere Merkmale, die für ein bestimmtes Protokoll einzigartig sind.

Sowohl PSoC 3 als auch PSoC 5LP sind in der Lage, eine Vielzahl solcher Protokolle zu unterstützen.[1]

Man könnte sich fragen, warum es so viele Kommunikationsprotokolle gibt,[2] insbesondere in Bezug auf Mikroprozessoren und Mikrocomputer. Die einfache Antwort ist, dass ein typisches eingebettetes System mit einer Reihe von verschiedenen Geräten kommuniziert, von denen jedes seine eigene bevorzugte Kommunikationsschnittstelle haben kann. Die Datenübertragung von einem Gerät und/oder einem Ort zu einem anderen basiert in der Regel auf einer bevorzugten Übertragungsgeschwindigkeit, Unterstützung für das Buffern von Daten,[3] Erhaltung der Datenintegrität und, wenn möglich, Fehlerkorrektur.

Infolgedessen haben sich viele der bestehenden Protokolle im Laufe der Zeit entweder in verschiedene Inkarnationen entwickelt oder wurden durch neuere Protokolle ersetzt, um Komplexitätsprobleme, Geschwindigkeit, Datenübertragungsraten, Kosten, Störfestigkeit, Betriebsstufen, Interoperabilitätsherausforderungen, Netzwerküberlegungen, Übertragungsdistanzen/-zeiten, Datensicherheit/-integrität und eine Vielzahl anderer Probleme anzugehen. In einigen Anwendungen werden mehrere Protokolle in der gleichen Anwendung eingesetzt. In anderen Situationen werden ältere Protokolle immer noch verwendet, um Schnittstellenanforderungen zu erfüllen, die von älteren Hardware- und Softwaresystemen auferlegt werden. Einige Protokolle adressieren Peer-to-Peer-Übertragungen, andere sind für Master-Slave-Konfigurationen und wieder andere für verschiedene Netzwerkkonfigurationen geeignet.

Fehlererkennungsschemata basieren oft auf der Übertragung von zusätzlichen Daten[4] mit jedem Datenblock, der es ermöglicht zu bestimmen, ob die Datenintegrität erhalten geblieben ist. Wenn ein Datenblock oder Datenframe empfangen wird, werden die redundanten Daten verwendet, um zu bestimmen, ob die Daten während der Übertragung geändert wurden. In einigen Anwendungen werden bei Erkennung eines Fehlers Algorithmen auf die Daten angewendet, um solche Fehler zu korrigieren. Oft muss ein Kompromiss zwischen der einfachen Weiterleitung von Daten von einem Ort zum anderen und der für die Anwendung eines Fehlerkorrekturalgorithmus erforderlichen Zeit gefunden werden.

---

[1] In einigen Anwendungen ist die Unterstützung für ein bestimmtes Protokoll Teil der PSoC 3/5-Architektur, während in anderen Fällen externe Hardware erforderlich sein kann, um PSoC 3/5 mit externen Kommunikationskanälen zu verbinden.

[2] Ein digitales Kommunikationsprotokoll ist eine formelle Aussage über die Regeln und Formate für die Kommunikation zwischen zwei oder mehr Geräten. Neben der Festlegung der Datenformate und Syntax legt das Protokoll in der Regel die Parameter für die Authentifizierung einer empfangenen Nachricht fest und definiert in einigen Fällen die Fehlererkennungs- und Korrekturalgorithmen, die verwendet werden sollen.

[3] Das Buffern von Daten wird als Methode verwendet, um Daten zu halten, bis der Kommunikationskanal für die Übertragung verfügbar ist.

[4] Bezeichnet als Redundanzdaten.

Abb. 9.1 Die Master-Slave-Konfiguration beim I2C

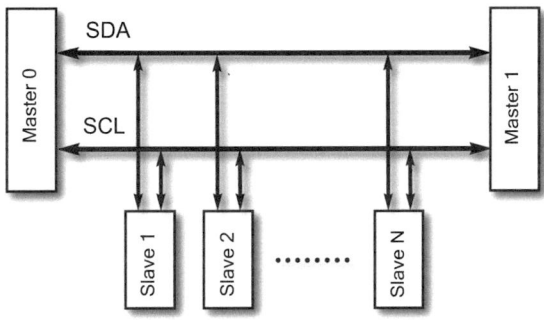

9.2 I2C

Der Inter-Integrated Circuit Bus[5] (*I2C*) [7] wurde ursprünglich von Phillips Semiconductor entwickelt, um die Kommunikation zwischen Geräten wie integrierten Schaltkreisen auf einer gedruckten Schaltungsplatine zu unterstützen. Dies macht die I2C-Komponente ideal für die Vernetzung mehrerer Geräte, ob alle auf einer einzigen Platine oder als Teil eines kleinen Systems. Solche Systeme können einen einzigen Master und mehrere Slaves, mehrere Master oder eine beliebige Kombination von Master und Slaves verwenden. Solche Implementierungen können entweder feste Hardware-I2C-Blöcke oder universelle digitale Blöcke (UDB) verwenden.

I2C verwendet einen seriellen, bidirektionalen Zweileiterbus, der in einer Master-Slave-Konfiguration verbunden ist, wie in Abb. 9.1 gezeigt.[6]

Obwohl ursprünglich auf eine maximale Übertragungsrate von 100 kbit/s begrenzt, ist er derzeit in der Lage, mit Geschwindigkeiten bis zu und einschließlich 3,4 Mbit/s zu arbeiten.[7] Jedes Gerät auf dem Bus, das eine Datenübertragung initiiert,[8] erzeugt den Takt für diese Übertragung und wird dann als der aktuelle *Master* definiert. Das entsprechende Gerät, das die Daten empfängt, ist der *Slave*. Jedem der an den Bus

---

[5] Die Abkürzungen *I2C* und *I²C* sind beide gebräuchlich, wenn auf den Inter-Integrated Circuit Bus Bezug genommen wird.

[6] Als Slave wird jedes an den Bus angeschlossene Gerät bezeichnet, das in der Lage ist, Daten zu empfangen, z. B. ein LCD-Treiber, Speicher, Tastaturtreiber, Mikrocontroller usw. In einigen Fällen kann ein Gerät sowohl Daten empfangen als auch senden und daher abwechselnd als Master und Slave fungieren, so dass die Datenübertragung auf dem Bus in beide Richtungen möglich ist. Ein Gerät, das als Master fungieren kann, kann auch Daten von einem anderen Gerät anfordern; in diesem Fall erzeugt der Master den Takt und beendet die Übertragung.

[7] Die EZI2C-Komponente von PSoC kann mit einer maximalen Datenrate von 1000 kbps arbeiten. Unterstützte „Standardraten" sind 50, 100 (Standard), 400 und 1000 kbps.

[8] Einschließlich der Übertragung der Adresse des Geräts (Slave), das die Daten empfangen soll.

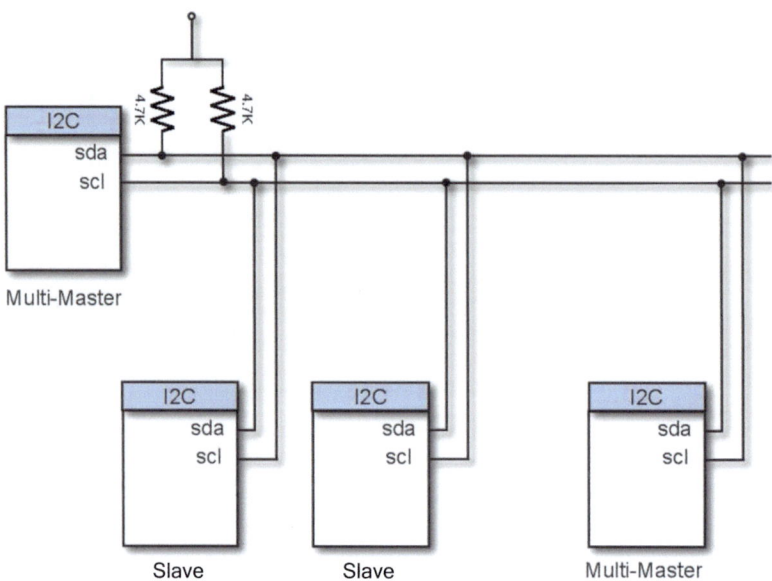

Abb. 9.2 Master- und Multi-Slave-Konfiguration beim I2C

angeschlossenen Slaves wird eine eindeutige Adresse[9] zugewiesen, die vom Master verwendet wird, um anzugeben, welcher Slave adressiert werden soll, um eine bestimmte Datenübertragung zu empfangen. Die maximale Anzahl von Slaves, die an SDA/SCL angeschlossen werden können, wird durch die Buskapazität bestimmt, z. B. 400 pF. Bitübertragungen werden pegelgetriggert, mit 1 bit pro Taktimpuls als Datenrate, und Datenänderungen können nur während niedriger Takte erfolgen.

Die seriellen Daten (SDL)- und die seriellen Takt (SCL)-Signal-Leitungen werden in Kombination verwendet, um Daten zu übertragen. Wenn sowohl SCL als auch SDL high sind, werden keine Daten übertragen. Ein Übergang der SDA-Leitung von high zu low, während die SCL-Leitung high ist, zeigt eine *START*-Bedingung an, die oft durch *S* gekennzeichnet ist. Ein Übergang der SDA-Leitung von low zu high, während die SCL-Leitung high ist, definiert eine *STOP*-Bedingung, die durch *P* gekennzeichnet ist. Nur der aktuelle Master ist in der Lage, eine *START*-Bedingung zu erzeugen und, einmal eingeleitet, geht der Bus in einen beschäftigten Zustand über, bis eine entsprechende *STOP*-Bedingung aufgetreten ist. Wenn das vom Master adressierte Gerät beschäftigt ist, kann der Master eine Reihe von *START*-Bedingungen erzeugen, um den Bus in einem beschäftigten Zustand zu halten, bis der adressierte Slave verfügbar wird (Abb. 9.2).

---

[9] Die Adressierung für jedes Gerät kann entweder auf 7- oder 10-bit-Adressierung basieren.

Abb. 9.3 Start- und Stoppzustände

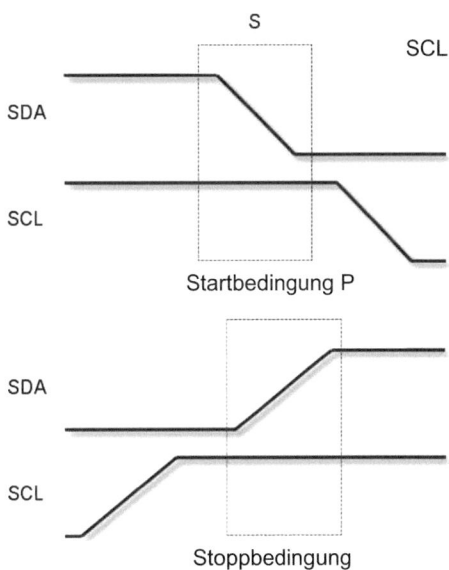

Ein einzelnes Bit jedes 8-bit-Datenbytes wird für jeden Taktimpuls übertragen und es gibt keine inhärente Begrenzung für die Anzahl der Bytes, die in einer gegebenen Übertragung übertragen werden können.[10] Am Ende der Übertragung jedes Bytes ist eine Bestätigung vom Empfänger erforderlich.[11] Der Master erzeugt einen Bestätigungstaktimpuls und gibt die SDA-Leitung frei, die dann für die Dauer des Bestätigungstaktimpulses high geht (Abb. 9.3).

Das empfangende Gerät zieht die SDA-Leitung während des Bestätigungstaktimpulses auf low. Wenn der Slave nicht bestätigt, bleibt die SDA-Leitung high und der Master kann dann entweder eine *STOP*-Bedingung erzeugen, um die Übertragung zu beenden, oder eine wiederholte *START*-Bedingung erzeugen, um eine neue Übertragung zu starten, wie in Abb. 9.4 gezeigt.

Ein Slave kann die weitere Datenübertragung vorübergehend aussetzen, indem er die SCL-Leitung in einen Low-Zustand versetzt, was dazu führt, dass der Master in einen Wartezustand eintritt. Diese Fähigkeit ermöglicht es dem Slave, andere Funktionen auszuführen, z. B. einen Interrupt zu bedienen. Wenn der Slave anschließend die SCL-Leitung freigibt, kann das nächste Byte dann übertragen werden. In einer tatsächlichen Implementierung sind die beiden Leitungen, SDL und SCL, an Pull-up-Widerstände angeschlossen, wie in Abb. 9.2 gezeigt.

---

[10] Bytes werden mit dem „most significant bit" (MSB) zuerst übertragen.
[11] Diese Einschränkung wird gelockert, wenn eines oder mehrere der beteiligten Geräte ein CBUS-Empfänger ist. In solchen Fällen ist eine dritte Busleitung erforderlich.

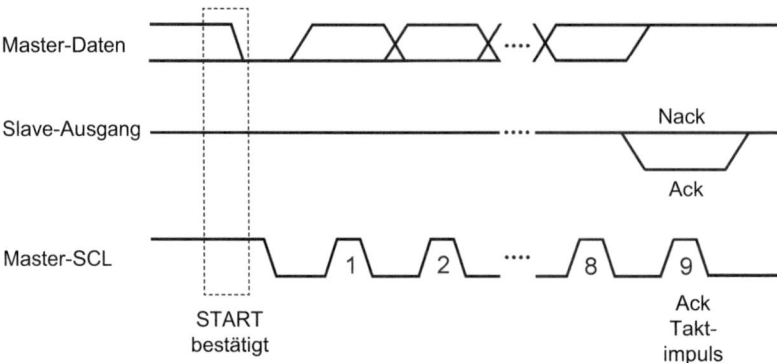

Abb. 9.4 Slave-ACK/NACK des einzelnen empfangenen Bytes

Damit ein Master Daten übertragen kann, muss der Bus frei sein. Wenn mehrere Master in einer I2C-Konfiguration verwendet werden, muss eine Methode bereitgestellt werden, um zu verhindern, dass zwei oder mehr Master gleichzeitig versuchen, Daten zu übertragen. Dies wird durch die Verwendung einer *Arbitrierungstechnik* erreicht. Jeder Master erzeugt seine eigenen Taktsignale während der Datenübertragungen auf dem Bus. Diese Signale können durch einen anderen Master als Ergebnis der Arbitrierung oder durch den langsamen Antwort-Slave, der die Taktleitung hält, *gestreckt* werden. Wenn zwei oder mehr Master gleichzeitig versuchen, den Bus zu nutzen, wird der erste, der eine 1 einführt, während der andere eine 0 einführt, die Arbitrierung verlieren und die Kontrolle geht an den letzteren Master über. Diese Arbitrierung kann für mehrere Bitübertragungen in Kraft bleiben.

Wenn mehrere Master verwendet werden, ist es möglich, dass zwei oder mehr von ihnen einen *START*-Bedingung innerhalb der minimalen Haltezeit der *START*-Bedingung erzeugen. Daher muss für jedes zu übertragende Byte zuerst der Bus überprüft werden, um festzustellen, ob er sich in einem *beschäftigten Zustand* befindet. Ein Fehler wird an den Master zurückgegeben, der die Arbitrierung verliert.

Ein PSoC 3/5-Master kann entweder im manuellen oder im automatischen Modus betrieben werden. Im automatischen Modus wird ein Buffer verwendet, in dem die gesamte Übertragung gespeichert wird. Wenn eine Schreiboperation stattfinden soll, wird der Buffer vorab mit den zu übertragenden Daten gefüllt. Wenn Daten von einem Slave gelesen werden sollen, muss ein Buffer von mindestens der Größe eines Pakets zugewiesen werden. Im automatischen Modus schreibt die folgende Funktion[12] ein Array von Bytes an einen Slave

---

[12] Die Verwendung des Begriffs *Funktion,* im gegenwärtigen Kontext und im gesamten Text, ist eine generische Bezugnahme auf Methoden, Funktionsmitglieder oder Mitgliedsfunktionen.

9.2 I2C

Tab. 9.1 Master-Statusinformationen, die von *unit8 I2C_MasterStatus(void)* zurückgegeben werden

Master-Status-Konstanten	Beschreibungen
I2C_MSTAT_RD_CMPLT	Leseübertragung abgeschlossen
I2C_MSTAT_WR_CMPLT	Schreibübertragung abgeschlossen
I2C_MSTAT_XFER_INP	Übertragung im Gange
I2C_MSTAT_XFER_HALT	Die Übertragung wurde gestoppt
I2C_MSTAT_ERR_SHORT_XFER	Übertragung abgeschlossen, bevor alle Bytes übertragen wurden
I2C_MSTAT_ADDR_NAK	Slave hat Adresse nicht quittiert
I2C_MSTAT_ERR_ARB_LOST	Master hat Arbitrierung während der Kommunikation mit Slave verloren
I2C_MSTAT_ERR_XFER	Fehler bei der Übertragung aufgetreten

```
uint8 I2C_MasterWriteBuf(uint8 SlaveAddr, unit8 * wrData, uint8
    cnt, uint8 mode)
```

wobei *SlaveAddr* eine rechtsbündige, 7-bit-Slave-Adresse ist; *wrData* ist ein Zeiger auf das Daten-Array; *cnt* ist die Anzahl der zu übertragenden Bytes und *mode* bestimmt, wie die Übertragung beginnt und endet.

Ähnlich wird eine Leseoperation eingeleitet durch

```
uint8 I2C_MasterReadBuf(uint8 SlaveAddr, unit8 * wrData, uint8
    cnt, uint8 mode)
```

Beide Funktionen geben Statusinformationen zurück, wie in Tab. 9.1 gezeigt.

9.2.1 Anwendungsprogrammierschnittstelle

PSoC Creator bietet eine Reihe von I2C-Anwendungsprogrammierschnittstellenroutinen (APIs), um die dynamische Konfiguration der I2C-Komponente während der Laufzeit zu ermöglichen. Standardmäßig weist PSoC Creator dem ersten Exemplar einer *I2C*-Komponente in einem gegebenen Design den Instanznamen *I2C_1* zu. Diese Instanz kann in einen beliebigen eindeutigen Wert umbenannt werden, der den syntaktischen Regeln für

Bezeichner folgt. Der Instanzname wird zum Präfix jedes globalen Funktionsnamens, jeder Variablen und jedes konstanten Symbols. Zur besseren Lesbarkeit wird im Folgenden der Instanzname *I2C* verwendet. Alle API-Funktionen gehen davon aus, dass die Datenrichtung aus der Perspektive des I2C-Masters verläuft. Ein Schreibereignis tritt auf, wenn Daten vom Master an den Slave geschrieben werden, und ein Leseereignis tritt auf, wenn der Master Daten vom Slave liest.

PSoC Creator unterstützt eine Reihe von Funktionsaufrufen, die für den I2C-Slave- oder Masterbetrieb generisch sind, einschließlich:

- *uint8 I2C_MasterClearStatus(void)* löscht alle Statusflags und gibt den Masterstatus zurück und gibt den aktuellen Status des Masters zurück.
- *uint8 I2C]_MasterWriteBuf(uint8 slaveAddress, uint8 * wrData, uint8 cnt, uint8 mode)* schreibt automatisch einen gesamten Buffer von Daten an ein Slave-Gerät. Sobald die Datenübertragung durch diese Funktion eingeleitet wird, wird die weitere Datenübertragung vom enthaltenen ISR im Byte-für-Byte-Modus gehandhabt und es aktiviert den I2C-Interrupt.
- *uint8 I2C_MasterReadBuf(uint8 slaveAddress, uint8 * rdData, uint8 cnt, uint8 mode)* liest automatisch einen gesamten Buffer von Daten von einem Slave-Gerät. Sobald die Datenübertragung durch diese Funktion eingeleitet wird, wird die weitere Datenübertragung vom enthaltenen ISR im Byte-für-Byte-Modus gehandhabt und es aktiviert den I2C-Interrupt.
- *uint8 I2C_MasterSendStart(uint8 slaveAddress, uint8 R_nW)* erzeugt eine Startbedingung und sendet die Slave-Adresse mit einem Lese-/Schreibbit. Es deaktiviert auch den I2C-Interrupt.
- *uint8 I2C_MasterSendRestart(uint8 slaveAddress, uint8 R_nW)* erzeugt eine Neustartbedingung und sendet die Slave-Adresse mit einem Lese-/Schreibbit.
- *uint8 I2C_MasterSendStop(void)* erzeugt eine I2C-Stoppbedingung auf dem Bus. Wenn die Start- oder Neustartbedingungen vor dem Aufruf dieser Funktion fehlgeschlagen sind, tut diese Funktion nichts.
- *uint8 I2C_MasterWriteByte(uint8 theByte)* sendet ein Byte an einen Slave. Vor dem Aufruf dieser Funktion muss eine gültige Start- oder Neustartbedingung erzeugt werden. Diese Funktion tut nichts, wenn die Start- oder Neustartbedingungen vor dem Aufruf dieser Funktion fehlgeschlagen sind.
- *uint8 I2C_MasterReadByte(uint8 acknNak)* liest ein Byte von einem Slave und quittiert die Übertragung mit ACK bzw. NAK. Vor dem Aufruf dieser Funktion muss eine gültige Start- oder Neustartbedingung erzeugt werden. Diese Funktion tut nichts und gibt einen Nullwert zurück, wenn eine Start- oder Neustartbedingung vor dem Aufruf dieser Funktion fehlgeschlagen ist.
- *uint8 I2C_MasterGetReadBufSize(void)* gibt die Anzahl der Bytes zurück, die von der *I2C_MasterReadBuf()*-Funktion übertragen wurden. Wenn die Übertragung noch nicht abgeschlossen ist, gibt sie die bisher übertragene Anzahl an Bytes zurück.

9.2 I2C

- *uint8 I2C_MasterGetWriteBufSize(void)* gibt die Anzahl der Bytes zurück, die von der *I2C_MasterWriteBuf()*-Funktion übertragen wurden. Wenn die Übertragung noch nicht abgeschlossen ist, gibt sie die bisher übertragene Anzahl an Bytes zurück.
- *void I2C_MasterClearReadBufSize(void)* setzt den Lesebufferzeiger auf das erste Byte im Buffer zurück.
- *void I2C_MasterClearWriteBufSize(void)* setzt den Schreibbufferzeiger auf das erste Byte im Buffer zurück.

9.2.2 PSoC 3/5 I^2C-Slave-spezifische Funktionen

Die unterstützten Slave-Funktionen sind wie folgt:

- *uint8 I2C_SlaveClearReadStatus(void)* löscht die Lesestatusflags und gibt ihre Werte zurück. Es werden keine anderen Statusflags beeinflusst.
- *uint8 I2C_SlaveClearWriteStatus(void)* löscht die Schreibstatusflags und gibt ihre Werte zurück. Es werden keine anderen Statusflags beeinflusst.
- *void I2C_SlaveSetAddress(uint8 address)* setzt die I2C-Slave-Adresse.
- *void I2C_SlaveInitReadBuf(uint8 * rdBuf, uint8 bufSize)* setzt den Zeiger und die Größe des Lesebuffers und setzt die von der Funktion *I2C_SlaveGetReadBufSize()* zurückgegebene Übertragungsanzahl zurück.
- *void I2C_SlaveInitWriteBuf(uint8 * wrBuf, uint8 bufSize)* setzt den Zeiger und die Größe des Schreibbuffers. Diese Funktion setzt auch die von der Funktion *I2C_SlaveGetWriteBufSize()* zurückgegebene Übertragungsanzahl zurück.
- *uint8 I2C_SlaveGetReadBufSize(void)* gibt die Anzahl der vom I2C-Master gelesenen Bytes zurück, nachdem eine *I2C_SlaveInitReadBuf()* oder *I2C_SlaveClearReadBuf()*-Funktion ausgeführt wurde.
- *uint8 I2C_SlaveGetWriteBufSize(void)* gibt die Anzahl der vom I2C-Master geschriebenen Bytes zurück, seit eine *I2C_SlaveInitWriteBuf()*- oder *I2C_SlaveClearWriteBuf()*-Funktion ausgeführt wurde. Der maximale Rückgabewert ist die Größe des Schreibbuffers.
- *void I2C_SlaveClearReadBuf(void)* setzt den Lesezeiger auf das erste Byte im Lesebuffer zurück. Das nächste vom Master gelesene Byte wird das erste Byte im Lesebuffer sein.
- *uint8 I2C_SlaveGetWriteBufSize(void)* gibt die Anzahl der vom I2C-Master geschriebenen Bytes zurück, seit eine *I2C_SlaveInitWriteBuf()*- oder *I2C_SlaveClearWriteBuf()*-Funktion ausgeführt wurde. Der maximale Rückgabewert ist die Größe des Schreibbuffers.
- *void I2C_SlaveClearReadBuf(void)* setzt den Lesezeiger auf das erste Byte im Lesebuffer zurück. Das nächste vom Master gelesene Byte wird das erste Byte im Lesebuffer sein.

Tab. 9.2 Busfrequenzen, die für einen 16x-Überabtastungstakt erforderlich sind

Bus	Takt
50 kbps	800 kHz
100 kbps	1,6 MHz
400 kbps	6,4 MHz
1000 kbps	16 MHz

9.2.3 PSoC 3/5 I²C-Master/Multi-Master-Slave

PSoC Creator enthält eine Reihe von I2C-Komponenten, die Master-, Multi-Master- und Slave-Konfigurationen mit Taktraten bis zu 1 Mbit/s unterstützen. Eine typische Konfiguration ist in Abb. 9.1 mit zwei Pull-up-Widerständen dargestellt, deren Wert von der anwendbaren Versorgungsspannung, der Taktfrequenz und der Buskapazität abhängt.

Diese Komponente hat vier[13] I/O-Verbindungen:

- *Clock* – wird verwendet, um die Übertragung von Daten auf dem I2C-Bus zu takten und wird vom Bus abgeleitet, wie in Tab. 9.2 gezeigt.
- *Reset* – hält den I2C-Block in einem Hardwareresetzustand, wodurch die I2C-Kommunikation gestoppt wird. Ein Softwarereset kann durch Verwendung der *I2C_Stop()* und *I2C_Start()*-APIs ausgelöst werden.[14]
- *sda* – der serielle Daten-I/O-Kanal, der zur Übertragung/Empfang von I2C-Busdaten verwendet wird.
- *scl* – der vom Master erzeugte I2C-Takt. Der Slave kann kein Taktsignal erzeugen, kann aber den Takt niedrig halten, wodurch alle Busaktivitäten ausgesetzt werden, bis der Slave bereit ist, Daten oder die Adresse zu senden, oder mit ACK/NAK[15] die neuesten Daten quittiert.[16]

Die Adressdecodierung kann entweder auf hardwarebasiert, was der Standardfall ist, oder auf softwarebasiert erfolgen. Wenn nur ein einzelner Slave am Design beteiligt ist,

---

[13] Die Clock- und Resetpins sind nur in PSoC Creator sichtbar, wenn der Parameter *Implementierung* auf UDB gesetzt ist.

[14] Der Reseteingang kann standardmäßig offen gelassen werden, was dem Anlegen eines logischen Nullsignals an den Resetpin entspricht.

[15] ACK (bestätigt), NAK (nicht bestätigt) oder NACK (nicht bestätigt) sind Handshake-Signale.

[16] Der Pin, der mit *scl* verbunden ist, sollte als *Open-Drain-Drives-Low* konfiguriert werden.

9.2 I2C

ist die Hardwaredecodierung vorzuziehen. Wenn die Hardwareadressdecodierung aktiviert ist, wird die I2C-Komponente automatisch mit NAK Adressen quittieren, die nicht ihre eigenen sind, es sei denn, es erfolgt eine Intervention der CPU. Jeder Slave erkennt seine eigene Adresse, die zwischen 00x00 und 0x7F liegt, mit einer Standardadresse von 0x04. Eine 10-bit-Adresse kann mit Hilfe der Softwareadressdecodierung verwendet werden, erfordert jedoch, dass das auch zweite Byte der Adresse decodiert wird.

Signalverbindungen für die SDA- und SCL-Leitungen können eine von drei möglichen Arten sein:

- I2C0 – SCL = SIO-Pin P12[0], SDA = SIO-Pin P12 [1].
- I2C1 – SCL = SIO-Pin P12 [14], SDA = SIO-Pin P12 [16].
- Beliebig (Standard) – beliebige GPIO- oder SIO-Pins über ein schematisches Routing.

PSoC Creator unterstützt vier Betriebsmodi:

- nur Slave-Betrieb,
- nur Master-Betrieb,
- Multi-Master-Betrieb, der mehr als einen Master unterstützt, und
- Multi-Master-Slave-Betrieb, der gleichzeitigen Multi-Master- und Slave-Betrieb unterstützt.

Ein Slave verwendet zwei Speicherbuffer, nämlich einen für vom Master empfangene Daten und einen für den Master, um Datenübertragungen vom Slave zu lesen. Die I2C-Slave-Lese- und -Schreibbuffer werden durch die Initialisierungsbefehle gesetzt:

```
void I2C_SlaveInitReadBuf(uint8 * rdBuf, uint8 bufSize)
void I2C_SlaveInitWriteBuf(uint8 * wrBuf, uint8 bufSize)
```

Diese Befehle weisen jedoch keinen Speicher zu, sondern kopieren stattdessen den Array-Zeiger und die Größe in die internen Komponentenvariablen. Die für die Buffer verwendeten Arrays müssen programmgesteuert gesetzt werden, da sie nicht automatisch von der Komponente generiert werden. Die Verwendung dieser Funktionen setzt einen Zeiger und eine Anzahl an Bytes für die Lese- und Schreibbuffer. bufSize für diese Funktionen kann kleiner oder gleich der tatsächlichen Array-Größe sein, sollte aber niemals größer sein als der verfügbare Speicher, auf den durch die *rdBuf*- oder *wrBuf*-Zeiger verwiesen wird (Abb. 9.5).

Wenn die *I2C_SlaveInitReadBuf()*- oder die *I2C_SlaveInitWriteBuf()*-Funktionen aufgerufen werden, wird der interne Index auf den ersten Wert im Array gesetzt, jeweils auf den von *rdBuf* und *wrBuf*. Wenn Bytes vom I2C-Master gelesen/geschrieben werden, wird der Index erhöht, bis der Offset eins kleiner ist als der *byteCount*. Die Anzahl der übertragenen Bytes kann durch Aufrufen von entweder *I2C_SlaveGetReadBufSize()* oder

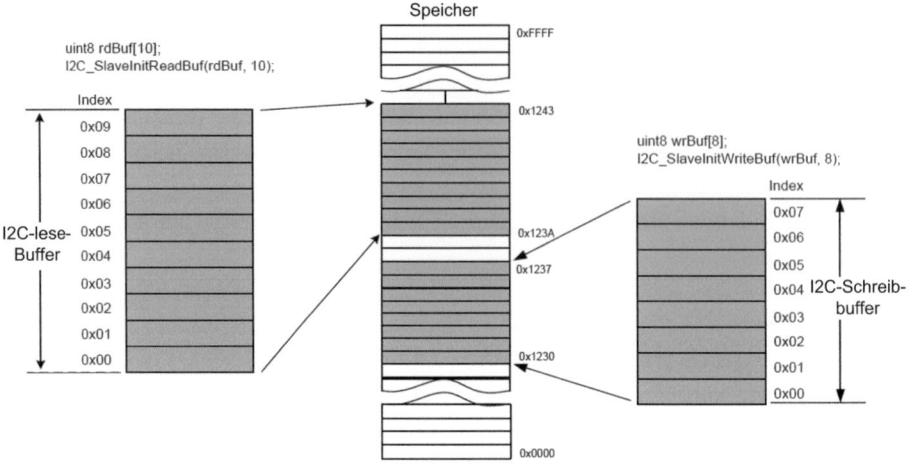

Abb. 9.5 Slave-Buffer-Struktur

I2C_SlaveGetWriteBufSize() für die Lese-/Schreibbuffer bestimmt werden. Wenn jedoch mehr Bytes gelesen/geschrieben werden, als im Buffer vorhanden sind, führt dies zu einem Überlauffehler, der dazu führt, dass das Slave-Status-Byte gesetzt wird.[17]

Um den Index wieder auf den Anfang des Arrays, d. h. auf 0, zurückzusetzen, verwenden Sie die folgenden Befehle:

```
void I2C\_SlaveClearReadBuf(void)
void I2C\_SlaveClearWriteBuf(void)
```

Das nächste Byte, das vom I2C/SPI [12] gelesen/geschrieben wird, ist das erste Byte im Array.[18] Mehrfache Lese- oder Schreibvorgänge durch den I2C-Master erhöhen den Array-Index weiter, bis ein Befehl zum Löschen des Buffers erfolgt oder der Array-Index die Array-Größe überschreitet (Abb. 9.6).

Der erste Schreibvorgang umfasste 4 Byte und der zweite Schreibvorgang 6 Byte. Das sechste Byte in der zweiten Transaktion wurde vom Slave mit *NAK* beantwortet, um anzuzeigen, dass das Ende des Buffers erreicht war. Wenn der Master versucht, ein siebtes Byte für die zweite Transaktion zu schreiben, oder beginnt, weitere Bytes mit einer dritten Transaktion zu schreiben, wird jedes nachfolgende Byte mit *NAK* beantwortet und verworfen, bis der Buffer zurückgesetzt ist. Mit der Funktion *I2C_SlaveClearWriteBuf()*

---

[17] Dieses Byte kann über die *I2C_SlaveStatus()*-API gelesen werden.

[18] Bevor diese Befehle zum Löschen des Buffers verwendet werden, sollten die Daten in den Arrays gelesen oder aktualisiert werden.

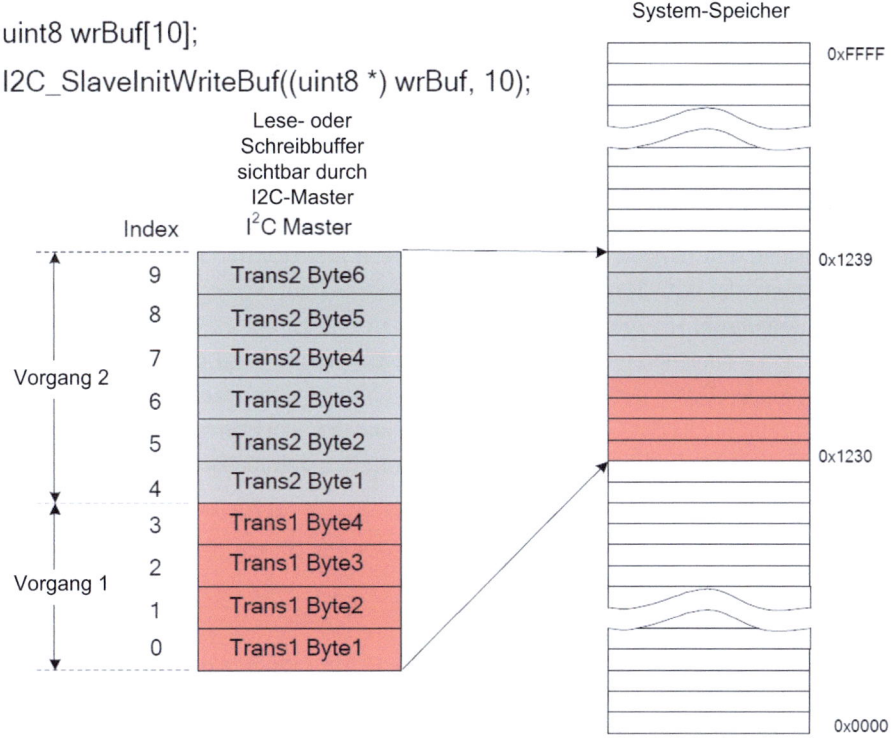

Abb. 9.6 I2C-Schreibtransaktion

wird nach der ersten Transaktion der Index auf 0 zurückgesetzt und die zweite Transaktion überschreibt die Daten der ersten Transaktion.[19]

9.2.4 Master- und Multi-Master-Funktionen

PSoC 3/5-Master- und -Multi-Master[20]-Betrieb sind grundsätzlich gleich, mit zwei Ausnahmen. Im Multi-Master-Modus sollte immer überprüft werden, ob der Bus beschäftigt ist. Ein anderer Master könnte bereits mit einem Slave kommunizieren. In diesem Fall muss das Programm warten, bis die aktuelle Operation abgeschlossen ist, bevor eine Starttransaktion ausgegeben wird. Dies wird erreicht, indem der entsprechende Rück-

---

[19] Die Daten im Buffer sollten vom Slave verarbeitet werden, bevor der Bufferindex zurückgesetzt wird.

[20] In einer festen Funktionsimplementierung, die undefinierte Busbedingungen nicht unterstützt, für PSoC 3 ES2 und PSoC 5LP und Master- oder Multi-Master-Modus, wenn die *STOP*-Bedingung von der Software unmittelbar nach der *START*-Bedingung gesetzt wird, erzeugt das Modul die *STOP*-Bedingung. Dies geschieht nach dem Senden des Adressfeldes 0xFF, wenn Daten ge-

gabewert überprüft wird, um festzustellen, ob ein Fehlerzustand gesetzt wurde, der darauf hinweist, dass ein anderer Master die Kontrolle über den Bus hat. Der zweite Unterschied besteht darin, dass im Multi-Master-Modus zwei Master genau gleichzeitig starten können.

Wenn dies passiert, muss einer der beiden Master die Kontrolle über den Bus abgeben und dies wird durch Arbitrierung erreicht. Eine Überprüfung auf diesen Zustand muss nach jedem übertragenen Byte erfolgen. Die I2C-Komponente überprüft automatisch auf diesen Zustand und reagiert mit einem Fehler, wenn die Arbitrierung verloren geht. Bei der Bedienung des I2C-Masters stehen zwei Optionen zur Verfügung, nämlich manuell und automatisch. Im automatischen Modus wird ein Buffer erstellt, um die gesamte Übertragung zu speichern. Im Falle einer Schreiboperation wird der Buffer vorab mit den zu sendenden Daten gefüllt. Wenn Daten vom Slave gelesen werden sollen, muss ein Buffer von mindestens der Größe des zu übertragenden Pakets bereitgestellt werden. Die folgende Funktion schreibt ein Array von Bytes in den automatischen Modus an einen Slave.

```
uint8 I2C\_MasterWriteBuf(uint8 slaveAddress, uint8 * xferData,
uint8 cnt, uint8 mode)
```

Die Variable *slaveAddress* ist eine rechtsbündige, 7-bit-Slave-Adresse, die von 0 bis einschließlich 127 reicht. Die API der Komponente hängt automatisch das Schreibflag an das LSb des Adressbytes an. Der zweite Parameter, *xferData*, verweist auf das zu übertragende Datenfeld, und der Parameter *cnt* ist die Anzahl der zu übertragenden Bytes. Der letzte Parameter, *mode*, bestimmt, wie die Übertragung beginnt und endet. Eine Transaktion kann mit einem Neustart anstelle eines Starts beginnen oder vor der Stoppsequenz anhalten. Diese Optionen ermöglichen *Back-to-Back-Übertragungen*, bei denen die letzte Übertragung keinen Stopp sendet und die nächste Übertragung einen Neustart anstelle eines Starts auslöst.

Ein Lesevorgang ist fast identisch mit einem Schreibvorgang, und es werden die gleichen Parameter mit den gleichen Konstanten verwendet.

```
uint8 I2C\_MasterReadBuf(uint8 slaveAddress, uint8 * xferData,
uint8 cnt, uint8 mode);
```

Beide Funktionen geben einen Status zurück. Siehe Tab. 9.1 für die Rückgabewerte der Funktion *I2C_MasterStatus()*. Da die Lese- und Schreibübertragungen im Hintergrund

---

schrieben werden, und die Taktleitung low bleibt. Um diesen Zustand zu vermeiden, sollte die *STOP*-Bedingung nicht unmittelbar nach *START* gesetzt werden. Mindestens ein Byte sollte übertragen werden, gefolgt von der Einstellung der *STOP*-Bedingung und nach *einem NAK* oder *ACK*.

9.2 I2C

während des I2C-Interrupt-Codes abgeschlossen werden, kann die Funktion *I2C_MasterStatus()* verwendet werden, um zu ermitteln, wann die Übertragung abgeschlossen wurde.

Das folgende Codeschnipsel zeigt einen typischen Schreibvorgang an einen Slave:

```
I2C_MasterClearStatus(); /* Clear any previous status */
I2C_MasterWriteBuf(4, (uint8 *) wrData,10,I2C_MODE_COMPLETE_XFER);
for(;;)
{
   if(0u != (I2C_MasterStatus() & I2C_MSTAT_WR_CMPLT))
   {
      /* Transfer complete. Check Master status to make sure that
transfer is completed without errors. */
         break;
   }
}
```

Der I2C-Master kann auch manuell betrieben werden. In diesem Modus wird jeder Teil des Schreibvorgangs mit individuellen Befehlen ausgeführt.

```
status = I2C\_MasterSendStart(4, I2C_WRITE_XFER_MODE);
/* Check if transfer is completed without errors */
if(status == I2C\_MSTR\_NO\_ERROR)
{
   /* Send array of 5 bytes */
   for(i=0; i<5; i++)
   {
      status = I2C\_MasterWriteByte(userArray[i]);
      /* Check if transfer completed without errors */
      if(status != I2C\_MSTR\_NO\_ERROR)
         {
            break;
         }
   }
}
I2C_MasterSendStop(); /*Send Stop */
```

Ein manueller Lesevorgang ähnelt dem Schreibvorgang, außer dass das letzte Byte nicht bestätigt (*NAK*) sein sollte.

Das folgende Beispiel stellt einen typischen manuellen Lesevorgang dar.

```
status = I2C\_MasterSendStart(4, I2C_READ_XFER_MODE);
if(status == I2C\_MSTR\_NO\_ERROR)
{
```

```
   /* Read array of 5 bytes */
   for(i=0; i<5; i++)
   {
      if(i < 4)
      {
         userArray[i] = I2C\_MasterReadByte(I2C_ACK_DATA);
      }
      else
      {
         userArray[i] = I2C_MasterReadByte(I2C_NAK_DATA);
      }
   }
}
I2C_MasterSendStop(); /* Send Stop */
```

9.2.5 Multi-Master-Slave-Modus

In diesem Betriebsmodus sind sowohl der Multi-Master als auch der Slave funktionsfähig. Obwohl die Komponente als Slave adressiert werden kann, muss die Firmware alle Master-Modus-Übertragungen initiieren. Die Aktivierung von *Hardware Address Match* führt zu einigen Einschränkungen hinsichtlich Arbitrage und Adressbytes. Im Falle, dass der Master während eines Adressbytes die Arbitrage verliert, wechselt die Hardware in den Slave-Modus und das empfangene Byte erzeugt einen Slave-Adress-Interrupt, vorausgesetzt, dass der Slave adressiert ist. Andernfalls steht der *verlorene Arbitragestatus* nicht mehr für Interrupt-basierte Funktionen zur Verfügung.[21] Die manuelle Funktion, *I2C_MasterSendStart()*,[22] liefert jedoch korrekte Statusinformationen, wie in Tab. 9.3 für diesen speziellen Fall gezeigt.

9.2.6 Multi-Master-Slave-Modus-Betrieb

In diesem Modus sind sowohl Multi-Master als auch Slave funktionsfähig. Die Komponente kann als Slave adressiert werden, aber die Firmware kann auch Master-Modus-Übertragungen initiieren. In diesem Modus kehrt die Hardware in den Slave-Modus zu-

---

[21] Die Verwendung der Softwareadresserkennung verhindert, dass dieser Status verloren geht, schließt jedoch die Funktion *Wakeup on Hardware Address Match* aus.

[22] Diese Funktion erzeugt eine *START*-Bedingung und sendet die Slave-Adresse mit einem Lese-/Schreibbit.

Tab. 9.3 *I2C_MasterSendStart()*- Rückgabewerte

Modus-Konstanten	Beschreibung
I2C_MSTR_NO_ERROR	Funktion ohne Fehler abgeschlossen
I2C_MSTR_BUS_BUSY	Bus ist besetzt aufgetreten. START-Bedingungserzeugung nicht gestartet.
I2C_MSTR_SLAVE_BUSY	Der Slave-Betrieb läuft.
I2C_MSTR_ERR_LB_NAK	Das letzte Byte wurde NAKed.
I2C_MSTR_ERR_ARB_LOST	Master hat während der Erzeugung von START die Arbitrierung verloren.

rück, wenn ein Master während eines Adressbytes die Arbitrierung verliert, und das empfangene Byte erzeugt einen Slave-Adress-Interrupt.

9.2.7 Arbitrage bei Adressbytebeschränkungen (*Hardware Address Match* aktiviert)

Wenn ein Master während eines Adressbytes die Arbitrage verliert, wird der Slave-Adress-Interrupt nur erzeugt, wenn der Slave adressiert ist. In anderen Fällen steht der verlorene Arbitragestatus nicht mehr für Interrupt-basierte Funktionen zur Verfügung. Die Softwareadresserkennung beseitigt diese Möglichkeit, schließt aber die Funktion *Wakeup on Hardware Address Match* aus. Die manuelle Funktion *I2C_MasterSendStart()* liefert korrekte Statusinformationen im oben beschriebenen Fall.

9.2.8 Beginn der Multi-Master-Slave-Übertragung

Bei Verwendung von Multi-Master-Slave kann der Slave jederzeit angesprochen werden. Der Multi-Master muss Zeit haben, sich auf die Erzeugung einer Startbedingung vorzubereiten, wenn der Bus frei ist. Während dieser Zeit kann der Slave angesprochen werden und in diesem Fall geht die Multi-Master-Transaktion verloren und der Slave-Betrieb wird fortgesetzt. Es muss darauf geachtet werden, den Slave-Betrieb nicht zu unterbrechen. Der I2C-Interrupt muss vor der Erzeugung einer Startbedingung deaktiviert werden, um zu verhindern, dass die Transaktion die Adressierungsphase passiert. Diese Aktion ermöglicht es, eine Multi-Master-Transaktion abzubrechen und einen Slave-Betrieb korrekt zu starten.

Die folgenden Fälle sind möglich, wenn der I2C-Interrupt deaktiviert wird:

- Der Bus ist beschäftigt (Slave-Betrieb läuft oder anderer Verkehr ist auf dem Bus), bevor die Startgenerierung erfolgt. Der Multi-Master versucht nicht, eine Startbedingung zu erzeugen. Der Slave-Betrieb wird fortgesetzt, wenn der I2C-Interrupt aktiviert ist. Der *I2C_MasterWriteBuf()-, I2C_MasterReadBuf()-* oder *I2C_MasterSendStart()*-Aufruf gibt den Status *I2C_MSTR_BUS_BUSY* zurück. Der Bus ist frei, bevor die Startgenerierung erfolgt. Der Multi-Master erzeugt eine Startbedingung auf dem Bus und setzt den Betrieb fort, wenn der I2C-Interrupt aktiviert ist. Der *I2C_MasterWriteBuf()-, I2C_MasterReadBuf()-* oder *I2C_MasterSendStart()*-Aufruf gibt den Status *I2C_MSTR_NO_ERROR* zurück.
- Der Bus ist frei, bevor die Startgenerierung erfolgt. Der Multi-Master versucht, einen Start zu erzeugen, aber ein anderer Multi-Master spricht den Slave vorher an und der Bus wird beschäftigt. Die Erzeugung der Startbedingung wird in die Warteschlange gestellt. Der Slave-Betrieb stoppt in der Adressierungsphase aufgrund eines deaktivierten I2C-Interrupts. Wenn der I2C-Interrupt aktiviert ist, wird die Multi-Master-Transaktion aus der Warteschlange abgebrochen und der Slave-Betrieb wird fortgesetzt. Der *I2C_MasterWriteBuf()* oder
  - *I2C_MasterReadBuf()*-Aufruf bemerkt dies nicht und gibt *I2C_MSTR_NO_ERROR* zurück. Der *I2C_MasterStatus()* gibt *I2C_MSTAT_WR_CMPLT* oder
  - *I2C_MSTAT_RD_CMPLT* mit *I2C_MSTAT_ERR_XFER* (alle anderen Fehlerzustandsbits werden gelöscht) zurück, nachdem die Multi-Master-Transaktion abgebrochen wurde. Der *I2C_MasterSendStart()*-Aufruf gibt den Fehlerstatus *I2C_MSTR_ABORT_XFER* zurück.

9.2.9 Interrupt-Funktionsbetrieb

Es ist möglich, einer Master- oder Slave-Transaktion mithilfe von Interrupts eine Priorität zuzuweisen, wie das folgende Codierungsbeispiel zeigt:

- I2C_MasterWriteBuf();

- I2C_MasterReadBuf();

```
I2C\_MasterClearStatus(); /* Clear any previous status */
I2C\_DisableInt(); /* Disable interrupt */
status = I2C\_MasterWriteBuf(4, (uint8 *) wrData, 10, I2C\_MODE\_COM-
PLETE\_XFER);
/* Try to generate, start. The disabled I2C interrupt halts the trans-
action in the
address stage, if a Slave is addressed or the Master generates a start
condition */
```

9.2 I2C

```
I2C\_EnableInt(); /* Enable interrupt and proceed with the Master or Slave
transaction */
for(;;)
{
if(0u != (I2C\_MasterStatus() & I2\_MSTAT_WR_CMPLT))
{
/* Transfer complete.
Check Master status to make sure that transfer
completed without errors.*/
break;
}
}
if (0u != (I2C_MasterStatus() & I2C_MSTAT_ERR_XFER))
{
        /* Error occurred while transfer, clean up Master status and
retry the transfer */
}
```

9.2.10 Manueller Funktionsbetrieb

Der manuelle Multi-Master-Betrieb setzt voraus, dass der I2C-Interrupt deaktiviert ist, aber es ist ratsam, die folgende Vorsichtsmaßnahme zu beachten:

```
I2C_DisableInt(); /* Disable interrupt */
status = I2C_MasterSendStart(4, I2C_WRITE_XFER_MODE);; /*   Try   to
generate start condition */
if (status == I2C_MSTR_NO_ERROR) /* Check if start generation has
completed without errors */
{
/* Proceed the write operation */
/* Send an array of 5 bytes */
for(i=0; i<5; i++)
{
status = I2C_MasterWriteByte(userArray[i]);
if(status != I2C_MSTR_NO_ERROR)
{
break;
}
}
I2C_MasterSendStop(); /* Send Stop */
}
I2C_EnableInt(); /* Enable interrupt, if it was enabled before */
```

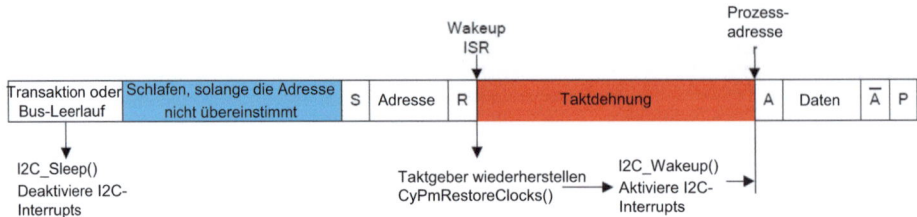

Abb. 9.7 Wecken und Taktlängenänderung

9.2.11 Wecken und Taktlängenänderung

Der I2C-Block reagiert auf Transaktionen auf dem I2C-Bus während des Schlafmodus. Wenn die eingehende Adresse mit der Slave-Adresse übereinstimmt, weckt das I2C das System. Sobald die Adresse übereinstimmt, wird ein Weck-Interrupt ausgelöst, um das System zu wecken und SCL wird auf low gezogen. Ein ACK wird gesendet, nachdem das System aufgewacht ist, und die CPU bestimmt die nächste Aktion in der Transaktion.

Der I2C-Slave streckt den Takt beim Verlassen des Schlafmodus, wie in Abb. 9.7 gezeigt.

Alle Taktgeber im System müssen wiederhergestellt werden, bevor die I2C-Transaktionen fortgesetzt werden können. Der I2C-Interrupt wird vor dem Schlafzustand deaktiviert und erst nach dem Aufruf der Funktion *I2C_Wakeup()* aktiviert. Während der Zeit zwischen dem Aufwachen und dem Ende des Aufrufs von *I2C_Wakeup()* wird die SCL-Leitung auf low gezogen.

```
...
    I2C_Sleep();          /* Go to Sleep and disable I2C interrupt */
    CyPmSaveClocks();     /* Save clocks settings */
    CyPmSleep(PM_SLEEP_TIME_NONE, PM_SLEEP_SRC_I2C);
    CyPmRestoreClocks();  /* Restore clocks */
    I2C_Wakeup(); /* Wakeup, enable I2C interrupt and ACK the address, until the end of this call the SCL is pulled low */...
```

9.2.12 Slave-Betrieb

Die Slave-Schnittstelle besteht aus zwei Speicherbuffern, einem für Daten, die von einem Master an den Slave geschrieben werden, und einem zweiten für Daten, die von einem Master vom Slave gelesen werden.[23] Die I2C-Slave-Lese- und Schreibbuffer werden durch die unten diskutierten Initialisierungsbefehle festgelegt. Diese Befehle

---

[23] Lese- und Schreibvorgänge erfolgen aus der Perspektive des I2C-Masters.

reservieren keinen Speicher, sondern kopieren lediglich den Array-Zeiger und die Array-Größe in die internen Komponentenvariablen. Die für die Buffer verwendeten Arrays müssen instanziiert werden, da sie nicht automatisch von der Komponente generiert werden. Der gleiche Buffer kann für beide Lese- und Schreibbuffer verwendet werden, jedoch muss darauf geachtet werden, die Daten ordnungsgemäß zu verwalten.

Die folgenden Funktionen setzen einen Zeiger und eine Anzahl an Bytes für die Lese- und Schreibbuffer.

```
void I2C_SlaveInitReadBuf(uint8 * rdBuf, uint8 bufSize)
void I2C_SlaveInitWriteBuf(uint8 * wrBuf, uint8 bufSize)
```

bufSize für diese Funktionen kann kleiner oder gleich der tatsächlichen Array-Größe sein, sollte jedoch niemals größer sein als der verfügbare Speicher, auf den durch die *rdBuf*- oder *wrBuf*-Zeiger verwiesen wird. Wenn die Funktionen *I2C_SlaveInitReadBuf()* oder *I2C_SlaveInitWriteBuf()* aufgerufen werden, wird der interne Index auf den ersten Wert im Array gesetzt, auf den durch *rdBuf* und *wrBuf* verwiesen wird. Während der I2C-Master liest oder schreibt, wird der Index erhöht, bis der Offset um 1 kleiner ist als die *byteCount*. Zu jedem Zeitpunkt kann die Anzahl der übertragenen Bytes abgefragt werden, indem entweder *I2C_SlaveGetReadBufSize()* oder *I2C_SlaveGetWriteBufSize()* für die Lese- und Schreibbuffer aufgerufen werden. Das Lesen oder Schreiben von mehr Bytes als im Buffer vorhanden sind, führt zu einem Überlauffehler. Der Fehler wird im Slave-Statusbyte gesetzt und kann mit der *I2C_SlaveStatus()*-API gelesen werden. Um den Index wieder auf den Anfang des Arrays zurückzusetzen, verwenden Sie die folgenden Befehle:

```
void I2C\_SlaveClearReadBuf(void)
void I2C\_SlaveClearWriteBuf(void)
```

Dies setzt den Index wieder auf 0. Das nächste Byte, das der I2C-Master liest oder schreibt, ist das erste Byte im Array. Bevor diese Befehle zum Löschen des Buffers verwendet werden, sollten die Daten in den Arrays gelesen oder aktualisiert werden.

Mehrere Lese- oder Schreibvorgänge durch den I2C-Master erhöhen weiterhin den Array-Index, bis die Befehle zum Löschen des Buffers verwendet werden oder der Array-Index versucht, über die Array-Größe hinaus zu wachsen. Die Abb. 9.6 zeigt ein Beispiel, bei dem ein I2C-Master zwei Schreibtransaktionen ausgeführt hat. Der erste Schreibvorgang umfasste 4 Byte und der zweite Schreibvorgang 6 Byte. Das sechste Byte in der zweiten Transaktion wurde vom Slave mit NAK beantwortet, um zu signalisieren, dass das Ende des Buffers erreicht war. Wenn der Master versucht hätte, ein siebtes Byte für die zweite Transaktion zu schreiben oder mit einer dritten Transaktion mehr Bytes zu schreiben, würde jedes Byte mit NAK beantwortet und verworfen, bis der Buffer zurückgesetzt ist. Die Verwendung der Funktion *I2C_SlaveClearWriteBuf()* nach der ersten Transaktion setzt den Index wieder auf 0 und führt dazu, dass die zweite Trans-

Tab. 9.4 I2C-Slave-Status-Konstanten

Slave-Status-Konstanten	Wert	Beschreibung
I2C_SSTAT_RD_CMPLT	0x01	Slave-Leseübertragung abgeschlossen
I2C_SSTAT_RD_BUSY	0x02	Slave-Leseübertragung läuft (busy)
I2C_SSTAT_RD_OVFL	0x04	Master hat versucht, mehr Bytes zu lesen als im Buffer vorhanden sind
I2C_SSTAT_WR_CMPLT	0x10	Slave-Schreibübertragung abgeschlossen
I2C_SSTAT_WR_CMPLT	0x20	Slave-Schreibübertragung läuft (busy)
I2C_SSTAT_WR_CMPLT	0x40	Master hat versucht, mehr Bytes zu lesen als im Buffer vorhanden sind

aktion die Daten der ersten Transaktion überschreibt. Stellen Sie sicher, dass keine Daten durch Überlauf des Buffers verloren gehen. Die Daten im Buffer sollten vom Slave verarbeitet werden, bevor der Bufferindex zurückgesetzt wird.

Sowohl die Lese- als auch die Schreibbuffer haben 4 Statusbits, um zu signalisieren, dass eine Übertragung abgeschlossen ist, eine Übertragung im Gange ist und ein Bufferüberlauf vorliegt. Das Starten einer Übertragung setzt das Beschäftigungsflag. Wenn die Übertragung abgeschlossen ist, wird das Flag für den Übertragungsabschluss gesetzt und das Beschäftigungsflag gelöscht. Wenn eine zweite Übertragung gestartet wird, können sowohl das Beschäftigungsflag als auch das Flag für den Übertragungsabschluss gleichzeitig gesetzt sein. Die Werte für die Slave-Status-Konstanten sind in Tab. 9.4 dargestellt.

9.2.13 Beginn der Multi-Master-Slave-Übertragung

Bei Verwendung eines Multi-Master-Slave kann der Slave jederzeit angesprochen werden. Der Multi-Master muss Zeit aufwenden, um eine *Startbedingung* zu erzeugen, wenn der Bus frei ist. Während dieser Zeit könnte der Slave angesprochen werden und, falls dies der Fall ist, geht die Multi-Master-Transaktion verloren und der Slave-Betrieb wird fortgesetzt. Es muss darauf geachtet werden, den Slave-Betrieb nicht zu unterbrechen, und der I2C-Interrupt muss vor der Erzeugung einer *Startbedingung* deaktiviert werden, um zu verhindern, dass die Transaktion die Adressierungsphase passiert. Diese Aktion ermöglicht es, eine Multi-Master-Transaktion abzubrechen und einen Slave-Betrieb korrekt zu starten.

Bei der Deaktivierung des I2C-Interrupts sind die folgenden Fälle möglich:

- Der Bus ist beschäftigt, z. B. ist ein Slave-Betrieb im Gange oder anderer Verkehr ist auf dem Bus, vor der *Starterzeugung*. Der Multi-Master versucht nicht, eine *Startbedingung* zu erzeugen. Der Slave-Betrieb wird fortgesetzt, wenn der I2C-Interrupt aktiviert ist. Der Aufruf von *I2C_MasterWriteBuf()*, *I2C_MasterReadBuf()* oder *I2C_MasterSendStart()* gibt den Status *I2C_MSTR_BUS_BUSY* zurück.
- Der Bus ist frei vor der *Starterzeugung*. Der Multi-Master erzeugt eine Startbedingung auf dem Bus und setzt den Betrieb fort, wenn der I2C-Interrupt aktiviert ist. Der Aufruf von *I2C_MasterWriteBuf()*, *I2C_MasterReadBuf()* oder *I2C_MasterSendStart()* gibt den Status *I2C_MSTR_NO_ERROR* zurück.
- Der Bus ist frei vor der Starterzeugung. Der Multi-Master versucht, einen Start zu erzeugen, aber ein anderer Multi-Master adressiert den Slave vor diesem, und der Bus wird beschäftigt. Die Erzeugung der Startbedingung wird in die Warteschlange gestellt. Der Slave-Betrieb stoppt in der Adressierungsphase aufgrund eines deaktivierten I2C-Interrupts. Wenn der I2C-Interrupt aktiviert ist, wird die Multi-Master-Transaktion aus der Warteschlange abgebrochen und der Slave-Betrieb wird fortgesetzt. Der Aufruf von *I2C_MasterWriteBuf()* oder *I2C_MasterReadBuf()* bemerkt dies nicht und gibt *I2C_MSTR_NO_ERROR* zurück. Der Aufruf von *I2C_MasterStatus()* gibt *I2C_MSTAT_WR_CMPLT* oder *I2C_MSTAT_RD_CMPLT* mit *I2C_MSTAT_ERR_XFER* (alle anderen Fehlerzustandsbits werden gelöscht) zurück, nachdem die Multi-Master-Transaktion abgebrochen wurde. Der Aufruf von *I2C_MasterSendStart()* gibt den Fehlerstatus *I2C_MSTR_ABORT_XFER* zurück.

9.3 Universeller asynchroner Rx/Tx (UART)

Die UART-Komponente von PSoC Creator [22] bietet eine asynchrone Kommunikation und wird oft zur Implementierung der RS232- oder RS485-Protokolle[24] verwendet.[25] Die UART-Komponente kann für Vollduplex-[26] [21], Halbduplex-,[27] Rx-only- oder Tx-only-

---

[24] Das RS485-Protokoll, auch als TIA-485 oder EIA-485 bezeichnet, ähnelt dem RS232-Protokoll, unterscheidet sich jedoch dadurch, dass es ein störungsunempfindlicheres Protokoll als RS232 ist und es ermöglicht, dass bis zu 32 Geräte einen gemeinsamen Bus mit drei Leitungen teilen und über Entfernungen von bis zu 4000 ft (1200 m) kommunizieren können. Der Übertragungsweg ist differentiell (ausgeglichen) und besteht aus einem verdrillten Paar und einem dritten Draht, der als Masse dient (es gibt auch eine Konfiguration mit vier Leitungen), die eine sehr hohe Störfestigkeit bietet.

[25] Der UART kann auch in einem TTL-kompatiblen Modus verwendet werden.

[26] Ein Vollduplexsystem ermöglicht gleichzeitige Übertragungen in beide Richtungen über den Kommunikationspfad.

[27] Ein Halbduplexsystem ermöglicht Übertragungen in beide Richtungen über den Kommunikationspfad, aber nicht gleichzeitig.

Versionen konfiguriert werden.[28] Alle vier Übertragungsmodi haben jedoch die gleiche grundlegende Funktionalität und unterscheiden sich nur in der Menge der verwendeten Ressourcen. Zwei konfigurierbare Buffer, jeweils von unabhängiger Größe, dienen als zirkuläre Empfangs- und Transitbuffer, die in SRAM zugewiesen sind und Hardware-FIFOs verwenden, um die Datenintegrität zu gewährleisten.

Diese Anordnung ermöglicht es der CPU, mehr Zeit für kritische, echtzeitnahe Aufgaben aufzubringen, als für die Bedienung des UART [4]. In den meisten Fällen wird der UART konfiguriert, indem die Baudrate,[29] Parität,[30] Anzahl der Datenbits und Anzahl der Startbits gewählt werden. Die gebräuchlichste Konfiguration für RS232 ist 8 Datenbits, keine Parität und 1 Stoppbit und wird als *8N1* bezeichnet und ist die Standardkonfiguration. Eine zweite, häufige Verwendung für UART ist in Multidrop[31]-RS485-Netzwerken.

Die UART-Komponente unterstützt einen 9-bit-Adressmodus mit Hardwareadresserkennung sowie ein Tx-Ausgangsaktivierungssignal, um den Tx-Transceiver während der Übertragungen zu aktivieren. Es gibt eine Reihe von physikalischen und protokollbasierten Variationen von UART, die häufig verwendet werden, einschließlich RS423,[32] DMX512, MIDI, LIN[33] Bus, Legacy-Terminalprotokolle und IrDA.[34]

Um die häufiger verwendeten Variationen zu unterstützen, sind die Anzahl der Datenbits, Stoppbits, die Parität, die Hardwareflusssteuerung und die Paritätserzeugung und -erkennung im PSoC Creator und in der Softwaresteuerung konfigurierbar. Als hardwarekompilierte Option kann ein Takt und ein serieller Datenstrom verwendet werden, der die UART-Datenbits nur bei steigender Taktflanke überträgt. Ein unabhängiger Takt und

---

[28] Der UART kann auch für fortgeschrittenere Protokolle wie DMX512, LIN und IrDA oder benutzerdefinierte Protokolle konfiguriert werden.

[29] Die Baudrate bezieht sich auf die Rate, mit der die Bits pro Sekunde übertragen werden.

[30] Parität bezieht sich in diesem Zusammenhang auf die Verwendung eines optionalen Bits, das mit jedem übertragenen Byte verbunden ist und den Wert 1 hat, wenn die Anzahl der Einsen im Byte gerade oder ansonsten 0 ist. Dies bietet einen Mechanismus zur Bestimmung, ob die Integrität eines Bytes während der Übertragung beeinträchtigt wurde.

[31] Multidrop impliziert mehrere Slaves.

[32] RS423, auch bekannt als EIA-423 und TIA-423, ist eine unsymmetrische („single-ended") Schnittstelle, die RS232-ähnlich ist und einen einzelnen, unidirektionalen Treiber verwendet, der bis zu zehn Slaves unterstützen kann. Es wird normalerweise mit integrierter Schaltungstechnologie implementiert und kann auch für den Austausch von seriellen Binärsignalen zwischen DTE und DCE verwendet werden.

[33] Der LIN-Bus ist ein kostengünstiger Bus mit einer Leitung, der mit Baudraten von bis zu 19,2 kbit/s arbeiten kann und in einer Master-Slave-Konfiguration mit einem einzigen Master und einem oder mehreren Slaves verwendet wird.

[34] Die Infrared Data Association (IrDA) hat ein Standardprotokoll für IR-Modulations-/Demodulationsmethoden und andere physikalische Parameter festgelegt, die mit Infrarottransceivern verbunden sind.

9.3 Universeller asynchroner Rx/Tx (UART)

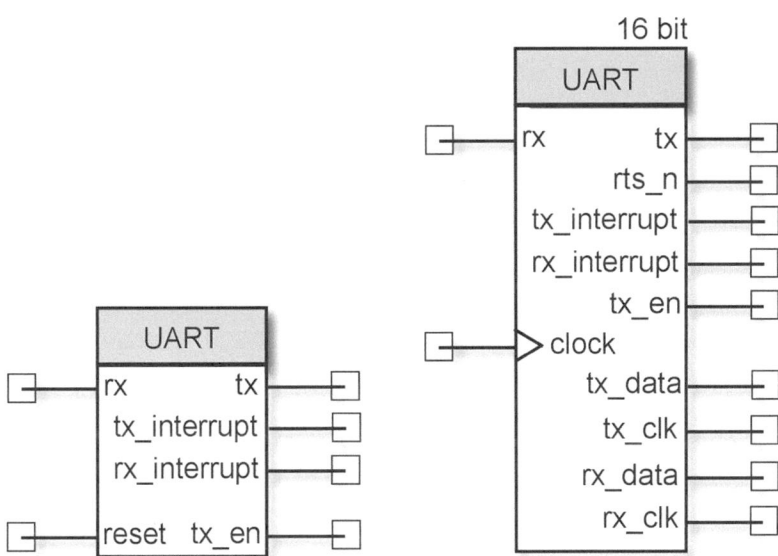

Abb. 9.8 UART-Konfigurationen in PSoC Creator

Datenausgang können auch für Tx und Rx verwendet werden. Diese Ausgänge ermöglichen die automatische Berechnung des Daten-CRC [6] durch Anschluss einer CRC-Komponente an den UART.

Die UART-Komponente des PSoC Creator, dargestellt in Abb. 9.8, hat die folgenden Merkmale:

- 8x- und 16x-Oversampling,
- 9-bit-Adressmodus mit Hardwareadresserkennung,
- Baudraten von 110 bis 921.600 bit pro Sekunde (bps) oder beliebig bis zu 4 Mbps,
- Erkennung und Erzeugung von Break-Signalen,
- Erkennung von Framing-, Paritäts- und Überlauffehlern,
- vollduplex-, halbduplex-, nur Tx-, nur Rx-optimierte Hardware,
- Rx- und Tx-Buffer = 4–65.535 Byte und
- zwei von drei Abstimmungen pro Bit.

Der *Takteingang* der UART bestimmt die serielle Kommunikationsbaudrate (Bitrate), die 1/8 oder 1/16 der Eingangstaktfrequenz beträgt, abhängig vom ausgewählten Wert für den Parameter *Oversampling Rate*. Dieser Eingang ist in PSoC Creator sichtbar, wenn der Parameter *Clock Selection* auf *External Clock* eingestellt ist. Wenn der interne Takt ausgewählt ist, muss die gewünschte Baudrate während der Konfiguration ausgewählt werden.[35] Das Zurücksetzen der UART über den *Reseteingang*,[36] setzt die Zustandsmaschinen *Rx* und *Tx* in den Leerlaufzustand. In diesem Fall werden alle Daten, die gerade übertragen oder empfangen wurden, verworfen.

Der *Rx*-Eingang führt die seriellen Eingangsdaten von einem anderen Gerät auf dem seriellen Bus.[37] Die *tx_output*-Verbindung ist nur sichtbar, wenn der Modusparameter auf *TX only, Half Duplex* oder *Full UART (RX + TX)* eingestellt ist.[38] Der *tx_en*-Ausgang[39] wird hauptsächlich für die RS485-Kommunikation verwendet, um zu zeigen, dass die Komponente auf dem Bus überträgt. Dieser Ausgang geht auf high, bevor eine Übertragung beginnt, und auf low, wenn die Übertragung abgeschlossen ist und zeigt den anderen Geräten auf dem Bus einen beschäftigten Bus an. Der *tx_interrupt*-Ausgang ist das logische OR der Gruppe möglicher Interrupt-Quellen und geht high, wenn eine der aktivierten Interrupt-Quellen true ist.[40] Der *cts_n*-Eingang,[41] (_n), ein aktiver Low-Eingang, zeigt an, dass ein anderes Gerät bereit ist, Daten zu empfangen.

Der *rx_interrupt*-Ausgang[42] ist das logische OR der Gruppe möglicher Interrupt-Quellen und wird aktiv, während eine der aktivierten Interrupt-Quellen true ist. Der *tx_data*-Ausgang wird verwendet, um die Tx-Daten zu einer CRC-Komponente oder anderer Logik zu verschieben.[43] Der *tx_clk*-Ausgang[44] liefert die Taktflanke, die verwendet wird, um die Tx-Daten zu einer CRC-Komponente oder anderer Logik zu verschieben. Der *rx_data*-Ausgang[45] wird verwendet, um die Rx-Daten zu einer CRC-Komponente oder anderer Logik zu verschieben. Der *rx_clk*-Ausgang[46] liefert die Taktflanke, die ver-

---

[35] In solchen Fällen bestimmt PSoC Creator die notwendige Taktfrequenz für die erforderliche Baudrate.

[36] Bei diesem Eingang handelt es sich um einen synchronen Reset, der mindestens eine steigende Flanke des Takts erfordert. Er kann aber auch potentialfrei bleiben, und der Baustein weist ihm dann eine konstante logische 0 zu.

[37] Dieser Eingang ist sichtbar und muss angeschlossen sein, wenn der Modusparameter auf *RX only*, *Half Duplex* oder *Full UART (RX + TX)* eingestellt ist.

[38] Ein externer Pull-up-Widerstand sollte verwendet werden, um den Empfänger vor unerwarteten niedrigen Impulsen während des aktiven *Systemresets* zu schützen.

[39] Dieser Ausgang ist sichtbar, wenn der Parameter *Hardware TX Enable* ausgewählt ist.

[40] Dieser Ausgang ist sichtbar, wenn der Parameter *Modus TX only* oder *Full UART (RX + TX)* eingestellt ist.

[41] Dieser Eingang ist sichtbar, wenn der Parameter *Flow Control* auf Hardware eingestellt ist.

[42] Dieser Ausgang ist sichtbar, wenn der Parameter *Mode* auf *RX only, Half Duplex* oder *Full UART (RX + TX)* eingestellt ist.

[43] Dieser Ausgang ist sichtbar, wenn der Parameter *Enable CRC outputs* ausgewählt ist.

[44] Ebd.

[45] Ebd.

[46] Ebd.

wendet wird, um die *Rx*-Daten zu einer CRC-Komponente oder anderer Logik zu verschieben.[47]

9.3.1 UART-Anwendungsprogrammierschnittstelle

Die API-Routinen für den UART ermöglichen es, die Komponente programmgesteuert zu konfigurieren. Im Folgenden wird die Schnittstelle für jede Funktion beschrieben.

- *void UART_Start(void)* ist die bevorzugte Methode, um den Betrieb der Komponente zu starten. *UART_Start()* setzt die *initVar*-Variable, ruft die *UART_Init()*-Funktion auf und ruft dann die *UART_Enable()*-Funktion auf.
- *void UART_Stop(void)* deaktiviert den UART-Betrieb.
- *uint8 UART_ReadControlRegister(void)* gibt den aktuellen Wert des Steuerregisters zurück.
- *void UART_WriteControlRegister(uint8 control)* schreibt einen 8-bit-Wert in das Steuerregister.
- *void UART_EnableRxInt(void)* aktiviert den internen Empfänger-Interrupt.
- *void UART_DisableRxInt(void)* deaktiviert den internen Empfänger-Interrupt.
- *void UART_SetRxInterruptMode(uint8 intSrc)* konfiguriert die aktivierten Rx-Interrupt-Quellen.
- *uint8 UART_ReadRxData(void)* gibt das nächste empfangene Byte zurück, ohne den Status zu überprüfen. Der Status muss separat überprüft werden.
- *uint8 UART_ReadRxStatus(void)* gibt den aktuellen Zustand des Empfängerstatusregisters und den Status des Softwarebufferüberlaufs zurück.
- *uint8 UART_GetChar(void)* gibt das zuletzt empfangene Datenbyte zurück und ist für ASCII-Zeichen ausgelegt. Es gibt einen *uint8* zurück, bei dem 1–255 Werte für gültige Zeichen sind und 0 einen Fehler oder das Fehlen von Daten anzeigt.
- *uint16 UART_GetByte(void)* liest den UART RX-Buffer sofort und gibt das empfangene Zeichen und einen Fehlerzustand zurück.
- *uint8/uint16 UART_GetRxBufferSize(void)* gibt die Anzahl der im Rx-Buffer verbleibenden empfangenen Bytes zurück.
- *void UART_ClearRxBuffer(void)* löscht den Empfängerspeicherbuffer und das Hardware-Rx-FIFO von allen empfangenen Daten.
- *void UART_SetRxAddressMode(uint8 addressMode)* legt den softwaregesteuerten Adressierungsmodus fest, der vom Rx-Teil der UART verwendet wird.
- *void UART_SetRxAddress1(uint8 address)* legt die erste von zwei hardwareerkennbaren Empfängeradressen fest.

---

[47] Ebd.

- *void UART_SetRxAddress2(uint8 address)* legt die zweite von zwei hardwareerkennbaren Empfängeradressen fest.
- void UART_EnableTxInt(void) aktiviert den internen Sender-Interrupt.
- *void UART_DisableTxInt(void)* deaktiviert den internen Sender-Interrupt.
- *void UART_SetTxInterruptMode(uint8 intSrc)* konfiguriert die Tx-Interrupt-Quellen, die aktiviert werden sollen (aktiviert jedoch nicht den Interrupt).
- *void UART_WriteTxData(uint8 txDataByte)* legt 1 Byte Daten in den Sendebuffer, um gesendet zu werden, wenn der Bus verfügbar ist, ohne das Tx-Statusregister zu überprüfen. Der Status muss separat überprüft werden.
- *uint8 UART_ReadTxStatus(void)* liest das Statusregister für den Tx-Teil der UART.
- *void UART_PutChar(uint8 txDataByte)* legt 1 Byte Daten in den Sendebuffer, um gesendet zu werden, wenn der Bus verfügbar ist. Dies ist eine blockierende API, die wartet, bis der Tx-Buffer Platz hat, um die Daten aufzunehmen.
- *void UART_PutString(char* string)* sendet eine NULL-terminierte Zeichenkette an den Tx-Buffer zur Übertragung.
- *void UART_PutArray(uint8* string, uint8/uint16 byteCount)* legt N Byte Daten aus einem Speicherarray in den Tx-Buffer zur Übertragung.
- *void UART_PutCRLF(uint8 txDataByte)* schreibt 1 Byte Daten gefolgt von einem Wagenrücklauf (0x0D) und Zeilenumbruch (0x0A) in den Übertragungsbuffer.
- *uint8/uint16 UART_GetTxBufferSize(void)* bestimmt die Anzahl der im Tx-Buffer verwendeten Bytes. Ein leerer Buffer gibt 0 zurück.
- *void UART_ClearTxBuffer(void)* löscht alle Daten aus dem Tx-Buffer und dem Hardware-Tx-FIFO.
- *void UART_SendBreak(uint8 retMode)* sendet ein Break-Signal auf den Bus.
- *void UART_SetTxAddressMode(uint8 addressMode)* konfiguriert den Sender so, dass die nächsten Bytes als Adresse oder Daten signalisiert werden.
- *void UART_LoadRxConfig(void)* lädt die Empfängerkonfiguration im Halbduplexmodus. Nach dem Aufruf dieser Funktion ist der UART bereit, Daten zu empfangen.
- *void UART_LoadTxConfig(void)* lädt die Senderkonfiguration im Halbduplexmodus. Nach dem Aufruf dieser Funktion ist der UART bereit, Daten zu senden.
- *void UART_Sleep(void)* ist die bevorzugte API, um die Komponente auf den Schlafmodus vorzubereiten. Die *UART_Sleep()*-API speichert den aktuellen Zustand der Komponente. Dann ruft sie die *UART_Stop()*-Funktion auf und ruft *UART_SaveConfig()* auf, um die Hardwarekonfiguration zu speichern. Rufen Sie die *UART_Sleep()*-Funktion auf, bevor Sie die *CyPmSleep()* oder die *CyPmHibernate()*-Funktion aufrufen.
- *void UART_Wakeup(void)* ist die bevorzugte API, um die Komponente in den Zustand zurückzuversetzen, als *UART_Sleep()* aufgerufen wurde. Die *UART_Wakeup()*-Funktion ruft die *UART_RestoreConfig()*-Funktion auf, um die Konfiguration wiederherzustellen. Wenn die Komponente vor dem Aufruf der *UART_Sleep()*-Funktion aktiviert war, wird die *UART_Wakeup()*-Funktion die Komponente auch wieder aktivieren.

- *void UART_Init(void)* initialisiert oder stellt die Komponente gemäß den Einstellungen des *Configure*-Dialogs wieder her. Es ist nicht notwendig, *UART_Init()* aufzurufen, da die *UART_Start()*-API diese Funktion aufruft und die bevorzugte Methode ist, um den Betrieb der Komponente zu beginnen.
- *void UART_Enable(void)* aktiviert die Hardware und beginnt den Betrieb der Komponente. Es ist nicht notwendig, *UART_Enable()* aufzurufen, da die *UART_Start()*-API diese Funktion aufruft, die die bevorzugte Methode ist, um den Betrieb der Komponente zu beginnen.
- *void UART_SaveConfig(void)* speichert die Konfiguration der Komponente und nicht erhaltene Register. Es speichert auch die aktuellen Parameterwerte der Komponente, wie sie im *Configure* Dialog definiert oder durch geeignete APIs geändert wurden. Diese Funktion wird von der UART_Sleep() Funktion aufgerufen.
- *void UART_RestoreConfig(void)* stellt die Benutzerkonfiguration von nicht speichernden Registern wieder her.

9.3.2 Interrupts

Die *Interrupt On*-Parameter ermöglichen die Konfiguration der Interrupt-Quellen. Diese Werte werden mit jedem anderen *Interrupt On*-Parameter mit einer OR-Logik verknüpft, um eine endgültige Gruppe von Ereignissen zu erhalten, die einen Interrupt auslösen können. Die Software kann diese Modi jederzeit neu konfigurieren und diese Parameter definieren eine anfängliche Konfiguration.

- Rx – bei Byteempfang *(UART_RX_STS_FIFO_NOTEMPTY)*,
- Tx – bei Tx-Vollendung *(UART_TX_STS_COMPLETE)*,
- Rx – bei Paritätsfehler *(UART_RX_STS_PAR_ERROR)*,
- Tx – bei FIFO leer *(UART_TX_STS_FIFO_EMPTY)*,
- Rx – bei Stoppfehler *(UART_RX_STS_STOP_ERROR)*,
- Tx – bei FIFO voll *(UART_TX_STS_FIFO_FULL)*,
- Rx – bei Break *(UART_RX_STS_BREAK)*,
- Tx – bei FIFO nicht voll *(UART_TX_STS_FIFO_NOT_FULL)*,
- Rx – bei Überlauffehler *(UART_RX_STS_OVERRUN)*,
- Rx – bei Adressübereinstimmung *(UART_RX_STS_ADDR_MATCH)*,
- Rx – bei Adresserkennung *(UART_RX_STS_MRKSPC)*.

Ein ISR kann von einer externen Interrupt-Komponente behandelt werden, die mit dem *tx_interrupt-* oder *rx_interrupt*-Ausgang verbunden ist. Der Interrupt-Ausgangspin ist sichtbar, abhängig vom ausgewählten *Mode*-Parameter. Er gibt das gleiche Signal an den internen Interrupt, basierend auf den ausgewählten Status-Interrupts aus.

```c
#include <device.h>

#define START_CHAR_VALUE    0x20
#define END_CHAR_VALUE      0x7E

uint8 trigger = 0;

void main()
{
    uint8 ch;           /* Data sent on the serial port */
    uint8 count = 0;    /*Initializing the count value */
    uint8 pos = 0;

    CyGlobalIntEnable;

    isr_1_Start();      /* Initializing the ISR */
    UART_1_Start();     /* Enabling the UART */

    for(ch = START_CHAR_VALUE; ch <= END_CHAR_VALUE; ch++)
    {
        UART_1_WriteTxData(ch); /* Sending the data */
        CyDelay(200);
    }

    for(;;) {}
}

void main()
{
  char8 ch;        /* Data received from the Serial port */

  CyGlobalIntEnable; /* Enable all interrupts by the processor. */

        UART_1_Start();

    while(1)
    {
        /* Check the UART status */
        ch = UART_1_GetChar();

        /* If byte received */
        if(ch > 0)
        {
            // Place character
```

```
            // Handling code here
    }
}
```

9.3.3 UART-Konfigurationsregister

Das Modusdialogfeld bestimmt den Betriebsmodus des UART, z. B. als bidirektionale *Full UART (TX + RX)*,[48] *Half Duplex UART,* die nur die Hälfte der Ressourcen benötigt, *RX only* (RS232-Empfänger) oder *TX only* (Sender). Der Parameter *Bits per second* bestimmt die Baudrate oder Bitbreitenkonfiguration der Hardware für die Taktgenerierung.[49] Der Parameter *Data bits* bestimmt die Anzahl der Datenbits, die zwischen dem Start und dem Stopp einer einzelnen UART-Transaktion übertragen werden (Abb. 9.9).[50]

9.3.4 Parität

Parität bezieht sich auf das Anhängen eines zusätzlichen Bits an jedes Byte zum Zweck der Fehlererkennung, die während der seriellen Byteübertragung auftritt. Das Paritätsbit wird auf 1 gesetzt, wenn die Anzahl der Bits mit dem Wert 1[51] entweder gerade oder ungerade ist, abhängig vom ausgewählten Paritätsmodus. Die Parität kann als *Even, Odd, None* oder *Mark/Space* eingestellt werden. *None* bedeutet, dass das 9. Bit nicht verwendet werden soll, d. h., Parität wird nicht verwendet, *Even/Odd* bedeutet, dass die Anzahl der Bits mit dem Wert 1, ohne das Paritätsbit, im Byte gerade/ungerade ist. Nachdem jedes Byte empfangen wurde, kann das Paritätsbit überprüft werden, um festzustellen, ob eine Änderung stattgefunden hat.[52]

---

[48] Dies ist der Standardmodus.

[49] Die Standardeinstellung für Bits pro Sekunde beträgt 57.600. Wenn der interne Taktgeber verwendet wird, indem der Parameter *Clock Selection* eingestellt wird, erzeugt PSoC Creator den notwendigen Takt für 57.600 bps.

[50] Optionen sind 5, 6, 7, 8 oder 9 Datenbit. Die Standardeinstellung von 8 bit führt zu einer Übertragung eines einzelnen Byte pro Übertragung. Bei der Einstellung 9 bit wird ein neuntes Bit als Paritätsbit verwendet, das angibt, ob die acht bit eine gerade oder ungerade Parität haben.

[51] Ohne Berücksichtigung der Paritätsbiteinstellung.

[52] Einzelbitfehler sind die häufigste Art von Fehlern, die während der Byteübertragung auftreten.

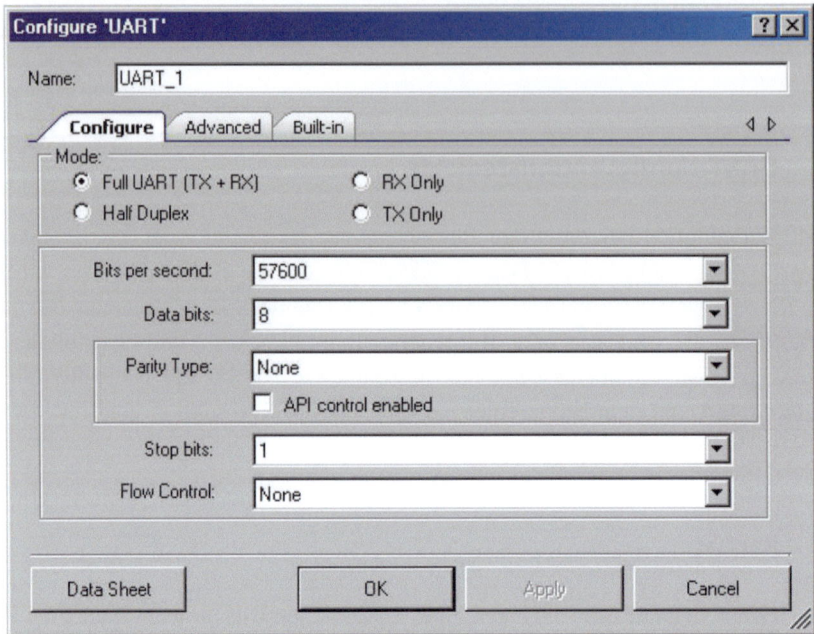

Abb. 9.9 UART-Konfigurationsregister in PSoC Creator

9.3.5 Simplex, Halb- und Vollduplex

Die serielle Übertragung[53] kann in verschiedenen Modi erfolgen, einschließlich Simplex, Halb- und Vollduplex, wie in Abb. 9.10 dargestellt. Ein Duplexkommunikationssystem ermöglicht eine Kommunikation zwischen zwei Punkten in beide Richtungen gleichzeitig. Halbduplexsysteme ermöglichen auch Kommunikation zwischen zwei Punkten in beide Richtungen, aber nur in eine Richtung zur gleichen Zeit. Simplexsysteme ermöglichen eine Kommunikation zwischen zwei Punkten nur in eine Richtung.

---

[53] Serielle Kommunikation bezieht sich auf die Übertragung von Informationen in sequenzieller Weise von einem Ort zum anderen.

9.3 Universeller asynchroner Rx/Tx (UART)

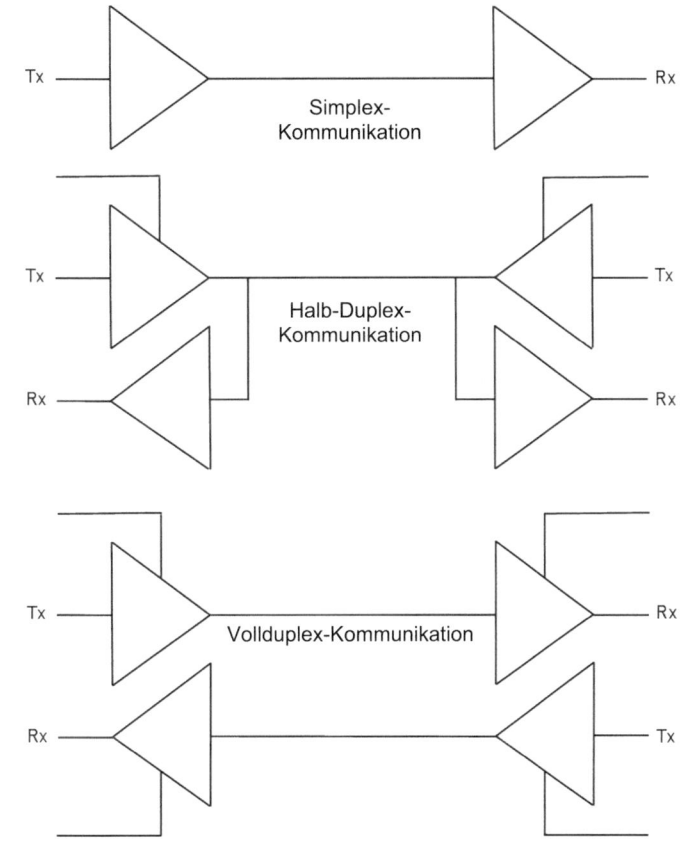

Abb. 9.10 Simplex, Halb- und Vollduplex

9.3.6 RS232-, RS422- und RS485-Protokolle

Die seriellen Kommunikationsprotokolle, die historisch gesehen am häufigsten für Anwendungen mit UART verwendet wurden, waren RS232, RS422[54] und RS485.[55] Das RS232-Protokoll ist eine Punkt-zu-Punkt bidirektionale Kommunikationsverbindung im Gegensatz zu RS485, einem Einkanalbus. Der RS232-Signalpfad verwendet eine

---

[54] RS422 ist ein Kommunikationsprotokoll, das auf differentieller Datenübertragung basiert und ursprünglich dazu gedacht war, höhere Datenraten als RS232 und über längere Entfernungen zu unterstützen. Dieses Protokoll ist jedoch kein echtes Multidrop-Protokoll, da es nur einen Treiber und maximal zehn Empfänger unterstützt. Es gibt eine Implementierung von vier Leitungen im RS422, die mehrere Treiber unterstützt, typischerweise jedoch im Half-Duplex-Modus.

[55] RS485 ist ein echtes *Multidrop-System*, da es mehrere Treiber und Empfänger unterstützt.

einzelne Leitung und symmetrische Spannungen um einen gemeinsamen Massepunkt. Das RS485-Protokoll ist eine EIA[56]-Standard-Schnittstelle, die einen ausbalancierten Übertragungspfad[57] verwendet und mit mehreren Knoten kommunizieren kann. Es ist besonders nützlich, wenn die Kommunikation über relativ lange Entfernungen stattfinden soll und kann bei Entfernungen von bis zu 1200 m und Raten von bis zu 100 kbit/s eingesetzt werden.

Die RS232- und RS485-Protokolle sind ähnlich, es gibt jedoch einige signifikante Unterschiede, wie in Tab. 9.5 gezeigt.

9.4 Serielle Peripherieschnittstelle (SPI)

Der serielle Peripherieschnittstellen (SPI)-Bus wurde von Motorola für die Kommunikation mit relativ langsamen Peripheriegeräten auf intermittierender Basis entwickelt, z. B. für die Datenübertragung von einem Analog-digital-Wandler zu einem Mikrocontroller. Obwohl die SPI in vielerlei Hinsicht mit I2C vergleichbar ist, ist die SPI in der Lage, höhere Datenraten zu erreichen und im Vollduplexmodus zu arbeiten.

Die Merkmale der SPI von PSoC 3/5 umfassen:

- 3- bis 16-bit-Datenbreite,
- vier SPI-Betriebsmodi,
- Bitraten bis zu 9 Mbps.[58]

9.4.1 SPI-Gerätekonfigurationen

PSoC Creator unterstützt eine Reihe von Konfigurationen von *SPI Master* und *Slave*, wie in Abb. 9.11 gezeigt.

---

[56] Electronic Industries Alliance.

[57] Der „ausbalancierte" Pfad bietet Störfestigkeit, wodurch es dem Empfänger möglich ist, gemeinsame Modussignale und Verschiebungen im Erdungspfad abzulehnen.

[58] Dieser Wert gilt nur für den MOSI+MISO (Vollduplex)-Schnittstellenmodus und ist im bidirektionalen Modus aufgrund interner bidirektionaler Pinbeschränkungen auf bis zu 1 Mbps begrenzt.

Tab. 9.5 Vergleich der RS232- und RS485-Protokolle

Protokoll	RS232	RS485
Max. Treiber/Empfänger	1/1	32/32
Lastimpedanz	3k-7k	54
Modus	Single-ended	Differentiell
Maximale Datenrate	115,200 kbaud	100 -3500 kbaud
Maximale Kabellänge	15 m	1200 m
Maximale Anstiegsgeschwindigkeit	5 v 30 V/sec	K.A.
Max. Treiberstrom	+/- 6 mA @	+/-100 A
Ausgangssignalpegel	+/- 5 bis +/-15 V	+/-1.5 v
Unterstützte Duplex-Modi	Ganz und halb	Ganz und halb
Kommunikationstyp	Peer	Multi-Point
Sync/Async	Asynchron	Asynchron

9.4.2 SPI Master

Die Komponente *SPI Master* bietet eine branchenübliche Master-SPI-Schnittstelle mit vier Leitungen. Sie kann auch eine (bidirektionale) SPI-Schnittstelle mit drei Leitungen bereitstellen. Beide Schnittstellen unterstützen alle vier SPI-Betriebsmodi, was die Kommunikation mit jedem *SPI Slave*-Bauteil ermöglicht. Neben der Standardwortlänge von 8 bit unterstützt der *SPI Master* eine konfigurierbare Wortlänge von 3 bis 16 bit für die Kommunikation mit nicht standardmäßigen SPI-Wortlängen. SPI-Signale umfassen den Standard *Serial Clock* (SCLK), *Master In Slave Out* (MISO), *Master Out Slave In* (MOSI), bidirektionale *Serial Data* (SDAT) und *Slave Select* (SS). Die Komponente *SPI Master* kann verwendet werden, wenn das PSoC-Bauteil mit einem oder mehreren *SPI Slave*-Bauteilen kommunizieren muss. Neben *SPI Slave*-beschrifteten Geräten [19] kann der *SPI Master* mit vielen Geräten verwendet werden, die eine Serienschnittstelle vom Typ Schieberegister implementieren. Die Komponente *SPI Slave* sollte in Fällen ver-

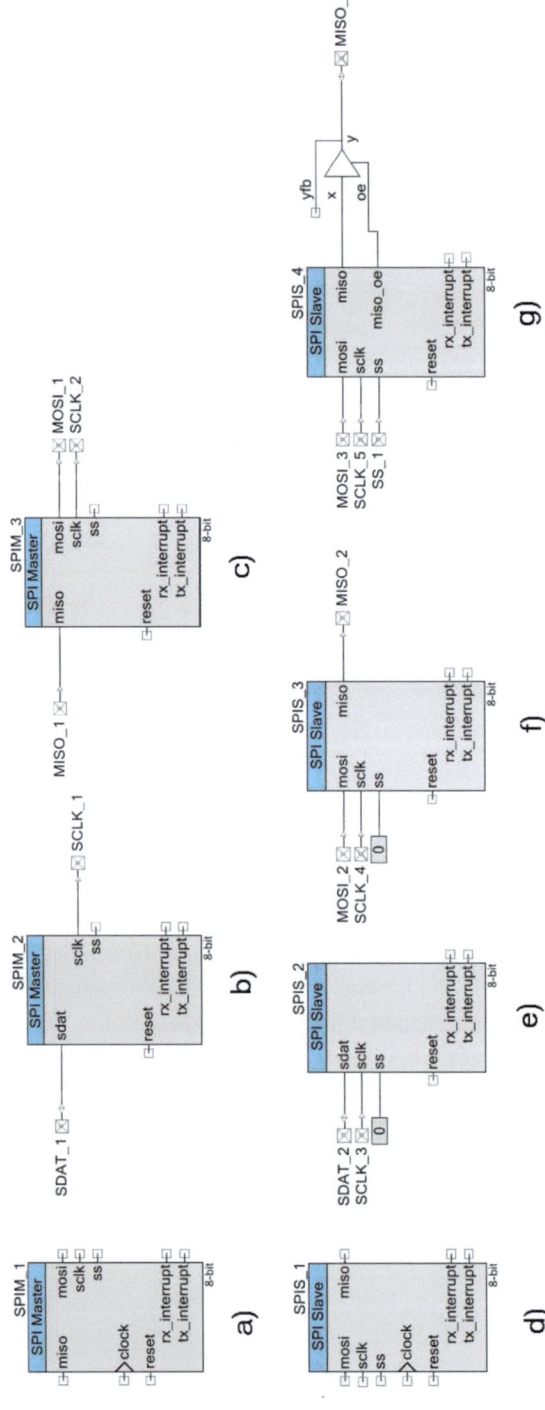

Abb. 9.11 Schaltplanmakros von *SPI Master* und *Slave*, die von PSoC Creator unterstützt werden

9.4 Serielle Peripherieschnittstelle (SPI)

wendet werden, in denen das PSoC-Gerät mit einem *SPI Master*-Bauteil kommunizieren muss [18]. Die Komponente *Shift Register* kann in Situationen verwendet werden, für die ihre niedrige Flexibilität Hardwarefähigkeiten bietet, die in der Komponente *SPI Master* nicht verfügbar sind.

9.4.3 SPI I/O

Die Komponente *SPI Master* von PSoC Creator kann wie folgt konfiguriert werden:

- *void SPIM_Start(void)* ruft sowohl *SPIM_Init()* als auch *SPIM_Enable()* auf.[59]
- *void SPIM_Stop(void)* deaktiviert den Betrieb des *SPI Master* durch Deaktivierung des internen Taktgebers und des internen Interrupts, wenn der *SPI Master* so konfiguriert ist.
- *void SPIM_Start(void)* ruft sowohl *SPIM_Init()* als auch *SPIM_Enable()* auf und sollte das erste Mal aufgerufen werden, wenn die Komponente gestartet wird.
- *void SPIM_Stop(void)* deaktiviert den Betrieb des *SPI Master* durch Deaktivierung des internen Taktgebers und des internen Interrupts.
- *void SPIM_EnableTxInt(void)* aktiviert den internen Tx-Interrupt-IRQ.
- *void SPIM_EnableRxInt(void)* aktiviert den internen Rx-Interrupt-IRQ.
- *void SPIM_DisableTxInt(void)* deaktiviert den internen Tx-Interrupt-IRQ.
- *void SPIM_DisableRxInt(void)* deaktiviert den internen Rx-Interrupt-IRQ.
- *void SPIM_SetTxInterruptMode(uint8 intSrc)* konfiguriert, welche Statusbits ein Interrupt-Ereignis auslösen.
- *void SPIM_SetRxInterruptMode(uint8 intSrc)* konfiguriert, welche Statusbits ein Interrupt-Ereignis auslösen.
- *uint8 SPIM_ReadTxStatus(void)* gibt den aktuellen Zustand des Tx-Statusregisters zurück.
- *uint8 SPIM_ReadRxStatus(void)* gibt den aktuellen Zustand des Rx-Statusregisters zurück.
- *void SPIM_WriteTxData(uint8/uint16 txData)* platziert ein Byte/Wort im Sendebuffer, das zur nächsten verfügbaren SPI-Buszeit gesendet wird. Daten können im Speicherbuffer platziert werden und werden nicht übertragen, bis alle anderen vorherigen Daten übertragen wurden. Diese Funktion ist blockiert, bis im Ausgangsspeicherbuffer Platz ist. Sie löscht auch das Tx-Statusregister der Komponente.

---

[59] Dies sollte das erste Mal aufgerufen werden, wenn die Komponente gestartet wird.

- *uint8/uint16 SPIM_ReadRxData(void)*[60] gibt das nächste Byte/Wort der empfangenen Daten zurück, das im Empfangsbuffer verfügbar ist. Diese Funktion gibt ungültige Daten zurück, wenn der FIFO leer ist. Rufen Sie *SPIM_GetRxBufferSize()* auf, und wenn die Funktion einen von 0 verschiedenen Wert zurückgibt, dann ist es sicher, die Funktion *SPIM_ReadRxData()* aufzurufen.
- *uint8 SPIM_GetRxBufferSize(void)* gibt die Anzahl der Bytes/Wörter der derzeit im Rx-Buffer gehaltenen empfangenen Daten zurück.
  - Wenn der Rx-Softwarebuffer deaktiviert ist, gibt diese Funktion 0 = FIFO leer oder 1 = FIFO nicht leer zurück.
  - Wenn der Rx-Softwarebuffer aktiviert ist, gibt diese Funktion die Größe der Daten im Rx-Softwarebuffer zurück. FIFO-Daten sind in dieser Zählung nicht enthalten
  - *uint8 SPIM_GetTxBufferSize(void)* gibt die Anzahl der Bytes/Wörter der derzeit im Tx-Buffer bereitstehenden Daten zur Übertragung zurück.
  - Wenn der Tx-Softwarebuffer deaktiviert ist, gibt diese Funktion 0 = FIFO leer, 1 = FIFO nicht voll oder 4 = FIFO voll zurück.
  - Wenn der Tx-Softwarebuffer aktiviert ist, gibt diese Funktion die Größe der Daten im Tx-Softwarebuffer zurück.[61]
- *void SPIM_ClearRxBuffer(void)* löscht das Rx-Bufferspeicher-Array und Rx-Hardware-FIFO aller empfangenen Daten. Es löscht den Rx-RAM-Buffer, indem es sowohl die Lese- als auch die Schreibzeiger auf 0 setzt. Das Setzen der Zeiger auf 0 zeigt an, dass keine Daten zum Lesen vorhanden sind. Daher wird das Schreiben bei Adresse 0 fortgesetzt und überschreibt alle Daten, die möglicherweise noch im RAM vorhanden waren.
- *void SPIM_ClearTxBuffer(void)* löscht das Tx-Bufferspeicherarray von Daten, die auf die Übertragung warten. Es löscht den Tx-RAM-Buffer, indem es sowohl die Lese- als auch die Schreibzeiger auf 0 setzt. Das Setzen der Zeiger auf 0 zeigt an, dass keine Daten zum Senden vorhanden sind. Daher wird das Schreiben bei Adresse 0 fortgesetzt und überschreibt alle Daten, die möglicherweise noch im RAM vorhanden waren.
- *void SPIM_TxEnable(void)* stellt den bidirektionalen Pin auf Senden ein, wenn der *SPI Master* so konfiguriert ist, dass er einen einzelnen bidirektionalen Pin verwendet.
- *void SPIM_TxDisable(void)* stellt den bidirektionalen Pin auf Empfangen ein, wenn der *SPI Master* so konfiguriert ist, dass er einen einzelnen bidirektionalen Pin verwendet.
- *void SPIM_PutArray(uint8/uint16 * buffer, uint8/uint16 byteCount)* platziert ein Array von Daten in den Sendebuffer.
- *void SPIM_ClearFIFO(void)* löscht alle empfangenen Daten aus den Tx- und Rx-FIFO.

---

[60] Diese Funktion gibt ungültige Daten zurück, wenn der FIFO leer ist.

[61] Die FIFO-Daten sind in dieser Zählung nicht enthalten.

- *void SPIM_Sleep(void)* bereitet den *SPI Master* für den Niedrigleistungsmodus vor, indem die Funktionen *SPIM_SaveConfig()* und *SPIM_Stop()* aufgerufen werden.
- *void SPIM_Wakeup(void)* bereitet den *SPI Master* darauf vor, aus einem Niedrigleistungsmodus aufzuwachen und ruft die Funktion *SPIM_RestoreConfig() und SPIM_Enable()* auf. Löscht außerdem alle Daten aus dem Rx-Buffer, Tx-Buffer und den Hardware-FIFO.
- *void SPIM_Init(void)* initialisiert oder stellt die Komponente gemäß den Einstellungen des *Configure*-Dialogs wieder her. Es ist nicht notwendig, *SPIM_Init()* aufzurufen, da die Routine *SPIM_Start()* diese Funktion aufruft und dies die bevorzugte Methode ist, um den Betrieb der Komponente zu starten.
- *void SPIM_Enable(void)* aktiviert den *SPI Master* für den Betrieb. Startet den internen Taktgeber, wenn der *SPI Master* so konfiguriert ist. Wenn er für einen externen Taktgeber konfiguriert ist, muss dieser separat gestartet werden, bevor diese Funktion aufgerufen wird. Die Funktion *SPIM_Enable()* sollte aufgerufen werden, bevor *SPI Master*-Interrupts aktiviert werden. Dies liegt daran, dass diese Funktion die Interrupt-Quellen konfiguriert und alle anstehenden Interrupts aus der Gerätekonfiguration löscht und dann die internen Interrupts aktiviert, falls vorhanden. Eine Funktion *SPIM_Init()* muss zuvor aufgerufen worden sein.
- *void SPIM_SaveConfig(void)* speichert die Hardwarekonfiguration des *SPI Masters* vor dem Eintritt in einen Niedrigleistungsmodus.
- *void SPIM_RestoreConfig(void)* stellt die durch die Funktion *SPIM_SaveConfig()* gespeicherte Hardwarekonfiguration des *SPI Master* nach dem Aufwachen aus einem Niedrigleistungsmodus wieder her.

9.4.4 Tx-Statusregister

Das Tx-Statusregister ist ein schreibgeschütztes Register, das die verschiedenen Übertragungsstatusbits enthält, die für eine gegebene Instanz der Komponente *SPI Master* definiert sind. Angenommen, eine Instanz des *SPI Master* heißt *SPIM,* kann der Wert dieses Registers mit der Funktion *SPIM_ReadTxStatus()* abgerufen werden. Das Interrupt-Ausgangssignal wird durch eine OR-Verknüpfung der maskierten Bitfelder innerhalb des Tx-Statusregisters erzeugt. Die Maske kann mit der Funktion *SPIM_SetTxInterruptMode()* gesetzt werden. Nach Erhalt eines Interrupts kann die Interrupt-Quelle durch Lesen des Tx-Statusregisters mit der Funktion *SPIM_ReadTxStatus()* abgerufen werden. Sticky-Bits im Tx-Statusregister werden beim Lesen gelöscht, so dass die Interrupt-Quelle gehalten wird, bis die Funktion *SPIM_ReadTxStatus()* aufgerufen wird.

Alle Operationen am Tx-Statusregister müssen die folgenden Definitionen für die Bitfelder verwenden, da diese Bitfelder zur Laufzeit im Tx-Statusregister verschoben werden können. Sticky-Bits werden verwendet, um einen Interrupt oder eine DMA-Transaktion zu erzeugen und müssen mit einem CPU- oder DMA-Lesevorgang gelöscht werden, um eine kontinuierliche Erzeugung des Interrupts oder des DMA zu vermeiden. Es sind mehrere Bitfelder für die Tx-Statusregister definiert. Jede Kombination dieser Bitfelder kann als Interrupt-Quelle enthalten sein. Die Bitfelder, die in der folgenden Liste mit einem Sternchen (*) gekennzeichnet sind, sind als Sticky-Bits im Tx-Statusregister konfiguriert. Alle anderen Bits sind als Echtzeitstatusanzeigen konfiguriert. Sticky-Bits speichern einen momentanen Zustand, damit sie zu einem späteren Zeitpunkt gelesen und beim Lesen gelöscht werden können.

Die folgenden Befehle #define sind in der generierten Header-Datei (z. B. SPIM.h) verfügbar:

- *SPIM_STS_SPI_DONE* * wird high gesetzt, wenn die datenzwischenspeichernde Flanke von SCLK (Flanke ist modusabhängig) ausgegeben wird. Dies geschieht, nachdem das letzte Bit der konfigurierten Anzahl von Bits in einem einzelnen SPI-Wort auf die MOSI-Leitung ausgegeben wurde und der Übertragungs-FIFO leer ist. Wird gelöscht, wenn der *SPI Master* Daten überträgt oder der Übertragungs-FIFO anstehende Daten hat. Teilt Ihnen mit, wann der *SPI Master* eine Multiworttransaktion abgeschlossen hat.
- *SPIM_STS_TX_FIFO_EMPTY* liest high, während der Übertragungs-FIFO keine Daten zur Übertragung enthält und liest low, wenn Daten auf die Übertragung warten.
- *SPIM_STS_TX_FIFO_NOT_FULL* liest high, während der Übertragungs-FIFO nicht voll ist und Platz hat, um mehr Daten zu schreiben. Es liest low, wenn der FIFO voll mit Daten ist, die zur Übertragung anstehen, und kein Platz für weitere Schreibvorgänge vorhanden ist. Teilt Ihnen mit, wann es sicher ist, mehr Daten in den Übertragungs-FIFO zu schreiben.
- SPIM_STS_BYTE_COMPLETE * wird high gesetzt, wenn das letzte Bit der konfigurierten Anzahl von Bits in einem einzelnen SPI-Wort auf die MOSI-Leitung ausgegeben wird. Cleared*, wenn die datenzwischenspeichernde Flanke von SCLK (Flanke ist modusabhängig) ausgegeben wird.
- SPIM_STS_SPI_IDLE * wird so lange high gesetzt, wie die Zustandsmaschine der Komponente im SPI-IDLE-Zustand ist (die Komponente wartet auf Tx-Daten und überträgt keine Daten).

9.4.5 Rx-Statusregister

Das Rx-Statusregister ist ein schreibgeschütztes Register, das die verschiedenen Empfangsstatusbits enthält, die für den *SPI Master* definiert sind. Der Wert dieses Registers kann mit der Funktion *SPIM_ReadRxStatus()* abgerufen werden. Ein Interrupt-Ausgangssignal wird durch das OR-Verknüpfen der maskierten Bitfelder innerhalb des Rx-Statusregisters erzeugt. Die Maske kann mit der Funktion *SPIM_SetRxInterruptMode()* gesetzt werden. Nach dem Empfang eines Interrupts kann die Interrupt-Quelle durch Lesen des Rx-Statusregisters mit der Funktion *SPIM_ReadRxStatus()* abgerufen werden. Sticky-Bits im Rx-Statusregister werden beim Lesen gelöscht, so dass die Inter-

9.4 Serielle Peripherieschnittstelle (SPI)

rupt-Quelle gehalten wird, bis die Funktion *SPIM_ReadRxStatus()* aufgerufen wird. Alle Operationen am Rx-Statusregister müssen die folgenden Definitionen für die Bitfelder verwenden, da diese Bitfelder zur Laufzeit innerhalb des Rx-Statusregisters verschoben werden können. Sticky-Bits, die zur Erzeugung eines Interrupts oder einer DMA-Transaktion verwendet werden, müssen mit einem CPU- oder DMA-Lesezugriff gelöscht werden, um die kontinuierliche Erzeugung des Interrupts oder der DMA zu vermeiden. Für das Rx-Statusregister sind mehrere Bitfelder definiert. Jede Kombination dieser Bitfelder kann als Interrupt-Quelle enthalten sein. Die Bitfelder, die in der folgenden Liste mit einem Sternchen (*) gekennzeichnet sind, sind als Sticky-Bits im Rx-Statusregister konfiguriert. Alle anderen Bits sind als Echtzeitstatusanzeigen konfiguriert. Sticky-Bits speichern einen momentanen Zustand, so dass sie zu einem späteren Zeitpunkt gelesen und beim Lesen gelöscht werden können. Die folgenden Befehle #define sind in der generierten Header-Datei (z. B. SPIM.h) verfügbar:

- *SPIM_STS_SPI_DONE* * wird gesetzt, sobald die datenzwischenspeichernde Flanke von SCLK (Kante ist modusabhängig) ausgegeben wird. Dies geschieht, nachdem das letzte Bit der konfigurierten Anzahl von Bits in einem einzelnen SPI-Wort auf die MOSI-Leitung ausgegeben wurde und der Übertragungs-FIFO leer ist. Wird gelöscht, wenn der *SPI Master* Daten überträgt oder der Übertragungs-FIFO noch ausstehende Daten hat. Zeigt an, wann der *SPI Master* mit einer Multiworttransaktion fertig ist.
- *SPIM_STS_TX_FIFO_EMPTY* liest high, während der Übertragungs-FIFO keine Daten zur Übertragung enthält. Liest low, wenn Daten auf die Übertragung warten.
- *SPIM_STS_TX_FIFO_NOT_FULL* liest high, während der Übertragungs-FIFO nicht voll ist und Platz hat, um mehr Daten zu schreiben. Es liest low, wenn der FIFO voll mit Daten ist, die zur Übertragung anstehen, und kein Platz für weitere Schreibvorgänge vorhanden ist. Zeigt an, wann es sicher ist, mehr Daten an den Übertragungs-FIFO zu senden.
- *SPIM_STS_BYTE_COMPLETE* * wird gesetzt, sobald das letzte Bit der konfigurierten Anzahl von Bits in einem einzelnen SPI-Wort auf die MOSI-Leitung ausgegeben wird. Cleared*, sobald die datenzwischenspeichernde Flanke von SCLK (Kante ist modusabhängig) ausgegeben wird.
- *SPIM_STS_SPI_IDLE* * dieses Bit wird gesetzt, solange die Zustandsmaschine der Komponente im SPI-IDLE-Zustand ist (Komponente wartet auf Tx-Daten und überträgt keine Daten).

9.4.6 Tx-Datenregister

Das Tx-Datenregister enthält den zu sendenden Übertragungsdatenwert und ist als FIFO im *SPI Master* implementiert. Es gibt eine optionale höhere Softwarezustandsmaschine, die die Datensteuerung aus dem Übertragungsspeicherbuffer handhabt. Sie behandelt große Datenmengen, die die Kapazität des FIFO überschreiten. Alle APIs, die die Übertragung von Daten beinhalten, müssen über dieses Register gehen, um die Daten auf den Bus zu legen. Wenn in diesem Register Daten vorhanden sind und die Steuerungszustandsmaschine anzeigt, dass Daten gesendet werden können, dann werden die Daten auf dem Bus übertragen. Sobald dieses Register (FIFO) leer ist, werden keine weiteren Daten auf dem Bus übertragen, bis sie dem FIFO hinzugefügt werden. Der DMA kann so eingerichtet werden, dass dieses FIFO gefüllt wird, wenn es leer ist, indem die im Header-File definierte Adresse *TXDATA_REG* verwendet wird.

9.4.7 Rx-Datenregister

Das Rx-Datenregister enthält die empfangenen Daten und ist als FIFO im *SPI Master* implementiert. Es gibt eine optionale höhere Softwarezustandsmaschine, die die Datenbewegung aus diesem Empfangs-FIFO in den Speicherbuffer steuert. Typischerweise zeigt der Rx-Interrupt an, dass Daten empfangen wurden. Zu diesem Zeitpunkt haben diese Daten mehrere Wege zur Firmware. Der DMA kann von diesem Register zum Speicher-Array eingerichtet werden oder die Firmware kann einfach die Funktion *SPIM_ReadRxData()* aufrufen. DMA muss die im Header-File definierte Adresse *RXDATA_REG* verwenden.

9.4.8 Bedingte Kompilierungsinformationen

Der *SPI Master* benötigt nur eine bedingte Kompilierungsdefinition, um die 8- oder 16-bit-Datenpfadkonfiguration zu handhaben, die notwendig ist, um die konfigurierte *NumberOfDataBits* zu implementieren. Das API muss bedingt für die definierte Datenbreite kompilieren. APIs sollten diese Parameter nie direkt verwenden, sondern die folgende Definition verwenden:

- *SPIM_DATAWIDTH* definiert, wie viele Datenbits eine einzelne Byteübertragung ausmachen. Der gültige Bereich liegt zwischen 3–16 bit.

9.5 SPI Slave

Der *SPI Slave* von PSoC Creator bietet eine branchenübliche Slave-SPI-Schnittstelle mit vier Leitungen, die in der Lage ist, eine bidirektionale SPI-Schnittstelle mit drei Leitungen bereitzustellen. Beide Schnittstellen unterstützen alle vier SPI-Betriebsmodi, was die Kommunikation mit jedem *SPI Master*-Bauteil ermöglicht. Zusätzlich zur standardmäßigen 8-bit-Wortlänge unterstützt der *SPI Slave* eine konfigurierbare 3- bis 16-bit-Wortlänge für die Kommunikation mit nicht standardmäßigen SPI-Wortlängen. SPI-Signale umfassen den standardmäßigen *Serial Clock* (SCLK), *Master In Slave Out* (MISO),

9.5 SPI Slave

Master Out Slave In (MOSI), *bidirektionale Serial Data* (SDAT) und *Slave Select* (SS). Die *SPI Slave*-Komponente kann immer dann verwendet werden, wenn ein PSoC-Gerät mit einem *SPI Master*-Bauteil kommunizieren soll. Neben der Verwendung mit *SPI Master*-Bauteilen kann der *SPI Slave* auch mit Geräten verwendet werden, die eine Schieberegisterschnittstelle implementieren. Die Komponente *SPI Master* kann in Anwendungen eingesetzt werden, die erfordern, dass ein PSoC-Gerät mit einem *SPI Slave*-Bauteil kommuniziert.

Standardmäßig enthält der *Component Catalog* in PSoC Creator Implementierungen unter *Schematic Macro* für die Komponente *SPI Slave*. Diese Makros enthalten bereits verbundene und eingestellte Eingangs- und Ausgangspins und die Taktquelle. *Schematic Macros* sind verfügbar für drei Leitungen (bidirektional), vier Leitungen (Vollduplex) und Vollduplex-Multi-Slave-SPI-Interfacing, wie in Abb. 9.11e–g dargestellt.

9.5.1 Slave-I/O-Verbindungen

Die von PSoC Creator unterstützten Slave-I/O-Verbindungen sind wie folgt:[62]

- *mosi Input** – das *Master Output Slave Input* (MOSI)-Signal von einem Master-Bauteil wird auf den *mosi Eingang* angewendet. Dieser Eingang ist sichtbar, wenn der *Data Lines*-Parameter auf *MOSI + MISO* gesetzt ist. Wenn er sichtbar ist, muss dieser Eingang verbunden sein.
- *sdat Inout** – das *Serial Data* (SDAT)-Signal wird auf den *sdat Inout*-Eingang angewendet, der verwendet wird, wenn der *Data Lines*-Parameter auf bidirektional gesetzt ist. Sowohl für PSoC 3- als auch für PSoC 5LP-Silizium wird die Warnung *Asynchronous Clock Crossing* zwischen dem Komponententaktgeber und dem SCLK-Signal gemeldet, wenn eine Timinganalyse durchgeführt wird. Im Folgenden finden Sie ein Beispiel für eine solche Nachricht: Pfade existieren zwischen den Taktgebern *IntClock* und *SCLK(0)_PAD*, aber die Takte sind nicht synchron zueinander. Diese Nachricht bezieht sich auf einen Pfad vom Register, das die Richtung und die Abtastung der Daten durch SCLK steuert. SCLK sollte nicht laufen, wenn die Richtung geändert wird. Solange diese Regel eingehalten wird, gibt es kein Problem und die Warnmeldung kann ignoriert werden.

---

[62] Ein Sternchen (*) in der Liste der I/O zeigt an, dass das I/O für das Komponentensymbol unter den in der Beschreibung dieses I/O aufgeführten Bedingungen verborgen sein kann.

- *sclk Input* – das *Serial Clock* (SCLK)-Signal wird auf den SCLK-Eingang angewendet, der die Eingabe für den Slave-Synchronisationstakt zum Gerät liefert. Dieser Eingang ist immer sichtbar und muss verbunden sein.[63]
- *ss Input* – das *Slave Select* (SS)-Signal zum Gerät wird auf den *ss Input* angewendet. Dieser Eingang ist immer sichtbar und muss verbunden sein. Die folgenden Diagramme zeigen die Timingkorrelation zwischen SCLK- und SS-Signalen. Im Allgemeinen reicht eine Verzögerung von 0,5 der SCLK-Periode zwischen der negativen Flanke von SS und der ersten SCLK-Flanke aus, damit der *SPI Slave* in allen unterstützten Bitratenbereichen korrekt arbeitet.
- *Reset Input* – setzt den *SPI Slave* zurück und löscht alle Daten, die gerade übertragen oder empfangen wurden. Es löscht jedoch keine Daten aus dem FIFO, die bereits empfangen wurden oder zur Übertragung bereit sind. PSoC 3/5 ES2-Silizium unterstützt diese Resetfunktionalität nicht, daher wird dieser Eingang bei Verwendung mit diesen Geräten ignoriert. Die Verwendung des Reseteingangs führt zu einer Warnung über eine asynchrone Taktübergabe zwischen dem Taktgeber, der den *Reset Input* erzeugt, und dem SCLK-Signal, wenn eine Timinganalyse durchgeführt wird. Im Folgenden finden Sie ein Beispiel für eine solche Nachricht: Pfade existieren zwischen den Taktgebern *BUS_CLK* und *SCLK(0)_PAD*, aber die Takte sind nicht synchron zueinander. Diese Nachricht bezieht sich auf einen Pfad vom Resetsignal zum Betrieb der von der SCLK getakteten SPI-Komponente. SCLK sollte nicht laufen, wenn das Resetsignal geändert wird. Solange diese Regel eingehalten wird, gibt es kein Problem und Sie können diese Nachricht ignorieren. Der Reseteingang kann ohne externe Verbindung schwebend gelassen werden. Wenn nichts an die Resetleitung angeschlossen ist, weist die Komponente ihr eine konstante Logik 0 zu.
- *clock Input** – definiert die Abtastrate des Statusregisters. Alle Datentaktungen erfolgen am *SCLK*-Eingang, so dass der Tagtgebereingang die Bitrate des *SPI Slave* nicht handhabt. Der Taktgebereingang ist sichtbar, wenn der Taktgeberauswahlparameter auf extern gesetzt ist. Wenn er sichtbar ist, muss dieser Eingang verbunden sein.
- *miso Output** – überträgt das *Master In Slave Out* (MISO)-Signal an das Master-Bauteil auf dem Bus. Dieser Ausgang ist sichtbar, wenn der *Data Lines*-Parameter auf *MOSI + MISO* gesetzt ist.
- *interrupt Output* – ist das logische OR der Gruppe von möglichen Interrupt-Quellen. Dieses Signal wird high, während eine der aktivierten Interrupt-Quellen true ist.

Der *Component Catalog* in PSoC Creator enthält Implementierungen unter *Schematic Macro* für die *SPI Slave*-Komponente, die verbundene und angepasste Eingangspins,

---

[63] Einige *SPI Master*-Bauteile, z. B. der TotalPhase Aardvark I2C/SPI-Hostadapter, steuern den *sclk*-Ausgang auf eine bestimmte Weise. Damit die Komponente *SPI Slave* in den Modi 1 und 3 korrekt funktioniert, wenn (CPOL = 1), sollte der sclk-Pin auf *resistiven Pull-up-Antriebsmodus* gesetzt werden. Andernfalls werden korrupte Daten ausgegeben.

Ausgangspins und eine Taktquelle haben. Wie in Abb. 9.11d–g gezeigt, sind *Schematic Macros* für vier Leitungen (Vollduplex), drei Leitungen (bidirektional) und Vollduplex-Multi-Slave-SPI-Schnittstellen verfügbar.[64]

9.6 Grundlagen des Universal Serial Bus (USB)

Der Universal Serial Bus (USB) [12] ist ein Industriestandard,[65] ein serielles Kommunikationsprotokoll, das ursprünglich für die Kommunikation zwischen Computern und Peripheriegeräten wie Mäusen, Tastaturen, Modems, externen Festplatten usw. als Alternative zu größeren und langsameren Verbindungen, die serielle und parallele Ports verwenden, entworfen wurde [10]. Neben schnelleren Übertragungsraten war das Ziel, die verschiedenen Steckverbindungen, die von den verschiedenen Protokollen verwendet werden, zu eliminieren und auf eine einzige, physische Konfiguration, ein Verbindungsgerät zu standardisieren. Ursprünglich unterstützte Version 1.0 zwei Konfigurationen, die als Low-Speed (LS)-Konfiguration und Full-Speed (FS)-Konfiguration mit 1,5 und 12 Mbits/s bezeichnet wurden. Die LS-Konfiguration ist, obwohl sie deutlich langsamer als ihr FS-Pendant ist, viel weniger anfällig für elektromagnetische Störungen. Version 2.0 führte eine High-Speed (HS)-Konfiguration als Teil der Spezifikation ein, die Übertragungsraten von 480 Mbits/s unterstützte.

Eine typische USB-Anwendung umfasst einen PC, der als Host dient, und mehrere Peripheriegeräte, die als Teil einer gestuften, sternförmigen Topologie verwendet werden, die Hubs enthalten kann, die mehrere Anschlusspunkte bieten. Der Host verwendet mindestens einen Hostcontroller und einen Root-Hub. Jeder Hostcontroller kann bis zu 127 Verbindungen unterstützen, wenn er mit externen USB-Hubs verwendet wird. Der interne Root-Hub ist mit dem/den Hostcontroller(n) verbunden und bietet die erste Schnittstellenschicht zum USB. Die meisten PCs sind mit mehreren USB-Ports ausgestattet, die Teil des Root-Hubs im PC sind.

Der Hostcontroller besteht aus einem Hardwarechipset und einer Softwaretreiberschicht, die

- die Anbringung/Entfernung von USB-Geräten erkennt,
- den Datenfluss zwischen dem Host und solchen Geräten verwaltet,
- Strom an die USB-angeschlossenen Geräte liefert und

---

[64] Wenn *Schematic Macro* nicht verwendet wird, sollte die Komponente *Pins* so konfiguriert werden, dass der Parameter *Input Synchronized* für jeden der zugewiesenen Eingangspins, d. h. MOSI, SCLK und SS, abgewählt wird. Dieser Parameter befindet sich unter dem Register Pins > Input entsprechenden *Pins Config*-Dialogs.

[65] Compaq, DEC, IBM, Intel, Motorola NEC und Nortel haben an der Entwicklung der Spezifikation für den Universal Serial Bus zusammengearbeitet.

Abb. 9.12 USB-Pipe-Modell

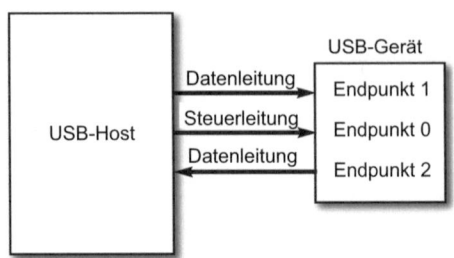

- die USB-Bus-Aktivität überwacht.

Jedem USB-Gerät wird vom Host eine Adresse zugewiesen, ein Verbindungsweg, der als *Pipe* bezeichnet wird, und der den Host und einen adressierbaren Buffer, der als *Endpunkt* bekannt ist, verbindet. Der Endpunkt dient als adressierbarer Buffer, der Daten hält, die an den Host übertragen werden sollen oder die vom Host empfangen wurden. Ein USB-Gerät kann mehrere Endpunkte haben, von denen jeder eine zugeordnete Pipe hat, wie in Abb. 9.12 dargestellt.

Die USB-Spezifikation definiert vier Arten von Datenübertragungskategorien:

- *Steuerungstransfers* werden verwendet, um Befehle an ein Gerät zu senden, Anfragen zu stellen und ein Gerät über die Steuerleitung zu konfigurieren. Bulk-Transfers für große Datenübertragungen, die die gesamte verfügbare USB-Bandbreite mit einer Datenleitung nutzen.[66]
- *Interrupt-Transfers* werden für das Senden kleiner Mengen von Datenpaketen verwendet und bieten eine garantierte minimale Latenzzeit.
- *Isochrone Transfers* werden verwendet für Daten, die mit einer garantierten Datenrate übertragen werden müssen, die auf einer festen Busbandbreite, fester Latenz und keiner Fehlerkorrektur basieren.[67]

Jedes Gerät hat eine Steuerleitung, durch die Transfers zum Senden und Empfangen von Nachrichten übertragen werden. Optional kann ein Gerät Datenleitungen für die Übertragung von Daten durch Interrupt-, Bulk- oder isochrone Übertragungen haben, aber die Steuerleitung ist die einzige bidirektionale Leitung im USB-System. Alle Datenleitungen sind unidirektional. Jeder Endpunkt wird mit einer Geräteadresse, die vom Host zugewiesen wird, und einer Endpunktnummer, die vom Gerät zugewiesen wird, zu-

---

[66] Bei Bulk-Transfers kann man sich nicht darauf verlassen, dass sie mit einer bestimmten Geschwindigkeit oder Latenzzeit ablaufen.

[67] Die Fehlerkorrektur kann zu variablen Verzögerungen führen, da die Übertragung verzögert werden muss, während kompromittierte Pakete erneut gesendet werden.

9.6 Grundlagen des Universal Serial Bus (USB)

Abb. 9.13 Ablauf der Enumerationsereignisse

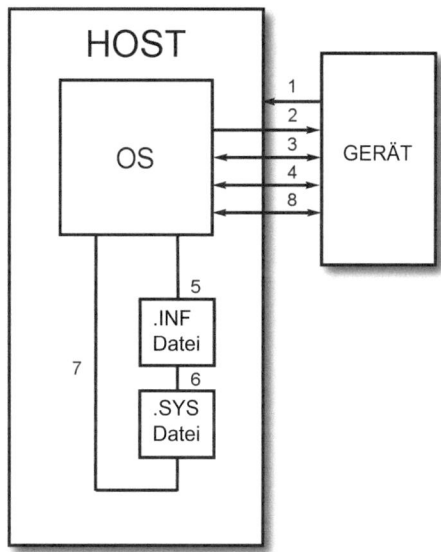

gegriffen. Wenn Informationen gesendet werden, werden die Geräteadresse und die Endpunktnummer mit einem Tokenpaket identifiziert. Der Host initiiert dieses Tokenpaket vor einer Datenübertragung. Wenn ein USB-Gerät zum ersten Mal mit einem Host verbunden wird, wird der USB-Enumerationsprozess eingeleitet.

Zwei Dateien auf der Hostseite sind mit der Aufzählung und dem Laden eines Treibers verbunden:

- .INF ist eine Textdatei, die alle notwendigen Informationen zur Installation eines Geräts enthält, z. B. Treibernamen und -orte, Windows-Registry und Informationen zur Treiberversion.
- .SYS ist der Treiber, der benötigt wird, um effektiv mit dem USB-Gerät zu kommunizieren. *Enumeration* ist der Prozess des Informationsaustauschs zwischen dem Gerät und dem Host, der das Kennenlernen des Geräts beinhaltet. Darüber hinaus beinhaltet die Enumeration die Zuweisung einer Adresse an das Gerät, das Lesen von Bezeichnern,[68] und das Zuweisen und Laden eines Gerätetreibers – ein Prozess, der in Sekunden ablaufen kann. Sobald dieser Prozess abgeschlossen ist, ist das Gerät bereit, Daten an den Host zu übertragen.

Der Ablauf des allgemeinen Aufzählungsprozesses, wie in Abb. 9.13 dargestellt, ist wie folgt:

---

[68] Bezeichner sind Datenstrukturen, die Informationen über das Gerät liefern.

1. Das Gerät wird mit dem Host verbunden.
2. Der Host setzt das Gerät zurück und fordert einen Gerätebezeichner an.
3. Das Gerät reagiert auf die Anforderung und der Host setzt eine neue Adresse.
4. Der Host fordert einen Gerätebezeichner unter Verwendung der neuen Adresse an.
5. Der Host findet und liest die INF-Datei.
6. Die INF-Datei gibt den Gerätetreiber an.
7. Der Treiber wird auf dem Host geladen.
8. Das Gerät ist konfiguriert und einsatzbereit.

Nachdem ein Gerät enumeriert wurde, leitet der Host den gesamten Datenverkehr zu den Geräten auf dem Bus und daher kann kein Gerät Daten übertragen, ohne eine Anforderung vom Hostcontroller erhalten zu haben.

9.6.1 USB-Architektur

Es kann nur ein Host im System existieren und die Kommunikation mit den Geräten erfolgt aus der Perspektive des Hosts. Ein Host ist eine *vorgelagerte Komponente,* während ein Gerät eine *nachgelagerte Komponente* ist. Die Datenübertragung vom Host zum Peripheriegerät wird als OUT-Übertragung bezeichnet. Daten, die vom Peripheriegerät zum Host übertragen werden, werden als *IN-Übertragung* bezeichnet. Der Host, speziell der Hostcontroller, steuert den gesamten Verkehr und gibt Befehle an die Geräte.

Es gibt drei gängige Arten von USB-Hostcontrollern:

- *Universal Host Controller Interface* (UHCI): von Intel für USB 1.0 und USB 1.1 produziert. Die Verwendung von UHCI erfordert eine Lizenz von Intel. Dieser Controller unterstützt sowohl Low-Speed als auch Full-Speed.
- *Open Host Controller Interface* (OHCI): produziert für USB 1.0 und 1.1 von Compaq, Microsoft und National Semiconductor. Unterstützt Low-Speed und Full-Speed und ist in der Regel effizienter als UHCI, da es mehr Funktionalität in der Hardware ausführt.
- *Extended Host Controller Interface (EHCI):* erstellt für USB 2.0, nachdem USB-IF die Erstellung einer einzigen Hostcontrollerspezifikation angefordert hatte. EHCI wird für High-Speed-Übertragungen verwendet und delegiert Low-Speed- und Full-Speed-Übertragungen an einen OHCI- oder UHCI-Schwestercontroller.

Ein oder mehrere Geräte sind an einen Host angeschlossen. Jedes Gerät hat eine eindeutige Adresse und reagiert nur auf Befehle des Hosts. Es wird erwartet, dass jedes Gerät eine gewisse Funktionalität hat und nicht einfach passiv ist. Geräte enthalten einen vorgelagerten Port, der als physischer USB-Anschlusspunkt auf dem

Gerät dient. Ein Hub ist ein spezialisiertes Gerät, das es dem Host ermöglicht, mit mehreren Peripheriegeräten auf dem Bus zu kommunizieren. Im Gegensatz zu USB-Peripheriegeräten, wie einer Maus, die eine tatsächliche Funktionalität hat, ist ein Hubgerät transparent und soll als Durchgang fungieren. Ein Hub fungiert auch als Kanal zwischen dem Host und dem Gerät. Hubs haben zusätzliche Anschlusspunkte, um den Anschluss mehrerer Geräte an einen einzigen Host zu ermöglichen. Ein Hub überträgt den Datenverkehr von und zu nachgelagerten Geräten über einen vorgelagerten und bis zu sieben nachgelagerten Ports. Der Hub hat jedoch keine Hostfähigkeiten.

Wie bereits diskutiert, können bis zu 127 Geräte mit Hilfe von Hubs an den Hostcontroller angeschlossen werden. Diese Begrenzung basiert auf dem USB-Protokoll, das die Geräteadresse auf 7 bit begrenzt. Darüber hinaus können maximal fünf Hubs in Reihe geschaltet werden, eine Begrenzung, die sich aus dem Timing ergibt. Die USB-Schnittstelle kann als in verschiedene Schichten unterteilt betrachtet werden. Die *Busschnittstellenschicht* stellt die physische Verbindung, die elektrische Signalgebung und die Paketverbindung bereit. Dies ist die Schicht, die von der Hardware in einem Gerät verarbeitet wird. Dies wird durch eine physische Schnittstelle außerhalb des Geräts erreicht. Die Geräteschicht wird von der USB-Systemsoftware zur Durchführung von USB-Operationen wie dem Senden und Empfangen von Informationen verwendet. Dies wird mit einer *Serial Interface Engine* erreicht, die ebenfalls intern zum Gerät gehört. Schließlich ist die *Funktionsschicht* der Softwareteil eines USB-Geräts, der die empfangenen Informationen verarbeitet und Daten zur Übertragung an den Host sammelt.

9.6.2 USB-Signalwege

Alle Signale beinhalten einen Rückweg, der oft als *Erdrückleitung* bezeichnet wird.[69] Obwohl man normalerweise davon ausgeht, dass die Erde ein Potenzial von 0 V hat, handelt es sich in Wirklichkeit um einen Bezugspunkt, der aufgrund von elektromagnetischen Störungen, der Impedanz des Rückwegs, d. h. des Erdungspfads, und anderen Phänomenen von 0 V abweichen kann. Bei langen Signalwegen kann ein erheblicher Unterschied zwischen der Masse am Sender (Quelle) und am Empfänger (Senke) bestehen.

Ein USB-Kabel besteht aus mehreren Leitern, die durch eine isolierende Hülle geschützt sind. Innerhalb dieser Hülle befindet sich ein äußerer Schirm aus Kupfergeflecht. Innerhalb dieses Kupferschirms befinden sich mehrere Drähte: ein Kupferbeidraht, ein VBUS-Draht (rot) und ein Erdungsdraht (schwarz). Ein innerer Schirm aus Aluminium enthält ein verdrilltes Paar Datenleitungen, wie in Abb. 9.14 zu sehen ist. Es gibt einen D+-Draht (grün) und einen D−-Draht (weiß). Bei Full-Speed- und High-Speed-Gerä-

---

[69] In einigen Fällen ist der Rückweg einfach eine Masseplatte.

Abb. 9.14 Ein Beispiel für ein verdrilltes Kabel

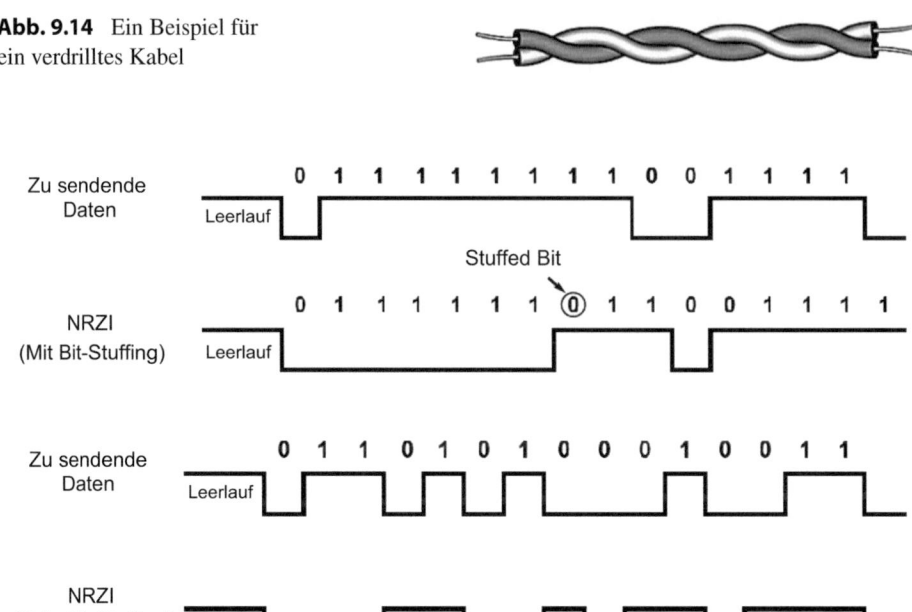

Abb. 9.15 Ein Beispiel für Bitstopfen

ten beträgt die maximale Kabellänge 5 m. Um die Entfernung zwischen dem Host und einem Gerät zu erhöhen, muss eine Reihe von Hubs und 5-m-Kabeln verwendet werden. Obwohl USB-Verlängerungskabel erhältlich sind, ist ihre Verwendung zur Überschreitung von 5 m nicht konform mit dem USB-Protokoll. Low-Speed-Geräte haben leicht abweichende Spezifikationen, z. B. ist ihre Kabellänge auf 3 m begrenzt und Low-Speed-Kabel müssen nicht verdrillt sein, ein Beispiel dafür ist in Abb. 9.14 zu sehen.

Die VBUS-Leitung versorgt alle angeschlossenen Geräte mit einer konstanten Spannung von 4,40 bis 5,25 V. Während der USB bis zu 5,25 V an Geräte liefert, arbeiten die Datenleitungen (D+ und D−) mit 3,3 V. Die USB-Schnittstelle verwendet ein differentielles Übertragungsprotokoll, das mit Bitstopfen über ein verdrilltes Leitungspaar kodiert ist und nicht von 0 auf 0 zurückkehrt („non-return-to-zero inverted", NRZI).

Die *NRZI-Codierung* ist eine Methode zur Abbildung eines binären Übertragungssignals, bei dem eine logische 1 durch *keine Änderung* des Spannungspegels und eine logische 0 durch eine *Änderung* des Spannungspegels dargestellt wird, wie Abb. 9.15 zeigt. Die Daten, die über USB übertragen werden, sind oben in der Abb. 9.15 dargestellt. Die codierten NRZI-Daten sind im unteren Teil der Abb. 9.15 dargestellt. Das Bitstopfen erfolgt durch Einfügen einer logischen 0 in den Datenstrom nach sieben aufeinanderfolgenden logischen Einsen. Der Zweck des Bitstopfens besteht in der Synchronisation der USB-Hardware mittels einer Phasenregelschleife (PLL). Wenn es zu viele logische Einsen in den Daten gibt, dann gibt es möglicherweise nicht genügend Übergänge im

9.6 Grundlagen des Universal Serial Bus (USB)

Abb. 9.16 Eine ideale Konfiguration eines Differenzverstärkers

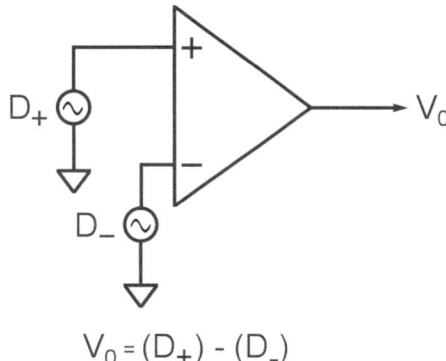

$$V_0 = (D_+) - (D_-)$$

NRZI-codierten Strom zur Unterstützung der Synchronisation. Die USB-Empfängerhardware erkennt dieses zusätzliche Bit automatisch und ignoriert es. Dieses zusätzliche Bitstopfen trägt jedoch zu zusätzlichem USB-Overhead bei. Die Abb. 9.15 zeigt ein Beispiel für NRZI-Daten mit Bitstopfen. Obwohl es acht Einsen im *Daten-zum-Senden*-Strom gibt, wird in den codierten Daten eine logische 0 nach der sechsten logischen 1 eingefügt. Die siebte und achte logische 1 folgen dann nach dem logischen 0-Bit.

Die Hardware in USB-Geräten übernimmt die gesamte Codierung und das Bitstopfen beim Empfang von Daten und vor der Übertragung von Daten. Die Verwendung von differentiellen D+- und D−-Signalen unterdrückt Gleichtaktstörungen. Wenn Störungen in das Kabel eingekoppelt werden, sind sie normalerweise auf allen Leitungen im Kabel vorhanden. Mit der Verwendung eines differentiellen Verstärkers in der USB-Hardware, die intern zum Host und zum Gerät gehört, kann die gemeinsame Gleichtaktstörung abgelehnt werden, wie in den Abb. 9.16 und 9.17 dargestellt.

Es sollte beachtet werden, dass im *Daten-zum-Senden*-Strom, dargestellt in Abb. 9.15, acht Einsen vorhanden sind. In den codierten Daten wird nach der sechsten logischen 1

Abb. 9.17 Ein Beispiel für die Gleichtaktunterdrückung beim USB

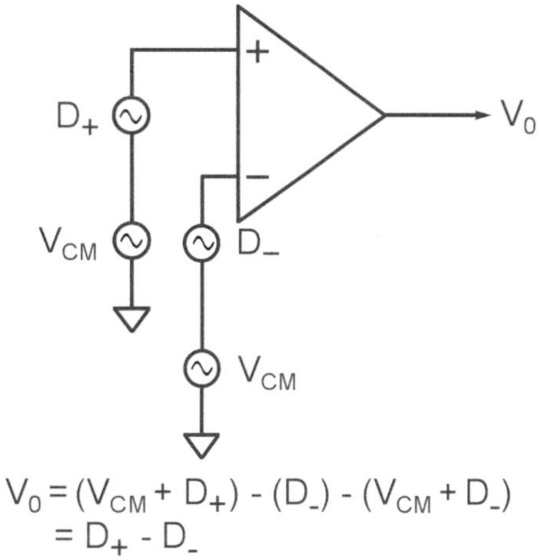

$$V_0 = (V_{CM} + D_+) - (D_-) - (V_{CM} + D_-)$$
$$= D_+ - D_-$$

Tab. 9.6 USB-Kommunikationszustände

Buszustand	Anzeige
Differentiell 1	D+ high, D- low
Differentiell 0	D+ high, D- low
Single Ended 0 (SE0)	D+ high, D- low
Einseitig endend 1 (SE1)	D+ high, D- low
J-State: Niedrige Geschwindigkeit Volle Geschwindigkeit Hohe Geschwindigkeit	Differentiell 0 Differentiell 1 Differentiell 1
K-State: Niedrige Geschwindigkeit Volle Geschwindigkeit Hohe Geschwindigkeit	Differentiell 1 Differentiell 0 Differentiell 0
Zustand wieder einnehmen	K-State
Start des Pakets (SOP)	Datenleitungen schalten vom Leerlauf in den K-Zustand
Ende des Pakets (EOP)	SE0 für 2 Bitzeiten gefolgt von J-State für 1 Bitzeit

eine logische 0 eingefügt. Die siebte und achte logische 1 folgen dann nach dieser logischen 0. Die Hardware in USB-Geräten übernimmt die gesamte Codierung und das Bitstopfen beim Empfang von Daten und vor der Übertragung von Daten. Der Grund für die Verwendung des differentiellen D+- und D−-Signals besteht darin, die Gleichtaktunterdrückung abzulehnen. Wenn Störungen in das Kabel eingekoppelt werden, sind sie normalerweise auf allen Leitungen im Kabel vorhanden. Mit der Verwendung eines differentiellen Verstärkers in der USB-Hardware, die intern zum Host und zum Gerät gehört, kann die Gleichtaktunterdrückung abgelehnt werden, wie in Abb. 9.17 gezeigt.

Die USB-Kommunikation erfolgt über viele Signalzustände auf den D+- und D−-Leitungen. Einige dieser Zustände übertragen die Daten, während andere als spezifische Signalbedingungen verwendet werden. Diese Zustände werden nachstehend beschrieben. Eine kurze Referenzliste ist in Tab. 9.6 enthalten.

- **Differential 0 und Differential 1:** Diese beiden Zustände werden in der allgemeinen Datenkommunikation über einen USB-Kommunikationspfad verwendet. Differential 1 liegt vor, wenn die D+-Leitung high und die D−-Leitung low ist. Differential 0 tritt auf, wenn die D+-Leitung low und die D−-Leitung high ist.
- **J-State and K-State:** Zusätzlich zu den differentiellen Signalen definiert die USB-Spezifikation zwei weitere differentielle Zustände: J- und K-Zustände. Ihre Definitionen hängen von der Gerätegeschwindigkeit ab. Bei einem Full-Speed- und High-Speed-Gerät ist ein J-Zustand ein Differential 1 und ein K-Zustand ein Differential 0. Das Gegenteil gilt für ein Low-Speed-Gerät.
- **Single-Ended Zero (SE0)** ist ein Zustand, der auftritt, wenn sowohl D+ als auch D− low gezogen werden, was auf einen Reset, eine Trennung oder ein Ende des Pakets hinweist.
- **Single-Ended One (SE1):** Zustand, der auftritt, wenn D+ und D− beide high gezogen werden. Dieser Zustand tritt niemals absichtlich auf und sollte in einem USB-Design niemals auftreten.
- **Idle** ist ein Zustand, der vor und nach dem Senden eines Pakets auftritt. Ein Leerlaufzustand wird dadurch angezeigt, dass eine der Datenleitungen low und die andere high ist. Die Definition von high gegenüber low hängt von der Gerätegeschwindigkeit ab. Bei einem Full-Speed-Gerät besteht ein Leerlaufzustand darin, dass D+ high und D− low sind. Das Gegenteil gilt für ein Low-Speed-Gerät.
- **Resume** wird verwendet, um ein Gerät aus einem Ruhezustand zu wecken, indem ein K-Zustand ausgegeben wird.
- **Start of Packet (SOP)** tritt vor dem Start eines Low-Speed- oder Full-Speed-Pakets auf, wenn die D+- und D−-Leitungen von einem Leerlaufzustand in einen K-Zustand übergehen.
- **End of Packet (EOP)** tritt am Ende eines Low-Speed oder Full-Speed-Pakets auf. Ein EOP tritt auf, wenn ein SE0-Zustand für die Dauer von 2 bit auftritt, gefolgt von einem J-Zustand für die Dauer von 1 bit.
- **Reset** tritt auf, wenn ein SE0-Zustand 10 ms anhält. Das Gerät kann den Reset erkennen und beginnen, einen Reset einzugeben, nachdem ein SE0 für mindestens 2,5 ms aufgetreten ist.
- **Keep Alive** ist ein Signal, das bei Low-Speed-Geräten verwendet wird, die kein Start-of-Frame-Paket haben, das erforderlich ist, um ein Aussetzen zu verhindern, und verwenden jede Millisekunde ein EOP, um zu verhindern, dass das Gerät in den Ruhezustand geht.

9.6.3 USB-Endpunkte

In der USB-Spezifikation ist ein *Geräteendpunkt* ein eindeutig adressierbarer Teil eines USB-Geräts, der die Quelle oder Senke von Informationen in einem Kommunikationsfluss zwischen dem Host und dem Gerät ist. Der Abschnitt zur USB-Enumeration beschreibt einen Schritt, in dem das Gerät auf die Standardadresse reagiert. Dies geschieht, bevor andere Bezeichnerinformationen wie die Endpunktbezeichner vom Host später im Enumerationsprozess gelesen werden. Während der Enumerationssequenz werden spezielle Endpunkte für die Kommunikation mit dem Gerät verwendet. Diese speziellen Endpunkte, die gemeinsam als *Steuerendpunkt* oder *Endpunkt 0* bezeichnet werden, sind als *Endpunkt 0 IN* und *Endpunkt 0 OUT* definiert. Obwohl *Endpunkt 0 IN* und *Endpunkt 0 OUT* zwei Endpunkte sind, sehen sie aus und verhalten sich wie ein Endpunkt für den Entwickler. Jedes USB-Gerät muss *Endpunkt 0* unterstützen. Aus diesem Grund benötigt *Endpunkt 0* keinen separaten Bezeichner.

Zusätzlich zu *Endpunkt 0* basiert die Anzahl der in einem bestimmten Gerät unterstützten Endpunkte auf seinen Designanforderungen. Ein recht einfaches Design wie eine Maus benötigt möglicherweise nur einen einzigen IN-Endpunkt. Komplexere Designs benötigen möglicherweise mehrere Datenendpunkte. Die USB-Spezifikation begrenzt die Anzahl der Endpunkte auf 16 für jede Richtung (16 IN/16 OUT = 32 gesamt) für Geräte mit hoher und voller Geschwindigkeit, was die Steuerendpunkte *0 IN* und *0 OUT* nicht einschließt. Geräte mit niedriger Geschwindigkeit sind auf zwei Endpunkte beschränkt. USB-Klassengeräte können eine größere Begrenzung der Anzahl der Endpunkte festlegen, z. B. kann ein Design mit niedriger Geschwindigkeit und HID nicht mehr als zwei Datenendpunkte haben, typischerweise einen IN-Endpunkt und einen OUT-Endpunkt. Datenendpunkte sind von Natur aus bidirektional, aber erst wenn sie konfiguriert sind, werden sie unidirektional. *Endpunkt 1* kann beispielsweise entweder ein IN- oder OUT-Endpunkt sein. Es ist in den Gerätebezeichner, dass *Endpunkt 1* zu einem IN-Endpunkt wird.

Endpunkte verwenden zyklische Redundanzprüfungen (CRC), um Fehler in Transaktionen zu erkennen.[70] Die Handhabung dieser Berechnungen wird von der USB-Hardware übernommen, damit die richtige Antwort gegeben werden kann. Der Empfänger einer Transaktion prüft den übertragenen CRC-Wert gegen den vom Empfänger auf Basis der empfangenen Daten berechneten CRC-Wert. Wenn die beiden übereinstimmen, gibt der Empfänger ein ACK aus. Wenn die Daten und der CRC-Wert nicht übereinstimmen, wird kein Handshake gesendet. Dieses Fehlen eines Handshakes signalisiert dem Sender, es erneut zu versuchen.

Die USB-Spezifikation definiert weiterhin vier Arten von Endpunkten und legt die maximale Paketgröße fest, basierend auf sowohl dem Typ als auch der unterstützten Gerätegeschwindigkeit. Der Endpunktbezeichner sollte verwendet werden, um die Anforderungen des Endpunkttyps zu identifizieren.

Die vier Arten von *Endpunkten* und deren Eigenschaften sind:

---

[70] Die CRC ist ein berechneter Wert, der zur Fehlerprüfung verwendet wird. Die CRC-Berechnung basiert auf einer Gleichung, die in der USB-Spezifikation definiert ist.

9.6 Grundlagen des Universal Serial Bus (USB)

- *Steuerungsendpunkte* unterstützen Steuerungstransfers, die alle Geräte unterstützen müssen. Steuerungstransfers senden und empfangen Geräteinformationen über den Bus. Die Hauptvorteile von Steuerungstransfers sind garantierte Genauigkeit, korrekte Fehlererkennung und die Sicherheit, dass die Daten erneut gesendet werden. Steuerungstransfers haben eine reservierte Bandbreite von 10 % auf dem Bus bei Low- und Full-Speed-Geräten (20 % bei High-Speed-Geräten) und geben dem USB-System die Kontrolle auf Systemebene.
- *Interrupt-Endpunkte* unterstützen Interrupt-Transfers, die auf Geräten verwendet werden, die eine sehr zuverlässige Methode zur Übertragung einer kleinen Menge an Daten benötigen.[71] Der Name dieser Übertragung kann jedoch irreführend sein, da es sich nicht wirklich um ein Interrupt-basiertes System handelt, sondern sich stattdessen um ein Abfrageverfahren handelt. Es garantiert jedoch, dass der Host in einem vorhersehbaren Intervall nach Daten sucht. Interrupt-Transfers gewährleisten Genauigkeit, da Fehler richtig erkannt werden und Transaktionen beim nächsten Mal erneut versucht werden. Interrupt-Transfers haben eine garantierte Bandbreite von 90 % bei Low- und Full-Speed-Geräten und 80 % bei High-Speed-Geräten. Diese Bandbreite wird mit *isochronen Endpunkten* geteilt. Die maximale Paketgröße bei Verwendung von Interrupt-Endpunkten ist eine Funktion der Gerätegeschwindigkeit. High-Speed-fähige Geräte unterstützen eine maximale Paketgröße von 1024 Byte. Geräte, die mit voller Geschwindigkeit arbeiten können, unterstützen eine maximale Paketgröße von 64 Byte. Low-Speed-Geräte unterstützen eine maximale Paketgröße von 8 Byte.
- *Bulk-Endpunkte* unterstützen Bulk-Transfers, die häufig auf Geräten verwendet werden, die relativ große Mengen an Daten zu stark variablen Zeiten bewegen, wobei die Transfers jeden verfügbaren Bandbreitenplatz nutzen können.[72] Die Übertragungszeit für einen Bulk-Transfer ist variabel, da es keine vordefinierte Bandbreite für die Übertragung gibt, sondern je nach verfügbarer Bandbreite auf dem Bus variiert, was die tatsächliche Übertragungszeit unvorhersehbar macht. Bulk-Transfers gewährleisten Genauigkeit, da Fehler richtig erkannt werden und Transaktionen erneut gesendet werden. Bulk-Transfers sind nützlich für die Übertragung großer Datenmengen, die nicht zeitkritisch sind. Die maximale Paketgröße eines Bulk-Endpunkts ist eine Funktion der Gerätegeschwindigkeit.[73] Geräte, die eine Übertragung mit voller Geschwindigkeit unterstützen, haben eine maximale Paketgröße von 64 Byte. Low-Speed-Geräte unterstützen keine Bulk-Transfertypen.
- *Isochrone Endpunkte* unterstützen isochrone Übertragungen, die kontinuierliche Echtzeitübertragungen sind und die eine vorverhandelte Bandbreite haben. Isochrone

---

[71] Dies wird häufig in *Human Interface Device* (HID)-Designs verwendet.
[72] Sie sind der häufigste Übertragungstyp für USB-Geräte.
[73] High-Speed-fähige Geräte unterstützen eine maximale BULK-Paketgröße von 512 Byte. Low-Speed-Geräte unterstützen keine Bulk-Transfers.

Tab. 9.7 Eigenschaften der Endpunktübertragungstypen

Übertragung	Steuerung	Unterbrechung	Bulk	Isochron
Typischer Benutzer	Geräte-initialisierung und -verwaltung	Maus und Tastatur	Drucker und Massenspeicher	Audio- und Videostreaming
Unterstützung für niedrige Geschwindigkeiten	Ja	Ja	Nein	Nein
Fehlerkorrektur	Ja	Ja	Ja	Nein
Garantierte Zustellungsrate	Nein	Nein	Nein	Ja
Garantierte Bandbreite	Ja (10%)	Ja (90%)*	Nein	Ja (90%)*
Garantierte Latenzzeit	Nein	Ja	Nein	Ja

*Geteilte Bandbreite zwischen isochronen und Interrupt-Endpunkten

Übertragungen müssen Ströme von fehlertoleranten Daten unterstützen, da sie keinen Fehlerbehebungsmechanismus oder Handshake haben. Fehler werden über das CRC-Feld erkannt, aber nicht korrigiert. Bei isochronen Endpunkten muss ein Kompromiss zwischen garantiertem Versand und garantierter Genauigkeit gemacht werden. Streamingmusik oder -video sind Beispiele für Anwendungen, die isochrone Endpunkte verwenden, weil die gelegentlich verpassten Daten von menschlichen Ohren und Augen ignoriert werden. Isochrone Übertragungen haben eine garantierte Bandbreite von 90 % bei Low- und Full-Speed-Geräten (80 % bei High-Speed-Geräten), die mit Interrupt-Endpunkten geteilt wird.

High-Speed-fähige Geräte unterstützen eine maximale Paketgröße von 1024 Byte, Full-Speed-Geräte 1023 Byte.[74] Es gibt besondere Überlegungen bei isochronen Übertragungen, z. B. ist eine 3×-Bufferung vorzuziehen, um sicherzustellen, dass die Daten bereit sind, indem man einen aktiv sendenden Buffer, einen geladenen und bereiten Buffer und einen aktiv geladenen Buffer hat (Tab. 9.7).

---

[74] Low-Speed-Geräte unterstützen keine isochronen Übertragungstypen.

Abb. 9.18 Inhalt des USB-Pakets

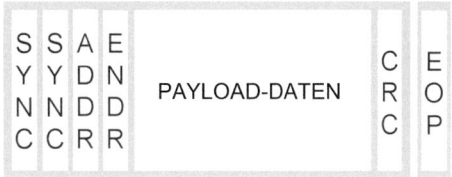

9.6.4 USB-Transferstruktur

Während des Enumerationsprozesses fordert der Host den Gerätebezeichner an. Der Übertragungsprozess besteht darin, die Anforderung für den Gerätebezeichner zu stellen, die Gerätebezeichnerinformationen zu empfangen und der Host bestätigt den erfolgreichen Empfang der Daten. Die Übertragung besteht jedoch aus mehreren Stufen, die als *Transaktionen* bezeichnet werden. Jede Übertragung besteht aus einer oder mehreren Transaktionen und im Falle der Gerätebezeichneranforderung gibt es drei Transaktionen. Die erste ist die *Setup-Transaktion,* die zweite ist die *Datentransaktion,* bei der die Bezeichnerinformationen an den Host gesendet werden. Die dritte Transaktion ist die *Handshake-Transaktion,* bei der der Host den Empfang des Pakets bestätigt. Jede Transaktion besteht aus mehreren Paketen und enthält mindestens ein Tokenpaket. Die Einbeziehung eines Datenpakets und eines Handshake-Pakets kann je nach Übertragungstyp variieren.

Jede Übertragung enthält eine oder mehrere Transaktionen, von denen jede immer ein *Tokenpaket* enthält. Je nach Transaktionstyp können ein *Datenpaket* und ein *Handshake-Paket* enthalten sein. Interrupt-, Bulk- und Steuerungstransfers enthalten immer ein Token-, Daten- und Handshake-Paket bei jeder Transaktion. Steuerungstransfers haben drei Stufen: *Setup, Daten* und *Status* und jede dieser Stufen enthält ein Token-, Daten- und Handshake-Paket. Daher hat ein Interrupt- und Bulk-Transfer mindestens drei Pakete, ein Steuerungstransfer hat neun oder mehr Pakete mit einer Datenstufe, und sechs oder mehr Pakete ohne eine Datenstufe.

9.6.5 Transferzusammensetzung

Ein USB-Paket hat die Struktur wie in Abb. 9.18 gezeigt. Insgesamt können fünf Felder ausgefüllt werden, von denen vier optional und eines erforderlich ist.

- Paket ID (PID) (8 bit: 4 Typbit und 4 Prüfbit),
- optionale Geräteadresse (7 bit: maximal 127 Geräte),
- optionale Endpunktadresse (4 bit: maximal 16 Endpunkte),
- optionale Nutzdaten (0–1023 Byte),
- optionale CRC (5 oder 16 bit).

Die *Paket ID* ist das einzige erforderliche Feld in einem Paket. Die *Geräteadresse, Endpunktadresse, Nutzdaten* und *CRC* werden ausgefüllt, je nachdem, welcher Pakettyp gesendet wird. *Paket IDs* (PIDs) sind das Herzstück eines USB-Pakets. Es gibt verschiedene PIDs, je nachdem, welches Paket gesendet wird (siehe Tab. 9.1).

9.6.6 Pakettypen

Es gibt vier verschiedene Pakettypen, wie in Abb. 9.19 gezeigt, die potenziell dargestellt werden können.

- *Tokenpakete*
  - initiieren eine Transaktion,
  - identifizieren das Gerät, das an der Transaktion beteiligt ist,
  - werden immer vom Host aus gesendet.
- *Datenpakete*
  - liefern Nutzdaten,
  - werden vom Host oder Gerät gesendet.
- *Handshake-Pakete*
  - bestätigen den fehlerfreien Empfang von Daten,
  - werden vom Empfänger der Daten gesendet.
- *Spezialpakete*
  - erleichtern Geschwindigkeitsdifferenzen,
  - werden von Host-zu-Hub-Geräten gesendet.

Obwohl alles im Paket, außer der PID, optional ist, haben Token-, Daten- und Handshake-Pakete unterschiedliche Kombinationen der Paketinformationen.

Tokenpakete kommen immer vom Host und werden verwendet, um den Verkehr auf dem Bus zu lenken. Die Funktion des Tokenpakets hängt von der ausgeführten Aktivität ab, z. B. werden *IN-Tokens* verwendet, um Geräte dazu aufzufordern, Daten an den Host zu senden und *OUT-Tokens* werden verwendet, um Daten vom Host zu übermitteln. *SETUP-Tokens* werden verwendet, um Befehle vom Host zu übermitteln und *SOF-Tokens* werden verwendet, um Zeitrahmen zu markieren. Mit einem *IN-, OUT-* und *SETUP*-Tokenpaket gibt es eine 7-bit-Geräteadresse, eine 4-bit-Endpunkt-ID und eine 5-bit-CRC.

Das *SOF* bietet den Geräten eine Möglichkeit, den Beginn eines Frames zu identifizieren und sich mit dem Host zu synchronisieren. Sie werden auch verwendet, um zu verhindern, dass ein Gerät in den Suspend-Modus wechselt, was es tun muss, wenn 3 ms ohne ein SOF vergehen. SOF-Pakete sind nur auf Full- und High-Speed-Geräten zu finden und werden jede Millisekunde gesendet. Das SOF-Paket enthält eine 8-bit-SOF-PID, einen 11-bit-Frame-Count-Wert (der überläuft, wenn er den maximalen Wert erreicht), und eine 5-bit-CRC. Die CRC ist die einzige verwendete Fehlerprüfung. Ein Handshake-

9.6 Grundlagen des Universal Serial Bus (USB)

Typ des Pakets	PID Name	PID [3..0]	Beschreibung
Token	OUT	0001b	Adresse + Endpunktnummer in Host-zu-Funktion-Transaktion.
	IN	1001b	Adresse + Endpunktnummer in Funktion-zu-Host-Transaktion.
	SOF	0101b	Start-of-Frame-Markierung und Frame-Nummer.
	SETUP	1101b	Adresse + Endpunktnummer in der Host-zu-Funktion-Transaktion für SETUP zu einer Control-Pipe.
Daten	DATA0	0011b	Datenpaket PID gerade. Daten Umschalten
	DATA1	1011b	Datenpaket PID ungerade. Daten Umschalten
	DATA2	0111b	Datenpaket PID - isochrone Hochgeschwindigkeits-Transaktion mit hoher Bandbreite in einem Microframe. Nur hohe Geschwindigkeit
	MDATA	1111b	Datenpaket PID High-Speed für geteilte und isochrone Transaktionen mit hoher Bandbreite. Nur hohe Geschwindigkeit
Handshake	ACK	0010b	Der Empfänger akzeptiert fehlerfreie Datenpakete.
	NAK	1010b	Das empfangende Gerät kann keine Daten annehmen oder das sendende Gerät kann keine Daten senden.
	STALL	1110b	Der Endpunkt ist angehalten oder eine Control-Pipe-Anforderung wird nicht unterstützt.
	NYET	0110b	Noch keine Antwort vom Empfänger. Nur hohe Geschwindigkeit.
Besonderes	PRE	1100b	(Token) Vom Host ausgegebene Präambel. Ermöglicht den Downstream-Busverkehr zu Geräten mit niedriger Geschwindigkeit.
	ERR	1100b	(Handshake) Split Transaction Error Handshake (verwendet den PRE-Wert wieder). Nur bei hoher Geschwindigkeit
	SPLIT	1000b	(Token) Token für geteilte Hochgeschwindigkeitstransaktionen. Nur Hochgeschwindigkeit
	PING	0100b	Hochgeschwindigkeits-Durchflusskontrollsonde für einen Bulk-/Steuerungsendpunkt. Nur hohe Geschwindigkeit
	Reserviert	0000b	Reservierte PID.

Abb. 9.19 Inhalt des USB-Pakets

Paket tritt nicht für ein SOF-Paket auf. High-Speed-Kommunikation geht einen Schritt weiter mit Mikroframes. Bei einem High-Speed-Gerät wird ein SOF alle 125 μs gesendet und der Frame-Count wird nur alle 1 ms erhöht.

Datenpakete folgen *IN-, OUT-* und *SETUP*-Tokenpaketen. Die Größe der Nutzdaten variiert von 0 bis 1024 Byte, abhängig vom Übertragungstyp. Die Paket-ID wechselt zwischen *DATA0* und *DATA1* bei jeder erfolgreichen Datenpaketübertragung und das Paket schließt mit einer 16-bit-CRC. Der *Datenumschalter* wird beim Host und beim Gerät für jede erfolgreiche Datenpaketübertragung aktualisiert. Ein Vorteil des *Datenumschalters* ist, dass er als zusätzliche Fehlererkennungsmethode dient. Wenn eine andere Paket-ID empfangen wird als erwartet, wird das Gerät in der Lage sein zu wissen, dass es einen Fehler in der Übertragung gab und es kann angemessen gehandhabt werden. Wenn ein ACK gesendet, aber nicht empfangen wird, aktualisiert der Sender den Datenumschalter von 1 auf 0, aber der Empfänger tut dies nicht, und der Datenumschalter bleibt auf 1.

Handshake-Pakete schließen jede Transaktion ab. Jedes Handshake enthält eine 8-bit-Paket-ID und wird vom Empfänger der Transaktion gesendet. Jede USB-Geschwindigkeit hat mehrere Optionen für eine Handshake-Antwort.

Die unterstützten Handshakes hängen von der USB-Geschwindigkeit ab:

- *ACK* ist eine Bestätigung des erfolgreichen Abschlusses (Low-Speed-, Full-Speed- und High-Speed-Geräte).
- *NAK* ist eine negative Bestätigung (Low-Speed-, Full-Speed- und High-Speed-Geräte).
- *STALL* ist eine Fehleranzeige, die von einem Gerät gesendet wird (Low-Speed-, Full-Speed- und High-Speed-Geräte).
- *NYET* zeigt an, dass das Gerät noch nicht bereit ist, ein weiteres Datenpaket zu empfangen (nur High-Speed-Geräte).

9.6.7 Transaktionstypen

Daten vom Host und vom Gerät werden von Punkt A nach B über *Transaktionen* übertragen. IN/Read/Upstream-Transaktionen sind Begriffe, die sich auf eine Transaktion beziehen, die vom Gerät an den Host gesendet wird. Diese Transaktionen werden eingeleitet, wenn der Host ein *IN-Tokenpaket* sendet. Das anvisierte Gerät antwortet, indem es ein oder mehrere Datenpakete sendet, und der Host antwortet mit einem *Handshake-Paket*.

IN/Read/Upstream-Sonderpakete werden durch die USB-Spezifikation definiert:

- *PRE* wird von dem Host an Hubs ausgegeben, um anzugeben, dass das nächste Paket eine niedrige Geschwindigkeit hat.

- *SPLIT* geht einem Tokenpaket voraus, um eine Splittransaktion anzuzeigen (nur High-Speed-Geräte).
- *ERR* wird von einem Hub zurückgegeben, um einen Fehler in einer Splittransaktion zu melden (nur High-Speed-Geräte).
- *PING* überprüft den Status für ein Bulk OUT oder Steuerungsschreiben nach Erhalt eines NYET-Handshakes (nur High-Speed-Geräte).

9.6.8 USB-Bezeichner

Wie zuvor beschrieben, gibt ein Gerät, wenn es an einen USB-Host angeschlossen wird, Informationen über seine Fähigkeiten und Stromanforderungen an den Host. Das Gerät gibt diese Informationen normalerweise über eine *Bezeichnertabelle* weiter, die Teil seiner Firmware ist. Eine Bezeichnertabelle ist eine strukturierte Sequenz von Werten, die das Gerät bezeichnen und deren Werte vom Entwickler definiert werden.

Alle Bezeichnertabellen enthalten eine standardisierte Menge an Informationen, die die Geräteeigenschaften und Stromanforderungen bezeichnen. Wenn ein Design den Anforderungen einer bestimmten USB-Geräteklasse entspricht, sind zusätzliche Bezeichnerinformationen, die die Klasse haben muss, in der Gerätebeschreibungsstruktur enthalten. Beim Lesen oder Erstellen von Bezeichnern ist es wichtig sicherzustellen, dass die Datenfelder mit dem niedrigstwertigen Bit zuerst übertragen werden. Viele Parameter sind 2 Byte lang, wobei das niedrigere Byte zuerst auftritt, gefolgt vom höheren Byte.

Gerätebezeichner liefern dem Host die USB-Spezifikation, die dem Gerät entspricht, die Anzahl der Gerätekonfigurationen und die vom Gerät unterstützten Protokolle, *Herstelleridentifikation*[75] *Produktidentifikation* (auch bekannt als PID, anders als eine Paket-ID), und eine *Seriennummer*, wenn das Gerät eine hat. Der *Gerätebezeichner* enthält die entscheidenden Informationen über das USB-Gerät.

Tab. 9.8 zeigt die Struktur für einen Gerätebezeichner, vorausgesetzt, dass:

- *bLength* ist die Gesamtlänge in Byte des Gerätebezeichners,
- *bcdUSB* gibt die USB-Revision an, die das Gerät unterstützt, die die neueste unterstützte Revision sein sollte. Dies ist ein binär codierter Dezimalwert, der ein 0xAABC-Format verwendet, wobei A die Hauptversionsnummer, B die Nebenversionsnummer und C die Unternebenversionsnummer ist. Zum Beispiel hätte ein USB 2.0-Gerät einen Wert von 0x0200, und USB 1.1 hätte einen Wert von 0x0110. Dies wird normalerweise vom Host verwendet, um zu bestimmen, welcher Treiber geladen werden soll.
- *bDeviceClass, bDeviceSubClass* und *bDeviceProtocol* werden vom Betriebssystem verwendet, um während des Enumerationsprozesses einen Treiber für ein USB-Ge-

---

[75] Auch bekannt als VID, das jede Firma einzigartig vom USB Implementers Forum erhält.

Tab. 9.8 Gerätebezeichnertabelle

Offset	Feld	Größe (Bytes)	Beschreibung
0	b Length	1	Deskriptorlänge = 18 Bytes
1	bDescriptior Type	1	Deskriptor-Typ = DEVICE (01 h)
2	bcdUSB	2	USB-Spec-Version (BCD)
4	bDeviceClass	1	Geräteklasse
5	bDeviceSubClass	1	Geräteunterklasse
6	bDeviceProtocol	1	Geräteprotokoll
7	bMaxPacketSize0	1	Maximale Paketgröße für Endpunkt 0
8	idVendor	2	Anbieter-ID (VID) (zugewiesen von USB-IF)
10	idProdukt	2	Produkt-ID (PID) (vom Hersteller zugewiesen)
12	bcdGerät	2	Geräte-Release-Nummer (BCD)
14	iHersteller	1	Index der Fertigungszeichenfolge
15	idProdukt	1	Produkt-String-Index
16	iSerialNumber	1	Seriennummer-String-Index
17	bNumConfigurations	1	Anzahl unterstützter Konfigurationen

rät zu identifizieren. Das Ausfüllen dieses Feldes im Gerätebezeichner verhindert, dass verschiedene Schnittstellen unabhängig funktionieren, wie z. B. ein zusammengesetztes Gerät. Die meisten USB-Geräte definieren ihre Klasse(n) im Schnittstellenbezeichner und lassen diese Felder als 00h.

- *bMaxPacketSize* gibt die maximale Anzahl von Paketen an, die von *Endpunkt 0* unterstützt werden. Je nach Gerät sind die möglichen Größen 8, 16, 32 und 64 Byte.
- *iManufacturer, iProduct* und *iSerialNumber* sind Indizes zu Stringbezeichnern. Stringbezeichner geben Details über den Hersteller, das Produkt und die Seriennummer. Wenn Stringbezeichner existieren, sollten diese Variablen auf ihren Indexort verweisen. Wenn kein String existiert, dann sollte das jeweilige Feld den Wert 0 zugewiesen bekommen
- *bNumConfigurations* definiert die Gesamtzahl der Konfigurationen, die das Gerät unterstützen kann. Mehrere Konfigurationen ermöglichen es dem Gerät, je nach bestimmten Bedingungen, wie z. B. busbetrieben oder selbstbetrieben zu sein, unterschiedlich konfiguriert zu werden (Abb. 9.20).

9.6 Grundlagen des Universal Serial Bus (USB)

Tab. 9.9 Konfigurationsbezeichner typ

Offset	Feld	Größe (Bytes)	Beschreibung
0	bLength	1	Länge des Deskriptors = 9 Bytes
1	bDescription Typ	1	Beschreibungsart = COMFIGURATION (02h)
2	wTotalLength	2	Gesamtlänge einschließlich Schnittstellen- und Endpunktdeskriptoren
4	bNumInterface	1	Anzahl der Schnittstellen in der Konfiguration
5	bConfiguration Value	1	Konfigurationswerte, die von SET_CONFIGURATION verwendet werden, um die Konfiguration auszuwählen
6	iConfiguration	1	String-Index, der die Konfiguration beschreibt
7	bmAttributes	1	Bit 7: reserviert (auf 1 gesetzt) Bit 6: selbstversorgt Bit 5: Remote-Wakeup
8	bMaxPower	1	Maximal erforderliche Leistung für die Konfiguration (in 2-Ma-Einheiten)

9.6.9 Konfigurationsbezeichner

Dieser Bezeichner gibt Informationen über eine spezifische Gerätekonfiguration, z. B. die Anzahl der Schnittstellen, ob das Gerät busbetrieben oder selbstbetrieben ist, ob das Gerät einen Remote-Weckruf starten kann und wie viel Strom das Gerät benötigt. Die Tab. 9.9 zeigt die Struktur für einen Konfigurationsbezeichner.

wTotalLength ist die Länge der gesamten Hierarchie dieser Konfiguration. Dieser Wert gibt die Gesamtzahl der Byte der Konfigurations-, Schnittstellen- und Endpunktbezeichner für eine Konfiguration an.

bNumInterfaces definiert die Gesamtzahl der möglichen Schnittstellen in dieser speziellen Konfiguration. Dieses Feld hat einen Mindestwert von 1.

bConfigurationValue definiert einen Wert, der als Argument für die *SET_CONFIGURATION*-Anforderung verwendet wird, um diese Konfiguration auszuwählen.

bmAttributes definiert Parameter für das USB-Gerät. Wenn das Gerät busbetrieben ist, wird Bit 6 auf 0 gesetzt. Wenn das Gerät selbstbetrieben ist, dann wird Bit 6 auf 1 gesetzt. Wenn das USB-Gerät Remote-Weckrufe unterstützt, wird Bit 5 auf 1 gesetzt. Wenn Remote-Weckrufe nicht unterstützt werden, wird Bit 5 auf 0 gesetzt.

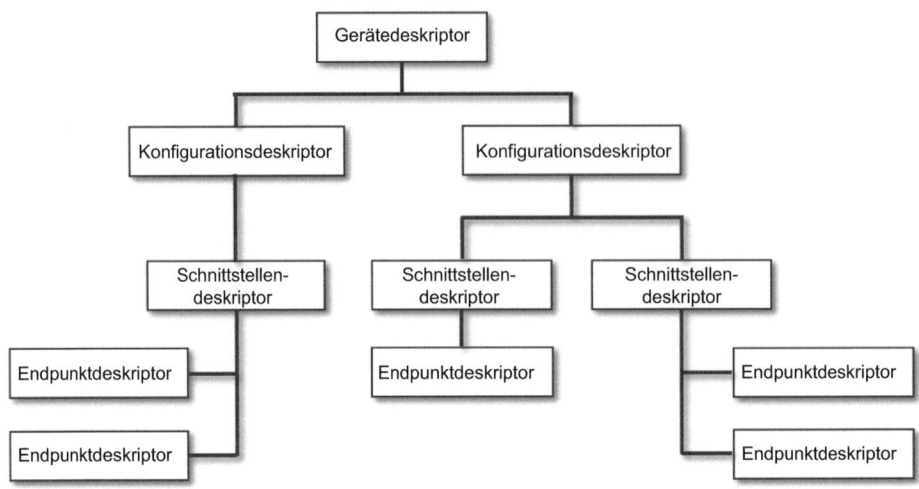

Abb. 9.20 USB-Bezeichnerbaum

bMaxPower definiert den maximalen Stromverbrauch, der vom Bus gezogen wird, wenn das Gerät voll funktionsfähig ist, ausgedrückt in 2-mA-Einheiten. Wenn ein selbstbetriebenes Gerät von seiner externen Stromquelle getrennt wird, darf es nicht mehr als den in diesem Feld angegebenen Wert ziehen.

9.7 Vollgeschwindigkeits-USB (USBFS)

Die *USBFS component* des PSoC Creator bietet ein USB-Framework mit voller Geschwindigkeit.[76] Es bietet einen Low-Level-Treiber für den Steuerendpunkt, der Anfragen vom USB-Host decodiert und weiterleitet. Zusätzlich bietet diese Komponente einen USBFS-Customizer, um den passenden Bezeichner einfach zu erstellen. Die Option, ein HID-basiertes Gerät oder ein generisches USB-Gerät zu erstellen, wird ebenfalls angeboten. In PSoC Creator kann HID durch Einstellen der *Konfigurations-/Schnittstellenbezeichner* ausgewählt werden. Die USBFS-Komponente kann verwendet werden, um eine Schnittstelle bereitzustellen, die USB 2.0-konform ist.

USB-Übertragungen basieren auf einer von mehreren Arten, nämlich Bulk-, Steuer-, Interrupt- und isochrone Übertragung, je nach Anwendung. Während die formale USB-Spezifikation spezifische Befehle definiert, die für ein USB-Gerät erforderlich sein können, um USB-Übertragungen zu empfangen und darauf zu reagieren, ist es auch mög-

---

[76] SuiteUSB, ein Satz von USB-Entwicklungstools, ist kostenlos erhältlich, wenn es mit Cypress-Silizium verwendet wird; http://www.cypress.com.

lich, dass der Entwickler benutzerdefinierte Befehle einführt.[77] Zuverlässige Datenübertragungssysteme verlassen sich oft auf Datenintegritätsalgorithmen, um Fehler zu erkennen und vielleicht zu korrigieren und/oder ein Fehlersignal zu erzeugen. Handshaking-Verfahren geben dem Sender ein Feedback, ob die Datenintegrität erhalten geblieben ist, und ermöglichen so die erneute Übertragung von Daten im Falle von Übertragungsfehlern. Die *Start-of-Frame* (SOF)-Ausgabe für die Komponente ermöglicht es den Endpunkten, den Beginn des Frames zu identifizieren und die internen Endpunkttakte mit dem Host zu synchronisieren.

9.7.1 Verwaltung des Endpunktspeichers

Der USBFS-Block enthält 512 Byte Zielspeicher für die Datenendpunkte zur Nutzung. Allerdings unterstützt die Architektur einen *Cut-through-Betriebsmodus*, bezeichnet als *DMA mit automatischer Speicherverwaltung (DMA w/Manual Memory Management)*, der den Speicherbedarf auf Basis der Systemleistung reduziert. Einige Anwendungen können von der Nutzung des Direct Memory Access (DMA) profitieren, um Daten in und aus den Endpunktspeicherbuffern zu bewegen.

- *Manual* (Standard) – Wählen Sie diese Option, um *LoadInEP/ReadOutEP* zum Laden und Entladen der Endpunktbuffer zu verwenden.
  - *Static Allocation* – Der Speicher für die Endpunkte wird unmittelbar nach einer *SET_CONFIGURATION*-Anforderung zugewiesen. Dies dauert am längsten, wenn mehrere *alternative* Einstellungen die gleiche Endpunktnummer (EP) verwenden.
  - *Dynamic Allocation* – Der Speicher für die Endpunkte wird dynamisch nach jeder *SET_CONFIGURATION* und *SET_INTERFACE*-Anforderung zugewiesen. Diese Option ist nützlich, wenn mehrere alternative Einstellungen mit sich gegenseitig ausschließenden EP-Einstellungen verwendet werden.
  - *DMA w/Manual Memory Management* [78] – Wählen Sie diese Option für manuelle DMA-Transaktionen. Die *LoadInEP/ReadOutEP*-Funktionen unterstützen diesen Modus vollständig und initialisieren das DMA automatisch.[79]

---

[77] Solche benutzerdefinierten Befehle, z. B. eingeführt, um die Steuerung eines spezifischen Gerätetyps zu ermöglichen, werden oft als *Herstellerbefehle* bezeichnet.

[78] PSoC 3 [1] unterstützt keine DMA-Transaktionen direkt zwischen USB-Endpunkten und anderen Peripheriegeräten. Alle DMA-Transaktionen, die USB-Endpunkte betreffen, sowohl ein- als auch ausgehend, müssen im Hauptspeichersystem enden oder beginnen. Anwendungen, die DMA-Transaktionen direkt zwischen USB-Endpunkten und anderen Peripheriegeräten erfordern, müssen zwei DMA-Transaktionen verwenden, um Daten zum Hauptspeichersystem als Zwischenschritt zwischen dem USB-Endpunkt und dem anderen Peripheriegerät zu bewegen.

[79] Diese Option wird nur für PSoC 3 [15]-Produktionssilizium unterstützt.

– *DMA w/Automatic Memory Management* – Wählen Sie diese Option für automatische DMA-Transaktionen. Dies ist die einzige Konfiguration, die eine kombinierte Nutzung von Datenendpunkten von mehr als 512 Byte unterstützt. *LoadInEP/ReadOutEP*-Funktionen sollten für die anfängliche DMA-Konfiguration verwendet werden.

9.7.2 Aktivierung der VBUS-Überwachung

USB-Signale [11] werden über ein USB-Kabel übertragen, das aus einem verdrillten Paar mit einer charakteristischen Impedanz von 90 Ω, einer Abschirmung, die als Erdrückleitung fungiert, und den Stromanschlüssen D+ und D− besteht. Das Protokoll geht davon aus, dass zu einem bestimmten Zeitpunkt nicht mehr als 127 Geräte[80] in einer *Schicht-Stern-Topologie* verbunden sind. Die maximale zulässige Kabellänge zwischen Hubs beträgt 5 m und es werden nicht mehr als sechs Hubs unterstützt, also maximal 30 m. Die USB-Spezifikation verlangt, dass kein Gerät zu irgendeinem Zeitpunkt Strom auf den VBUS an seinem stromaufwärts gerichteten Port liefert. Um diese Anforderung zu erfüllen, muss das Gerät die Anwesenheit oder Abwesenheit des VBUS überwachen und die Stromversorgung vom D+/D−-Pull-up-Widerstand entfernen, wenn der VBUS fehlt. Bei busgespeisten Designs wird die Stromversorgung offensichtlich entfernt, wenn das USB-Kabel von einem Host entfernt wird, aber bei selbstbetriebenen Designs ist es für den ordnungsgemäßen Betrieb und die USB-Zertifizierung unerlässlich, dass das Gerät diese Anforderung erfüllt.

9.7.2.1 USBFS-MIDI

Die USBFS-MIDI-Komponente, dargestellt in Abb. 9.21, bietet Unterstützung für die Kommunikation mit externer MIDI-Ausrüstung und für die USB-Geräteklasse-Definition für MIDI-Geräte. Diese Komponente kann verwendet werden, um einem eigenständigen Gerät MIDI-I/O-Fähigkeiten hinzuzufügen oder um MIDI-Fähigkeiten für einen Hostcomputer oder ein mobiles Gerät über den USB-Port eines Computers oder eines mobilen Geräts zu implementieren. In solchen Fällen erscheint es dem Hostcomputer oder dem mobilen Gerät als klassenkonformes USB-MIDI-Gerät und verwendet die nativen MIDI-Treiber im Host.

Die unterstützten Funktionen umfassen:

- USB MIDI Class Compliant MIDI-Eingang und -Ausgang.
- Hardwareschnittstelle zu externer MIDI-Ausrüstung mit UART.
- Einstellbare Sendebuffer und Empfangsbuffer, die mit Interrupts verwaltet werden.

---

[80] Diese Begrenzung ist teilweise darauf zurückzuführen, dass das Adressfeld 7 bit hat und dass Adresse 0 reserviert ist.

9.7 Vollgeschwindigkeits-USB (USBFS)

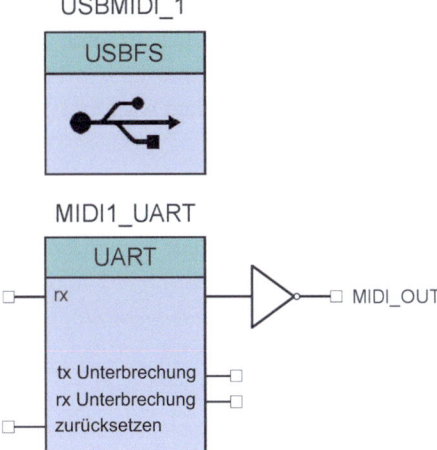

Abb. 9.21 MIDI-Komponente des PSoC 3/5

- MIDI-Betriebszustand für sowohl Empfangs- als auch Sendefunktionen.
- Bis zu 16 Eingangs- und Ausgangsports mit nur zwei USB-Endpunkten durch die Verwendung von virtuellen Kabeln.

Der *PSoC Creator Component*-Katalog enthält eine *Schematic Macro*-Implementierung einer MIDI[81]-Schnittstelle. Das Makro besteht aus Instanzen der UART-Komponente mit der Hardware-MIDI-Schnittstellenkonfiguration (31,25 kbps, 8 Datenbit) und einer USBFS-Komponente mit dem Bezeichner, die so konfiguriert sind, dass sie MIDI-Geräte unterstützen. Dies ermöglicht es dem Benutzer, eine MIDI-fähige USBFS-Komponente mit minimalen Konfigurationsänderungen zu verwenden. Ein *USBMIDI Schematic Macro* mit der Bezeichnung *USBMIDI* ist in PSoC Creator verfügbar, das zuvor konfiguriert wurde, um als externes MIDI-Gerät mit einem Eingang und einem Ausgang zu funktionieren.

9.7.3 USB-Funktionsaufrufe

PSoC Creator bietet eine umfangreiche Liste von USB-Funktionsaufrufen und weist standardmäßig den Instanznamen *USBFS_1* der ersten Instanz einer Komponente in einem gegebenen Design zu. Solche Instanznamen können jedoch in einen beliebigen

---

[81] Das Musical Instrument Digital Interface (MIDI), definiert von der MIDI Manufacturing Association im Jahr 1982, ist ein Industriestandardprotokoll für die Interkommunikation zwischen einer Vielzahl von musikbezogenen Geräten. Es dient als Software-, Hardware-, Kommunikations- und Instrumentenkategorisierungsstandard und wird oft verwendet, um einem Instrument die Steuerung einer beliebigen Anzahl anderer Musikinstrumente oder musikbezogener Geräte zu ermöglichen.

eindeutigen Wert umbenannt werden, der den syntaktischen Regeln für Bezeichner folgt. In jedem Fall wird der Instanzname zum Präfix jedes globalen Funktionsnamens, jeder Variablen und jedes konstanten Symbols.

Zur besseren Lesbarkeit wird im Folgenden der Instanzname *USBFS* verwendet.

- *void USBFS_Start(uint8 device, uint8 mode)* führt alle erforderlichen Initialisierungen für die USBFS-Komponente durch.
- *void USBFS_Init(void)* initialisiert oder stellt die Komponente gemäß den Einstellungen des *Konfigurieren*-Dialogs wieder her.[82]
- *void USBFS_InitComponent(uint8 device, uint8 mode)* initialisiert die globalen Variablen der Komponente und leitet die Kommunikation mit dem Host ein, indem die D+-Leitung hochgezogen wird.
- *void USBFS_Stop(void)* führt alle notwendigen Abschaltvorgänge durch, die für die USBFS-Komponente erforderlich sind.
- *uint8 USBFS_GetConfiguration(void)* erhält die aktuelle Konfiguration des USB-Geräts.
- *uint8 USBFS_IsConfigurationChanged(void)* gibt den *Clear-on-Read*-Konfigurationsstatus zurück. Es ist nützlich, wenn der PC doppelte *SET_CONFIGURATION*-Anfragen mit der gleichen Konfigurationsnummer sendet.
- *uint8 USBFS_GetInterfacuint8 USBFS_GetEPState(uint8 epNumber)* gibt den Zustand des angeforderten Endpunkts zurück.
- *uint8 USBFS_GetInterfaceSetting(uint8 interfaceNumber)* erhält die aktuelle alternative Einstellung für die angegebene Schnittstelle.
- *uint8 USBFS_GetEPState(uint8 epNumber)* gibt den Zustand des angeforderten Endpunkts zurück.
- *uint8 USBFS_GetEPAckState(uint8 epNumber)* bestimmt, ob eine ACK-Transaktion auf diesem Endpunkt stattgefunden hat, indem das ACK-Bit im Steuerregister des Endpunkts gelesen wird.[83]
- *uint16 USBFS_GetEPCount(uint8 epNumber)* gibt die Übertragungsanzahl für den angeforderten Endpunkt zurück. Der Wert aus den Zählregistern enthält zwei Zählungen für die 2-Byte-Prüfsumme des Pakets. Diese Funktion subtrahiert die beiden Zählungen.
- *void USBFS_InitEP_DMA(uint8 epNumber, uint8 *pData)*[84] weist einen DMA-Kanal zu und initialisiert ihn für die Verwendung durch die *USBFS_LoadInEP()*- oder

---

[82] Es ist nicht notwendig, *USBFS_Init()* aufzurufen, da die *USBFS_Start()*-Routine diese Funktion aufruft und die bevorzugte Methode ist, um den Betrieb der Komponente zu starten.

[83] Diese Funktion löscht das ACK-Bit nicht.

[84] Diese Funktion wird automatisch von den *USBFS_LoadInEP()* und *USBFS_ReadOutEP()*-APIs aufgerufen.

9.7 Vollgeschwindigkeits-USB (USBFS)

USBFS_ReadOutEP()-APIs für die Datenübertragung. Sie ist verfügbar, wenn der Parameter für das Endpunktspeichermanagement auf DMA gesetzt ist.

- *void USBFS_LoadInEP(uint8 epNumber, uint8 *pData, uint16 length)* im manuellen Modus: lädt und aktiviert den angegebenen USB-Datenendpunkt für eine IN-Datenübertragung. Manuelle DMA:
  - Konfiguriert den DMA für eine Datenübertragung vom Daten-RAM zum Endpunkt-RAM.
  - Generiert eine Anforderung für eine Übertragung.

  Automatische DMA:
  - Konfiguriert den DMA. Dies ist nur einmal erforderlich, daher wird es nur durchgeführt, wenn der Parameter Daten nicht NULL ist. Wenn der pData-Zeiger NULL ist, überspringt die Funktion diese Aufgabe.
  - Setzt den Datenbereitschaftsstatus: Dies generiert die erste DMA-Übertragung und bereitet Daten im Endpunkt-RAM-Speicher vor.
- *uint16 USBFS_ReadOutEP(uint8 epNumber, uint8 *pData, uint16 length)* im manuellen Modus verschiebt die angegebene Anzahl von Bytes vom Endpunkt-RAM zum Daten-RAM. Die Anzahl der tatsächlich vom Endpunkt-RAM zum Daten-RAM übertragenen Bytes ist die kleinere der tatsächlichen Anzahl von Bytes, die vom Host gesendet wurden, oder der Anzahl von Bytes, die vom wCount-Parameter angefordert wurden.

  Manuelle DMA:
  - Konfiguriert DMA für eine Datenübertragung vom Endpunkt-RAM zum Daten-RAM.
  - Generiert eine Anforderung für eine Übertragung.
  - Nach der *USB_ReadOutEP()*API und vor der erwarteten Datennutzung ist es erforderlich, auf den Abschluss der DMA-Übertragung zu warten, z. B. durch Überprüfung des EP-Zustands: während *(USBFS_GetEPState(OUT_EP) == USB_OUT_BUFFER_FULL);*

  Automatische DMA:
  - Konfiguriert den DMA.[85]
- *void USBFS_EnableOutEP(uint8 epNumber)* aktiviert den angegebenen Endpunkt für OUT-Übertragungen.
- *void USBFS_DisableOutEP(uint8 epNumber)* deaktiviert den angegebenen USBFS OUT-Endpunkt.[86]
- *void USBFS_SetPowerStatus(uint8 powerStatus)* setzt den aktuellen Leistungsstatus. Das Gerät antwortet auf *USB GET_STATUS*-Anfragen basierend auf diesem Wert. Dies ermöglicht es dem Gerät, seinen Status korrekt für die *USB*-Konformität zu melden. Geräte können ihre Stromquelle jederzeit von selbstbetrieben auf busbetrieben

---

[85] Dies ist nur einmal erforderlich.
[86] Rufen Sie diese Funktion nicht für IN-Endpunkte auf.

ändern und ihre aktuelle Stromquelle als Teil des Gerätestatus melden. Diese Funktion kann jederzeit aufgerufen werden, wenn das Gerät von selbstbetrieben auf busbetrieben wechselt oder umgekehrt, und den Status entsprechend setzen.

- *void USBFS_Force(uint8 state)* erzwingt einen USB-J-, -K- oder -SE0-Zustand auf den D+/D−-Leitungen. Diese Funktion bietet den notwendigen Mechanismus für eine USB-Geräteanwendung, um ein USB-Remote-Wakeup durchzuführen.[87]
- *void USBFS_SerialNumString(uint8 *snString)* ist nur verfügbar, wenn die Option *User Call Back* in den Eigenschaften des *Serial Number String*-Bezeichners ausgewählt ist. Die Anwendungsfirmware kann die Quelle des USB-Geräte-Seriennummer-String-Bezeichners während der Laufzeit bereitstellen. Der Standardstring wird verwendet, wenn die Anwendungsfirmware diese Funktion nicht verwendet oder den falschen Stringbezeichner setzt.
- *void USBFS_TerminateEP(uint8 epNumber)*[88] beendet den angegebenen USBFS-Endpunkt.
- *uint8 USBFS_UpdateHIDTimer(uint8 interface)* aktualisiert den HID-Report Leerlauftimer und gibt den Status zurück und lädt den Timer neu, wenn er abläuft.
- *uint8 USBFS_GetProtocol(uint8 interface)* gibt den HID-Protokollwert für die ausgewählte Schnittstelle zurück.

9.8 Controller Area Network (CAN)

Der CAN-Controller (Controller Area Network, CAN) [20] implementiert die CAN2.0A- und CAN2.0B-Spezifikationen wie in der Bosch-Spezifikation definiert und entspricht dem ISO-11898-1-Standard. Das CAN-Protokoll wurde ursprünglich für Automobilanwendungen mit einem Fokus auf einen hohen Grad an Fehlererkennung konzipiert, um eine hohe Kommunikationszuverlässigkeit zu einem niedrigen Preis zu gewährleisten. Aufgrund seines Erfolgs in Automobilanwendungen wird CAN als Standardkommunikationsprotokoll für bewegungsorientierte, maschinensteuernde Netzwerke *(CANOpen)* und Fabrikautomatisierungsanwendungen *(DeviceNet)* verwendet. Die Funktionen des CAN-Controllers ermöglichen es, höhere Protokolle effizient zu implementieren, ohne die Leistung der Mikrocontroller-CPU negativ zu beeinflussen.

CAN ist ein *arbitrierungsfreies* System, in dem die Nachricht mit der höchsten Priorität immer zuerst übertragen wird. Das verwendete Arbitrierungsschema des Übertragungsbuffers kann entweder *Round-Robin,* der Standardmodus oder eine *feste Priorität* sein. Im Round-Robin-Modus werden die Buffer in folgender Reihenfolge bedient:

---

[87] Weitere Informationen zu *Suspend* und *Resume* finden Sie in der USB 2.0-Spezifikation.

[88] Diese Funktion sollte vor der Neukonfiguration des Endpunkts verwendet werden.

9.8 Controller Area Network (CAN)

Abb. 9.22 CAN-Komponente in PSoC Creator

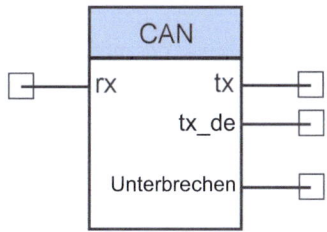

$0 - 1 - 2 \cdots 7 - 0 - 1$.[89] Im Modus mit fester Priorität wird Buffer 0 die höchste Priorität zugewiesen, was es ihm ermöglicht, der Fehlermeldungsbuffer zu sein und somit sicherzustellen, dass Fehlermeldungen zuerst übertragen werden.

9.8.1 CAN-Komponente des PSoC Creator

Diese Komponente hat drei Standard-I/O-Verbindungen und eine vierte, optionale *Interrupt*-Verbindung,[90] wie in Abb. 9.22 gezeigt.

- *rx* ist das CAN-Bus-Empfangs(Eingangs)-Signal und ist mit dem CAN-Rx-Bus verbunden, der extern zum Transceiver ist.
- *tx* ist das CAN-Bus-Übertragungssignal und ist mit dem CAN-Tx-Bus des externen Transceivers verbunden.
- *tx_en* ist das Signal zur Aktivierung des externen Transceivers.

Die Standard-CAN-Konfiguration im *Component Catalog* ist ein Schaltplanmakro, das eine CAN-Komponente mit Standardeinstellungen verwendet und mit einer *Input Pin*- und einer *Output Pin*-Komponente verbunden ist. Die Pinkomponenten sind ebenfalls mit Standardeinstellungen konfiguriert, mit Ausnahme von *Input Synchronized,* das in der *Input Pin*-Komponente auf false gesetzt ist.

9.8.2 Interrupt-Dienstroutinen

Es gibt mehrere Interrupt-Quellen für CAN-Komponenten, alle haben Einstiegspunkte (Funktionen), die es ermöglichen, Benutzercode in sie einzufügen.[91]

---

[89] Dieser Modus stellt sicher, dass alle Buffer die gleiche Wahrscheinlichkeit haben, eine Nachricht zu senden.

[90] Dieser Ausgang wird in PSoC Creator nur angezeigt, wenn die Option *Add Transceiver Enable Signal* im *Config*-Dialog ausgewählt wurde.

[91] Diese Funktionen werden abhängig vom *Customizer* bedingt kompiliert.

- *Acknowledge Error* – der CAN-Controller hat einen Fehler in der CAN-Nachrichtenbestätigung erkannt.
- *Arbitration Lost Detection* – die Arbitrierung wurde während des Sendens einer Nachricht verloren.
- *Bit Error* – der CAN-Controller hat einen Bitfehler erkannt.
- *Bit Stuff Error* – der CAN-Controller hat einen Bitstuffing[92]-Fehler erkannt.
- *Bus Off* – der CAN-Controller hat den Bus-Aus-Zustand erreicht.
- *CRC Error* – der CAN-Controller hat einen CAN-CRC-Fehler erkannt.
- *Form Error* – der CAN-Controller hat einen CAN-Nachrichtenformatfehler erkannt.
- *Message Lost* – eine neue Nachricht ist eingetroffen, aber es gab keinen Platz, um sie abzulegen.
- *Transmit Message* – die eingereihte Nachricht wurde gesendet.
- *Receive Message* – eine Nachricht wurde empfangen.[93]

9.8.3 Hardwaresteuerung der Logik bei Interrupt-Ereignissen

Der Hardware-Interrupt-Eingang [20] kann verwendet werden, um einfache Aufgaben wie die Schätzung der CAN-Buslast durchzuführen. Durch Aktivierung der *Message Transmitted-* und *Message Received-* Interrupts im CAN-Komponenten-Customizer und Verbindung der Interrupt-Leitung mit einem Zähler, kann die Anzahl der Nachrichten, die während eines bestimmten Zeitintervalls auf dem Bus sind, bewertet werden. Aktionen können direkt in der Hardware durchgeführt werden, wenn die Nachrichtenrate über einem bestimmten Wert liegt.

9.8.4 Interrupt-Ausgabe-Interaktion mit DMA

Die CAN-Komponente des PSoC Creator unterstützt keine DMA-Operation intern, aber die DMA-Komponente kann an die externe Interrupt-Leitung angeschlossen werden, wenn sie aktiviert ist und vorausgesetzt, dass der Entwickler die Verantwortung für die DMA-Konfiguration und den Betrieb übernimmt. Es ist jedoch notwendig, einige Verwaltungsaufgaben, z. B. die Bestätigung der Nachricht und das Löschen der Interrupt-Flags, im Code zu verwalten, um CAN-Interrupts richtig zu behandeln. Mit einem Hardware-DMA-Trigger können Register und Datenübertragungen behandelt werden, wenn ein *Message*

---

[92] *Bit stuffing* bezieht sich auf die Einführung von „Nichtinformationsbits" in Frames, Buffer usw., um diese zu füllen.

[93] Der Interrupt für den Nachrichtenempfang verfügt über einen speziellen Handler, der die entsprechenden Funktionen für Full- und Basic-Mailboxen aufruft.

9.8 Controller Area Network (CAN)

Received-Interrupt auftritt, ohne dass die Firmware in der CPU ausgeführt wird.[94] Der *Message Transmitted*-Interrupt kann verwendet werden, um eine DMA-Übertragung auszulösen, um den Nachrichtenbuffer ohne CPU-Eingriff mit neuen Daten zu laden [5].

9.8.5 Benutzerdefinierte externe Interrupt-Service-Routine

Benutzerdefinierte externe ISR können zusätzlich zu oder als Ersatz für die interne ISR verwendet werden. Wenn sowohl externe als auch interne ISR verwendet werden, kann die Interrupt-Priorität festgelegt werden, um zu bestimmen, welche ISR zuerst ausgeführt werden soll, d. h. intern oder extern, und so Aktionen vor oder nach denen, die in der internen ISR codiert sind, zu erzwingen. Wenn die externe ISR als Ersatz für die interne ISR verwendet wird, ist der Entwickler für die ordnungsgemäße Handhabung von CAN-Registern und -Ereignissen verantwortlich.

Die externe Interrupt-Leitung ist nur sichtbar, wenn sie im Customizer aktiviert ist. Wenn eine externe Interrupt-Komponente angeschlossen ist, wird die externe Interrupt-Komponente nicht als Teil der *CAN_Start()*-API gestartet und muss außerhalb dieser Routine gestartet werden. Wenn eine externe Interrupt-Komponente angeschlossen ist und die interne ISR nicht deaktiviert oder umgangen wird, sind zwei Interrupt-Komponenten an die gleiche Leitung angeschlossen. In diesem Fall gibt es zwei separate Interrupt-Komponenten, die die gleichen Interrupt-Ereignisse behandeln, was in den meisten Fällen unerwünscht ist.

Wenn die interne ISR deaktiviert oder mit einer Customizer-Option umgangen wird, wird die interne Interrupt-Komponente während des Build-Prozesses entfernt. Wenn ein individueller Interrupt-Funktionsaufruf in der internen Interrupt-Routine für ein aktiviertes Interrupt-Ereignis durch Verwendung einer Customizer-Option deaktiviert wird, wird der CAN-Block-Interrupt ausgelöst, wenn das relevante Ereignis eintritt, aber es wird kein interner Funktionsaufruf in der internen *CAN_ISR* Routine ausgeführt. Wenn ein bestimmtes Ereignis, z. B. eine empfangene Nachricht, über einen anderen Pfad als den Standard-Benutzerfunktionsaufruf über DMA verarbeitet werden muss oder wenn die interne ISR mithilfe von Customizer-Optionen angepasst werden soll, enthält die CAN_ISR-Funktion keinen anderen Funktionsaufruf als den optionalen PSoC 3 ES1/ES2 ISR-Patch.

Es gibt mehrere wichtige Referenzen, für die Gestaltung von Systemen mit CAN:

- ISO-11898: Road vehicles—Controller area network (CAN):
  - Teil 1: Data link layer and physical signaling,
  - Teil 2: High-speed medium access unit Controller Area Network (CAN),
  - Teil 3: Low-speed, fault-tolerant, medium-dependent interface,

---

[94] Dies ist auch nützlich beim Umgang mit RTR-Nachrichten.

- Teil 4: Time-triggered communication,
- Teil 5: High-speed medium access unit with low-power mode,
- CAN Specification Version 2 BOSCH,
- Inicore CANmodule-III-AHB Datasheet.

9.8.6 Interrupt-Ausgabe-Interaktion mit dem Interrupt-Subsystem

Die Einstellungen der CAN-Komponenten-Interrupt-Ausgabe ermöglichen die:

- Aktivierung oder Deaktivierung einer externen Interrupt-Leitung (Customizer-Option).
- Deaktivierung oder Umgehung der internen ISR (Customizer-Option).
- Vollständige Anpassung der internen ISR (Customizer-Option).
- Aktivierung oder Deaktivierung spezifischer Interrupts, die Funktionsaufrufe in der internen ISR behandeln, wenn die relevanten Ereignisinterrupts mit der Customizer-Option aktiviert sind. Individuelle Interrupts, z. B. eine übertragene Nachricht, eine empfangene Nachricht, ein voller Empfangsbuffer, ein Bus-Off-Zustand etc., können im CAN-Komponenten-Customizer aktiviert oder deaktiviert werden. Sobald sie aktiviert sind, wird der relevante Funktionsaufruf in der internen *CAN_ISR.* ausgeführt. Dies ermöglicht die Deaktivierung, d. h. Entfernung, solcher Funktionsaufrufe.

Die externe Interrupt-Leitung ist nur sichtbar, wenn sie im Customizer aktiviert ist.

- *uint8 CAN_Start(void)* setzt die *initVar*-Variable, ruft die *CAN_Init()*- und dann die *CAN_Enable()*-Funktion auf. Diese Funktion setzt die CAN-Komponente in den Betriebsmodus und startet den Zähler, wenn Polling-Mailboxen verfügbar sind.
- *uint8 CAN_Stop(void)* setzt die CAN-Komponente in den Stoppmodus und stoppt den Zähler, wenn Polling-Mailboxen verfügbar sind.
- *uint8 CAN_GlobalIntEnable(void)* aktiviert globale Interrupts von der CAN-Komponente.
- *uint8 CAN_GlobalIntDisable(void)* deaktiviert globale Interrupts von der CAN-Komponente.
- *uint8 CAN_SetPreScaler(uint16 bitrate)* setzt den *Vorteiler* für die Erzeugung der Zeitquanten aus dem *BUS_CLK*. Werte zwischen 0x0 und 0x7FFF sind gültig.
- *uint8 CAN_SetArbiter(uint8 arbiter)* setzt den Arbitrierungstyp für Sendebuffer. Arten von Arbitrierern sind Round-Robin und feste Priorität. Die Werte 0 und 1 sind gültig.
- *uint8 CAN_SetTsegSample(uint8 cfgTseg1, uint8 cfgTseg2, uint8 sjw, uint8 sm)*-Funktion konfiguriert: *Time segment 1, Time segment 2, Synchronization Jump Width,* und *Sampling Mode.*

9.8 Controller Area Network (CAN)

- *uint8 CAN_SetRestartType(uint8 reset)* setzt den Resettyp. Arten von Reset sind *Automatic* und *Manual*. *Manueller* Reset ist die empfohlene Einstellung. Die Werte 0 und 1 sind gültig.
- *uint8 CAN_SetEdgeMode(uint8 edge)* setzt den *Edge Mode*. Fehlerkorrigierende Codemodi sind ‚R' bis ‚D' (rezessiv bis dominant) und beide Kanten werden verwendet. Die Werte 0 und 1 sind gültig.
- *uint8 CAN_RXRegisterInit(uint32 *regAddr, uint32 config)* schreibt nur CAN-Empfangsregister.
- *uint8 CAN_SetOpMode(uint8 opMode)* setzt den *Operation Mode*. Betriebsmodi sind *Active* oder *Listen Only*. Die Werte 0 und 1 sind gültig.
- *uint8 CAN_GetTXErrorflag(void)* gibt die Flag zurück, die anzeigt, ob die Anzahl der Übertragungsfehler 0x60 überschreitet.
- *uint8 CAN_GetRXErrorflag(void)* gibt die Flag zurück, die anzeigt, ob die Anzahl der Empfangsfehler 0x60 überschritten hat.
- *uint8 CAN_GetTXErrorCount(void)* gibt die Anzahl der Übertragungsfehler zurück.
- *uint8 CAN_GetRXErrorCount(void)* gibt die Anzahl der Empfangsfehler zurück.
- *uint8 CAN_GetErrorState(void)* gibt den Fehlerstatus der CAN-Komponente zurück.
- *uint8 CAN_SetIrqMask(uint16 mask)* aktiviert oder deaktiviert bestimmte Interrupt-Quellen. *Interrupt Mask* schreibt direkt in das CAN-Interrupt-Enable-Register.
- *void CAN_ArbLostIsr(void)* ist der Einstiegspunkt zum *Arbitration Lost Interrupt*. Er löscht die *Arbitration Lost*-Interrupt-Flag. Er wird nur generiert, wenn der *Arbitration Lost Interrupt*-Parameter aktiviert ist.
- *void CAN_OvrLdErrrorIsr(void)* ist der Einstiegspunkt zum *Overload Error Interrupt*. Er löscht die *Overload Error*-Interrupt-Flag. Er wird nur generiert, wenn der *Overload Error Interrupt*-Parameter aktiviert ist.
- *void CAN_BitErrorIsr(void)* ist der Einstiegspunkt zum *Bit Error Interrupt*. Er löscht die *Bit Error Interrupt*-Flag. Er wird nur generiert, wenn der *Bit Error Interrupt*-Parameter aktiviert ist.
- *void CAN_BitStuffErrorIsr(void)* ist der Einstiegspunkt zum *Bit Stuff Error Interrupt*. Er löscht die *Bit Stuff Error Interrupt*-Flag. Er wird nur generiert, wenn der *Bit Stuff Error Interrupt*-Parameter aktiviert ist.
- *void CAN_AckErrorIsr(void)* ist der Einstiegspunkt zum *Acknowledge Error Interrupt*. Er löscht die *Acknowledge Error*-Interrupt-Flag und wird nur generiert, wenn der *Acknowledge Error Interrupt*-Parameter aktiviert ist.
- *void CAN_MsgErrorIsr(void)* ist der Einstiegspunkt zum *Form Error Interrupt*. Er löscht die *Form Error*-Interrupt-Flag. Er wird nur generiert, wenn der *Form Error Interrupt*-Parameter aktiviert ist.
- *void CAN_CrcErrorIsr(void)* ist der Einstiegspunkt zum *CRC Error Interrupt*. Er löscht die *CRC Error*-Interrupt-Flag. Er wird nur generiert, wenn der *CRC Error Interrupt*-Parameter aktiviert ist.
- *void CAN_BusOffIsr(void)* ist der Einstiegspunkt zum *Bus Off Interrupt*. Er setzt die CAN-Komponente in den Stoppmodus. Er wird nur generiert, wenn der *Bus Off Interrupt*-Parameter aktiviert ist. Es wird empfohlen, diesen Interrupt zu aktivieren.

- *void CAN_MsgLostIsr(void)* ist der Einstiegspunkt zum *Message Lost Interrupt*. Er löscht die *Message Lost Interrupt*-Flag. Er wird nur generiert, wenn der *Message Lost Interrupt*-Parameter aktiviert ist.
- *void CAN_MsgTXIsr(void)* ist der Einstiegspunkt zum *Transmit Message Interrupt*. Er löscht die *Transmit Message Interrupt*-Flag. Er wird nur generiert, wenn der *Transmit Message Interrupt*-Parameter aktiviert ist.
- *void CAN_MsgRXIsr(void)* ist der Einstiegspunkt zur *Receive Message Interrupt*. Er löscht das *Receive Message Interrupt*-Flag und ruft die entsprechenden Handler für *Basic*- und *Full*-Interrupt-basierte Mailboxen auf. Er wird nur generiert, wenn der *Receive Message Interrupt*-Parameter aktiviert ist. Es wird empfohlen, diesen Interrupt zu aktivieren.
- *uint8 CAN_RxBufConfig(CAN_RX_CFG *rxConfig)* konfiguriert alle Empfangsregister für eine bestimmte Mailbox. Die Mailboxnummer enthält die *CAN_RX_CFG*-Struktur.
- *uint8 CAN_TxBufConfig(CAN_TX_CFG *txConfig)* konfiguriert alle Senderegister für eine bestimmte Mailbox. Die Mailboxnummer enthält die *CAN_TX_CFG*-Struktur.
- *uint8 CAN_SendMsg(CANTXMsg *message)* sendet eine Nachricht von einer der *Basic*-Mailboxen. Die Funktion durchläuft den als Basic-CAN-Mailboxen ausgelegten Sendenachrichtenbuffer in einer Schleife. Sie sucht nach der ersten freien verfügbaren Mailbox und sendet sie. Es können nur drei Wiederholungen erfolgen.
- *uint8 CAN_SendMsg0-7(void)* ist der Einstiegspunkt zu *Transmit Message* 0–7. Diese Funktion überprüft, ob Mailbox 0–7 bereits ungesendete Nachrichten hat, die auf eine Arbitrierung warten. Wenn ja, initiiert sie die Übertragung der Nachricht. Sie wird nur für Sendemailboxen generiert, die als *Full* konzipiert sind.
- *void CAN_TxCancel(uint8 bufferId)* bricht die Übertragung einer Nachricht ab, die zur Übertragung eingereiht wurde. Werte zwischen 0 und 15 sind gültig.
- *void CAN_ReceiveMsg0–15(void)* ist der Einstiegspunkt zum *Receive Message* 0–15-Interrupt. Sie löschen Receive Message 0–15-Interrupt-Flags. Sie werden nur für *Receive*-Mailboxen generiert, die als *Full*-Interrupt-basiert konzipiert sind.
- *void CAN_ReceiveMsg(uint8 rxMailbox)* ist der Einstiegspunkt zum *Receive Message Interrupt* für *Basic*-Mailboxen. Er löscht das *Receive*-spezifische *Message Interrupt*-Flag. Er wird nur generiert, wenn eine der *Receive*-Mailboxen als *Basic* konzipiert ist.
- *void CAN_Sleep(void)* ist die bevorzugte Routine, um die Komponente auf den Schlafmodus vorzubereiten. Die *CAN_Sleep()*-Routine speichert den aktuellen Zustand der Komponente. Dann ruft sie die *CAN_Stop()*- und die *CAN_SaveConfig()*-Funktionen auf, um die Hardwarekonfiguration zu speichern. Die *CAN_Sleep()*-Funktion muss aufgerufen werden, bevor die *CyPmSleep()*- oder die *CyPmHibernate()*-Funktion aufgerufen wird.
- *void CAN_Wakeup(void)* ist die bevorzugte Routine, um die Komponente in den Zustand zurückzuführen, als *CAN_Sleep()* aufgerufen wurde. Die *CAN_Wakeup()*-Funktion ruft die *CAN_RestoreConfig()*-Funktion auf, um die Konfiguration wiederherzustellen. Wenn die Komponente vor dem Aufruf der *CAN_Sleep()*-Funktion aktiviert war, wird die *CAN_Wakeup()*-Funktion auch die Komponente wieder aktivieren.

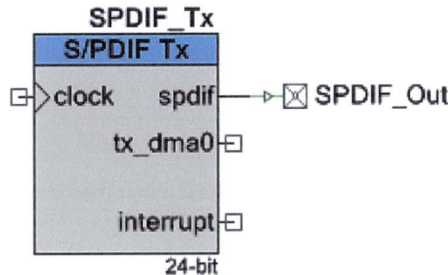

Abb. 9.23 S/PDIF-Senderkomponente in PSoC 3/5

- *uint8 CAN_Init(void)* initialisiert oder stellt die Komponente gemäß den Einstellungen des *Configure*-Dialogs wieder her. Es ist nicht notwendig, *CAN_Init()* aufzurufen, da die *CAN_Start()*-Routine diese Funktion aufruft und die bevorzugte Methode ist, um den Betrieb der Komponente zu beginnen.
- *uint8 CAN_Enable(void)* aktiviert die Hardware und beginnt den Betrieb der Komponente. Es ist nicht notwendig, *CAN_Enable()* aufzurufen, da die *CAN_Start()*-Routine diese Funktion aufruft, die die bevorzugte Methode ist, um den Betrieb der Komponente zu beginnen.
- *void CAN_SaveConfig(void)* speichert die Konfiguration der Komponente und die Non-Retention-Register. Diese Funktion speichert auch die aktuellen Parameterwerte der Komponente, wie sie im *Configure*-Dialog definiert oder durch geeignete APIs modifiziert wurden. Diese Funktion wird von der *CAN_Sleep()*-Funktion aufgerufen.
- *void CAN_RestoreConfig(void)* stellt die Konfiguration der Komponente und Non-Retention-Register wieder her. Diese Funktion stellt auch die Parameterwerte der Komponente auf den Stand zurück, den sie vor dem Aufruf der *CAN_Sleep()*-Funktion hatten.

9.9 S/PDIF-Sender (*SPDIF_Tx*)

Die *SPDIF_Tx*-Komponente[95] des PSoC 3/5 bietet eine einfache Möglichkeit, einer beliebigen Konstruktion einen digitalen Audioausgang hinzuzufügen.[96] Es formatiert eingehende Audio- und Metadaten, um einen für ein optisches oder koaxiales digitales Audio geeigneten *S/PDIF*-Bitstrom zu erstellen. Diese Komponente, dargestellt in Abb. 9.23, unterstützt verschachteltes und getrenntes Audio. Die *SPDIF_Tx*-Komponente empfängt Audiodaten vom DMA sowie Kanalstatusinformationen. Obwohl der

---

[95] Diese Komponente kann in Verbindung mit einer I2S-Komponente und einem externen ADC verwendet werden, um von analogem Audio zu digitalem Audio zu konvertieren.
[96] S/PDIF bezieht sich auf das Protokoll von Sony Philips Digital Interface Data Link Layer und eine zugehörige Physical-Layer-Spezifikation. Dieses Protokoll wird oft verwendet, um komprimiertes digitales Audio zu übertragen und hat keine definierte Datenrate.

Kanalstatus-DMA von der Komponente verwaltet wird, können diese Daten alternativ separat behandelt werden, um ein gegebenes System besser zu steuern. *SPDIF_Tx* bietet eine schnelle Lösung, wann immer ein *S/PDIF*-Sender unerlässlich ist, einschließlich z. B. digitaler Audioplayer, Computer-Audio-Schnittstellen und Audio-Mastering-Geräte.

Die unterstützten Funktionen des *SPDIF_Tx* umfassen:

- Konformität mit den IEC-60958-, AES/EBU-, AES3-Standards für lineare PCM-Audioübertragung,
- konfigurierbare Audiosample-Längen (8/16/24),
- Kanalstatusbitgenerator für Verbraucheranwendungen,
- DMA-Unterstützung,
- Abtastratenunterstützung für Takt/128 (bis zu 192 kHz) und
- unabhängige FIFO für den linken und rechten Kanal oder verschachtelte Stereo-FIFO.

9.9.1 *SPDIF_Tx*-Komponenten-I/O-Verbindungen[97]

Die folgenden I/O-Verbindungen sind für die *SPDIF_Tx*-Komponente von PSoC 3/5LP verfügbar:

- *clock* – die Taktrate muss das 2Fache der gewünschten Datenrate für den *spdif*-Ausgang sein, z. B. würde die Produktion von 48-kHz-Audio eine Taktfrequenz erfordern, die gegeben ist durch:

$$(2)(48\,\text{kHz})(64) = 6{,}144\,\text{MHz}\,. \tag{9.1}$$

- *spdif* – serieller Datenausgang.
- *sck* – serieller Taktausgang.
- *interrupt* – Interrupt-Ausgang.
- *tx_DMA0* - DMA-Anforderungsausgang für Audio-FIFO 0 (Kanal 0 oder verschachtelt).
- *tx_DMA1* – DMA-Anforderungausgang für Audio-FIFO 1 (Kanal 1). Wird angezeigt, wenn *Separated* unter dem Parameter *Audio Mode* ausgewählt ist.
- *cst_DMA0** – Anforderung für Kanalstatusausgang-FIFO 0 (Kanal 0). Wird angezeigt, wenn das *Kontrollkästchen* unter dem Parameter *Managed DMA* abgewählt ist.

---

[97] Ein Sternchen (*) in der Liste der zeigt an, dass die I/O unter den in der Beschreibung dieser I/O aufgeführten Bedingungen auf dem Symbol ausgeblendet werden kann.

- *cst_DMA1** – Anforderung für Kanalstatusausgang-FIFO 1 (Kanal 1). Wird angezeigt, wenn das Kontrollkästchen unter dem *Managed DMA*-Parameter abgewählt ist.

9.9.2 SPDIF_Tx API

Die *SPDIF_Tx API* unterstützt die folgenden Funktionen:

- *void SPDIF_Start(void)* startet die *S/PDIF*-Schnittstelle und den Kanalstatus-DMA, wenn die Komponente so konfiguriert ist, dass sie den Kanalstatus-DMA verarbeitet. Es aktiviert je nach Bedarf auch die Active-Mode-Power-Template-Bits oder das Clock-Gating, startet die Erzeugung des *S/PDIF*-Ausgangs mit Kanalstatus, aber die Audiodaten sind auf 0 gesetzt. Es ermöglicht auch dem *S/PDIF*-Empfänger, sich auf den Takt der Komponente zu synchronisieren.
- void *SPDIF_Stop(void)* deaktiviert die *S/PDIF*-Schnittstelle und je nach Bedarf die Active-Mode-Power-Template-Bits oder das Clock-Gating. Der *S/PDIF*-Ausgang wird auf 0 gesetzt. Die FIFO der Audiodaten und Kanaldaten werden gelöscht. Die *SPDIF_Stop()*-Funktion ruft *SPDIF_DisableTx()* auf und stoppt den verwalteten Kanalstatus-DMA.
- *void SPDIF_Sleep(void)* ist die bevorzugte Routine, um die Komponente auf den Schlafmodus vorzubereiten.[98] Die *SPDIF_Sleep()*-Routine speichert den aktuellen Zustand der Komponente und ruft dann *SPDIF_Stop()* und *SPDIF_SaveConfig()* auf, speichert die Hardwarekonfiguration, deaktiviert die Active-Mode-Power-Template-Bits oder das Clock-Gating, je nach Bedarf, setzt den spdif-Ausgang auf 0. *SPDIF_Sleep()* sollte aufgerufen werden, bevor *CyPmSleep()* oder *CyPmHibernate()* aufgerufen werden.
- *void SPDIF_Wakeup(void)* stellt die *SPDIF*-Konfiguration und die nicht beibehaltenen Registerwerte wieder her. Die Komponente wird, unabhängig von ihrem Zustand, vor dem Schlafmodus gestoppt. Die *SPDIF_Start()*-Funktion muss explizit aufgerufen werden, um die Komponente erneut zu starten.[99]
- *void SPDIF_EnableTx(void)* aktiviert die Audiodatenausgabe im S/PDIF-Bitstrom. Die Übertragung beginnt beim nächsten X- oder Z-Frame.
- *void SPDIF_DisableTx(void)* deaktiviert die Audioausgabe im S/PDIF-Bitstrom. Die Datenübertragung stoppt bei der nächsten steigenden Flanke des Takts und ein konstanter 0-Wert wird übertragen.

---

[98] *SPDIF_Sleep()* sollte aufgerufen werden, bevor *CyPmSleep()* oder *CyPmHibernate()* aufgerufen werden.

[99] Das Aufrufen von *SPDIF_Wakeup()* ohne vorheriges Aufrufen von *SPDIF_Sleep()* oder *SPDIF_SaveConfig()* kann zu unerwartetem Verhalten führen.

Abb. 9.24 SPDIF – Interrupt-Modus-Werte

SPDIF-Tx-Interrupt-Quelle	Wert
AUDIO_FIFO_UNDERFLOW	0x01
AUDIO_0_FIFO_NOT_FULL	0x02
AUDIO_1_FIFO_NOT_FULL	0x04
CHST_FIFO_UNDERFLOW	0x08
CHST_0_FIFO_NOT_FULL	0x10
CHST_1_FIFO_NOT_FULL	0x20

- *void SPDIF_WriteTxByte(uint8 wrData, uint8 channelSelect)* schreibt ein einzelnes Byte in das FIFO der Audiodaten. Der Status der Komponente sollte vor diesem Aufruf überprüft werden, um zu bestätigen, dass das FIFO der Audiodaten nicht voll ist. *uint8 wrData* enthält die zu übertragenden Audiodaten. *uint8 channelSelect* enthält die Konstante für den *Kanal,* der geschrieben werden soll. Siehe Kanalstatusmakros unten. Im verschachtelten Modus wird dieser Parameter ignoriert.
- *void SPDIF_WriteCstByte(uint8 wrData, uint8 channelSelect)* schreibt ein einzelnes Byte in das angegebene FIFO des Kanalstatus. Der Status der Komponente sollte vor diesem Aufruf überprüft werden, um zu bestätigen, dass das FIFO des Kanalstatus nicht voll ist. *uint8 wrData* enthält die zu übertragenden Statusdaten und *uint8 channelSelect* die Konstante für den zu beschreibenden Kanal.
- *void SPDIF_SetInterruptMode(uint8 interruptSource)* legt die Interrupt-Quelle für den S/PDIF-Interrupt fest. Mehrere Quellen können OR-verknüpft werden (Abb. 9.24, 9.25 und 9.26).

Die *SPDIF*-Komponente formatiert eingehende Audiodaten und Metadaten, um den *S/PDIF*-Bitstrom zu erstellen. Diese Komponente empfängt Audiodaten von DMA sowie Kanalstatusinformationen. Meistens wird der Kanalstatus-DMA von der Komponente verwaltet. Es gibt jedoch eine Option, die es ermöglicht, die Daten separat anzugeben, um ein System besser zu steuern.

9.9.3 S/PDIF-Datenstromformat

Die Audio- und Kanalstatusdaten sind unabhängige Byteströme, die mit dem niedrigstwertigen Byte und Bit zuerst gepackt sind. Die Anzahl der für jeden Abtastwert verwendeten Bytes ist die minimale Anzahl von Bytes, um einen Abtastwert zu halten. Alle unbenutzten Bits werden mit Nullen aufgefüllt, beginnend beim am weitesten links stehenden Bit. Der Audiodatenstrom kann ein einzelner Bytestrom sein oder aus zwei

9.9 S/PDIF-Sender (*SPDIF_Tx*)

SPDIF-Statusmasken	Wert	Typ
AUDIO_FIFO_UNDERFLOW	0x01	Löschen beim Lesen
AUDIO_0_FIFO_NOT_FULL	0x02	Transparent
AUDIO_1_FIFO_NOT_FULL	0x04	Transparent
CHST_FIFO_UNDERFLOW	0x08	Löschen beim Lesen
CHST_0_FIFO_NOT_FULL	0x10	Transparent
CHST_1_FIFO_NOT_FULL	0x20	Transparent

Abb. 9.25 SPDIF – Statusmaskenwerte

Name	Beschreibung
SPDIF_SPS_22KHZ	Die Taktrate ist auf 22-kHz-Audio eingestellt.
SPDIF_SPS_44KHZ	Die Taktrate ist auf 44-kHz-Audio eingestellt.
SPDIF_SPS_88KHZ	Die Taktrate ist auf 88-kHz-Audio eingestellt.
SPDIF_SPS_24KHZ	Die Taktrate ist für 24-kHz-Audio eingestellt.
SPDIF_SPS_48KHZ	Die Taktrate ist für 48-kHz-Audio eingestellt.
SPDIF_SPS_96KhZ	Die Taktrate ist für 96-kHz-Audio eingestellt.
SPDIF_SPS_32KHZ	Die Taktrate ist auf 32-kHz-Audio eingestellt.
SPDIF_SPS_64KHZ	Die Taktrate ist auf 64-kHz-Audio eingestellt.
SPDIF_SPS_192KHZ	Die Taktrate ist für 192-kHz-Audio eingestellt.
SPDIF_SPS_UNKNOWN	Die Taktrate ist nicht angegeben.

Abb. 9.26 SPDIF – Frequenzwerte

Byteströmen bestehen. Im Falle eines einzelnen Bytestroms sind die linken und rechten Kanäle mit einem Abtastwert zuerst für den linken Kanal und dann mit einem für den rechten Kanal verflochten. Im Fall von zwei Strömen verwenden die linken und rechten Kanalbyteströme separate FIFO. Der Statusbytestrom besteht immer aus zwei Byteströmen.

Tab. 9.10 SPDIF-DMA-Konfigurationsparameter

Name des DMA-Quellziels im DMA-Assistenten	Richtung	DMA-Anforderungssignal	DMA-Anforderungstyp	Beschreibung
SPDIF_TX_FIFO_0_PTR	Ziel	tx_dma0	Level	Sende-FIFO für Kanal 0 oder Interleaved-Audiodaten
SPDIF_TX_FIFO_1_PTR	Ziel	tx_dma1	Level	Sende-FIFO für Kanal 1 oder Interleaved-Audiodaten
SPDIF_CST_FIFO_0_PTR	Ziel	cst_dma0	Level	Sende-FIFO für Kanal 0 oder Interleaved-Statusdaten
SPDIF_CST_FIFO_1_PTR	Ziel	cst_dma1	Level	Sende-FIFO für Kanal 1 oder Interleaved-Statusdaten

9.9.4 S/PDIF- und DMA-Transfers

Die S/PDIF-Schnittstelle ist eine kontinuierliche Schnittstelle, die einen ununterbrochenen Datenstrom erfordert. Für die meisten Anwendungen ist die Verwendung von DMA-Transfers erforderlich, um ein Unterlaufen der Audiodaten oder des Kanalstatus-FIFO zu verhindern. Typischerweise erfolgt der Kanalstatus-DMA vollständig mit zwei Kanalstatus-Arrays und kann mit Makros modifiziert werden. Daten können jedoch von einem externen DMA oder einer CPU bereitgestellt werden, um Flexibilität zu ermöglichen. Das S/PDIF kann bis zu vier DMA-Komponenten steuern, abhängig von der Komponentenkonfiguration. Die DMA-Konfiguration sollte basierend auf Tab. 9.10 mit dem DMA Wizard des PSoC Creator erfolgen.

9.9.5 S/PDIF-Kanalcodierung

S/PDIF ist eine serielle Einzelleitungsschnittstelle. Der Bittakt ist in den *S/PDIF*-Datenstrom eingebettet. Das digitale Signal wird mit dem *Biphase Mark Code* (BMC) codiert, der eine Art Phasenmodulation ist. Die Frequenz des Takts ist doppelt so hoch wie die Bitrate. Jedes Bit der ursprünglichen Daten wird als zwei logische Zustände dargestellt, die zusammen eine Zelle bilden. Der logische Zustand am Anfang eines Bits ist immer invertiert zu dem Zustand am Ende des vorherigen Bits. Um eine 1 in diesem Format zu übertragen, gibt es einen Übergang in der Mitte der Datenbitgrenze. Wenn es in der Mitte keinen Übergang gibt, werden die Daten als 0 betrachtet.

9.9.6 S/PDIF-Protokollhierarchie

Das *S/PDIF*-Signalformat ist in Abb. 9.27 dargestellt. Audiodaten werden in sequenziellen Blöcken übertragen, von denen jeder 192 Frames enthält, die jeweils aus zwei *Unter-*

9.9 S/PDIF-Sender (SPDIF_Tx)

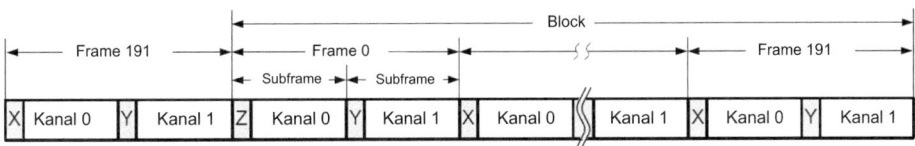

Abb. 9.27 S/PDIF-Blockformat

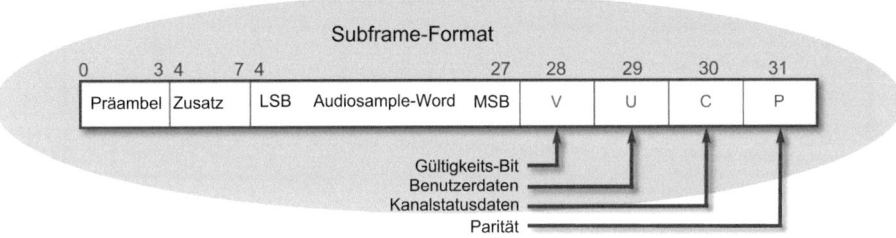

Abb. 9.28 *S/PDIF*-Unterframe-Format

frames bestehen, den grundlegenden Einheiten, in denen digitale Audiodaten organisiert sind.

Ein Unterframe, wie in Abb. 9.28 dargestellt, enthält ein Präambelmuster, eine Audiosample, das bis zu 24 bit breit sein kann, ein Gültigkeitsbit, das anzeigt, ob der Abtastwert gültig ist, 1 bit, das Benutzerdaten enthält, 1 bit, das den Kanalstatus enthält, und ein gerades Paritätsbit für diesen Unterframe. Es gibt drei Arten von Präambeln: X, Y und Z. Präambel Z zeigt den Beginn eines Blocks und den Beginn von Unterframekanal 0 an. Präambel X zeigt den Beginn eines Unterframes von Kanal 0 an, wenn es sich nicht um den Beginn eines Blocks handelt. Präambel Y zeigt immer den Beginn eines Unterframes von Kanal 1 an.

9.9.7 S/PDIF-Fehlerbehandlung

Es gibt zwei Fehlerbedingungen für die *S/PDIF*-Komponente, die auftreten können, wenn das Audio geleert wird und ein anschließender Lesevorgang erfolgt („transmit underflow") oder der Kanalstatus-FIFO geleert wird und ein anschließender Lesevorgang erfolgt („status underflow"). Wenn ein „transmit underflow" auftritt, erzwingt die Komponente die konstante Übertragung von Nullen für Audiodaten und setzt die korrekte Generierung aller Framing- und Statusdaten fort. Bevor die Übertragung wieder beginnt, muss die Übertragung deaktiviert werden, die FIFO sollten geleert werden, die Daten für die Übertragung müssen gebuffert werden und dann muss die Übertragung wieder aktiviert werden. Dieser „Underflow-Zustand" kann von der CPU über das Komponentensta-

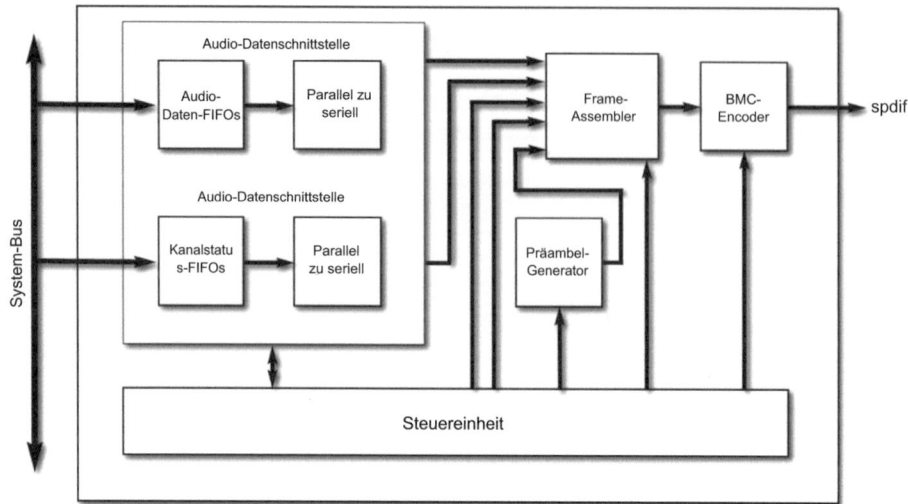

Abb. 9.29 Ein Blockdiagramm der Implementierung von SPDIF_Tx

tusbit *AUDIO_FIFO_UNDERFLOW* überwacht werden.[100] Tritt beim Start der Komponente ein „status underflow" auf, sendet die Komponente alle Nullen für den Kanalstatus mit korrekter X-, Y- und Z-Framegenerierung und korrekter Parität. Die Audiodaten sind kontinuierlich und werden nicht beeinflusst.

Um die Übertragung der Kanalstatusdaten zu korrigieren, muss die Komponente gestoppt und wieder gestartet werden. Dieser „Underflow-Zustand" kann von der CPU über das Statusbit *CHST_FIFO_UNDERFLOW* überwacht werden. Ein Interrupt kann auch für diesen Fehlerzustand konfiguriert werden. Wenn die Komponente den DMA nicht verwaltet, müssen die Statusdaten gebuffert werden, bevor die Komponente neu gestartet wird.

9.9.7.1 Aktivierung

Die Übertragung von Audiodaten hat eine dedizierte Aktivierung. Wenn die Komponente gestartet, aber nicht aktiviert ist, wird der *S/PDIF*-Ausgang mit Kanalstatus generiert, aber die Audiodaten sind vollständig auf 0 gesetzt. Dies ermöglicht es dem *S/PDIF*-Empfänger, sich auf den Komponententakt zu synchronisieren und der Übergang in den aktivierten Zustand erfolgt beim X- oder Z-Frame.

Die *SPDIF_Tx*-Komponente ist als eine Reihe von konfigurierten UDB implementiert, wie in Abb. 9.29 gezeigt.

---

[100] Ein Interrupt kann auch für diesen Fehlerzustand konfiguriert werden.

9.9 S/PDIF-Sender (SPDIF_Tx)

Die eingehenden Audiodaten werden über die Systembusschnittstelle empfangen und können über die CPU oder den DMA bereitgestellt werden. Die Daten sind bytebreit, mit dem niedrigstwertigen Byte zuerst, und werden in einem Audiobuffer gespeichert, d. h. einem oder zwei FIFO, abhängig von der Komponentenkonfiguration. Der Kanalstatusstrom hat seine eigene dedizierte Schnittstelle. Wie bei den Audiodaten gibt es zwei Kanalstatus-FIFO und der Kanalstatus sind bytebreite Daten, wobei das niedrigstwertige Byte zuerst auftritt. Ein Byte wird von diesen FIFO alle acht Abtastwerte verbraucht. Sowohl Audio- als auch Statusdaten werden von parallel zu seriell umgewandelt. Die Benutzerdaten sind im S/PDIF-Standard nicht definiert und können von einigen Empfängern ignoriert werden, daher werden sie als konstante Nullen gesendet. Das Gültigkeitsbit, wenn es low ist, zeigt an, dass der Audioabtastwert für die Umwandlung in ein analoges Format geeignet ist. Dieses Bit wird als konstante Nullen gesendet. Die Präambelmuster werden im *Preamble Generator*-Block generiert und in serieller Form übertragen. Dies sind alle Daten, die zur Bildung der SPDIF-Unterframe-Struktur benötigt werden, mit Ausnahme des Paritätsbits, das im *Frame Assembler*-Block während der Zusammenstellung aller Eingaben in der Unterframestruktur berechnet wird. Der Ausgang des *Frame Assembler*-Blocks geht zum *BMC Encoder,* wo die Daten in einem spdif-Format codiert werden. Der *Control Unit*-Block erhält die Steuerdaten von der *System Bus*-Schnittstelle und gibt den Status des Komponentenbetriebs an den Bus zurück. Es steuert alle anderen Blöcke während der Datenübertragung.

9.9.8 S/PDIF-Kanalcodierung

S/PDIF ist eine serielle Einzelleitungsschnittstelle und der Taktgeber ist in den S/PDIF-Datenstrom eingebettet. Das digitale Signal wird mit *Biphase Mark Code* (BMC), einer Art Phasenmodulation, codiert. Die Frequenz des Takts ist doppelt so hoch wie die Bitrate. Jedes Bit der Originaldaten wird als zwei logische Zustände dargestellt, die zusammen eine Zelle bilden. Der logische Zustand am Anfang eines Bits wird immer zum Zustand am Ende des vorherigen Bits invertiert. Um eine ‚1' in diesem Format zu übertragen, gibt es einen Übergang in der Mitte der Datenbitgrenze. Wenn es in der Mitte keinen Übergang gibt, werden die Daten als ‚0' betrachtet (Abb. 9.30).

9.9.9 SPDIF-Register

Die Übertragungssteuerungs- und Statusregister, dargestellt in den Abb. 9.31 und 9.32, für SPDIF sind wie folgt definiert:

- Aktivieren/Deaktivieren der SPDIF_Tx-Komponente. Wenn sie nicht aktiviert ist, befindet sich die Komponente im Resetzustand.
- txenable: Aktivieren/Deaktivieren der Audiodatenausgabe im S/PDIF-Bitstrom.

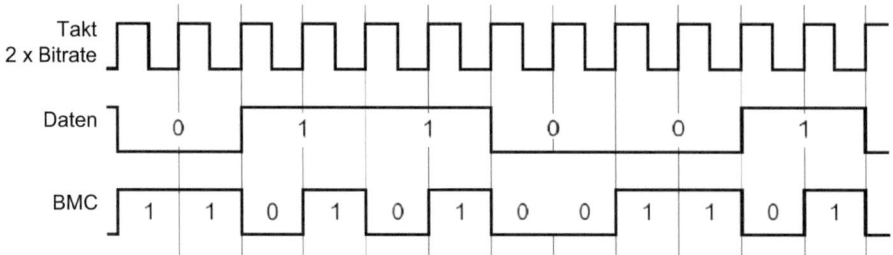

Abb. 9.30 S/PDIF-Kanalcodierung Timing

SPDIF_Tx_CONTROL_REG

Bits	7	6	5	4	3	2	1	0
Wert			reserviert				aktivieren	txenable

Abb. 9.31 SPDIF-Steuerregister

SPDIF_Tx_STATUS_REG

Bits	7	6	5	4	3	2	1	0
Wert	reserviert		chst1_fifo_not_full	chst1_fifo_not_full	chst1_fifo_Unterlauf	audio1_fifo_not_full	audio0_fifo_not_full	audio_fifo_unterflow

Abb. 9.32 SPDIF-Statusregister

- chst1_fifo_not_full: wenn gesetzt, ist das Kanalstatus-FIFO 1 nicht voll.
- chst1_fifo_not_full: wenn gesetzt, ist das Kanalstatus-FIFO 0 nicht voll.
- chst_fifo_underflow: wenn gesetzt, ist ein „underflow event" der Kanalstatus-FIFO aufgetreten.
- audio1_fifo_not_full: wenn gesetzt, ist das Audiodaten-FIFO 1 nicht voll.
- audio0_fifo_not_full: wenn gesetzt, ist das Audiodaten-FIFO 0 nicht voll.
- audio_fifo_underflow: wenn gesetzt, ist ein Unterlaufereignis der Audiodaten-FIFO aufgetreten.

Der Registerwert kann mit der Funktion *SPDIF_Tx_ReadStatus()* ausgelesen werden. Bit 3 und Bit 0 des Statusregisters sind im Sticky-Modus konfiguriert, der ein Clear-on-Read ist. In diesem Modus wird der Eingangsstatus bei jedem Zyklus des Statusregistertakts abgetastet. Wenn der Eingang high geht, wird das Registerbit gesetzt und bleibt gesetzt, unabhängig vom nachfolgenden Zustand des Eingangs. Das Registerbit wird bei einem nachfolgenden Lesen durch die CPU gelöscht.

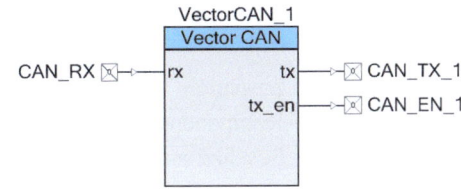

Abb. 9.33 Vector CAN-Komponente bei PSoC 3

9.10 Vector CAN (VCAN)

Die Vector CANbedded-Umgebung[101] besteht aus einer Reihe von adaptiven Quellcodekomponenten, die die grundlegenden Kommunikations- und Diagnoseanforderungen in Automobilanwendungen abdecken, z. B. ECU.[102] Die Vector CANbedded-Software-Suite ist kundenspezifisch und ihr Betrieb variiert je nach Anwendung und OEM.[103]

Diese VCAN-Komponente des PSoC Creator, dargestellt in Abb. 9.33, wurde für die Vector CANbedded-Suite entwickelt, um die CANbedded-Struktur unabhängig von der Anwendung generisch zu unterstützen. Die PSoC 3 Vector CAN-Komponente wurde entwickelt, um eine einfache Integration des Vector-zertifizierten CAN-Treibers zu ermöglichen.[104]

Die Funktionen der VCAN-Komponente von PSoC Creator umfassen:

- Implementierung des CAN2.0 A/B-Protokolls,
- Konformität mit ISO 11898-1,
- programmierbare Bitrate bis zu 1 Mbps @ 8 MHz (BUS_CLK),
- zwei- oder dreidrahtige Schnittstelle zu einem externen Transceiver (Tx, Rx und Tx Enable) und
- Treiber wird von Vector bereitgestellt und unterstützt.

Der Vector-Treiber verwendet den CAN-Interrupt, der den Zugriff ermöglicht. Die Funktion *Vector_CAN_Init()* richtet den CAN-Interrupt mit der Interrupt-Service-Routine *CanIsr_0()* ein, die vom Vector CAN-Konfigurationstool generiert wird.

---

[101] Vector Informatik GMBH bietet eine Reihe von Softwarekomponenten für die Automobilindustrie an, die weltweit als De-facto-Standards in der Automobilindustrie dienen.

[102] Motorsteuergeräte (ECU).

[103] Originalgerätehersteller (OEM).

[104] Diese Komponente wird in Verbindung mit einem CAN-Treiber für PSoC 3 verwendet, der von Vector bereitgestellt wird.

9.10.1 Vector CAN I/O-Verbindungen

Dieser Abschnitt beschreibt die verschiedenen Eingangs- und Ausgangsverbindungen für die Vector CAN-Komponente. Ein Sternchen (*) in der I/O-Liste zeigt an, dass das I/O unter den in der Beschreibung des I/O aufgeführten Bedingungen auf dem Symbol ausgeblendet werden kann.

- rx – CAN-Bus-Empfangssignal (verbunden mit dem CAN RX-Bus des externen Transceivers).
- tx – CAN-Bus-Sendesignal (verbunden mit dem CAN TX-Bus des externen Transceivers).
- tx_en – externes Freigabesignal des Transceivers.[105]

Die Vector CAN-Komponente ist mit dem *BUS_CLK*-Taktsignal verbunden. Ein Mindestwert von 8 MHz ist erforderlich, um alle Standard-CAN-Baudraten bis zu 1 Mbps zu unterstützen.[106]

Die Vector CAN-Driver-APIs verwenden Funktionszeiger. Der Keil-Compiler für PSoC 3 führt eine Funktionsaufrufanalyse durch, um zu bestimmen, wie er Funktionsvariablen und -argumente überlagern kann. Wenn Funktionszeiger vorhanden sind, kann der Compiler die Aufrufstruktur nicht ausreichend analysieren, daher wird die Option *NOOVERLAY* ausgewählt, um Probleme zu vermeiden, die durch die Verwendung von Funktionszeigern auftreten. Weitere Informationen zur Handhabung von Funktionszeigern mit dem Keil-Compiler finden Sie in dem Anwendungshinweis: Function Pointers in C51 (www.keil.com/appnotes/docs/apnt_129.asp).

Im Hauptteil erfordert der Initialisierungsprozess:

- das Einbinden der v_inc.h-Datei für den Treiber in main.c,
- das Aktivieren globaler Interrupts, falls erforderlich,
- das Aufrufen der *Vector_CAN_Start()*-Funktion,
- das Aufrufen der *CanInitPowerOn()*-Funktion (erzeugt durch das *Vector GENy*-Werkzeug) und
- das Schreiben der notwendigen Funktionalität mit einer API von Vector CAN und die Erzeugung durch das *Vector GENy*-Werkzeug.

---

[105] Diese Ausgabe wird angezeigt, wenn die Option *Add Transceiver Enable Signal* im Konfigurationsdialog ausgewählt ist.

[106] Der Wert des *BUS_CLK,* der in den designweiten Ressourcen des PSoC 3-Projekts ausgewählt wurde, muss dem Wert entsprechen, der in der Konfiguration des Vector CAN-Treibers für das Bustiming ausgewählt wurde.

Tab. 9.11 Von PSoC Creator unterstützte Vector CAN-Funktionen

Funktion	Beschreibung
Vector_CAN_Start()	Initialisiert und aktiviert die Vector CAN-Komponente mit Hilfe der Funktionen Vector_CAN_Init() und Vector_CAN_Enable().
Vector_CAN_Stop()	Deaktiviert die Vector CAN-Komponente.
Vector_CAN_GlobalIntEnable()	Aktiviert globale Interrupts vom CAN-Core.
Vector_CAN_GlobalIntDisable()	Deaktiviert globale Interrupts vom CAN-Core.
Vector_CAN_Sleep()	Bereitet die Komponente auf den Schlaf vor.
Vector_CAN_Wakeup()	Versetzt die Komponente in den Zustand, in dem sie beim Aufruf von Vector_CAN_Sleep() war.
Vector_CAN_Init()	Initialisiert die Vector CAN-Komponente basierend auf den Einstellungen im Component Customizer. Richtet den CAN-Interrupt mit der Interrupt-Service-Routine ein CanIsr_0() wird vom Vector CAN-Konfigurationswerkzeug erzeugt.
Vector_CAN_Enable()	Aktiviert die Vector CAN-Komponente.
Vector_CAN_SaveConfig()	Speichert die Konfiguration der Komponente.
Vector_CAN_RestoreConfig()	Stellt die Konfiguration der Komponente wieder her.

9.10.2 Vector CAN-API

Die Vector CAN-Komponente von PSoC Creator kann wie in Tab. 9.11 zusammengefasst unter Softwaresteuerung konfiguriert werden. Standardmäßig weist PSoC Creator dem ersten Exemplar einer Komponente in einem gegebenen Design den Instanznamen Vector_CAN_1 zu.[107] Der verwendete Instanzname wird zum Präfix jedes globalen Funktionsnamens, jeder Variablen und jedes konstanten Symbols. PSoC Creator bietet die folgende Anwendungsprogrammierschnittstelle für die Vector CAN-Komponente:

- uint8 *Vector_CAN_Start(void)* ist die bevorzugte Methode, um den Betrieb der Komponente zu starten.
- uint8 *Vector_CAN_Start()* setzt die Variable *initVar*, ruft die Funktion *Vector_CAN_Init()* auf und ruft dann die Funktion *Vector_CAN_Enable()* auf.[108]
- uint8 *Vector_CAN_Stop(void)* deaktiviert die Vector CAN-Komponente. Gibt einen Wert zurück, der angibt, ob das Register geschrieben und überprüft wurde.

---

[107] Die Instanz kann in einen beliebigen eindeutigen Wert umbenannt werden, der den syntaktischen Regeln von PSoC Creator für Bezeichner entspricht.
[108] Gibt zurück, ob das Register geschrieben und überprüft wurde.

- *uint8 Vector_CAN_GlobalIntEnable(void)* aktiviert globale Interrupts vom CAN-Kern.[109]
- *uint8 Vector_CAN_GlobalIntDisable(void)* deaktiviert globale Interrupts vom CAN-Kern. Rückgabewert: Angabe, ob das Register geschrieben und überprüft wurde.
- *void Vector_CAN_Sleep(void)* ist die bevorzugte Routine, um die Komponente auf den Schlafmodus vorzubereiten.
- *Vector_CAN_Sleep()* speichert den aktuellen Zustand der Komponente, ruft dann *Vector_CAN_SaveConfig()* und *Vector_CAN_Stop()* auf, um die Hardwarekonfiguration zu speichern.[110]
- *void Vector_CAN_Wakeup(void)* ist die bevorzugte Routine, um die Komponente in den Zustand zurückzuführen, als *Vector_CAN_Sleep()* aufgerufen wurde. *Vector_CAN_Wakeup()* ruft
- *Vector_CAN_RestoreConfig()* auf, um die Konfiguration wiederherzustellen. Wenn die Komponente vor dem Aufruf von *Vector_CAN_Sleep()* aktiviert war, wird *Vector_CAN_Wakeup()* die Komponente auch wieder aktivieren. Das Aufrufen von *Vector_CAN_Wakeup()*, ohne zuerst *Vector_CAN_Sleep()* aufzurufen, oder der Aufruf
- *Vector_CAN_SaveConfig()* kann unerwartetes Verhalten verursachen.
- *void Vector_CAN_Init (void)* initialisiert oder stellt die Komponente gemäß den Einstellungen des *Configure*-Dialogfelds wieder her. Es ist nicht notwendig, *Vector_CAN_Init()* aufzurufen, weil
- *Vector_CAN_Start()* diese Funktion aufruft und die bevorzugte Methode ist, um den Betrieb der Komponente zu starten. Es richtet den CAN-Interrupt mit der vom *Vector CAN*-Konfigurationstool generierten Interrupt-Service-Routine *CanIsr_0()* ein.
- *uint8 Vector_CAN_Enable(void)* aktiviert die Hardware und beginnt den Betrieb der Komponente. Es ist nicht notwendig, *Vector_CAN_Enable()* aufzurufen, weil Vector_CAN_Start() es aufruft, was die bevorzugte Methode ist, um den Betrieb der Komponente zu starten. Der Rückgabewert gibt an, ob das Register geschrieben und überprüft wurde.
- *void Vector_CAN_SaveConfig(void)* speichert die Konfiguration der Komponente und nicht aufbewahrte Register, speichert die aktuellen Parameterwerte der Komponente, wie sie im *Configure*-Dialog definiert oder durch geeignete APIs geändert wurden.[111]
- *void Vector_CAN_RestoreConfig(void)* stellt die Konfiguration der Komponente und nicht aufbewahrte Register wieder her, stellt die Parameter der Komponente auf den Aufruf von *Vector_CAN_Sleep()* zurück.[112] Die globale Variable, *Vector_CAN_initvar*, ist in Tab. 9.12 definiert.

---

[109] Der Rückgabewert gibt an, ob das Register geschrieben und überprüft wurde.

[110] *Vector_CAN_Sleep()* sollte vor *CyPmSleep()* oder *CyPmHibernate()* aufgerufen werden.

[111] Diese Funktion wird von der Funktion *Vector_CAN_Sleep()* aufgerufen.

[112] Das Aufrufen dieser Funktion ohne zuerst die Funktion *Vector_CAN_Sleep()* oder *Vector_CAN_SaveConfig()* aufzurufen, kann unerwartetes Verhalten verursachen.

Tab. 9.12 Die globale Variable *Vector_CAN_initVar*

Variable	Beschreibung
Vector_CAN_initVar	Vector_CAN_initVar zeigt an, ob der Vector CAN initialisiert wurde. Die Variable wird auf 0 initialisiert und beim ersten Aufruf von Vector_CAN_Start() auf 1 gesetzt. Dadurch kann die Komponente nach dem ersten Aufruf der Routine Vector_CAN_Start() ohne Neuinitialisierung neu gestartet werden. Wenn eine Neuinitialisierung der Komponente erforderlich ist, kann die Funktion Vector_CAN_Init() vor der Funktion Vector CAN Start() oder Vector CAN Enabled aufgerufen werden.

9.11 Inter-IC Sound Bus (I2S)

Der integrierte Inter-IC Sound Bus (I2S) [8] ist ein serieller Busschnittstellenstandard, der zur Verbindung von digitalen Audiogeräten verwendet wird und auf einer von Philips Semiconductor entwickelten Spezifikation[113] basiert. Die I2S-Komponente von PSoC Creator bietet eine serielle Busschnittstelle für Stereoaudiodaten, wird hauptsächlich von Audio-ADC- und DAC-Komponenten verwendet und arbeitet nur im Mastermodus. Diese Komponente ist bidirektional und daher in der Lage, sowohl als Sender (Tx) als auch als Empfänger (Rx) zu funktionieren. Die Anzahl der für jeden Abtastwert verwendeten Bytes, egal ob für den rechten oder linken Kanal, ist die minimale Anzahl an Bytes, um einen Abtastwert zu halten (Abb. 9.34).

I2C-Funktionen umfassen:

- 8–32 Datenbits pro Abtastwert [3],
- 16-, 32-, 48-, 64-bit-Wortauswahlperiode: 6,144 MHz,
- Datenraten bis zu 96 kHz,
- DMA-Unterstützung,
- unabhängige rechte und linke Kanal-FIFO oder ineinandergreifende Stereo-FIFO,
- unabhängige Aktivierung von Tx und Rx,
- Tx- und Rx-FIFO-Interrupts.

9.11.1 Funktionale Beschreibung der I2S-Komponente

Links/Rechts- und Rx/Tx-Konfigurationen – die Konfigurationen für die linken und rechten Kanäle, d. h., die Rx- und Tx-Richtung, die Anzahl der Bits und Wortauswahlperiode, sind identisch. Wenn die Anwendung unterschiedliche Konfigurationen für Rx und Tx haben muss, dann sollten zwei unidirektionale Komponenteninstanzen verwendet werden.

---

[113] I2S-Bus-Spezifikation; Februar 1986, überarbeitet am 5. Juni 1996.

Abb. 9.34 Der Inter-IC Sound Bus (I2S)

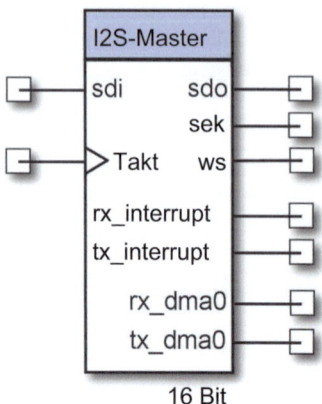

Datenstromformat

Die Daten für Tx und Rx sind unabhängige Byteströme, die mit dem höchstwertigen Byte zuerst und dem höchstwertigen Bit an der Bit-7-Position des ersten Wortes gepackt sind. Die Anzahl der für jeden Abtastwert verwendeten Bytes, für den rechten oder linken Kanal, ist die minimale Anzahl von Bytes, um einen Abtastwert zu halten. Alle unbenutzten Bits werden bei Tx ignoriert und bei Rx auf 0 gesetzt. Der Datenstrom für eine Richtung kann ein einzelner Bytestrom sein oder es können zwei Byteströme sein. Im Falle eines einzelnen Bytestroms werden der linke und der rechte Kanal verschachtelt, wobei zuerst der linke Kanal und dann der rechte Kanal abgetastet wird. Im Fall von zwei Byteströmen verwenden der linke und der rechte Kanal getrennte FIFO.

DMA

Der I2S hat eine *kontinuierliche Schnittstelle,* d. h., er benötigt einen ununterbrochenen Datenstrom. Für die meisten Anwendungen erfordert dies die Verwendung von DMA-Übertragungen, um den Unterlauf der Tx-Richtung oder den Überlauf der Rx-Richtung zu verhindern. Der I2S kann bis zu zwei DMA-Komponenten für jede Richtung steuern. Der DMA Wizard des PSoC Creator kann verwendet werden, um den DMA-Betrieb wie in Tab. 9.13 definiert zu konfigurieren.

9.11.2 Aktivierung von Tx und Rx

Die Rx- und Tx-Richtungen haben separate Aktivierungen. Wenn sie nicht aktiviert sind, überträgt die Tx-Richtung alle 0-Werte und die Rx-Richtung ignoriert alle empfangenen Daten. Der Übergang in und aus dem aktivierten Zustand erfolgt an einer Wortauswahlgrenze, so dass immer ein linkes/rechtes Abtastpaar gesendet bzw. empfangen wird.

9.11 Inter-IC Sound Bus (I2S)

Tab. 9.13 DMA und die I2S-Komponente

Name der DMA-Quelle/des DMA-Ziels im DMA-Assistenten	Richtung	DMA-Anforderungssignal	DMA-Anforderungssignal	Beschreibung
I2S_RX_FIFO_0_PTR	Quelle	rx_dma0	Level	Empfangs-FIFO für linken oder verschachtelten Kanal
I2S_RX_FIFO_1_PTR	Quelle	rx_dma1	Level	Empfangs-FIFO für rechten Kanal
I2S_TX_FIFO_0_PTR	Ziel	rx_dma0	Level	Übertragungs-FIFO für linken oder verschachtelten Kanal
I2S_TX_FIFO_1_PTR	Ziel	tx_dma1	Level	Übertragungs-FIFO für rechten Kanal

9.11.3 I2S-Eingabe/Ausgabe-Verbindungen

Die I/O-Verbindungen für die I2S-Komponente sind:

- *sdi* – serieller Dateneingang.[114]
- *clock* – die Taktrate muss das Zweifache der gewünschten Taktrate für den seriellen Ausgangstakt (SCK) sein. Um z. B. 48-kHz-Audio mit einer 64-bit-Wortauswahlperiode zu erzeugen, würde die Taktfrequenz 2×48 kHz $\times 64 = 6,144$ MHz betragen.
- *sdo* – serieller Datenausgang. Wird angezeigt, wenn die Tx-Option für den Richtungsparameter ausgewählt ist.
- *sck* – Ausgang serieller Takt.
- *ws* – Wortauswahl Ausgang zeigt den übertragenen Kanal an.
- *rx_interrupt* – Rx-Richtung-Interrupt.[115]
- *tx_interrupt* – Tx-Richtung-Interrupt.[116]

---

[114] Wenn dieses Signal an einen Eingangspin angeschlossen ist, sollte die Auswahl *Input Synchronized* für diesen Pin deaktiviert werden. Dieses Signal sollte bereits mit *SCK* synchronisiert sein, daher könnte eine Verzögerung des Signals mit dem Synchronisierer des Eingangspins dazu führen, dass das Signal in den nächsten Taktzyklus verschoben wird.
[115] Wird angezeigt, wenn eine Rx-Option für den Richtungsparameter ausgewählt wurde.
[116] Wird angezeigt, wenn eine Tx-Option für den Richtungsparameter ausgewählt ist.

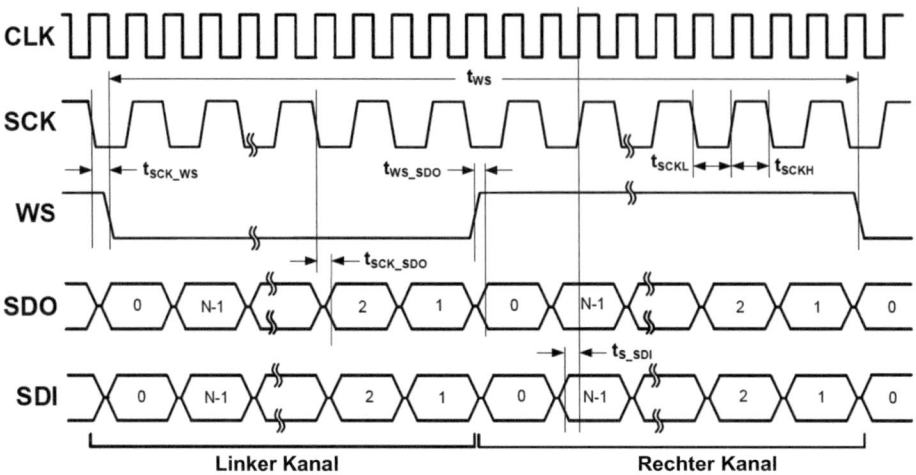

Abb. 9.35 I2S-Datenübergangszeitdiagramm

- *rx_DMA0* – Rx-Richtungs-DMA-Anforderung für FIFO 0 (links oder verschachtelt).[117]
- *rx_DMA1* – Rx-Richtungs-DMA-Anforderung für FIFO 1 (rechts).[118] Wird angezeigt, wenn Rx-DMA unter dem DMA-Anforderungsparameter und getrennt L/R unter dem Datenverschachtelungsparameter für Rx ausgewählt sind.
- *tx_DMA0* – Tx-Richtungs-DMA-Anforderung für FIFO 0 (links oder verschachtelt).[119]
- *tx_DMA1* – Tx-Richtungs-DMA-Anforderung für FIFO 1 (rechts; Abb. 9.35).[120]

9.11.4 I2S-Makros

Standardmäßig enthält der *PSoC Creator Component*-Katalog drei *Schematic Macro*-Implementierungen für die *I2S*-Komponente. Diese Makros enthalten die *I2S*-Komponente, die bereits mit digitalen Pinkomponenten verbunden ist. Die Option *Input Synchronized* ist bei dem SDI-Pin nicht aktiviert und die Generierung von APIs für alle Pins ist deaktiviert. Die Implementierungen *Schematic Macro* verwenden die I2S-Komponente,

---

[117] Wird angezeigt, wenn Rx DMA unter dem Parameter *DMA Request* ausgewählt ist.

[118] Wird angezeigt, wenn Rx DMA unter dem Parameter *DMA Request* und Separated L/R unter dem Parameter *Data Interleaving* für Rx ausgewählt sind.

[119] Wird angezeigt, wenn Tx DMA unter dem Parameter *DMA Request* ausgewählt ist.

[120] Wird angezeigt, wenn Tx DMA unter dem Parameter *DMA Request* und Separated L/R unter dem Parameter *Data Interleaving* für Tx ausgewählt sind.

9.11 Inter-IC Sound Bus (I2S)

Abb. 9.36 I2S-Tx und -Rx

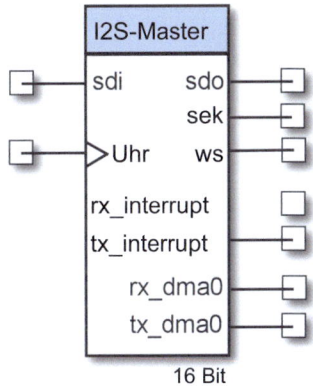

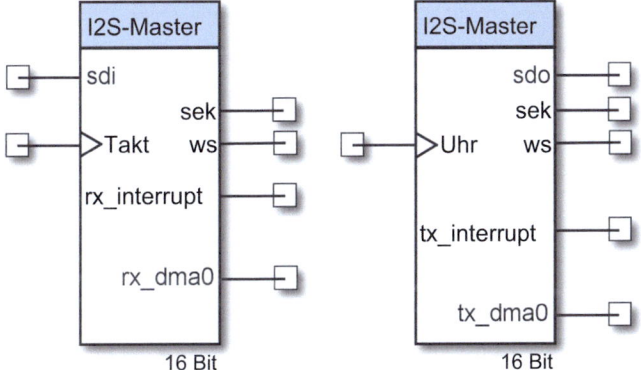

Abb. 9.37 I2S nur Rx und I2S nur Tx

konfiguriert für nur Rx-, nur Tx- und beide Rx- und Tx-Richtungen, wie in den Abb. 9.36 und 9.37 gezeigt.

9.11.5 I2S-APIs

- *void I2S_Start(void)* startet die I2S-Schnittstelle, aktiviert die Active-Mode-Power-Template-Bits oder das Clock-Gating, je nach Bedarf. Startet die Erzeugung der *sck*- und *ws*-Ausgänge. Die Tx- und Rx-Richtungen bleiben deaktiviert.
- *void I2S_Stop(void)* deaktiviert die *I2S*-Schnittstelle und die Active-Mode-Power-Template-Bits oder das Clock-Gating, je nach Bedarf. Setzt die *sck*- und *ws*-Ausgänge auf 0. Deaktiviert die Tx- und Rx-Richtungen und leert ihre FIFO.

Tab. 9.14 I2S-Rx-Interrupt-Quelle

I2S-Rx-Interrupt-Quelle	Wert
RX_FIFO_OVERFLOW	0x01
RX_FIFO_0_NOT_EMPTY	0x02
RX_FIFO_1_NOT_EMPTY	0x04

- *void I2S_EnableTx(void)* aktiviert die Tx-Richtung der I2S-Schnittstelle.[121]
- *void I2S_DisableTx(void)* deaktiviert die Tx-Richtung der I2S-Schnittstelle.[122]
- void I2S_EnableRx(void) aktiviert die Rx-Richtung der I2S-Schnittstelle.[123]
- *void I2S_DisableRx(void)* deaktiviert die Rx-Richtung der I2S-Schnittstelle.[124]
- *void I2S_SetRxInterruptMode(uint8 interruptSource)* setzt die Interrupt-Quelle für den I2S-Rx-Richtungs-Interrupt. Mehrere Quellen können OR-verknüpft werden (Tab. 9.14).

9.11.6 I2S-Fehlerbehandlung

Zwei Fehlerbedingungen können auftreten, wenn der Sende-FIFO leer ist und ein anschließendes Lesen erfolgt, d. h. ein Sendeunterlauf, oder wenn der Empfangs-FIFO voll ist und ein anschließendes Schreiben erfolgt, d. h. ein Empfangsüberlauf. Wenn der Sende-FIFO leer wird und keine Daten für die Übertragung verfügbar sind, während die Übertragung aktiviert ist, d. h. ein Sendeunterlauf, erzwingt die Komponente die konstante Übertragung von Nullen. Bevor die Übertragung wieder beginnt, muss die Übertragung deaktiviert werden, die FIFO sollten geleert werden, die Daten für die Übertragung müssen gebuffert werden und dann muss die Übertragung wieder aktiviert werden. Die CPU kann diesen Unterlaufzustand mit dem Sendestatusbit *I2S_TX_FIFO_UNDERFLOW* überwachen. Ein Interrupt kann auch für diesen Fehlerzustand konfiguriert werden. Während der Empfang aktiviert ist, wenn das Empfangs-FIFO voll wird und zusätzliche Daten empfangen werden (Empfangsüberlauf), stoppt die Komponente die Datenerfassung. Bevor der Empfang wieder beginnt, muss der Empfang deaktiviert werden, die FIFO sollten geleert werden und dann muss der Empfang wieder aktiviert

---

[121] Die Übertragung beginnt bei der nächsten fallenden Flanke des Wortauswahlsignals.

[122] Die Datenübertragung stoppt und ein konstanter 0-Wert wird bei der nächsten fallenden Flanke des Wortauswahlsignals übertragen.

[123] Der Datenempfang beginnt bei der nächsten fallenden Flanke des Wortauswahlsignals.

[124] Bei der nächsten fallenden Flanke des Wortauswahlsignals wird der Datenempfang nicht mehr an das Empfangs-FIFO gesendet.

werden. Die CPU kann diesen Überlaufzustand mit dem Empfangsstatusbit *I2S_RX_FIFO_OVERFLOW* überwachen. Ein Interrupt kann auch für diesen Fehlerzustand konfiguriert werden.

9.12 Lokales Verbindungsnetzwerk (LIN)

Der LIN-Standard [9] wurde von einer Gruppe von Unternehmen entwickelt, die in der Automobilindustrie tätig sind.[125] Es war von Anfang an als Multiplex-Kommunikationssystem gedacht, das viel einfacher als das Controller Area Network (CAN) oder das Serial Peripheral Interface (SPI) [17] ist. LIN fungiert als Subnetzwerk zu CAN und basiert auf einer Architektur, die nur einen einzigen Master und mehrere Slaves unterstützt. Es ist nicht so robust, hat eine kleinere Bandbreite/Bitrate und bietet weniger Funktionalität als CAN, aber es ist viel wirtschaftlicher. LIN zielt auf kostengünstige Fahrzeugnetzwerke ab und ergänzt das bestehende Portfolio von Multiplex-Fahrzeugnetzwerken und wird typischerweise für die Vernetzung von Schiebedachsteuerungen, Regenerkennungssystemen, automatischen Scheinwerfersteuerungen, Türschlössern, Innenbeleuchtungssteuerungen usw. verwendet.

Die LIN-Spezifikation besteht aus einer *API-Spezifikation,* einer *Konfigurations-/Diagnosespezifikation,* einer *Physical-Layer-Spezifikation,* einer *„node capability language"* und *Protokollspezifikation*.

- Die *API-Spezifikation* beschreibt die Schnittstelle zwischen dem Anwendungsprogramm und dem Netzwerk.
- Die *Konfigurations-/Diagnosespezifikation* ist eine Beschreibung der LIN-Dienste, die über der Datenverbindungsschicht verfügbar und mit dem Senden von Konfigurations- und Diagnosenachrichten verbunden sind.
- Die *Physical-Layer-Spezifikation* definiert Toleranzen für den Takt, unterstützte Bitraten usw.
- Die *„node capability language"* definiert das Sprachformat für bestimmte Arten von LIN-Modulen, die in Plug-and-Play-Anwendungen verwendet werden.
- Die *Spezifikation der „capability language"* definiert das Format der Konfigurationsdatei, die zur Konfiguration des LIN-Netzwerks verwendet wird.

---

[125] Das ursprüngliche Konzept für das LIN-Protokoll wird Motorola zugeschrieben, aber sie wurden bald von Audi, BMW, Daimler Chrysler, Volkswagen und Volvo in der Unterstützung des neuen Standards begleitet. Die aktuelle Version ist LIN 2.0 und wurde im September 2003 herausgegeben.

Das LIN-System funktioniert als asynchrones Kommunikationssystem, das ohne einen Takt auskommt. Daher funktioniert es als Einleitersystem[126] das keine Arbitrierung benötigt. Die Baudraten sind auf 20 kbit/s begrenzt, um EMI-Probleme zu vermeiden. Der Master ist für die Priorisierung verantwortlich und damit für die Bestimmung der Reihenfolge der Nachrichtenübertragung. Der Master verwendet einen stabilen Takt als Referenz und überwacht Daten und Prüfbytes, während er den Fehler-Handler steuert. Der Master steuert den Bus und überträgt *Sync Break-*, *Sync Byte-* und *ID*-Datenfelder. 2–16 Slaves empfangen/übertragen Daten, wenn ihre jeweiligen IDs vom Master übertragen werden.[127] Slaves können 1, 2, 4 oder 8 Datenbyte auf einmal zusammen mit einem Prüfbyte übertragen.

Die Hauptmerkmale des LIN-Busses sind:

- Datenformat ähnlich dem gängigen seriellen UART-Format,
- sicheres Verhalten mit Datenprüfsummen,
- Selbstsynchronisation der Slaves auf Mastergeschwindigkeit,
- Einzelmaster, mehrere Slaves (bis zu 16 Slaves),
- Einzelleitung (max 40 m) und
- Geschwindigkeiten bis zu 19,2 kbps (Wahl ist 2400, 9600, 19.200 bps; Abb. 9.38).

Das von LIN verwendete Nachrichtenrahmenformat besteht aus einem *Break* mit 13 bit, gefolgt von einem Delimiter von 1 bit, der alle Knoten auf dem LIN-Bus alarmiert und den Beginn eines Frames signalisiert. Diesem folgt sofort eine Taktsynchronisation oder ein *Sync*-Feld (x55), das es den Slaves ermöglicht, ihre jeweiligen internen Baudraten an die des Busses anzupassen. Ein *Nachrichtenidentifikator* (ID) folgt dem Sync-Feld, das aus einem 6-bit-Nachrichten- und einem 2-bit-Paritätsfeld besteht. Die IDs 0–59 sind für den signaltragenden Datenframe, 60–61 für die Diagnosedatenframes, 62 für die benutzerdefinierten Erweiterungen und 63 für die zukünftige Verwendung reserviert.[128] Die Slaves *hören* auf IDs und prüfen die jeweiligen Paritäten, für die sie entweder ein Publisher oder ein Subscriber sind. Die Antwort des Slaves besteht aus 1–8 Datenbyte, gefolgt von einer 8-bit-Prüfsumme.[129]

---

[126] Solche Systeme werden oft als *Einleitungssysteme* bezeichnet, tatsächlich ist jedoch eine zusätzliche Leitung erforderlich, um eine Erdungsrückführung für das System bereitzustellen.

[127] Es sollte beachtet werden, dass ein Master auch als Slave dienen kann.

[128] ID 63 verwendet immer das *klassische* Prüfsummenalgorithmus.

[129] Der klassische Prüfsummenalgorithmus wird mit LIN 1.3-Knoten und der erweiterte Prüfsummenalgorithmus wird mit LIN 2.0 verwendet. Der erweiterte Prüfsummenalgorithmus erfordert, dass die Datenwerte summiert werden und wenn die Summe größer oder gleich 256 ist, wird 255 subtrahiert und das Ergebnis wird der Nachrichtenantwort angehängt.

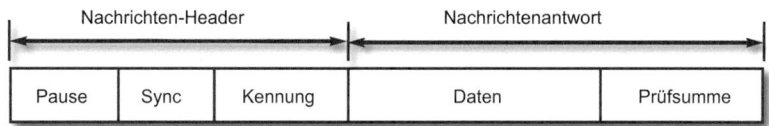

Abb. 9.38 Das LIN-Nachrichtenframe

9.12.1 LIN-Slave

Die LIN-Slave-Komponente von PSoC Creator implementiert einen LIN 2.1-Slave-Knoten auf PSoC 3- und PSoC 5LP-Geräten. Optionen für die Einhaltung von LIN 2.0 oder SAE J2602-1 sind ebenfalls verfügbar. Diese Komponente besteht aus den Hardwareblöcken, die zur Kommunikation auf dem LIN-Bus notwendig sind, und einem API, die es dem Anwendungscode ermöglicht, einfach mit der LIN-Bus-Kommunikation zu interagieren. Die Komponente bietet einen API, die dem von der LIN 2.1-Spezifikation festgelegten API entspricht. Diese Komponente bietet eine gute Kombination aus Flexibilität und Benutzerfreundlichkeit. Ein Customizer für die Komponente wird bereitgestellt, der es ermöglicht, alle LIN-Slave-Parameter einfach zu konfigurieren.

Unterstützte Funktionen beinhalten:

- automatische Baudratensynchronisation,
- automatische Handhabung von Konfigurationsdiensten,
- automatische Erkennung von Businaktivität,
- Customizer für schnelle und einfache Konfiguration,
- Editor für *.ncf/*.ldf-Dateien mit Syntaxprüfung,
- vollständige Implementierung eines LIN 2.1- oder LIN 2.0-Slave-Knotens,
- vollständige Implementierung eines Diagnoseklasse-I-Slave-Knotens,
- vollständige Unterstützung der Transportschicht,
- vollständige Fehlererkennung,
- Import von *.ncf/*.ldf-Dateien und Export von *.ncf-Dateien und
- unterstützt die Einhaltung der SAE J2602-1-Spezifikation.

Der LIN-Bus basiert auf einer einzigen Leitung, ist AND-verdrahtet und besitzt einen Abschlusswiderstand an jedem Knoten[130] Die LIN-Slave-Komponente hat die folgenden I/O-Verbindungen:

---

[130] Typische Widerstandswerte sind 1 kΩ für jeden Master und 30 kΩ für jeden Slave und die Versorgungsspannung liegt zwischen 8 und 18 V.

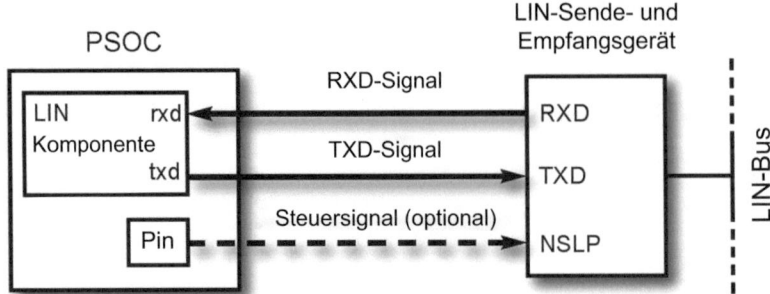

Abb. 9.39 LIN-Bus-Physical-Layer

- RXD – ein digitaler Eingangsterminal,
- TXD – ein digitaler Ausgangsterminal, der die über den LIN-Bus vom LIN-Knoten gesendeten Daten überträgt.

9.12.2 PSoC- und LIN-Bus-Hardwareschnittstelle

Ein LIN-Physical-Layer-Transceiver-Gerät ist erforderlich, wenn der LIN-Slave-Knoten von PSoC direkt an einen LIN-Bus angeschlossen ist. In solchen Fällen verbindet sich der *txd*-Pin der LIN-Komponente mit dem TXD-Pin des Transceivers und der *rxd*-Pin verbindet sich mit dem RXD-Pin des Transceivers, wie in Abb. 9.39 dargestellt. Das LIN-Transceiver-Gerät ist erforderlich, weil die elektrischen Signalpegel von PSoC nicht mit den elektrischen Signalen auf dem LIN-Bus kompatibel sind. Einige LIN-Transceiver-Geräte haben auch ein *enable-* oder *sleep*-Eingangssignal, das zur Steuerung des Betriebszustands des Geräts verwendet wird. Die LIN-Komponente stellt dieses Steuersignal nicht zur Verfügung. Stattdessen wird ein Pin verwendet, um das gewünschte Signal an das LIN-Transceiver-Gerät auszugeben, falls dieses Signal benötigt wird.

9.13 LCD (visuelle Kommunikation)

Visuelle Anzeigen sind oft eine wichtige Komponente eines eingebetteten Systems zur Anzeige wichtiger Nachrichten, bestimmter Parameterwerte und/oder zur Erleichterung des Debuggings. PSoC 3 hat bis zu 64 eingebaute Segment-LCD-Treiber, die direkt mit

9.13 LCD (visuelle Kommunikation)

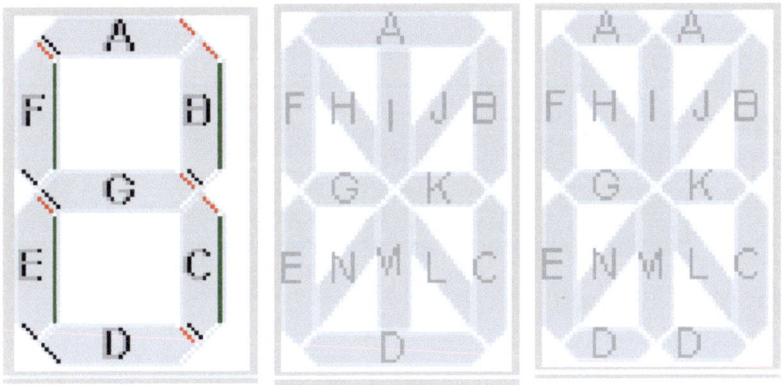

Abb. 9.40 Unterstützte LCD-Segmenttypen

einer Vielzahl von Segment-, LCD- und Glasarten verbunden werden können. Dies gibt ihm die Fähigkeit, bis zu 768 Pixel (16 Verbände × 48 Segmente) zu steuern.

Die von den PSoC 3-LCD-Treibern unterstützten Funktionen sind:

- einstellbare Aktualisierungsrate von 10 bis 150 Hz, konfigurierbare Leistungsmodi, die eine Leistungsoptimierung ermöglichen,
- Direktantrieb mit interner Biasgenerierung, wofür keine weitere externe Hardware erforderlich ist,
- maximal 64 eingebaute LCD-Treiber (einschließlich Verband- und Segmentpintreiber), keine CPU-Intervention bei LCD-Aktualisierung,
- statische 1/3-, 1/4-, 1/5-Bias-Verhältnisse,
- Unterstützung für sowohl Typ-A- als auch Typ-B-Wellenformen,
- Unterstützung für LCD-Glas mit bis zu 16 gemeinsamen Leitungen und
- Unterstützung einer alphanumerischen Anzeige von 14- und 16-Segmenten, einer numerischen Anzeige von 7 Segmenten, einer Punktmatrix und von speziellen Symbolen (Abb. 9.40).

Die LCD-Komponente von PSoC Creator basiert auf einer Reihe von Bibliotheksroutinen, die die Verwendung von ein-, zwei- oder vierzeiligen LCD-Modulen erleichtern, die den *Hitachi HD44780*-LCD-Display-Treiber, 4-bit-Protokoll, verwenden. Die Hitachi-Schnittstelle hat sich als weit verbreiteter Standard für die Ansteuerung von LCD-Displays des in Abb. 9.41 gezeigten Typs erwiesen.

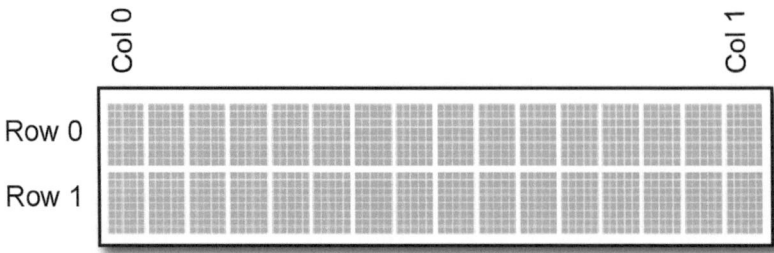

Abb. 9.41 Hitachi 2×16-LCD

Jedes der 32 in der Abbildung gezeigten Segmente besteht aus einem Array von 40 Elementen (8×5). Dieses spezielle LCD kann zwei Reihen von 16 Zeichen[131] und begrenzte grafische Darstellungen anzeigen. Sieben logische Portpins werden verwendet, um die Datenbits 0–3, die LCD-Aktivierung,[132] die Registerauswahl[133] und das Lesen/Nichtschreiben[134] an den integrierten Hardwarecontroller des Displays zu übertragen, wie in Tab. 9.15 gezeigt. Die Funktion *LCD_Char_Position()* verwaltet die Displayadressierung wie folgt: Zeile 0, Spalte 0 befindet sich in der oberen linken Ecke, die Spaltennummer erhöht sich nach rechts, wie in Abb. 9.41 gezeigt.[135]

9.13.1 Resistiver Touch

Die resistive Touchscreenkomponente von PSoC Creator[136] wird verwendet, um mit einem resistiven Touchscreen mit vier Leitungen zu interagieren. Die Komponente bietet eine Methode zur Integration und Konfiguration der resistiven Touchelemente eines Touchscreens mit der emWin[137]-Grafikbibliothek [23]. Sie integriert hardwareabhängige

---

[131] Auch benutzerdefinierte Zeichensätze werden unterstützt.
[132] Abtasten, um zu bestätigen, dass neue Daten verfügbar sind.
[133] Auswahl für Daten- oder Steuereingabe.
[134] Umschaltung zur Abfrage des Bereitschaftsbits des LCD.
[135] Bei einem Vierzeilendisplay kann das Schreiben über Spalte 19 von Zeile 0 dazu führen, dass Zeile 2 beschädigt wird, da die Adressierung Zeile 0, Spalte 20 auf Zeile 2, Spalte 0 abbildet. Dies ist bei dem Standard 2x16-Hitachi-Modul kein Problem.
[136] Diese Komponente bietet eine resistive Touchscreenschnittstelle mit vier Leitungen zum Auslesen der Touchscreenkoordinaten und zur Messung des Bildschirmwiderstands. Sie ermöglicht den Zugriff auf die Funktionen der SEGGER emWin-Grafikbibliothek zur Umsetzung des Widerstands in Bildschirmkoordinaten.
[137] emWin ist ein Produkt von SEGGER Microcontroller, das als effiziente grafische Benutzeroberfläche konzipiert wurde, die unabhängig vom Prozessor und grafischem LCD-Controller funktioniert. (http://www.segger.com/embedded-software.html).

9.13 LCD (visuelle Kommunikation)

Tab. 9.15 Zuordnung von logischem zu physikalischem LCD-Anschluss

Logik-Port-Pin	LCD-Modul-Pin	Beschreibung
LCDPort_0	DB4	Daten-Bit 0
LCDPort_1	DB5	Daten-Bit 1
LCDPort_2	DB6	Daten-Bit 2
LCDPort_3	DB7	Daten-Bit 3
LCDPort_4	E	LCD-Freigabe
LCDPort_5	RS	Register wählen
LCDPort_6	R/!W	Lesen/nicht schreiben

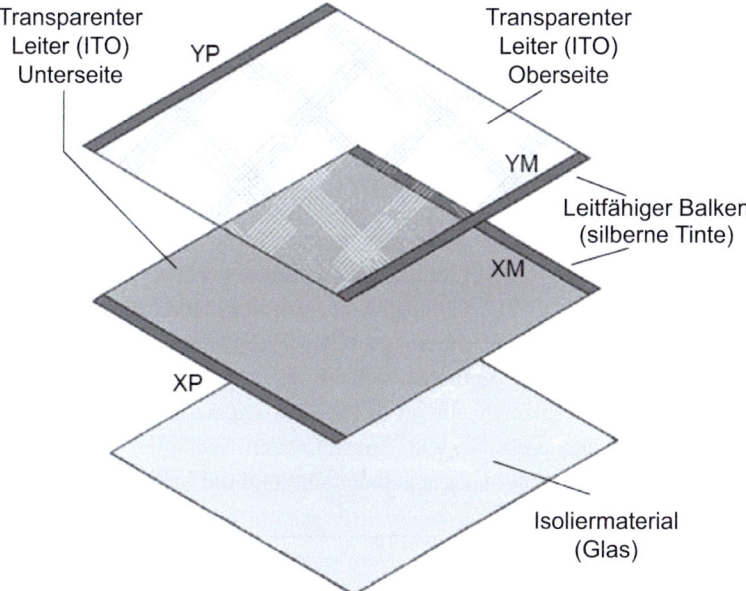

Abb. 9.42 Resistive Touchscreenkonstruktion

Funktionen, die vom Touchscreentreiber, der mit emWin geliefert wird, aufgerufen werden, wenn das Touchpanel abgefragt wird (Abb. 9.42).

Die unterstützten I/O-Verbindungen sind *xm, xp, ym, yp,* wobei

- xm eine digitale I/O-Verbindung ist und als Signal x− bezeichnet wird, wobei low aktiv ist.
- xp eine analoge/digitale Ausgangsverbindung ist, die als Signal x+ von der x-Achse des

Der Berührungspunkt teilt jede Schicht in ein Serienwiderstandsnetzwerk mit zwei Widerständen und einem Verbindungswiderstand zwischen den beiden Schichten. Durch Messung der Spannung an diesem Punkt können Informationen über die Position des Berührungspunkts orthogonal zum Spannungsgradienten erhalten werden. Um einen vollständigen Satz von Koordinaten zu erhalten, muss einmal in vertikaler und dann in horizontaler Richtung ein Spannungsgradient angelegt werden. Zuerst wird eine Versorgungsspannung auf eine Schicht angelegt und die Spannung über die andere Schicht gemessen; dann wird die Versorgungsspannung auf die andere Schicht angelegt und die Spannung der gegenüberliegenden Schicht gemessen. Im Touchmodus ist eine der Leitungen angeschlossen, um Touchaktivitäten zu erkennen.

9.13.2 Messmethoden

Wie in Abb. 9.43 gezeigt, kann eine Berührung durch einen Finger oder einen Stift eindeutig durch die Messung von drei Parametern definiert werden, nämlich der x-Position, der y-Position und einem dritten Parameter, der mit dem Berührungsdruck zusammenhängt. Letztere Messung ermöglicht es, zwischen Finger- und Stiftkontakten zu unterscheiden. Die leitenden Stege befinden sich an den gegenüberliegenden Rändern des Panels, wie in Abb. 9.43 gezeigt. Die an die Schicht angelegte Spannung erzeugt einen linearen Gradienten über diese Schicht. Die leitenden Schichten sind so ausgerichtet, dass die leitenden Stege orthogonal zueinander sind und die Spannungsgradienten in den

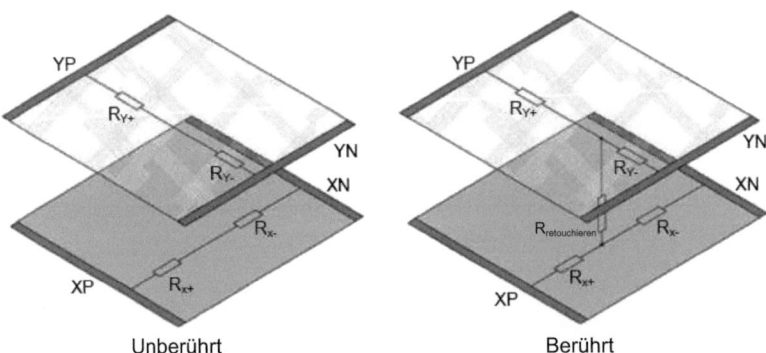

Unberührt   Berührt

Abb. 9.43 Äquivalenter Schaltkreis eines resistiven Touchscreens

9.13 LCD (visuelle Kommunikation)

jeweiligen Schichten ebenfalls orthogonal sind. Ein äquivalenter Schaltkreis für einen resistiven Touchscreen kann auf der Behandlung der leitenden Schichten als Widerstände zwischen den leitenden Stegen in den entsprechenden Schichten basieren. Wenn der Touchscreen berührt wird, entsteht eine resistive Verbindung zwischen den beiden Schichten, wie in Abb. 9.43 gezeigt.

Um einen Touchsensor mit vier Leitungen zu messen, wird eine Spannung (VCC) an einen leitenden Steg auf einer der Schichten angelegt und der andere leitende Steg auf derselben Schicht ist geerdet, siehe Abb. 9.43. Dies erzeugt einen linearen Spannungsgradienten in dieser Schicht. Einer der leitenden Stege in der anderen Schicht ist über einen großen Widerstand mit einem ADC verbunden. Der ADC-Referenzwert ist auf VCC eingestellt, was den ADC-Bereich von 0 bis zum maximalen ADC-Wert festlegt. Wenn der Bildschirm berührt wird, entspricht der ADC-Messwert der Position auf einer der Achsen. Um die zweite Koordinate zu erhalten, muss die andere Schicht mit Strom versorgt und vom ADC gelesen werden. VCC-, GND-, Analog-hi-Z- und ADC-Eingang werden zwischen den beiden Schichten umgeschaltet, wie in der y-Positionsmessung in Abb. 9.43 gezeigt. Der zweite ADC-Messwert entspricht der Position auf der anderen Achse. Schließlich sind zur Bestimmung des Berührungsdrucks zwei Messungen des Widerstands zwischen den Schichten erforderlich. VCC wird an einen leitenden Steg auf einer der Schichten angelegt, während ein leitender Steg auf der anderen Schicht geerdet ist. Die Spannungen an den nicht verbundenen Stegen werden dann gemessen, wie in den Abb. 9.44c, d gezeigt.

Die Prüfung von Abb. 9.44a zeigt, dass eine äquivalente Schaltung für diesen Fall durch

$$\frac{x}{AD_{max}} = \frac{v_{in}}{v_{ref}} = \frac{v_{in}}{v_{cc}} = \frac{iR_{x-}}{i(R_{-x}+R_{x+})} = \frac{R_{x-}}{R_{-plate}} \quad (9.2)$$

gegeben ist, wobei x gleich dem ADC-Wert ist, wenn die ADC-Eingangsspannung gleich v_{in} ist, $AD_{max} = 2^{ADC\_resolution}$, v_{ref} ist die ADC-Referenzspannung und R_{x_plate} ist gegeben durch

$$R_{x\_plate} = R_{x-} + R_{x+}. \quad (9.3)$$

Eine ähnliche Analyse von Abb. 9.44b–d ergibt

$$\frac{y}{AD_{max}} = \frac{R_{y-}}{R_{y-} + R_{y+}} = \frac{R_{y-}}{R_{y\_plate}}, \quad (9.4)$$

$$\frac{z_1}{AD_{max}} = \frac{R_{x-}}{R_{x-} + R_{touch} + R_{y+}} \quad (9.5)$$

und

$$\frac{z_2}{AD_{max}} = \frac{R_{x-} + R_{touch}}{R_{x-} + R_{touch} + R_{y+}}. \quad (9.6)$$

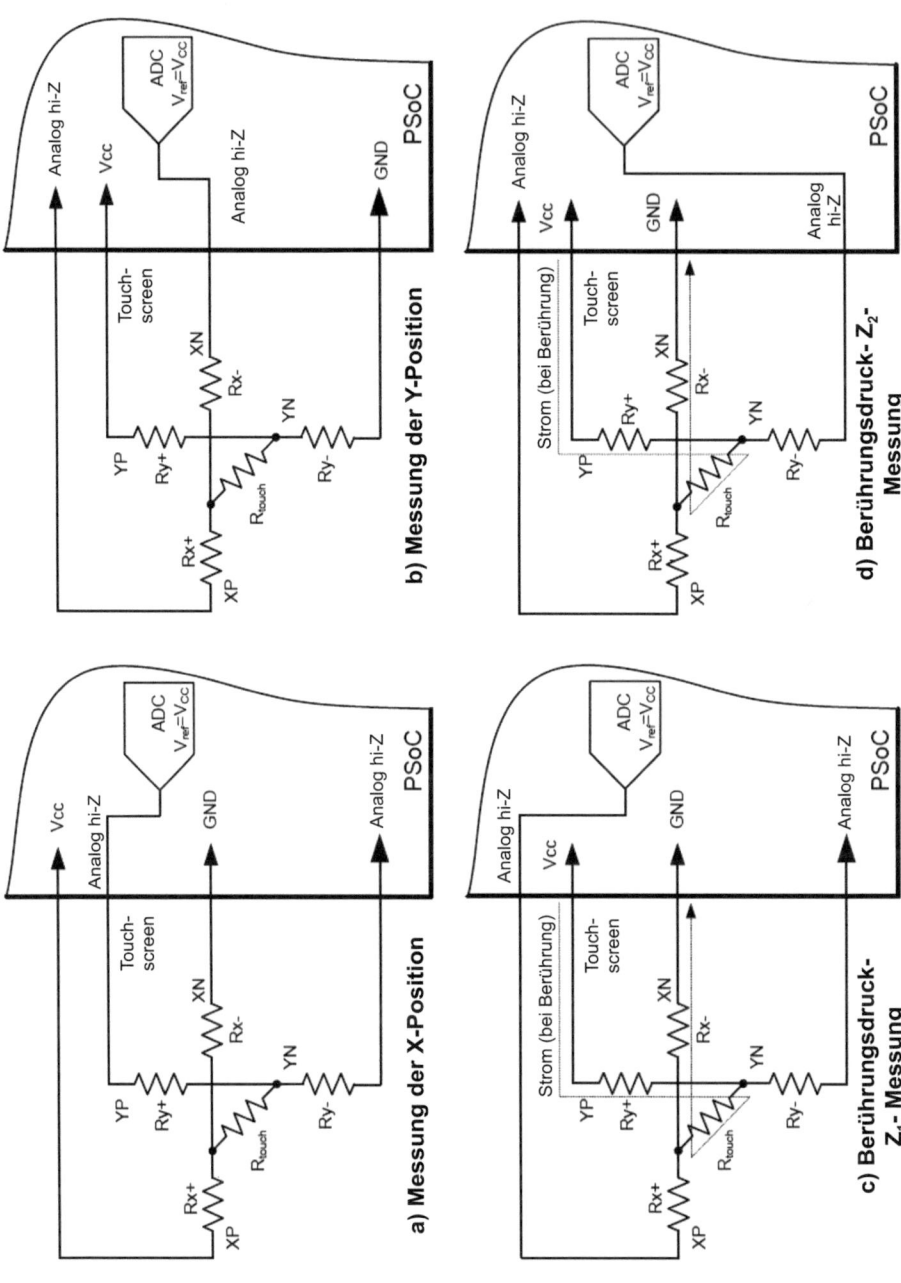

Abb. 9.44 Äquivalente Schaltkreismodelle eines resistiven Touchscreens

9.13 LCD (visuelle Kommunikation)

Abb. 9.45 Flussdiagramm für die Messung der Touchscreenparameter

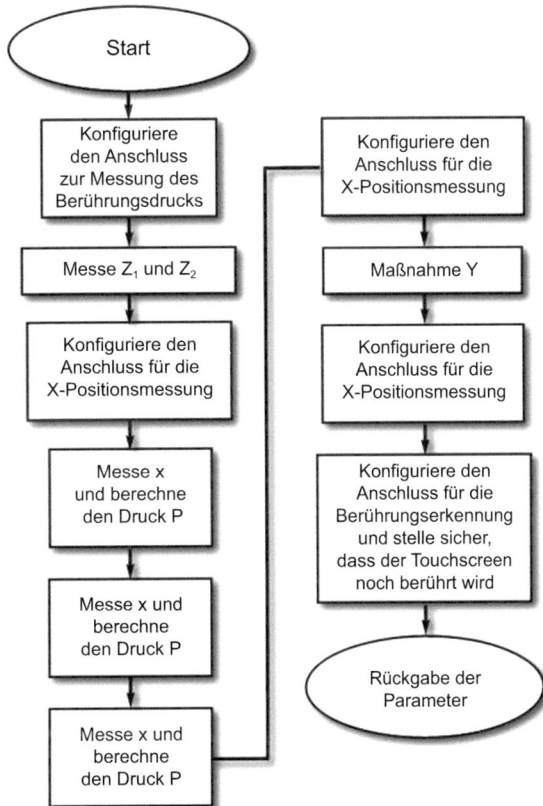

Die Kombination dieser Gleichungen ergibt

$$R_{touch} = R_{x\_plate}\left[\frac{x}{2^{ADC\_resolution}}\right]\left[\frac{z_2}{z_1} - 1\right] \quad (9.7)$$

und

$$R_{touch} = R_{x\_plate}\left[\frac{x}{2^{ADC\_resolution}}\right]\left[\frac{2^{ADC\_resolution}}{z_1} - 1\right] - R_{y_{plate}}\left[1 - \frac{y}{2^{ADC\_resolution}}\right]. \quad (9.8)$$

Die Gl. 9.7 setzt voraus, dass x_{plate}, x, z_1 und z_2 bekannt sind. R_{touch} kann auch durch Auswertung von Gl. 9.8 bestimmt werden, vorausgesetzt, die Werte von x_{plate} und y_{plate} sind bekannt. Ein Flussdiagramm ist in Abb. 9.45 dargestellt, das die erforderlichen Schritte zur Messung der Touchscreenparameter darstellt.

	XP	XM	YP	YM
Berührung	Res Pullup	Digital Hi-Z	Analog Hi-Z	Hohe Ansteuerung
x-Koordinate	Hohe Ansteuerung	Hohe Ansteuerung	Analog Hi-Z	Analog Hi-Z
y-Koordinate	Analog Hi-Z	Analog Hi-Z	Hohe Ansteuerung	Hohe Ansteuerung

Abb. 9.46 Pinkonfigurationen für die Messung der Touchkoordinaten

9.13.3 Anwendungsprogrammierschnittstelle

PSoC Creator unterstützt die folgenden Funktionen für resistive Touchscreens:

- *void ResistiveTouch_Start(void)* ruft die *ResistiveTouch_Init()*- und *ResistiveTouch_Enable()*-APIs auf.
- *void ResistiveTouch_Init(void)* ruft die *Init*-Funktionen des DelSig ADC oder SAR ADC und AMux-Komponenten auf.
- *void ResistiveTouch_Enable(void)* aktiviert den DelSig ADC oder SAR ADC und die AMux-Komponenten.
- *void ResistiveTouch_Stop(void)* stoppt den DelSig ADC oder SAR ADC und die AMux-Komponenten.
- *void ResistiveTouch_ActivateX(void)* konfiguriert die Pins für die Messung der X-Achse. *void ResistiveTouch_ActivateY(void)* konfiguriert die Pins für die Messung der Y-Achse.
- *int16 ResistiveTouch_Measure(void)* gibt das Ergebnis des A/D-Wandlers zurück.
- *uint8 ResistiveTouch_TouchDetect(void)* erkennt eine Berührung auf dem Bildschirm.
- *void ResistiveTouch_SaveConfig(void)* speichert die Konfiguration des DelSig ADC oder SAR ADC.
- *void ResistiveTouch_RestoreConfig(void)* stellt die Konfiguration des DelSig ADC oder SAR ADC wieder her.
- *void ResistiveTouch_Sleep(void)* bereitet den DelSig ADC oder SAR ADC für den Niedrigleistungsmodus vor, indem es die *SaveConfig*- und *Stop*-Funktionen aufruft.
- *void ResistiveTouch Wakeup(void)* stellt den DelSig ADC oder SAR ADC nach dem Aufwachen aus einem Niedrigleistungsmodus wieder her (Abb. 9.46).

- *void LCD_Char_Start(void)* initialisiert das LCD-Hardwaremodul wie folgt:
  - aktiviert die 4-bit-Schnittstelle,
  - löscht das Display,

9.13 LCD (visuelle Kommunikation)

  - aktiviert die automatische Inkrementierung des Cursors,
  - setzt den Cursor auf die Startposition zurück,
  - wenn im Customizer GUI des PSoC Creator definiert, wird auch ein benutzerdefinierter LCD-Zeichensatz geladen.
- *void LCD_Char_Stop(void)* schaltet den LCD-Bildschirm aus.
- *void LCD_Char_PrintString(char8 * string)* schreibt eine nullterminierte Zeichenkette auf den Bildschirm, beginnend an der aktuellen Cursorposition.
- *void LCD_Char_Position(uint8 row, uint8 column)* verschiebt den Cursor an die angegebene Position.
- *void LCD_Char_WriteData(uint8 dByte)* schreibt Daten in den aktuellen Position des LCD-RAM. Die Position wird dann je nach dem angegebenen Eingabemodus inkrementiert/dekrementiert.
- *void LCD_Char_WriteControl(uint8 cByte)* schreibt ein Befehlsbyte in das LCD-Modul.[138]
- *void LCD_Char_ClearDisplay(void)* löscht den Inhalt des Bildschirms, setzt die Cursorposition auf Reihe und Spalte 0 zurück und ruft *LCD_Char_WriteControl()* mit dem entsprechenden Argument auf, um das Display zu aktivieren.

9.13.4 Kapazitive Touchscreens

Ein kapazitiver Touchscreen [13] kann als Alternative zu resistiven Touchscreens verwendet werden und besteht aus einem Isolator, z. B. Glas, beschichtet mit einem transparenten Leiter wie Indiumzinnoxid (ITO). Da ein menschlicher Körper ebenfalls ein elektrischer Leiter ist, führt das Berühren der Oberfläche des Bildschirms zu einer Verzerrung des elektrostatischen Felds des Bildschirms, die als Änderung der Kapazität des Bildschirms messbar ist. Der Stelle, die berührte wird, kann durch eine Vielzahl von Technologien bestimmt und anschließend an den Controller zur Verarbeitung gesendet werden. Im Gegensatz zu seinem resistiven Gegenstück ist ein kapazitiver Touchscreen nicht kompatibel mit den meisten Arten von elektrisch isolierenden Materialien, z. B. Handschuhen. Ein spezieller kapazitiver Stift oder ein Handschuh mit Fingerspitzen, die statische Elektrizität erzeugen, ist erforderlich. Dieser Nachteil beeinträchtigt vor allem die Nutzbarkeit eines kapazitiven Touchscreens in der Unterhaltungselektronik, z. B. bei Touch-Tablet-PCs und kapazitiven Smartphones bei kaltem Wetter.

Bei Anwendungen mit Oberflächenkapazitäten ist nur eine Seite des Isolators mit einer leitenden Schicht versehen. An diese Schicht wird eine geringe Spannung angelegt, was zu einem gleichmäßigen elektrostatischen Feld führt. Wenn ein Leiter, z. B. ein menschlicher Finger, eine unbeschichtete Oberfläche berührt, wird dynamisch ein Kondensator gebildet. Der Controller des Sensors kann den Ort einer Berührung indirekt an-

---
[138] Verschiedene LCD-Modelle können ihre eigenen Befehle haben.

hand der Veränderung der Kapazität bestimmen, die von den vier Ecken der Oberfläche aus gemessen wird. Der Controller hat eine begrenzte Auflösung, ist anfällig für falsche Signale aufgrund parasitärer kapazitiver Kopplungen und erfordert eine Kalibrierung während der Herstellung. Daher wird er am häufigsten in einfachen Anwendungen wie Industriesteuerungen und Kioske verwendet.

Die *projizierte kapazitive Berührung* („projected capacitive touch", PCT) ist eine kapazitive Technologie, die aus einem Isolator wie Glas oder Folie besteht, der mit einem transparenten Leiter, z. B. Kupfer, Antimonzinnoxid (ATO), Nanokohlenstoff oder Indiumzinnoxid (ITO), beschichtet ist, der durch Ätzen, nicht durch Beschichten, einer leitfähigen Schicht einen genaueren und flexibleren Betrieb ermöglicht. Ein X-Y-Gitter wird entweder durch Ätzen einer einzigen Schicht gebildet, um ein Gittermuster von Elektroden zu bilden, oder durch Ätzen von zwei getrennten senkrechten Schichten eines leitfähigen Materials, mit parallelen Linien oder Spuren, um ein Gitter zu bilden – vergleichbar mit dem Pixelgitter, das in vielen LCD-Displays zu finden ist. Ein PCT mit höherer Auflösung ermöglicht den Betrieb ohne direkten Kontakt.

Die PCT ist eine robustere Lösung als die resistive Touchtechnologie, da die PCT-Schichten aus Glas bestehen. Je nach Implementierung kann ein aktiver oder passiver Stift anstelle von oder zusätzlich zu einem Finger verwendet werden. Dies ist üblich bei Point-of-Sale-Geräten, die eine Unterschriftenerfassung erfordern. Handschuhfinger können je nach Implementierung und Verstärkungseinstellungen erkannt werden. Leitfähige Verschmutzungen und ähnliche Störungen auf der Paneloberfläche können die Leistung beeinträchtigen. Solche leitfähigen Verschmutzungen stammen hauptsächlich von klebrigen oder schwitzenden Fingerspitzen, insbesondere in Umgebungen mit hoher Luftfeuchtigkeit. Auch angesammelter Staub, der aufgrund der Feuchtigkeit von Fingerspitzen am Bildschirm haftet, kann ein Problem sein.

Es gibt zwei Arten von PCT: *Selbstkapazität* und *gegenseitige Kapazität*. Wenn ein Finger, der auch ein Leiter ist, die Oberfläche des Bildschirms berührt, verzerrt das elektrostatische Feld, das durch das Anlegen einer Spannung an jede Zeile und Spalte erzeugt wird, das lokale elektrostatische Feld und damit die effektive Kapazität. Diese Verzerrung kann gemessen werden, um die Koordinaten des Fingers zu ermitteln. Derzeit ist die Technologie der gegenseitigen Kapazität häufiger als die PCT-Technologie. Bei Sensoren mit gegenseitiger Kapazität gibt es einen Kondensator an jeder Kreuzung jeder Zeile und jeder Spalte, z. B. hat ein 16×14-Array 224 unabhängige Kondensatoren.

Eine Spannung wird auf die Zeilen oder Spalten angelegt, so dass ein Finger oder ein leitfähiger Stift, der sich nahe an der Oberfläche des Sensors befindet, das lokale elektrostatische Feld verändert und damit die gegenseitige Kapazität verringert. Die Kapazitätsänderung an jedem Punkt auf dem Gitter kann gemessen werden, um den Berührungsort genau zu bestimmen, indem die Spannung auf der anderen Achse gemessen wird. Gegenseitige Kapazität ermöglicht Multitouchbetrieb, bei dem mehrere Finger, Handflächen oder Stifte gleichzeitig genau verfolgt werden können. Sensoren mit Selbstkapazität können das gleiche X-Y-Gitter wie Sensoren mit gegenseitiger Kapazität haben, aber die Spalten und Zeilen arbeiten unabhängig voneinander. Bei Selbstkapazität wird die kapazitive Last eines Fingers als Strom auf jeder Spalten- oder Zeilenelektrode gemessen. Diese Methode erzeugt ein stärkeres Signal als die Methode der gegenseitigen Kapazität, aber sie ist nicht in der Lage, mehr als einen Finger genau zu erkennen, was zu *Ghosting* oder einer falschen Positionserfassung führt.

9.14 Empfohlene Übungen

9-1 Geben Sie Beispiele dafür, wann jedes der in diesem Kapitel besprochenen Kommunikationsprotokolle verwendet werden könnte, um den effizientesten und kostengünstigsten Übertragungskanal zu bieten.

9-2 Erklären Sie, warum ein verdrilltes Leitungspaar verwendet wird, wenn Kommunikationsprotokolle wie USB eingesetzt werden. Was ist die Bedeutung der Verwendung einer 90-Ω-Impedanzverkabelung in solchen Fällen? Kann stattdessen ein 50- oder 72-Ω-Impedanzkabel verwendet werden? Wenn nicht, warum nicht? Und wenn ja, welchen Beschränkungen unterliegt ihre Verwendung gegebenenfalls?

9-3 Berechnen Sie die CRC für eine Bytefolge bestehend aus 01010101, 00000000, 11111111, 00001111, 00000011, 01010101, 11110000 und 10101010.

9-4 Erklären Sie die Vor- und Nachteile der Verwendung von Paritätsprüfungen im Vergleich zur zyklischen Redundanzprüfung, um die Datenintegrität zu gewährleisten.

9-5 Erstellen Sie eine Tabelle, in der jedes der in diesem Kapitel besprochenen Kommunikationsprotokolle hinsichtlich Parametern wie Pfaddifferenzen, Übertragungsgeschwindigkeiten, Handshaking-Techniken, Unterstützung mehrerer Master, Unterstützung mehrerer Slaves, Fehlererkennungsmethoden usw. verglichen wird.

9-6 Sind parallele Übertragungswege beim Übertragen mehrerer Bits in Form von Bytes immer in der Lage, Daten schneller zu übertragen als serielle Wege? Wenn nicht, geben Sie ein Beispiel für eine Situation, in der die serielle Übertragung schneller sein kann als die parallele Übertragung.

9-7 Erklären Sie, wie die Arbitrierung für jedes der in diesem Kapitel besprochenen Protokolle funktioniert, falls zutreffend. Behandeln Sie insbesondere den Fall mehrerer Master und Slaves, die im selben Netzwerk arbeiten.

9-8 Schätzen Sie die Ausbreitungsverzögerung einzelner Bits, wenn sie in serieller Form über eine Entfernung von 5, 30 und 1000 m übertragen werden. Nennen Sie alle ihre Annahmen.

9-9 Was sind die Vorteile des USB-Protokolls, die dazu geführt haben, dass es das einst allgegenwärtige RS232-Protokoll weitgehend ersetzt hat?

9-10 Warum verwenden viele Automobil- und andere Anwendungen oft mehrere Kommunikationsprotokolle in der gleichen Umgebung? Warum werden z. B. CAN, LIN und FlexRay manchmal im selben Fahrzeug eingesetzt?

Literatur

1. M. Ainsworth, PSoC 3 to PSoC 5LP Migration Guide. AN77835. Document No. 001-77835 Rev.*D1. Cypress Semiconductor (2017)
2. R. Ball, R. Pratt, *Engineering Applications of Microcomputers Instrumentation and Control* (Prentice Hall, Englewood Cliffs, 1984)
3. Delta Sigma ADC and I2C Master testbench with PSoC 3/5LP. CE95301. Cypress Semiconductor (2012)
4. A.N. Doboli, E.H. Currie, *Introduction to Mix-Signal, Embedded Design* (Springer, Berlin, 2010)
5. J. Eyre, J. Bier, The evolution of DSP processors. IEEE Signal Proc. Mag. **17**(2), 44–51 (2000)
6. F^{20}MC/FR Family, All Series, Method of Confirming Data in Serial Communications. AN206373. Document No. 002-06373 Rev.*B1. Cypress Communications. Cypress Semiconductor (1917)
7. I2C-bus specification and user manual (PDF). Rev. 6. NXP. 2014-04-04. UM10204. Archived (PDF) from the original on 2013-05-11. UM10204I2C-bus specification and user manual Rev. 6 (April 4, 2014)
8. Inter-IC Sound Bus (I2S)2.40. Document Number: 001-85020 Rev. *A. Cypress Semiconductor (2013)
9. Local Interconnect Network. https://en.wikipedia.org/wiki/Local_Interconnect_Network
10. R. Murphy, USB 101: An Introduction to Universal Serial Bus 2.0. Cypress Application Note AN57294 (2011)
11. R. Murphy, PSoC 3 and PSoC 5LP–Introduction to Implementing USB Data Transfers. AN56377. Document No. 001-56377 Rev.*M1. Cypress Semiconductor (2017)
12. R. Murphy, PSoC 3 and PSoC 5LP USB General Data Transfer with Standard HID Drivers. AN82072. Document No. 001-82072 Rev. *F. Cypress Semiconductor (2017)
13. S. Paliy, A. Bilynskyy, PSoC 1 – Interface to Four-Wire Resistive Touchscreen. Application Note AN2376. Cypress Semiconductor Corporation (2011)
14. P. Phalguna, PSoC 3 and PSoC 5LP SPI Bootloader. AN84401. Document No. 001-84401 Rev.*D. Cypress Semiconductor (2017)
15. PSoC 3 Technical Reference Manual (TRM). Document No. 001-50235 Rev. *M (2020)
16. M. Ranjith, PSoC 3and PSoC 5LP–Getting Started with Controller Area Network(CAN). AN52701. Document No.001-52701 Rev. *L1. Cypress Semiconductor (2017)
17. Serial Peripheral Interface (SPI). https://en.wikipedia.org/wiki/Serial_Peripheral_Interface
18. Serial Peripheral Interface (SPI) Master 2.50. Document Number: 001-96814 Rev. *D. Cypress Semiconductor (2017)
19. Serial Peripheral Interface (SPI) Slave 2.70. Document Number: 001-96790 Rev. *C. Cypress Semiconductor (2017)

20. V. Shankar Ka, PSoC 3 and PSoC 5 Interrupts. AN54460. Document No. 001-54460 Rev. *D 1. Cypress Semiconductor
21. UART Full Duplex and printf() Support with PSoC 3/4/5LP. CE210741. Document No. 002-10741 Rev.*C. Cypress Semiconductor (2017)
22. Universal Asynchronous Receiver Transmitter (UART 2.50). Document Number: 001-97157 Rev. *D. Cypress Semiconductor (2017)
23. User's Reference Manual for emWin V5.14. SEGGER Microcontroller GmbH & Co. KG (2012)

Phasenregelschleifen 10

> **Zusammenfassung**
>
> Phasenregelschleifen („phase-locked loops", PLL) (zwei grundlegende Arbeiten sollten bei der Untersuchung des Ursprungs von Phasenregelschleifen berücksichtigt werden, nämlich E.V. Appleton, Proc Camb Philos Soc 21[Teil III]:231, 1922–1923 und H. de Bellescize, L'Onde Electrique 11:230–240, 1932) sind elektronische Schaltungen, die eine negative Rückkopplung verwenden, um die Ausgangsphase eines Signals auf die Eingangsphase des Signals zu sperren, indem sie den Phasenfehler zwischen Eingang und Ausgang ermitteln und den resultierenden Fehler auf 0 reduzieren. (Für die Zwecke dieser Diskussion und im gegenwärtigen Kontext bedeutet 0, den Fehler auf ein akzeptables Niveau zu reduzieren.) Ein spannungsgesteuerter Oszillator („voltage-controlled oscillator", VCO) (zwei Arten von Oszillatoren werden häufig in PLL verwendet, nämlich harmonische – sinusförmige Wellenformen – und Relaxationsoszillatoren – Sägezahn- oder Dreieckswellenformen) wird verwendet, um den Phasenfehler auf 0 zu reduzieren. (Es sollte beachtet werden, dass das Eingangssignal und/oder das Referenzsignal, das vom VCO erzeugt wird, sinusförmig sein kann.) Der einfachste Phasendetektor besteht aus einem XOR-Gatter, das wie in Abb. 10.3 gezeigt konfiguriert ist. Phasenregelschleifen werden weit verbreitet in HF-Anwendungen, Telekommunikation, einer Vielzahl von digitalen Schaltungen, digitalen Computern und in vielen anderen Anwendungen eingesetzt. Sie können verwendet werden, um ein Signal zu demodulieren, ein Signal aus einem rauschbehafteten Kommunikationskanal wiederherzustellen, eine stabile Frequenz vom Vielfachen einer Eingangsfrequenz zu erzeugen (Frequenzsynthese; U.L. Rhode, Digital PLL frequency synthesizers, 1983) oder präzise getaktete Taktimpulse in digitalen Logikschaltungen wie Mikroprozessoren zu verteilen.

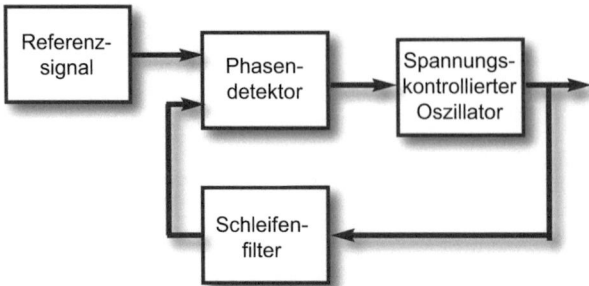

Abb. 10.1 Schematische Darstellung einer generischen PLL

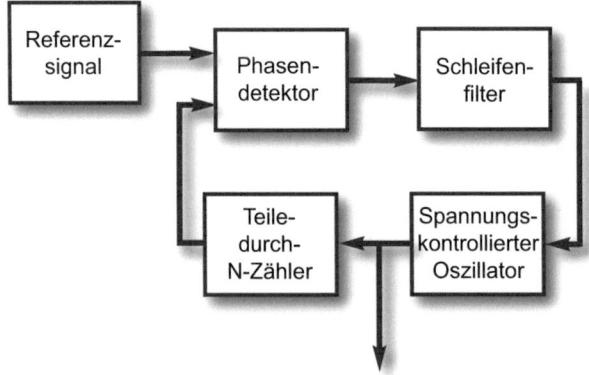

Abb. 10.2 Der PLL-Ausgang ist größer als das Referenzsignal

10.1 Verwendung und Anwendung von PLL

Viele hochstabile Oszillatoren, z. B. Quarzoszillatoren, die in gut kontrollierten Temperaturumgebungen betrieben werden,[1] sind nur für einen begrenzten Frequenzbereich verfügbar (Abb. 10.1). Der Bedarf an stabilen Oszillatoren [11] außerhalb solcher Bereiche kann jedoch durch die Anwendung der in Abb. 10.2 dargestellten Technik gedeckt werden. Das Ausgangssignal des VCO wird durch N geteilt, bevor es an den Eingang des Phasendetektors geleitet wird.

PLL können im Allgemeinen in vier verschiedene Gruppen [13] eingeteilt werden, nämlich

---

[1] Temperaturgesteuerte Oszillatoren werden oft als TCXO bezeichnet.

10.2 -Phasendetektion (siehe Abb. 10.3 und 10.4)

- analoge PLLs (LPLL),[2]
- Software PLLs (SPLL),[3]
- voll digitale PLL (ADPLL),
- digitale PLL (DPLL).

Obwohl analoge PLL weit verbreitet sind, gewinnen digitale Phasenregelschleifen [5] aufgrund ihrer erhöhten Zuverlässigkeit, kleineren Größe, geringeren Kosten, Geschwindigkeit und verbesserten Leistung in einer Vielzahl von Anwendungen zunehmend an Bedeutung. Analoge oder lineare PLL (LPPL) und digitale PLL (DPLL) unterscheiden sich in einer Reihe von Aspekten, z. B.:

- LPLL können langsamer sein, um „einzurasten" als digitale PLL.
- DPLL können bei viel niedrigeren Frequenzen als analoge PLL arbeiten, teilweise, weil LPLL auf einem analogen Tiefpassfilter basieren.
- LPLL können Temperatur- und Stromversorgungsabhängigkeiten haben, die die Leistung nachteilig und materiell beeinflussen.
- Einige LPLL enthalten analoge Multiplikatoren, die empfindlich auf DC-Drift reagieren können.

10.2 Phasendetektion (siehe Abb. 10.3 und 10.4)

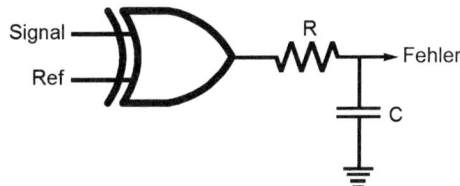

Abb. 10.3 Eine einfache Implementierung eines Phasendetektors

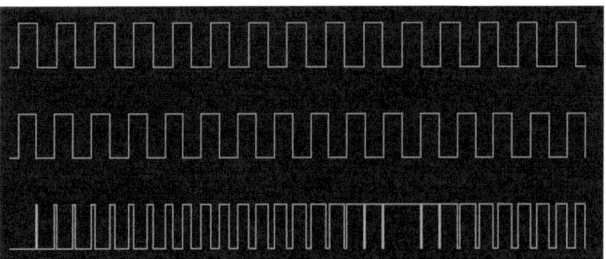

Abb. 10.4 Eingang und Ausgang des XOR-Phasendetektors

---

[2] Manchmal auch als lineare Phasenregelschleifen (LPLL) bezeichnet.
[3] Typischerweise implementiert durch die Verwendung von digitalen Signalprozessoren.

10.3 Spannungsgesteuerte Oszillatoren

Die Ausgangsfrequenz eines spannungsgesteuerten Oszillators wird typischerweise durch eine externe Widerstands-Kondensator-Kombination [1] und eine Gleichspannungssteuerspannung bestimmt. PLL werden oft in Trackingfiltern, AM-Detektoren, FSK-Decodern, Modems, Telemetriesendern/-empfängern, Tondecodern, Hochfrequenzuhren für Mikroprozessoren usw. verwendet [2]. Der Ausdruck „PLL-Bandbreite" bezieht sich auf den Bereich, in dem die PLL nicht die „Sperre" in Bezug auf die Referenzfrequenz und den Jitter verliert.[4]

Bevor ein Eingangssignal anliegt, befindet sich eine PLL im „freilaufenden" Modus. Das Anlegen eines Signals bewirkt, dass der VCO in einen Modus übergeht, der zu einer Änderung der Frequenz des VCO führt. Dieser Modus wird als „Capture-Modus" bezeichnet. Sobald die VCO-Frequenz und die Frequenz des Eingangssignals gleich sind, wird die PLL als „phasengeregelt" beschrieben. Von diesem Zeitpunkt an folgt der VCO der Frequenz des Eingangssignals „nach".

Unabhängig von der Art des Phasendetektors gibt es zwei Eingänge,[5] einen vom Eingangssignal und der andere vom VCO. Der Ausgang des Phasendetektors ist eine Gleichspannung, die proportional zur Phasendifferenz zwischen dem Eingangssignal und dem VCO ist und als „Fehlerspannung" bezeichnet wird. Die PLL verwendet auch einen Tiefpassfilter, um Hochfrequenzrauschen zu entfernen [9], und bestimmt Parameter wie Einschwingverhalten, Bandbreite und Sperr-/Capture-Bereiche.

Angenommen, das Eingangssignal wird gegeben durch:

$$v_{in}(t) = A sin[\omega_c + \theta(t)] \tag{10.1}$$

und das Ausgangssignal wird gegeben durch:

$$v_o(t) = A cos[\omega_c + \theta_o(t)] . \tag{10.2}$$

Der Ausgang des Phasendetektors kann ausgedrückt werden als:

$$v_{pd}(t) = K_m A_i A_o sin[\omega_c t + \theta_o(t)] \tag{10.3}$$

$$= \frac{K_m A_i A_o}{2} \left(sin[\theta_i(t) - \theta(t)] + sin[2\omega_c t + \theta_i(t) + \theta_o(t)] \right) \tag{10.4}$$

$$\approx K_d [sin\theta_e(t)] f(t) , \tag{10.5}$$

---

[4]Eine PLL mit hoher Bandbreite ergibt eine schnelle Sperrzeit, verfolgt jedoch den Jitter der Referenztaktquelle, der dann am Ausgang der PLL erscheinen kann [3]. Wird dagegen eine PLL mit geringer Bandbreite verwendet, verlängert sich die Sperrzeit, aber der Referenztaktjitter wird entfernt.

[5]In einigen PLL-Anwendungen [6] wird das Eingangssignal von einer festen Frequenzquelle, z. B. einem quarzbasierten Oszillator, bereitgestellt.

Abb. 10.5 Phasendetektor

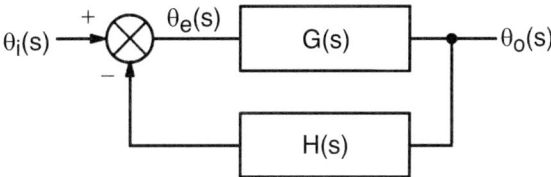

wobei der Phasenfehler, θ_e, gegeben ist durch:

$$\theta_e(t) = \theta_i(t) - \theta_o(t) \text{ und } K_d = \tfrac{K_m A_i A_o}{2} \tag{10.6}$$

und der zweite Term von Gl. 10.4 durch einen Tiefpassfilter entfernt wurde (Abb. 10.5).

10.4 Modellierung eines spannungsgesteuerten Oszillators

Es gibt grundlegende Arten von spannungsgesteuerten Oszillatoren, nämlich:

- Kristalloszillatoren – es gibt eine Vielzahl von Kristalloszillatoren, typischerweise Quarz, wie teilweise in Abb. 13.5 dargestellt.
- Relaxationsoszillatoren[6] – eine FSM-Maschine ohne stabile Zustände (Abb. 10.6).
- Ringzähler – sie verwenden eine ungerade Anzahl von Invertern, wie in Abb. 10.7 gezeigt.
- Resonanzoszillator – diese Art von Oszillator beinhaltet einen Resonanzkreis, der in die positive Rückkopplungsschleife eines Spannung-Strom-Verstärkers eingebaut ist [8].
- YIG-Oszillatoren[7] verwenden „YIG-Kugeln".[8]

---

[6] Auch bekannt als instabile Multivibratoren.

[7] YIG-basierte (Yttrium-Eisen-Granat, YIG) Oszillatoren sind sehr hochwertige, extrem stabile Frequenzquellen, zeigen minimalen Phasenjitter, haben sehr lineare Abstimmcharakteristiken und sind daher von besonderem Interesse bei kritischen Messungen. Sie arbeiten typischerweise in Frequenzbereichen von 2 bis 18 GHz, z. B. 2–8 GHz, 8–12 GHz etc. [4].

[8] YIG-Kristalle werden als Kugeln hergestellt, die als ferromagnetisches Material fungieren, in dem präzedierende Elektronen bei einer bestimmten Frequenz in Resonanz treten, wenn die Kugeln sich in Anwesenheit sowohl eines von außen angelegten, statischen Magnetfeldes als auch eines HF-Feldes befinden. Letzteres wird in einer anderen Richtung angelegt als das von außen angelegte statische Magnetfeld.

Abb. 10.6 Beispiel für einen spannungsgesteuerten Relaxationsoszillator

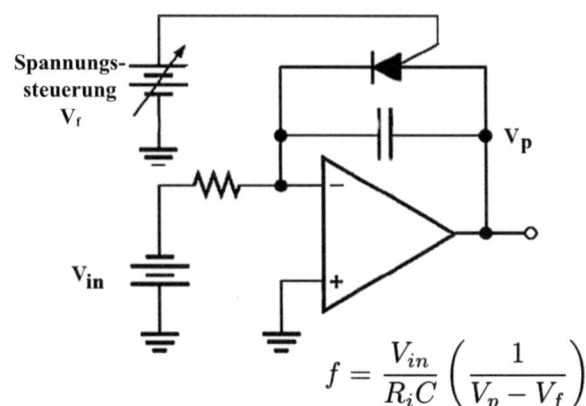

$$f = \frac{V_{in}}{R_i C}\left(\frac{1}{V_p - V_f}\right)$$

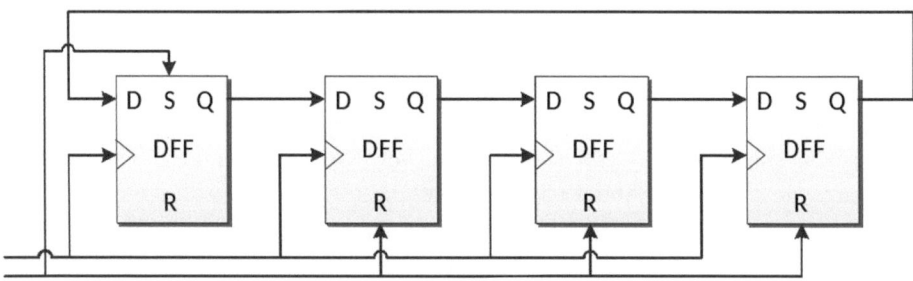

Abb. 10.7 Beispiel für einen Ringzähler

- Oszillatoren mit negativem Widerstand[9] – diese verwenden Geräte mit negativen Volt-Ampere-Charakteristiken.

Die Abb. 10.8 ist ein Beispiel für einen auf einem Komparator basierenden Relaxationsoszillator, dessen Schwingungsfrequenz[10] gegeben ist durch:

$$f = \frac{1}{2ln(3)RC} . \qquad (10.7)$$

---

[9] Gunn-Dioden, Varactoren, Tunneldioden, bestimmte Plasmageräte etc. zeigen negative Widerstandseigenschaften, die zur Erzeugung von Oszillatoren genutzt werden können. Der Ausdruck „negativer Widerstand" bezieht sich auf Bereiche solcher Geräte I–V-Kennlinien, in denen es eine inverse und typischerweise nichtlineare Beziehung zwischen Strom (I) und Spannung (V) gibt.

[10] Unter der Annahme, dass die Versorgungsspannungen symmetrisch sind, d. h. plus und minus V.

Abb. 10.8 Ein typischer, auf einem OpAmp basierender Relaxationsoszillator [8]

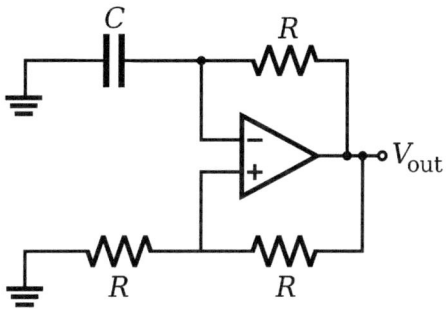

10.5 Phase und Frequenz

Phase und Frequenz sind durch die folgenden Gleichungen verbunden:

$$\omega = \frac{d\theta}{dt} \tag{10.8}$$

und

$$\omega = 2\pi f . \tag{10.9}$$

Unter der Annahme eines linearen Modells für einen VCO und dass die „freilaufende" Frequenz[11] des VCO durch ω_c gegeben ist:

$$\Delta\omega = K_o V_c(t) \tag{10.10}$$

oder

$$\omega_o = \omega_c + K_o V_c(t) \tag{10.11}$$

und daher:

$$\theta(t) = \int_{-\infty}^{t} K_o V_c(t) dt. \tag{10.12}$$

Der Ausgang des VCO wird durch

$$x_{vco}(t) = A sin[2\pi f_c t + \theta(t)] = A sin\left[2\pi f_c t + \int_{-\infty}^{t} K_o V_c(t) dt\right] \tag{10.13}$$

und daher

$$x_{vco} = A sin[2\pi f_c t + K_o V_v(t) t] . \tag{10.14}$$

---

[11] Die freilaufende Frequenz ist definiert als die Frequenz des VCO, wenn keine Eingangsspannung vorhanden ist.

10.6 PLL-Tiefpassfilter

Der Eingang zum Phasendetektor ist gegeben durch:

$$x_{in} = A_c cos[2\pi f_c t + \phi(t)] \quad (10.15)$$

und der Ausgang des VCO ist gegeben durch:

$$x_{vco} = -A_v sin[2\pi f_c t + \theta(t)]. \quad (10.16)$$

Der Eingang zum LPF ist gegeben durch:

$$x_{in}(t)x_{vco}(t) = -A_v sin[2\pi f_c t + \theta(t)][A_c cos[2\pi f_c t + \phi(t)]]. \quad (10.17)$$

Angenommen, dass:
Gl. 10.17 wird zu:

$$sin(a)cos(A) = \tfrac{1}{2}[sin(A-B) + sin(A+B)]. \quad (10.18)$$

$$x_{in}x_{vco} = \tfrac{1}{2}A_c A_v sin[\phi(t) - \theta(t)] - \tfrac{1}{2}A_c A_v sin[4\pi f_c t + \theta(t) + \phi(t)]. \quad (10.19)$$

Der Tiefpassfilter entfernt die 2. Harmonische des Trägers, so dass der Ausgang des Phasendetektors gegeben ist durch:

$$e_d = \tfrac{1}{2}A_c A_v sin[\phi(t) - \theta(t)]. \quad (10.20)$$

10.6.1 Phase und Jitter

Der Jitter bezieht sich auf die zeitlichen Schwankungen beim Auftreten eines Signals, das ansonsten keine zeitlichen Schwankungen aufweisen würde. Zu den Ursachen von Jitter zählen:

- Steckverbinder,
- Schaltkreise zur Implementierung der Phasenregelschleife,
- thermisches Rauschen des Quarzkristalls,
- Verkabelung,
- Leiterbahnen auf der Leiterplatte,
- mechanische Vibrationen/Schock,
- Störungen in der Stromversorgung und/oder Erdung.

10.6.2 Phasenrauschen

Oszillatoren erzeugen keine Signale, die nur aus einer einzigen Frequenz bestehen. Dies ergibt sich aus einer Vielzahl von internen und externen Rauschquellen und äußert sich als „Phasenrauschen" [7], das sowohl im zeitlichen als auch im Frequenzbereich beobachtet und modelliert werden kann als:

$$v_{osc}(t) = [V_0 + v_{noise}(t)][cos(\omega_0 t + \theta_0 + \phi_{noise}(t))] \qquad (10.21)$$

oder

$$v_{osc}(t) = [V_0 + v_{noise}(t)][cos(\omega_o t + \theta_1(t)] \qquad (10.22)$$

$$= [V_0 + v_{noise}(t)][cos(\omega_1 t)], \qquad (10.23)$$

wobei θ_1 die zeitabhängige Phasenkomponente der Oszillation darstellt und ω_1 die zeitabhängige Winkelfrequenz ist.[12] Somit erzeugen zufällige Variationen im Phasenrauschen zusätzliche spektrale Komponenten, die die spektrale Reinheit des Oszillators beeinträchtigen. Dieser Effekt kann durch einen hohen Q-Faktor des Oszillators minimiert werden.[13]

10.7 PLL-Schlüsselparameter

Es gibt eine Reihe wichtiger Parameter, die die PLL charakterisieren [10], nämlich:

- Ausgangsamplitude,
- Stromverbrauch,
- erforderliche Versorgungsspannungen,
- Schleifenbandbreite – dieser Parameter definiert die Geschwindigkeitsmerkmale der Steuerschleife,
- Einschwingverhalten – Einschwingzeit, Überschwingen usw. werden durch diesen Parameter charakterisiert,
- Fehler im stationären Zustand – Zeit- und/oder Phasenfehler,
- Phasenrauschen – dieser Parameter hängt sowohl von der Bandbreite der PLL als auch vom Phasenrauschen ab, das vom VCO eingeführt wird,
- Einschwingbereich[14] – der Frequenzbereich, über den die PLL die Eingangsfrequenz verfolgen und „einschwingen" kann [6],
- Erfassungsbereich – dieser Parameter wird als der Bereich definiert, über den die PLL in der Lage ist, „einzuschwingen", vorausgesetzt, sie beginnt im entsperrten Zustand

---

[12] Mechanischer Erschütterungen und/oder Vibrationen können ebenfalls Phasenrauschen verursachen [7].

[13] Das Phasenrauschen kann auch weiter reduziert werden, indem man rauscharme Widerstände verwendet, z. B. kleine Widerstandswerte, verlustarmes PCB-Dielektrikum, Induktivitäten, Kondensatoren und in einigen Anwendungen diskrete Komponenten anstelle von integrierten Schaltungen.

[14] Dies hängt in erster Linie von den Eigenschaften des Phasendetektors und des VCO ab.

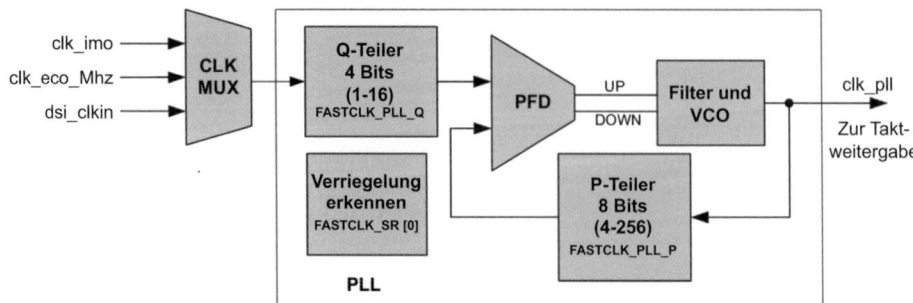

Abb. 10.9 Blockdiagramm der PSoC 3- und 5LP-Phasenregelschleife

- dieser Bereich, obwohl er kleiner ist als der Einschwingbereich, wird durch die Grenzfrequenz des LPF definiert,
- spektrale Reinheit des Ausgangs – das ist die relative Amplitude der Hauptfrequenz im Vergleich zu den Seitenbändern.

Jeder dieser Faktoren sollte sorgfältig berücksichtigt werden, bevor eine PLL in ein Design integriert wird.

10.8 Digitale Phasenregelschleifen

Die PLL können im Allgemeinen in vier verschiedene Gruppen eingeteilt werden [13], nämlich:

- analoge PLL (LPLL),[15]
- Software PLLs (SPLL),[16]
- voll digitale PLL (ADPLL),
- digitale PLL (DPLL) – diese Art von PLL wird normalerweise eingesetzt, wenn Jitter, Phasenrauschen, Leistung und „Die-Fläche" von Bedeutung sind.

Obwohl analoge PLLs weit verbreitet sind, werden digitale Phasenregelschleifen [14] aufgrund ihrer erhöhten Zuverlässigkeit, kleineren Größe, geringeren Kosten, Geschwindigkeit und verbesserten Leistung immer wichtiger in einer Vielzahl von Anwendungen. Analoge oder lineare PLL (LPPL) und digitale PLL (DPLL) unterscheiden sich in einer Reihe von Aspekten, z. B.

---

[15] Manchmal auch als lineare Phasenregelschleifen (LPLL) bezeichnet.
[16] Wird in der Regel mit Hilfe digitaler Signalprozessoren implementiert.

- können LPLL langsamer „einschwingen" als digitale PLL,
- können DPLL bei viel niedrigeren Frequenzen arbeiten als analoge PLL, teilweise aufgrund der Tatsache, dass LPLL auf einem analogen Tiefpassfilter basieren,
- können LPLL temperatur- und stromversorgungsabhängig sein, was nachteilig und erheblich die Leistung beinträchtigen kann,
- enthalten einige LPLL analoge Multiplikatoren, die empfindlich auf DC-Drift reagieren können.

10.9 PSoC 3- und PSoC 5LP-Phasenregelschleife

Die PSoC-Phasenregelschleife (PLL) ermöglicht es Entwicklern, ein Taktsignal aus den vorhandenen Taktsignalen im PSoC-System zu erzeugen. Es erzeugt eine Ausgangsfrequenz, die gleich der Eingangsfrequenz multipliziert mit dem Verhältnis P/Q ist, wobei P von 4 bis 256 und Q von 1 bis 16 variieren kann. Der Verstärkungsbereich beträgt daher 0,25- bis 256mal die Eingangsfrequenz. Die PLL verwendet einen spannungsgesteuerten Oszillator (VCO) [12], um den neuen Ausgangstakt zu erzeugen. Dieser Takt wird durch P geteilt und durch den Phasenfrequenzdetektor (PFD) mit dem durch Q geteilten Eingangstakt verglichen. Der PFD-Ausgang wird gefiltert und zum Trimmen des VCO verwendet. Auf diese Weise wird ein Ausgangstakt erzielt, dessen Frequenz dem mit P multiplizierten und durch Q geteilten Eingangstakt entspricht. Diese Topologie ist in Abb. 10.9 dargestellt.

Die Eingangs-, Ausgangs- und Zwischenfrequenzen der PLL sind auf bestimmte Bereiche begrenzt. Eine PSoC-PLL kann Frequenzen zwischen 24 und 80 MHz erzeugen, vorausgesetzt, der Eingangstakt liegt zwischen 1 und 48 MHz. Das Zwischensignal, gleich der Eingangsfrequenz geteilt durch Q, muss zwischen 1 und 3 MHz liegen.[17]

10.10 Topologie der PSoC 3- und PSoC 5LP-PLL

Die PLL führt keine Frequenzungenauigkeit ein und verbraucht bei einer gegebenen Ausgangsfrequenz weniger Strom als die IMO. Wenn also ein Takt innerhalb des Betriebsbereichs der PLL gewünscht ist, wird empfohlen, den IMO mit der Mindestgeschwindigkeit von 3 MHz zu betreiben und die PLL zur Erzeugung der gewünschten Ausgangsfrequenz zu verwenden. Der resultierende PLL-Ausgangstakt wird innerhalb der Genauigkeitsspezifikationsprozentsätze des Eingangstaktes liegen. Die PLL kann während der Entwicklungszeit mit der Registerkarte „Clocks" der Entwicklungs-

---

[17] Die genauen Beschränkungen für die Eingangs-, Ausgangs- und Zwischenfrequenz der PLL sind je nach Gerät unterschiedlich und können dem jeweiligen Datenblatt des Geräts entnommen werden.

Abb. 10.10 Schleifenfilter

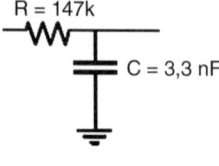

Schleifenfilter.

ressourcen von PSoC Creator konfiguriert werden. Eine PLL kann während der Laufzeit durch Schreiben von Registern oder der bereitgestellten API neu konfiguriert werden. PLL-Rekonfigurations-APIs werden von PSoC Creator in allen PSoC 3- und PSoC 5LP-Projekten bereitgestellt. Diese APIs sind im Systemreferenzhandbuch dokumentiert.

Die On-Chip-PLL von PSoC 3 kann verwendet werden, um die Taktfrequenz des ausgewählten Takteingangs (z. B. IMO, MHz ECO und DSI-Takt) um die maximale Betriebsfrequenz zu erreichen. Die Taktfrequenzen können von 24 bis 80 MHz synthetisiert werden. Der PLL-Ausgang wird zum Taktverteilungsnetzwerk geleitet, um als eine der Eingangsquellen zu dienen. Ein 4-bit-Eingangsteiler Q (FASTCLK_PLL_Q) wird mit dem Referenztakt und einem 8-bit-Rückkopplungsteiler P(FASTCLK_PLL_P) verwendet. Die Ausgänge dieser beiden Teiler werden dann verglichen und gesperrt, was zu einer Ausgangsfrequenz führt, die das P/Q-Fache des Eingangsreferenztakts beträgt. Die PLL erreicht die Frequenzsperre in weniger als 250 µs, und der Sperrstatus (FASTCLK_PLL_SR[0]) zeigt den Verriegelungsstatus an, so dass der Ausgangstakt an die Taktbäume weitergeleitet werden kann.

Beachten Sie, dass, wenn ein PLL-Parameter geändert oder die PLL aktiviert oder deaktiviert wird, es 4 Bustaktzyklen (50 µs bei 3 MHz) dauert, bis der entsprechende Status im FASTCLK_PLL_SR[0]-Statusbit widergespiegelt wird. Außerdem wird das FASTCLK_PLL_SR[0]-Bit nicht aktualisiert, während die PLL deaktiviert ist. Diese Verzögerung muss in der Firmware vor dem Lesen des Statusbits berücksichtigt werden. Der PLL-Ladungspumpenstrom (Icp) kann mit den Bits 6:4 des Registers FASTCLK_PLL_CFG1 konfiguriert werden. Dieses Bitfeld muss auf 0×01 (2 µA) eingestellt werden, wenn die Ausgangsfrequenz 67 MHz beträgt. Es muss auf 0×02 (3 % µA) eingestellt werden, wenn die Ausgangsfrequenz 67 MHz beträgt. Die PLL nimmt Eingänge vom IMO, dem Kristalloszillator MHz ECO oder dem DSI, der ein externer Taktgeber sein kann.

Für den Betrieb mit geringer Leistung muss die PLL vor dem Eintritt in den SLEEP/HIBERNATE-Modus deaktiviert werden, um einen sauberen Eintritt in den SLEEP/HIBERNATE-Modus und das Aufwachen zu gewährleisten. Die PLL kann nach dem Aufwachen und wenn sie gesperrt ist, wieder aktiviert werden; dann kann sie als Systemtakt verwendet werden. Der SLEEP/HIBERNATE-Modus ist nur verfügbar, wenn die PLL deaktiviert ist.

10.11 Empfohlene Übungen

10-1 Bestimmen Sie die Frequenzänderung für einen spannungsgesteuerten Oszillator *(VCO)* mit einer Übertragungsfunktion von $K_O = 2{,}5$ kHz/V und einer DC-Eingangsspannungsänderung von $\Delta V_O = 0{,}8$ V.

10-2 Berechnen Sie die Spannung am Ausgang eines Phasenkomparators mit einer Übertragungsfunktion von $K_D = 0{,}5$ V/rad und einem Phasenfehler von $V_{theta} = 0{,}75$ rad.

10-3 Bestimmen Sie den Haltebereich (d. h. die maximale Frequenzänderung) für eine Phasenregelschleife mit einer Regelkreisverstärkung von $K_V = 20$ kHz/rad.

10-4 Finden Sie den Phasenfehler, der notwendig ist, um eine VCO-Frequenzverschiebung von $\Delta f = 10$ kHz für eine Regelkreisverstärkung von $K_V = 40$ kHz/rad zu erzeugen.

10-5 Gegeben $f_{osc} = 1{,}2$ MHz bei $VCO_{in} = 4{,}5$ V und $f_{osc} = 380$ kHz bei $VCOin = 1{,}6$ V. Finden Sie K_o.

10-6 Eine Phasenregelschleife hat eine Mittenfrequenz von $\omega_\theta = 105$ rad/s, $K_O = 103$ rad/s pro V und $K_D = 1$ V/rad. n der Schleife gibt es keine weitere Verstärkung. Bestimmen Sie die Gesamtübertragungsfunktion H(s) für (a) den Schleifenfilter $F(s) = 1$ (Allpassfilter), (b) der Schleifenfilter F(s) ist unten dargestellt, (c) der Schleifenfilter F(s) wie in Teil (b), XOR für den Phasendetektor und $V_{DD} = 5V$ und (d) natürliche Frequenz ω_n und Dämpfungsfaktor ζ für Teil (c) (Abb. 10.10).

10-7 Bestimmen Sie die Frequenzänderung für einen spannungsgesteuerten Oszillator (VCO) mit einer Übertragungsfunktion von $K_0 = 2{,}5$ kHz/V und einer DC-Eingangsspannungsänderung von $\Delta V_O = 0{,}8$ V.

10-8 Berechnen Sie die Spannung am Ausgang eines Phasenkomparators mit einer Übertragungsfunktion von $K_D = 0{,}5$ V/rad und einem Phasenfehler von $V_\Theta = 0{,}75$ rad.

10-9 Bestimmen Sie den Haltebereich (d. h. die maximale Frequenzänderung) für eine Phasenregelschleife mit einer Regelkreisverstärkung von $K_v = 20$ kHz/rad.

10-10 Finden Sie den Phasenfehler, der notwendig ist, um eine VCO-Frequenzverschiebung von $\Delta f = 10$ kHz für eine Regelkreisverstärkung von $K_v = 40$ kHz/rad zu erzeugen.

10-11 Gegeben $f_{osc} = 1{,}2$ MHz bei $VCO_{in} = 4{,}5$ V und $f_{osc} = 380$ kHz bei $VCO_{in} = 1{,}6$ V. Finden Sie K_O.

10-12 Eine PLL ist auf ein eingehendes Signal von 2 MHz mit einer Spitzenamplitude von 0,35 V und einem Phasenwinkel von 75° eingestellt. Die Spitzenamplitude des VCO beträgt 0,25 V und der Phasenwinkel beträgt 180°. Bestimmen Sie die VCO-Frequenz und die Rückkopplungsspannung, die zum VCO geführt wird?

Literatur

1. R. Adler, A study of locking phenomena in oscillators. Proc. IRE Waves Electrons **34**, 351–357 (1946)
2. D. Banerjee, PLL *Performance, Simulation and Design*, 3. Aufl. (Dean Banerjee Publications, 2003)
3. R.E. Best, *Phase Locked Loops*, 5. Aufl. (McGraw-Hill, New York, 2003). ISBN: 0071412018.3
4. M. Curtin, P. O'Brien, Phase-Locked Loops for High-Frequency Receivers and Transmitters Part 1, Analog Dialogue, 33-3, Analog Devices. (1999). Part 2, Analog Dialogue, 33-5, Analog Devices, (1999) Part 3, Analog Dialogue, 33-7, Analog Devices (1999)
5. Fundamentals of Phase-Locked Loops (PLLs). MT-086Tutorial. Analog Devices
6. F.M. Gardner, *Phaselock Techniques*, 2. Aufl. (Wiley, London, 1979). ISBN: 0-47-104294-3
7. A. Hajimiri, T.H. Lee, A general theory of phase noise in electrical oscillators. IEEE J. Solid State Circuits **33**(2), 179–194 (1998)
8. R.G. Irvine, *Operational Amplifier Characteristic and Applications*, 3. Aufl. (Prentice-Hall, Englewood, 1994)
9. D.B. Leeson, A simple model of feedback oscillator noise. Proc. IEEE **54**, 329–330 (1966)
10. C. Lindsey, C.M. Chie (Hrsg.), *Phase-Locked Loops and Their Applications* (IEEE Press, New York, 1987)
11. U.L. Rhode, *Digital PLL Frequency Synthesizers* (Prentice-Hall, Englewood, 1983)
12. Voltage Controlled Oscillator in PSoC 3 / PSoC 5. http://www.cypress.com
13. M.A. Wickert, *Phase Locked Loops with Applications*. ECE 5675/4675 Lecture Notes (Springer, Berlin, 2011)
14. D.H. Wollaver, *Phase-Locked Circuit Design* (PTR Prentice Hall, New Jersey, 1991)

MIX
Papier aus verantwortungsvollen Quellen
Paper from responsible sources
FSC® C105338

If you have any concerns about our products,
you can contact us on
ProductSafety@springernature.com

In case Publisher is established outside the EU,
the EU authorized representative is:
**Springer Nature Customer Service Center GmbH
Europaplatz 3, 69115 Heidelberg, Germany**

Printed by Libri Plureos GmbH
in Hamburg, Germany

Entwurf von eingebetteten Mixed-Signal-Systemen

Edward H. Currie

Entwurf von eingebetteten Mixed-Signal-Systemen

Ein praktischer Leitfaden für den Cypress PSoC

Band 2

Edward H. Currie
Hofstra University
Hempstead, NY, USA

ISBN 978-3-031-51487-6   ISBN 978-3-031-51488-3 (eBook)
https://doi.org/10.1007/978-3-031-51488-3

Die Deutsche Nationalbibliothek verzeichnet diese Publikation in der Deutschen Nationalbibliografie; detaillierte bibliografische Daten sind im Internet über https://portal.dnb.de abrufbar.

Übersetzung der englischen Ausgabe: „Mixed-Signal Embedded Systems Design" von Edward H. Currie, © Springer Nature Switzerland AG 2021. Veröffentlicht durch Springer International Publishing. Alle Rechte vorbehalten.

Dieses Buch ist eine Übersetzung des Originals in Englisch „Mixed-Signal Embedded Systems Design" von Edward H. Currie, publiziert durch Springer Nature Switzerland AG im Jahr 2021. Die Übersetzung erfolgte mit Hilfe von künstlicher Intelligenz (maschinelle Übersetzung). Eine anschließende Überarbeitung im Satzbetrieb erfolgte vor allem in inhaltlicher Hinsicht, so dass sich das Buch stilistisch anders lesen wird als eine herkömmliche Übersetzung. Springer Nature arbeitet kontinuierlich an der Weiterentwicklung von Werkzeugen für die Produktion von Büchern und an den damit verbundenen Technologien zur Unterstützung der Autoren.

© Der/die Herausgeber bzw. der/die Autor(en), exklusiv lizenziert an Springer Nature Switzerland AG 2024

Das Werk einschließlich aller seiner Teile ist urheberrechtlich geschützt. Jede Verwertung, die nicht ausdrücklich vom Urheberrechtsgesetz zugelassen ist, bedarf der vorherigen Zustimmung des Verlags. Das gilt insbesondere für Vervielfältigungen, Bearbeitungen, Übersetzungen, Mikroverfilmungen und die Einspeicherung und Verarbeitung in elektronischen Systemen.
Die Wiedergabe von allgemein beschreibenden Bezeichnungen, Marken, Unternehmensnamen etc. in diesem Werk bedeutet nicht, dass diese frei durch jede Person benutzt werden dürfen. Die Berechtigung zur Benutzung unterliegt, auch ohne gesonderten Hinweis hierzu, den Regeln des Markenrechts. Die Rechte des/der jeweiligen Zeicheninhaber*in sind zu beachten.
Der Verlag, die Autor*innen und die Herausgeber*innen gehen davon aus, dass die Angaben und Informationen in diesem Werk zum Zeitpunkt der Veröffentlichung vollständig und korrekt sind. Weder der Verlag noch die Autor*innen oder die Herausgeber*innen übernehmen, ausdrücklich oder implizit, Gewähr für den Inhalt des Werkes, etwaige Fehler oder Äußerungen. Der Verlag bleibt im Hinblick auf geografische Zuordnungen und Gebietsbezeichnungen in veröffentlichten Karten und Institutionsadressen neutral.

Planung/Lektorat: Charles Glaser
Springer Vieweg ist ein Imprint der eingetragenen Gesellschaft Springer Nature Switzerland AG und ist ein Teil von Springer Nature.
Die Anschrift der Gesellschaft ist: Gewerbestrasse 11, 6330 Cham, Switzerland

Das Papier dieses Produkts ist recyclebar.

Vorwort

Dieses Lehrbuch soll einen einzigartigen, tiefgehenden Einblick in die programmierbare System-on-Chip (PSoC)-Technologie aus der Perspektive der weltweit fortschrittlichsten PSoC-Technologie, nämlich der PSoC-Produktlinie von Cypress Semiconductor, bieten. Das Buch führt eine Vielzahl von Themen und Informationen ein, die dazu dienen sollen, Ihnen die Nutzung von echten visuellen eingebetteten Designtechniken und der Mixed-Signal-Technologie zu erleichtern. Der Autor hat versucht, ausreichend Hintergrundmaterial und anschauliche Beispiele zu liefern, um es dem erstmaligen PSoC-Benutzer sowie fortgeschrittenen Benutzern zu ermöglichen, schnell „auf den neuesten Stand zu kommen". Eine detaillierte Bibliographie und andere Quellen für nützliches ergänzendes Material werden ebenfalls bereitgestellt.

Leser werden ermutigt, die Website von Cypress unter www.cypress.com zu besuchen und das dort verfügbare Material zu erkunden, z. B. Benutzerforen, Anwendungsnotizen, Designbeispiele, Produktdatenblätter, die neuesten Versionen von Entwicklungstools (die den Benutzern kostenlos zur Verfügung gestellt werden), Datenblätter zu allen Cypress-Produkten, detaillierte Informationen zu den Hochschulallianzprogrammen von Cypress und Lernprogramme. Cypress hat eine enorme Menge an Material zu dem Thema dieses Buchs gesammelt, von dem das meiste für die Leser online zugänglich ist, und der Autor hat sich in keiner Weise zurückgehalten, wichtige Konzepte, Abbildungen, Beispiele und Quellcodes aus dieser Sammlung zu entnehmen.

Der Präsentationsstil, der in diesem Lehrbuch verwendet wird, basiert auf dem Wunsch des Autors, relevante und definitive Einblicke in das zu diskutierende Material zu geben, während er einen Sumpf von Details umschifft, in dem der Leser sonst stecken bleiben könnte. Daher werden mathematische Ableitungen, welche in einigen Fällen als quälendes Detail angesehen werden könnten, bereitgestellt, um die anstehende Aufgabe bestmöglich zu bewältigen. Aber verschiedene Formen von metaphorischem „syntaktischem Zucker" oder einem sinnvollen Faksimile dafür sowie andere Formen von Verzierungen wurden frei und großzügig angewendet, um dem Leser sowohl ein starkes intuitives Verständnis der Thematik als auch eine solide Grundlage zu vermitteln. Allerdings wurde echte mathematische Strenge im Sinne, wie es Puristen und theoretische Mathematiker bevorzugen, weitgehend vermieden.

Soweit möglich hat der Autor umgangssprachliche Ausdrücke wie „RAM-Speicher" (was wörtlich „Random-Access-Speicher-Speicher" bedeutet) vermieden und anerkannte Abkürzungen und Eselsbrücken verwendet, hoffentlich ohne dabei an Klarheit zu verlieren und sich in Details zu verzetteln, die für die Vollständigkeit vielleicht notwendig sind, aber oft von geringer praktischer Anwendbarkeit oder Wert sind.

Der Autor hat sich bei der Vorbereitung dieses Lehrbuchs bemüht, die Richtigkeit der Informationen zu gewährleisten. Die hierin enthaltenen Informationen werden jedoch nur zu pädagogischen Zwecken und ohne jede andere Garantie bereitgestellt, sei sie ausdrücklich oder stillschweigend. Der Autor wird nicht haftbar gemacht für Schäden, die, direkt oder indirekt, durch dieses Lehrbuch und/oder seinen Inhalt verursacht wurden oder angeblich verursacht wurden. Die druckfertige Kopie wurde mit den LaTeX-Dateien des Autors erstellt.

Fehler, die in dieser Arbeit gefunden werden, sind das alleinige und ausschließliche Eigentum des Autors, aber ein Großteil des hier gefundenen Inhalts ist entweder direkt oder indirekt das Ergebnis der Leistungen vieler Mitarbeiter von Cypress und natürlich seiner Kunden. Der Autor freut sich über Ihre Vorschläge, Kritiken und/oder Beobachtungen und bittet Sie, solche Mitteilungen an edward.currie@hofstra.edu zu senden.

Der Autor möchte seine tiefe Dankbarkeit gegenüber folgenden Personen, die die Veröffentlichung dieses Lehrbuchs ermöglicht haben, zum Ausdruck bringen: Ata Khan, George Saul, Dennis Sequine, Heather Montag, David Versdahl, Dave Van Ess, Don Parkman und insbesondere Dr. Patrick Kane.

Hempstead, NY, USA   Edward H. Currie

Inhaltsverzeichnis

1 Einführung in eingebettete Systeme 1
  1.1 Der Ursprung des eingebetteten Systems 2
  1.2 Entwicklung der Mikroprozessoren 5
  1.3 Eingebettete Systemanwendungen 34
  1.4 Eingebettete Systemsteuerung............................... 37
      1.4.1 Arten der Steuerung eingebetteter Systeme 37
      1.4.2 Offene Schleife, geschlossene Schleife und
             Rückkopplung 39
  1.5 Leistungskriterien für eingebettete Systeme 44
      1.5.1 Polling, Interrupts und ISR 48
      1.5.2 Latenz 51
  1.6 Untersysteme von eingebetteten Systemen 52
  1.7 Empfohlene Übungen 58
  Literatur 59

2 Mikrocontroller-Subsysteme 61
  2.1 PSoC 3 und PSoC 5LP: Grundfunktionalität 62
  2.2 Überblick über PSoC 3 63
      2.2.1 Die 8051-CPU (PSoC 3) 63
      2.2.2 Der 8051-Befehlssatz 79
      2.2.3 ARM Cortext M3 (PSoC 5LP) 88
      2.2.4 Befehlssatz... 89
      2.2.5 Interrupts und Interrupt-Behandlung................. 91
      2.2.6 Speicher.. 101
      2.2.7 Direkter Speicherzugriff (DMA)...................... 103
      2.2.8 Speicherarbitrierung 107
      2.2.9 Prioritätsstufen und Latenzüberlegungen 108
      2.2.10 Unterstützte DMA-Transaktionsmodi.................. 109
      2.2.11 Taktungssystem des PSoC 3 110

		2.2.12	Taktteiler	122
		2.2.13	GPIO	123
	2.3	Energieverwaltung................................		126
		2.3.1	Interne Regler	127
	2.4	Empfohlene Übungen		132
	Literatur			134
3	**Sensoren und Sensorik**			137
	3.1	Grundlagen der Sensoren		138
	3.2	Arten von Sensoren................................		140
		3.2.1	Optische Sensoren...........................	141
		3.2.2	Potentiometer...............................	142
		3.2.3	Induktive Näherungssensoren	143
		3.2.4	Kapazitive Erfassung.........................	143
		3.2.5	Magnetische Sensoren........................	144
		3.2.6	Piezoelektrisch..............................	146
		3.2.7	HF	146
		3.2.8	Ultraviolett.................................	146
		3.2.9	Infrarot.....................................	147
		3.2.10	Ionisierende Sensoren	147
		3.2.11	Andere Arten von Sensoren....................	148
		3.2.12	Thermistoren	150
		3.2.13	Thermoelemente	155
		3.2.14	Verwendung von Brückenschaltungen zur Temperaturmessung............................	156
		3.2.15	Sensoren und Mikrocontrollerschnittstellen	160
	3.3	Empfohlene Übungen		161
	Literatur			163
4	**Verarbeitung und I/O-Protokolle von eingebetteten Systemen**			165
	4.1	Verarbeitung von Eingaben/Ausgaben		165
	4.2	Mikrocontroller-Subsysteme..............................		169
	4.3	Software-Entwicklungsumgebungen.......................		175
	4.4	Kommunikation in eingebetteten Systemen		180
		4.4.1	Das RS232-Protokoll.........................	180
		4.4.2	USB	182
		4.4.3	Inter-integrated-circuit-Bus (I2C)	183
		4.4.4	Serielle Peripherieschnittstelle (SPI)................	183
		4.4.5	Controller Area Network (CAN)	184
		4.4.6	Local Interconnect Network (LIN)	185
	4.5	Programmierbare Logik............................		187
	4.6	Mixed-Signal-Verarbeitung.........................		189
	4.7	PSoC: programmierbares System-on-Chip		190

4.8	Hauptmerkmale der PSoC 3/5LP-Architekturen.		193
4.9	Empfohlene Übungen		194
Literatur			196

5 System- und Softwareentwicklung 197

5.1	Realisierung des eingebetteten Systems		197
5.2	Designphasen.		200
5.3	Signalfluss und die schematische Ansicht des Systems		201
	5.3.1	Masons Regel	205
	5.3.2	Endliche Zustandsmaschinen	206
	5.3.3	Kopplung und Kohäsion	208
	5.3.4	Signalketten.	210
5.4	Schematische Ansicht des Systems		213
5.5	Korrelierte Doppelabtastung (CDS)		216
5.6	Komponenten mit konfigurierbaren Eigenschaften verwenden.		223
5.7	Arten von Resets		225
5.8	PSoC 3-Startverfahren.		227
	5.8.1	PSoC 3/5LP-Bootloader	232
5.9	Empfohlene Übungen		239
Literatur			241

6 Hardwarebeschreibungssprachen 243

6.1	Hardwarebeschreibungssprachen (HDL).		243
6.2	Designablauf		244
	6.2.1	VHDL	245
	6.2.2	VHDL-Abstraktionsebenen.	249
	6.2.3	VHDL-Literale	253
	6.2.4	VHDL-Datentypen	254
	6.2.5	Vordefinierte Datentypen und Subtypen	257
	6.2.6	Operatorüberladung.	257
	6.2.7	VHDL-Datenobjekte	258
	6.2.8	VHDL-Operatoren.	259
	6.2.9	Bedingte Anweisungen	260
	6.2.10	For, while, loop, end und exit	261
	6.2.11	Objektdeklarationen	262
	6.2.12	ZFSM und VHDL	263
6.3	Verilog		263
	6.3.1	Konstanten.	265
	6.3.2	Datentypen.	265
	6.3.3	Module.	267
	6.3.4	Operatoren.	268
	6.3.5	Blockierende versus nicht blockierende Zuweisungen . . .	271
	6.3.6	*Wire*- versus *reg*-Elemente.	272

	6.3.7	*Always*- und *initial*-Blöcke	272
	6.3.8	Tri-State-Synthese	273
	6.3.9	Synthese von Zwischenspeichern	274
	6.3.10	Synthese von Registern	274
	6.3.11	Verilog-Module	277
	6.3.12	Verilog-Tasks	279
	6.3.13	Systemtasks	280
6.4	Verilog-Funktionen		281
6.5	Warp™		282
6.6	Verilog/Warp-Komponentenbeispiele		286
6.7	Vergleich von VHDL, VERILOG und anderen HDL		290
6.8	Empfohlene Übungen		291
Literatur			294

7 PSoC Creator — 295

7.1	Integrierte Entwicklungsumgebung von PSoC		296
7.2	Entwicklungswerkzeuge		296
7.3	Die PSoC Creator IDE		298
	7.3.1	Workspace Explorer	300
	7.3.2	Komponentenbibliothek des PSoC Creator	300
	7.3.3	Die Fenster *Notice List* und *Build Output* im PSoC Creator	301
	7.3.4	Designübergreifende Ressourcen	304
	7.3.5	PSoC-Debugger	305
	7.3.6	Komponenten erstellen	306
7.4	Erstellung eines PSoC 3-Designs		306
	7.4.1	Design Rule Checker	312
7.5	Die Softwaretoolkette		313
7.6	Öffnen oder Erstellen eines Projekts		314
7.7	Assembler und PSoC 3		316
7.8	Schreiben von Assemblercode in PSoC Creator		317
7.9	Big-endian versus little-endian		320
7.10	Ablaufinvarianter Code		321
7.11	Erstellung eines ausführbaren Programms: Verknüpfung, Bibliotheken und Makros		325
7.12	Ausführen/Korrigieren eines Programms (Debuggerumgebung)		326
7.13	PSoC 3-Debugging		328
	7.13.1	Haltepunkte	331
	7.13.2	Die JTAG-Schnittstelle	331
7.14	Programmierung des Zielgeräts		332
7.15	Intel HEX-Format		333
	7.15.1	Organisation der Daten in der HEX-Datei	335

Inhaltsverzeichnis XI

7.16		Portierung von PSoC 3-Anwendungen auf PSoC 5LP	338
	7.16.1	CPU-Zugriff	341
	7.16.2	Keil C 8051 Compiler-Schlüsselwörter (Erweiterungen)	342
	7.16.3	DMA-Zugriff	352
	7.16.4	Zeitverzögerungen	354
7.17		Ablaufinvarianter Code	355
7.18		Codeoptimierung	355
	7.18.1	Techniken zur Optimierung von 8051-Code	357
7.19		Echtzeitbetriebssysteme	365
	7.19.1	Aufgaben, Prozesse, Multithreading und Nebenläufigkeit	366
	7.19.2	Aufgabenplanung und -versand	368
	7.19.3	PSoC-kompatible Echtzeitbetriebssysteme	370
7.20		Zusätzliche Referenzmaterialien	373
7.21		Empfohlene Übungen	376
Literatur			377

8 Programmierbare Logik 379
- 8.1 Programmierbare Logikgeräte 380
- 8.2 Boundary-Scanning 382
- 8.3 Makrozellen, Logik-Arrays und UDB 386
- 8.4 Der Datenpfad 393
  - 8.4.1 Eingabe/Ausgabe-FIFO 396
  - 8.4.2 Verkettung 396
  - 8.4.3 Datenpfadeingänge und -ausgänge 396
  - 8.4.4 Datenpfadarbeitsregister 397
- 8.5 Datenpfad-ALU 398
  - 8.5.1 Carry-Funktionen 398
  - 8.5.2 ALU-Maskierungsoperationen 401
  - 8.5.3 Erkennung von allen Nullen und Einsen 401
  - 8.5.4 Überlauf 401
  - 8.5.5 Schiebeoperationen 402
  - 8.5.6 Datenpfadverkettung 403
  - 8.5.7 Datenpfad und CRC/PRS 403
  - 8.5.8 CRC/PRS-Verkettung 406
  - 8.5.9 CRC/Polynomspezifikation 407
  - 8.5.10 Externer CRC/PRS-Modus 407
  - 8.5.11 Datenpfadausgänge und Multiplexing 408
  - 8.5.12 Compares 409
- 8.6 Dynamischer Konfigurations-RAM (DPARAM) 410

8.7		Status- und Steuermodus	412
	8.7.1	Betrieb des Statusregisters	412
	8.7.2	Statuszwischenspeicherung während des Lesens	413
	8.7.3	Transparentes Statuslesen	413
	8.7.4	Sticky-Status, mit „clear on read"	413
8.8		Zählermodus	414
	8.8.1	Sync-Modus	414
	8.8.2	Status- und Steuerungstaktung	415
	8.8.3	Hilfssteuerregister	416
8.9		Boolesche Funktionen	417
	8.9.1	Vereinfachen/Konstruieren von Funktionen	421
	8.9.2	Karnaugh-Diagramme	423
8.10		Kombinatorische Schaltkreise	428
8.11		Sequentielle Logik	430
8.12		Endliche Zustandsmaschinen	437
8.13		Empfohlene Übungen	443
Literatur			444

9 Kommunikationsperipherie 445

9.1		Kommunikationsprotokolle	445
9.2		I2C	447
	9.2.1	Anwendungsprogrammierschnittstelle	451
	9.2.2	PSoC 3/5 I^2C-Slave-spezifische Funktionen	453
	9.2.3	PSoC 3/5 I^2C-Master/Multi-Master-Slave	454
	9.2.4	Master- und Multi-Master-Funktionen	457
	9.2.5	Multi-Master-Slave-Modus	460
	9.2.6	Multi-Master-Slave-Modus-Betrieb	460
	9.2.7	Arbitrage bei Adressbytebeschränkungen (*Hardware Address Match* aktiviert)	461
	9.2.8	Beginn der Multi-Master-Slave-Übertragung	461
	9.2.9	Interrupt-Funktionsbetrieb	462
	9.2.10	Manueller Funktionsbetrieb	463
	9.2.11	Wecken und Taktlängenänderung	464
	9.2.12	Slave-Betrieb	464
	9.2.13	Beginn der Multi-Master-Slave-Übertragung	466
9.3		Universeller asynchroner Rx/Tx (UART)	467
	9.3.1	UART-Anwendungsprogrammierschnittstelle	471
	9.3.2	Interrupts	473
	9.3.3	UART-Konfigurationsregister	475
	9.3.4	Parität	475
	9.3.5	Simplex, Halb- und Vollduplex	476
	9.3.6	RS232-, RS422- und RS485-Protokolle	477

9.4		Serielle Peripherieschnittstelle (SPI)	478
	9.4.1	SPI-Gerätekonfigurationen	478
	9.4.2	SPI Master	479
	9.4.3	SPI I/O	481
	9.4.4	Tx-Statusregister	483
	9.4.5	Rx-Statusregister	484
	9.4.6	Tx-Datenregister	485
	9.4.7	Rx-Datenregister	486
	9.4.8	Bedingte Kompilierungsinformationen	486
9.5		SPI Slave	486
	9.5.1	Slave-I/O-Verbindungen	487
9.6		Grundlagen des Universal Serial Bus (USB)	489
	9.6.1	USB-Architektur	492
	9.6.2	USB-Signalwege	493
	9.6.3	USB-Endpunkte	497
	9.6.4	USB-Transferstruktur	501
	9.6.5	Transferzusammensetzung	501
	9.6.6	Pakettypen	502
	9.6.7	Transaktionstypen	504
	9.6.8	USB-Bezeichner	505
	9.6.9	Konfigurationsbezeichner	507
9.7		Vollgeschwindigkeits-USB (USBFS)	508
	9.7.1	Verwaltung des Endpunktspeichers	509
	9.7.2	Aktivierung der VBUS-Überwachung	510
	9.7.3	USB-Funktionsaufrufe	511
9.8		Controller Area Network (CAN)	514
	9.8.1	CAN-Komponente des PSoC Creator	515
	9.8.2	Interrupt-Dienstroutinen	515
	9.8.3	Hardwaresteuerung der Logik bei Interrupt-Ereignissen	516
	9.8.4	Interrupt-Ausgabe-Interaktion mit DMA	516
	9.8.5	Benutzerdefinierte externe Interrupt-Service-Routine	517
	9.8.6	Interrupt-Ausgabe-Interaktion mit dem Interrupt-Subsystem	518
9.9		S/PDIF-Sender (*SPDIF_Tx*)	521
	9.9.1	*SPDIF_Tx*-Komponenten-I/O-Verbindungen	522
	9.9.2	*SPDIF_Tx API*	523
	9.9.3	S/PDIF-Datenstromformat	524
	9.9.4	S/PDIF- und DMA-Transfers	526
	9.9.5	S/PDIF-Kanalcodierung	526
	9.9.6	S/PDIF-Protokollhierarchie	526
	9.9.7	*S/PDIF*-Fehlerbehandlung	527

		9.9.8	S/PDIF-Kanalcodierung	529
		9.9.9	SPDIF-Register	529
	9.10		Vector CAN (VCAN)	531
		9.10.1	Vector CAN I/O-Verbindungen	532
		9.10.2	Vector CAN-API	533
	9.11		Inter-IC Sound Bus (I2S)	535
		9.11.1	Funktionale Beschreibung der I2S-Komponente	535
		9.11.2	Aktivierung von Tx und Rx	536
		9.11.3	I2S-Eingabe/Ausgabe-Verbindungen	537
		9.11.4	I2S-Makros	538
		9.11.5	I2S-APIs	539
		9.11.6	I2S-Fehlerbehandlung	540
	9.12		Lokales Verbindungsnetzwerk (LIN)	541
		9.12.1	LIN-Slave	543
		9.12.2	PSoC- und LIN-Bus-Hardwareschnittstelle	544
	9.13		LCD (visuelle Kommunikation)	544
		9.13.1	Resistiver Touch	546
		9.13.2	Messmethoden	548
		9.13.3	Anwendungsprogrammierschnittstelle	552
		9.13.4	Kapazitive Touchscreens	553
	9.14		Empfohlene Übungen	555
	Literatur			556
10	**Phasenregelschleifen**			**559**
	10.1		Verwendung und Anwendung von PLL	560
	10.2		Phasendetektion (siehe Abb. 10.3 und 10.4)	561
	10.3		Spannungsgesteuerte Oszillatoren	562
	10.4		Modellierung eines spannungsgesteuerten Oszillators	563
	10.5		Phase und Frequenz	565
	10.6		PLL-Tiefpassfilter	566
		10.6.1	Phase und Jitter	566
		10.6.2	Phasenrauschen	566
	10.7		PLL-Schlüsselparameter	567
	10.8		Digitale Phasenregelschleifen	568
	10.9		PSoC 3- und PSoC 5LP-Phasenregelschleife	569
	10.10		Topologie der PSoC 3- und PSoC 5LP-PLL	569
	10.11		Empfohlene Übungen	571
	Literatur			572
11	**Analoge Signalverarbeitung**			**573**
	11.1		Entwicklung der Mixed-Signal-Technologie	573
	11.2		Analoge Funktionen	574
		11.2.1	Operationsverstärker (OpAmps)	577

11.3		Grundlegende Konzepte linearer Systeme.	580
	11.3.1	Eulersche Gleichung	580
	11.3.2	Impulscharakterisierung eines Systems.	581
	11.3.3	Fourier-, Laplace- und Z-Transformationen	582
	11.3.4	Lineare zeitinvariante Systeme (LTI)	584
	11.3.5	Impuls- und Impulsantwortfunktionen	587
	11.3.6	Übertragungs-, Antriebs- und Antwortfunktionen.	589
	11.3.7	Gleichtaktspannungen	591
	11.3.8	Gleichtaktunterdrückung	591
	11.3.9	Gesamte harmonische Verzerrung (THD)	592
	11.3.10	Rauschen	593
	11.3.11	Mehrere Rauschquellen	596
	11.3.12	Signal-Rausch-Verhältnis	597
	11.3.13	Impedanzanpassung.	598
11.4		OpAmps und Rückkopplung	599
	11.4.1	Der ideale Operationsverstärker	600
	11.4.2	Nicht ideale Operationsverstärker	602
	11.4.3	Umkehrende Verstärker	604
	11.4.4	Miller-Effekt	605
	11.4.5	Nicht invertierender Verstärker	606
	11.4.6	Summenverstärker	607
	11.4.7	Differenzverstärker	607
	11.4.8	Logarithmischer Verstärker	609
	11.4.9	Exponentieller Verstärker	610
	11.4.10	OpAmp-Integrator	610
	11.4.11	Differenzierer.	611
	11.4.12	Instrumentenverstärker	611
	11.4.13	Transimpedanzverstärker (TIA)	613
	11.4.14	Gyratoren	613
11.5		Kapazitätsverstärker	616
11.6		Analoge Komparatoren	617
	11.6.1	Schmitt-Trigger	619
	11.6.2	Abtast-/Folge- und Halteschaltungen	620
11.7		Geschaltete Kondensatorblöcke.	624
	11.7.1	Geschaltete-Kondensator- und Kontinuierliche-Zeit-Bauteile	626
	11.7.2	Kontinuierliche-Zeit-Einheitsverstärkungsbuffer	633
	11.7.3	Kontinuierliche-Zeit-, programmierbarer Verstärker.	633
	11.7.4	Kontinuierliche-Zeit-Transimpedanzverstärker.	634
11.8		PSoC 3/5LP-Komparatoren.	635
	11.8.1	Leistungseinstellungen	636

11.9	PSoC 3/5LP-Mischer		639
	11.9.1	Grundlegende Mischtheorie	640
	11.9.2	PSoC 3/5LP-Mischer-API	642
	11.9.3	Kontinuierlicher Mischer	643
	11.9.4	Abtastmischer	644
11.10	Filter		647
	11.10.1	Ideale Filter	648
	11.10.2	Bode-Diagramme	649
	11.10.3	Passive Filter	650
	11.10.4	Analoge aktive Filter	653
	11.10.5	Pulsweitenmodulator (PWM)	660
11.11	DC-DC-Wandler		664
11.12	Stromüberwachungskomponenten im PSoC Creator		665
	11.12.1	Spannungsfehlerdetektor (VFD)	666
	11.12.2	Trim und Margin	667
	11.12.3	Trim und Margin von I/O-Verbindungen	669
11.13	Voltage Sequencer		669
	11.13.1	Voltage Sequencer I/O	670
11.14	Power Monitor-Komponente		671
	11.14.1	Messungen der Spannung von Stromrichtern	671
	11.14.2	Messungen des Laststroms von Stromrichtern	672
	11.14.3	Messungen von Hilfsspannungen	673
	11.14.4	Sequentielles Scannen des ADC	673
	11.14.5	I/O-Verbindungen	673
11.15	Fan Controller-Komponente im PSoC Creator		675
	11.15.1	*Fan Controller*-API-Funktionen	680
11.16	Empfohlene Übungen		683
Literatur			687

12 Digitale Signalverarbeitung 689

12.1	Digitale Filter		690
12.2	FIR-Filter		692
12.3	IIR-Filter		693
12.4	Digitale Filterblöcke (DFB)		693
12.5	PSoC 3/5LP-Filterassistent		696
	12.5.1	Sinc-Filter	699
12.6	Datenkonvertierung		701
12.7	Analog-digital-Umwandlung		701
12.8	Grundlegende ADC-Konzepte		702
	12.8.1	Delta-Sigma-ADC	703
	12.8.2	PSoC 3/5LP-Delta-Sigma-Wandler	705
	12.8.3	Sukzessiveapproximationsregister-ADC	710

		12.8.4	Analoger MUX	711
		12.8.5	Analoger/digitaler virtueller MUX	713
		12.8.6	PSoC 3/5LP-Delta-Sigma-ADC (ADC_DelSig)	714
		12.8.7	I/O-Pins	715
		12.8.8	Digital-zu-analog-Konverter (DAC)	718
		12.8.9	PSoC 3/5LP-Spannungs-DAC (VDAC8)	719
		12.8.10	PSoC 3/5LP-Strom-DAC (IDAC8)	720
	12.9	PSoC 3/5LP-Gatter		721
		12.9.1	Gatterdetails	722
		12.9.2	Tri-State-Buffer (Bufoe 1.10)	726
		12.9.3	D-Flipflop	726
		12.9.4	Digitaler Multiplexer und Demultiplexer	727
		12.9.5	Look-up-Tabellen (LUT)	728
		12.9.6	Logisches High/Low	729
		12.9.7	Register	729
		12.9.8	PSoC 3/5LP-Zähler	730
		12.9.9	Timer	736
		12.9.10	Schieberegister	739
		12.9.11	Pseudozufallssequenzgenerator (PRS)	740
		12.9.12	Präzisionsilluminationssignalmodulation (PrISM)	741
		12.9.13	Quadraturdecoder	742
		12.9.14	Die QuadDec-Anwendungsprogrammierschnittstelle	744
		12.9.15	Zyklische Redundanzprüfung (CRC)	745
	12.10	Empfohlene Übungen		747
	Literatur			750
13	Der Pierce-Oszillator			751
	13.1	Historischer Hintergrund		752
	13.2	Q-Faktor		753
		13.2.1	Barkhausen-Kriterium	754
	13.3	Externe Quarzoszillatoren		757
	13.4	Automatische Verstärkungsregelung des ECO		761
	13.5	Fehlererkennung beim MHz-ECO		762
	13.6	Amplitudenanpassung		763
	13.7	Echtzeituhr		763
	13.8	Äquivalente Schaltung des Resonators		764
		13.8.1	Genauigkeit der ECO-Frequenz	764
		13.8.2	Anfängliche Frequenztoleranz	764
		13.8.3	Frequenztemperaturvariation	765
		13.8.4	Alterung des Resonators	765
		13.8.5	Empfindlichkeit der Lastkapazitätsjustierung	765

13.9	Justierempfindlichkeit des ECO		765
	13.9.1	Negative Widerstandseigenschaften	766
	13.9.2	Serien- und Rückkopplungswiderstände	767
13.10	Ansteuerungspegel		767
	13.10.1	Reduzierung des Taktgeberstromverbrauchs mit ECOs	769
	13.10.2	Anlaufverhalten des ECO	769
	13.10.3	Anlaufverhalten des 32-kHz-ECO	770
13.11	Verwendung von Taktressourcen in PSoC Creator		770
13.12	Empfohlene Übungen		771
Literatur			773

14 PSoC 3/5LP-Designbeispiele 775

14.1	Spitzenwerterkennung		775
14.2	Entprelltechniken		776
14.3	Abtasten und Schalterentprellung		779
	14.3.1	Entprellen von Schaltern mit Software	780
	14.3.2	Hardwareentprellung	783
14.4	PSoC 3/5LP-Amplitudenmodulation/-demodulation		784
14.5	WaveDAC8-Komponente im PSoC Creator		786
	Literatur		792

15 PSoC Creator-Funktionsaufrufe 793

15.1	Delta-Sigma Analog to Digital Converter 3.30 (ADC_DelSig)		794
	15.1.1	ADC_DelSig-Funktionen 3.30	795
	15.1.2	ADC_DelSig-Funktionsaufrufe 3.30	796
15.2	Inverting Programmable Gain Amplifier (PGA_Inv) 2.0		799
	15.2.1	PGA_Inv-Funktionen 2.0	800
	15.2.2	PGA_Inv-Funktionsaufrufe 2.0	800
15.3	Programmable Gain Amplifier (PGA) 2.0		801
	15.3.1	PGA-Funktionen 2.0	802
	15.3.2	PGA-Funktionsaufrufe 2.0	802
15.4	Trans-Impedance Amplifier (TIA) 2.0		803
	15.4.1	TIA-Funktionen 2.0	804
	15.4.2	TIA-Funktionsaufrufe 2.0	804
15.5	SC/CT Comparator (SCCT_Comp) 1.0		805
	15.5.1	SC/CT-Comparator (SC/CT_Comp)-Funktionen 1.0	805
	15.5.2	SC/CT-Comparator (SC/CT_Comp)-Funktionsaufrufe 1.0	805
15.6	Mixer 2.0		806
15.7	Mixer-Funktionen 2.0		807
15.8	Mixer-Funktionsaufrufe 2.0		807

15.9	Sample/Track and Hold Component 1.40		808
	15.9.1	Sample/Track-and-Hold-Component-Funktionen 1.40	808
	15.9.2	Sample/Track-and-Hold-Component-Funktionsaufrufe 1.40	809
15.10	Controller Area Network (CAN) 3.0		809
	15.10.1	Controller Area Network (CAN)-Funktionen 3.0	810
	15.10.2	Controller Area Network (CAN)-Funktionsaufrufe 3.0	812
15.11	Vector CAN 1.10		816
	15.11.1	Vector-CAN-Funktionen 1.10	816
	15.11.2	Vector-CAN-Funktionsaufrufe 1.10	816
15.12	Filter 2.30		817
	15.12.1	Filter-Funktionen 2.30	818
	15.12.2	Filter-Funktionsaufrufe 2.30	818
15.13	Digital Filter Block Assembler 1.40		820
	15.13.1	Digital-Filter-Block-Assembler-Funktionen 1.40	820
	15.13.2	Digital-Filter-Block-Assembler-Funktionsaufrufe 1.40	821
15.14	Power Monitor 8, 16 und 32 Rails 1.60		824
	15.14.1	Power-Monitor-Funktionen für 8, 16 und 32 Rails 1.60	825
	15.14.2	Power-Monitor-Funktionsaufrufe für 8, 16 und 32 Rails 1.60	826
15.15	ADC Successive Approximation Register 3.10 (ADC_SAR)		829
	15.15.1	ADC_SAR-Funktionen 3.10	830
	15.15.2	ADC_SAR-Funktionsaufrufe 3.10	830
15.16	Sequencing Successive Approximation ADC 2.10 (ADC_SAR_Seq)		833
	15.16.1	ADC_SAR_Seq-Funktionen 2.10	833
	15.16.2	ADC_SAR_Seq-Funktionsaufrufe 2.10	834
15.17	Operational Amplifier (OpAmp) 1.90		837
	15.17.1	OpAmp-Funktionen 1.90	837
	15.17.2	OpAmp-Funktionsaufrufe 1.90	837
15.18	Analog Hardware Multiplexer (AMUX) 1.50		838
	15.18.1	Funktionen des Analog Hardware Multiplexer (AMUX) 1.50	839
	15.18.2	Funktionsaufrufe des Analog Hardware Multiplexer (AMUX) 1.50	839

15.19	Analog Hardware Multiplexer Sequencer (AMUXSeq) 1.80		840
	15.19.1	Funktionen des Analog Multiplexer Sequencer (AMUXSeq) 1.80	840
	15.19.2	Funktionsaufrufe des Analog Multiplexer Sequencer (AMUXSeq) 1.80	840
15.20	Analog Virtual Mux 1.0		841
	15.20.1	Funktionen des Analog Virtual Mux 1.0	841
15.21	Comparator (Comp) 2.00		841
	15.21.1	Comparator-Funktionen (Comp) 2.00	842
	15.21.2	Comparator-Funktionsaufrufe (Comp) 2.00	842
15.22	Scanning Comparator 1.10		844
	15.22.1	Funktionen des Scanning Comparator 1.10	844
	15.22.2	Scanning-Comparator-Funktionsaufrufe 1.10	845
15.23	8-Bit Current Digital to Analog Converter (iDAC8) 2.00		847
	15.23.1	iDAC8-Funktionen 2.00	847
	15.23.2	iDAC8-Funktionsaufrufe 2.00	847
15.24	Dithered Voltage Digital/Analog Converter (DVDAC) 2.10		848
	15.24.1	DVDAC-Funktionen 2.10	849
	15.24.2	DVDAC-Funktionsaufrufe 2.10	849
15.25	8-Bit Voltage Digital to Analog Converter (VDAC8) 1.90		850
	15.25.1	VDAC8-Funktionen 1.90	850
	15.25.2	VDAC8-Funktionsaufrufe (VDAC8) 1.90	851
15.26	8-Bit Waveform Generator (WaveDAC8) 2.10		852
	15.26.1	WaveDAC8-Funktionen 2.10	852
	15.26.2	WaveDAC8-Funktionsaufrufe 2.10	853
15.27	Analog Mux Constraint 1.50		855
	15.27.1	Analog-Mux-Constraint-Funktionen 1.50	855
15.28	Net Tie 1.50		855
	15.28.1	Net-Tie-Funktionen 1.50	856
15.29	Analog Net Constraint 1.50		856
	15.29.1	Funktionen des Analog Net Constraint 1.50	856
15.30	Analog Resource Reserve 1.50		856
	15.30.1	Funktionen der Analog Resource Reserve 1.50	856
15.31	Stay Awake 1.50		857
	15.31.1	Funktionen von Stay Awake 1.50	857
15.32	Terminal Reserve 1.50		857
15.33	Funktionen von Terminal Reserve 1.50		857
15.34	Voltage Reference (Vref) 1.70		857
15.35	Capacitive Sensing (CapSense CSD) 3.5		858
	15.35.1	Capacitive-Sensing-Funktionen 3.5	858
	15.35.2	Capacitive-Sensing-Funktionsaufrufe (CapSense CSD) 3.5	859

	15.35.3	Capacitive-Sensing-Scanning-spezifische APIs 3.50	860
	15.35.4	Capacitive-Sensing-API-Funktionsaufrufe 3.50	860
	15.35.5	Capacitive-Sensing-high-Level-APIs 3.50	861
	15.35.6	Capacitive-Sensing-Hi-Level-Funktionsaufrufe 3.50	862
15.36	File System Library (emFile) 1.20		865
	15.36.1	File-System-Library-Funktionen 1.20................	865
	15.36.2	File-System-Library-Funktionsaufrufe 1.20	866
15.37	EZI2C Slave 2.00...		866
	15.37.1	EZI2C-Slave-Funktionen 2.00......................	867
	15.37.2	EZI2C-Slave-Funktionsaufrufe 2.00	867
15.38	I2C Master/Multi-Master/Slave 3.5.........................		869
	15.38.1	I2C-Master/Multi-Master/Slave-Funktionen 3.5........	870
	15.38.2	I2C-Master/Multi-Master/Slave-Funktionsaufrufe 3.5	871
	15.38.3	Slave-Funktionen 3.50............................	872
	15.38.4	I2C-Master/Multi-Master/Slave-Funktionsaufrufe 3.50	873
	15.38.5	I2C-Master- und -Multi-Master-Funktionen 3.50.......	874
	15.38.6	I2C-Slave-Funktionsaufrufe 3.5	874
15.39	Inter-IC Sound Bus (I2S) 2.70............................		875
	15.39.1	Inter-IC-Sound-Bus (I2S)-Funktionen 2.70	876
	15.39.2	Inter-IC-Sound-Bus (I2S)-Funktionsaufrufe 2.70.......	877
	15.39.3	Makro-Callback-Funktionen 2.70....................	879
15.40	MDIO Interface Advanced 1.20		880
	15.40.1	MDIO-Interface-Funktionen 1.20	880
	15.40.2	MDIO-Interface-Funktionsaufrufe 1.20	881
15.41	SMBus und PMBus Slave 5.20		883
	15.41.1	SMBus- und PMBus-Slave-Funktionen 5.20	884
	15.41.2	SMBus- und PMBus-Slave-Funktionsaufrufe 5.20......	885
15.42	Software Transmit UART 1.50		888
	15.42.1	Software-Transmit-UART-Funktionen 1.50	889
	15.42.2	Software-Transmit-UART-Funktionsaufrufe 1.50........	889
15.43	S/PDIF Transmitter (SPDIF_Tx) 1.20.......................		890
	15.43.1	S/PDIF-Transmitter-Funktionen 1.20	890
	15.43.2	S/PDIF-Transmitter-Funktionsaufrufe 1.20	891
15.44	Serial Peripheral Interface (SPI) Master 2.50		893
	15.44.1	Serial-Peripheral-Interface (SPI)-Master-Funktionen 2.50..........................	893
	15.44.2	Serial-Peripheral-Interface (SPI)-Master-Funktionsaufrufe 2.50	894

15.45	Serial Peripheral Interface (SPI) Slave 2.70		896
	15.45.1	Serial-Peripheral-Interface (SPI)-Slave-Funktionen 2.70	897
15.46	Serial-Peripheral-Interface (SPI)-Slave-Funktionsaufrufe 2.70		898
15.47	Universal Asynchronous Receiver Transmitter (UART) 2.50		900
	15.47.1	UART-Funktionen 2.50	901
	15.47.2	UART-Funktionsaufrufe 2.50	902
	15.47.3	UART-Bootloader-Unterstützungsfunktionen 2.50	904
	15.47.4	UART-Bootloader-Unterstützungsfunktionsaufrufe 2.50	905
15.48	Full Speed USB (USBFS) 3.20		905
	15.48.1	USBFS-Funktionen 3.20	905
	15.48.2	USBFS-Funktionsaufrufe 3.20	907
	15.48.3	USBFS Bootloader Support 3.20	911
	15.48.4	USBFS-Bootloader-Support-Funktionen 3.20	911
	15.48.5	USBFS-Bootloader-Support-Funktionsaufrufe 3.20	912
	15.48.6	USB Suspend, Resume und Remote Wakeup 3.20	912
	15.48.7	Link Power Management (LPM) Support	914
15.49	Status Register 1.90		915
	15.49.1	Status-Register-Funktionen 1.90	915
	15.49.2	Status-Register-Funktionsaufrufe 1.90	915
15.50	Counter 3.0		915
	15.50.1	Counter-Funktionen 3.0	916
	15.50.2	Counter-Funktionsaufrufe 3.0	916
15.51	Basic Counter 1.0		918
15.52	Basic-Counter-Funktionen 1.0		918
15.53	Cyclic Redundancy Check (CRC) 2.50		918
	15.53.1	CRC-Funktionen 2.50	919
	15.53.2	CRC-Funktionsaufrufe 2.50	920
15.54	Precision Illumination Signal Modulation (PrISM) 2.20		921
	15.54.1	PrISM-Funktionen 2.20	921
	15.54.2	PrISM-Funktionsaufrufe 2.20	922
15.55	Pseudo Random Sequence (PRS) 2.40		923
	15.55.1	PRS-Funktionen 2.40	923
	15.55.2	PRS-Funktionsaufrufe 2.40	924
15.56	Pulse Width Modulator (PWM) 3.30		925
	15.56.1	PWM-Funktionen 3.30	926
	15.56.2	PWM-Funktionsaufrufe 3.30	928
15.57	Quadrature Decoder (QuadDec) 3.0		930
	15.57.1	QuadDec-Funktionen 3.0	931
	15.57.2	QuadDec Funktionsaufrufe 3.0	931

15.58	Shift Register (ShiftReg) 2.30		932
	15.58.1	ShiftReg-Funktionen 2.30	933
	15.58.2	ShiftReg-Funktionsaufrufe 2.30	934
15.59	Timer 2.80		935
	15.59.1	Timer-Funktionen 2.80	936
	15.59.2	Timer-Funktionsaufrufe 2.80	937
15.60	AND 1.0		939
	15.60.1	AND-Funktionen 1.0	939
15.61	Tri-State Buffer (Bufoe) 1.10		939
	15.61.1	Tri-State-Buffer (Bufoe)-Funktionen 1.10	939
15.62	D Flip-Flop 1.30		939
	15.62.1	D-Flip-Flop-Funktionen 1.30	940
15.63	D Flip-Flop w/ Enable 1.0		940
15.64	D-Flip-Flop-w/-Enable-Funktionen 1.00		940
15.65	Digital Constant 1.0		940
	15.65.1	Digital-Constant-Funktionen 1.00	940
15.66	Lookup Table (LUT) 1.60		940
	15.66.1	Lookup-Table (LUT)-Funktionen 1.60	941
15.67	Digital Multiplexer und Demultiplexer 1.10		941
	15.67.1	Digital-Multiplexer- und Demultiplexer-Funktionen 1.10	941
15.68	SR Flip-Flop 1.0		941
15.69	SR-Flip-Flop-Funktionen 1.0		941
15.70	Toggle Flip-Flop 1.0		941
	15.70.1	Toggle-Flip-Flop-Funktionen 1.0	942
15.71	Control Register 1.8		942
	15.71.1	Control-Register-Funktionen 1.8	942
	15.71.2	Control-Register-Funktionsaufrufe 1.8	942
15.72	Status Register 1.90		942
	15.72.1	Status-Register-Funktionen 1.90	943
	15.72.2	Status-Register-Funktionsaufrufe 1.90	943
15.73	Debouncer 1.00		943
	15.73.1	Debouncer-Funktionen 1.00	944
15.74	Digital Comparator 1.00		944
	15.74.1	Digital-Comparator-Funktionen 1.00	944
15.75	Down Counter 7-bit (Count7) 1.00		944
	15.75.1	Down-Counter-7-bit (Count7)-Funktionen 1.00	944
	15.75.2	Down-Counter-7-bit (Count7)-Funktionsaufrufe 1.00	945
15.76	Edge Detector 1.00		946
	15.76.1	Edge-Detector-Funktionen 1.00	946
	15.76.2	Digital Vergleicher 1.0	946
	15.76.3	Funktionen des digitalen Vergleichers 1.00	946

15.77	Frequency Divider 1.0	946
	15.77.1 Frequency-Divider-Funktionen 1.00	947
15.78	Glitch Filter 2.00	947
	15.78.1 Glitch-Filter-Funktionen 2.00	947
15.79	Pulse Converter 1.00	947
	15.79.1 Pulse Converter-Funktionen 1.00	947
15.80	Sync 1.00	947
15.81	Sync-Funktionen 1.00	948
15.82	UDB Clock Enable (UDBClkEn) 1.00	948
	15.82.1 UDB-Clock-Enable (UDBClkEn)-Funktionen 1.00	948
15.83	LED Segment and Matrix Driver (LED_Driver) 1.10	948
	15.83.1 Funktionen des LED Segment and Matrix Driver (LED_Driver) 1.10	949
	15.83.2 Funktionsaufrufe des LED Segment and Matrix Driver (LED_Driver) 1.10	951
	15.83.3 Character-LCD-Funktionsaufrufe 2.00	955
15.84	Character LCD 2.00	957
	15.84.1 Character-LCD-Funktionen 2.00	957
15.85	Character LCD with I2C Interface (I2C LCD) 1.20	958
	15.85.1 Funktionen des Character LCD with I2C Interface (I2C LCD) 1.20	958
	15.85.2 Funktionsaufrufe des Character LCD with I2C Interface (I2C LCD) 1.20	959
15.86	Graphic LCD Controller (GraphicLCDCtrl) 1.80	960
	15.86.1 Graphic-LCD-Controller (GraphicLCDCtrl)-Funktionen 1.80	961
	15.86.2 Graphic-LCD-Controller (GraphicLCDCtrl)-Funktionsaufrufe 1.80	962
15.87	Graphic LCD Interface (GraphicLCDIntf) 1.80	963
	15.87.1 Graphic-LCD-Interface (GraphicLCDIntf)-Funktionen 1.80	964
	15.87.2 Graphic-LCD-Interface (GraphicLCDIntf)-Funktionsaufrufe 1.80	965
15.88	Static LCD (LCD_SegStatic) 2.30	968
	15.88.1 LCD_SegStatic-Funktion 2.30	969
	15.88.2 LCD_SegStatic-Funktionsaufrufe 2.30	969
	15.88.3 Optionale Hilfs-APIs (LCD_SegStatic)-Funktionen	971
	15.88.4 Optionale Hilfs-APIs (LCD_SegStatic)-Funktionsaufrufe	971
	15.88.5 Pins-API (LCD_SegStatic)-Funktionen	973
	15.88.6 Pins-API (LCD_SegStatic)-Funktionsaufrufe	973

15.89	Resistive Touch (ResistiveTouch) 2.00		973
	15.89.1	Resistive-Touch-Funktionen 2.00	974
	15.89.2	Resistive-Touch-Funktionsaufrufe 2.00	974
15.90	Segment LCD (LCD_Seg) 3.40		975
	15.90.1	Segment-LCD (LCD_Seg)-Funktionen 3.40	976
	15.90.2	Segment-LCD (LCD_Seg)-Funktionsaufrufe 3.40	976
	15.90.3	Segment LCD (LCD_Seg) – Optionale Hilfs-APIs-Funktionen	978
	15.90.4	LCD_Seg – Optionale Hilfs-APIs-Funktionsaufrufe	979
	15.90.5	LCD_Seg – Pins-Funktionen	981
	15.90.6	LCD_Seg – Pins-Funktionsaufrufe	981
15.91	Pins 2.00		981
	15.91.1	Pins-Funktionen 2.00	982
	15.91.2	Pins-Funktionsaufrufe 2.00	982
	15.91.3	Pins – Energieverwaltungsfunktionen 2.00	983
	15.91.4	Pins – Energieverwaltungsfunktionen 2.00	983
15.92	Trim and Margin 3.00		984
	15.92.1	Trim-and-Margin-Funktionen 3.00	984
	15.92.2	Trim-and-Margin-Funktionsaufrufe 3.00	987
15.93	Voltage Fault Detector (VFD) 3.00		987
	15.93.1	Voltage-Fault-Detector (VFD)-Funktionen 3.00	988
	15.93.2	Voltage-Fault-Detector (VFD)-Funktionsaufrufe 3.00	989
15.94	Voltage Sequencer 3.40		992
	15.94.1	Voltage-Sequencer-Funktionen 3.40	992
	15.94.2	Voltage-Sequencer-Funktionsaufrufe 3.40	993
	15.94.3	Voltage Sequencer – Laufzeitkonfiguration-Funktionen 3.40	995
	15.94.4	Voltage Sequencer – Laufzeitkonfiguration-Funktionsaufrufe 3.40	998
15.95	Boost Converter (BoostConv) 5.00		1003
	15.95.1	Boost-Converter (BoostConv)-Funktionen 5.00	1004
	15.95.2	Boost-Converter-(BoostConv)-Funktionsaufrufe 5.00	1005
15.96	Bootloader und Bootloadable 1.60		1006
	15.96.1	Bootloader-Funktionen 1.60	1006
	15.96.2	Bootloader-Funktionsaufrufe 1.60	1007
	15.96.3	Bootloadable-Funktionsaufrufe 1.60	1009
15.97	Clock 2.20		1010
	15.97.1	Clock-Funktionen 2.20	1010
	15.97.2	Clock-Funktionsaufrufe 2.20	1012
	15.97.3	UDB Clock Enable (UDBClkEn) 1.00	1014
	15.97.4	UDB-Clock-Enable (UDBClkEn)-Funktionen 1.00	1014

15.98	Die Temperature 2.10		1014
	15.98.1	Funktionen der Die Temperature 2.10	1014
	15.98.2	Funktionsaufrufe der Die Temperature 2.10	1015
15.99	Direct Memory Access (DMA) 1.70		1015
	15.99.1	Direct-Memory-Access-Funktionen 1.70	1016
	15.99.2	Direct-Memory-Access-Funktionsaufrufe 1.70	1016
15.100	DMA Library APIs (geteilt von allen DMA-Instanzen) 1.70		1016
	15.100.1	DMA-Controller-Funktionen	1016
	15.100.2	Kanalspezifische Funktionen 1.70	1017
	15.100.3	Kanalspezifische Funktionsaufrufe 1.70	1017
	15.100.4	Transaction-Description-Funktionen 1.70	1018
	15.100.5	Transaction-Description-Funktionsaufrufe 1.70	1019
15.101	EEPROM 3.00		1019
	15.101.1	EEPROM-Funktionen 3.00	1020
	15.101.2	EEPROM-Funktionsaufrufe 3.00	1020
15.102	Emulated EEPROM 2.20		1021
	15.102.1	Emulated-EEPROM-Funktionen 2.20	1022
	15.102.2	Emulated-EEPROM-Funktionsaufrufe zu Wrapper-Funktionen 2.20	1022
15.103	External Memory Interface 1.30		1022
	15.103.1	External-Memory-Interface-Funktionen 1.30	1023
	15.103.2	External-Memory-Interface-Funktionsaufrufe 1.30	1024
15.104	Global Signal Reference (GSRef) 2.10		1025
	15.104.1	Global-Signal-Reference (GSRef)-Funktionen 2.10	1025
15.105	ILO Trim 2.00		1025
	15.105.1	ILO-Funktionen 2.00	1026
	15.105.2	ILO-Funktionsaufrufe 2.00	1026
15.106	Interrupt 1.70		1028
	15.106.1	Interrupt-Funktionen 1.70	1029
	15.106.2	Interrupt-Funktionsaufrufe 1.70	1029
15.107	Real Time Clock (RTC) 2.00		1031
	15.107.1	Real-Time-Clock (RTC)-Funktionen 2.00	1031
	15.107.2	Real-Time-Clock (RTC)-Funktionsaufrufe 2.00	1032
15.108	Sleep Timer 3.20		1035
	15.108.1	Sleep-Timer-Funktionsaufrufe 3.20	1035
	15.108.2	Sleep-Timer-Funktionsaufrufe 3.20	1036
15.109	Fan Controller 4.10		1037
	15.109.1	Fan-Controller-Funktionen 4.10	1038
	15.109.2	Fan-Controller-Funktionsaufrufe 4.10	1038
15.110	RTD Calculator 1.20		1041
	15.110.1	RTD-Calculator-Funktionen 1.20	1041
	15.110.2	RTD-Calculator-Funktionsaufrufe 1.20	1041

15.111	Thermistor Calculator 1.20		1041
	15.111.1	Thermistor-Calculator-Funktionen 1.20	1042
	15.111.2	Thermistor-Calculator-Funktionsaufrufe 1.20	1042
15.112	Thermocouple Calculator 1.20		1042
	15.112.1	Thermocouple-Calculator-Funktionen 1.20	1043
	15.112.2	Thermocouple-Calculator-Funktionsaufrufe 1.20	1043
15.113	TMP05 Temp Sensor Interface 1.10		1044
	15.113.1	TMP05-Temp-Sensor-Interface-Funktionen 1.10	1044
	15.113.2	TMP05-Temp-Sensor-Interface-Funktionsaufrufe 1.10	1045
15.114	LIN Slave 4.00		1046
	15.114.1	LIN-Slave-Funktionen 4.00	1046
	15.114.2	LIN-Slave-Funktionsaufrufe 4.00	1047
Literatur			1048

Weiterlesen 1053

Eine Zusammenfassung der PSoC 3-Spezifikationen 1063

PSoC 5LP-Spezifikationsübersicht 1067

Spezielle Funktionsregister (SFRs) 1071

Mnemonik 1073

Glossar 1075

Abbildungsverzeichnis

Abb. 1.1	Eine typische Architektur eines eingebetteten Systems	2
Abb. 1.2	Der VERDAN-Computer	3
Abb. 1.3	Der MARDAN-Computer	5
Abb. 1.4	Externe Geräte, die für Intels frühe mikroprozessorbasierte (Mikro-)Controller benötigt werden.	6
Abb. 1.5	Ein Mikrocontroller integriert alle grundlegenden Funktionen auf einem Chip	7
Abb. 1.6	Vergleich der von Neumann- und Harvard-Architekturen	8
Abb. 1.7	Ein Intel 8749 ultraviolett (UV-)löschbarer Mikrocontroller	9
Abb. 1.8	Schematische Darstellung eines offenen Schleifensystems	40
Abb. 1.9	Eingebetteter System-Motorcontroller	41
Abb. 1.10	Schematische Darstellung eines geschlossenen Systems mit direktem Feedback	41
Abb. 1.11	Schematische Ansicht eines geschlossenen Systems mit „erfasster" Ausgangsrückmeldung	42
Abb. 1.12	Ein allgemeines SISO-Rückmeldesystem	42
Abb. 1.13	Ein eingebettetes System, das externen Störungen ausgesetzt ist	43
Abb. 1.14	Blockdiagramm einer typischen Mikrocontroller-DMA-Konfiguration	46
Abb. 1.15	Ein Beispiel für ein Tri-State-Gerät	47
Abb. 1.16	PSoC 3- und PSoC 5LP-Interrupt-Quellen	49
Abb. 1.17	PSoC 3 und PSoC 5LP unterstützen 32 Interrupt-Stufen	50
Abb. 1.18	Intel 8051-Architektur	53
Abb. 1.19	Ein einfaches Beispiel für die Verarbeitung analoger Signale	56
Abb. 1.20	Beispiel für Aliasing durch Unterabtastung	57
Abb. 2.1	Top-Level-Architektur für PSoC 3	64
Abb. 2.2	Top-Level-Architektur für PSoC 5LP	65
Abb. 2.3	Vereinfachte PSoC 3-Architektur	66
Abb. 2.4	PSoC 3 – Top-Level-Architektur	67
Abb. 2.5	Kommunikationswege innerhalb von PSoC 3	68

Abb. 2.6	Der 8051-Wrapper von PSoC 3	70
Abb. 2.7	Datentransferbefehlssatz	73
Abb. 2.8	Karte der speziellen Funktionsregister	74
Abb. 2.9	8051-interne Datenraumkarte	76
Abb. 2.10	Statusregister (PSW) [0xD0]	78
Abb. 2.11	Blockdiagramm des Interrupt-Controllers	92
Abb. 2.12	PSoC 3-Interrupt-Controller	92
Abb. 2.13	Interrupt-Verarbeitung im IDMUX	94
Abb. 2.14	Interrupt-Signalquellen	95
Abb. 2.15	PICU-Blockdiagramm	99
Abb. 2.16	EMIF-Blockdiagramm	103
Abb. 2.17	Blockdiagramm des PHUB	105
Abb. 2.18	Taktquellenoptionen für PSoC 3/5LP	110
Abb. 2.19	Taktungssystem des PSoC 3	112
Abb. 2.20	Taktverteilungsnetzwerk für PSoC 3 und PSoC 5LP	113
Abb. 2.21	Taktverteilungssystem des PSoC 3	114
Abb. 2.22	ILO-Taktblockdiagramm	116
Abb. 2.23	Interne Konstruktion der PLL	116
Abb. 2.24	4–33-MHz-Quarzoszillator	117
Abb. 2.25	Mastertaktgeber-Mux	120
Abb. 2.26	Der USB-Takt-Multiplexer	121
Abb. 2.27	GPIO-Blockdiagramm	125
Abb. 2.28	Blockdiagramm des Energiebereichs	126
Abb. 2.29	Der Aufwärtswandler	128
Abb. 2.30	Stromflusseigenschaften des Aufwärtswandlers	129
Abb. 2.31	Funktionen des Aufwärtswandlerregisters	131
Abb. 2.32	Blockdiagramm der Spannungsüberwachung	132
Abb. 3.1	Beispiele für Zug, Kompression, Biegung (Biegen) und Torsion	149
Abb. 3.2	Beispiel für Scherkraft	150
Abb. 3.3	Dehnungsmessstreifen auf einer Duraluminium-Zerreißprobe befestigt	150
Abb. 3.4	Nahaufnahme eines Dehnungsmessstreifens	151
Abb. 3.5	Widerstand gegen Temperatur für einen NCP18XH103F03RB-Thermistor	152
Abb. 3.6	Seebeck-Potenziale	156
Abb. 3.7	Die Wheatstone-Brücke	158
Abb. 3.8	Konstantstrommessung	159
Abb. 3.9	Widerstandsteiler	159
Abb. 4.1	Klassifizierung der Speichertypen, die in/mit Mikrocontrollern verwendet werden	171
Abb. 4.2	Ein Beispiel für eine SRAM-Zelle	172

Abb. 4.3	Die Antriebsmodi für jeden Pin sind programmatisch auswählbar	173
Abb. 4.4	Ein Beispiel für eine dynamische Zelle	174
Abb. 4.5	Entwicklung von Werkzeugen und Hardware-Evolution	179
Abb. 4.6	Das RS232-Protokoll (1 Startbit, 8 Datenbits, 1 Stoppbit)	181
Abb. 4.7	Hardwarebeispiel des I^2C-Netzwerks	183
Abb. 4.8	Eine grafische Darstellung der einfachsten Form der SPI-Kommunikation	183
Abb. 4.9	SPI – ein Master, mehrere Slaves	184
Abb. 4.10	CAN-Frameformat	186
Abb. 4.11	LIN-Frameformat	187
Abb. 4.12	Stammbaum der digitalen Logikfamilie	187
Abb. 4.13	Unprogrammiertes PAL	189
Abb. 4.14	Ein Beispiel für ein programmiertes PAL	189
Abb. 4.15	Ein Beispiel für einen auf einem PLD basierenden Multiplexer	190
Abb. 4.16	PSoC 1-/PSoC 2-/PSoC 3-Architekturen	192
Abb. 5.1	Wasserfall-Designmodell	198
Abb. 5.2	Das Spiralmodell	199
Abb. 5.3	Das V-Modell	199
Abb. 5.4	Blockdiagramme und ihre jeweiligen SFG	202
Abb. 5.5	Ein einfaches Beispiel für einen Signalpfad und die zugehörigen linearen Gleichungen	203
Abb. 5.6	Vereinfachung von zwei Blöcken zu einem	204
Abb. 5.7	Erweiterung einzelner Blöcke mit Summierstellen	204
Abb. 5.8	Erweiterung einzelner Blöcke zu zwei äquivalenten Blöcken	205
Abb. 5.9	Eine einfache Anwendung von Masons Regel	206
Abb. 5.10	Ein Beispiel für ein verschachteltes Zustandsdiagramm mit 6 Zuständen	207
Abb. 5.11	Schwache Kopplung zwischen den Modulen A, B, C und D	208
Abb. 5.12	Enge Kopplung zwischen den Modulen A, B, C und D	208
Abb. 5.13	Eine häufig anzutreffende Signalkette	211
Abb. 5.14	Ein Beispiel für Amplitudenmodulation	211
Abb. 5.15	Transformatorgekoppelter Eingangssensor	212
Abb. 5.16	Ein Blockdiagramm einer Temperaturmesssignalkette	213
Abb. 5.17	Ein schematisches Diagramm der in Abb. 5.16 gezeigten Signalkette	214
Abb. 5.18	Eine weitere Vereinfachung, die sich aus der Verwendung eines Strom-DAC ergibt	215
Abb. 5.19	Schematische Darstellung der Dreileiterschaltung in PSoC Creator	215
Abb. 5.20	Schematische Ansicht der Vierleiterschaltung in PSoC Creator	217
Abb. 5.21	CDS-OpAmp-Blockdiagramm	217

Abb. 5.22	CDS-Frequenzantwort	219
Abb. 5.23	CDS-Implementierung für PSoC 3/5-*ADC_DELSIG*	220
Abb. 5.24	Einzel- gegenüber differentiellem Eingangsmodus für ADC_DelSig; **a** einzel, **b** differentiell	221
Abb. 5.25	Einzel-/differentieller Eingang mit einem analogen Multiplexer	221
Abb. 5.26	Vierleiter-RTD mit Kompensation von Verstärkungsfehlern	222
Abb. 5.27	Das Dialogfeld *IDAC8 konfigurieren* in PSoC Creator	223
Abb. 5.28	PSoC Creator-Dialogfelder *ADC_Del_Sig_n konfigurieren*	224
Abb. 5.29	Logikdiagramm des Resetmoduls	226
Abb. 5.30	Resets, die aus verschiedenen Resetquellen resultieren	227
Abb. 5.31	Übersicht über das PSoC 3-Startverfahren	228
Abb. 5.32	Ausführungsschritte von KeilStart.A51	230
Abb. 5.33	*CyFitter_cfg.c*-Ausführungsschritte	230
Abb. 5.34	Auswahl des Geräteregistermodus	231
Abb. 5.35	Vergleich von Speicherplänen für ein Standardprojekt und ein Bootloader-Projekt	234
Abb. 5.36	Flash-Sicherheits-Registerkarte	235
Abb. 5.37	Flussdiagramm des Bootloaders	238
Abb. 6.1	VHDL-Designflussdiagramm. „Fitting" und „Place&Route" sind ähnliche Operationen, wobei Ersteres eine JEDEC (Joint Electron Device Engineering Council)-Datei und Letzteres eine beliebige Datei in einem Format erzeugt, das für das Programmiergerät des Zielgeräts akzeptabel ist	247
Abb. 6.2	Ein einzelner 1-bit-Volladdierer	251
Abb. 6.3	VHDL-Datentypen	255
Abb. 6.4	Wert von bedingten Ausdrücken, die x, z, 1 und/oder 0 enthalten	269
Abb. 7.1	Die Cypress PSoC 1/3/5LP Evaluation Board	297
Abb. 7.2	Das PSoC Creator-Framework	299
Abb. 7.3	Workspace Explorer	301
Abb. 7.4	Hinzufügen einer Komponente zu einem Design	302
Abb. 7.5	Das Fenster *Notice List* im PSoC Creator	302
Abb. 7.6	Das Fenster *Output* im PSoC Creator	303
Abb. 7.7	Pinzuweisung	304
Abb. 7.8	Die Pinzuweisungstabelle im DWR-Fenster	305
Abb. 7.9	Das Fenster *New Project* im PSoC Creator	307
Abb. 7.10	Analogpin, LCD und ADC_DelSig-Komponenten im PSoC Creator	307
Abb. 7.11	Einstellungen von ADC_DelSig für das einfache Voltmeterbeispiel	308
Abb. 7.12	Pinverbindungen für das Zielbauteil	309
Abb. 7.13	Registerkarte main.c im PSoC Creator	309

Abb. 7.14	Diese Tabelle dient der Auswahl der Zielbauteile/Revisionstypen.	311
Abb. 7.15	Pinzuweisung für das Zielbauteil.	312
Abb. 7.16	*Start Page* in PSoC Creator.	315
Abb. 7.17	Der Verknüpfungsprozess.	316
Abb. 7.18	Die Kette von Präprozessor, Compiler, Assembler, Linker und Loader.	319
Abb. 7.19	Dialogfeld für neue Elemente in PSoC Creator.	322
Abb. 7.20	Registerkarte Taktgeber (*Clock*) in PSoC Creator.	325
Abb. 7.21	Blockdiagramm des Testcontrollers für PSoC 3 (8051).	329
Abb. 7.22	Konfiguration des Testcontrollers für PSoC 5LP.	330
Abb. 7.23	DOC-, CPU- und TC-Blockdiagramm.	330
Abb. 7.24	MiniProg3 übernimmt die Protokollübersetzung zwischen einem PC und dem Zielgerät.	333
Abb. 7.25	Das Intel HEX-Dateiformat.	334
Abb. 7.26	Speicherorte für HEX-Dateien für PSoC 5LP.	336
Abb. 7.27	Auswahl eines neuen PSoC 5LP-Zielbauteils.	340
Abb. 7.28	Die Speicherabbildung des PSoC 3 (8051).	340
Abb. 7.29	Die Speicherabbildung des PSoC 5LP (Cortex-M3).	341
Abb. 7.30	Keil-Schlüsselwörter und zugehörige Speicherbereiche.	355
Abb. 7.31	Interne Speicheranordnung des 8051.	356
Abb. 7.32	Interne Speicherzuordnung des 8051.	357
Abb. 7.33	Task-Timing-Parameter.	360
Abb. 7.34	Einfaches Zustandsdiagramm des Zählers.	377
Abb. 8.1	Hierarchie der programmierbaren Logikgeräte.	381
Abb. 8.2	PSoC 3/5LP-JTAG-Schnittstellenarchitektur.	384
Abb. 8.3	TAP-Zustandsmaschine.	385
Abb. 8.4	Ein einfaches Gerät bestehend aus Gatter-Arrays und Makrozellen.	387
Abb. 8.5	Grundlegende Bausteine, die von PSoC Creator unterstützt werden.	389
Abb. 8.6	UDB-Blockdiagramm.	390
Abb. 8.7	Implementierung eines *count7*-Abwärtszählers in PSoC Creator.	391
Abb. 8.8	PLD-12C4-Struktur.	392
Abb. 8.9	PSoC 3/5LP-Makrozellenarchitektur.	393
Abb. 8.10	Makrozellenarchitektur nur lesbare Register.	393
Abb. 8.11	Datenpfad (Top-Level).	394
Abb. 8.12	FIFO-Konfigurationen.	399
Abb. 8.13	Blockdiagramm der Carry-Operation.	401
Abb. 8.14	Schiebeoperation.	404
Abb. 8.15	Datenpfadverkettungsfluss.	405
Abb. 8.16	Funktionale Struktur von CRC.	405

Abb. 8.17	Konfiguration der CRC/PRS-Verkettung	407
Abb. 8.18	CCITT-CRC-16-Polynom	408
Abb. 8.19	Externer CRC/PRS-Modus	408
Abb. 8.20	*Compare-gleich*-Verkettung	410
Abb. 8.21	*Compare-kleiner-als*-Verkettung	411
Abb. 8.22	Konfigurations-RAM-I/O	411
Abb. 8.23	Status- und Steuerbetrieb	412
Abb. 8.24	Statusleselogik	413
Abb. 8.25	Sync-Modus	415
Abb. 8.26	Bezeichnungen der Hilfssteuerregisterbits	416
Abb. 8.27	FIFO-Pegel-Steuerbits	417
Abb. 8.28	Das NAND-Gatter als Grundbaustein für AND-, OR- und NOT- (Inverter-)Gatter	418
Abb. 8.29	Karnaugh-Diagramm für $A \cdot B + A \cdot \overline{B}$	426
Abb. 8.30	Karnaugh-Diagramm für $A \cdot \overline{B} + \overline{A} \cdot B + \overline{A} \cdot \overline{B}$	426
Abb. 8.31	Karnaugh-Diagramm für $\overline{A} \cdot \overline{B} \cdot \overline{C} + \overline{A} \cdot B \cdot C + A \cdot B \cdot C$	427
Abb. 8.32	Eine K-Map mit 5 Produkten	427
Abb. 8.33	Ein Logikschaltkreis für einen SoP-Ausdruck mit 5 Termen	428
Abb. 8.34	Vereinfachte Version des Logikschaltkreises in Abb. 8.33	429
Abb. 8.35	Eine NAND-Gatter-Implementierung eines RS-Flipflops	430
Abb. 8.36	Ein D-Flipflop	430
Abb. 8.37	Blockdiagramm eines sequenziellen Schaltkreises	431
Abb. 8.38	Ein JK-Flipflop	432
Abb. 8.39	Ein serielles Schieberegister mit D-Flipflops (SIPO)	433
Abb. 8.40	Ein Parallele-Eingabe/Ausgabe-Register mit D-Flipflops	434
Abb. 8.41	Arten von Jitter	435
Abb. 8.42	Konfigurationen für AND-Gatter mit 3 und 4 Eingängen	435
Abb. 8.43	Konfigurationen für OR-Gatter mit 3 und 4 Eingängen	436
Abb. 8.44	Beispiele für Mehrfacheingangsgatter, die in PSoC Creator verfügbar sind	436
Abb. 8.45	Ein einfaches Beispiel für eine Wettlaufsituation, die zu einem „Glitch" führt	436
Abb. 8.46	Moore-Automat	438
Abb. 8.47	Mealy-Automat	439
Abb. 8.48	Eine sehr einfache endliche Zustandsmaschine	439
Abb. 8.49	Eine komplexere FSM, die ein Schieberegister darstellt	440
Abb. 8.50	PSoC 3/5LP-LUT. (**a**) Nicht registriert versus (**b**) registriert	441
Abb. 8.51	Ein Flankendetektor implementiert als Zustandsmaschine	442
Abb. 8.52	Eine PSoC 3/5LP-Implementierung eines Flankendetektors als FSM	442
Abb. 8.53	8-bit-Abwärtszähler	443
Abb. 9.1	Die Master-Slave-Konfiguration beim I2C	447

Abb. 9.2	Master- und Multi-Slave-Konfiguration beim I2C	448
Abb. 9.3	Start- und Stoppzustände	449
Abb. 9.4	Slave-ACK/NACK des einzelnen empfangenen Bytes	450
Abb. 9.5	Slave-Buffer-Struktur	456
Abb. 9.6	I2C-Schreibtransaktion	457
Abb. 9.7	Wecken und Taktlängenänderung	464
Abb. 9.8	UART-Konfigurationen in PSoC Creator	469
Abb. 9.9	UART-Konfigurationsregister in PSoC Creator	476
Abb. 9.10	Simplex, Halb- und Vollduplex	477
Abb. 9.11	Schaltplanmakros von *SPI Master* und *Slave*, die von PSoC Creator unterstützt werden	480
Abb. 9.12	USB-Pipe-Modell	490
Abb. 9.13	Ablauf der Enumerationsereignisse	491
Abb. 9.14	Ein Beispiel für ein verdrilltes Kabel	494
Abb. 9.15	Ein Beispiel für Bitstopfen	494
Abb. 9.16	Eine ideale Konfiguration eines Differenzverstärkers	495
Abb. 9.17	Ein Beispiel für die Gleichtaktunterdrückung beim USB	495
Abb. 9.18	Inhalt des USB-Pakets	501
Abb. 9.19	Inhalt des USB-Pakets	503
Abb. 9.20	USB-Bezeichnerbaum	508
Abb. 9.21	MIDI-Komponente des PSoC 3/5	511
Abb. 9.22	CAN-Komponente in PSoC Creator	515
Abb. 9.23	S/PDIF-Senderkomponente in PSoC 3/5	521
Abb. 9.24	SPDIF – Interrupt-Modus-Werte	524
Abb. 9.25	SPDIF – Statusmaskenwerte	525
Abb. 9.26	SPDIF – Frequenzwerte	525
Abb. 9.27	S/PDIF-Blockformat	527
Abb. 9.28	*S/PDIF*-Unterframe-Format	527
Abb. 9.29	Ein Blockdiagramm der Implementierung von SPDIF_Tx	528
Abb. 9.30	S/PDIF-Kanalcodierung Timing	530
Abb. 9.31	SPDIF-Steuerregister	530
Abb. 9.32	SPDIF-Statusregister	530
Abb. 9.33	Vector CAN-Komponente bei PSoC 3	531
Abb. 9.34	Der Inter-IC Sound Bus (I2S)	536
Abb. 9.35	I2S-Datenübergangszeitdiagramm	538
Abb. 9.36	I2S-Tx und -Rx	539
Abb. 9.37	I2S nur Rx und I2S nur Tx	539
Abb. 9.38	Das LIN-Nachrichtenframe	543
Abb. 9.39	LIN-Bus-Physical-Layer	544
Abb. 9.40	Unterstützte LCD-Segmenttypen	545
Abb. 9.41	Hitachi 2×16-LCD	546
Abb. 9.42	Resistive Touchscreenkonstruktion	547

Abb. 9.43	Äquivalenter Schaltkreis eines resistiven Touchscreens.	548
Abb. 9.44	Äquivalente Schaltkreismodelle eines resistiven Touchscreens	550
Abb. 9.45	Flussdiagramm für die Messung der Touchscreenparameter	551
Abb. 9.46	Pinkonfigurationen für die Messung der Touchkoordinaten	552
Abb. 10.1	Schematische Darstellung einer generischen PLL	560
Abb. 10.2	Der PLL-Ausgang ist größer als das Referenzsignal	560
Abb. 10.3	Eine einfache Implementierung eines Phasendetektors	561
Abb. 10.4	Eingang und Ausgang des XOR-Phasendetektors	561
Abb. 10.5	Phasendetektor	563
Abb. 10.6	Beispiel für einen spannungsgesteuerten Relaxationsoszillator.	564
Abb. 10.7	Beispiel für einen Ringzähler	564
Abb. 10.8	Ein typischer, auf einem OpAmp basierender Relaxationsoszillator	565
Abb. 10.9	Blockdiagramm der PSoC 3- und 5LP-Phasenregelschleife	568
Abb. 10.10	Schleifenfilter	570
Abb. 11.1	Eine analoge Computerlösung einer Differentialgleichung	578
Abb. 11.2	Impulsantwort für Beispiel 11.2	588
Abb. 11.3	Bode-Diagramm für Beispiel 11.2	589
Abb. 11.4	Beispiel für die Impedanzanpassung	598
Abb. 11.5	Ein generalisiertes SISO-Rückkopplungssystem	600
Abb. 11.6	Ein Beispiel für Clipping	603
Abb. 11.7	Einschwingzeit für einen realen OpAmp	604
Abb. 11.8	Konfiguration eines invertierenden Verstärkers	605
Abb. 11.9	Miller-Effekt	606
Abb. 11.10	Ein nicht invertierender Verstärker	607
Abb. 11.11	Summenverstärker	608
Abb. 11.12	Differenzverstärker	608
Abb. 11.13	Ein Beispiel für einen logarithmischen Verstärker	609
Abb. 11.14	Ein exponentieller Verstärker (e^{v_i})	610
Abb. 11.15	Ein OpAmp als Integrator konfiguriert	610
Abb. 11.16	Ein idealisierter Differenzierer	612
Abb. 11.17	Eine klassische Konfiguration des Instrumentenverstärkers	612
Abb. 11.18	Ein generischer TIA	614
Abb. 11.19	Typische Anwendung des TIA und Photodetektors	614
Abb. 11.20	Induktive Last implementiert als ein OpAmp-basierter Gyrator	614
Abb. 11.21	Spannungs-/Strom-Zeit-Kennlinie für den in Abb. 11.20 dargestellten Gyrator	615
Abb. 11.22	Ein Beispiel für einen Kapazitätsverstärker	616
Abb. 11.23	Kapazitiver Lade-/Entladezyklus	616
Abb. 11.24	Ein idealer Komparator	617
Abb. 11.25	Invertierender Schmitt-Trigger	620
Abb. 11.26	Nicht invertierender Schmitt-Trigger	620

Abb. 11.27	Die *Sample/Hold-and-Track/Hold*-Komponenten von PSoC 3/5LP	621
Abb. 11.28	I/O-Signale der *Sample-and-Hold*-Komponente	622
Abb. 11.29	Die grundlegende Konfiguration des geschalteten Kondensators	625
Abb. 11.30	Ein Integrator mit geschaltetem Kondensator	626
Abb. 11.31	Schaltplan des Geschalteter-Kondensator- und des Kontinuierliche-Zeit-Blocks	626
Abb. 11.32	PSoC 3/5LP-Operationsverstärkerverbindungen	630
Abb. 11.33	Grafische Darstellung eines OpAmp und eines PGA im PSoC Creator	631
Abb. 11.34	PSoC 3/5LP-Operationsverstärker konfiguriert als invertierender, variabler Verstärkungs-OpAmp unter Verwendung externer Komponenten	631
Abb. 11.35	Interne Verstärkungswiderstände des PGA	632
Abb. 11.36	Ein OpAmp konfiguriert als Einheitsverstärkungsbuffer	633
Abb. 11.37	CT-PGA-Konfiguration	634
Abb. 11.38	Differentieller Verstärker aus zwei PGA konstruiert	634
Abb. 11.39	Blockdiagramm des Komparators	636
Abb. 11.40	Ein Beispiel für Kosinusoberschwingungen, die verwendet werden, um eine Rechteckwelle darzustellen (http://de.wikipedia.org).	642
Abb. 11.41	PSoC 3/5LP-Konfiguration für einen CT-Mischer	643
Abb. 11.42	Ein Beispiel für CT-Mischer-Eingangs- und Ausgangswellenformen	644
Abb. 11.43	(Diskretzeit-) Abtast- und Haltemischer	645
Abb. 11.44	Abtastmischerwellenformen für $N=1$	646
Abb. 11.45	Abtastmischerwellenformen für $N=3$	647
Abb. 11.46	„Steilpass"-Übertragungsfunktionen für ideale Filter	649
Abb. 11.47	Phase als Funktion der Frequenz für ideale Filter	649
Abb. 11.48	Merkmale des Bode-Diagramms für einen Butterworth-Filter 1. Ordnung	650
Abb. 11.49	Ein sehr einfacher, passiver Tiefpassfilter	651
Abb. 11.50	Normalisierte Diagramme von gängigen Konfigurationen von Tiefpassfiltern 5. Ordnung	654
Abb. 11.51	Die generische Form des Sallen-Key-Filters	654
Abb. 11.52	Bode-Diagramm von Butterworth-Filtern n-ter Ordnung für $n=1$–5	655
Abb. 11.53	Ein Sallen-Key-Tiefpassfilter mit Einheitsverstärkung	656
Abb. 11.54	Ein Sallen-Key-Hochpassfilter	657
Abb. 11.55	Ein Sallen-Key-Bandpassfilter	659
Abb. 11.56	Ein einfacher Allpassfilter 1. Ordnung	660
Abb. 11.57	Ein Blockdiagramm der PWM-Architektur von PSoC 3/5LP	663

Abb. 11.58	*Voltage Fault Detector*-Komponente	667
Abb. 11.59	Trim und Margin der Komponente	668
Abb. 11.60	*Voltage Sequencer*-Komponente	669
Abb. 11.61	*Power Monitor*-Komponente	672
Abb. 11.62	*Power Monitor*-Komponente	672
Abb. 11.63	Ein typischer Vierleiterlüfter	676
Abb. 11.64	Lüfterdrehzahl versus Tastverhältnis	677
Abb. 11.65	Pinbelegung des Vierleiterlüftersteckers	679
Abb. 11.66	R-R-Netzwerk	684
Abb. 12.1	Ein generisches Filter mit endlicher Impulsantwort der Ordnung *n*	692
Abb. 12.2	Das Blockdiagramm des digitalen Filters	694
Abb. 12.3	Filterkonfigurationsassistent von PSoC 3/5LP	696
Abb. 12.4	Die „normalisierte" Sinc-Funktion	700
Abb. 12.5	Die Rechteck- oder Rect-Funktion	700
Abb. 12.6	Einfache Dithering-Anwendung mit einer analogen Rauschquelle	703
Abb. 12.7	Dithering-Anwendung mit einer digitalen Rauschquelle	703
Abb. 12.8	Ein Beispiel für einen Modulator der ersten Ordnung, $\Delta\Sigma$	704
Abb. 12.9	Ein Beispiel für einen Delta-Sigma-Modulator der zweiten Ordnung	707
Abb. 12.10	Blockdiagramm des Delta-Sigma-Modulators	708
Abb. 12.11	Signale eines Delta-Sigma-Modulators erster Ordnung mit sinusförmigem Eingang	709
Abb. 12.12	Ein schematisches Diagramm eines SAR-ADC	710
Abb. 12.13	Ein einfacher analoger Multiplexer	711
Abb. 12.14	Das PSoC 3-ADC_DelSig-Blockdiagramm	715
Abb. 12.15	PSoC 3/5LP-Pinansteuerungsmodi	717
Abb. 12.16	Konfiguration des höherauflösenden Strom-DAC	721
Abb. 12.17	AND-Gatter führen eine logische Multiplikation aus	723
Abb. 12.18	OR-Gatter führen eine logische Addition aus	723
Abb. 12.19	Ein Inverter fungiert als ein NOT-Gatter	723
Abb. 12.20	Das NAND-Gatter fungiert als die Kombination eines logischen NAND- und NOT-Gatters	724
Abb. 12.21	Das NOR-Gatter fungiert als Kombination aus einem logischen OR- und NOT-Gatter	724
Abb. 12.22	Ein exklusives OR-Gatter	725
Abb. 12.23	Ein exklusives NOR-Gatter (XNOR)	725
Abb. 12.24	Ein Bufoe ist ein Buffer mit einem Ausgangsaktivierungssignal („output enable", oe)	726
Abb. 12.25	D-Flipflop von PSoC 3/5LP	727

Abb. 12.26	Ein einfaches Beispiel für einen Galois-PRNG	741
Abb. 12.27	QuadDec-Komponente	743
Abb. 12.28	QuadDec-Zeitdiagramm	743
Abb. 12.29	QuadDec-Zustandsdiagramm	743
Abb. 12.30	Globale Variablen von QuadDec	745
Abb. 12.31	Die QuadDec-Funktionen	745
Abb. 12.32	Polynomnamen	746
Abb. 12.33	CRC-Polynome	747
Abb. 13.1	**a** Reihen- und **b** Parallelresonanz in einem Quarz	752
Abb. 13.2	Schematische Darstellung des Barkhausen-Kriteriums für eine **a** geschlossene Schleife und **b** offene Schleife	754
Abb. 13.3	PSoC-basierter Pierce-Oszillator	755
Abb. 13.4	PSoC-basierter Pierce-Oszillator (Streukapazitätsfall)	755
Abb. 13.5	Einige grundlegende Oszillatortypen	757
Abb. 13.6	Beispiele für verschiedene „Quarzebenenschnitte"	758
Abb. 13.7	PSoC 3- und PSoC 5LP-Taktgeberblockdiagramm	759
Abb. 13.8	PSoC 3- und PSoC 5LP-Taktgeberübersichtsdiagramm	759
Abb. 13.9	PSoC Creator MHz-ECO-Konfigurationsdialog	762
Abb. 13.10	Ersatzschaltbild eines Resonators	764
Abb. 13.11	Konfiguration, die für den Test des negativen Widerstands erforderlich ist	767
Abb. 13.12	Topologie des Pierce-Oszillators mit Reihen- und Rückkopplungswiderständen	768
Abb. 13.13	Anlaufverhalten des 32-kHz-ECO	770
Abb. 14.1	PSoC Creator-Schaltplan für einen Spitzenwertdetektor mit Abtasten und Halten	776
Abb. 14.2	Spitzenwerterkennungswellenform des Abtastens und Haltens	777
Abb. 14.3	Richtige Taktwahl	777
Abb. 14.4	Ergebnisse einer zu schnellen Taktfrequenz	778
Abb. 14.5	Ergebnisse einer zu langsamen Taktfrequenz	778
Abb. 14.6	Vollwellengleichrichter	779
Abb. 14.7	Übergang des Schalterprellens von high zu low	779
Abb. 14.8	Das Entprellmodul von PSoC Creator	780
Abb. 14.9	Ein Beispiel für eine Hardwareentprellungsschaltung	783
Abb. 14.10	Beispiel für ein Tiefpassfilter (LP)	785
Abb. 14.11	Beispiel für ein Bandpassfilter (BP)	785
Abb. 14.12	Beispiel für eine Frequenzumtastungs („frequency shift keying", FSK)-Schaltung	786
Abb. 14.13	Ein Beispiel für einen AM-Modulator	787
Abb. 14.14	WaveDAC8-Datenflussdiagramm unter Verwendung einer LUT im Systemspeicher	788

Abb. 14.15	WaveDAC8-Datenflussdiagramm für zwei im Systemspeicher gespeicherte Signale	788
Abb. 14.16	Von WaveDAC8 unterstützte Funktionsaufrufe	791
Abb. 15.1	Quadraturbeispiel	928

Tabellenverzeichnis

Tab. 1.1	Einige der Arten von Untersystemen, die in Mikrocontrollern verfügbar sind	54
Tab. 2.1	Die vollständige Menge der 8051-Opcodes	72
Tab. 2.2	XDATA-Adresskarte	75
Tab. 2.3	Spezielle Funktionsregister	76
Tab. 2.4	Springanweisungen	82
Tab. 2.5	Arithmetische Anweisungen	83
Tab. 2.6	Datenübertragungsanweisungen	85
Tab. 2.7	Logische Anweisungen	86
Tab. 2.8	Boolesche Anweisungen	89
Tab. 2.9	Interrupt-Vektortabelle (PSoC 3)	93
Tab. 2.10	Bitstatus während des Lesens und Schreibens	97
Tab. 2.11	Pending-Bit-Status-Tabelle	97
Tab. 2.12	Flash-Schutzmodi	101
Tab. 2.13	Speicherparameter	106
Tab. 2.14	Schnittstellen zu PHUB	108
Tab. 2.15	Prioritätsstufe versus Busbandbreite	109
Tab. 2.16	Taktbenennungskonventionen	111
Tab. 2.17	Oszillatorparametertabelle	119
Tab. 4.1	Algorithmen, die in einem eingebetteten System verwendet werden	167
Tab. 5.1	Auflösung versus Konvertierungsrate und Taktfrequenz	225
Tab. 6.1	Von VHDL unterstützte Trennzeichen	253
Tab. 6.2	Reservierte Wörter in Verilog	264
Tab. 7.1	PSoC-Speicher und -Register	331
Tab. 7.2	Organisation der Metadaten einer LP-HEX-Datei	335
Tab. 7.3	Vergleich der Schlüsselunterschiede zwischen PSoC 3 und PSoC 5LP	339
Tab. 7.4	Speicherbereich	357
Tab. 7.5	Übergabe von Argumenten über Register	365

Tab. 7.6	Rückgabewerte von Funktionen über Register	365
Tab. 8.1	ALU-Funktionen	399
Tab. 8.2	Carry-in-Funktionen	400
Tab. 8.3	Zusätzliche Carry-in-Funktionen	400
Tab. 8.4	Geroutete Carry-in-Funktionen	400
Tab. 8.5	Schiebefunktionen	402
Tab. 8.6	Erzeugung von Datenpfadbedingungen	409
Tab. 8.7	Compare-Konfigurationen	410
Tab. 8.8	Algebraische Regeln für boolesche Funktionen	422
Tab. 8.9	Eine einfache Wahrheitstabelle	422
Tab. 8.10	Ein komplexeres Beispiel	422
Tab. 8.11	Beispiel Wahrheitstabelle	424
Tab. 8.12	Entsprechende K-Map	424
Tab. 8.13	Wahrheitstabelle für Gl. 8.31	428
Tab. 8.14	Wahrheitstabelle für ein RS-Flipflop	432
Tab. 8.15	Wahrheitstabelle für ein JK-Flipflop	432
Tab. 8.16	Wahrheitstabelle für ein D-Flipflop	432
Tab. 8.17	One-hot- gegenüber binärer Codierung	438
Tab. 9.1	Master-Statusinformationen, die von *unit8 I2C_MasterStatus(void)* zurückgegeben werden	451
Tab. 9.2	Busfrequenzen, die für einen 16x-Überabtastungstakt erforderlich sind	454
Tab. 9.3	*I2C_MasterSendStart()*- Rückgabewerte	461
Tab. 9.4	I2C-Slave-Status-Konstanten	466
Tab. 9.5	Vergleich der RS232- und RS485-Protokolle	479
Tab. 9.6	USB-Kommunikationszustände	496
Tab. 9.7	Eigenschaften der Endpunktübertragungstypen	500
Tab. 9.8	Gerätebezeichnertabelle	506
Tab. 9.9	Konfigurationsbezeichner typ	507
Tab. 9.10	SPDIF-DMA-Konfigurationsparameter	526
Tab. 9.11	Von PSoC Creator unterstützte Vector CAN-Funktionen	533
Tab. 9.12	Die globale Variable *Vector_CAN_initVar*	535
Tab. 9.13	DMA und die I2S-Komponente	537
Tab. 9.14	I2S-Rx-Interrupt-Quelle	540
Tab. 9.15	Zuordnung von logischem zu physikalischem LCD-Anschluss	547
Tab. 11.1	Beispiele für OpAmp-Anwendungen	579
Tab. 11.2	Einige gängige Laplace-Transformationen	587
Tab. 11.3	Register auswählbare Betriebsmodi	627
Tab. 11.4	Miller-Kapazität zwischen dem Verstärkerausgang und dem Ausgangstreiber	627
Tab. 11.5	Antriebssteuerungseinstellungen des SC/CT-Blocks	627

Tab. 11.6	Miller-Kapazität zwischen dem Verstärkerausgang und dem Ausgangstreiber	629
Tab. 11.7	C_{FB} für CT-Mischung, PGA, OpAmp, Einheitsverstärkungsbuffer und T/H-Modi	629
Tab. 11.8	Verstärkungseinstellungen für programmierbare Verstärker	632
Tab. 11.9	Werte des Rückkopplungswiderstands des Transimpedanzverstärkers	635
Tab. 11.10	Einstellungen der Rückkopplungskapazität des TIA	635
Tab. 11.11	Steuerwörter für die LUT	639
Tab. 11.12	Tabelle mit *Fan Controller*-Funktionen (Teil 1)	681
Tab. 11.13	Tabelle mit *Fan Controller*-Funktionen (Teil 2)	682
Tab. 12.1	Quantisierte Ausgangsdaten	705
Tab. 12.2	Ausgabebeispiel Delta-Sigma	706
Tab. 12.3	Wahrheitstabelle des UND-Gatters	723
Tab. 12.4	Wahrheitstabelle des ODER-Gatters	723
Tab. 12.5	Wahrheitstabelle des NICHT-Gatters	723
Tab. 12.6	Wahrheitstabelle des NAND-Gatters	724
Tab. 12.7	Wahrheitstabelle des NOR-Gatters	724
Tab. 12.8	Wahrheitstabelle des exklusiven ODER-Gatters (XOR)	725
Tab. 12.9	Wahrheitstabelle des exklusiven NOR-Gatters (XNOR)	725
Tab. 12.10	Wahrheitstabelle des 4-Eingabe-Multiplexers	728
Tab. 12.11	Wahrheitstabelle des 4-Ausgabe-Demultiplexers	728

Rechtlicher Hinweis

In diesem Lehrbuch hat der Autor versucht, die Techniken der eingebetteten „Mixed-Signal-Designs" anhand von Beispielen und Daten zu lehren, von denen angenommen wird, dass sie korrekt sind. Diese Beispiele, Daten und andere hierin enthaltene Informationen dienen jedoch ausschließlich als Lehrmittel und sollten nicht in einer bestimmten Anwendung ohne unabhängige Test und Verifikation durch die Person, die die Anwendung durchführt, genutzt werden. Unabhängige Tests und Verifikationen sind besonders wichtig in jeder Anwendung, in der eine falsche Funktion zu Personen- oder Sachschäden führen könnte. Aus diesen Gründen lehnen der Autor und die Cypress Semiconductor Corporation[1] ausdrücklich die stillschweigenden Garantien der Verwendbarkeit und der Eignung für einen bestimmten Zweck ab, selbst wenn der Autor und die Cypress Semiconductor Corporation von einem bestimmten Zweck in Kenntnis gesetzt wurden und selbst wenn ein bestimmter Zweck im Lehrbuch angegeben ist. Der Autor und die Cypress Semiconductor Corporation lehnen auch jede Haftung für direkte, indirekte, zufällige oder Folgeschäden ab, die aus der Verwendung der Beispiele, Übungen, Daten oder anderen hierin enthaltenen Informationen resultieren und geben keine Garantien, ausdrücklich oder stillschweigend, dass die Beispiele, Daten oder andere Informationen in diesem Band fehlerfrei sind, dass sie mit Industriestandards übereinstimmen oder dass sie die Anforderungen für eine bestimmte Anwendung erfüllen. Der Autor und die Cypress Semiconductor Corporation lehnen ausdrücklich die stillschweigenden Garantien der Verwendbarkeit und der Eignung für einen bestimmten Zweck ab, selbst wenn der Autor und die Cypress Semiconductor Corporation von einem bestimmten Zweck in Kenntnis gesetzt wurden und selbst wenn dieser im Lehrbuch angegeben ist. Der Autor und die Cypress Semiconductor Corporation lehnen auch jede Haftung für direkte, indirekte, zufällige oder Folgeschäden ab, die aus der Verwendung der Beispiele, Übungen, Referenzen, Daten oder anderen hierin enthaltenen Informationen resultieren.

---

[1] Cypress Semiconductor ist ein Unternehmen der Infineon Technologies

Cypress, PSoC, CapSense und EZ-USB sind Marken oder eingetragene Marken von Cypress in den Vereinigten Staaten und anderen Ländern. Andere hierin enthaltene Namen und Marken können als das alleinige und ausschließliche Eigentum ihrer jeweiligen Eigentümer beansprucht werden.

Analoge Signalverarbeitung

11

Zusammenfassung

In diesem Kapitel liegt die Diskussion auf der Mischsignalverarbeitung (Es war jedoch in diesem Lehrbuch nicht möglich, eine detaillierte Diskussion über Signalverarbeitung zu führen. Stattdessen werden bestimmte gängige Signalverarbeitungsanwendungen diskutiert, z. B. Mischen und andere Beispiele, die sowohl analoge als auch digitale Signalverarbeitung beinhalten, die häufig in eingebetteten Systemen anzutreffen sind.) und insbesondere den verschiedenen Komponenten, die oft in ein eingebettetes System integriert sind, um die notwendige Funktionalität für eine bestimmte Anwendung zu bieten. Wie in den vorangegangenen Kapiteln dient PSoC 3/5LP in diesem Kapitel zur Veranschaulichung der wichtigsten Konzepte. Es sollte beachtet werden, dass viele der Blöcke, die auch als „Module" bezeichnet werden, die in Geräten wie PSoC 3 und PSoC 5LP gefunden werden, in Wirklichkeit wiederholte Instanziierungen einiger grundlegender Hardwarekomponenten mit Variationen sind, deren Eigenschaften durch Register gesteuert und/oder definiert werden. Daher wird in der Diskussion gelegentlich auf die Steuerungs- und andere zugehörige Register verwiesen, um die Funktionalität auf einer niedrigeren Abstraktionsebene hervorzuheben und die Tatsache zu betonen, dass das Verhalten der verschiedenen Module dynamisch unter Programmkontrolle und in Echtzeit geändert werden kann.

11.1 Entwicklung der Mixed-Signal-Technologie

Vor 1970 war die Anwendung von digitaler Technologie aufgrund der Tatsache, dass Vakuumröhren und die zugehörige analoge Technologie mehr als zwei Drittel des 20. Jahrhunderts die Welt der elektronischen Anwendungen dominiert hatten, etwas eingeschränkt. Obwohl die Transistor-Transistor-Logik (TTL) 1961 entwickelt wurde, erschienen die ersten weit verbreiteten kommerziellen Versionen, bekannt als „Texas Instruments 5400 Series", erst 1963. Bald darauf, etwa 1966, folgte die Serie 7400 von Texas Instruments, die sich als De-facto-Standard für Hardwarelogikkomponenten durchsetzte.

Die niedrigen Kosten der 7400er-Serie und die relative Leichtigkeit, mit der auf digitaler Logik basierende Systeme entwickelt werden konnten, führten dazu, dass Entwickler immer mehr Mikrocontroller und digitale Techniken einsetzten. Ein weiterer Grund war die Tatsache, dass analoge Komponenten wie Widerstände, Kondensatoren, Spulen sowie Vakuumröhren dazu neigen, in Abhängigkeit von Alterung, Temperatur, Vibration, Feuchtigkeit usw. ein gewisses Maß an Schwankungen der Komponentenwerte aufzuweisen, was die Leistung eines Systems erheblich verändern kann.

Angesichts der Tatsache, dass die reale Welt überwiegend analog ist, war es jedoch notwendig, sowohl analoge als auch digitale Techniken bei der Implementierung eines eingebetteten Systems zu kombinieren, um den Anforderungen immer komplexerer und ausgefeilterer eingebetteter Systeme gerecht zu werden.[1] Die meisten eingebetteten Systeme verwenden sowohl analoge als auch digitale Signalverarbeitungstechniken zur Handhabung von I/O-Anforderungen, Datenerfassung und -speicherung, Daten-/Signalaufbereitung usw. und werden daher oft als „Mixed-Signal"-Systeme bezeichnet. PSoC 3 und PSoC 5LP enthalten sowohl analoge als auch digitale Module, die interoperabel und hoch konfigurierbar sind, wie in diesem Kapitel gezeigt wird. Ihre Mixed-Signal-Architekturen ermöglichen es ihnen, eine Vielzahl von eingebetteten Systemanwendungen zu adressieren.

Der Leser tut gut daran, sich vor Augen zu halten, dass es beim Mixed-Signal-Design oft am besten ist, *„Redden Caesari quae sunt Caesaris"*[2] und die digitalen/analogen Techniken und Komponenten zu verwenden, die den Anforderungen der Anwendung am besten entsprechen und in der vorteilhaftesten Kombination. Bei der Entwicklung und dem Einsatz von Filtern gibt es beispielsweise Frequenzbereiche, für die digitale Techniken völlig ungeeignet sind, obwohl sie, zumindest prinzipiell, oft eine weitaus bessere Filterung bieten als traditionelle analoge Techniken.

11.2 Analoge Funktionen

Eingebettete Systeme werden oft aufgefordert, eine Vielzahl von Eingaben zu verarbeiten, die sowohl digitale als auch analoge Steuer-/Befehlssignale umfassen. Analoge Funktionen, die bei der Implementierung von eingebetteten Systemen verwendet werden, umfassen:

---

[1] Software Defined Radios (SDR), Mobiltelefone, digitales Fernsehen usw. sind hervorragende Beispiele für eine Verschmelzung von digitalen und analogen, d. h. Mixed-Signal-Techniken, um immer ausgefeiltere Empfänger und Sender bereitzustellen.

[2] „Gebt dem Kaiser, was dem Kaisers gehört, …".

11.2 Analoge Funktionen

- **Analog-digital-Umwandlung** – viele Wandler, die in Verbindung mit eingebetteten Systemen verwendet werden, erzeugen Spannungen oder Ströme, die mit einem oder mehreren Parametern in Beziehung stehen, die der Messwandler als Eingänge erfährt. Die Analog-digital-Umwandlung der Ausgänge solcher Wandler kann erforderlich sein, um diese Signale für die Annahme und Verarbeitung durch das eingebettete System vorzubereiten.
- **Strom- und Spannungserfassung** – Wandler, die in Verbindung mit eingebetteten Systemen verwendet werden, bringen eine Vielzahl von Spannungs- und Strompegeln, von denen einige in Form von analogen Signalen vorliegen müssen, die in Bezug auf Leistung, Strom und/oder Spannung in bestimmte Bereiche fallen.
- **Strom- und Spannungsausgabe** – eingebettete Systeme müssen oft spezifische Strom- und Spannungspegel an externe Geräte liefern, die über die Kapazität von Mikrocontrollern hinausgehen, die im Allgemeinen auf Ausgangsströme in der Größenordnung von 25 mA und Spannungen unter ± 12 VDC begrenzt sind.
- **Analoge Filter**[3]

Viele eingebettete Systeme beinhalten die Fähigkeit, Signale wiederherzustellen, Störungen zu entfernen usw. und sowohl digitale als auch analoge Filter spielen in solchen Fällen eine wichtige Rolle. Die gebräuchlichsten Arten von Filtern sind definiert als:

- Hochpassfilter, die Frequenzen oberhalb einer bestimmten Frequenz durchlassen und niedrigere Frequenzen blockieren,
- Tiefpassfilter, die Frequenzen unterhalb einer bestimmten Frequenz durchlassen und höhere Frequenzen blockieren,
- Bandpassfilter, die alle Frequenzen innerhalb eines bestimmten Bereichs durchlassen und alle anderen Frequenzen blockieren,
- Kerbfilter, auch als Bandsperrfilter bezeichnet, sind extrem schmalbandige Filter mit steilen Seiten, die einen schmalen Frequenzbereich entfernen, während sie die Frequenzen oberhalb und unterhalb dieses Bereichs mit konstanter Verstärkung durchlassen,
- Allpassfilter, die Frequenzen innerhalb eines bestimmten Bereichs ohne Änderung ihrer Größe durchlassen, aber die Phasenverzögerung variieren, und
- adaptive Filter, die ihre Eigenschaften ändern können, um sich an verändernde Bedingungen anzupassen, denen ein eingebettetes System begegnet.

- **Analoges Mischen (Aufwärts- und Abwärtskonvertierung)** – einige Wandler und andere Signalquellen erzeugen modulierte Träger und das eingebettete System muss in der Lage sein, das Datensignal in solchen Fällen zu extrahieren. Ebenso erfordern

---

[3] Für den Zweck dieses Abschnitts wird angenommen, dass es sich um ideale Filter handelt.

einige eingebettete Anwendungen Ausgaben an externe Geräte in Form von modulierten Trägern.
- **Strom-zu-Spannung- und Spannung-zu-Strom-Umwandlung** – neben der Tatsache, dass Eingangssignale in Form von Strom- oder Spannungssignalen vorliegen können, kann die Fähigkeit zur Umwandlung von einem zum anderen für Ausgangssignale, die von einem eingebetteten System bereitgestellt werden, erforderlich sein.
- **Analoge Signalvor- und/oder -nachbereitung** Es ist oft notwendig, Eingangssignale einer Art von Vor- oder Nachbereitung zu unterziehen, z. B. Filterung, Spannungs-/Strompegelverschiebungen, Frequenzumwandlung aufwärts und abwärts usw., vor und/oder nach ihrer Verarbeitung durch das eingebettete System.
- **Verstärkung**[4] – Verstärkung ist in vielen Systemen ein wichtiger Aspekt, sei es als Teil einer Signalanpassungsanforderung für Eingangssignale oder zum Ansteuern externer Geräte wie Motoren und andere Aktuatoren.
- **Strom/Spannung-zu-Frequenz-Umwandlung** – abhängig von der Art der in einem eingebetteten System beteiligten I/O-Geräte kann es notwendig sein, Strom und/oder Spannung in Frequenz umzuwandeln.
- **Frequenz-zu-Spannung/Strom-Umwandlung** – abhängig von der Art der in einem eingebetteten System beteiligten I/O-Geräte kann es notwendig sein, Frequenzen in Spannungen/Ströme umzuwandeln.
- **Pulsweitenmodulation/-demodulation** – PWM werden oft verwendet, um eine proportionale Steuerung externer Geräte, z. B. Motoren, Beleuchtungseinrichtungen usw., zu ermöglichen und die Demodulation von pulsweitenmodulierten Signalen durchzuführen.
- **Integration** – die Integration von Signalen wird manchmal als Teil der Eingangssignalanpassung oder aus anderen Gründen in einem eingebetteten System eingesetzt.
- **Pulsformung** – eine Neugestaltung von Pulsen kann erforderlich sein, um ein Signal, das verzerrt wurde, wiederherzustellen, z. B. um die Pulsbreite, Pulshöhe, die Gesamtform und/oder das Timing zu verbessern.
- **Differentiation** – einige eingebettete Systeme erfordern, dass analoge Signale differenziert werden.
- **Vergleich von Analogspannung mit Referenzspannung** – viele eingebettete Systeme verwenden Komparatoren, um ein Eingangssignal mit einem Referenzwert zu vergleichen, der als Schwellenwert für eine Aktion oder Nichtaktion des eingebetteten Systems dient.
- **Folge-Halter-Verstärker** – Folge-Halter-Verstärker werden verwendet, um einen Signaleingangspegel, d. h. einen Abtastwert, für eine bestimmte Zeit zu halten, um die Verarbeitung des Abtastwerts abzuschließen, bevor das System den nächsten Abtastwert zur Verarbeitung akzeptiert.
- **Einheitsverstärkungsbuffer** – solche Buffer werden verwendet, um eine Überlastung einer vorherigen Stufe oder Eingangsquelle zu vermeiden.

---

[4] Diese Art der Verstärkung wird manchmal als „Multiplikation" bezeichnet.

11.2 Analoge Funktionen

- **Spannungssummierung** – ermöglicht es einem eingebetteten System, mehrere Eingangs-/Ausgangssignale zu summieren.
- **Logarithmischer Verstärker** – LogAmps („logarithmic amplifier") werden oft mit Wandlern oder anderen Geräten mit einem großen Dynamikbereich verwendet, um sowohl Signale mit hohem als auch mit niedrigem Pegel in einen akzeptablen Bereich für die Eingabe in ein oder die Ausgabe aus einem eingebetteten System zu bringen.
- **Exponentialverstärker** – diese Verstärker können mit Sensoren oder anderen Quellen verwendet werden, die logarithmische Signale erzeugen.
- **Instrumentenverstärker** – diese Verstärker werden oft verwendet, um hochgenaue, nicht störende Spannungs-/Strommessungen in einer eingebetteten Systemanwendung durchzuführen.
- **Digital-zu-analog-Umwandlung** – OpAmps werden manchmal in Verbindung mit anderen Komponenten verwendet, um einen analogen Ausgang eines digitalen Eingangs zu liefern.

Operationsverstärker spielen oft eine wichtige Rolle bei der Bereitstellung dieser Arten von analogen Funktionen, wie in den folgenden Diskussionen in diesem Kapitel gezeigt wird. Ein Großteil der folgenden Diskussion konzentriert sich auf idealisierte Operationsverstärker.

11.2.1 Operationsverstärker (OpAmps)

Der „Operationsverstärker" oder „OpAmp"[5] wurde in den 1930er-Jahren im Rahmen eines Bundeszuschusses entwickelt, mit dem spezifischen Ziel, unter anderem mit dem Ziel, einen Ersatz für mechanische Integratoren zu finden, die in verschiedenen militärischen Anwendungen verwendet wurden,[6] z. B. den Kugel-Scheiben-Integrator,[7] der zu Schlupf und damit zu Fehlern neigte [11]. Das Ergebnis war ein auf Vakuumröhren basierendes Design, das als Schlüsselkomponente in einer Vielzahl von militärischen und zivilen Anwendungen dienen sollte und schließlich zum Grundbaustein für eine beträchtliche Anzahl der frühen Analogrechner wurde. Das folgende Beispiel zeigt anschaulich, wie man solche Geräte als Grundlage für Analogrechner verwenden könnte, die in der Lage sind, unter anderem Differentialgleichungen zu lösen[8] [8].

Betrachten Sie die Differentialgleichung

$$\frac{d^2x}{dt^2} = -\omega^2 x. \qquad (11.1)$$

---

[5] Manchmal auch als „OpAmp" bezeichnet.
[6] Luftsextanten, Feuerleitsysteme usw.
[7] Daher der Name Operationsverstärker, weil er die „Operation" der Integration durchführen sollte.
[8] Analogrechner haben sich auch als überlegen gegenüber Digitalrechnern bei der Lösung bestimmter Arten von partiellen, nichtlinearen Differentialgleichungen erwiesen.

Abb. 11.1 Eine analoge Computerlösung einer Differentialgleichung

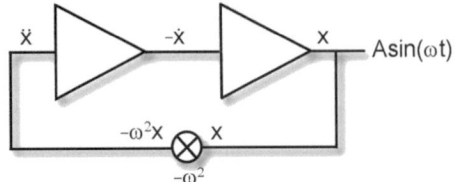

Gegeben ist ein elektrischer oder mechanischer Integrator mit der folgenden Eigenschaft[9]

$$f(t)_{out} = - \int g(t)_{in} tothe. \qquad (11.2)$$

Daraus folgt, dass das Einsetzen der linken Seite von Gl. 11.1 in Gl. 11.2 $-dx/dt$ ergibt, das dann ein zweites Mal in Gl. 11.2 eingesetzt werden kann, um x zu erzeugen. Wenn x dann mit $-\omega^2$ multipliziert wird, ist das Ergebnis gleich d^2x/dt^2. Die OpAmp-Konfiguration, die in der Lage ist, Gl. 11.1 zu lösen, ist in Abb. 11.1 dargestellt. Diese Konfiguration wird manchmal als Sinuswellengenerator zur Erzeugung von Tönen verwendet.

Es sei darauf hingewiesen, dass diese Methode zur Lösung von Differentialgleichungen, insbesondere komplexen Systemen von Differentialgleichungen, fast 50 Jahre lang weit verbreitet war. Ein Großteil der frühen Verifizierung verschiedener Aspekte der Chaostheorie wurde auf analogen Computersystemen durchgeführt.

Die ersten kommerziell erhältlichen Operationsverstärker (circa 1941) waren universelle, DC-gekoppelte[10] Spannungsverstärker, die einen hohen Verstärkungsfaktor hatten und eine Rückkopplungsschleife verwendeten. Die passiven Komponenten, die in der Rückkopplungsschleife und für den Eingang verwendet wurden, normalerweise ein Kondensator oder Widerstand, ermöglichten es den Operationsverstärkern, als Integratoren, Differentiatoren, Summierer, Skalierer, Multiplikatoren, Folgeverstärker usw. zu dienen. Eine kurze Liste möglicher Konfigurationen von Operationsverstärkern ist in Tab. 11.1 dargestellt.

Ihnen folgte eine Reihe von Halbleiterbauelementen, zunächst auf der Grundlage diskreter Transistoren (1961) und schließlich in Form von integrierten Schaltungen, insbesondere der $\mu A709$ (1965), der mit deutlich niedrigeren Versorgungsspannungen, z. B. ± 15 VDC, arbeitete.

Diese frühen Halbleitergeräte neigten jedoch dazu zu schwingen, manchmal bei so hohen Frequenzen, dass die damals üblichen Oszilloskope Schwierigkeiten hatten, die Schwingungen „zu sehen". Diese Art von Schwingung plagte einige Entwickler so sehr, dass sie die Operationsverstärker als „Operationsoszillatoren" bezeichneten. Schwingungen und andere Probleme, die mit dem $\mu A709$ verbunden waren, wurden 1968 mit

---

[9] Sofern nicht anders angegeben, wird angenommen, dass Funktionen wie f(t) und g(t) „brav" sind.
[10] DC-gekoppelt bedeutet, dass die Verstärker sowohl DC- als auch AC-Signale verarbeiten konnten.

11.2 Analoge Funktionen

Tab. 11.1 Beispiele für OpAmp-Anwendungen

OpAmp-Anwendungen	
Differenzierer	Integrierer
Summierer	Subtrahierer
Multiplikator (Verstärker)	Differential-Verstärker
Vorverstärker	Buffer
Präzisions-Gleichrichter	Spannungsklemme
Oszillator	Wellenform-Generator
Impulsformer	Komparator
Analoger Filter	Strom/Spannungs-Regler
Spannungs-Strom-Wandler	Strom-Spannungs-Wandler
Spannungs-Frequenz-Wandler	Frequenz-Spannungs-Wandler
Konstantstromquelle	Konstante Spannungsquelle
Transimpedanz-Verstärker	Spannungsfolger
Referenzspannungsversorgung	Strominjektor
Phasenvorlauf/-nachlauf	Zeitverzögerung
Absoluter Wert	Peak-Folger
AC-DC-Wandler	Vollwellen-Gleichrichter
Ratenbegrenzer	

der Einführung des $\mu A741$ gelöst, der bis heute der kostengünstige OpAmp der Wahl für viele Anwendungen bleibt.

Die Entwicklung des Feldeffekttransistors führte zur Einführung von FET-basierten OpAmps als nächsten Schritt in der Entwicklung der Operationsverstärker, die deutlich höhere Eingangsimpedanzen[11] und daher deutlich niedrigere Eingangsströme und die Fähigkeit, bei viel höheren Frequenzen zu arbeiten, bieten. Außerdem entfiel die Notwendigkeit, OpAmps mit zwei externen Stromversorgungen zu versorgen, durch die Einführung von Geräten wie dem $LM324$ (1972), der mehrere OpAmps in einem einzigen Gehäuse hat und mit einer einzigen externen Versorgung betrieben wird.[12]

Moderne Operationsverstärker werden üblicherweise in Bezug auf ihren Eingabe-/Ausgabetyp klassifiziert als

- spannungsgesteuerte Spannungsquelle (VCVS), deren Verstärkung durch A_o repräsentiert wird und definiert ist als das Verhältnis der Ausgangsspannung zur Eingangsspannung (v_o/v_i),

---

[11] Die Eingangsimpedanz eines typischen $\mu A741$ beträgt in der Größenordnung von 2 MΩ. OpAmps mit Eingangsimpedanzen, die $10^{12}\,\Omega$ überschreiten, sind jetzt erhältlich.

[12] Es sollte darauf hingewiesen werden, dass der $LM324$ an sich ein Doppelversorgungssystem ist. Durch die Verwendung einer „virtuellen" Masse ist es jedoch möglich, seine OpAmps nur mit einer einzigen Versorgung zu betreiben.

- spannungsgesteuerte Stromquelle (VCCS), deren Verstärkung durch das Symbol g_m repräsentiert wird als das Verhältnis des Ausgangsstroms zum Eingangsstrom,
- stromgesteuerte Spannungsquelle (CCVS), repräsentiert durch das Symbol r_m und definiert als das Verhältnis der Ausgangsspannung zum Eingangsstrom (v_o/i_i), oder
- stromgesteuerte Stromquelle (CCCS), repräsentiert durch das Symbol A_i und definiert als das Verhältnis des Ausgangsstroms zum Eingangsstrom (i_o/i_i).

Beispiele für nur einige der vielen Anwendungen von Operationsverstärkern sind in Tab. 11.1 gegeben.

11.3 Grundlegende Konzepte linearer Systeme

Bevor wir mit einer Diskussion über Operationsverstärker, analoge/digitale Filter und andere in diesem Kapitel behandelte Themen fortfahren, müssen einige grundlegende Konzepte eingeführt werden. Wichtige Definitionen und Leistungsmerkmale in Bezug auf Operationsverstärker werden vorgestellt, um das Verhalten von Operationsverstärkern in einer Vielzahl von Konfigurationen zu charakterisieren, die häufig in eingebetteten Systemen gefunden werden oder damit in Zusammenhang stehen. Es ist natürlich nicht möglich, diese Themen im Detail zu behandeln, aber es werden eine Reihe von Referenzen bereitgestellt, die für diejenigen hilfreich sein sollten, die an detaillierteren Diskussionen interessiert sind [15, 24].

11.3.1 Eulersche Gleichung

Leonhard Euler (1707–1783), ein Schweizer Physiker und Mathematiker, leistete eine Reihe wichtiger Beiträge zur Wissenschaft, einschließlich seiner Entdeckung, dass

$$e^{j\theta} = \cos(\theta) + j\sin(\theta) \tag{11.3}$$

und daher

$$e^{-j\theta} = \cos(\theta) - j\sin(\theta) \,. \tag{11.4}$$

Dies führt zu den wichtigen Ergebnissen

$$\sin(\theta) = \frac{e^{j\theta} - e^{-j\theta}}{2j}, \tag{11.5}$$

$$\cos(\theta) = \frac{e^{j\theta} + e^{-j\theta}}{2}. \tag{11.6}$$

11.3 Grundlegende Konzepte linearer Systeme

Weil

$$\theta = \omega t = 2\pi f t = \frac{2\pi t}{T} \qquad (11.7)$$

folgt daraus, dass

$$\sin(\omega t) = \frac{e^{j\omega t} - e^{-j\omega t}}{2j}, \qquad (11.8)$$

$$\cos(\omega t) = \frac{e^{j\omega t} + e^{-j\omega t}}{2}, \qquad (11.9)$$

so dass Funktionen, die kontinuierlich, periodisch usw. sind, als eine unendliche komplexe Exponentialreihe ausgedrückt werden können, nämlich

$$f(t) = \sum_{k=-\infty}^{\infty} g_k e^{-jk\omega_0 t}, \qquad (11.10)$$

die eine kontinuierliche, periodische Funktion im Zeitbereich als unendliche Summe diskreter Werte im Frequenzbereich ausdrückt, und ω_0 die Grundfrequenz und ihre Oberschwingungen durch $k\omega_0$ repräsentiert.

Wenn die Funktion f(t) ein aperiodisches, kontinuierliches Zeitsignal ist, kann sie in Form eines komplexen Integrals ausgedrückt werden, bekannt als die Fourier-Transformation:

$$f(t) = \frac{1}{2\pi} \int_{-\infty}^{\infty} G(j\omega) e^{j\omega t} d\omega = \int_{-\infty}^{\infty} G(j2\pi f) e^{j2\pi f t} df. \qquad (11.11)$$

11.3.2 Impulscharakterisierung eines Systems

Durch die Bestimmung der Reaktion eines LTI-Systems auf einen sehr schnellen Eingangsimpuls ist es möglich, die Reaktion des Systems auf eine beliebige Eingabe zu ermitteln. Diese Art der Analyse wird durch eine wichtige Klasse von Funktionen erleichtert, die als verallgemeinerte Funktionen bekannt sind und besonders nützlich sind, um das Verhalten von eingebetteten Systemen zu verstehen.

Zwei dieser Funktionen sind die kroneckersche und die diracsche Deltafunktion. Diese Funktionen haben einige einzigartige Eigenschaften, z. B. ist die diracsche Deltafunktion, auch als Einheitsimpulsfunktion bekannt, definiert als:

$$\delta = \begin{cases} \infty & \text{if } x = 0, \\ 0 & \text{if } x \neq 0, \end{cases} \qquad (11.12)$$

unter der Bedingung, dass

$$\int_{-\infty}^{\infty} \delta(x) dx = 1. \qquad (11.13)$$

Die diracsche Deltafunktion hat auch die Eigenschaft, die als *Abtastung* oder *Siebung* bezeichnet wird, nämlich

$$\int_{-\infty}^{\infty} f(x)\delta(x - x_0)dx = f(x_0). \tag{11.14}$$

Die kroneckersche Deltafunktion[13] ist gegeben durch:

$$\delta_{ij} = \begin{cases} 1 & \text{if } i = j, \\ 0 & \text{if } i \neq j \end{cases} \tag{11.15}$$

oder, als Ganzzahlfunktion

$$\delta[n] = \begin{cases} 1 & \text{if } n = 0, \\ 0 & \text{if } n \neq 0. \end{cases} \tag{11.16}$$

Daraus folgt

$$\sum_{i=-\infty}^{\infty} a_i \delta_{ij} = a_j. \tag{11.17}$$

Im Falle von kontinuierlichen Systemen wird die diracsche Deltafunktion als Impulsfunktion verwendet und für diskrete Systeme wird die kroneckersche Deltafunktion verwendet. Die Reaktion eines Systems auf eine Impulsfunktion wird als *Impulsantwortfunktion* bezeichnet. Wie in einem späteren Abschnitt dieses Kapitels gezeigt wird, ist die Laplace-Transformation [19] der Impulsantwortfunktion die Übertragungsfunktion des Systems. Sowohl die kroneckersche als auch die diracsche Deltafunktion sind mathematische Modelle eines realen Pulses, die zur Bestimmung des Verhaltens von diskreten und kontinuierlichen Systemen verwendet werden können.

11.3.3 Fourier-, Laplace- und Z-Transformationen

Ingenieure, Wissenschaftler und eine Vielzahl von Technologen verlassen sich oft auf eine Familie von mathematischen Werkzeugen, die gemeinsam als „Transformationen" bekannt sind. Diese leistungsstarken Werkzeuge, Teil eines Gebiets der Mathematik, das als „Operatorenrechnung" bezeichnet wird, ermöglichen es, eine Vielzahl von physikalischen Systemen und Phänomenen in erheblichem Detail zu analysieren. Durch die Transformation, d. h. die Abbildung eines Problems in einen anderen Funktionenraum, in

---

[13] Die Dirac-Delta-Funktion wird manchmal mit der Kronecker-Delta-Funktion verwechselt. Erstere ist als eine „kontinuierliche" Funktion definiert, die bei Integration eine Fläche von 1 hat. Speziell hat sie eine Höhe h und eine Breite ε.

11.3 Grundlegende Konzepte linearer Systeme

dem sich das Problem auf eine Reihe algebraischer Gleichungen[14] reduziert, die im Allgemeinen einfacher zu handhaben sind, ist es oft möglich, beträchtliche Einblicke in die Merkmale und das Verhalten eines Systems zu gewinnen und gleichzeitig die mitunter beträchtlichen Herausforderungen der mathematischen Analyse im ursprünglichen Raum zu vermeiden. Es stehen auch inverse Transformationen zur Verfügung, die es ermöglichen, die abgeschlossene Analyse dann wieder in den räumlichen/zeitlichen Bereich zurückzuführen, aus dem sie stammt.

Signale können grob als periodisch, aperiodisch oder diskret klassifiziert werden oder alternativ als kontinuierlich oder periodisch. Um eine solche Vielfalt von Signalen und deren Verarbeitung zu untersuchen, sind oft leistungsstarke Werkzeuge erforderlich.

In diesem und anderen Kapiteln wird Gebrauch gemacht von der:

- Laplace-Transformation[15], die ursprünglich als Technik zur Lösung gewöhnlicher Differentialgleichungen (linear) entwickelt wurde. Sie bietet eine Methode zur Abbildung kontinuierlicher Zeitbereichsfunktionen auf den s-Bereich, wo $s = \sigma + j\omega$ in bilateraler Form definiert ist als:

$$\mathcal{L}\{f(t)\} = \int_{-\infty}^{\infty} f(t)e^{-st}dt. \qquad (11.18)$$

- Fourier-Transformation – die Fourier-Transformation ist äquivalent zur Laplace-Transformation, wenn $s = j\omega$, und ist eine Methode zur Lösung von Differentialgleichungen, die die stationäre Antwort eines Systems liefern [26]. Sie kann auch verwendet werden, um diskrete Zeitsignale, die kontinuierliche,[16] periodische Funktionen sind, auf den Frequenzbereich abzubilden:[17]

---

[14] Der Autor wird den Begriff Gleichung oder Gleichungen im Gegensatz zu Formel oder Formeln verwenden, um zwischen einer Mnemonik und einem Algorithmus zu unterscheiden, z. B. im Fall von H_2O und einer Beziehung zwischen Variablen, wie $F = ma$.

[15] MATLAB bietet als Teil seiner symbolischen Toolbox laplace() und ilaplace() Funktionen an, um jeweils die Laplace-Transformation und die inverse Laplace-Transformation einer Funktion zu berechnen.

[16] Der Leser wird darauf hingewiesen, zwischen kontinuierlichen Zeitfunktionen und der mathematischen Bedeutung von „kontinuierlich" zu unterscheiden, wenn er auf aperiodische Funktionen Bezug nimmt.

[17] Die Entwicklung von digitalen Fourier-Transformationen, d. h. solcher, die auf diskreten Daten beruhen, wird weiterhin Carl Friedrich Gauß als Methode zur Interpolation der Bahnen der Asteroiden Pallas und Juno zugeschrieben. Diese Asteroiden befinden sich in einem Asteroidengürtel zwischen Jupiter und Mars und wurden 1802 von Heinrich W. Olbersy auf der Grundlage beobachteter Daten entdeckt. Die schnelle Fourier-Transformation („fast Fourier transform", FFT) [26] wurde von Cooley und Tukey im Jahr 1965 entwickelt, um die Zeit, die zur Berechnung der DFT benötigt wird, erheblich zu reduzieren. Sie wird allgemein als einer der wichtigsten Algorithmen des 20. Jahrhunderts angesehen.

$$\mathcal{F}(\omega) = \int_{-\infty}^{\infty} f(t)e^{-j\omega t}d\omega. \tag{11.19}$$

- Fourier-Reihe – die Fourier-Reihe ist eine Methode zur Darstellung, um eine wohlgeordnete, kontinuierliche Funktion in Form einer unendlichen Reihe auszudrücken oder durch eine Teilsumme davon zu approximieren, die aus Sinus- und/ oder Kosinustermen bestehen. Diese Reihe ergibt eine Darstellung eines periodischen, kontinuierlichen Zeitsignals im Frequenzbereich.

$$f(x) = a_0 + \sum_{n=1}^{N}[a_n cos(nx) + b sin(nx), \tag{11.20}$$

$$a_n = \int_{-\pi}^{\pi} f(x)cos(nx)dx \quad n \geqslant 0, \tag{11.21}$$

$$b_n = \int_{-\pi}^{\pi} f(x)sin(nx)dx \quad n \geqslant 1. \tag{11.22}$$

- Z-Transformation – die Z-Transformation ist das diskrete Zeitäquivalent der Laplace-Transformation und stellt eine Abbildung vom Zeitbereich in den z-Bereich dar, die ausgedrückt wird als:

$$\mathbf{Z}\{x[n]\} = \mathbf{X}(z) = \sum_{n=-\infty}^{\infty} x[n]z^{\{-n\}}. \tag{11.23}$$

11.3.4 Lineare zeitinvariante Systeme (LTI)

Ein System, das in Bezug auf ein einzelnes Eingangssignal x(t) und ein einzelnes Ausgangssignal y(t) (SISO) definiert werden kann, so dass es ein F(x(t)) gibt, für das gilt:

$$y(t) = F(x(t)). \tag{11.24}$$

Dies wird als „linear" bezeichnet[18] wenn:

$$F(x_1(t) + x_2(t)) = F(x_1(t)) + F(x_2(t)) \tag{11.25}$$

---

[18] Es wird oft behauptet, dass nichtlineare Systeme mit nichtlinearen Termen, die als „klein" angesehen werden, als linear behandelt werden können. In einigen Systemen ist jedoch das Vorhandensein kleiner Terme und nicht deren Größe ausschlaggebend dafür, ob sich das System in einer quasilinear verhält oder in der Lage ist, signifikant nichtlinear zu werden. Wenn die Signalpegel ausreichend niedrig sind, kann es möglich sein, ein System auf einen linearen Betriebsbereich zu beschränken, z. B. wie es oft bei Transistoren der Fall ist.

11.3 Grundlegende Konzepte linearer Systeme

und

$$F(ax(t)) = aF(x(t)) \qquad \forall a \in \Re \qquad (11.26)$$

Weiterhin, wenn

$$y(t - T) = F(x(t - T)) \qquad \forall T \in \Re \qquad (11.27)$$

dann wird das System als linear und zeitinvariant oder auch als LTI bezeichnet. Die Linearität bringt eine Reihe wichtiger Vorteile mit sich, von denen der größte im vorliegenden Zusammenhang vielleicht die Überlagerung ist. Diese ermöglicht es, die Antwort eines LTI-Systems zu bestimmen, indem die einzelnen Komponenten eines Signals in ein System eingegeben werden, die jeweilige Ausgabe bestimmt wird und dann die einzelnen Antworten summiert werden, um die Gesamtantwort des Systems auf das zusammengesetzte Eingangssignal zu erhalten [23].

Wenn es eine Funktion h(t) gibt, die als Impulsfunktion bezeichnet wird, so dass

$$y(t) = \int_{-\infty}^{\infty} h(\nu)x(t-\nu)d\nu, \qquad (11.28)$$

kann das System auch als LTI bezeichnet werden. Umgekehrt, wenn ein System LTI ist, dann existiert eine Impulsfunktion, $h(\nu)$. Die Gl. 11.28 wird als *Faltungsintegral* bezeichnet und $h(\nu)$ wird als „Einheitsimpulsantwort" bezeichnet. Eine Stufenfunktion kann auch verwendet werden, um ein System genauso vollständig zu charakterisieren wie der Einheitsimpuls. Für die Zwecke dieser Diskussionen wird jedoch eine Impulsfunktion ausreichen.

Das Vorhandensein einer Impulsantwortfunktion für ein System ermöglicht es, eine beliebige Eingabe als eine Reihe von Impulsfunktionen mit der entsprechenden Amplitude darzustellen und die Antwort des Systems auf jede dieser Impulsfunktionen zu bestimmen, so dass die Antwort auf eine beliebige Eingabe als die Summe der Antworten auf die Impulsfunktionen, aus denen das Eingangssignal besteht, betrachtet werden kann. Der Prozess der Zerlegung des Eingangssignals in eine Reihe von Impulsen wird als *Impulszerlegung* bezeichnet. Die Kombination der resultierenden Impulsantworten wird als *Synthese* bezeichnet. Es gibt jedoch eine noch einfachere Technik die darauf beruht, dass der Impuls bekannt ist und es einen analytischen Ausdruck für den Eingang gibt. Dieser Prozess ist als *Faltung* bekannt und wird in einem späteren Abschnitt behandelt.

Die Charakterisierung von Systemen und Signalen der in diesem und den folgenden Abschnitten diskutierten Typen hängt in der Regel weniger von der Form der Eingangswellen im Zeitbereich ab, sondern vielmehr von ihrer jeweiligen Amplitude (Verstärkung) [30], Frequenz und Phase ihrer spektralen Komponenten. Daher ist die Fähigkeit, Zeitbereichsfunktionen, die die Eigenschaften des Systems vollständig verkörpern, auf den Frequenzbereich abzubilden, ein wichtiger Teil der Verhaltensvorhersage. Jedes

LTI[19]-System kann zumindest im Prinzip durch seine Übertragungsfunktion charakterisiert werden, die einfach eine Funktion ist, die den Ausgang des Systems als Funktion des Eingangs angibt.[20] Formaler ausgedrückt ist eine Transformationsfunktion, H(s), für ein LTI-System eine lineare Abbildung durch die Laplace-Transformation,[21] $\mathcal{L}\{f(t)\}$, der Eingabe, bezeichnet als X(s), auf den Ausgang, Y(s), wobei die Laplace-Transformation definiert ist als

$$\mathcal{L}\{f(t)\} = \int_0^\infty f(t)e^{-st}dt. \tag{11.29}$$

Ihre Umkehrung[22] ist definiert als

$$\mathcal{L}^{-1}\{f(s)\} = -\frac{1}{2\pi j}\int_{\alpha-j\infty}^{\alpha+j\infty} f(s)e^{st}ds, \tag{11.30}$$

wobei $s = \sigma + j\omega$.

Beispiel 11.1

MATLAB bietet eine sehr bequeme Methode zur Bestimmung der inversen Laplace-Transformation einer komplexen Funktion in Form des „ilaplace"-Operators, der in Symbolic Toolbox von MATLAB verfügbar ist.

Angenommen, dass

$$H(s) = \frac{a_m s^m + a_{m-1}s^{m-1} + \ldots + a_1 s + a_0}{b_n s^n + b_{n-1}s^{n-1} + \ldots + b_1 s + b_0} = \frac{s(s-7)(s+4)}{(s+2)(s^2+5s+6)}.$$

[MATLAB]

```
>> ilaplace((s*(s-7))/((s+2)*(s^2+5*s+6)))
ans = 30*exp(-3*t) + (-29+18*t)*exp(-2*t).
```

◂

---

[19] Lineare zeitinvariante Systeme, die zusätzlich zur Linearität keine explizite Zeitabhängigkeit aufweisen. Solche Systeme werden vollständig durch die Impulsantwort des Systems oder äquivalent durch seine Sprungantwort charakterisiert.
[20] Angenommen, die Anfangsbedingungen sind gleich 0.
[21] Die Laplace-Transformation ermöglicht es, LTI-Systeme in den Frequenzbereich zu übertragen und vollständig durch ihre jeweilige Frequenzübertragungsfunktion H(s) zu charakterisieren.
[22] Die Verwendung der Integralform der inversen Laplace-Transformation erfordert eine Integration in der komplexen Ebene und es ist oft vorzuziehen, stattdessen auf die Partialbruchzerlegung, d. h. eine Summe einfacherer Brüche und Tabellen bekannter Transformationen zurückzugreifen.

11.3.5 Impuls- und Impulsantwortfunktionen

Eine Übertragungsfunktion wird im Laplace-Bereich als das Verhältnis der Ausgangsfunktion zur Eingangsfunktion definiert, unter der Annahme, dass die Anfangsbedingungen 0 sind.

Daher, wenn

$$\mathcal{L}\{y(t)\} = Y(s) \tag{11.31}$$

und

$$\mathcal{L}\{x(t)\} = X(s), \tag{11.32}$$

dann führt die Übertragungsfunktion für ein gegebenes System zu Folgendem

$$H(s) = \frac{Y(s)}{X(s)}, \tag{11.33}$$

$$Y(s) = H(s)X(s), \tag{11.34}$$

$$y(t) = \mathcal{L}^{-1}\{H(s)X(s)\}. \tag{11.35}$$

Die Tab. 11.2 zeigt, dass die Laplace-Übertragung der diracschen Deltafunktion ist:

$$\mathcal{L}\{\delta(t)\} = 1, \tag{11.36}$$

Tab. 11.2 Einige gängige Laplace-Transformationen

Zeitbereich	Beschreibung	Frequenzbereich
δ	Einheitsimpuls	1
A	Schritt	$\frac{A}{s}$
t	Rampe	$\frac{1}{s^2}$
e^{-at}	Exponentialer Zerfall	$\frac{1}{s+a}$
$sin(\omega t)$	Sinusfunktion	$\frac{\omega}{s^2+\omega^2}$
$cos(\omega t)$	Kosinus-Funktion	$\frac{s}{s^2+\omega^2}$
te^{-at}		$\frac{1}{(s+a)^2}$
$t^2 e^{-at}$		$\frac{2}{(s+a)^3}$
$e^{-at}sin(\omega t)$	Abklingender Sinus	$\frac{\omega}{(s+a)^2+\omega^2}$
$e^{-at}sin(\omega t)$	Abklingender Kosinus	$\frac{s+a}{(s+a)^2+\omega^2}$

so dass, wenn $x(t) = \delta(t)$, $Y(s) = (1)H(s)$ und daher die *Impulsantwort* eines Systems auftritt, eine *Impulsfunktion* auf die Eingabe angewendet wird.

Die Berechnung der Laplace-Transformation einer Funktion f(t) ist relativ einfach, da sie die Integration im reellen Bereich beinhaltet, im Gegensatz zur Berechnung der inversen Laplace-Transformation, die durch die Integration im komplexen Bereich definiert ist. In den meisten Fällen ist die Berechnung der Laplace-Transformation unkompliziert und die explizite und manchmal mühsame Berechnung des Inversen auf der Basis der Integration in der komplexen Ebene kann durch die Verwendung von Tabellen mit Umkehrungen der Laplace-Transformationen vermieden werden. Die Tab. 11.2 zeigt einige der gängigeren Laplace-Transformationen. Eine Kombination aus Partialbruchzerlegung und Nutzung solcher Tabellen ist viel einfacher als die Anwendung von Integrationstechniken in der komplexen Ebene. MATLAB [4] bietet einen noch einfacheren Ansatz, wie im Beispiel 11.2 gezeigt.

Beispiel 11.2

MATLAB kann verwendet werden, um die Impulsantwort der Übertragungsfunktion eines Systems zu finden, z. B.

$$H(s) = \frac{s+2}{s^3+4s^2+5} = \frac{1s^1+2}{1s^3+4s^2+0s^1+5}, \quad (11.37)$$

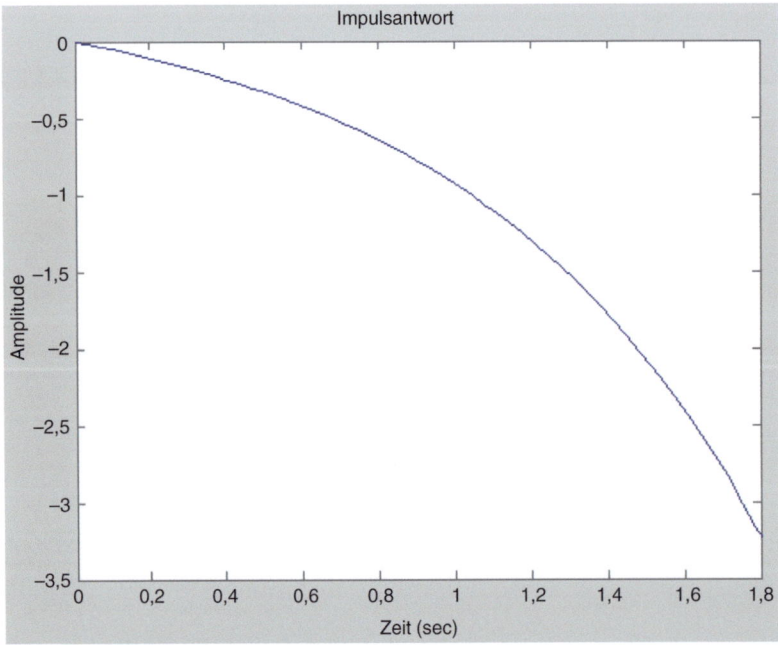

Abb. 11.2 Impulsantwort für Beispiel 11.2

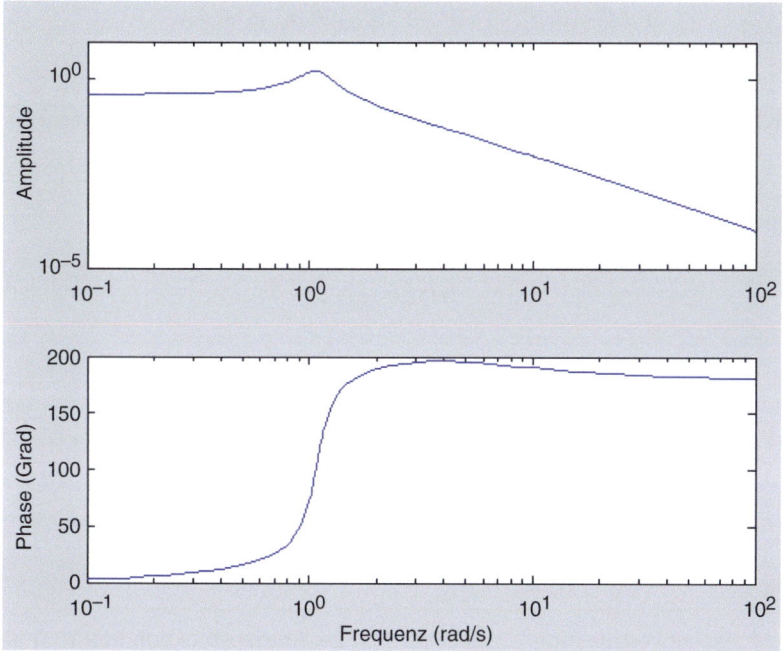

Abb. 11.3 Bode-Diagramm für Beispiel 11.2

durch das Folgende:
[*MatLab*]

$$>> \text{num} = [1\ 2]$$
$$>> \text{den} = [1\ 4\ 0\ 5]$$
$$>> \text{impulse(num, den)}.$$

Das grafische Ergebnis wird in den Abb. 11.2 und 11.3 gezeigt. ◀

11.3.6 Übertragungs-, Antriebs- und Antwortfunktionen

Betrachten Sie ein kausales,[23] lineares. zeitinvariantes (LTI) System, das eine einzelne Eingabe und eine einzelne Ausgabe (SISO) hat und durch eine gewöhnliche Differentialgleichung mit konstanten Koeffizienten dargestellt werden kann, z. B.

---

[23] Kausale Systeme sind als Systeme definiert, bei denen die Ausgabe zu einem bestimmten Zeitpunkt t_0 nur von der Eingabe für $t \leq t_0$ abhängt und nicht von irgendeiner Zeit in der Zukunft, d. h. für alle $t > 0$.

$$rcly^n + a_1 y^{(n-1)} + \cdots + a_{n-2}\ddot{y} + a_{n-1}\dot{y} + a_n y$$
$$= b_1 x^m + b_2 x^{(m-1)} + \ldots + b_{m-1}\ddot{x} + b_m \dot{x} + b_{m+1}.$$

Wenn man die Laplace-Transformation auf beide Seiten anwendet, erhält man:

$$Y(s) = H(s)X(s) \tag{11.38}$$

und daher

$$H(s) = \frac{Y(s)}{X(s)}. \tag{11.39}$$

Wobei

$$\mathcal{L}\{x(t)\} = \int_0^\infty x(t)e^{-st}dt = X(s) \tag{11.40}$$

und

$$\mathcal{L}\{y(t)\} = \int_0^\infty y(t)e^{-st}dt = Y(s). \tag{11.41}$$

Y(s) wird als Antwortfunktion bezeichnet, X(s) als Antriebsfunktion und H(s) als Übertragungsfunktion. Die allgemeinste Form[24] einer Übertragungsfunktion für kontinuierliche Systeme der hier diskutierten Art wird dargestellt durch

$$H(s) = \frac{a_m s^m + a_{m-1} s^{m-1} + \ldots + a_1 s + a_0}{b_n s^n + b_{n-1} s^{n-1} + \ldots + b_1 s + b_0} = \frac{M(s)}{N(s)} \tag{11.42}$$

und in einer äquivalenten faktorisierten Form als

$$H(s) = \frac{(s - z_m)(s - z_{m-1}) \ldots (s - z_2)(s - z_1)}{(s - p_n)(s - p_{n-1}) \ldots (s - p_2)(s - p_1)}. \tag{11.43}$$

Wie in Abschn. 11.10.3 erörtert, ist die Übertragungsfunktion für einen einfachen RC-Kreis gegeben durch

$$H(s) = \frac{sRC}{1+sRC}, \tag{11.44}$$

die sowohl eine Nullstelle für $s=0$ als auch eine Polstelle für $s=-1/RC$ hat. Pole/Nullstellen beziehen sich auf Punkte in der komplexen Ebene, für die der Nenner/Zähler der Übertragungsfunktion 0 wird.

Dies kann formal ausgedrückt werden als

$$\lim_{s \to z_i} H(s) = 0 \tag{11.45}$$

---

[24] Es wird angenommen, dass H(s) zumindest für diese Diskussion eine rationale Funktion ist, d. h., sie kann als Verhältnis von zwei Polynomen geschrieben werden, was normalerweise der Fall ist.

11.3 Grundlegende Konzepte linearer Systeme

und
$$lim_{s \to p_i} H(s) = \infty \qquad (11.46)$$
für die allgemeine Form einer Übertragungsfunktion des in Gl. 11.43 gezeigten Typs, die in Bezug auf die Wurzeln des Nenners und Zählers einer komplexen Übertragungsfunktion ausgedrückt wird. Wenn das System stabil sein soll, dann müssen die Pole auf der linken Seite der komplexen Ebene liegen.

11.3.7 Gleichtaktspannungen

OpAmps sind von Natur aus Geräte mit zwei Eingängen und daher müssen Eingangssignale[25], die beiden gemeinsam sind, bei der Analyse der Eigenschaften eines OpAmp berücksichtigt werden. Die *Gleichtakteingangsspannung* wird definiert als:

$$v_{icm} = \frac{(v_{i1} + v_{i2})}{2}. \qquad (11.47)$$

Ähnlich wird die **Gleichtaktausgangsspannung** definiert als:

$$v_{ocm} = \frac{(v_{o1} + v_{o2})}{2} \qquad (11.48)$$

11.3.8 Gleichtaktunterdrückung

Eingebettete Systeme, in denen OpAmps eingesetzt werden, befinden sich oft in Umgebungen, die eine Vielzahl von Quellen für elektronisches Rauschen[26] sowie Signale enthalten. Eine wichtige Kennzahl für einen OpAmp ist der Wert eines Parameters, der als Gleichtaktunterdrückungsverhältnis („common mode rejection ratio", CMRR) bekannt ist.

Die Ausgabe eines OpAmp kann ausgedrückt werden als

$$v_o = A_d(v_{i1} - v_{i2}) + A_{cm}\left[\frac{v_+ + v_-}{2}\right], \qquad (11.49)$$

wobei A_d der differentielle Verstärkungsfaktor und A_{cm} der gemeinsame Verstärkungsfaktor sind. CMRR ist ein quantitatives Maß für die Fähigkeit eines Bauteils, gemeinsame Gleichtaktsignale abzulehnen, d. h., Signale, die auf beide Eingänge angewendet werden, und wurde formal von der IEEE definiert als:

$$CMRR = 10\, log_{10}\left[\frac{A_d^2}{A_{cm}^2}\right] = 20\, log_{10}\left[\frac{A_d}{|A_{cm}|}\right]. \qquad (11.50)$$

---

[25] In diesem Fall einschließlich der Signale, die Rauschen enthalten oder darstellen. Beachten Sie, dass es in manchen Umgebungen möglich ist, dass das gewünschte Signal an beiden Eingängen erscheinen kann, wenn auch mit unterschiedlichen Signalstärken.

[26] Rauschen wird manchmal als „der Teil, den Sie nicht wollen" bezeichnet, während das Signal als „der Teil, den Sie wollen" definiert wird. OpAmps können auch Rauschen einführen [16].

Offensichtlich ist es wünschenswert, dass die CMRR so niedrig wie möglich ist, insbesondere, wenn das Signal von Interesse klein ist im Vergleich zu den umgebenden gemeinsamen Gleichtaktsignalen, wie z. B. Signalen, die von Thermoelementen, Thermistoren usw. stammen.

Einige Versionen von PSoC 3 und PSoC 5LP bieten sieben 8-Pin-Ports, was 56 GPIO entspricht, und daher können Letztere für den analogen Signal-I/O verwendet werden. Da diese Ports im analogen Teil des Chips liegen, wie auch die analogen globalen Größen AGL[7:4] und AGR[7:4] an diese Ports angeschlossen sind, ist es in einigen Fällen möglich, eine Verbesserung des Signal-Rausch-Verhältnisses zu erreichen [9].

11.3.9 Gesamte harmonische Verzerrung (THD)

Ein wichtiger Parameter für viele Geräte und Anwendungen mit sowohl Eingängen als auch Ausgängen ist die gesamte harmonische Verzerrung („total harmonic distortion", THD). Nichtlinearitäten in einem System können unerwünschte Harmonische erzeugen, die in ein Signal „eingespeist" werden, und THD ist ein wichtiges Maß für solche Effekte. Im Falle einer reinen Sinuswelle wird THD als das Verhältnis der Summe der vorhandenen höheren Harmonischen zur ersten Harmonischen des verzerrten Signals definiert, d. h.,

$$\text{THD} = \sum_{n=2}^{\infty} \frac{P_n}{P_1} = \sum_{n=2}^{\infty} \frac{V_n^2}{V_1^2} = \frac{P_{total} - P_1}{P_1}, \quad (11.51)$$

wobei P_n die Leistung der n-ten Harmonischen, P_{total} die Gesamtleistung des verzerrten Signals und V_n die Amplitude der Spannung der n-ten Harmonischen darstellen. THD wird manchmal auch mit Rauschen kombiniert und definiert als:

$$\text{THD} + \text{N} = \frac{\sum \text{Harmonic Power} + \text{Noise Power}}{\text{Fundamental Power}}. \quad (11.52)$$

Wenn das Ausgangssignal schwach verzerrt ist, ist es möglich, eine Taylor-Reihenentwicklung[27] zur Modellierung des Ausgangssignals in Bezug auf das Eingangssignal und damit zur Quantifizierung der Verzerrung [5] zu verwenden. Das heißt,

$$v_o = a_0 + a_1 v_i^2 + a_3 v_i^3 + a_4 v_i^4 + \cdots = \sum_{n=0}^{\infty} a_n v_i^n, \quad (11.53)$$

---

[27] Die Taylor-Reihe ist eine Reihenentwicklung einer Funktion, die auf ihrem Wert und dem ihrer Ableitungen in einem einzigen Punkt basiert. In diesem speziellen Fall handelt es sich tatsächlich um eine Maclaurin-Reihe, da sie am Ursprung, d. h. in der Nachbarschaft von $v_i = 0$, ausgewertet wird.

11.3 Grundlegende Konzepte linearer Systeme

wobei

$$a_n = \frac{1}{n!}\left[\frac{d^n v_o}{dv_i^2}\right]_{v_i=0}, \quad (11.54)$$

welches für eine Eingabe der Form

$$v_i = V\cos(wt) \quad (11.55)$$

ausgedrückt werden kann als

$$v_o = \left[a_0 + \tfrac{1}{2}V^2 a_2\right] + \left[a_1 + \tfrac{3}{4}V^2 a_3\right]V^1 \cos(\omega t) + \left[\tfrac{a_2}{2}\right]V^2 \cos(2\omega t) + \left[\tfrac{a_3}{4}\right]V^3 \cos(3\omega t) + \cdots, \quad (11.56)$$

wobei a_0 und a_1 die DC-Komponente und den Schaltungsgewinn darstellen. Dieses Ergebnis zeigt, dass Harmonische 2. und 3. Ordnung innerhalb der ersten vier Begriffe dieser Reihe auftreten, was für viele Anwendungen ausreichend ist, um die harmonische Verzerrung zu charakterisieren. Eine Verzerrung 2. und 3. Ordnung ist definiert als

$$HD_2 = \frac{1}{2}\frac{a_2}{a_1}V, \quad (11.57)$$

$$HD_3 = \frac{1}{4}\frac{a_3}{a_1}V^2 \quad (11.58)$$

und die gesamte harmonische Verzerrung ist gegeben durch

$$THD = \sqrt{HD_2^2 + HD_3^2 + HD_4^2 + \cdots} \quad (11.59)$$

11.3.10 Rauschen

Rauschen[28] wurde als „…der Teil, den wir nicht wollen…" charakterisiert und ist in jedem realen System in größerem oder geringerem Maße vorhanden. Bevor wir eine Diskussion über Rauschen beginnen, wird es hilfreich sein, einige Schlüsselkonzepte zu definieren, z. B. Methoden zur Ermittlung von Durchschnittswerten für einen gegebenen Parameter. Das quadratische Mittel („root mean square", RMS) wird durch den folgenden Ausdruck definiert:

$$\text{RMS value of } f(t) = \sqrt{\frac{1}{T}\int_0^T f^2(t)\,dt}, \quad (11.60)$$

---

[28] „Wie Krankheiten wird Lärm nie beseitigt, sondern nur verhindert, geheilt oder ertragen, je nach seiner Art, Schwere und den Kosten/Schwierigkeiten seiner Behandlung." Aus dem Analog-Digital Conversion Handbook, von D.H. Sheingold, Analog Devices.

wobei T ein charakteristisches Zeitintervall darstellt, z. B. die Periode der Funktion f(t). Im Falle eines wirklich zufälligen Rauschens,[29] wird der Durchschnittswert 0 sein, jedoch besteht es in der abgegebenen Leistung, daher ist der RMS-Wert des Rauschens ein wichtiger Parameter bei der Betrachtung von Schaltkreis-/Bauteilrauschen.

Beispiel 11.3

Angenommen, die Frequenz beträgt 60 Hz und eine Wellenform ist gegeben durch $f(t) = (1{,}697 \times 10^{-3}) \sin(t)$, dann wird Gl. 11.60 zu

$$RMS f(t) = \sqrt{\frac{1}{T} \int_0^T [169{,}7 \sin(t)]^2 (t) dt} = \frac{1{,}697 \times 10^{-3}}{\sqrt{2}} \approx 1{,}20 \, \text{mV},$$

für $T = 1{,}66 \times 10^{-2}$, d. h. 60 Hz. ◀

Rauschen ist in allen Schaltkreisen in verschiedenen Formen vorhanden, dazu zählen:

- *Weißes Rauschen*[30] – ist ein allgemeiner Begriff, der sich auf jede Rauschquelle bezieht, bei der das Rauschen als Funktion der Frequenz konstant ist und in der Regel innerhalb eines bestimmten Bereichs liegt.
- *Thermisches Rauschen*[31] – J. B. Johnson [13] war der Erste, der die Existenz von thermischem Rauschen meldete, indem er feststellte, dass die statistische Fluktuation der elektrischen Ladung in Leitern zu einer zufälligen Schwankung des Potenzials in einem Leiter führt. H. Nyquist [22] bestätigte Johnsons Beobachtungen, indem er eine theoretische Grundlage für das lieferte, was Johnson beobachtet hatte. Die zufällige Bewegung von Ladungsträgern führt zu einem annähernd gaußschen Rauschen, d. h. zu einem statistischen Rauschen mit einer Wahrscheinlichkeitsdichte, die einer *Normalverteilung* entspricht, d. h. gaußförmig ist. Im Falle von Widerständen wird der RMS-Wert der mit diesem Rauschen verbundenen Spannung gegeben durch:

$$v_{rms} = \sqrt{4kT \Delta f R}, \qquad (11.61)$$

wobei k die Boltzmann-Konstante, T die Temperatur des Widerstands in Kelvin, Δf die interessierende Bandbreite und R der Wert des Widerstands sind. Beachten Sie, dass wenn beide Seiten der Gl. 11.61 quadriert werden, folgt

---

[29] Rauschen, das in Wirklichkeit völlig zufällig ist, existiert wahrscheinlich nicht, aber für die Zwecke dieser Diskussionen soll „relativ zufällig" ausreichen.

[30] Eine echte Quelle für weißes Rauschen müsste unendlich viel Energie über ein unendliches Spektrum liefern, daher sind physische Quellen für weißes Rauschen notwendigerweise auf endliche Teile des Spektrums beschränkt. Annäherungen an eine Quelle für weißes Rauschen werden manchmal als nicht weiße, farbige oder rosa Rauschquellen bezeichnet.

[31] Thermisches Rauschen wird auch als Johnson-, Nyquist- oder Nyquist-Johnson-Rauschen bezeichnet.

11.3 Grundlegende Konzepte linearer Systeme

$$v_{rms}^2 = 4kT\Delta f R \Rightarrow \frac{v_{rms}^2}{R} = 4kT\Delta f = P, \tag{11.62}$$

was die Rauschleistung P ist, die in den Widerstand abgeleitet wird.[32] Die spektrale Leistungsdichte des Rauschens ist ein Maß für das in einer Bandbreite von 1 Hz vorhandene Rauschen und ist definiert als:

$$P_{sd} = \frac{P}{\Delta f} = 4kT \tag{11.63}$$

und hat die Einheiten V^2/Hz. Thermisches Rauschen wird im Falle eines MOS-Bauteils als Stromquelle modelliert, die parallel zu Drain und Source liegt. Rauschen in Widerständen kann als Rauschquelle modelliert werden, die in Reihe mit einem idealen rauschfreien Widerstand geschaltet ist, wobei die Rauschleistung als Verhältnis der Rauschleistung zu 1 mW ausgedrückt und als dBm bezeichnet wird.

Beispiel 11.4

Rauschleistung relativ zu 1 mW kann ausgedrückt werden als

$$P_{rel} = 10\log_{10}\left[\frac{P_{noise}}{1\times 10^{-3}}\right] = 10\log_{10}\left[P_{noise}\right] + 30 \quad dBm,$$

so dass sich im Fall von thermischem Rauschen in einem Widerstand, wenn $R = 50\,\Omega$, $\Delta f = 10$ kHz und $T = 300$ K, ergibt:

$$P_{rel} = -134\,dBm \tag{11.64}$$

◄

- *Funkelrauschen* – wird als Spannungsquelle in Serie mit dem Gatter z. B. eines CMOS, MOSFET oder ähnlichen Bauteils modelliert und resultiert aus eingefangenen Ladungsträgern. Es ist umgekehrt proportional zur Frequenz und hängt mit dem Gleichstromfluss zusammen. Der durchschnittliche quadratische Mittelwert wird gegeben durch:

$$\overline{e^2} = \int \left[\frac{K_e^2}{f}\right] df, \tag{11.65}$$

$$\overline{i^2} = \int \left[\frac{K_i^2}{f}\right] df, \tag{11.66}$$

---

[32] Ein Teil des Rauschens kann sich auch auf alle Schaltungen verteilen, an die der Widerstand angeschlossen oder elektromagnetisch gekoppelt ist. Da die Rauschleistung direkt proportional zu Δf ist, besteht eine Möglichkeit zur Minimierung des Schaltungsrauschens darin, die Bandbreite so weit wie möglich zu begrenzen.

wobei K_e und K_i Spannungs- und Stromkonstanten für das betrachtete Bauteil und f die Frequenz sind.

- *Popcornrauschen* – findet man in Halbleitergeräten und es kann mit Fehlordnungen in Halbleitermaterialien und Schwerionenimplantaten zusammenhängen. Es tritt bei Raten unter 100 Hz auf.
- *Lawinenrauschen* – findet man in Zener-Dioden und tritt auf, wenn sich eine p-n-Verbindung im Durchbruchmodus in Rückwärtsrichtung befindet. In solchen Fällen ermöglicht die Umkehrung des elektrischen Feldes in der Verarmungsregion der Verbindung, dass Elektronen genügend kinetische Energie entwickeln, um mit den Atomen des Kristallgitters zu kollidieren und dadurch zusätzliche Elektronen-Loch-Paare zu erzeugen. Lawinenrauschquellen werden manchmal als „weiße Rauschquellen" für die Prüfung von Filtern, Verstärkern usw. verwendet.[33]
- *1/f-Rauschen* – der Ursprung ist unklar, obwohl bekannt ist, dass es allgegenwärtig ist und dass in vielen Situationen der Übergang zwischen sogenanntem „weißem Rauschen"[34] und 1/f-Rauschen in der Region zwischen 1–100 Hz auftritt.
- *Schrotrauschen* – wird durch Stromfluss als Ergebnis von Ladungen erzeugt, die eine Potenzialbarriere wie die einer p-n-Verbindung überqueren und wird gegeben durch

$$\overline{i_n^2} = \overline{(i - i_D)^2} = 2 \int q\, i_D\, df, \qquad (11.67)$$

wobei q die Ladung eines Elektrons[35] und df die Frequenzdifferenz sind. Beachten Sie, dass Schrotrauschen keine Funktion der Temperatur ist und dass der Wert konstant in Bezug auf die Frequenz ist.

11.3.11 Mehrere Rauschquellen

Moderne elektronische Geräte enthalten mehrere Rauschquellen und daher ist es wichtig zu bestimmen, wie solches Rauschen kombiniert werden soll, um das Gesamtrauschsignal zu bestimmen. Rauschquellen können intern, extern oder eine Kombination aus beidem sein. Neben internen Rauschquellen, die mit externen Quellen interagieren, um Rauschen in einem eingebetteten System einzuführen, können verschiedene Teile eines eingebetteten Systems interagieren, um Rauschen zu erzeugen. Obwohl Rauschen ein zufälliger Prozess ist und daher nicht vorhergesagt werden kann, ist es in einigen Fällen möglich, die Rauschleistung vorherzusagen. Widerstände, die ein häufiges Bauteil in Operationsverstärkern sind, sind Rauschquellen, die in einigen Fällen ein erhebliches Pro-

---

[33] Eine Zener-Diode, die im Avalanche-Modus arbeitet, kann „weißes Rauschen" bis zu Frequenzen von mehreren Hundert Megahertz erzeugen.

[34] Weißes Rauschen ist Rauschen, das gleiche Mengen an Rauschen bei allen Frequenzen enthält.

[35] Die Ladung eines Elektrons beträgt $1{,}62 \times 10^{-19}$ C.

11.3 Grundlegende Konzepte linearer Systeme

blem darstellen können. Ein idealer Widerstand, der mit einer Rauschspannungsquelle in Reihe geschaltet ist, kann zur Modellierung realer Widerstände verwendet werden.

Zum Beispiel können zwei Widerstände, die unabhängig voneinander Rauschen erzeugen, jeweils dargestellt werden durch

$$\overline{e_1^2} = \int 4kTR_1 df, \quad (11.68)$$

$$\overline{e_2^2} = \int 4kTR_2 df. \quad (11.69)$$

Wenn die durchschnittliche Mittelspannung $\overline{E_{total}}^2$ die Spannung ist, die sich ergibt, wenn die beiden Widerstände in Serie geschaltet sind und E_{total} gegeben ist durch:

$$E_{total} = e_1(t) + e_2(t), \quad (11.70)$$

dann folgt

$$\overline{E_{total}(t)^2} = \overline{[e_1(t) + e_2(t)]^2} = \overline{e_1(t)^2} + \overline{e_2(t)^2} + \overline{2e_1(t)e_2(t)}. \quad (11.71)$$

In diesem Fall sind jedoch e_1 und e_2 unabhängige Rauschquellen und daher ist der Durchschnittswert des Produkts von $e_1(t)$ und $e_2(t)$ 0 und es gilt:

$$\overline{E_{total}(t)^2} = \overline{e_1(t)^2} + \overline{e_2(t)^2}. \quad (11.72)$$

Der mittlere quadratische Mittelwert mehrerer Rauschquellen ist also die Summe des mittleren quadratischen Mittelwerts des Rauschens der einzelnen Quellen, unabhängig davon, ob es sich um Strom- oder Spannungsquellen handelt.

11.3.12 Signal-Rausch-Verhältnis

Da Signale und Rauschen nebeneinander existieren, ist es wichtig, ein Maß für die relative Stärke der beiden zu haben, zum Teil, um zu quantifizieren, wie stark das Rauschen in einem bestimmten System ist.

Das Signal-Rausch-Verhältnis wird formal definiert als das Verhältnis der Signalstärke zur Rauschstärke und häufig in dB gemessen.

Daher gilt:

$$SNR = \frac{P_{signal}}{P_{noise}}. \quad (11.73)$$

In Bezug auf dB gilt:

$$SNR_{dB} = 10 \log_{10}\left[\frac{P_{signal}}{P_{noise}}\right] = 20 \log_{10}\left[\frac{v_{signal}^2}{v_{noise}^2}\right]. \quad (11.74)$$

11.3.13 Impedanzanpassung

Es gibt viele Situationen, in denen es notwendig ist zu berücksichtigen, wie viel Leistung von einer Quelle zu einer Senke, d. h. zu einer Last, übertragen wird. In einigen Fällen ist es wünschenswert, so viel Leistung wie möglich von der Quelle zur Last zu liefern. In anderen Situationen ist es jedoch wichtig, so wenig Leistung wie möglich an die Last oder die nächste Stufe zu liefern, wenn nur, um die vorherige Stufe nicht zu belasten und das Signal zu verschlechtern.

Angenommen, dass Z_1 und Z_2 die Quellen- und Lastimpedanzen sind, wie in Abb. 11.4 dargestellt, und dass

$$Z_1 = R_1, \tag{11.75}$$

$$Z_2 = R_2 \tag{11.76}$$

gilt. Des Weiteren gilt

$$i_i = \frac{v_i}{R_1+R_2} \tag{11.77}$$

und daraus folgt

$$P = i_i^2 R_2 = \left[\frac{v_i}{(R_1+R_2)}\right]^2 R_2 . \tag{11.78}$$

Durch Festlegen von

$$\frac{dP}{dR_2} = \frac{d}{dR_2}\left(\left[\frac{v_i}{(R_1+R_2)}\right]^2 R_2\right) = 0 \tag{11.79}$$

wird impliziert, dass

$$R_1 = R_2 . \tag{11.80}$$

In diesem Fall kann gezeigt werden, dass die 2. Ableitung negativ ist und daher muss Gl. 11.80 gelten, d. h., um die maximale Leistung an die Last zu liefern, muss der Widerstand der Quelle gleich dem Widerstand der Last sein.

Abb. 11.4 Beispiel für die Impedanzanpassung

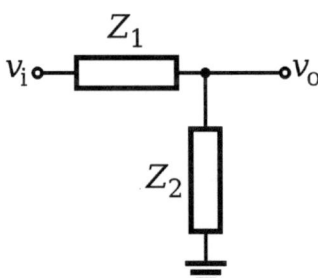

Um eine ähnliche Berechnung für den Fall durchzuführen, in dem die Quelle und die Last sowohl resistive als auch reaktive Komponenten haben, wird wieder auf Abb. 11.4 verwiesen. Die Größe des Stroms, der durch Z_1 und Z_2 fließt, ist gegeben durch

$$|i_i| = \frac{|v_i|}{|Z_1+Z_2|} \tag{11.81}$$

und die in Z_2 abgegebene Leistung, d. h., die in der resistiven Komponente von R_{Z2} abgegebene Leistung, ist gegeben durch

$$P = i_{RMS}^2 R_2 = \left[\sqrt{\frac{1}{2\pi}\int_0^{2\pi} I^2 \sin^2(\omega t)dt}\right]^2 = \left[\frac{I}{\sqrt{2}}\right]^2 R_2. \tag{11.82}$$

Daraus folgt:

$$P = \frac{1}{2}\left[\frac{|v_i|}{|Z_1+Z_2|}\right]^2 R_{Z2} = \frac{1}{2}\frac{|v_i|^2}{|Z_1+Z_2|^2}R_{Z2} = \frac{1}{2}\left[\frac{|v_i|^2}{(R_1+R_2)^2+(X_1+X_2)^2}\right]R_{Z2}. \tag{11.83}$$

Wenn man die Ableitung der Leistung P bezüglich Z_2 auf 0 setzt, erhält man das folgende Ergebnis:

$$R_1 + X_1 = R_2 - X_2. \tag{11.84}$$

Daraus resultiert

$$R_1 = R_2, \tag{11.85}$$

$$X_2 = -X_2, \tag{11.86}$$

was gleichbedeutend damit ist, dass Z_1 das komplexe Konjugat von Z_2 sein muss.

11.4 OpAmps und Rückkopplung

Wie in Kap. 1 besprochen, kann das generalisierte SISO-System wie in Abb. 11.5 dargestellt werden. Positive Rückkopplung wird seltener mit Operationsverstärkern verwendet, weil die Rückführung eines positiven Signals den Verstärker sättigen kann.[36] Negative Rückkopplung wird jedoch in einer Vielzahl von Kontexten und mit einer breiten Palette von wichtigen und nützlichen Ergebnissen mit Operationsverstärkern verwendet.

---

[36] Rückkopplungsverstärker begannen bereits in den 1920er-Jahren aufzutauchen, als Ergebnis der Bemühungen von Harold S. Black, einem Ingenieur von Western Electric, der daran interessiert war, bessere Repeater-Verstärker zu entwickeln [2, 3, 14].

Abb. 11.5 Ein generalisiertes SISO-Rückkopplungssystem

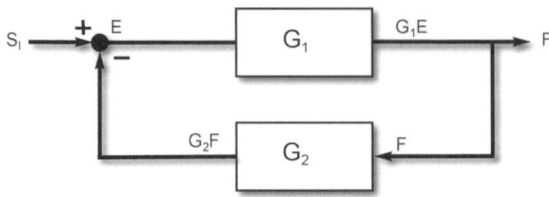

Im Folgenden wird angenommen, dass der Leerlaufverstärker,[37] A_0, durch $A_0 \in \mathbb{R}$ und $A_0 > 0$ eingeschränkt wird.

Im Allgemeinen gilt

$$\frac{f(t)}{s(t)} = \frac{G_1}{1+G_1 G_2} \tag{11.87}$$

und im vorliegenden Fall

$$\frac{v_o}{v_i} = -\frac{A_0}{(1-\beta A_0)} = \text{Closed Loop Gain} = A_f, \tag{11.88}$$

wobei A_0 die Leerlaufverstärkung des Verstärkers, β der Rückkopplungskoeffizient und βA_0 die Schleifenverstärkung sind. Wenn $\beta A_0 \gg 1$, dann ist $A_f \approx \frac{1}{\beta}$, und wenn $\beta A_0 \ll 1$, dann ist $A_f \approx A_0$. Für den Fall, dass $\beta A_0 \approx 1$, kann erwartet werden, dass das System instabil wird und Schwingungen auftreten können, relativ unabhängig von der Leerlaufverstärkung A_0.

11.4.1 Der ideale Operationsverstärker

Für den sogenannten „idealen OpAmp"[38] werden folgende Eigenschaften angenommen:

- Unendliche Eingangsimpedanz, unabhängig von der Amplitude oder Frequenz des Eingangssignals, d. h., der Eingangsstrom zu beiden Eingängen ist 0.
- Die Ausgangsimpedanz ist 0, unabhängig von der Ausgangsfrequenz.
- Unendliche Leerlaufverstärkung[39], wobei die Verstärkung als Verhältnis der Ausgangsspannung zur Eingangsspannung definiert ist.

---

[37] Leerlaufverstärkung wird als Verstärkung in Abwesenheit von Rückkopplung, entweder positiv oder negativ, definiert.

[38] Obwohl es ein solches ideales Gerät nicht gibt, sind OpAmps mit Eingangsimpedanzen von bis zu $10^6\,\Omega$ für bipolare Bauteile und $10^{12}\,\Omega$ für FET-Bauteile, Verstärkungen von bis zu 10^9, Ausgangsimpedanzen von nur $100\,\Omega$ und einem Verstärkungsbandbreitenprodukt von 20 MHz erhältlich.

[39] Leerlaufverstärkung ist die Verstärkung ohne Rückkopplung.

11.4 OpAmps und Rückkopplung

- Die Einschwingzeit ist 0.[40]
- Der Eingangsoffset ist 0.[41]
- Die Anstiegsgeschwindigkeit ist unendlich.[42]
- Führt eine 0°-Abweichung von einer 180°-Phasenverschiebung vom Eingang zum Ausgang in Abhängigkeit von der Frequenz ein.
- Bei keiner Frequenz nichtlineare Effekte.
- Kein Rauschen bei irgendeiner Frequenz.
- Die Ausgangsleistung wird ohne interne Verluste innerhalb des OpAmp an die Last geliefert.

Es ist hilfreich, den idealen OpAmp in Bezug auf die folgenden fünf Regeln zu betrachten:

1. „Für jede Ausgangsspannung im linearen Betriebsbereich eines OpAmp mit negativer Rückkopplung liegen die Eingänge praktisch auf dem gleichen Potenzial." [14]
2. An keinem der beiden Eingangsanschlüsse des OpAmps fließt ein Strom.[43]
3. Das KCL[44] ist bei der Analyse verschiedener Konfigurationen eines OpAmps großzügig anzuwenden.
4. Eingangsspannungen, multipliziert mit ihren jeweiligen geschlossenen Kreisverstärkungen, addieren sich algebraisch am Ausgang.
5. Spannungen, die an einen Eingang angelegt werden, werden mit der nicht invertierenden Verstärkung multipliziert.

---

[40] Die Einschwingzeit ist die Verzögerung zwischen einer Eingang und der zugehörigen Reaktion am Ausgang eines OpAmp.

[41] Dies impliziert, dass wenn die Eingangsspannung 0 V beträgt, auch die Ausgangsspannung 0 V beträgt.

[42] Die Anstiegsgeschwindigkeit wird definiert als die maximale Änderungsrate bezogen auf die Zeit der Ausgangsspannung für alle möglichen Eingangsspannungen, typischerweise in V/μs. Diese obere Grenze wird im Falle von Operationsverstärkern durch die Begrenzungen der Lade- und Entladeraten von Kondensatoren innerhalb des Verstärkers verursacht.

[43] Damit soll nicht gesagt werden, dass der an einer Eingangsklemme anliegende Strom immer 0 ist, sondern lediglich, dass der OpAmp selbst keinen Eingangsstrom zieht. Wenn andere Anschlüsse an den Eingangsklemmen vorhanden sind, wird der Strom, der scheinbar vom OpAmp gezogen wird, in Wirklichkeit zu diesen zusätzlichen Eingangsanschlüssen geleitet.

[44] KCL bezieht sich auf das kirchhoffsche Stromgesetz, das besagt, dass die Summe aller Ströme, die in den Knoten einer Schaltung fließen, gleich der Summe aller Ströme sein muss, die aus dem Knoten fließen.

11.4.2 Nicht ideale Operationsverstärker

Während sich die Diskussion in diesem Kapitel bisher auf ideale Operationsverstärker konzentriert hat, ist es wichtig, die Eigenschaften tatsächlicher Operationsverstärker [11] zu betrachten, um zu verstehen, in welcher Weise und in welchem Ausmaß sie von ihrem idealisierten Gegenstück abweichen. Obwohl ideale Operationsverstärker nicht existieren, können sie in vielen Fällen durch reale Geräte ausreichend approximiert werden. Die Realität ist, dass kommerziell erhältliche Operationsverstärker oft erheblich vom idealen Operationsverstärker abweichen, z. B. ist die Eingangsimpedanz nicht unendlich, sondern typischerweise im Megaohmbereich, der offene Leerlaufspannungsverstärkungsbereich liegt zwischen 100 k und 1 M+ usw. Eine kurze Übersicht über die Vergleiche zwischen idealen und realen OpAmps ist nachfolgend gegeben.

- *Eingangsimpedanz* – die Eingangsimpedanz eines OpAmp wird durch zwei Parameter charakterisiert: 1) Gleichtaktimpedanz und 2) differentielle Impedanz. Erstere ist die Impedanz jedes der Eingänge in Bezug auf die Masse und Letztere bezieht sich auf die Impedanz zwischen den beiden Eingängen. Für einen idealen Verstärker wird eine unendliche Eingangsimpedanz angenommen. Reale OpAmps haben endliche Eingangsimpedanzen, obwohl in einigen Fällen die Impedanz bis zu 10^{14} Ω betragen kann.
- *Ausgangsimpedanz* – diese ist bei einem typischen OpAmp nicht 0 und beträgt nominell 100 Ω.
- *Eingangsstrom* – dieser hängt von der Art der Eingangsstufe des OpAmps ab. Bei JFET oder MOS kann der Eingangsstrom im Bereich von 1 bis 10 pA liegen. Dies ist zwar ein relativ geringer Strom, aber bei Vorhandensein großer Impedanzen können erhebliche Spannungen entstehen. In den meisten Fällen sind die beteiligten Ströme für die Eingänge unterschiedlich, was zu einer *Offsetspannung* führen kann.
- *Verstärkung* – während die Leerlaufverstärkung[45] für den idealen OpAmp als unendlich angenommen wird, variieren in Wirklichkeit DC-Leerlaufverstärkungen von 100.000 bis 1.000.000+. Für viele Anwendungen, die die negative Rückkopplung verwenden, kann dieser Verstärkungsbereich durchaus akzeptabel sein. Wenn echte OpAmps mit negativer Rückkopplung[46] verwendet werden, wie später in diesem Kapitel gezeigt wird, ist die Kreisverstärkung eine Funktion der Menge der verwendeten Rückkopplung.
- *Offsetspannung* – da die Transistoren in einem Operationsverstärker nicht unbedingt identisch sind, ist durch die Erdung der Eingänge nicht sichergestellt, dass der Ausgang gleich 0 ist. Es kann davon ausgegangen werden, dass die mit den einzelnen

---

[45] Leerlaufverstärkung impliziert Verstärkung in Abwesenheit jeglicher Rückkopplung.

[46] Positive Rückkopplung kann dazu führen, dass der Ausgang gesättigt wird, d. h. aus dem linearen Bereich herausgetrieben wird.

11.4 OpAmps und Rückkopplung

Eingängen verbundenen Eingangsströme für jeden Eingang unterschiedlich sind. Die Offsetspannung ist per Definition der Eingang, der erforderlich ist, um einen Ausgang von 0 V zu liefern.

- *Slewing* – ist die Änderungsrate des Ausgangs, die nicht unendlich ist, wie beim idealen Operationsverstärker angenommen, was zum Teil auf die Kapazitäten innerhalb des OpAmps zurückzuführen ist. Slew-Raten von 5 V/ms und höher sind typisch.
- *Sättigung* – der Dynamikbereich ist oft wichtig, wenn OpAmps verwendet werden, und daher ist es besser, je näher der Ausgang an der Leitung liegen kann. Es ist jedoch möglich, den Ausgang in die „Sättigung" zu treiben, wenn die Verstärkung ausreichend hoch eingestellt ist, um einen Ausgang zu erzeugen, der versucht, die Versorgungsspannung zu überschreiten, wie in Abb. 11.6 gezeigt.
- *Betriebsspannungsdurchgriff* – wird definiert als:

$$PSRR = \frac{\Delta V_{ps}}{\Delta v_o} \qquad (11.89)$$

und ist ein Maß für die Auswirkungen von Spannungsschwankungen der Stromversorgung, einschließlich Rauschen am Ausgang des OpAmp. (Die Parameter ΔV_{ps} und Δv_o werden als RMS-Werte ausgedrückt.)

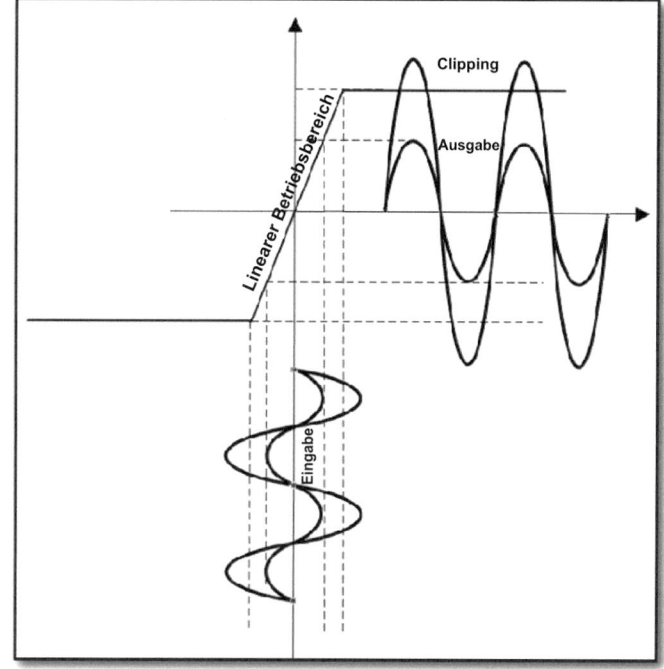

Abb. 11.6 Ein Beispiel für Clipping

- *Leistungsdissipation* – obwohl es keine intrinsischen Leistungsbegrenzungen im Zusammenhang mit idealen OpAmps gibt, sind Halbleitergeräte von Natur aus leistungs-, strom- und spannungsbegrenzt. Ein realer OpAmp ist im Allgemeinen auf Ausgangsströme begrenzt, die 25 mA nicht überschreiten und maximale Spannungen von ±15 V besitzen.
- *Einschwingzeit* – wie in Abb. 11.7 gezeigt, besteht diese aus drei Komponenten: 1) Laufzeitverzögerung durch den OpAmp von Eingang zu Ausgang, 2) Slewing-Zeit und 3) Einschwingzeit. Während der Laufzeitverzögerung gibt es keine Reaktion vom Ausgang auf einen gegebenen Eingang und die Slewing-Rate bestimmt, wie lange es dauert, bis der Ausgang seinen Endwert erreicht. Nachschwingen ist die gedämpfte Schwingung, die um den Endwert zentriert ist.

11.4.3 Umkehrende Verstärker

Ein idealer invertierender Verstärker hat die folgende Übertragungskennlinie:

$$\frac{V_{out}}{V_{in}} = -A . \qquad (11.90)$$

Die Abb. 11.8 zeigt die Konfiguration eines invertierenden Verstärkers und für den idealen OpAmp gilt:

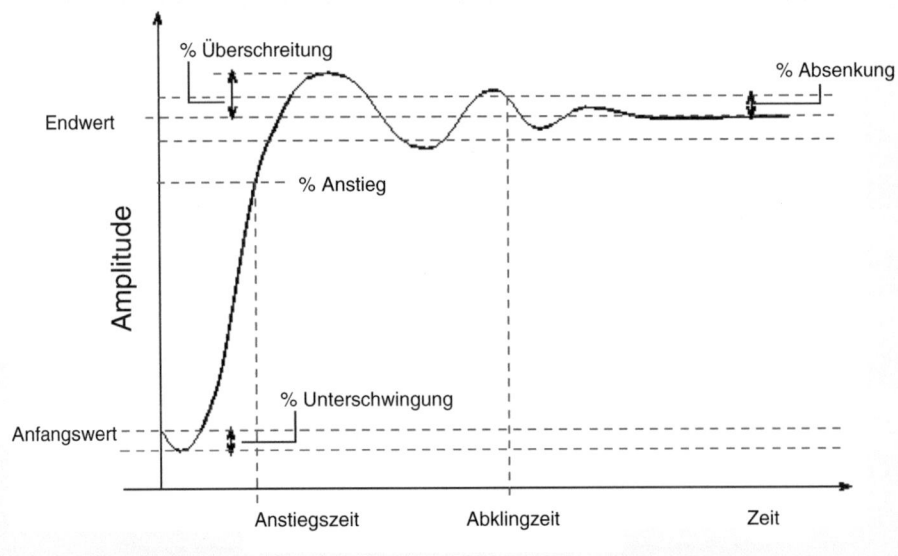

Abb. 11.7 Einschwingzeit für einen realen OpAmp

11.4 OpAmps und Rückkopplung

Abb. 11.8 Konfiguration eines invertierenden Verstärkers

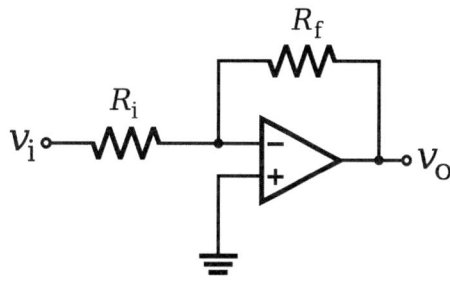

$$i_i = \frac{V_{in}}{R_i} = i_f = -\frac{V_o}{R_f}, \tag{11.91}$$

$$V_o = -\frac{R_f}{R_i} V_i = A V_i \Rightarrow A = -\frac{V_o}{V_i} = \frac{R_f}{R_i}. \tag{11.92}$$

11.4.4 Miller-Effekt

Operationsverstärker, die die negative Rückkopplung verwenden, unterliegen einem Phänomen, das erstmals mit Vakuumröhren entdeckt wurde und als „Miller-Effekt" bekannt ist. Dieser entstand durch eine unbeabsichtigte kapazitive Kopplung zwischen dem Eingang und dem Ausgang. Im Falle von Operationsverstärkern kann dieser Effekt ihre Leistung bei hohen Frequenzen erheblich reduzieren [20].

Wie in Abb. 11.9 dargestellt, ist bei einem Operationsverstärker mit einem Verstärkungsfaktor von A,[47] der Eingangsstrom gegeben durch:

$$i = \frac{v_i - v_o}{Z_1} = \frac{v_i - A v_i}{Z_1} = v_i \left[\frac{1-A}{Z_1} \right]. \tag{11.93}$$

Da die Eingangsimpedanz gegeben ist durch

$$Z_i = \frac{v_i}{i_i}, \tag{11.94}$$

folgt daraus:

$$Z_i = \frac{Z_1}{1-A}. \tag{11.95}$$

Wenn also Z_1 ein Kondensator ist, wird die effektive Eingangskapazität um den Faktor $1-A$ erhöht, und wenn Z eine Induktivität oder ein Widerstand ist, wird sie um denselben Faktor reduziert. Wenn die Rückkopplungsimpedanz Z_1 durch Z_2 und Z_3 ersetzt wird, wie in Abb. 11.9 dargestellt, dann gilt

---

[47] Beachten Sie, dass in den meisten Fällen A < 0 ist, d. h., es ist negativ.

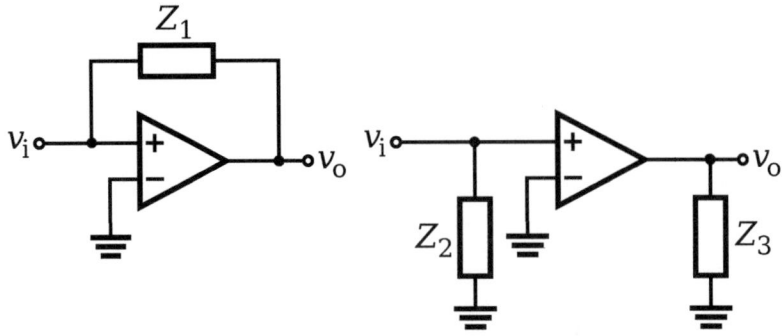

Abb. 11.9 Miller-Effekt

$$Z_2 = Z_3\left[1 - \frac{v_o}{v_i}\right] = Z_3(1 - A), \quad (11.96)$$

$$Z_3 = \frac{AZ_1}{A - 1} \approx Z_1. \quad (11.97)$$

Der Miller-Effekt spiegelt also die Tatsache wider, dass parasitäre Kapazitäten mit dem Vorhandensein von unbeabsichtigten Eingangs- und Ausgangskapazitäten, d. h. Z_2 bzw. Z_3, gleichgesetzt werden können, wie in Abb. 11.9 dargestellt. Eine Technik, die als „Kompensation" bekannt ist, wird in einigen Fällen verwendet, um die negativen Auswirkungen des Miller-Effekts zu minimieren. Das Ersetzen von Z_1 durch Z_2 und Z_3 bedeutet, dass der Strom durch Z_1, Z_2 und Z_3 gleich sein muss. Wenn der Verstärkungsfaktor A ausreichend groß ist, kann die Eingangskapazität als Kurzschluss fungieren und somit das Eingangssignal blockieren.

Schließlich:

$$Z_3(v_i - v_o) = Z_2 v_i, \quad (11.98)$$

$$j\omega C_{out}(v_i - v_o) = j\omega C_{in} v_i, \quad (11.99)$$

$$C_{out}\left[1 - \frac{v_o}{v_i}\right] = C_{in}, \quad (11.100)$$

$$C_{in} = [1 - A]C_{out}. \quad (11.101)$$

11.4.5 Nicht invertierender Verstärker

Der nicht invertierende Verstärker ist wie in Abb. 11.10 dargestellt aufgebaut. Es gelten:

$$\frac{v_o}{v_i} = A \quad (11.102)$$

11.4 OpAmps und Rückkopplung

Abb. 11.10 Ein nicht invertierender Verstärker

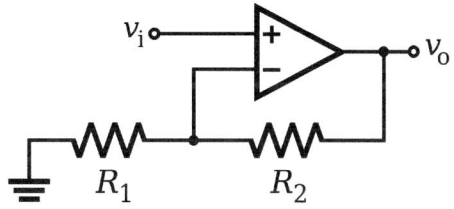

und

$$v_0 = \left[\frac{R_1+R_2}{R_1}\right] v_i \Rightarrow A = 1 + \frac{R_2}{R_1}. \quad (11.103)$$

11.4.6 Summenverstärker

Ähnlich basiert ein idealer gewichteter[48] Summen- oder „Addier"-Verstärker auf einem Operationsverstärker, der wie in Abb. 11.11 dargestellt konfiguriert ist.

Weil

$$v_o = \left[\frac{v_1}{R_1} + \frac{v_2}{R_2} + \cdots + \frac{v_n}{R_n}\right] R_f = \left[\frac{R_f v_1}{R_1} + \frac{R_f v_2}{R_2} + \cdots + \frac{R_f v_n}{R_n}\right] \quad (11.104)$$

und daher

$$V_o = \left[A_1 v_1 + A_2 v_2 + \cdots + A_n v_n\right] \quad (11.105)$$

und wenn

$$R = R_1 = R_2 = \cdots = R_n \Rightarrow A = A_1 = A_2 = \cdots = A_n, \quad (11.106)$$

dann wird Gl. 11.105 zu

$$v_o = A\left[v_1 + v_2 + \ldots + v_n\right]. \quad (11.107)$$

11.4.7 Differenzverstärker

In diesem Beispiel, wie in Abb. 11.12 gezeigt, ermöglicht die Tatsache, dass die Differenzverstärkerschaltung linear ist, die Überlagerung, so dass aus der Betrachtung und Bezugnahme auf Gl. 11.103 folgt, dass

$$v_o = A_2 v_{i2} - A_1 v_{i2} = \left[\frac{1+\frac{R_1}{R_2}}{1} + \frac{R_3}{R_4}\right] v_{i2} - \left[\frac{R_2}{R_1}\right] v_{i1} \quad (11.108)$$

---

[48] Widerstandswerte können ausgewählt werden, um Signale unterschiedlicher Amplituden zu kombinieren.

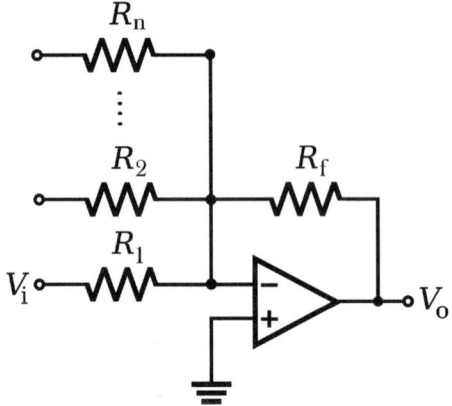

Abb. 11.11 Summenverstärker

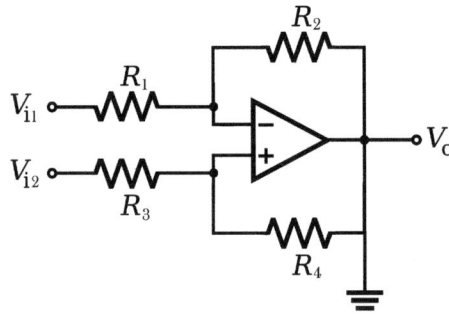

Abb. 11.12 Differenzverstärker

und wenn

$$R_1 = R_2 = R_3 = R_4 \,, \tag{11.109}$$

dann gilt

$$v_o = v_{i2} - v_{i1} \tag{11.110}$$

und der Differenzverstärker wird als „Differentialverstärker" bezeichnet.

Abb. 11.13 Ein Beispiel für einen logarithmischen Verstärker

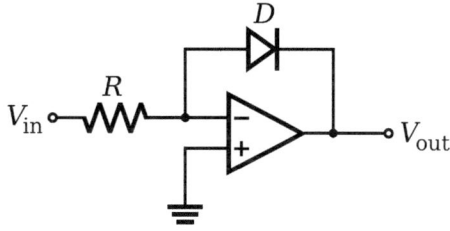

11.4.8 Logarithmischer Verstärker[49]

Wenn man mit einem Signal umgeht, das einen großen Dynamikbereich hat, kann es manchmal schwierig sein, hohe Signalpegel davon abzuhalten, die niedrigeren Pegel zu maskieren. Eine Technik zur Lösung dieses Problems besteht darin, eine logarithmische Verstärkerkonfiguration zu verwenden, wie in Abb. 11.13 gezeigt, um die niedrigeren Pegel eines Signals effektiv zu erweitern und die höheren Pegel zu komprimieren, so dass beide in einen detektierbaren Bereich fallen, der am besten vom eingebetteten System gehandhabt werden kann. Der Strom durch eine Diode[50] ist bekanntermaßen gegeben durch:

$$i_d = i_s[e^{\left(\frac{qv_d}{nV_T}\right)} - 1] \approx I_s e^{\left(\frac{qv_d}{nV_T}\right)}, \tag{11.111}$$

wobei v_d die Spannung über der Diode, i_s der Sättigungsstrom bei umgekehrter Vorspannung und V_T die „thermische Spannung"[51] sind. Der sogenannte „Idealitätsfaktor"[52] wird in den meisten Fällen als gleich 1 angenommen.

Daher kann

$$i_d = \frac{v_i}{R} = \frac{i_s e^{\frac{qV_d}{V_T}}}{R} \tag{11.112}$$

ausgedrückt werden als

$$v_o = -V_T ln\left[\frac{v_i}{i_s R}\right] \Rightarrow v_d = -V_T ln[v_i] - constant, \tag{11.113}$$

wobei $constant = i_s R$.

---

[49] Die Ausdrücke „logarithmischer Verstärker" und „LogAmp", obwohl sie für solche Schaltungen üblich sind, sind natürlich eine Fehlbezeichnung, da der OpAmp in solchen Anwendungen das logarithmische Ausgangssignal des Eingangssignals erzeugt und nicht das Eingangssignal verstärkt.

[50] Effekte 2. Ordnung werden durch diese Gleichung nicht berücksichtigt. Der Idealitätsfaktor spiegelt die Bedeutung solcher Überlegungen 2. Ordnung wider.

[51] Die thermische Spannung, die bei Raumtemperatur ≈ 25 mV beträgt, wird durch kT/q gegeben, wobei T die absolute Temperatur der p-n-Übergangsdiode, q die Ladung eines Elektrons und k die Boltzmann-Konstante sind.

[52] Der Idealitätsfaktor einer Diode spiegelt das Ausmaß wider, in dem die Diode das durch die Gleichung für eine ideale Diode vorhergesagte Verhalten nachahmt.

11.4.9 Exponentieller Verstärker

Wie in Abb. 11.14 gezeigt, kann ein exponentieller Verstärker konfiguriert werden, indem eine Diode am Eingang zum OpAmp platziert wird, wobei Gl. 11.111 den Eingangsstrom darstellt. Daher ist

$$v_o = i_d R = i_s \left[e^{\frac{v_d}{(nV_T)}} - 1 \right] R \approx I_s R e^{\frac{v_d}{nV_T}} = \alpha R e^{\beta v_i}, \qquad (11.114)$$

wobei $\alpha = I_s$ und $\beta = \frac{1}{nV_T}$.

11.4.10 OpAmp-Integrator

Eine der häufigsten Konfigurationen von OpAmps, zumindest historisch gesehen, war als Integrator, wie in Abb. 11.15 dargestellt.

Der Strom im Schaltkreis ist durch

$$i = \frac{v_i}{R_i} = i_C = -C \frac{dv_0(t)}{dt} \Rightarrow \frac{dv_0(t)}{dt} = -\frac{v_i}{RC} \qquad (11.115)$$

gegeben, was eine lineare Differentialgleichung 1. Ordnung ist, deren allgemeine Lösung als

$$v_0(t) = -\frac{1}{RC} \int_0^t v_i \, dt + \text{constant} \qquad (11.116)$$

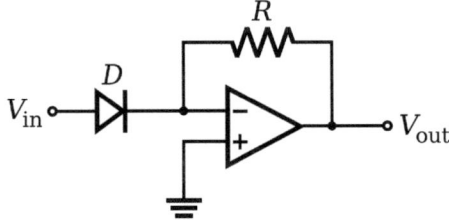

Abb. 11.14 Ein exponentieller Verstärker (e^{v_i})

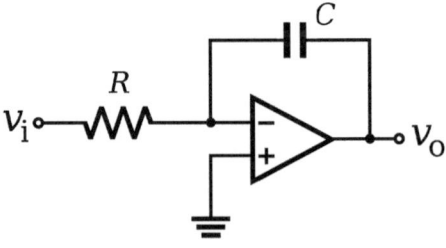

Abb. 11.15 Ein OpAmp als Integrator konfiguriert

ausgedrückt werden kann, wobei die Konstante auf die Spannung am Kondensator zu Beginn des Integrationszyklus, d. h., t = 0, verweist. Es sollte beachtet werden, dass es in einigen Anwendungen notwendig ist, den Integrator zurückzusetzen, typischerweise durch Kurzschließen des Integrationskondensators, wie z. B. im Falle einer konstanten Eingangsspannung, deren Anwendung deutlich größer ist als die RC-Zeitkonstante, weil das Zeitintegral eines konstanten Integrators eine lineare Funktion der Zeit ist, die letztendlich zur Sättigung des Integrators führen könnte. Eine Anwendung für diese Art von Schaltung war die Implementierung des Dual-Slope-analog-digital-Wandlers.

11.4.11 Differenzierer

Ein OpAmp kann auch als Differenzierer konfiguriert werden, indem ein Widerstand für die Rückkopplung und ein Kondensator für den Eingang verwendet wird, wie in Abb. 11.16 gezeigt.

Die Menge an Ladung, q, die in einem Kondensator gespeichert ist, ist durch

$$q = CV \tag{11.117}$$

gegeben. Daher ist die Ausgangsspannung[53] gegeben durch

$$i_i = \frac{dq}{dt} = C\frac{dv_i}{dt} = -\frac{v_o}{R} \tag{11.118}$$

und daher

$$v_o = -RC\frac{dv_i}{dt}. \tag{11.119}$$

Leider neigen Differenzierer dazu, Hochfrequenzrauschen zu verstärken und stellen daher vielleicht die am wenigsten genutzte Konfiguration von OpAmps dar. In einigen Anwendungen wird ein Widerstand in Reihe mit dem Eingangskondensator geschaltet, um die Verstärkung (R_f/R_i) von höherfrequenten Komponenten zu begrenzen, während immer noch die Niederfrequenzverstärkung durch den Kondensator und den Rückkopplungswiderstand bestimmt wird. Die Grenzfrequenz wird jedoch anschließend bestimmt durch

$$f_{cut\ off} = \frac{1}{2\pi R_i C}. \tag{11.120}$$

11.4.12 Instrumentenverstärker

Der sogenannte Instrumentenverstärker, eine Konfiguration davon ist in Abb. 11.17 dargestellt, wird in Anwendungen verwendet, bei denen ein kleines differentielles Signal, oft in Anwesenheit eines starken gemeinsamen Signals, gemessen werden muss.

---

[53] Beachten Sie, dass die positive Eingangsklemme geerdet ist und daher davon ausgegangen werden kann, dass die negative Eingangsklemme ebenfalls auf Masse liegt.

Abb. 11.16 Ein idealisierter Differenzierer

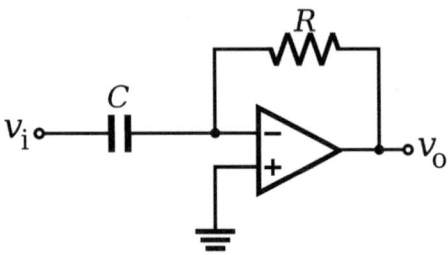

Abb. 11.17 Eine klassische Konfiguration des Instrumentenverstärkers

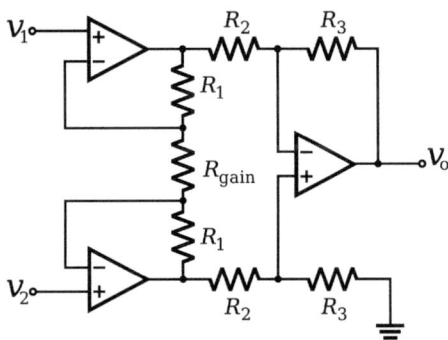

Instrumentenverstärker sind so konzipiert, dass sie das gemeinsame Signal ignorieren, während sie das differentielle Eingangssignal verstärken. Darüber hinaus werden solche Signale oft von Quellen mit relativ niedriger Eingangsimpedanz bereitgestellt. Diese Schaltung bietet eine sehr hohe Eingangsimpedanz, die sicherstellt, dass das Eingangssignal keiner Impedanz ausgesetzt ist, die das Eingangssignal beeinträchtigen würde. Wie gezeigt, besteht diese spezielle Konfiguration aus einem differentiellen Eingangsverstärker, gefolgt von einem Differenzverstärker, beide werden in diesem Kapitel besprochen. Ersterer bietet eine sehr hohe Eingangsimpedanz und Ablehnung des gemeinsamen Modus, während Letzterer einen einseitigen Ausgang bietet.

$$v_{o1} = v_{i2} + (v_2 - v_1)\left[1 + \frac{R_1}{2R_2}\right], \tag{11.121}$$

$$v_{on} = v_2 + (v_1 - v_2)\left[1 + \frac{R_1}{2R_2}\right], \tag{11.122}$$

$$v_{op} - v_{on} = (v_2 - v_1)\left[1 + \frac{R_1}{2R_2}\right], \tag{11.123}$$

$$v_{o2} = v_{cm} + \frac{v_d}{2}\left[1 + \frac{R_1}{2R_2}\right], \tag{11.124}$$

11.4 OpAmps und Rückkopplung

$$v_{o1} = v_{cm} - \frac{v_d}{2}\left[1 + \frac{R_1}{2R_2}\right] \tag{11.125}$$

und

$$v_o = [v_{o1} - v_{o2}]\frac{R_4}{R_3}, \tag{11.126}$$

$$v_o = v_d\left[1 + \frac{R_1}{2R_2}\right]\frac{R_4}{R_3}. \tag{11.127}$$

In den folgenden Abschnitten wird sich die Diskussion auf verschiedene Konfigurationen von grundlegenden Bausteinen konzentrieren, die sowohl in PSoC 3 als auch in PSoC 5LP verwendet werden, sofern nicht anders angegeben. Diese werden als geschaltete Kondensator- und Kontinuierliche-Zeit-Blöcke (SC/CT) bezeichnet.

11.4.13 Transimpedanzverstärker (TIA)

Eingebettete Systeme nutzen oft eine Vielzahl von Sensoren, von denen einige Ströme liefern, die proportional zu dem gemessenen Parameter sind, z. B. Photodetektoren, Photomultiplier usw. Ebenso benötigen einige externe Peripheriegeräte Strom für den Eingang. Daher besteht ein Bedarf an Schnittstellen, die Strom in Spannung und/oder Spannung in Strom umwandeln. OpAmps können sehr nützlich sein, wenn sie wie in Abb. 11.18 konfiguriert sind.

Ein spezifisches Beispiel mit einem Photodetektor ist in Abb. 11.19 dargestellt[54]. Der Ausgang des Transimpedanzverstärkers ist eine Spannung, die proportional zum Strom ist, der in der Photodiode als Ergebnis der von einem Laser detektierten Strahlung fließt.

Die Ausgangsspannung dieser Konfiguration wird durch folgende Formel gegeben:

$$v_{out} = -i_{photo}R_f. \tag{11.128}$$

Manchmal wird ein kleiner Kondensator, C_F, verwendet, um sicherzustellen, dass der Transimpedanzverstärker stabil bleibt.

11.4.14 Gyratoren

B.D.H. Telegen führte ein neues Schaltungselement ein, den Gyrator [31], der eine Art aktiver Impedanzwandler ist, der zur Simulation von induktiven Lasten verwendet werden kann, wie in Abb. 11.20 gezeigt. Im Gegensatz zu seinen Pendants, nämlich

---

[54] Es sei darauf hingewiesen, dass die tatsächliche Schaltung zusätzlichen Kapazitäten unterliegt, die in dieser Diskussion ignoriert werden, nämlich einer Kapazität, die durch die Photodiode und die Gleichtaktkapazität des OpAmps eingeführt wird.

Abb. 11.18 Ein generischer TIA

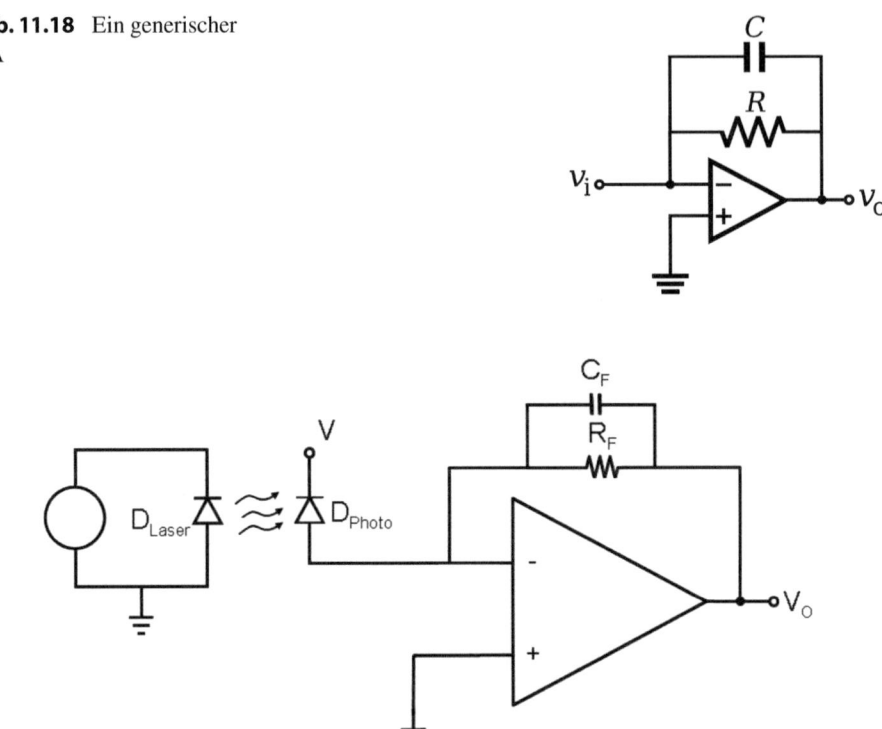

Abb. 11.19 Typische Anwendung des TIA und Photodetektors

Abb. 11.20 Induktive Last implementiert als ein OpAmp-basierter Gyrator

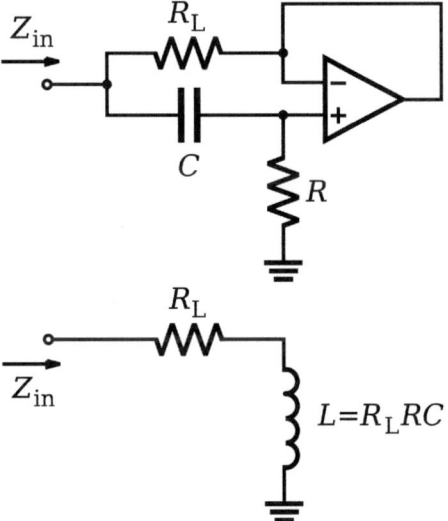

11.4 OpAmps und Rückkopplung

dem Kondensator, der Spule, dem Widerstand und dem idealen Transformator, zeigt der Gyrator keine Reziprozität. Ursprünglich als passives Gerät eingeführt, machte die Einführung des Transistors, des Gyrators und anschließend des Operationsverstärkers die Erstellung von aktiven Gyratoren möglich.

Gyratoren werden als negative Impedanzgeräte bezeichnet und können daher kapazitive Lasten in induktive Lasten umwandeln und umgekehrt. Obwohl es möglich ist, Gyratoren mit Transistoren zu implementieren, sind OpAmp-basierte Gyratoren in der Lage, deutlich höhere Q-Faktoren zu liefern. Für die in Abb. 11.20 gezeigte Schaltung wird die Induktivität von Jayalalitha und Susan [12] (Abb. 11.21) gegeben als

$$\frac{v_+}{v_{in}} = \frac{R}{R+j\omega C}, \tag{11.129}$$

$$v_- = v_+, \tag{11.130}$$

$$i_1 = \frac{v_{in}-v_+}{R_L}, \tag{11.131}$$

$$i_1 = \frac{1}{R_L}\left[1 - \frac{R}{R+\frac{1}{j\omega C}}R_L\right]v_{in}, \tag{11.132}$$

$$i_2 = v_{in}\left[R + \frac{1}{j\omega C}\right]^{-1}, \tag{11.133}$$

$$Z_{in} = \frac{v_{in}}{i_{in}} = \frac{v_{in}}{i_1+i_2}, \tag{11.134}$$

$$Z_{in} = \left[\frac{1-\frac{R}{R+j\omega C}}{R}\right], \tag{11.135}$$

$$Z_{in} = R\left[R_L + \frac{1}{j\omega C}\right]\left[R + j\omega C - R\right]^{-1}, \tag{11.136}$$

$$Z_{in} = R + j\omega R_L RC. \tag{11.137}$$

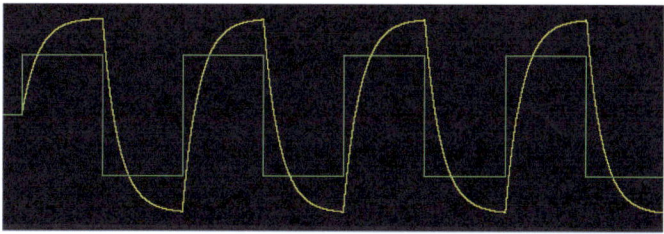

Abb. 11.21 Spannungs-/Strom-Zeit-Kennlinie für den in Abb. 11.20 dargestellten Gyrator

11.5 Kapazitätsverstärker

Ein OpAmp und ein kleiner Kondensator, C1, können als Kapazitätsverstärker verwendet werden, der z. B. beim Design von operationsverstärkerbasierten Filtern sehr nützlich sein kann [18], wie in Abb. 11.22 gezeigt. Er simuliert den einfachen RC-Schaltkreis, bei dem der Widerstand den gleichen Wert hat wie der Widerstand im simulierten Schaltkreis (R3), aber der Kondensator C1 ist N-mal kleiner als C2.

Der Strom fließt von der Eingangsquelle durch R zum Kondensator (C_G). Wenn R z. B. 100-mal größer ist als R_C, fließt 1/100 des Stroms durch den Widerstand in den Kondensator. Bei einer gegebenen Eingangsspannung ist die Änderungsrate der Spannung in C_G die gleiche wie in dem äquivalenten C2 in Abb. 11.22b, aber C2 scheint die 100Fache Kapazität zu haben, um ein Hundertstel des Stroms auszugleichen.

Die Spannungen über den beiden Kondensatoren sind gleich, aber die Ströme nicht. Der OpAmp bewirkt, dass der negative Eingang auf der gleichen Spannung gehalten wird wie die Spannung über C1. Das bedeutet, dass R2 die gleiche Spannung über sich hat wie R3 und daher den gleichen Strom. Da der Gesamtstrom von V_{in} die Summe des Stroms in R1 und R2 ist und R2 N-mal kleiner ist als R1, ist der scheinbare Ladestrom $N+1$-mal größer als der Strom in C1 (Abb. 11.23).

Abb. 11.22 Ein Beispiel für einen Kapazitätsverstärker

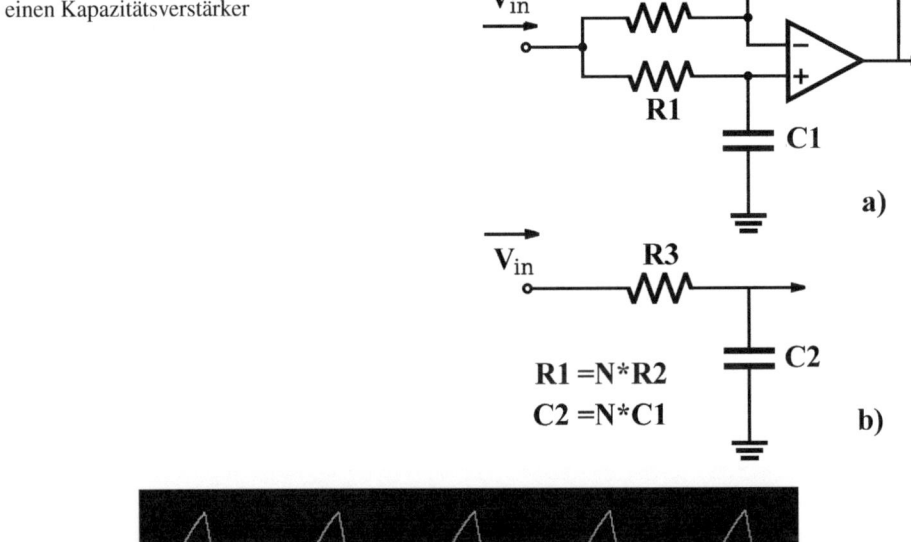

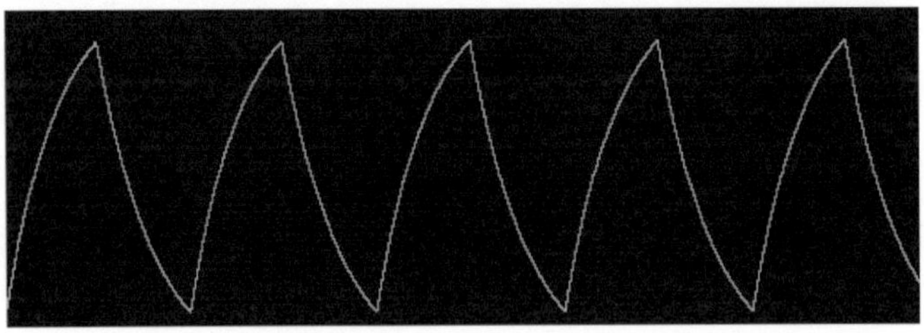

Abb. 11.23 Kapazitiver Lade-/Entladezyklus

Abb. 11.24 Ein idealer Komparator

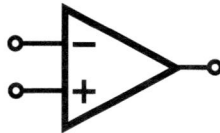

11.6 Analoge Komparatoren

Es wurde vorgeschlagen, dass der Komparator das grundlegende Bauelement des Mixed-Signal-Designs ist [32]. Komparatoren vergleichen die differentielle Spannung, die sich aus den an beiden Eingängen angelegten Spannungen ergibt, und erzeugen eine Ausgangsspannung, die das gleiche Vorzeichen und die gleiche Größe wie eine der Versorgungsspannungen hat. Analoge Komparatoren sind im Grunde differentielle Verstärker mit extrem hoher Leerlaufverstärkung und hohen Slew-Raten.[55] Sie können verwendet werden, um ein analoges Signal mit einem anderen, z. B. einer Referenzspannung, in Bezug auf Vorzeichen und Größe zu vergleichen. Dies ist besonders nützlich für Anwendungen, die die Überwachung verschiedener Arten von Schwellenwerten erfordern, die als Spannungspegel ausgedrückt werden können, z. B. Lichtpegel, Temperaturen, Flüssigkeitspegel usw., insbesondere in Situationen, die eine schnelle Reaktion auf das Erreichen eines vordefinierten Schwellenwerts erfordern.

Generische OpAmps können für diesen Zweck verwendet werden, haben aber einige potenziell ernsthafte Einschränkungen in solchen Anwendungen, z. B. langsamere Slew-Raten als mit Geräten, die speziell dafür konzipiert wurden, ausschließlich als Komparatoren zu funktionieren. Außerdem sind Komparatoren darauf ausgelegt, mit großen differentiellen Eingängen zu arbeiten, was OpAmps nicht sind. Obwohl OpAmps einen hohen Eingangswiderstand haben und sehr wenig Strom ziehen, können sie durch große differentielle Spannungen beschädigt werden. Ihre Eingangscharakteristika in Bezug auf Impedanz und Eingangs(Bias)-Strom können erheblich von ihren sonst normalen Werten abweichen, wenn die Eingänge einige Hundert Millivolt überschreiten. Die idealisierte Form eines Komparators ist in Abb. 11.24 dargestellt.

Da Komparatoren dazu bestimmt sind, als nichtlineare Geräte zu funktionieren, werden sie nicht mit negativem Eingangsfeedback verwendet, um ihre Schaltgeschwindigkeiten nicht zu beeinträchtigen. Wenn sie mit positivem Feedback verwendet werden, funktioniert der Komparator als bistabiles[56] Gerät. Während sie den Operationsverstärkern ähneln, da idealisierte Komparatoren davon ausgehen, dass sie eine unendliche Verstärkung haben, keinen Eingangsstrom benötigen und Null-Offset-Bandbreite

---

[55] Slew-Raten für Komparatoren werden normalerweise in Form von Laufzeitverzögerungen ausgedrückt.
[56] Das heißt, es gibt nur zwei stabile Zustände: Der Ausgang liegt entweder am positiven oder am negativen Schienenpotenzial.

haben, sind Komparatoren im Gegensatz zu ihren OpAmp-Pendants so ausgelegt, dass sie schnell in Sättigung gehen und sich erholen, nicht kompensiert werden, entweder im Leerlaufmodus oder mit positiver Rückkopplung arbeiten und typischerweise Open-Collector-, Open-Drain- oder Open-Emitter-Ausgänge haben. Obwohl es sich um ein analoges Gerät handelt, funktioniert es als analoges Eingabegerät mit einem „digitalen", d. h. binären Ausgang.

Wenn die an die positive Eingangsklemme angelegte Spannung größer ist als die an die negative Eingangsklemme angelegte Spannung, dann steigt die Ausgangsspannung schnell an, bis sie die positive Schienenspannung erreicht.[57] Ebenso, wenn die an die positive Klemme angelegte Spannung kleiner ist als die an die negative Klemme angelegte Spannung, wird die Ausgangsspannung schnell gleich der negativen Versorgungsspannung. Aber es gibt ein potenzielles Problem, nämlich, was passiert, wenn die beiden Eingänge so sind, dass der Unterschied „0" ist?[58] Oder, vielleicht noch wichtiger, wenn der Unterschied zwischen den beiden Eingängen ungefähr 0 ist?

Wenn die Eingaben so sind, dass

$$| V_+ - V_n | < \epsilon \qquad (11.138)$$

gegeben ist für ausreichend kleine ε, kann Rauschen einen Übergang oder mehrere unerwünschte Übergänge verursachen, und zusätzlich kann der Komparator beginnen, als lineares Gerät in Bezug auf den Ausgang zu funktionieren. Dieser Zustand ermöglicht es, dass Rauschen vom Eingang zum Ausgang und daher zu Geräten außerhalb des Komparators übertragen wird. Das Problem tritt auch bei OpAmps aufgrund der inhärenten Schwierigkeit auf, entweder einen absoluten oder einen differentiellen Wert von 0 V zu etablieren und/oder aufrechtzuerhalten.

Idealerweise sollte der Komparator so funktionieren, dass sich der Ausgangszustand ändert, wenn die differentielle Spannung zwischen den Eingangsklemmen 0 überquert. Durch Hinzufügen von Hysterese werden nicht nur ein, sondern zwei Auslösepunkte, $V_{+switch}$ und $V_{-switch}$, für einen Zustandswechsel festgelegt.

In solchen Fällen wird die Hysteresespannung definiert durch:

$$V_{+switch} - V_{-switch} = V_{hysteresis}. \qquad (11.139)$$

---

[57] Der Ausdruck „positive Schienenspannung" ist ein Fachbegriff, der sich auf das positive Versorgungsspannungsniveau bezieht. Die meisten OpAmps arbeiten entweder zwischen positiven und negativen Versorgungsspannungen oder dem Äquivalent durch die Verwendung sogenannter „virtueller Massen". In jedem Fall werden die effektiven positiven und negativen Versorgungsspannungen jeweils als positive und negative Schienen bezeichnet. Wenn der Ausgang eines OpAmps „auf einer der Schienen" liegt, d. h. entweder auf der positiven oder negativen Versorgungsspannung, wird gesagt, dass der Ausgang „gesättigt" ist.

[58] Nullspannungen in tatsächlichen analogen Schaltungen sind ein Thema für sich und werden in diesem Lehrbuch nicht im Detail behandelt, außer um darauf hinzuweisen, dass in der Praxis Entwürfe vermieden werden sollten, die auf ein Potenzial von genau 0 angewiesen sind, um zu funktionieren.

11.6 Analoge Komparatoren

Wenn eine Offsetspannung vorhanden ist, wird sie zum Mittelwert von $V_{+switch}$ und $V_{-switch}$ und nicht 0. Leider ist die Offsetspannung eine Funktion sowohl der Versorgungsspannungen als auch der Temperatur. Die Verwendung von positivem Feedback kann die Situation jedoch erheblich verbessern, wie im nächsten Abschnitt gezeigt wird.

11.6.1 Schmitt-Trigger

Wie im vorangegangenen Abschnitt erörtert, besteht eine der Herausforderungen bei Komparatoren in ihrem Verhalten in der Nähe des Schwellenwerts. Wenn das Spannungsniveau sich einem Schwellenwert nähert, kann Rauschen einen vorzeitigen Übergang verursachen. Noch schlimmer ist die Möglichkeit, dass Rauschen mehrere vorzeitige Übergänge in der Nähe des Schwellenwerts verursachen könnte. Das Hinzufügen von Hysterese ist eine Möglichkeit, diesen Effekt zu minimieren. Die Technik besteht darin, einen Teil des Ausgangssignals auf den positiven Eingang zurückzuführen. Schmitt-Trigger sind Spezialfälle von Komparatoren, die in der Regel zur Verbesserung der Impulsform und zur Erzeugung sehr schneller Anstiegs-/Abfallzeitimpulse verwendet werden. Pulse neigen dazu, sich mit der Zeit abzubauen, und der Schmitt-Trigger wurde häufig verwendet, um solche abgebauten Pulse „aufzufrischen"[59]. Der Schmitt-Trigger [29] wurde von Otto H. Schmitt[60] um 1937 erfunden, um Tintenfischnerven zu studieren, und hat die interessante Eigenschaft einer begrenzten Erinnerung an frühere Ereignisse in Form von Hysterese, eine Eigenschaft, die bei einer Vielzahl von Systemen auftritt, z. B. bei Systemen, die magnetische Materialien beinhalten. Zwei bistabile Konfigurationen des Schmitt-Triggers sind in den Abb. 11.25 und 11.26 dargestellt. Der positive Eingang zum nicht invertierenden Schmitt-Trigger kann ermittelt werden, indem man beachtet, dass

$$v_+ = (v_o - v_i)\left[\frac{R_1}{R_1+R_2}\right] + v_i = \left[\frac{R_1}{R_1+R_2}\right]v_o + \left[\frac{R_2}{R_1+R_2}\right]v_i \qquad (11.140)$$

und daher

$$v_+ \approx \frac{R_1}{R_1+R_2}v_o, \qquad (11.141)$$

---

[59] Vielleicht eine unglückliche Verwendung der Sprache, aber die grundlegende Idee besteht darin, den Puls auf schnelle Anstiegs- und/oder Abfallzeiten zurückzuführen, was von einigen als „Quadratur" des Pulses bezeichnet wird.

[60] Schmitt beschrieb seine Erfindung als eine einfache harte Ventilschaltung, d.h. eine Vakuumröhre, die eine positive Aus-Ein-Steuerung mit einer beliebigen Differenz von 0,1 bis 20 V ermöglicht und dafür weniger als 1 μA benötigt. Die Umschaltzeit betrug etwa 10 μs.

Abb. 11.25 Invertierender Schmitt-Trigger

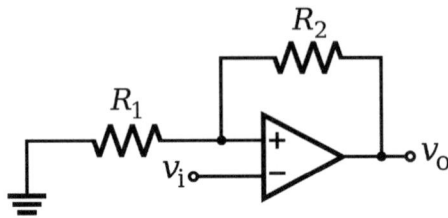

Abb. 11.26 Nicht invertierender Schmitt-Trigger

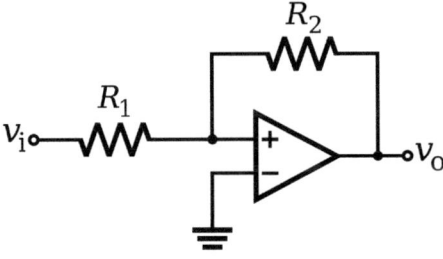

was die Menge an Hysterese darstellt. Wenn der Komparator in einem „gesättigten" Zustand ist, für den die Ausgangsspannung gleich der „positiven Schiene" ist, z. B. +15 VDC und $R_2 = 14R_1$, dann beträgt die Hysterese ± 1 VDC.

11.6.2 Abtast-/Folge- und Halteschaltungen

Abtast-/Folge- und Halteschaltungen[61] werden in einer Vielzahl von Kontexten verwendet, insbesondere beim „Abtasten von Daten" von Sensoren und anderen Geräten. Das grundlegende Konzept besteht darin, eine Spannung zu einem bestimmten Zeitpunkt durch Aufladen eines Kondensators abzutasten und diese Spannung bis zur nächsten Abtastperiode auf einem konstanten Wert zu halten. Damit diese Technik effektiv ist, ist es wichtig, dass der verwendete Kondensator einen möglichst kleinen „Leckwert" hat, d. h. so nah wie möglich bei 0. Die Verbindung zwischen dem Sensor oder einer anderen Quelle sollte durch einen Schalter mit sehr geringem „Ein"-Widerstand und sehr geringen Leckströmen gesteuert werden, wenn er in die „Aus"-Position geschaltet ist.

Die *Sample/Track-and-Hold*-Komponente von PSoC Creator, dargestellt in Abb. 11.27, bietet eine Möglichkeit, ein zeitvariantes, analoges Signal kontinuierlich zu

---

[61] Die Option *Sample-and-Hold* tastet das Signal bei der fallenden Flanke des Takts oder optional sowohl bei der fallenden als auch bei der steigenden Flanke des Takts ab. Der Modus *Track-and-Hold* tastet das Signal bei der fallenden Flanke des Abtasttakts ab, verfolgt aber das Eingangssignal, während der Abtasttakt niedrig bleibt.

11.6 Analoge Komparatoren

Abb. 11.27 Die *Sample/Hold-and-Track/Hold-* Komponenten von PSoC 3/5LP

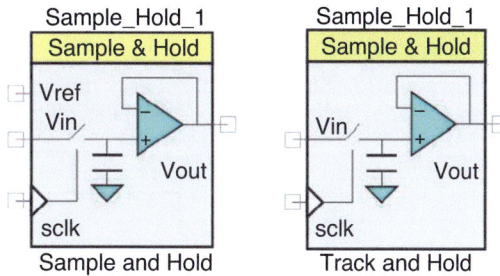

sampeln und einen Sample-Wert für eine bestimmte Zeitdauer zu speichern. Sie unterstützt sowohl *Track-and-Hold-* als auch *Sample-and-Hold-*Funktionen[62]

11.6.2.1 Eingabe-/Ausgabeverbindungen

Die folgenden Beschreibungen beziehen sich auf die verschiedenen Eingangs- und Ausgangssignale, wie in Abb. 11.28 für die *Sample/Track-and-Hold-*Komponente dargestellt.[63]

- *Vin* ist der analoge Eingang der *Sample/Track-and-Hold-*Komponente.
- *Vout* ist der Ausgang der *Sample/Track-and-Hold-*Komponente. Dieses Signal kann an jeden Pin oder analogen Eingang, z. B. einen Komparator oder ADC, geroutet werden.
- *SCLK** ist der *Sample Clock-*Eingang.
- *Vref** ist ein optionaler Eingang[64] und wird durch den *Sample Mode-*Parameter ausgewählt.[65]

11.6.2.2 Stromversorgung

Der *Power-*Parameter bestimmt die anfängliche Antriebsleistung der *Sample/Track-and-Hold-*Komponente und die Geschwindigkeit, mit der diese Komponente auf Änderungen eines Eingangssignals reagiert. Es stehen vier Leistungseinstellungen zur Verfügung: *Minimum Power*, *Low Power*, *Medium Power* (Standard) und *High Power*. Eine *Minimum Power-*Einstellung führt zur langsamsten Reaktionszeit und eine *High Power-*Einstellung zur schnellsten Reaktionszeit.

---

[62] Diese Optionen sind im Customizer auswählbar.

[63] Ein Sternchen (*) in der Liste der I/O bedeutet, dass die I/O unter den in der Beschreibung dieser I/O aufgeführten Bedingungen auf dem Symbol ausgeblendet werden kann.

[64] Der *Vref-*Modus wird verwendet, um die Referenzspannung als *Intern* oder *Extern* auszuwählen. Wenn der *Vref-*Modus auf *Intern* eingestellt ist, bezieht die Komponente die Referenzspannung von der internen Quelle *Vss*, die das Massesignal innerhalb der Komponente ist, die die Verstärkerreferenz liefert.

[65] Wenn der Abtastmodus *Sample-and-Hold* und *Vref Extern* ist, dann ist dieser Pin sichtbar und an eine gültige *Vref-*Quelle angeschlossen. Wenn der Abtastmodus *Track-and-Hold* ist, verschwindet dieser Pin vom Symbol.

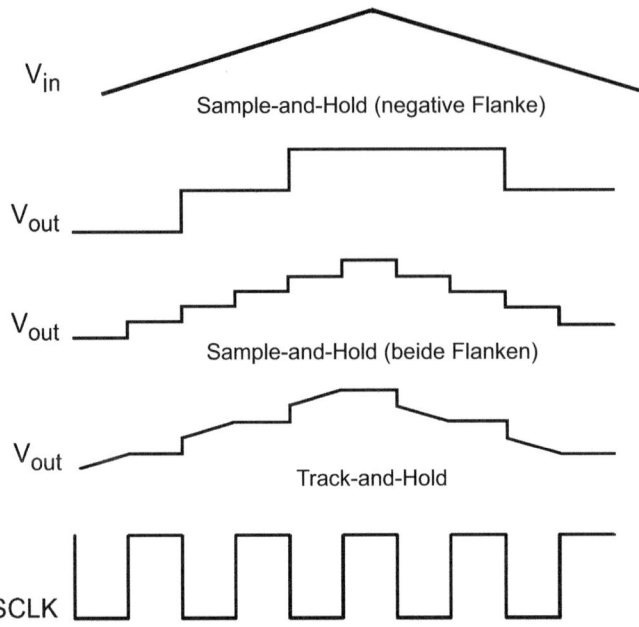

Abb. 11.28 I/O-Signale der *Sample-and-Hold*-Komponente

- *void Sample_Hold_Start(void)* – führt die erforderliche Initialisierung durch und aktiviert die Stromversorgung für den Block. Beim ersten Ausführen der Routine werden der Abtastmodus, die Taktflanke und die Leistung auf ihre Standardwerte gesetzt. Wird sie aufgerufen, um den Mischer nach einem *Sample_Hold_Stop()*-Aufruf neu zu starten, werden die aktuellen Parametereinstellungen beibehalten.
- *void Sample_Hold_Stop(void)* – schaltet den *Sample/Track-and-Hold*-Block aus, beeinflusst jedoch nicht die *Sample-and-Hold*-Modi oder die Leistungseinstellungen.
- *void Sample_Hold_SetPower(uint8 power)* – setzt die Antriebsleistung auf eine von vier Einstellungen; minimal, niedrig, mittel oder hoch. Parameter: uint8 Bereich: Setzt den Vollskalenbereich für Sample_Hold.
  Hinweise zur Leistungseinstellung: Sample_Hold_MINPOWER – niedrigste aktive Leistung und langsamste Reaktionszeit; Sample_Hold_LOWPOWER – niedrige Leistung und Geschwindigkeit; Sample_Hold_MEDPOWER – mittlere Leistung und Geschwindigkeit; Sample_Hold_HIGHPOWER – höchste aktive Leistung und schnellste Reaktionszeit.
- *void Sample_Hold_Sleep(void)* – ist die bevorzugte API, um die Komponente auf den Schlafmodus vorzubereiten. Die *Sample_Hold_Sleep()* speichert den aktuellen Zustand der Komponente. Dann ruft sie die *Sample_Hold_Stop()* und *Sample_Hold_SaveConfig()* auf, um die Hardwarekonfiguration zu speichern.[66]

---

[66] Die Funktion *Sample_Hold_Sleep()* sollte aufgerufen werden, bevor *CyPmSleep()* oder *CyPmHibernate()* aufgerufen wird.

11.6.2.3 Beispiel Taktflanke

Dieser Parameter stellt die Taktflankeneinstellungen bereit und ist nur für den *Sample-and-Hold*-Modus gültig. Es gibt zwei Arten von Flankeneinstellungen: *negativ* und *positiv und negativ*.

void Sample_Hold_Start(void) – führt die erforderliche Initialisierung für die Komponente durch und aktiviert die Stromversorgung für den Block. Beim ersten Ausführen der Routine werden der Abtastmodus, die Taktflanke und die Leistung auf ihre Standardwerte gesetzt. Wenn die Routine aufgerufen wird, um den Mischer nach einem *Sample_Hold_Stop()*-Aufruf neu zu starten, bleiben die aktuellen Komponentenparametereinstellungen erhalten.

void Sample_Hold_Stop(void) – schaltet den *Sample/Track-and-Hold*-Block aus.[67]

void Sample_Hold_SetPower(uint8 power) – setzt die Antriebsleistung auf eine von vier Einstellungen; minimum, niedrig, mittel oder hoch.

Zulässige Leistungseinstellungen für *Sample_Hold* werden durch das Folgende bestimmt:

- *Sample_Hold_MINPOWER* – für die niedrigste aktive Leistung und die langsamste Reaktionszeit,
- *Sample_Hold_LOWPOWER* – für niedrige Leistung und Geschwindigkeit,
- *Sample_Hold_MEDPOWER* – für mittlere Leistung und Geschwindigkeit und
- *Sample_Hold_HIGHPOWER* – für die höchste aktive Leistung und die schnellste Reaktionszeit.

void Sample_Hold_Sleep(void) – speichert den aktuellen Zustand der Komponente und ist die bevorzugte API, um die Komponente auf den Schlafmodus vorzubereiten. Es ruft dann *Sample_Hold_Stop()* und *Sample_Hold_SaveConfig()* auf, um die Hardwarekonfiguration zu speichern.[68]

void Sample_Hold_Wakeup(void) – ist die bevorzugte API, um die Komponente in den Zustand zurückzuversetzen, als *Sample_Hold_Sleep()* aufgerufen wurde. *Sample_Hold_Wakeup()* ruft *Sample_Hold_RestoreConfig()* auf, um die Konfiguration wiederherzustellen. Wenn die Komponente vor dem Aufruf von *Sample_Hold_Sleep()* aktiviert war, aktiviert *Sample_Hold_Wakeup()* die Komponente auch wieder.[69]

---

[67] Es hat keinen Einfluss auf *Sample-and-Hold*-Modi oder Leistungseinstellungen.

[68] *Sample_Hold_Sleep()* sollte aufgerufen werden, bevor *CyPmSleep()* oder *CyPmHibernate()* aufgerufen wird.

[69] Das Aufrufen von *Sample_Hold_Wakeup()*, ohne zuerst *Sample_Hold_Sleep()* oder *Sample_Hold_SaveConfig()* aufzurufen, kann zu unerwartetem Verhalten führen.

void Sample_Hold_Init(void) – initialisiert oder stellt die Komponente gemäß den Einstellungen des *Configure*-Dialogs im Customizer wieder her.[70]

void *Sample_Hold_Enable(void)* – aktiviert die Hardware und beginnt den Betrieb der Komponente.[71]

void Sample_Hold_SaveConfig(void) – ist eine leere Funktion, die für eine zukünftige Verwendung reserviert ist.

11.7 Geschaltete Kondensatorblöcke

Geschaltete Kondensatormodule basieren auf einem sehr einfachen und grundlegenden Konzept, das es ermöglicht, Widerstände durch Kondensator-Schalter-Kombinationen zu ersetzen, die als Widerstände funktionieren. Diese Technik wurde zum Teil entwickelt, weil es schwierig ist, präzise Widerstandswerte auf Chipebene zu erzeugen. Schalter, Kondensatoren und Operationsverstärker lassen sich relativ einfach auf Chipebene herstellen. Daher sind Kombinationen von Schaltern und Kondensatoren eine attraktive Alternative zu Widerständen, insbesondere angesichts der Tatsache, dass in solchen Anwendungen Kondensatorschalter akzeptable Temperaturcharakteristika aufweisen.[72]

Das grundlegende Konzept, das bei geschalteten Kondensatoren zum Einsatz kommt, ist in Abb. 11.29 veranschaulicht.

Ein Kondensator ist abwechselnd mit Masse und/oder einer Eingangs-/Ausgangsspannungsverbindung v_1 und v_2 durch die Taktgeber Θ_1 und Θ_2 verbunden. Mit Schalter 2 offen und Schalter 2 geschlossen wird die Ladung Cv_i auf den Kondensator übertragen. Schalter 1 öffnet dann und Schalter 2 schließt, wodurch die Ladung Cv_o auf die Last übertragen wird.

So wird eine Nettoladung

$$\Delta q = C(v_o - v_i) \quad (11.142)$$

während jedes Zyklus der Periode T_s übertragen.

Der Betrieb dieser Schalter unterliegt den folgenden Anforderungen:

1. Die Schalter Θ_1 und Θ_2 dürfen nicht gleichzeitig geschlossen sein.
2. Der Schalter Θ_1 muss geöffnet sein, bevor der Schalter Θ_2 schließt.
3. Der Schalter Θ_2 muss geöffnet sein, bevor der Schalter Θ_1 schließt.

---

[70] Alle Register werden auf Werte gesetzt, die durch die Einstellungen des *Configure*-Dialogs im Customizer bestimmt werden.

[71] Es ist nicht notwendig, *Sample_Hold_Enable()* aufzurufen, da *Sample_Hold_Start()* es aufruft, was die bevorzugte Methode ist, um den Betrieb der Komponente zu beginnen.

[72] Allerdings sollte die Temperaturabhängigkeit der Kapazität berücksichtigt werden, insbesondere wenn es große Schwankungen in der Umgebungstemperatur gibt.

11.7 Geschaltete Kondensatorblöcke

Abb. 11.29 Die grundlegende Konfiguration des geschalteten Kondensators

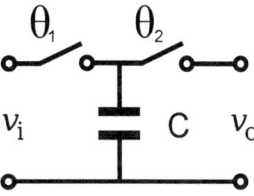

4. Die Frequenz, f_s, die zum Schalten verwendet wird, muss es dem Kondensator ermöglichen, sich während jedes Zyklus vollständig aufzuladen und zu entladen.[73]

Per Definition sind

$$i = \frac{\Delta q}{\Delta t} \qquad (11.143)$$

und

$$R = \frac{v}{i} \Rightarrow R = \frac{v \Delta t}{\Delta q} = \frac{v \Delta t}{vC} = \frac{T_s}{C} = \frac{1}{f_s C}. \qquad (11.144)$$

Es sollte daher beachtet werden, dass das Verhältnis von zwei Widerständen einfach das umgekehrte Verhältnis ihrer entsprechenden kapazitiven Äquivalente ist, d. h.,

$$\frac{R_1}{R_2} = \frac{\frac{1}{f_s C_1}}{\frac{1}{f_s C_2}} = \frac{C_2}{C_1}. \qquad (11.145)$$

Somit ist das Verhältnis der Schalterkapazität unabhängig von den Taktgebern, und folglich sind es auch die äquivalenten Widerstände. Darüber hinaus wird die Ladung bei dieser Methode in diskreten Paketen geliefert, genau wie die Ladung in einem Widerstand, der einer angelegten Potenzialdifferenz ausgesetzt wurde, auch in Form von Quanten geliefert wird, von denen jedes eine feste Ladungsmenge trägt, nämlich die Ladung eines Elektrons: $1{,}6 \times 10^{-19}$ C.

Filter und andere analoge geschaltete Schaltungen machen häufig Gebrauch von RC-Konstanten, die nur mit Kapazitäten und Schaltern implementiert werden können. Geschaltete Kondensatoren benötigen nicht nur weniger Platz als ihre Widerstandspendants, sondern bieten auch eine bessere Linearität, engere Toleranzen ($\pm 1{,}0\,\%$), eine bessere Anpassung ($\pm 0{,}1\,\%$), einen größeren Bereich und die Möglichkeit, die RC-Zeitkonstanten durch Variation der Schaltfrequenz zu verändern. Die Abb. 11.30 zeigt einen Integrator mit geschaltetem Kondensator.

Allerdings sind geschaltete Kondensatorein- und -ausgänge dem gleichen Problem ausgesetzt wie das eines jeden abgetasteten Systems, nämlich: „Was man findet, hängt davon ab, wann man sucht."

---

[73] Diese Einschränkung wird auferlegt, um sicherzustellen, dass der Wert der Ladung auf dem Kondensator die Eingangsspannung während dieses Zyklus genau repräsentiert.

Abb. 11.30 Ein Integrator mit geschaltetem Kondensator

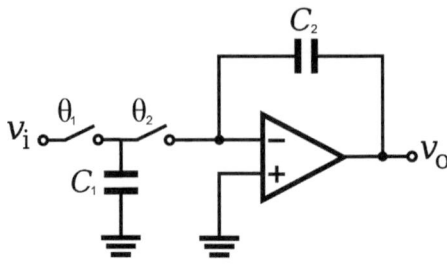

11.7.1 Geschaltete-Kondensator- und Kontinuierliche-Zeit-Bauteile

Das PSoC 3/5LP Geschaltete-Kondensator (SC)- und Kontinuierliche-Zeit (CT)-Modul, dargestellt in Abb. 11.31, ist ein hoch optimierter Block, der konfiguriert werden kann als:

- CT-Verstärker mit Einheitsverstärkung, allgemeiner Gebrauch,
- programmierbarer CT-Verstärker mit variabler Verstärkung,
- CT-Transimpedanzverstärker,

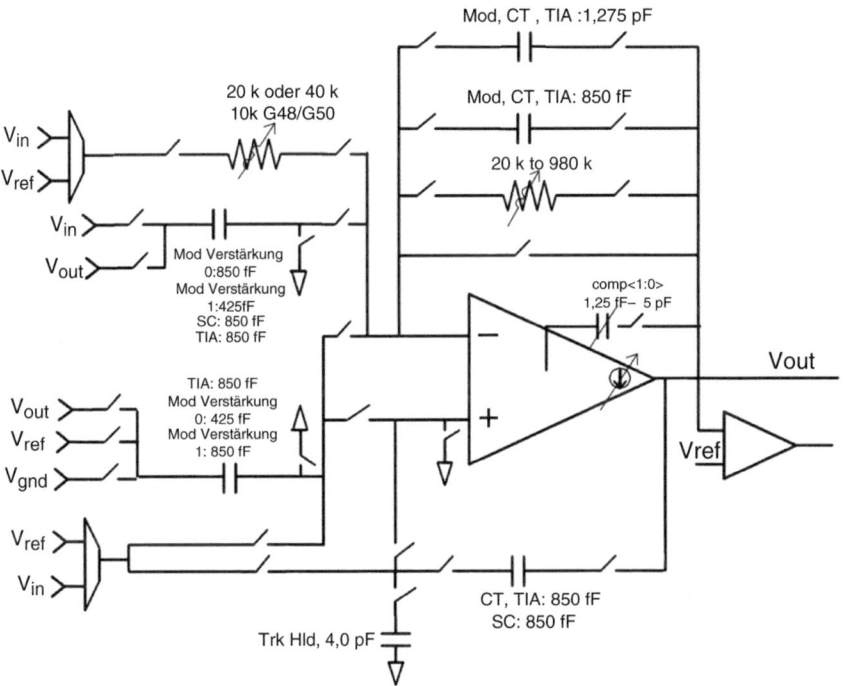

Abb. 11.31 Schaltplan des Geschalteter-Kondensator- und des Kontinuierliche-Zeit-Blocks

11.7 Geschaltete Kondensatorblöcke

- CT-Mischer,
- Delta-Sigma-Modulator [21],
- Operationsverstärker,
- Abtastmischer oder
- Folge- und Halteverstärker

mit programmierbarer Leistung und Bandbreite, Routbarkeit zu GPIO, routbarer Referenzauswahl und Abtast- und Haltefähigkeit. Das Verhalten dieses Blocks wird durch Einstellungen gesteuert, wie sie in den Tab. 11.3, 11.4 und 11.5 dargestellt sind.

Es ist jedoch zu beachten, dass sich der SC/CT-Block in PSoC 3/5LP von dem in PSoC 1 implementierten Block dadurch unterscheidet, dass Ersterer für die Ausführung der oben genannten spezifischen Funktionen in Bezug auf Verstärkung, Bandbreitenprodukt und Anstiegsgeschwindigkeit optimiert wurde. Daher ist PSoC 3/5LP für die Implementierung von Funktionen wie Integratoren, Differenzierern und Filtern unter Verwendung von OpAmps und diskreten externen Komponenten möglicherweise besser geeignet als PSoC 1 [5].

Tab. 11.3 Register auswählbare Betriebsmodi

SC MODE[2:0]	Betriebsmodus
[000]	OpAmp
[001]	Transimpedanz-Verstärker
[010]	CT-Mischer
[011]	DT-Mischer NRZ S/H
[100]	Buffer mit Einheitsverstärkung
[101]	Modulator erster Ordnung
[110]	Programmierbare Verstärkung
[111]	Track & Hold-Verstärker

Tab. 11.4 Miller-Kapazität zwischen dem Verstärkerausgang und dem Ausgangstreiber

SC_COMP[1:0]	CMiller (pF)
00	1,30
01	2,60
10	3,90
11	5,20

Tab. 11.5 Antriebssteuerungseinstellungen des SC/CT-Blocks

SC_Drive[1:0]	$i_{load}(\mu A)$
2'b00	280
2'b01	420
2'b10	530
2'b11	650

Die einfachste Konfiguration des SW/CT-Blocks ist der OpAmp. In diesem Modus werden die internen Widerstände und Kondensatoren, die mit den SW/CT-Blockzuführungs- und Eingangsklemmen verbunden sind, getrennt. Dies ermöglicht die Verwendung externer Komponenten für Eingang und Rückkopplung und die in früheren Abschnitten diskutierten Techniken können angewendet werden. Dieser Modus kann durch Einstellen der MODE[2:0]-Bits in der SC[0...3]_CR0 auf 000 ausgewählt werden. Der OpAmp ist ein 2-stufiger, Rail-to-Rail-Verstärker mit einer gefalteten Kaskode[74] als 1. Stufe und einer Klasse A[75] als 2. Stufe, die intern kompensiert ist. Der Wert des Kompensationskondensators und die Antriebsstärke der Ausgangsstufe sind beide programmierbar, um verschiedene Lastbedingungen zu berücksichtigen. Die geeignete Einstellung ist eine Funktion der minimal erforderlichen Anstiegsgeschwindigkeit[76] und der Lastkapazität.

Der Laststrom ist gegeben durch

$$i_{load} = C_{load}\left[\frac{\Delta v}{\Delta t}\right], \tag{11.146}$$

wobei C_{load} sowohl die interne Kapazität als auch die Kapazität der Last einschließt.

Unter der Annahme eines Werts von 10 pF für die interne Kapazität sollten die Antriebssteuerungen SC_DRIVE[1:0] entsprechend den Anforderungen an die Anstiegsgeschwindigkeit am Ausgang in den SC[0...3]_CR1[1:0]-Registerbits eingestellt werden.

Diese OpAmp-Konfiguration hat drei Steueroptionen zur Modifikation der geschlossenen Schleifenbandbreite und Stabilität, die auf alle Konfigurationen anwendbar sind:

1. Strom durch die 1. Stufe des Verstärkers (BIAS_CONTROL),
2. Miller-Kapazität zwischen dem Verstärkereingang und den Ausgangsstufen (SC_COMP[1:0]) und
3. Rückkopplungskapazität zwischen der Ausgangsstufe und der negativen Eingangsklemme (SC_REDC[1:0]).

Die Biassteuerung verdoppelt den Strom durch die Verstärkerstufe. BIAS_CONTROL sollte auf 1 gesetzt werden, um eine größere Gesamtbandbreite zu bieten, sobald die Schaltung stabilisiert ist, anstatt die Option eines geringeren Stroms in der 1. Stufe zu

---

[74] Kaskode bezieht sich auf einen 2-stufigen Verstärker, der aus einem Transkonduktanzverstärker und einem Strombuffer besteht. Er ist in der Lage, eine höhere Bandbreite, Ausgangsimpedanz, Eingangsimpedanz und Verstärkung als ein 1-stufiger Verstärker zu liefern, während die Eingangs-/Ausgangsisolation erheblich verbessert wird, da es keine direkte Kopplung zwischen Eingang und Ausgang gibt. Diese Konfiguration unterliegt nicht dem Miller-Effekt (vgl. Abschn. 11.4.4).

[75] Klasse-A-Verstärker erzeugen Ausgänge, die unverzerrte Nachbildungen des Eingangs sind und während des gesamten Eingangszyklus leiten. Alternativ sind sie lineare Verstärker, die immer leiten.

[76] Das ist die gewünschte Änderungsrate des Signals in Bezug auf die Zeit.

11.7 Geschaltete Kondensatorblöcke

Tab. 11.6 Miller-Kapazität zwischen dem Verstärkerausgang und dem Ausgangstreiber

SC_COMP[1:0]	CMiller (pF)
00	1,30
01	2,60
10	3,90
11	5,20

Tab. 11.7 C_{FB} für CT-Mischung, PGA, OpAmp, Einheitsverstärkungsbuffer und T/H-Modi

SC_REDC[1:0]	C_{FB}(pF)
00	0,00
01	1,30
10	0,85
11	2,15

nutzen. Der Biasstrom kann durch Setzen des SC[0...3]_CR2[0]-Registerbits verdoppelt werden. Die SC_COMP-Bits setzen die Menge der Kompensation und beeinflussen direkt die Verstärkungsbandbreite des Verstärkers. Die Miller-Kapazität sollte auf einen der vier Werte für die SC[0...3]_CR[3:2] eingestellt werden, wie in Tab. 11.6 gezeigt.

Es gibt auch eine Option, die sich auf die Kapazität zwischen dem Ausgangstreiber und der negativen Eingangsklemme bezieht und die Stabilitätskapazitätsoption beeinflusst. Diese Option trägt zu einem höheren Frequenznullpunkt und einem niedrigeren Frequenzpol bei, was die Gesamtbandbreite reduziert und je nach CT-Konfiguration etwas zusätzliche Phasenreserve bei der Einheitsverstärkungsfrequenz bietet. Die Tab. 11.7 zeigt die verfügbaren Einstellungen.

PSoC 3 und PSoC 5LP haben jeweils vier Operationsverstärker, die wie in Abb. 11.32 gezeigt konfiguriert sind und die folgenden Merkmale aufweisen:

- 25 mA Antriebsfähigkeit,
- 3-MHz-Verstärkungsbandbreite in einer 200-pF-Last,
- geringes Rauschen,
- weniger als 5 mV Offset,
- Rail-to-Rail-Fähigkeit bis zu:
  1. 50 mV von V_{ss} oder V_{dd} für eine 1-mA-Last,
  2. 500 mV von V_{ss} oder V_{dda} für eine 25-mA-Last,
- eine Anstiegsrate von 3 Vμs für eine 200-pF-Last.[77]

---

[77] Oder das Äquivalent von 3 mV/s!

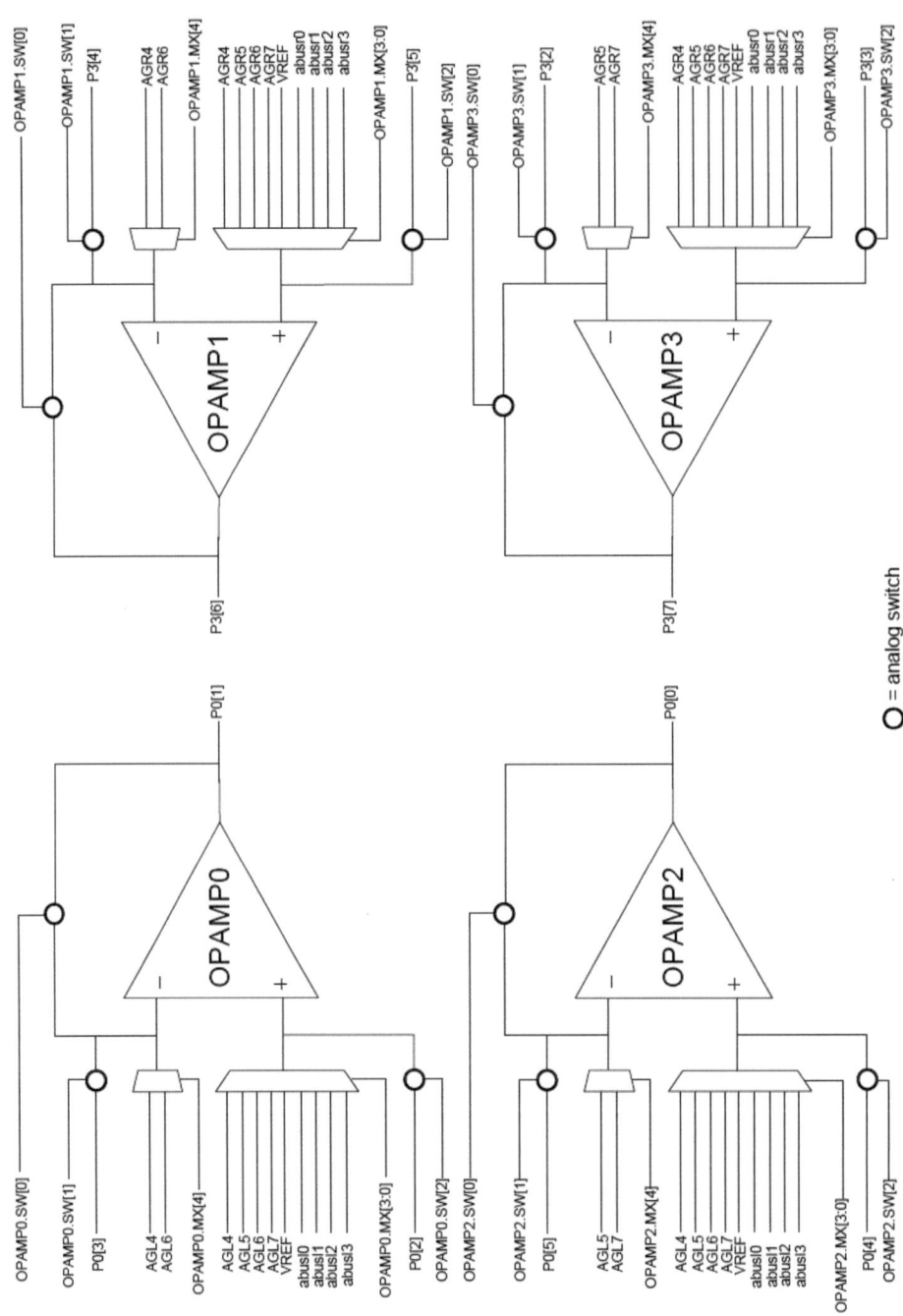

Abb. 11.32 PSoC 3/5LP-Operationsverstärkerverbindungen

11.7 Geschaltete Kondensatorblöcke

Die OpAmps sind entweder als freie OpAmps oder als Einheitsverstärkungsbuffer konfigurierbar. Der Zugriff auf die negativen und positiven Eingänge der OpAmps erfolgt über Muxe und analoge Schalter. Ein analoger globaler, ein analoger lokaler Bus oder eine Referenzspannung wird über einen Mux mit einem Eingang verbunden. Ein GPIO wird über einen analogen Schalter mit einem Eingang verbunden.

11.7.1.1 PSoC 3/5LP-OpAmps und PGA

PSoC 3 bietet Operationsverstärker und programmierbare Verstärker („programmable gain amplifiers", PGA), wie in Abb. 11.33 dargestellt. Der OpAmp kann entweder in einer grundlegenden Operationsverstärkerkonfiguration oder als einfacher Folgeverstärker arbeiten. PSoC 3/5LP-OpAmps können auch durch die Verwendung von verfügbaren internen Widerständen, Kondensatoren und Multiplexern oder in Verbindung mit externen Komponenten verwendet werden, wie in Abb. 11.34 gezeigt. Der Ausgangsstrom aus dem OpAmp sollte 25 mA nicht überschreiten und die Ausgangslasten sollten 10K Ω nicht überschreiten.

Die Verstärkung des programmierbaren Verstärkers kann auf einen der folgenden Werte eingestellt werden: 1 (Standardwert), 2, 4, 8, 16, 24, 25, 48 oder 50, wie in Tab. 11.8 gezeigt.

Es gibt vier Leistungseinstellungen: minimal, niedrig, mittel (Standardwert) oder hoch. Die Leistungseinstellungen beeinflussen die Reaktionszeit des PGA, wobei eine niedrige Leistung die langsamste Reaktionszeit und eine hohe Leistung die schnellste Reaktionszeit ergibt. Vref_Input ist ein Parameter, der entweder als *Interne Vss* eingestellt werden kann,

$$Vref_{input} = Vss, \qquad (11.147)$$

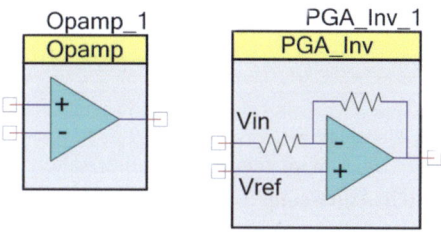

Abb. 11.33 Grafische Darstellung eines OpAmp und eines PGA im PSoC Creator [25]

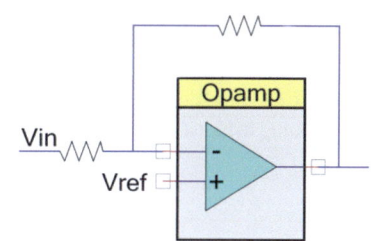

Abb. 11.34 PSoC 3/5LP-Operationsverstärker konfiguriert als invertierender, variabler Verstärkungs-OpAmp unter Verwendung externer Komponenten [25]

Tab. 11.8 Verstärkungseinstellungen für programmierbare Verstärker

Verstärkungseinstellung	Verstärkungswert
PGA_GAIN_01	1
PGA_GAIN_02	2
PGA_GAIN_04	4
PGA_GAIN_08	8
PGA_GAIN_16	16
PGA_GAIN_24	24
PGA_GAIN_25	25
PGA_GAIN_32	24
PGA_GAIN_48	48
PGA_GAIN_50	50

d. h., der Referenzeingang wird auf eine interne Masse gesetzt, oder als *Extern* eingestellt werden kann,

$$V\mathrm{ref}_{\mathrm{input}} = external, \quad (11.148)$$

d.h., es werden Fälle festlegt, in denen der Referenzeingang mit einem beliebigen Referenzsignal verbunden werden soll.

```
Beispiel 6.6: Beispielhaftes C-Quellprogramm zur Initialisierung und
              Starten eines PGA

#include <device.h>
void main()
{
PGA_1_Start();
 PGA_1_SetGain(PGA_1_GAIN_24);
 PGA_1_SetPower(PGA_1_MEDPOWER);
}
```

Der PGA wird aus einem generischen SC/CT-Block konstruiert. Die Verstärkung wird durch Anpassung von zwei Widerständen, R_a und R_b, die in Abb. 11.35 gezeigt sind, ausgewählt. R_a kann entweder auf 20 oder 40 kΩ eingestellt werden. R_b kann zwischen 20 und 1000 kΩ eingestellt werden, um die möglichen Verstärkungswerte zu erzeugen, die entweder in einem Parameterdialog im PSoC Creator oder über die Funktion *SetGain*

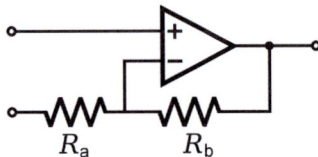

Abb. 11.35 Interne Verstärkungswiderstände des PGA

11.7 Geschaltete Kondensatorblöcke

auswählbar sind, die die richtigen Widerstandswerte für die ausgewählte Verstärkung auswählt.

Die OpAmp-Komponente kann entweder als Folgeverstärker oder als OpAmp konfiguriert werden, der in Verbindung mit externen Komponenten verwendet werden kann. Sie kann Lasten antreiben, die kleiner als 10 k sind und einen maximalen Treiberstrom von 25 mA liefern. Wenn sie als Folgeverstärker verwendet wird, ist der negative Eingang nicht zugänglich.

11.7.2 Kontinuierliche-Zeit-Einheitsverstärkungsbuffer

Der CT-Einheitsverstärkungsbuffer ist, wie in Abb. 11.36 gezeigt, einfach ein OpAmp, bei dem der invertierende Eingang mit dem Ausgang verbunden ist. Er wird verwendet, wenn ein intern erzeugtes Signal mit hoher Ausgangsimpedanz verwendet wird, z. B. ein Spannungs-D/A-Wandler, der eine Last ansteuert, oder eine externe Quelle mit hoher Impedanz, die eine signifikante On-Chip-Last ansteuert, wie z. B. ein kontinuierlicher Mischer.

11.7.3 Kontinuierliche-Zeit-, programmierbarer Verstärker

Der programmierbare Verstärker (PGA) ist ein Kontinuierliche-Zeit-OpAmp, konfiguriert wie in Abb. 11.37 gezeigt, mit auswählbaren Abgriffstellen für die Eingangs- und Rückkopplungswiderstände. Er ist auswählbar durch Einstellen der MODE[2:0]-Bits im SC[0,,3]_CR0-Register auf '110'. Der PGA kann entweder als positive oder negative Verstärkungstopologie implementiert werden oder als die Hälfte eines differentiellen Verstärkers. Die Verstärkung wird durch Einstellen des Bits [16] '1'(SC_GAIN) im SCL[0...3]_CR1-Register ausgewählt. Wenn SC_GAIN auf 1 gesetzt ist, dann ist die Konfiguration nicht invertierend mit einer Verstärkung von $(1 + \frac{R_{FB}}{R_{in}})$. Wenn SC_GAIN auf 0 gesetzt ist, dann ist die Konfiguration invertierend mit einer Verstärkung von $-\frac{R_{FB}}{R_{in}}$. Wie in Abb. 11.38 gezeigt, ist es möglich, einen differentiellen Verstärker zu erstellen, indem zwei PGAs wie gezeigt verbunden werden. Ein externer Widerstand mit niedriger Impedanz R_{LAD} wird verwendet, um den Verstärkungsfehler zu reduzieren. Die Verstärkung des differentiellen Verstärkers ist durch

$$v_{o+} - v_{o-} = A(vi+ - v_{i-}) \tag{11.149}$$

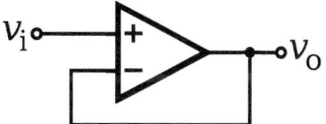

Abb. 11.36 Ein OpAmp konfiguriert als Einheitsverstärkungsbuffer

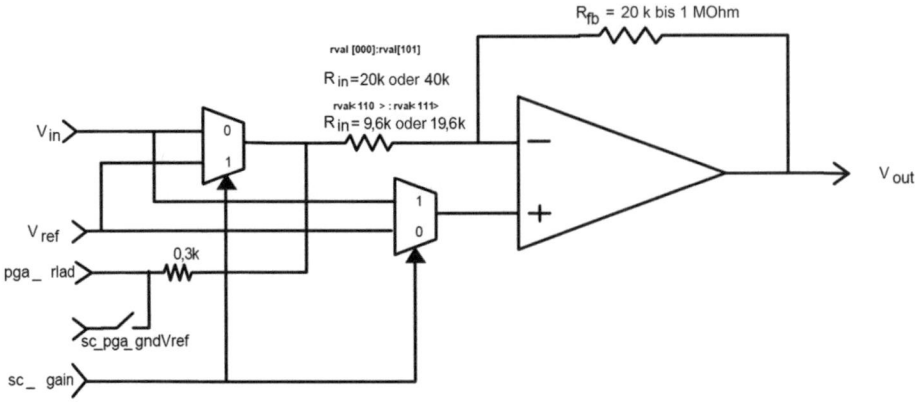

Abb. 11.37 CT-PGA-Konfiguration [25]

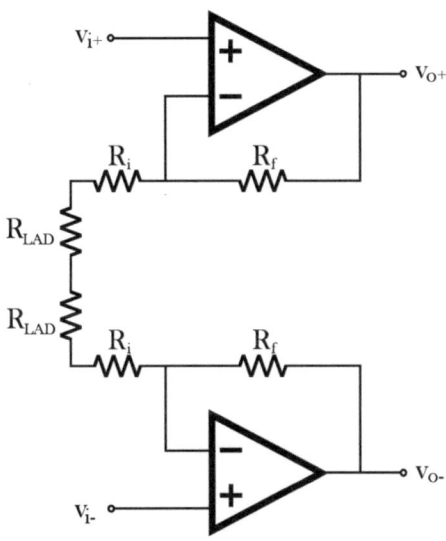

Abb. 11.38 Differentieller Verstärker aus zwei PGA konstruiert

gegeben und die Gleichtaktspannung des Ausgangs ist auch der gemeinsame Spannungseingang, d.h.,

$$VCM = \frac{(v_{i+} - v_{i-})}{2} \, . \tag{11.150}$$

11.7.4 Kontinuierliche-Zeit-Transimpedanzverstärker

Der Transimpedanzverstärker von PSoC 3/5LP ist ein Kontinuierliche-Zeit-OpAmp mit einem dedizierten und auswählbaren Rückkopplungswiderstand. Die TIA-Konfiguration

Tab. 11.9 Werte des Rückkopplungswiderstands des Transimpedanzverstärkers

SC_RVAL[2:0]	Nennwert RFB (kΩ)
000	20
001	30
010	40
011	80
100	120
101	250
110	500
111	1000

Tab. 11.10 Einstellungen der Rückkopplungskapazität des TIA

SC_REDC[1:0]	C_{FB}(pF)
00	0,00
01	1,30
10	0,85
11	2,15

wird ausgewählt, indem die MODE[2:0]-Bits im SC[0…3]_CR0-Register auf ‚001' gesetzt werden. Der Ausgang des Transimpedanzverstärkers ist eine Spannung, die proportional zum Eingangsstrom ist. Der Umwandlungsgewinn wird durch den Wert des Rückkopplungswiderstands, R_{fb}, bestimmt, so dass

$$v_o = v_{ref} - (i_i)R_{fb}. \quad (11.151)$$

Die Ausgangsspannung, v_o, ist auf v_{ref} bezogen, die eine geroutete Referenz sein kann. Ein Wert für den Rückkopplungswiderstand, R_{fb}, kann programmgesteuert als einer von acht Werten über einen Bereich von $20\,k\Omega$ bis $1{,}0\,M\Omega$ ausgewählt werden, wie in Tab. 11.9 gezeigt.

Die invertierende Eingangsshuntkapazität, die durch parasitäre Kapazitäten, die durch die analoge globale Verdrahtung und am Eingangspin eingeführt werden, kann die Stabilität negativ beeinflussen und daher wird eine interne Shuntkapazität verwendet, um sicherzustellen, dass der TIA stabil bleibt. Die Rückkopplungskapazität wird durch die SC_REDC[1:0]-Bits in den SCL[0…3]_CR2-Registerbits [3:2] und den SCR[0…1]_CR2-Registerbits [3:2] eingestellt, wie in Tab. 11.10 gezeigt.

11.8 PSoC 3/5LP-Komparatoren

Komparatoren ermöglichen es, schnelle Vergleiche zwischen zwei Spannungen durchzuführen, insbesondere im Vergleich zu anderen Methoden, wie z. B. der Verwendung eines ADC [1]. In einigen Anwendungen ist ein DAC an den negativen Eingang angeschlossen, um die Referenzspannung programmgesteuert variieren zu können, so dass der Komparator „einstellbar" ist. Der positive Eingang ist mit der Spannung verbunden, die mit einem Referenzwert verglichen wird. In diesem Fall geht der Ausgang hoch, wenn die Spannung, die mit der Referenzspannung verglichen wird, größer als die Referenzspannung ist. Der Ausgang des Komparators kann in der Software abgetastet oder digital zu einer anderen Komponente geroutet werden.

PSoC 3/PSoC 5 haben vier Komparatoren, die wie in Abb. 11.39 gezeigt konfiguriert sind. Die Konfiguration der Eingänge zu den Komparatoren wird durch die Register CMPx_SW0, CMPx_SW2, CMPx_SW3, CMPx_SW4 und CMPx_SW6 gesteuert.

Eingänge an den positiven Anschluss können analoge globale Größen, analoge lokale Größen, der analoge Mux und der Komparatorreferenzbuffer sein. Eingänge am negativen Eingang können von analogen globalen Größen/lokalen Größen/Mux und der Spannungsreferenz stammen.

11.8.1 Leistungseinstellungen

Die PSoC 3/5LP-Komparatoren können in einem von drei Leistungsmodi arbeiten, nämlich schnell, langsam und ultraniedrig, die durch die Leistungsmodusauswahlbits SEL[1:0] in CMPx_CR, dem Komparatorsteuerregister, ausgewählt werden.

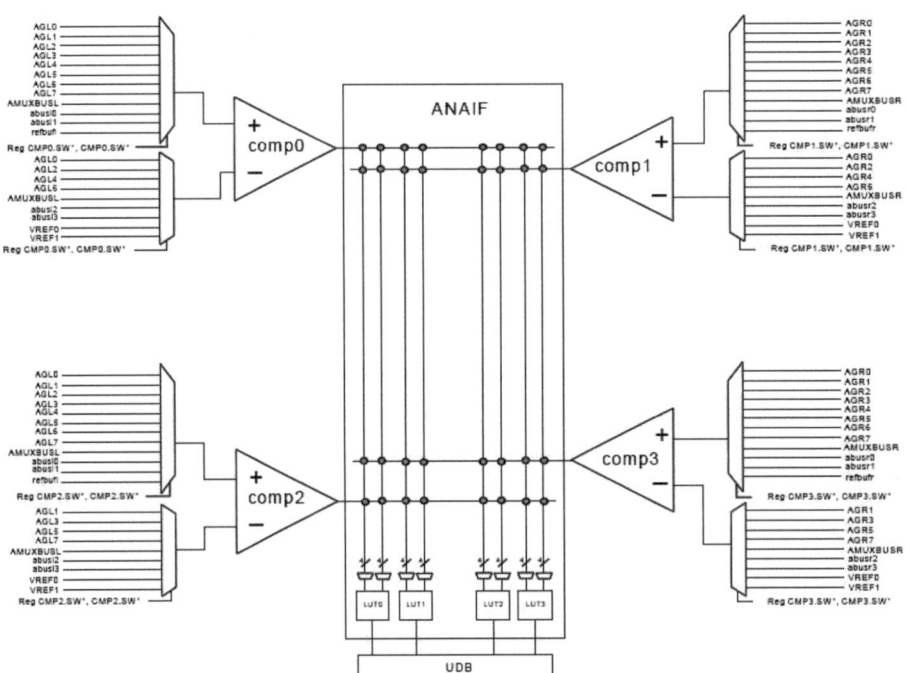

Abb. 11.39 Blockdiagramm des Komparators

11.8 PSoC 3/5LP-Komparatoren

Leistungsmodi unterscheiden sich in Reaktionszeit und Stromverbrauch. Der Stromverbrauch ist im schnellen Modus am höchsten und im ultraniedrigen Leistungsmodus am niedrigsten. Die drei Geschwindigkeitsstufen ermöglichen es, einen Komparator entweder für Geschwindigkeit oder Stromverbrauch zu optimieren. Eingänge zu den Komparatoren erfolgen über Muxe, deren Eingänge analoge global Größen (AG), den lokalen analogen Bus (ABUS), den analogen Mux-Bus (AMUXBUS) und Präzisionsreferenzen umfassen. Der Ausgang von jedem Komparator wird durch einen Synchronisationsblock zu einer Look-up-Tabelle (LUT) mit zwei Eingängen geleitet. Der Ausgang der LUT wird zum UDB Digital System Interface (DSI) geleitet. Der Komparator kann auch verwendet werden, um das Gerät aus dem Schlafmodus zu wecken. Ein „x", das mit einem Registernamen verwendet wird, bezeichnet die spezielle Komparatorennummer (x = 0–3). Die Verbindung zum positiven Eingang erfolgt mit analogen global Größen, analogen lokalen Größen, dem analogen Mux-Bus und dem Komparatorreferenzbuffer. Die Verbindung zum negativen Eingang erfolgt mit analogen global Größen, analogen lokalen Größen, analogen Mux-Bus und Spannungsreferenz.

Der Komparatorausgang kann durch einen optionalen Glitch-Filter geleitet werden.[78] Der Glitch-Filter wird durch Setzen des Filteraktivierungsbits (FILT) im Steuerregister (CMPx_CR6) aktiviert. Der Ausgang des Komparators wird im CMP_WRK-Register gespeichert und kann über die PHUB-Schnittstelle ausgelesen werden.

Die PSoC 3/5LP-Komparatoren haben folgende Merkmale:

- geringe Eingangsoffset,
- niedriger Leistungsmodus,
- mehrere Geschwindigkeitsmodi,
- Ausgang routbar zu digitalen Logikblöcken oder Pins,
- wählbare Ausgangspolarität,
- benutzergesteuerte Offsetkalibrierung,
- flexible Eingangsauswahl,
- Geschwindigkeits-Leistungs-Tradeoff,
- optionale 10-mV-Eingangshysterese,
- geringe Eingangsoffsetspannung (<1 mV),
- Glitch-Filter für Komparatorausgang,
- Aufwachen aus dem Schlafmodus.

Vier LUT ermöglichen es, logische Funktionen auf Komparatorausgänge anzuwenden. Die LUT-Logik hat zwei Eingänge:

---

[78] Glitch-Filter werden verwendet, um Transienten, d. h. „Glitches", im Ausgang eines Komparators zu entfernen.

- Der Eingang A wird mit den MX_A[1:0]-Bits im LUT-Steuerregister (LUTx_CR1:0) ausgewählt.
- Der Eingang B wird mit den MX_B[1:0]-Bits im LUT-Steuerregister (LUTx_CR5:4) ausgewählt.

Die in der LUT implementierte logische Funktion wird mit den Steuerbits (Q[3:0]) im LUT-Steuerregister (LUTx_CR) ausgewählt. Die Biteinstellungen für verschiedene logische Funktionen sind in Tab. 11.11 angegeben. Der Ausgang der LUT wird zur digitalen Systemschnittstelle des UDB-Arrays geleitet. Von der digitalen Systemschnittstelle des UDB-Arrays können diese Signale zu anderen Blöcken im Gerät oder zu einem I/O-Pin verbunden werden.

Der Zustand des LUT-Ausgangs wird im LUT-Ausgangsbit (LUTx_OUT) im LUT-Clear-on-Read-Sticky[79]-Statusregister (LUT_SR) angezeigt und kann über die PHUB-Schnittstelle ausgelesen werden. Der LUT-Interrupt kann von allen vier LUT erzeugt werden und wird durch Setzen des LUT-Maskenbits (LUTx_MSK) im LUT-Maskenregister (LUT_MSK) aktiviert.

11.8.1.1 Hysterese
Wie bereits erwähnt, verhindert die Hysterese ein übermäßiges Schalten des Komparatorausgangs bei verrauschten Signalen in Anwendungen, in denen Signale verglichen werden, die hinsichtlich Vorzeichen und Größe sehr nahe beieinander liegen. Die 10-mV-Hysterese-Stufe wird durch Setzen des Hystereseaktivierungsbits (HYST) im Steuerregister (CMPx_CR5) aktiviert.

11.8.1.2 Aufwachen aus dem Schlaf
Der Komparator kann im Schlafmodus laufen und der Ausgang kann verwendet werden, um das Gerät aus dem Schlafmodus zu wecken. Der Betrieb des Komparators im Schlafmodus wird durch Setzen des Override-Bits (PD_OVERRIDE) im Steuerregister (CMPx_CR2) aktiviert.

11.8.1.3 Komparatortaktgeber
Der Komparatorausgang ändert sich asynchron, kann aber mit einem Taktgeber synchronisiert werden. Die Taktgeberquelle kann einer der vier digital ausgerichteten analogen Taktgeber oder ein UDB-Taktgeber sein. Die Taktgeberauswahl erfolgt durch die mx_clk-Bits [2:0] des CMP_CLK-Registers. Der ausgewählte Taktgeber kann durch Setzen oder Löschen des clk_en (CMP_CLK [3])-Bits aktiviert oder deaktiviert werden. Die Synchronisation des Komparatorausgangs ist optional und kann durch Setzen des bypass_sync (CMP_CLK [4])-Bits umgangen werden.

---

[79] Ein Sticky-Bit ist ein Bit in einem Register, das seinen Wert behält, nachdem das Ereignis, das seinen Wert verursacht hat, aufgetreten ist.

Tab. 11.11 Steuerwörter für die LUT

Steuerwort (binär)	Ausgabe (A und B sind LUT-Eingänge)
0000	False('0')
0001	A AND B
0010	A AND (NOT B)
0011	A
0100	(NOT A) AND B
0101	B
0110	A XOR B
0111	A OR B
1000	A NOR B
1001	A XNOR B
1010	NOT B
1011	A OR (NOT B)
1100	NOT A
1101	(NOT A) OR B
1110	A NAND B
1111	TRUE ('1')

11.8.1.4 Offset-Trim

Der Komparatoroffset ist abhängig von der Gleichtakteingangsspannung zum Komparator. Der Offset wird werkseitig für Gleichtakteingangsspannungen von 0,1 V und Vdd −0,1 V auf weniger als 1 mV getrimmt. Wenn der Gleichtakteingangsbereich, in dem der Komparator betrieben werden soll, im Voraus bekannt ist, kann ein benutzerdefiniertes Trimmen durchgeführt werden, um die Offsetspannung weiter zu reduzieren.

11.9 PSoC 3/5LP-Mischer

PSoC 3 und PSoC 5LP bieten zwei Arten von „Mischern",[80] nämlich kontinuierliche und abgetastete. Diese Komponenten sind einseitig und nicht dazu gedacht, als „Präzisionsmischer" zu funktionieren. Die kontinuierliche Konfiguration eignet sich zum Multiplizieren und Aufwärtsmischen. Die diskrete Konfiguration (abgetastet) hat eine Abtast- und Haltefähigkeit und ist geeignet für abgetastetes oder Heruntermischen. Ein kontinuierlicher Mischer verwendet Eingangsschalter, um zwischen den invertierenden und nicht invertierenden Eingängen eines programmierbaren Verstärkers zu wechseln, für den die Verstärkungen 1 und −1 sind. Wenn ein fester lokaler Oszillator als Abtast-

---

[80] Mischen im gegenwärtigen Kontext ist tatsächlich die Multiplikation von zwei Signalen, die zur Erzeugung von vier Ausgangssignalen führt, nämlich der Summe, der Differenz und den beiden gemischten Signalen.

taktgeber verwendet wird, kann der Mischer zur Frequenzumwandlung eines Signals verwendet werden.

Der PSoC 3/5LP-Mischer hat die folgenden Eigenschaften:

- Die Leistungseinstellungen sind einstellbar.
- Kontinuierliches Aufwärtsmischen[81] mit Eingangsfrequenzen bis zu 500 kHz und Abtasttaktraten bis zu 1 MHz.
- Diskretes, Abstast- und Haltemischen mit Eingangsfrequenzen bis zu 1 MHz und Abtasttaktraten bis zu 4 MHz.
- Wählbare Referenzspannungen.

11.9.1 Grundlegende Mischtheorie

Bevor wir fortfahren, müssen einige grundlegende Mischkonzepte eingeführt werden. Der Begriff „Mischen" bezieht sich in diesem Kontext auf das Mischen oder genauer gesagt das Multiplizieren von zwei Signalen. Gegeben sind zwei Signale wie

$$y_1 = A_1 sin(\omega_1 t + \phi_1), \tag{11.152}$$

$$y_2 = A_2 sin(\omega_2 t + \phi_2). \tag{11.153}$$

Das Produkt Y wird gegeben durch

$$Y = y_1 y_2 = A_1 A_2 [sin(\omega_1 t + \phi_1)][sin(\omega_2 t + \phi_2)], \tag{11.154}$$

aber

$$sin(u)sin(v) = \frac{1}{2}\left[cos(u-v) - cos(u+v)\right]. \tag{11.155}$$

Daher gilt

$$Y = \frac{A}{2}\left[cos[(\omega_1 - \omega_2)t + \Phi_1] - cos[(\omega_1 + \omega_2)t + \Phi_2]\right], \tag{11.156}$$

wobei $A = A_1 A_2$, $\Phi_1 = \phi_1 - \phi_2$ und $\Phi_2 = \phi_1 + \phi_2$ sind. Das Ergebnis der Mischung zweier Sinussignale ist also die Summe und die Differenz der beiden Signale in Bezug auf die Frequenz, was zusammen mit den beiden ursprünglichen Signalen vier Signale ergibt. Man beachte, dass die resultierenden Summen- und Differenzsignale auch eine Phasen-

---

[81] Aufwärtsmischen bezieht sich auf das Mischen von Signalen und die Erzeugung eines Signals mit einer Frequenz, die die Summe der beiden gemischten Signalfrequenzen ist. Ebenso erzeugt das Abwärtsmischen ein Signal, dessen Frequenz die Differenz der Frequenzen der beiden gemischten Signale ist.

11.9 PSoC 3/5LP-Mischer

verschiebung erfahren haben. Jedes der resultierenden Signale kann, falls erforderlich, nachträglich entfernt werden, z. B. durch Filterung.

Wenn y_2 eine Rechteckwelle ist, dann kann sie als trigonometrische Partialsumme durch die folgende Gleichung ausgedrückt werden:

$$y_2 = \frac{4}{\pi}\left[cos(\omega_2 t) - \frac{cos(3\omega_2 t)}{3} + \frac{cos(5\omega_2 t)}{5} - \cdots\right], \tag{11.157}$$

wie in Abb. 11.40[82] gezeigt [10].

Wenn y_1 definiert ist als:

$$y_1 = cos(\omega_i t), \tag{11.158}$$

dann gilt

$$Y = y_1 y_2 = \left[A_1 cos(\omega_1 t)\right]\frac{4}{\pi}\left[cos(\omega_2 t) + \frac{cos(3\omega_2 t)}{3} + \frac{cos(5\omega_2 t)}{5} - \cdots\right]. \tag{11.159}$$

Daraus folgt

$$Y = y_i y_{clk} = \frac{2A_1}{\pi}\left[cos(\omega_- t) - \frac{cos(3\omega_{3-} t)}{3} + \frac{cos(5\omega_{5-} t)}{5} - \cdots\right] \tag{11.160}$$

$$+ \frac{2A_1}{\pi}\left[cos(\omega_+ t) - \frac{cos(3\omega_{3+-} t)}{3} + \frac{cos(5\omega_{5+} t)}{5} - \cdots\right], \tag{11.161}$$

wobei

$$\omega_+ = \omega_{clk}, \tag{11.162}$$

$$\omega_{3+} = 3\omega_{clk} + \omega_i, \tag{11.163}$$

$$\omega_{5+} = 5\omega_{clk} + \omega_i, \tag{11.164}$$

$$\cdots, \tag{11.165}$$

$$\omega_- = |\omega_{clk} - \omega_i|, \tag{11.166}$$

$$\omega_{3-} = |3\omega_{clk} - \omega_i|, \tag{11.167}$$

---

[82] Die „Überschwingungseffekte", die an den Ecken dieser Rechteckwelle zu sehen sind, sind als Gibbs- oder Gibbs-Wilbraham-Phänomen bekannt [10] und wurden erstmals 1848 von Wilbraham beobachtet [33] und später 1898 von Gibbs „wiederentdeckt", der eine viel rigorosere mathematische Grundlage dafür lieferte. Dieser Effekt tritt häufig bei der Verarbeitung von digitalen Signalen auf, z. B. in der Reihe.

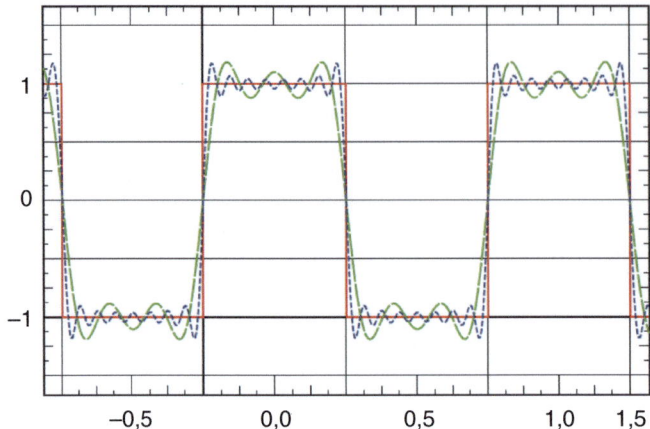

Abb. 11.40 Ein Beispiel für Kosinusoberschwingungen, die verwendet werden, um eine Rechteckwelle darzustellen (http://de.wikipedia.org)

$$\omega_{5-} = |\ 5\omega_{clk} - \omega_i\ |, \quad (11.168)$$

$$\ldots \quad (11.169)$$

Daher sind in diesem Fall neben den Summen- und Differenzfrequenzen für v_i und v_{clk} die 3., 5. und alle zusätzlichen höheren ungeraden Oberschwingungen im Ausgang vorhanden.[83] Die unerwünschten Oberschwingungen können durch geeignete Filterung entfernt werden.

11.9.2 PSoC 3/5LP-Mischer-API

Der PSoC 3/5LP-Mischer verfügt über eine API, die aus drei Funktionsaufrufen besteht:

- **void Mixer_Start(void)** – schaltet den Mischer ein. Führt alle erforderlichen Initialisierungen für den Mischer durch und aktiviert die Stromversorgung für den Block. Beim ersten Ausführen der Routine werden die Eingangs- und Rückkopplungswiderstandswerte für den im Design ausgewählten Betriebsmodus konfiguriert. Wenn die Routine aufgerufen wird, um den Mischer nach einem **Mixer_Stop()**-Aufruf neu zu starten, werden die aktuellen Komponentenparametereinstellungen beibehalten.
- **void Mixer_Stop(void)** – schaltet den Mischer aus. Dies hat keinen Einfluss auf den Mischertyp oder die Leistungseinstellungen.

---

[83] Beachten Sie, dass die Frequenzen v_i und v_{clk} nicht in der Ausgabe vorhanden sind.

11.9 PSoC 3/5LP-Mischer

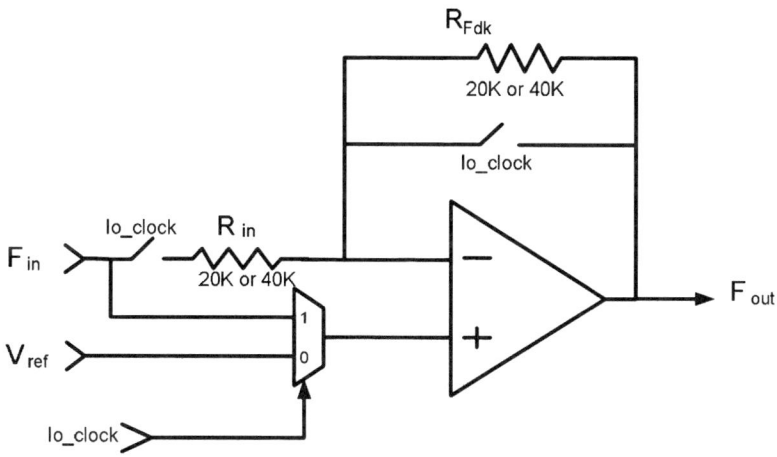

Abb. 11.41 PSoC 3/5LP-Konfiguration für einen CT-Mischer [25]

- **void Mixer_SetPower(uint8 power)** – stellt die Antriebsleistung auf eine der folgenden vier Stufen ein:
  - **Mixer_MINPOWER** – niedrigste aktive Leistung und langsamste Reaktionszeit.
  - **Mixer_LOWPOWER** – niedrige Leistung und Geschwindigkeit.
  - **Mixer_MEDPOWER** – mittlere Leistung und Geschwindigkeit.
  - **Mixer_HIGHPOWER** – höchste aktive Leistung und schnellste Reaktionszeit.

11.9.3 Kontinuierlicher Mischer

Wie in Abb. 11.41 gezeigt,
ist der OpAmp als PGA konfiguriert, der das lo_clock-Eingangssignal verwendet, um zwischen einem invertierenden Einheitsverstärker-PGA und einem nicht invertierenden Einheitsverstärkerbuffer umzuschalten. Das Ausgangssignal enthält Frequenzkomponenten bei $(F_{clk} \pm F_{in})$ plus Terme bei ungeraden Oberschwingungen der LO-Frequenz ±, der Eingangssignalfrequenz: $3*F_{clk} \pm F_{in}$, $5*F_{clk} \pm F_{in}$, $7*F_{clk} \pm F_{in}$ usw. Der Kontinuierliche-Zeit-Modus ist für die „Up-Conversion" vorzuziehen, da er einen viel höheren Konversionsgewinn als der abgetastete Mischer bietet. Um eine optimale Leistung zu gewährleisten, sollte der Wert für F_{clk} das Nyquist-Kriterium erfüllen,[84] d. h.,

$$F_{clk} > 2F_{out}. \tag{11.170}$$

---

[84] Einfach ausgedrückt, besagt das Nyquist-Kriterium, dass ein abgetastetes, bandbegrenztes, analoges Signal vollständig rekonstruiert werden kann, wenn die Abtastrate das Doppelte der höchsten Frequenzkomponente im ursprünglichen analogen Signal beträgt.

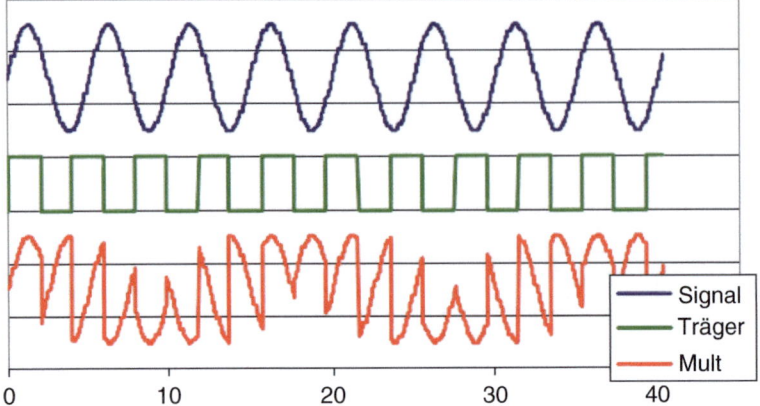

Abb. 11.42 Ein Beispiel für CT-Mischer-Eingangs- und Ausgangswellenformen [25]

Ein Beispiel für eine Implementierung der CT-Mischer-Eingangs- und Ausgangswellenformen ist in Abb. 11.42 dargestellt und basiert auf einem CT-Block.

11.9.4 Abtastmischer

Bevor wir eine Diskussion über den Abtastmischer beginnen, ist es notwendig, zwei der Arten der Codierung zu besprechen, die in digitalen Systemen verwendet werden:

- **Non-Return to Zero (NRZ-L)** – zwei unterschiedliche Spannungspegel werden verwendet, um Nullen und Einsen darzustellen. Ein Spannungspegel von 0 wird nicht verwendet, um den binären Wert 0 darzustellen. Typischerweise wird ein positiver Wert für 1 und ein negativer Wert für 0 verwendet, beide mit dem gleichen absoluten Wert.
- **Non-Return to Zero Inverted (NRZI)** – jeder Übergang zu hoch oder niedrig stellt einen binären Wert von 1 dar, das Fehlen eines Übergangs stellt einen binären Wert von 0 dar.

Der in PSoC 3/5LP bereitgestellte Abtastmischer ist im Grunde eine NRZ-Abtast- und Halteschaltung[85] mit einer sehr schnellen Reaktion. Im Gegensatz zum CT-Mischer, der

---

[85] Abtast-und-Halte-Schaltungen werden verwendet, um ein zeitabhängiges Signal abzutasten und diese Probe dann für eine bestimmte Zeit zu halten, um bestimmte Operationen in Bezug auf die Probe durchzuführen. Eine gängige Methode des „Haltens" besteht darin, die Probe über einen Kondensator zu speichern, der in der Lage ist, die Probe für die benötigte Zeit ohne Verschlechterung zu halten, d. h. mit ausreichend geringem Leckstrom.

11.9 PSoC 3/5LP-Mischer

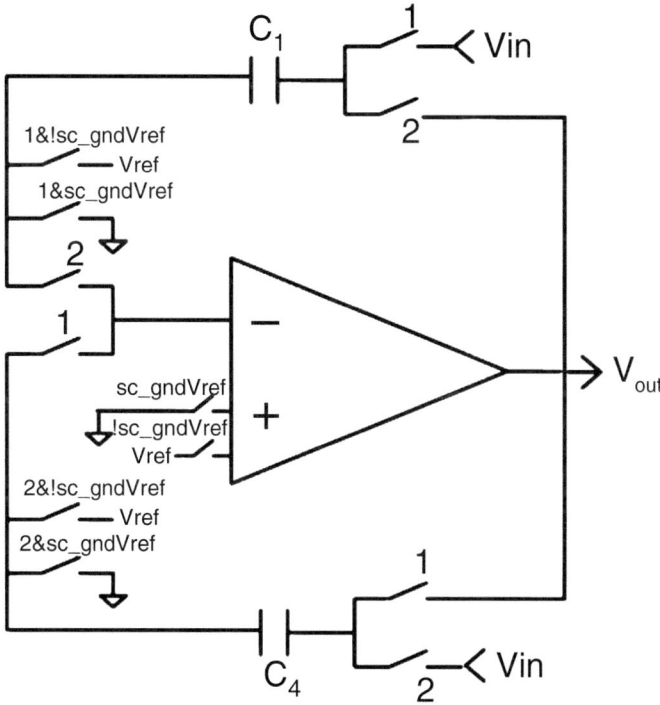

Abb. 11.43 (Diskretzeit-) Abtast- und Haltemischer [25]

eine obere Frequenzgrenze von 4 MHz hat, kann der Abtastmischer Eingangsfrequenzen bis zu 14 MHz akzeptieren. Der Ausgang des Abtastmischers kann über eine analoge Verbindung als Eingang zu einem internen ADC[86] verwendet werden oder in Verbindung mit einem externen Gerät wie einem Keramikfilter.[87]

Wie bereits erwähnt, wird der in Abb. 11.43 gezeigte Abtastmischer hauptsächlich für die Abwärtswandlung verwendet, die durch Entfernen der unerwünschten Produkte erreicht werden kann, die durch Mischen der Eingangsfrequenz und des Abtasttakts entstehen. Die NRZ-Abtast- und Haltefunktionalität basiert auf der abwechselnden Auswahl eines von zwei Kondensatoren als Integrationskondensator. So dient ein Kondensator, entweder C_1 oder C_4, als Integrationskondensator, während der andere zum Abtasten des Eingangssignals verwendet wird. Diese Konfiguration ist so ausgelegt, dass das Eingangssignal mit einer Rate abgetastet wird, die kleiner ist als die

---

[86] Wenn der Ausgang zu einem internen ADC geleitet wird, müssen sowohl der Mischer als auch der ADC den Abtasttakt verwenden.
[87] Zum Beispiel der Murata Cerafil mit 455 kHz. 455 kHz ist eine Standardfrequenz, die in Empfängern als Teil der Zwischenfrequenzstufe („intermediate frequency", IF) verwendet wird.

Eingangssignalfrequenz, und die Integration jedes neuen Wertes erfolgt an der steigenden Flanke von f_{clk}.

Wenn $f_{clk} > f_{in}/2$, dann

$$f_{out} = |f_{in} - f_{clk}| + \text{aliasing components}. \qquad (11.171)$$

Wenn $f_{clk} < f_{in}/2$, dann

$$f_{out} = |f_{in} - Nf_{clk}|, \qquad (11.172)$$

für den größten ganzzahligen Wert von N, so dass $Nf_{clk} < f_{in}$.

Zum Beispiel, wenn die gewünschte abwärtskonvertierte Frequenz 500 kHz und die Eingangsfrequenz 13,5 MHz betragen, wird Gl. 11.172 für Werte von $N=7$ und $f_{clk}=2$ MHz erfüllt. Beispiele für $N=1$ und $N=3$ sind in den Abb. 11.44 und 11.45 dargestellt.

Beispiel 6.6: C-Quellcode zur Implementierung eines Mischers, der einen internen lokalen Oszillator verwendet

```
#include <device.h>
#include "Mixer_1.h"
#include "lo_clk.h"
void main()
{
/* Setup Local Oscillator Clock */
 lo_clk_Enable();
 lo_clk_SetMode(CYCLK_DUTY);
/* API Calls for Mixer Instance */
```

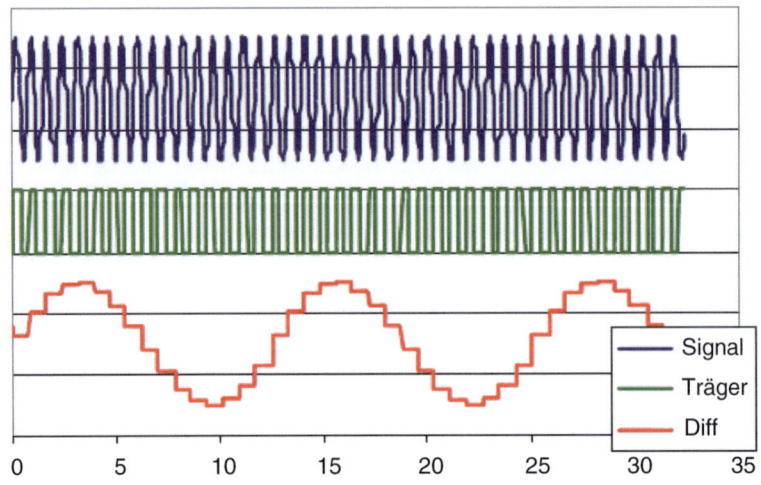

Abb. 11.44 Abtastmischerwellenformen für $N=1$

11.10 Filter

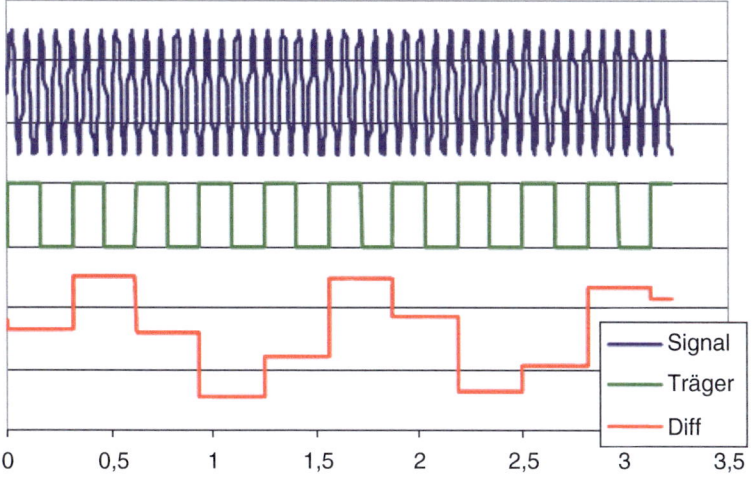

Abb. 11.45 Abtastmischerwellenformen für $N=3$

```
Mixer_1_Start();
Mixer_1_SetPower(Mixer_1_HIGHPOWER);
while (1)
{
}
}
```

11.10 Filter

Bei fast allen eingebetteten Systemen besteht die Gefahr, dass Rauschen die Reaktion und/oder Leistung des Systems beeinträchtigt. Es gibt verschiedene Techniken zur Bewältigung von Störungen, abhängig von der Quelle, der Art der Störung, der Amplitude, der spektralen Zusammensetzung usw. Während die beste Lösung für Störungen darin besteht, sie zu vermeiden, ist die Realität, dass sie fast immer vorhanden sind und direkt behandelt werden müssen. Zu diesem Zweck werden häufig analoge Filter verwendet, die in zwei Grundtypen unterteilt sind, nämlich in passive und aktive. Digitale Filter werden ebenfalls verwendet, erfordern jedoch in der Regel, dass das analoge Signal zuerst in ein digitales Format umgewandelt, verarbeitet und dann wieder in eine analoge Form umgewandelt wird. Obwohl digitale Filter wirklich herausragende Eigenschaften haben, sind sie auch mit einem beträchtlichen und vielleicht unerschwinglichen Aufwand verbunden, der in manchen Anwendungen nicht akzeptabel ist. Bei sehr hohen Frequenzen sind digitale Filter aus verschiedenen Gründen weniger attraktiv als ihre analogen Gegenstücke.

11.10.1 Ideale Filter

Filter bieten eine Methode zur Trennung von Signalen, z. B. im Falle eines amplitudenmodulierten oder Frequenzträgers,[88] ermöglichen die Wiederherstellung von Signalen durch Entfernung unerwünschter Signale/Rauschen und die Wiederherstellung eines Signals, das auf andere Weise verändert worden sein könnte. Filter können auf Kombinationen von RLC-Komponenten basieren, auf mechanischen Resonanzen beruhen, den piezoelektrischen Effekt nutzen, akustische Wellentechniken verwenden usw., abhängig von der Betriebsumgebung der Anwendung, dem Frequenzbereich und den gewünschten Filtereigenschaften.

Ideale Filter können wie folgt charakterisiert werden:

- **Tiefpass (LPF)** – „lässt" alle Frequenzen unterhalb einer bestimmten Frequenz ohne Änderung der Amplitude und bestimmbarer Phasenverschiebung durch.
- **Bandpass (BPF)** – „lässt" alle Frequenzen oberhalb einer gegebenen Frequenz und unterhalb einer oberen Frequenz ohne Änderung der Amplitude und bestimmbarer Phasenverschiebung durch.
- **Hochpass (HPF)** – „lässt" alle Frequenzen oberhalb einer bestimmten Frequenz mit der Änderung der Amplitude und bestimmbarer Phasenverschiebung durch.
- **Sperrfilter (NPF)** – „blockiert" Frequenzen innerhalb eines bestimmten Bereichs.
- **Allpass (APF)** – „lässt" alle Frequenzen durch und ändert nur die Phase, z. B. Einheitsverstärkung bei allen Frequenzen. Die Phasenverschiebung an der Eckfrequenz beträgt für alle Frequenzen 90°. Diese Art von Filtern wird häufig verwendet, um die Phase anzupassen, eine Verzögerung einzuführen und eine 90°-Phasenverschiebung für bestimmte Arten von Schaltungen zu erzeugen.

Ideale Filter haben eine Reihe von wichtigen Eigenschaften, die bei der Auslegung eines Filters für eine bestimmte Anwendung beachtet werden sollten, nämlich keine Dämpfung im Durchlassbereich mit steilem Abfall und vollständige Dämpfung im Sperrbereich. Solche Filter werden als „Steilpassfilter" bezeichnet und sind in Abb. 11.46 grafisch dargestellt.

Ein Filter wird daher als ideal betrachtet, wenn

$$|H(\omega)| = \begin{cases} 1, & \text{if } \omega \text{ is in the passband,} \\ 0, & \text{if } \omega \text{ is in the stopband} \end{cases} \quad (11.173)$$

und

$$\angle H(\omega) = \begin{cases} -\omega\tau, & \text{if } \omega \text{ is in the passband,} \\ 0, & \text{if } \omega \text{ is in the stopband,} \end{cases} \quad (11.174)$$

---

[88] Es gibt eine Vielzahl von Techniken zur Demodulation von Signalen und Filter stellen eine solche Methode dar, z. B. Mischtechniken. Dies ist ein Thema, das in Abschn. 11.9 diskutiert wird.

11.10 Filter

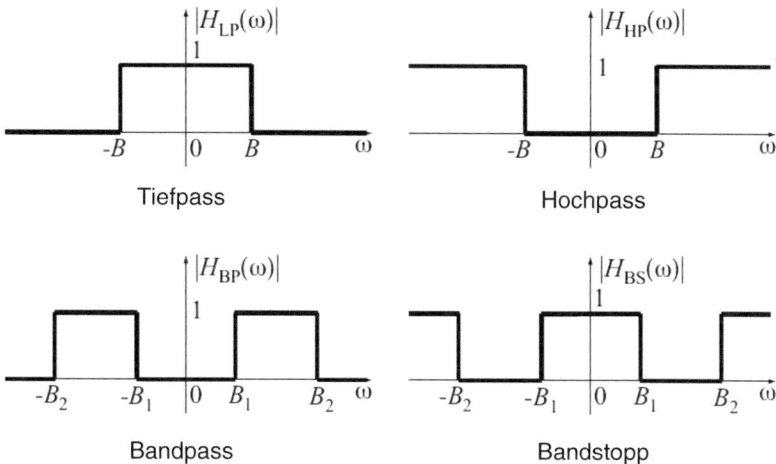

Abb. 11.46 „Steilpass"-Übertragungsfunktionen für ideale Filter

Abb. 11.47 Phase als Funktion der Frequenz für ideale Filter

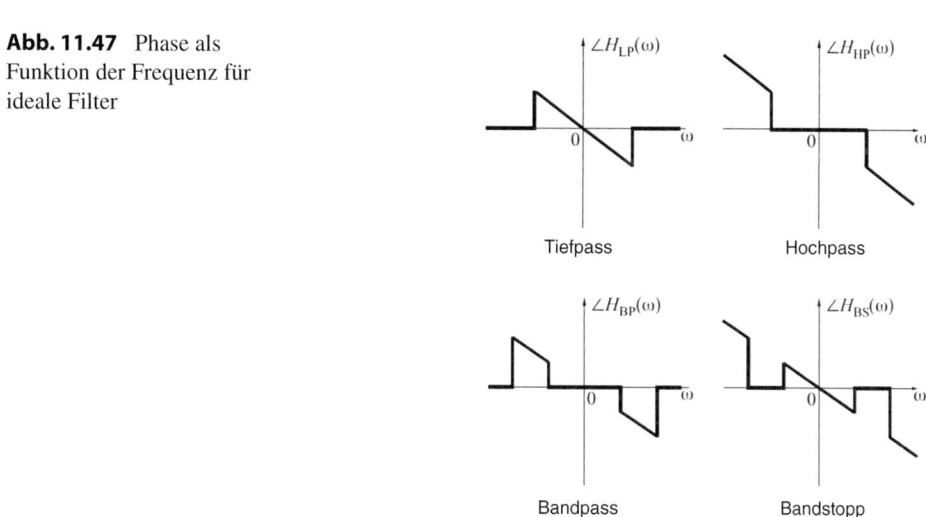

wobei τ eine positive Konstante ist. Die Phasenverschiebung für ideale Filter ist in Abb. 11.47 dargestellt.

11.10.2 Bode-Diagramme

Die Entwicklung von Filtern wurde durch die Verfügbarkeit von Computerprogrammen, die die mathematische Komplexität bewältigen können, erheblich erleichtert. Ihre Fähigkeit, die Ergebnisse der entsprechenden Berechnungen anzuzeigen, vereinfacht die Aufgabe

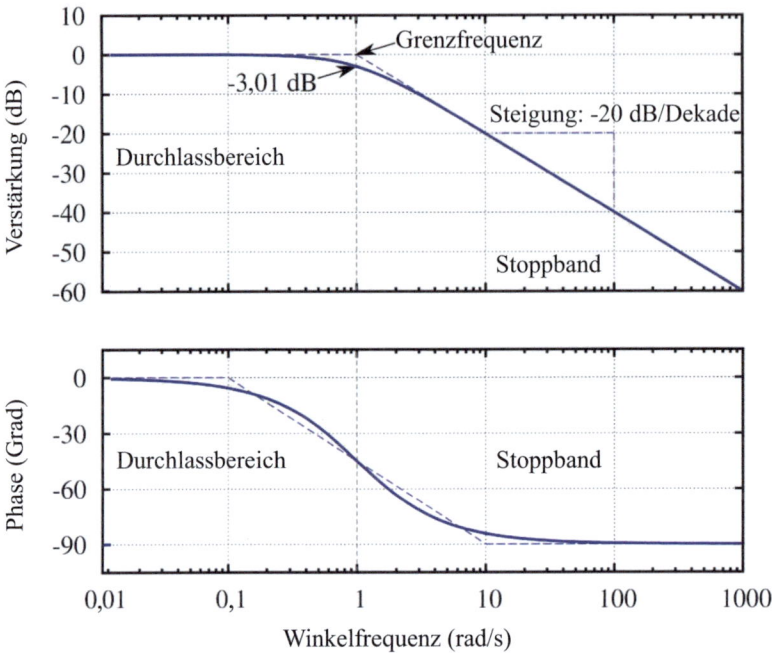

Abb. 11.48 Merkmale des Bode-Diagramms für einen Butterworth-Filter 1. Ordnung

des Entwicklers erheblich. Eine gängige grafische Charakterisierung eines Filters ist das sogenannte Bode-Diagramm.[89] Ein Bode-Diagramm ist eine grafische Darstellung einer Übertragungsfunktion, die ein lineares, zeitinvariantes System darstellt, bei dem die Abszisse normalerweise der Logarithmus der Frequenz und die Ordinate der Logarithmus der Verstärkung des Systems ist. Ein typisches Bode-Diagramm ist in Abb. 11.48 dargestellt.

11.10.3 Passive Filter

Passive Filter bestehen in der Regel aus Kombinationen von Widerständen, Kondensatoren und in einigen Fällen Induktoren[90], die auf verschiedene Weise konfiguriert werden, um den benötigten Filtertyp und die gewünschten Filtereigenschaften zu erzeugen. Passive Filter benötigen keine Stromversorgung. Allerdings werden passive Filter durch Änderungen in den Kapazitäten, Widerständen und Induktivitäten der Komponenten beeinflusst, die durch Feuchtigkeit, Temperatur, Alterung, Vibration usw. entstehen

---

[89] Diese Technik wurde 1938 von Hendrik Bode bei den Bell Laboratories eingeführt, wo er als Ingenieur tätig war.

[90] Induktoren werden oft aufgrund von Größe, Kosten und anderen Überlegungen nicht verwendet.

11.10 Filter

Abb. 11.49 Ein sehr einfacher, passiver Tiefpassfilter

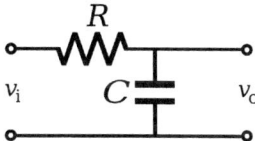

können, da solche Variationen die Filtereigenschaften ernsthaft und nachteilig verändern können. Außerdem kann bei niedrigen Frequenzen die physische Größe der Bauteile angesichts des umgekehrten Verhältnisses zwischen der physischen Größe und den Betriebsfrequenzen ein Problem darstellen. Obwohl passive Filter im Gegensatz zu ihren aktiven Gegenstücken, die schwanken können, von Natur aus stabil sind, sind sie in der Regel linearer als aktive Filter und können für beliebig große Spannungen, Ströme und Frequenzen ausgelegt werden. Aktive Filter, die Halbleiterbauelemente wie Operationsverstärker verwenden, sind in der Regel frequenz-, strom- und spannungsbegrenzt.

Eine der einfachsten Formen des passiven Filters besteht aus einer Kombination von Widerstand und Kondensator, wie in Abb. 11.49 dargestellt. Obwohl diese Art von Filter an Einfachheit kaum zu übertreffen ist, ist es lehrreich, eine kurze Analyse durchzuführen, um einige wichtige Aspekte von Filtern zu veranschaulichen.

Wenn man diesen Schaltkreis als Spannungsteiler behandelt und $s = \sigma + j\omega$ definiert, führt dies zu folgenden Ergebnissen:

$$v_r = \frac{sRC}{1+sRC} v_i(s) \tag{11.175}$$

und

$$v_c = \frac{1}{1+sRC} v_i(s). \tag{11.176}$$

Daher werden die Übertragungsfunktionen für den Widerstand und den Kondensator gegeben durch

$$H_r(s) = \frac{v_R}{v_i} = \frac{sRC}{1+sRC}, \tag{11.177}$$

$$H_c(s) = \frac{v_R}{v_i} = \frac{1}{1+sRC}. \tag{11.178}$$

Es gilt dann – unter der Annahme, dass die Anregung im stationären Zustand ist, $s = j\omega$:

$$s = -\frac{1}{RC}. \tag{11.179}$$

Gl. 11.177 und 11.179 werden unendlich und Gl. 11.179 wird als „Pol" [91] für beide Übertragungsfunktionen bezeichnet. Darüber hinaus ist Gl. 11.177 0, wenn $s = 0$ ist, was als „Nullstelle" der Übertragungsfunktion des Widerstands bezeichnet wird.

---

[91] Pole sind definiert als die „Nullstellen" des Nenners und Nullen sind die „Nullstellen" des Zählers einer rationalen Übertragungsfunktion.

Die Verstärkung wird als das Verhältnis der Ausgangsspannung zur Eingangsspannung definiert und daher gilt für den Kondensator:

$$A_C = |H_C| = \frac{1}{\sqrt{1+(wRC)^2}}. \quad (11.180)$$

Für den Widerstand gilt:

$$A_R = |H_R| = \frac{\omega RC}{\sqrt{1+(wRC)^2}}. \quad (11.181)$$

Beachten Sie, dass wie erwartet die Verstärkung des Kondensators gegen 0 geht, aber die Verstärkung des Widerstands gegen 1 geht, wenn die Frequenz zunimmt. Daher funktioniert die RC-Kombination, die in Abb. 11.49 dargestellt ist, als Tiefpassfilter, wenn der Ausgang über dem Kondensator genommen wird, und als Hochpassfilter, wenn der Ausgang über dem Widerstand genommen wird. Solche Filter werden verwendet, aber aufgrund der resistiven Komponente kann es das Signal verschlechtern und sie für einige Anwendungen ungeeignet machen. Eines der Probleme mit dieser Art von Filtern ist, dass entweder resistive oder reaktive Lasten die Eigenschaften dieses Filters ändern und daher bei der Auslegung eines Filters berücksichtigt werden müssen. Ein Operationsverstärker kann verwendet werden, um beide Arten von Degradationen zu adressieren, hat aber die unerwünschte Eigenschaft, die Amplitude von vorhandenem Rauschen an den Eingangsklemmen zu erhöhen.[92]

Die durch den Widerstand und den Kondensator eingeführte Phasenverschiebung wird gegeben durch

$$\Theta_r = tan^{-1}(\frac{1}{\omega RC}) \quad (11.182)$$

und

$$\Theta_c = tan^{-1}(-\omega RC). \quad (11.183)$$

Aktive Filter benötigen eine externe Stromversorgung und sind unter Umständen teurer, können aber auch viel kleiner sein und bieten bessere Eigenschaften und Leistungen als ihre passiven Gegenstücke. Aktive Filter können jedoch Rauschen in ein System einbringen,[93] wenn sie nicht sorgfältig konzipiert und implementiert werden. Dies kann auf das Rauschen zurückzuführen sein, das durch die Stromversorgungen verursacht wird.

---

[92] Filter, die Operationsverstärker verwenden, werden als „aktive" Filter bezeichnet, da sie eine Stromversorgung benötigen.

[93] Eine potenzielle Rauschquelle für aktive Filter ist die Stromversorgung des Operationsverstärkers.

11.10.4 Analoge aktive Filter

Analoge aktive[94] Filter zeichnen sich durch eine Reihe von Faktoren aus, einschließlich:

1. Anzahl der Stufen oder Abschnitte, die in kaskadierter Weise verwendet werden,[95]
2. Grenzfrequenz, d. h. der Punkt, an dem die Antwort des Filters unter 3 dB fällt,
3. Antwort des Filters im Sperrband,
4. Verstärkung als Funktion der Frequenz im Durchlassband,
5. Phasenverschiebung im Durchlassband,
6. Überschwingungsgrad, falls vorhanden,
7. Abfallrate und
8. transiente Antwort.

Tiefpassfilter der vier in Abb. 11.50 gezeigten Typen werden häufig verwendet, und von diesen ist der Butterworth[96]-Filter für die meisten Tiefpassanwendungen ausreichend. Die Punkte 2–6 dieser Liste können durch Untersuchung der Bode-Diagramme der Komponenten in Abb. 11.48 für die Phase und Verstärkung eines Filters bestimmt werden. Ein 5. Typ, der Bessel-Filter, ist sehr flach im Durchlassband, rollt aber langsamer ab als Butterworth-, elliptische und Tschebyscheff-Filter.

11.10.4.1 Sallen-Key-Filter (S-K)

PSoC 3 bietet keine explizite interne Unterstützung für analoge LPF, BPF, HPF und BSF, da der für PSoC 3 entwickelte geschaltete Kapazitätsblock für andere Konfigurationen optimiert wurde. Allerdings verfügen PSoC 3/5LP über Operationsverstärker, die in Verbindung mit externen Komponenten zur analogen Filterung verwendet werden können. Eine beliebte Entwicklungsmethodik in solchen Fällen wurde von Sallen-Key vorgeschlagen [28]. Diese Art von Filter wird als spannungsgesteuerter, spannungsquell- oder VCVS-Filter bezeichnet. Er hat sich aufgrund seiner relativen Einfachheit, der Möglichkeit, herkömmliche Operationsverstärker zu verwenden, ausgezeichneten Durchlasscharakteristiken, relativ niedrigen Kosten und der Notwendigkeit weniger

---

[94] Ein aktiver Filter ist eine Kombination aus passiven Komponenten und aktiven Komponenten, die in der Lage sind, Verstärkung hinzuzufügen. Letztere benötigen daher eine Eingangsleistung.

[95] Der Vorteil von kaskadierten Filtern besteht darin, dass sie die gesamte effektive „Ordnung" des Filters erhöhen, was wiederum die Flankensteilheit um 6 dB/Oktave mal die äquivalente Ordnung der kaskadierten Filter erhöht. Eine oft angewandte Heuristik zur Bestimmung der Ordnung jeder Filterstufe besteht darin, die Anzahl der Speicherelemente in jeder Stufe zu zählen, z. B. die Anzahl der Kondensatoren, die normalerweise der Ordnung dieser Stufe entspricht.

[96] 1930 veröffentlichte S Butterworth eine wichtige Arbeit, in der er seine Entwurfsmethodik für das, was als Butterworth-Filter bekannt wurde, beschrieb. Er wickelte Draht um Zylinder, die 1,25" im Durchmesser und 3" lang waren, um Widerstände/Induktoren zu erzeugen, und platzierte Kondensatoren in den Zylindern, um den Filter zu vervollständigen.

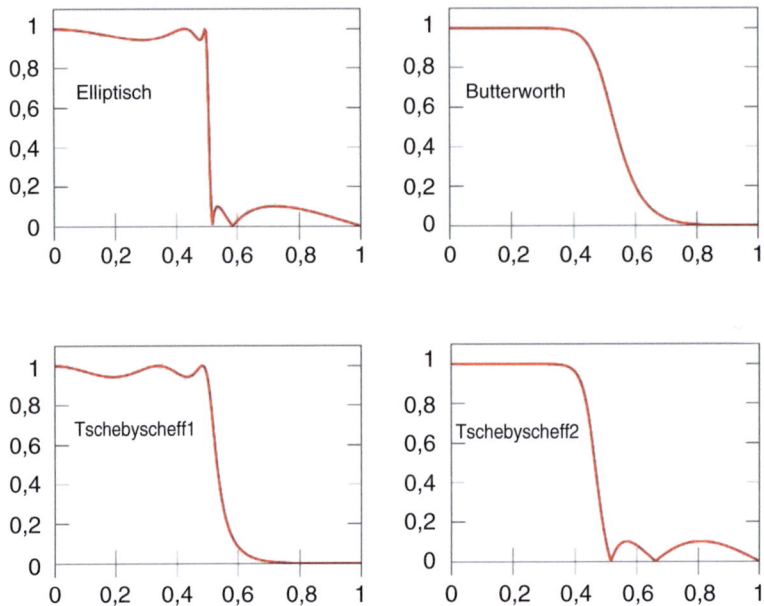

Abb. 11.50 Normalisierte Diagramme von gängigen Konfigurationen von Tiefpassfiltern 5. Ordnung

Komponenten weit verbreitet. Darüber hinaus können mehrere S-K-Filter ohne signifikante Signalverschlechterung kaskadiert werden.

Unter der Annahme der generischen Konfiguration des Sallen-Key-Filters mit Einheitsverstärkung, die in Abb. 11.51 gezeigt wird, ist die Übertragungsfunktion für diese Art von Filter mit Einheitsverstärkung gegeben durch:

$$\frac{v_o}{v_i} = \frac{Z_3 Z_4}{Z_1 Z_2 + Z_4(Z_1+Z_2) + Z_3 Z_4} \ . \tag{11.184}$$

Durch die Wahl unterschiedlicher Impedanzen für Z_1, Z_2, Z_3, Z_4 kann die Sallen-Key-Topologie in ein Filter mit Hochpass-, Bandpass- und Tiefpasscharakteristiken umgewandelt werden. Die nominale Frequenzgrenze eines Filters wird als „Eckfrequenz"

Abb. 11.51 Die generische Form des Sallen-Key-Filters

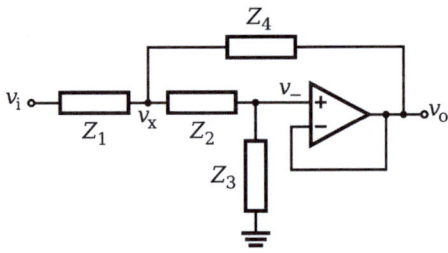

11.10 Filter

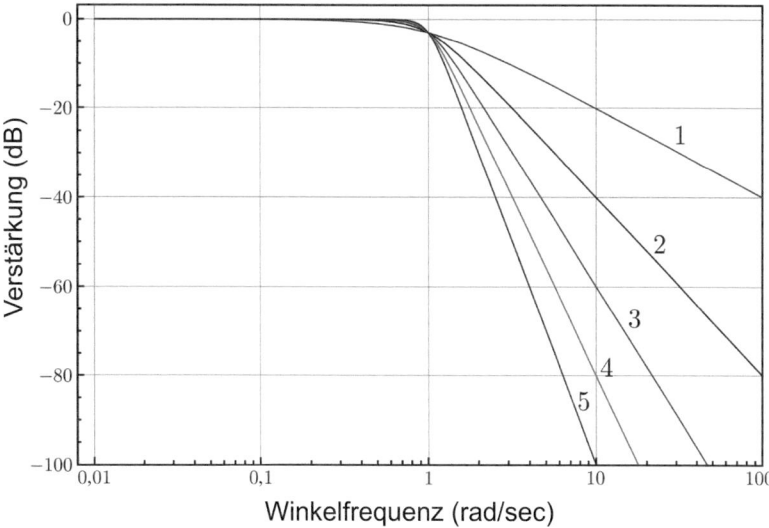

Abb. 11.52 Bode-Diagramm von Butterworth-Filtern n-ter Ordnung für $n = 1$–5

bezeichnet, die die Frequenz ist, bei der das Eingangssignal auf 50 % seiner maximalen Leistung[97] kurz vor den Ausgangsklemmen reduziert wird.[98] Jenseits dieses Punktes wird die Dämpfung normalerweise in dB/Oktave[99] oder dB/Dekade angegeben.

Eine typische Tiefpassfilterantwortkurve ist in Abb. 11.52 dargestellt.

Wie gezeigt, wird die „Grenzfrequenz" als der Punkt definiert, an dem die Antwortkurve -3 dB abfällt und, in diesem speziellen Fall, fällt die Antwortkurve mit einer Rate von -20 dB/Dekade ab. Wie aus dieser Abbildung ersichtlich ist, beeinflusst die Ordnung des Filters die Abfallrate vom Durchlassband zum Sperrband erheblich.

11.10.4.2 Sallen-Key-Tiefpassfilter mit Einheitsverstärkung

Wie in Abb. 11.53 gezeigt, kann ein Sallen-Key-Tiefpassfilter durch folgende Einstellungen konfiguriert werden:

$$Z_1 = R_1, \qquad (11.185)$$

$$Z_2 = R_2, \qquad (11.186)$$

---

[97] Der sogenannte „Halbleistungspunkt".

[98] Dies wird auch als „-3-dB-Abfall"-Punkt bezeichnet.

[99] Eine Oktave impliziert eine Verdoppelung der Frequenz, z. B. bedeutet -6 dB/Oktave, dass das Signal um 50 % reduziert wird, wenn die Frequenz verdoppelt wird. Dekade bezieht sich auf eine Änderung der Frequenz um den Faktor 10.

Abb. 11.53 Ein Sallen-Key-Tiefpassfilter mit Einheitsverstärkung

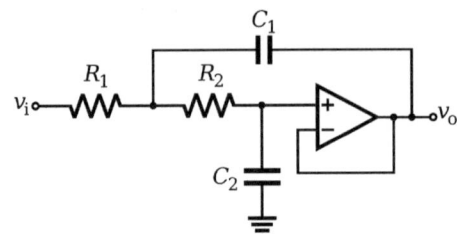

$$Z_3 = -\frac{j}{\omega C_1} = \frac{1}{sC_1}, \tag{11.187}$$

$$Z_4 = -\frac{j}{\omega C_2} = \frac{1}{sC_2}. \tag{11.188}$$

Nach Umstellung folgt:

$$H(s) = \frac{\frac{1}{R_1 R_2 C_1 C_2}}{s^2 + \left[\frac{R_1 + R_2}{R_1 R_2 C_1}\right] s + \frac{1}{R_1 R_2 C_1 C_2}}, \tag{11.189}$$

welches die Form der Übertragungsfunktion eines Tiefpassfilters 2. Ordnung mit Einheitsverstärkung hat, d.h.,

$$H(s) = \frac{\omega_c^2}{s^2 + 2\zeta \omega_c s + \omega_c^2}. \tag{11.190}$$

Wenn ω_c^2 definiert ist als

$$\omega_c^2 = \frac{1}{R_1 R_2 C_1 C_2} = \omega_0 \omega_n, \tag{11.191}$$

dann

$$f_c = \frac{1}{2\pi \sqrt{R_1 R_2 C_1 C_2}} \tag{11.192}$$

und

$$2\zeta = \frac{1}{Q} = \frac{\sqrt{R_1 R_2 C_1 C_2}}{R_1 C_1 + R_2 C_1} = \left[\frac{1}{R_1} + \frac{1}{R_2}\right] \frac{\sqrt{R_1 R_2 C_1 C_2}}{C_1}. \tag{11.193}$$

Nach Umstellung wird Gl. 11.193 zu

$$Q = \frac{\sqrt{R_1 R_2 C_1 C_2}}{C_2 (R_1 + R_2)}. \tag{11.194}$$

Abb. 11.54 Ein Sallen-Key-Hochpassfilter

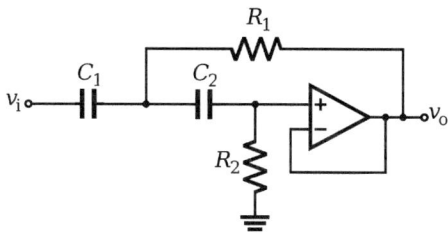

Der Q oder Selektivitätswert bestimmt die Höhe und Breite der Frequenzantwort und ist für Bandpassfilter definiert als

$$Q = \frac{f_c}{f_H - f_L} = \frac{f_c}{Bandwidth} \tag{11.195}$$

und

$$f_c = \sqrt{f_H f_L}, \tag{11.196}$$

welches das geometrische Mittel für die -3-dB-Punkte von f_H und f_L ist. Der Leser mag sich angesichts der Definition von Q für einen Tiefpassfilter fragen, was das bedeutet. Im Falle eines Butterworth-Tiefpassfilters[100] wird es als Maß für die Filterantwort verwendet, d. h. unter-, kritisch- oder hochgedämpft. Da R_1, R_2, C_1 und C_2 unabhängige Variablen sind, ist es möglich, die Gl. 11.192 und 11.194 zu vereinfachen, indem man R_2 und C_2 als ganzzahlige Vielfache von R_1 und C_1 wählt.

11.10.4.3 Sallen-Key-Hochpassfilter

Ähnlich ist die Konfiguration für einen Sallen-Key-Hochpassfilter 2. Ordnung in Abb. 11.54 dargestellt. In diesem Fall ist die Übertragungsfunktion für den S-K-Bandpassfilter gegeben durch

$$H(s) = \frac{s^2}{s^2 + \frac{R_1}{R_1 R_2 \left(\frac{C_1 C_2}{C_2 + C_2}\right)} s + \frac{1}{\left[R_1 R_2 \left(\frac{C_1 C_2}{C_1 + C_2}\right)\right](C_1 + C_2)}}. \tag{11.197}$$

Die allgemeine Formel für einen Hochpassfilter 2. Ordnung ist gegeben durch

$$H(s) = \frac{s^2}{s^2 + 2\zeta \omega_c s + \omega_c^2} \tag{11.198}$$

---

[100] Ein Butterworth-Filter 4. Ordnung mit einem Q von 0,707 ist im Durchlassbereich maximal flach.

und daraus folgt

$$Q = \frac{\sqrt{R_1 R_2 C_1 C_2}}{R_1(C_1+C_2)} \qquad (11.199)$$

und

$$f_c = \frac{1}{2\pi\sqrt{R_1 R_2 C_1 C_2}} . \qquad (11.200)$$

11.10.4.4 Sallen-Key-Bandpassfilter
Ähnlich ist die Übertragungsfunktion für den in Abb. 11.55 dargestellten Bandpassfilter gegeben durch

$$H(s) = \frac{\frac{R_a+R_b}{R_a}\frac{s}{R_1 C_1}}{s^2 + \left[\frac{1}{R_1 C_1} + \frac{1}{R_2 C_1} + \frac{1}{R_2 C_2} - \frac{R_b}{R_a R_f C_1}\right]s + \left[\frac{R_1+R_2}{R_1 R_f R_2 C_1 C_2}\right]} . \qquad (11.201)$$

Der Nenner hat die allgemeine Form für Bandpassfilter und wird ausgedrückt als

$$H(s) = \frac{G\omega_n^2 s}{s^2 + 2\xi\omega_0 s + \omega_0^2} , \qquad (11.202)$$

wobei G die sogenannte innere Verstärkung[101] des Filters ist. Diese ist gegeben ist durch

$$G = \frac{R_a+R_b}{R_a} . \qquad (11.203)$$

Die Verstärkung bei der Spitzenfrequenz[102] ist gegeben durch

$$A = \frac{G}{G-3} \qquad (11.204)$$

und die Mittenfrequenz durch

$$f_0 = \frac{1}{2\pi}\sqrt{\frac{R_f+R_1}{R_1 R_2 R_f C_1 C_2}} . \qquad (11.205)$$

Einstellen von

$$C_1 = C_2 , \qquad (11.206)$$

$$R_2 = \frac{R_1}{2} , \qquad (11.207)$$

$$R_a = R_b \qquad (11.208)$$

---

[101] Dies ist die Verstärkung, die durch die negative Rückkopplungsschleife bestimmt wird.
[102] Beachten Sie, dass, wenn die Verstärkung $\leqslant 3$ ist, die Schaltung oszillieren wird.

11.10 Filter

Abb. 11.55 Ein Sallen-Key-Bandpassfilter

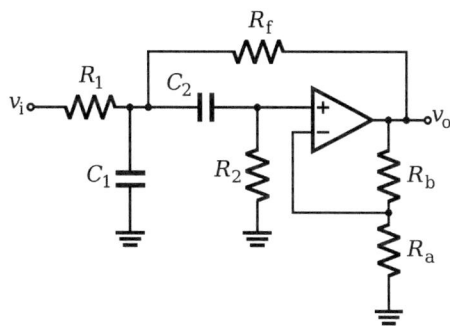

ergibt

$$G = 2, \tag{11.209}$$

$$A = 2, \tag{11.210}$$

$$f_0 = \frac{1}{2\pi}\sqrt{\frac{R_f + R_1}{R_1^2 C_1^2 R_f}} = \frac{1}{2\pi R_1 C_1}\sqrt{1 + \frac{R_1}{R_f}}. \tag{11.211}$$

11.10.4.5 Ein Allpassfilter

Der Ausdruck „Allpassfilter" ist in gewisser Weise ein Oxymoron, da solche Filter alle Frequenzen bei konstanter Verstärkung durchlassen. Das wichtige Merkmal dieser speziellen Art von sogenannten Filtern ist, dass sein Phasengang linear mit der Frequenz variiert, was Allpassfilter nützlich macht. R und C können, wie zuvor gezeigt, zur Bildung eines Tiefpassfilters verwendet werden, dessen Übertragungsfunktion wie folgt lautet

$$H(s) = \frac{1}{1+sRC}. \tag{11.212}$$

Der Strom in die negative Rückkopplungsschleife wird durch

$$\frac{v_i - v_{-input}}{R_f} = \frac{v_i - v_i H(s)}{R_f},$$

$$v_{+input} - i_f R_f = v_i H(s) - \left[\frac{v_i - v_i H(s)}{R_f}\right] R_f$$

$$= \left[\frac{2}{1+sRC}\right] v_i = \left[\frac{1-sRC}{1+sRC}\right] v_i$$

$$= [2H(s) - 1] v_i$$

gegeben. Daher gilt:

$$|H| = 1 \tag{11.213}$$

Abb. 11.56 Ein einfacher Allpassfilter 1. Ordnung

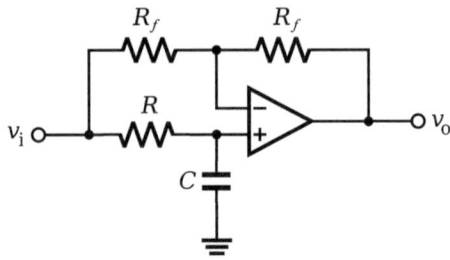

und
$$\angle H = -2\tan^{-1}(\omega RC), \tag{11.214}$$

was für
$$\omega RC = 1 \Rightarrow \angle H = -90° \tag{11.215}$$

bedeutet, dass die Verstärkung unabhängig von der Frequenz ist und dass die Phase von der Frequenz abhängig ist (Abb. 11.56).

11.10.5 Pulsweitenmodulator (PWM)

Der Pulsweitenmodulator ist eine Komponente, die vom Benutzer wählbare Pulsbreiten für die Verwendung als einzelne oder kontinuierliche Hardware-Timing-Steuerungssignale bereitstellt. Die gebräuchlichste Verwendung eines PWM besteht darin, periodische Wellenformen mit einstellbaren Tastverhältnissen zu erzeugen. Der PWM bietet auch optimierte Funktionen für die Leistungssteuerung, Motorsteuerung, Schaltregler und Lichtsteuerung. Er kann auch als Taktteiler verwendet werden, indem ihm ein Takteingang zugeführt und der Klemmenzähler oder ein PWM-Ausgang als geteilter Taktausgang verwendet wird.

PWM, Timer und Zähler haben zwar viele gemeinsame Eigenschaften, bieten aber jeweils sehr spezifische Funktionen. Eine Zählerkomponente wird in Situationen verwendet, die das Zählen einer Anzahl von Ereignissen erfordern, aber bietet auch einen Eingang zur Erfassung der steigenden Flanke sowie einen Vergleichsausgang. Eine Timerkomponente wird in Situationen verwendet, die sich auf die Zeitmessung von Ereignissen konzentrieren, die Messung des Intervalls von mehreren steigenden und/oder fallenden Flanken oder für mehrere Erfassungsereignisse. Das PSoC 3/5LP PWM-Modul wird mit einer API geliefert, die es dem Entwickler ermöglicht, den PWM in der Software zu konfigurieren.

Die PWM-Komponente von PSoC 3/5LP bietet Vergleichsausgänge zur Erzeugung von einzelnen oder kontinuierlichen Timing- und Steuerungssignalen in der Hardware. Der PWM ist so konzipiert, dass er eine einfache Methode zur Erzeugung komplexer

11.10 Filter

Echtzeitereignisse mit minimaler CPU-Intervention bietet. Die Funktionen des PWM umfassen

- 8- oder 16-bit-Auflösung,
- konfigurierbare Erfassung,
- konfigurierbare Totband,
- konfigurierbare Hardware-/Softwarefreigabe,
- konfigurierbarer Trigger,
- mehrere konfigurierbare Kill-Modi.

Die PWM-Komponente kann mit anderen analogen und digitalen Komponenten kombiniert werden, um benutzerdefinierte Peripheriegeräte zu erstellen. Der PWM erzeugt bis zu zwei links- oder rechtsausgerichtete PWM-Ausgänge oder einen zentrierten oder dualen PWM-Ausgang. Die PWM-Ausgänge sind doppelt gebuffert, um Störungen durch Änderungen des Tastverhältnisses während des Betriebs zu vermeiden. Links ausgerichtete PWM werden für die meisten allgemeinen PWM-Anwendungen verwendet. Rechts ausgerichtete PWM werden in der Regel nur in speziellen Fällen verwendet, die eine Ausrichtung erfordern, die der von links ausgerichteten PWM entgegengesetzt ist. Zentrierte PWM werden am häufigsten zur Steuerung eines Wechselstrommotors verwendet, um die Phasenausrichtung zu erhalten. Dual-Edge-PWM sind für die Leistungsumwandlung optimiert, bei der die Phasenausrichtung angepasst werden muss.

Das optionale Totband bietet komplementäre Ausgänge mit einstellbarer Totzeit, bei der beide Ausgänge zwischen jedem Übergang niedrig sind. Die komplementären Ausgänge und die Totzeit werden am häufigsten verwendet, um Leistungsgeräte in Halbbrückenkonfigurationen zu steuern, um Durchschussströme und das daraus resultierende Potenzial für Schäden zu vermeiden. Ein Kill-Eingang ist ebenfalls verfügbar, der bei Aktivierung sofort die Ausgänge des Totbands deaktiviert. Drei Kill-Modi sind verfügbar, um mehrere Anwendungsszenarien zu unterstützen. Zwei Hardware-Dither[103]-Modi werden bereitgestellt, um die Flexibilität des PWM zu erhöhen. Der erste Dither-Modus erhöht die effektive Auflösung um 2 bit, wenn Ressourcen oder Taktfrequenz eine Standardimplementierung im PWM-Zähler ausschließen. Der zweite Dither-Modus verwendet einen digitalen Eingang, um einen der beiden PWM-Ausgänge auf zykluswise auszuwählen, was typischerweise für ein schnelles Einschwingverhalten bei Leistungsumwandlern verwendet wird.

---

[103] *Dithering* wird manchmal als Methode zur Reduzierung des Oberschwingungsanteils verwendet und beinhaltet die Frequenzmodulation innerhalb eines schmalen Bandes. In einigen Anwendungen wird Dither verwendet, wenn ein PWM zur Steuerung eines mechanischen Bauteils, z. B. eines Ventils oder Aktuators, verwendet wird, als Methode durch Einführung einer gewissen Welligkeit in den Betätigungsstrom.

Die Trigger- und Reseteingänge ermöglichen die Synchronisation des PWM mit anderer interner oder externer Hardware. Der optionale Triggereingang ist so konfigurierbar, dass eine steigende Flanke das PWM startet. Eine steigende Flanke am Reseteingang bewirkt, dass der PWM-Zähler seinen Zählstand zurücksetzt, als ob der Endzählstand erreicht wurde. Der Enable-Eingang bietet eine Hardwarefreigabe, um den PWM-Betrieb auf Basis eines Hardwaresignals zu steuern. Ein Interrupt kann so programmiert werden, dass er unter jeder Kombination der folgenden Bedingungen erzeugt wird: wenn der PWM den Endzählstand erreicht oder wenn ein Vergleichsausgang high geht.

Der Takteingang definiert das zu zählende Signal und erhöht oder verringert den Zähler bei jeder steigenden oder folgenden Flanke des Takts. Der Reseteingang setzt den Zähler auf den Periodenwert zurück und dann geht der normale Betrieb weiter. Ein Enable-Eingang arbeitet in Verbindung mit der Softwarefreigabe und dem Triggereingang, wenn Letzterer aktiviert ist.[104]

Der Kill-Eingang deaktiviert die PWM-Ausgabe(n). Es werden mehrere Kill-Modi unterstützt, die alle auf diesem Eingang basieren, um das endgültige Abschalten des Ausgangssignals zu implementieren. Wenn eine Totbandimplementierung vorhanden ist, werden nur die Totbandausgänge (ph1 und ph2) deaktiviert und die Ausgänge *pwm*, *pwm1* und *pwm2* werden nicht deaktiviert.[105] Der *cmp_sel*-Eingang wählt entweder den pwm1- oder pwm2-Ausgang als den endgültigen Ausgang zur PWM-Klemme. Wenn der Eingang 0 (low) ist, ist der PWM-Ausgang *pwm1* und wenn der Eingang 1 (high) ist, ist der PWM-Ausgang *pwm2* wie im Waveform Viewer des Konfigurationstools gezeigt.[106]

Der Capture-Eingang zwingt den Periodenzählerwert in das Lese-FIFO. Für diesen Eingang sind mehrere Modi im Parameter *Capture Mode* definiert.[107] Wenn die PWM-Implementierung Fixed Function gewählt wird, ist der Capture-Eingang immer auf steigende Flanken sensibel.

Der Triggereingang ermöglicht den Betrieb des PWM. Die Funktionalität dieses Eingangs wird durch die Triggermodus- und Betriebsmodusparameter definiert. Nach dem Start-API-Befehl ist das PWM aktiviert, aber der Zähler zählt nicht herunter, bis die Triggerbedingung eingetreten ist. Die Triggerbedingung wird mit dem

---

[104] Der Enable-Eingang ist in PSoC Creator nicht sichtbar, wenn der Parameter *EnableMode* auf „Software Only" gesetzt ist. Dieser Eingang ist nicht verfügbar, wenn die Implementierung *Fixed Function PWM* gewählt wird.

[105] Der Kill-Eingang ist nicht sichtbar, wenn der Kill-Modus-Parameter in PSoC Creator auf *Disabled* gesetzt ist. Wenn die Implementierung *Fixed Function PWM* gewählt wird, wird der Kill nur die Totbandausgänge abschalten, wenn das Totband aktiviert ist. Er wird den Komparatorausgang nicht abschalten, wenn das Totband deaktiviert ist.

[106] Der *cmp_sel*-Eingang ist sichtbar, wenn der PWM-Modus-Parameter auf *Hardware Select* gesetzt ist.

[107] Der Capture-Eingang ist nicht sichtbar, wenn der Parameter *Capture Mode* auf *None* gesetzt ist.

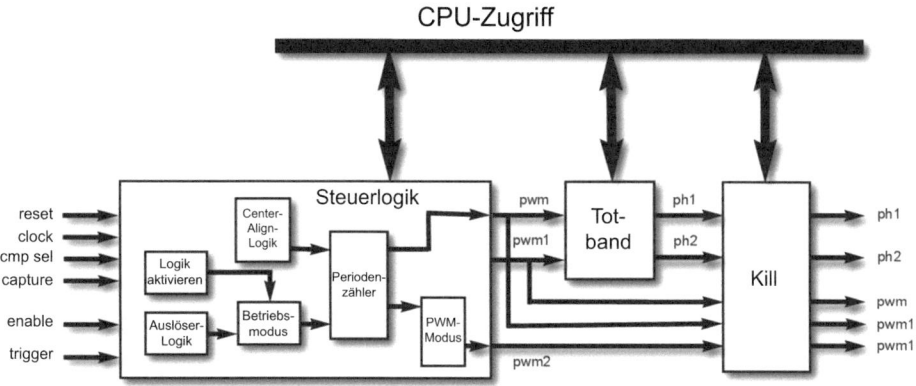

Abb. 11.57 Ein Blockdiagramm der PWM-Architektur von PSoC 3/5LP

Triggermodusparameter festgelegt.[108] Der Ausgang des Klemmenzählers ist „1", wenn der Periodenzähler gleich 0 ist. Im normalen Betrieb wird dieser Ausgang für einen einzigen Zyklus „1" sein, wo der Zähler mit der Periode neu geladen wird. Wenn das PWM mit dem Periodenzähler gleich 0 gestoppt wird, bleibt dieses Signal so lange high, bis der Periodenzähler nicht mehr 0 ist. Der Interrupt-Ausgang ist das logische OR der Gruppe möglicher Interrupt-Quellen. Dieses Signal wird high gehen, während eine der aktivierten Interrupt-Quellen true bleibt (Abb. 11.57).

Die pwm- oder pwm1-Ausgabe ist die erste oder einzige pulsweitenmodulierte Ausgabe und wird durch den PWM-Modus, Vergleichsmodus/-modi und Vergleichswert(e) definiert, wie in den Wellenformen im Konfigurationsdialog des PSoC Creator angezeigt. Wenn die Instanz in einem Ausgang, Dual Edged, Hardware Select, Center Aligned oder Dither PWM Modes konfiguriert ist, dann ist die Ausgabe pwm sichtbar. Andernfalls ist die Ausgabe pwm1 sichtbar mit pwm2 als dem anderen Pulsweitensignal. Die pwm2-Ausgabe ist die zweite pulsweitenmodulierte Ausgabe. Die pwm2-Ausgabe ist nur sichtbar, wenn der PWM-Modus auf zwei Ausgänge eingestellt ist.

Die ph1- und ph2-Ausgänge sind die Totbandphasenausgänge des PWM. In allen Modi, in denen nur der PWM-Ausgang sichtbar ist, sind dies die phasenverschobenen Ausgänge des PWM-Signals, das ebenfalls sichtbar ist. In den zwei Ausgangsmodi sind diese Signale nur die phasenverschobenen Ausgänge des pwm1-Signals.[109] Die Bitbreitenauflösung des Periodenzählers beträgt 8–16 bit mit 8 bit als Standardwert.

---

[108] Der *Trigger*-Eingang ist nicht sichtbar, wenn der Parameter *Trigger-Modus* auf *None* gesetzt ist.
[109] Beide Ausgänge sind sichtbar, wenn das Totband in den Modi 2–4 oder 2–256 aktiviert ist, und sind nicht sichtbar, wenn das Totband deaktiviert ist.

11.11 DC-DC-Wandler

Eingebettete Systeme verlassen sich häufig auf mehrere Spannungs- und Stromquellen zur Versorgung von Motoren, Sensoren, Displays und verschiedenen anderen Arten von Peripheriegeräten. Diese Stromversorgungen verwenden typischerweise eine gemeinsame Eingangsspannung, z. B. 12 V, für die Versorgung und Aufrechterhaltung der jeweiligen Ausgangsspannungen und -ströme, die für den ordnungsgemäßen Betrieb eines eingebetteten Systems entscheidend sind. Daher benötigt das eingebettete System möglicherweise nur eine einzige externe Stromversorgung, und das System leitet alle anderen für seinen Betrieb erforderlichen Spannungen und Ströme aus dieser einzigen Quelle ab.

Traditionell wurden elektronische Systeme mit so genannten linearen Stromversorgungen[110] betrieben, aber der Wunsch nach einer effizienteren Stromumwandlung, kleineren Abmessungen usw. hat zu Schaltnetzteilen geführt. Diese Art von Stromversorgung ist in der Lage, die Eingangsspannung zu erhöhen, die Eingangsspannung zu senken und/oder die Eingangsspannung umzukehren, um die benötigte Gleichstrom-Gleichstrom-Umwandlung zu liefern. Die letztgenannte Fähigkeit ist wichtig für Geräte, die entweder negative Spannungen, Plus- und Minuswerte einer gegebenen Spannung oder Spannungen benötigen. Wie der Name schon sagt, sind Schaltnetzteile auf *Schalter* angewiesen, die in der Lage sind, die benötigte Leistung zu verarbeiten, um die Umwandlung von einem Gleichspannungswert/Strom in einen anderen zu erleichtern. In modernen Designs werden oft *vertikale Metalloxidhalbleiter* (VMOS) als solche Schalter verwendet.

Schaltnetzteile erfreuen sich großer Beliebtheit, was zum Teil auf ihre Fähigkeit zurückzuführen ist, gut geregelte Ausgangsspannungen und -ströme auf relativ kleinem Raum effizient bereitzustellen.[111] Diese Netzteile, allgemein als DC-DC-Wandler bezeichnet,[112] basieren auf mehreren grundlegenden Konzepten, die teilweise von der Beziehung der/des Eingangsspannung/-stroms zur/zum Ausgangsspannung/-strom abhängen, z. B., wenn die Ausgangsspannung kleiner ist als die Eingangsspannung, spricht man von einem *Abwärtswandler*[113] und wenn sie höher ist, spricht man von einem *Aufwärtswandler*[114]. Ein Schlüsselelement in DC-DC-Wandlern ist eine Induktivität, die die interessante Eigenschaft hat, die Stromanstiegsrate durch einen Leistungsschalter zu

---

[110] Lineare Stromversorgungen verwenden oft einen Transformator, Brückengleichrichter, Widerstände und eine große Kapazität.

[111] Schaltnetzteile sind von Natur aus geräuschvoller als lineare Netzteile aufgrund der Schalttransienten, die in einem Schaltnetzteil vorhanden sind.

[112] Oder „DC-zu-DC-Wandler".

[113] Diese Art von Wandler wird oft als *Abwärtswandler* bezeichnet.

[114] Auch bekannt als *Aufwärtswandler*.

begrenzen und Energie konservativ[115] in ihrem Magnetfeld zu speichern, was im Falle einer idealen Induktivität in Joule ausgedrückt werden kann:

$$E = \tfrac{1}{2}Li^2 \,, \tag{11.216}$$

wobei L die Induktivität in Henry ausgedrückt wird und i der durch die Induktivität fließende Strom ist.

Eine Spule, Diode und Leistungsschalter können so konfiguriert werden, dass sie als Mittel zur Übertragung von Leistung bzw. Energie vom Eingang zum Ausgang eines DC-DC-Wandlers dienen. Da ein Schaltnetzteil von Natur aus effizienter ist als ein lineares Netzteil,[116] geht weniger Energie in Form von thermischer Erwärmung verloren, und kleinere Komponenten können verwendet werden. Die Fähigkeit, Energie vorübergehend in einer Spule zu speichern, macht es möglich, Ausgangsspannungen zu liefern, die niedriger oder höher als die Eingangsspannung sind, und wenn nötig umgekehrt. Wenn ein eingebettetes Design auf mehrere Versorgungsspannungen für seinen ordnungsgemäßen Betrieb angewiesen ist, kann die Überwachung dieser Spannungen sehr wichtig sein, um die Systemzuverlässigkeit zu gewährleisten. Eine solche Überwachung kann dann verwendet werden, um programmgesteuert korrigierende Maßnahmen zu ergreifen und/oder Benutzer und/oder andere Systeme zu alarmieren.

PSoC 3/5LP bieten eine Reihe von Komponenten zur Überwachung von Leistung, Spannung und/oder Strom. Die *Spannungsausfallerkennungskomponenten* von PSoC 3/5LP ermöglichen die Überwachung von Spannungen und die Erkennung von Spannungs-/Stromquellen, die einen Wert oder Werte außerhalb eines vordefinierten Bereichs haben, und wenn erforderlich, darauf zu reagieren. Spannungssequenzierungskomponenten können verwendet werden, um die *Einschalt-* und *Ausschaltsequenzierung* von Stromrichtern zu steuern. Trim- und Margin-Komponenten ermöglichen es, die Ausgangsspannungen von Wandlern anzupassen und zu steuern, um die verschiedenen Anforderungen an die Stromversorgung zu erfüllen.

11.12 Stromüberwachungskomponenten im PSoC Creator

Die Stromüberwachung ist eine wichtige Komponente jedes eingebetteten Systems und der PSoC Creator bietet eine Reihe von Komponenten die die Erkennung von Spannungsabfällen, die Schnittstelle zu Gleichstrom-Gleichstrom-Stromrichtern, die Überwachung von Stromschienen, die Steuerung von Gleichstrom-Gleichstrom-Stromrichtern usw. erleichtern.

---

[115] Mit Ausnahme von einigen typischerweise geringen I^2R-Verlusten, d. h. ohmscher Erwärmung.
[116] Lineare Netzteile verlassen sich auf resistive Elemente, um die für die Spannungsumwandlung und -regelung erforderlichen Spannungsabfälle zu liefern.

11.12.1 Spannungsfehlerdetektor (VFD)

Die *Voltage Fault Detector*-Komponente[117] bietet eine einfache Möglichkeit, bis zu 32 Spannungseingänge gegen benutzerdefinierte Über- und Unterspannungsgrenzen zu überwachen, ohne die ADC-Komponente verwenden und ohne Firmware schreiben zu müssen. Diese Komponente gibt einfach ein gutes/schlechtes Statusergebnis (*Strom gut* oder *pg[x]*) für jede überwachte Spannung aus. Die Komponente arbeitet vollständig in der Hardware ohne Eingriff des PSoC-CPU-Kerns, was zu einer bekannten, festen Fehlererkennungslatenz führt. Die *Voltage Fault Detector*-Komponente, dargestellt in Abb. 11.58, kann bis zu 32 Spannungseingänge verarbeiten und ist dafür verantwortlich, den Status dieser Spannungen zu bestimmen, indem sie mit einer benutzerdefinierten *Unterspannungsschwelle* („under-voltage", UV), einer *Überspannungsschwelle* („over-voltage", OV) oder beiden verglichen werden.

Clock wird verwendet, um die Zeitbasis für die Komponente festzulegen und sollte auf das 16Fache der gewünschten Multiplexfrequenz eingestellt werden. Wenn interne OV- und UV-Schwellen durch VDACs erzeugt werden, wird die Multiplexfrequenz hauptsächlich durch die VDAC-Aktualisierungsrate bestimmt. Wenn die VDACs für den Bereich 0–1 V konfiguriert sind, darf die Multiplexfrequenz 500 kHz (Takt = 8 MHz) nicht überschreiten, wobei die VDAC-Aktualisierungsrate plus DMA-Zeit zur Anpassung der DACs und der analogen Abklingzeit berücksichtigt wird. Wenn die VDACs für den Bereich 0–4 V konfiguriert sind, kann die Multiplexfrequenz 200 kHz (Takt = 3,2 MHz) nicht überschreiten.

Wenn externe Referenzen ausgewählt sind, kann der Benutzer die Zeitbasis auf eine Frequenz einstellen, die den Systemanforderungen entspricht. In diesem Fall muss die VDAC-Abklingzeit nicht berücksichtigt werden, da die VDACs nicht vorhanden sind und die OV- und/oder UV-Schwellen für die gesamte zu überwachende Spannung gleich sind. Daher wird die Frequenz nur durch die analoge Spannungsabklingzeit und die maximale Betriebsfrequenz der Zustandsmaschine der Komponente begrenzt.[118]

Da in beiden Fällen DMA involviert ist und innerhalb des Zeitfensters, das durch die gewählte Multiplexingfrequenz vorgegeben ist, abgeschlossen werden muss, bestimmt diese Komponente eine minimale *BUS_CLK*-Frequenz. Das minimale *BUS_CLK:Takt*-Verhältnis für diese Komponente beträgt 2:1.

- *Enable* – ist ein synchrones aktives High-Signal, das den Takteingang zur Zustandsmaschinensteuerung steuert.[119]
- *Over Voltage Reference* – ist ein analoger Eingang.[120] In diesem Fall stellt der Benutzer eine Überspannungsschwelle bereit, die den internen OV VDAC ersetzt. Dies

---

[117] Diese Komponente wird im PSoC 5-Bauteil nicht unterstützt.
[118] Eine praktische Grenze könnte 12 MHz sein.
[119] Ein Zweck dieses Eingangs besteht darin, die VDAC-Kalibrierung zu unterstützen.
[120] Dies ist nur zugänglich, wenn der *ExternalRef*-Parameter true ist.

11.12 Stromüberwachungskomponenten im PSoC Creator

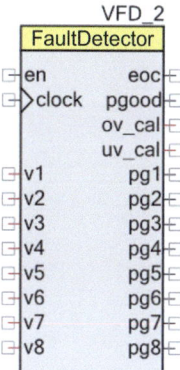

Abb. 11.58 *Voltage Fault Detector*-Komponente

kann z. B. von einem PSoC-Pin oder durch eine separate Instanziierung eines VDAC kommen.
- *Under Voltage Reference* – ist ein analoger Eingang. Der Benutzer muss eine Unterspannungsschwelle bereitstellen, die den internen UV VDAC ersetzt, z. B. von einem PSoC-Pin oder durch eine separate Instanziierung eines VDAC.
- *Voltages* – sind analoge Eingänge, die die zu überwachenden Spannungen darstellen.
- *Power Good* – ist ein globaler Ausgang, der ein aktives High-Signal ist, das anzeigt, dass alle Spannungen im Bereich sind *The(Individual:Active* High-Signal, das anzeigt, dass v[x] im Bereich ist.)
- *End of Cycle* – ist ein Ausgangsimpuls, der nach jedem Vergleich des Spannungseingangs mit seiner Referenzschwelle(n) aktiv high ist und das Ende eines vollständigen Vergleichszyklus anzeigt. Dieses Signal könnte beispielsweise verwendet werden, um die Referenzspannungs-VDAC für Kalibrierungszwecke zu erfassen.

Die *Trim and Margin*-Komponente bietet eine einfache Möglichkeit, die Ausgangsspannung von bis zu 24 DC-DC-Wandlern anzupassen und zu steuern, um die Anforderungen an die Stromversorgung des Systems zu erfüllen. Benutzer dieser Komponente geben einfach die Nennausgangsspannungen des Leistungswandlers, den Spannungstrimmbereich, die Margin-high- und die Margin-low-Einstellungen in die intuitive, benutzerfreundliche grafische Konfigurations-GUI des PSoC Creator ein und die Komponente kümmert sich um den Rest. Die Komponente wird dem Benutzer auch helfen, geeignete externe passive Komponentenwerte auf der Grundlage der Leistungsanforderungen auszuwählen.

11.12.2 Trim und Margin

Die APIs der Komponente ermöglichen es, die Ausgangsspannungen des Stromrichters manuell auf jede gewünschte Stufe zu trimmen, innerhalb der Betriebsgrenzen des

Abb. 11.59 Trim und Margin der Komponente

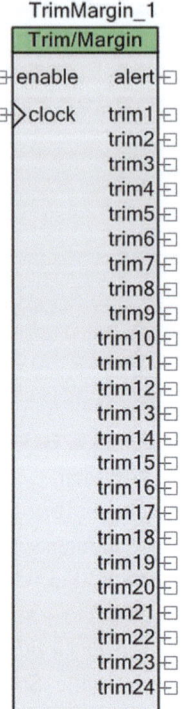

Stromrichters. Echtzeitaktives Trim oder Margin wird über eine kontinuierliche Hintergrundaufgabe unterstützt, deren Aktualisierungsfrequenz von der Anwendung gesteuert wird (Abb. 11.59).

Die Komponente unterstützt:

- die meisten einstellbaren DC-DC-Wandler oder Regler einschließlich LDO, Schalter und Module,
- bis zu 24 DC-DC-Wandler,
- 8–10-bit-Auflösung PWM-Pseudo-DAC-Ausgänge,
- aktives Echtzeittrimmen im geschlossenen Regelkreis in Verbindung mit der *Power Monitor*-Komponente und
- eingebautes Margin.

Die *Trim and Margin*-Komponente sollte in jeder Anwendung verwendet werden, die erfordert, dass PSoC die Ausgangsspannung mehrerer DC-DC-Stromrichters einstellt und steuert.

11.12.3 Trim und Margin von I/O-Verbindungen

Die *Trim and Margin*-Komponente hat die folgenden I/O-Verbindungen:

- *clock* – wird verwendet, um die PWM-Pseudo-DAC-Ausgänge zu steuern.
- *enable* – aktiviert die PWM und wird als Taktaktivierung für die PWM verwendet.
- *alert* – wird ausgelöst, wenn im geschlossenen Regelkreis ein Trim/Margin nicht erreichbar ist, weil PWM im minimalen oder maximalen Tastverhältnis ist, aber die gewünschte Ausgangsspannung des Stromrichters nicht erreicht wurde. Es bleibt aktiviert, solange der Alarmzustand an einem beliebigen Ausgang besteht.
- *trim[1..24]* – diese Anschlüsse sind die PWM-Ausgänge, die einen externen RC-Filter durchlaufen, um eine analoge Steuerspannung zu erzeugen, mit der die Ausgangsspannung des zugehörigen Stromrichters eingestellt wird. Die Anzahl der Klemmen wird durch den Parameter *Number of Voltages* bestimmt.

11.13 Voltage Sequencer

Die *Voltage Sequencer*-Komponente von PSoC Creator bietet eine einfache Möglichkeit, das Hoch- und Herunterfahren von bis zu 32 Stromrichtern gemäß den benutzerdefinierten Systemanforderungen zu steuern (Abb. 11.60).

Sobald die Sequenzierungsanforderungen in die benutzerfreundliche grafische Konfigurations-GUI von PSoC Creator eingegeben wurden, kümmert sich der *Voltage Sequencer* automatisch um die Implementierung der Sequenzierung. Diese Komponente sollte in Anwendungen verwendet werden, die eine Sequenzierung mehrerer DC-DC-Stromrichter erfordern. Die Komponente kann direkt an die *Enable* (en) und *Power good* (pg)-Pins der DC-DC-Stromrichterkreise angeschlossen werden, für *Sequencing-only*-Anwendungen. Der *Voltage Sequencer* kann an die *Power Monitor*- oder *Voltage Fault*

Abb. 11.60 *Voltage Sequencer*-Komponente

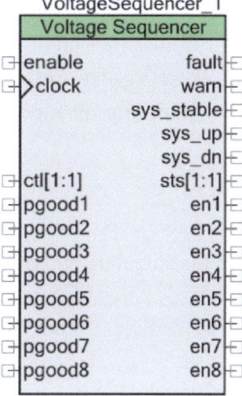

Detector-Komponenten von PSoC Creator angeschlossen werden. Die *Power Monitor*- und *Voltage Fault Detector*-Komponenten sind in der *Power Supervision*-Kategorie des Komponentenkatalogs von PSoC Creator verfügbar.

Unterstützte Funktionen beinhalten:

- autonomer (standalone) oder hostgesteuerter Betrieb,
- Stromrichterkreise mit logikpegelfähigen *Enable*-Eingängen und logikpegelfähigen *Power good (pgood)*-Statusausgängen,
- Sequenzierung und Überwachung von bis zu 32 Stromrichterleitungen und
- Sequenzreihenfolge, Timing und Inter-Rail-Abhängigkeiten können über PSoC Creator konfiguriert werden.

11.13.1 Voltage Sequencer I/O

Im Folgenden sind die verschiedenen I/O-Verbindungen der *Voltage Sequencer*-Komponente von PSoC Creator beschrieben.[121]

- *Enable* – ist ein globaler Enable-Pin, der verwendet werden kann, um eine Hoch- oder Herunterfahrsequenz zu initiieren.
- *Clock* – ist eine Eingangstimingquelle, die von der Komponente verwendet wird.
- *System Stable* – ist ein aktives High-Signal, das ausgegeben wird, wenn alle Stromrichter erfolgreich hochgefahren sind, d. h., alle Sequenzerzustandsmaschinen befinden sich im ON-Zustand und laufen für eine benutzerdefinierte Zeit normal.
- *System Up* – ist ein aktives High-Signal, das ausgegeben wird, wenn alle Stromrichter erfolgreich hochgefahren sind (alle Sequenzerzustandsmaschinen befinden sich im ON-Zustand).
- *System Down* – ist ein aktives High-Signal, das ausgegeben wird, wenn alle Stromrichter erfolgreich heruntergefahren sind, d. h., alle Sequenzerzustandsmaschinen befinden sich im OFF-Zustand.
- *Warning*[122] – ist ein aktives High-Signal, das ausgegeben wird, wenn einer oder mehrere Stromrichter nicht innerhalb der vom Benutzer festgelegten Zeit abgeschaltet haben.
- *Fault*[123] – ist ein aktives High-Signal, das ausgegeben wird, wenn eine Fehlerbedingung an einem oder mehreren Stromrichtern erkannt wurde. Dieser Anschluss

---

[121] Ein Sternchen (*) in der Liste der I/O zeigt an, dass die I/O unter den in der Beschreibung dieser I/O aufgeführten Bedingungen auf dem Symbol verborgen sein kann.

[122] Dieser Anschluss ist sichtbar, wenn das Kontrollkästchen mit der Bezeichnung *Disable TOFF_ MAX warnings* auf der Registerkarte *Power Down* des Konfigurationsdialogs deaktiviert ist.

[123] Die Verwendung dieses Anschlusses sollte auf das Ansteuern anderer Logik oder Pins beschränkt sein.

11.14 Power Monitor-Komponente

sollte nicht mit einer Interrupt-Komponente verbunden werden, da diese Komponente eine verdeckte Interrupt-Service-Routine hat, die so schnell wie möglich auf Fehler reagieren muss.

- *Sequenzer Control*s – sind allgemeine Eingänge mit einer benutzerdefinierten Polarität, die verwendet werden können, um Zustandsänderungen der Einschaltsequenzierung zu steuern, eine teilweise oder vollständige Herunterfahrsequenzierung zu erzwingen, oder beides.[124]
- *Sequenzer Status*-Ausgänge – sind allgemeine Ausgänge mit einer benutzerdefinierten Polarität, die zu jedem Zeitpunkt während des Sequenzierungsprozesses gesetzt und zurückgesetzt werden können, um den Fortschritt des Sequenzers anzuzeigen.[125]
- *Power Converter Enable*-Ausgänge – wenn diese Ausgänge gesetzt sind, aktivieren sie den ausgewählten Stromrichter, so dass er beginnt, seine Ausgabe zu regulieren.
- *Power Converter Power Goods* – sind Stromrichter, *Power-good*-Status-Eingänge. Diese Signale können direkt von den Statusausgangspins des Stromrichters kommen, oder innerhalb von PSoC durch ADC-Überwachung der Spannungsausgänge des Stromrichters abgeleitet werden, z. B. durch Verwendung der *Power Monitor*-Komponente oder Über-/Unterspannungsfensterkomparatorschwellendetektion, unter Verwendung der *Voltage Fault Detector*-Komponente.

11.14 Power Monitor-Komponente

Merkmale:

- Schnittstellen zu bis zu 32 DC-DC-Stromrichtern,
- misst die Ausgangsspannungen und Lastströme der Stromrichter mit einem DelSig-ADC,
- überwacht den Zustand der Stromrichter und erzeugt Warnungen und Fehler basierend auf benutzerdefinierten Schwellenwerten.
- Unterstützung für die Messung anderer Hilfsspannungen im System (Abb. 11.61).

11.14.1 Messungen der Spannung von Stromrichtern

Für Messungen der Spannung von Stromrichtern kann der ADC in den Single-Ended-Modus (im Bereich von 0 bis 4,096 V) konfiguriert werden. Der ADC kann auch in den

---

[124] Diese Anschlüsse sind sichtbar, wenn ein Nichtnullwert in das Feld Anzahl der Steuereingänge auf der Registerkarte *General* des Konfigurationsdialogs eingegeben wird.

[125] Diese Anschlüsse sind sichtbar, wenn ein Nichtnullwert in das Feld *Number of status outputs parameter* auf der Registerkarte *General* des Konfigurationsdialogs eingegeben wird.

Abb. 11.61 *Power Monitor*-Komponente

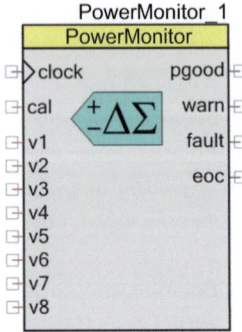

Differenzmodus (2,048-V-Bereich) konfiguriert werden, um die Fernabtastung von Spannungen zu unterstützen, bei denen der Remote-Masse-Bezug über eine PCB-Leiterbahn an PSoC zurückgeführt wird. In Fällen, in denen die zu überwachende analoge Spannung Vdda oder den ADC-Bereich erreicht oder übersteigt, wird die Verwendung von externen Widerstandsteilern empfohlen, um die überwachten Spannungen auf einen geeigneten Bereich herunterzuskalieren.

11.14.2 Messungen des Laststroms von Stromrichtern

Für Messungen des Laststroms von Stromrichtern kann der ADC in den Differenzmodus (± 64 mV oder ± 128 mV Bereich) konfiguriert werden, um die Spannungsmessung über einen Hochseiten-Shunt-Widerstand an den Ausgängen der Stromrichter zu unterstützen. Firmware-APIs wandeln die gemessene Differenzspannung in den äquivalenten Strom um, basierend auf dem verwendeten Wert der externen Widerstandskomponente (Abb. 11.62).

Abb. 11.62 *Power Monitor*-Komponente

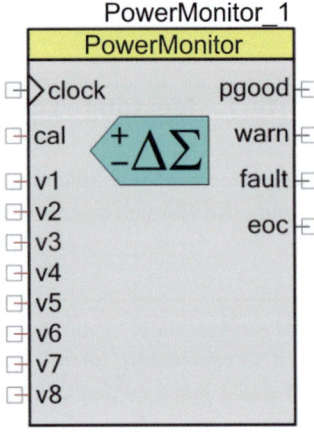

11.14 Power Monitor-Komponente

Der ADC kann auch in den Single-Ended-Modus (im Bereich von 0 bis 4,096 V) konfiguriert werden, um die Verbindung zu externen Stromsensoren (CSA) zu unterstützen, die den Differenzspannungsabfall über den Shuntwiderstand in eine Single-Ended-Spannung umwandeln, oder um Stromrichter oder Hot-Swap-Controller zu unterstützen, die ähnliche Funktionen integrieren.

11.14.3 Messungen von Hilfsspannungen

Bis zu vier Hilfseingangsspannungen können an den ADC angeschlossen werden, um andere Systemeingänge zu messen. Der ADC kann in einen Single-Ended- (0–4,096 V) oder einen Differenzmodus (±2,048-V- oder ±64-mV-Bereich) konfiguriert werden, um die Hilfseingangsspannungen zu messen.

11.14.4 Sequentielles Scannen des ADC

Der ADC wird in einer Round-Robin-Weise durch alle Stromrichter und Hilfseingänge sequenzieren, wenn sie aktiviert sind, und Spannungs- und Laststrommessungen durchführen. Diese Komponente misst die Spannungen aller Stromrichter im System, kann aber so konfiguriert werden, dass sie die Ströme einer Teilmenge der Stromrichter misst, oder dass sie überhaupt keine Strommessungen durchführt. Auf diese Weise wird die Anzahl der I/O und die Gesamtdauer der ADC-Abtastung minimiert. Diese Komponente benötigt einige Kenntnisse von Komponenten außerhalb von PSoC 3/5LP aus zwei Gründen: 1) Skalierungsfaktoren für Eingangsspannungen, die gedämpft wurden, um die I/O-Eingangsbereichsgrenzen oder ADC-Dynamikbereichsgrenzen zu erfüllen, wo zutreffend, und 2) Skalierungsfaktoren für Strommessungen, z. B. Serienwiderstand, Serieninduktivität oder CSA-Verstärkung usw.

11.14.5 I/O-Verbindungen

Die *Power Monitor*-Komponente von PSoC Creator hat die folgenden I/O-Verbindungen:

- *clock* – ist ein Eingangssignal, das verwendet wird, um alle digitalen Ausgangssignale zu steuern. Die maximale Frequenz für diesen Takt beträgt 67 MHz.
- *cal* – ist ein analoger Eingang, der die Kalibrierspannung darstellt, die zur Kalibrierung der Einstellungen des 64-mV- oder 128-mV-Differenzspannungs-ADC-Bereichs verwendet wird.[126] Wenn der *cal*-Pin verwendet wird, erfolgt automatisch eine

---

[126] Dieses Signal ist eine optionale Eingangsverbindung.

POR-Kalibrierung als Teil der *PowerMonitor_Start()*-API zur Kalibrierung des 64-mV- oder 128-mV-Differenzspannungs-ADC-Bereichs. Für nachfolgende Kalibrierungen, die während der Laufzeit auftreten, sollte *PowerMonitor_Calibrate()* verwendet werden.[127]

- *v[x]* – sind analoge Eingänge, die mit der Ausgangsspannung des Stromrichters verbunden sind, wie sie von ihren Lasten gesehen wird. Diese Eingänge können entweder direkte Verbindungen zu den Ausgängen des Stromrichters sein oder skalierte Versionen, die mit externen Skalierungswiderständen verwendet werden. Jeder Stromrichter wird die Spannungsmessung aktiviert haben. Die Komponente unterstützt maximal 32 Spannungseingangsklemmenpins und die unbenutzten Klemmen sind verborgen.
- *i[x]* sind analoge Eingänge, die es dieser Komponente ermöglichen, die Lastströme des Stromrichters zu messen. Dies könnte eine differentielle Spannungsmessung über einen Shuntwiderstand zusammen mit dem entsprechenden *v[x]*-Eingang sein oder eine einseitige Verbindung zu einem externen CSA. Die Stromüberwachung ist optional für jeden einzelnen Stromrichter. Wenn die differentielle *v[x]*-Spannungsmessung für einen Stromrichter in der Komponentenanpassung ausgewählt wird, wird die Strommessung für diesen Stromrichter deaktiviert, um die Anzahl der I/O zu begrenzen. In diesem Fall wird die *i[x]*-Klemme durch die *rtn[x]*-Klemme ersetzt, das den Rückweg der differentiellen Spannungsmessung darstellt. Diese Komponente unterstützt maximal 24 Stromeingangsklemmen und die unbenutzten Klemmen sind verborgen. Diese Klemmen sind gegenseitig exklusiv in Bezug auf die zugehörigen rtn[x]-Eingangsklemmen.
- *rtn[x]* – sind analoge Eingänge, die mit einem Massereferenzpunkt verbunden sind, der physisch nahe am Stromrichter liegt.[128]
- *aux[x]* – da diese Komponente den einzigen verfügbaren *DelSig ADC*-Konverter enthält, ermöglichen die *aux[x]* analogen Eingänge den Benutzern, andere Hilfsspannungseingänge für die Messung durch den ADC anzuschließen. Bis zu vier Hilfseingangsklemmen sind verfügbar und diese Klemmen werden verborgen, wenn der Benutzer die Überwachung der Hilfseingangsspannung in der Komponentenanpassung nicht aktiviert.
- *aux_rtn[x]* – sind analoge Eingänge, die mit dem Massereferenzpunkt der Hilfseingangsspannung verbunden werden können. Bis zu vier *aux_rtn[x]*-Klemmen sind verfügbar.
- *eoc* – ist ein digitales Ausgangssignal, das ein aktiver High-Impuls ist, der anzeigt, dass die ADC-Umwandlung für den aktuellen Abtastsatz abgeschlossen wurde.

---

[127] Die maximale Eingangsspannung, die an diesen Pin angelegt werden sollte, darf 100 % des verwendeten differentiellen ADC-Bereichs nicht überschreiten, d. h. entweder den 64- oder 128-mV-Bereich.

[128] Diese Klemmen sind gegenseitig exklusiv in Bezug auf die zugehörigen *i[x]*-Eingangsklemmen.

Diese Klemme wird für einen Taktzyklus high gepulst, wenn eine ADC-Messung von jedem analogen Eingang durchgeführt wurde, d. h. Spannungen, Ströme oder Hilfsgrößen. Es kann auch verwendet werden, um einen anwendungsspezifischen Interrupt für den MCU-Kern zu erzeugen oder um andere Hardware zu steuern, z. B. um es mit einem Pin zu verbinden, um die ADC-Aktualisierungsrate für alle Eingänge zu messen oder um benutzerdefinierte Firmwarefilteralgorithmen auszuführen, sobald alle Abtastwerte gesammelt sind.

- *pgood* – ist eine Ausgangsklemme, die aktiv auf high geschalten wird, wenn alle Stromrichterspannungen und -ströme, wenn gemessen, innerhalb eines vom Benutzer festgelegten Betriebsbereichs liegen. Einzelne Stromrichter können von der Teilnahme an der Erzeugung des *pgood*-Ausgangs ausgeschlossen werden. In der Anpassung besteht die Möglichkeit, diese Klemme zu einem Bus zu machen, um die individuellen *pgood*-Statusausgänge für jeden Wandler freizugeben.
- *warn* – ist eine Ausgangsklemme, die aktiv auf high geschalten wird, wenn eine oder mehrere Stromrichterspannungen oder -ströme, wenn gemessen, außerhalb des vom Benutzer festgelegten Nennbereichs liegen, aber nicht genug, um als Fehlerzustand betrachtet zu werden.
- *fault* – ist eine Ausgangsklemme, die aktiv auf high geschalten wird, wenn eine oder mehrere Stromrichterspannungen oder, wenn gemessen, Ströme außerhalb des vom Benutzer festgelegten Nennbereichs in einem solchen Maße liegen, dass es als Fehlerzustand betrachtet wird.

11.15 Fan Controller-Komponente im PSoC Creator

Die Systemkühlung ist eine kritische Komponente jedes Hochleistungselektroniksystems. Mit der fortschreitenden Miniaturisierung der Schaltungen werden immer höhere Anforderungen an die Systementwickler gestellt, die Effizienz ihrer Wärmemanagementkonzepte zu verbessern. Mehrere Faktoren machen dies zu einer schwierigen Aufgabe. Lüfterhersteller geben in ihren Datenblättern Taktzyklus-zu-RPM-Beziehungen mit Toleranzen von bis zu $\pm 20\,\%$ an. Um zu garantieren, dass ein Lüfter mit der gewünschten Geschwindigkeit läuft, müssten Systementwickler daher die Lüfter mit Geschwindigkeiten betreiben, die 20 % höher als nominal sind, um sicherzustellen, dass jeder Lüfter dieses Herstellers eine ausreichende Kühlung bietet. Dies führt zu übermäßigem akustischem Lärm und höherem Stromverbrauch.

Eine Echtzeitregelung der Lüftergeschwindigkeiten im geschlossenen Regelkreis ist mit jedem Standard-Mikrocontroller möglich, auf dem benutzerdefinierte Firmware-Algorithmen laufen, aber dieser Ansatz erfordert häufige CPU-Interrupts und verbraucht ständig Rechenleistung. Ein offener Regelkreis, bei dem die Firmware für die Steuerung der Lüftergeschwindigkeiten verantwortlich ist und die zugehörigen APIs verwendet werden, macht die Aufgabe schnell und einfach. Der *Fan Controller* kann auch in einem geschlossenen Regelkreis konfiguriert werden, bei dem die programmierbaren

Logikressourcen in PSoC die Lüftersteuerung autonom übernehmen, wodurch die CPU vollständig frei wird, um andere wichtige Systemmanagementaufgaben zu erledigen [17].

Ein typischer 4-Leiter-, bürstenloser DC-Lüfter ist in Abb. 11.63 dargestellt. Zwei der vier Leiter werden verwendet, um den Lüfter mit Strom zu versorgen, die anderen beiden Leiter werden für die Geschwindigkeitssteuerung und Überwachung verwendet. Lüfter gibt es in Standardgrößen, z. B. 40, 80 und 120 mm. Die wichtigste Spezifikation bei der Auswahl eines Lüfters für eine Kühlungsanwendung ist, wie viel Luft der Lüfter bewegen kann. Dies wird entweder als Kubikfuß pro Minute (ft^3/min) oder als Kubikmeter pro Minute (m^3/min) angegeben. Die Größe, Form und Neigung der Lüfterblätter tragen alle zur Fähigkeit des Lüfters bei, Luft zu bewegen. Offensichtlich müssen kleinere Lüfter mit einer höheren Geschwindigkeit laufen als größere Lüfter, um das gleiche Volumen an Luft in einem gegebenen Zeitrahmen zu bewegen. Anwendungen, die platzbeschränkt sind und kleinere Lüfter aufgrund von physischen Dimensionseinschränkungen benötigen, erzeugen deutlich mehr akustischen Lärm.

Dies ist ein unvermeidbarer Kompromiss, der eingegangen werden muss, um die Systemanforderungen zu erfüllen. Um die Erzeugung von akustischem Lärm zu steuern, kann die *Fan Controller*-Komponente so konfiguriert werden, dass die Lüfter mit der minimal möglichen Geschwindigkeit betrieben werden, um sichere Betriebstemperaturgrenzen einzuhalten. Dies verlängert auch die Betriebslebensdauer des Lüfters im Vergleich zu Systemen, die alle Lüfter ständig mit voller Geschwindigkeit laufen lassen. Die *Fan Controller*-Komponente interagiert mit den Lüftern, indem sie über PWM Geschwindigkeitssteuersignale ansteuert und die tatsächlichen Lüftergeschwindigkeiten durch Messung der Tachometerimpulsfolgen (TACH) überwacht. Die Komponente kann so konfiguriert werden, dass sie die Lüftergeschwindigkeiten automatisch reguliert und Lüfterausfälle auf der Grundlage der TACH-Eingänge erkennt.

Abb. 11.63 Ein typischer Vierleiterlüfter

11.15 Fan Controller-Komponente im PSoC Creator

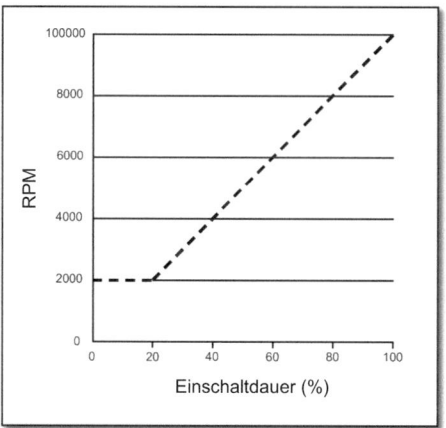

Abb. 11.64 Lüfterdrehzahl versus Tastverhältnis

Bei Vierleiterlüftern wird die Geschwindigkeitssteuerung von Vierleiterlüftern oft durch einen PWM erreicht.[129] Lüfterhersteller geben das PWM-Tastverhältnis im Vergleich zur Nennlüftergeschwindigkeit an, indem sie entweder eine Tabelle oder ein Diagramm, wie das in Abb. 11.64 gezeigte, bereitstellen. Die *Fan Controller*-Komponente bietet eine grafische Benutzeroberfläche, in der Entwickler diese Informationen eingeben können, die dann automatisch die Firmware und Hardware im PSoC konfiguriert und optimiert, um Lüfter mit diesen Parametern zu steuern. Es ist wichtig zu beachten, dass sich nicht alle Lüfter bei niedrigen Tastverhältnissen gleich verhalten. Einige Lüfter hören auf zu drehen, wenn das Tastverhältnis 0 % erreicht, während andere bei einem nominal angegebenen minimalen RPM drehen. In beiden Fällen kann die Abtastverhältnis-Drehzahl-Beziehung nichtlinear oder nicht spezifiziert sein. Bei der Eingabe von Informationen über das Verhältnis von Einschaltdauer zu Drehzahl in die Benutzeroberfläche der *Fan Controller*-Komponente, wählen Sie zwei Datenpunkte aus dem linearen Bereich, in dem das Verhalten des Lüfters gut definiert ist.

Dreileiter- und *Vierleiter*-DC-Lüfter enthalten Hall-Effekt-Sensoren, die die rotierenden Magnetfelder erfassen, die vom Rotor erzeugt werden, wenn er sich dreht. Der Ausgang des Hall-Effekt-Sensors ist eine Impulsfolge, deren Periode umgekehrt proportional zur Drehgeschwindigkeit des Lüfters ist. Die Anzahl der pro Umdrehung erzeugten Impulse hängt davon ab, wie viele Pole in der elektromechanischen Konstruktion des Lüfters verwendet werden. Bei dem am häufigsten verwendeten 4-poligen bürstenlosen DC-Lüfter erzeugt der Ausgang des Hall-Effekt-Sensors zwei High- und Low-Impulse pro Lüfterumdrehung.

---

[129] Eine Erhöhung des Tastverhältnisses des PWM-Steuerungssignals erhöht die Lüftergeschwindigkeit.

Wenn der Lüfter aufgrund eines mechanischen Ausfalls oder eines anderen Fehlers aufhört sich zu drehen, bleibt das Ausgangssignal des Tachometers entweder auf einem Logisch-Low- oder -High-Niveau statisch. Die *Fan Controller*-Komponente misst die Periode der Tachometerimpulsfolge für alle Lüfter im System mit einer benutzerdefinierten Hardwareimplementierung. Die bereitgestellten Firmware-APIs konvertieren die gemessenen Tachometerperioden in RPM, um die Entwicklung von firmwarebasierten Lüftersteuerungsalgorithmen zu ermöglichen. Derselbe Hardware-Block kann Warnmeldungen generieren, wenn er feststellt, dass sich ein Lüfter nicht mehr dreht, was als Blockierungsereignis bezeichnet wird.

Auf der Verkabelungsebene ist die Farbcodierung der Drähte bei den verschiedenen Herstellern nicht einheitlich, aber die Belegung der Steckerstifte ist standardisiert. Die Abb. 11.65 zeigt die Pinbelegung des Steckers, wenn man in den Stecker blickt und das Kabel dahinter liegt.[130] Das gewählte Codierungsschema ermöglicht es auch, dass Vierleiterlüfter ohne Modifikation an Steuerplatinen angeschlossen werden können, die für Dreileiterlüfter ausgelegt sind, d. h., ohne PWM-Geschwindigkeitssteuersignal.

Die *Fan Controller*-Komponente von PSoC Creator unterstützt die folgenden Funktionen:

- 4-Pol- und 6-Pol-Motoren,
- 25, 50 kHz oder benutzerdefinierte PWM-Frequenzen,
- anpassbarer Alarmpin für die Meldung von Lüfterfehlern,
- Lüftergeschwindigkeiten bis zu 25.000 RPM,
- Erkennung von Lüfterstopp/Rotorblockierung bei allen Lüftern,
- firmwaregesteuerte oder hardwaregesteuerte Lüftergeschwindigkeitsregelung,
- individuelle oder gruppierte PWM-Ausgänge mit Tachometereingängen und
- bis zu 16 PWM-gesteuerte bürstenlose Vierleiter-DC-Lüfter.

Die Komponente *Fan Controller* ermöglicht eine schnelle Entwicklung von Lüftersteuerungslösungen mit PSoC 3/5LP. Es handelt sich um eine systemweite Lösung, die alle notwendigen Hardwareblöcke einschließlich PWM, Tachometereingangserfassungstimer, Steuerungsregister, Statusregister und einen DMA-Controller umfasst, wodurch die Entwicklungszeit und der Aufwand reduziert werden.

Die grafische Benutzeroberfläche von PSoC Creator ermöglicht es, die elektromechanischen Parameter des Lüfters wie die Zuordnung von Tastverhältnis zu Umdrehungen pro Minute und die physische Organisation der Lüfterbank zu berücksichtigen. Leistungsparameter wie PWM-Frequenz, Auflösung und offene/geschlossene Regelungsmethodik können über die gleiche Benutzeroberfläche konfiguriert werden. Sobald die Systemparameter eingegeben sind, liefert die Komponente die optimale Im-

---

[130] Die Stecker sind codiert, um ein falsches Einstecken in das Lüftersteuerungsboard zu verhindern.

11.15 Fan Controller-Komponente im PSoC Creator

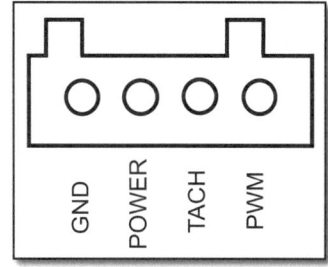

Abb. 11.65 Pinbelegung des Vierleiterlüftersteckers

plementierung und spart Ressourcen innerhalb von PSoC, um die Integration anderer Funktionen zur Temperatur- und Systemverwaltung zu ermöglichen.[131]

Die Komponente *Fan Controller* kann in Wärmemanagementanwendungen zur Steuerung und Überwachung von Vierleitergleichstromlüftern auf PWM-Basis verwendet werden. Wenn die Anwendung mehr als 16 Lüfter erfordert, können mehrere Instanzen der Komponente *Fan Controller* verwendet werden. Ebenso kann, wenn die Lüfter in Bänken organisiert sind, pro Bank eine Komponente *Fan Controller* eingesetzt werden oder eine einzelne Komponente, die alle Bänke steuert.

Die von PSoC Creator unterstützten Lüfterparameter umfassen:

- *Motor Support* – gibt die Anzahl der High-low-Impulse an, die pro Umdrehung am Tachometerausgang des Lüfters erscheinen.
- *Number of banks* – gibt die Anzahl der Lüfterbanken an.
- *PWM Resolution* – gibt die Auflösung des Tastverhältnisses für das modulierte PWM-Signal an, das die Lüfter zur Steuerung der Drehzahl antreibt.
- *PWM-Frequency*[132] – gibt die Frequenz des modulierten PWM-Signals an, das die Lüfter antreibt.
- *Duty A(%), RPM A* – gibt einen Datenpunkt auf der Übertragungsfunktion von Tastverhältnis zu Umdrehungen pro Minute für den ausgewählten Lüfter oder die Lüfterbank an. Der Parameter *RPM A* gibt die Geschwindigkeit an, mit der der Lüfter nominell läuft, wenn er von einem PWM mit einem Tastverhältnis von *Duty A* angetrieben wird.[133]

---

[131] Designs, die die *Fan Controller*-Komponente von PSoC Creator verwenden, sollten die Energiespar- oder Ruhezustände von PSoC 3 nicht verwenden. Das Betreten dieser Modi verhindert, dass die *Fan Controller*-Komponente die Lüfter steuert und überwacht.

[132] Die Standardeinstellung beträgt 25 kHz.

[133] Die Komponente *Fan Controller* kann PWM-Tastverhältnisse bis zu 0 % fahren, auch wenn Duty A (%) auf einen Nichtnullwert eingestellt ist. Der gültige Bereich für den Parameter Duty A (%) liegt zwischen 0 und 99. Die Standardeinstellung beträgt 25. Ein gültiger Bereich für den Parameter RPM A liegt zwischen 500 und 24.999. Die Standardeinstellung beträgt 1000.

- *Duty B (%), RPM B* – gibt einen zweiten Datenpunkt auf der Übertragungsfunktion von Tastverhältnis zu Umdrehungen pro Minute für den ausgewählten Lüfter oder die Lüfterbank an. Der Parameter *RPM B* gibt die Geschwindigkeit an, mit der der Lüfter nominell läuft, wenn er von einem PWM mit einem Tastverhältnis von *Duty B (%)* angetrieben wird.[134]
- *Initial RPM* – gibt die anfänglichen Umdrehungen pro Minute eines einzelnen Lüfters an. Der Wert von *Initial RPM* wird in ein Tastverhältnis umgewandelt und als anfängliches Tastverhältnis für einen einzelnen Lüfter festgelegt.[135]

11.15.1 *Fan Controller*-API-Funktionen

- *clock* – ist ein Eingang für eine benutzerdefinierte Taktquelle für die Lüftersteuerungs-PWM. Es ist nur vorhanden, wenn die Option *External Clock* in der Komponentenanpassung ausgewählt ist.
- *tach1..16* – sind Tachometersignaleingänge von jedem Lüfter, die es dem *Fan Controller* ermöglichen, die Drehzahlen der Lüfter zu messen. Die Komponente ist so konzipiert, dass sie mit 4-poligen Gleichstromlüftern arbeitet, die zwei High-low-Impulsfolgen pro Umdrehung auf ihrem Tachometerausgang erzeugen, oder mit 6-poligen Gleichstromlüftern, die drei High-low-Impulszüge erzeugen. *tach2..16*-Eingänge sind optional.
- *fan1..16*[136] – sind PWM-Ausgänge mit variablen Tastverhältnissen zur Steuerung der Geschwindigkeit der Lüfter. Diese Ausgangsanschlüsse werden durch die Ausgänge *bank1..8* ersetzt, wenn die Lüfterbank aktiviert ist.[137]
- *bank1..8* – sind PWM-Ausgänge mit variablen Tastverhältnissen zur Steuerung der Geschwindigkeit der Lüfterbänke. Diese Ausgänge erscheinen nur, wenn die Bankfunktion aktiviert ist.
- *alert* – ist ein aktiver High-Ausgangsanschluss, der betätigt wird, wenn Lüfterfehler erkannt werden (falls aktiviert).
- *eoc* – ist der End-of-Cycle-Ausgang und wird jedes Mal auf High gepulst, wenn der Tachometerblock die Geschwindigkeit aller Lüfter im System gemessen hat. Dies kann verwendet werden, um Firmwarealgorithmen mit der *Fan Controller*-Hardware zu synchronisieren, indem die Klemme mit einer Komponente *Status Register* oder mit einer Interrupt-Komponente verbunden wird.

---

[134] Die *Fan Controller*-Komponente kann PWM-Tastverhältnisse bis zu 100 % fahren, auch wenn Duty B (%) unter 100 % eingestellt ist. Der gültige Bereich für den Parameter Duty B (%) liegt zwischen 1 und 100 und die Standardeinstellung beträgt 100. Ein gültiger Bereich für den Parameter RPM B liegt zwischen 501 und 25.000 und die Standardeinstellung beträgt 10.000.

[135] *Initial RPM* sollte niedriger eingestellt werden als der Parameter *RPM A*.

[136] *fan2*$\cdots$*16* sind optional.

[137] Die maximale Anzahl von Lüfterausgängen und zugehörigen Tach-Eingängen ist auf 12 begrenzt, um die Nutzung digitaler Ressourcen im Hardware-UDB-Modus zu minimieren.

11.15 Fan Controller-Komponente im PSoC Creator

Tab. 11.12 Tabelle mit *Fan Controller*-Funktionen (Teil 1)

Funktion	Beschreibung
FanController_Start()	Starten der Komponente
FanController_Sopt()	Anhalten der Komponente und Deaktivieren von Hardware-Blöcken
FanController_Init()	Initialisiert die Komponente
FanController_Enable()	Aktiviert Hardware-Blöcke innerhalb der Komponente
FanController_EnableAlert()	Aktiviert Warnmeldungen der Komponente
FanController_DisableAlert()	Deaktiviert die Warnmeldungen der Komponente
FanController_SetAlertMode()	Konfiguriert Alarmquellen
FanController_GetAlertMode()	Gibt aktuell aktivierte Alarmquellen zurück
FanController_SetAlertMask()	Ermöglicht die Maskierung von Alarmen von jedem Ventilator

Die Komponente *Fan Controller* von PSoC Creator unterstützt eine Reihe von einzigartigen Funktionen, die in Anwendungen mit einem oder mehreren Lüftern wichtig sind, z. B. bestimmt der Parameter *Tolerance* die akzeptable Abweichung der Geschwindigkeit eines Lüfters in Bezug auf die gewünschte Geschwindigkeit [17]. Dieser Parameter ermöglicht eine Feinabstimmung der Hardwaresteuerlogik, um den elektromechanischen Eigenschaften des ausgewählten Lüfters zu entsprechen.[138] Der Parameter *Acoustic Noise Reduction* begrenzt das zulässige akustische Lüftergeräusch, indem die positive Geschwindigkeitsänderung, d. h. die Beschleunigungsrate des Lüfters, eingeschränkt wird. Dies wird erreicht, indem der Tastgrad des PWM allmählich erhöht wird. *Alerts* werden durch einen Lüfterstau oder eine Rotorblockade des Lüfters ausgelöst und können verwendet werden, um eine LED zur visuellen Signalisierung dieser Zustände zu beleuchten (Tab. 11.12 und 11.13).

Im Folgenden ist ein Codefragment dargestellt, das den grundlegenden Code zur Unterstützung eines Lüfters und zweier Schalter zeigt, die den Tastgrad des Lüfters variieren:

```
/* Duty cycles expressed in percent */
#define MIN_DUTY 0
#define MAX_DUTY 100
#define INIT_DUTY 50
#define DUTY_STEP 5
```

---

[138] Der gültige Bereich für diesen Parameter liegt zwischen 1 und 10 %. Die Standardeinstellung beträgt 1 %. Wenn eine 8-bit-PWM-Auflösung im Register *Fan* für die *Fan Controller*-Komponente ausgewählt wird, wird eine Toleranzeinstellung von 5 % empfohlen.

Tab. 11.13 Tabelle mit *Fan Controller*-Funktionen (Teil 2)

Funktion	Beschreibung
FanController_GetAlertMask()	Gibt den Alarm-Maskierungsstatus der einzelnen Lüfter zurück
FanController_GetAlertSource()	Gibt ausstehende Alarmquelle(n) zurück
FanController_GetFanStallStatus()	Gibt eine Bitmaske zurück, die den Blockierstatus jedes Lüfters darstellt
FanController_GetFanSpeedStatus()	Gibt eine Bitmaske zurück, die den Status der Drehzahlregelung jedes Lüfters im Hardware-Steuermodus darstellt
FanController_SetDutyCycle()	Legt das PWM-Tastverhältnis für den angegebenen Lüfter oder die Lüfterreihe fest
FanController_GetDutyCycle()	Gibt das PWM-Tastverhältnis für den angegebenen Lüfter oder die angegebene Lüfterbank zurück
FanController_SetDesiredSpeed()	Legt die gewünschte Lüftergeschwindigkeit für den angegebenen Lüfter im Hardware-Steuermodus fest
FanController_GetDesiredSpeed()	Gibt die gewünschte Lüftergeschwindigkeit für den angegebenen Lüfter im Hardware-Steuermodus zurück
FanController_GetActualSpeed()	Gibt die aktuelle Geschwindigkeit für den angegebenen Lüfter zurück
FanController_OverrideHardwareControl()	Ermöglicht es der Firmware, die Hardware-Lüftersteuerung (UDB) außer Kraft zu setzen

```
void main() { uint16 dutyCycle = INIT_DUTY;
/* Initialize the Fan Controller */
FanController_Start();
/* API uses Duty Cycles Expressed in Hundredths of a Percent */
 FanController_SetDutyCycle(1, dutyCycle*100);

/* Check for Button Press to Change Duty Cycle */
if((!SW1_Read()) || (!SW2_Read()))
{
/* Increase Duty Cycle */
if(!SW1_Read())
{
if(dutyCycle > MIN_DUTY)
dutyCycle -= DUTY_STEP; }
/* SW2 = Increase Duty Cycle */
else {
if((dutyCycle += DUTY_STEP) > MAX_DUTY)
dutyCycle = MAX_DUTY;
}
/* AAdjust Duty Cycle of the Fan Bank */
 FanController_SetDutyCycle(1, dutyCycle*100);

/* Switch Debounce */
CyDelay(250);
}
}
```

11.16 Empfohlene Übungen

11-1 Entwerfen Sie einen Sallen-Key-Bandpassfilter, der Signale über 70 Hz und unter 1500 Hz durchlässt. Skizzieren Sie das Bode-Diagramm für diesen Filter und zeichnen Sie die Phasenverschiebungseigenschaften des Filters über denselben Bereich auf.

11-2 Ein bestimmter Sensor hat eine Ausgangsimpedanz von $Z_{out} = 1000 + j250\,\Omega$ und misst den Druck. Nehmen Sie an, dass der Sensor einen Strom liefert, der direkt proportional zum gemessenen Druck ist und mathematisch ausgedrückt wird als:

$$P = K(P_{system} - P_{ambient})\mu amps. \tag{11.217}$$

Entwerfen Sie ein System, das mit dem Sensor verbunden ist und eine Spannung erzeugt, die linear über den Bereich von 0 bis 5 V DC variiert und proportional zum netto gemessenen Systemdruck ist.

11-3 Entwerfen Sie ein analoges System, das das folgende Lorenz-Gleichungssystem mit Hilfe von OpAmps und Vierquadrantenmultiplikatoren wie dem Analog Devices AD633ANZ löst.

$$\begin{aligned}\frac{dx}{dt} &= \sigma(y-x), \\ \frac{dy}{dt} &= x(\rho-z) - y, \\ \frac{dz}{dt} &= xy - \beta z.\end{aligned} \tag{11.218}$$

11-4 Beschreiben Sie die potenziellen Auswirkungen der Verwendung von nicht idealen OpAmps in einem Hardwaresystem, dessen Design auf idealen OpAmps basiert. Was sind die Hauptbeschränkungen von gängigen OpAmps?

11-5 Entwerfen Sie eine Präzisionsspannungsversorgung, die eine 5-V-Zener-Diode als Referenzspannung verwendet und in der Lage ist, bis zu 100 mA bei 5 Vdc zu liefern.

11-6 Entwerfen Sie mit PSoC Creator OpAmps einen Funktionsgenerator, der in der Lage ist, Sinus-, Quadrat- und Rampenfunktionen zu erzeugen, deren Ausgang von 100 bis 1000 Hz variiert werden kann. Die Ausgangsimpedanz muss 50 Ω betragen.

11-7 Entwerfen Sie ein digitales Voltmeter mit PSoC Creator, das Spannungen von 0 bis 10 V messen kann und eine Eingangsimpedanz von 10 MΩ hat.

11-8 Entwerfen Sie mit einem kapazitiven Ansatz für benötigte Widerstände, einem OpAmp und PSoC Creator einen „R-2R"-Digital-analog-Wandler auf der Basis des in

Abb. 11.66 gezeigten Widerstandsnetzwerks. Zeigen Sie, wie Sie Ihr Design erweitern würden, um einen A/D-Wandler zu erstellen.

11-9 Zeigen Sie anhand der unten gezeigten Steuergleichungen für einen PID-Regler, wie Sie diese in PSoC Creator implementieren würden.
Die Steuergleichungen lauten:

$$u(t) = K_\text{p}\left(e(t) + K_\text{i}\int_0^t e(t')dt' + K_\text{d}\frac{de(t)}{dt}\right)$$

oder äquivalent:

$$u(t) = K_\text{p}\left(e(t) + \frac{1}{T_\text{i}}\int_0^t e(t')dt' + T_\text{d}\frac{de(t)}{dt}\right),$$

wobei K_p, K_i und K_d die Koeffizienten der proportionalen, integralen und differentiellen Terme (auch bezeichnet als P, I und D) und T_i und T_d die Zeitkonstanten des Integral- und Differentiator-Terms sind.

Berechnen Sie den Fehler e(t), der die Differenz zwischen dem Sollwert $SP = r(t)$ und der Prozessvariablen $PV = y(t)$ ist. Die Fehlerkorrektur besteht aus einem Ausdruck, der eine Funktion der proportionalen, integralen und differentiellen Terme ist und sollte in Ihrem Design berechnet und auf einer 4-stelligen Anzeige darstellbar sein.

11-10 Ein gegebener OpAmp wird als ideal angenommen und hat eine DC-Verstärkung von 120 dB, eine AC-Verstärkung von 40 dB bei 100 kHz und eine Slew-Rate von 1,79 V/μs. Die Rail-to-Rail-Spannungen betragen ±12 V DC. Ein 100-kΩ-Widerstand ist zwischen dem Ausgang des OpAmp und der negativen Eingangsklemme verbunden. Die negative Eingangsklemme ist über einen 4,7-kΩ-Widerstand mit dem Erdboden verbunden. Das Eingangssignal ist über einen 22-kΩ-Widerstand mit der positiven Eingangsklemme verbunden. Was sind der Eingangswiderstand, der Ausgangswiderstand und die Verstärkung dieser Schaltung?

Labormessungen zeigen, dass der OpAmp eine Offsetspannung von 0,89 mV und einen Eingangsbiasstrom von 9,4 nA hat. Wenn der positive Eingang geerdet ist, wie hoch ist die Ausgangsspannung? Was ist die Einheitsverstärkungsbandbreite dieses Verstärkers?

Abb. 11.66 R-R-Netzwerk

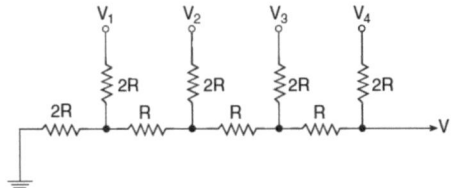

11.16 Empfohlene Übungen

11-11 Zeigen Sie, wie man einen translinearen, analogen Multiplikator[139] Barrie Gilbert führte das Konzept der translinearen Geräte in einem Vortrag ein, den er 1996 hielt. mit OpAmps, Dioden und Widerständen entwirft und erklären Sie die Einschränkungen eines solchen Designs. Vergleichen Sie Ihr Design mit den Ergebnissen, die eine Gilbert-Zelle (Mischer) erzeugt [6, 7].

11-12 Wiederholen Sie Übung 11-11 nur mit OpAmps und Widerständen [27].

11-13 Entwerfen Sie ein einfaches System bestehend aus einem ADC und PWM, um eine LED zu beleuchten. Die Beleuchtung der LED soll in Bezug auf die Helligkeit direkt proportional zur analogen Eingangsspannung sein. Verwenden Sie eine zweite PWM, um die LED mit einer Rate von 1 Blinken/s aufleuchten zu lassen, wenn die Eingangsspannung negativ ist.

11-14 Zeigen Sie den in main.c benötigten C-Sprachcode, um Ihr Design für Übung 6-1 in PSoC Creator zu implementieren. Erklären Sie, welche Änderungen an Ihrem Code erforderlich wären, um einem Benutzer zu ermöglichen, die Blinkrate auf 0,5, 0,75, 1, 1,25, 1,5, 1,75 und 2 s für eine negative Eingangsspannung zu ändern.

11-15 Entwerfen Sie einen Sallen-Key-Bandpassfilter, der alle Frequenzen über 1 MHz und alle unter 1 kHz herausfiltert, unter der Annahme, dass die verwendeten Widerstandswerte zwischen 1 und 10 kΩ liegen müssen. Geben Sie die erforderlichen kapazitiven Werte an und alle Annahmen, die Sie über die Eigenschaften des Operationsverstärkers machen.

11-16 Erläutern Sie unter Verwendung der von PSoC Creator bereitgestellten Komponenten, wie man eine PWM verwendet, um eine analoge Spannung mit beliebig variablem Tastverhältnis zu erzeugen, die an ein externes Gerät angelegt werden kann.

11-17 Ein Photomultiplier wird zur Messung der Lichtintensität bei sehr niedrigen Werten eingesetzt. Sein Ausgangsstrom ist direkt proportional zur Intensität des Lichts, das auf den Photomultiplier fällt. Beschreiben Sie eine Schaltung mit PSoC Creator-Komponenten, die den Ausgangsstrom des Photomultipliers aufnimmt und die gemessene Intensität auf einer LCD-Anzeige anzeigt. Nehmen Sie an, dass der Ausgangsstrom des Photomultipliers eine logarithmische Funktion der einfallenden Lichtmenge ist.

11-18 Ein Spiegel ist an der rotierenden Welle eines Gleichstrommotors befestigt. Dieses Gerät soll verwendet werden, um die Bewegung eines rotierenden Geräts, z. B. eines Ventilators, „einzufrieren". Beschreiben Sie die Antriebsschaltung für den Motor unter der Annahme, dass PWM und Tach-Steuerungen verwendet werden, um dem Benutzer zu ermöglichen, die Drehgeschwindigkeit des Spiegels zu variieren und diese Geschwindigkeit über eine Tach-basierte Rückkopplungsschleife zu halten.

11-19 Es wird eine Oszilloskopsonde benötigt, die einen extrem hohen Eingangswiderstand hat. Beschreiben Sie eine Schaltung mit OpAmps, die für diesen Zweck verwendet werden könnte. Diese „Sonde" darf keine Signale mit Komponenten höher als 100 Hz durchlassen.

11-20 Erklären Sie die Vor- und Nachteile von digitalen Filtern im Vergleich zu analogen Filtern und die Einschränkungen jeder Art aus Sicht von Herstellung, Kosten und Leistung.

11-21 Entwerfen Sie ein Lüftersteuerungssystem, das vier Thermoelemente, PWM und Tachometer zusammen mit einer Tabelle verwendet, die angibt, wie auf verschiedene, umgebungsbedingte Temperaturbedingungen innerhalb eines Gehäuses reagiert werden soll.

11-22 Wählen Sie einen digitalen Filtertyp aus diesem Kapitel und entwerfen Sie einen Bandpassfilter mit den gleichen Bandpasseigenschaften wie der analoge Filter im Beispiel 6.2.

11-23 Berechnen Sie den maximal verfügbaren Ausgangsstrom aus einem 1-W-DC-DC-Wandler, unter der Annahme, dass die Eingabe 12 VDC und die Ausgabe 5 VDC beträgt. Wiederholen Sie die Berechnung unter der Annahme, dass die Eingangsspannung von 7,5 bis 24 VDC variiert, und stellen Sie den Ausgangsstrom als Funktion der Eingangsspannung dar. Angenommen, der Wandler verfügt über eine analoge Eingabe, die es ermöglicht, die Eingabe von 4,5 bis 5,5 VDC einzustellen, erweitern Sie Ihr Design, um die Leistungsmanagementkomponenten von PSoC Creator zu verwenden, um Abweichungen von 5 VDC an der Ausgabe zu erkennen und zu korrigieren. Fügen Sie Ihrem Design LEDs hinzu, die aufleuchten, wenn die Ausgabe in den Bereich von 4,9 bis 5,1 V fällt.

11-24 Entwerfen Sie einen analogen Filter, um 60-Hz-Signale von der Eingabe eines eingebetteten Systems zu entfernen, wobei Kapazitätswerte im Bereich von 1 bis 10 µfd verwendet werden. Falls notwendig, dürfen Sie Kombinationen solcher Kondensatoren, in Serie oder parallel, verwenden, um die optimale Leistung Ihres Filterdesigns zu erreichen.

11-25 Entwerfen Sie mit einer OpAmp-Komponente im PSoC Creator und einer Look-up-Tabelle mit gespeicherten Sinuswerten einen Sinuswellengenerator, der in der Lage ist, eine Sinuswellenausgabe mit einer Amplitude von ±1 V (RMS) und einer Frequenz von 100 Hz zu erzeugen. Die Look-up-Tabelle soll 256 Werte enthalten. Fügen Sie Ihrer Konstruktion externe Potentiometer hinzu, die es ermöglichen, die Amplitude und/oder Frequenz in einem Bereich von ±10 % zu variieren.

11-26 Ein Temperatursensor, der 300 ft vom eingebetteten System entfernt ist, moduliert eine 1000-Hz-Sinuswelle in der Amplitude und überträgt das Signal alle 10 s an das eingebettete Signal. Die Signalleitungen sind anfällig für 60-Hz-Rauschen, das aus dem Eingangssignal entfernt werden muss, bevor es vom eingebetteten System verarbeitet wird. Entwerfen Sie mit PSoC Creator ein System, das a) jegliches unerwünschtes Rauschen aus dem Eingangssignal entfernt, b) das Signal demoduliert, um die Amplitude zu einem bestimmten Zeitpunkt zu erhalten, c) diesen Wert in einen digitalen Wert umwandelt und d) das Ergebnis auf einem vom eingebetteten System gesteuerten LCD-Bildschirm anzeigt. Nehmen Sie an, dass die maximale Amplitude des Eingangssignals 10 V (RMS) beträgt, entsprechend 100 °C – 0 °C entspricht 0,1 V (RMS) – und dass die angezeigte Temperatur auf ein Zehntel Grad Celsius genau sein muss.

Finden Sie die Impulsantwort für jedes dieser Systeme. Stellen diese Gleichungen stabile und/oder kausale Systeme dar?

Literatur

1. M.D. Anu, A. Mohan, PSoC 3 and PSoC 5LP-ADC Data Buffering Using DMA. AN61102. Document No. 001-61102Rev. *L1. Cypress Semiconductor (2018)
2. H.S. Black, Stabilized feedback amplifiers. Bell Syst. Tech. J. **13**(1), 1 (1934)
3. H.S. Black, Inventing the negative feedback amplifier. IEEE Spectr. (1977)
4. G.E. Carlson, *Signal and Linear System Analysis (with MATLAB)*, 2. Aufl. (Wiley, London, 1998)
5. A.N. Doboli, E.H. Currie, *Introduction to Mix-Signal, Embedded Design* (Springer, Berlin, 2010)
6. B. Gilbert, A high-performance monolithic multiplier using active feedback. IEEE J. Solid State Circuits **9**(6), 364–373 (1974)
7. B. Gilbert, Translinear circuits: an historical overview. Analog Integr. Circ. Sig. Process **9**, 95–118 (1996). https://doi.org/10.1007/BF00166408
8. *Handbook of Operational Amplifier Applications* (Burr-Brown Research Corporation, Tucson, 1963)
9. M. Hastings, PSoC 3 and PSoC 5LP–Pin Selection for Analog Designs. AN58304. Document No. 001-58304Rev. *H. Cypress Semiconductor (2017)
10. E. Hewitt, R.E. Hewi, *The Gibbs–Wilbraham Phenomenon: An Episode in Fourier Analysis. Archive for History of Exact Sciences*, Bd. 21 (Springer, Berlin, 1979)
11. R.G. Irvine, *Operational Amplifier. Characteristics and Applications*, 3. Aufl. (Prentice Hall, Englewood, 1994)
12. D.S. Jayalalitha, D. Susan, Grounded simulated inductor – a review. Middle-East J. Sci. Res. **15**(2), 278–286 (2013)
13. J.B. Johnson, Thermal agitation of electricity in conductors. Phys. Rev. **32**, 97 (1928)
14. W. Jung, *OpAmp Applications Handbook* (Newnes, 1994)
15. E.W. Kamen, B.S. Heck, *Fundamentals of Signals and Systems (Using the Web and MATLAB)*, 3. Aufl. (Pearson Prentice Hall, Englewood, 2007)
16. A. Kay, *Operational Amplifier Noise: Techniques and Tips for Analyzing and Reducing Noise*, 1. Aufl. (Newnes, 2012)
17. J. Konstas, PSoC 3 and LP Intelligent Fan Controller. Cypress Semiconductor (2011)

18. D. Lancaster, *Active Filter Cookbook*, 2. Aufl. (Newnes, 1996)
19. D. Meador, *Analog Signal Processing with Laplace transforms and Active Filter Design* (Delmar, 2002)
20. J.H. Miller, Dependence on the input impedance of a three-electrode vacuum tube upon the load in the plate circuit. Sci. Pap. Bur. Stand. **15**(351), 367–385 (1920)
21. M.S. Nidhin, Accurate Measurement Using PSoC 3 and PSoC 5LP Delta-Sigma ADCs. AN84783A. Document No. 001-84783Rev. *D1. Cypress Semiconductor (2017)
22. H. Nyquist , Certain topics in telegraph transmission theory. Trans. AIEE **47**(2), 617–644 (1928)
23. S.J. Orfanidis, *Introduction to Signal Processing* (Prentice Hall, Englewood, 2010)
24. A.D. Poularikas, S. Seely, *Elements of Signals and Systems* (Krieger Publishing, Malabar, 1994)
25. PSoC 3, PSoC 5 Architecture TRM (Technical Reference Manual). Document No. 001-50234 Rev D, Cypress Semiconductor (2009)
26. R.W. Ramirez, *The FFT Fundamentals and Concepts* (Prentice Hall, Englewood, 1985)
27. V. Riewruja, A. Rerkratn, Analog multiplier using operational amplifiers. Indian J. Pure Appl. Phys. **48**, 67–70 (2010)
28. R.P. Sallen, A practical method of designing RC filters. IRE Trans. Circuit Theory **2**, 75–84 (1955)
29. O.H. Schmitt, A thermionic trigger. J. Sci. Instrum. **XV**, 24–26 (1938)
30. D. Sweet, Peak Detection with PSoC 3 and PSoC 5LP. AN60321. Document No. 001-60321Rev.*I. Cypress Semiconductor (2017)
31. B.D.H. Tellegen, The gyrator. A new electric circuit element. Philips Res. Rep. **3**, 81–101 (1948)
32. D. Van Ess, Application Note: Comparator with Independently Programmable Hysteresis Thresholds (AN2310). Cypress Semiconductor (2005), S. 1–3, S. 1–2
33. H. Wilbraham, Camb. Dublin Math. J. **3**, 198 (1848)

Digitale Signalverarbeitung 12

Zusammenfassung

Vor dem Aufkommen des Mikroprozessors basierte vieles, was als Signalverarbeitung betrachtet werden könnte, stark auf analogen Techniken, im Gegensatz zur digitalen Signalverarbeitung. Analoge Komponenten unterliegen Temperaturabhängigkeiten, Drift, Alterung, Abhängigkeiten/Variationen der Umgebungsfeuchtigkeit, elektromagnetischen Feldern und einer Vielzahl anderer Störungen, ganz zu schweigen von Abweichungen in den von Herstellern gelieferten Bauteilwerten usw. In der heutigen Welt gibt es jedoch trotz der Verfügbarkeit einer Vielzahl digitaler Komponenten (Van Eß et al., *Laborhandbuch für die Einführung in das Mixed-Signal-Embedded-Design*. Cypress University Alliance. Cypress Semiconductor, 2008), die relativ unbeeinflusst von solchen Überlegungen sind, immer noch einen Bedarf an der Verarbeitung analoger Signale mit analogen Komponenten und Geräten. Zum Beispiel kann die analoge Filterung sehr effektiv durchgeführt werden, indem oft Verarbeitungszeit und Wortlängenprobleme vermieden werden. Digitale Filterung kann in einigen Fällen viel bessere Filtereigenschaften bieten und dabei die Phasenverschiebung minimieren. Dieses Kapitel hat einige der klassischeren, analogen Ansätze zur Signalverarbeitung überprüft. Die PSoC-Gerätefamilie ermöglicht es dem Entwickler, beliebig komplexe Mixed-Signal-Systeme zu erstellen (Ashby, *Meine ersten fünf PSoC 3 Designs*. Spec. £001-58878 Rev. *C. Cypress Semiconductor, 2013; Narayanasamy, *Entwurf eines effizienten PLC mit einem PSoC*, 2011).

12.1 Digitale Filter

Die herkömmliche Weisheit, dass digitale Techniken ihren analogen Gegenstücken universell überlegen sind, ist nicht immer korrekt. Im Prinzip scheint das Konzept, alle eingehenden Signale in digitale Form zu konvertieren und dann die erforderlichen programmatischen Operationen auf diesen Signalen durchzuführen, um zu bestimmen, welche Aktionen, wenn überhaupt, ergriffen werden sollten oder nicht, der beste Ansatz zu sein.

Digitale Filter haben sicherlich viel zu bieten im Vergleich zu ihren analogen Gegenstücken aufgrund ihrer überlegenen Leistung in Bezug auf Passbandwelligkeit, größerer Stoppbanddämpfung, stark reduzierten Entwurfszeiten, besseren Signal-Rausch-Verhältnissen,[1] weniger Nichtlinearität, sind aber nicht unbedingt die Antwort für alle eingebetteten Systeme. In Fällen, in denen die Reaktionsfähigkeit des Systems von primärer Bedeutung ist, kann der mit digitalen Filtern verbundene Verarbeitungsaufwand, d. h. Latenz, sie in einigen Fällen unanwendbar machen. Digitale Filter sind im Allgemeinen komplexer als analoge Filter, haben eine gute EMI- und magnetische Rauschimmunität, sind sehr stabil in Bezug auf Temperatur und Zeit, bieten eine ausgezeichnete Wiederholbarkeit, bieten jedoch im Allgemeinen nicht den Dynamikbereich von analogen Filtern oder haben die Fähigkeit, über einen so breiten Frequenzbereich wie ein vergleichbarer analoger Filter zu arbeiten.

Da digitale Filter zeitdiskrete Geräte sind, werden oft Differenzengleichungen verwendet, um ihr Verhalten zu modellieren, z. B.

$$y_n = -a_1 y_{n-1} - a_2 y_{n-2} - \cdots - a_N y_{n-N} + b_0 x_n + \cdots + b_{n-M}. \tag{12.1}$$

$$= -\sum a_k y_{n-k} + \sum b_k x_{n-k}, \tag{12.2}$$

wobei a_k und $b_k \in \mathbb{Z}$.

Im z-Bereich ist die Übertragungsfunktion für ein digitales LTI-IIR-Filter [12] allgemein gegeben durch:

$$H(z) = \frac{b_0 + b_1 z^{-1} + b_2 z^{-1} + b_3 z + \ldots + b_n z^{-n}}{1 + a_1 z^{-1} + a_1 z^{-1} + a_1 z + \ldots + a_m z^{-m}}. \tag{12.3}$$

Wenn n > m, dann wird gesagt, dass das Filter ein Filter der n-ten Ordnung ist, und umgekehrt, wenn m > n, dann wird gesagt, dass das Filter ein Filter der m-ten Ordnung ist.

Digitale Filter werden in Bezug auf Addierer, Multiplikatoren und positive und negative Verzögerungen modelliert.

Es gibt zwei grundlegende Arten von digitalen Filtern:

---

[1] Digitale Filter führen jedoch etwas Rauschen in Form von Quantisierungsrauschen ein, als Ergebnis der Umwandlung von analogen zu digitalen und digitalen zu analogen gefilterten Signalen usw.

12.1 Digitale Filter

- Filter mit endlicher Impulsantwort („finite impulse response", FIR), die nicht rekursiv, stabil, linear in Bezug auf die Phase sind, sind relativ unempfindlich gegenüber Quantisierungsfehlern der Koeffizienten und hängen entweder von der Differenz benachbarter Samples oder gewichteten Durchschnitten ab. Letzteres dient als Tiefpassfilter und Ersteres als Hochpassfilter. Die Impulsfunktion für ein FIR-Filter hat eine endliche Dauer. Solche Filter können mathematisch ausgedrückt werden als:

$$y[n] = \sum_{k=0}^{M} b_k[n-k], \qquad (12.4)$$

- wobei M die Anzahl der Filterkoeffizienten und der Abtastwerte des Eingangssignals ist.
  MATLAB bietet in der MATLAB Signal Processing Toolbox Unterstützung für fensterbasierte FIR-Filter durch Bereitstellung von
  1. b = fir1(n,Wn)
  2. b = fir1(n,Wn,'ftype')
  3. b = fir1(n,Wn,window)
  4. b = fir1(n,Wn,'ftype',window)
  5. b = fir1(…,'normalization')

  für das Design von „fensterbasierten" linearphasigen FIR-Digitalfiltern.

- Filter mit unendlicher Impulsantwort („infinite impulse response", IIR) haben Impulsantworten von unendlicher Dauer und können mathematisch ausgedrückt werden als:

$$y[n] = -\sum_{k=1}^{N} a_k y[n-k] + \sum_{k=1}^{M} b_k x[n-k], \qquad (12.5)$$

wobei M, N die Anzahl der Abtastwerte des Eingangssignals bzw. des rückgekoppelten Ausgangssignals sind, und a_{k} ist der k-te Filterkoeffizient für das rückgekoppelte Signal.[2] Da die Ausgabe eines IIR-Filters eine Funktion sowohl der vorherigen N Ausgaben als auch der M Eingaben ist, handelt es sich um ein rekursives Filter, dessen Impulsantwort von unendlicher Dauer ist. IIR-Filter benötigen typischerweise weniger Multiplikationen als ihre FIR-Pendants, können zur Erstellung von Filtern mit Eigenschaften von analogen Filtern verwendet werden, sind aber empfindlich gegenüber Quantisierungsfehlern der Koeffizienten.[3]
Zusätzlich zu butter, cheby1, cheby2, elliptic und Bessel, die eine komplette Filtersuite darstellen, umfasst die MATLAB-Unterstützung für IIR-Filter:
1. buttord
2. cheb1ord
3. cheb2ord
4. ellipord

---

[2] Wenn $a_k = 0$, dann geht dieser Ausdruck in den des FIR-Filters über.
[3] Da digitale Filter Quantisierungsfehler einführen, können die Positionen von Polen und Nullstellen sich in der komplexen Ebene verschieben, was als Koeffizientenquantisierungsfehler bezeichnet wird.

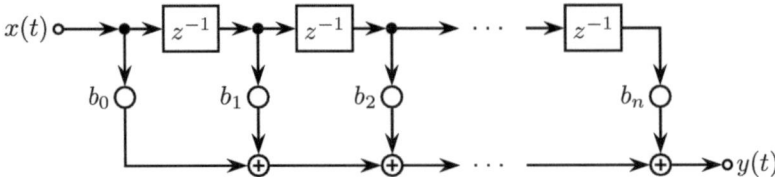

Abb. 12.1 Ein generisches Filter mit endlicher Impulsantwort der Ordnung n

12.2 FIR-Filter

Filter mit endlicher Impulsantwort, vom Typ wie in Abb. 12.1 gezeigt, sind kausal (nicht rekursiv), inhärent stabil (BIBO[4]), benötigen keine Rückkopplung, sind relativ unempfindlich gegenüber Quantisierungsfehlern der Koeffizienten und in der Lage, für alle Komponenten des Eingangssignals die gleiche Verzögerung darzustellen.[5] Darüber hinaus zeichnen sich FIR-Filter dadurch aus, dass ihre Impulsantwort endlich ist. FIR-Filter sind quantifizierbar in Bezug auf die folgende lineare konstante Koeffizientendifferenz („linear constant-coefficient difference", LCCD)-Gleichung:

$$y[n] = b_0 x[n] + b_1 x[n-N] + \ldots + b_N x[n-N] = \sum_{k=0}^{N} b_k x[n-k], \quad (12.6)$$

wobei N die Anzahl der Abtastwerte,[6] y[n] der Ausgang zum diskreten Zeitpunkt n und entsprechend x[n] die jeweiligen Abtastwerte des Eingangssignals sind. Beachten Sie, dass dieser Filtertyp nicht von vorherigen Werten von y abhängt. Um die Impulsantwort dieser speziellen Konfiguration zu bestimmen,

$$x[n] = \delta[n], \quad (12.7)$$

wird Gl. 12.6 zu

$$y[n] = b_0 \delta[n] + b_1 \delta[n-N] + \ldots + b_N \delta[n-N] = \sum_{k=0}^{N} b_k \delta[n-k] = b_n. \quad (12.8)$$

Eine der am häufigsten auftretenden Arten von FIR-Filtern ist bekannt als „gleitender Mittelwert", der entweder LP, BP oder HP sein kann. Er basiert auf dem Konzept, eine Anzahl von Abtastwerten zu mitteln, um jeden der Ausgangswerte zu erzeugen, d. h.,

$$y[n] = \frac{1}{M} \sum_{k=0}^{M-1} x[n+k], \quad (12.9)$$

---

[4] „Bounded-input-bounded-output".

[5] Eine sehr wichtige Überlegung für Audio- und Videoanwendungen.

[6] Die Anzahl der Abtastwerte ist ein Maß für die Anzahl der Terme in Gl. 12.6, die $(N+1)$ ist, und N ist die Ordnung des Filters. Die Filterkoeffizienten, b_j, werden als j-te Abtastwerte des Eingangssignals („feedforward") bezeichnet.

wobei M die Anzahl der gemittelten Abtastwerte ist. So einfach diese Technik auch ist, sie stellt sich als hervorragende Methode zur Entfernung von statischem Rauschen bei Beibehaltung einer scharfen Sprungantwort heraus.

12.3 IIR-Filter

Das Filter mit unendlicher Impulsantwort oder IIR-Filter hat eine Impulsantwort, die unendlich lang ist.[7]

Die Übertragungsfunktion für ein IIR-Filter hat die Form:

$$H(z) = \frac{p_0 + p_1 z^{-1} + p_2 z^{-2} + \ldots + p_M z^{-M}}{d_0 + d_1 z^{-1} + d_2 z^{-2} + \ldots + d_N z^{-N}}. \tag{12.10}$$

In Bezug auf eine Differenzengleichung wird es durch einen Satz von Rekursionskoeffizienten und die folgende Gleichung definiert:

$$y[n] = -\sum_{k=1}^{M} a_k y[n-k] + \sum_{k=1}^{N} b_k x[n-k]. \tag{12.11}$$

Dies ist die Übertragungsfunktion für IIR-Filter, wobei M die Anzahl der rückgekoppelten Abtastwerte und N die Anzahl der vorwärtsgekoppelten Abtastwerte sind. Die a_k-Koeffizienten werden als rekursive oder „Rückwärtskoeffizienten" bezeichnet, und die b_k-Koeffizienten werden als „Vorwärtskoeffizienten" bezeichnet. Daher ist im Gegensatz zu seinem FIR-Gegenstück der IIR-Filterausgang eine Funktion der vorherigen Ausgänge und Eingänge, was eine Eigenschaft ist, die allen IIR-Strukturen gemeinsam und für die unendliche Dauer der Impulsantwort verantwortlich ist. Beachten Sie, dass wenn $a_k = 0$, dann wird Gl. 12.11 identisch mit Gl. 12.6.

12.4 Digitale Filterblöcke (DFB)

PSoC 3/5LP unterstützt Filterkomponenten namens digitale Filterblöcke (DFB)[8], die über zwei separate Filterkanäle verfügen. Der DFB hat seinen eigenen Multiplikator und Akkumulator, der eine 24-bit × 24-bit-Multiplikation und einen 48-bit-Akkumulator unterstützt. Diese Kombination wird verwendet, um ein FIR-Filter mit einer Berechnungsrate von etwa einem Filterwert pro Taktzyklus bereitzustellen.

---

[7] Da das IIR-Filter ein „rekursives" Filter ist und die Eigenschaft hat, dass seine Impulsantwort in Form von exponentiell abklingenden Sinusoiden ausgedrückt wird, und daher unendlich lang ist. Natürlich fallen in realen Systemen die Antworten irgendwann unter den gerundeten Rauschpegel und können danach sicher ignoriert werden.

[8] Es kann nur eine Filterkomponente gleichzeitig in ein Design eingebaut werden.

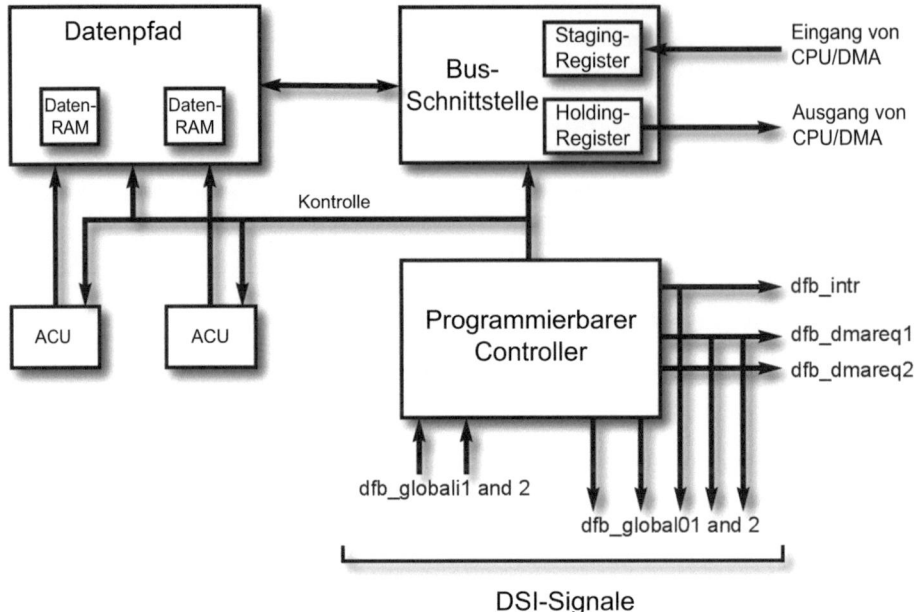

Abb. 12.2 Das Blockdiagramm des digitalen Filters

Die Funktionen des DFB umfassen:

- Unterstützungsoptionen für die Datenanpassung für I/O-Abtastwerte,
- 1 Interrupt und 2 DMA-Anforderungskanäle,
- 3 programmatisch zugängliche Semaphorebits,
- 2 Nutzungsmodelle für Blockbetrieb und Streaming,
- Kaskadierung von 2–4 Stufen pro Kanal, wobei jede Stufe ihre eigene Filterklasse, Filtertyp, Fenstertyp, Anzahl der Filterkoeffizienten,[9] Mittenfrequenz und Bandbreitenspezifikationen hat, und
- 2 Streamingdatenkanäle.

Der DFB ist als programmierbare, begrenzte 24-bit-Festkomma-DSP-Engine implementiert, wie in Abb. 12.2 dargestellt.

Der DFB unterstützt zwei Streamingdatenkanäle, in denen Programmieranweisungen, historische Daten und Filterkoeffizienten sowie Ergebnisse lokal gespeichert werden und neue periodisch abgetastete Daten von den anderen Peripheriegeräten und Blöcken über die PHUB-Schnittstelle empfangen werden. Darüber hinaus kann die Systemsoftware abgetastete und Koeffizientendaten in den/aus dem DFB-Daten-RAM laden und/oder

---

[9] Die Filterkoeffizienten sind auf maximal 128 pro Kanal begrenzt.

12.4 Digitale Filterblöcke (DFBs)

ihn für verschiedene Operationen im Blockmodus umprogrammieren. Dies ermöglicht eine Mehrkanalverarbeitung oder tiefere Filter als im lokalen Speicher unterstützt. Der Block bietet einen softwarekonfigurierbaren Interrupt (DFB_INTR_CTRL) und zwei DMA-Kanalanforderungen (DFB_DMA_CTRL). Drei Semaphorebits stehen zur Verfügung, damit die Systemsoftware mit dem DFB-Code (DFB_SEMA) interagieren kann.

Die Datenbewegung wird in der Regel vom System-DMA-Controller gesteuert, kann aber auch direkt von der CPU bewegt werden. Das typische Nutzungsmodell sieht vor, dass Daten über den Systembus an den DFB geliefert werden, von einer anderen systeminternen Datenquelle wie einem ADC. Die Daten passieren in der Regel den Hauptspeicher oder werden direkt über DMA übertragen. Der DFB verarbeitet diese Daten und gibt das Ergebnis an eine andere systeminterne Ressource, wie einen DAC, oder den Hauptspeicher über DMA auf dem Systembus weiter.

Der DFB besteht aus Unterbaugruppen, nämlich:

1. Controller
2. Busschnittstelle
3. Datenpfad
4. Adressberechnungseinheiten (ACU)

Der programmierbare Controller des DFB hat 3 Speicher[10] und eine relativ geringe Menge an Logik und besteht aus einer RAM-basierten Zustandsmaschine, einem RAM-basierten Steuerspeicher, Programmzählern und „Nächster-Zustand-Steuerschaltungen", wie in Abb. 12.2 dargestellt. Seine Funktion besteht darin, die Adressberechnungseinheiten und den Datenpfad zu steuern und mit der Busschnittstelle zu kommunizieren, um Daten in den Datenpfad hinein und aus ihm heraus zu bewegen.

Der Datenpfadunterblock ist ein 24-bit-Festkommanumerikprozessor, der eine Multiply-Accumulate (MAC)-Fähigkeit, eine multifunktionale arithmetisch-logische Einheit („arithmetic logic unit", ALU), Sample-/Koeffizienten-/Daten-RAM (Daten-RAM ist in Abb. 12.2 dargestellt) und Datenrouting, -verschiebung, -haltung und -rundungsfunktionen beinhaltet. Der Datenpfadblock ist die Recheneinheit im DFB.

Die Adressierung der beiden Daten-RAM im Datenpfadblock wird von den beiden (identischen) Adressberechnungseinheiten („address calculation unit", ACU) gesteuert – eine für jedes RAM. Diese drei Unterfunktionen bilden den Kern des DFB-Blocks und sind mit einer 32-bit-DMA-fähigen AHB-Lite-Busschnittstelle mit Control-/Statusregistern umgeben.

Ein proprietärer Assemblercode und ein Assembler ermöglichen es dem Benutzer, Assemblercode zu schreiben, um die Datentransformation zu implementieren, die der DFB durchführen soll. Alternativ wird ein „Wizard" bereitgestellt, um den Entwurf von

---

[10] Der Code, der die Datentransformationsfunktion des DFB verkörpert, befindet sich in diesen Speichern.

digitalen Filtern sowohl für FIR- als auch für IIR-Filter zu erleichtern. Der Wizard ermöglicht es dem Entwickler, entweder einen oder zwei Datenstromkanäle, bezeichnet als Kanal A und Kanal B, einer Filterkomponente einzustellen, die Daten unter Verwendung von DMA-Übertragungen oder Registerschreibvorgängen über Firmware und einen integralen Co-Prozessor entweder ein- oder ausgibt. Das Filter hat 128 Koeffizienten, die die Frequenzantworten des Filters bestimmen. Jeder Kanal kann so konfiguriert werden, dass er einen Interrupt erzeugt, wenn er ein datenbereites Ereignis empfängt, das wiederum den Interrupt-Ausgang aktiviert. Filter können auch in Verilog [13] implementiert werden.

12.5 PSoC 3/5LP-Filterassistent

PSoC Creator enthält einen leistungsstarken Assistenten zur Konfiguration von digitalen IIR- und FIR-Filtern. Der Assistent, wie in Abb. 12.3 gezeigt, liefert eine grafische Darstellung des Filters, indem er die Antwort für jedes der Folgenden in einem farbcodierten Format anzeigt:

1. **Amplitude** – die Verstärkung wird grafisch als Funktion der Frequenz dargestellt.
2. **Phase** – die Phase wird grafisch als Funktion der Frequenz dargestellt.
3. **Gruppenlaufzeit** – tritt auf, wenn die Phase eine Funktion der Frequenz und nichtlinear ist. Wenn die Frequenzkomponenten eines Signals durch ein Gerät ohne

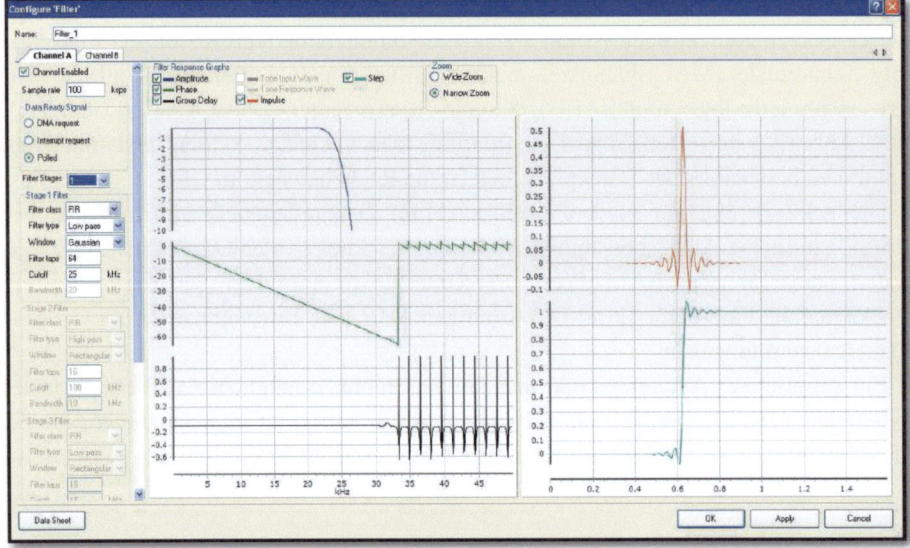

Abb. 12.3 Filterkonfigurationsassistent von PSoC 3/5LP

Gruppenlaufzeit übertragen werden, dann erfahren die Komponenten die gleiche Zeitverzögerung. Wenn einige Frequenzen eine andere Durchlaufzeit haben als andere, dann gibt es eine Gruppenlaufzeit, und es entsteht eine Verzerrung.
4. **Impulsantwort** – die Impulsantwort charakterisiert das Filter vollständig.
5. **Toneingangswelle** – ein Eingangssignal (Sinusoid) wird grafisch für ein Bandpassfilter dargestellt.
6. **Tonantwortwelle** – die Antwort auf die Toneingabe in ein Bandpassfilter wird grafisch dargestellt.

Es werden verschiedene Arten von „Fenstern"[11] unterstützt, die verschiedene Kombinationen von Bandbreitenübergang, Durchlassband-Rippel und Dämpfungscharakteristiken im Sperrband bieten:

1. **Rechteckig** – großer Durchlassband-Rippel, steiler Abfall und schlechte Dämpfung im Sperrband. Wird selten verwendet wegen des großen Rippel-Effekts als Ergebnis des gibbsschen[12] Phänomens.

$$w(n) = 1. \tag{12.12}$$

2. **Hamming**[13] – geglätteter Durchlassbereich, breiterer Übergangsbereich und bessere Dämpfung im Sperrband als Rechteckfenster.

$$w(n) = 0{,}54 - 0{,}46 \cos\left[\frac{2\pi n}{(N-1)}\right]. \tag{12.13}$$

3. **Gauß** – breiterer Übertragungsbereich, aber größere Dämpfung im Sperrband und kleinere Sperrbandkeulen als Hamming.

$$w(n) = exp\left[-\frac{1}{2}\left(\frac{\frac{2n}{N-1}-1}{\sigma}\right)^2\right] \qquad \sigma \leq 0.5 \tag{12.14}$$

---

[11] Fenster, oder genauer gesagt Fensterfunktionen, sind Funktionen, die außerhalb eines bestimmten Intervalls als 0 definiert sind. Diese Art von Funktion wird im Englischen auch als „tapering function" oder „apodization function" bezeichnet. Da solche Funktionen außerhalb des Intervalls, über das sie ungleich 0 sind, den Wert 0 haben, ist das Multiplizieren einer Fensterfunktion mit einem Signal gleichbedeutend mit dem Betrachten des Signals durch ein Fenster und damit dem Einschränken von „spektralen Leckagen".

[12] Das bekannteste gibbssche Phänomen ist das sogenannte Überschwingen, das an den führenden und nachlaufenden Kanten einer Rechteckwelle beobachtet wird.

[13] Dies sollte nicht mit dem von Hann-Fenster (manchmal als „Hanning" bezeichnet) verwechselt werden, das definiert ist als $w(n) = 0{,}5(1 - cos[(2\pi n)/M])$ für $0 \leq n \leq M$ und 0 für alle anderen Werte von n. Es wird manchmal als das „Raised-Kosinus-Fenster" bezeichnet.

4. **Blackman** – bietet einen steileren Abfall als sein Gauß-Pendant, aber ähnliche Dämpfung im Sperrband, obwohl größere Keulen im Sperrband.

$$w(n) = a_0 - a_1 cos\left[\frac{2\pi n}{(N-1)}\right] + a_2 cos\left[\frac{4\pi n}{(N-1)}\right]. \tag{12.15}$$

Fenster werden oft eingesetzt, um unerwünschtes Verhalten an den Rändern der Filtercharakteristik zu behandeln. Sie werden entweder durch Multiplikation im Zeitbereich oder durch Faltung im Frequenzbereich eingeführt.

Die Abtastrate ist die Nennrate, aber die Betriebsrate wird durch die Datenquelle bestimmt, die das Filter steuert. Es gibt keine Dezimierungs- oder Interpolationsstufen, und daher ist die Abtastrate in jedem Kanal gleich. Die maximale Abtastung für einen Kanal ist:

$$f_{sMax} = \frac{Clk_{bus}}{ChannelDepth+9}, \tag{12.16}$$

wobei Clk_{bus} die Bustaktfrequenz und *Channel Depth* die Gesamtzahl der für einen gegebenen Kanal verwendeten Abtastwerte sind.

Wenn beide Kanäle verwendet werden, dann wird Gl. 12.16 zu:

$$f_{sMax} = \frac{Clk_{bus}}{ChannelDepth_A + ChannelDepth_B + 19}, \tag{12.17}$$

Die Filterkomponente kann das System entweder über eine DMA-Anforderung, die spezifisch für jeden Kanal ist, oder über eine zwischen den beiden Kanälen geteilte Interrupt-Anforderung über die Verfügbarkeit von Daten informieren. Oder das Statusregister kann abgefragt werden, um zu prüfen, ob neue Daten bereit sind. Obwohl das Ausgangshalteregister doppelt gebuffert ist, ist es wichtig, die Daten aus dem Ausgang zu entfernen, bevor sie überschrieben werden. Jeder Kanal kann bis zu 4 kaskadierte[14] Stufen haben, vorausgesetzt, dass ausreichend Ressourcen zur Verfügung stehen. Der Grenzfrequenzparameter wird verwendet, um den „Rand" der Durchlassbandfrequenzen für Tiefpass-, Hochpass- und Sinc4-Filter festzulegen.

Die Filtermittenfrequenz wird als arithmetisches Mittel der oberen und unteren Grenzfrequenzen für die Bandpass-Stopp- und -Durchlass-Filter definiert:

$$f_c = \frac{f_u + f_l}{2}, \tag{12.18}$$

und die Bandbreite (BW) wird definiert als:

$$BW = f_u - f_l. \tag{12.19}$$

---

[14] Die Kaskadierung von Stufen bezieht sich auf die Verwendung mehrerer Filter, die miteinander verbunden sind, so dass der Ausgang einer Filterstufe zum Eingang einer anderen Filterstufe wird.

12.5 PSoC 3/5LP Filter-Assistent

Der Assistent ermöglicht es dem Entwickler, Folgendes zu tun:

- grafische Darstellungen der Frequenzantwort, Phasenverzögerung, Gruppenverzögerung und Impuls- und Sprungantworten anzuzeigen,
- zwischen 1 und 4 Filterstufen auszuwählen,
- hinein- und herauszuzoomen, um eine Ansicht der Filterantworten mit entweder einer linearen oder logarithmischen Frequenzskala, jeweils über einen Frequenzbereich von DC bis zur Nyquist-Frequenz, zu bieten,
- die Reaktion der Filterkaskade auf eine positive Sprungfunktion zu aktivieren oder zu deaktivieren,
- die Reaktion der Filterkaskade auf einen Einheitsimpuls zu aktivieren oder zu deaktivieren,
- eine Toneingangswelle[15] bei der Mittenfrequenz des Bandpasses auszuwählen,
- sowohl FIR- als auch IIR-Filter zu implementieren.

Diese Funktion ist in der Lage, als Filter zu agieren, der

12.5.1 Sinc-Filter

Die normalisierte Sinc-Funktion, dargestellt in Abb. 12.4, ist definiert als

$$sinc(x) = \frac{sinc(\pi x)}{\pi x} \qquad (12.20)$$

und kann als Grundlage für ein Sinc-basiertes digitales Tiefpassfilter mit einer linearen Phasencharakteristik verwendet werden. Eine verwandte Funktion, dargestellt in Abb. 12.5, die als Rechteckfunktion bezeichnet wird, ist definiert als

$$rect(t) = \sqcap(t) = \begin{cases} 0 & \text{if } |t| > \frac{1}{2} \\ \frac{1}{2} & \text{if } |t| = \frac{1}{2} \\ 1 & \text{if } |t| < \frac{1}{2} \end{cases} . \qquad (12.21)$$

Diese beiden Funktionen stehen in Beziehung zueinander, da die Fourier-Transformation der Rechteckfunktion die Sinc-Funktion ist und die inverse Fourier-Transformation von Rect die Sinc-Funktion ist. Das heißt, angenommen, dass die Fourier-Transformation und ihre Inverse definiert sind durch

$$\mathcal{F}(\omega) = \int_{-\infty}^{\infty} f(t)e^{-i\omega t}dt \qquad (12.22)$$

---

[15] Der Ton ist eine Sinuswelle, deren Frequenz die Mittenfrequenz des Bandpassfilters ist.

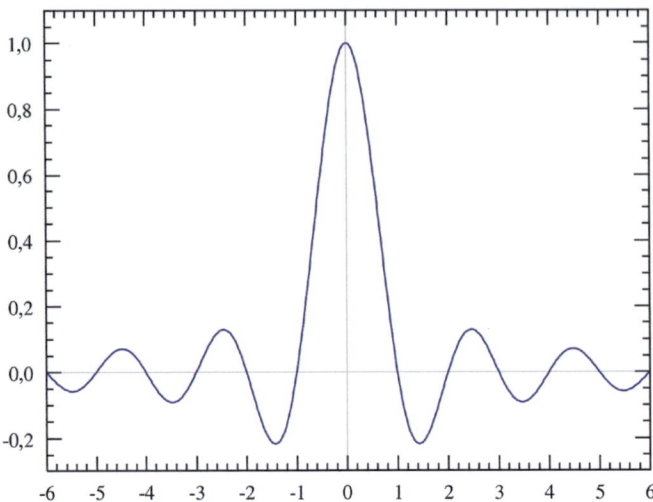

Abb. 12.4 Die „normalisierte" Sinc-Funktion

Abb. 12.5 Die Rechteck- oder Rect-Funktion

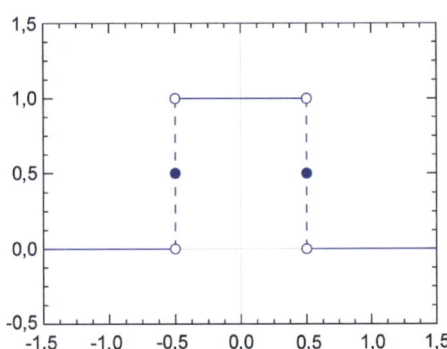

und

$$\mathcal{F}^{-1}(t) = \int_{-\infty}^{\infty} F(f)e^{i\omega t} d\omega .\qquad(12.23)$$

folgt, dass

$$\mathcal{F}(\omega) = \int_{-\infty}^{\infty} \frac{\sin(\omega t)}{\pi \omega} dx = \text{rect}(\omega) .\qquad(12.24)$$

$$\mathcal{F}^{-1}(t) = \int_{-\infty}^{\infty} rect(t) e^{i2\pi ft} df = \frac{1}{\sqrt{2\pi}} \sin\left[\frac{\omega t}{2\pi}\right].\qquad(12.25)$$

Somit ist die Impulsfunktion für eine Rechteckfunktion im Frequenzbereich die Sinc-Funktion im Zeitbereich, und umgekehrt wird eine Rechteckfunktion im Zeitbereich auf eine Sinc-Funktion im Frequenzbereich abgebildet. Wenn die Sinc-Funktion mit einem Eingangssignal „gefaltet" wird, könnte theoretisch ein ideales Tiefpassfilter realisiert werden. Allerdings stellt die Tatsache, dass die Sinc-Funktion bis $\pm \infty$ reicht, ein Problem dar. Ein Ansatz besteht darin, einfach alle Punkte auf der Sinc-Kurve jenseits eines bestimmten Punktes abzuschneiden und dann das Bode-Diagramm zu betrachten, um die resultierende Wirkung zu bestimmen.

Diese Technik kann zu einem unerwünschten Rippel im Durchlassbereich und außerhalb des Durchlassbereichs führen, als Ergebnis der Steilheit der abgeschnittenen Enden der Sinc-Funktion. Eine andere Möglichkeit besteht darin, sogenannte Fensterfunktionen zu verwenden, z. B. die Blackman- oder Hamming-Fenster, die mit der abgeschnittenen Sinc-Funktion multipliziert werden. Dies führt zu einem steilen Abfall und weniger Rippel im Durchlass- und Sperrbereich. Wenn die Dämpfung im Sperrbereich ein großes Anliegen ist, sollte das Blackman-Fenster verwendet werden, aber es wird zu einer gewissen Verschlechterung des Abfalls führen. Wenn der Abfall das Hauptanliegen ist, dann ist das Hamming-Fenster die bessere Wahl.

12.6 Datenkonvertierung

Eingebettete Systeme müssen notwendigerweise verschiedene Operationen mit digitalen und analogen Daten durchführen [6]. Die Eingabe von digitalen Daten kann durch externe Kommunikationskanäle [7], digitale Sensoren oder andere digitale Quellen erfolgen. Analoge Eingaben müssen oft in äquivalente digitale Daten umgewandelt werden, um numerische und logische Verarbeitung, Speicherung usw. zu ermöglichen. Darüber hinaus müssen digitale Daten möglicherweise in ihr analoges Äquivalent umgewandelt werden, um externe Geräte wie Motoren, andere Aktuatoren usw. steuern zu können oder für andere Zwecke. Daher ist die Umwandlung von analog zu digital und von digital zu analog eine wichtige Fähigkeit für viele eingebettete Systeme.

12.7 Analog-digital-Umwandlung

Da die Welt im Wesentlichen analog ist, ist es nicht überraschend, dass eingebettete Systeme umfangreich Gebrauch von Analog-digital- und Digital-analog-Techniken machen, um die reale Welt in den Berechnungsbereich zu bringen. Obwohl sie architektonisch unterschiedlich sind, findet man selten das eine ohne das andere in der Nähe. Es ist wohl so, dass die Welt auf immer feineren Ebenen nicht kontinuierlich, sondern diskret erscheint; eingebettete Systeme haben es jedoch typischerweise mit einer Umgebung voller kontinuierlicher Quellen zu tun, von denen einige notwendigerweise vom eingebetteten System überwacht werden müssen. Digital-analog-Wandler müssen notwendigerweise die Lücke zwischen der diskreten Wertumgebung des digitalen Bereichs und der der kontinuierlichen Werte überbrücken,[16] um eingebetteten Systemen die Kommunikation und in gewissem Maße die Steuerung externer Prozesse zu ermöglichen.

Analog-digital-Wandler werden mit kontinuierlichen Eingangswerten, kontinuierlichen Zeitsignalen konfrontiert und sollen digitale Äquivalente in Form von diskreten Werten und Zeiten zu immer höheren Auflösungen liefern.

12.8 Grundlegende ADC-Konzepte

Es gibt eine Reihe von wichtigen und sehr grundlegenden Konzepten, die bei der Verwendung und Implementierung von Analog-digital-Wandlern eine Rolle spielen, einschließlich:

- *Aliasing* ist die Einführung von falschen Signalen als Ergebnis einer Abtastung mit einer Rate unterhalb des Nyquist-Kriteriums, d. h., einer Rate, die kleiner ist als die höchste Frequenzkomponente im Eingangssignal.
- *Auflösung* bezieht sich auf die Anzahl der Quantisierungsstufen eines ADC; z. B. hat ein 8-bit-ADC eine Auflösung von 256.
- *Dithering* bezieht sich auf die Zugabe einer kleinen Menge weißen Rauschens zu einem niederpegeligen, periodischen Signal vor der Umwandlung durch einen ADC. Die Zugabe des Rauschens wird in den Abb. 12.6 und 12.7 gezeigt. Beachten Sie, dass in Abb. 12.7 das vor der Analog-digital-Umwandlung hinzugefügte Rauschen am Ausgang subtrahiert wird und als „subtraktives Dithering" bezeichnet wird.
- *Abtastrate* bezieht sich auf die Anzahl der Abtastwerte pro Zeiteinheit. Sie wird in der Regel so gewählt, dass sie mindestens doppelt so hoch ist wie die höchste Frequenzkomponente im abgetasteten Signal.
- *Überabtastung* ist der Prozess der Erfassung von mehr Abtastwerten als sonst benötigt würden, um ein Signal genau zu reproduzieren, was das Quantisierungsrauschen im Band um einen Faktor reduziert, der gleich der Quadratwurzel des Überabtastungsverhältnisses ist. Zum Beispiel erhöht die Reduzierung des Rauschens um einen Faktor von 2 die effektive Verarbeitungsverstärkung um 3 dB. Beachten Sie, dass wir hier nur von Breitbandrauschen sprechen. Andere Rauschquellen und andere Fehler können nicht einfach durch Überabtastung entfernt werden.
- *Unterabtastung* ist eine Technik, die in Verbindung mit ADC verwendet wird und es ihnen ermöglicht, als Mischer zu fungieren. So kann ein Hochfrequenzsignal eingegeben werden, und der Ausgang des ADC ist eine niedrigere Frequenz. Diese Technik erfordert jedoch eine digitale Filterung, um das Signal von Interesse wiederherzustellen.

---

[16] Häufig nach einer Tiefpassfilterung.

12.8 Grundlegende ADC-Konzepte

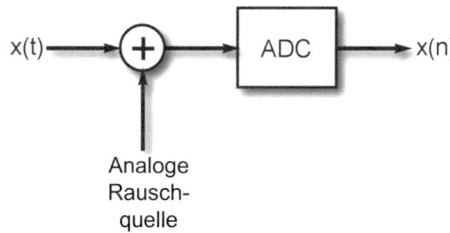

Abb. 12.6 Einfache Dithering-Anwendung mit einer analogen Rauschquelle

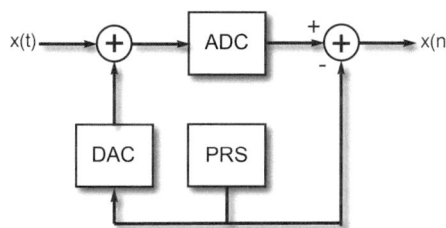

Abb. 12.7 Dithering-Anwendung mit einer digitalen Rauschquelle

- *Dezimierung* bezieht sich auf die Verwendung in Überabtastungsanwendungen und das anschließende Verwerfen von Abtastwerten nach der Umwandlung in einer Weise, die die Genauigkeit der Messung nicht signifikant verändert.
- *Quantisierung* ist der Prozess der Aufteilung eines kontinuierlichen Signals in diskrete Abtastwerte oder Quanten.
- *Quantisierungsfehler* wird als arithmetische Differenz zwischen einem tatsächlichen Signal und seinem quantisierten, digitalen Wert definiert.
- *Dynamikbereich* ist der Bereich zwischen dem Grundrauschen und dem maximalen Ausgangspegel.

12.8.1 Delta-Sigma-ADC

Der Delta-Sigma-Modulator[17] entstand aus der frühen Entwicklung der Pulscodemodulationstechnologie und wurde ursprünglich 1946 entwickelt. Er blieb jedoch bis 1952 ruhend, als er in verschiedenen Publikationen, einschließlich einer damit verbundenen Patentanmeldung, wieder auftauchte. Sein Reiz lag darin, dass er eine erhöhte Datenübertragung bieten konnte, da er die Änderungen, d. h. „Deltas", im Wert zwischen aufeinanderfolgenden Abtastwerten übertragen konnte, anstatt die tatsächlichen Werte

---

[17] Die Literatur bezieht sich sowohl auf „Delta-Sigma-" als auch auf „Sigma-Delta-Modulatoren". Puristen argumentieren, dass der richtige Name Delta-Sigma ist, da das Signal zuerst die Delta-Phase durchläuft, bevor es zur Sigma-Phase gelangt. Diese Unterscheidung ist jedoch vergleichbar mit der zwischen Tweedledee und Tweedledum.

der Probe zu übertragen. Ein Komparator wurde als 1-bit-ADC verwendet und der Ausgang des Komparators wurde dann in ein analoges Signal umgewandelt, mit Hilfe eines 1-bit-DAC, dessen Ausgang dann vom Eingangssignal subtrahiert wurde, nachdem es durch einen Integrator gegangen war. Delta-Sigma-Modulatoren verlassen sich auf Techniken, die als „Überabtastung" und Rauschformung bekannt sind, um die beste Leistung zu bieten.

Ein stark vereinfachtes Beispiel für einen Delta-Sigma-Modulator ist in Abb. 12.8 gezeigt.

In diesem Beispiel wird die Eingangsspannung, v_i, zur Ausgabe des 1-bit-digital-zu-analog-Konverters hinzugefügt, und die Summe wird dann integriert und die Ausgabe an den Eingang des Komparators angelegt. Der Ausgang des Komparators ist entweder high oder low, d. h. 1 oder 0, abhängig davon, ob der Ausgang des Integrators ≥ 0 oder negativ ist. Der Ausgang des Komparators wird dann dem Eingang des DAC zugeführt, und der Prozess wird wiederholt. Der Ausgang des DAC ist ± die Referenzspannung (Tab. 12.1).

```
Beispiel 6.7 - Als quantitatives Beispiel zur Veranschaulichung sei
Folgendes angeführt:

Nehmen wir an, die Referenzspannung sei +/-2,5 V und die Eingangsspannung
1 V. Dann ist zu Beginn des Prozesses der Ausgang des DAC Null, so dass
1+0=1 ist, was bei der Integration zu 1 wird und der Komparator eine Eins
ausgibt, die dann an den DAC angelegt wird, mit dem Ergebnis, dass der
DAC-Ausgang 2,5 V wird. Wenn dies mit dem Eingang summiert wird, beträgt
die Summe -1,5 V, die integriert wird, um einen Ausgang des Integrators
von -0,5 V zu erzeugen. Der Komparator gibt dann eine Null aus und der
Prozess wird fortgesetzt.
```

Tab. 12.2 zeigt die Ergebnisse des in Beispiel 6-7 skizzierten Prozesses. Abbildung 12.9 zeigt die Konfiguration eines Delta-Sigma-Modulators der 2. Ordnung (Abb. 12.10). Eine grafische Darstellung der verschiedenen zugehörigen Signale eines Delta-Sigma-Modulators mit sinusförmigem Eingang ist in Abb. 12.11 dargestellt.

Abb. 12.8 Ein Beispiel für einen Modulator der ersten Ordnung, Δ Σ

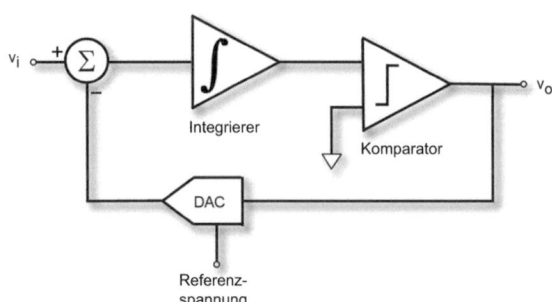

12.8 Grundlegende ADC-Konzepte

Tab. 12.1 Quantisierte Ausgangsdaten.

Ebene	Quantisierer-Ausgangsdaten
2-Stufen-Quantisierer	
Stufe 1	00000000
Stufe 2	11111111
3-Stufen-Quantisierer	
Stufe 1	00000000
Stufe 2	00001111
Stufe 3	11111111
9 Stufen-Quantisierer	
Stufe 1	00000000
Stufe 2	00000001
Stufe 3	00000011
Stufe 4	00000111
Stufe 5	00001111
Stufe 6	00011111
Stufe 7	00111111
Stufe 8	01111111
Stufe 9	11111111

12.8.2 PSoC 3/5LP-Delta-Sigma-Wandler

Die Architektur des PSoC 3/5LP beinhaltet einen sehr hochauflösenden Delta-Sigma-ADC, der Oversampling, Rauschformung, Mittelwertbildung und Dezimierung verwendet. Ein Delta-Sigma-analog-digital-Wandler (ADC) hat zwei Hauptkomponenten: einen Modulator und einen Dezimierer. Der Modulator wandelt das analoge Eingangssignal in einen Datenstrom mit hoher Datenrate (Überabtastung) und niedriger Auflösung (normalerweise 1 bit), dessen Durchschnittswert den Durchschnitt des Eingangssignals ergibt. Dieser Datenstrom wird durch ein Dezimationsfilter geleitet, um den digitalen Ausgang mit hoher Auflösung und niedriger Datenrate zu erhalten. Das Dezimationsfilter ist eine Kombination aus Abwärtszähler und einem digitalen Tiefpassfilter (Mittelwertbildung), das den Datenstrom mittelt, um den digitalen Ausgang zu erhalten.

Merkmale des PSOC 3/5LP-Delta-Sigma-Wandlers sind:

- 12- bis 20-bit-Auflösung,
- ein optionaler Eingangsbuffer mit RC-Tiefpassfilter,

Tab. 12.2 Ausgabebeispiel Delta-Sigma.

Iteration	Eingabe	DAC-Ausgang	Summe	Integrierer-Ausgang	Komparator-Ausgang	Mittlere Ausgangsspannung
0	1	0	0	0	0	0
1	1	0	1	1	1	2,5
2	1	2,5	-1,5	-0,5	0	0
3	1	-2,5	3,5	3	1	0,83
4	1	2,5	-1,5	1,5	1	1,25
5	1	2,5	-1,5	0	1	1,5
6	1	2,5	-1,5	-1,5	0	0,83
7	1	-2,5	3,5	2	1	1,07
8	1	2,5	-1,5	0,5	1	1,25
9	1	2,5	-1,5	-1	0	0,83
10	1	-2,5	3,5	2,5	1	1
11	1	2,5	-1,5	1	1	1,14
12	1	2,5	-1,5	-0,5	0	0,83
13	1	-2,5	3,5	3	1	0,96
14	1	2,5	-1,5	1,5	1	1,07
15	1	2,5	-1,5	0	1	0,94
16	1	2,5	-1,5	-1,5	0	1,03
17	1	-2,5	3,5	2	1	1,11
18	1	2,5	-1,5	0,5	1	0,92
19	1	2,5	-1,5	-1	0	1
20	1	-2,5	3,5	2,5	1	1,07
21	1	2,5	-1,5	1	1	0,91
22	1	2,5	-1,5	-0,5	0	0,98
23	1	-2,5	3,5	3	1	1,04
24	1	2,5	-1,5	1,5	1	1

- konfigurierbarer Verstärkungsfaktor von 0,25–256,
- differentielle/einseitige Eingänge,
- Verstärkungs- und Offsetkorrektur,
- inkrementelle kontinuierliche Modi,
- interne und externe Referenzoptionen,
- Referenzfilterung für geringes Rauschen.

12.8 Grundlegende ADC-Konzepte

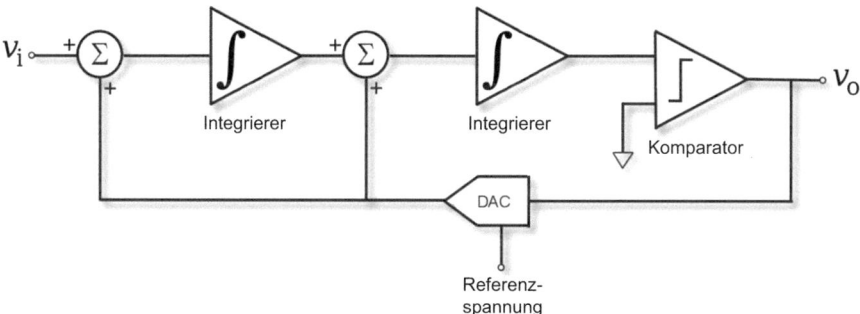

Abb. 12.9 Ein Beispiel für einen Delta-Sigma-Modulator der zweiten Ordnung

Der PSoC 3/5LP verwendet einen Modulator 3. Ordnung mit einem Hochimpedanzeingangsbuffer, gefolgt von einem RC-Filter. Der Modulator sendet einen Datenstrom mit hoher Datenrate im thermometrischen Format aus. Der Ausgang des Modulators wird an die analoge Schnittstelle weitergeleitet, die den Ausgang in Zweierkomplement (4 bit) umwandelt und an das Dezimationsfilter weiterleitet. Das Dezimationsfilter wandelt den Ausgang des Modulators in einen Ausgang mit niedriger Datenrate, aber ausreichend hoher Auflösung um.

Die Eingangsimpedanz des Modulators ist für einige Anwendungen zu niedrig, und daher wurden unabhängige Buffer mit hoher Eingangsimpedanz und geringem Rauschen für jeden der differentiellen Eingänge bereitgestellt. Diese Buffer können durch Einstellen von DSM_BUF0[1], DSM_BUF1[1] und/oder *DSM_BUF*0[0], *DSM_BUF*1[0] umgangen/abgeschaltet werden. Die Buffer haben einstellbare Verstärkungen (1, 24 *oder* 8), die durch *DSM_BUF*1[3 : 2] bestimmt werden. Die Buffer können entweder im pegelverschobenen Modus betrieben werden, um das Eingangsniveau über 0 zu verschieben, oder Rail-to-Rail, wenn der Eingang Rail-to-Rail ist. Der Eingang zu den Buffern kann von analogen globalen Größen, analogen lokalen Größen, dem analogen Mux-Bus, Referenzspannungen und V_{ssa} sein.

Der PSoC 3/5LP-Delta-Sigma-Modulator besteht aus drei aktiven, OpAmp-basierten Integratoren (INT1, INT2 und INT3), einem aktiven Summer, einem programmierbaren Quantisierer und einem rückgekoppelten DAC mit geschalteten Kondensatoren, wie in Abb. 12.10 dargestellt.

Die drei aktiven Integratoren fungieren als Modulator 3. Ordnung, dessen Übertragungsfunktion zusammen mit dem Quantisierer eine Hochpassrauschformung bietet. Durch Erhöhen der Ordnung des Modulators werden die Hochpassfilterantwort verbessert und das im Signalband vorhandene Rauschen reduziert. Den drei Integratoren und Quantisierungsstufen folgt ein aktiver Addierer. Der analoge Eingang und der Ausgang aller drei OpAmp-Stufen werden dann summiert. Der Ausgang des Addierers wird durch einen Quantisierer quantisiert, der programmierbar ist, um 2, 3 oder 9 Level auszugeben. Der DAC verbindet den quantisierten Ausgang zurück zum Eingang der ersten

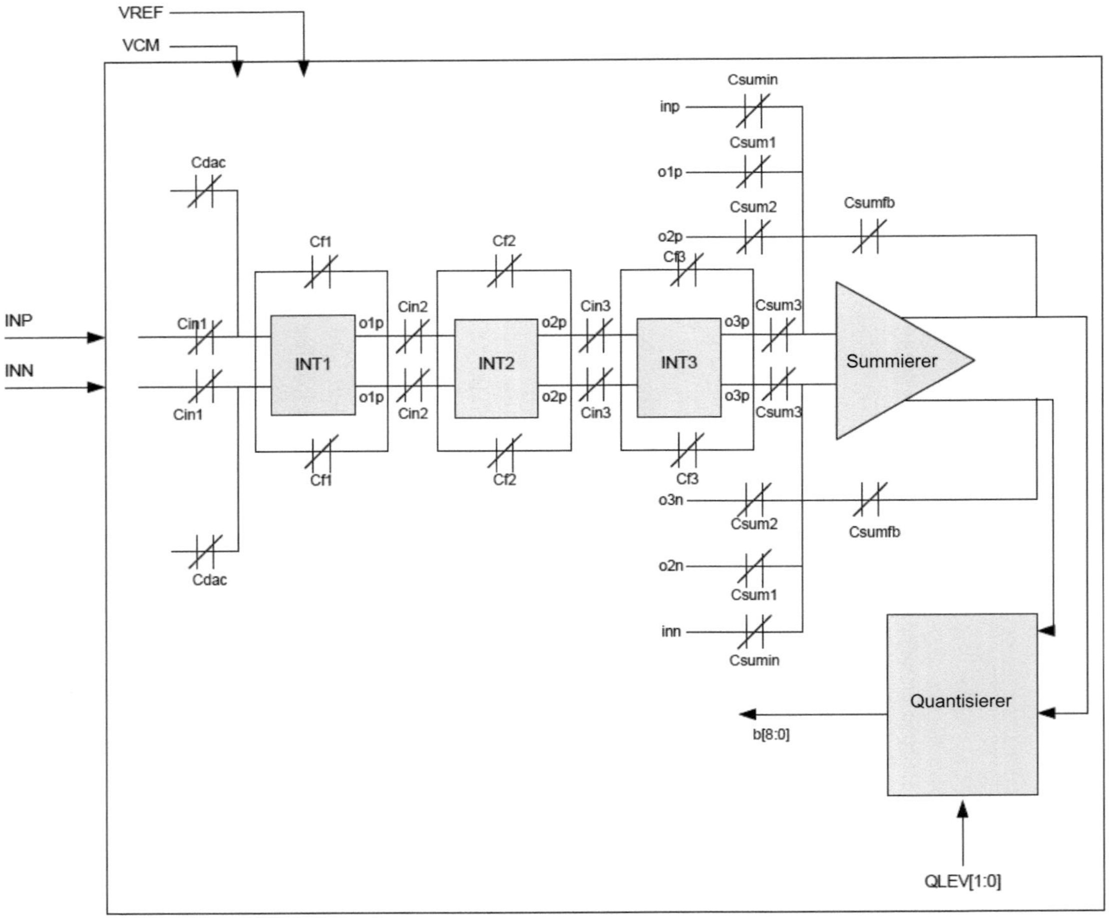

Abb. 12.10 Blockdiagramm des Delta-Sigma-Modulators

12.8 Grundlegende ADC-Konzepte

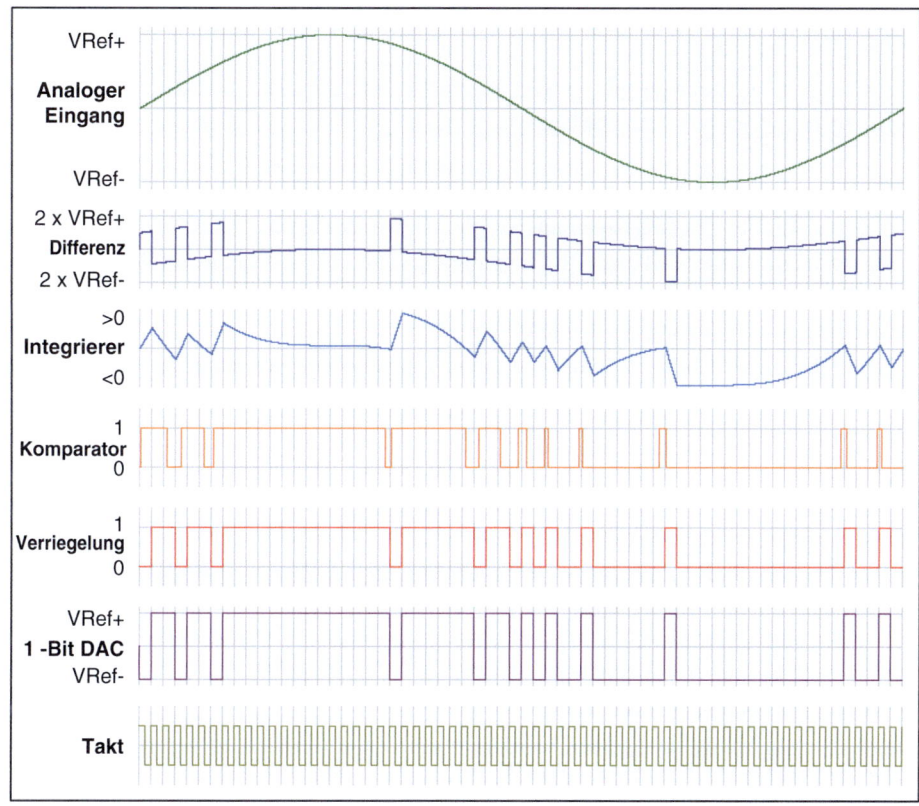

Abb. 12.11 Signale eines Delta-Sigma-Modulators erster Ordnung mit sinusförmigem Eingang

OpAmp-Stufe. Es ist dieser rückgekoppelte DAC, der sicherstellt, dass der Durchschnitt des quantisierten Ausgangs gleich dem Durchschnitt des Eingangssignals ist.

Das Quantisierungsniveau kann auf 2, 3 oder 9 eingestellt werden. Das niedrigste Niveau bietet die beste Linearität und das höchste bietet das beste SNR. Die Anzahl der Quantisierungsstufen wird in den DSM_CR0[1:0]-Registerbits konfiguriert. Der quantisierte Ausgang wird im Register DSM_OUT1 gespeichert. Die quantisierten Ausgabedaten liegen in einem Format vor, das als thermometrisch[18] bezeichnet wird und durch das Muster der Ausgangspegel in Tab. 12.1 veranschaulicht wird.

---

[18] Im thermometrischen Format erhöht sich die Anzahl der Einsen von LSB zu MSB, wenn das Quantisierungsniveau steigt.

12.8.3 Sukzessiveapproximationsregister-ADC

Wie in Abb. 12.12 gezeigt, gibt es vier Komponenten, die einen Sukzessiveapproximationsregister (SAR)-ADC ausmachen:

1. ein Spannungs-DAC, der den SAR-Ausgang in eine analoge Spannung umwandelt, die dann mit der Eingangsspannung verglichen werden kann,
2. ein Komparator, der den analogen Eingang mit dem DAC-Ausgang vergleicht,
3. ein Sukzessiveapproximationsregister, das auf Basis des Ausgangs des Komparators den geeigneten Eingang für den DAC liefert,
4. eine Track- und Halteschaltung, die einen Eingangswert während der Umwandlung konstant hält, woraufhin sie eine weitere Probe des Eingangs lädt.

PSoC 5LP hat einen 8-bit-Spannungs-DAC, und daher ist der SAR auf eine 8-bit-Auflösung begrenzt. Obwohl PSoC 3 derzeit keine explizite Unterstützung für einen SAR hat, ist es möglich, einen SAR auf Basis der in PSoC 3 verfügbaren Ressourcen zu konstruieren [8]. Die SAR-Logik muss ein gegebenes Bit auf Basis des Ausgangs des Komparators setzen oder zurücksetzen.

In einer typischen Implementierung wird dieser Vorgang 8-mal wiederholt, bis der SAR ein „Ende der Umwandlung"-Signal erzeugt und die Daten zwischenspeichert. Der VDAC kann Daten vom DAC-Bus akzeptieren, und daher können Daten direkt vom SAR zum VDAC übertragen werden, ohne CPU-Overhead zu verursachen. Es ist

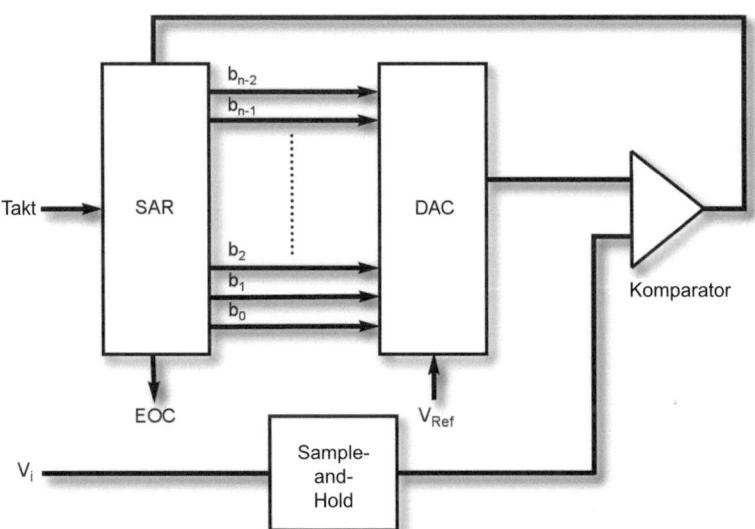

Abb. 12.12 Ein schematisches Diagramm eines SAR-ADC

12.8 Grundlegende ADC-Konzepte

jedoch notwendig, einen Abtastimpuls mit der SAR-Logik zu erzeugen, wenn Daten auf dem DAC-Bus verfügbar sind, damit der VDAC eine entsprechende Ausgangsspannung erzeugt.

Die Begrenzung der Umwandlungsgeschwindigkeit wird hauptsächlich bestimmt durch:

1. die Geschwindigkeit, mit der der Komparator Unterschiede zwischen $v\_\{i\}$ und dem Ausgang des DAC auflösen kann.
2. Die Einstellzeit des DAC ist eine Funktion der Einstellzeit für das MSB.
3. Overhead, der durch die Latenz der verschiedenen Komponenten des SAR-ADC eingeführt wird. Solche Faktoren beinhalten die Sample-and-Hold-Erfassungszeit, die Sample-and-Hold-Einstellzeit, die EOC-Erkennungszeit durch die CPU usw.

Die Zustandsänderung des Komparators signalisiert, dass die binäre Darstellung des Eingangssignals gefunden wurde und dass die Daten dann programmgesteuert abgerufen werden können.

12.8.4 Analoger MUX

Ein Multiplexer, oder *Mux,* ist ein Gerät, das es ermöglicht, dass eine oder mehrere Eingaben programmgesteuert zu einem oder mehreren Ausgängen umgeschaltet und/oder kombiniert werden. Diese Eingaben/Ausgaben können entweder digital oder analog sein. Typischerweise werden Muxe von digitalen Signalen gesteuert, die aus einem oder mehreren binären Eingaben bestehen. Abhängig von der durch die binären Eingaben repräsentierten „Adresse" wird eine der Eingabequellen mit dem Ausgang des Mux verbunden, wie in Abb. 12.13 gezeigt. Analoge Muxe werden oft verwendet, wenn mehrere analoge Eingaben mit einem Analog-digital-Wandler abgetastet werden.

Der analoge Multiplexer, oder AMux, ist ein passives Gerät, das mehrere analoge Signale oder mehrere Paare davon in einem einzigen Signal oder Paar kombinieren kann, um das Ausgangssignal zu einer einzigen Eingabe einer anderen Komponente zu leiten. Der AMux ermöglicht auch, dass mehrere gleichzeitige Eingangsverbindungen zu einer

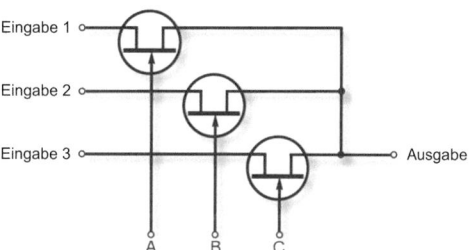

Abb. 12.13 Ein einfacher analoger Multiplexer

einzigen Verbindung geleitet werden. Der AMux verwendet einzelne Schalter, die Blöcke mit analogen Bussen und analoge Busse mit Pins verbinden.

Im Gegensatz zu den meisten Hardwaremultiplexern ist der AMux eine Sammlung von unabhängigen Schaltern, die von der Firmware und nicht von der Hardware gesteuert werden. Dies macht den AMux viel flexibler als andere Arten von Multiplexern, da er es ermöglicht, dass mehr als ein Signal gleichzeitig mit dem gemeinsamen Ausgangssignal verbunden wird. Beachten Sie, dass die Firmware im „differentiellen Modus" nicht zulässt, dass die differentiellen Signale miteinander verbunden werden, und behandelt solche Fälle stattdessen als zwei parallele Multiplexer, die vom selben Signal gesteuert werden.

Zulässige Eingabe-/Ausgabe-Verbindungen
Es gibt verschiedene Arten von Eingabe-/Ausgabe-Verbindungen, die vom AMux unterstützt werden:

- aN (analog) – der AMux unterstützt 2–32 analoge Eingaben.
- bN (analog)[19] – die gepaarten Eingaben (aN, bn) werden nur verwendet, wenn der Mux-Type-Parameter auf „Differentiell" eingestellt ist.
- y (analog) – dies ist eine erforderliche Verbindung und der Ausgang des AMux.
- x (analog) – das „x-Signal" ist die Ausgangsverbindung, wenn der AMux im differentiellen Modus verwendet wird. Sein Ausgang wird durch die Funktion „void AMux_Select(void)" bestimmt.

Bei der Einrichtung eines AMux müssen bestimmte Parameter eingestellt werden, um die gewünschte Konfiguration zu erreichen, d. h.:

- **Kanäle** – dieser Parameter gibt die Anzahl der einzelnen oder gepaarten Eingaben an und kann einen Wert von 2–32 haben.
- **MuxType** – dieser Parameter bestimmt, ob eine einzelne Eingabe pro Verbindung („single")[20] oder eine doppelte Eingabe pro Verbindung („differential") verwendet werden soll. Wenn zwei oder mehr Eingangssignale unterschiedliche Signalreferenzen haben, muss der „differentielle" Modus verwendet werden. Dieser Modus wird oft verwendet, wenn der Ausgang des Mux mit einem ADC mit differentiellem Eingang verbunden ist.

---

[19] Diese Art von I/O kann auf dem Symbol unter den in der Beschreibung dieser I/O aufgeführten Bedingungen verborgen sein.

[20] Single bezieht sich auf Fälle, in denen jedes Eingangssignal in Bezug auf ein gemeinsames Signal referenziert wird, z. B. V_ssa.

12.8 Grundlegende ADC-Konzepte

Die AMux-API

Die Anwendungsprogrammierschnittstelle oder API für den AMux bietet programmgesteuerten Zugriff auf verschiedene Routinen, die es dem Entwickler ermöglichen, den AMux zu konfigurieren. Standardmäßig weist PSoC Creator der ersten Instanz von AMux den Instanznamen „AMux_1" zu. Die API-Funktionsaufrufe für AMux sind:

- **void AMux_n_Start** – trennt alle Kanäle.[21]
- **void AMux_n_Stop** – trennt alle Kanäle.[22]
- **void** AMux_n_Select(**uint8 chan**) – trennt alle anderen Kanäle und verbindet dann das ausgewählte Kanalsignal (chan).
- **void** AMux_n_FastSelect(**uint8 chan**) – trennt die letzte Verbindung, die mit FastSelect- oder Select-Funktionsaufrufen hergestellt wurde, und verbindet dann das „unit8 chan".[23]
- **void AMux_n_Connect(uint8 chan)** – verbindet den gegebenen Kanal mit dem gemeinsamen Signal, ohne eine vorherige Kanalverbindung zu beeinflussen.
- **void AMux_n_Disconnect(chan)** – trennt nur den angegebenen Kanal vom Ausgang.
- **void AMux_n_DisconnectAll(void)** – trennt alle Kanäle.

12.8.5 Analoger/digitaler virtueller MUX

PSoC 3/5LP unterstützen analoge/digitale „virtuelle" Muxes, die den Hardwaremuxes ähnlich sind, da sie einen ausgewählten Eingang mit einem Ausgang verbinden. Im Gegensatz zu ihren Hardwarependants können virtuelle Muxes jedoch nicht dynamisch gesteuert werden. Sie können auf der Schaltungsebene verwendet werden, um aus einer Vielzahl von verschiedenen Quellen auszuwählen, z. B., um aus einer Reihe von verschiedenen Taktquellen auszuwählen. Die tatsächlich herzustellende Verbindung wird zur Build-Zeit ausgewählt. Die Standardanzahl der Eingänge[24] beträgt 2 mit einem Maximum von 16 und dem ausgewählten Eingang. Virtuelle Muxes verbrauchen keine Ressourcen, sondern verbinden lediglich einen vordefinierten Eingang mit dem Ausgang.

---

[21] In Bezug auf AMux-Funktionsaufrufe gibt es keine Rückgabewerte, Nebenwirkungen oder zu spezifizierende Parameter, sofern nicht anders angegeben.

[22] Der Stopp-API-Aufruf ist nicht erforderlich, wird aber aus „Kompatibilitätsgründen" bereitgestellt.

[23] Wenn die Connect-Funktion verwendet wurde, um einen Kanal vor dem Aufruf von *FastSelect* auszuwählen, wird der ausgewählte Kanal nicht getrennt, was nützlich ist, wenn parallele Signale verbunden werden müssen.

[24] Die Anzahl der Eingänge wird durch *NumInputTerminals* angegeben.

12.8.6 PSoC 3/5LP-Delta-Sigma-ADC (ADC_DelSig)

Der in PSoC 3/5LP bereitgestellte Delta-Sigma-ADC unterstützt Auflösungen von 8–20 bit, kontinuierlichen Betrieb, eine einstellbare Abtastrate (10–375.000 sps), einen Eingangsbuffer mit hoher Eingangsimpedanz und eine wählbare Eingangsbufferverstärkung, was ihn ideal für die Abtastung von Signalen über einen weiten Frequenzbereich macht. Ob zur Abtastung von Eingangssignalen von Dehnungsmessstreifen, Thermoelementen oder anderen Formen von hochpräzisen, aber niederamplitudigen Sensoren, der ADC_DelSig ist darauf ausgelegt, das Quantisierungsrauschen über ein ausreichend breites Spektrum zu verteilen, um es aus der Bandbreite des Eingangssignals herauszubewegen und dann durch einen Tiefpassfilter zu filtern.

Der Delta-Sigma-ADC ist ein grundsätzlich dreipoliges Gerät mit einem optionalen vierten und fünften Pin für einen Start der Konvertierung („start of conversion", SOC), der durch das Vorhandensein einer steigenden Flanke und einer externen Taktquelle erfolgt. Die anderen drei Pins sind positiver Eingang, negativer Eingang und Ende der Konvertierung („end of conversion", EOC). Dieser positive Eingang wird für einen positiven analogen Signalinput zum ADC_DelSig verwendet. Das Konvertierungsergebnis ist eine Funktion des positiven Wertes minus der Referenzspannung, die entweder negativ oder V_{ssa} ist.[25]

Der negative Eingang des ADC_DelSig fungiert als Referenzeingang, und das Ergebnis einer Konvertierung ist eine Funktion des positiven Eingangs minus des negativen Eingangs. Wenn die Option ADC_INPUT_Range für dieses Gerät ausgewählt ist, dann sind die folgenden Modi verfügbar:

$$0,0 \pm 1,024 \, V (\text{Differential}) - \text{Input} \pm V_{ref}$$

$$0,0 \pm 2,48 \, V (\text{Differential}) - \text{Input} \pm 2 V_{ref}$$

$$0,0 \pm 0,512 \, V (\text{Differential}) - \text{Input} \pm V_{ref}/2$$

$$0,0 \pm 0,256 \, V (\text{Differential}) - \text{Input} \pm V_{ref}/4$$

Benutzerdefinierbare Parameter für den ADC_DelSig umfassen folgende:

- **Variable Leistungseinstellungen:** niedrig, mittel oder hoch.
- **Konvertierungsmodi:** kontinuierlich, Fast-Filter oder FIR.
- **Auflösung:** 8, 9, 10, 11, 12, 13, 14, 15, 16, 17, 18, 19 oder 20.
- **Eingangsbufferverstärkung:** 1, 2, 4 oder 8.[26]
- **Start der Konvertierung:** kann auf Hardware- oder Softwareebene initiiert werden.
- **Konvertierungsrate:** 10 bis 375.000 Abtastwerte pro Sekunde.
- **Taktquelle:** extern oder intern.

---

[25] V_{ssa} ist eine analoge Masse.
[26] Die Eingangsbufferverstärkung kann auch deaktiviert werden.

12.8 Grundlegende ADC-Konzepte

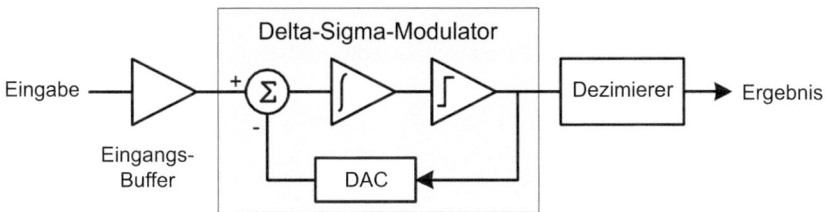

Abb. 12.14 Das PSoC 3-ADC_DelSig-Blockdiagramm

- **Eingangsbereich:**
  0,0–1,024 V (single-ended)
  0,0–1,024 V (single-ended)
  V_{ssa} bis V_{dda} (single-ended)
  0,0 ± 1,024 V (differential) negativer Eingang ± V_{ref}
  0,0 ± 2,048 V (differential) negativer Eingang ± $2(V_{ref})$
  0,0 ± 0,512 V (differential) negativer Eingang ± $V_{ref}/2$
  0,0 ± 0,256 V (differential) negativer Eingang ± $V_{ref}/4$

Der ADC_DelSig besteht aus drei Blöcken: einem Eingangsverstärker, einem Delta-Sigma-Modulator 3. Ordnung und einem Dezimierer, wie in Abb. 12.14 gezeigt.

Der Eingangsverstärker bietet einen Eingang mit hoher Impedanz und eine vom Benutzer wählbare Eingangsverstärkung. Der Dezimiererblock enthält ein 4-stufiges CIC-Dezimationsfilter[27] und eine Nachbearbeitungseinheit. Das CIC-Filter arbeitet auf dem Abtastwert direkt vom Modulator. Die Nachbearbeitungseinheit führt optional Verstärkungs-, Offset- und einfache Filterfunktionen auf dem Ausgang des CIC-Dezimatorfilters durch. Dezimation ist eine Kombination aus Downsampling und Filterung, wobei Downsampling sich auf das Verwerfen von Abtastwerten bezieht, insbesondere in Fällen, in denen Überabtastung[28] verwendet wird. In einigen Fällen wird vor dem Downsampling ein Tiefpassfilter verwendet, um mit den Nyquist-Kriterien übereinzustimmen.

12.8.7 I/O-Pins

Damit ein eingebettetes System mit der realen Welt interagieren kann, muss es natürlich Hardwareverbindungen für Eingabe und Ausgabe geben. Mikrocontroller haben zu diesem Zweck I/O-Pins, und für PSoC 3/5LP sind die I/O-Pins genauso wichtig wie ihre jeweilige potenzielle Konfigurierbarkeit. Zusätzlich zur Konfigurierbarkeit der Pins auf der

---

[27] Kaskadierte Integratorkammfilter („cascaded integrator comb filter", CIC) sind linearphasige FIR-Filter und effizienter als herkömmliche FIR-Filter.

[28] Oversampling ist das Abtasten mit Raten, die größer sind als die Nyquist-Kriterien.

Schaltungsebene können sie auch dynamisch durch die Programmsteuerung konfiguriert werden. Auf der Schaltungsebene ist die Pinskomponente als analog, digitaler Eingang, digitaler Ausgang oder bidirektional mit einem anfänglichen Zustand von high oder low definierbar.

Die Implementierung von eingebetteten Systemen mit PSoC 3/PSoC 5LP erfordert typischerweise den umfangreichen Einsatz verschiedener Arten von I/O-Pins, einschließlich:

- analoge Pins,
- digitale Eingangspins,
- digitale Ausgangspins,
- digitale bidirektionale Pins.

Die Pinskomponenten von PSoC 3/5LP können in komplexe Kombinationen von Eingabe-, Ausgabe-, bidirektionalen und analogen I/O-Verbindungen konfiguriert werden, um sowohl auf dem Gerät als auch außerhalb des Geräts Signale über physische I/O-Pins bereitzustellen. Eine Pinskomponente kann 1–64 Pins mit einem Standardwert von 1 Pin haben. Sie ermöglicht den Zugriff auf externe Daten über einen entsprechend konfigurierten physischen I/O-Pin und ermöglicht es, elektrische Eigenschaften mit einem oder mehreren Pins zu verknüpfen. Diese Eigenschaften werden dann vom PSoC Creator verwendet, um die Signale automatisch innerhalb der Komponente zu platzieren und zu routen. Pins können aus Schaltplänen und/oder Software eingesetzt werden. Um auf eine Pinskomponente über Komponenten-APIs zuzugreifen, muss die Komponente zusammenhängend und nicht überspannend sein. Dies stellt sicher, dass die Pins garantiert in einen einzigen physischen Port abgebildet werden. Pinskomponenten, die Ports überspannen oder nicht zusammenhängend sind, können nur aus einem Schaltplan oder mit den globalen Per-Pin-APIs abgerufen werden.[29]

Eine analoge Pinskomponente kann auch digitale Eingabe- oder Ausgabeverbindungen oder beides und bidirektionale Verbindungen unterstützen, z. B. analog mit digitalem Eingang, analog mit digitalem Ausgang, analog mit digitalem Eingang/Ausgang und analog mit bidirektionalem digitalem I/O. Digitale Eingangspins können auch digitale Ausgabe und analoge Verbindungen unterstützen. Digitale Ausgangspins können digitale Eingabe und analoge Verbindungen unterstützen. Bidirektionale Pins können analoge Verbindungen unterstützen. Wenn die Pinskomponente in Verbindung mit einer internen Referenzspannung (Vref) verwendet wird, muss ein SIO-Pin verwendet werden, jedoch kann Vref nur mit einer anderen digitalen Verbindung verwendet werden, d. h., analoge Pins können nicht verwendet werden. Digitale Pins können mit einem IRQ verwendet werden, aber nicht mit einem analogen Pin. Es gibt acht verfügbare Ansteuerungsmodi für einen Pin, wie in Abb. 12.15 gezeigt.

---

[29] #defines werden für jeden Pin in der Pinskomponente erstellt, um mit globalen APIs verwendet zu werden.

12.8 Grundlegende ADC-Konzepte

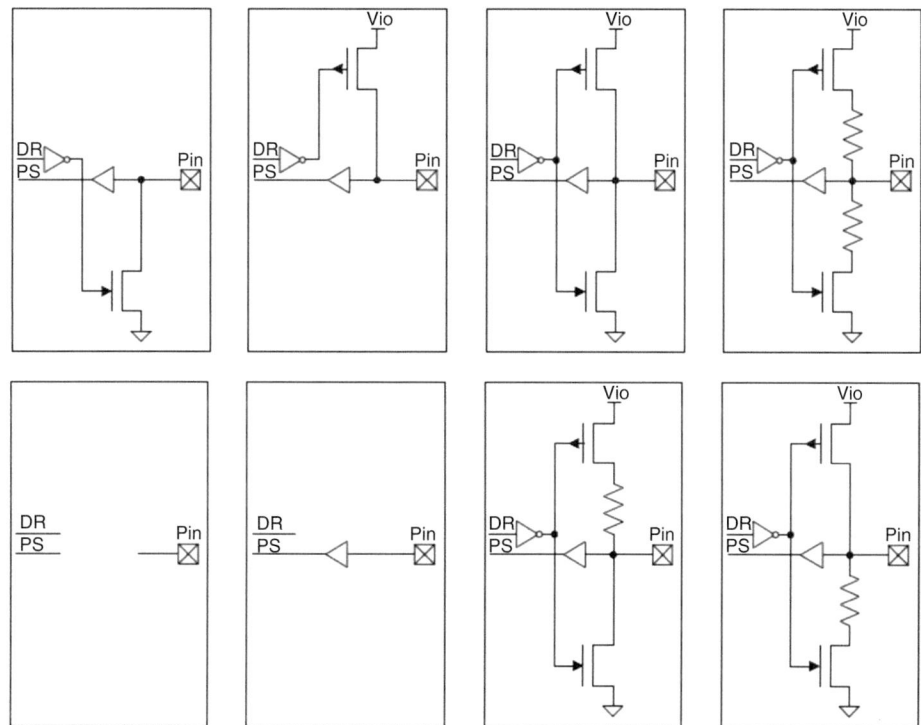

Abb. 12.15 PSoC 3/5LP-Pinansteuerungsmodi

Die Ansteuerungsmodi für Pins beinhalten:

- starke Ansteuerung,
- hohe Impedanz analog,
- hohe Impedanz digital,
- Open-Drain treibt high,
- Open-Drain treibt low,
- resistiver Pull-up,
- resistiver Pull-down,
- resistiver Pull-up und Pull-down,
- resistiver Pull-up/Pull-down.

Die Standardwerte für Ansteuerungsmodi sind hohe Impedanz für analog, digital und digital I/O und Open-Drain (treibt low) für bidirektional. Alle anderen

12.8.8 Digital-zu-analog-Konverter (DAC)

Digital-zu-analog-Konverter sind eine wichtige Komponente in eingebetteten Systemen, die es dem System ermöglichen, digitale Daten in ihr analoges Äquivalent umzuwandeln, um Aktuatoren, Motoren, Schalter usw. anzusteuern. Die Auswahl eines DAC basiert auf einer Reihe von Faktoren; einer davon ist die gewünschte Auflösung, die die Anzahl der analogen Stufen bestimmt, die der DAC erzeugen kann, und die N-bit-Auflösung, wobei N die Potenz von 2 ist, die die Anzahl der möglichen Ausgangsstufen darstellt. Die Teilung der Anzahl der Stufen durch die maximale Ausgangsspannung des DAC bestimmt die Spannungsschrittgröße, d. h.,

$$\text{Output Voltage Step Size} = \frac{\text{Maximum Output Voltage}}{2^N}. \qquad (12.26)$$

Ein weiterer Faktor ist die Abtastfrequenz, die sich auf die maximale Ausgaberate bezieht, die der DAC erzeugen kann. Dies ist eine wichtige Überlegung, wenn die Genauigkeit oder Treue des Ausgangsanalogsignals von Bedeutung ist. Wenn die Nyquist-Shannon-Bedingung erfüllt sein soll, dann muss der DAC in der Lage sein, analoge Werte mit einer Rate von mindestens dem Doppelten der höchsten Frequenzkomponente zu erzeugen, die im Ausgang enthalten sein soll. Ein drittes Anliegen ist die sogenannte Monotonie des Ausgangs von einem DAC. Insbesondere, wenn angenommen wird, dass die Ausgangsspannung steigt oder sinkt, muss jeder tatsächliche Ausgangsschritt eine monotone Erhöhung oder Verringerung des Ausgangs darstellen. Der Dynamikbereich ist ebenfalls eine Überlegung und ist eine Funktion der Auflösung des DAC und des Grundrauschens. Die totale harmonische Verzerrung ist ein Leistungsmerkmal für DAC und muss möglicherweise bei der Auswahl eines DAC berücksichtigt werden, abhängig von der Anwendung.

PSoC 3/5LP-DAC erzeugen entweder eine Spannungs- oder Stromausgabe und verwenden eine Stromspiegelarchitektur[30], bei der der Strom von einer Referenzquelle zu einem Spiegel-DAC gespiegelt wird. Kalibrierungs- und Wertstromspiegel sind verantwortlich für die 8-bit-Kalibrierung [DACx.TR] und den 8-bit-DAC-Wert. Der Strom wird dann in den Skalierer umgeleitet, um den dem DAC-Wert entsprechenden Strom zu erzeugen. Der DAC-Wert kann entweder aus dem Register DACx.D oder 8 Leitungen aus dem UDB gegeben werden [5]. Diese Auswahl wird mit dem DACx.CR1[6]-Bit getroffen. Der DAC wird gesteuert, um seine Ausgabe für den Eingangscode zu ändern. Die Abtastimpulssteuerung wird durch das DACx.STROBE[2]-Bit aktiviert. Die Abtastimpulsquellen für den DAC können aus dem „bus write strobe", „analog clock

---

[30] Stromspiegel sind Schaltungen, die darauf ausgelegt sind, einen Referenzstrom genau zu replizieren, der als „goldene Stromquelle" bezeichnet wird, und manchmal eine Skalierung des replizierten Stroms beinhaltet. Stromspiegel können als ideale Stromverstärker betrachtet werden. Von goldenen Stromquellen wird erwartet, dass sie relativ temperatur- und spannungsunabhängig sind.

12.8 Grundlegende ADC-Konzepte

strobe" bis zu jedem „UDB signal strobe" ausgewählt werden. Diese Auswahl basiert auf der Einstellung in DACx.STROBE[2:0].

- **Spannungsmodus (VDAC)** – der Strom wird entsprechend dem Bereich durch Widerstände geleitet, und die Spannung darüber wird als Ausgang bereitgestellt. Die Ausgänge von den PSoC 3/5LP-DAC sind sowohl im IDAC- als auch im VDAC-Modus single-ended.
- **Strommodus (IDAC)** – die beiden Spiegel für die Stromquelle und die Stromsenke liefern den Ausgang als Stromquelle oder Stromsenke. Diese Spiegel bieten auch Bereichsoptionen im Strommodus.

12.8.9 PSoC 3/5LP-Spannungs-DAC (VDAC8)

Der VDAC8 ist ein 8-bit-Spannungs-digital-zu-analog-Konverter, der je nach Anwendung auf verschiedene Weisen konfiguriert werden kann. Er kann über Hardware, Software oder eine Kombination aus beidem gesteuert werden. Er kann als feste oder programmierbare Spannungsquelle eingesetzt werden, mit:

- einer CPU, DMA oder UDB-Datenquellentext,
- software- oder taktgesteuertem Ausgangsabtastimpuls,
- zwei Bereichen: 1,020 und 4,096 V Skalenendwert,
- Spannungsausgang.

Eingangs-/Ausgangsverbindungen

Wenn er als VDAC verwendet wird, ist der Ausgang eine 8-bit-digital-zu-analog-Umwandlungsspannung zur Unterstützung von Anwendungen, bei denen Referenzspannungen benötigt werden. Die Referenzquelle ist eine Spannungsreferenz aus dem Analogreferenzblock namens VREF(DAC). Der DAC kann so konfiguriert werden, dass er im Spannungsmodus arbeitet, indem das DACx.CR0 [5]-Register eingestellt wird.

In diesem Modus gibt es zwei Ausgangsbereiche, die durch das Register DACx.CR0 [3:2] ausgewählt werden:

- 0–1,024 V
- 0–4,096 V

Beide Ausgangsbereiche haben 255 gleiche Schritte.

Der VDAC wird implementiert, indem der Ausgang des Strom-DAC durch Widerstände getrieben und eine Spannungsausgabe erzielt werden. Da kein Buffer verwendet wird, beeinflusst jeder DC-Strom, der vom DAC gezogen wird, das Ausgangsniveau. Daher sollte in diesem Modus jede Last, die an den Ausgang angeschlossen ist, kapazitiv sein. Der VDAC ist in der Lage, bis zu 1 Msps umzuwandeln. Allerdings ist der DAC im

4-V-Modus langsamer als im 1-V-Modus, da die resistive Last zu Vssa 4-mal größer ist. Im 4-V-Modus ist der VDAC in der Lage, bis zu 250 ksps umzuwandeln. Der Ausgang des VDAC8 kann auf jeden analog kompatiblen Pin auf PSoC 3/5LP geroutet werden.

Ein 8 bit breites Datensignal, d. h. data[0:7], verbindet den VDAC8 direkt mit dem DAC-Bus. Der DAC-Bus kann von UDB-basierten Komponenten, Steuerregistern oder direkt von GPIO-Pins angetrieben werden. Die Eingabe wird aktiviert, indem der *Data_Source*-Parameter auf „DAC Bus" gesetzt wird. data[7:0]-Eingabe sollte verwendet werden, wenn die Hardware in der Lage ist, den richtigen Wert ohne CPU-Eingriff zu setzen, und die Abtastimpulsoption sollte als extern eingestellt werden. Für viele Anwendungen ist diese Eingabe nicht erforderlich, stattdessen wird die CPU oder DMA einen Wert direkt in das Datenregister schreiben. In der Firmware sollte die *SetRange()*-Funktion oder das direkte Schreiben eines Werts in das *VDAC8_n_Data*-Register (unter der Annahme eines n-ten Instanznamens) verwendet werden.

Im Abtastimpulseingabemodus werden die Daten vom VDAC8-Register bei der nächsten positiven Flanke des Abtastimpulssignals auf den DAC übertragen. Wenn dieser Parameter auf „Register Write" gesetzt ist, verschwindet der Pin vom Symbol, und jeder Schreibzugriff auf die Datenregister wird sofort auf den DAC übertragen. Für Audio- oder periodische Abtastanwendungen könnte der gleiche Taktgeber, der zum Takten der Daten in den DAC verwendet wird, auch zur Erzeugung eines Interrupts verwendet werden. Jede steigende Flanke des Takts würde Daten auf den DAC übertragen und einen Interrupt verursachen, um den nächsten Wert in das DAC-Register zu laden.

Die Ausgangsspannung wird bestimmt durch:

$$v_o = 1{,}020 \left[\frac{value}{256} \right] \text{V} \qquad (12.27)$$

oder

$$v_o = 4{,}096 \left[\frac{value}{256} \right] \text{V}, \qquad (12.28)$$

abhängig von dem ausgewählten Ausgangsbereich und $0 \leq (Wert) \leq 255$.

12.8.10 PSoC 3/5LP-Strom-DAC (IDAC8)

Wenn er als IDAC verwendet wird, ist der Ausgang ein 8-bit-digital-zu-analog-Umwandlungsstrom. Dies wird durch Einstellen des *DACx.CR0 [5]*-Registers erreicht. Die Referenzquelle ist eine Stromreferenz aus der analogen Referenz namens *IREF(DAC)*. In diesem Modus gibt es drei Ausgangsbereiche, die durch das Register *DACx.CR0 [3:2]* ausgewählt werden.

- 0–2,048 mA, 8 µA/bit
- 0–256 µA, 1 µA/bit
- 0–32 µA, 0,125 µA/bit

Abb. 12.16 Konfiguration des höherauflösenden Strom-DAC

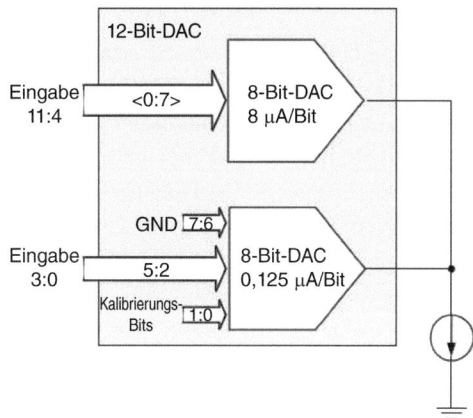

Für jede Stufe gibt es 255 gleichmäßige Schritte von M/256, wobei $M = 2,048$ mA, 256 μA oder 32 μA ist. In der 2,048-mA-Konfiguration soll der Block einen Strom in eine externe 600-Ω-Last ausgeben. Der IDAC kann bis zu 8 Msps umwandeln. Der Benutzer hat auch die Möglichkeit, den Ausgang entweder als Stromquelle oder als Stromsenke auszuwählen. Dies wird durch das *DACx.CR1[14]*-Register gesteuert. Diese Auswahl kann auch durch einen UDB-Eingang erfolgen. Die UDB-Steuerung für die Quellen-/Senkenauswahl wird mit dem *DACx.CR1[2]*-Bit aktiviert. Separate Multiplexer werden für Strom- und Spannungsmodi verwendet.

Es ist möglich, einen höherauflösenden Stromausgangs-DAC zu erreichen, indem die Ausgänge von zwei 8-bit-Strom-DAC summiert werden, wobei jeder ein anderes Segment des Eingangsbusses als Eingang hat, wie in Abb. 12.16 gezeigt.

Der Bereich der beiden verwendeten DAC überlappt teilweise.

Zum Beispiel erfordert die Implementierung eines 12-bit-DAC mit zwei 8-bit-DAC: Ein DAC skaliert auf den Bereich 0–2,048 mA, und der zweite skaliert auf den Bereich 0–32 μA. Die mittleren 4 bit des DAC mit dem niedrigsten Bereich werden als Eingänge zu den unteren 4 bit verwendet. Diese Architektur kann Probleme bereiten, wenn es eine Unstimmigkeit zwischen den beiden DAC gibt, und daher können eine Anpassung und Skalierung erforderlich sein. Die letzten 2 bit des LSB-DAC werden für kleinere Kalibrierungsanforderungen verwendet.

12.9 PSoC 3/5LP-Gatter

PSoC 3/5LP bieten eine leistungsstarke Suite von digitalen Funktionen, die mit ihren analogen Gegenstücken interoperabel sind. Neben digitalen Funktionen wie Zählern, Timern, zyklischen Redundanzprüfmodulen, Pulsweitenmodulatoren, Quadraturdecodern, Schieberegistern, Pseudozufallssequenz (PRS)-Generatoren und Präzisionsbeleuchtungssignalmodulatoren (PrISM) wird auch ein vollständiges Set von Logikfunktionen wie

AND, OR, (NOT,) NOR, NAND, XOR, XNOR und Invertern bereitgestellt, um alle grundlegenden Operationen zu ermöglichen. Beliebig komplexe Kombinationen dieser logischen Komponenten ermöglichen es dem Entwickler, Logikkonfigurationen [10] für eine Vielzahl von Situationen zu erstellen, die die Funktionen des PSoC 3/5 für analoge und digitale Blöcke beinhalten. Mit Ausnahme des Inverters, der als NOT-Gatter fungiert, haben alle enthaltenen Logikgatter [4] standardmäßig 2 digitale Eingänge. Der Inverter hat einen einzigen Eingang und einen einzigen Ausgang, aber die anderen Gatter können bis zu 8 digitale Eingänge haben *(NumTerminals)*. Ein zweiter Parameter, *TerminalWidth,* definiert die Anzahl der Busverbindungen, die an die gleiche Anzahl von diskreten Logikgattern parallel angeschlossen werden können.

Alle verwendeten digitalen Logikgatter werden in ihre VHDL-Äquivalente[31] umgewandelt und zu einer Summe von Produkten reduziert und dann in die programmierbaren Logikbausteine („programmable logic devices", PLD) des universellen Digitalblocks (UDB) eingesetzt. Dieser Prozess führt dazu, dass digitale Logikgatter automatisch optimiert und in das PSoC-Gerät eingefügt werden. Der Ressourcenverbrauch hängt von der spezifischen erstellten Logik ab und kann nicht vor der Projektkompilierung in PSoC Creator bestimmt werden.

12.9.1 Gatterdetails

Die Logikpegel für die PSoC 3/5LP-Gatter sind definiert als:

- wahr $= 1 =$ Logikpegel high,
- falsch $===$ Logikpegel low.

Das AND-Gatter, symbolisch dargestellt in Abb. 12.17, funktioniert auf die gleiche Weise wie ein logischer AND-Operator, d. h., die Ausgabe ist wahr, wenn alle Eingaben wahr sind, und ansonsten falsch (Tab. 12.3 und 12.4).

Das OR-Gatter, symbolisch dargestellt in Abb. 12.18, funktioniert auf die gleiche Weise wie ein logisches OR-Gatter, d. h., die Ausgabe ist wahr, wenn irgendeine Eingabe wahr ist, und falsch, wenn alle Eingaben falsch sind.

Der Inverter, symbolisch dargestellt in Abb. 12.19, der auch als NOT-Gatter bezeichnet wird, führt eine logische Invertierungsfunktion aus, d. h., der Ausgangszustand des Inverters ist der inverse Zustand des Eingangs (Tab. 12.5).

---

[31] Die Very High Speed Integrated Circuit Hardware Description Language (VHDL) wurde als Hardwarebeschreibungssprache für die Entwicklung von Hochgeschwindigkeits-integrierten-Schaltungen erstellt und hat sich zu einer Industriestandardsprache für die Beschreibung von digitalen Systemen entwickelt.

12.9 PSoC 3/5LP Gates

Abb. 12.17 AND-Gatter führen eine logische Multiplikation aus

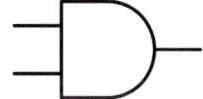

Tab. 12.3 Wahrheitstabelle des UND-Gatters.

Eingang 1	Eingang 2	Ausgabe
0	0	0
0	1	0
1	0	0
1	1	1

Tab. 12.4 Wahrheitstabelle des ODER-Gatters.

Eingang 1	Eingang 2	Ausgabe
0	0	0
0	1	1
1	0	1
1	1	1

Abb. 12.18 OR-Gatter führen eine logische Addition aus

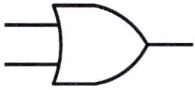

Abb. 12.19 Ein Inverter fungiert als ein NOT-Gatter

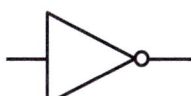

Tab. 12.5 Wahrheitstabelle des NICHT-Gatters.

Eingabe	Ausgabe
1	0
0	1

Das NAND-Gatter, symbolisch dargestellt in Abb. 12.20, entspricht einem logischen AND-Gatter gefolgt von einem logischen Inverter. Wenn alle Eingaben zum NAND-Gatter wahr sind, ist die Ausgabe falsch, ansonsten ist die Ausgabe wahr (Tab. 12.6).

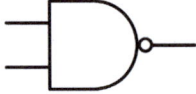

Abb. 12.20 Das NAND-Gatter fungiert als die Kombination eines logischen NAND- und NOT-Gatters

Tab. 12.6 Wahrheitstabelle des NAND-Gatters.

Eingang 1	Eingang 2	Ausgabe
0	0	1
0	1	1
1	0	1
1	1	0

Das NOR-Gatter, symbolisch dargestellt in Abb. 12.21, funktioniert wie ein logisches OR-Gatter gefolgt von einem logischen NOT-Gatter, d. h., die Ausgabe ist wahr, wenn alle Eingaben falsch sind, ansonsten ist die Ausgabe falsch (Tab. 12.7).

Das XOR-Gatter (exklusives OR-Gatter), symbolisch dargestellt in Abb. 12.22, ist nützlich als Paritätsgenerator. Es hat 2 oder mehr Eingänge und 1 Ausgang. Wie in der Tab. 12.8 gezeigt, ist die Ausgabe des XOR-Gatters wahr, wenn es eine ungerade Anzahl von wahren Eingaben gibt. Ansonsten ist die Ausgabe falsch. Das XNOR-Gatter, symbolisch dargestellt in Abb. 12.23, ist ein exklusives NOR-Gatter, das als logisches XOR-Gatter gefolgt von einem logischen NOT-Gatter fungiert, d. h., die Ausgabe ist wahr, wenn es eine gerade Anzahl von wahren Eingaben gibt, und ansonsten ist die Ausgabe falsch (Tab. 12.9).

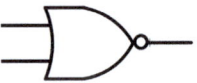

Abb. 12.21 Das NOR-Gatter fungiert als Kombination aus einem logischen OR- und NOT-Gatter

Tab. 12.7 Wahrheitstabelle des NOR-Gatters.

Eingang 1	Eingang 2	Ausgabe
0	0	1
0	1	0
1	0	0
1	1	0

12.9 PSoC 3/5LP Gates

Abb. 12.22 Ein exklusives OR-Gatter

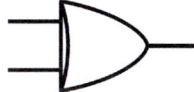

Tab. 12.8 Wahrheitstabelle des exklusiven ODER-Gatters (XOR).

Eingang 1	Eingang 2	Eingang 3	Ausgabe
0	0	0	0
0	0	1	1
0	1	0	1
0	1	1	0
1	0	0	1
1	0	1	0
1	1	0	0
1	1	1	1

Abb. 12.23 Ein exklusives NOR-Gatter (XNOR)

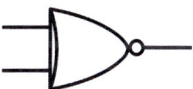

Tab. 12.9 Wahrheitstabelle des exklusiven NOR-Gatters (XNOR).

Eingang 1	Eingang 2	Eingang 3	Ausgabe
0	0	0	1
0	0	1	0
0	1	0	0
0	1	1	1
1	0	0	1
1	0	1	0
1	1	0	0
1	1	1	1

12.9.2 Tri-State-Buffer (Bufoe 1.10)

Die PSoC 3/5LP-tri-State-Buffer (Bufoe)-Komponente ist ein vierpoliger, nicht invertierender Buffer mit einem aktiven, hochwertigen Ausgangssignal, das symbolisch in Abb. 12.24 dargestellt ist. Wenn das Ausgangsaktivierungssignal wahr ist, fungiert der Buffer als Standardbuffer. Wenn das Ausgangsaktivierungssignal falsch ist, schaltet der Buffer ab. Er wird verwendet, um eine Schnittstelle zu einem gemeinsamen Bus bereitzustellen, z. B. I^2C. Bufoes sollten mit einem I/O-Pin und nicht in Verbindung mit interner Logik verwendet werden.

Die vier Verbindungen sind:

- **x** – Eingang zum Bufoe.
- **oe** („output enable"/Ausgangsaktivierung) – der Bufoe ist aktiviert, wenn oe „1" ist, und sonst ist der Ausgang in einem hochohmigen Zustand (bezeichnet als „tri-stated").
- **y** – diese Verbindung ist mit dem Ausgang des Buffers verbunden. Wenn oe wahr ist („1"), ist diese Verbindung ein Ausgang, und y hat den gleichen Wert wie x. Wenn oe falsch ist („0"), kann diese Verbindung als Eingang verwendet werden.
- **yfb** (Ausgang) – dies ist das Rückkopplungssignal von der y-Verbindung. Wenn oe wahr ist („1"), haben yfb und y den gleichen Wert wie x. Wenn oe falsch ist („0"), hat yfb den gleichen Wert wie y, unabhängig von x.

12.9.3 D-Flipflop

Ein „D-Flipflop", dargestellt in Abb. 12.25, ist ein bistabiles Gerät, das verwendet werden kann, um einen digitalen Wert zu speichern, der asynchron voreingestellt oder zurückgesetzt werden kann.

Es fungiert nominell als ein dreipoliges Gerät mit Signaleingang (d), Takteingang (clock) und Ausgang (q) und wird häufig zur Implementierung von sequenzieller Logik verwendet. Der Ausgang des D-Flipflops (q) verfolgt den Ausgang des D-Flipflops (q), so dass es als Speichergerät dienen kann.

Abb. 12.24 Ein Bufoe ist ein Buffer mit einem Ausgangsaktivierungssignal („output enable", oe)

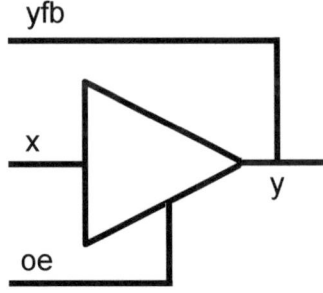

Abb. 12.25 D-Flipflop von PSoC 3/5LP

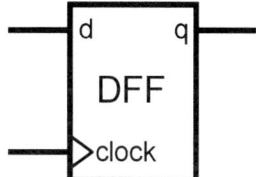

Ein vierter Eingangsanschluss, der als *asynchrones Preset* (ap) bezeichnet wird, ist zugänglich, wenn der *PresetOrReset*-Parameter auf „Preset" eingestellt ist. Der *ArrayWidth*-Parameter, dessen Standardeinstellung „1" ist, ermöglicht die Erstellung eines Arrays von D-Flipflops, wenn der Eingang oder Ausgang ein Bus ist. Der *PresetOrReset*-Parameter steuert, ob der *asynchrone Preset*-Eingang oder *asynchrone Reset* (ar) mit einer Standardeinstellung von „None" sichtbar ist. Alle D-Flipflop-Komponenten im gleichen UDB müssen den gleichen ar- oder ap-Eingang haben. Zusätzlich müssen D-Flipflop-Komponenten im gleichen PLD das gleiche Taktsignal haben. Ressourcen: Das D-Flipflop verwendet eine Makrozelle. Wenn der *ArrayWidth*-Parameter größer als 1 ist, verwendet das D-Flipflop eine Anzahl von Makrozellen gleich *ArrayWidth*.

12.9.4 Digitaler Multiplexer und Demultiplexer

Der *digitale Multiplexer* von PSoC 3/5LP wird verwendet, um 1 von n Eingängen auszuwählen, und der digitale Demultiplexer wird verwendet, um ein Signal dynamisch auf 1 von n Ausgängen zu leiten, unter Firmware- oder Hardwaresteuerung. Die gebräuchlichste Steuerungsmethode besteht darin, die Mux-Auswahlsignale mit einem Steuerregister über einen Bus zu verbinden. Das Steuerregister wird dann verwendet, um den Eingang oder Ausgang für den Mux/Demux auszuwählen. Eine andere Option besteht darin, die Auswahlsignale von der Hardwaresteuerlogik anzutreiben, um ein dynamisches Hardwarerouting zu ermöglichen. Die Tab. 12.10 und 12.11 zeigen die Wahrheitstabellen für einen 4-Eingaben-Multiplexer und einen 4-Ausgaben-Demultiplexer.

Es gibt drei Parameter, die Multiplexer und Demultiplexer steuern:

- *NumInputTerminals* bestimmt die Anzahl der Eingänge eines Multiplexers. Der Standardwert ist 4. Die akzeptablen Werte sind 2, 4, 8 und 16 und die entsprechenden Select-Eingangsbreiten sind 1, 2, 3.
- *NumOutputTerminals* bestimmt die Anzahl der Ausgänge eines Demultiplexers. Der Standardwert ist 4. Die akzeptablen Werte sind 2, 4, 8 und 16 und die entsprechenden Select-Eingangsbreiten sind 1, 2, 3 und 4.
- *TerminalWidth* wird verwendet, um ein Array von parallelen Multiplexern oder Demultiplexern zu erstellen, wenn die Eingänge und Ausgänge Busse sind. Es definiert die Busbreite der Eingänge und Ausgänge und hat einen Standardwert von 1. Die Breite des Select-Eingangs wird durch diesen Parameter nicht beeinflusst.

Tab. 12.10 Wahrheitstabelle des 4-Eingabe-Multiplexers.

Auswahl [1]	Auswahl [2]	Eingabe 3	Eingabe 2	Eingabe 1	Eingabe 0	Ausgabe
0	0	X	X	X	0	0
0	0	X	X	X	1	1
0	1	X	X	0	X	0
0	1	X	X	1	X	1
1	0	X	0	X	X	0
1	0	X	1	X	X	1
1	1	0	X	X	X	0
1	1	1	X	X	X	1

Tab. 12.11 Wahrheitstabelle des 4-Ausgabe-Demultiplexers.

Auswahl [1]	Auswahl [2]	Eingabe	Ausgang 3	Ausgang 2	Ausgang 1	Ausgang 0
0	0	0	0	0	0	0
0	0	1	0	0	0	1
0	1	0	0	0	0	0
0	1	1	0	0	1	0
1	0	0	0	0	0	0
1	0	1	0	1	0	0
1	1	0	0	0	0	0
1	1	1	1	0	0	0

12.9.5 Look-up-Tabellen (LUT)

PSoC 3/5LP haben eine Look-up-Tabellen-Komponente [1], die verwendet werden kann, um jede logische Funktion mit bis zu 5 Eingängen und 8 Ausgängen bereitzustellen. Solche Funktionen werden implementiert, indem Logikgleichungen erstellt werden, die in den UDB-PLD implementiert sind. Die LUT sollte immer dann verwendet werden, wenn eine bestimmte Eingabekombination eine spezifische Menge von Ausgängen erzeugen soll. Die LUT ermöglicht eine einfache Methode zur Angabe der Beziehung von Eingang zu Ausgang, ohne spezifische kombinatorische Logik auf Gatterebene erzeugen zu müssen. Die Verwendung des optionalen registrierten Ausgangsmodus ermöglicht die Erzeugung von sequenzieller Logik. Zustandsmaschinen können auch erstellt werden, indem die Ausgänge registriert und einige der Ausgänge zurück zu den LUT-Eingängen geleitet werden. Die LUT kann alle ihre Ausgänge für alle möglichen Eingabekombinationen konfigurieren. Zusätzlich kann sie so konfiguriert werden, dass sie die Ausgangsdaten bei steigender Flanke eines Eingangstakts registriert. Da die LUT ein rei-

12.9 PSoC 3/5LP Gates

ner Hardwareblock ist, hat sie keine Softwarekonfigurationsoptionen. Die Standard-LUT ist mit 2 Eingängen und 2 Ausgängen konfiguriert, und die Option „Register Outputs" ist nicht ausgewählt.

Der *Takt*-Eingang der LUT ist nur verfügbar, wenn die Option „Register Outputs" ausgewählt ist. Alle Ausgänge werden bei der steigenden Flanke dieses Takts registriert. Jeder Takt im System kann ausgewählt werden, jedoch sollte beachtet werden, dass wenn einer der Ausgänge zu einem I/O geht, sie nicht korrekt funktionieren werden, wenn die LUT schneller arbeitet als die schnellste I/O-Betriebsgeschwindigkeit des verwendeten PSoC-Typs, z. B. 33 MHz im Falle des PSoC 3.

12.9.6 Logisches High/Low

Logisch-high/low-Komponenten sind Teil der PSoC 3/5LP-Architekturen, um konstante digitale Werte bereitzustellen, die verwendet werden, um digitale Eingänge fest zu kodieren, um teilweise die Ressourcennutzung zu optimieren. Die Funktionen logisch high und logisch low werden für Eingänge verwendet, die konstant bleiben, z. B. zur Aktivierung von Timern, „1"-Zählern usw. Logisch low ist als „0" definiert und logisch high als „1".

12.9.7 Register

PSoC 3/5LP bietet zwei Arten von sehr speziellen Registern, d. h. Steuerungsregister und Statusregister. Ersteres wird verwendet, um mit einem Modul zu interagieren, und Letzteres wird verwendet, wenn die Firmware Statusinformationen über ein Modul benötigt. So ermöglicht das Statusregister der Firmware das Lesen digitaler Signale, und das Steuerungsregister kann als Konfigurationsregister verwendet werden, um der Firmware[32] zu ermöglichen das gewünschte Verhalten des digitalen Systems zu spezifizieren. Das Statusregister hat 1 Takteingang und 8 Verbindungen für den Statuseingang, $status_0$–$status_7$. Die Anzahl der Eingänge hängt vom *NumInputs*-Parameter ab, und die Firmware fragt die Eingangssignale ab, indem sie das Statusregister liest. Die Firmware legt die Werte der Ausgangs-Terminals für das Steuerungsregister fest, indem sie darauf schreibt. Die Anzahl der Ausgänge hängt vom *NumOutputs*-Parameter ab, der die Anzahl der Ausgangs-Terminals (angegeben als 1–8) mit einem Standardwert von 8 darstellt.

Die *Bit0Mode–Bit7Mode*-Parameter sind in PSoC Creator definierbar und werden verwendet, um spezifische Bits des Statusregisters nach der Registrierung high zu halten, bis eine Leseoperation ausgeführt wird, die auch alle registrierten Werte löscht. Die Ein-

---

[32] Hinweis: Die Begriffe Firmware und Software werden in diesem Text synonym verwendet, und es bleibt dem Leser überlassen zu entscheiden, welcher in einem gegebenen Kontext angemessener ist.

stellungen sind: *Transparent* und *Sticky* (clear on read). Standardmäßig liest ein CPU-Lesevorgang dieses Register transparent den Zustand des zugehörigen Routingnetzes. Dieser Modus kann für einen transienten Zustand verwendet werden, der intern im UDB berechnet und registriert wird.

Im *Sticky*-Status, mit *Clear on Read*-Modus wird das zugehörige Routingnetz bei jedem Zyklus des Status- und Steuerungstakts abgetastet, und wenn das Signal in einem gegebenen Abtastwert high ist, wird es im Statusbit erfasst und bleibt high, unabhängig vom nachfolgenden Zustand der zugehörigen Route. Wenn die CPU-Firmware das Statusregister liest, wird das Bit gelöscht. Das Löschen des Statusregisters ist unabhängig vom Modus und erfolgt auch dann, wenn der Blocktakt deaktiviert ist; es basiert auf dem Bustakt und erfolgt als Teil der Leseoperation.

```
Beispiel 6.5: Beispiel für C-Quellcode zum Lesen/Schreiben von/auf die
Status-/Control-Register.

include <Gerät.h>
void main()
{
uint8 Wert;
Wert = Status_Reg_1_Read();
}

#include <device.h>
void main()
{
uint8 Wert;
Control_Reg_1_Write(0x3E);
Wert = Control_Reg_1_Read();
}
```

12.9.8 PSoC 3/5LP-Zähler

Die PSoC 3/5LP-Architektur beinhaltet Zähler und Timer, die in den meisten eingebetteten Systemen wichtig sind. Diese Zähler sind in der Lage, aufwärts, abwärts oder auf- und abwärts zu zählen und sind konfigurierbar, um als 8-, 16-, 24- oder 32-bit-Zähler zu arbeiten. Optionen beinhalten Compare-Ausgang und Capture-Eingang. Zusätzlich können Enable- und Reseteingänge mit anderen PSoC-Komponenten synchronisiert werden, und die Periode einer Zählung ist programmierbar.

Zähler sind besonders nützlich in Situationen, die das „Zählen" von Ereignissen erfordern und wenn erforderlich das Erfassen des aktuellen Zählwerts für die programmatische Verwendung oder zum Vergleich eines Ausgangs für die Hardwaresynchronisation und/oder Signalisierung. In der einfachsten Konfiguration zählen Zähler entweder aufwärts oder abwärts und nutzen einen einzigen Eingang von entweder anderen internen Komponenten von PSoC oder einem I/O-Pin. Ein „Zählereignis" tritt bei jeder steigenden Flanke des Eingangs auf und setzt sich fort, bis der Endzählwert erreicht ist, woraufhin der Zähler „neu geladen" wird. Im Falle eines „Abwärtszählers" ist der Endzählwert, wenn der Zähler 0 erreicht, und anschließend wird der Zähler mit dem Periodenwert neu geladen. Zähler haben auch optionale „Capture-Funktionen", die es ermöglichen, den aktuellen Zählwert für den Vergleich oder die Softwareverarbeitung zu erfassen.

Auf-/Abwärtszähler ähneln Auf- und Abwärtszählern, aber es gibt einige wichtige Unterschiede. Eine Konfiguration bietet einen Zähleingang und einen Richtungseingang. Wenn aktiv, zwingt eine „1" auf dem Auf- und Abwärtseingang den Zähler dazu, bei einer steigenden Flanke des Zähleingangs um 1 zu inkrementieren. Eine „0" auf dem Auf- und Abwärtseingang veranlasst den Zähler dazu, bei einer steigenden Flanke des Zähleingangs um 1 zu dekrementieren. Die andere Konfiguration bietet einen Aufwärtszähleingang und einen Abwärtszähleingang. Der Zähler wird inkrementieren oder dekrementieren, je nachdem, welcher jeweilige Zähleingang eine steigende Flanke hatte. Diese Version des Zählers erfordert einen zusätzlichen Übertaktungseingang, während alle anderen Versionen dies nicht tun. Bei Zählerunterlauf und -überlauf werden Flags gesetzt und die Periode neu geladen, was eine störungsfreie Zählererweiterung in der Firmware ermöglicht. Während jedes Taktzyklus vergleicht der optionale Compare-Ausgang den aktuellen Zählwert mit dem Vergleichswert. Der Compare-Modus ist konfigurierbar auf alle Standardvergleichsmodi, was mehrere Wellenformoptionen bietet. Der Compare-Ausgang liefert einen Logikpegel, der auf I/O-Pins und andere Komponenteneingänge geroutet werden kann.

Ein optionaler Capture-Eingang kopiert den aktuellen Zählwert bei einer steigenden Flanke in einen Speicherort. Die Firmware kann verwendet werden, um den Erfassungswert jederzeit ohne zeitliche Einschränkungen zu lesen, solange der Capture-FIFO[33] Platz hat. Der Capture-FIFO ermöglicht die Speicherung von maximal vier Erfassungswerten. Die Enable- und Reseteingänge ermöglichen es dem Zähler, mit anderer interner oder externer Hardware synchronisiert zu werden. Das Enable-Signal des Zählers kann durch ein Software-API, den Hardware-Compare-Eingang oder das AND von beiden erzeugt werden. Für den Hardware-enable-Eingang zählt der Zähler nur, während der Enable-Eingang high ist. Eine steigende Flanke am Reseteingang veranlasst den Zähler, seinen Zählwert zurückzusetzen, als ob der Endzählwert erreicht wurde. Wenn der Reseteingang high bleibt, bleibt der Zähler im Reset. Ein Interrupt kann so programmiert werden, dass er unter jeder Kombination der folgenden Bedingungen erzeugt wird: wenn der Zähler den Endzählwert erreicht, der Compare-Ausgang behauptet wird oder ein Erfassungsereignis aufgetreten ist.

Im Standardmodus zählt der Zähler die Anzahl der steigenden Flankenereignisse am Zähleingang. Der Zähler kann auch als Taktteiler verwendet werden, indem ein Taktsignal an den Zähleingang angelegt und die Compare- oder Endzählausgänge als

---

[33] FIFO bezieht sich auf ein First-in-first-out-Bauelement, bei dem die sequenzielle Reihenfolge der Eingangsdaten die gleiche Reihenfolge ist, in der die Ausgangsdaten auftreten.

geteilte Taktausgänge verwendet werden. Darüber hinaus kann der Zähler als Frequenzzähler verwendet werden, indem eine bekannte Periode am Enable-Eingang des Zählers verwendet wird, während Eingang des Signals gezählt wird. Nach der Enable-Periode enthält der Zähler die Anzahl der während dieser Periode gemessenen steigenden Flanken, was die Berechnung der Eingangsfrequenz ermöglicht. Der Auf- und Abwärtszähler kann verwendet werden, um komplementäre Ereignisse zu messen, wie z. B. den Ausgang eines Quadraturdecoders zur Messung von Sensorpositionsdaten. Eine Timer-Komponente ist eine bessere Wahl für die Zeitmessung von Ereignissen, die Messung des Intervalls von mehreren steigenden und/oder fallenden Flanken oder für mehrere Erfassungsereignisse. Eine andere Option ist die Verwendung eines PWM, wenn mehrere Vergleichsausgänge beteiligt sind, aufgrund der Unterstützung, die ein PWM für Zentrierung, Ausgangs-Kill und Totbandausgänge[34] bietet.

Die Eingabe- und Ausgabeanschlüsse für die Zählerkomponente von PSoC 3/5LP umfassen einen Takteingang, der die für die Inkrementierung auf upCnt oder Dekrementierung auf dwnCnt erforderliche Übertaktungsrate definiert oder alternativ weder einen upCnt noch einen dwnCnt verursacht. Der Zähleingang ist der Eingangsanschluss für das zu zählende Signal. Ein Zählerwert wird entweder inkrementiert oder dekrementiert, abhängig von der zugewiesenen Richtung oder der für den Parameter *Taktmodus* ausgewählten Pinnutzung. Der Reseteingang setzt den Zähler auf den Startwert zurück. Für die Konfiguration „Aufwärtszähler" ist der Startwert 0 und für die Konfigurationen „Abwärtszähler ", „Zähleingang und Richtung" und „Takt mit UpCnt & DwnCnt" wird der Startwert auf den aktuellen Periodenregisterwert gesetzt.

UDB-Implementierung eines Zählers
Wenn der UDB-Modus für eine Zählerkomponente ausgewählt wird:

- Der Parameter *Resolution* definiert die Bitbreitenauflösung des Zählers. Dieser Wert kann auf 8, 16, 24 oder 32 gesetzt werden, für entsprechende maximale Zählwerte von 255, 65.535, 16.777.215 und 4.294.967.295.
- Der Parameter *Compare-Mode* (Softwareoption) konfiguriert die Funktion des Compare-Ausgangssignals, das den Status eines Vergleichs zwischen dem Vergleichswertparameter und dem aktuellen Zählerwert darstellt. Er definiert die anfängliche Einstellung, die in das Steuerregister geladen wird und jederzeit aktualisiert werden kann, um die Vergleichsoperation des Zählers neu zu konfigurieren.
  1. *Kleiner als* – der Zählerwert ist kleiner als der Vergleichswert.
  2. *Kleiner oder gleich* – der Zählerwert ist kleiner oder gleich dem Vergleichswert.
  3. *Gleich* – der Zählerwert ist gleich dem Vergleichswert.
  4. *Größer als* – der Zählerwert ist größer als der Vergleichswert.

---

[34] Totband bezieht sich auf einen Signalbereich, in dem nichts passiert. Es wird oft verwendet, um die Oszillation eines Gerät zu verhindern. Ein Totband ist analog zum mechanischen Spiel in einem Getriebesystem.

5. *Größer oder gleich* – der Zählerwert ist größer oder gleich dem Vergleichswert.
6. *Softwaregesteuert* – der Compare-Modus kann während der Laufzeit mit dem Set-CompareMode()-API-Aufruf auf einen der fünf oben aufgeführten Vergleichsmodi gesetzt werden.
- Der *Clock-Mode* kann Aufwärtszähler, Abwärtszähler, Zähleingang und Richtung und Zählen mit UpCnt und DwnCnt sein. Dieser Parameter konfiguriert die gewünschte Takt- und Richtungssteuerungsmethode. Der Wert ist ein Enum-Typ und kann auf eine der folgenden Optionen gesetzt werden:
  1. *Zähleingang + Richtung* – der Zähler ist ein bidirektionaler Zähler, der, während der up_ndown-Eingang high ist, bei jeder steigenden Flanke des Eingangstakts hochzählt und, während up_ndown low ist, bei jeder steigenden Flanke des Eingangstakts herunterzählt.
  2. *Takt mit UpCnt DwnCnt* – der Zähler ist ein bidirektionaler Zähler, der den Zähler bei jeder steigenden Flanke am UpCnt-Eingang um 1 erhöht und den Zähler bei jeder steigenden Flanke des DwnCnt-Eingangs um 1 verringert.
  3. *Aufwärtszähler* – der Zähler ist nur ein Aufwärtszähler, der so konfiguriert ist, dass er bei jeder steigenden Flanke des Eingangstaktsignals inkrementiert wird, solange der Zähler aktiviert ist.
  4. *Abwärtszähler* – der Zähler ist nur ein Abwärtszähler, der so konfiguriert ist, dass er bei jeder steigenden Flanke des Eingangstaktsignals dekrementiert wird, solange der Zähler aktiviert ist.
- Der Parameter *Period* definiert den maximalen Zählwert (oder Überlaufpunkt) für den Zähler. Dieser Parameter definiert den anfänglichen Wert, der in das Periodenregister geladen wird und jederzeit durch die Software mit der Counter_WritePeriod()-API geändert werden kann. Die Grenzen dieses Werts werden durch den Resolution-Parameter definiert. Für 8-, 16-, 24- und 32-bit-Auflösungsparameter wird der maximale Wert des Period-Parameters als $(2^8) - 1$, $(2^{16}) - 1$, $(2^{24}) - 1$ und $(2^{32}) - 1$ oder 255, 65.535, 16.777.215 *und* 4.294.967.295 definiert. Wenn der Taktmodus als „Takt mit UpCnt & DwnCnt" oder „Zähleingang und Richtung" konfiguriert ist, wird der Zähler beim Start und jedes Mal, wenn der Zähler bei allen 0xFF überläuft oder bei allen 0x00 unterläuft, auf die Periode gesetzt.
- Der Parameter *Capture-Mode* konfiguriert die Implementierung des Capture-Eingangs. Dieser Wert ist ein Enum-Typ und kann auf einen der folgenden Werte gesetzt werden:
  1. *Keine* – keine Erfassung implementiert und der Erfassungseingangspin ist verborgen.
  2. *Steigende Flanke* – Erfassen des Zählerwerts bei jeder steigenden Flanke des Capture-Eingangs.
  3. *Fallende Flanke* – Erfassen des Zählerwerts bei jeder fallenden Flanke des Capture-Eingangs.
  4. *Beide Flanken* – Erfassen des Zählerwerts bei jeder Flanke des Capture-Eingangs.

5. Für den *softwaregesteuerten* Modus wird der Modus zur Laufzeit durch Setzen der *Compare-Mode*-Bits im Steuerregister Counter_CTRL_CAPMODE_MASK mit den im Header-File Counter.h definierten aufgezählten Capture-Mode-Typen eingestellt.

- Der Parameter *Enable-Mode* konfiguriert die Aktivierungsimplementierung des Zählers. Dieser Wert ist ein Enum-Typ und kann auf eine der folgenden Optionen gesetzt werden:
  1. *Software* – der Zähler wird nur auf Basis des Enable-Bits des Steuerregisters aktiviert.
  2. *Hardware* – der Zähler wird nur auf Basis des Enable-Eingangs aktiviert.
  3. *Software und Hardware* – der Zähler wird aktiviert, falls und nur falls sowohl der Eingang als auch die Bits des Steuerregisters aktiv sind.

- Die Parameter *Reload-Counter* ermöglichen es, den Zählerwert neu zu laden, wenn eines oder mehrere der ausgewählten Ereignisse auftreten. Der Zähler wird mit seinem Startwert neu geladen (für einen Aufwärtszähler wird dieser auf den Wert 0 zurückgesetzt, für einen Abwärtszähler wird er auf den Maximalzählwert oder Periodenwert zurückgesetzt). Diese Konfiguration wird mit allen anderen Reload-Counter-Parametern verknüpft, um den endgültigen Reload-Auslöser für den Zähler zu liefern.
  1. Bei *Capture* wird der Zählerwert neu geladen, wenn ein Capture-Ereignis aufgetreten ist. Standardmäßig ist dieser Parameter auf false gesetzt. Dieser Parameter wird nur angezeigt, wenn UDB für die Implementierung ausgewählt ist.
  2. Bei *Compare* wird der Zählerwert neu geladen, wenn ein Compare-true-Ereignis aufgetreten ist. Standardmäßig ist dieser Parameter auf false gesetzt. Dieser Parameter wird nur angezeigt, wenn UDB für die Implementierung ausgewählt ist.
  3. Bei *Reset* wird der Zählerwert neu geladen, wenn ein Resetereignis aufgetreten ist. Standardmäßig ist dieser Parameter auf true gesetzt. Dieser Parameter wird immer angezeigt, ist aber nur aktiv, wenn UDB für die Implementierung ausgewählt ist.
  4. Bei *TC* wird der Zählerwert neu geladen, wenn der Zähler überläuft (im Aufwärtszählmodus) oder unterläuft (im Abwärtszählmodus). Standardmäßig ist dieser Parameter auf true gesetzt. Dieser Parameter wird immer angezeigt, ist aber nur aktiv, wenn UDB für die Implementierung ausgewählt ist. Wenn der Clock-Mode auf „Takt mit UpCnt & DwnCnt" eingestellt ist, lädt diese Option den Periodenwert neu, wenn der Zählwert 0x00 oder voll 0xFF beträgt. Diese Konfiguration wird mit allen anderen Reload-Parametern verknüpft, um den endgültigen Reload-Auslöser für den Zähler zu liefern.

- Die Parameter *Interrupt* ermöglichen es, die anfänglichen Interrupt-Quellen zu konfigurieren. Diese Werte werden mit allen anderen Interrupt-Parametern verknüpft, um eine endgültige Gruppe von Ereignissen zu erzeugen, die einen Interrupt auslösen können. Die Software kann diesen Modus jederzeit neu konfigurieren; dieser Parameter definiert lediglich eine anfängliche Konfiguration.
  1. Bei *TC* – diese Option ist immer verfügbar; sie ist standardmäßig auf false gesetzt.

2. Bei *Capture* – diese Option ist standardmäßig auf false gesetzt. Sie wird immer angezeigt, ist aber nur aktiv, wenn UDB für die Implementierung ausgewählt ist.
3. Bei *Compare* – diese Option ist standardmäßig auf false gesetzt. Sie wird immer angezeigt, ist aber nur aktiv, wenn UDB für die Implementierung ausgewählt ist.

- Der Parameter *Compare-Value* (Softwareoption) definiert den anfänglichen Wert, der in das Compare-Register des Zählers geladen wird. Dieser Wert wird in Verbindung mit dem ausgewählten Compare-Mode-Parameter verwendet, um die Funktion des Compare-Ausgangs zu definieren. Dieser Wert kann jeder beliebige vorzeichenlose Ganzzahlwert von 0 bis ($2^{Resolution} - 1$) sein, muss aber kleiner als der Max_Counts- oder Periodenwert sein. Wenn der Wert größer als Max_Counts sein dürfte, wäre der Compare-Ausgang ein konstanter 0- oder 1-Wert, und ist daher nicht zulässig.

Taktgeberauswahl

Der Takt-/Zähleingang der *Zähler*-Komponente kann jedes Signal sein, dessen steigenden Flanken gezählt werden sollen. Wenn der Takteingang konfiguriert ist, um den festen Timer-Block im Gerät zu nutzen, hat er zur *Zähler*-Komponente die folgenden Einschränkungen:

1. Der Takteingang muss von einem benutzerdefinierten Taktgeber stammen, der mit dem Bustakt synchronisiert ist oder direkt von dem Bustaktgeber über einen Takt, der mit der vorhandenen Taktfunktion und mit einer Quelle des Bustakts definiert ist.
2. Wenn die Frequenz des Takts mit dem Bustakt übereinstimmt, dann muss der Taktgeber eine direkte Verbindung zum Bustaktgeber sein, der den vorhandenen Taktschaltplan verwendet, der zuvor aufgeführt wurde. Ein benutzerdefinierter Taktgeber mit einer Frequenz, die mit dem Bustakt übereinstimmt, wird einen Fehler während des Build-Prozesses erzeugen.

Die Timer-, Zähler- und PWM-Komponenten teilen eine gemeinsame Reihe von internen Anforderungen und werden daher in PSoC 3/5LP als feste Funktionsblöcke implementiert. Wenn die feste Funktionsimplementierung eines Zählers, Timers oder PWM verwendet werden soll, werden bestimmte Einschränkungen auferlegt, d. h., der Betrieb ist beschränkt auf

- nur 8 oder 16 bit,
- nur Abwärtszählung,
- Reload bei Reset und
- nur Endzählung,
- nur Interrupt bei Endzählung.

Die Standardkonfiguration der Zähler-Komponente bietet daher einen sehr einfachen Zähler, der bei jeder steigenden Flanke des Takteingangs einen Zählwert erhöht. Der Zähleingang ist das Signal, dessen steigende Flanke gezählt wird, und der Reseteingang bietet einen Hardwaremechanismus zum Zurücksetzen des Zählwerts. Da dies standardmäßig als Aufwärtszähler konfiguriert ist, wird der Zählerwert bei einem Resetereignis auf dem Reseteingang auf 0 zurückgesetzt. Die Endzählung zeigt in Echtzeit an, ob der Zählerwert bei der Endzählung (Maximalwert oder Periode) ist. Die Periode ist auf einen beliebigen Wert von 1 bis ($2^{Auflösung}$) − 1 programmierbar.

Der Vergleichsausgang ist ein Echtzeit-Indikator, dass der Zählwert dem Vergleichswert entspricht, wie er in der Vergleichskonfiguration definiert ist. Die Vergleichskonfiguration wird im Steuerregister für die Komponente eingestellt und kann jederzeit von der Software eingestellt werden. Der Standardmaximalzählwert (Periode) ist auf $2^{Auflösung}$ − 1 eingestellt, und der Vergleichswert ist auf 1/2 dieser Zahl eingestellt. Der Zähler erhöht sich bei jeder steigenden Flanke des Takts, bis er bei der Endzählung überläuft.

Eine einfache Erweiterung der Standardkonfiguration bietet einen Taktteiler mit programmierbarem Tastverhältnis. Wenn ein Takteingang auf den Zählertakteingang mit den Standard-Period- und Compare-Parametereinstellungen angewendet wird, wird der Vergleichsausgang ein 50-%-Tastverhältnis-Takt mit 1/256 der Frequenz des Eingangstakts sein. Dies liegt daran, dass die Standard-Compare-Konfiguration kleiner oder gleich ist und einen High-Zustand auf dem Compare-Ausgang von 0 bis 127 und ein Low-Signal von 128 bis 255 hätte. Jede gerade Periodeneinstellung kann ein Tastverhältnis von 50 % haben, wenn der Compare-Wert oder die Compare-Konfiguration geändert wird. Durch Hinzufügen von Hardware-Enable-Funktionalität zum Basiszähler kann eine Frequenzzählerfunktion implementiert werden. Wenn der *Enable*-Eingang von einem bekannten Periodensignal, wie z. B. einem 1-kHz-Takt, mit einem Zählerwert von 0x00 und einer Aufwärtszählerimplementierung angetrieben wird, ist die Frequenz eines Eingangssignals leicht zu bestimmen.

12.9.9 Timer

Timer sind eine Art von Zähler, die dazu konzipiert sind, das Intervall zwischen Hardwareereignissen zu messen. Sie sind in eingebetteten Systemen allgegenwärtig und werden verwendet, um verstrichene Zeiten zwischen Ereignissen, Perioden wiederkehrender Ereignisse, Auslöser für verschiedene Arten von Ereignissen, verstrichene Zeit, seit ein Ereignis oder eine Funktion zuletzt aufgetreten ist, usw. zu bestimmen. Einige Timer haben die gleichen Funktionen wie *Zähler* und *PWM*. Typische Anwendungen von PSoC 3/5LP-Timern beinhalten die Aufzeichnung der Anzahl der Taktzyklen zwischen Ereignissen, die Messung der Anzahl der Taktzyklen zwischen zwei steigenden Flanken, die beispielsweise von einem Tachometer erzeugt werden, oder die Messung der Periode und des Tastverhältnisses eines PWM-Eingangs.

Für die PWM-Messung wird ein PSoC 3/5LP-Timer so konfiguriert, dass er bei einer steigenden Flanke startet, die nächste fallende Flanke erfasst und dann bei der Erfassung der nächsten steigenden Flanke stoppt. Ein Interrupt bei der endgültigen Erfassung si-

12.9 PSoC 3/5LP Gates

gnalisiert der CPU, dass alle erfassten Werte im FIFO verfügbar sind. Der PSoC 3/5-Timer kann als Taktteiler verwendet werden, indem ein Takt in den Takteingang eingespeist und der Endzählausgang als Ausgang des geteilten Takts verwendet wird. Im Allgemeinen teilen Timer viele Funktionen mit Zählern und PWM. Ein Zähler ist besser in Situationen geeignet, die das Zählen einer Anzahl von Ereignissen erfordern, bietet aber auch steigende Flanken-Capture-Eingänge und vergleicht den Ausgang. Ein PWM ist besser geeignet für Situationen, die mehrere Compare-Ausgänge mit Steuerfunktionen wie zentrale Ausrichtung, Ausgangsabschaltung und Totbandausgänge erfordern.

PSoC 3/5LP-Timer sind so konzipiert, dass sie eine einfache Methode zur Zeitmessung komplexer Echtzeitereignisse mit hoher Genauigkeit und minimalem CPU-Overhead bieten. Timer dieser Art zählen nur von einem vordefinierten Zustand herunter, der durch den „Periodenwert" definiert ist, der umgekehrt proportional zur Taktfrequenz des Timers ist. Daher wird das minimale Zeitintervall, das gemessen werden kann, durch die Taktfrequenz des Timers bestimmt.

Das maximale Timer-Intervall, das gemessen werden kann, wird durch folgende Gleichung gegeben:

$$T_{max} = (Timer\ Clock\ Frequency)(Timer\ Resolution) \tag{12.29}$$

Die Timer-Komponente, die mit PSoC geliefert wird, enthält eine Funktion namens „capture". Diese Funktion ist ein äußerst nützliches Feature, da es möglich macht, den „Count" des Timers zu einem bestimmten Zeitpunkt zu „erfassen" (engl. „capture") und diesen Wert in einem FIFO-Speicherort[35] zu speichern. Der FIFO ist in der Lage, 4 solcher Werte zu speichern, danach werden die Daten im FIFO durch neue „erfasste" Daten überschrieben.[36] Diese Daten können programmgesteuert, d. h. durch die Firmware, abgerufen werden, ohne die aus dem FIFO gelesenen Daten zu zerstören.

PSoC 3/5LP-Timer sind speziell dafür konzipiert, eine einfache Methode zur Zeitmessung komplexer Echtzeitereignisse mit hoher Genauigkeit und minimaler CPU-Intervention zu bieten und können mit anderen analogen und digitalen Komponenten kombiniert werden, um komplexe Peripheriegeräte zu erstellen [9, 11]. PSoC 3/5LP-Timer zählen nur in absteigender Richtung, beginnend mit dem Periodenwert und benötigen einen einzigen Takteingang. Die Eingangstaktperiode ist das minimale Zeitintervall, das gemessen werden kann. Das maximale Timer-Messintervall ist die Eingangstaktperiode multipliziert mit der Auflösung des Timers. Das zu erfassende Signalintervall kann von einem I/O-Pin oder anderen internen Komponentenausgängen geroutet werden. Einmal gestartet, arbeitet der Timer kontinuierlich und lädt den Timer-Periodenwert beim Erreichen der Endzahl neu. Der Timer-Capture-Eingang ist das nützlichste Feature des

---

[35] FIFO = „first in, first out".

[36] Die ältesten Daten werden zuerst überschrieben, und daher werden die neuesten Daten das nächste Mal zurückgegeben, wenn der FIFO „gelesen" wird.

Timers, denn bei einem Capture-Ereignis wird der aktuelle Timer-Zählwert in einen Speicherort kopiert. Die Firmware kann dann den Capture-Wert jederzeit ohne zeitliche Einschränkungen lesen, solange die Kapazität des Capture-FIFO nicht überschritten wird.

Es ist jedoch wichtig, nicht in den FIFO zu schreiben, wenn er voll ist, um ein Überschreiben des ältesten Werts zu vermeiden. Wenn der älteste Wert überschrieben wird, wird der neu erfasste Wert an seiner Stelle das nächste Mal zurückgegeben, wenn der FIFO gelesen wird. Es liegt an der Software, den Überblick über die Menge der Daten zu behalten, die in den FIFO geschrieben werden, wenn unerwünschtes Überschreiben seiner Daten vermieden werden soll.

Der Capture-FIFO ermöglicht die Speicherung von bis zu 4 Capture-Werten. Das Capture-Ereignis kann durch Software, steigende oder fallende Flanken oder alle Flanken erzeugt werden, was eine große Messflexibilität ermöglicht. Um die Messgenauigkeit von schnellen Signalen weiter zu unterstützen, kann ein optionaler 7-bit-Zähler verwendet werden, um alle n[2..127] der konfigurierten Flankentypen zu erfassen. Die Trigger- und Reseteingänge ermöglichen es, den Timer mit anderer interner oder externer Hardware zu synchronisieren. Der optionale Trigger-Eingang ist konfigurierbar, so dass eine steigende Flanke, eine fallende Flanke oder alle Flanken den Timerzählvorgang starten. Eine steigende Flanke am Reseteingang bewirkt, dass der Zähler seinen Zählwert zurücksetzt, als ob die Endzahl erreicht wurde.

PSoC 3/5LP-Timer unterstützen:

- 8-, 16-, 24- oder 32-bit-Auflösung,
- Implementierung als feste Funktion oder UDB-Gerät,
- ein 4-Ebenen-Capture-FIFO, einen optionalen Capture-Edge-Zähler,
- konfigurierbare Hardware-/Softwarefreigabe,
- Dauer- oder Einzellaufmodi.

PSoC 3/5LP-Timer-I/O-Verbindungen
Die Timer-I/O-Verbindungen für einen PSoC 3/5LP-Timer beinhalten:

- Einen Takteingang, der die Betriebsfrequenz des Timers bestimmt.
- Einen Capture-Eingang, der den Periodenzählerwert in ein 4-Abtastwert-FIFO in dem UDB kopiert oder alternativ in ein einzelnes Abtastwertregister im Feste-Funktion-Block.
- Einen Capture_out-Ausgang, der ein Indikator dafür ist, wann ein Hardware-Capture ausgelöst wurde.

12.9 PSoC 3/5LP Gates

- Einen Interrupt-Ausgang, der eine Kopie der Interrupt-Quelle ist, ein Endzähler („terminal count", tc)-Ausgang, der auf high geht, wenn der aktuelle Zählwert gleich der Endzahl (0) ist.[37]
- Einen Reseteingang, der den Periodenzähler auf den Periodenwert zurücksetzt und den Capture-Zähler. Diese Resetfunktion ist synchron und erfordert mindestens eine steigende Flanke des Takts.
- Einen Enable-Eingang, der dem Periodenzähler ermöglicht, bei jeder steigenden Flanke des Takts zu dekrementieren. Wenn der Enable-Wert low ist, bleiben die Ausgänge aktiv, aber der Timer ändert nicht die Zustände.

12.9.10 Schieberegister

Schieberegister sind sequenzielle Logikschaltungen, die typischerweise aus kaskadierten Flipflops bestehen, die einen gemeinsamen Takt teilen, wobei der Ausgang eines Flipflops als Eingang für den nächsten Flipflop in der Kette dient. Sie sind in einer Reihe von Konfigurationen als diskrete Geräte verfügbar, z. B.:

- Serielle-Eingabe-serielle-Ausgabe-Schieberegister[38]
- Serielle-Eingabe-parallele-Ausgabe (SIPO)-Register
- Parallele-Eingabe-serielle-Ausgabe-Schieberegister
- bidirektionale (umkehrbare) Schieberegister[39]

Die Schieberegisterkomponente von PSoC 3/5LP ermöglicht das synchrone Verschieben von Daten in und aus einem parallelen Register. Das parallele Register kann von der CPU oder DMA gelesen oder beschrieben werden. Die Schieberegisterkomponente bietet universelle Funktionalität, ähnlich wie die Standard-74xxx-Serie-Logikschieberegister, einschließlich: 74164, 74165, 74166, 74194, 74299, 74595 und 74597.

In den meisten Anwendungen wird das Schieberegister in Verbindung mit anderen Komponenten und Logik verwendet, um höherwertige anwendungsspezifische Funktionalität zu schaffen, wie z. B. einen Zähler, um die Anzahl der verschobenen Bits zu zählen. Im allgemeinen Gebrauch fungiert das PSoC 3/5LP-Schieberegister als 1–32-bit-Schieberegister, das Daten bei der steigenden Flanke des Takteingangs verschiebt.

---

[37] Der Endzählerausgang ist ein „Null-Vergleich" des Periodenzählerwerts, d. h., wenn der Periodenzähler 0 ist, wird der Ausgang high sein.

[38] Serielle Schieberegister erlauben in ihrer einfachsten Form das Verschieben nur in eine Richtung, d. h., vom Eingang zum Ausgang, oft als „Rechtsverschiebung" oder „Linksverschiebung" bezeichnet.

[39] Bidirektionale Schieberegister erlauben Verschiebungen in beide Richtungen, z. B. von links nach rechts oder von rechts nach links.

Die Verschieberichtung ist konfigurierbar und ermöglicht eine Rechtsverschiebung, bei der das MSB den Eingang und das LSB den Ausgang verschieben, oder eine Linksverschiebung, bei der das LSB den Eingang und das MSB den Ausgang verschieben. Der Reseteingang (aktiv high) bewirkt, dass der gesamte Inhalt des Schieberegisters auf 0 gesetzt wird. Der Reseteingang ist synchron zum Takteingang. Der Wert des Schieberegisters kann jederzeit von der CPU oder DMA gelesen werden.

Eine steigende Flanke am optionalen Speichereingang überträgt den aktuellen Wert des Schieberegisters in den FIFO, von wo aus er später von der CPU gelesen werden kann. Der Speichereingang ist asynchron zum Takteingang. Der Wert des Schieberegisters kann jederzeit von der CPU oder DMA geschrieben werden. Eine steigende Flanke am optionalen Ladeeingang überträgt anstehende FIFO-Daten (bereits von CPU oder DMA geschrieben) in das Schieberegister. Der Ladeeingang ist asynchron zum Takteingang. Die Schieberegisterkomponente kann ein Interrupt-Signal bei jeder Kombination der folgenden Signale erzeugen; Laden, Speichern oder Zurücksetzen.

12.9.11 Pseudozufallssequenzgenerator (PRS)

Der Pseudozufallssequenzgenerator,[40] in der PSoC 3/5LP Architektur unterstützt, kann verwendet werden, um einen pseudo-zufälligen Bitstrom oder zufällige Bits wie erforderlich zu liefern. Er nutzt ein Galois[41]-linear-rückgekoppeltes-Schieberegister[42] („linear feedback shift register", LFSR) um den Bitstrom auf Basis der maximalen Codelänge oder Periode zu erzeugen. Durch das Setzen des *Enable Input* auf dem PRS kann

---

[40] Ein Pseudozufallszahlengenerator erzeugt keine wirklich zufällige Sequenz von Werten, weil er letztendlich die Sequenz wiederholt.

[41] Galois war ein französischer Mathematiker des 19. Jahrhunderts, der einige bedeutende Beiträge zur Gruppentheorie und zur Algebra der Polynome leistete.

[42] Ein LFSR ist eine endliche Zustandsmaschine, die aus einer Kombination von Schieberegister und XOR-Funktion besteht, in die ein Startwert eingegeben wird und die um 1 bit nach rechts verschoben wird. Wenn der aus der äußersten rechten Bitposition verschobene Bitwert eine 1 ist, dann wird das Register mit einer Maske XOR-verknüpft, ansonsten werden das Bitregister um eine Bitposition nach rechts verschoben und dann der Prozess der Prüfung des Bits und der Bestimmung, ob das Register einer XOR-Verknüpfung mit der Maske unterzogen werden sollte, wiederholt. Dieser Prozess wird so lange fortgesetzt, wie erforderlich, um den pseudozufälligen Bitstrom zu erzeugen. In einigen Anwendungen wird Einzelschrittsteuerung verwendet, um einzelne zufällige Bitwerte nach Bedarf zu erzeugen. Die Anzahl der Bits, die erzeugt werden, bevor die Sequenz wiederholt wird, wird als ihre „Periode" bezeichnet. LFSR mit maximaler Periode erzeugen 2^{n-1} bit, bevor sie wiederholen, wobei n die Bitlänge des Registers ist. Ein 32-bit-LFSR wird mehr als 4 Milliarden bit erzeugen, bevor es wiederholt. Jede der Bitpositionen im Schieberegister, die einen Einfluss auf den nächsten Zustand hat, wird als „tap" bezeichnet. Die Geschwindigkeit des LFSR bei der Erzeugung von pseudozufälligen Bitströmen ist weitgehend das Ergebnis der minimalen Verwendung von Kombinationslogik.

12.9 PSoC 3/5LP Gates

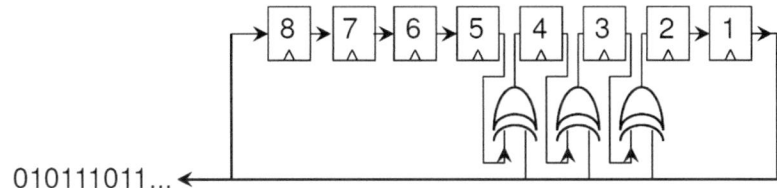

Abb. 12.26 Ein einfaches Beispiel für einen Galois-PRNG

der PRS kontinuierlich laufen, und er kann mit einem von 0 verschiedenen Startwert gestartet werden. Durch die Implementierung des LFSR in Hardware ist es möglich, sehr schnelle pseudozufällige Sequenzen zu erzeugen. GPS, Spread Spectrum, Videospiele, Kryptographie, Rauschgeneratoren und viele andere Anwendungen nutzen solche Sequenzen. Ein einfaches Beispiel für einen Galois-PRNG, der D-Typ-Flipflops und exklusive OR (XOR)-Gatter verwendet, ist in Abb. 12.26 dargestellt. Für die gezeigte Implementierung kann der Anfangszustand beliebig gewählt werden, ausgenommen ausschließlich Nullen, denn in diesem Fall würde das System im „Null-Zustand" verbleiben.

Der PRS hat die folgenden Eigenschaften:

- kontinuierliche oder Einzelschrittbetriebsmodi,
- ein Enable-Eingang für synchronisierten Betrieb mit anderen Komponenten,
- eine berechnete pseudo-zufällige Zahl kann direkt aus dem LFSR gelesen werden,
- entweder ein Standard- oder ein benutzerdefinierter Polynom-/Startwert kann verwendet werden,
- ein serieller Ausgabebitstrom,
- PRS-Sequenzlängen von 2–64 bit.

Die sich wiederholende Sequenz von Zuständen eines LFSR ermöglicht es, es als Teiler zu verwenden, oder als Zähler, wenn eine nicht binäre Sequenz akzeptabel ist. LFSR-Zähler haben eine einfachere Rückkopplungslogik als natürliche Binärzähler oder Gray-Code-Zähler und können daher mit höheren Taktraten arbeiten. Es ist jedoch notwendig zu gewährleisten, dass das LFSR nie in einen Zustand mit lauter Nullen gerät, z. B. indem es beim Start auf einen beliebigen anderen Zustand in der Sequenz voreingestellt wird. Der PRS hat einen Enable-Eingang, einen Takteingang und einen seriellen Bitstromausgang. Der Takteingang wird nur im kontinuierlichen Modus verwendet und der Ausgang ist synchronisiert, und wenn im kontinuierlichen Modus betrieben, läuft der PRS so lange, wie der *Enable*-Eingang auf high gehalten wird.

12.9.12 Präzisionsilluminationssignalmodulation (PrISM)

PSoC 3/5LP haben Präzisionsilluminationssignalmodulationskomponenten (PrISM), die linear rückgekoppelte Schieberegister („linear feedback shift register", LFSR) des in

Abschn. 12.9.11 diskutierten Typs verwenden, um eine pseudozufällige Bitstromsequenz und bis zu zwei benutzeranpassbare, pseudozufällige Pulsdichten zu erzeugen, die von 0 bis 100 reichen. Das PrISM läuft kontinuierlich, nachdem es gestartet wurde und solange der Enable-Eingang auf high gehalten wird. Sein Pseudozufallszahlengenerator kann mit jedem gültigen Startwert außer 0 gestartet werden.

Das Ergebnis ist eine Modulationstechnologie, die das niederfrequente Flackern und die abgestrahlte elektromagnetische Störung („electromagnetic interference", EMI), die bei LED-Designs mit hoher Helligkeit häufig auftreten, erheblich reduziert. Das PrISM ist auch in anderen Anwendungen nützlich, die diese Fähigkeit erfordern, wie z. B. Motorsteuerungen und Stromversorgungen.

12.9.13 Quadraturdecoder

Ein Quadraturdecoder [14] wird verwendet, um den Ausgang eines Quadraturencoders zu dekodieren. Ein Quadraturencoder erfasst die aktuelle Position, Geschwindigkeit und Richtung eines Objekts (z. B. Maus, Trackball, Roboterachsen und andere). Er kann auch zur präzisen Messung von Geschwindigkeit, Beschleunigung und Position des Rotors eines Motors und mit Drehknöpfen zur Bestimmung der Benutzereingabe verwendet werden.

Die PSoC-Quadraturdecoder (QuadDec)-Komponente ermöglicht das Zählen von Übergängen eines Paars von digitalen Signalen. Die Signale werden oft von einem Geschwindigkeits-/Positionsrückmeldesystem bereitgestellt, das auf einem Motor oder Trackball montiert ist. Die Signale, typischerweise A und B genannt, sind um 90° phasenverschoben, was zu einem Gray-Code-Ausgang[43] führt, der notwendig ist, um Störungen zu vermeiden. Es ermöglicht auch die Erkennung von Richtung und relativer Position. Ein drittes optionales Signal, genannt *Index,* wird als Referenz verwendet, um einmal pro Umdrehung eine absolute Position festzulegen.

Der Indexeingang erkennt eine Referenzposition für den Quadraturencoder. Wenn ein Indexeingang vorhanden ist, wird der Zähler auf 0 zurückgesetzt, wenn die Eingänge A, B und Index 0 sind. Zusätzliche Logik wird typischerweise hinzugefügt, um den Indeximpuls zu steuern. Indexsteuerung ermöglicht es, den Zähler nur während einer von vielen möglichen Umdrehungen zurückzusetzen, z. B. im Falle eines Linearantriebs, der den Zähler nur zurücksetzt, wenn das weiteste Limit der Bewegung erreicht wurde. Dieses Limit wird durch einen mechanischen Endschalter signalisiert, dessen Ausgang mit dem Indeximpuls AND-verknüpft ist.

Der Takteingang ist für die Abtastung und die Glitch-Filterung der Eingänge erforderlich. Wenn eine Glitch-Filterung verwendet wird, ändern sich die gefilterten Ausgänge nicht, bis 3 aufeinanderfolgende Abtastwerte des Eingangs den gleichen Wert haben. Für

---

[43] Ein Gray-Code ist eine Sequenz von Bits, bei der sich bei jedem Zählen nur 1 bit ändert.

12.9 PSoC 3/5LP Gates

eine effektive Glitch-Filterung sollte die Abtasttaktperiode größer sein als die maximale Zeit, während derer Glitching erwartet wird. Ein Zähler kann mit einer Auflösung von 1×, 2× oder 4× der Frequenz der A- und B-Eingänge inkrementiert/dekrementiert werden, wie in Abb. 12.27 gezeigt. Die Takteingangsfrequenz sollte größer oder gleich 10× der maximalen A- oder B-Eingangsfrequenz sein (Abb. 12.28).

Ein Interrupt-Ausgang wird bereitgestellt, nachdem ein oder mehrere Zählerüberlauf-/unterlauf, Zählpause aufgrund eines Indexeingangs oder ungültiger Zustandsübergang von den A- und B-Eingängen aufgetreten ist (Abb. 12.29).

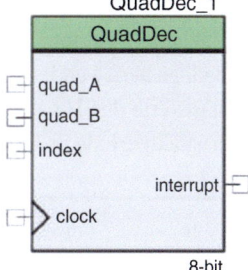

Abb. 12.27 QuadDec-Komponente

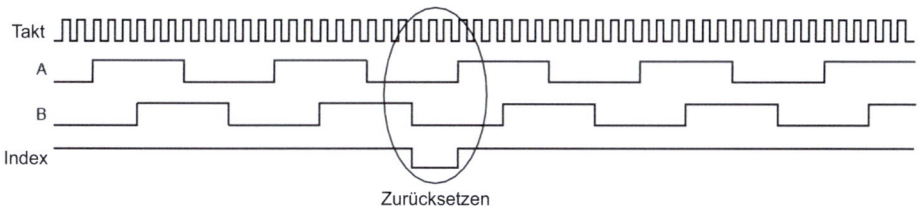

Abb. 12.28 QuadDec-Zeitdiagramm

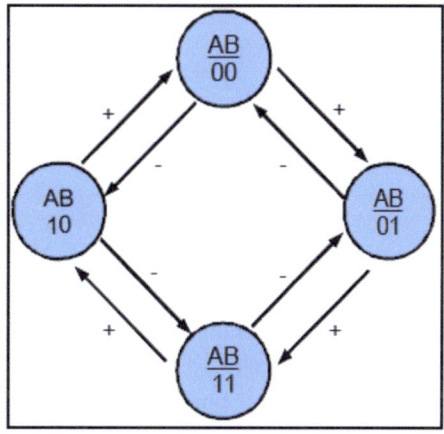

Abb. 12.29 QuadDec-Zustandsdiagramm

Die Zählergröße wird in Bezug auf die Anzahl der Bits definiert. Der Zähler hält die aktuelle Position, die vom Quadraturencoder codiert wird. Es sollte eine Zählergröße ausgewählt werden, die groß genug ist, um die maximale Position in beiden, der positiven und negativen Richtung, zu codieren. Der 32-bit-Zähler implementiert die unteren 16 bit im Hardwarezähler und die oberen 16 bit in der Software, um die Nutzung von Hardwareressourcen zu reduzieren. Verfügbare Einstellungen umfassen: 8, 16 oder 32 bit.

In PSoC Creator wird ein Feld bereitgestellt, das bestimmt, ob eine digitale Glitch-Filterung auf alle Eingänge angewendet werden soll. Die Filterung kann angewendet werden, um die Wahrscheinlichkeit von Fehlzählungen aufgrund von Glitches auf den Eingängen zu reduzieren. Einige Filterung wird bereits durch Hysterese auf den GPIOs durchgeführt, aber zusätzliche Filterung kann erforderlich sein. Wenn ausgewählt, wird die Filterung auf alle Eingänge angewendet. Die gefilterten Ausgänge ändern sich nicht, bis 3 aufeinanderfolgende Abtastwerte des Eingangs den gleichen Wert haben. Für eine effektive Filterung sollte die Abtasttaktperiode größer sein als die maximale Zeit, während derer Glitching erwartet wird.

```
Beispiel 6.7 Beispiel-Quellcode, der die Verwendung des Quadraturdecoders
und das Schreiben der Positionsinformationen auf eine LCD-Anzeige demonstriert.

#include <device.h>
void main()
{
uint8 stat;
uint16 count16;
uint8 i;
CYGlobalIntEnable;
LCD_1_Start();
QuadDec_1_Start() ;
QuadDec_1_SetInterruptMask(QuadDec_1_COUNTER_RESET |
QuadDec_1_INVALID_IN);
stat = QuadDec_1_GetEvents();
LCD_1_Position(1, 0);
LCD_1_PrintInt16(stat);
while(1)
{
CyDelay();
count16 = QuadDec_GetCounter();
LCD_1_Position(2, 0);
LCD_1_PrintInt16(count16);
}
}
```

12.9.14 Die QuadDec-Anwendungsprogrammierschnittstelle

Anwendungsprogrammierschnittstellen („application programming interface", API)-Routinen ermöglichen die Konfiguration der Komponente mit der Software. Die folgende Tabelle listet und beschreibt die Schnittstelle zu jeder Funktion. Jede Funktion wird in Anhang A detaillierter beschrieben.

12.9 PSoC 3/5LP Gates

Standardmäßig weist PSoC Creator dem ersten Exemplar einer Komponente in einem gegebenen Design den Instanznamen „QuadDec_1" zu. Es kann jedoch in einen beliebigen eindeutigen Wert umbenannt werden, der den syntaktischen Regeln für Bezeichner folgt. Der Instanzname wird zum Präfix jedes globalen Funktionsnamens, jeder Variablen und jedes konstanten Symbols. Zur besseren Lesbarkeit wird in der folgenden Tabelle der Instanzname „QuadDec" verwendet (Abb. 12.30 und 12.31).

12.9.15 Zyklische Redundanzprüfung (CRC)

Eine zyklische Redundanzprüfung („cyclic redundancy check", CRC) [13] bildet die Grundlage dafür, ob die Integrität von Binärdaten gefährdet ist oder nicht, und ist sehr nützlich bei der Übertragung solcher Daten von einem Ort zum anderen. Der Empfänger

Globale Variablen

Funktion	Beschreibung
QuadDec_initVar	QuadDec_initVar zeigt an, ob der Quadraturdecoder initialisiert wurde. Die Variable wird auf 0 initialisiert und beim ersten Aufruf von QuadDec_Start() auf 1 gesetzt. Dadurch kann die Komponente nach dem ersten Aufruf der Routine QuadDec_Start() ohne Neuinitialisierung neu gestartet werden. Wenn eine Neuinitialisierung der Komponente erforderlich ist, kann die Funktion QuadDec_Init() vor der Funktion QuadDec_Start() oder QuadDec_Enable() aufgerufen werden.
QuadDec_count32SoftPart	Die oberen 16 Bits des 32-Bit-Zählerwerts werden in dieser Variablen gespeichert.
QuadDec_swStatus	Der Wert des Statusregisters wird in dieser Variablen gespeichert.

Abb. 12.30 Globale Variablen von QuadDec

Funktion	Beschreibung
QuadDec_Start()	Initialisiert UDBs und andere relevante Hardware
QuadDec_Stop()	Schaltet UDBs und andere relevante Hardware aus
QuadDec_GetCounter()	Meldet den aktuellen Wert des Zählers
QuadDec_SetCounter()	Setzt den aktuellen Wert des Zählers
QuadDec_GetEvents()	Berichtet über den aktuellen Stand der Ereignisse
QuadDec_SetInterruptMask()	Aktiviert oder deaktiviert die Unterbrechungen aufgrund der Ereignisse
QuadDec_GetInterruptMask()	Meldet die aktuellen Einstellungen der Unterbrechungsmaske
QuadDec_Sleep()	Bereitet die Komponente auf das Einschlafen vor
QuadDec_Wakeup()	Bereitet die Komponente auf das Aufwachen vor
QuadDec_Init()	Initialisiert oder stellt die mit dem Customizer bereitgestellte Standardkonfiguration wieder her
QuadDec_Enable()	Aktiviert den Quadraturdecoder
QuadDec_SaveConfig()	Speichert die aktuelle Benutzerkonfiguration
QuadDec_RestoreConfig()	Stellt die Benutzerkonfiguration wieder her

Abb. 12.31 Die QuadDec-Funktionen

der Daten berechnet einfach den Prüfwert erneut und vergleicht ihn mit dem CRC-Wert, der mit den Daten übertragen wurde. Dies ist eine Methode zur Bestimmung der Integrität bzw. des Fehlens der Integrität digitaler Daten, die häufig bei der Übertragung von Daten von einem räumlichen Bereich in einen anderen verwendet wird. Es entspricht der Durchführung einer Polynomdivision mit Behalten nur des Rests. Der Rest wird dann an die Daten angehängt und an einen anderen Ort übertragen. Bei Ankunft werden der Divisionsprozess wiederholt und der übertragene Rest mit dem lokal berechneten verglichen. Wenn sie nicht übereinstimmen, senden einige Systeme eine negative Bestätigung an den Sender, was dazu führt, dass die Daten erneut übertragen werden. Diese Art von Prüfung wird von PSoC 3/5LP unterstützt und in der Standardkonfiguration verwendet, um den Wert für einen seriellen Bitstrom beliebiger Länge zu berechnen, der an der steigenden Flanke des Datentakts abgetastet wird. Der Wert wird entweder auf 0 zurückgesetzt, bevor er startet, oder kann optional mit einem Anfangswert belegt werden. Nach der Berechnung des Wertes für einen bestimmten Bitstrom steht der berechnete Wert zur Verfügung. Dies wird häufig zur Überprüfung der Integrität von gespeicherten sowie übertragenen Daten verwendet.

Die Standardverwendung der CRC-Komponente von PSoC besteht darin, die CRC eines seriellen Bitstroms beliebiger Länge zu berechnen. Die Eingangsdaten werden **AF12** an der steigenden Flanke des Datentakts abgetastet. Ein CRC-Wert wird auf 0 zurückgesetzt, bevor er startet, oder alternativ kann er optional mit einem Anfangswert belegt werden. Nach Abschluss der Verarbeitung des Bitstroms kann der berechnete CRC-Wert ausgelesen werden. Diese Komponente kann als Prüfsumme verwendet werden, um Änderungen der Daten während der Übertragung oder Speicherung zu erkennen. CRC sind beliebt, weil sie einfach in binärer Hardware zu implementieren sind, mathematisch leicht zu analysieren sind und hervorragend geeignet sind, um häufige Fehler, insbesondere Einzelbitfehler, zu erkennen, die durch Rauschen in Übertragungskanälen verursacht werden (Abb. 12.32).

Polynomname	Polynom	Verwendung
Benutzerdefiniert	Benutzerdefiniert	Allgemein
CRC-1	$x + 1$	Parität
CRC-4-ITU	$x^4 + x + 1$	ITU G.704
CRC-5-ITU	$x^5 + x^4 + x^2 + 1$	ITU G.704
CRC-5-USB	$x^5 + x^2 + 1$	USB
CRC-6-ITU	$x^6 + x + 1$	ITU G.704
CRC-7	$x^7 + x^3 + 1$	Telekommunikationssysteme, MMC
CRC-8-ATM	$x^8 + x^2 + x + 1$	ATM HEC
CRC-8-CCITT	$x^8 + x^7 + x^3 + x^2 + 1$	1-Draht-Bus

Abb. 12.32 Polynomnamen

12.10 Empfohlene Übungen

Polynomname	Polynom	Verwendung
CRC-8-Maxim	$x^8 + x^5 + x^4 + 1$	1-Draht-Bus
CRC-8	$x^8 + x^7 + x^5 + x^4 + x^2 + 1$	Allgemein
CRC-8-SAE	$x^8 + x^4 + x^3 + x^2 + 1$	SAE J1850
CRC-10	$x^{10} + x^9 + x^5 + x^4 + x + 1$	Allgemein
CRC-12	$x^{12} + x^{11} + x^3 + x^2 + x + 1$	Telekommunikationsanlagen
CRC-15-CAN	$x^{15} + x^{14} + x^{10} + x^8 + x^7 + x^4 + x^3 + 1$	CAN
CRC-16-CCITT	$x^{16} + x^{12} + x^5 + 1$	XMODEM.X.25, V.41, Bluetooth, PPP, IrDA, CRC-CCITT
CRC-16	$x^{16} + x^{15} + x^2 + 1$	USB
CRC-24-Radix64	$x^{24} + x^{23} + x^{18} + x^{17} + x^{14} + x^{11} + x^{10} + x^7 + x^6 + x^5 + x^4 + x^3 + x + 1$	Allgemein
CRC-32-IEEE802.3	$x^{32} + x^{26} + x^{23} + x^{22} + x^{16} + x^{12} + x^{11} + x^{10} + x^8 + x^7 + x^5 + x^4 + x^2 + x + 1$	Ethernet, MPEG2
CRC-32C	$x^{32} + x^{28} + x^{27} + x^{26} + x^{25} + x^{23} + x^{22} + x^{20} + x^{19} + x^{18} + x^{14} + x^{13} + x^{11} + x^{10} + x^9 + x^8 + x^6 + 1$	Allgemein
CRC-32K	$x^{32} + x^{30} + x^{29} + x^{28} + x^{26} + x^{20} + x^{19} + x^{17} + x^{16} + x^{15} + x^{11} + x^{10} + x^7 + x^6 + x^4 + x^2 + x + 1$	Allgemein
CRC-64-ISO	$x^{64} + x^4 + x^3 + x + 1$	ISO 3309
CRC-64-ECMA	$x^{64} + x^{62} + x^{57} + x^{55} + x^{54} + x^{53} + x^{52} + x^{47} + x^{46} + x^{45} + x^{40} + x^{39} + x^{38} + x^{37} + x^{35} + x^{33} + x^{32} + x^{31} + x^{29} + x^{27} + x^{24} + x^{23} + x^{22} + x^{21} + x^{19} + x^{17} + x^{13} + x^{12} + x^{10} + x^9 + x^7 + x^4 + x + 1$	ECMA-182

Abb. 12.33 CRC-Polynome

PSoC Creator ermöglicht dem Entwickler die Auswahl aus einer Vielzahl von CRC-Berechnungsschemata, einschließlich benutzerdefinierter Konfigurationen (Abb. 12.33).

Die Komponente von PSoC 3/5LP verfügt über die Möglichkeit Daten und ein Taktsignal einzugeben, wobei das Ergebnis der Prüfung programmgesteuert zugänglich ist.

12.10 Empfohlene Übungen

12-1 N Inverter sind wie gezeigt verbunden. Angenommen, dass jeder Inverter eine Verzögerung von 10 μs einführt, leiten Sie einen Ausdruck in Bezug auf die Anzahl der Inverter und die Verzögerungen für jeden Inverter ab, der die Frequenz der Oszillation des Inverternetzwerks definiert. Unter welchen Bedingungen wird dieser Schaltkreis nicht oszillieren?

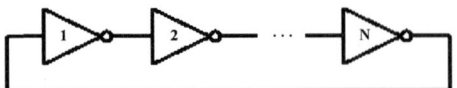

12-2 Erklären Sie die grundlegenden Unterschiede zwischen den Delta-Sigma- und SAR-A/D-Wandlern. Was sind die Vor- und Nachteile von jedem? In einigen Anwendungen erfolgt die Abtastung bei Frequenzen, die viel höher sind als die Nyquist-Abtastfrequenz. Erklären Sie den Grund/die Gründe für die Verwendung einer so hohen Abtastfrequenz. Erklären Sie die Rolle der Dezimierung in solchen Fällen.

12-3 Erklären Sie die Vor- und Nachteile von digitalen Filtern gegenüber analogen Filtern und die Einschränkungen jeder Art aus Sicht der Herstellung, Kosten und Leistung.

12-4 Entwerfen Sie ein Lüftersteuerungssystem, das vier Thermoelemente, PWM und Tachometer zusammen mit einer Tabelle verwendet, die angibt, wie auf verschiedene Umgebungstemperaturbedingungen innerhalb eines Gehäuses reagiert werden soll.

12-5 Wählen Sie einen digitalen Filtertyp aus diesem Kapitel, und entwerfen Sie einen Bandpassfilter mit den gleichen Bandpasseigenschaften wie das analoge Filter im Beispiel 2.

12-6 Erzeugen Sie Signalflussgraphen für jede der folgenden Differenzengleichungen:

$$y[n] = x[n] - x[n-2],$$
$$y[n] = x[n] - x[n-1] - y[n-1].$$

Finden Sie die Impulsantwort für jede. Stellen diese Gleichungen stabile und/oder kausale Systeme dar?

12-7 Was passiert in der unten gezeigten Logikschaltung, wenn S=R=1 und der Takt von 1 auf 0 wechselt?

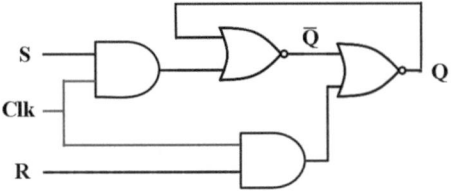

12.10 Empfohlene Übungen

12-8 Erstellen Sie ein Entwurf für die unten gezeigten FSM mit einer LUT-Komponente. Implementieren Sie Ihren Entwurf in PSoC Creator.

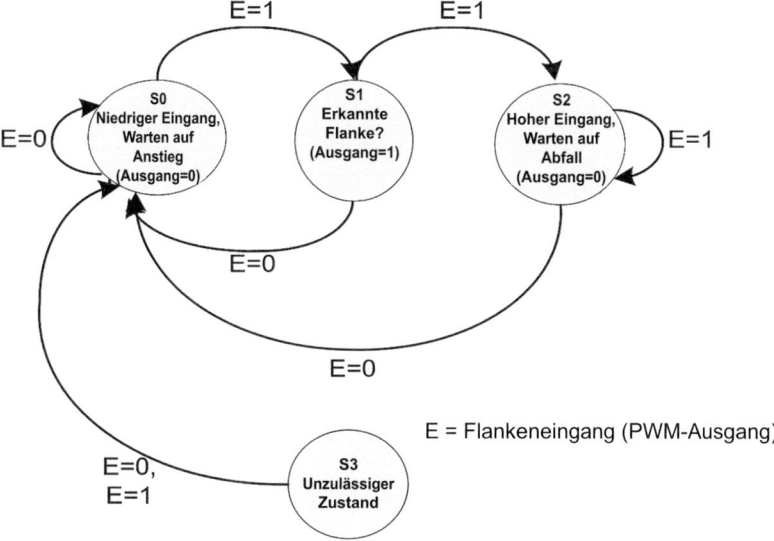

12-9 Gegeben seien die folgenden Gleichungen zur Berechnung von Quantisierungsfehlern. Beweisen Sie, dass

$$\bar{e} = \frac{1}{Q} \int_{-Q/2}^{Q/2} e\, de = 0 \quad \text{und} \quad \overline{e^2} = \frac{1}{Q} \int_{-Q/2}^{Q/2} e^2\, de = \frac{Q^2}{12},$$

wobei Q definiert ist als

$$Q = \frac{R}{2^B}$$

(B ist die Anzahl der Bits in jedem Abtastwert und R ist der volle Skalenbereich).

Zeigen Sie, dass der Quantisierungsfehler ausgedrückt werden kann als

$$e_{rms} = \sqrt{\overline{e^2}} = \frac{Q}{\sqrt{12}}.$$

12-10 Basierend auf Beispiel 12-9, bestimmen Sie, wie viele Bits erforderlich sind, um bei der Auswahl eines A/D-Wandlers einen vollen Skalenbereich von 10 V und eine Quantisierung von weniger als 1 mV zu erreichen. Was ist der Quantisierungsfehler für die Anzahl der von Ihnen ausgewählten Bits? Wenn der Dynamikbereich definiert ist als

$$SNR = 20 \log_{10} \frac{R}{Q} = B,$$

zeigen Sie, dass SNR = 6 dB ist, und berechnen Sie den Dynamikbereich für den von Ihnen ausgewählten A/D-Wandler.

12-11 Erzeugen Sie Signalflussgraphen für jede der folgenden Differenzengleichungen:

$$y[n] = x[n] - x[n-2], \qquad (12.30)$$

$$y[n] = x[n] - x[n-1] - y[n-1]. \qquad (12.31)$$

Literatur

1. M. Ainsworth, PSoC 3 to PSoC 5LP Migration Guide. AN77835. Document No. 001-77835 Rev.*D. Cypress Semiconductor (2017)
2. R. Ashby, My First Five PSoC 3 Designs. Spec. £001-58878 Rev. *C. Cypress Semiconductor (2013)
3. Cyclic Redundancy Check (CRC). Document Number: 002-20387 Rev. *A. Cypress Semiconductor (2017)
4. Digital Logic Gates 1.0. Document Number: 001-50454 Rev. *F. Cypress Semiconductor (2017)
5. T. Dust, G. Reynolds, Designing PSoC Creator Components with UDB Datapaths. AN82156. Document No. 001-82156 Rev. *I1. Cypress Semiconductor (2018)
6. M. Hastings, PSoC 3 and PSoC 5LP: Getting More Resolution from 8-Bit DACs. AN64275. Document No. 001-64275 Rev. *G. Cypress Semiconductor (2017)
7. B.P. Lathi, *Modern Digital and Analog Communication Systems* (Oxford University Press, Oxford, 1995)
8. A. Mohan, SAR ADC in PSoC 3. AN60832. Cypress Semiconductor April (2010)
9. R. Narayanasamy, Designing an efficient PLC using a PSoC (2011). www.eetimes.com/designing-an-efficient-plc-using-a-psoc/#
10. D. Van Ess, *Learn Digital Design with PSoC, a Bit at a Time* (CreateSpace Independent Publishing Platform, 2014)
11. D. Van Eß, E. Currie, A.N. Doboli, *Laboratory Manual for Introduction to Mixed-Signal Embedded Design*. Cypress University Alliance. Cypress Semiconductor (2008)
12. D. Van Ess, P. Sekar, PSoC 1, PSoC 3, PSoC 4, and PSoC 5LP - Single-Pole Infinite Impulse Response (IIR) Filters. AN2099. Document No. 001-38007 Rev. *J. Cypress Semiconductor (2017)
13. M. Vijay Kumar, F. Antonio Rohit De Lima, PSoC Creator - Implementing Programmable Logic Designs with Verilog. AN82250. Document NUMBER:001-82250 Rev. *J. Cypress Semiconductor (2018)
14. Quadrature Decoder (QuadDec) 3.0. Document Number: 001-96233 Rev. *B. Cypress Semiconductor (2017)

Der Pierce-Oszillator   13

Zusammenfassung

Der Pierce-Oszillator (Pierce, Elektrisches System, US-Patent 2.133.642, eingereicht am 25. Februar 1924, erteilt am 18. Oktober 1938) hat eine Reihe von wünschenswerten Eigenschaften. Er funktioniert bei jeder Frequenz im Bereich von 1 kHz bis 200 MHz. Er hat eine sehr gute Kurzzeitstabilität, weil die Quellen- und Lastimpedanzen des Quarzes hauptsächlich kapazitiv statt resistiv sind, was zu einer hohen Güte (Q) führt. Die Schaltung liefert ein großes Ausgangssignal und treibt gleichzeitig den Quarz mit einer geringen Leistung an. Große Shuntkapazitäten gegen Masse auf beiden Seiten des Quarzes machen die Oszillationsfrequenz relativ unempfindlich gegen Streukapazitäten und verleihen der Schaltung eine hohe Störfestigkeit. Die Pierce-Konfiguration hat jedoch einen Nachteil, nämlich, dass sie einen Hochleistungsverstärker benötigt, um die relativ hohen Verstärkungsverluste in den Quarz umgebenden Schaltkreisen auszugleichen. Quarzkristalle sind durchaus in der Lage, gut in den 300+-MHz-Bereich (für AT-Schnitt-Quarze) und bis hinunter zu 0,5 Hz zu schwingen, je nachdem, wie der Quarz „geschnitten" wurde (Lee et al., A 10-MHz micromechanical resonator Pierce reference oscillator for communications, in Digest of Technical Papers, the 11th International Conference on Solid-State Sensors & Actuators (Transducers'01), Munich, June 10–14 (2001), pp. 1094–1097). Quarzkristalle können auf mehreren verschiedene Arten schwingen, die durch den „Schnitt" bestimmt werden. Wie in Abb. 13.6 gezeigt, gibt es mehrere Möglichkeiten, den Quarz zu „schneiden" und einen dünnen ebenen Quarzkristall zu erzeugen. AT ist der am häufigsten verwendete Schnitt und er arbeitet in einem Dickenscherschwingungsmodus.

© Der/die Autor(en), exklusiv lizenziert an Springer Nature Switzerland AG 2024
E. H. Currie, *Entwurf von eingebetteten Mixed-Signal-Systemen*,
https://doi.org/10.1007/978-3-031-51488-3_13

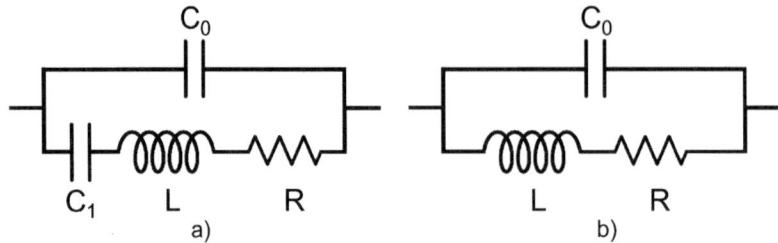

Abb. 13.1 **a** Reihen- und **b** Parallelresonanz in einem Quarz

13.1 Historischer Hintergrund

Im Jahr 1880 berichteten Pierre und Jacque Curie über die Beobachtung[1] des Vorhandenseins von Oberflächenladungen auf bestimmten Arten von kristallinen Materialien.[2]

> „Die Quarze, die eine oder mehrere Achsen haben, deren Enden ungleich sind, das heißt, hemihedrale Quarze mit schrägen Flächen, haben die besondere physikalische Eigenschaft, an den Enden dieser Achsen zwei elektrische Pole entgegengesetzter Zeichen zu erzeugen, wenn sie einer Temperaturänderung unterzogen werden. Dies ist das Phänomen, das unter dem Namen Pyroelektrizität bekannt ist ..." „Wir haben eine neue Methode zur Entwicklung von entgegengesetzter Elektrizität in diesen gleichen Quarzen gefunden, die darin besteht, sie Druckänderungen entlang hemihedraler Achsen auszusetzen ..."

Paradoxerweise haben sie nicht bemerkt, dass das Anlegen eines Potenzials an einen Quarz [9] mit entsprechender Ausrichtung eine Verformung des Quarzes bewirkt. Das Prinzip der Reziprozität gilt also auch für piezoelektrische Materialien. Es war Walter Cady (1920), der versuchte, den letztgenannten Effekt zu nutzen, um die ersten Quarzresonatoren [1] zu schaffen. Er stützte sich dabei auf seine Beobachtung, dass piezoelektrische Quarze Resonanzeffekte zeigen, indem sie bei Anlegen eines zeitlich variierenden elektrischen Feldes mechanisch mit einer bestimmten Frequenz[3] schwingen.

Cady definierte Piezoelektrizität [1] als

---

[1] Diese Entdeckung aus dem Jahr 1880 wurde mit nicht viel mehr als Alufolie, Magneten, einer Juweliersäge und Draht gemacht.

[2] Beispiele sind Turmalin, Rocheller Salz, Topas, Rohrzucker, Cadmiumsulfid, Lithiumniobat, Zinkoxid, Bleizirkoniumtitanat usw.

[3] Wie noch zu zeigen sein wird, gibt es zwei Frequenzen, bei denen ein solcher Quarz schwingen kann, nämlich dann, wenn der Quarz eine Reihen- oder eine Parallelresonanz zeigt. Typischerweise liegen diese beiden Frequenzen in einem Bereich von 1 %.

„… elektrische Polarisation, die durch mechanische Deformation in Quarzen bestimmter Klassen erzeugt wird, wobei die Polarisation proportional zur Deformation ist und mit ihr das Zeichen wechselt."

G.W. Pierce (1923) demonstrierte einen Vakuumröhrenoszillator mit einem Quarz [5] und dies ist wohl immer noch die Grundlage für den seit seiner Einführung am häufigsten verwendeten Quarzoszillator. Im Jahr 1925 bewies K.S. van Dyke, dass ein piezoelektrischer Resonator mit zwei Elektroden den in Abb. 13.1 gezeigten äquivalenten Schaltkreis hat. Eine solche Polarisation kann durch Kompression, Zug, Biegung, Scherung und Torsion von Quarz und anderen Quarzen eingeführt werden. Diese Polarisierung führt dazu, dass am Quarz ein Potenzial entsteht. Dieser Stromkreis kann kann als Reihenschwingkreis beschrieben werden, der durch einen Kondensator überbrückt wird [3].[4]

Quarz besteht aus einer Anordnung von Siliziumdioxid (SiO_2)-Atomen, die eine bestimmte Form aufgrund der erlaubten Bindungsgeometrie für Silizium- und Sauerstoffatome hat. Es hat eine Reihe von richtungsabhängigen Eigenschaften, d. h. Anisotropie.

13.2 Q-Faktor

Eine wichtige Überlegung beim Umgang mit Resonanzkreisen ist der Q-Faktor, der wie folgt definiert ist:

$$Q \stackrel{\text{def}}{=} 2\pi \left[\frac{\text{Energy Stored/Cycle}}{\text{Energy Dissipated/Cycle}} \right] \tag{13.1}$$

$$Q = 2\pi f_r \left[\frac{\text{Energy Stored}}{\text{Power Loss}} \right] \tag{13.2}$$

$$= \frac{\text{Reactance}}{\text{Resistance}}, \tag{13.3}$$

wenn sich ein System in Resonanz befindet.[5] Beachten Sie, dass die pro Zyklus abgegebene Energie genau die Menge an Energie ist, die benötigt wird, um die Resonanzbedingung bei konstanter Amplitude und Frequenz, f_r, aufrechtzuerhalten. Die stillschweigende Annahme ist, dass der einzige Energieverlust resistiv ist und dass die gespeicherte Energie in den induktiven und kapazitiven Reaktanzen des Systems enthalten

---

[4] Dieser wird oft als „abgestimmter Schaltkreis" bezeichnet.
[5] Beachten Sie, dass der Faktor 2π eingeführt wurde, um bestimmte Arten von Berechnungen zu vereinfachen.

Abb. 13.2 Schematische Darstellung des Barkhausen-Kriteriums für eine **a** geschlossene Schleife und **b** offene Schleife

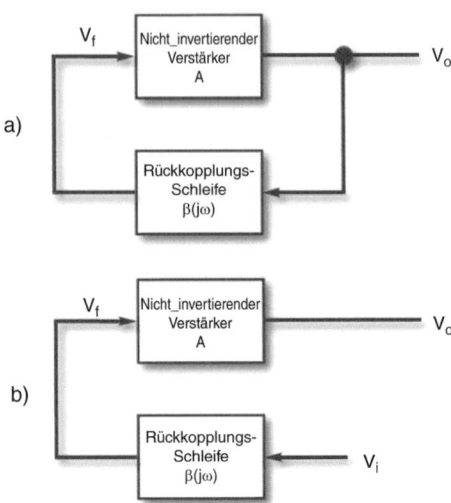

ist. Typische Quarzresonatoren können Q-Faktoren von 100.000 und Temperaturstabilitäten von weniger als 1 ppm/°C aufweisen.

13.2.1 Barkhausen-Kriterium

Das Barkhausen-Kriterium[6] definiert die notwendigen, wenn auch nicht hinreichenden Bedingungen, damit eine lineare Rückkopplungsschaltung schwingt.[7] Wie in Abb. 13.2 dargestellt, stellt A den Verstärkungsfaktor des Verstärkers und $\beta(j\omega)$ die Übertragungsfunktion für die Rückkopplungsschleife dar.

Wenn der absolute Wert des Schleifenverstärkers, $|\beta(j\omega)|$, gleich 1 ist und die Phasenverschiebung durch den Rückkopplungspfad 0 oder ein ganzzahliges Vielfaches von 2π ist, kann die Verstärkung abgeleitet werden, indem der Rückkopplungspfad unterbrochen und

$$G = \frac{V_o}{V_f} = \left[\frac{V_f}{V_i}\right]\left[\frac{V_o}{V_f}\right] = \beta A(j\omega) \tag{13.4}$$

---

[6]Heinrich Georg Barkhausen (1881–1956) [3] war ein Physiker, der 1921 die notwendigen Bedingungen für eine Schwingung in linearen Schaltungen mit positiver Rückkopplung definierte. Sein Kriterium wird auch verwendet, um unerwünschte Schwingungen in Schaltungen mit negativer Rückkopplung zu vermeiden. Durch die Beschränkung auf lineare Schaltungen ist es nicht anwendbar auf Schaltungen mit nichtlinearer Rückkopplung, z. B. Tunneldioden, Varactoren, Bauelemente mit negativem Widerstand usw.

[7]Es wird angenommen, dass in einer solchen Schaltung ausreichend Rauschen vorhanden ist, um eine Schwingung zu initiieren.

13.2 Q-Faktor

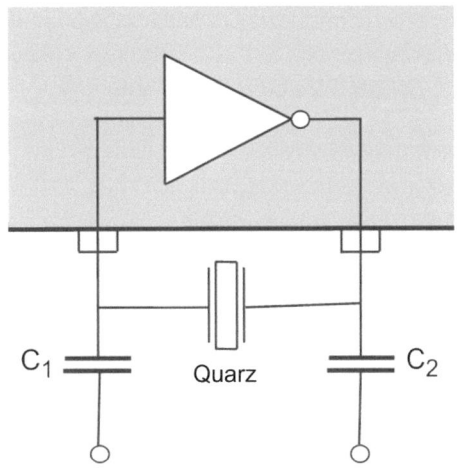

Abb. 13.3 PSoC-basierter Pierce-Oszillator

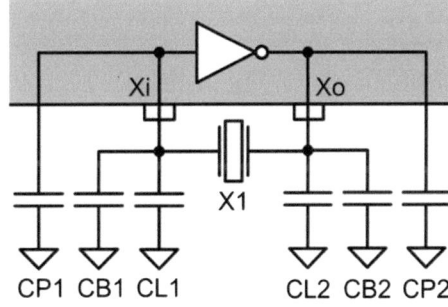

Abb. 13.4 PSoC-basierter Pierce-Oszillator (Streukapazitätsfall)

berechnet wird.

Externe Oszillatoren werden sowohl in PSoC 3 als auch in PSoC 5 unterstützt (siehe Abb. 13.3). Der in der Abb. 13.3 gezeigte invertierende Verstärker befindet sich innerhalb eines PSoC 3 und PSoC 5. Die Kondensatoren C1, C2 und der Quarz bilden ein Pi-Netzwerk, das durch die beiden Kondensatoren belastet wird, um die erforderliche Schwingfrequenz zu gewährleisten. Das Pi-Netzwerk erzeugt eine Phasenverschiebung von 180° bei der Resonanzfrequenz. Der invertierende Verstärker liefert eine zusätzliche Phasenverschiebung von 180° für eine Gesamtverschiebung von 360°; eine 360°-Phasenverschiebung existiert in der Schaltung, wodurch diese Konfiguration bei der entsprechenden Frequenz schwingt.

Nicht gezeigt sind die parasitären Kapazitäten[8], die die angelegte Lastkapazität beeinflussen können und berücksichtigt werden sollten, wenn eine hohe Frequenzgenauigkeit

---

[8] Solche Kapazitäten entstehen durch Streukapazitäten auf der Leiterplatte und an den Pins.

erforderlich ist. Die Gesamtkombination dieser Kapazitäten sollte die Nennlastkapazität des Quarzes X1, z. B. 12,5 pF, entsprechen (siehe Abb. 13.4).

Für den Pierce-Oszillator[9] gilt:

$$Z(j\omega) = \frac{j\omega}{\omega^2}\left[\frac{\omega^2 L_1 C_1 - 1}{C_0 + C_1 - \omega^2 L_1 C_1 C_0}\right]. \tag{13.5}$$

„Reihenresonanz" tritt auf, wenn die folgende Bedingung erfüllt ist:

$$f_{serial} = \left[\frac{1}{2\pi\sqrt{LC_1}}\right] \tag{13.6}$$

und „Parallelresonanz" tritt auf, wenn:

$$f_{parallel} = \frac{1}{2\pi\sqrt{LC_1}}\sqrt{1 + \frac{C_1}{C_0}} = f_{serial}\sqrt{1 + \frac{C_1}{C_0}}. \tag{13.7}$$

Die Wahl des Oszillatorschaltkreistyps hängt von Faktoren wie der gewünschten Frequenzstabilität, Eingangsspannung und -leistung, Ausgangsleistung und -wellenform, Abstimmbarkeit, Designkomplexität, Kosten und den Eigenschaften des Quarzes ab.

Obwohl es eine große Anzahl existierender Oszillatorschaltkreise gibt, werden drei am häufigsten verwendet, nämlich die Pierce-, Colpitts- und Clapp-Oszillatoren. Sie handelt sich im Grunde um die gleiche Schaltung, außer dass die HF-Massepunkte nicht die gleichen sind, wie in Abb. 13.5 gezeigt. Der Butler und der modifizierte Butler ähneln sich ebenfalls; bei beiden entspricht der Emitterstrom dem Quarzstrom. Der Gatteroszillator ist ein Pierce-Typ, der ein Logikgatter plus einen Widerstand anstelle des Transistors im Pierce-Oszillator verwendet (einige Gatteroszillatoren verwenden mehr als ein Gatter) [6].

Alle Arten von quarzbasierten Oszillatoren haben die Eigenschaft, dass die Resonanzfrequenz temperaturabhängig ist. Bei vielen Anwendungen spielt diese Veränderung der Resonanzfrequenz keine Rolle, da die Abweichung in Abhängigkeit von der Temperatur innerhalb des Umgebungstemperaturbereichs des Oszillators akzeptabel ist. In Fällen, in denen eine solche Abhängigkeit von Bedeutung ist, wird der Quarzkristall in einer temperaturstabilisierten Umgebung gehalten, die häufig als Kristallofen bezeichnet wird [3]. Mechanische Schwingungen, durch Umgebungsmagnetfelder erzeugte Wirbelströme, Feuchtigkeit, Kristalldefekte, atmosphärische Druckschwankungen und andere Effekte können die Stabilität der Resonanzfrequenz negativ beeinflussen [10, 11].

---

[9] George Washington Pierce (1872–1956), ein Physikprofessor an der Harvard University, führte umfangreiche Forschungen zu Gleichrichtern, Quecksilberdampfentladungsröhren, Magnetostriktion und Quarzoszillatoren durch [8], was dazu führte, dass ihm 53 Patente erteilt wurden und der Pierce-Oszillator eingeführt wurde.

13.3 Externe Quarzoszillatoren

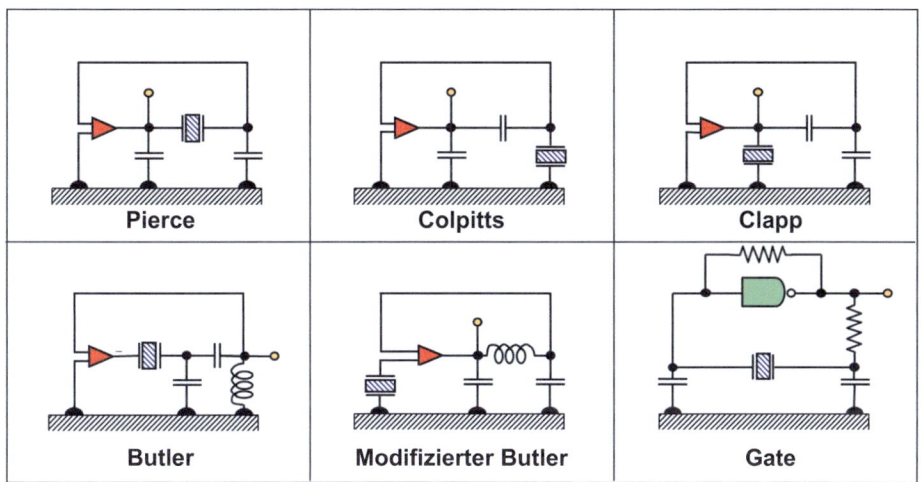

Abb. 13.5 Einige grundlegende Oszillatortypen [11]

Die Position des Massepunkts eines Pierce-Oszillators, die einen tiefgreifenden Einfluss auf seine Leistung hat, macht ihn im Allgemeinen den anderen überlegen, z. B. in Bezug auf die Auswirkungen von Streureaktanzen und Vorspannungswiderständen, die hauptsächlich über den Kondensatoren in der Schaltung auftreten, anstatt über dem Quarz. Im Falle des Colpitts-Oszillators erscheint ein größerer Teil der Streuungen über dem Quarz, und die Vorspannungswiderstände liegen ebenfalls über dem Quarz, was die Leistung beeinträchtigen kann. Der Clapp-Oszillator ist weniger beliebt, da die direkte Verbindung des Kollektors mit dem Quarz zu unerwünschten Oszillationen und zusätzlichen Verlusten führen kann (Abb. 13.6).

Die Pierce-Familie arbeitet normalerweise bei „Parallelresonanz", obwohl sie so ausgelegt werden kann, dass sie bei Reihenresonanz arbeitet, indem ein Induktor in Reihe mit dem Quarz geschaltet wird. Die Butler-Familie arbeitet normalerweise bei (oder in der Nähe von) Reihenresonanz. Der Pierce-Oszillator kann so ausgelegt werden, dass er mit dem Quarzstrom über oder unter dem Emitterstrom arbeitet [7]. Gatteroszillatoren sind in digitalen Systemen üblich, wenn hohe Stabilität keine große Rolle spielt (Abb. 13.7 und 13.8).

13.3 Externe Quarzoszillatoren

Die externen Oszillatoren von PSoC 3 und PSoC 5LP im Kilohertz- und Megahertzbereich sind Pierce-Oszillatoren, die einen invertierenden Verstärker nutzen, um eine Rückkopplung über einen Quarz zu erzeugen, der über den Eingang und Ausgang des

Abb. 13.6 Beispiele für verschiedene „Quarzebenenschnitte"

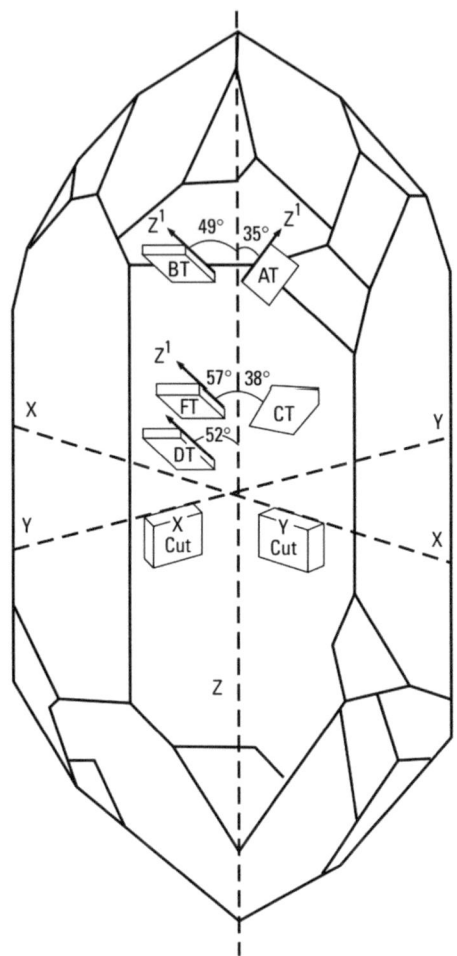

Verstärkers verbunden ist, wie in Abb. 13.3 gezeigt.[10] Die Quarzeingangs- und -ausgangspins (Xi und Xo) sind ebenfalls im Diagramm beschriftet. In dieser Abbildung gibt es drei unterschiedliche Teile. Der Quarz oder Resonator (X1) im Pi-Netzwerk ist physisch so konstruiert, dass er auf der gewünschten Frequenz schwingt. Die Lastkondensatoren (CL1, CL2) im Pi-Netzwerk belasten den Quarz oder Resonator, um einen ordnungsgemäßen Betrieb zu gewährleisten.

Der invertierende Verstärker verstärkt den Ausgang des Pi-Netzwerks und treibt die Eingangsklemme mit dem inversen Signal an. Das Pi-Netzwerk, bestehend aus einem

---

[10] Der graue Bereich dieser Abbildung zeigt an, dass der invertierende Verstärker zu den internen PSoC 3- und PSoC 5LP-Bauteilen gehört und alle anderen Komponenten extern sind.

13.3 Externe Quarzoszillatoren

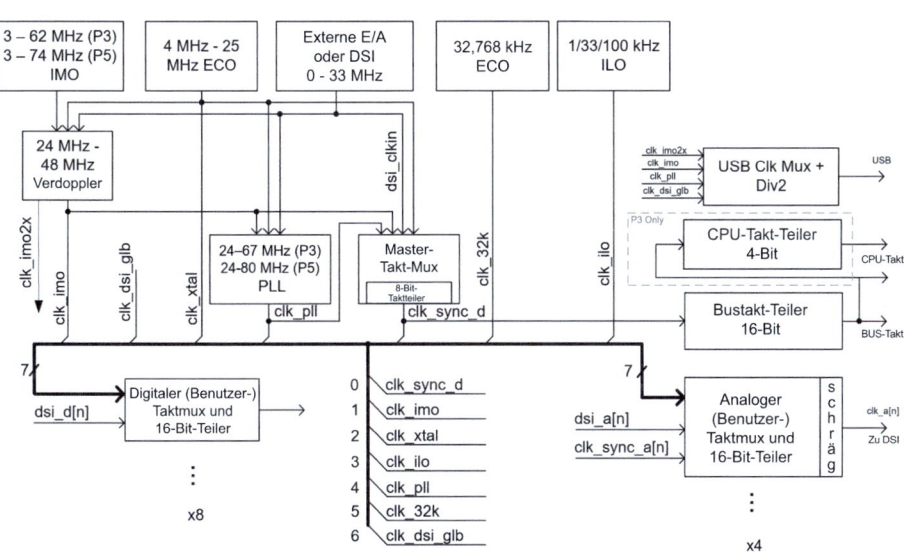

Abb. 13.7 PSoC 3- und PSoC 5LP-Taktgeberblockdiagramm

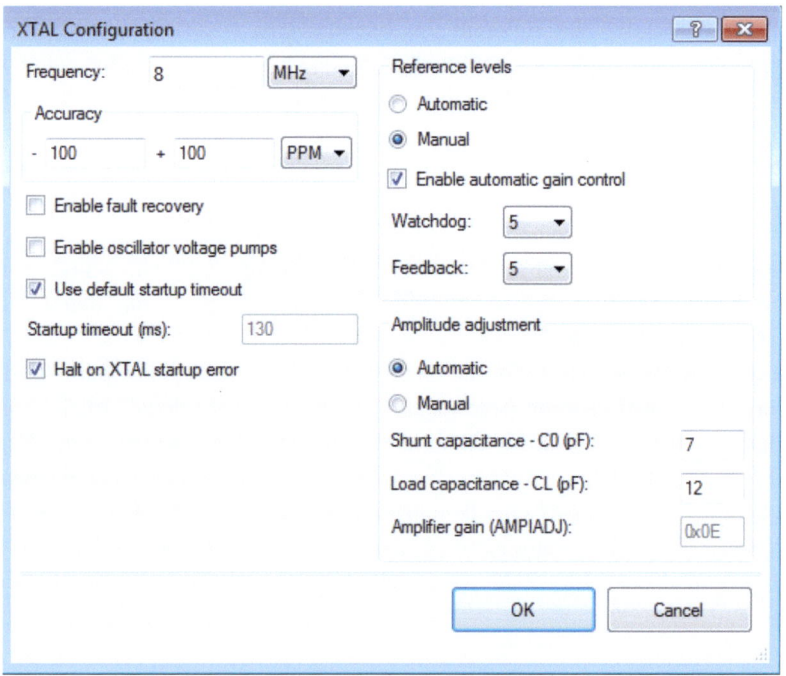

Abb. 13.8 PSoC 3- und PSoC 5LP-Taktgeberübersichtsdiagramm

Quarz oder Resonator und Kondensatoren, dient dazu, eine Phasenverschiebung von 180° bei der Resonanzfrequenz zu erzeugen. In Kombination mit dem invertierenden Verstärker ergibt sich eine Phasenverschiebung von 360° in der Schaltung, was zu einer Resonanzschwingung bei der gewünschten Frequenz führt.

Zwei Arten von Resonatoren können mit dem MHz-ECO verwendet werden, nämlich Quarzresonatoren und Keramikresonatoren. Quarze haben engere Anfangsfrequenztoleranzen und sind teurer [4].

- Keramische Resonatoren sind in der Regel in kleineren Gehäusen zu finden, oft mit integrierten Pi-Netzwerk-Kondensatoren. Quarzresonatoren bieten Anfangsfrequenztoleranzen bis in den 10-ppm-Bereich oder Tausendstel Prozent. Keramikresonatoren bieten Anfangsfrequenztoleranzen von bis zu 1000-ppm-Bereich oder Zehntel Prozent. Der interne Hauptoszillator („internal main oscillator", IMO) von PSoC 3 und PSoC 5LP hat eine Genauigkeit zwischen 1 und 7 %, abhängig von der erzeugten Taktfrequenz. Niederfrequente IMO-Ausgänge sind genauer.
- Quarzresonator – Die Auswahl des Resonators sollte mit der Wahl der gewünschten Frequenzgenauigkeit beginnen. Die Anforderungen an die Frequenzgenauigkeit hängen von der Endanwendung ab. Wenn eine Frequenzgenauigkeit von 1000 ppm oder besser erforderlich ist, sollte ein Quarzresonator gewählt werden. Wenn nur eine Frequenzgenauigkeit von 50.000 ppm oder weniger erforderlich ist, kann ein Keramikresonator verwendet werden. Daher ist die Frequenzauswahl ein weiterer wichtiger Faktor bei der Auswahl des Resonators.[11] Niedrigfrequenz-ECOs haben eine größere Designtoleranz, verbrauchen weniger Strom und starten schneller. Der MHz-ECO von PSoC 3 und PSoC 5LP kann mit Resonatoren im Bereich von 4 bis 25 MHz betrieben werden.

Weitere wichtige Auswahlkriterien sind das Gehäuse des Resonators, die Lastkapazität und das Ansteuerungspegel. Eine geringere Lastkapazität erleichtert das Design der ECO-Schaltung. Resonatoren in größeren Gehäusen haben in der Regel geringere Lastkapazitäten, daher sind größere Gehäuse vorteilhaft. Schließlich sind Quarze mit einem hohen Ansteuerungsniveau wahrscheinlich kompatibel mit den MHz-ECOs von PSoC 3 und PSoC 5LP.

Keramikresonatoren unterscheiden sich von Quarzresonatoren dadurch, dass sie extrem hohe Ansteuerungspegelspezifikationen und manchmal integrierte Lastkondensatoren haben. Bei der Bestellung von Keramikresonatoren mit integrierten Lastkondensatoren können die eingebauten Kapazitätswerte angegeben werden.

- kHz-Quarz – Die kHz-ECO-Schaltung von PSoC 3 und PSoC 5LP arbeitet mit 32,768-kHz-Parallelresonatorquarzen. Diese Frequenz wird verwendet, weil sie 215 Hz beträgt und ein 15-bit-Zähler kann ein 1-Hz-Signal erzeugen, das für Echtzeit-

---

[11] Der MHz-Resonator muss nicht auf der gleichen Frequenz schwingen wie die für das Takten eines bestimmten Designs erforderlich ist.

uhren („real-time clock", RTC) nützlich ist.[12] Die kHz-Quarzoszillatoren haben in der Regel Anfangsfrequenztoleranzen im 10-ppm-Bereich oder Tausendstel Prozent. Bei Echtzeituhren führt ein Fehler von 11,5 ppm zu einer Abweichung der Uhr von 1 s/Tag.

- kHz-Quarzauswahl – Der kHz-ECO von PSoC 3 und PSoc 5LP kann mit 32,768-kHz-Parallelresonatorquarzen mit einer Lastkapazität von 6 oder 12,5 pF betrieben werden. Geeignete Quarze müssen diese Richtlinien erfüllen und auch eine Frequenzgenauigkeit und Gehäuse haben, die in der Anwendung geeignet sind. Die Frequenzgenauigkeit wird als Anfangswert, über die Temperatur und über die Zeit, angegeben.
- Pi-Netzwerk-Kondensatoren – Sowohl Quarz- als auch Keramikresonatoren müssen mit der richtigen Kapazität belastet werden, um auf der richtigen Frequenz zu schwingen. Die Pi-Netzwerk-Kondensatoren sollten auf Basis der Lastkapazitätsspezifikation des Resonators und parasitären Kapazitäten ausgewählt werden.

Parasitäre Kapazitäten beinhalten die Leiterbahnkapazität der Leiterplatte und die Kapazität der Mikrocontroller-Pins. Diese parasitären Kapazitäten sind in Abb. 13.4 als CP1, CP2 für die Kapazität der Pins und CB1,CB2 für die Kapazität der Leiterbahnen dargestellt. Die Leiterbahnkapazität der Leiterplatte kann nach der Herstellung mit einem LCR-Messgerät gemessen oder vor der Herstellung anhand der physikalischen Eigenschaften der Leiterbahnen und der Leiterplatte berechnet werden. Die Pin-Kapazität kann durch Messung oder durch Überprüfung der GPIO-DC-Spezifikationstabelle im Datenblatt des Geräts ermittelt werden. Bei korrektem PCB-Layout sollten beide Leiterbahnen die gleiche Kapazität haben. Pin- und Leiterbahnkapazitäten können von 0,1 bis 10 pF reichen.

13.4 Automatische Verstärkungsregelung des ECO

Die automatische Verstärkungsregelung („automatic gain control", AGC) ermöglicht es dem MHz-ECO, die Verstärkung des invertierenden Verstärkers zu erhöhen oder zu verringern, um die Schwingungsamplitude zu erhöhen oder zu verringern. Dies kann den Ansteuerungspegel erhöhen oder verringern. Die AGC überwacht die Amplitude der Quarzeingangswellenform und vergleicht sie mit einem Referenzwert.

Wenn die Amplitude höher oder niedriger als gewünscht ist, wird die Verstärkung des invertierenden Verstärkers in der Hardware geändert. Der Referenzwert wird auf der Grundlage der vref_sel_fb-Bits des FASTCLK_XMHZ_CFG1-Registers erzeugt. Die AGC kann in PSoC Creator über den MHz-ECO-Konfigurationsdialog, der in Abb. 13.9 gezeigt ist, aktiviert oder deaktiviert werden. Das Kontrollkästchen für die automatische

---

[12] Aus Platzgründen wird der kHz-ECO manchmal als 32-kHz-ECO bezeichnet, er arbeitet jedoch mit 32,768 kHz.

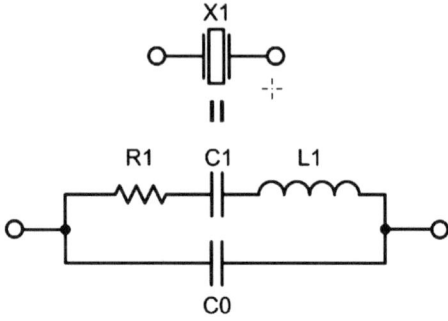

Abb. 13.9 PSoC Creator MHz-ECO-Konfigurationsdialog

Verstärkungsregelung steuert diese Funktion. Die Werte des AGC-Rückkopplungsregisters können über das Drop-down-Menü „Feedback" abgewählt werden, das nur erscheint, wenn die AGC aktiviert ist. Die AGC sollte in den meisten Designs deaktiviert bleiben. Sie sollte nur aktiviert werden, wenn die ECO-Schaltung die Anforderungen an den Ansteuerungspegel nicht erfüllt, wie im Abschnitt Ansteuerungspegel beschrieben. Niedrigere Rückkopplungswerte entsprechen niedrigeren Ansteuerungspegelwerten.

Der Rückkopplungswert kann von PSoC Creator automatisch auf der Grundlage der Betriebsfrequenz der ECO-Schaltung eingestellt werden, wenn die Optionsschaltfläche „Automatic" ausgewählt ist.

13.5 Fehlererkennung beim MHz-ECO

Watchdog – Die Fehlererkennung oder Watchdog-Schaltung ermöglicht es den ECOs zu erkennen, ob jeder Resonator richtig schwingt. Dieses Ergebnis wird verwendet, um zu bestimmen, wann der ECO den Startvorgang abgeschlossen hat und zum Takten des Systems verwendet werden kann. Es kann auch verwendet werden, um Konfigurationen zu ändern, wenn der ECO nicht richtig funktioniert. Der aktuelle Wert des MHz-ECO-Fehlerbits wird im xerr-Bit des FASTCLK_XMHZ_CSR-Registers gespeichert. Das kHz-ECO-Fehlerbit wird im ana_stat-Bit des SLOWCLK_X32_CR-Register gespeichert.

Die kHz- und MHz-ECO-Fehlerstatusbits können auch mit den CyXTAL_32KHZ_Read Status() und CyXTAL_ReadStatus()-APIs abgefragt werden. Die MHz-ECO-Fehlererkennungsschaltung funktioniert ähnlich wie die der AGC, sie überwacht die Amplitude der Quarzeingangswellenform und vergleicht sie mit einem Referenzwert. Wenn die Amplitude niedriger als der gewünschte Wert ist, wird das ECO-Fehlerbit gesetzt. Der Referenzwert wird auf Grundlage des vref_sel_wd-Bits des FASTCLK_XMHZ_CFG1-Registers erzeugt.

Dieser Wert kann in PSoC Creator über die Schnittstelle „Design Wide Resources" im MHz-ECO-Konfigurationsdialog konfiguriert werden. Der Schwellenwert für die ECO-Fehlererkennung wird mit dem Watchdog-Drop-down-Menü eingestellt. Dieser

Wert sollte nur geändert werden, wenn der ECO eine höhere Störanfälligkeit als erwartet aufweist oder wenn Quarzausfälle nicht erkannt werden. Er kann automatisch von PSoC Creator auf der Grundlage der ECO-Betriebsfrequenz eingestellt werden, wenn die Optionsschaltfläche *Automatic* standardmäßig ausgewählt ist.

Die kHz-ECO-Fehlererkennung erfordert im Gegensatz zum MHz-ECO keine Konfiguration. Die Einstellung der Fehlerbeseitigung ermöglicht es dem Entwickler zu wählen, welches Verhalten ausgeführt werden soll, wenn der ECO nicht schwingt. Wenn die Fehlerbeseitigung aktiviert ist, dann schaltet das Gerät automatisch auf den IMO-Takt im Falle eines ECO-Ausfalls. Die Fehlerbeseitigung kann mit dem Kontrollkästchen *Enable fault recovery* im MHz-ECO-Konfigurationsdialog aktiviert werden.

Das Kontrollkästchen *Halt on XTAL startup error* steuert das Verhalten der PSoC-Firmware während des MHz-ECO-Starts. Wenn dieses Kästchen aktiviert ist, wird der Firmware-Start des Geräts automatisch angehalten, wenn der MHz-ECO nicht innerhalb der angegebenen Startzeit stabilisiert. Das Gerät wechselt stattdessen in eine spezielle Fehlerfunktion, deren Inhalt bearbeitet werden kann. Diese Funktion heißt CyClockStartupError() und befindet sich in der cyfitter_cfg.csource-Datei.5.2.3.

13.6 Amplitudenanpassung

Die Amplitudenanpassung ermöglicht die Verstärkungsänderung des invertierenden Verstärkers in der Pierce-Oszillator-Schaltung, die in Abb. 13.3 gezeigt ist. Die Verstärkungsänderung des invertierenden Verstärkers hat mehrere Auswirkungen auf die Leistung des MHz-ECO, einschließlich der Metriken für negative Widerstände, Ansteuerungspegel und Anlaufzeit, die im Abschnitt ECO-Leistungstests und -verbesserung unten erklärt werden. Die Konfiguration der Amplitudenanpassung kann manuell oder automatisch in PSoC Creator durchgeführt werden. Die automatische Auswahl wählt eine invertierende Verstärkung basierend auf der Frequenz, der Shuntkapazität und den Lastkapazitäten, die in das Tool eingegeben wurden. Die manuelle Auswahl ermöglicht es dem Benutzer, einen Verstärkungswert des Verstärkers (AMPIADJ) zu wählen.

13.7 Echtzeituhr

Die kHz-ECO kann verwendet werden, um eine Echtzeituhr („real-time clock", RTC) für Anwendungen zu liefern, die die Zeit genau im Auge behalten müssen. Der PSoC Creator bietet die RTC-Komponente, die es dem Entwickler ermöglicht, schnell eine RTC in PSoC 3 und PSoC 5LP unter Verwendung eines kHz-ECO zu implementieren. Weitere Informationen zur Implementierung einer RTC finden Sie im RTC-Komponenten-Datenblatt in PSoC Creator unter dem Komponentenkatalog.

Abb. 13.10 Ersatzschaltbild eines Resonators

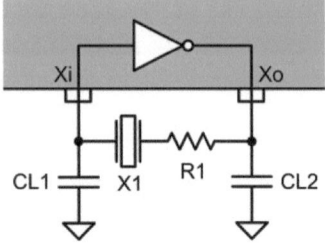

13.8 Äquivalente Schaltung des Resonators

Quarz- und Keramikresonatoren können als eine Kombination von passiven Grundkomponenten modelliert werden. Das äquivalente Modell ist in Abb. 13.10 dargestellt. Die Reihenschaltung von R1, C1 und L1 ist als Schwingungsarm bekannt. R1 wird als Bewegungswiderstand oder effektiver Serienwiderstand (ESR), C1 als Bewegungskapazität, L1 als Bewegungsinduktivität und C0 als Parallelkapazität bezeichnet. Einige oder alle dieser Eigenschaften können vom Quarzhersteller festgelegt werden.

13.8.1 Genauigkeit der ECO-Frequenz

Die Frequenz des vom ECO erzeugten Taktes wird immer um einen gewissen Betrag von der gewünschten Frequenz abweichen. Es ist wichtig zu verstehen, wie stark sie abweichen wird und wie sie verbessert werden kann. Dieser Abschnitt beschreibt die verschiedenen Faktoren, die die Frequenzleistung beeinflussen. Die Frequenzgenauigkeit ist ein Maß für die maximale erwartete Abweichung von der erwarteten Frequenz. Dieses Maximum ergibt sich aus der Summe der einzelnen Ursachen für die Frequenzungenauigkeit. Jede der einzelnen Ursachen ist in den nachfolgenden Abschnitten aufgeführt. Bei der Auslegung sollten alle diese Faktoren berechnet und summiert werden, um die maximale Frequenzabweichung des Gesamtsystems und damit die Frequenzgenauigkeit zu bestimmen.

13.8.2 Anfängliche Frequenztoleranz

Die Anfangsfrequenztoleranz, manchmal auch einfach als Frequenztoleranz bezeichnet, beschreibt die maximale erwartete Abweichung der Resonanzfrequenz eines Resonators bei Raumtemperatur, wenn die richtige Lastkapazität vorhanden ist. Dieser Beitrag zum Frequenzfehler ist die Basis, zu der alle anderen Beiträge addiert werden sollten. Er ist in der Regel der größte Faktor für den Frequenzfehler.

13.8.3 Frequenztemperaturvariation

Frequenz-Temperatur-Schwankung, manchmal auch Frequenzstabilität oder Temperaturstabilität genannt, beschreibt die Zunahme der maximal zu erwartenden Abweichung der Resonanzfrequenz eines Resonators über seinem Betriebstemperaturbereich.

13.8.4 Alterung des Resonators

Die Alterung des Resonators beschreibt eine Zunahme der Frequenzabweichung, die im Laufe der Betriebslebensdauer des Resonators auftritt. Dieser Wert wird in der Regel in ppm/Jahr angegeben. Die Frequenzabweichung des Resonators bei einem bestimmten Alter lässt sich leicht berechnen, indem der Alterungswert mit dem Alter in Jahren multipliziert wird. Der Begriff „Alterung" wird manchmal auch verwendet, um die Schäden zu beschreiben, die an einem Quarz auftreten können, wenn die Spezifikation für den Ansteuerungspegel überschritten wird. Diese Art der Alterung wird von den Quarzherstellern in der Regel nicht angegeben, da sie impliziert, dass der ECO-Schaltkreis nicht innerhalb der Spezifikationen arbeitet.

13.8.5 Empfindlichkeit der Lastkapazitätsjustierung

Eine Variation der tatsächlichen Lastkapazität hat die Tendenz, die Resonanzfrequenz des Resonators von seiner Entwurfsfrequenz „wegzuziehen". Dieser Effekt ist als „Justierempfindlichkeit" oder manchmal als „Ziehfähigkeit" bekannt. Dieser Effekt kann sowohl gut als auch schlecht sein. Der Entwickler kann jedoch die Resonanzfrequenz variieren, indem er die Werte der verwendeten Kondensatoren ändert. Allerdings können die Werte der Kondensatoren aufgrund von Fertigungstoleranzen und/oder Temperatureffekten variieren, was wiederum dazu führen kann, dass die Entwurfsfrequenz von Anwendung zu Anwendung und/oder aufgrund von Schwankungen der Umgebungstemperatur variiert. Gemessen wird die Justierempfindlichkeit in ppm des zusätzlichen Taktfehlers pro Pikofarad Abweichung von der tatsächlichen Gesamtlastkapazität. Die Justierempfindlichkeit ist eine Funktion der Nennlastkapazität des Resonators (CL), der Parallelkapazität (C0) und der Bewegungskapazität (C1).

13.9 Justierempfindlichkeit des ECO

$$\text{Trim Sensitivity} = S = \frac{C_1 * 1.000.000}{2 * (C_O + C_L)^2} \frac{(ppm)}{(pF)} \tag{13.8}$$

Die Gl. 13.8 ist eine linearisierte Funktion 2. Ordnung, die die Justierempfindlichkeit mit den Werten von C_0 und C_L in Beziehung setzt. Als anschauliches Beispiel betrachten Sie einen 32,768-kHz-Quarzkristall mit den folgenden Eigenschaften: $C_1 = 0{,}0035$ pF, $C_0 = 1{,}6$ pF und $C_L = 12{,}5$ pF:

$$S = \frac{C_1(1x10^6)}{2(C_0 + C_L)} = \frac{0{,}0035(1x10^6)}{2(1{,}6 + 12{,}5)^2} = 8{,}8 \frac{ppm}{pF}. \tag{13.9}$$

Es ist zu beachten, dass sich bei einem Fehler von 1 pF in der angelegten Lastkapazität die Frequenz um 8,8 ppm oder 0,29 Hz verschiebt.

Die Justierempfindlichkeit impliziert Anforderungen an die Lastkondensatorwerte und Temperaturkoeffizienten. Sie sollte zusammen mit der Frequenzgenauigkeit des Resonators und den Anforderungen an die Systemleistung berücksichtigt werden, um zu bestimmen, welche Lastkondensatoren zu verwenden sind.

13.9.1 Negative Widerstandseigenschaften

Negativer Widerstand ist ein Phänomen, das bei bestimmten Geräten auftritt, bei denen die Steigung der V-I-Kennlinie negativ wird, d. h. eine Erhöhung der angelegten Spannung führt zu einer Verringerung des Stroms, wie z. B. im Fall von Plasmen, Tunneldioden, bestimmten Kombinationen von Bipolartransistoren und Resonatoren. Im vorliegenden Zusammenhang ist er definiert als der Betrag des Serienwiderstands, der zum effektiven Serienwiderstand des Resonators hinzugefügt werden kann, ohne dass der ECO ordnungsgemäß anläuft, und ist daher ein Maß für die Zuverlässigkeit des ECO, wobei ein höherer Wert besser ist.[13] Alternativ kann das Verhältnis von –R/ESR mit einem willkürlichen Wert, in der Regel 3 oder 5, verglichen werden, um zu bestimmen, ob –R groß genug ist.

Negativer Widerstand wird gemessen, wie in Abb. 13.11 gezeigt, indem ein Widerstand in Reihe mit dem Resonator geschaltet und die ECO-Taktausgabe aufgezeichnet wird. Ein Festwertwiderstand sollte verwendet werden.[14] Der Widerstand sollte erhöht werden, bis der ECO nicht mehr anläuft.[15] Der höchste Wert, der ein Anlaufen ermöglicht, sollte zur ESR-Spezifikation des Resonators addiert werden, und dies sollte als

---

[13] Negativer Widerstand ist auch bekannt als „–R" oder „Schwingungsschwankung".

[14] Potentiometer sollten aufgrund ihrer nicht idealen Eigenschaften, die zu einer falschen Messung führen können, nicht verwendet werden.

[15] Der negative Widerstand ist bei hoher Temperatur und niedrigem VCCA und VCCD am geringsten, daher sollte diese Zone getestet werden.

13.10 Ansteuerungspegel

Abb. 13.11 Konfiguration, die für den Test des negativen Widerstands erforderlich ist

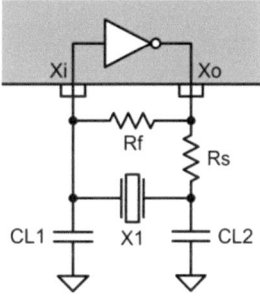

negativer Widerstand des ECO betrachtet werden. Die Beziehung zwischen negativem Widerstand, dem maximalen Wert von R1 und ESR ist gegeben durch

$$-R = R_{lMAX} + ESR. \tag{13.10}$$

13.9.2 Serien- und Rückkopplungswiderstände

Die in Abb. 13.12 gezeigten Widerstände R_s und R_f können verwendet werden, um das Verhalten des MHz-Oszillators unter bestimmten Bedingungen zu verbessern. Der Reihenwiderstand R_s reduziert die vom Resonator abgegebene Leistung, um die Ansteuerungspegelspezifikationen zu erfüllen. Der Rückkopplungswiderstand R_f ermöglicht eine Rauschrückkopplung über den Resonator beim Anlaufen, wodurch die Anlaufzeit verringert wird.

13.10 Ansteuerungspegel

Der Ansteuerungspegel bezieht sich auf die Verlustleistung des Resonators. Wenn der Ansteuerungspegel der ECO-Schaltung die Spezifikationen des Resonators übersteigt, kann eine Alterung des Resonators auftreten und die Genauigkeit der Designfrequenz negativ beeinflussen. Die Einführung von R_s erzeugt einen Leistungsteiler mit dem ESR[16] des Quarzes, wo ESR definiert ist als:

$$ESR = R_s \cdot \left(1 + \frac{C_0}{C_L}\right)^2. \tag{13.11}$$

Der Ansteuerungspegel (DL) ist definiert als:

$$DL = (I_{RMS}^2)ESR. \tag{13.12}$$

---

[16] Der äquivalente Reihenwiderstand („equivalent series resistance", ESR) ist der Realwert der Quarzimpedanz, wenn der Oszillator die Lastkapazität (C_L) impedanzmäßig abgleicht.

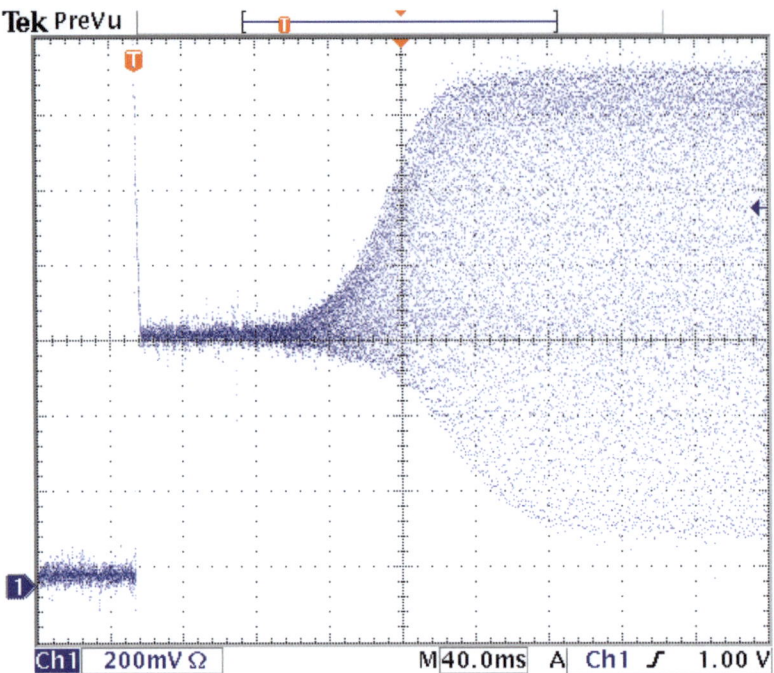

Abb. 13.12 Topologie des Pierce-Oszillators mit Reihen- und Rückkopplungswiderständen

Typische R_s-Werte nahe den ESR-Spezifikationen liegen in der Größenordnung von Dutzenden oder Hunderten von Ohm. Keramikresonatoren haben im Gegensatz zu Quarzresonatoren in der Regel keine Ansteuerungspegelspezifikationen. Daher sind in ihren ECO-Schaltungen keine Reihenwiderstände erforderlich.[17]

Die Inbetriebnahme kann in rauscharmen Umgebungen erschwert werden, so dass ein zusätzlicher Rückkopplungswiderstands R_f erforderlich ist. Wenn dieser hinzugefügt wird, sollte dieser Rückkopplungswiderstand in der Größenordnung von 5 bis 15 $M\Omega$ liegen. Bei einer ausbalancierten Konfiguration des Lastkondensators sind beide Kondensatorwerte gleich, ansonsten wird die Last als unausgeglichen bezeichnet.

Unabhängig davon, ob die Konfiguration ausgeglichen oder unausgeglichen ist,[18] sollte die Kombination der Kapazitäten den Resonator immer noch gemäß seinen

---

[17] Das Anlaufen von ECO-Schaltungen ist auf das Vorhandensein von thermischem Umgebungsrauschen und elektromagnetischen Störungen zurückzuführen. Das Pi-Netzwerk fungiert als Filter für dieses Rauschen, schwingt auf der richtigen Frequenz und der invertierende Verstärker erhöht die Amplitude des Signals.

[18] Wenn der Ausgangskondensator größer als der Eingangskondensator ist, wird der Oszillator stabiler sein, aber mehr Strom verbrauchen. Wenn der Eingangskondensator größer als der Ausgangskondensator ist, wird der Oszillator weniger Strom verbrauchen, aber weniger stabil sein.

13.10   Ansteuerungspegel

Spezifikationen belasten. Bei der unausgeglichenen Konfiguration sollte das Verhältnis der Kapazitäten etwa 3:1 betragen. Dieses Kriterium sollte in Verbindung mit dem grundlegenden Kriterium, wie in Gl. (13.1) ausgedrückt, verwendet werden, um die Kondensatorwerte zu bestimmen.[19]

13.10.1   Reduzierung des Taktgeberstromverbrauchs mit ECOs

Die Verwendung eines ECO macht den Bedarf interner Taktquellen überflüssig. Das Deaktivieren dieser Taktquellen bietet Energieeinsparungen. Der IMO kann mit der CyIMO_Stop() API deaktiviert werden. Das Deaktivieren des IMO spart Hunderte oder Tausende von Mikroampere, abhängig von der Konfiguration des IMO. Auch der Stromverbrauch der ECOs selbst kann optimiert werden. Die Reduzierung des Ansteuerungspegels des MHz-ECO mit dem AGC reduziert seinen Stromverbrauch. Der kHz-ECO hat mehrere Leistungsmodi, die mit dem SLOWCLK_X32_CR-Register oder mit der von PSoC Creator bereitgestellten CyXTAL_32KHZ_SetPowerMode()-API ausgewählt werden können.[20]

13.10.2   Anlaufverhalten des ECO

Ein Beispiel für eine Anlaufausgangswellenform des 32-kHz-ECO ist in Abb. 13.13 dargestellt. Anfangs, wenn das Bauteil im Resetzustand gehalten wird, wird der Quarzausgang auf Low gezogen. Während des Anlaufs wird der Pin auf logisches High gezogen, und dann, wenn der Quarz anläuft, geht der Ausgang auf die Vorspannung. Der Anlauf des Quarzes kann je nach Systemkonfiguration in der Länge variieren. Im Verlauf des Anlaufs des Quarzes nimmt die Amplitude der Schwingungen zu, bis sie ihre stationäre Amplitude erreicht. Die MHz-ECO-Konfigurationsfirmware kann abhängig von den Projekteinstellungen die Ausführung des Anlaufcodes stoppen; siehe Abschn. 3.5 für weitere Details. Bei der Beobachtung von Oszillatoreingangs- oder -ausgangswellenformen sollte eine hochohmige Sonde oder ein Buffer wie ein „OpAmp-Follower" verwendet werden. Andernfalls belastet die Sonde den Oszillator und das veränderte ECO-Verhalten führt dazu, dass er nicht mehr schwingt.

---

[19] Ein typisches Paar unsymmetrischer Werte für einen Quarz mit 12,5 pF und 32,768 sind $C_{in} = CL1 = 15$ pF und $Cout = CL2 = 47$ pF.
[20] Der Stromverbrauch von ECO kann weiter reduziert werden, indem unbalancierte Pi-Netzwerkkondensatoren verwendet werden.

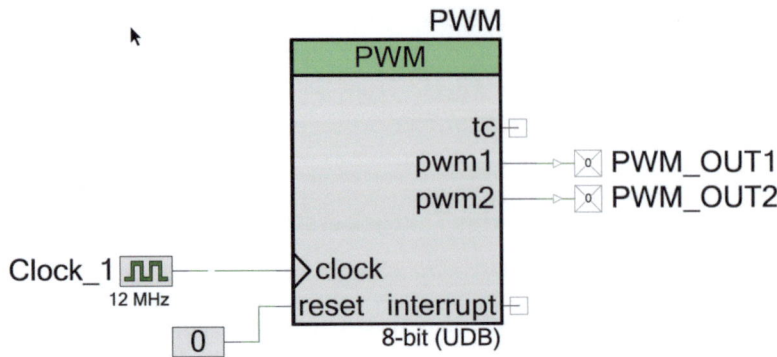

Abb. 13.13 Anlaufverhalten des 32-kHz-ECO

13.10.3 Anlaufverhalten des 32-kHz-ECO

Verwendung eines externen Taktsignals an den ECO-Pins. Wenn der MHz- oder kHz-ECO nicht verwendet wird, kann ein externes Taktsignal über die kHz- oder MHz-Quarzeingangspins auf die ECO-Taktnetze geleitet werden. Dies ermöglicht die Verwendung dieser Taktnetze anstelle des üblichen DSI-Taktnetzes im Taktbaum. Externe Taktgeber können über die kHz- und MHz-XtalIn-Pins in das Bauteil geleitet werden. Die XtalOut-Pins sollten freischweben dürfen. Idealerweise sollten die externen Signale „Rail-to-Rail-Sinuswellen" oder „Rail-to-Rail-Sinus-Rechteckwellen" sein. Wenn die Amplitude der Signale zu niedrig ist, werden sie möglicherweise nicht richtig in digitale Signale umgewandelt. Diese Signale müssen innerhalb der Frequenzbewertungen der ECOs liegen, entweder bei 32,768 kHz oder 4–25 MHz. Es ist keine zusätzliche Firmware erforderlich. Richten Sie den Oszillator einfach wie einen Quarz ein, und zwar im Abschnitt „Clocks" der „Design Wide Resources" in PSoC Creator. Externe Taktgeber können auch über die GPIOs in das Bauteil geleitet werden.

13.11 Verwendung von Taktressourcen in PSoC Creator

Nachdem ein externer Oszillator konfiguriert wurde, wird er in PSoC Creator zu einer einfachen Taktgeberkomponente abstrahiert. Mehrere Taktgeberkomponenten können in das Schaltplan integriert und mit verschiedenen Komponenten oder Logiken verbunden werden. die Abb. 13.14 zeigt einen Taktgeber, der mit einem PWM verbunden ist.

13.12 Empfohlene Übungen

13-1 Ein negativer Rückkopplungsoszillator hat die folgende Übertragungsfunktion der Schleifenverstärkung:

$$H(s) = \frac{A}{s^3 + as^2 + bs + 1}, \qquad (13.13)$$

wobei a und b durch den Wert bestimmter Schaltungskomponenten definiert sind und A die Gleichstromverstärkung ist. Nehmen Sie an, dass a, b und A bekannt sind. Leiten Sie Ausdrücke für f in rad/sec und den minimalen Wert von A ab, der erforderlich ist, um die Schwingung aufrechtzuerhalten.

13-2 Fünf digitale Inverter sind in Reihe geschaltet und der Ausgang des letzten Inverters in der Kette ist mit dem Eingang des ersten Inverters verbunden. Schwingt diese Schaltung? Was passiert, wenn ein zusätzlicher Inverter hinzugefügt wird? Leiten Sie einen Ausdruck für die Frequenz der Schwingung ab und formulieren Sie eine Regel, die besagt, welche Kombinationen von Invertern schwingen und welche nicht, in Abhängigkeit von der Anzahl der verwendeten Inverter.

13-3 Erklären Sie das in der nachstehend gezeigten Abbildung gezeigte Verhalten eines Oszillators nach Beginn der Schwingung als Funktion von A. Welches Verhalten würden Sie erwarten, wenn die Stromzufuhr zum Schaltkreis gegen 0 geht?

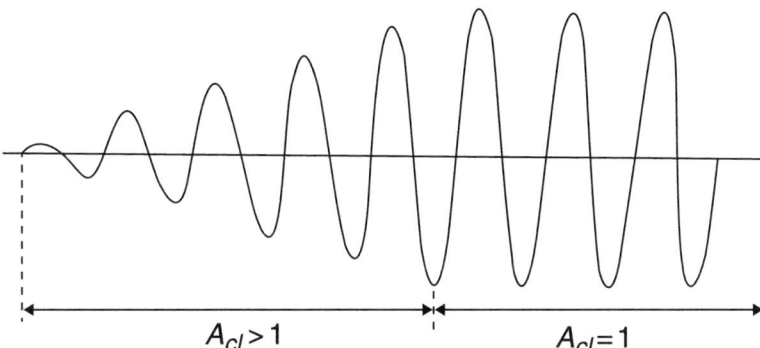

13-4 Ein Pierce-Oszillator kann aus einem FET-basierten Colpitts-Oszillator erzeugt werden, indem der Colpitts-Induktor durch einen Quarz ersetzt wird. Vergleichen Sie die Leistung der beiden Oszillatoren.

13-5 Betrachten Sie einen Pierce-Oszillator, der bei einer Umgebungstemperatur von 30 °C arbeitet und dessen einzige Temperaturabhängigkeit auf die äquivalente Reihenkapazität der Ersatzschaltung des Quarzes zurückzuführen ist. Nehmen Sie an, dass die Temperaturstabilität des Quarzes 3,750 ppm/°C beträgt, und berechnen Sie die prozentuale Abweichung der Frequenz des Oszillators, wenn die Umgebungstemperatur um +/− 13,6 °C variiert. Bestimmen Sie die prozentuale Abweichung der Oszillatorfrequenz, wenn sich die Umgebungstemperatur von 25 auf 15 °C ändert.

13-6 Entwerfen Sie einen FET-basierten CMOS Pierce-Oszillator unter den folgenden Annahmen: $R_s = 83\ \Omega$, $C_0 = 2{,}74\ pF$, $C_1 = 12{,}7\ pF$ und $Q = 96.000$ für den Quarz und $K_n = 100\ \mu A/V^2$; $K_n = 100\ \mu A/V^2$; $|V_{Tn}| = 1\ V$; $C_{iss} = 50\ pF$ bei $V_{GS} = 0\ V$ und $C_{rss} = 5\ pF$ bei $V_{GS} = 0\ V$ für die MOS-Werte.

13-7 Der nachfolgend gezeigte ideale Verstärker hat eine unendliche Verstärkung und einen Verstärkung von A_v. Ermitteln Sie die Frequenz dieses linearen Oszillators.

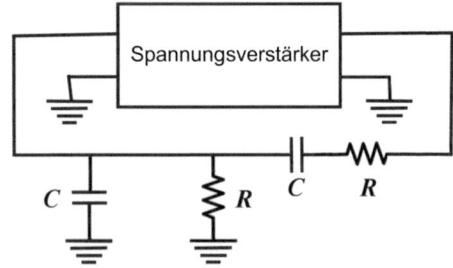

13-8 Ein bestimmter Quarzkristall kann als eine in Reihe geschaltete $R_sL_sC_s$-Schaltung modelliert werden, die parallel zu einem zweiten Kondensator C_p geschaltet ist. Bestimmen Sie unter der Annahme, dass $R_s = 4{,}7\ \Omega$, $L_s = 2{,}768\ mH$, $C_s = 0{,}09965\ pF$ und $C_p = 29{,}38\ pF$, die Reihenresonanzfrequenz, die Parallelresonanzfrequenz und Q.

13-9 Eine kapazitive Last C_L wird zu einem Quarz hinzugefügt, die die Resonanzfrequenz um den Betrag δf ändert. Die Werte für C_0, C_1 und C_L betragen jeweils 5 pF, 14 fF und 20 pF. Wenn C_L um 10 fF zunimmt oder abnimmt, wie ändert sich dann die Frequenz? Wenn die Alterung von C_L 2×10^{-9} pro Tag beträgt, wie hoch ist dann δf pro Tag?

Hinweis

$$\frac{\Delta f}{f_{\text{oscillator}}} \approx \frac{\Delta f}{f_{\text{resonator}}} + \frac{1}{2Q_L}\left[1 + \left(\frac{2f_fQ_L}{f}\right)^2\right]^{-1/2} d\varphi(f_f), \qquad (13.14)$$

wobei Q_L das belastete Q des Resonators und $d\phi(f_f)$ eine kleine Änderung der Schleifenphase bei einer Offsetfrequenz f_f von der Trägerfrequenz f sind. Eine Erhöhung von Q_L kann zu einer Reduktion des Rauschens führen.[21]

13-10 Leiten Sie den folgenden Ausdruck her:

$$\delta f \equiv \frac{\Delta f}{f} \cong \frac{C_1}{2(C_0 + C_L)}. \tag{13.15}$$

Erklären Sie die relative Auswirkung und daher

$$\frac{\Delta(\delta f)}{\Delta C_L} \cong -\frac{C_1}{2(C_0 + C_L)^2}, \tag{13.16}$$

wobei

13-10 Leiten Sie den folgenden Ausdruck für einen Oszillator her, der abgestimmten Schaltkreis mit Filtern und Anpassungsschaltungen zur Minimierung unerwünschter Schwingungsmoden enthält, wobei BW die Bandbreite des Filters, f_f die Frequenzverschiebung der Mittenfrequenz des Filters sind. Q_L ist das belastete Q des Resonators und Q_C und L_C sind das abgestimmte Q, die Induktivität und die Kapazität des Kreislaufs [10]:

$$\frac{\Delta f}{f_{\text{oscillator}}} \approx \frac{d\varphi(f_f)}{2Q_L} \approx \left(\frac{1}{1+\frac{2f_f}{BW}}\right)\left(\frac{Q_C}{Q}\right)\left(\frac{dC_C}{C_C}+\frac{dL_C}{L_C}\right). \tag{13.17}$$

Literatur

1. W.G. Cady, *Piezoelectricity*. McGraw-Hill; reprint (1964) (Dover, New York, 1946)
2. M. Frerking, *Crystal Oscillator Design and Temperature Compensation* (Springer, Berlin, 1978)
3. D.B. Leeson, A simple model of feedback oscillator noise spectrum. Proc. IEEE **54**(2), 329–330 (1966)
4. S. Lee, M.U. Demirci, C.T.-C. Nguyen, A 10-MHz micromechanical resonator Pierce reference oscillator for communications, in *Digest of Technical Papers, the 11th International Conference on Solid-State Sensors & Actuators (Transducers'01)*, Munich, June 10–14 (2001), S. 1094–1097
5. R.J. Matthys, *Crystal Oscillator Circuits* (revised ed.) (Krieger Publishing, Malabar, 1992)

---

[21] Kurzzeitige Instabilitäten des Resonators können bei Offsetfrequenzen auftreten, die kleiner als die halbe Bandbreite des Resonators sind.

6. Oscillator Design Considerations. AN0016.0, Rev 1.30. Silicon Labs. http://www.silabs.com
7. G.W. Pierce, Electrical System, US patent 2,133,642, filed Feb. 25, 1924, issued Oct. 18 (1938)
8. W. Sansen, Design of crystal oscillators, in *Analog Design Essentials. The International Series in Engineering and Computer Science*, vol. 859 (Springer, Boston, 2006)
9. J.R. Vig, Quartz crystal resonators and oscillators. J. Vig. IEEE.org. Rev. 8.5.3.9. (2008)
10. J.R. Vig, et al., Acceleration, vibration, and shock effects-guidelines for the measurement of environmental sensitivities of precision oscillators, IEEE Standards Project P1193, in *Proceedings of the 1992 IEEE Frequency Control Symposium* (IEEE, Piscataway, 1992), S. 763–791
11. E.A. Vittoz, M.G.R. Degrauwe, S. Bitz, High-performance crystal oscillator circuits: theory and application. IEEE J. Solid State Circuits **23**(3) (1988)

PSoC 3/5LP-Designbeispiele 14

Zusammenfassung

Dieses Kapitel enthält mehrere anschauliche Beispiele für Designs, die häufig in eingebetteten Systemen anzutreffen sind, die PSoC verwenden:

- Spitzenwertdetektion basierend auf einer Abtast-Halte-Technik,
- Vollwellengleichrichtung,
- Analog-digital-Umwandlung,
- Wellenformgenerierung und
- Signalmodulation/-demodulation.

14.1 Spitzenwerterkennung

Ein Spitzenwertdetektor erkennt die Spitzenwerte einer Eingangswellenform und erzeugt eine Ausgabe basierend auf den erkannten Spitzenwerten. Die Ausgabe des Spitzenwertdetektors hängt von der Art des verwendeten Spitzenwertdetektors ab. Einige Spitzenwertdetektoren erzeugen eine digitale Ausgabe, die Informationen darüber enthält, wann positive und negative Spitzenwerte einer Wellenform auftreten. In diesem Fall kann die digitale Information auch verwendet werden, um die Richtung der Steigung der Eingangswellenform zu bestimmen. Andere Spitzenwertdetektoren erzeugen eine analoge Ausgabe mit einer Größe, die gleich dem zuletzt erkannten Spitzenwert oder dem maximalen beobachteten Spitzenwert ist. Das genaue Erkennen der Spitzenwerte in einer Eingangswellenform kann in einer Vielzahl von verschiedenen Anwendungen nützlich sein.

Eine Methode zum Aufbau eines Spitzenwertdetektors verwendet einen Komparator und einen Abwärtsmischer als Abtast- und -Halteschaltung [5]. Wenn die Steigung des

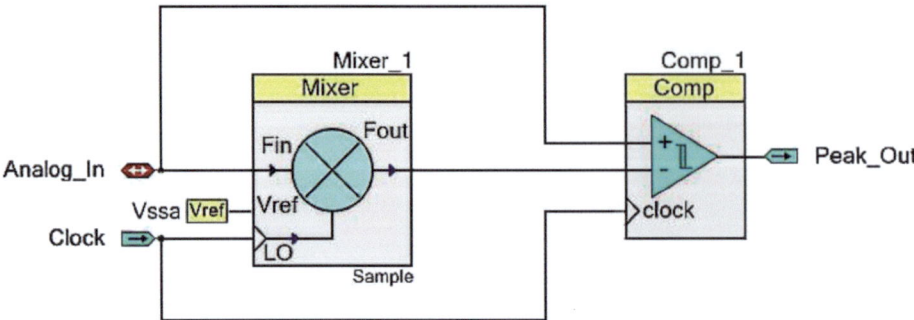

Abb. 14.1 PSoC Creator-Schaltplan für einen Spitzenwertdetektor mit Abtasten und Halten

Eingangs positiv ist, ist die Ausgabe des Spitzenwertdetektors high, und wenn die Steigung des Eingangs negativ ist, ist die Ausgabe des Spitzenwertdetektors niedrig. Positive Spitzenwerte werden durch eine fallende Flanke am Ausgang dargestellt, und negative Spitzenwerte werden durch eine steigende Flanke dargestellt.

Ein Abwärtsmischer wird als Abtast- und -Halteschaltung verwendet, die das Eingangssignal verzögert, das zur Zeit t_1 abgetastet wurde, und es dann mit dem Eingangssignal zur Zeit t_2 vergleicht. Die Ausgabe des Abtastens und Haltens wird bei der fallenden Flanke des Abtasttakts (LO) gehalten. Der Komparator wird bei der steigenden Flanke des Abtasttakts getaktet, um sicherzustellen, dass das abgetastete Signal stabil ist und angemessen von dem Eingangssignal verzögert wird. In den Komparator sind etwa 10 mV Hysterese eingebaut. Dies hilft sicherzustellen, dass sich langsam bewegende Spannungen oder leicht verrauschte Spannungen keine Oszillation am Ausgang des Komparators verursachen. Es wird empfohlen, die Hysterese im Komparator für die meisten Eingangssignale zu aktivieren, um falsche Spitzenwerterkennungen zu reduzieren. Abbildung 14.1 zeigt ein PSoC Creator-Schaltplan einer solchen Schaltung.

Wenn die Steigung der Eingangswellenform positiv ist, ist die Ausgabe des Abtastens und Haltens kleiner als die Eingangswellenform bei jeder steigenden Flanke des Komparatortakts, so dass die Ausgabe des Komparators high ist. Wenn die Steigung der Eingangswellenform negativ ist, ist die Ausgabe des Abtastens und Haltens größer als die Eingangswellenform bei jeder steigenden Flanke des Komparatortakts, so dass die Ausgabe des Komparators low ist (Abb. 14.2, 14.3, 14.4, 14.5 und 14.6).

14.2 Entprelltechniken

Eingebettete Systeme werden oft in Verbindung mit verschiedenen Schalttechniken für analoge und digitale Schaltungen eingesetzt. Solche Schaltkreise, die mechanisches Schalten beinhalten, führen oft – vielleicht eine rein unbeabsichtigte Folge – zu Transienten, die dadurch entstehen, dass mechanische Schaltkontakte in ein Phänomen

14.2 Entprelltechniken

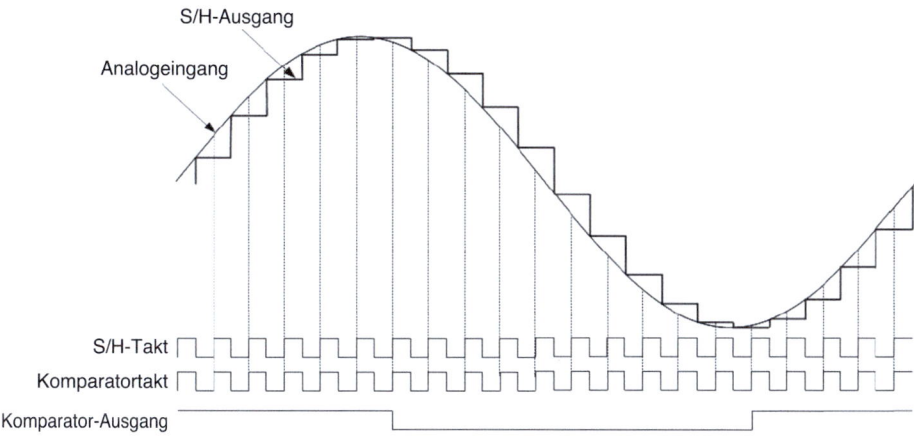

Abb. 14.2 Spitzenwerterkennungswellenform des Abtastens und Haltens

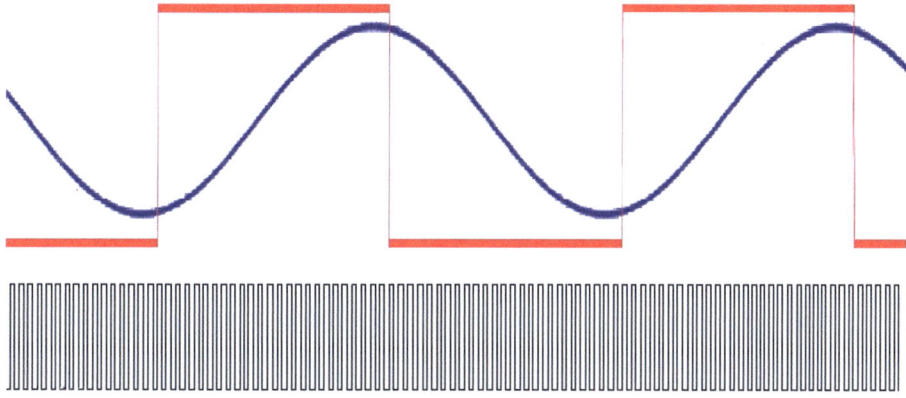

Abb. 14.3 Richtige Taktwahl

verwickelt werden, das als „Prellen" bekannt ist. Ein Beispiel dafür ist in Abb. 14.7 gezeigt. Im Falle von analogen Schaltungen können diese Transienten aufgrund von Schaltungskapazität, kurzer Dauer der Transienten usw. von relativ geringer Bedeutung sein. Diese gleichen Transienten können jedoch in digitalen Schaltungen recht problematisch sein und ernsthafte Integritätsverluste verursachen. In einigen Fällen ist es möglich, ein einfaches RC-Filter zu verwenden, um die gedämpfte Schwingung von prellenden Schaltkontakten herauszufiltern. In digitalen Schaltungen ist diese Methode möglicherweise nicht wirksam, in welchem Fall die Transienten zu Datenintegritätsverlusten oder anderen Störungen führen können.

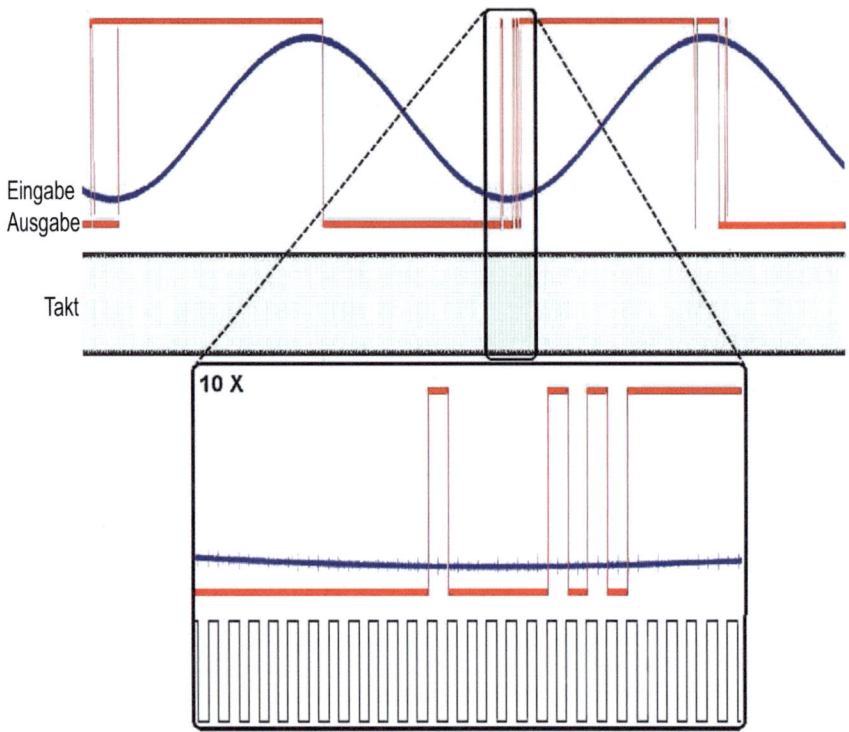

Abb. 14.4 Ergebnisse einer zu schnellen Taktfrequenz

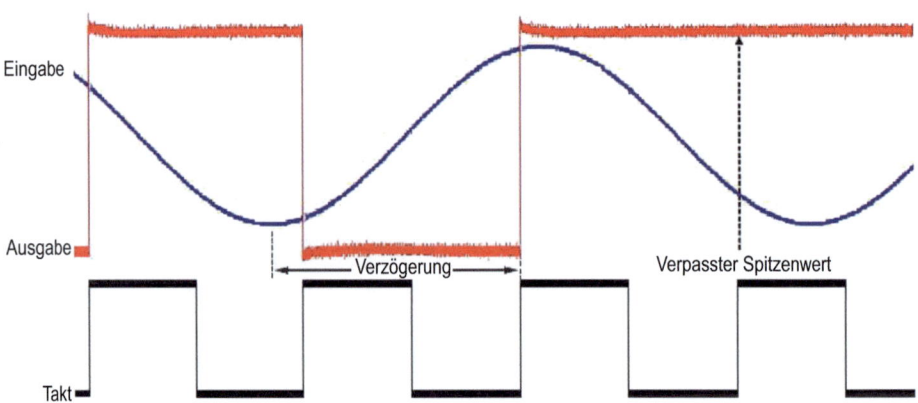

Abb. 14.5 Ergebnisse einer zu langsamen Taktfrequenz

14.3 Abtasten und Schalterentprellung

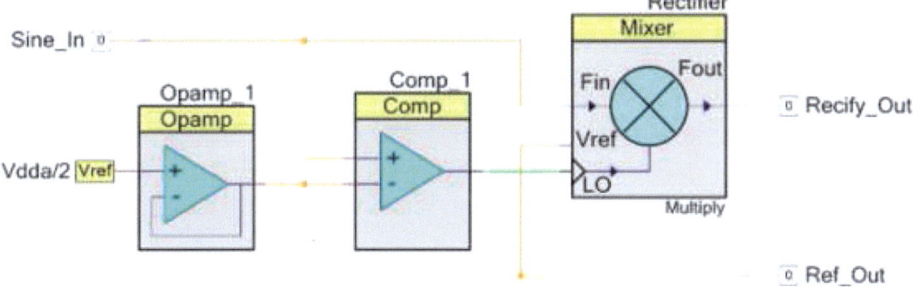

Abb. 14.6 Vollwellengleichrichter

Abb. 14.7 Übergang des Schalterprellens von high zu low

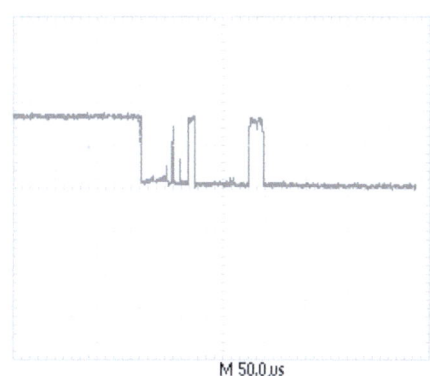

Glücklicherweise bietet PSoC Creator eine sehr nützliche Komponente, wie in Abb. 14.8 gezeigt, bekannt als der „Entpreller" [1]. Diese Komponente kann als Hardwarelösung verwendet werden, da es nicht notwendig ist, Code zu schreiben, um die Entprellfunktion durchzuführen.[1]

14.3 Abtasten und Schalterentprellung

Mit PSoC 3/5LP ist es möglich, prellende Schaltkontakte in Software oder Hardware zu behandeln, wie die folgenden Beispiele zeigen. Während es eine Reihe von Techniken zum Entprellen von Schaltern gibt, erfordert jede von ihnen eine Art von Abtastung des Zustands eines Eingangspins, in einem periodischen Rhythmus. Die Abtastperiode wird

---

[1] Es ist auch möglich, eine Softwaremethode des Entprellens zu verwenden, wie in Abschn. 14.3.1 gezeigt.

Abb. 14.8 Das Entprellmodul von PSoC Creator

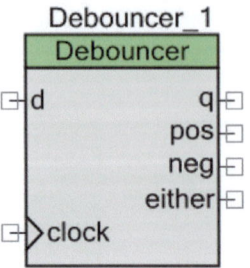

so gewählt, dass sie größer ist als die erwartete Übergangszeit des Signals, d. h. die Zeit, die das Signal benötigt, um sich im neuen Zustand zu stabilisieren, wenn der Schalter geöffnet oder geschlossen wird. Während der Übergangszeit ist der Zustand des Signals im Wesentlichen unbekannt, d. h., zu jedem Zeitpunkt könnte es entweder 0 oder 1 sein. Das Abtasten sollte nicht mehr als einmal während dieser Periode erfolgen, um zusätzliche Übergänge zu vermeiden, und die maximale Abtastrate ist das Inverse der maximalen Übergangszeit. Es kann notwendig sein, sowohl die Übergangszeiten von low zu high als auch von high zu low zu überprüfen.

In der Praxis sollte die Abtastrate viel niedriger als die erwartete Übergangszeit eingestellt werden, aber schnell genug, damit das System reagiert, wenn der Schalter geöffnet oder geschlossen wird. Eine Rate von 10 bis 200 Abtastwerten pro Sekunde ist in der Regel angemessen.

14.3.1 Entprellen von Schaltern mit Software

Die einfachste Möglichkeit, einen Schalter abzutasten, besteht darin, den Eingangspin abzufragen, d. h., die CPU so zu programmieren, dass sie den Eingangswert des Pins in regelmäßigen Zeitabständen liest. Wie unten gezeigt, wird der Pin in einem Intervall abgetastet, das durch die *CyDelay()*-Funktion von PSoC Creator gesteuert wird. Der einfachste Weg, einen Übergang am Eingang zu erkennen, besteht darin, zwei Variablen für aktuelle und vorherige Werte des Pins zu verwenden und sie auf Übergangsereignisse zu vergleichen. Dieses Beispiel überwacht einen Pin, in Bit 0 jedes Elements des „switches-Arrays". Die Array-Elemente werden in ihrer Gesamtheit überwacht, mit der Annahme, dass die Bits 1 bis 7 immer 0 sind. Wenn mehrere Pins überwacht werden sollen, dann sollte entweder ein separates Paar von Variablen für jeden Pin verwendet werden, oder ein Paar von Variablen sollte verwendet werden, mit 1 bit für jeden definierten Pin. Darüber hinaus gibt es für jede Methode Abwägungen in Bezug auf Codegröße, Ausführungsgeschwindigkeit und RAM-Speichernutzung. Mit PSoC 3/5LP ist es möglich, einen Pin gleichzeitig in Software und Hardware zu überwachen.

14.3 Abtasten und Schalterentprellung

```c
uint8 count; /* # der Übergänge des Eingangspins 'SW' */


CY_ISR(SwInt_ISR)
{
SwReset_Write(1); /* Unterbrechungsquelle löschen */
count++;
} /* Ende von SwInt_ISR() */


void main()
{
uint8 temp; /* lokale Kopie der count Variable */


/* Initialisierungscode */
. . .

for(;;) /* tue für immer */
{
/* Wähle eine Kopie der geteilten count Variable aus und zeige sie an.
 * Dies stellt sicher, dass der Interrupt-Handler die
 * count Variable nicht ändert, während sie angezeigt wird.
 */
CYGlobalIntDisable; /* Makro */
temp = count;
CYGlobalIntEnable; /* Makro */
LCD_Position(0, 14); /* Zeile, Spalte */
LCD_PrintHexUint8(temp);
}
} /* Ende von main() */


void main()
{
/* Initialisierungscode */

. . .


/* Init Schaltervariablen */
uint8 switches[2] = {0, 0}; /* [0] = aktuell, [1] = vorherig */
switches[0] = switches[1] = SW_Read(); /* 0 = gedrückt, 1 = nicht
gedrückt */
```

```c
/* Init Anzeige */
LCD_Start();
LCD_Position(0, 0); /* Zeile, Spalte */
LCD_PrintString("Raw Count = ");
LCD_Position(1, 0); /* Zeile, Spalte */
LCD_PrintString("Filt. Count = ");


for(;;) /* tue für immer */
{
/* Platzieren Sie hier Ihren Anwendungscode. */
/* Nehmen Sie eine Kopie der geteilten Zählvariable und zeigen Sie die Kopie an.
* Dies geschieht, damit der Interrupt-Handler die Zählvariable nicht ändert,
* während sie angezeigt wird. */
CyGlobalIntDisable; /* Makro */
temp = count;
CyGlobalIntEnable; /* Makro */
LCD_Position(0, 14); /* Zeile, Spalte */
LCD_PrintHexUint8(temp);


/* Proben Sie periodisch den Eingangspin und zeigen Sie die gefilterte Zählung an */
CyDelay(50); /* msec */


/* Aktualisieren Sie die aktuellen und vorherigen Schalterlesewerte */
switches[1] = switches[0];
switches[0] = SW_Read();


/* Zähler erhöhen, wenn ein Schalter in beide Richtungen wechselt */
if (switches[0] != switches[1])
{
filtered_count++;
}


/* Zeigen Sie den aktuellen Wert in der gefilterten Zählvariable an */
LCD_Position(1, 14); /* Zeile, Spalte */
LCD_PrintHexUint8(filtered_count);
}
} /* Ende von main() */
```

14.3 Abtasten und Schalterentprellung

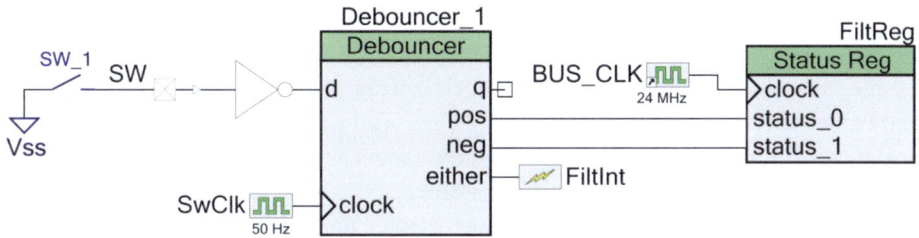

Abb. 14.9 Ein Beispiel für eine Hardwareentprellungsschaltung

14.3.2 Hardwareentprellung

Obwohl das Entprellen effektiv in der Software durchgeführt werden kann, kann die Hardwareentprellung in den meisten Anwendungen genauso effektiv gehandhabt werden und benötigt weniger CPU-Zyklen. Eine einfache Möglichkeit, die Hardwareentprellung mit PSoC zu verwenden, besteht darin, eine Statusregister- und eine Taktkomponente zu verwenden, wie in Abb. 14.9 gezeigt.

Der benötigte Quellcode …

```
uint8 filtered_count; /* # of
    filtered transitions of input
    pin 'SW' */
CY_ISR(FiltInt_ISR){
        /* No need to clear any
            interrupt source;
            interrupt component
            should be
         * configured for
            RISING_EDGE mode.*/
        /* Read the debouncer
            status reg just to
            clear it, no need to
            check its* contents in
            this application.*/
        FiltReg_Read();
            filtered_count++;}
 /* end of FiltInt_ISR() */
```

14.4 PSoC 3/5LP-Amplitudenmodulation/-demodulation

Es gibt mehrere Methoden zur Modulation eines Trägers, z. B. Amplitude, Frequenz [2] und Phasenverschiebung [3].[2] In allen drei Fällen wird ein Träger von einem zweiten Signal moduliert, das die zu übertragenden Informationen trägt, und beide Signale können innerhalb von PSoC erzeugt und gemischt werden.

PSoC 3 und PSoC 5LP können verwendet werden, um ein AM-moduliertes Signal [6] zu erzeugen, indem die Mischerkomponente in dem als „Aufwärtsmischer" bezeichneten Modus verwendet wird. In diesem Modus dient eine Rechteckwelle als Träger und wird mit einem zweiten Signal gemischt, das die zu übertragenden Informationen darstellt. Nachdem die beiden Signale gemischt, d. h. multipliziert wurden, wird der modulierte Träger gefiltert, um Oberschwingungen zu entfernen.

Der Begriff Modulationsindex in Bezug auf den modulierten Träger ist definiert als das Verhältnis des maximalen Peaks des modulierten Signals zum Amplitudenpeak des Trägers. Übermodulation tritt auf, wenn das modulierte Signal größer ist als der Peak der Trägeramplitude, was zu Informationsverlust führt. Die übertragene Information kann durch einen Prozess, der als „kohärente Demodulation" bezeichnet wird, extrahiert werden, bei dem der modulierte Träger mit einem unmodulierten Träger derselben Frequenz, z. B. einer Rechteckwelle derselben Frequenz wie der des Trägers, multipliziert, d. h. gemischt, und dann das Eingangs-AM-Signal durch einen Nulldurchgangsdetektor („zero crossing detector", ZCD) geleitet werden. Die Rechteckwelle und das AM-Signal werden der Mischerkomponente im „Abwärtsmischermodus" zugeführt. Der Ausgang des Mischers wird durch ein Tiefpassfilter („low-pass filter", LPF) gefiltert, um die übertragene Information zu erhalten.

Amplitudenmodulation ist ein bekanntes Phänomen, das in einer Vielzahl von Anwendungen verwendet wird und besteht aus einem Trägersignal, auf das die zu übertragenden Informationen aufgeprägt sind. In vielen Anwendungen treten sowohl der Träger als auch das Modulationssignal bei niedrigen Leistungspegeln auf. Dies ist zufriedenstellend, außer in Fällen, in denen der modulierte Träger über große Entfernungen übertragen werden soll, in denen ein linearer Verstärker erforderlich ist.[3] Im Folgenden wird davon ausgegangen, dass die Modulation/Demodulation innerhalb eines PSoC-Ge-

---

[2] Sowohl Phasen- als auch Frequenzverschiebungsmodulation/-demodulation [2] können mit PSoC 3- oder PSoC 5LP-Komponenten implementiert werden, die keine CPU-Zyklen benötigen, indem PSoC 3 und PSoC 5LP analoge und digitale Blöcke verwendet werden.

[3] Ein linearer Verstärker wird anstelle eines nichtlinearen Verstärkers verwendet, um eine unerwünschte Verzerrung des modulierten Trägers zu vermeiden, die zu Informationsverlust führt. Linear im gegenwärtigen Kontext bedeutet einfach, dass zu jedem Zeitpunkt der Ausgang das Produkt der Größe des Eingangssignals und A ist, welches der Verstärkungsfaktor ist.

14.4 PSoC 3/5LP-Amplitudenmodulation/-demodulation

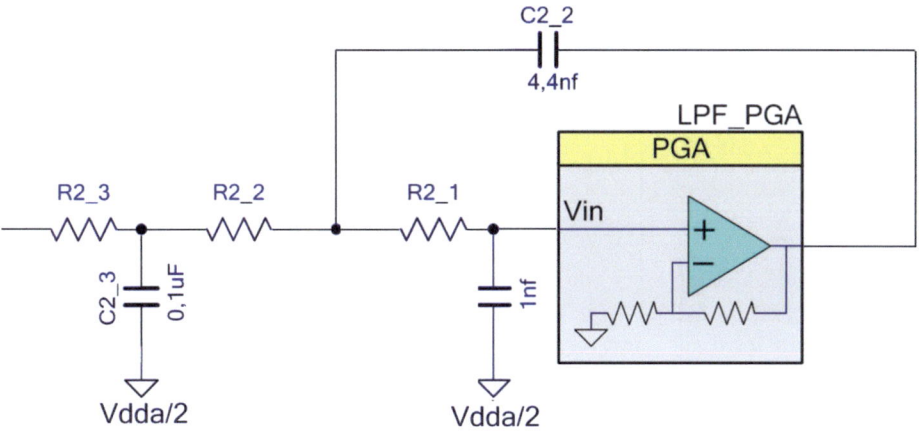

Abb. 14.10 Beispiel für ein Tiefpassfilter (LP)

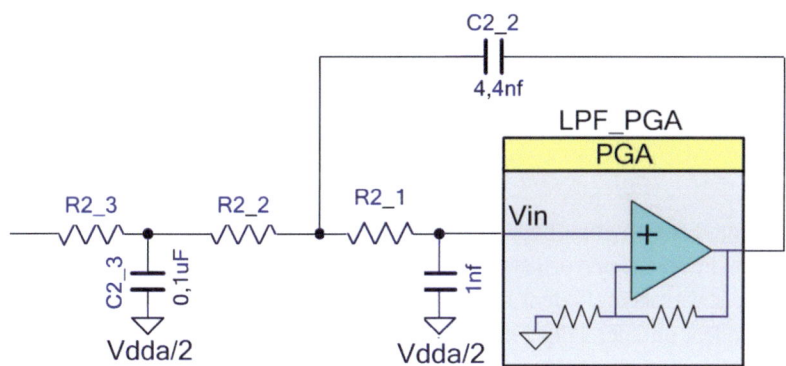

Abb. 14.11 Beispiel für ein Bandpassfilter (BP)

räts stattfindet und daher die Leistungspegel niedrig sein werden (Abb. 14.10, 14.11 und 14.12).[4]

Wenn das modulierende Signal durch

$$m(t) = A_m \cos(2\pi f_m t) \tag{14.1}$$

und das Trägersignal durch

---

[4] Offensichtlich kann, wenn ein höherpegeliges moduliertes Signal für die Übertragung, den Empfang oder beides beteiligt ist, externe Hardware verwendet werden, um die vom PSoC-Gerät verarbeiteten Signale innerhalb seiner akzeptablen Betriebsbereiche zu halten.

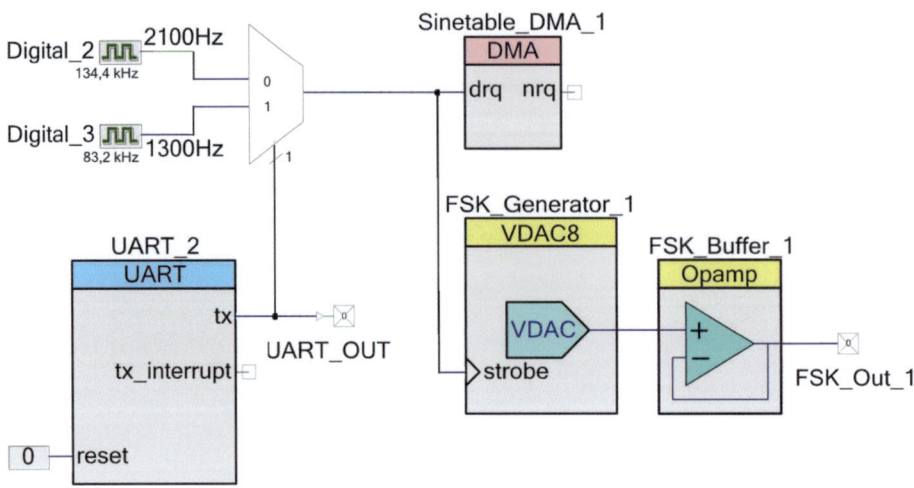

Abb. 14.12 Beispiel für eine Frequenzumtastungs („frequency shift keying", FSK)-Schaltung

$$c(t) = \cos(2\pi f_c t) \tag{14.2}$$

gegeben sind, dann ist, wenn ein konstanter Wert K zu m hinzugefügt wird,

$$AM = (K + m(t)) \times c(t) = K \cos(2\pi f_c t) + A_m \cos(2\pi f_m t) \times \cos(2\pi f_c t). \tag{14.3}$$

Dies zeigt, dass der ursprüngliche Träger und zwei zusätzliche Signale mit jeweils unterschiedlichen Frequenzen vorhanden sein werden, wenn K nicht gleich 0 ist. K wird manchmal als Versatzkoeffizient bezeichnet. Wenn jedoch $K = 0$ ist, dann ist der Träger nicht vorhanden, und der Träger wird als unterdrückt bezeichnet. Dieser Modus wird als Doppelseitenband (Abb. 14.13) bezeichnet.[5]

$$AM = m(t) \times c(t) = A_m \cos(2\pi f_m t) \times \cos(2\pi f_c t) \tag{14.4}$$

14.5 WaveDAC8-Komponente im PSoC Creator

Die Funktionsgenerierung mit dem WaveDAC8 [4] wird einfach durch die Verwendung der WaveDAC8-Komponente erreicht und bietet die folgenden wichtigen Funktionen (Abb. 14.14):

Der WaveDAC8 bietet die folgenden Funktionen:

---

[5] Das Entfernen des Trägers wird oft beim Senden von RF-Signalen durchgeführt, da der Träger keine Informationen trägt, aber einen erheblichen Teil der Sendeleistung darstellen kann. Eines der beiden Seitenbänder kann ebenfalls entfernt werden, da jedes Seitenband, ob oberes oder unteres, die gleiche Nachricht trägt.

14.5 WaveDAC8-Komponente im PSoC ...

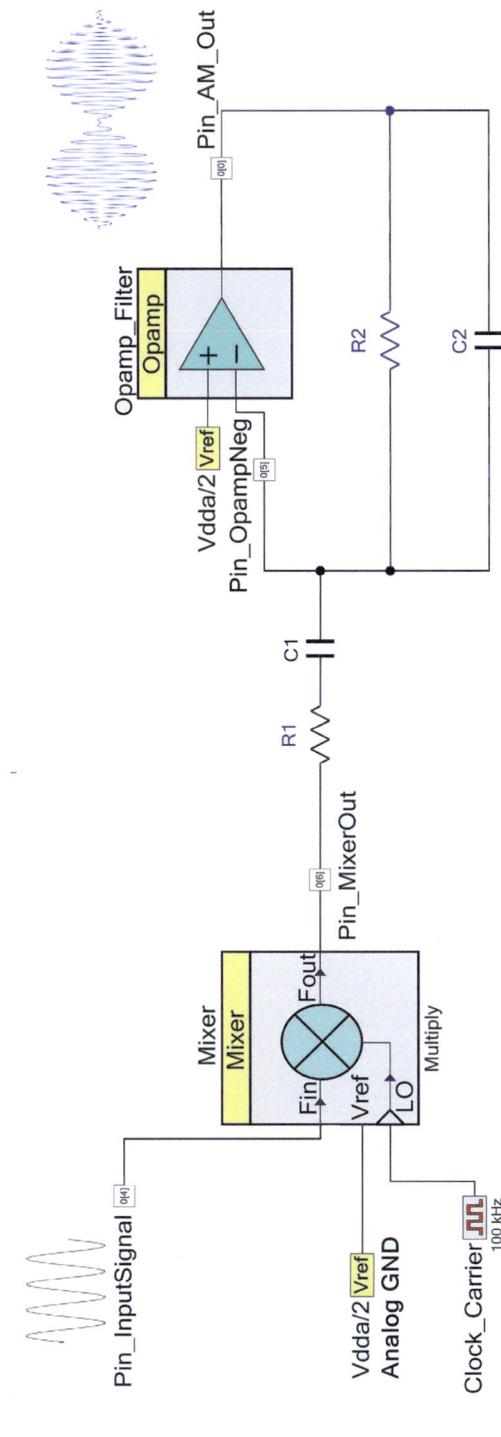

Abb. 14.13 Ein Beispiel für einen AM-Modulator

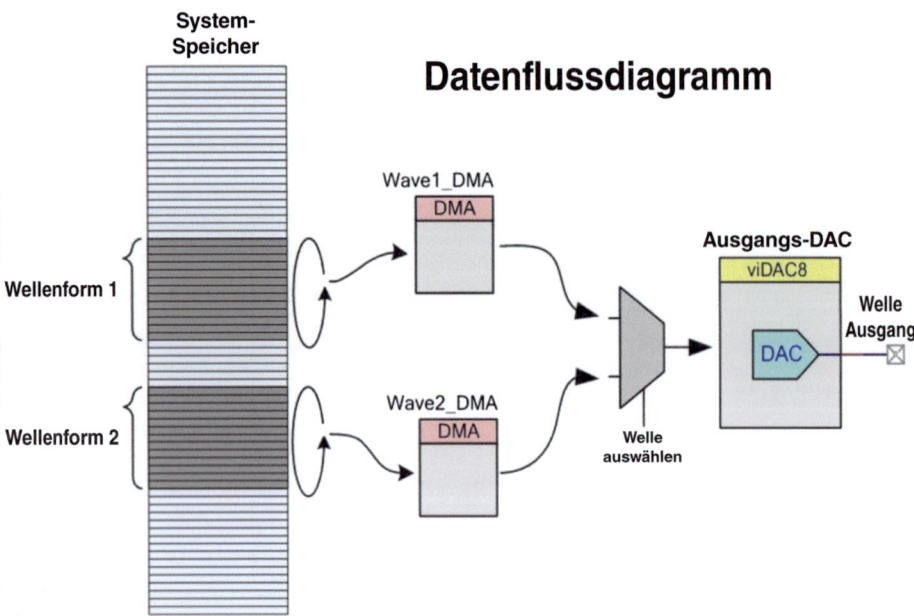

Abb. 14.14 WaveDAC8-Datenflussdiagramm unter Verwendung einer LUT im Systemspeicher

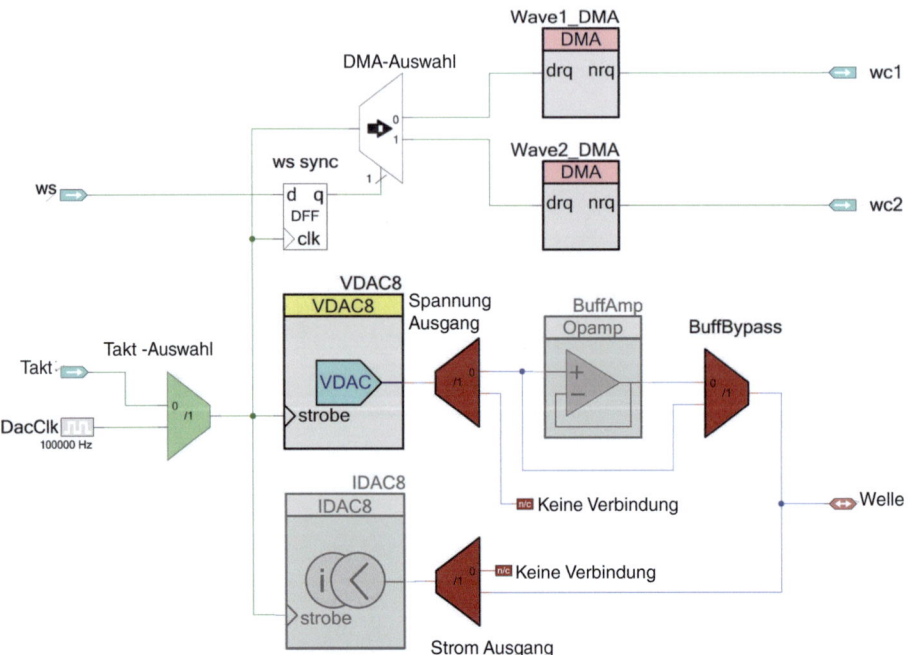

Abb. 14.15 WaveDAC8-Datenflussdiagramm für zwei im Systemspeicher gespeicherte Signale

14.5 WaveDAC8-Komponente im PSoC Creator

- Standard- und beliebige Wellenformgenerierung,
- die Ausgabe kann Spannung, Stromsenke oder Stromquelle sein,
- Hardwareauswahl zwischen zwei Wellenformen,
- ein externer Takteingang kann verwendet werden, um die Ausgangswellenformfrequenz zu ändern,
- Wellenformtabellen können bis zu 4000 Punkte umfassen,
- vordefinierte Sinus-, Dreieck-, Quadrat- und Sägezahnwellenformen sind enthalten,
- ermöglicht das Ändern von Wellenform-Arrays während der Laufzeit,
- eine einzige Zeile C-Code ist erforderlich, um die Wellenformausgabe zu initiieren.

Das Schlüsselelement der PSoC Creator-WaveDAC8-Komponente ist entweder ein Strom- oder Spannungs-DAC, d. h. der IDAC8 oder VDAC8. Zwei DMA-Kanäle werden bereitgestellt, Wave1_DMA und Wave2_DMA, die es ermöglichen, Daten von ihren jeweiligen Standorten im Systemspeicher zu übertragen, wie in Abb. 14.15 gezeigt. Intern enthält der WaveDAC8 einen Spannungs- oder Strom-DAC, zwei Direct-Memory-Access (DMA)-Kanäle, einen optionalen OpAmp-Follower und einen Taktgeber, wenn die Interner-Taktgeber-Option ausgewählt ist. Die Benutzeroberfläche und die API übernehmen die Konfiguration des DAC, DMA und der Wellentabellengenerierung. Es sind keine Kenntnisse über den DAC oder DMA erforderlich, um die Vorteile der WaveDAC8-Komponente zu nutzen.

Die erzeugten Wellenformen werden vom Benutzer und PSoC Creator bestimmt. Wellentyp, Amplitude, Offset, Phase und Anzahl der Abtastwerte sind vom Benutzer definiert, und die Abtastrate ist vom Benutzer definiert, da entweder ein externer oder interner Taktgeber verwendet werden kann.

Unterstützte Wellenformen umfassen:

- Sinuswelle,
- Quadratwelle,
- Sägezahnwelle,
- beliebig (gezeichnet),
- beliebig (tabellengesteuert).[6]

Diese Komponente kann auch zur Modulation und Signalvermischung verwendet werden, indem mehrere WaveDAC8 verwendet werden, wie in Abb. 14.15 dargestellt.

Beliebige Wellenformen, entweder gezeichnet oder tabellengesteuert, werden unterstützt. Eine von zwei Wellenformen kann ausgewählt werden, indem externe Pins an der Komponente aktiviert werden, was es möglich macht, modulierte Ausgangssignale zu erzeugen.

---

[6] Das Datenformat muss Ganzzahlen im Bereich von 0 bis 255 haben, die durch Kommas getrennt sind (CSV).

Die Abtastrate und die Wellenformfrequenz/-periode sind durch

$$waveform_period = \frac{Samples}{SampleRate} \tag{14.5}$$

und

$$waveform_period = \frac{SampleRate}{Samples} \tag{14.6}$$

verbunden. Wenn die Wellenform aus einer Look-up-Tabelle (LUT) erzeugt wird, werden die Daten über DMA vom Flash-Speicher zum DAC übertragen. Der DMA-Kanal des WaveDAC8 wird von der CPU sowie von anderen DMA-Kanälen gemeinsam genutzt. Für die Übertragung jedes Abtastwerts an den DAC sind mindestens 10 Taktzyklen erforderlich. Daher sollte der Takt mindestens 10-mal schneller sein als die Abtastrate. Wenn die Abtastrate größer als 4 Msps ist, sollten die Daten vom Flash-Speicher zum SRAM und dann zum DAC übertragen werden, um Flash-Wartezustände zu vermeiden. Mehrere WaveDAC8 erfordern, dass die Abtastrate mindestens 10–15-mal die Gesamtabtastraten aller WaveDAC8 beträgt.

Der zur Verwendung einer WaveDAC8-Komponente erforderliche Quellcode kann so einfach sein wie:

```
#include <project.h>

int main() {
    WaveDAC8_1_Start();    ; Start WaveDAC8
    for(;;)                 ; Loop forever
```

Die Abtastrate wird gegeben durch:

$$\begin{aligned} Sample\ Rate &= (Output\ Freq)(Number\ Of\ Samples) \\ &= (60)(64) = 3{,}84 \times 10^3 ksps. \end{aligned} \tag{14.7}$$

Der n-te Tabelleneintrag wird gegeben durch:

$$Sine\ Value_n = \left(\sin \left[n \left(\frac{360}{64} \right) \right] \left[Scale\ Factor \right] \right) Zero, \tag{14.8}$$

wobei die Abtastwertnummer von 0 bis 63 reicht, der Skalierungsfaktor 127 ist und Zero der Wert ist, für den der DAC eine Nullausgabe erzeugt, d. h. 127.

Die maximale Ausgangsfrequenz, die mit dem 8-bit-DAC erreicht werden kann, kann berechnet werden als:

$$Maximum\ Frequency = \frac{Maximum\ Sample\ Rate}{Number\ of\ Samples}. \tag{14.9}$$

Durch Hinzufügen eines RC-Filters zum Ausgang wird eine glattere Sinuswelle erzeugt. Der Filter sollte eine Eckfrequenz („corner frequency", fc) oberhalb der Grund-

14.5 WaveDAC8-Komponente im PSoC ...

Funktion	Beschreibung
void WaveDAC8_Start(void)	Startet die DAC- und DMA-Kanäle.
void WaveDAC8_Stop(void)	Deaktiviert DAC- und DMA-Kanäle.
void WaveDAC8_Init(void)	Initialisiert oder stellt die Komponente gemäß den Einstellungen im Dialogfeld Konfigurieren des Customizers wieder her.
void WaveDAC8_Enable(void)	Aktiviert die Hardware und startet den Betrieb der Komponente.
void WaveDAC8_Wave1Setup(uint8 * wavePtr, uint16 sampleSize)	Legt das Array und die Größe des Arrays fest, das für die Wellenformerzeugung für Wellenform 1 verwendet wird.
void WaveDAC8_Wave2Setup(uint8 * wavePtr, uint16 sampleSize)	Legt das Array und die Größe des Arrays fest, das für die Wellenformerzeugung für Wellenform 2 verwendet wird.
void WaveDAC8_StartEx(uint8 * wavePtr1, uint16 sampleSize1, uint8 * wavePtr2, uint16 sampleSize2)	Legt die Arrays und Größen der Arrays fest, die für die Wellenformerzeugung für beide Wellenformen verwendet werden, und startet die DAC- und DMA-Kanäle.
void WaveDAC8_SetSpeed(uint8 speed)	Einstellung der Betriebsart / Geschwindigkeit des DAC.
void WaveDAC8_SetRange(uint8 range)	Strom- oder Spannungsbereich einstellen.
void WaveDAC8_SetValue(uint8 value)	8-Bit-DAC-Wert einstellen.
void WaveDAC8_DacTrim(void)	Legt den Trimmwert für den angegebenen Bereich fest.
void WaveDAC8_Sleep(void)	Stoppt und speichert die Benutzerkonfiguration.
void WaveDAC8_Wakeup(void)	Stellt die Benutzerkonfiguration wieder her und aktiviert sie.
void WaveDAC8_SaveConfig(void)	Diese Funktion speichert die Konfiguration der Komponente. Diese Funktion speichert auch die aktuellen Parameterwerte der Komponente, wie sie im Configure-Dialog definiert oder durch entsprechende APIs geändert wurden. Diese Funktion wird von der Funktion WaveDAC8_Sleep() aufgerufen.
void WaveDAC8_RestoreConfig(void)	Diese Funktion stellt die Konfiguration der Komponente wieder her. Diese Funktion stellt auch die Werte der Komponentenparameter wieder her, wie sie vor dem Aufruf der Funktion WaveDAC8_Sleep() waren.

Abb. 14.16 Von WaveDAC8 unterstützte Funktionsaufrufe

frequenz und unterhalb der Abtastrate haben; z. B. für eine Grundfrequenz von 60 Hz ist die Abtastrate 120 Hz. Wenn die Eckfrequenz 80 Hz beträgt, könnte ein geeigneter RC-Tiefpassfilter aus einem 2-kΩ-Widerstand und einem 1-μF-Kondensator bestehen (Abb. 14.16).

Als Beispiel betrachten wir eine 64 Einträge umfassende Look-up-Tabelle (LUT), die dazu ausgelegt ist, einen WaveDAC8 anzusteuern, um eine 60-Hz-Sinuswelle zu erzeugen. Der n-te Tabelleneintrag wird gegeben durch:

Listing 14.1 Die Werte für die Sinuswelle in diesem Fall sind im CSV-Format ausgedrückt als:

```
const char SineTable64[] = {
127, 139, 152, 164, 176, 187, 198, 208,
    217, 225,
233, 239, 244, 249, 252, 253, 254, 253,
    252, 249,
244, 239, 233, 225, 217, 208, 198, 187,
    176, 164,
152, 139, 127, 115, 102, 90, 78, 67, 56,
    46, 37,
29, 21, 15, 10, 5, 2, 1, 0, 1, 2, 5, 10,
    15, 21,
29, 37, 46, 56, 67, 78, 90, 102, 115};
//64 samples stored in ROM
```

Literatur

1. M. Ainsworth, Switch Debouncer and Glitch Filter with PSoC 3, PSoC 4, and PSoC 5LP. AN60024. Document No. 001-60024Rev.*P1. Cypress Semiconductor (2017)
2. T. Dust, PSoC®3 and PSoC 5LP: Low-Frequency FSK Modulation and Demodulation. Document No. 001-60594Rev.*J1. AN60594. Cypress Semiconductor (2017)
3. R. Fosler, Srinivas NVNS. PSoC 3 and PSoC 5LP Phase-Shift Full-Bridge Modulation and Control. Document No. 001-76439 Rev. *A1. AN76439. Cypress Semiconductor (2017)
4. M. Hastings, PSoC®3/PSoC 5LP Easy Waveform Generation with the WaveDAC8 Component. AN69133. Cypress Semiconductor (2017)
5. D. Sweet, Peak Detection with PSoC®3 and PSoC 5LP. Document No. 001-60321Rev.*I1. AN60321. Cypress Semiconductor (2017)
6. P. Vibhute, AM Modulation and Demodulation. Document No. 001-62582Rev.*F2. Cypress Semiconductor (2017)

PSoC Creator-Funktionsaufrufe 15

Zusammenfassung

PSoC Creator unterstützt eine breite Palette von Komponenten, die ein Entwickler bei der Entwicklung von eingebetteten „Mixed-Signal-Systemen" verwenden kann. Jede Komponente wird durch Funktionsaufrufe unterstützt, die es dem Entwickler ermöglichen, die Funktionalität des zugrunde liegenden Blocks zu steuern. In diesem Kapitel werden die Funktionsaufrufe im Hinblick auf die spezifischen Funktionen detailliert beschrieben, die von jeder PSoC Creator-Komponente unterstützt werden. Die Leser werden ermutigt, die in PSoC Creator als PDF-Dateien enthaltenen Datenblätter von Cypress Semiconductor zu verwenden, um die spezifischen Details zur Implementierung jeder Komponente zu erlernen. PSoC 3 und PSoC 5LP besitzen eine Reihe von Komponenten, die beiden gemeinsam sind. Es gibt jedoch einige Unterschiede in dem Gefolge von Komponenten, die für jeden bereitgestellt werden. Zum Beispiel ist der Delta-Sigma-analog-digital-Wandler in PSoC 3 zu finden, und nicht in PSoC, der stattdessen ein „successive approximation register" (SAR) und ein sequenzielles SAR bereitstellt. Letzteres kann verwendet werden, wenn mehrere Quellen abgetastet werden.

Dieses Kapitel beginnt mit PSoC Creator-Komponenten, die einzigartig für PSoC 3 sind, und behandelt dann diejenigen, die sowohl PSoC 3 als auch PSoC 5LP gemeinsam sind. Die Abschn. 15.1 bis 15.16.2 beschreiben die von PSoC Creator für PSoC 3 unterstützten Komponenten und ihre jeweiligen Funktionen/Funktionsaufrufe. Ebenso beschreiben die Abschn. 15.17 bis 15.127.1 Komponenten, die sowohl PSoC 3 als auch PSoC 5LP gemeinsam sind, und ihre jeweiligen Funktionen/Funktionsaufrufe.

15.1 Delta-Sigma Analog to Digital Converter 3.30 (ADC_ DelSig)

PSoC 3-Familie von Geräten – diese Komponente bietet ein stromsparendes, geräuscharmes Frontend für Präzisionsmessungen, die 16-bit-Audio mit hoher Geschwindigkeit und niedriger Auflösung für die Kommunikationsverarbeitung erzeugt; hochpräzise 20-bit-Niedriggeschwindigkeitsumwandlungen für Sensoren wie Dehnungsmessstreifen, Thermoelemente und andere hochpräzise Sensoren. Der ADC_DelSig wird im kontinuierlichen Betriebsmodus verwendet, wenn er zur Verarbeitung von Audioinformationen verwendet wird. Bei der Abtastung mehrerer Sensoren wird der ADC_DelSig in einem der Mehrfachabtastmodi verwendet. Einzelpunkt-Hochauflösungsmessungen verwenden den ADC_DelSig im Einzelabtastmodus. Delta-Sigma-Konverter verwenden Oversampling, um das Quantisierungsrauschen über ein breiteres Frequenzspektrum zu verteilen. Dieses Rauschen wird geformt, um den größten Teil davon außerhalb der Bandbreite des Eingangssignals zu schieben. Ein internes Tiefpassfilter wird verwendet, um das Rauschen außerhalb der gewünschten Eingangsbandbreite des Delta-Sigma-analog-zu-digital-Konverters (ADC_DelSig) herauszufiltern. Dies macht Delta-Sigma-Konverter sowohl für Hochgeschwindigkeitsanwendungen mit mittlerer Auflösung (8–16 bit) als auch für Niedriggeschwindigkeitsanwendungen mit hoher Auflösung (16–20 bit) geeignet. Die Abtastrate kann zwischen 10 und 384.000 Abtastungen pro Sekunde eingestellt werden, abhängig vom Modus und der Auflösung. Die Auswahl der Umwandlungsmodi vereinfacht die Schnittstelle zu einzelnen Streamingsignalen wie Audio oder das Multiplexen zwischen mehreren Signalquellen. Der ADC_DelSig besteht aus drei Blöcken: einem Eingangsverstärker, einem Delta-Sigma-Modulator dritter Ordnung und einem Dezimierer. Der Eingangsverstärker bietet einen hochohmigen Eingang und eine vom Benutzer wählbare Eingangsverstärkung. Ein Dezimiererblock enthält ein vierstufiges CIC-Dezimierungsfilter und eine Nachbearbeitungseinheit. Ein CIC-Filter arbeitet direkt mit dem Datenabtastwert vom Modulator. Die Nachbearbeitungseinheit führt optional Verstärkungs-, Offset- und einfache Filterfunktionen auf dem Ausgang des CIC-Dezimierungsfilters aus. Ebenfalls unterstützt werden wählbare Auflösungen, 8–20 bit, 11 Eingangsbereiche für jede Auflösung und Abtastraten von 8 sps bis 384 ksps. Betriebsmodi umfassen: Einzelabtastung, Mehrfachabtastung, kontinuierlicher Modus, Mehrfachabtastungs (Turbo)-Hochimpedanzeingangsbuffer, wählbare Eingangsbufferverstärkung (1, 2, 4, 8) oder Eingangsbufferbypass, mehrere interne oder externe Referenzoptionen, automatische Leistungskonfiguration und bis zu 4 Laufzeit-ADC-Konfigurationen. Merkmale umfassen: wählbare Auflösungen, 8–20 Bit, Abtastraten von 8 sps bis 384 ksps, Einzel- und Mehrfachabtastung, kontinuierlicher Modus, Hochimpedanzeingangsbuffer, wählbare Eingangsbufferverstärkung (1, 2, 4, 8) oder Eingangsbufferbypass, mehrere interne oder externe Referenzoptionen, automatische Leistungskonfiguration und bis zu 4 Laufzeit-ADC-Konfigurationen [27].

15.1 Delta-Sigma Analog to Digital Converter 3.30 (ADC_DelSig)

15.1.1 ADC_DelSig-Funktionen 3.30

- **ADC_Start( )** – setzt die initVar-Variable, ruft die ADC_Init( )-Funktion auf und ruft dann die ADC_Enable( )-Funktion auf.
- **ADC_Stop( )** – stoppt ADC-Umsetzungen und schaltet ab.
- **ADC_SetBufferGain( )** – wählt die Eingangsbufferverstärkung (1, 2, 4, 8).
- **ADC_StartConvert( )** – startet die Umsetzung.
- **ADC_StopConvert( )** – stoppt Umsetzungen.
- **ADC_IRQ_Enable( )** – aktiviert Interrupts am Ende der Umsetzung.
- **ADC_IRQ_Disable( )** – deaktiviert Interrupts.
- **ADC_IsEndConversion( )** – gibt einen von null verschiedenen Wert zurück, wenn die Umsetzung abgeschlossen ist.
- **ADC_GetResult8( )** – gibt ein 8-bit-Umsetzungsergebnis zurück.
- **ADC_GetResult16( )** – gibt ein 16-bit-Umsetzungsergebnis zurück.
- **ADC_GetResult32( )** – gibt ein 32-bit-Umsetzungsergebnis zurück.
- **ADC_Read8( )** – startet ADC-Umsetzungen, wartet auf den Abschluss der Umsetzung, stoppt die ADC-Umsetzung und gibt den vorzeichenbehafteten 8-bit-Wert des Ergebnisses zurück.
- **ADC_Read32( )** – startet ADC-Umsetzungen, wartet auf den Abschluss der Umsetzung, stoppt die ADC-Umsetzung und gibt den vorzeichenbehafteten 32-bit-Wert des Ergebnisses zurück.
- **ADC_SetOffset( )** – setzt den Offset, der von den Funktionen ADC_CountsTo_mVolts( ), ADC_CountsTo_uVolts( ) und ADC_CountsTo_Volts( ) verwendet wird.
- **ADC_SelectConfiguration( )** – setzt eine von bis zu 4 ADC-Konfigurationen.
- **ADC_SetGain( )** – setzt den Verstärkungsfaktor, der von den Funktionen ADC_CountsTo_mVolts( ), ADC_CountsTo_uVolts( ) und ADC_CountsTo_Volts( ) verwendet wird.
- **ADC_CountsTo_mVolts( )** – konvertiert ADC-Zählungen in Millivolt.
- **ADC_CountsTo_uVolts( )** – konvertiert ADC-Zählungen in Mikrovolt.
- **ADC_CountsTo_Volts( )** – konvertiert ADC-Zählungen in Gleitkommavolt.
- **ADC_Sleep( )** – stoppt den ADC-Betrieb und speichert die Benutzerkonfiguration.
- **ADC_Wakeup( )** – stellt die Benutzerkonfiguration wieder her und aktiviert sie.
- **ADC_Init( )** – initialisiert oder stellt den ADC mit den Einstellungen des Konfigurationsdialogs wieder her.
- **ADC_Enable( )** – aktiviert den ADC.
- **ADC_SaveConfig( )** – speichert die aktuelle Konfiguration.
- **ADC_RestoreConfig( )** – stellt die Konfiguration wieder her.
- **ADC_SetCoherency( )** – setzt das Kohärenzregister.
- **ADC_SetGCOR( )** – berechnet einen neuen GCOR-Wert und setzt die GCOR-Register.

15.1.2 ADC_DelSig-Funktionsaufrufe 3.30

- **void ADC_Start(void)** – setzt die initVar-Variable, ruft die ADC_Init( )-Funktion auf und ruft dann die ADC_Enable( )-Funktion auf. Diese Funktion konfiguriert und schaltet den ADC ein, startet jedoch keine Umsetzungen. Standardmäßig ist der ADC für Config1 konfiguriert. Verwenden Sie die ADC_SelectConfiguration( )-Funktion, um danach eine alternative Konfiguration auszuwählen.
- **void ADC_Stop(void)** – deaktiviert und schaltet den ADC ab.
- **void ADC_SetBufferGain(uint8 gain)** – setzt die Eingangsbufferverstärkung.
- **void ADC_StartConvert(void)** – zwingt den ADC, eine Umsetzung zu starten.
- **void ADC_StartConvert(void)** – zwingt den ADC, eine Umsetzung zu starten. Im Einzelabtastmodus rufen Sie diese API auf, um eine einzelne Umsetzung zu starten. Wenn die Umsetzung abgeschlossen ist, verwenden Sie die ADC_IsEndConversion( )-API, um auf dieses Ereignis zu prüfen oder zu warten – der ADC wird angehalten. Wenn die ADC_StartConvert( )-Funktion aufgerufen wird, während die Umsetzung läuft, wird der Start der nächsten Umsetzung in die Warteschlange gestellt, und eine neue Umsetzung wird nach Abschluss der aktuellen Umsetzung gestartet. Wenn Sie eine neue Umsetzung starten möchten, ohne auf den Abschluss der aktuellen Umsetzung zu warten, dann stoppen Sie die aktuelle Umsetzung durch Aufruf von ADC_StopConvert( ). Nach dem Stoppen der Umsetzung, starten Sie die Umsetzung erneut durch Aufruf von ADC_StartConvert( ). In den Modi Mehrfachabtastung, kontinuierlich oder Mehrfachabtastung (Turbo) rufen Sie diese API auf, um kontinuierliche ADC-Umsetzungen zu starten, bis entweder die ADC_StopConvert( )- oder ADC_Stop( )-Funktionen ausgeführt werden.
- **void ADC_StopConvert(void)** – zwingt den ADC, alle Umsetzungen zu stoppen. Wenn der ADC mitten in einer Umsetzung ist, wird der ADC zurückgesetzt und liefert kein Ergebnis für diese teilweise Umsetzung.
- **void ADC_IRQ_Enable(void)** – aktiviert Interrupts am Ende einer Umwandlung. Globale Interrupts müssen ebenfalls aktiviert sein, damit die ADC-Interrupts auftreten. Um globale Interrupts zu aktivieren, verwenden Sie das Makro zur Aktivierung globaler Interrupts „CYGlobalIntEnable;" in main.c, bevor Interrupts auftreten.
- **void ADC_IRQ_Disable(void)** – deaktiviert Interrupts am Ende einer Umwandlung.
- **uint8 ADC_IsEndConversion(uint8 retMode)** – überprüft das Ende der ADC-Umwandlung. Diese Funktion bietet dem Programmierer zwei Optionen. In einem Modus gibt diese Funktion sofort den Umwandlungsstatus zurück. Im anderen Modus gibt die Funktion nicht zurück (blockierend).
- **int8 ADC_GetResult8(void)** – gibt einen vorzeichenbehafteten 8-bit-Wert zurück. Der größte positive vorzeichenbehaftete 8-bit-Wert, der dargestellt werden kann, ist 127, aber im single-ended 8-bit-Modus ist der maximale positive Wert 255. Daher sollte für einen single-ended 8-bit-Modus die Funktion ADC_GetResult16( ) ver-

15.1 Delta-Sigma Analog to Digital Converter 3.30 (ADC_DelSig) 797

wendet werden. Beachten Sie, dass wenn die ADC-Auflösung größer als 8 bit eingestellt ist, das LSB des Ergebnisses zurückgegeben wird.
- **int16 ADC_GetResult16(void)** – gibt ein 16-bit-Ergebnis für eine Umwandlung zurück, die eine Auflösung von 8–16 bit hat. Wenn die Auflösung größer als 16 bit eingestellt ist, gibt sie die 16 niedrigstwertigen Bits des Ergebnisses zurück. Wenn der ADC für den 16-bit-single-ended-Modus konfiguriert ist, verwenden Sie stattdessen die Funktion ADC_GetResult32( ). Diese Funktion gibt nur vorzeichenbehaftete 16-bit-Ergebnisse zurück, was einen maximalen positiven Wert von 32.767 zulässt, nicht 65.535.
- **int32 ADC_GetResult32(void)** – gibt ein 32-bit-Ergebnis für eine Umwandlung zurück, die eine Auflösung von 8–20 bit hat.
- **int8 ADC_Read8(void)** – diese Funktion vereinfacht das Abrufen von Ergebnissen vom ADC, wenn nur eine einzige Messung erforderlich ist. Wenn sie aufgerufen wird, startet sie ADC-Umwandlungen, wartet auf die Fertigstellung der Umwandlung, stoppt die ADC-Umwandlung und gibt das Ergebnis zurück. Dies ist eine blockierende Funktion und wird nicht zurückkehren, bis das Ergebnis bereit ist. Wenn der ADC für den 8-bit-single-ended-Modus konfiguriert ist, sollte stattdessen die Funktion ADC_Read16( ) verwendet werden. Diese Funktion gibt nur vorzeichenbehaftete 8-bit-Werte zurück. Der maximale positive vorzeichenbehaftete 8-bit-Wert ist 127, aber im single-ended 8-bit-Modus ist der maximale positive Wert 255.
- **int16 ADC_Read16(void)** – diese Funktion vereinfacht das Abrufen von Ergebnissen vom ADC, wenn nur eine einzige Messung erforderlich ist. Wenn sie aufgerufen wird, startet sie ADC-Umwandlungen, wartet auf die Fertigstellung der Umwandlung, stoppt die ADC-Umwandlung und gibt das Ergebnis zurück. Dies ist eine blockierende Funktion und wird nicht zurückkehren, bis das Ergebnis bereit ist. Wenn der ADC für den 16-bit-single-ended-Modus konfiguriert ist, sollte stattdessen die Funktion ADC_Read32( ) verwendet werden. Diese Funktion gibt nur vorzeichenbehaftete 16-bit-Werte zurück, was einen maximalen positiven Wert von 32.767 zulässt, nicht 65.535.
- **int32 ADC_Read32(void)** – diese Funktion vereinfacht das Abrufen von Ergebnissen vom ADC, wenn nur eine einzige Messung erforderlich ist. Wenn sie aufgerufen wird, startet sie ADC-Umwandlungen, wartet auf die Fertigstellung der Umwandlung, stoppt die ADC-Umwandlung und gibt das Ergebnis zurück. Dies ist eine blockierende Funktion und wird nicht zurückkehren, bis das Ergebnis bereit ist. Gibt ein 32-bit-Ergebnis für eine Umwandlung zurück, die ein Ergebnis mit einer Auflösung von 8–20 bit hat.
- **void ADC_SetOffset(int32 offset)** – setzt den ADC-Offset, der von den Funktionen ADC_CountsTo_uVolts( ), ADC_CountsTo_mVolts( ) und ADC_CountsTo_Volts( ) verwendet wird, um den Offset von der gegebenen Messung abzuziehen, bevor die Spannungsumwandlung berechnet wird.
- **void ADC_SetGain(int32 adcGain)** – setzt den ADC-Verstärkungsfaktor in Zählungen pro Volt für die unten aufgeführten Spannungsumwandlungsfunktionen. Dieser

Wert wird standardmäßig durch die Referenz- und Eingangsbereichseinstellungen festgelegt. Er sollte nur verwendet werden, um den ADC weiter mit einem bekannten Eingang zu kalibrieren oder wenn eine externe Referenz verwendet wird.

- **void ADC_SelectConfiguration(uint8 config, uint8 restart)** – setzt eine von bis zu 4 ADC-Konfigurationen. Diese API stoppt zuerst den ADC und initialisiert dann die Register mit den Standardwerten für die neue Konfiguration. Der benutzerdefinierte GGOR-Registerwert, der durch die ADC_SetGCOR( )-API für eine bestimmte Konfiguration festgelegt wurde, wird nicht auf den Standardwert überschrieben. Wenn der Wert des zweiten Parameters restart 1 ist, dann wird der ADC neu gestartet. Wenn dieser Wert null ist, dann müssen Sie ADC_Start( ) und ADC_StartConvert( ) aufrufen, um die Umwandlung neu zu starten. Die ADC_Start( )-API sollte vor der ersten Verwendung der ADC_SelectConfiguration-API zur Initialisierung und korrekten Funktion als 16-bit-Integer aufgerufen werden. Zum Beispiel, wenn der ADC 0,534 V misst, wäre der Rückgabewert 534 mV. Die Berechnung der Spannung hängt vom Wert der Spannungsreferenz ab. Wenn die Vref auf Vdda basiert, wird der für Vdda verwendete Wert für das Projekt in der System-Registerkarte der Design Wide Resources (DWR) festgelegt.
- **int32 ADC_CountsTo_uVolts(int32 adcCounts)** – konvertiert die ADC-Ausgabe in Mikrovolt als 32-bit-Integer. Die Berechnung der Spannung hängt vom Wert der Spannungsreferenz ab. Wenn die Vref auf Vdda basiert, wird der für Vdda verwendete Wert für das Projekt in der System-Registerkarte der Design Wide Resources (DWR) festgelegt.
- **float32 ADC_CountsTo_Volts(int32 adcCounts)** – konvertiert die ADC-Ausgabe in Volt als Gleitkommazahl. Zum Beispiel, wenn der ADC eine Spannung von 1,2345 V misst, wäre das zurückgegebene Ergebnis +1,2345 V. Die Berechnung der Spannung hängt vom Wert der Spannungsreferenz ab. Wenn die Vref auf Vdda basiert, wird der für Vdda verwendete Wert für das Projekt in der System-Registerkarte der Design Wide Resources (DWR) festgelegt.
- **void ADC_Sleep(void)** – die ADC_Sleep( )-Funktion überprüft, ob die Komponente aktiviert ist und speichert diesen Zustand. Dann ruft sie die ADC_Stop( )-Funktion auf und anschließend ADC_SaveConfig( ), um die Benutzerkonfiguration zu speichern. Rufen Sie die ADC_Sleep( )-Funktion auf, bevor Sie die CyPmSleep( )- oder die CyPmHibernate( )-Funktion aufrufen.
- **void ADC_Wakeup(void)** – die ADC_Wakeup( )-Funktion ruft die ADC_RestoreConfig( )-Funktion auf, um die Benutzerkonfiguration wiederherzustellen. Wenn die Komponente vor dem Aufruf der ADC_Sleep( )-Funktion aktiviert war, wird die DC_Wakeup( )-Funktion die Komponente erneut aktivieren.
- **void ADC_Init(void)** – initialisiert oder stellt die Komponentenparameter gemäß den Einstellungen des Konfigurationsdialogs wieder her. Sie müssen diese Funktion nicht aufrufen, wenn ADC_Start( ) aufgerufen wird.
- **void ADC_Enable(void)** – aktiviert den Taktgeber und die Stromversorgung für ADC.

- **void ADC_SaveConfig(void)** – diese Funktion speichert die Komponentenkonfiguration. Dies wird nicht-beibehaltene Register speichern. Diese Funktion speichert auch die aktuellen Parameterwerte der Komponente, wie sie im Konfigurationsdialog definiert oder durch geeignete APIs geändert wurden. Diese Funktion wird von der ADC_Sleep( ) Funktion aufgerufen.
- **void ADC_RestoreConfig(void)** – diese Funktion stellt die Konfiguration der Komponente wieder her. Dies wird nicht speichernde Register wiederherstellen. Diese Funktion stellt auch die Parameterwerte der Komponente auf den Stand zurück, den sie vor dem Aufruf der ADC_Sleep( )-Funktion hatten.
- **void ADC_SetCoherency(uint8 coherency)** – diese Funktion ermöglicht es Ihnen zu ändern, welches der drei Wort großen Ergebnisse des ADC eine Kohärenzfreigabe auslösen wird. Das Ergebnis des ADC wird nicht aktualisiert, bis das gesetzte Byte entweder vom ADC oder DMA gelesen wird. Standardmäßig ist das LSB das Kohärenzbyte. Wenn DMA oder eine benutzerdefinierte API geschrieben wird, bei der das LSB nicht das letzte gelesene Byte ist, verwenden Sie diese API, um das letzte Byte des ADC-Ergebnisses festzulegen, das gelesen wird. Wenn ein Mehrbytelesevorgang entweder durch DMA oder den ARM-Prozessor durchgeführt wird, kann die Kohärenz auf jedes Byte im letzten gelesenen Wort gesetzt werden.
- **uint8 ADC_SetGCOR(float gainAdjust)** – diese Funktion berechnet einen neuen GCOR (ADC-Verstärkung)-Wert und schreibt ihn in die GCOR-Register. Der GCOR-Wert ist ein 16-bit-Wert, der einen Verstärkungsfaktor von 0 bis 2 darstellt. Das ADC-Ergebnis wird mit diesem Wert multipliziert, bevor es in die ADC-Ausgangsregister gelegt wird. Bei der Ausführung der Funktion wird der alte GCOR-Wert mit dem gainAdjust-Eingang multipliziert und in das GCOR-Register nachgeladen. Der GCOR-Wert wird basierend auf dem GVAL-Register normalisiert. Der Wert, der von dieser API berechnet wird, wird auch in den RAM für jede aktive Konfiguration gespeichert und von der SelectConfiguration( )-API verwendet, um das GCOR-Register zu initialisieren.
- **int16 ADC_iReadGCOR(void)** – diese Funktion gibt den aktuellen GCOR-Registerwert zurück, normalisiert auf der Grundlage der GVAL-Einstellung. Zum Beispiel, wenn der GCOR-Wert 0x0812 ist und das GVAL-Register auf 11 (0x0B) gesetzt ist, wird der zurückgegebene Wert um 4 bit nach links verschoben (tatsächlicher GCOR-Wert = 0x0812, zurückgegebener Wert = 0x8120).

15.2 Inverting Programmable Gain Amplifier (PGA_Inv) 2.0

Die Komponente implementiert einen programmierbaren Verstärker ($-1,0$ [0 dB] und $-49,0$ [+33,8 dB]) im invertierenden Modus und basiert auf einem SC/CT-Block. Die Verstärkung kann in PSoC Creator ausgewählt oder zur Laufzeit geändert werden.[1] Der Eingang des PGA_Inv arbeitet von Rail zu Rail, aber die maximale Eingangsschwankung (Unterschied zwischen Vin und Vref) ist auf VDDA/Verstärkung begrenzt. Der Ausgang des PGA_Inv ist Klasse A und ist Rail-to-Rail für ausreichend hohe Lastwiderstände. Der PGA_Inv wird verwendet, wenn ein Eingangssignal eine unzureichende Amplitude hat und die bevorzugte Ausgangspolarität das Inverse des Eingangs ist. Ein PGA_Inv kann vor einem Komparator, ADC oder Mischer platziert werden, um die Signalamplitude zu erhöhen. Ein PGA_Inv mit Einheitsverstärkung, der einem anderen Verstärkungsstadium oder Buffer folgt, kann verwendet werden, um differentielle Ausgänge zu erzeugen. Merkmale sind: Verstärkungsstufen von -1 bis -49, hohe Eingangsimpedanz und einstellbare Leistungseinstellungen [56].

15.2.1 PGA_Inv-Funktionen 2.0

- **PGA_Inv_Start( )** – startet den PGA_Inv.
- **PGA_Inv_Stop( )** – schaltet den PGA_Inv aus.
- **PGA_Inv_SetGain( )** – stellt die Verstärkung auf vordefinierte Konstanten ein.
- **PGA_Inv_SetPower( )** – stellt die Antriebsleistung auf eine von 4 Einstellungen ein.
- **PGA_Inv_Sleep( )** – stoppt und speichert die Benutzereinstellungen.
- **PGA_Inv_Wakeup( )** – stellt die Benutzereinstellungen wieder her und aktiviert sie.

15.2.2 PGA_Inv-Funktionsaufrufe 2.0

- **void PGA_Inv_Inv_Start(void)** – schaltet den PGA_Inv ein und stellt das Leistungsniveau ein.
- **void PGA_Inv_Stop(void)** – schaltet den PGA_Inv aus und aktiviert seinen niedrigsten Leistungszustand.
- **void PGA_Inv_SetGain(uint8 gain)** – stellt die Verstärkung des Verstärkers zwischen -1 und -49 ein. uint8 gain stellt die Verstärkung auf einen bestimmten Wert ein.
- **void PGA_Inv_SetPower(uint8 power)** – stellt die Ansteuerungsleistung auf eine von 4 Einstellungen ein: Minimum, niedrig, mittel oder hoch. uint8 power stellt das Leistungsniveau auf eine von 4 Einstellungen ein: Minimum, niedrig, mittel oder hoch.
- **void PGA_Inv_Sleep(void)** – dies ist die bevorzugte Routine, um die Komponente auf den Schlafzustand vorzubereiten. Die Funktion PGA_Inv_Sleep( ) speichert den aktuellen Zustand der Komponente. Dann ruft sie die Funktion PGA_Inv_ Stop( ) auf

---

[1] Die maximale Bandbreite wird durch die Verstärkungsbandbreite des OpAmp begrenzt und verringert sich, wenn die Verstärkung erhöht wird.

und anschließend PGA_Inv_SaveConfig( ), um die Hardwarekonfiguration zu speichern. Rufen Sie die Funktion PGA_Inv_Sleep( ) auf, bevor Sie die Funktion CyPmSleep( ) oder die Funktion CyPmHibernate( ) aufrufen.
- **void PGA_Inv_Wakeup(void)** – dies ist die bevorzugte Routine, um die Komponente in den Zustand zurückzuversetzen, in dem PGA_Inv_Sleep( ) aufgerufen wurde. Die Funktion PGA_Inv_Wakeup( ) ruft die Funktion PGA_Inv_RestoreConfig( ) auf, um die Konfiguration wiederherzustellen. Wenn die Komponente vor dem Aufruf der Funktion PGA_Inv_Sleep( ) aktiviert wurde, wird die Funktion PGA_Inv_ Wakeup( ) die Komponente auch wieder aktivieren.[2]
- **void PGA_Inv_Init(void)** – initialisiert oder stellt die Komponente gemäß den Einstellungen des Configure-Dialogfelds im Customizer wieder her. Es ist nicht notwendig, PGA_Inv_Init( ) aufzurufen, da die Routine PGA_Inv_Start( ) diese Funktion aufruft und die bevorzugte Methode ist, um den Betrieb der Komponente zu beginnen. Alle Register werden auf Werte gemäß dem Configure-Dialogfeld des Customizer eingestellt.
- **void PGA_Inv_Enable(void)** – aktiviert die Hardware und beginnt den Betrieb der Komponente PGA_Inv_ Enable( ), da die Routine PGA_Inv_Start( ) diese Funktion aufruft, die die bevorzugte Methode ist, um den Betrieb der Komponente zu beginnen.
- **void PGA_Inv_SaveConfig(void)** – leere Funktion; für zukünftige Verwendung bereitgestellt.
- **void PGA_Inv_RestoreConfig(void)** – leere Funktion; für zukünftige Verwendung bereitgestellt.

15.3 Programmable Gain Amplifier (PGA) 2.0

Diese Komponente ist ein nicht invertierender *SC/CT*-basierter Hochimpedanz-OpAmp mit programmierbarer Verstärkung von 1 (0 dB) und 50 (+34 dB). Neben einer hohen Bandbreite verfügt sie über eine wählbare Eingangsspannungsreferenz. Die Verstärkung wird über das Konfigurationsfenster ausgewählt oder zur Laufzeit mit dem bereitgestellten API geändert. Die maximale Bandbreite wird durch das Verstärkung-Bandbreiten-Produkt des OpAmp begrenzt. Der Eingang des PGA arbeitet von Schiene zu Schiene, aber die maximale Eingangsschwingung (Unterschied zwischen Vin und Vref) ist auf VDDA/Verstärkung begrenzt. Der Ausgang des PGA ist Klasse A und ist für ausreichend hohe Lastwiderstände Rail-to-Rail. Ein PGA wird verwendet, wenn ein Eingangssignal eine unzureichende Amplitude hat. Ein PGA kann vor einen Komparator, ADC oder Mischer gesetzt werden, um die Amplitude des Signals zu diesen Komponen-

---

[2]Wenn die Funktion PGA_Inv_Wakeup( ) aufgerufen wird, ohne zuerst die Funktion PGA_Inv_Sleep( ) oder die Funktion PGA_Inv_SaveConfig( ) aufgerufen zu haben, kann dies zu unerwartetem Verhalten führen.

ten zu erhöhen. Der PGA kann als Verstärker mit Einheitsverstärkung verwendet werden, um die Eingänge von niederimpedanten Blöcken, einschließlich Mischern oder invertierenden PGA, zu puffern. Ein PGA mit Einheitsverstärkung kann auch verwendet werden, um den Ausgang eines VDAC oder Referenz zu buffern. Merkmale sind: Verstärkungsstufen von 1 bis 50, hohe Eingangsimpedanz, wählbare Eingangsreferenz und einstellbare Leistungseinstellungen [66].

15.3.1 PGA-Funktionen 2.0

- **PGA_Start( )** – startet den PGA.
- **PGA_Stop( )** – schaltet den PGA aus.
- **PGA_SetGain( )** – setzt den Gewinn auf vordefinierte Konstanten.
- **PGA_SetPower( )** – setzt die Ansteuerungsleistung auf eine von 4 Einstellungen.
- **PGA_Sleep( )** – stoppt und speichert die Benutzerkonfigurationen.
- **PGA_Wakeup( )** – stellt die Benutzerkonfigurationen wieder her und aktiviert sie.
- **PGA_Init( )** – initialisiert oder stellt die Standard-PGA-Konfiguration wieder her.
- **PGA_Enable( )** – aktiviert den PGA.
- **PGA_SaveConfig( )** – leere Funktion; für zukünftige Verwendung bereitgestellt.
- **PGA_RestoreConfig( )** – leere Funktion; für zukünftige Verwendung bereitgestellt.

15.3.2 PGA-Funktionsaufrufe 2.0

- **void PGA_Start(void)** – dies ist die bevorzugte Methode, um den Betrieb der Komponente zu beginnen. Diese Funktion schaltet den Verstärker mit der Leistung und der Verstärkung ein, basierend auf den Einstellungen, die während der Konfiguration bereitgestellt wurden, oder den aktuellen Werten, nachdem PGA_Stop( ) aufgerufen wurde.
- **void PGA_SetGain(uint8 gain)** – diese Funktion setzt die Verstärkung auf den Wert von uint8 gain.
- **void PGA_SetPower(uint8 power)** – diese Funktion setzt die Ansteuerungsleistung auf eine von 4 Einstellungen; Minimum, niedrig, mittel oder hoch.
- **void PGA_SetGain(uint8 gain)** – diese Funktion setzt die Verstärkung auf einen Wert zwischen 1 und 50.
- **void PGA_Sleep(void)** – dies ist das bevorzugte API, um die Komponente auf den Schlafmodus vorzubereiten. Das PGA_Sleep( )-API speichert den aktuellen Zustand der Komponente. Dann ruft es die PGA_Stop( )-Funktion auf und ruft PGA_SaveConfig( ) auf, um die Hardwarekonfiguration zu speichern.[3]

---

[3] Rufen Sie die PGA_Sleep( )-Funktion auf, bevor Sie die CyPmSleep( )- oder die CyPmHibernate( )-Funktion aufrufen.

- **void PGA_Wakeup(void)** – dies ist das bevorzugte API, um die Komponente in den Zustand zurückzuversetzen, als PGA_Sleep( ) aufgerufen wurde. Die PGA_Wakeup( )-Funktion ruft die PGA_RestoreConfig( )-Funktion auf, um die Konfiguration wiederherzustellen. Wenn die Komponente vor dem Aufruf der PGA_Sleep( )-Funktion aktiviert war, wird die PGA_Wakeup( )-Funktion die Komponente auch wieder aktivieren.[4]
- **void PGA_Init(void)** – diese Funktion initialisiert oder stellt die Komponente gemäß den Einstellungen des Configure-Dialogfelds des Customizer wieder her.[5]
- **void PGA_Enable(void)** – diese Funktion aktiviert die Hardware und beginnt den Betrieb der Komponente.[6]
- **void PGA_SaveConfig(void)** – leere Funktion; für zukünftige Verwendung bereitgestellt.
- **void PGA_RestoreConfig(void)** – leere Funktion; für zukünftige Verwendung bereitgestellt.

15.4 Trans-Impedance Amplifier (TIA) 2.0

Die Trans-Impedance-Amplifier (TIA)-Komponente ist ein OpAmp-basierter, Strom-zu-Spannungs-Verstärker mit resistiver Verstärkung und benutzerselektierter Bandbreite, der einen externen Strom in eine Spannung für die Verwendung mit Sensoren umwandelt, z. B. Photodioden und andere Stromquellen. Die Verstärkung des TIA wird in Ohm ausgedrückt und reicht von 20 kΩ bis 1,0 MΩ. Einige Sensoren haben eine signifikante Ausgangskapazität, und daher ist eine Rückkopplungskapazität erforderlich, um die Stabilität zu gewährleisten. Die Rückkopplungskapazität im TIA wird verwendet, um die Stabilität zu garantieren. Die programmierbare Rückkopplung des TIA begrenzt auch die Bandbreite des Breitbandrauschens. Merkmale sind: wählbare Verstärkung und Eckfrequenz, kapazitive Kompensation, variable Leistungseinstellungen und wählbare Eingangsreferenzspannungen [98].

---

[4] Das Aufrufen der PGA_Wakeup( )-Funktion ohne vorheriges Aufrufen der PGA_Sleep( )- oder PGA_SaveConfig( )-Funktion kann zu unerwartetem Verhalten führen.

[5] Es ist nicht notwendig, PGA_Init( ) aufzurufen, da das PGA_Start( )-API diese Funktion aufruft und die bevorzugte Methode ist, um den Betrieb der Komponente zu beginnen.

[6] Es ist nicht notwendig, PGA_Enable( ) aufzurufen, da das PGA_Start( )-API diese Funktion aufruft, was die bevorzugte Methode ist, um den Betrieb der Komponente zu beginnen.

15.4.1 TIA-Funktionen 2.0

- **TIA_Start( )** – schaltet den TIA ein; schaltet den TIA aus.
- **TIA_Stop( )** – schaltet den TIA ein; schaltet den TIA aus.
- **TIA_SetPower( )** – stellt die Ansteuerungsleistung auf eine von 4 Stufen ein.
- **TIA_SetResFB( )** – stellt die resistive Rückkopplung auf einen von 8 Werten ein.
- **TIA_SetCapFB( )** – stoppt und speichert die Benutzerkonfigurationen.
- **TIA_Sleep( )** – stellt die kapazitive Rückkopplung auf einen von 4 Werten ein.
- **TIA_Wakeup( )** – stellt die Benutzerkonfigurationen wieder her und aktiviert sie.
- **TIA_Init( )** – initialisiert oder stellt die Standard-TIA-Konfiguration wieder her.
- **TIA_Enable( )** – aktiviert den TIA.
- **TIA_SaveConfig( )** – leere Funktion; für zukünftige Verwendung bereitgestellt.
- **TIA_RestoreConfig( )** – leere Funktion; für zukünftige Verwendung bereitgestellt.

15.4.2 TIA-Funktionsaufrufe 2.0

- **void TIA_Start(void)** – führt alle erforderlichen Initialisierungen für die Komponente durch und aktiviert die Stromversorgung des Verstärkers.
- **void TIA_Stop(void)** – schaltet den TIA auf seinen niedrigsten Leistungszustand und deaktiviert den Ausgang.
- **void TIA_SetCapFB(uint8 cap_feedback)** – stellt den kapazitiven Rückkopplungswert des Verstärkers ein.
- **void TIA_Sleep(void)** – dies ist das bevorzugte API, um die Komponente auf den Schlafmodus vorzubereiten. Die TIA_Sleep( )-Funktion speichert den aktuellen Zustand der Komponente. Dann ruft sie die TIA_Stop( )-Funktion auf und anschließend TIA_SaveConfig( ), um die Hardwarekonfiguration zu speichern. Rufen Sie die TIA_Sleep( )-Funktion auf, bevor Sie die CyPmSleep( )- oder die CyPmHibernate( )-Funktion aufrufen. Weitere Informationen zu den Funktionen zur Energieverwaltung finden Sie im PSoC Creator System Reference Guide.
- **void TIA_Wakeup(void)** – dies ist die bevorzugte Routine, um die Komponente in den Zustand zurückzuversetzen, in dem TIA_Sleep( ) aufgerufen wurde. Die TIA_Wakeup( )-Funktion ruft die TIA_RestoreConfig( )-Funktion auf, um die Konfiguration wiederherzustellen. Wenn die Komponente vor dem Aufruf der TIA_Sleep( )-Funktion aktiviert war, wird die TIA_Wakeup( )-Funktion die Komponente auch wieder aktivieren.
- **void TIA_Init(void)** – initialisiert oder stellt die Komponente gemäß den Einstellungen des Configure-Dialogfelds des Customizer wieder her. Es ist nicht notwendig, TIA_Init( ) aufzurufen, da die TIA_Start( )-Routine diese Funktion aufruft und die bevorzugte Methode ist, um den Betrieb der Komponente zu beginnen.
- **void TIA_Enable(void)** – aktiviert die Hardware und beginnt den Betrieb der Komponente. Es ist nicht notwendig, TIA_Enable( ) aufzurufen, da die TIA_Start( )-Rou-

tine diese Funktion aufruft, was die bevorzugte Methode ist, um den Betrieb der Komponente zu beginnen.
- **void TIA_RestoreConfig(void)** – leere Funktion; für zukünftige Verwendung bereitgestellt.

15.5 SC/CT Comparator (SCCT_Comp) 1.0

Die SC/CT-Comparator (SC/CT_Comp)-Komponente[7] bietet eine Hardwarelösung zum Vergleich von zwei analogen Eingangsspannungen. Die Implementierung verwendet einen Modus des Switched-Capacitor/Continuous-Time (SC/CT)-Analogblocks zur Implementierung des Komparators. Der Ausgang kann digital zu einer anderen Komponente geroutet werden. Eine Referenz- oder externe Spannung kann an jeden Eingang angeschlossen werden. Sie können auch die Polarität des Komparators mit dem Polaritätsparameter invertieren. Merkmale sind: Ausgang routbar zu digitalen Logikblöcken oder Pins und wählbare Ausgangspolarität [77].

15.5.1 SC/CT-Comparator (SC/CT_Comp)-Funktionen 1.0

- **Comp_Start( )** – initialisiert die Komponente mit den Standard-Customizer-Werten und ermöglicht den Betrieb.
- **Comp_Stop( )** – schaltet die Komponente aus.
- **Comp_Sleep( )** – stoppt den Betrieb der Komponente und speichert die Benutzerkonfiguration.
- **Comp_Wakeup( )** – stellt die Benutzerkonfiguration wieder her und aktiviert sie.
- **Comp_Init( )** – initialisiert oder stellt die Standardkomponentenkonfiguration wieder her.
- **Comp_Enable( )** – aktiviert die Komponente.

15.5.2 SC/CT-Comparator (SC/CT_Comp)-Funktionsaufrufe 1.0

- **void Comp_Start(void)** – führt alle erforderlichen Initialisierungen für die Komponente durch und aktiviert die Stromversorgung für den Block. Beim ersten Ausführen der Routine wird die Komponente auf die Konfiguration aus dem Customizer initiali-

---

[7] Der SC/CT_Comp ist nicht so leistungsfähig wie der dedizierte Vergleicher. Eine Hystereseunterstützung ist nicht verfügbar. Dennoch ist es nützlich in Anwendungen, die keine strengen Anforderungen an Offsetspannung und Reaktionszeitparameter haben und die Anzahl der benötigten Vergleicher die verfügbaren dedizierten Vergleicher übersteigt.

siert. Wenn sie aufgerufen wird, um die Komponente nach einem Comp_Stop( )-Aufruf neu zu starten, werden die aktuellen Komponentenparametereinstellungen beibehalten.

- **void Comp_Stop(void)** – schaltet die Komponente aus. Es wird der zugehörige SC/CT-Block deaktiviert.
- **void Comp_Sleep(void)** – dies ist das bevorzugte API, um die Komponente auf den Betrieb im Low-Power-Modus vorzubereiten (in diesem Fall deaktivieren). Wenn die Komponente aktiviert ist, konfiguriert sie den Vergleicher für den Betrieb im Low-Power-Modus.[8]
- **void Comp_Wakeup(void)** – dies ist die bevorzugte API, um die Komponente in den Zustand vor dem Aufruf von Comp_Sleep( ) zurückzusetzen.
- **void Comp_Init(void)** – initialisiert oder stellt die Komponente gemäß den Customizer-Einstellungen wieder her. Es ist nicht notwendig, Comp_Init( ) aufzurufen, da das Comp_Start( )-API diese Funktion aufruft und die bevorzugte Methode ist, um den Betrieb der Komponente zu beginnen.
- **void Comp_Enable(void)** – aktiviert die Hardware und beginnt den Betrieb der Komponente. Es ist nicht notwendig, Comp_Enable( ) aufzurufen, da das Comp_Start( )-API diese Funktion aufruft, was die bevorzugte Methode ist, um den Betrieb der Komponente zu beginnen.

15.6 Mixer 2.0

Diese Komponente ist ein einseitiger Modulator, der zur Frequenzumwandlung eines Eingangssignals mit einem festen Local-Oscillator (LO)-Signal als Abtasttakt verwendet werden kann. Signale können zwischen Frequenzbändern verschoben werden, oder die Komponente kann zur Codierung und Decodierung von Signalen verwendet werden oder um die Signalleistung bei einer Frequenz in Leistung bei einer anderen Frequenz umzuwandeln, um die Signalverarbeitung zu erleichtern, z. B. das Verschieben von höheren Frequenzen zur Basisband. Der Mischer wird typischerweise in Verbindung mit einem Off-Chip-Filter verwendet. Alternativ kann der Ausgang dazu verwendet werden, einen On-Chip-ADC über internes Routing zu steuern. Die Komponente bietet zwei Konfigurationen: als Up-Mischer, kontinuierlicher Balance-Mischer, arbeitet als Schaltmultiplikator, oder als Down-Mischer, diskreter Sample-and-Hold-Mischer. Die Komponente akzeptiert 2 Signale bei unterschiedlichen Frequenzen als Eingang und gibt eine Mischung von Signalen bei mehreren Frequenzen aus, einschließlich der Summe und Differenz des Eingangssignals und des lokalen Oszillatorsignals. Typischerweise werden die unerwünschten Frequenzkomponenten im Ausgangssignal durch Filterung entfernt.

---

[8] Rufen Sie die Funktion Comp_Sleep( ) auf, bevor Sie die Funktion CyPmSleep( ) oder die Funktion CyPmHibernate( ) aufrufen.

Merkmale sind: einseitiger Mischer, kontinuierliches Up-Mischen (Eingangsfrequenzen bis zu 500 kHz und Abtasttakt bis zu 1 MHz), diskretes Sample-and-Hold-down-Mischen (Eingangsfrequenzen bis zu 14 MHz, Abtasttakt bis zu 4 MHz), einstellbare Leistungseinstellungen und wählbare Referenzspannung [61].

15.7 Mixer-Funktionen 2.0

- **Mixer_Start( )** – schaltet den Mixer ein.
- **Mixer_Stop( )** – schaltet den Mixer aus.
- **Mixer_SetPower( )** – stellt die Ansteuerungsleistung auf eine von 4 Stufen ein.
- **Mixer_Wakeup( )** – stellt die Benutzerkonfiguration wieder her und aktiviert sie.
- **Mixer_Init( )** – initialisiert oder stellt die Standard-Mixer-Konfiguration wieder her.
- **Mixer_Enable( )** – aktiviert den Mixer.
- **Mixer_SaveConfig( )** – leere Funktion; für zukünftige Verwendung bereitgestellt.
- **Mixer_RestoreConfig( )** – leere Funktion; für zukünftige Verwendung bereitgestellt.

15.8 Mixer-Funktionsaufrufe 2.0

- **void Mixer_Start(void)** – führt alle erforderlichen Initialisierungen für die Komponente durch und aktiviert die Stromversorgung für den Block. Beim ersten Ausführen der Routine werden die Eingangs- und Rückkopplungswiderstandswerte für den im Design ausgewählten Betriebsmodus konfiguriert. Wenn sie aufgerufen wird, um den Mischer nach einem Mixer_Stop( )-Aufruf neu zu starten, bleiben die aktuellen Komponentenparametereinstellungen erhalten.
- **void Mixer_Stop(void)** – schaltet den Mixer-Block aus.
- **void Mixer_SetPower(uint8 power)** – stellt die Ansteuerungsleistung auf eine von 4 Einstellungen ein; Minimum, niedrig, mittel oder hoch.
- **void Mixer_Sleep(void)** – dies ist das bevorzugte API, um die Komponente auf den Schlafmodus vorzubereiten. Das Mixer_Sleep( )-API speichert den aktuellen Zustand der Komponente und ruft dann die Funktionen Mixer_Stop( ) und Mixer_SaveConfig( ) auf, um die Hardwarekonfiguration zu speichern. Rufen Sie die Funktion Mixer_Sleep( ) auf, bevor Sie die Funktionen CyPmSleep( ) oder CyPmHibernate( ) aufrufen.
- **void Mixer_Wakeup(void)** – dies ist das bevorzugte API, um die Komponente in den Zustand zurückzuversetzen, in dem sie sich befand, als Mixer_Sleep( ) aufgerufen wurde. Die Funktion Mixer_Wakeup( ) ruft die Funktion Mixer_RestoreConfig( ) auf, um die Konfiguration wiederherzustellen. Wenn die Komponente vor dem Aufruf der Funktion Mixer_Sleep( ) aktiviert war, wird die Funktion Mixer_Wakeup( ) die Komponente auch wieder aktivieren.

- **void Mixer_Init(void)** – initialisiert oder stellt die Komponente gemäß den Einstellungen des Configure-Dialogfelds des Customizer wieder her. Es ist nicht notwendig, Mixer_Init( ) aufzurufen, da das Mixer_Start( )-API diese Funktion aufruft und die bevorzugte Methode ist, um den Betrieb der Komponente zu beginnen.
- **void Mixer_Enable(void)** – aktiviert die Hardware und beginnt den Betrieb der Komponente. Es ist nicht notwendig, Mixer_Enable( ) aufzurufen, da das Mixer_Start( )-API diese Funktion aufruft, was die bevorzugte Methode ist, um den Betrieb der Komponente zu beginnen.
- **void Mixer_SaveConfig(void)** – leere Funktion; für zukünftige Verwendung bereitgestellt.
- **void Mixer_RestoreConfig(void)** – leere Funktion; für zukünftige Verwendung bereitgestellt.

15.9 Sample/Track and Hold Component 1.40

Diese Komponente bietet eine Möglichkeit, ein kontinuierlich variierendes analoges Signal abzutasten und seinen Wert für eine bestimmte Zeit zu halten oder einzufrieren. Sie unterstützt sowohl Track-and-Hold- als auch Sample-and-Hold-Funktionen, die im Customizer ausgewählt werden können. Merkmale sind: 2 Betriebsmodi – Sample and Hold, Track and Hold – und 4 Leistungsmoduseinstellungen [75].

15.9.1 Sample/Track-and-Hold-Component-Funktionen 1.40

- **Sample_Hold_Start( )** – konfiguriert und aktiviert die Leistung von Sample/Track and Hold.
- **Sample_Hold_Stop( )** – schaltet den Sample/Track-and-Hold-Block aus.
- **Sample_Hold_SetPower( )** – stellt die Ansteuerungsleistung von Sample/Track and Hold ein.
- **Sample_Hold_Sleep( )** – versetzt Sample/Track and Hold in den Schlafmodus.
- **Sample_Hold_Wakeup( )** – weckt Sample/Track and Hold auf.
- **Sample_Hold_Init( )** – initialisiert die Sample/Track-and-Hold-Komponente.
- **Sample_Hold_Enable( )** – aktiviert die Hardware und beginnt den Komponentenbetrieb.
- **Sample_Hold_SaveConfig( )** – leere Funktion; für zukünftige Verwendung bereitgestellt.
- **Sample_Hold_RestoreConfig( )** – leere Funktion; für zukünftige Verwendung bereitgestellt.

15.9.2 Sample/Track-and-Hold-Component-Funktionsaufrufe 1.40

- **void Sample_Hold_Start(void)** – führt alle erforderlichen Initialisierungen für die Komponente durch und aktiviert die Leistung für den Block. Beim ersten Ausführen der Routine werden der Abtastmodus, die Taktflanke und die Leistung auf ihre Standardwerte gesetzt. Wenn sie nach einem Sample_Hold_Stop( )-Aufruf neu gestartet wird, bleiben die aktuellen Komponentenparametereinstellungen erhalten.
- **void Sample_Hold_Stop(void)** – schaltet den Sample/Track-and-Hold-Block aus.
- **void Sample_Hold_SetPower(uint8 power)** – stellt die Ansteuerungsleistung auf eine von 4 Einstellungen ein: Minimum, niedrig, mittel oder hoch.
- **void Sample_Hold_Sleep(void)** – dies ist das bevorzugte API, um die Komponente auf den Schlafmodus vorzubereiten. Das SampleHold_Sleep( )-API speichert den aktuellen Zustand der Komponente. Dann ruft es die Sample_Hold_Stop( )-Funktion auf und anschließend Sample_Hold_SaveConfig( ), um die Hardwarekonfiguration zu speichern. Rufen Sie die Sample_Hold_Sleep( )-Funktion auf, bevor Sie die CyPmSleep( )- oder die CyPmHibernate( )-Funktion aufrufen.
- **void Sample_Hold_Wakeup(void)** – dies ist das bevorzugte API, um die Komponente in den Zustand zurückzuversetzen, als Sample_Hold_Sleep( ) aufgerufen wurde. Die Sample_Hold_Wakeup( )-Funktion ruft die Sample_Hold_RestoreConfig( )-Funktion auf, um die Konfiguration wiederherzustellen. Wenn die Komponente vor dem Aufruf der Sample_Hold_Sleep( )-Funktion aktiviert war, aktiviert die Sample_Hold_Wakeup( )-Funktion auch die Komponente erneut.
- **void Sample_Hold_Enable(void)** – aktiviert die Hardware und beginnt den Betrieb der Komponente. Es ist nicht notwendig, Sample_Hold_Enable( ) aufzurufen, da das Sample_Hold_Start( )-API diese Funktion aufruft, welche die bevorzugte Methode ist, um den Betrieb der Komponente zu beginnen.
- **void Sample_Hold_SaveConfig(void)** – leere Funktion; für zukünftige Verwendung bereitgestellt.
- **void SampleHold_RestoreConfig(void)** – leere Funktion; für zukünftige Verwendung bereitgestellt.

15.10 Controller Area Network (CAN) 3.0

Der Controller Area Network (CAN)-Controller implementiert die CAN 2.0A- und CAN 2.0B-Spezifikationen wie in der Bosch-Spezifikation definiert und entspricht dem ISO-11898-1-Standard. Die CAN-Komponente ist von der C&S group GmbH auf Basis der Standardprotokoll- und Datenverbindungsschicht-Konformitätstests zertifiziert. Merkmale sind: CAN 2.0A- und CAN 2.0B-Protokollimplementierung, ISO 11898-1-Konformität, unterstützt Standard-11-bit- und erweiterte 29-bit-Bezeichner, programmierbare Bitrate bis zu 1 Mbps, bis zu 16 Empfangs-Mailboxen mit Hardware-

Nachrichtenfilterung, bis zu 8 Sendenachrichten-Mailboxen mit programmierbarer Sendepriorität: Round-Robin und fest, Zweileiter- oder Dreileiterschnittstelle zum externen Transceiver (tx, rx und tx enable), unterstützt den Listen-only-Betriebsmodus und unterstützt die Einzelübertragung sowie interne und externe Loopback-Modi [21].

15.10.1 Controller Area Network (CAN)-Funktionen 3.0

- **CAN_Start( )** – setzt die initVar-Variable, ruft die CAN_Init( )-Funktion auf und anschließend die CAN_Enable( )-Funktion.
- **CAN_Stop( )** – deaktiviert das CAN.
- **CAN_GlobalIntEnable( )** – aktiviert globale Interrupts von der CAN-Komponente.
- **CAN_GlobalIntDisable( )** – deaktiviert globale Interrupts von der CAN-Komponente.
- **CAN_SetPreScaler( )** – legt den Vorteiler für die Erzeugung der Zeitquanten aus dem BUS_CLK/SYSCLK fest.
- **CAN_SetArbiter( )** – legt den Arbitrierungstyp für Sendebuffer fest.
- **CAN_SetTsegSample( )** – konfiguriert: Time-Segment 1, Time-Segment 2, Synchronization Jump Width und Sampling Mode.
- **CAN_SetRestartType( )** – legt den Resettyp fest.
- **CAN_SetSwapDataEndianness( )** – aktiviert oder deaktiviert das Endian-Swapping von CAN-Datenbytes. (Diese Funktion ist nicht für die PSoC 3/PSoC 5LP-Teilfamilien verfügbar.)
- **CAN_SetEdgeMode( )** – legt den Edge-Modus fest
- **CAN_RXRegisterInit( )** – schreibt nur Empfangs-CAN-Register.
- **CAN_SetOpMode( )** – legt den Operation-Modus fest.
- **CAN_SetErrorCaptureRegisterMode( )** – legt den Fehlererfassungsregistermodus auf freien Lauf oder Fehlererfassungsmodus fest. (Diese Funktion ist nicht für die PSoC 3/PSoC 5LP-Teilfamilien verfügbar.)
- **CAN_ReadErrorCaptureRegister( )** – diese Funktion gibt den Wert des Fehlererfassungsregisters zurück.
- **CAN_ArmErrorCaptureRegister( )** – diese Funktion aktiviert das Fehlererfassungsregister, wenn das ECR im Fehlererfassungsmodus ist. (Diese Funktion ist nicht für die PSoC 3/PSoC 5LP-Teilfamilien verfügbar.)
- **CAN_GetTXErrorFlag( )** – gibt die Flag zurück, die anzeigt, ob die Anzahl der Übertragungsfehler 0x60 erreicht hat oder überschreitet.
- **CAN_GetRXErrorFlag( )** – gibt die Flag zurück, die anzeigt, ob die Anzahl der Empfangsfehler 0x60 erreicht hat oder überschreitet.
- **CAN_GetTXErrorCount( )** – gibt die Anzahl der Übertragungsfehler zurück.
- **CAN_GetRXErrorCount( )** – gibt die Anzahl der Empfangsfehler zurück.
- **CAN_GetErrorState( )** – gibt den Fehlerstatus der CAN-Komponente zurück.

15.10 Controller Area Network (CAN) 3.0

- **CAN_SetIrqMask( )** – legt fest, ob bestimmte Interrupt-Quellen aktiviert oder deaktiviert werden sollen.
- **CAN_ArbLostIsr( )** – löscht die Arbitration-Lost-Interrupt-Flag.
- **CAN_OvrLdErrorIsr( )** – löscht die Overload-Error-Interrupt-Flag.
- **CAN_BitErrorIsr( )** – löscht die Bit-Error-Interrupt-Flag.
- **CAN_BitStuffErrorIsr( )** – löscht die Bit-Stuff-Error-Interrupt-Flag.
- **CAN_AckErrorIsr( )** – löscht die Acknowledge-Error-Interrupt-Flag.
- **CAN_MsgErrorIsr( )** – löscht die Form-Error-Interrupt-Flag.
- **CAN_CrcErrorIsr( )** – löscht die CRC-Error-Interrupt-Flag.
- **CAN_BusOffIsr( )** – löscht die Bus-Off-Interrupt-Flag. Setzt die CAN-Komponente in den Stop-Modus.
- **CAN_SSTErrorIsr( )** – löscht die SST-Error-Flag und entfernt die fehlgeschlagene Nachricht aus dem Sendepostfach. (Diese Funktion ist nicht für die PSoC 3/PSoC 5LP-Teilfamilien verfügbar.)
- **CAN_RtrAutoMsgSentIsr( )** – löscht die RTR-Auto-Message-sent-Flag. (Diese Funktion ist nicht für die PSoC 3/PSoC 5LP-Teilfamilien verfügbar.)
- **CAN_StuckAtZeroIsr( )** – löscht die Stuck-at-Zero-Flag. Setzt die CAN-Komponente in den Stoppmodus. (Diese Funktion ist nicht für die PSoC 3/PSoC 5LP-Teilfamilien verfügbar.)
- **CAN_MsgLostIsr( )** – löscht die Message-Lost-Interrupt-Flag.
- **CAN_MsgTXIsr( )** – löscht die Transmit-Message-Interrupt-Flag.
- **CAN_MsgRXIsr( )** – löscht die Receive-Message-Interrupt-Flag und ruft geeignete Handler für Basic- und Full-Interrupt-basierte Postfächer auf.
- **CAN_RxBufConfig( )** – konfiguriert alle Empfangsregister für ein bestimmtes Postfach.
- **CAN_TxBufConfig( )** – konfiguriert alle Senderegister für ein bestimmtes Postfach.
- **CAN_SendMsg( )** – sendet eine Nachricht von einem der Basic-Postfächer.
- **CAN_SendMsg0-7( )** – überprüft, ob im Postfach 0–7 ungesendete Nachrichten auf Arbitrierung warten.
- **CAN_TxCancel( )** – bricht die Übertragung einer Nachricht ab, die zur Übertragung eingereiht wurde.
- **CAN_ReceiveMsg0-15( )** – bestätigt den Empfang einer neuen Nachricht.
- **CAN_ReceiveMsg( )** – löscht die Receive-particular-Message-Interrupt-Flag.
- **CAN_Sleep( )** – bereitet die CAN-Komponente darauf vor, in den Schlafmodus zu wechseln
- **CAN_Wakeup( )** – bereitet die CAN-Komponente darauf vor, aufzuwachen
- **CAN_Init( )** – initialisiert oder stellt die CAN-Komponente gemäß den Einstellungen des Configure-Dialogfelds wieder her.
- **CAN_Enable( )** – aktiviert die CAN-Komponente.
- **CAN_SaveConfig( )** – speichert die aktuelle Konfiguration.
- **CAN_RestoreConfig( )** – stellt die Konfiguration wieder her.

15.10.2 Controller Area Network (CAN)-Funktionsaufrufe 3.0

- **uint8 CAN_Start(void)** – Setzt die initVar-Variable, ruft die CAN_Init( )-Funktion auf und ruft dann die CAN_Enable( )-Funktion auf. Diese Funktion setzt die CAN-Komponente in den Laufmodus und startet den Zähler, wenn Abfrage-Mailboxen verfügbar sind.
- **uint8 CAN_GlobalIntEnable(void)** – Diese Funktion aktiviert globale Unterbrechungen von der CAN-Komponente.
- **uint8 CAN_GlobalIntDisable(void)** – Diese Funktion deaktiviert globale Unterbrechungen von der CAN-Komponente.
- **uint8 CANSetPreScaler(uint16 bitrate)** – Diese Funktion setzt den Vorteiler zur Erzeugung der Zeitquanten aus dem BUSCLK/SYSCLK. Gültige Werte liegen zwischen 0x0 und 0x7FFF.
- **uint8 CAN_SetArbiter(uint8 arbiter)** – Diese Funktion legt den Schiedsrichtertyp für Sendepuffer fest. Arten von Schiedsrichtern sind Round Robin und feste Priorität.
- **uint8 CAN_SetTsegSample(uint8 cfgTseg1, uint8 cfgTseg2, uint8 sjw, uint8 sm)** – Diese Funktion konfiguriert: Zeitsegment 1, Zeitsegment 2, Synchronisationssprungweite und Abtastmodus.
- **uint8 CAN_SetRestartType(uint8 reset)** – Diese Funktion legt den Reset-Typ fest. Arten von Resets sind Automatisch und Manuell. Manueller Reset ist die empfohlene Einstellung.
- **uint8 CAN_SetSwapDataEndianness(uint8 swap)** – Diese Funktion wählt aus, ob die Datenbyte-Endianness der CAN-Empfangs- und Sendungsdatenfelder getauscht oder nicht getauscht werden soll. Dies ist nützlich, um die Datenbyte-Endianness an die Endian-Einstellung des Prozessors oder des verwendeten CAN-Protokolls anzupassen. Diese Funktion ist nicht anwendbar auf PSoC 3/PSoC 5LP-Teilfamilien.
- **uint8 CAN_SetEdgeMode(uint8 edge)** – Diese Funktion legt den Edge-Modus fest. Die Modi sind ‚R' zu ‚D' (Rezessiv zu Dominant) und beide Kanten werden verwendet.
- **uint8 CAN_RXRegisterInit(uint32 *regAddr, uint32 config)** – Diese Funktion schreibt nur CAN-Empfangsregister.
- **uint8 CAN_SetOpMode(uint8 opMode)** – Diese Funktion legt den Betriebsmodus fest.
- **uint8 CAN_SetErrorCaptureRegisterMode(uint8 ecrMode)** – Diese Funktion legt den Fehlererfassungsregistermodus fest. Die 2 Modi sind möglich: freilaufender und Fehlererfassungsmodus. Element **uint32 CAN_ReadErrorCaptureRegister(void)** – Diese Funktion gibt den Wert des Fehlererfassungsregisters zurück.
- **uint8 CAN_ArmErrorCaptureRegister(void)** – Diese Funktion aktiviert das Fehlererfassungsregister, wenn das ECR im Fehlererfassungsmodus ist, indem sie das ECR_STATUS-Bit im ECR-Register setzt

15.10 Controller Area Network (CAN) 3.0

- **uint8 CAN_GetTXErrorFlag(void)** – Diese Funktion gibt das Flag zurück, das anzeigt, ob die Anzahl der Übertragungsfehler gleich oder größer als 0x60 ist.
- **uint8 CAN_GetRXErrorFlag(void)** – Diese Funktion gibt das Flag zurück, das anzeigt, ob die Anzahl der Empfangsfehler gleich oder größer als 0x60 ist.
- **uint8 CAN_GetTXErrorCount(void)** – Diese Funktion gibt die Anzahl der Übertragungsfehler zurück.
- **uint8 CAN_GetRXErrorCount(void)** – Diese Funktion gibt die Anzahl der Empfangsfehler zurück.
- **uint8 CAN_GetErrorState(void)** – Diese Funktion gibt den Fehlerstatus der CAN-Komponente zurück.
- **uint8 CAN_GetErrorState(void)** – Diese Funktion gibt den Fehlerstatus der CAN-Komponente zurück.
- **void CAN_ArbLostIsr(void)** – Diese Funktion ist der Einstiegspunkt zur Arbitration Lost Interrupt. Sie löscht das Arbitration Lost Interrupt-Flag. Es wird nur erzeugt, wenn das Arbitration Lost Interrupt-Parameter aktiviert ist.
- **CAN_OvrLdErrorIsr(void)** – Diese Funktion ist der Einstiegspunkt zur Overload Error Interrupt. Sie löscht das Overload Error Interrupt-Flag. Es wird nur erzeugt, wenn das Overload Error Interrupt-Parameter aktiviert ist.
- **CAN_BitErrorIsr(void)** – Diese Funktion ist der Einstiegspunkt zur Bit Error Interrupt. Sie löscht das Bit Error Interrupt-Flag. Es wird nur erzeugt, wenn das Bit Error Interrupt-Parameter aktiviert ist.
- **void CAN_BitStuffErrorIsr(void)** – Diese Funktion ist der Einstiegspunkt zur Bit Stuff Error Interrupt. Sie löscht das Bit Stuff Error Interrupt-Flag. Es wird nur erzeugt, wenn das Bit Stuff Error Interrupt-Parameter aktiviert ist.
- **void CAN_AckErrorIsr(void)** – Diese Funktion ist der Einstiegspunkt zur Acknowledge Error Interrupt. Sie löscht das Acknowledge Error Interrupt-Flag. Es wird nur erzeugt, wenn das Acknowledge Error Interrupt-Parameter aktiviert ist.
- **void CAN_MsgErrorIsr(void)** – Diese Funktion ist der Einstiegspunkt zur Form Error Interrupt. Sie löscht das Form Error Interrupt-Flag. Es wird nur erzeugt, wenn das Form Error Interrupt-Parameter aktiviert ist.
- **void CAN_CrcErrorIsr(void)** – Diese Funktion ist der Einstiegspunkt zum CRC-Fehler-Interrupt. Sie löscht das CRC-Fehler-Interrupt-Flag. Es wird nur generiert, wenn der CRC-Fehler-Interrupt-Parameter aktiviert ist.
- **void CAN_BusOffIsr(void)** – Diese Funktion ist der Einstiegspunkt zum Bus-Off-Interrupt. Sie versetzt die CAN-Komponente in den Stopp-Modus. Es wird nur generiert, wenn der Bus-Off-Interrupt-Parameter aktiviert ist. Es wird empfohlen, diesen Interrupt zu aktivieren.
- **void CAN_SSTErrorIsr(void)** – Diese Funktion ist der Einstiegspunkt zum Interrupt für den Einzelschuss-Übertragungsfehler. Es wird nur generiert, wenn die Einzelschuss-Übertragung aktiviert ist. Generiert, wenn das für die Einzelschuss-Übertragung eingestellte Postfach einen Arbitrationsverlust oder einen Busfehler während der Übertragung erlebt hat.

- **void CAN_RtrAutoMsgSentIsr(void)** – Diese Funktion ist der Einstiegspunkt zum Interrupt für die automatische RTR-Nachricht gesendet. Es wird nur generiert, wenn der Parameter für den RTR-Nachricht gesendet Interrupt aktiviert ist.
- **void CAN_StuckAtZeroIsr(void)** – Diese Funktion ist der Einstiegspunkt zum Interrupt für das bei dominantem Bit stecken gebliebene. Es wird nur generiert, wenn der Parameter für den bei Null stecken gebliebenen Interrupt aktiviert ist. Es wird empfohlen, diesen Interrupt zu aktivieren.
- **void CAN_MsgLostIsr(void)** – Diese Funktion ist der Einstiegspunkt zum Interrupt für die verlorene Nachricht. Sie löscht das Flag für den verlorenen Nachrichten-Interrupt. Es wird nur generiert, wenn der Parameter für den verlorenen Nachrichten-Interrupt aktiviert ist.
- **void CAN_MsgTXIsr(void)** – Diese Funktion ist der Einstiegspunkt zum Interrupt für die Übertragungsnachricht. Sie löscht das Flag für den Übertragungsnachrichten-Interrupt. Es wird nur generiert, wenn der Parameter für den Übertragungsnachrichten-Interrupt aktiviert ist.
- **void CAN_MsgRXIsr(void)** – Diese Funktion ist der Einstiegspunkt zum Interrupt für die Empfangsnachricht. Sie löscht das Flag für den Empfangsnachrichten-Interrupt und ruft die entsprechenden Handler für Basic und Full Interrupt basierte Postfächer auf. Es wird nur generiert, wenn der Parameter für den Empfangsnachrichten-Interrupt aktiviert ist. Es wird empfohlen, diesen Interrupt zu aktivieren.
- **uint8 CAN_RxBufConfig(const CAN_RX_CFG *rxConfig)** – Diese Funktion konfiguriert alle Empfangsregister für ein bestimmtes Postfach. Die Postfachnummer enthält die CAN_RX_CFG-Struktur.
- **uint8 CAN_TxBufConfig(const CAN_TX_CFG *txConfig)** – Diese Funktion konfiguriert alle Übertragungsregister für ein bestimmtes Postfach. Die Postfachnummer enthält die CAN_TX_CFG-Struktur.
- **uint8 CAN_SendMsg(const CANTXMsg *message)** – Diese Funktion sendet eine Nachricht von einem der Basic-Postfächer. Die Funktion durchläuft den Puffer für die Übertragungsnachricht, der als Basic CAN-Postfächer konzipiert ist. Sie sucht nach dem ersten freien verfügbaren Postfach und sendet von dort aus. Es können nur drei Wiederholungen erfolgen.
- **uint8 CAN_SendMsg0-7(void)** – Diese Funktionen sind der Einstiegspunkt zur Übertragungsnachricht 0-7. Diese Funktion überprüft, ob das Postfach 0-7 bereits unübertragene Nachrichten hat, die auf die Arbitration warten. Wenn ja, leitet sie die Übertragung der Nachricht ein. Nur generiert für Übertragungspostfächer, die als Full konzipiert sind.
- **void CAN_TxCancel(uint8 bufferld)** – Diese Funktion bricht die Übertragung einer Nachricht ab, die zur Übertragung eingereiht wurde. Werte zwischen 0 und 7 sind gültig.
- **void CAN_ReceiveMsg0-15(void)** – Diese Funktionen sind der Einstiegspunkt zum Interrupt für die Empfangsnachricht 0-15. Sie löschen die Flags für den Interrupt der

15.10 Controller Area Network (CAN) 3.0

Empfangsnachricht 0-15. Sie werden nur für Empfangspostfächer generiert, die als Full Interrupt basiert konzipiert sind.

- **void CAN_ReceiveMsg(uint8 rxMailbox)** – Diese Funktion ist der Einstiegspunkt zum Interrupt für die Empfangsnachricht für Basic-Postfächer. Sie löscht das Flag für den speziellen Empfangsnachrichten-Interrupt. Es wird nur generiert, wenn eines der Empfangspostfächer als Basic konzipiert ist.
- **void CAN_Sleep(void)** – Dies ist die bevorzugte Routine, um die Komponente auf den Schlafmodus vorzubereiten. Die CAN_Sleep( )-Routine speichert den aktuellen Zustand der Komponente. Dann ruft sie die CAN_Stop( )-Funktion auf und ruft CAN_SaveConfig( ) auf, um die Hardware-Konfiguration zu speichern. Rufen Sie die CAN_Sleep( )-Funktion auf, bevor Sie die CyPmSleep( )- oder die CyPmHibernate( )-Funktion aufrufen.
- **void CAN_Wakeup(void)** – Dies ist die bevorzugte Routine, um die Komponente in den Zustand zurückzuführen, in dem CAN_Sleep( ) aufgerufen wurde. Die CAN_Wakeup( )-Funktion ruft die CAN_RestoreConfig( )-Funktion auf, um die Konfiguration wiederherzustellen. Die Funktion stellt die Konfigurationen der CAN Rx- und Tx-Puffersteuerregister wieder her, die vom Customizer bereitgestellt wurden. Wenn die Komponente vor dem Aufruf der CAN_Sleep( )-Funktion aktiviert war, wird die CAN_Wakeup( )-Funktion die Komponente auch wieder aktivieren.
- **uint8 CAN_Init(void)** Initialisiert oder stellt die Komponente gemäß den Einstellungen des Konfigurationsdialogs des Customizers wieder her. Es ist nicht notwendig, CAN_Init( ) aufzurufen, da die CAN_Start( )-Routine diese Funktion aufruft und die bevorzugte Methode ist, um den Betrieb der Komponente zu beginnen.
- **uint8 CAN_Enable(void)** – Aktiviert die Hardware und beginnt den Betrieb der Komponente. Es ist nicht notwendig, CAN_Enable( ) aufzurufen, da die CAN_Start( )-Routine diese Funktion aufruft, was die bevorzugte Methode ist, um den Betrieb der Komponente zu beginnen.
- **void CAN_SaveConfig(void)** – Diese Funktion speichert die Konfiguration der Komponente und die nicht-retention Register. Diese Funktion speichert auch die aktuellen Parameterwerte der Komponente, wie sie im Konfigurationsdialog definiert oder durch geeignete APIs modifiziert wurden. Diese Funktion wird von der CAN_Sleep( )-Funktion aufgerufen. Diese Funktion ist nur für die PSoC 3/PSoC 5LP-Teilfamilien anwendbar.
- **void CAN_RestoreConfig(void)** – Diese Funktion stellt die Konfiguration der Komponente und die nicht-retention Register wieder her. Diese Funktion stellt auch die Parameterwerte der Komponente auf den Stand zurück, den sie vor dem Aufruf der CAN_Sleep( )-Funktion hatten. Diese Funktion ist nur für die PSoC 3/PSoC 5LP-Teilfamilien anwendbar.

15.11 Vector CAN 1.10

Die Vector CANbedded-Umgebung besteht aus einer Reihe von adaptiven Quellcodekomponenten, die die grundlegenden Kommunikations- und Diagnoseanforderungen in Automobilanwendungen abdecken. Die Vector CANbedded-Softwaresuite ist kundenspezifisch, und ihre Funktion variiert je nach Anwendung und OEM. Diese Komponente für die Vector CANbedded-Suite ist generisch geschrieben, um die CANbedded-Struktur unabhängig von der speziellen OEM-Anwendung zu unterstützen. Die für PSoC 3 entwickelte Vector-CAN-Komponente ermöglicht eine einfache Integration des von Vector zertifizierten CAN-Treibers. Funktionen umfassen: CAN 2.0A/B-Protokollimplementierung, ISO 11898-1-Konformität, programmierbare Bitrate bis zu 1 Mbps, Zwei- oder Dreileiterschnittstelle zum externen Transceiver (Tx, Rx und Tx Enable), und der Treiber wird von Vector bereitgestellt und unterstützt [103].

15.11.1 Vector-CAN-Funktionen 1.10

- **Vector_CAN_Start( )** – initialisiert und aktiviert die Vector-CAN-Komponente mit den Funktionen Vector_CAN_Init( ) und Vector_CAN_Enable( ).
- **Vector_CAN_Stop( )** – deaktiviert die Vector-CAN-Komponente.
- **Vector_CAN_GlobalIntEnable( )** – aktiviert Global Interrupts vom CAN-Kern.
- **Vector_CAN_GlobalIntDisable( )** – deaktiviert Global Interrupts vom CAN-Kern.
- **Vector_CAN_Sleep( )** – bereitet die Komponente auf den Schlafmodus vor.
- **Vector_CAN_Wakeup( )** – stellt die Komponente in den Zustand zurück, als Vector_CAN_Sleep( ) aufgerufen wurde.
- **Vector_CAN_Init( )** – initialisiert die Vector-CAN-Komponente basierend auf den Einstellungen im Komponenten-Customizer.
- **Vector_CAN_Enable( )** – aktiviert die Vector-CAN-Komponente.
- **Vector_CAN_SaveConfig( )** – speichert die Konfiguration der Komponente.
- **Vector_CAN_RestoreConfig( )** – stellt die Konfiguration der Komponente wieder her.

15.11.2 Vector-CAN-Funktionsaufrufe 1.10

- **uint8 Vector_CAN_Start(void)** – dies ist die bevorzugte Methode, um den Betrieb der Komponente zu starten. Vector_CAN_Start( ) setzt die initVar-Variable, ruft die Funktion Vector_CAN_Init( ) auf und anschließend die Funktion Vector_CAN_Enable( ).
- **uint8 Vector_CAN_Stop(void)** – deaktiviert die Vector-CAN-Komponente.
- **uint8 Vector_CAN_GlobalIntEnable(void)** – diese Funktion aktiviert globale Interrupts vom CAN-Kern.

- **uint8 Vector_CAN_GlobalIntDisable(void)** – diese Funktion deaktiviert globale Interrupts vom CAN-Kern.
- **void Vector_CAN_Sleep(void)** – dies ist die bevorzugte Routine, um die Komponente auf den Schlafmodus vorzubereiten. Die Routine Vector_CAN_Sleep( ) speichert den aktuellen Zustand der Komponente. Dann ruft sie die Funktion Vector_CAN_SaveConfig( ) auf und anschließend Vector_CAN_Stop( ), um die Hardwarekonfiguration zu speichern. Rufen Sie die Funktion Vector_CAN_Sleep( ) auf, bevor Sie die Funktionen CyPmSleep( ) oder CyPmHibernate( ) aufrufen.
- **void Vector_CAN_Wakeup(void)** – dies ist die bevorzugte Routine, um die Komponente in den Zustand zurückzuführen, als Vector_CAN_Sleep( ) aufgerufen wurde. Die Funktion Vector_CAN_Wakeup( ) ruft die Funktion Vector_CAN_RestoreConfig( ) auf, um die Konfiguration wiederherzustellen. Wenn die Komponente vor dem Aufruf der Funktion Vector_CAN_Sleep( ) aktiviert wurde, wird die Funktion Vector_CAN_Wakeup( ) die Komponente auch wieder aktivieren.
- **uint8 Vector_CAN_Enable(void)** – aktiviert die Hardware und beginnt den Betrieb der Komponente. Es ist nicht notwendig, Vector_CAN_Enable( ) aufzurufen, da die Routine Vector_CAN_Start( ) diese Funktion aufruft, welche die bevorzugte Methode ist, um den Betrieb der Komponente zu starten.
- **void Vector_CAN_SaveConfig(void)** – diese Funktion speichert die Konfiguration der Komponente. Dies wird nicht speichernde Register speichern. Diese Funktion wird auch die aktuellen Parameterwerte der Komponente speichern, wie sie im Configure-Dialogfeld definiert oder durch geeignete APIs geändert wurden. Diese Funktion wird von der Funktion Vector_CAN_Sleep( ) aufgerufen.
- **void Vector_CAN_RestoreConfig(void)** – diese Funktion stellt die Konfiguration der Komponente wieder her. Dies wird nicht speichernde Register wiederherstellen. Diese Funktion wird auch die Parameterwerte der Komponente auf den Zustand vor dem Aufruf der Funktion Vector_CAN_Sleep( ) zurücksetzen.

15.12 Filter 2.30

Diese Komponente beinhaltet eine Filterdesignfunktion, die den Design- und Implementierungsprozess erheblich vereinfacht, und unterstützt zwei Streamingkanäle, die direkt in ROM oder andere Hardwareblöcke (wie den ADC) mittels DMA gestreamt werden können. Die gefilterten Ergebnisse können ebenfalls mittels DMA, Interrupts oder Polling-Methoden übertragen werden. Die 128 Daten- und Koeffizientenpositionen des DFB werden je nach Bedarf zwischen den beiden Filterkanälen geteilt, und diese Informationen werden verwendet, um die Wahl der Filterimplementierung zu leiten. Es wird die minimale Bustaktfrequenz angezeigt (aber nicht eingestellt), die erforderlich ist, um die Filterung innerhalb des deklarierten Abtastintervalls auszuführen. Dieser Takt kann dann im designweiten Ressourcenmanager eingestellt werden [44].

15.12.1 Filter-Funktionen 2.30

- **Filter_Start( )** – konfiguriert und aktiviert die Hardwarekomponente des Filter für Interrupt, DMA und Filtereinstellungen.
- **Filter_Stop( )** – stoppt die Filter und schaltet die Hardware aus.
- **Filter_Read8( )** – liest den aktuellen Wert im Halteregister des Filter-Ausgangs. Byte-lesen des höchstwertigen Bytes.
- **Filter_Read16( )** – liest den aktuellen Wert im Halteregister des Filter-Ausgangs. 2-Byte-lesen der höchstwertigen Bytes.
- **Filter_Read24( )** – liest den aktuellen Wert im Halteregister des Filter-Ausgangs. 2-Byte-lesen des Datenhalteregisters.
- **Filter_Write8( )** – schreibt eine neue 8-bit-Probe in das Eingabe-Staging-Register des Filter.
- **Filter_Write16( )** – schreibt eine neue 16-bit-Probe in das Eingabe-Staging-Register des Filter.
- **Filter_Write24( )** – schreibt eine neue 24-bit-Probe in das Eingabe-Staging-Register des Filter.
- **Filter_ClearInterruptSource( )** – schreibt die Filter_ALL_INTR-Maske in das Statusregister, um alle aktiven Interrupts zu löschen.
- **Filter_IsInterruptChannelA( )** – identifiziert, ob Channel A einen Data-ready-Interrupt ausgelöst hat.
- **Filter_IsInterruptChannelB( )** – identifiziert, ob Channel B einen Data-ready-Interrupt ausgelöst hat.
- **Filter_Sleep( )** – stoppt und speichert die Konfiguration.
- **Filter_Wakeup( )** – stellt die Konfiguration wieder her und aktiviert sie.
- **Filter_Init( )** – initialisiert oder stellt die Standard-Filter-Konfiguration wieder her.
- **Filter_Enable( )** – aktiviert das Filter.
- **Filter_SaveConfig( )** – speichert die Konfiguration der nicht speichernden Filter-Register.
- **Filter_RestoreConfig( )** – stellt die Konfiguration der nicht speichernden Filter-Register wieder her.
- **Filter_SetCoherency( )** – setzt das Schlüsselkohärenzbyte im Kohärenzregister.

15.12.2 Filter-Funktionsaufrufe 2.30

- **void Filter_Start(void)** – dies ist die bevorzugte Methode, um den Betrieb der Komponente zu starten. Konfiguriert und aktiviert die Hardware der Filterkomponente für Interrupt, DMA und Filtereinstellungen.
- **void Filter_Stop(void)** – stoppt den Betrieb der Filter-Hardware und schaltet sie aus.
- **uint8 Filter_Read8(uint8 channel)** – liest das höchstwertige Byte des Ausgabehalteregisters von Kanal A oder Kanal B.

15.12 Filter 2.30

- **uint16 Filter_Read16(uint8 channel)** – liest die 2 höchstwertigen Bytes des Ausgabehalteregisters von Kanal A oder Kanal B.
- **uint32 Filter_Read24(uint8 channel)** – liest alle 3 Byte des Ausgabehalteregisters von Channel A oder Channel B. uint8 channel: Welcher Filterkanal soll gelesen werden. Optionen sind Filter_CHANNEL_A und Filter_CHANNEL_B.
- **void Filter_Write8(uint8 channel, uint8 sample)** – schreibt in das höchstwertige Byte des Eingabe-Staging-Registers von Channel A oder Channel B.
- **void Filter_Write16(uint8 channel, uint16 sample)** – schreibt in die 2 höchstwertigen Bytes des Eingabe-Staging-Registers von Channel A oder Channel B.
- **void Filter_Write24(uint8 channel, uint32 sample)** – schreibt in alle 3 Byte des Eingabe-Staging-Registers von Channel A oder Channel B.
- **void Filter_ClearInterruptSource(void)** – schreibt die Filter_ALL_INTR-Maske in das Statusregister, um jeden aktiven Interrupt zu löschen.
- **uint8 Filter_IsInterruptChannelA(void)** – identifiziert, ob Channel A einen Data-ready-Interrupt ausgelöst hat.
- **uint8 Filter_IsInterruptChannelB(void)** – identifiziert, ob Channel B einen Data-ready-Interrupt ausgelöst hat.
- **void Filter_SetCoherency(uint8 channel, unit8 byte_select)** – setzt den Wert im DFB-Kohärenzregister. Dieser Wert bestimmt das Schlüsselkohärenzbyte. Das Schlüsselkohärenzbyte ist die Art und Weise der Software, der Hardware mitzuteilen, welches Byte des Feldes zuletzt geschrieben oder gelesen wird, wenn eine Aktualisierung des Feldes gewünscht ist.
- **void Filter_SetCoherencyEx(uint8 regSelect, uint8 key)** – konfiguriert das DFB-Kohärenzregister für jedes der Staging- und Halteregister. Ermöglicht das gleichzeitige Setzen mehrerer Register mit der gleichen Konfiguration. Dieses API sollte verwendet werden, wenn die Kohärenz des Staging- und Halteregisters eines Kanals unterschiedlich ist.
- **void Filter_SetDalign(uint8 regSelect, uint8 state)** – konfiguriert das DFB-Dalign-Register für jedes der Staging- und Halteregister. Ermöglicht das gleichzeitige Setzen mehrerer Register mit der gleichen Konfiguration.
- **void Filter_Sleep(void)** – stoppt den DFB-Betrieb. Speichert die Konfigurationsregister und den Zustand der Komponentenaktivierung. Sollte kurz vor dem Eintritt in den Schlafmodus aufgerufen werden.
- **void Filter_Wakeup(void)** – dies ist das bevorzugte API, um die Komponente in den Zustand zurückzuführen, in dem sie sich befand, als Filter_Sleep( ) aufgerufen wurde. Die Funktion Filter_Wakeup( ) ruft die Funktion Filter_RestoreConfig( ) auf, um die Konfiguration wiederherzustellen. Wenn die Komponente vor dem Aufruf der Funktion Filter_Sleep( ) aktiviert war, wird die Funktion Filter_Wakeup( ) die Komponente auch wieder aktivieren.
- **void Filter_Init(void)** – Initialisiert oder stellt die Komponente gemäß den Einstellungen des Configure-Dialogfelds wieder her. Es ist nicht notwendig, Filter_Init(

) aufzurufen, da das API Filter_Start( ) diese Funktion aufruft und die bevorzugte Methode ist, um den Betrieb der Komponente zu starten.
- **void Filter_Enable(void)** – aktiviert die Hardware und beginnt den Betrieb der Komponente. Es ist nicht notwendig, Filter_Enable( ) aufzurufen, da das API Filter_Start( ) diese Funktion aufruft, was die bevorzugte Methode ist, um den Betrieb der Komponente zu starten.
- **void Filter_SaveConfig(void)** – diese Funktion speichert die Konfiguration der Komponente und die nicht speichernden Register. Sie speichert auch die aktuellen Parameterwerte der Komponente, wie sie im Configure-Dialogfeld definiert oder durch geeignete APIs geändert wurden. Diese Funktion wird von der Funktion Filter_Sleep( ) aufgerufen.
- **void Filter_RestoreConfig(void)** – diese Funktion stellt die Konfiguration der Komponente und die nicht speichernden Register wieder her. Sie stellt auch die Parameterwerte der Komponente auf den Stand zurück, den sie vor dem Aufruf der Funktion Filter_Sleep( ) hatten.

15.13 Digital Filter Block Assembler 1.40

Der digitale Filterblock (DFB) in PSoC 3 und PSoC 5LP ist ein programmierbare 24-bit-Festkomma-DSP-Engine mit begrenztem Anwendungsbereich, die als Mini-DSP in der Anwendung verwendet werden kann. Die DFB-Komponente ermöglicht es Ihnen, den DFB direkt mit seinen Assembler-Befehle zu konfigurieren. Die Komponente stellt die in den Codeeditor eingegebenen Befehle zusammen und erzeugt die entsprechenden Hex-Code-Wörter, die dann in den DFB geladen werden. Sie beinhaltet auch einen Simulator, der bei der Simulation und Fehlersuche der Assembler-Befehle helfen kann. Funktionen beinhalten: einen Editor zum Eingeben der Assembler-Befehle zur Konfiguration des DFB-Blocks, einen Assembler, der die Assembler-Befehle in Befehlswörter umwandelt, Unterstützung für die Simulation der Assembler-Befehle, Unterstützung für eine Codeoptimierungsoption, die einen Mechanismus zur Einbindung von bis zu 128 sehr großen Befehlswörtern in den DFB-Code-RAM bietet, Hardwaresignale wie DMA-Anforderungen, DSI-Eingänge und -Ausgänge und Interrupt-Leitungen, Unterstützung für Semaphore zur Interaktion mit der Systemsoftware und die Option, die Semaphore mit Hardwaresignalen zu verbinden [31].

15.13.1 Digital-Filter-Block-Assembler-Funktionen 1.40

- **DFB_Stop( )** – schaltet das Laufbit aus. Wenn die DMA-Steuerung zum Speisen der Kanäle verwendet wird, ermöglicht es Argumente, um einen der TD-Kanäle auszuschalten.
- **DFB_Pause( )** – pausiert den DFB und ermöglicht das Schreiben in den DFB-RAM.

- **DFB_Resume( )** – deaktiviert das Schreiben in den DFB-RAM, löscht alle ausstehenden Interrupts, trennt den DFB-RAM vom Datenbus und startet den DFB.
- **DFB_SetCoherency( )** – setzt den Kohärenzschlüssel auf Low-/Mid-/High-Byte basierend auf dem coherenceKey-Parameter, der an den DFB übergeben wird.
- **DFB_SetDalign( )** – ermöglicht es, dass 9- bis 16-bit-Eingabe- und Ausgabewerte als 16-bit-Werte auf dem AHB-Bus übertragen werden.
- **DFB_LoadDataRAMA( )** – lädt Daten in den RAMA-DFB-Speicher.
- **DFB_LoadDataRAMB( )** – lädt Daten in den RAMB-DFB-Speicher.
- **DFB_LoadInputValue( )** – lädt den Eingabewert in den ausgewählten Kanal.
- **DFB_GetOutputValue( )** – holt den Wert aus einem der DFB-Ausgaberegister.
- **DFB_SetInterruptMode( )** – weist die Ereignisse zu, die einen DFB-Interrupt auslösen werden.
- **DFB_GetInterruptSource( )** – schaut in das DFB_SR-Register, um zu sehen, welche Interrupt-Quellen ausgelöst wurden.
- **DFB_ClearInterrupt( )** – löscht die Interrupt-Anforderung.
- **DFB_SetDMAMode( )** – weist die Ereignisse zu, die eine DMA-Anforderung für den DFB auslösen werden.
- **DFB_SetSemaphores( )** – setzt Semaphoren, die mit einer 1 angegeben sind.
- **DFB_ClearSemaphores( )** – löscht Semaphoren, die mit einer 1 angegeben sind.
- **DFB_GetSemaphores( )** – überprüft den aktuellen Status der DFB-Semaphoren und gibt diesen Wert zurück.
- **DFB_SetOutput1Source( )** – wählt aus, welche internen Signale auf Ausgang 1 abgebildet werden.
- **DFB_SetOutput2Source( )** – wählt aus, welche internen Signale auf Ausgang 2 abgebildet werden.
- **DFB_Sleep( )** – bereitet die DFB-Komponente darauf vor, in den Schlafmodus zu gehen.
- **DFB_Wakeup( )** – bereitet die DFB-Komponente darauf vor, aufzuwachen.
- **DFB_Enable( )** – aktiviert den DFB-Hardwareblock. Setzt das DFB-Laufbit. Schaltet den DFB-Block ein.
- **DFB_SaveConfig(void)** – speichert die Benutzerkonfiguration der nicht speichernden DFB-Register. Diese Routine wird von DFB_Sleep( ) aufgerufen, um die Komponentenkonfiguration vor dem Eintritt in den Schlafmodus zu speichern.
- **DFB_RestoreConfig( )** – stellt die Benutzerkonfiguration der nicht speichernden DFB-Register wieder her. Diese Routine wird von DFB_Wakeup( ) aufgerufen, um die Komponentenkonfiguration beim Verlassen des Schlafmodus wiederherzustellen.

15.13.2 Digital-Filter-Block-Assembler-Funktionsaufrufe 1.40

- **void DFB_Start(void)** – Diese Funktion initialisiert und aktiviert die DFB-Komponente mit den Funktionen DFB_Init( ) und DFB_Enable( ).

- **void DFB_Stop(void)** – Diese Funktion schaltet das Laufbit aus. Wenn die DMA-Steuerung zum Speisen der Kanäle verwendet wird, ermöglicht DFB_Stop( ) Argumente, um einen der TD-Kanäle auszuschalten.
- **void DFB_Pause(void)** – Diese Funktion pausiert den DFB und ermöglicht das Schreiben in den DFB RAM. Schaltet das Laufbit aus, verbindet den DFB RAM mit dem Datenbus und löscht das DFB-Laufbit und übergibt die Kontrolle über alle DFB RAMs an den Bus.
- **void DFB_Resume(void)** – Diese Funktion deaktiviert das Schreiben in den DFB RAM, löscht alle ausstehenden Unterbrechungen, trennt den DFB RAM vom Datenbus und startet den DFB. Sie übergibt die Kontrolle über alle DFB RAMs an den DFB und setzt dann das Laufbit.
- **void DFB_SetCoherency(uint8 coherencyKeyByte)** – Diese Funktion setzt den Kohärenzschlüssel auf niedrig, mittel oder hoch Byte basierend auf dem coherencyKeyByte-Parameter, der an den DFB übergeben wird. Beachten Sie, dass die Funktion direkt in das DFB-Kohärenzregister schreibt. Daher muss die Kohärenz für alle Register angegeben werden, wenn der coherencyKeyByte-Parameter übergeben wird. DFB_SetCoherency( ) ermöglicht es Ihnen, auszuwählen, welches der drei Bytes von jeweils STAGEA, STAGEB, HOLDA und HOLDB als Schlüsselkohärenzbyte verwendet wird. Kohärenz bezieht sich auf die HW, die zu diesem Block hinzugefügt wurde, um vor Blockfehlfunktionen zu schützen. Dies ist notwendig in Fällen, in denen Registerfelder breiter sind als der Buszugriff, was Intervalle hinterlässt, in denen Felder teilweise geschrieben oder gelesen werden (inkohärent). Das Schlüsselkohärenzbyte ist die Art und Weise, wie die SW der HW mitteilt, welches Byte des Feldes zuletzt geschrieben oder gelesen wird, wenn Sie das Feld aktualisieren möchten. Wenn das Schlüsselbyte geschrieben oder gelesen wird, wird das Feld als kohärent gekennzeichnet. Wenn ein anderes Byte geschrieben oder gelesen wird, wird das Feld als inkohärent gekennzeichnet.
- **void DFB_SetDalign(uint8 dalignKeyByte)** – Diese Funktion ermöglicht es, dass 9- bis 16-Bit-Eingabe- und Ausgabeproben als 16-Bit-Werte auf dem AHB-Bus reisen. Diese Bits, wenn sie hoch gesetzt sind, verursachen eine 8-Bit-Verschiebung in den Daten zu allen Zugriffen auf die entsprechenden Staging- und Halteregister. Beachten Sie, dass diese Funktion direkt in das DFB-Datenausrichtungsregister schreibt. Daher muss die Ausrichtung für alle Register angegeben werden, wenn der dalignKeyByte-Parameter übergeben wird. Da der DFB-Datenpfad MSB-ausgerichtet ist, ist es für die Systemsoftware praktisch, Werte auf Bits 23:8 des Staging- und Halteregisters auf Bits 15:0 des Busses auszurichten. Dies liegt daran, dass eine Übertragung von einem PHUB-Speichen, der 16 oder sogar 8 Bits breit ist, zum DFB-Speichen geht, der 32 Bits breit ist. Der Dalign ermöglicht es dem DFB, Daten zu rechtfertigen, so dass Übertragungen zu und von diesen unterschiedlich großen Speichen effizienter erfolgen können.
- **void DFB_LoadDataRAMA(int32 * ptr, uint32 * addr, uint8 size)** – Diese Funktion lädt Daten in den DFB RAM A Speicher.

15.13 Digital Filter Block Assembler 1.40

- **void DFB_LoadDataRAMB(uint32 * ptr, uint32 * addr, uint8 size)** – Diese Funktion lädt Daten in den DFB RAM B Speicher.
- **void DFB_LoadInputValue(uint8 channel, uint32 sample)** – Diese Funktion lädt den Eingabewert in den ausgewählten Kanal.[9]
- **int32 DFB_GetOutputValue(uint8 channel)** – Diese Funktion holt den Wert aus einem der DFB Output Holding Register.
- **void DFB_SetInterruptMode(uint8 events)** – Diese Funktion weist die Ereignisse zu, die einen DFB-Unterbrechung auslösen.
- **uint8 DFB_GetInterruptSource(void)** – Diese Funktion schaut in das DFB_SR-Register, um zu sehen, welche Unterbrechungsquellen ausgelöst wurden.
- **uint8 DFB_GetInterruptSource(void)** – Diese Funktion schaut in das DFB_SR-Register, um zu sehen, welche Unterbrechungsquellen ausgelöst wurden.
- **void DFB_SetDMAMode(uint8 events)** – Diese Funktion weist die Ereignisse zu, die eine DMA-Anforderung für das DFB auslösen. Zwei verschiedene DMA-Anforderungen können ausgelöst werden.
- **void DFB_SetSemaphores(uint8 mask)** – Diese Funktion setzt die mit einer 1 angegebenen Semaphore.
- **void DFB_ClearSemaphores(uint8 mask)** – Diese Funktion löscht die mit einer 1 angegebenen Semaphore.
- **uint8 DFB_GetSemaphores(void)** – Diese Funktion überprüft den aktuellen Status der DFB-Semaphore und gibt diesen Wert zurück.
- **void DFB_SetOutput1Source(uint8 source)** – Diese Funktion ermöglicht es Ihnen, zu wählen, welche internen Signale auf Ausgang 1 abgebildet werden.
- **void DFB_SetOutput2Source(uint8 source)** – Diese Funktion ermöglicht es Ihnen, zu wählen, welche internen Signale auf Ausgang 2 abgebildet werden.
- **void DFB_Sleep(void)** – Dies ist die bevorzugte Routine, um die Komponente auf den Schlafmodus vorzubereiten. Die DFB_Sleep( )-Routine speichert den aktuellen Zustand der Komponente. Dann ruft sie die DFB_Stop( )-Funktion auf und ruft DFB_SaveConfig( ) auf, um die Hardwarekonfiguration zu speichern. Rufen Sie die DFB_Sleep( )-Funktion auf, bevor Sie die CyPmSleep( )- oder die CyPmHibernate( )-Funktion aufrufen.
- **void DFB_Wakeup(void)** – Dies ist die bevorzugte Routine, um die Komponente in den Zustand zurückzubringen, in dem DFB_Sleep( ) aufgerufen wurde. Die DFB_Wakeup( )-Funktion ruft die DFB_RestoreConfig( )-Funktion auf, um die Konfiguration wiederherzustellen. Wenn die Komponente vor dem Aufruf der DFB_Sleep( )-Funktion aktiviert wurde, wird die DFB_Wakeup( )-Funktion auch die Komponente wieder aktivieren.

---

[9] Die Schreibreihenfolge ist wichtig. Wenn das hohe Byte geladen wird, setzt das DFB das Eingabebereitschaftsbit. Auf die Byte-Reihenfolge muss sorgfältig geachtet werden, wenn die Kohärenz oder Datenanordnung geändert wird.

- **void DFB_Init(void)** – Diese Funktion initialisiert oder stellt die Standard-DFB-Komponentenkonfiguration wieder her, die mit dem Customizer bereitgestellt wird: schaltet das DFB (PM_ACT_CFG) und den RAM (DFB_RAM_EN) ein, verschiebt CSA/CSB/FSM/DataA/DataB/Address calculation unit (ACU) Daten in den DFB RAM mit einem 8051/ARM-Kern, ändert RAM DIR zu DFB, setzt den Interrupt-Modus, setzt den DMA-Modus, setzt die DSI-Ausgänge und löscht alle Semaphore-Bits und anstehenden Unterbrechungen.
- **void DFB_Enable(void)** – Diese Funktion aktiviert den DFB-Hardwareblock, setzt das DFB-Laufbit und schaltet den DFB-Block ein.
- **void DFB_SaveConfig(void)** – Diese Funktion speichert die Konfiguration der Komponente und die nicht aufbewahrten Register. Sie speichert auch die aktuellen Parameterwerte der Komponente, wie sie im Konfigurationsdialog definiert oder durch geeignete APIs geändert wurden. Diese Funktion wird von der DFB_Sleep( )-Funktion aufgerufen.
- **void DFB_RestoreConfig(void)** – Diese Funktion stellt die Konfiguration der Komponente und die nicht aufbewahrten Register wieder her. Sie stellt auch die Parameterwerte der Komponente auf den Stand zurück, den sie vor dem Aufruf der DFB_Sleep( )-Funktion hatten.

15.14 Power Monitor 8, 16 und 32 Rails 1.60

Messungen der Spannung des Stromwandlers Für Messungen der Spannung des Stromwandlers kann der ADC in den Single-ended-Modus (0–4,096-V-Bereich oder 0–2,048-V-Bereich) konfiguriert werden. Der ADC kann auch in den Differenzmodus (±2,048-V-Bereich) konfigurierbar sein, um die Fernabtastung von Spannungen zu unterstützen, bei denen die Ferngrundreferenz über eine PCB-Leiterbahn an PSoC zurückgeführt wird. In Fällen, in denen die zu überwachende analoge Spannung Vdda oder dem ADC-Bereich gleichkommt oder übersteigt, werden externe Widerstandsteiler empfohlen, um die überwachten Spannungen auf einen geeigneten Bereich herunterzuskalieren [65].

- **PowerMonitor_GetOCWarnThreshold( )** – gibt die Warnschwelle für Überstrom des angegebenen Stromwandlers zurück.
- **PowerMonitor_SetOCFaultThreshold( )** – legt die Fehlerschwelle für Überstrom des angegebenen Stromwandlers fest.
- **PowerMonitor_GetOCFaultThreshold( )** – gibt die Fehlerschwelle für Überstrom des angegebenen Stromwandlers zurück.

15.14 Power Monitor 8, 16 und 32 Rails 1.60

15.14.1 Power-Monitor-Funktionen für 8, 16 und 32 Rails 1.60

Für die Messung des Laststroms von Stromwandlern kann der ADC in den differentiellen Modus ($\pm$64-mV- oder $\pm$128-mV-Bereich) konfiguriert werden, um die Spannungsmessung über einen High-Side-Shunt-Widerstand an den Ausgängen der Stromwandler zu unterstützen. Firmware-APIs wandeln die gemessene differentielle Spannung in den äquivalenten Strom um, basierend auf dem verwendeten Wert der externen Widerstandskomponente. Der ADC kann auch in den Single-ended-Modus konfiguriert werden (entspricht dem ausgewählten Spannungsmessbereich), um die Verbindung zu externen Stromsensoren („current sense amplifier", CSA) zu unterstützen, die den differentiellen Spannungsabfall über den Shunt-Widerstand in eine Single-ended-Spannung umwandeln, oder um Stromwandler oder Hot-Swap-Controller zu unterstützen, die ähnliche Funktionen integrieren. Merkmale sind: Schnittstellen zu bis zu 32 DC-DC-Stromwandlern, Messung der Ausgangsspannungen und Lastströme von Stromwandlern mit einem DelSig-ADC, Überwachung der Gesundheit der Stromwandler mit Warnungen und Fehlern basierend auf benutzerdefinierten Schwellenwerten, Unterstützung für die Messung anderer Hilfsspannungen im System und Unterstützung für 3,3- und 5-V-Chip-Stromversorgungen.

- **PowerMonitor_GetOCWarnThreshold( )** – gibt den Überstromwarnschwellenwert für den angegebenen Stromwandler zurück.
- **PowerMonitor_SetOCFaultThreshold( )** – setzt den Überstromfehlergrenzwert für den angegebenen Stromwandler.
- **PowerMonitor_GetOCFaultThreshold( )** – gibt den Überstromfehlergrenzwert für den angegebenen Stromwandler zurück.
- **PowerMonitor_GetConverterVoltage( )** – gibt die Ausgangsspannung des angegebenen Stromwandlers zurück.
- **PowerMonitor_GetConverterCurrent( )** – gibt den Laststrom des angegebenen Stromwandlers zurück.
- **PowerMonitor_GetAuxiliaryVoltage( )** – gibt die Spannung für den Hilfseingang zurück.
- **PowerMonitor_Calibrate( )** – kalibriert den ADC über die verschiedenen Bereichseinstellungen.
- **PowerMonitor_SetAuxiliarySampleMode( )** – setzt den ADC-Abtastmodus für den ausgewählten Hilfseingang.
- **PowerMonitor_GetAuxiliarySampleMode( )** – gibt den ADC-Abtastmodus für den ausgewählten Hilfseingang zurück.
- **PowerMonitor_RequestAuxiliarySample( )** – fordert und gibt ein einzelnes ungefiltertes On-Demand-Abtastergebnis des angegebenen Hilfseingangs zurück.

15.14.2 Power-Monitor-Funktionsaufrufe für 8, 16 und 32 Rails 1.60

- **void PowerMonitor_Start(void)** – Aktiviert die Komponente. Ruft die Init( ) API auf, wenn die Komponente zuvor nicht initialisiert wurde. Ruft Enable( ) API auf. Diese API erfordert global aktivierte Interrupts im CPU-Kern. Um globale Interrupts zu aktivieren, rufen Sie das Makro „CyGlobalIntEnable" in Ihrer main.c-Datei auf, bevor die PowerMonitor_Start( ) API aufgerufen wird.
- **PowerMonitor_Stop (void)** – Deaktiviert die Komponente. ADC-Abtastung stoppt.
- **PowerMonitor_Init(void)** – Initialisiert die Komponente. Beinhaltet die Durchführung der Selbstkalibrierung.
- **void PowerMonitor_Enable(void)** – Aktiviert Hardware-Blöcke innerhalb der Komponente und startet das Scannen.
- **void PowerMonitor_EnableFault(void)** – Ermöglicht die Erzeugung des Fehlersignals. Welche Fehlerquellen speziell aktiviert sind, wird mit den APIs PowerMonitor_SetFaultMode( ) und PowerMonitor_SetFaultMask( ) konfiguriert. Die Erzeugung von Fehlersignalen wird automatisch durch Init( ) aktiviert.
- **PowerMonitor_DisableFault(void)** – Deaktiviert die Erzeugung des Fehlersignals.
- **void PowerMonitor_SetFaultMode(uint8 faultMode)** – Konfiguriert Fehlerquellen aus der Komponente. Drei Fehlerquellen sind verfügbar: OV, UV und OC. Dies wird durch Init( ) auf die benutzerdefinierte Einstellung gesetzt.
- **int8 PowerMonitor_GetFaultMode(void)** – Gibt aktivierten Fehlerquellen aus der Komponente zurück.
- **void PowerMonitor_SetFaultMask(uint32 faultMask)** – Aktiviert oder deaktiviert Fehler von jedem Stromwandler durch eine Maske. Maskierung gilt für alle Fehlerquellen. Maskierung gilt für Fehlererzeugung und Power Good Erzeugung. Standardmäßig haben alle Stromwandler ihre Fehlermasken aktiviert.
- **uint32 PowerMonitor_GetFaultMask(void)** – Gibt den Fehlermaskenstatus jedes Stromwandlers zurück. Maskierung gilt für alle Fehlerquellen.
- **uint8 PowerMonitor_GetFaultSource(void)** – Gibt anstehende Fehlerquellen aus der Komponente zurück. Diese API kann verwendet werden, um den Fehlerstatus der Komponente zu überprüfen. Alternativ kann, wenn der Fehlerpin verwendet wird, um Interrupts an den CPU-Kern von PSoC zu erzeugen, die Interrupt-Service-Routine diese API verwenden, um die Quelle des Fehlers zu bestimmen. In beiden Fällen, wenn diese API einen Nicht-Null-Wert zurückgibt, können die APIs GetOVFaultStatus( ), GetUVFaultStatus( ) und GetOCFaultStatus( ) weitere Informationen darüber liefern, welcher Stromwandler den Fehler verursacht hat. Die Fehlerquellenbits sind klebrig und werden nur durch Aufrufen der entsprechenden Get Status APIs gelöscht.
- **uint32 PowerMonitor_GetOVFaultStatus(void)** – Gibt den Über-Spannungs-Fehlerstatus jedes Stromwandlers zurück. Der Status wird unabhängig von der Fehlermaske gemeldet.

- **uint32 PowerMonitor_GetUVFaultStatus(void)** – Gibt den Unter-Spannungs-Fehlerstatus jedes Stromwandlers zurück. Der Status wird gemeldet.
- **uint32 PowerMonitor_GetOCFaultStatus(void)** – Gibt den Überstrom-Fehlerstatus jedes Stromwandlers zurück. Der Status wird unabhängig von der Fehlermaske gemeldet.
- **void PowerMonitor_EnableWarn(void)** – Ermöglicht die Erzeugung des Warnsignals. Welche Warnquellen speziell aktiviert sind, wird mit den APIs PowerMonitor_SetWarnMode( ) und PowerMonitor_SetWarnMask( ) konfiguriert. Die Erzeugung von Warnsignalen wird automatisch durch Init( ) aktiviert.
- **void PowerMonitor_DisableWarn(void)** – Deaktiviert die Erzeugung des Warnsignals.
- **void PowerMonitor_SetWarnMode(uint8 warnMode)** – Konfiguriert Warnquellen aus der Komponente. Drei Warnquellen sind verfügbar: OV, UV und OC. Dies wird durch Init( ) auf die benutzerdefinierte Einstellung gesetzt.
- **PowerMonitor_GetWarnMode(void)** – Gibt aktivierten Warnquellen aus der Komponente zurück.
- **void PowerMonitor_SetWarnMask(uint32 warnMask)** – Aktiviert oder deaktiviert Warnungen von jedem Stromwandler durch eine Maske. Maskierung gilt für alle Warnquellen. Standardmäßig haben alle Stromwandler ihre Warnmasken aktiviert.
- **uint32 PowerMonitor_GetWarnMask(void)** – Gibt den Warnmaskenstatus jedes Spannungswandlers zurück. Die Maskierung gilt für alle Warnquellen. Der Warnpin wird verwendet, um Interrupts für den CPU-Kern von PSoC zu erzeugen, die Interrupt-Service-Routine kann diese API verwenden, um die Quelle der Warnung zu bestimmen. In beiden Fällen, wenn diese API einen Nicht-Null-Wert zurückgibt, können die APIs GetOVWarnStatus( ), GetUVWarnStatus( ) und GetOCWarnStatus( ) weitere Informationen darüber liefern, welcher Spannungswandler die Warnung verursacht hat.
- **uint8 PowerMonitor_GetWarnSource(void)** – Gibt anstehende Warnquellen aus der Komponente zurück. Diese API kann verwendet werden, um den Warnstatus der Komponente abzufragen. Alternativ, wenn der Warnpin verwendet wird, um Interrupts für den CPU-Kern von PSoC zu erzeugen, kann die Interrupt-Service-Routine diese API verwenden, um die Quelle der Warnung zu bestimmen. In beiden Fällen, wenn diese API zurückgibt
- **uint32 PowerMonitor_GetOVWarnStatus(void)** – Gibt den Über-Spannungswarnstatus jedes Spannungswandlers zurück. Der Status wird unabhängig von der Warnmaske gemeldet.
- **uint32 PowerMonitor_GetUVWarnStatus(void)** – Gibt den Unter-Spannungswarnstatus jedes Spannungswandlers zurück. Der Status wird unabhängig von der Warnmaske gemeldet.
- **uint32 PowerMonitor_GetUVWarnStatus(void)** – Gibt den Unter-Spannungswarnstatus jedes Spannungswandlers zurück. Der Status wird unabhängig von der Warnmaske gemeldet.

- **PowerMonitor_SetUVWarnThreshold(uint8 converterNum, uint16 uvWarnThreshold)** – Setzt den Unter-Spannungswarnschwellenwert für den angegebenen Spannungswandler.
- **uint16 PowerMonitor_GetUVWarnThreshold(uint8 converterNum)** – Gibt den Unter-Spannungswarnschwellenwert für den angegebenen Spannungswandler zurück.
- **void PowerMonitor_SetOVWarnThreshold(uint8 converterNum, uint16 ovWarnThreshold)** – Setzt den Über-Spannungswarnschwellenwert für den angegebenen Spannungswandler.
- **uint16 PowerMonitor_GetOVWarnThreshold(uint8 converterNum)** – Gibt den Unter-Spannungswarnschwellenwert für den angegebenen Spannungswandler zurück.
- **PowerMonitor_SetUVFaultThreshold(uint8 converterNum, uint16 uvFaultThreshol)** – Setzt den Unter-Spannungsausfall-Schwellenwert für den angegebenen Spannungswandler.
- **uint16 uvFaultThreshold** – Gibt den Unter-Spannungsausfall-Schwellenwert in mV an. Der Bereich dieses Werts wird zur Laufzeit überprüft, wenn dieser Wert den maximalen Bereich überschreitet, tut die API nichts. Verwenden Sie die API PowerMonitor_GetUVFaultThreshold, um den gültigen Bereich zu überprüfen.
- **void PowerMonitor_GetUVFaultThreshold(uint8 converterNum)** – Gibt den Unter-Spannungsausfall-Schwellenwert für den angegebenen Spannungswandler zurück.
- **void PowerMonitor_SetOVFaultThreshold(uint8 converterNum, uint16 ovFaultThreshold)** – Setzt den Über-Spannungsausfall-Schwellenwert für den angegebenen Spannungswandler.
- **uint16 ovFaultThreshold** – Gibt den Über-Spannungsausfall-Schwellenwert in mV an. Der Bereich dieses Werts wird zur Laufzeit überprüft, wenn dieser Wert den maximalen Bereich überschreitet, tut die API nichts. Verwenden Sie die API PowerMonitor_GetOVFaultThreshold, um den gültigen Bereich zu überprüfen.
- **uint16 PowerMonitor_GetOVFaultThreshold(uint8 converterNum)** – Gibt den Unter-Spannungsausfall-Schwellenwert für den angegebenen Spannungswandler zurück.
- **PowerMonitor_SetOCWarnThreshold(uint8 converterNum, float ocWarnThreshold)** – Setzt den Über-Stromwarnschwellenwert für den angegebenen Spannungswandler.
- **float PowerMonitor_GetOCWarnThreshold(uint8 converterNum)** – Gibt den Über-Stromwarnschwellenwert für den angegebenen Spannungswandler zurück.
- **void PowerMonitor_SetOCFaultThreshold(uint8 converterNum, float ocFaultThreshold)** – Setzt den Über-Stromausfall-Schwellenwert für den angegebenen Spannungswandler.
- **float ocFaultThreshold** – Gibt den Über-Stromausfall-Schwellenwert in Ampere an. Der Bereich dieses Werts wird zur Laufzeit überprüft, wenn dieser Wert den maximalen Bereich überschreitet, tut die API nichts. Verwenden Sie die API PowerMonitor_GetOCFaultThreshold, um den gültigen Bereich zu überprüfen.

- **float PowerMonitor_GetOCFaultThreshold(uint8 converterNum)** – Gibt den Über-Stromausfall-Schwellenwert für den angegebenen Spannungswandler zurück.
- **uint16 PowerMonitor_GetConverterVoltage(uint8 converterNum)** – Gibt die Ausgangsspannung des Spannungswandlers für den angegebenen Spannungswandler zurück. Wenn die Mittelwertbildung aktiviert ist, wird der Durchschnittswert zurückgegeben.
- **float PowerMonitor_GetConverterCurrent(uint8 converterNum)** – Gibt den Laststrom des Spannungswandlers für den angegebenen Spannungswandler zurück. Wenn die Mittelwertbildung aktiviert ist, wird der Durchschnittswert zurückgegeben.
- **float PowerMonitor_GetAuxiliaryVoltage(uint8 auxNum)** – Gibt die Spannung für den Hilfseingang in Einheiten von Volt (V) unabhängig von der ADC-Bereichseinstellung für Hilfseingänge zurück.
- **PowerMonitor_Calibrate(void)** – Kalibriert den ADC über die verschiedenen Bereichseinstellungen. Wenn der Eingangspin „cal" freigelegt ist, sollte eine gültige Spannung an diesen Eingangspin angelegt werden. Die Kalibrierspannung sollte 100 % des ADC-Bereichs (±64 mV oder ±128 mV) nicht überschreiten, wie im Allgemeinen Tab-Fenster angegeben. Diese Spannung wird verwendet, um die ADC-Konfigurationen mit niedrigem Bereich (entweder ±64 mV oder ±128 mV) zu kalibrieren.
- **void PowerMonitor SetAuxiliarySampleMode(uint8 auxNum, uint8 sampleMode)** – Setzt den ADC-Probenmodus für den ausgewählten Hilfseingang. Hinweis: Alle Hilfseingänge sind standardmäßig auf kontinuierlichen Abtastmodus eingestellt.
- **uint8 PowerMonitor GetAuxiliarySampleMode(uint8 auxNum)** – Gibt den ADC-Probenmodus für den ausgewählten Hilfseingang zurück.
- **float PowerMonitor RequestAuxiliarySample(uint8 auxNum)** – Fordert und gibt ein einzelnes ungefiltertes On-Demand-Probenresultat des angegebenen Hilfseingangs zurück. Der Aufruf dieser API führt dazu, dass die normale ADC-Umwandlungssequenz unterbrochen wird, um die angeforderte Probe so schnell wie möglich zu erhalten. Die API kann auch aufgerufen werden, wenn der Hilfseingangsprobenmodus auf kontinuierlich eingestellt ist. Es hat keinen Einfluss auf kontinuierliche Hilfsmessungen.

15.15 ADC Successive Approximation Register 3.10 (ADC_SAR)

PSoC 5LP-Gerätefamilie – die ADC-Successive-Approximation-Register (ADC_SAR)-Komponente bietet mittelschnelle (maximal 1 Msps Abtastung), mittelauflösende (maximal 12 bit) Analog-digital-Umwandlung. Merkmale beinhalten: 12-bit-Auflösung bei bis zu maximal 1 Msps, 4 Leistungsmodi, wählbare Auflösung und Abtastrate, single-ended oder differentieller Eingang. Diese Komponente bietet mittelschnelle A/D-Umwandlung (1 Msps Abtastrate) bei 12-bit-Auflösung [4].

15.15.1 ADC_SAR-Funktionen 3.10

- **ADC_Start( )** – schaltet den ADC ein und setzt alle Zustände zurück.
- **ADC_Stop( )** – stoppt ADC-Umwandlungen und reduziert die Leistung auf das Minimum.
- **ADC_SetPower( )** – legt den Leistungsmodus fest.
- **ADC_SetResolution( )** – legt die Auflösung des ADC fest.
- **ADC_StartConvert( )** – startet Umwandlungen.
- **ADC_StopConvert( )** – stoppt Umwandlungen.
- **ADC_IRQ_Enable( )** – ein interner IRQ ist mit dem eoc verbunden. Dieses API aktiviert den internen ISR.
- **ADC_IRQ_Disable( )** – ein interner IRQ ist mit dem eoc verbunden. Dieses API deaktiviert den internen ISR.
- **ADC_IsEndConversion( )** – gibt einen von null verschiedenen Wert zurück, wenn die Umwandlung abgeschlossen ist.
- **ADC_GetResult8( )** – gibt ein 8-bit-Umwandlungsergebnis zurück.
- **ADC_GetResult16( )** – gibt ein 16-bit-Umwandlungsergebnis zurück.
- **ADC_SetOffset( )** – legt den Offset des ADC fest.
- **ADC_SetScaledGain( )** – legt die ADC-Verstärkung in Zählungen pro 10 V fest.
- **ADC_CountsTo_Volts( )** – konvertiert ADC-Zählungen in Gleitkommavolt.
- **ADC_CountsTo_mVolts( )** – konvertiert ADC-Zählungen in Millivolt.
- **ADC_CountsTo_uVolts( )** – konvertiert ADC-Zählungen in Mikrovolt.
- **ADC_Sleep( )** – stoppt den ADC-Betrieb und speichert die Benutzerkonfiguration.
- **ADC_Wakeup( )** – stellt die Benutzerkonfiguration wieder her und aktiviert sie.
- **ADC_Init( )** – initialisiert die Standardkonfiguration, die mit dem Customizer bereitgestellt wird.
- **ADC_Enable( )** – aktiviert den Taktgeber und die Leistung für den ADC.
- **ADC_SaveConfig( )** – speichert die aktuelle Benutzerkonfiguration.
- **ADC_RestoreConfig( )** – stellt die Benutzerkonfiguration wieder her.

15.15.2 ADC_SAR-Funktionsaufrufe 3.10

- **void ADC_Start(void)** – dies ist die bevorzugte Methode, um den Betrieb der Komponente zu starten. ADC_Start( ) setzt die initVar-Variable, ruft die ADC_Init( ) Funktion auf und anschließend die ADC_Enable( )-Funktion.
- **void ADC_Stop(void)** – stoppt ADC-Umsetzungen und reduziert die Leistung auf ein Minimum.
- **void ADC_SetPower(uint8 power)** – legt die Betriebsleistung des ADC fest. Sie sollten die höheren Leistungseinstellungen mit schnelleren Taktraten verwenden.
- **void ADC_SetResolution(uint8 resolution)** – legt die Auflösung für die GetResult16( )- und GetResult8( )-APIs fest.

15.15 ADC Successive Approximation Register 3.10 (ADC_SAR)

- **void ADC_StartConvert(void)** – zwingt den ADC, eine Umsetzung zu starten. Im Freilaufmodus läuft der ADC kontinuierlich. Im Software-Trigger-Modus fungiert die Funktion auch als Softwareversion des SOC, und jede Umsetzung muss durch ADC_StartConvert( ) ausgelöst werden. Diese Funktion ist nicht verfügbar, wenn der Hardware-Trigger-Abtastmodus ausgewählt ist.
- **void ADC_StopConvert(void)** – zwingt den ADC, Umsetzungen zu stoppen. Wenn gerade eine Umsetzung ausgeführt wird, wird diese abgeschlossen, aber es werden keine weiteren Umsetzungen durchgeführt. Diese Funktion ist nicht verfügbar, wenn der Hardware-Trigger-Abtastmodus ausgewählt ist.
- **void ADC_IRQ_Enable(void)** – ermöglicht das Auftreten von Interrupts am Ende einer Umsetzung. Globale Interrupts müssen ebenfalls aktiviert sein, damit die ADC-Interrupts auftreten können. Um globale Interrupts zu aktivieren, rufen Sie das Makro zur Aktivierung globaler Interrupts „CYGlobalIntEnable;" in Ihrer main.c-Datei auf, bevor Sie irgendwelche Interrupts aktivieren.
- **void ADC_IRQ_Disable(void)** – deaktiviert Interrupts am Ende einer Umsetzung.
- **uint8 ADC_IsEndConversion(uint8 retMode)** – gibt sofort den Status der Umsetzung zurück oder kehrt nicht zurück (blockiert), bis die Umsetzung abgeschlossen ist, abhängig vom retMode-Parameter.
- **int8 ADC_GetResult8(void)** – gibt das Ergebnis einer 8-bit-Umsetzung zurück. Wenn die Auflösung auf mehr als 8 bit eingestellt ist, gibt die Funktion das LSB des Ergebnisses zurück. ADC_IsEndConversion( ) sollte aufgerufen werden, um zu überprüfen, ob die Datenerfassung bereit ist.
- **int16 ADC_GetResult16(void)** – gibt ein 16-bit-Ergebnis für eine Umsetzung mit einem Ergebnis, das eine Auflösung von 8–12 bit hat, zurück.
- **ADC_IsEndConversion( )** – sollte aufgerufen werden, um zu überprüfen, ob die Datenerfassung bereit ist.
- **void ADC_SetOffset(int16 offset)** – legt den ADC-Offset fest, der von ADC_CountsTo_Volts( ), ADC_CountsTo_mVolts( ) und ADC_CountsTo_uVolts( ) verwendet wird, um den Offset von der gegebenen Messung abzuziehen, bevor die Spannungsumsetzung berechnet wird.
- **void ADC_SetScaledGain(int16 adcGain)** – legt die ADC-Verstärkung in Zählungen pro 10 V für die folgenden Spannungsumsetzungsfunktionen fest. Dieser Wert wird standardmäßig durch die Referenz- und Eingangsbereichseinstellungen festgelegt. Er sollte nur verwendet werden, um den ADC mit einem bekannten Eingang weiter zu kalibrieren oder wenn der ADC eine externe Referenz verwendet.
- **float ADC_CountsTo_Volts(int16 adcCounts)** – konvertiert die ADC-Ausgabe in Volt als Gleitkommazahl. Zum Beispiel, wenn der ADC 0,534 V gemessen hat, wäre der Rückgabewert 0,534. Die Berechnung der Spannung hängt vom Wert der Spannungsreferenz ab. Wenn die Vref auf Vdda basiert, wird der für Vdda verwendete Wert für das Projekt in der System-Registerkarte der Design Wide Resources (DWR) festgelegt.

- **int16 ADC_CountsTo_mVolts(int16 adcCounts)** – konvertiert die ADC-Ausgabe in Millivolt als 16-bit-Integer. Zum Beispiel, wenn der ADC 0,534 V gemessen hat, wäre der Rückgabewert 534. Die Berechnung der Spannung hängt vom Wert der Spannungsreferenz ab. Wenn die Vref auf Vdda basiert, wird der für Vdda verwendete Wert für das Projekt in der System-Registerkarte der Design Wide Resources (DWR) festgelegt.
- **int32 ADC_CountsTo_uVolts(int16 adcCounts)** – konvertiert die ADC-Ausgabe in Mikrovolt als 32-bit-Integer. Zum Beispiel, wenn der ADC 0,534 V gemessen hat, wäre der Rückgabewert 534.000. Die Berechnung der Spannung hängt vom Wert der Spannungsreferenz ab. Wenn die Vref auf Vdda basiert, wird der für Vdda verwendete Wert für das Projekt in der System-Registerkarte der Design Wide Resources (DWR) festgelegt.
- **void ADC_Sleep(void)** – dies ist die bevorzugte Routine, um die Komponente auf den Schlafmodus vorzubereiten. Die ADC_Sleep( )-Routine speichert den aktuellen Zustand der Komponente, dann ruft sie die ADC_Stop( )-Funktion auf. Rufen Sie die ADC_Sleep( )-Funktion auf, bevor Sie die CyPmSleep( )- oder die CyPmHibernate( )-Funktion aufrufen. Siehe den PSoC Creator System Reference Guide für weitere Informationen über Leistungsmanagementfunktionen.
- **void ADC_Wakeup(void)** – dies ist die bevorzugte Routine, um die Komponente in den Zustand zurückzubringen, in dem sie sich befand, als ADC_Sleep( ) aufgerufen wurde. Wenn die Komponente vor dem Aufruf der ADC_Sleep( )-Funktion aktiviert war, aktiviert die ADC_Wakeup( )-Funktion auch die Komponente wieder.
- **void ADC_Init(void)** – initialisiert oder stellt die Komponente gemäß den Einstellungen des Configure-Dialogfelds wieder her. Es ist nicht notwendig, ADC_Init( ) aufzurufen, da die ADC_Start( )-Routine diese Funktion aufruft und die bevorzugte Methode ist, um den Betrieb der Komponente zu starten.
- **void ADC_Enable(void)** – aktiviert die Hardware und beginnt den Betrieb der Komponente. Die höhere Leistung wird automatisch je nach Taktrate eingestellt. Die ADC_SetPower( )-API-Beschreibung enthält die Beziehung der Leistung zu der Taktrate. Es ist nicht notwendig, ADC_Enable( ) aufzurufen, da die ADC_Start( )-Routine diese Funktion aufruft, welche die bevorzugte Methode ist, um den Betrieb der Komponente zu starten.
- **void ADC_SaveConfig(void)** – diese Funktion speichert die Konfiguration der Komponente und die nicht speichernden Register. Sie speichert auch die aktuellen Parameterwerte der Komponente, wie sie im Configure-Dialogfeld definiert oder durch die entsprechenden APIs modifiziert wurden. Diese Funktion wird von der ADC_Sleep( )-Funktion aufgerufen.
- **void ADC_RestoreConfig(void)** – diese Funktion stellt die Konfiguration der Komponente und die nicht speichernden Register wieder her. Sie stellt auch die Parameterwerte der Komponente auf den Stand zurück, den sie vor dem Aufruf der ADC_Sleep( )-Funktion hatten.

15.16 Sequencing Successive Approximation ADC 2.10 (ADC_SAR_Seq)

PSoC 5LP-Gerätefamilie – die Sequencing-SAR-ADC-Komponente ermöglicht es Ihnen, die verschiedenen Betriebsmodi des SAR-ADC auf PSoC 5LP zu konfigurieren und dann zu nutzen. Sie haben auch Unterstützung auf Schaltungsebene und Firmwareebene für die nahtlose Nutzung des sequenzierenden SAR-ADC in PSoC Creator-Designs und -Projekten. Sie können mehrere analoge Kanäle konfigurieren, die automatisch gescannt werden und deren Ergebnisse in einzelnen SRAM-Speicherorten abgelegt werden. Funktionen beinhalten: wählbare Auflösung (8, 10 oder 12 bit) und Abtastrate (bis zu 1 Msps), bis zu 64 single-ended oder 32 differentielle Kanäle automatisch scanbar oder nur einen einzelnen Eingang[10] [80].

15.16.1 ADC_SAR_Seq-Funktionen 2.10

- **ADC_SAR_Seq_Start( )** – schaltet den ADC_SAR_Seq ein und setzt alle Zustände zurück.
- **ADC_SAR_Seq_Stop( )** – stoppt ADC_SAR_Seq-Konvertierungen und reduziert die Leistung auf ein Minimum.
- **ADC_SAR_Seq_SetResolution( )** – legt die Auflösung des ADC_SAR_Seq fest.
- **ADC_SAR_Seq_StartConvert( )** – startet Konvertierungen.
- **ADC_SAR_Seq_StopConvert( )** – stoppt Konvertierungen.
- **ADC_SAR_Seq_IRQ_Enable( )** – ein interner IRQ ist mit dem eoc verbunden. Dieses API aktiviert den internen ISR.
- **ADC_SAR_Seq_IRQ_Disable( )** – ein interner IRQ ist mit dem eoc verbunden. Dieses API deaktiviert den internen ISR.
- **ADC_SAR_Seq_IsEndConversion( )** – gibt einen von null verschiedenen Wert zurück, wenn die Konvertierung abgeschlossen ist.
- **ADC_SAR_Seq_GetAdcResult( )** – gibt ein 16-bit-Konvertierungsergebnis zurück, das im ADC-SAR-Datenregister verfügbar ist, nicht im Ergebnisbuffer.
- **ADC_SAR_Seq_GetResult16( )** – gibt ein 16-bit-Konvertierungsergebnis für den angegebenen Kanal zurück.
- **ADC_SAR_Seq_SetOffset( )** – legt den Offset des ADC_SAR_Seq fest.
- **ADC_SAR_Seq_SetScaledGain( )** – legt die ADC_SAR_Seq-Verstärkung in Zählungen pro 10 V fest.

---

[10] Nur GPIOs können an die Kanaleingänge angeschlossen werden. Die tatsächliche maximale Anzahl von Eingangskanälen hängt von der Anzahl der routbaren analogen GPIOs ab, die auf einem spezifischen PSoC-Teil und -Paket verfügbar sind.

- **ADC_SAR_Seq_CountsTo_Volts( )** – konvertiert ADC_SAR_Seq-Zählungen in Gleitkommavolt.
- **ADC_SAR_Seq_CountsTo_mVolts( )** – konvertiert ADC_SAR_Seq-Zählungen in Millivolt.
- **ADC_SAR_Seq_CountsTo_uVolts( )** – konvertiert ADC_SAR_Seq-Zählungen in Mikrovolt.
- **ADC_SAR_Seq_Sleep( )** – stoppt den ADC_SAR_Seq-Betrieb und speichert die Benutzerkonfiguration.
- **ADC_SAR_Seq_Wakeup( )** – stellt die Benutzerkonfiguration wieder her und aktiviert sie.
- **ADC_SAR_Seq_Init( )** – initialisiert die Standardkonfiguration, die mit dem Customizer bereitgestellt wird.
- **ADC_SAR_Seq_Enable( )** – aktiviert den Taktgeber und die Leistung für den ADC_SAR_Seq.
- **ADC_SAR_Seq_SaveConfig( )** – speichert die aktuelle Benutzerkonfiguration.
- **ADC_SAR_Seq_RestoreConfig( )** – stellt die Benutzerkonfiguration wieder her.

15.16.2 ADC_SAR_Seq-Funktionsaufrufe 2.10

- **void ADC_SAR_Seq_Start(void)** – dies ist die bevorzugte Methode, um den Betrieb der Komponente zu beginnen. ADC_SAR_Seq_Start( ) setzt die initVar-Variable, ruft die ADC_SAR_Seq_Init( )-Funktion auf und anschließend die ADC_SAR_Seq_Enable( )-Funktion. Es wird nicht empfohlen, dieses API ein zweites Mal aufzurufen, ohne die Komponente zuerst zu stoppen. Wenn die initVar-Variable bereits gesetzt ist, ruft diese Funktion nur die ADC_SAR_Seq_Enable( )-Funktion auf.
- **void ADC_SAR_Seq_Stop(void)** – stoppt ADC_SAR_Seq-Konvertierungen und reduziert die Leistung auf ein Minimum.[11]
- **void ADC_SAR_Seq_StartConvert(void)** – dies zwingt den ADC, eine Konvertierung zu starten. Im Freilaufmodus läuft der ADC_SAR_Seq kontinuierlich. Im Software-Trigger-Modus fungiert die Funktion auch als Softwareversion des SOC, und jede Konvertierung muss durch ADC_SAR_Seq_StartConvert( ) ausgelöst werden. Im Hardware-Trigger-Modus ist diese Funktion nicht verfügbar.
- **void ADC_SAR_Seq_StopConvert(void)** – dies zwingt den ADC_SAR_Seq, Konvertierungen zu stoppen. Wenn gerade eine Konvertierung ausgeführt wird, wird diese

---

[11] Dieses API schaltet den ADC nicht aus, sondern reduziert die Leistung auf ein Minimum. Dieses Gerät hat einen Defekt, der dazu führt, dass Verbindungen zu mehreren analogen Ressourcen unzuverlässig sind, wenn das Gerät nicht mit Strom versorgt wird. Die Unzuverlässigkeit äußert sich in stillen Ausfällen (z. B. unvorhersehbare schlechte Ergebnisse von analogen Komponenten), wenn die Komponente, die diese Ressource nutzt, gestoppt wird.

Konvertierung abgeschlossen, aber es finden keine weiteren Konvertierungen statt. Dies gilt nur für den Freilaufmodus.
- **void ADC_SAR_Seq_IRQ_Enable(void)** – dies ermöglicht Interrupts am Ende einer Konvertierung. Globale Interrupts müssen ebenfalls aktiviert sein, damit die ADC-Interrupts auftreten können. Um globale Interrupts zu aktivieren, rufen Sie das Makro zur Aktivierung globaler Interrupts „CyGlobalIntEnable;" in der main.c-Datei auf, bevor Sie irgendwelche Interrupts aktivieren.
- **void ADC_SAR_Seq_IRQ_Disable(void)** – deaktiviert Interrupts am Ende einer Konvertierung.
- **uint32 ADC_SAR_Seq_IsEndConversion(uint8 retMode)** – gibt sofort den Status der Konvertierung zurück oder gibt nicht zurück (blockiert), bis die Konvertierung abgeschlossen ist, abhängig vom retMode-Parameter.
- **int16 ADC_SAR_Seq_GetAdcResult(void)** – holt die im SAR-DATA-Register verfügbaren Daten, nicht den Ergebnisbuffer.
- **int16 ADC_SAR_Seq_GetResult16(uint16 chan)** – gibt das Konvertierungsergebnis für den Kanal „chan" zurück.
- **void ADC_SAR_Seq_SetOffset(int32 offset)** – setzt den ADC_SAR_Seq-Offset, der von ADC_SAR_Seq_CountsTo_Volts( ), ADC_SAR_Seq_CountsTo_mVolts( ) und ADC_SAR_Seq_CountsTo_uVolts( ) verwendet wird, um den Offset von der gegebenen Messung abzuziehen, bevor die Spannungskonvertierung berechnet wird.
- **void ADC_SAR_Seq_SetScaledGain(int32 adcGain)** – setzt die ADC_SAR_Seq-Verstärkung in Zählungen pro 10 V für die folgenden Spannungskonvertierungsfunktionen. Dieser Wert wird standardmäßig durch die Referenz- und Eingangsbereichseinstellungen gesetzt. Er sollte nur verwendet werden, um den ADC_SAR_Seq mit einem bekannten Eingang weiter zu kalibrieren oder wenn der ADC_SAR_Seq eine externe Referenz verwendet. Um die Verstärkung zu kalibrieren, legen Sie eine Spannung nahe der Referenzspannung an die ADC-Eingänge an, und messen Sie sie mit einem Multimeter. Berechnen Sie den Verstärkungskoeffizienten mit folgender Formel.

$$adcGain \quad \frac{counts x 10}{V_{measured}}, \quad (15.1)$$

wobei die Zählungen vom ADC_SAR_Seq_GetResult16( )-Wert zurückgegeben werden, gemessen vom Multimeter in Volt.
- **float32 ADC_SAR_Seq_CountsTo_Volts(int16 adcCounts)** – konvertiert die ADC_SAR_Seq-Ausgabe in Volt als Gleitkommazahl. Zum Beispiel, wenn der ADC_SAR_Seq 0,534 V gemessen hat, wäre der Rückgabewert 0,534. Die Berechnung der Spannung hängt vom Wert der Spannungsreferenz ab. Wenn die Vref auf Vdda basiert, wird der für Vdda verwendete Wert für das Projekt in der System-Registerkarte der Design Wide Resources (DWR) festgelegt.
- **int32 ADC_SAR_Seq_CountsTo_mVolts(int16 adcCounts)** – konvertiert die ADC_SAR_Seq-Ausgabe in Millivolt als 32-bit-Integer. Zum Beispiel, wenn der ADC_

SAR_Seq 0,534 V gemessen hat, wäre der Rückgabewert 534. Die Berechnung der Spannung hängt vom Wert der Spannungsreferenz ab. Wenn die Vref auf Vdda basiert, wird der für Vdda verwendete Wert für das Projekt in der System-Registerkarte der Design Wide Resources (DWR) festgelegt.

- **int32 ADC_SAR_Seq_CountsTo_uVolts(int16 adcCounts)** – konvertiert die ADC_SAR_Seq-Ausgabe in Mikrovolt als 32-bit-Integer. Zum Beispiel, wenn der ADC_SAR_Seq 0,534 V gemessen hat, wäre der Rückgabewert 534.000. Die Berechnung der Spannung hängt vom Wert der Spannungsreferenz ab. Wenn die Vref auf Vdda basiert, wird der für Vdda verwendete Wert für das Projekt in der System-Registerkarte der Design Wide Resources (DWR) festgelegt.
- **void ADC_SAR_Seq_Sleep(void)** – dies ist die bevorzugte Routine, um die Komponente auf den Schlafmodus vorzubereiten. Die ADC_SAR_Seq_Sleep( )-Routine speichert den aktuellen Zustand der Komponente. Dann ruft sie die ADC_SAR_Seq_Stop( )-Funktion auf und anschließend ADC_SAR_Seq_SaveConfig( ), um die Hardwarekonfiguration zu speichern. Rufen Sie die ADC_SAR_Seq_Sleep( )-Funktion auf, bevor Sie die CyPmSleep( )- oder die CyPmHibernate( )-Funktion aufrufen. Siehe den PSoC Creator System Reference Guide für weitere Informationen zu Leistungsmanagementfunktionen.
- **void ADC_SAR_Seq_Wakeup(void)** – dies ist die bevorzugte Routine, um die Komponente in den Zustand zurückzubringen, in dem ADC_SAR_Seq_Sleep( ) aufgerufen wurde. Die ADC_SAR_Seq_Wakeup( )-Funktion ruft die ADC_SAR_Seq_RestoreConfig( )-Funktion auf, um die Konfiguration wiederherzustellen. Wenn die Komponente vor dem Aufruf der ADC_SAR_Seq_Sleep( )-Funktion aktiviert wurde, aktiviert die ADC_SAR_Seq_Wakeup( )-Funktion auch die Komponente wieder.
- **void ADC_SAR_Seq_Init(void)** – initialisiert oder stellt die Komponente gemäß den Einstellungen des Configure-Dialogfelds des Customizer wieder her. Es ist nicht notwendig, ADC_SAR_Seq_Init( ) aufzurufen, da die ADC_SAR_Seq_Start( )-Routine diese Funktion aufruft und die bevorzugte Methode ist, um den Betrieb der Komponente zu beginnen.
- **void ADC_SAR_Seq_Enable(void)** – aktiviert die Hardware und beginnt den Betrieb der Komponente. Es ist nicht notwendig, ADC_SAR_Seq_Enable( ) aufzurufen, da die ADC_SAR_Seq_Start( )-Routine diese Funktion aufruft, was die bevorzugte Methode ist, um den Betrieb der Komponente zu beginnen.
- **void ADC_SAR_Seq_SaveConfig(void)** – diese Funktion speichert die Konfiguration der Komponente und nicht speichernden Register. Sie speichert auch die aktuellen Parameterwerte der Komponente, wie sie im Configure-Dialogfeld definiert oder durch die entsprechenden APIs modifiziert wurden. Diese Funktion wird von der ADC_SAR_Seq_Sleep( )-Funktion aufgerufen.
- **void ADC_SAR_Seq_RestoreConfig(void)** – diese Funktion stellt die Konfiguration der Komponente und nicht speichernden Register wieder her. Sie stellt auch die Parameterwerte der Komponente auf den Stand zurück, den sie vor dem Aufruf der ADC_SAR_Seq_Sleep( )-Funktion hatten.

15.17 Operational Amplifier (OpAmp) 1.90

PSoC 3-und-5LP-Gerätefamilie – die OpAmp-Komponente bietet einen Niederspannungs-Niedrigleistungs-Operationsverstärker und kann intern als Spannungsfolger verbunden werden. Die Eingänge und der Ausgang können mit internen Routingknoten, direkt mit Pins oder einer Kombination aus internen und externen Signalen verbunden werden. Der OpAmp eignet sich für die Schnittstelle mit hochohmigen Sensoren, buffert den Ausgang von Spannungs-DAC, treibt bis zu 25 mA an und baut aktive Filter in jeder Standardtopologie. Unterstützte Funktionen sind: Einheitsverstärkungsbandbreite >3,0 MHz, Eingangsoffsetspannung max. 2,0 mV, Rail-to-Rail-Eingänge und -Ausgang, direkte Niederwiderstandsanbindung des Ausgangs an Pin, 25-mA-Ausgangsstrom, programmierbare Leistung und Bandbreite und interne Verbindung für Folger spart einen Pin [63].

15.17.1 OpAmp-Funktionen 1.90

- **Opamp_Start( )** – schaltet den OpAmp ein und stellt die Leistung auf den bei der Parameterauswahl gewählten Wert ein.
- **Opamp_Stop( )** – deaktiviert OpAmp (herunterfahren).
- **Opamp_SetPower+Sets** – stellt die Leistungsstufe ein.
- **Opamp_Sleep( )** – stoppt und speichert die Benutzerkonfiguration.
- **Opamp_Wakeup( )** – stellt die Benutzerkonfiguration wieder her und aktiviert sie.
- **Opamp_Init( )** – initialisiert oder stellt die Standard-OpAmp-Konfiguration wieder her.
- **Opamp_Enable( )** – aktiviert den OpAmp.
- **Opamp_RestoreConfig( )** – leere Funktion; für die Zukunft vorgesehen.

15.17.2 OpAmp-Funktionsaufrufe 1.90

- **void Opamp_Start(void)** – schaltet den OpAmp ein und stellt die Leistung auf den bei der Parameterauswahl gewählten Wert ein.
- **void Opamp_Stop(void)** – schaltet den OpAmp aus und aktiviert seinen niedrigsten Leistungszustand.
- **void Opamp_SetPower(uint8 power)** – stellt die Leistungsstufe ein.
- **void Opamp_Sleep(void)** – dies ist die bevorzugte Routine, um die Komponente auf den Schlafzustand vorzubereiten. Die OpAmp_Sleep( )-Routine speichert den aktuellen Zustand der Komponente. Dann ruft sie die OpAmp_Stop( )-Funktion auf und anschließend OpAmp_SaveConfig( ), um die Hardwarekonfiguration zu speichern. Rufen Sie die OpAmp_Sleep( )-Funktion auf, bevor Sie die CyPmSleep( )- oder die CyPmHibernate( )-Funktion aufrufen.

- **void Opamp_Wakeup(void)** – dies ist die bevorzugte Routine, um die Komponente in den Zustand zurückzubringen, in dem OpAmp_Sleep( ) aufgerufen wurde. Die Opamp_Wakeup( )-Funktion ruft die OpAmp_RestoreConfig( )-Funktion auf, um die Konfiguration wiederherzustellen. Wenn die Komponente vor dem Aufruf der OpAmp_Sleep( )-Funktion aktiviert war, wird die OpAmp_Wakeup( )-Funktion die Komponente auch wieder aktivieren.
- **void Opamp_Init(void)** – initialisiert oder stellt die Komponente gemäß den Einstellungen des Configure-Dialogfelds des Customizer wieder her. Es ist nicht notwendig, OpAmp_Init( ) aufzurufen, da die OpAmp_Start( )-Routine diese Funktion aufruft und die bevorzugte Methode ist, den Betrieb der Komponente zu beginnen.
- **void Opamp_Enable(void)** – aktiviert die Hardware und beginnt den Betrieb der Komponente. Es ist nicht notwendig, OpAmp_Enable( ) aufzurufen, da die OpAmp_Start( )-Routine diese Funktion aufruft, was die bevorzugte Methode ist, den Betrieb der Komponente zu beginnen.
- **void Opamp_SaveConfig(void)** – leere Funktion; für zukünftige Verwendung vorgesehen.
- **void Opamp_RestoreConfig(void)** – leere Funktion; für zukünftige Verwendung vorgesehen.

15.18 Analog Hardware Multiplexer (AMUX) 1.50

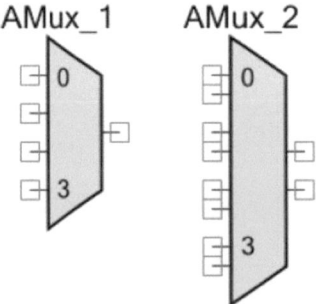

Die Komponente analoger Hardwaremultiplexer (AMuxHw) wird verwendet, um hardwareschaltbare Verbindungen von GPIOs zu analogen Ressourcenblöcken (ARB) bereitzustellen. Merkmale sind: single-ended oder differentielle Eingänge, Mux- oder Schaltmodus, von 1 bis 256 Eingänge, hardwaregesteuert und bidirektional (passiv) [6].

15.18.1 Funktionen des Analog Hardware Multiplexer (AMUX) 1.50

- **AMux_Init( )** – trennt alle Kanäle.
- **AMux_Start( )** – trennt alle Kanäle.
- **AMux_Stop( )** – trennt alle Kanäle.
- **AMux_Select( )** – trennt alle Kanäle, verbindet dann „chan". Wenn *AtMostOneActive* true ist, wird dies als AMux_FastSelect( ) implementiert.
- **AMux_Connect( )** – verbindet das „chan"-Signal, trennt aber nicht andere Kanäle, wenn *AtMostOneActive* true ist.
- **AMux_FastSelect( )** – trennt den zuletzt von der AMux_Select( )- oder AMux_FastSelect( )-Funktion ausgewählten Kanal, verbindet dann das neue Signal „chan".
- **AMux_Disconnect( )** – trennt nur das „chan"-Signal.
- **AMux_DisconnectAll( )** – trennt alle Kanäle.

15.18.2 Funktionsaufrufe des Analog Hardware Multiplexer (AMUX) 1.50

- **void AMux_Init(void)** – trennt alle Kanäle.
- **void AMux_Start(void)** – trennt alle Kanäle.
- **AMux_Stop(void)** – trennt alle Kanäle.
- **void AMux_Select(uint8 chan)** – die AMux_Select( )-Funktion trennt zuerst alle anderen Kanäle, verbindet dann den gegebenen Kanal. Wenn *AtMostOneActive* true ist, wird dies als AMux_FastSelect( ) implementiert.
- **void AMux_FastSelect(uint8 chan)** – diese Funktion trennt zuerst die letzte Verbindung, die mit den Funktionen AMux_FastSelect( ) oder AMux_Select( ) hergestellt wurde, und verbindet dann den gegebenen Kanal. Die AMux_FastSelect( )-Funktion ähnelt der AMux_Select( )-Funktion, ist jedoch schneller, da sie nur den zuletzt ausgewählten Kanal trennt und nicht alle möglichen Kanäle.
- **void AMux_Connect(uint8 chan)** – diese Funktion verbindet den gegebenen Kanal mit dem gemeinsamen Signal, ohne andere Verbindungen zu beeinflussen. Wenn *AtMostOneActive* true ist, ist diese Funktion nicht verfügbar.
- **void AMux_Disconnect(uint8 chan)** – trennt nur den angegebenen Kanal vom gemeinsamen Terminal.
- **void AMux_DisconnectAll(void)** – trennt alle Kanäle.

15.19 Analog Hardware Multiplexer Sequencer (AMUXSeq) 1.80

Die analoge Multiplexersequenzerkomponente (AMuxSeq) [7] wird verwendet, um jeweils ein analoges Signal mit einem anderen gemeinsamen analogen Signal zu verbinden, indem Verbindungen in Anschlussreihenfolge getrennt und hergestellt werden. Der AMuxSeq wird hauptsächlich für die Zeitmultiplextechnik verwendet, wenn es notwendig ist, mehrere analoge Signale in eine einzige Quelle oder ein einziges Ziel zu multiplexen. Da die AMuxSeq-Komponente passiv ist, kann sie zum Multiplexen von Eingangs- oder Ausgangssignalen verwendet werden. Sie hat ein einfacheres und schnelleres API als der AMux und sollte verwendet werden, wenn mehrere gleichzeitige Verbindungen nicht erforderlich sind und die Signale immer in der gleichen Reihenfolge abgerufen werden [8].

15.19.1 Funktionen des Analog Multiplexer Sequencer (AMUXSeq) 1.80

- **AMuxSeq_Init( )** – trennt alle Kanäle.
- **AMuxSeq_Start( )** – trennt alle Kanäle.
- **AMuxSeq_Stop( )** – trennt alle Kanäle.
- **AMuxSeq_Next( )** – trennt den vorherigen Kanal und verbindet den nächsten in der Sequenz.
- **AMuxSeq_DisconnectAll( )** – trennt alle Kanäle.
- **AMuxSeq_GetChannel( )** – der aktuell verbundene Kanal wird zurückgegeben. Wenn kein Kanal verbunden ist, wird −1 zurückgegeben.

15.19.2 Funktionsaufrufe des Analog Multiplexer Sequencer (AMUXSeq) 1.80

- **AMuxSeq_GetChannel( )** – der aktuell verbundene Kanal wird zurückgegeben. Wenn kein Kanal verbunden ist, wird −1 zurückgegeben.
- **void AMuxSeq_Init(void)** – trennt alle Kanäle. Das nächste Mal, wenn AMuxSeq_Next( ) aufgerufen wird, wird der erste Kanal ausgewählt.
- **void AMuxSeq_Start(void)** – trennt alle Kanäle. Das nächste Mal, wenn AMuxSeq_Next( ) aufgerufen wird, wird der erste Kanal ausgewählt.
- **void AMuxSeq_Stop(void)** – trennt alle Kanäle. Das nächste Mal, wenn AMuxSeq_Next( ) aufgerufen wird, wird der erste Kanal ausgewählt.
- **void AMuxSeq_Next(void)** – trennt den vorherigen Kanal und verbindet den nächsten in der Sequenz. Wenn AMuxSeq_Next( ) zum ersten Mal oder nach AMuxSeq_Init( ), AMuxSeq_Start( ), AMuxSeq_Enable( ), AMuxSeq_Stop( ) oder AMuxSeq_DisconnectAll( ) aufgerufen wird, verbindet es den Kanal 0.

- **void AMuxSeq_DisconnectAll(void)** – diese Funktion trennt alle Kanäle. Das nächste Mal, wenn AMuxSeq_Next( ) aufgerufen wird, wird der erste Kanal ausgewählt.
- **nt8 AMuxSeq_GetChannel(void)** – der aktuell verbundene Kanal wird zurückgegeben. Wenn kein Kanal verbunden ist, wird -1 zurückgegeben.

15.20 Analog Virtual Mux 1.0

Virtuelle Mux-Komponenten ähneln herkömmlichen Muxen, indem sie einen ausgewählten Eingang mit einem Ausgang verbinden. Bei einem herkömmlichen Mux kann die Eingangsauswahl dynamisch durch ein Steuersignal gesteuert werden. Bei einem virtuellen Mux wird die Eingangsauswahl durch einen Ausdruck bestimmt, der zu einer Konstanten auswertet, wenn er innerhalb eines Designs verwendet wird. Der Zweck des virtuellen Mux besteht darin, einen Eingang zur Erstellungszeit auszuwählen. Es gibt zwei separate virtuelle Mux-Komponenten: eine analoge und eine digitale. Funktionen umfassen: Auswahl eines von bis zu 16 Eingängen, statische Auswahl und konfigurierbare Anzahl von Eingängen [104].

15.20.1 Funktionen des Analog Virtual Mux 1.0

Keine.

15.21 Comparator (Comp) 2.00

Die Comparator (Comp)-Komponente bietet eine Hardwarelösung zum Vergleich von zwei analogen Eingangsspannungen. Die Ausgabe kann in der Software abgetastet oder digital zu einer anderen Komponente geroutet werden. Drei Geschwindigkeitsstufen werden bereitgestellt, um Ihnen die Optimierung für Geschwindigkeit oder Stromverbrauch zu ermöglichen. Eine Referenz- oder externe Spannung kann an einen der Eingänge angeschlossen werden. Der Ausgang des Komparators kann durch Verwendung des Polaritätsparameters invertiert werden. Weitere Funktionen umfassen: geringer Eingangsoffset, benutzergesteuerte Offsetkalibrierung, mehrere Geschwindigkeitsmodi, Energiesparmodus, Ausgang routbar zu digitalen Logikblöcken oder Pins, wählbare Ausgangspolarität und ein konfigurierbarer Betriebsmodus während des Schlafmodus [19].

15.21.1 Comparator-Funktionen (Comp) 2.00

- **Comp_Start( )** – initialisiert den Comparator mit Standard-Cutomizer-Werten.
- **Comp_Stop( )** – schaltet den Comparator aus.
- **Comp_SetSpeed( )** – legt die Geschwindigkeit des Comparator fest.
- **Comp_ZeroCal( )** – setzt den Eingangsoffset des Comparator auf null.
- **Comp_GetCompare( )** – gibt das Komparatorergebnis zurück.
- **Comp_LoadTrim( )** – schreibt einen Wert in das Trimmregister des Comparator .
- **Comp_Sleep( )** – stoppt den Betrieb des Comparator und speichert die Benutzerkonfiguration.
- **Comp_Wakeup( )** – stellt die Benutzerkonfiguration wieder her und aktiviert sie.
- **Comp_Init( )** – initialisiert oder stellt die Standardkonfiguration des Comparator wieder her.
- **Comp_Enable( )** – aktiviert den Comparator .
- **Comp_SaveConfig( )** – leere Funktion; für zukünftige Verwendung bereitgestellt.
- **Comp_RestoreConfig( )** – leere Funktion; für zukünftige Verwendung bereitgestellt.
- **Comp_PwrDwnOverrideEnable( )** – ermöglicht den Betrieb des Comparator im Schlafmodus. Nur gültig für PSoC 3-Silizium.
- **Comp_PwrDwnOverrideDisable( )** – deaktiviert den Betrieb des Comparator im Schlafmodus. Nur gültig für PSoC 3-Silizium.

15.21.2 Comparator-Funktionsaufrufe (Comp) 2.00

- **void Comp_Start(void)** – dies ist die bevorzugte Methode, um den Betrieb der Komponente zu beginnen. Comp_Start( ) setzt die initVar-Variable, ruft die Comp_Init( )-Funktion auf und anschließend die Comp_Enable( )-Funktion.
- **void Comp_Stop(void)** – deaktiviert und schaltet den Komparator aus.
- **void Comp_SetSpeed(uint8 speed)** – diese Funktion wählt einen von drei Geschwindigkeitsmodi für den Komparator aus. Der Stromverbrauch des Komparators steigt bei den schnelleren Geschwindigkeitsmodi.
- **uint16 Comp_ZeroCal(void)** – führt eine benutzerdefinierte Kalibrierung des Eingangsoffsets durch, um den Fehler unter bestimmten Bedingungen zu minimieren: Komparatorreferenzspannung, Versorgungsspannung und Betriebstemperatur. Eine Referenzspannung im Bereich, in dem der Komparator verwendet wird, muss am negativen Eingang des Komparators angelegt werden, während die Offsetkalibrierung durchgeführt wird. Die Komparatorkomponente muss für den Betrieb in Schnell- oder Langsammodus konfiguriert sein, wenn die Kalibrierung durchgeführt wird. Der Kalibrierungsprozess funktioniert nicht korrekt, wenn der Komparator im Niedrigleistungsmodus konfiguriert ist.

15.21 Comparator (Comp) 2.00

- **Comp_GetCompare(void)** – diese Funktion gibt einen von null verschiedenen Wert zurück, wenn die an den positiven Eingang angeschlossene Spannung größer ist als die negative Eingangsspannung. Dieser Wert wird nicht durch den Polaritätsparameter beeinflusst. Dieser Wert spiegelt immer einen nicht invertierten Zustand wider. uint8: Zustand des Komparatorausgangs; Wert ungleich null, wenn die positive Eingangsspannung größer ist als die negative Eingangsspannung; ansonsten ist der Rückgabewert null.
- **void Comp_LoadTrim(uint16 trimVal)** – diese Funktion schreibt einen Wert in das Trimmregister des Vergleichers.
- **void Comp_SaveConfig(void)** – diese Funktion speichert die Komponentenkonfiguration und nicht speichernden Register. Sie speichert auch die aktuellen Komponentenparameterwerte, wie sie im Konfigurationsdialog definiert sind. Oder leere Funktion; implementiert für zukünftige Nutzung. Keine Auswirkung durch Aufruf dieser Funktion.
- **void Comp_RestoreConfig(void)** – diese Funktion stellt die Komponentenkonfiguration und nicht speichernden Register wieder her. Sie stellt auch die Komponentenparameterwerte auf den Stand zurück, den sie vor dem Aufruf der Comp_Sleep( )-Funktion hatten. Implementiert für zukünftige Nutzung. Keine Auswirkung durch Aufruf dieser Funktion.
- **void Comp_Sleep(void)** – dies ist die bevorzugte Routine, um die Komponente auf den Schlafmodus vorzubereiten. Die Comp_Sleep( )-Routine speichert den aktuellen Zustand der Komponente. Dann ruft sie die Comp_Stop( )-Funktion auf und anschließend Comp_SaveConfig( ), um die Hardwarekonfiguration zu speichern. Rufen Sie die Comp_Sleep( )-Funktion auf, bevor Sie die CyPmSleep( )- oder die CyPmHibernate( )-Funktion aufrufen.
- **vvoid Comp_Wakeup(void)** – dies ist die bevorzugte Routine, um die Komponente in den Zustand zurückzuversetzen, in dem Comp_Sleep( ) aufgerufen wurde. Die Comp_Wakeup( )-Funktion ruft die Comp_RestoreConfig( )-Funktion auf, um die Konfiguration wiederherzustellen. Wenn die Komponente vor dem Aufruf der Comp_Sleep( )-Funktion aktiviert wurde, wird die Comp_Wakeup( )-Funktion die Komponente auch wieder aktivieren. Ohne vorherigen Aufruf der Comp_Sleep( )- oder Comp_SaveConfig( )-Funktion kann unerwartetes Verhalten auftreten.
- **void Comp_PwrDwnOverrideEnable(void)** – dies ist die Power-down-Override-Funktion. Sie ermöglicht es der Komponente, während des Schlafmodus aktiv zu bleiben. Vor dem Aufruf dieser API sollte das Comp_SetPower( )-API mit dem Comp_LOWPOWER-Parameter aufgerufen werden, um den Komparator-Strommodus auf Ultra-low-Power zu setzen. Dies liegt daran, dass Ultra-low-Power der einzige gültige Strommodus für den Vergleicher im Schlafmodus ist.
- **void Comp_Enable(void)** – aktiviert die Hardware und beginnt den Betrieb der Komponente. Es ist nicht notwendig, Comp_Enable( ) aufzurufen, da die Comp_

Start( )-Routine diese Funktion aufruft, die die bevorzugte Methode ist, um den Betrieb der Komponente zu beginnen.
- **void Comp_PwrDwnOverrideDisable(void)** – dies ist die Power-down-Override-Funktion. Diese Funktion ermöglicht es dem Komparator, während des Schlafmodus inaktiv zu bleiben.
- **void Comp_Init(void)** – initialisiert oder stellt die Komponente gemäß den Einstellungen des Configure-Dialogfelds des Customizer wieder her. Es ist nicht notwendig, Comp_Init( ) aufzurufen, da die Comp_Start( )-Routine diese Funktion aufruft und die bevorzugte Methode ist, um den Betrieb der Komponente zu beginnen.

15.22 Scanning Comparator 1.10

Die Scanning-Comparator (ScanComp)-Komponente bietet eine Hardwarelösung zum Vergleich von bis zu 64 Paaren von analogen Eingangsspannungssignalen mit nur einem Hardwarekomparator. Die abgetasteten Komparatorausgänge können für die Verbindung in digitaler Hardware aktiviert werden. Eine Referenz- oder externe Spannung kann an jeden Eingang angeschlossen werden. Merkmale sind: automatisches Scannen von bis zu 64 single-ended oder differentiellen Kanälen[12] [76].

15.22.1 Funktionen des Scanning Comparator 1.10

- **ScanComp_Start( )** – führt alle erforderlichen Initialisierungen für die Komponente durch und aktiviert die Stromversorgung für den Block.
- **ScanComp_Init( )** – initialisiert oder stellt die Komponente gemäß den Einstellungen des Customizer wieder her.
- **ScanComp_Enable( )** – aktiviert die Hardware und beginnt den Betrieb der Komponente.
- **ScanComp_Stop( )** – schaltet den Scanning Comparator aus.
- **ScanComp_SetSpeed( )** – stellt die Ansteuerungsleistung und Geschwindigkeit ein.
- **ScanComp_SetDACRange( )** – stellt den DAC auf einen neuen Bereich ein.
- **ScanComp_GetDACRange( )** – ruft die DAC-Bereichseinstellung ab.
- **ScanComp_SetDACVoltage( )** – stellt die DAC-Ausgangsspannung auf eine neue Spannung ein.
- **ScanComp_GetDACVoltage( )** – ruft die aktuelle DAC-Ausgangsspannungseinstellung ab.

---

[12] Die Anzahl der Eingangs- und Ausgangskanäle wird durch die in dem verwendeten Gerät verfügbare Hardware begrenzt; bis zu 64 Ausgänge routbar zu digitalen Logikblöcken oder Pins und mehrere Vergleichsmodi.

15.22 Scanning Comparator 1.10

- **ScanComp_SetChannelDACVoltage( )** – stellt die DAC-Ausgangsspannung für einen bestimmten Kanal auf eine neue Spannung ein.
- **ScanComp_GetChannelDACVoltage( )** – ruft die DAC-Ausgangsspannung für einen bestimmten Kanal ab.
- **ScanComp_GetCompare( )** – ruft das aktuelle Vergleichsergebnis für den ausgewählten Kanal ab.
- **ScanComp_GetInterruptSource( )** – ruft die ausstehenden Interrupt-Anforderungen vom ausgewählten Block ab. Auch maskierte Interrupts werden zurückgegeben.
- **ScanComp_GetInterruptSourceMasked( )** – ruft die ausstehenden Interrupt-Anforderungen vom ausgewählten Block ab. Maskierte Interrupts werden nicht zurückgegeben.
- **ScanComp_GetInterruptMask( )** – ruft die aktuelle Interrupt-Maske vom ausgewählten Block ab.
- **ScanComp_SetInterruptMask( )** – setzt die Interrupt-Masken für den ausgewählten Block.
- **ScanComp_Sleep( )** – dies ist das bevorzugte API, um die Komponente auf den Betrieb im Niedrigleistungsmodus vorzubereiten.
- **ScanComp_Wakeup( )** – dies ist das bevorzugte API zur Wiederherstellung.

15.22.2 Scanning-Comparator-Funktionsaufrufe 1.10

- **void ScanComp_Start(void)** – führt alle erforderlichen Initialisierungen für die Komponente durch und aktiviert die Stromversorgung für den Block. Beim ersten Ausführen der Routine wird die Komponente auf die Konfiguration aus dem Customizer initialisiert. Leistung/Geschwindigkeit wird basierend auf der konfigurierten Abtastrate und den Spezifikationen für die Reaktionszeit des Komparators eingestellt, oder, wenn ein externer Takt verwendet wird, wird sie auf das Maximum eingestellt. Wenn der Aufruf dazu dient, den Komparator nach einem ScanComp_Stop( )-Aufruf neu zu starten, bleiben die aktuellen Einstellungen der Komponentenparameter erhalten.
- **void ScanComp_Init(void)** – initialisiert oder stellt die Komponente gemäß den Einstellungen des Customizer wieder her. Es ist nicht notwendig, ScanComp_Init( ) aufzurufen, da das ScanComp_Start( )-API diese Funktion aufruft und die bevorzugte Methode ist, den Betrieb der Komponente zu beginnen.
- **void ScanComp_Enable(void)** – aktiviert die Hardware und beginnt den Betrieb der Komponente. Es ist nicht notwendig, ScanComp_Enable( ) aufzurufen, da das ScanComp_Start( )-API diese Funktion aufruft, welches die bevorzugte Methode ist, den Betrieb der Komponente zu beginnen.
- **void ScanComp_Stop(void)** – schaltet den Scanning Comparator aus, indem der Komparator selbst ausgeschaltet und das Multiplexing der Eingänge und das Ausschalten des DAC, falls er verwendet wird, gestoppt werden.

- **void ScanComp_SetSpeed(uint8 speed)** – stellt die Ansteuerungsleistung und Geschwindigkeit auf eine von 3 Einstellungen ein. Leistung/Geschwindigkeit wird durch ScanComp_Start( ) basierend auf der konfigurierten Abtastrate und den Spezifikationen für die Reaktionszeit des Komparators eingestellt, oder, wenn eine externer Takt verwendet wird, wird sie auf das Maximum eingestellt.
- **void ScanComp_SetDACRange(uint8 DACRange)** – stellt den DAC auf einen neuen Bereich ein. Wird nur verwendet, wenn der interne DAC ausgewählt ist.
- **uint8 ScanComp_GetDACRange(void)** – ruft die DAC-Bereichseinstellung ab. Wird nur verwendet, wenn der interne DAC ausgewählt ist.
- **void ScanComp_SetDACVoltage(uint8 DACVoltage)** – stellt die DAC-Ausgangsspannung auf eine neue Spannung ein. Wird nur verwendet, wenn der interne DAC ausgewählt ist.
- **uint8 ScanComp_GetDACVoltage(void)** – ruft die aktuelle Einstellung der DAC-Ausgangsspannung ab. Wird nur verwendet, wenn der interne DAC ausgewählt ist.
- **void ScanComp_SetChannelDACVoltage(uint8 channel, uint8 DACVoltage)** – stellt die DAC-Ausgangsspannung für einen bestimmten Kanal auf eine neue Spannung ein. Wird nur verwendet, wenn der interne DAC ausgewählt ist und die Spannung „pro Kanal" ist.
- **uint8 ScanComp_GetChannelDACVoltage(uint8 channel)** – ruft die DAC-Ausgangsspannung für einen bestimmten Kanal ab. Wird nur verwendet, wenn der interne DAC ausgewählt ist und die Spannung „pro Kanal" ist.
- **uint8 ScanComp_GetCompare(uint8 channel)** – ruft das aktuelle Komparatorergebnis für den ausgewählten Kanal ab.
- **uint8 ScanComp_GetInterruptSource(uint8 inputBlock)** – ruft die ausstehenden Interrupt-Anforderungen vom ausgewählten Block ab. Diese Funktion kann bestimmen, welcher der Kanäle einen Interrupt erzeugt hat. Auch maskierte Interrupts werden zurückgegeben. Diese Funktion löscht den Interrupt-Status für diesen Eingangsblock.
- **uint8 ScanComp_GetInterruptSourceMasked(uint8 inputBlock)** – ruft die ausstehenden Interrupt-Anforderungen vom ausgewählten Block ab. Diese Funktion kann bestimmen, welcher der Kanäle einen Interrupt erzeugt hat. Maskierte Interrupts werden nicht zurückgegeben. Diese Funktion löscht den Interrupt-Status.
- **ScanComp_GetInterruptMask(uint8 inputBlock)** – ruft die aktuelle Interrupt-Maske vom ausgewählten Block ab. Diese Funktion kann bestimmen, welche der Kanal-Interrupts derzeit maskiert sind.
- **void ScanComp_SetInterruptMask(uint8 inputBlock, uint8 mask)** – stellt die Interrupt-Masken für den eingestellten Block von 8 oder weniger Kanälen ein.
- **void ScanComp_Sleep(void)** – dies ist das bevorzugte API, um die Komponente auf den Betrieb im Niedrigleistungsmodus vorzubereiten. Der Scanning Comparator kann im Schlafmodus nicht betrieben werden.
- **void ScanComp_Wakeup(void)** – dies ist das bevorzugte API, um die Komponente in den Zustand zurückzusetzen, als ScanComp_Sleep( ) aufgerufen wurde.

15.23 8-Bit Current Digital to Analog Converter (iDAC8) 2.00

Die IDAC8-Komponente ist ein 8-bit-Stromausgangs-DAC (Digital-zu-analog-Wandler). Der Ausgang kann Strom in 3 Bereichen stellen oder aufnehmen. Der IDAC8 kann durch Hardware, Software oder eine Kombination aus beidem gesteuert werden. Diese Komponente unterstützt 3 Bereiche: 2040 µA, 255 µA und 31,875 µA, Stromsenke oder -quelle wählbar, software- oder taktgesteuerter Ausgangsabtastimpuls, und Datenquelle kann CPU, DMA oder digitale Komponenten sein [1].

15.23.1 iDAC8-Funktionen 2.00

- **IDAC8_Stop( )** – deaktiviert den IDAC8 und stellt ihn auf den niedrigsten Leistungszustand ein.
- **IDAC8_SetSpeed( )** – stellt die DAC-Geschwindigkeit ein.
- **IDAC8_SetPolarity( )** – stellt den Ausgangsmodus auf Stromsenke oder -quelle ein.
- **IDAC8_SetRange( )** – stellt den Vollskalenbereich für IDAC8 ein.
- **IDAC8_SetValue( )** – stellt einen Wert zwischen 0 und 255 im gegebenen Bereich ein.
- **IDAC8_Sleep( )** – stoppt und speichert die Benutzerkonfiguration.
- **IDAC8_Wakeup( )** – stellt die Benutzerkonfiguration wieder her und aktiviert sie.
- **IDAC8_Init( )** – initialisiert oder stellt die Standard-IDAC8-Konfiguration wieder her.
- **IDAC8_Enable( )** – aktiviert den IDAC8.
- **IDAC8_SaveConfig( )** – speichert die aktuelle Konfiguration.

15.23.2 iDAC8-Funktionsaufrufe 2.00

- **void IDAC8_Start(void)** – dies ist die bevorzugte Methode, um den Betrieb der Komponente zu starten. IDAC8_Start( ) setzt die initVar-Variable, ruft die IDAC8_Init( )-Funktion auf und anschließend die IDAC8_Enable( )-Funktion.
- **void IDAC8_Stop(void)** – schaltet IDAC8 auf den niedrigsten Leistungszustand und deaktiviert den Ausgang.
- **void IDAC8_SetSpeed(uint8 speed)** – stellt die DAC-Geschwindigkeit ein.
- **void IDAC8_SetPolarity(uint8 polarity)** – stellt die Ausgangspolarität auf Senke oder Quelle ein. Diese Funktion ist nur gültig, wenn die Polaritätsparameter auf entweder Quelle oder Senke eingestellt sind.
- **void IDAC8_SetRange(uint8 range)** – stellt den Vollskalenbereich für IDAC8 ein.
- **void IDAC8_SetValue(uint8 value)** – stellt den Wert ein, der auf IDAC8 ausgegeben werden soll. Gültige Werte liegen zwischen 0 und 255.

- **void IDAC8_Sleep(void)** – dies ist das bevorzugte API, um die Komponente auf den Schlafzustand vorzubereiten. Das IDAC8_Sleep( )-API speichert den aktuellen Zustand der Komponente. Dann ruft es die IDAC8_Stop( )-Funktion auf und anschließend IDAC8_SaveConfig( ), um die Hardwarekonfiguration zu speichern. Rufen Sie die IDAC8_Sleep( )-Funktion auf, bevor Sie die CyPmSleep( )- oder die CyPmHibernate( )-Funktion aufrufen.
- **void IDAC8_Wakeup(void)** – dies ist das bevorzugte API, um die Komponente in den Zustand zurückzuversetzen, in dem IDAC8_Sleep( ) aufgerufen wurde. Die IDAC8_Wakeup( )-Funktion ruft die IDAC8_RestoreConfig( )-Funktion auf, um die Konfiguration wiederherzustellen. Wenn die Komponente vor dem Aufruf der IDAC_Sleep( )-Funktion aktiviert war, wird die IDAC8_Wakeup( )-Funktion die Komponente auch wieder aktivieren.
- **void IDAC_Init(void)** – initialisiert die Komponente oder stellt sie gemäß den Einstellungen des Configure-Dialogfelds des Customizer wieder her. Es ist nicht notwendig, IDAC8_Init( ) aufzurufen, da das IDAC8_Start( )-API diese Funktion aufruft und die bevorzugte Methode ist, um den Betrieb der Komponente zu starten.
- **void IDAC8_Init(void)** – initialisiert die Komponente oder stellt sie gemäß den Einstellungen des Configure-Dialogfelds des Customizer wieder her. Es ist nicht notwendig, IDAC8_Init( ) aufzurufen, da das IDAC8_Start( )-API diese Funktion aufruft und die bevorzugte Methode ist, um den Betrieb der Komponente zu starten.
- **void IDAC8_Enable(void)** – aktiviert die Hardware und beginnt den Betrieb der Komponente. Es ist nicht notwendig, IDAC8_Enable( ) aufzurufen, da das IDAC8_Start( )-API diese Funktion aufruft, was die bevorzugte Methode ist, um den Betrieb der Komponente zu starten.
- **void IDAC8_SaveConfig(void)** – diese Funktion speichert die Konfiguration der Komponente und nicht speichernden Register. Sie speichert auch die aktuellen Parameterwerte der Komponente, wie sie im Configure-Dialogfeld definiert oder durch geeignete APIs geändert wurden. Diese Funktion wird von der IDAC8_Sleep( )-Funktion aufgerufen. Hinweis: Im DAC-Busmodus werden die Werte nicht gespeichert.
- **void IDAC8_RestoreConfig(void)** – Diese Funktion stellt die Konfiguration der Komponente und nicht speichernden Register wieder her. Diese Funktion stellt auch die Parameterwerte der Komponente auf den Zustand zurück, in dem sie sich befanden, bevor die IDAC8_Sleep( )-Funktion aufgerufen wurde. Hinweis: Im DAC-Busmodus werden die Werte nicht wiederhergestellt.

15.24 Dithered Voltage Digital/Analog Converter (DVDAC) 2.10

Die Komponente Dithered Voltage Digital to Analog Converter (DVDAC) hat eine wählbare Auflösung zwischen 9 und 12 bit. Dithering wird verwendet, um die Auflösung des zugrunde liegenden 8-bit-VDAC8 zu erhöhen. Es wird nur ein kleiner Ausgangskondensator benötigt, um das durch Dithering erzeugte Rauschen zu unterdrücken.

15.24 Dithered Voltage Digital/Analog Converter (DVDAC) 2.10

Unterstützte Funktionen umfassen: 2 Spannungsbereiche (1 und 4 V), einstellbare 9-, 10-, 11- oder 12-bit-Auflösung, Dithering mit DMA für null CPU-Overhead und einen einzelnen DAC-Block [35].

15.24.1 DVDAC-Funktionen 2.10

- **DVDAC_Start( )** – initialisiert den DVDAC mit den Standard-Customizer-Werten.
- **DVDAC_Stop( )** – deaktiviert den DVDAC und setzt ihn auf den niedrigsten Leistungszustand.
- **DVDAC_SetValue( )** – setzt den Ausgang des DVDAC.
- **DVDAC_Sleep( )** – stoppt und speichert die Benutzerkonfiguration.
- **DVDAC_WakeUp( )** – stellt die Benutzerkonfiguration wieder her und aktiviert sie.
- **DVDAC_Init( )** – initialisiert oder stellt die Standard-DVDAC-Konfiguration wieder her.
- **DVDAC_Enable( )** – aktiviert den DVDAC.
- **DVDAC_SaveConfig( )** – speichert den Wert des nicht speichernden DAC-Datenregisters.
- **DVDAC_RestoreConfig( )** – stellt den Wert des nicht speichernden DAC-Datenregisters wieder her.

15.24.2 DVDAC-Funktionsaufrufe 2.10

- **DVDAC_Start(void)** – führt alle erforderlichen Initialisierungen für die Komponente durch und aktiviert die Stromversorgung für den Block. Beim ersten Ausführen der Routine wird die Komponente auf die konfigurierten Einstellungen initialisiert. Wird sie aufgerufen, um den DVDAC nach einem DVDAC_Stop( )-Aufruf neu zu starten, bleiben die aktuellen Komponentenparametereinstellungen erhalten.
- **void DVDAC_Stop(void)** – stoppt die Komponente und schaltet die analogen Blöcke im DVDAC aus.
- **void DVDAC_SetValue(uint16 value)** – setzt den Ausgang des DVDAC. Die Funktion füllt das SRAM-Array basierend auf dem Wert und der Auflösungseinstellung. Dieses Array wird dann per DMA an den internen VDAC übertragen.
- **void DVDAC_Sleep(void)** – dies ist das bevorzugte API, um die Komponente auf den Schlafmodus vorzubereiten. Das DVDAC_Sleep( )-API speichert den aktuellen Zustand der Komponente. Dann ruft es die DVDAC_Stop( )-Funktion auf und anschließend DVDAC_SaveConfig( ), um die Hardwarekonfiguration zu speichern. Rufen Sie die DVDAC_Sleep( )-Funktion auf, bevor Sie die CyPmSleep( )- oder die CyPmHibernate( )-Funktion aufrufen.
- **void DVDAC_Wakeup(void)** – dies ist das bevorzugte API, um die Komponente in den Zustand zurückzuversetzen, als DVDAC_Sleep( ) aufgerufen wurde. Die

DVDAC_Wakeup( )-Funktion ruft die DVDAC_RestoreConfig( )-Funktion auf, um die Konfiguration wiederherzustellen. Wenn die Komponente vor dem Aufruf der DVDAC_Sleep( )-Funktion aktiviert war, wird die DVDAC_Wakeup( )-Funktion die Komponente auch wieder aktivieren.

- **void DVDAC_Init(void)** – initialisiert oder stellt die Komponente gemäß den Einstellungen des Configure-Dialogfelds des Customizer wieder her. Es ist nicht notwendig, DVDAC_Init( ) aufzurufen, da das DVDAC_Start( )-API diese Funktion aufruft und die bevorzugte Methode ist, um den Betrieb der Komponente zu beginnen.
- **void DVDAC_Enable(void)** – aktiviert die Hardware und beginnt den Betrieb der Komponente. Es ist nicht notwendig, DVDAC_Enable( ) aufzurufen, da das DVDAC_Start( )-API diese Funktion aufruft, was die bevorzugte Methode ist, um den Betrieb der Komponente zu beginnen.
- **void DVDAC_SaveConfig(void)** – diese Funktion speichert die Konfiguration der Komponente und die nicht speichernden Register. Diese Funktion wird von der DVDAC_Sleep( )-Funktion aufgerufen.
- **void DVDAC_RestoreConfig(void)** – Diese Funktion stellt die Konfiguration der Komponente und die nicht speichernden Register wieder her. Diese Funktion wird von der DVDAC_Wakeup( )-Funktion aufgerufen.

15.25 8-Bit Voltage Digital to Analog Converter (VDAC8) 1.90

Die VDAC8-Komponente ist ein 8-bit-Spannungsausgang-digital-zu-analog-Wandler (DAC). Der Ausgangsbereich kann von 0 bis 1,020 V (4 mV/bit) oder von 0 bis 4,08 V (16 mV/bit) sein. Der VDAC8 kann durch Hardware, Software oder eine Kombination aus beidem gesteuert werden. Spannungsausgangsbereiche: 1,020 und 4,080 V Vollaussteuerung. Merkmale sind: software- oder taktgesteuerter Ausgangsabtastimpuls, und die Datenquelle können CPU, DMA oder digitale Komponenten sein [2].

15.25.1 VDAC8-Funktionen 1.90

- **VDAC8_Start( )** – initialisiert den VDAC8 mit den Standardwerten des Customizer.
- **VDAC8_Stop( )** – deaktiviert den VDAC8 und setzt ihn auf den niedrigsten Leistungszustand.
- **VDAC8_SetSpeed( )** – setzt die DAC-Geschwindigkeit.
- **VDAC8_SetValue( )** – setzt den Wert zwischen 0 und 255 mit dem gegebenen Bereich.
- **VDAC8_SetRange( )** – setzt den Bereich auf 1 oder 4 V.
- **VDAC8_Sleep( )** – stoppt und speichert die Benutzerkonfiguration.
- **VDAC8_WakeUp( )** – stellt die Benutzerkonfiguration wieder her und aktiviert sie.

- **VDAC8_Init( )** – initialisiert oder stellt die Standardkonfiguration von VDAC8 wieder her.
- **VDAC8_Enable( )** – aktiviert den VDAC8.
- **VDAC8_SaveConfig( )** – speichert den nicht speichernden DAC-Datenregisterwert.
- **VDAC8_RestoreConfig( )** – stellt den nicht speichernden DAC-Datenregisterwert wieder her.

15.25.2   VDAC8-Funktionsaufrufe (VDAC8) 1.90

- **void VDAC8_Start(void)** – dies ist die bevorzugte Methode, um den Betrieb der Komponente zu starten.
- **void VDAC8_Start( )** – setzt die initVar-Variable, ruft die VDAC8_Init( )-Funktion auf, ruft die VDAC8_Enable( )-Funktion auf und versorgt den VDAC8 mit der gegebenen Leistungsstufe. Eine Leistungsstufe von 0 entspricht der Ausführung der VDAC_Stop( )-Funktion. Wenn die PatVar-Variable bereits gesetzt ist, ruft diese Funktion nur die VDAC8_Enable( )-Funktion auf.
- **void VDAC8_Stop(void)** – schaltet den VDAC8 auf den niedrigsten Leistungszustand und deaktiviert den Ausgang.
- **void VDAC8_SetSpeed(uint8 speed)** – setzt die DAC-Geschwindigkeit.
- **void VDAC8_SetRange(uint8 range)** – setzt den Bereich auf 1 oder 4 V.
- **void VDAC8_SetValue(uint8 value)** – setzt den Wert, der auf VDAC8 ausgegeben werden soll. Gültige Werte liegen zwischen 0 und 255.
- **void VDAC8_Sleep(void)** – dies ist das bevorzugte API, um die Komponente auf den Schlafzustand vorzubereiten. Das VDAC8_Sleep( )-API speichert den aktuellen Zustand der Komponente. Dann ruft sie die VDAC8_Stop( )-Funktion auf und anschließend VDAC8_SaveConfig( ), um die Hardwarekonfiguration zu speichern. Rufen Sie die VDAC8_Sleep( )-Funktion auf, bevor Sie die CyPmSleep( )- oder die CyPmHibernate( )-Funktion aufrufen.
- **void VDAC8_Wakeup(void)** – dies ist das bevorzugte API, um die Komponente in den Zustand zurückzuversetzen, in dem VDAC8_Sleep( ) aufgerufen wurde. Die VDAC8_Wakeup( )-Funktion ruft die VDAC8_RestoreConfig( )-Funktion auf, um die Konfiguration wiederherzustellen. Wenn die Komponente vor dem Aufruf der VDAC8_Sleep( )-Funktion aktiviert war, wird die VDAC8_Wakeup( )-Funktion die Komponente auch wieder aktivieren.
- **void VDAC8_Init(void)** – initialisiert oder stellt die Komponente gemäß den Einstellungen des Configure-Dialogfelds des Customizer wieder her. Es ist nicht notwendig, VDAC8_Init( ) aufzurufen, da das VDAC8_Start( )-API diese Funktion aufruft und die bevorzugte Methode ist, um den Betrieb der Komponente zu starten.
- **void VDAC8_Enable(void)** – aktiviert die Hardware und beginnt den Betrieb der Komponente. Es ist nicht notwendig, VDAC8_Enable( ) aufzurufen, da das VDAC8_Start( )-API diese Funktion aufruft, was die bevorzugte Methode ist, um den Betrieb der Komponente zu starten.

- **void VDAC8_SaveConfig(void)** – diese Funktion speichert die Konfiguration der Komponente und die nicht speichernden Register. Diese Funktion speichert auch die aktuellen Parameterwerte der Komponente, wie sie im Configure-Dialogfeld definiert oder durch geeignete APIs modifiziert wurden. Diese Funktion wird von der VDAC8_Sleep( )-Funktion aufgerufen.[13]
- **void VDAC8_RestoreConfig(void)** – diese Funktion stellt die Konfiguration der Komponente und die nicht speichernden Register wieder her. Diese Funktion stellt auch die Parameterwerte der Komponente auf den Zustand vor dem Aufruf der VDAC8_Sleep( )-Funktion wieder her.[14]

15.26 8-Bit Waveform Generator (WaveDAC8) 2.10

Die Komponente WaveDAC8 bietet eine einfache und schnelle Lösung für die automatische periodische Wellenformgenerierung. Eine High-Level-Schnittstelle ermöglicht es Ihnen, eine vordefinierte Wellenform oder eine benutzerdefinierte beliebige Wellenform auszuwählen. Zwei separate Wellenformen können definiert und dann mit einem externen Pin ausgewählt werden, um einen modulierten Ausgang zu erzeugen. Der Eingangstakt kann auch verwendet werden, um die Abtastrate zu ändern oder den Ausgang zu modulieren. Diese Komponente unterstützt die Erzeugung von Standard- und beliebigen Wellenformen; die beliebige Wellenform kann manuell gezeichnet oder aus einer Datei importiert werden; der Ausgang kann Spannung oder Strom sein, Senke oder Quelle; der Spannungsausgang kann gebuffert oder direkt vom DAC sein; Hardwareauswahl zwischen zwei Wellenformen; Wellenformen können bis zu 4000 Punkte haben und vordefinierte Sinus-/Dreieck-/Quadrat-/Sägezahnwellenformen [3].

15.26.1 WaveDAC8-Funktionen 2.10

- **void WaveDAC8_Start(void)** – startet die DAC- und DMA-Kanäle.
- **void WaveDAC8_Stop(void)** – deaktiviert DAC- und DMA-Kanäle.
- **void WaveDAC8_Init(void)** – initialisiert oder stellt die Komponente gemäß den Einstellungen des Configure-Dialogfelds des Customizer wieder her.
- **void WaveDAC8_Enable(void)** – aktiviert die Hardware und beginnt den Betrieb der Komponente.
- **void WaveDAC8_Wave1Setup(uint8 * wavePtr, uint16 sampleSize)** – legt das Array und die Größe des Arrays fest, das für die Wellenformgenerierung für Wellenform 1 verwendet wird.

---

[13] Hinweis: Im DAC-Bus-Modus werden die Werte nicht gespeichert.

[14] Im DAC-Bus-Modus werden die Werte nicht wiederhergestellt.

- **void WaveDAC8_Wave2Setup(uint8 * wavePtr, uint16 sampleSize)** – legt das Array und die Größe des Arrays fest, das für die Wellenformgenerierung für Wellenform 2 verwendet wird.
- **void WaveDAC8_StartEx(uint8 * wavePtr1, uint16 sampleSize1, uint8 * wavePtr2, uint16 sampleSize2)** – legt die Arrays und die Größen der Arrays fest, die für die Wellenformgenerierung für beide Wellenformen verwendet werden, und startet die DAC- und DMA-Kanäle.
- **void WaveDAC8_SetSpeed(uint8 speed)** – legt den Antriebsmodus/die Geschwindigkeit des DAC fest.
- **void WaveDAC8_SetRange(uint8 range)** – legt den Strom- oder Spannungsbereich fest.
- **void WaveDAC8_SetValue(uint8 value)** – legt den 8-bit-DAC-Wert fest.
- **void WaveDAC8_DacTrim(void)** – legt den Trimmwert für den gegebenen Bereich fest.
- **void WaveDAC8_Sleep(void)** – stoppt und speichert die Benutzerkonfiguration.
- **void WaveDAC8_Wakeup(void)** – stellt die Benutzerkonfiguration wieder her und aktiviert sie.
- **void WaveDAC8_SaveConfig(void)** – diese Funktion speichert die Konfiguration der Komponente. Diese Funktion speichert auch die aktuellen Parameterwerte der Komponente, wie sie im Configure-Dialogfeld definiert oder durch geeignete APIs geändert wurden. Diese Funktion wird von der Funktion WaveDAC8_Sleep( ) aufgerufen.
- **void WaveDAC8_RestoreConfig(void)** – diese Funktion stellt die Konfiguration der Komponente wieder her. Diese Funktion stellt auch die Parameterwerte der Komponente auf den Stand zurück, den sie vor dem Aufruf der Funktion WaveDAC8_Sleep( ) hatten.

15.26.2 WaveDAC8-Funktionsaufrufe 2.10

- **void WaveDAC8_Start(void)** – führt alle erforderlichen Initialisierungen für die Komponente durch und aktiviert die Stromversorgung für den Block. Beim ersten Ausführen der Routine werden der Bereich, die Polarität (falls vorhanden) und die Leistung, d. h. die Geschwindigkeitseinstellungen, für den im Design ausgewählten Betriebsmodus konfiguriert. Wenn die Funktion aufgerufen wird, um WaveDAC8 nach einem WaveDAC8_Stop( )-Aufruf neu zu starten, bleiben die aktuellen Komponentenparametereinstellungen erhalten. Wenn der externe Takt verwendet wird, sollte diese Funktion aufgerufen werden, bevor der Takt gestartet wird, um eine korrekte Wellenformgenerierung zu gewährleisten. Andernfalls könnte die erste Probe undefiniert sein.
- **void WaveDAC8_Stop(void)** – schaltet den WaveDAC8-Block aus. Hat keinen Einfluss auf die WaveDAC8-Art oder die Leistungseinstellungen.

- **void WaveDAC8_Wave1Setup(uint8 *WavePtr, uint16 SampleSize)** – wählt ein neues Wellenform-Array für den Wellenform-1-Ausgang aus. Die Funktion WaveDAC8_Stop sollte vor dem Aufruf dieser Funktion aufgerufen werden, und WaveDAC8_Start sollte aufgerufen werden, um die Wellenform neu zu starten.
- **void WaveDAC8_Wave2Setup(uint8 *WavePtr, uint16 SampleSize)** – wählt ein neues Wellenform-Array für den Wellenform-2-Ausgang aus. Die Funktion WaveDAC8_Stop sollte vor dem Aufruf dieser Funktion aufgerufen werden, und WaveDAC8_Start sollte aufgerufen werden, um die Wellenform neu zu starten.
- **void WaveDAC8_StartEx(uint8 *WavePtr1, uint16 SampleSize1, uint8 *WavePtr2, uint16 SampleSize2)** – wählt neue Wellenform-Arrays für beide Wellenformausgänge aus und startet WaveDAC8. Die Funktion WaveDAC8_Stop sollte vor dem Aufruf dieser Funktion aufgerufen werden.
- **void WaveDAC8_Init(void)** – initialisiert oder stellt die Komponente gemäß den Einstellungen des Configure-Dialogfelds des Customizer wieder her. Es ist nicht notwendig, WaveDAC8_Init( ) aufzurufen, da das WaveDAC8_Start( )-API diese Funktion aufruft und die bevorzugte Methode ist, um den Betrieb der Komponente zu beginnen.
- **void WaveDAC8_Enable(void)** – aktiviert die Hardware und beginnt den Betrieb der Komponente. Es ist nicht notwendig, WaveDAC8_Enable( ) aufzurufen, da das WaveDAC8_Start( )-API diese Funktion aufruft, was die bevorzugte Methode ist, um den Betrieb der Komponente zu beginnen.
- **void WaveDAC8_SetSpeed(uint8 speed)** – stellt den Antriebsmodus/die Geschwindigkeit auf eine der Einstellungen ein.
- **void WaveDAC8_Enable(void)** – aktiviert die Hardware und beginnt den Betrieb der Komponente. Es ist nicht notwendig, WaveDAC8_Enable( ) aufzurufen, da das WaveDAC8_Start( )-API diese Funktion aufruft, was die bevorzugte Methode ist, um den Betrieb der Komponente zu beginnen.
- **void Waved ac8_SetSpeed(uint8 speed)** – stellt die Antriebsmodusgeschwindigkeit auf eine der Einstellungen ein.
- **void WaveDAC8_SetValue(uint8 value)** – stellt den Ausgang des DAC auf den gewünschten Wert ein. Es ist vorzuziehen, diese Funktion zu verwenden, wenn der Taktgeber angehalten ist. Wenn diese Funktion während des normalen Betriebs (Taktgeber läuft) verwendet wird, kann die vordefinierte Wellenform unterbrochen werden.
- **void WaveDAC8_SetRange (uint8 range)** – stellt den DAC-Bereich auf eine der Einstellungen ein.
- **void WaveDAC8_DacTrim(void)** – stellt den richtigen vordefinierten Trimmkalibrierungswert für den aktuellen DAC-Modus und -Bereich ein.
- **void WaveDAC8_Sleep(void)** – dies ist das bevorzugte API, um die Komponente auf den Schlafmodus vorzubereiten. Das WaveDAC8_Sleep( )-API speichert den aktuellen Zustand der Komponente. Dann ruft es die WaveDAC8_Stop( )-Funktion auf und anschließend WaveDAC8_SaveConfig( ), um die Hardwarekonfiguration zu speichern. Rufen Sie die WaveDAC8_Sleep( )-Funktion auf, bevor Sie die CyPmSleep( )- oder die CyPmHibernate( )-Funktion aufrufen.

- **void WaveDAC8_Wakeup(void)** – dies ist das bevorzugte API, um die Komponente in den Zustand zurückzuversetzen, in dem WaveDAC8_Sleep( ) aufgerufen wurde. Die WaveDAC8_Wakeup( )-Funktion ruft die WaveDAC8_RestoreConfig( )-Funktion auf, um die Konfiguration wiederherzustellen. Wenn die Komponente vor dem Aufruf der WaveDAC8_Sleep( )-Funktion aktiviert war, wird die WaveDAC8_Wakeup( )-Funktion die Komponente auch wieder aktivieren.
- **void WaveDAC8_SaveConfig(void)** – speichert die Konfiguration der Komponente. Diese Funktion speichert auch die aktuellen Parameterwerte der Komponente, wie sie im Configure-Dialogfeld definiert oder durch geeignete APIs geändert wurden. Diese Funktion wird von der WaveDAC8_Sleep( )-Funktion aufgerufen.
- **void WaveDAC8_RestoreConfig(void)** – stellt die Konfiguration der Komponente wieder her. Diese Funktion stellt auch die Parameterwerte der Komponente auf den Zustand zurück, in dem sie sich befanden, bevor die WaveDAC8_Sleep( )-Funktion aufgerufen wurde.

15.27 Analog Mux Constraint 1.50

Das Routing ist strikt. Alle Geräte, die mit dem Netz mit der Ressourcenbeschränkung verbunden sind, müssen eine direkte Hardwareverbindung zur Ressource haben. Wenn die Ressourcen keine Hardwareverbindung zur angegebenen Beschränkung haben, tritt ein Fehler auf [9].

15.27.1 Analog-Mux-Constraint-Funktionen 1.50

Keine.

15.28 Net Tie 1.50

Die Net-Tie-Komponente verbindet zwei analoge Routen miteinander. Jede der Routen kann eine andere analoge Ressourcenbeschränkung haben. Sie wird verwendet, um eine analoge Route für eine feinkörnige Steuerung von analog zu teilen, z. B. wenn eines oder beide der Signale, die mit der Net-Tie-Komponente verbunden sind, eine Analogbeschränkung haben. Merkmale sind: verbindet zwei analoge Routen, eine eingeschränkte analoge Route mit einer uneingeschränkten analogen Route oder zwei analoge Routen mit unterschiedlichen Routingressourcenbeschränkungen [62].

15.28.1 Net-Tie-Funktionen 1.50

Keine.

15.29 Analog Net Constraint 1.50

Die Komponente Analog Net Constraint ermöglicht es Ihnen, die Route des analogen Signals zu definieren, mit dem sie verbunden ist. Dies ist eine erweiterte Funktion, die für die meisten Entwürfe nicht benötigt wird und mit Vorsicht verwendet werden sollte. Funktionen beinhalten: Begrenzt das analoge Routing eines Signals auf eine spezifische Routingressource, und alle Terminals auf dem Signal müssen direkt mit der Routingressource verbunden sein[15] [10].

15.29.1 Funktionen des Analog Net Constraint 1.50

Keine.

15.30 Analog Resource Reserve 1.50

Die Komponente Analog Resource Reserve reserviert eine globale analoge Routingressource, damit die Ressource sicher von firmwarebasiertem manuellem, analogem Routing verwendet werden kann. Dies ist eine erweiterte Funktion, die für die meisten Entwürfe nicht benötigt wird und mit Vorsicht verwendet werden sollte. Die Komponente Analog Resource Reserve wird verwendet, wenn die Firmware beabsichtigt, analoge Routingregister zu ändern. Die Komponente Analog Resource Reserve schützt vor konfliktärer Nutzung von analogen Ressourcen durch Firmware und automatisches analoges Routing. Funktionen beinhalten: verhindert, dass ein analoger Router eine globale analoge Routingressource verwendet, und ermöglicht einen sicheren Firmwarezugriff auf eine globale analoge Routingressource [11].

15.30.1 Funktionen der Analog Resource Reserve 1.50

Keine.

---

[15] Das Routing ist strikt. Alle Geräte, die mit dem Netz mit der Ressourcenbeschränkung verbunden sind, müssen eine direkte Hardwareverbindung zur Ressource haben. Wenn die Ressourcen keine Hardwareverbindung zur angegebenen Beschränkung haben, tritt ein Fehler auf.

15.31 Stay Awake 1.50

Auf bestimmten Geräten trennen spezifische analoge Blöcke ihre Terminals, wenn das Gerät in den Schlafmodus wechselt. Dies trennt auch alle Routen (statisch oder dynamisch), die das Terminal des Blocks als Via verwenden. Routen, die während des Schlafzustands des Geräts wach bleiben müssen, werden durch Verwendung der Komponente Stay Awake identifiziert, die eine einzelne Verbindung und keine Parameter hat. Das Netz, an das die Komponente Stay Awake angeschlossen ist, wird geroutet, ohne die betroffenen analogen Blockterminals zu verwenden. Die Komponente Stay Awake wird verwendet, um eine Route zu erstellen, bei der ein Netz verbunden bleiben muss, während das Gerät schläft oder hiberniert [90].

15.31.1 Funktionen von Stay Awake 1.50

Keine.

15.32 Terminal Reserve 1.50

Die Komponente Terminal Reserve reserviert die analoge Routingressource, die mit einer Komponente verbunden ist, wie z. B. der analogen Leitung, die mit einem Komparator oder Pin verbunden ist. Dies ist eine erweiterte Funktion, die für die meisten Entwürfe nicht benötigt wird und mit Vorsicht verwendet werden sollte. Wann man eine Terminal Reserve verwenden sollte: Die Komponente Terminal Reserve wird verwendet, wenn die Benutzerfirmware die analogen Routingregister ändert, die mit dem angegebenen Terminal verbunden sind. Die Komponente Terminal Reserve schützt vor konfliktärer Nutzung von analogen Ressourcen durch Benutzerfirmware und automatisches analoges Routing. Funktionen beinhalten: verhindert, dass ein analoger Router eine analoge Blockterminal-Routingressource verwendet und ermöglicht einen sicheren Firmwarezugriff auf eine analoge Blockterminal-Routingressource [92].

15.33 Funktionen von Terminal Reserve 1.50

Keine.

15.34 Voltage Reference (Vref) 1.70

Diese Komponente stellt eine Spannungsreferenz für analoge Blöcke bereit und bietet routbare Bandlücken-stabile Präzisionsspannungsreferenzen, nämlich 0,256 und 1,024 V für Vdda, Vssa, Vccd, Vddd und Vbat. Mehrere Instanzen dieser Komponente können in einer gegebenen PSoC-Anwendung verwendet werden. Es sollte jedoch beachtet werden, dass diese Spannungsreferenz nicht als Stromquelle oder -senke bestimmt ist. Wenn die beabsichtigte Verwendung darin besteht, ein Signal zu treiben, muss ein Buffer verwendet werden, z. B. ein OpAmp, um den notwendigen Quellen-/Senkstrom bereitzustellen [106].

15.35 Capacitive Sensing (CapSense CSD) 3.5

Capacitive Sensing, mit einer Delta-Sigma-Modulator-Komponente (CapSense CSD), ist eine vielseitige und effiziente Methode zur Messung von Kapazität in Anwendungen wie Touch-sense-Tasten, Slidern, Touchpads und Näherungserkennung. Die folgenden Referenzen sind auf der Cypress-Website verfügbar: Started with CapSense and PSoC 3 and PSoC 5LP CapSense® Design Guide. Funktionen beinhalten: Unterstützung für benutzerdefinierte Kombinationen von Tasten, Slidern, Touchpads und näherungskapazitiven Sensoren, automatische SmartSense™-Abstimmung oder manuelle Abstimmung mit integrierter PC-GUI, hohe Immunität gegen Wechselstromleitungsrauschen, EMC-Rauschen und Änderungen der Versorgungsspannung, 2 optionale Scankanäle (parallel synchronisiert), die die Sensorscanrate erhöhen, und Schirmelektrodenträger für zuverlässigen Betrieb in Anwesenheit von Wasserfilm oder Tropfen [15].

15.35.1 Capacitive-Sensing-Funktionen 3.5

- **CapSense_Start( )** – bevorzugte Methode zum Starten der Komponente. Initialisiert Register und aktiviert Active-Mode-Power-Template-Bits der in CapSense verwendeten Unterbaugruppen.
- **CapSense_Stop( )** – deaktiviert Komponenten-Interrupts und ruft CapSense_ClearSensors( ) auf, um alle Sensoren auf einen inaktiven Zustand zurückzusetzen.
- **CapSense_Sleep( )** – bereitet die Komponente auf den Eintritt des Geräts in einen Niedrigleistungsmodus vor. Deaktiviert die Active-Mode-Power-Template-Bits der in CapSense verwendeten Unterbaugruppen, speichert nicht speichernde Register und setzt alle Sensoren auf einen inaktiven Zustand zurück.
- **CapSense_Wakeup( )** – stellt die CapSense-Konfiguration und die Werte der nicht speichernden Register wieder her, nachdem das Gerät aus einem Niedrigleistungs- oder Schlafmodus aufgewacht ist.
- **CapSense_Init( )** – initialisiert die Standard-CapSense-Konfiguration, die mit dem Customizer bereitgestellt wird.
- **CapSense_Enable( )** – aktiviert die Active-Mode-Power-Template-Bits der in CapSense verwendeten Unterbaugruppen.

15.35 Capacitive Sensing (CapSense CSD) 3.5

- **CapSense_SaveConfig( )** – speichert die Konfiguration der nicht speichernden Register von CapSense. Setzt alle Sensoren auf einen inaktiven Zustand zurück.
- **CapSense_RestoreConfig( )** – stellt die CapSense-Konfiguration und die Werte der nicht speichernden Register wieder her.

15.35.2 Capacitive-Sensing-Funktionsaufrufe (CapSense CSD) 3.5

- **void CapSense_Start(void)** – dies ist die bevorzugte Methode, um den Komponentenbetrieb zu starten. CapSense_Start( ) ruft die CapSense_Init( )-Funktion auf und anschließend die CapSense_Enable( )-Funktion. Initialisiert Register und startet die CSD-Methode der CapSense-Komponente. Setzt alle Sensoren auf einen inaktiven Zustand. Aktiviert Interrupts für das Scannen von Sensoren. Wenn der SmartSense-Tuningmodus ausgewählt ist, wird das Tuningverfahren für alle Sensoren angewendet. Die CapSense_Start( )-Routine muss vor allen anderen API-Routinen aufgerufen werden.
- **void CapSense_Stop(void)** – stoppt das Scannen von Sensoren, deaktiviert Komponenten-Interrupts und setzt alle Sensoren auf einen inaktiven Zustand. Deaktiviert die Active-Mode-Power-Template-Bits für die in CapSense verwendeten Unterbaugruppen.
- **void CapSense_Stop(void)** – stoppt das Scannen von Sensoren, deaktiviert Komponenten-Interrupts und setzt alle Sensoren auf einen inaktiven Zustand. Deaktiviert die Active-Mode-Power-Template-Bits für die in CapSense verwendeten Unterbaugruppen.
- **void CapSense_Sleep(void)** – dies ist die bevorzugte Methode, um die Komponente auf Geräte mit geringem Stromverbrauch vorzubereiten. Deaktiviert die Active-Mode-Power-Template-Bits für die in CapSense verwendeten Unterbaugruppen. Ruft die CapSense_SaveConfig( )-Funktion auf, um die kundenspezifische Konfiguration der nicht speichernden Register von CapSense zu speichern und setzt alle Sensoren auf einen inaktiven Zustand.
- **void CapSense_Wakeup(void)** – stellt die CapSense-Konfiguration und die Werte der nicht speichernden Register wieder her. Stellt den aktivierten Zustand der Komponente wieder her, indem die Active-Mode-Power-Template-Bits für die in CapSense verwendeten Unterbaugruppen gesetzt werden.
- **void CapSense_Init(void)** – initialisiert die Standard-CapSense-Konfiguration, die vom Customizer bereitgestellt wird und den Komponentenbetrieb definiert. Setzt alle Sensoren auf einen inaktiven Zustand.
- **void CapSense_Enable(void)** – aktiviert die Active-Mode-Power-Template-Bits für die in CapSense verwendeten Unterbaugruppen.
- **void CapSense_SaveConfig(void)** – speichert die Konfiguration der nicht speichernden Register von CapSense. Setzt alle Sensoren auf einen inaktiven Zustand.

- **void CapSense_RestoreConfig(void)** – stellt die CapSense-Konfiguration und die nicht speichernden Register wieder her.

15.35.3 Capacitive-Sensing-Scanning-spezifische APIs 3.50

Diese API-Funktionen werden verwendet, um das Scannen von CapSense-Sensoren zu implementieren.

- **CapSense_ScanSensor( )** – legt die Scaneinstellungen fest und startet das Scannen eines Sensors oder einer Gruppe von kombinierten Sensoren auf jedem Kanal.
- **CapSense_ScanEnabledWidgets( )** – die bevorzugte Scanmethode. Scannt alle aktivierten Widgets.
- **CapSense_IsBusy( )** – gibt den Status des Sensorscannens zurück.
- **CapSense_SetScanSlotSettings( )** – legt die Scaneinstellungen des ausgewählten Scanslots (Sensor oder Paar von Sensoren) fest.
- **CapSense_ClearSensors( )** – setzt alle Sensoren auf den Nicht-abtast-Zustand zurück.
- **CapSense_EnableSensor( )** – konfiguriert den ausgewählten Sensor so, dass er im nächsten Scanzyklus gescannt wird.
- **CapSense_DisableSensor( )** – deaktiviert den ausgewählten Sensor, so dass er im nächsten Scanzyklus nicht gescannt wird.
- **CapSense_ReadSensorRaw( )** – gibt die Rohdaten des Sensors aus dem CapSense_sensorRaw[ ]-Array zurück.
- **CapSense_SetRBleed( )** – legt den Pin fest, der für die Verbindung des Entladewiderstands (Rb) verwendet wird, wenn mehrere Entladewiderstände verwendet werden.

15.35.4 Capacitive-Sensing-API-Funktionsaufrufe 3.50

- **void CapSense_ScanSensor(uint8 sensor)** – legt Scaneinstellungen fest und startet das Scannen eines Sensors oder eines Sensorpaares auf jedem Kanal. Wenn zwei Kanäle konfiguriert sind, können zwei Sensoren gleichzeitig gescannt werden. Nach Abschluss des Scannens kopiert die ISR die gemessenen Sensorrohdaten in das globale Rohsensor-Array. Die Verwendung der ISR stellt sicher, dass diese Funktion nicht blockiert. Jeder Sensor hat eine eindeutige Nummer im Sensor-Array. Diese Nummer wird vom CapSense-Customizer in Reihenfolge zugewiesen.
- **void CapSense_ScanEnabledWidgets(void)** – dies ist die bevorzugte Methode, um alle aktivierten Widgets zu scannen. Startet das Scannen eines Sensors oder eines Sensorpaares innerhalb der aktivierten Widgets. Die ISR setzt das Scannen der Sensoren fort, bis alle aktivierten Widgets gescannt sind. Die Verwendung der ISR stellt sicher, dass diese Funktion nicht blockiert. Alle Widgets sind standardmäßig aktiviert,

15.35 Capacitive Sensing (CapSense CSD) 3.5

mit Ausnahme von Näherungs-Widgets. Näherungs-Widgets müssen manuell aktiviert werden, da ihre lange Scanzeit nicht mit der schnellen Reaktion kompatibel ist, die von anderen Widget-Typen gefordert wird.

- **uint8 CapSense_IsBusy (void)** – gibt den Status des Sensorscannens zurück.
- **void CapSense_SetScanSlotSettings(uint8 slot)** – legt die Scaneinstellungen fest, die im Customizer oder Assistenten des ausgewählten Scanslots (Sensor oder Sensorpaar für ein Zweikanaldesign) bereitgestellt werden. Die Scaneinstellungen liefern einen IDAC-Wert (für IDAC-Konfigurationen) für jeden Sensor sowie die Auflösung. Die Auflösung ist für alle Sensoren innerhalb eines Widgets gleich.
- **void CapSense_ClearSensors(void)** – setzt alle Sensoren auf den Nicht-abtast-Zustand zurück, indem alle Sensoren nacheinander von dem Analog-Mux-Bus getrennt und in den inaktiven Zustand versetzt werden.
- **void CapSense_EnableSensor(uint8 sensor)** – konfiguriert den ausgewählten Sensor so, dass er im nächsten Messzyklus gescannt wird. Die entsprechenden Pins werden auf den Analog-HI-Z-Modus gesetzt und mit dem Analog-Mux-Bus verbunden. Dies wirkt sich auch auf den Komparatorausgang aus.
- **void CapSense_DisableSensor(uint8 sensor)** – deaktiviert den ausgewählten Sensor. Die entsprechenden Pins werden vom Analog-Mux-Bus getrennt und in den inaktiven Zustand versetzt.
- **uint16 CapSense_ReadSensorRaw(uint8 sensor)** – gibt Sensorrohdaten aus dem globalen CapSense_sensorRaw[ ]-Array zurück. Jeder Scansensor hat eine eindeutige Nummer im Sensor-Array. Diese Nummer wird vom CapSense-Customizer in Reihenfolge zugewiesen. Rohdaten können verwendet werden, um Berechnungen außerhalb des von CapSense bereitgestellten Rahmens durchzuführen.
- **void CapSense_SetRBleed(uint8 rbleed)** – legt den Pin fest, der für die Verbindung des Entladewiderstands (Rb) verwendet wird. Diese Funktion kann zur Laufzeit aufgerufen werden, um die aktuelle Rb-Pin-Einstellung aus den im Customizer definierten auszuwählen. Die Funktion überschreibt die Komponentenparametereinstellung. Diese Funktion ist nur verfügbar, wenn die Stromquelle auf *External Resistor* (externer Widerstand) eingestellt ist. Diese Funktion ist wirksam, wenn einige Sensoren mit unterschiedlichen Entladewiderstandswerten gescannt werden müssen. Zum Beispiel können normale Tasten mit einem niedrigeren Wert des Entladewiderstands gescannt werden. Der Näherungsdetektor kann weniger häufig mit einem größeren Entladewiderstand gescannt werden, um die maximale Näherungserkennungsentfernung zu maximieren. Diese Funktion kann in Verbindung mit der CapSense_ScanSensor( )-Funktion verwendet werden.

15.35.5 Capacitive-Sensing-high-Level-APIs 3.50

- **CapSense_InitializeSensorBaseline( )** – lädt das CapSense_sensorBaseline[sensor]-Array-Element mit einem Anfangswert, indem der ausgewählte Sensor gescannt wird.

- **CapSense_InitializeEnabledBaselines( )** – lädt das CapSense_sensorBaseline[]-Array mit Anfangswerten, indem nur aktivierte Sensoren gescannt werden. Diese Funktion ist nur für Zweikanaldesigns verfügbar.
- **CapSense_InitializeAllBaselines( )** – lädt das CapSense_sensorBaseline[]-Array mit Anfangswerten, indem alle Sensoren gescannt werden.
- **CapSense_UpdateSensorBaseline( )** – der historische Zählwert, der unabhängig für jeden Sensor berechnet wird, wird als Basislinie des Sensors bezeichnet. Diese Basislinie wird mit einem Tiefpassfilter mit k = 256 aktualisiert.
- **CapSense_UpdateEnabledBaselines( )** – überprüft das CapSense_sensorEnableMask[]-Array und ruft die CapSense_UpdateSensorBaseline( )-Funktion auf, um die Basislinien für aktivierte Sensoren zu aktualisieren.
- **CapSense_EnableWidget( )** – aktiviert alle Sensorelemente in einem Widget für den Scan-Prozess.
- **CapSense_DisableWidget( )** – deaktiviert alle Sensorelemente in einem Widget vom Scanprozess. **CapSense_CheckIsWidgetActive( )** – vergleicht das ausgewählte Widget mit dem CapSense_signal[]-Array, um festzustellen, ob es einen Fingerdruck hat.
- **CapSense_CheckIsAnyWidgetActive( )** – verwendet die CapSense_CheckIsWidgetActive( )-Funktion, um herauszufinden, ob irgendein Widget der CapSense-CSD-Komponente im aktiven Zustand ist.
- **CapSense_GetCentroidPos( )** – überprüft das CapSense_signal[]-Array auf einen Fingerdruck in einem linearen Schieberegler und gibt die Position zurück.
- **CapSense_GetRadialCentroidPos( )** – überprüft das CapSense_signal[]-Array auf einen Fingerdruck in einem radialen Schieberegler-Widget und gibt die Position zurück.
- **CapSense_GetTouchCentroidPos( )** – wenn ein Finger vorhanden ist, berechnet diese Funktion die X- und Y-Position des Fingers, indem der Zentroid innerhalb des Touchpads berechnet wird.
- **CapSense_GetMatrixButtonPos( )** – wenn ein Finger vorhanden ist, berechnet diese Funktion die Zeilen- und Spaltenposition des Fingers auf den Matrixtasten.

15.35.6 Capacitive-Sensing-Hi-Level-Funktionsaufrufe 3.50

- **void CapSense_InitializeSensorBaseline(uint8 sensor)** – lädt das CapSense_sensorBaseline[sensor]-Array-Element mit einem Anfangswert, indem der ausgewählte Sensor (Einkanaldesign) oder ein Paar von Sensoren (Zweikanaldesign) gescannt wird. Der Rohzählwert wird für jeden Sensor in das Basislinien-Array kopiert. Die Rohdatenfilter werden initialisiert, wenn sie aktiviert sind.
- **void CapSense_InitializeEnabledBaselines(void)** – scannt alle aktivierten Widgets. Die Rohzählwerte werden für alle Sensoren, die im Scanprozess aktiviert sind, in das CapSense_sensorBaseline[ ]-Array kopiert. Initialisiert CapSense_sensorBaseline[ ] mit Nullwerten für Sensoren, die vom Scanprozess deaktiviert sind. Die Rohdaten-

filter werden initialisiert, wenn sie aktiviert sind. Diese Funktion ist nur für Zweikanaldesigns verfügbar.
- **void CapSense_InitializeAllBaselines(void)** – verwendet die CapSense_InitializeSensorBaseline( )-Funktion, um das CapSense_sensorBaseline[ ]-Array durch Scannen aller Sensoren mit Anfangswerten zu laden. Die Rohzählwerte werden für alle Sensoren in das Basislinien-Array kopiert. Die Rohdatenfilter werden initialisiert, wenn sie aktiviert sind.
- **void CapSense_UpdateSensorBaseline(uint8 sensor)** – die Basislinie des Sensors ist ein historischer Zählwert, der unabhängig für jeden Sensor berechnet wird. Aktualisiert das CapSense_sensorBaseline[sensor]-Array-Element mit einem Tiefpassfilter mit k = 256. Die Funktion berechnet den Differenzzählwert, indem sie die vorherige Basislinie vom aktuellen Rohzählwert subtrahiert und ihn in CapSense_signal[sensor] speichert. Wenn die Auto-Reset-Option aktiviert ist, aktualisiert sich die Basislinie unabhängig von der Rauschschwelle. Wenn die Auto-Reset-Option deaktiviert ist, stoppt die Basislinienaktualisierung, wenn das Signal größer als die Rauschschwelle ist, und setzt die Basislinie zurück, wenn das Signal kleiner als die Minus-Rauschschwelle ist. Rohdatenfilter werden auf die Werte angewendet, wenn sie vor der Basislinienberechnung aktiviert sind.
- **void CapSense_UpdateEnabledBaselines(void)** – überprüft das CapSense_sensorEnableMask[]-Array und ruft die CapSense_UpdateSensorBaseline( )-Funktion auf, um die Basislinien für alle aktivierten Sensoren zu aktualisieren.
- **void CapSense_EnableWidget(uint8 widget)** – ermöglicht es, die ausgewählten Widget-Sensoren Teil des Scanprozesses zu machen.
- **void CapSense_DisableWidget(uint8 widget)** – deaktiviert die ausgewählten Widget-Sensoren vom Scanprozess.
- **uint8 CapSense_CheckIsWidgetActive(uint8 widget)** – vergleicht den ausgewählten Sensor-CapSense_signal[ ]-Array-Wert mit seiner Fingerschwelle. Hysterese und Entprellung werden berücksichtigt. Wenn der Sensor aktiv ist, wird die Schwelle um den Hysteresebetrag gesenkt. Wenn er inaktiv ist, wird die Schwelle um den Hysteresebetrag erhöht. Wenn die aktive Schwelle erreicht ist, erhöht sich der Entprellzähler um 1, bis er den aktiven Sensorübergang erreicht, an dem dieses API das Widget als aktiv setzt. Diese Funktion aktualisiert auch das Bit des Sensors im CapSense_sensorOnMask[ ]-Array. Die Touchpad- und Matrix-Button-Widgets müssen einen aktiven Sensor innerhalb der Spalten und Zeilen haben, um den aktiven Widget-Status zurückzugeben.
- **uint8 CapSense_CheckIsAnyWidgetActive(void)** – vergleicht alle Sensoren des CapSense _signal[ ]-Arrays mit ihrer Fingerschwelle. Ruft Capsense_CheckIsWidgetActive( ) für jedes Widget auf, so dass das CapSense_sensorOnMask[ ]-Array nach dem Aufruf dieser Funktion auf dem neuesten Stand ist.
- **uint16 CapSense_GetCentroidPos(uint8 widget)** – überprüft das CapSense_signal[ ] -Array auf einen Fingerdruck innerhalb eines linearen Sliders. Die Fingerposition wird mit der im CapSense-Customizer angegebenen API-Auflösung berechnet. Ein

Positionsfilter wird auf das Ergebnis angewendet, wenn er aktiviert ist. Diese Funktion ist nur verfügbar, wenn ein Linearer-Slider-Widget durch den CapSense-Customizer definiert ist.
- **uint16 CapSense_GetRadialCentroidPos(uint8 widget)** – ein Positionsfilter wird auf das Ergebnis angewendet, wenn er aktiviert ist. Diese Funktion ist nur verfügbar, wenn ein Radialer-Slider-Widget durch den CapSense-Customizer definiert ist. Überprüft das CapSense_signal[ ]-Array auf einen Fingerdruck innerhalb eines radialen Sliders. Die Fingerposition wird mit der im CapSense-Customizer angegebenen API-Auflösung berechnet.
- **uint8 CapSense_GetTouchCentroidPos(uint8 widget, uint16* pos)** – wenn ein Finger auf dem Touchpad ist, berechnet diese Funktion die X- und Y-Position des Fingers, indem sie den Zentroid innerhalb der Touchpadsensoren berechnet. Die X- und Y-Positionen werden mit den im CapSense-Customizer eingestellten API-Auflösungen berechnet. Gibt eine „1" zurück, wenn ein Finger auf dem Touchpad ist. Ein Positionsfilter wird auf das Ergebnis angewendet, wenn er aktiviert ist. Diese Funktion ist nur verfügbar, wenn ein Touchpad durch den CapSense-Customizer definiert ist.
- **uint8 CapSense_GetMatrixButtonPos(uint8 widget, uint8* pos)** – wenn ein Finger auf den Matrix-Buttons ist, berechnet diese Funktion die Zeilen- und Spaltenposition des Fingers. Gibt eine „1" zurück, wenn ein Finger auf den Matrix-Buttons ist. Diese Funktion ist nur verfügbar, wenn Matrix-Buttons durch den CapSense-Customizer definiert sind.
- **void CapSense_TunerStart(void)** – initialisiert die CapSense-CSD-Komponente und EZI2C-Komponente. Initialisiert auch Basislinien und startet die Sensorscanschleife mit den derzeit aktivierten Sensoren. Alle Widgets sind standardmäßig aktiviert, außer den Näherungs-Widgets. Näherungs-Widgets müssen manuell aktiviert werden, da ihre lange Scanzeit nicht mit der schnellen Reaktion kompatibel ist, die von anderen Widget-Typen benötigt wird.
- **void CapSense_TunerComm(void)** – führt Kommunikationsfunktionen mit der Tuner-GUI aus. Manueller Modus: Überträgt Sensorscan- und Widget-Verarbeitungsergebnisse an die Tuner-GUI aus der CapSense-CSD-Komponente. Liest neue Parameter von der Tuner-GUI und wendet sie auf die CapSense-CSD-Komponente an. Auto (SmartSense): Führt Kommunikationsfunktionen mit der Tuner-GUI aus. Überträgt Sensorscan- und Widget-Verarbeitungsergebnisse an die Tuner-GUI. Die Auto-Tuning-Parameter werden auch an die Tuner-GUI übertragen. Tuner-GUI-Parameter werden nicht zurück an die CapSense-CSD-Komponente übertragen. Diese Funktion ist blockierend und wartet, während die Tuner-GUI die Buffer der CapSense-CSD-Komponente modifiziert, um neue Daten zuzulassen.
- **void CapSense_SetAllRbsDriveMode(uint8 mode)** – setzt den Ansteuerungsmodus für alle Pins, die von den Entladewiderständen (Rb) innerhalb der CapSense-Komponente verwendet werden. Nur verfügbar, wenn die Stromquelle auf *External Resistor* eingestellt ist.

- **void CapSense_SetAllSensorsDriveMode(uint8 mode)** – setzt den Ansteuerungsmodus für alle Pins, die von kapazitiven Sensoren innerhalb der CapSense-Komponente verwendet werden.
- **void CapSense_SetAllCmodsDriveMode(uint8 mode)** – setzt den Ansteuerungsmodus für alle Pins, die von CMOD-Kondensatoren innerhalb der CapSense-Komponente verwendet werden.
- **void CapSense_SetAllRbsDriveMode(uint8 mode)** – setzt den Ansteuerungsmodus für alle Pins, die von den Entladewiderständen (Rb) innerhalb der CapSense-Komponente verwendet werden. Nur verfügbar, wenn die Stromquelle auf *External Resistor* eingestellt ist.

15.36 File System Library (emFile) 1.20

Die emFile-Komponente bietet eine Schnittstelle zu SD-Karten, die mit einem FAT-Dateisystem formatiert sind. Die SD-Kartenspezifikation beinhaltet mehrere Hardwareschnittstellenoptionen zur Kommunikation mit einer SD-Karte. Diese Komponente verwendet die SPI-Schnittstellenmethode zur Kommunikation. Bis zu 4 unabhängige SPI-Schnittstellen können zur Kommunikation mit jeweils einer SD-Karte verwendet werden. Sowohl FAT12/16- als auch FAT32-Dateisystemformate werden unterstützt. Diese Komponente stellt die physische Schnittstelle zur SD-Karte bereit und arbeitet mit der von SEGGER Microcontroller lizenzierten emFile-Bibliothek zusammen, um eine Bibliothek von Funktionen zur Manipulation eines FAT-Dateisystems bereitzustellen. Funktionen beinhalten: Bis zu 4 Secure-digital (SD)-Karten im SPI-Modus, FAT12/16- oder FAT32-Format, optionale Integration mit einem Betriebssystem („operating system", OS) und Unterstützung langer Dateinamen („long file name", LFN) [43].

15.36.1 File-System-Library-Funktionen 1.20

- **emFile_Sleep( )** – bereitet emFile darauf vor, in den Schlafmodus zu gehen.
- **emFile_Wakeup( )** – stellt emFile wieder her, nachdem es aus dem Schlafmodus gekommen ist.
- **emFile_SaveConfig( )** – speichert die SPI-Master-Konfiguration, die vom HW-Treiber verwendet wird.
- **emFile_RestoreConfig( )** – stellt die SPI-Master-Konfiguration wieder her, die vom HW-Treiber verwendet wird.

15.36.2 File-System-Library-Funktionsaufrufe 1.20

- **void emFile_Sleep(void)** – bereitet emFile darauf vor, in den Schlafmodus zu gehen.
- **void emFile_Wakeup(void)** – stellt emFile wieder her, nachdem es aus dem Schlafmodus gekommen ist.[16]
- **void emFile_SaveConfig(void)** – speichert die SPI-Master-Konfiguration, die vom HW-Treiber verwendet wird. Diese Funktion wird von emFile_Sleep( ) aufgerufen.
- **void emFile_RestoreConfig(void)** – stellt den SPI-Master wieder her, der vom HW-Treiber verwendet wird.[17]

15.37 EZI2C Slave 2.00

Die EZI2C-Slave-Komponente implementiert ein I2C-registerbasiertes Slave-Gerät. Es ist kompatibel mit I2C-Standard-Mode-, -Fast-Mode- und -Fast-Mode-Plus-Geräten, wie sie in der NXP-I2C-Busspezifikation definiert sind. Der Master initiiert alle Kommunikation auf dem I2C-Bus und stellt den Takt für alle Slave-Geräte. Der EZI2C-Slave unterstützt Standarddatenraten bis zu 1000 kbps und ist kompatibel[18] mit mehreren Geräten auf demselben Bus. Der EZI2C-Slave ist eine einzigartige Implementierung eines I2C-Slave, da alle Kommunikation zwischen dem Master und dem Slave in der ISR (Interrupt-Service-Routine) abgewickelt wird und keine Interaktion mit dem Hauptprogrammfluss erfordert. Die Schnittstelle erscheint als gemeinsamer Speicher zwischen dem Master und dem Slave. Sobald die EZI2C_Start( )-Funktion ausgeführt wird, besteht kaum noch Bedarf, mit dem API zu interagieren. Funktionen beinhalten: Industriestandard-NXP®-I2C-Busschnittstelle, emuliert die gängige I2C-EEPROM-Schnittstelle, nur 2 Pins (SDA und SCL) als Schnittstelle zum I2C-Bus erforderlich, Standarddatenraten von 50/100/400/1000 kbps, High-Level-APIs erfordern minimale Benutzerprogrammierung, unterstützt 1 oder 2 Adressdecodierungen mit unabhängigen Speicherbuffern, und Speicherbuffer bieten konfigurierbare Lese-/Schreib- und Nur-lese-Bereiche [41].

---

[16] Das Aufrufen der Funktion emFile_Wakeup( ) ohne zuvor die Funktion emFile_Sleep( ) oder emFile_SaveConfig( ) aufgerufen zu haben, kann zu unerwartetem Verhalten führen.

[17] Das Aufrufen dieser Funktion ohne zuvor die Funktion emFile_Sleep( ) oder emFile_SaveConfig( ) aufgerufen zu haben, kann zu unerwartetem Verhalten führen.

[18] Die I2C-Peripherie entspricht nicht der NXP-I2C-Spezifikation in den folgenden Bereichen: analoges Glitch-Filter, I/O VOL/IOL, I/O-Hysterese. Der I2C-Block hat ein digitales Glitch-Filter (nicht verfügbar im Schlafmodus). Die Fast-Modus-Mindestfallzeit-Spezifikation kann durch Einstellen der I/Os auf den langsamen Slow-Speed-Modus erfüllt werden. Siehe die I/O Electrical Specifications im Abschnitt „Inputs and Outputs" des Geräts, vgl. das Datenblatt für Details.

15.37.1 EZI2C-Slave-Funktionen 2.00

- **EZI2C_Stop( )** – stellt die Reaktion auf I2C-Verkehr ein. Deaktiviert den Interrupt.
- **EZI2C_EnableInt( )** – aktiviert den Komponenten-Interrupt, der für die meisten Komponentenoperationen erforderlich ist.
- **EZI2C_DisableInt( )** – deaktiviert den Komponenten-Interrupt. Das EZI2C_Stop( )-API macht dies automatisch.
- **EZI2C_SetAddress1( )** – legt die primäre I2C-Slave-Adresse fest.
- **EZI2C_GetAddress1( )** – gibt die primäre I2C-Slave-Adresse zurück.
- **EZI2C_SetBuffer1( )** – richtet den Datenbuffer ein, der dem Master bei einer Anforderung der primären Slave-Adresse zugänglich gemacht wird.
- **EZI2C_GetActivity( )** – überprüft den Aktivitätsstatus der Komponente.
- **EZI2C_Sleep( )** – stoppt die I2C-Operation und speichert die I2C-Konfiguration. Deaktiviert den Komponenten-Interrupt.
- **EZI2C_Wakeup( )** – stellt die I2C-Konfiguration wieder her und startet die I2C-Operation. Aktiviert den Komponenten-Interrupt.
- **EZI2C_Init( )** – initialisiert die I2C-Register mit den vom Customizer bereitgestellten Anfangswerten.
- **EZI2C_Enable( )** – aktiviert die Hardware und beginnt die Komponentenoperation.
- **EZI2C_SaveConfig( )** – speichert die aktuelle Benutzerkonfiguration der EZI2C-Komponente.
- **EZI2C_RestoreConfig( )** – stellt nicht speichernden I2C-Register wieder her.

15.37.2 EZI2C-Slave-Funktionsaufrufe 2.00

- **void EZI2C_Start(void)** – dies ist die bevorzugte Methode, um den Betrieb der Komponente zu beginnen. EZI2C_Start( ) ruft die Funktion EZI2C_Init( ) auf und anschließend die Funktion EZI2C_Enable( ). Sie muss vor dem Betrieb des I2C-Busses ausgeführt werden. Diese Funktion aktiviert den Komponenten-Interrupt, da der Interrupt für die meisten Komponentenoperationen erforderlich ist.
- **void EZI2C_Stop(void)** – deaktiviert die I2C-Hardware und den Komponenten-Interrupt. Der I2C-Bus wird freigegeben, wenn er von der Komponente gesperrt war.
- **void EZI2C_EnableInt(void)** – aktiviert den Komponenten-Interrupt. Interrupts sind für die meisten Operationen erforderlich. Wird innerhalb der Funktion EZI2C_Start( ) aufgerufen.
- **void EZI2C_DisableInt(void)** – deaktiviert den Komponenten-Interrupt. Diese Funktion ist normalerweise nicht erforderlich, da die Funktion EZI2C_Stop( ) diese Funktion aufruft.
- **void EZI2C_SetAddress1(uint8 address)** – legt die primäre I2C-Slave-Adresse fest. Diese Adresse wird vom Master verwendet, um auf den primären Datenbuffer zuzugreifen.

- **uint8 EZI2C_GetAddress1(void)** – gibt die primäre I2C-Slave-Adresse zurück. Diese Adresse ist die 7-bit-rechtsbündige Slave-Adresse und enthält nicht das R/W-Bit.
- **void EZI2C_SetBuffer1(uint16 bufSize, uint16 rwBoundary, volatile uint8* dataPtr)** – richtet den Datenbuffer ein, der dem Master bei einer Anforderung der primären Slave-Adresse zugänglich gemacht wird.
- **uint8 EZI2C_GetActivity(void)** – gibt einen Wert ungleich null zurück, wenn seit dem letzten Aufruf dieser Funktion ein I2C-Lese- oder -Schreibzyklus stattgefunden hat. Die Aktivitäts-Flag wird am Ende dieses Funktionsaufrufs auf null zurückgesetzt. Die Read- und Write-busy-Flags werden beim Lesen gelöscht, aber das BUSY-Flag wird nur gelöscht, wenn der Slave frei ist, d. h., der Master beendet die Kommunikation mit dem Slave durch Erzeugen einer Stopp- oder wiederholten Startbedingung.
- **void EZI2C_Sleep(void)** – dies ist die bevorzugte Methode, um die Komponente vorzubereiten, bevor das Gerät in den Schlafmodus wechselt. Die Auswahl „Enable wakeup from Sleep Mode" beeinflusst die Implementierung dieser Funktion:
  1. **Nicht ausgewählt:** überprüft den aktuellen Zustand der EZI2C-Komponente, speichert ihn und deaktiviert die Komponente durch Aufrufen von EZI2C_Stop( ), wenn sie derzeit aktiviert ist. Anschließend wird EZI2C_SaveConfig( ) aufgerufen, um die nicht speichernden Konfigurationsregister der Komponente zu speichern.
  2. **Ausgewählt:** Wenn während dieses Funktionsaufrufs eine Transaktion für die Komponente im Gange ist, wartet sie, bis die aktuelle Transaktion abgeschlossen ist. Aller nachfolgender I2C-Verkehr, die für die Komponente bestimmt sind, werden NAK-quittiert, bis das Gerät in den Schlafmodus versetzt wird. Das Adressübereinstimmungsereignis weckt das Gerät auf. Rufen Sie die Funktion EZI2C_Sleep( ) auf, bevor Sie die Funktion CyPmSleep( ) oder die Funktion CyPmHibernate( ) aufrufen.
- **void EZI2C_Wakeup(void)** – dies ist die bevorzugte Methode, um die Komponente für den Betrieb im Aktivmodus vorzubereiten (wenn das Gerät den Schlafmodus verlässt). Die Auswahl von „Error! Reference source not found." beeinflusst diese Funktionsimplementierung:
  1. **Nicht ausgewählt:** stellt die nicht speichernden Konfigurationsregister der Komponente wieder her, indem EZI2C_RestoreConfig( ) aufgerufen wird. Wenn die Komponente vor dem Aufruf der Funktion EZI2C_Sleep( ) aktiviert war, wird sie durch EZI2C_Wakeup( ) erneut aktiviert.
  2. **Ausgewählt:** deaktiviert den Backup-Regulator der I2C-Hardware. Die eingehende Transaktion wird fortgesetzt, sobald der reguläre EZI2C-Interrupt-Handler eingerichtet ist (globale Interrupts müssen aktiviert sein, um den EZI2C-Komponenten-Interrupt zu bedienen).
- **void EZI2C_Init(void)** – initialisiert oder stellt die Komponente gemäß den Einstellungen des Configure-Dialogfelds wieder her. Es ist nicht notwendig, EZI2C_Init( ) aufzurufen, da das EZI2C_Start( )-API diese Funktion aufruft, was die bevorzugte Methode ist, um den Betrieb der Komponente zu beginnen.

- **void EZI2C_Enable(void)** – aktiviert die Hardware und beginnt den Betrieb der Komponente; ruft EZI2C_EnableInt( ) auf, um den Komponenten-Interrupt zu aktivieren. Es ist nicht notwendig, EZI2C_Enable( ) aufzurufen, da das EZI2C_Start( ) -API diese Funktion aufruft, was die bevorzugte Methode ist, um den Betrieb der Komponente zu beginnen.
- **void EZI2C_SaveConfig(void)** – die Auswahl von „Error! Reference source not found". beeinflusst diese Funktionsimplementierung:
  1. **Nicht ausgewählt:** speichert die nicht speichernden Konfigurationsregister der Komponente.
  2. **Ausgewählt:** aktiviert den Backup-Regulator der I2C-Hardware. Wenn eine für die Komponente bestimmte Transaktion während dieses Funktionsaufrufs ausgeführt wird, wartet sie, bis die aktuelle Transaktion abgeschlossen ist und die I2C-Hardware bereit ist, in den Schlafmodus zu wechseln. Aller nachfolgender I2C-Verkehr wird NAK-quittiert, bis das Gerät in den Schlafmodus versetzt wird.
- **void EZI2C_RestoreConfig(void)** – die Auswahl von „Error! Reference source not found." beeinflusst diese Funktionsimplementierung:
  1. **Nicht ausgewählt:** stellt die nicht speichernden Konfigurationsregister der Komponente auf den Zustand zurück, in dem sie sich befanden, bevor I2C_Sleep( ) oder I2C_SaveConfig( ) aufgerufen wurde.
  2. **Ausgewählt:** deaktiviert den Backup-Regulator der I2C-Hardware. Richtet den regulären Komponenten-Interrupt-Handler ein und erzeugt den Komponenten-Interrupt, wenn er die Quelle zum Aufwecken war, um den Bus freizugeben und die eingehende I2C-Transaktion fortzusetzen.
- **uint8 EZI2C_GetAddress2(void)** – gibt die sekundäre I2C-Slave-Adresse zurück. Diese Adresse ist die 7-bit-rechtsbündige Slave-Adresse und enthält nicht das R/W-Bit.
- **void EZI2C_SetAddress2(uint8 address)** – legt die sekundäre I2C-Slave-Adresse fest. Diese Adresse wird vom Master verwendet, um auf den sekundären Datenbuffer zuzugreifen.
- **void EZI2_SetBuffer2(uint16 bufSize, uint8*dataPtr)** – richtet den Datenbuffer ein, der dem Master bei einer Anforderung der sekundären Slave-Adresse zugänglich gemacht wird.

15.38 I2C Master/Multi-Master/Slave 3.5

Die I2C-Komponente unterstützt I2C-Slave-, -Master- und -multi-Master-Konfigurationen. Der I2C-Bus ist eine branchenübliche, zweidrahtige Hardware-Schnittstelle, die von Philips entwickelt wurde. Der Master initiiert alle Kommunikation auf dem I2C-Bus und stellt den Takt für alle Slave-Geräte. Die I2C-Komponente unterstützt Standardtaktraten bis zu 1000 kbps. Sie ist kompatibel[19] mit I2C-Standard-Mode-, -Fast-Mode- und -Fast-Mode-Plus-Geräten, wie sie in der NXP-I2C-Bus-Spezifikation definiert sind. Die I2C-Komponente ist kompatibel mit anderen Slave- und Master-Geräten von Drittanbietern.[20] Zu den Merkmalen gehören: branchenübliche NXP®-I2C-Busschnittstelle, unterstützt Slave-, Master-, Multi-Master- und Multi-Master-Slave-Betrieb, benötigt nur 2 Pins (SDA und SCL) als Schnittstelle zum I2C-Bus, unterstützt Standarddatenraten von 100/400/1000 kbps, und High-Level-APIs erfordern minimale Benutzerprogrammierung [52].

15.38.1 I2C-Master/Multi-Master/Slave-Funktionen 3.5

Allgemeine Funktionen
- **I2C_Start( )** – initialisiert und aktiviert die I2C-Komponente. Der I2C-Interrupt wird aktiviert, und die Komponente kann auf I2C-Verkehr reagieren.
- **I2C_Stop( )** – hört auf, auf I2C-Verkehr zu reagieren (deaktiviert den I2C-Interrupt).
- **I2C_EnableInt( )** – aktiviert den Interrupt, der für die meisten I2C-Operationen erforderlich ist.
- **I2C_DisableInt( )** – deaktiviert den Interrupt. Das I2C_Stop( )-API macht dies automatisch.
- **I2C_Sleep( )** – stoppt die I2C-Operation und speichert die nicht speichernden Konfigurationsregister von I2C (deaktiviert den Interrupt). Bereitet die Aufwachoperation bei Adressübereinstimmung vor, wenn das Aufwachen aus dem Schlafmodus aktiviert ist (deaktiviert den I2C-Interrupt).
- **I2C_Wakeup( )** – stellt die nicht speichernden Konfigurationsregister von I2C wieder her und aktiviert die I2C-Operation (aktiviert den I2C-Interrupt).
- **I2C_Init( )** – initialisiert die I2C-Register mit den Anfangswerten, die vom Customizer bereitgestellt werden.
- **I2C_Enable( )** – aktiviert die I2C-Hardware und beginnt die Komponentenoperation.
- **I2C_SaveConfig( )** – speichert die nicht speichernden Konfigurationsregister von I2C (deaktiviert den I2C-Interrupt).
- **I2C_RestoreConfig( )** – stellt die nicht speichernden Konfigurationsregister von I2C wieder her.

---

[19] Die I2C-Peripherie entspricht nicht der NXP I2C-Spezifikation in den folgenden Bereichen: analoger Glitch-Filter, I/O VOL/IOL, I/O-Hysterese. Der I2C-Block hat einen digitalen Glitch-Filter (nicht verfügbar im Schlafmodus). Die Fast-Modus-Mindestfallzeit-Spezifikation kann erfüllt werden, indem die I/Os auf den Slow-Speed-Modus eingestellt werden. Siehe die I/O Electrical Specifications im Abschnitt „Inputs and Outputs" des Datenblatts des Geräts für Details.

[20] Das Datenblatt der Komponente behandelt sowohl den festen Hardware-I2C-Block als auch die UDB-Version.

15.38.2 I2C-Master/Multi-Master/Slave-Funktionsaufrufe 3.5

- **void I2C_Start(void)** – dies ist die bevorzugte Methode, um den Betrieb der Komponente zu starten. I2C_Start( ) ruft die Funktion I2C_Init( ) auf und anschließend die Funktion I2C_Enable( ). I2C_Start( ) muss vor dem Betrieb des I2C-Busses aufgerufen werden. Dieses API aktiviert den I2C-Interrupt. Interrupts sind für die meisten I2C-Operationen erforderlich. Sie müssen die I2C-Slave-Buffer vor diesem Funktionsaufruf einrichten, um das Lesen oder Schreiben von Teildaten zu vermeiden, während die Buffer eingerichtet werden. Das Verhalten des I2C-Slaves ist wie folgt, wenn es aktiviert ist und die Buffer nicht eingerichtet sind: I2C-Leseübertragung gibt 0xFF zurück, bis der Lesebuffer eingerichtet ist. Verwenden Sie die Funktion I2C_SlaveInitReadBuf( ) zum Einrichten des Lesebuffers. I2C-Schreibübertragung sendet NAK, weil es keinen Platz zum Speichern der empfangenen Daten gibt. Verwenden Sie die Funktion I2C_SlaveInitWriteBuf( ) zum Einrichten des Lesebuffers.
- **void I2C_Stop(void)** – diese Funktion deaktiviert die I2C-Hardware und den Komponenten-Interrupt. Sie gibt den I2C-Bus frei, wenn er vom Gerät blockiert wurde, und setzt ihn in den Leerlaufzustand.
- **void I2C_EnableInt(void)** – diese Funktion aktiviert den I2C-Interrupt. Interrupts sind für die meisten Operationen erforderlich.
- **void I2C_DisableInt(void)** – diese Funktion deaktiviert den I2C-Interrupt. Diese Funktion ist normalerweise nicht erforderlich, da die Funktion I2C_Stop( ) den Interrupt deaktiviert.
- **void I2C_Sleep(void)** – dies ist die bevorzugte Methode, um die Komponente vorzubereiten, bevor das Gerät in den Schlafmodus wechselt. Die Auswahl „Enable wakeup from Sleep Mode" beeinflusst die Implementierung dieser Funktion:
  1. **Nicht ausgewählt:** überprüft den aktuellen Zustand der I2C-Komponente, speichert ihn und deaktiviert die Komponente durch Aufruf von I2C_Stop( ), wenn sie derzeit aktiviert ist. Dann wird I2C_SaveConfig( ) aufgerufen, um die nicht speichernden Konfigurationsregister der Komponente zu speichern.
  2. **Ausgewählt:** Wenn während dieses Funktionsaufrufs eine Transaktion für die Komponente ausgeführt wird, wartet sie, bis die aktuelle Transaktion abgeschlossen ist. Aller nachfolgender I2C-Verkehr für die Komponente wird NAK-quittiert, bis das Gerät in den Schlafmodus versetzt wird. Das Adressübereinstimmungsereignis weckt das Gerät auf. Rufen Sie die Funktion I2C_Sleep( ) auf, bevor Sie die Funktion CyPmSleep( ) oder die Funktion CyPmHibernate( ) aufrufen.
- **void I2C_Init(void)** – diese Funktion initialisiert oder stellt die Komponente gemäß den Einstellungen des Configure-Dialogfelds des Customizer wieder her. Es ist nicht notwendig, I2C_Init( ) aufzurufen, da das API I2C_Start( ) diese Funktion aufruft, welches die bevorzugte Methode zum Starten des Komponentenbetriebs ist.

- **void I2C_Enable(void)** – diese Funktion aktiviert die Hardware und beginnt den Betrieb der Komponente. Es ist nicht notwendig, I2C_Enable( ) aufzurufen, da das API I2C_Start( ) diese Funktion aufruft, welches die bevorzugte Methode zum Starten des Komponentenbetriebs ist. Wenn dieses API aufgerufen wird, muss zuerst I2C_Start( ) oder I2C_Init( ) aufgerufen werden.
- **void I2C_SaveConfig(void)** – die Auswahl „Enable wakeup from Sleep Mode" beeinflusst die Implementierung dieser Funktion:
  1. **Nicht ausgewählt:** speichert die nicht speichernden Konfigurationsregister der Komponente.
  2. **Ausgewählt:** deaktiviert den Master, wenn er zuvor aktiviert war, und aktiviert den Backup-Regulator der I2C-Hardware. Wenn während dieses Funktionsaufrufs eine Transaktion für die Komponente ausgeführt wird, wartet sie, bis die aktuelle Transaktion abgeschlossen ist und die I2C-Hardware bereit ist, in den Schlafmodus zu wechseln. Aller nachfolgender I2C-Verkehr wird NAK-quittiert, bis das Gerät in den Schlafmodus versetzt wird.
- **void I2C_RestoreConfig(void)** – die Auswahl „Enable wakeup from Sleep Mode" beeinflusst die Implementierung dieser Funktion:
  1. **Nicht ausgewählt:** stellt die nicht speichernden Konfigurationsregister der Komponente auf den Zustand zurück, in dem sie sich befanden, bevor *I2C_Sleep*( ) oder *I2C_SaveConfig*( ) aufgerufen wurde.
  2. **Ausgewählt:** aktiviert die Master-Funktionalität, wenn sie zuvor aktiviert war, und deaktiviert den Backup-Regulator der I2C-Hardware. Richtet den regulären Komponenten-Interrupt-Handler ein und erzeugt den Komponenten-Interrupt, wenn er die Aufweckquelle war, um den Bus freizugeben und die eingehende I2C-Transaktion fortzusetzen.

15.38.3 Slave-Funktionen 3.50

- **I2C_SlaveStatus( )** – gibt die Slave-Status-Flags zurück.
- **I2C_SlaveClearReadStatus( )** – gibt die Lesestatus-Flags zurück und löscht die Slave-Lesestatus-Flags.
- **I2C_SlaveClearWriteStatus( )** – gibt den Schreibstatus zurück und löscht die Slave-Schreibstatus-Flags.
- **I2C_SlaveSetAddress( )** – legt die Slave-Adresse fest, einen Wert zwischen 0 und 127 (0x00 bis 0x7F).
- **I2C_SlaveInitReadBuf( )** – richtet den Slave-Empfangsdatenbuffer ein (Master <- Slave).
- **I2C_SlaveInitWriteBuf( )** richtet den Slave-Schreibbuffer ein (Master -> Slave).
- **I2C_SlaveGetReadBufSize( )** – gibt die Anzahl der vom Master gelesenen Bytes seit dem Zurücksetzen des Buffers zurück.

15.38 I2C Master/Multi-Master/Slave 3.5

- **I2C_SlaveGetWriteBufSize( )** – gibt die Anzahl der vom Master geschriebenen Bytes seit dem Zurücksetzen des Buffers zurück.
- **I2C_SlaveClearReadBuf( )** – setzt den Lesebufferzähler auf null zurück.
- **I2C_SlaveClearWriteBuf( )** – setzt den Schreibbufferzähler auf null zurück.

15.38.4 I2C-Master/Multi-Master/Slave-Funktionsaufrufe 3.50

- **uint8 I2C_SlaveStatus(void)** – diese Funktion gibt den Kommunikationsstatus des Slaves zurück.
- **uint8 I2C_SlaveClearReadStatus(void)** – diese Funktion löscht die Lesestatus-Flags und gibt ihre Werte zurück. Das I2C_SSTAT_RD_BUSY-Flag wird durch diesen Funktionsaufruf nicht beeinflusst.
- **uint8 I2C_SlaveClearWriteStatus(void)** – diese Funktion löscht die Schreibstatus-Flags und gibt ihre Werte zurück. Das I2C_SSTAT_WR_BUSY-Flag wird durch diesen Funktionsaufruf nicht beeinflusst.
- **void I2C_SlaveSetAddress(uint8 address)** – diese Funktion legt die I2C-Slave-Adresse fest
- **void I2C_SlaveInitReadBuf(uint8 * rdBuf, uint8 bufSize)** – diese Funktion legt den Bufferzeiger und die Größe des Lesebuffers fest. Diese Funktion setzt auch die Übertragungszählung zurück, die mit der Funktion I2C_SlaveGetReadBufSize( ) zurückgegeben wird.
- **void I2C_SlaveInitWriteBuf(uint8 * wrBuf, uint8 bufSize)** – diese Funktion legt den Bufferzeiger und die Größe des Schreibbuffers fest. Diese Funktion setzt auch die Übertragungszählung zurück, die mit der Funktion I2C_SlaveGetWriteBufSize( ) zurückgegeben wird.
- **uint8 I2C_SlaveGetReadBufSize(void)** – diese Funktion gibt die Anzahl der vom I2C-Master gelesenen Bytes seit der Ausführung einer I2C_SlaveInitReadBuf( )- oder I2C_SlaveClearReadBuf( )-Funktion zurück. Der maximale Rückgabewert ist die Größe des Lesebuffers.
- **uint8 I2C_SlaveGetWriteBufSize(void)** – diese Funktion gibt die Anzahl der vom I2C-Master geschriebenen Bytes seit der Ausführung einer I2C_SlaveInitWriteBuf( )- oder I2C_SlaveClearWriteBuf( )-Funktion zurück. Der maximale Rückgabewert ist die Größe des Schreibbuffers.
- **void I2C_SlaveClearReadBuf(void)** – diese Funktion setzt den Lesezeiger auf das erste Byte im Lesebuffer zurück. Das nächste Byte, das der Master liest, wird das erste Byte im Lesebuffer sein.
- **void I2C_SlaveClearWriteBuf(void)** – diese Funktion setzt den Schreibzeiger auf das erste Byte im Schreibbuffer zurück. Das nächste Byte, das der Master schreibt, wird das erste Byte im Schreibbuffer sein.

15.38.5 I2C-Master- und -Multi-Master-Funktionen 3.50

- **I2C_MasterStatus( )** – gibt den Master-Status zurück.
- **I2C_MasterClearStatus( )** – gibt den Master-Status zurück und löscht die Status-Flags.
- **I2C_MasterWriteBuf( )** – schreibt den referenzierten Datenbuffer an eine angegebene Slave-Adresse. **2C_MasterReadBuf( )** – liest Daten von der angegebenen Slave-Adresse und platziert die Daten im referenzierten Buffer.
- **I2C_MasterSendStart( )** – sendet nur einen Start an die spezifische Adresse.
- **I2C_MasterSendRestart( )** – sendet nur einen Neustart an die angegebene Adresse.
- **I2C_MasterSendStop( )** – erzeugt eine Stoppbedingung.
- **I2C_MasterWriteByte( )** – schreibt ein einzelnes Byte. Dies ist ein manueller Befehl, der nur mit den Funktionen I2C_MasterSendStart( ) oder I2C_MasterSendRestart( ) verwendet werden sollte.
- **I2C_MasterReadByte( )** – liest ein einzelnes Byte. Dies ist ein manueller Befehl, der nur mit den Funktionen I2C_MasterSendStart( ) oder I2C_MasterSendRestart( ) verwendet werden sollte.
- **I2C_MasterGetReadBufSize( )** – gibt die Byteanzahl der seit dem Aufruf der Funktion I2C_MasterClear ReadBuf( ) gelesenen Daten zurück.
- **I2C_MasterGetWriteBufSize( )** – gibt die Byteanzahl der seit dem Aufruf der Funktion I2C_MasterClearWriteBuf( ) geschriebenen Daten zurück.
- **I2C_MasterClearReadBuf( )** – setzt den Lesebufferzeiger zurück an den Anfang des Buffers.
- **I2C_MasterClearWriteBuf( )** – setzt den Schreibbufferzeiger zurück an den Anfang des Buffers.

15.38.6 I2C-Slave-Funktionsaufrufe 3.5

- **uint8 I2C_MasterStatus(void)** – diese Funktion gibt den Kommunikationsstatus des Masters zurück.
- **uint8 I2C_MasterClearStatus(void)** – diese Funktion löscht alle Status-Flags und gibt den Masterstatus zurück.
- **uint8 I2C_MasterWriteBuf(uint8 slaveAddress, uint8 * wrData, uint8 cnt, uint8 mode)** – diese Funktion schreibt automatisch einen gesamten Buffer von Daten an ein Slave-Gerät. Nachdem die Datenübertragung durch diese Funktion eingeleitet wurde, verwaltet die enthaltene ISR die weitere Datenübertragung im Byte-für-Byte-Modus. Aktiviert den I2C-Interrupt.
- **uint8 I2C_MasterReadBuf(uint8 slaveAddress, uint8 * rdData, uint8 cnt, uint8 mode)** – diese Funktion liest automatisch einen gesamten Buffer von Daten von einem Slave-Gerät. Sobald diese Funktion die Datenübertragung einleitet, verwaltet die enthaltene ISR die weitere Datenübertragung im Byte-für-Byte-Modus. Aktiviert den I2C-Interrupt.

- **uint8 I2C_MasterSendStart(uint8 slaveAddress, uint8 R_nW)** – diese Funktion erzeugt eine Startbedingung und sendet die Slave-Adresse mit dem Lese-/Schreibbit. Deaktiviert den I2C-Interrupt.
- **uint8 I2C_MasterSendRestart(uint8 slaveAddress, uint8 R_nW)** – diese Funktion erzeugt eine Neustartbedingung und sendet die Slave-Adresse mit dem Lese-/Schreibbit.
- **uint8 I2C_MasterSendStop(void)** – erzeugt eine Stoppbedingung auf dem Bus. Das NAK wird vor dem Stopp im Falle einer Lesetransaktion erzeugt. Mindestens 1 Byte muss gelesen werden, wenn vorher eine Start- oder Neustartbedingung mit Leserichtung erzeugt wurde. Diese Funktion tut nichts, wenn Start- oder Neustartbedingungen vor dem Aufruf dieser Funktion fehlgeschlagen sind.
- **uint8 I2C_MasterWriteByte(uint8 theByte)** – diese Funktion sendet 1 Byte an einen Slave. Eine gültige Start- oder Neustartbedingung muss erzeugt werden, bevor diese Funktion aufgerufen wird. Diese Funktion tut nichts, wenn die Start- oder Neustartbedingungen vor dem Aufruf dieser Funktion fehlgeschlagen sind.
- **uint8 I2C_MasterReadByte(uint8 acknNak)** – liest 1 Byte von einem Slave und erzeugt ACK oder bereitet sich darauf vor, NAK zu erzeugen. NAK wird vor der Stopp- oder Neustartbedingung durch die SCB_MasterSendStop( )- oder SCB_MasterSendRestart( )-Funktion erzeugt. Diese Funktion ist blockierend. Sie gibt keinen Wert zurück, bis 1 Byte empfangen wurde oder ein Fehler aufgetreten ist. Eine gültige Start- oder Neustartbedingung muss erzeugt werden, bevor diese Funktion aufgerufen wird. Diese Funktion tut nichts und gibt einen Nullwert zurück, wenn die Start- oder Neustartbedingungen vor dem Aufruf dieser Funktion fehlgeschlagen sind.
- **uint8 I2C_MasterGetReadBufSize(void)** – diese Funktion gibt die Anzahl der Bytes zurück, die mit einer I2C_MasterReadBuf( )-Funktion übertragen wurden.
- **uint8 I2C_MasterGetWriteBufSize(void)** – diese Funktion gibt die Anzahl der Bytes zurück, die mit einer I2C_MasterWriteBuf( )-Funktion übertragen wurden.
- **void I2C_MasterClearReadBuf (void)** – diese Funktion setzt den Lesebufferzeiger zurück auf das erste Byte im Buffer.
- **void I2C_MasterClearWriteBuf (void)** – diese Funktion setzt den Schreibbufferzeiger zurück auf das erste Byte im Buffer.

15.39 Inter-IC Sound Bus (I2S) 2.70

Der Integrated Inter-IC Sound Bus (I2S) ist ein serieller Busschnittstellenstandard, der zum Verbinden von digitalen Audiogeräten verwendet wird.[21] Diese Komponente arbeitet nur im Master-Modus. Sie fungiert als Sender („transmitter", Tx) und Empfänger („receiver", Rx). Die Daten für Tx und Rx fungieren als unabhängige Byte-Streams. Die

---

[21] Philips® Semiconductor (I2S-Busspezifikation; Februar 1986, überarbeitet am 5. Juni 1996).

Byte-Streams werden mit dem höchstwertigen Byte zuerst und dem höchstwertigen Bit in Bit 7 des ersten Wortes gepackt. Die Anzahl der Bytes, die für jeden Abtastwert (ein Abtastwert für den linken oder rechten Kanal) verwendet werden, ist die minimale Anzahl von Bytes, um einen Abtastwert zu halten. Funktionen umfassen Master-only-Einzel- und -Mehrkanal (bis zu 10 Kanäle)-I2S-Unterstützung, 8 bis 32 Datenbits pro Abtastwert, 16-, 32-, 48- oder 64-bit-Wort-Auswahlperiode, Datenraten bis zu 96 kHz mit 64-bit-Wort-Auswahlperiode, Audio-Clip-Erkennung im I2S-Rx-Modus und Byte-Swap-Audio-Samples, um die Endianness-Anforderungen der USB-Audio-Klasse zu erfüllen [54].

15.39.1 Inter-IC-Sound-Bus (I2S)-Funktionen 2.70

- **I2S_Start( )** – startet die I2S-Schnittstelle.
- **I2S_Stop( )** – deaktiviert die I2S-Schnittstelle.
- **I2S_Init( )** – initialisiert oder stellt die Standard-I2S-Konfiguration wieder her.
- **I2S_Enable( )** – aktiviert die I2S-Schnittstelle.
- **I2S_SetDataBits( )** – legt die Anzahl der Datenbits für jeden Abtastwert fest.
- **I2S_EnableTx( )** – aktiviert die Tx-Richtung der I2S-Schnittstelle.
- **I2S_DisableTx( )** – deaktiviert die Tx-Richtung der I2S-Schnittstelle.
- **I2S_SetTxInterruptMode( )** – legt die Interrupt-Quelle für den I2S-Tx-Richtungs-Interrupt fest.
- **I2S_ReadTxStatus( )** – gibt den Zustand im I2S-Tx-Statusregister zurück.
- **I2S_WriteByte( )** – schreibt ein einzelnes Byte in den Tx-FIFO.
- **I2S_ClearTxFIFO( )** – leert den Tx-FIFO.
- **I2S_EnableRx( )** – aktiviert die Rx-Richtung der I2S-Schnittstelle.
- **I2S_DisableRx( )** – deaktiviert die Rx-Richtung der I2S-Schnittstelle.
- **I2S_SetRxInterruptMode( )** – legt die Interrupt-Quelle für den I2S-Rx-Richtungs-Interrupt fest.
- **I2S_ReadRxStatus( )** – gibt den Zustand im I2S-Rx-Statusregister zurück.
- **I2S_ReadByte( )** – gibt ein einzelnes Byte aus dem Rx-FIFO zurück.
- **I2S_ClearRxFIFO( )** – leert den Rx-FIFO.
- **I2S_SetPositiveClipThreshold( )** – legt die Schwelle für die positive Clip-Erkennung fest.
- **I2S_SetNegativeClipThreshold( )** – legt die Schwelle für die negative Clip-Erkennung fest.
- **I2S_Sleep( )** – speichert die Konfiguration und deaktiviert die I2S-Schnittstelle.
- **I2S_Wakeup( )** – stellt die Konfiguration wieder her und aktiviert die I2S-Schnittstelle.

15.39.2 Inter-IC-Sound-Bus (I2S)-Funktionsaufrufe 2.70

- **void I2S_Start(void)** – diese Funktion startet die I2S-Schnittstelle. Sie startet die Erzeugung der sck- und ws-Ausgänge. Die Tx- und Rx-Richtungen bleiben deaktiert.
- **void I2S_Stop(void)** – diese Funktion deaktiviert die I2S-Schnittstelle. Die sck- und ws-Ausgänge werden auf 0 gesetzt. Die Tx- und Rx-Richtungen werden deaktiviert und ihre FIFO werden geleert.
- **void I2S_Init(void)** – diese Funktion initialisiert oder stellt die Standard-I2S-Konfiguration wieder her, die mit dem Customizer bereitgestellt wird. Sie löscht keine Daten aus den FIFO und setzt die Zustandsmaschinen der Komponentenhardware nicht zurück. Es ist nicht notwendig, I2S_Init( ) aufzurufen, da die I2S_Start( )-Routine diese Funktion aufruft und I2S_Start( ) die bevorzugte Methode ist, um den Betrieb der Komponente zu beginnen.
- **void I2S_Enable(void)** – diese Funktion aktiviert die I2S-Schnittstelle. Sie startet die Erzeugung der sck- und ws-Ausgänge. Die Tx- und Rx-Richtungen bleiben deaktiviert. Es ist nicht notwendig, I2S_Enable( ) aufzurufen, da die I2S_Start( )-Routine diese Funktion aufruft und I2S_Start( ) die bevorzugte Methode ist, um den Betrieb der Komponente zu beginnen.
- **cystatus I2S_SetDataBits(uint8 dataBits)** – diese Funktion legt die Anzahl der Datenbits für jeden Abtastwert fest. Die Komponente muss vor dem Aufruf dieser API gestoppt werden. Das API ist nur verfügbar, wenn der Bitauflösungsparameter auf *Dynamic* eingestellt ist.
- **void I2S_EnableTx(void)** – diese Funktion aktiviert die Tx-Richtung der I2S-Schnittstelle. Die Übertragung beginnt bei der nächsten fallenden Flanke der Wort-Auswahl.
- **void I2S_DisableTx(void)** – diese Funktion deaktiviert die Tx-Richtung der I2S-Schnittstelle. Die Datenübertragung stoppt, und ein konstanter Nullwert wird bei der nächsten fallenden Flanke des Wort-Auswahlsignals übertragen.
- **void I2S_SetTxInterruptMode(interruptSource)/void I2S_SetTxInterruptMode(channel, interruptSource)** – dieses Makro setzt die Interrupt-Quelle für den angegebenen Tx-Stereokanal. Mehrere Quellen können OR-verknüpft werden.[22]
- **void I2S_EnableTx(void)** – diese Funktion aktiviert die Tx-Richtung der I2S-Schnittstelle. Die Übertragung beginnt bei der nächsten fallenden Flanke des Wort-Auswahlsignals.
- **void I2S_DisableTx(void)** – diese Funktion deaktiviert die Tx-Richtung der I2S-Schnittstelle. Die Datenübertragung stoppt und ein konstanter Nullwert wird bei der nächsten fallenden Flanke des Wortauswahlsignals übertragen.

---

[22] Das Makro erwartet den Kanalparameter nur, wenn mehr als ein Stereokanal für die Tx-Richtung ausgewählt ist.

- **void I2S_SetTxInterruptMode(interruptSource)/void I2S_SetTxInterruptMode(channel, interruptSource)** – dieses Makro setzt die Interrupt-Quelle für den angegebenen Tx-Stereo-kanal. Mehrere Quellen können OR-verknüpft werden.[23]
- **void I2S_DisableRx(void)** – diese Funktion deaktiviert die Rx-Richtung der I2S-Schnittstelle. Bei der nächsten fallenden Flanke des Wort-Auswahlsignals werden die empfangenen Daten nicht mehr an den Empfangs-FIFO gesendet.
- **void I2S_SetRxInterruptMode(interruptSource)/void I2S_SetRxInterruptMode(channel, interruptSource)** – dieses Makro setzt die Interrupt-Quelle für den angegebenen Rx-Stereokanal. Mehrere Quellen können OR-verknüpft werden.[24]
- **uint8 I2S_ReadRxStatus(void)/uint8 I2S_ReadRxStatus(channel)** – dieses Makro gibt den Status des angegebenen Stereokanals(/-kanäle) zurück. In einer Mehrkanalkonfiguration werden die Statusbits des Stereokanals 0 mit dem Stereokanal 1 und die Bits des Kanals 2 mit dem Kanal 3 kombiniert. Daher wird das API den kombinierten Status des Stereokanals 0 und des Stereokanals 1 zurückgeben, wenn der Status für Kanal 0 oder Kanal 1 angefordert wird.[25]
- **uint8 I2S_ReadByte(wordSelect)/uint8 I2S_ReadByte(channel, wordSelect)** – dieses Makro gibt ein einzelnes Byte aus dem Rx-FIFO zurück. Sie müssen den Rx-Status vor diesem Aufruf überprüfen, um zu bestätigen, dass der Rx-FIFO nicht leer ist.[26]
- **void I2S_ClearRxFIFO(void)** – diese Funktion leert die FIFO für alle Rx-Kanäle. Alle in den FIFO vorhandenen Daten gehen verloren. Rufen Sie diese Funktion nur auf, wenn die Rx-Richtung deaktiviert ist.
- **void I2S_SetPositiveClipThreshold(posThreshold)/void I2S_SetPositiveClipThreshold (channel, posThreshold)** – dieses Makro setzt die 8-bit-positive-Clip-Erkennungsschwelle für den angegebenen Kanal. Dieses API ist verfügbar, wenn der Rx-Clip-Erkennungsparameter im Konfigurationsdialog ausgewählt ist. Das Makro erwartet den Kanalparameter nur, wenn mehr als ein Stereokanal für die Rx-Richtung ausgewählt ist.

---

[23] Das Makro erwartet den Kanalparameter nur, wenn mehr als ein Stereokanal für die Tx-Richtung ausgewählt ist.

[24] Das Makro erwartet den Kanalparameter nur, wenn mehr als ein Stereokanal für die Rx-Richtung ausgewählt ist.

[25] Das Makro erwartet den Kanalparameter nur, wenn mehr als ein Stereokanal für die Rx-Richtung ausgewählt ist.

[26] Das Makro erwartet den Kanalparameter nur, wenn mehr als ein Stereokanal für die Rx-Richtung ausgewählt ist.

15.39 Inter-IC Sound Bus (I2S) 2.70

- **void I2S_SetNegativeClipThreshold(negThreshold)/void I2S_SetNegativeClip-Threshold (channel, negThreshold)** – dieses API setzt die 8-bit-negative-Clip-Erkennungsschwelle für den angegebenen Kanal. Dieses API ist verfügbar, wenn der Rx-Clip-Erkennungsparameter im Konfigurationsdialog ausgewählt ist.[27]
- **void I2S_Sleep(void)** – dies ist die bevorzugte Routine, um die Komponente auf den Schlafmodus vorzubereiten. Die I2S_Sleep( )-Routine speichert den aktuellen Zustand der Komponente und ruft die I2S_Stop( )-Funktion auf. Die sck- und ws-Ausgänge werden auf 0 gesetzt. Die Tx- und Rx-Richtungen werden deaktiviert. Rufen Sie die I2S_Sleep( )-Funktion auf, bevor Sie die CyPmSleep( )- oder die CyPmHibernate( )-Funktion aufrufen. Weitere Informationen zu den Energiemanagementfunktionen finden Sie im PSoC Creator System Reference Guide.
- **void I2S_Wakeup(void)** – dies ist die bevorzugte Routine, um die Komponentenoperation nach dem Aufwachen aus dem Schlafmodus vorzubereiten. Startet die Erzeugung der sck- und ws-Ausgänge, wenn die Komponente vor dem Schlafmodus betrieben wurde. Aktiviert die Rx- und/oder Tx-Richtung entsprechend ihrem Zustand vor dem Schlafmodus.

15.39.3 Makro-Callback-Funktionen 2.70

- **I2C_ISR_EntryCallback I2C_ISR_ENTRY_CALLBACK** – wird am Anfang des I2C_ISR( )-Interrupt-Handlers verwendet, um zusätzliche anwendungsspezifische Aktionen durchzuführen.
- **I2C_ISR_ExitCallback I2C_ISR_EXIT_CALLBACK** – wird am Ende des I2C_ISR( )-Interrupt-Handlers verwendet, um zusätzliche anwendungsspezifische Aktionen durchzuführen.
- **I2C_WAKEUP_ISR_EntryCall back_I2C_WAKEUP ISR_ENTRY_CALLBACK** – wird am Anfang des I2C_WAKEUP_ISR( )-Interrupt-Handlers verwendet, um zusätzliche anwendungsspezifische Aktionen durchzuführen.
- **I2C_TMOUT_ISR_EntryCallback I2C_TMOUT_ISR_ENTRY_CALLBACK** – wird am Anfang des I2C_ISR4( )-Interrupt-Handlers verwendet, um zusätzliche anwendungsspezifische Aktionen durchzuführen.
- **I2C_TMOUT_ISR_ExitCallback_I2C_TMOUT_ISR_EXIT_ CALLBACK** – wird am Ende des I2C_ISR4( )-Interrupt-Handlers verwendet, um zusätzliche anwendungsspezifische Aktionen durchzuführen.
- **I2C_SwPrepareReadBuf_Callback_I2C_SW_PREPARE_READ _BUF_CALLBACK** – wird im I2C_ISR( )-Interrupt-Handler verwendet, um zusätzliche anwendungsspezifische Aktionen durchzuführen.

---

[27] Das Makro erwartet den Kanalparameter nur, wenn mehr als ein Stereokanal für die Rx-Richtung ausgewählt ist.

- **I2C_SwAddrCompare_EntryCallback_I2C_SW_ADDR_COMPARE_ENTRY_ CALLBACK** – wird im I2C_ISR( )-Interrupt-Handler verwendet, um zusätzliche anwendungsspezifische Aktionen durchzuführen.
- **I2C_SwAddrCompare_Exit_Callback_I2C_SW_ADDR_COMPARE_EXIT_ CALLBACK** – wird im I2C_ISR( )-Interrupt-Handler verwendet, um zusätzliche anwendungsspezifische Aktionen durchzuführen.
- **I2C_HwPrepareReadBuf_Callback_I2C_HW_PREPARE_READ_BUF_CALL- BACK** – wird im I2C_ISR( )-Interrupt-Handler verwendet, um zusätzliche anwendungsspezifische Aktionen durchzuführen.

15.40 MDIO Interface Advanced 1.20

Die MDIO-Interface-Komponente unterstützt den Management Data Input/Output, der als serieller Bus für die Ethernet-Familie der IEEE 802.3-Standards für das Media Independent Interface (MII) definiert ist. Das MII verbindet Media-Access-Control (MAC)-Geräte mit Ethernet-Physical-Layer (PHY)-Schaltungen. Die Komponente entspricht der IEEE 802.3-Klausel 45. Merkmale sind: Verwendung in Verbindung mit Ethernet-Produkten, konfigurierbare physische Adresse, unterstützt bis zu 4,4 MHz im Taktbus (dc), entspricht der IEEE 802.3 Klausel 45 und weist automatisch Speicher für die Registerbereiche zu, die über eine intuitive, einfach zu bedienende grafische Konfigurations-GUI konfiguriert werden können [60].

15.40.1 MDIO-Interface-Funktionen 1.20

- **MDIO_Interface_Start( )** – initialisiert und aktiviert das MDIO Interface.
- **MDIO_Interface_Stop( )** – deaktiviert das MDIO Interface.
- **MDIO_Interface_Init( )** – initialisiert die Standardkonfiguration, die mit dem Customizer bereitgestellt wird.
- **MDIO_Interface_Enable( )** – aktiviert das MDIO Interface.
- **MDIO_Interface_EnableInt( )** – aktiviert den Interrupt-Ausgangsanschluss.
- **MDIO_Interface_DisableInt( )** – deaktiviert den Interrupt-Ausgangsanschluss.
- **MDIO_Interface_SetPhyAddress( )** – setzt die physische Adresse für das MDIO Interface.
- **MDIO_Interface_UpdatePhyAddress( )** – aktualisiert die physische Adresse des MDIO Interface.
- **MDIO_Interface_SetDevAddress( )** – setzt die Geräteadresse für das MDIO Interface.
- **MDIO_Interface_GetData( )** – gibt den in der angegebenen Adresse gespeicherten Wert zurück.
- **MDIO_Interface_SetData( )** – setzt den Argumentwert in der angegebenen Adresse.

15.40 MDIO Interface Advanced 1.20

- **MDIO_Interface_SetBits( )** – setzt die angegebenen Bits an der angegebenen Adresse.
- **MDIO_Interface_GetAddress( )** – gibt die zuletzt vom MDIO Host geschriebene Adresse zurück.
- **MDIO_Interface_SetData( )** – setzt den Argumentwert in der angegebenen Adresse.
- **MDIO_Interface_SetBits( )** – setzt die angegebenen Bits an der angegebenen Adresse.
- **MDI Interface_GetConfiguration( )** – gibt einen Zeiger auf das Konfigurations-Array des angegebenen Registerspeichers zurück.
- **MDIO_Interface_SetData( )** – setzt den Argumentwert in der angegebenen Adresse.
- **MDIO_Interface_SetBits( )** – setzt die angegebenen Bits an der angegebenen Adresse.
- **MDIO_Interface_PutData( )** – setzt die Daten, die an den MDIO Host übertragen werden sollen.
- **MDIO_Interface_ProcessFrame( )** – verarbeitet den zuletzt vom MDIO Host empfangenen Frame.
- **MDIO_Interface_Sleep( )** – stoppt das MDIO Interface und speichert die Benutzerkonfiguration.
- **MDIO_Interface_SetData( )** – setzt den Argumentwert in der angegebenen Adresse.
- **MDIO_Interface_SetBits( )** – setzt die angegebenen Bits an der angegebenen Adresse.
- **MDIO_Interface_Wakeup( )** – stellt die Benutzerkonfiguration wieder her und aktiviert das MDIO Interface.
- **MDIO_Interface_SetData( )** – setzt den Argumentwert in der angegebenen Adresse.
- **MDIO_Interface_SetBits( )** – setzt die angegebenen Bits an der angegebenen Adresse.
- **MDIO_Interface_SaveConfig( )** – speichert die aktuelle Benutzerkonfiguration.
- **MDIO_Interface_RestoreConfig( )** – stellt die Benutzerkonfiguration wieder her.

15.40.2 MDIO-Interface-Funktionsaufrufe 1.20

- **void MDIO_Interface_Start(void)** – dies ist die bevorzugte Methode, um den Betrieb der Komponente zu starten. Diese Funktion setzt die initVar-Variable, ruft die MDIO_Interface_Init( )-Funktion auf und anschließend die MDIO_Interface_Enable( )-Funktion.
- **void MDIO_Interface_Stop(void)** – deaktiviert das MDIO-Interface. Wenn die Komponente so konfiguriert ist, dass sie im Advanced-Modus arbeitet, deaktiviert diese Funktion alle internen DMA-Kanäle.
- **void MDIO_Interface_Init(void)** – initialisiert oder stellt die Standard-MDIO-Interface-Konfiguration bereit, die mit dem Customizer geliefert wird. Initialisiert interne DMA-Kanäle, wenn die Komponente so konfiguriert ist, dass sie im Advanced-

Modus arbeitet. Es ist nicht notwendig, MDIO_Interface_Init( ) aufzurufen, da die MDIO_Interface_Start( )-Routine diese Funktion aufruft, die die bevorzugte Methode zum Starten des Komponentenbetriebs ist.
- **void MDIO_Interface_Enable(void)** – aktiviert die Hardware und beginnt den Betrieb der Komponente. Es ist nicht notwendig, MDIO_Interface_Enable( ) aufzurufen, da die MDIO_Interface_Start( )-Routine diese Funktion aufruft, die die bevorzugte Methode zum Starten des Komponentenbetriebs ist.
- **void MDIO_Interface_EnableInt(void)** – aktiviert den Interrupt-Ausgangsanschluss.
- **void MDIO_Interface_DisableInt(void)** – deaktiviert den Interrupt-Ausgangsanschluss.
- **void MDIO_Interface_SetPhyAddress(uint8 phyAddr)** – legt die 5-bit- oder 3-bit-PHY-Adresse für das MDIO-Slave-Gerät fest. Bei einer 3-bit-Adresse werden die 2 höchstwertigen Adressbits aus einem MDIO-Frame ignoriert. Zum Beispiel, wenn die 3-bit-PHY-Adresse auf 0x4 gesetzt ist, wird die Komponente auf die folgenden PHY-Adressen aus einem MDIO-Frame reagieren: 0x04, 0x0C, 0x14 und 0x1C.
- **void MD_Interface_UpdatePhyAddress(void)** – aktualisiert die physische Adresse basierend auf dem aktuellen Wert des phy_addr-Eingangssignals. Wenn eine Firmwareoption für den Physical-Address-Parameter gesetzt ist, wird die Adresse auf den Standardwert aus dem Customizer gesetzt.
- **void MDIO_Interface_SetDevAddress(uint8 devAddr)** – legt die 5-bit-Geräteadresse für das MDIO Interface fest.
- **cystatus MDIO_Interface_GetData(uint16 address, const uint16 *regData,uint16 numWords)** – gibt N Werte ab der gegebenen Adresse zurück. Wenn irgendeine Adresse nicht zum zugewiesenen Registerspeicher gehört, gibt sie einen Fehler zurück. Dieses API ist nur im Advanced-Modus verfügbar.
- **cystatus MDIO_Interface_SetData(uint16 address, const uint16 *regData,uint16 numWords)** – schreibt N Werte ab der gegebenen Adresse. Wenn irgendeine Adresse nicht zum zugewiesenen Registerspeicher gehört oder der Registerspeicher sich im Flash befindet, gibt sie einen Fehler zurück. Dieses API ist nur im Advanced-Modus verfügbar und wenn mindestens ein Registerspeicherbereich im SRAM liegt.
- **cystatus MDIO_Interface_SetBits(uint16 address, uint16 regBits)** – setzt die Bits an der gegebenen Adresse. Wenn die Adresse nicht zum zugewiesenen Registerspeicher gehört oder der Registerspeicher sich im Flash befindet, gibt sie einen Fehler zurück. Dieses API ist nur im Advanced-Modus verfügbar und wenn mindestens ein Registerspeicherbereich im SRAM liegt.
- **uint16 MDIO_Interface_GetAddress(void)** – gibt die zuletzt vom MDIO Host geschriebene Adresse zurück.
- **uint8 MDIO_Interface_GetConfiguration(uint8 regSpace)** – gibt einen Zeiger auf das Konfigurations-Array des gegebenen Registerspeichers zurück.
- **uint8 MDIO_Interface_GetConfiguration(uint8 regSpace)** – gibt einen Zeiger auf das Konfigurations-Array des gegebenen Registerspeichers zurück.

- **void MDIO_Interface_ProcessFrame(uint8* opCode, uint16* regData)** – verarbeitet und parst den zuletzt vom Host empfangenen Frame. Nur im Basic-Modus verfügbar.
- **void MDIO_Interface_Sleep(void)** – dies ist die bevorzugte Routine, um die Komponente auf den Schlafmodus vorzubereiten. Die MDIO_Interface_Sleep( )-Routine speichert den aktuellen Zustand der Komponente. Dann ruft sie die MDIO_Interface_Stop( )-Funktion auf und anschließend MDIO_Interface_SaveConfig( ), um die Hardwarekonfiguration zu speichern. Rufen Sie die MDIO_Interface_Sleep( )-Funktion auf, bevor Sie die CyPmSleep( )- oder die CyPmHibernate( )-Funktion aufrufen.
- **void MDIO_Interface_Wakeup(void)** – dies ist die bevorzugte Routine, um die Komponente in den Zustand zurückzuversetzen, in dem sie sich befand, als MDIO_Interface_Sleep( ) aufgerufen wurde. Die MDIO_Interface_Wakeup( )-Funktion ruft die MDIO_Interface_RestoreConfig( )-Funktion auf, um die Konfiguration wiederherzustellen. Wenn die Komponente vor dem Aufruf der MDIO_Interface_Sleep( )-Funktion aktiviert war, aktiviert die MDIO_Interface_Wakeup( )-Funktion die Komponente auch wieder.
- **void MDIO_Interface_SaveConfig(void)** – diese Funktion speichert die Konfiguration der Komponente und nicht speichernden Register. Sie speichert auch die aktuellen Parameterwerte der Komponente, wie sie im Configure-Dialogfeld definiert oder durch geeignete APIs geändert wurden. Diese Funktion wird von der MDIO_Interface_Sleep( )-Funktion aufgerufen
- **void MDIO_Interface_RestoreConfig(void)** – diese Funktion stellt die Konfiguration der Komponente und nicht speichernden Register wieder her. Sie stellt auch die Parameterwerte der Komponente auf den Zustand zurück, in dem sie sich befanden, bevor die MDIO_Interface_Sleep( )-Funktion aufgerufen wurde.

15.41 SMBus und PMBus Slave 5.20

Die System-Management-Bus (SMBus)- und Power-Management-Bus (PMBus)-Slave-Komponente bietet eine einfache Möglichkeit, eine bekannte Kommunikationsmethode zu einem PSoC 3-, PSoC 4- oder PSoC 5LP-basierten Design hinzuzufügen. Der SMBus ist eine Zweileiterschnittstelle, die oft verwendet wird, um eine Vielzahl von Systemmanagementchips mit einem oder mehreren Hostsystemen zu verbinden. Er verwendet I2C mit einigen Erweiterungen als physikalische Schicht. Es gibt auch eine Protokollschicht, die Klassen von Daten und wie diese Daten strukturiert sind definiert. Sowohl die physikalische Schicht als auch die Protokollschicht fügen eine Robustheit hinzu, die ursprünglich nicht in der I2C-Spezifikation enthalten war. Die SMBus-Slave-Komponente unterstützt die meisten Spezifikationen des SMBus-Version-2.0-Slave-Geräts mit zahlreichen konfigurierbaren Optionen. PMBus ist eine Erweiterung des allgemeineren SMBus-Protokolls mit speziellem Fokus auf Stromrichter- und Energiemanagementsysteme. Mit einigen geringfügigen Änderungen am SMBus-Protokoll spezifiziert der

PMBus Anwendungsschichtbefehle, die im SMBus nicht definiert sind. Die PMBus-Komponente stellt alle möglichen PMBus-Revision-1.2-Befehle dar und ermöglicht die Auswahl der für eine Anwendung relevanten Befehle. Funktionen umfassen SMBus/PMBus-Slave-Modus, SMBALERT#-Pin-Unterstützung, 25-ms-Timeout, konfigurierbare SMBus/PMBus-Befehle und Packet-Error-Checking (PEC)-Unterstützung [85].

15.41.1 SMBus- und PMBus-Slave-Funktionen 5.20

- **SMBusSlave_Start( )** – initialisiert und aktiviert die SMBus-Komponente. Der I2C-Interrupt wird aktiviert, und die Komponente kann auf den SMBus-Verkehr reagieren.
- **SMBusSlave_Stop( )** – stoppt die Reaktion auf den SMBus-Verkehr. Deaktiviert auch den Interrupt.
- **SMBusSlave_Init( )** – diese Funktion initialisiert oder stellt die Komponente gemäß den Einstellungen des Configure-Dialogfelds des Customizer wieder her.
- **SMBusSlave_Enable( )** – aktiviert die Hardware und beginnt den Betrieb der Komponente.
- **SMBusSlave_EnableInt( )** – aktiviert den Komponenten-Interrupt.
- **SMBusSlave_DisableInt( )** – deaktiviert den Interrupt.
- **SMBusSlave_SetAddress( )** – legt die Hauptadresse fest.
- **SMBusSlave_SetAlertResponseAddress( )** – legt die Alert-Response-Adresse fest.
- **SMBusSlave_SetSmbAlert( )** – legt den an den SMBALERT#-Pin übergebenen Wert fest.
- **SMBusSlave_SetSmbAlertMode( )** – bestimmt, wie die Komponente auf einen SMBus-Master-Lesevorgang an der Alert-Response-Adresse reagiert.
- **SMBusSlave_HandleSmbAlertResponse( )** – wird von der Komponente aufgerufen, wenn sie auf die von dem Host ausgegebene Alert-Response-Adresse reagiert und der SMBALERT-Modus auf MANUAL_MODE eingestellt ist.
- **SMBusSlave_GetNextTransaction( )** – gibt einen Zeiger auf den nächsten Transaktionsdatensatz in der Transaktionswarteschlange zurück. Wenn die Warteschlange leer ist, gibt die Funktion NULL zurück.
- **SMBusSlave_GetTransactionCount( )** – gibt die Anzahl der Transaktionsdatensätze in der Transaktionswarteschlange zurück.
- **SMBusSlave_CompleteTransaction( )** – veranlasst die Komponente, die derzeit anstehende Transaktion am Anfang der Warteschlange abzuschließen.
- **SMBusSlave_GetReceiveByteResponse( )** – gibt das Byte zurück, das auf eine „Receive Byte"-Protokollanforderung reagiert.
- **SMBusSlave_HandleBusError( )** – wird von der Komponente aufgerufen, wann immer ein Busprotokollfehler auftritt.
- **SMBusSlave_StoreUserAll( )** – speichert den Operating-Registerspeicher im RAM im User-Registerspeicher im Flash.

15.41 SMBus und PMBus Slave 5.20

- **SMBusSlave_RestoreUserAll( )** – überprüft das CRC-Feld des User-Registerspeichers und kopiert dann den Inhalt des User-Registerspeichers in den Operating-Registerspeicher.
- **SMBusSlave_EraseUserAll( )** – löscht den User-Registerspeicher im Flash.
- **SMBusSlave_RestoreDefaultAll( )** – überprüft das Signaturfeld des Default-Registerspeichers und kopiert dann den Inhalt des Default-Registerspeichers in den Operating-Registerspeicher.
- **SMBusSlave_StoreComponentAll( )** – aktualisiert die Parameter anderer Komponenten im System mit den aktuellen PMBus-Einstellungen.
- **SMBusSlave_RestoreComponentAll( )** – aktualisiert den PMBus-Operating-Registerspeicher mit den aktuellen Konfigurationsparametern anderer Komponenten im System.
- **SMBusSlave_Lin11ToFloat( )** – konvertiert das Argument „linear11" in Gleitkomma und gibt es zurück.
- **SMBusSlave_FloatToLin11( )** – nimmt das Argument „floatvar" (eine Gleitkommazahl) und konvertiert es in einen 16-bit-LINEAR11-Wert (11-bit-Mantisse + 5-bit-Exponent), den es zurückgibt.
- **SMBusSlave_Lin16ToFloat( )** – konvertiert das Argument „linear16" in Gleitkomma und gibt es zurück.
- **SMBusSlave_FloatToLin16( )** – nimmt das Argument „floatvar" (eine Gleitkommazahl) und konvertiert es in einen 16-bit-LINEAR16-Wert (16-bit-Mantisse), den es zurückgibt.

15.41.2 SMBus- und PMBus-Slave-Funktionsaufrufe 5.20

- **void SMBusSlave_Start(void)** – dies ist die bevorzugte Methode, um den Betrieb der Komponente zu starten. SMBusSlave_Start( ) ruft die Funktion SMBusSlave_Init( ) auf und anschließend die Funktion SMBusSlave_Enable( ).
- **void SMBusSlave_Stop(void)** – diese Funktion stoppt die Komponente und deaktiviert den Interrupt. Sie gibt den Bus frei, wenn er vom Gerät blockiert wurde und setzt ihn in den Leerlaufzustand.
- **void SMBusSlave_Init(void)** – diese Funktion initialisiert oder stellt die Komponente gemäß den Einstellungen des Configure-Dialogfelds des Customizer wieder her. Es ist nicht notwendig, SMBusSlave_Init( ) aufzurufen, da das SMBusSlave_Start( )-API diese Funktion aufruft, welches die bevorzugte Methode zum Starten des Komponentenbetriebs ist.
- **void SMBusSlave_Enable(void)** – diese Funktion aktiviert die Hardware und ruft EnableInt( ) auf, um den Betrieb der Komponente zu starten. Es ist nicht notwendig, SMBusSlave_Enable( ) aufzurufen, da das SMBusSlave_Start( )-API diese Funktion aufruft, welches die bevorzugte Methode zum Starten des Komponentenbetriebs ist. Wenn dieses API aufgerufen wird, muss zuerst SMBusSlave_Start( ) oder SMBusS-

lave_Init( ) aufgerufen werden. **void SMBusSlave_EnableInt(void)** – diese Funktion aktiviert den Komponenten-Interrupt. Es ist nicht erforderlich, dieses API aufzurufen, um den Betrieb der Komponente zu starten, da sie in SMBusSlave_Enable( ) aufgerufen wird.

- **void SMBusSlave_DisableInt(void)** – diese Funktion deaktiviert den Komponenten-Interrupt. Diese Funktion ist normalerweise nicht erforderlich, da die I2C_Stop( )-Funktion den Interrupt deaktiviert. Die Komponente funktioniert nicht, wenn der Interrupt deaktiviert ist.
- **void SMBusSlave_SetAddress(uint8 address)** – diese Funktion setzt die primäre Slave-Adresse des Geräts.
- **void SMBusSlave_SetAlertResponseAddress(uint8 address)** – diese Funktion setzt die Alert-Response-Adresse.
- **void SMBusSlave_SetSmbAlert(uint8 assert)** – diese Funktion setzt den Wert an den SMBALERT#-Pin. Solange SMBALERT# behauptet wird, wird die Komponente auf Master-Lesevorgängen zur Alert-Response-Adresse reagieren. Die Antwort wird die primäre Slave-Adresse des Geräts sein. Abhängig von der Moduseinstellung wird die Komponente SMBALERT# automatisch de-assertieren, das SMBusSlave_HandleSmbAlertResponse( )-API aufrufen oder nichts tun.
- **void SMBusSlave_SetSmbAlertMode(uint8 alertMode)** – diese Funktion bestimmt, wie die Komponente auf einen SMBus-Master-Lesevorgang an der Alert-Response-Adresse reagiert. Wenn SMBALERT# behauptet wird, kann der SMBus-Master einen Lesevorgang an die globale Alert-Response-Adresse senden, um zu ermitteln, welches SMBus-Gerät auf dem gemeinsamen Bus SMBALERT# behauptet hat. Im Auto-Modus wird SMBALERT# automatisch de-assertiert, sobald die Komponente die Alert-Response-Adresse bestätigt. Im Manual-Modus wird die Komponente das API SMBusSlave_HandleSmbAlertResponse( ) aufrufen, wo der Benutzercode (in einer Callback-Funktion) dafür verantwortlich ist, SMBALERT# zu de-assertieren. Im DO_NOTHING-Modus wird die Komponente keine Aktion durchführen.
- **void SMBusSlave_HandleSmbAlertResponse(void)** – diese Funktion wird von der Komponente aufgerufen, wenn sie auf die Alert-Response-Adresse reagiert und der SMBALERT-Modus auf MANUAL_MODE eingestellt ist. Diese Funktion definiert eine Callback-Funktion, in die der Benutzer Code einfügt, der ausgeführt wird, nachdem die Komponente reagiert hat. Zum Beispiel könnte der Benutzer ein Statusregister aktualisieren und den SMBALERT#-Pin de-assertieren.
- **SMBusSlave_GetNextTransaction(void)** – diese Funktion gibt einen Zeiger auf den nächsten Transaktionsdatensatz in der Transaktionswarteschlange zurück. Wenn die Warteschlange leer ist, gibt die Funktion NULL zurück. Nur Manual-Read- und -Write-Vorgänge werden von dieser Funktion zurückgegeben, da die Komponente alle Auto-Transaktionen in der Warteschlange behandelt. Im Falle von Write-Vorgängen liegt es in der Verantwortung der Benutzerfirmware, die die Transaction Queue bedient, die „Payload" in den Registerspeicher zu kopieren. Im Falle von Read-Vorgängen liegt es in der Verantwortung der Benutzerfirmware, den Inhalt der Variablen für

diesen Befehl im Registerspeicher zu aktualisieren. Für beide, rufen Sie SMBusSlave_CompleteTransaction( ) auf, um den Transaktionsdatensatz freizugeben. Beachten Sie, dass für Read-Transaktionen die Länge und Payload-Felder für die meisten Transaktionstypen nicht verwendet werden. Die Ausnahme hiervon sind Process Call und Block Process Call, bei denen der Datenblock aus der Schreibphase im Payload-Feld gespeichert wird.

- **uint8 SMBusSlave_GetTransactionCount(void)** – diese Funktion gibt die Anzahl der Transaktionsdatensätze in der Transaktionswarteschlange zurück.
- **void SMBusSlave_CompleteTransaction(void)** – diese Funktion veranlasst die Komponente, die derzeit anstehende Transaktion am Anfang der Warteschlange abzuschließen. Der Benutzerfirmware-Transaktions-Handler ruft diese Funktion nach der Verarbeitung einer Transaktion auf. Dies signalisiert dem Komponentencode, die Registervariable, die mit der anstehenden Lesetransaktion verbunden ist, aus dem Registerspeicher in den Datentransferbuffer zu kopieren, damit die Übertragung abgeschlossen werden kann. Sie rückt auch die Warteschlange vor. Muss für Lese- und Schreibvorgänge aufgerufen werden.
- **uint8 SMBusSlave_GetReceiveByteResponse(void)** – diese Funktion wird von der Komponenten-ISR aufgerufen, um das Antwortbyte zu ermitteln, wenn sie eine „Receive Byte"-Protokollanforderung erkennt. Diese Funktion ruft eine Callback-Funktion auf, in die der Benutzer seinen Code einfügen kann, um den Standardrückgabewert dieser Funktion zu überschreiben – der 0xFF ist. Diese Funktion wird im ISR-Kontext aufgerufen. Daher muss der Benutzercode schnell sein, nicht blockieren und darf nur ablaufinvariante Funktionen aufrufen.
- **void SMBusSlave_HandleBusError(uint8 errorCode)** – diese Funktion wird von der Komponente aufgerufen, wann immer ein Busprotokollfehler auftritt. Beispiele für Busfehler wären: ungültiger Befehl, Datenunterlauf und Taktverzögerungsverletzung. Diese Funktion ist nur für die Folgen eines Fehlers verantwortlich, da die Komponente bereits Fehler auf deterministische Weise behandelt. Diese Funktion dient hauptsächlich dazu, die Benutzerfirmware darüber zu informieren, dass ein Fehler aufgetreten ist. Zum Beispiel würde dies in einem PMBus-Gerät der Benutzerfirmware die Möglichkeit geben, das entsprechende Fehlerbit im STATUS_CML-Register zu setzen.
- **uint8 SMBusSlave_StoreUserAll(const uint8 * flashRegs)** – diese Funktion speichert den Operating-Registerspeicher im User-Registerspeicher im Flash. Das CRC-Feld in der Datenstruktur des Registerspeichers wird neu berechnet und vor dem Speichern aktualisiert. Diese Funktion speichert standardmäßig nichts im Flash. Stattdessen führt sie eine Benutzer-Callback-Funktion aus, in der der Benutzer einen Algorithmus zur Speicherung des Operating-Registerspeichers im Flash implementieren kann.
- **uint8 SMBusSlave_RestoreUserAll(const uint8 * flashRegs)** – diese Funktion überprüft das CRC-Feld des User-Registerspeichers und kopiert dann den Inhalt dieses Registerspeichers in den Operating-Registerspeicher im RAM.

- **uint8 SMBusSlave_EraseUserAll(void)** – diese Funktion löscht den User-Registerspeicher im Flash. Das API löscht standardmäßig nicht den Flash. Stattdessen enthält es einen Aufruf zur Callback-Routine, in der der Benutzer einen Algorithmus zur Löschung des Inhalts des User-Registerspeichers im Flash implementieren kann.
- **uint8 SMBusSlave_RestoreDefaultAll(void)** – diese Funktion überprüft das Signaturfeld des Default-Registerspeichers und kopiert dann den Inhalt des Default-Registerspeichers in den Operating-Registerspeicher im RAM.
- **uint8 SMBusSlave_StoreComponentAll(void)** – diese Funktion aktualisiert die Parameter anderer Komponenten im System mit den aktuellen PMBus-Einstellungen. Da diese Aktion sehr anwendungsspezifisch ist, ruft diese Funktion lediglich eine vom Benutzer bereitgestellte Callback-Funktion auf. Die einzige von der Komponente bereitgestellte Firmware ist eine Rückgabewertvariable („return value variable", retval), die auf CYRET_SUCCESS initialisiert und am Ende der Funktion zurückgegeben wird. Der Rest der Funktion muss vom Benutzer bereitgestellt werden.
- **uint8 SMBusSlave_RestoreComponentAll(void)** – diese Funktion aktualisiert den PMBus-Operating-Registerspeicher mit den aktuellen Konfigurationsparametern anderer Komponenten im System. Da diese Aktion sehr anwendungsspezifisch ist, ruft diese Funktion lediglich eine vom Benutzer bereitgestellte Callback-Funktion auf. Die einzige von der Komponente bereitgestellte Firmware ist eine Rückgabewertvariable (retval), die auf CYRET_SUCCESS initialisiert und am Ende der Funktion zurückgegeben wird. Der Rest der Funktion muss vom Benutzer bereitgestellt werden.
- **float SMBusSlave_Lin11ToFloat (uint16 linear11)** – diese Funktion konvertiert das Argument „linear11" in Gleitkommazahlen und gibt es zurück.
- **uint16 SMBusSlave_FloatToLin11 (float floatvar)** – diese Funktion nimmt das Argument „floatvar" (eine Gleitkommazahl) und konvertiert es in einen 16-bit-LINEAR11-Wert (11-bit-Mantisse + 5-bit-Exponent), den sie zurückgibt.
- **float SMBusSlave_Lin16ToFloat(uint16 linear16, int8 inExponent)** – diese Funktion konvertiert das Argument „linear16" in Gleitkommazahlen und gibt es zurück. Das Argument Linear16 enthält die Mantisse. Das Argument inExponent ist der 5-bit-2er-Komplement-Exponent, der bei der Konvertierung verwendet wird.
- **uint16 SMBus_FloatToLin16(float floatvar, int8 outExponent)** – diese Funktion nimmt das Argument „floatvar" (eine Gleitkommazahl) und konvertiert es in einen 16-bit-LINEAR16-Wert (16-bit-Mantisse), den sie zurückgibt. Das Argument outExponent ist der 5-bit-2er-Komplement-Exponent, der bei der Konvertierung verwendet wird.

15.42 Software Transmit UART 1.50

Die Software-Transmit-UART (SW_Tx_UART)-Komponente ist ein serieller RS-232-Datenformat-konformer 8-bit-Sender, der zur Übertragung von seriellen Daten verwendet wird. Sie besteht aus Firmware und einem Pin und ist daher nützlich auf Geräten ohne digitale Ressourcen oder in Projekten, in denen alle digitalen Ressourcen

15.42 Software Transmit UART 1.50

verbraucht sind. Die SW_Tx_UART wird in PSoC 3, PSoC 4 und PSoC 5LP mit hochgenauen Baudraten von 9600 bis 115.200 bps und geringer Flash/ROM-Ressourcennutzung unterstützt [86].

15.42.1 Software-Transmit-UART-Funktionen 1.50

- **SW_Tx_UART_Start( )** – leere Funktion, aufgenommen für die Konsistenz mit anderen Komponenten.
- **SW_Tx_UART_StartEx( )** – konfiguriert die SW_Tx_UART zur Verwendung des durch die Parameter angegebenen Pins.
- **SW_Tx_UART_Stop( )** – leere Funktion; aufgenommen für die Konsistenz mit anderen Komponenten.
- **SW_Tx_UART_PutChar( )** – sendet 1 Byte über den Tx-Pin.
- **SW_Tx_UART_PutString( )** – sendet eine NULL-terminierte Zeichenkette über den Tx-Pin.
- **SW_Tx_UART_PutArray( )** – sendet byteCount-Bytes aus einem Speicher-Array über den Tx-Pin.
- **SW_Tx_UART_PutHexByte( )** – sendet 1 Byte in Hex-Darstellung (2 Char, Großbuchstaben für A–F) über den Tx-Pin.
- **SW_Tx_UART_PutHexInt( )** – sendet ein 16-bit-Integer in Hex-Darstellung (4 Char, Großbuchstaben für A–F) über den Tx-Pin.
- **SW_Tx_UART_PutCRLF( )** – sendet einen Wagenrücklauf (0x0D) und einen Zeilenumbruch (0x0A) über den Tx-Pin.

15.42.2 Software-Transmit-UART-Funktionsaufrufe 1.50

- **void SW_Tx_UART_Start(void)** – leere Funktion; aufgenommen für die Konsistenz mit anderen Komponenten. Dieses API ist nicht verfügbar, wenn PinAssignmentMethod auf Dynamic eingestellt ist.
- **void SW_Tx_UART_StartEx(uint8 port, uint8 pin)** – konfiguriert die SW_Tx_UART zur Verwendung des durch die Parameter angegebenen Pins. Dieses API ist nur verfügbar, wenn PinAssignmentMethod auf Dynamic eingestellt ist.
- **void SW_Tx_UART_Stop(void)** – leere Funktion; aufgenommen für die Konsistenz mit anderen Komponenten.
- **void SW_Tx_UART_PutChar(uint8 txDataByte)** – sendet 1 Byte über den Tx-Pin.
- **void SW_Tx_UART_PutString(const char8 string[])** – sendet eine NULL-terminierte Zeichenkette über den Tx-Pin.
- **void SW_Tx_UART_PutArray(const uint8 data[], uint16/uint32 byteCount)** – sendet byteCount-Bytes aus einem Speicher-Array über den Tx-Pin.

- **void SW_Tx_UART_PutHexByte(uint8 txHexByte)** – sendet 1 Byte in Hex-Darstellung (2 Char, Großbuchstaben für A–F) über den Tx-Pin.
- **void SW_Tx_UART_PutHexInt(uint16 txHexInt)** – sendet ein 16-bit-Integer in Hex-Darstellung (4 Char, Großbuchstaben für A–F) über den Tx-Pin.
- **void SW_Tx_UART_PutCRLF( )** – sendet einen Wagenrücklauf (0x0D) und einen Zeilenumbruch (0x0A) über den Tx-Pin.

15.43 S/PDIF Transmitter (SPDIF_Tx) 1.20

Die SPDIF_Tx-Komponente bietet eine einfache Möglichkeit, einen digitalen Audioausgang zu jedem Design hinzuzufügen. Sie formatiert eingehende Audiodaten und Metadaten, um den für optisches oder koaxiales digitales Audio geeigneten S/PDIF-Bit-Stream zu erstellen, der sowohl verschachteltes als auch getrenntes Audio unterstützt. Audiodaten werden von DMA und Kanalstatusinformationen empfangen. Typischerweise wird der Kanalstatus-DMA von der Komponente verwaltet; diese Daten können jedoch separat angegeben werden, um ein System besser zu steuern. Diese Komponente entspricht den IEC-60958-, AES/EBU-, AES3-Standards für die lineare PCM-Audioübertragung, unterstützt Abtastraten von Takt/128 (bis zu 192 kHz), hat konfigurierbare Audiosample-Längen (8/16/24), enthält Kanalstatusbits für Verbraucheranwendungen und hat unabhängige linke und rechte Kanal-FIFO oder verschachtelte Stereo-FIFO [78].

15.43.1 S/PDIF-Transmitter-Funktionen 1.20

- **SPDIF_Start( )** – startet die S/PDIF-Schnittstelle.
- **SPDIF_Stop( )** – deaktiviert die S/PDIF-Schnittstelle.
- **SPDIF_Sleep( )** – speichert die Konfiguration und deaktiviert die SPDIF-Schnittstelle.
- **SPDIF_Wakeup( )** – stellt die Konfiguration der S/PDIF-Schnittstelle wieder her.
- **SPDIF_EnableTx( )** – aktiviert die Audiodatenausgabe im S/PDIF-Bit-Stream.
- **SPDIF_DisableTx( )** – deaktiviert die Audioausgabe im S/PDIF-Bit-Stream.
- **SPDIF_WriteTxByte( )** – schreibt ein einzelnes Byte in den Audio-FIFO.
- **SPDIF_WriteCstByte( )** – schreibt ein einzelnes Byte in den Kanalstatus-FIFO.
- **SPDIF_SetInterruptMode( )** – legt die Interrupt-Quelle für den S/PDIF-Interrupt fest.
- **SPDIF_ReadStatus( )** – gibt den Zustand im S/PDIF-Statusregister zurück.
- **SPDIF_ClearTxFIFO( )** – leert den Audio-FIFO.
- **SPDIF_ClearCstFIFO( )** – leert die Kanalstatus-FIFO.
- **SPDIF_SetChannelStatus( )** – legt die Werte des Kanalstatus zur Laufzeit fest.
- **SPDIF_SetFrequency( )** – legt die Werte des Kanalstatus für eine bestimmte Frequenz fest.

15.43 S/PDIF Transmitter (SPDIF_Tx) 1.20

- **SPDIF_Init( )** – initialisiert oder stellt die Standardkonfiguration von S/PDIF wieder her.
- **SPDIF_Enable( )** – aktiviert die S/PDIF-Schnittstelle.
- **SPDIF_SaveConfig( )** – speichert die Konfiguration der S/PDIF-Schnittstelle.
- **SPDIF_RestoreConfig( )** – stellt die Konfiguration der S/PDIF-Schnittstelle wieder her.

15.43.2 S/PDIF-Transmitter-Funktionsaufrufe 1.20

- **void SPDIF_Start(void)** – startet die S/PDIF-Schnittstelle. Startet den DMA des Kanalstatus, wenn die Komponente so konfiguriert ist, dass sie den DMA des Kanalstatus handhabt. Aktiviert entsprechend die Bits des Active-Mode-Power-Template oder das Clock-Gating. Startet die Erzeugung des S/PDIF-Ausgangs mit Kanalstatus, aber die Audiodaten sind alle auf 0 gesetzt. Dies ermöglicht es dem S/PDIF-Empfänger, sich auf den Takt der Komponente zu synchronisieren.
- **void SPDIF_Start(void)** – startet die S/PDIF-Schnittstelle. Startet den DMA des Kanalstatus, wenn die Komponente so konfiguriert ist, dass sie den DMA des Kanalstatus handhabt. Aktiviert entsprechend die Bits des Active-Mode-Power-Template oder das Clock-Gating. Startet die Erzeugung des S/PDIF-Ausgangs mit Kanalstatus, aber die Audiodaten sind alle auf 0 gesetzt. Dies ermöglicht es dem S/PDIF-Empfänger, sich auf den Takt der Komponente zu synchronisieren.
- **void SPDIF_Stop(void)** – deaktiviert die S/PDIF-Schnittstelle. Deaktiviert entsprechend die Bits des Active-Mode-Power-Template oder das Clock-Gating. Der S/PDIF-Ausgang wird auf 0 gesetzt. Die Audiodaten und die FIFO der Kanaldaten werden gelöscht. Die Funktion SPDIF_Stop( ) ruft SPDIF_DisableTx( ) auf und stoppt den verwalteten DMA des Kanalstatus.
- **void SPDIF_Sleep(void)** – dies ist die bevorzugte Routine, um die Komponente auf den Schlafmodus vorzubereiten. Die Routine SPDIF_Sleep( ) speichert den aktuellen Zustand der Komponente. Dann ruft sie die Funktion SPDIF_Stop( ) auf und anschließend SPDIF_SaveConfig( ), um die Hardwarekonfiguration zu speichern. Deaktiviert entsprechend die Bits des Active-Mode-Power-Template oder das Clock-Gating. Der spdif-Ausgang wird auf 0 gesetzt. Rufen Sie die Funktion SPDIF_Sleep( ) auf, bevor Sie die Funktion CyPmSleep( ) oder die Funktion CyPmHibernate( ) aufrufen.
- **void SPDIF_Wakeup(void)** – stellt die SPDIF-Konfiguration und die Werte der nicht speichernden Register wieder her. Die Komponente wird gestoppt, unabhängig von ihrem Zustand vor dem Schlaf. Die Funktion SPDIF_Start( ) muss explizit aufgerufen werden, um die Komponente erneut zu starten.
- **void SPDIF_EnableTx(void)** – aktiviert die Ausgabe der Audiodaten im S/PDIF-Bit-Stream. Die Übertragung beginnt beim nächsten X- oder Z-Frame.

- **void SPDIF_DisableTx(void)** – deaktiviert die Audioausgabe im S/PDIF-Bit-Stream. Die Datenübertragung stoppt bei der nächsten steigenden Flanke des Takts, und ein konstanter Nullwert wird übertragen.
- **void SPDIF_WriteTxByte(uint8 wrData, uint8 channelSelect)** – schreibt ein einzelnes Byte in den FIFO der Audiodaten. Der Zustand der Komponente sollte vor diesem Aufruf überprüft werden, um zu bestätigen, dass der FIFO der Audiodaten nicht voll ist.
- **void SPDIF_WriteCstByte(uint8 wrData, uint8 channelSelect)** – schreibt ein einzelnes Byte in den angegebene FIFO des Kanalstatus. Der Zustand der Komponente sollte vor diesem Aufruf überprüft werden, um zu bestätigen, dass der FIFO des Kanalstatus nicht voll ist.
- **void SPDIF_SetInterruptMode(uint8 interruptSource)** – legt die Interrupt-Quelle für den S/PDIF-Interrupt fest. Mehrere Quellen können OR-verknüpft werden.
- **uint8 SPDIF_ReadStatus(void)** – gibt den Zustand des S/PDIF-Statusregisters zurück.
- **void SPDIF_ClearTxFIFO(void)** – leert den FIFO der Audiodaten. Alle im FIFO vorhandenen Daten gehen verloren. Im Falle des getrennten Audiomodus werden beide Audio-FIFO geleert. Rufen Sie diese Funktion nur auf, wenn die Übertragung deaktiviert ist.
- **void SPDIF_ClearCstFIFO(void)** – leert die FIFO des Kanalstatus. Alle in einem der FIFO vorhandenen Daten gehen verloren. Rufen Sie diese Funktion nur auf, wenn die Komponente gestoppt ist.
- **void SPDIF_SetChannelStatus(uint8 channel, uint8 byte, uint8 mask, uint8 value)** – setzt die Werte des Kanalstatus zur Laufzeit. Dieses API ist nur gültig, wenn die Komponente den DMA verwaltet.
- **uint8 SPDIF_SetFrequency(uint8 frequency)** – setzt die Werte des Kanalstatus für eine bestimmte Frequenz und gibt 1 zurück. Diese Funktion funktioniert nur, wenn die Komponente gestoppt ist. Wenn dies aufgerufen wird, während die Komponente gestartet ist, wird eine 0 zurückgegeben, und die Werte werden nicht geändert. Dieses API ist nur gültig, wenn die Komponente den DMA verwaltet.
- **void SPDIF_Init(void)** – initialisiert oder stellt die Standard-S/PDIF-Konfiguration wieder her, die mit dem Customizer bereitgestellt wird und die Interrupt-Quellen für die Komponente und den Kanalstatus definiert, wenn die Komponente so konfiguriert ist, dass sie den DMA des Kanalstatus handhabt.
- **void SPDIF_Enable(void)** – aktiviert die Hardware und beginnt den Betrieb der Komponente. Es ist nicht notwendig, SPDIF_Enable( ) aufzurufen, da die Routine SPDIF_Start( ) diese Funktion aufruft, die die bevorzugte Methode ist, um den Betrieb der Komponente zu beginnen.
- **void SPDIF_SaveConfig(void)** – diese Funktion speichert die Konfiguration der Komponente. Dies wird die nicht speichernden Register speichern. Diese Funktion wird auch die aktuellen Parameterwerte der Komponente speichern, wie sie im

Configure-Dialogfeld definiert oder durch geeignete APIs geändert wurden. Diese Funktion wird von der Funktion SPDIF_Sleep( ) aufgerufen.
- **void SPDIF_RestoreConfig(void)** – diese Funktion stellt die Konfiguration der Komponente wieder her. Dies wird die nicht speichernden Register wiederherstellen. Diese Funktion wird auch die Parameterwerte der Komponente auf das zurückstellen, was sie vor dem Aufruf der Funktion SPDIF_Sleep( ) waren. Diese Routine wird von SPDIF_Wakeup( ) aufgerufen, um die Komponente wiederherzustellen, wenn sie aus dem Schlafmodus kommt.

15.44 Serial Peripheral Interface (SPI) Master 2.50

Die SPI-Master-Komponente bietet eine Industriestandard-Vierleiter-Master-SPI-Schnittstelle. Sie kann auch eine Dreileiter- (bidirektionale) SPI-Schnittstelle bereitstellen. Beide Schnittstellen unterstützen alle 4 SPI-Betriebsmodi, was die Kommunikation mit jedem SPI-Slave-Gerät ermöglicht. Zusätzlich zur standardmäßigen Wortlänge von 8 bit unterstützt der SPI-Master eine konfigurierbare Wortlänge von 3 bis 16 bit für die Kommunikation mit nicht standardmäßigen SPI-Wortlängen. SPI-Signale umfassen: seriellen Taktgeber (SCLK), Master-in-Slave-out (MISO), Master-out-Slave-in (MOSI), bidirektionale serielle Daten (SDAT) und Slave Select (SS). Zu den Funktionen gehören: Datenbreite von 3 bis 16 bit, 4 SPI-Betriebsmodi und eine Bitrate von bis zu 18 Mbps [81].

15.44.1 Serial-Peripheral-Interface (SPI)-Master-Funktionen 2.50

- **SPIM_Start( )** – ruft sowohl SPIM_Init( ) als auch SPIM_Enable( ) auf. Sollte beim ersten Start der Komponente aufgerufen werden.
- **SPIM_Stop( )** – deaktiviert den SPI-Master-Betrieb.
- **SPIM_EnableTxInt( )** – aktiviert den internen Tx-Interrupt-irq.
- **SPIM_EnableRxInt( )** – aktiviert den internen Rx-Interrupt-irq.
- **SPIM_DisableTxInt( )** – deaktiviert den internen Tx-Interrupt-irq.
- **SPIM_DisableRxInt( )** – deaktiviert den internen Rx-Interrupt-irq.
- **SPIM_SetTxInterruptMode( )** – konfiguriert die aktivierten Tx-Interrupt-Quellen.
- **SPIM_SetRxInterruptMode( )** – konfiguriert die aktivierten Rx-Interrupt-Quellen.
- **SPIM_ReadTxStatus( )** – gibt den aktuellen Zustand des Tx-Statusregisters zurück.
- **SPIM_ReadRxStatus( )** – gibt den aktuellen Zustand des Rx-Statusregisters zurück.
- **SPIM_WriteTxData( )** – legt 1 Byte/Wort in den Übertragungsbuffer, das zur nächsten verfügbaren Buszeit gesendet wird.
- **SPIM_ReadRxData( )** – gibt das nächste Byte/Wort der verfügbaren empfangenen Daten im Empfangsbuffer zurück.

- **SPIM_GetRxBufferSize( )** – gibt die Größe (in Bytes/Wörtern) der empfangenen Daten im Rx-Speicherbuffer zurück.
- **SPIM_GetTxBufferSize( )** – gibt die Größe (in Bytes/Wörtern) der zu übertragenden Daten im Tx-Speicherbuffer zurück.
- **SPIM_ClearRxBuffer( )** – löscht das Rx-Bufferspeicher-Array und den Rx-FIFO aller empfangenen Daten.
- **SPIM_ClearTxBuffer( )** – löscht das Tx-Bufferspeicher-Array oder den Tx-FIFO aller Übertragungsdaten.[28]
- **SPIM_TxEnable( )** – setzt bei Konfiguration für den bidirektionalen Modus den SDAT-Eingang/Ausgang auf Übertragung.
- **SPIM_TxDisable( )** – setzt bei Konfiguration für den bidirektionalen Modus den SDAT-Eingang/Ausgang auf Empfang.
- **SPIM_PutArray( )** – legt ein Daten-Array in den Übertragungsbuffer.
- **SPIM_ClearFIFO( )** – löscht alle empfangenen Daten aus dem Rx-Hardware-FIFO.
- **SPIM_Sleep( )** – bereitet die SPI-Master-Komponente auf Niedrigleistungsmodi vor, indem die Funktionen SPIM_SaveConfig( ) und SPIM_Stop( ) aufgerufen werden.
- **SPIM_Wakeup( )** – stellt die SPI-Master-Komponente wieder her und aktiviert sie nach dem Aufwachen aus dem Niedrigleistungsmodus.
- **SPIM_Init( )** – initialisiert und stellt die Standardkonfiguration des SPI Master wieder her.
- **SPIM_Enable( )** – aktiviert den SPI Master für den Betriebsstart.
- **SPIM_SaveConfig( )** – leere Funktion; enthalten für die Konsistenz mit anderen Komponenten.
- **SPIM_RestoreConfig( )** – leere Funktion; enthalten für die Konsistenz mit anderen Komponenten.

15.44.2 Serial-Peripheral-Interface (SPI)-Master-Funktionsaufrufe 2.50

- **void SPIM_Start(void)** – diese Funktion ruft sowohl SPIM_Init( ) als auch SPIM_Enable( ) auf. Sie sollte das erste Mal aufgerufen werden, wenn die Komponente gestartet wird.
- **void SPIM_Stop(void)** – deaktiviert den SPI-Master-Betrieb durch Deaktivierung des internen Taktgebers und der internen Interrupts, falls der SPI Master so konfiguriert ist.
- **void SPIM_EnableTxInt(void)** – aktiviert den internen Tx-Interrupt-irq.
- **void SPIM_EnableRxInt(void)** – aktiviert den internen Rx-Interrupt-irq.
- **void SPIM_DisableTxInt(void)** – deaktiviert den internen Tx-Interrupt-irq.

---

[28] Der Tx-FIFO wird nur gelöscht, wenn der Softwarepuffer nicht verwendet wird.

15.44 Serial Peripheral Interface (SPI) Master 2.50

- **void SPIM_DisableRxInt(void)** – deaktiviert den internen Rx-Interrupt-irq.
- **void SPIM_SetTxInterruptMode(uint8 intSrc)** – konfiguriert, welche Statusbits ein Interrupt-Ereignis auslösen.
- **void SPIM_SetRxInterruptMode(uint8 intSrc)** – uint8 intSrc: Bitfeld, das die zu aktivierenden Interrupts enthält.
- **uint8 SPIM_ReadTxStatus(void)** – gibt den aktuellen Zustand des Tx-Statusregisters zurück. Für weitere Informationen siehe Statusregister.
- **uint8 SPIM_ReadRxStatus(void)** – gibt den aktuellen Zustand des Rx-Statusregisters zurück.
- **void SPIM_WriteTxData(uint8/uint16 txData)** – legt 1 Byte/Wort in den Übertragungsbuffer, das zur nächsten verfügbaren SPI-Buszeit gesendet wird.
- **uint8/uint16 SPIM_ReadRxData(void)** – gibt das nächste Byte/Wort der empfangenen Daten zurück, das im Empfangsbuffer verfügbar ist.
- **uint8 SPIM_GetRxBufferSize(void)** – gibt die Anzahl der Bytes/Wörter der empfangenen Daten zurück, die derzeit im Rx-Buffer gehalten werden. Wenn der Rx-Softwarebuffer deaktiviert ist, gibt diese Funktion 0 = FIFO leer oder 1 = FIFO nicht leer zurück. Wenn der Rx-Softwarebuffer aktiviert ist, gibt diese Funktion die Größe der Daten im Rx-Softwarebuffer zurück. FIFO-Daten sind in dieser Zählung nicht enthalten.
- **uint8 SPIM_GetTxBufferSize(void)** – gibt die Anzahl der Bytes/Wörter der Daten zurück, die derzeit im Tx-Buffer zur Übertragung bereitgehalten werden.
- **void SPIM_ClearRxBuffer(void)** – löscht das Rx-Bufferspeicher-Array und den Rx-Hardware-FIFO von allen empfangenen Daten. Löscht den Rx-RAM-Buffer, indem sowohl die Lese- als auch die Schreibzeiger auf null gesetzt werden. Das Setzen der Zeiger auf null zeigt an, dass keine Daten zum Lesen vorhanden sind. Daher werden das Schreiben bei Adresse 0 fortgesetzt und alle Daten überschrieben, die möglicherweise noch im RAM vorhanden waren.
- **void SPIM_ClearTxBuffer(void)** – löscht das Tx-Bufferspeicher-Array von Daten, die auf die Übertragung warten. Löscht den Tx-RAM-Buffer, indem sowohl die Lese- als auch die Schreibzeiger auf null gesetzt werden. Das Setzen der Zeiger auf null zeigt an, dass keine Daten zum Senden vorhanden sind. Daher werden das Schreiben bei Adresse 0 fortgesetzt und alle Daten überschrieben, die möglicherweise noch im RAM vorhanden waren.[29]
- **void SPIM_TxEnable(void)** – wenn der SPI Master so konfiguriert ist, dass er einen einzigen bidirektionalen Pin verwendet, stellt dies den bidirektionalen Pin auf Senden ein.

---

[29] Wenn der Softwarebuffer verwendet wird, werden Daten, die bereits im Tx-FIFO platziert wurden, nicht gelöscht. Daten, die noch nicht aus dem RAM-Buffer übertragen wurden, gehen verloren, wenn sie durch neue Daten überschrieben werden.

- **void SPIM_TxDisable(void)** – wenn der SPI Master so konfiguriert ist, dass er einen einzigen bidirektionalen Pin verwendet, stellt dies den bidirektionalen Pin auf Empfang ein.
- **void SPIM_PutArray(const uint8/uint16 buffer[], uint8 byteCount)** – legt ein Array von Daten in den Übertragungsbuffer.
- **void SPIM_ClearFIFO(void)** – löscht alle Daten aus den Tx- und Rx-FIFO.[30]
- **void SPIM_Sleep(void)** – bereitet den SPI Master darauf vor, in den Niedrigleistungsmodus zu wechseln. Ruft die Funktionen SPIM_SaveConfig( ) und SPIM_Stop( ) auf.
- **void SPIM_Wakeup (void)** – stellt die Konfiguration des SPI-Masters nach dem Verlassen des Niedrigleistungsmodus wieder her. Ruft die Funktionen SPIM_RestoreConfig( ) und SPIM_Enable( ) auf. Löscht alle Daten aus dem Rx-Buffer, dem Tx-Buffer und den Hardware-FIFO.
- **void SPIM_Init(void)** – initialisiert oder stellt die Komponente gemäß den Einstellungen des Configure-Dialogfelds des Customizer wieder her. Es ist nicht notwendig, SPIM_Init( ) aufzurufen, da die Routine SPIM _Start( ) diese Funktion aufruft und die bevorzugte Methode ist, um den Betrieb der Komponente zu beginnen.
- **void SPIM_Enable(void)** – aktiviert den SPI Master für den Betrieb. Startet den internen Taktgeber, wenn der SPI Master so konfiguriert ist. Wenn er für einen externen Taktgeber konfiguriert ist, muss dieser separat gestartet werden, bevor diese Funktion aufgerufen wird. Die Funktion SPIM_Enable( ) sollte aufgerufen werden, bevor die SPI-Master-Interrupts aktiviert werden. Dies liegt daran, dass diese Funktion die Interrupt-Quellen konfiguriert und alle anstehenden Interrupts von der Gerätekonfiguration löscht und dann die internen Interrupts aktiviert, falls vorhanden. Eine SPIM_Init( )-Funktion muss zuvor aufgerufen worden sein.
- **void SPIM_SaveConfig(void)** – leere Funktion; enthalten für die Konsistenz mit anderen Komponenten.
- **void SPIM_RestoreConfig(void)** – leere Funktion; enthalten für die Konsistenz mit anderen Komponenten.

15.45 Serial Peripheral Interface (SPI) Slave 2.70

Der SPI-Slave bietet eine Industriestandard-Vierleiter-Slave-SPI-Schnittstelle. Er kann auch eine Dreileiter- (bidirektionale) SPI-Schnittstelle bereitstellen. Beide Schnittstellen unterstützen alle 4 SPI-Betriebsmodi, was die Kommunikation mit jedem SPI-Mastergerät ermöglicht. Zusätzlich zur standardmäßigen 8-bit-Wortlänge unterstützt der SPI-Slave eine konfigurierbare 3- bis 16-bit-Wortlänge für die Kommunikation mit nicht standardmäßigen SPI-Wortlängen. SPI-Signale umfassen den standardmäßigen seriel-

---

[30] Löscht das Statusregister der Komponente.

15.45 Serial Peripheral Interface (SPI) Slave 2.70

len Taktgeber (SCLK), Master-in-Slave-out (MISO), Master-out-Slave-in (MOSI), bidirektionale serielle Daten (SDAT) und Slave Select (SS). Funktionen umfassen: 3 bis 16 bit Datenbreite, 4 SPI-Modi und Bitraten bis zu 5 Mbps [82].

15.45.1 Serial-Peripheral-Interface (SPI)-Slave-Funktionen 2.70

- **SPIS_Start( )** – ruft sowohl SPIS_Init( ) als auch SPIS_Enable( ) auf. Sollte beim ersten Start der Komponente aufgerufen werden.
- **SPIS_Stop( )** – deaktiviert den SPIS-Betrieb.
- **SPIS_EnableTxInt( )** – aktiviert den internen Tx-Interrupt-irq.
- **SPIS_EnableRxInt( )** – aktiviert den internen Rx-Interrupt-irq.
- **SPIS_DisableTxInt( )** – deaktiviert den internen Tx-Interrupt-irq.
- **SPIS_DisableRxInt( )** – deaktiviert den internen Rx-Interrupt-irq.
- **SPIS_SetTxInterruptMode( )** – konfiguriert die aktivierten Tx-Interrupt-Quellen.
- **SPIS_SetRxInterruptMode( )** – konfiguriert die aktivierten Rx-Interrupt-Quellen.
- **SPIS_ReadTxStatus( )** – gibt den aktuellen Zustand des Tx-Statusregisters zurück.
- **SPIS_ReadRxStatus( )** – gibt den aktuellen Zustand des Rx-Statusregisters zurück.
- **SPIS_WriteTxData( )** – legt 1 Byte/Wort in den Übertragungsbuffer, das zur nächsten verfügbaren Buszeit gesendet wird.
- **SPIS_WriteTxDataZero( )** – legt 1 Byte/Wort direkt in das Schieberegister. Dies ist erforderlich für SPI-Modi, bei denen CPHA = 0 ist.
- **SPIS_ReadRxData( )** – Gibt das nächste Byte/Wort der empfangenen Daten zurück, das im Empfangsbuffer verfügbar ist. Gibt die Größe (in Bytes/Wörtern) der empfangenen Daten im Rx-Speicherbuffer zurück.
- **SPIS_GetRxBufferSize( )** – gibt die Größe (in Bytes/Wörtern) der Daten zurück, die auf die Übertragung im Tx-Speicherbuffer warten.
- **SPIS_GetTxBufferSize( )** – löscht das Rx-Bufferspeicher-Array und den Rx-FIFO aller empfangenen Daten.
- **SPIS_ClearRxBuffer( )** – löscht das Rx-Bufferspeicher-Array und den Rx-FIFO aller empfangenen Daten.
- **SPIS_ClearTxBuffer( )** – löscht das Tx-Bufferspeicher-Array oder den Tx-FIFO aller Übertragungsdaten.
- **SPIS_TxEnable( )** – wenn für den bidirektionalen Modus konfiguriert, stellt den SDAT-Eingang/Ausgang auf Übertragung ein.
- **SPIS_TxDisable( )** – wenn für den bidirektionalen Modus konfiguriert, stellt den SDAT-Eingang/Ausgang auf Empfang ein.
- **SPIS_PutArray( )** – legt ein Array von Daten in den Übertragungsbuffer.
- **SPIS_ClearFIFO( )** – löscht die Rx- und Tx-FIFO aller Daten für einen frischen Start.

- **SPIS_Sleep( )** – bereitet die SPIS-Komponente auf Niedrigleistungsmodi vor, indem die Funktionen SPIS_SaveConfig( ) und SPIS_Stop( ) aufgerufen werden.
- **SPIS_Wakeup( )** – stellt die SPIS-Komponente wieder her und aktiviert sie nach dem Aufwachen aus dem Niedrigleistungsmodus.
- **SPIS_Init( )** – initialisiert und stellt die Standard-SPIS-Konfiguration wieder her.
- **SPIS_Enable( )** – ermöglicht den Start des SPIS-Betriebs.
- **SPIS_SaveConfig( )** – leere Funktion; enthalten für die Konsistenz mit anderen Komponenten. **SPIS_RestoreConfig( )** – leere Funktion; enthalten für die Konsistenz mit anderen Komponenten.

15.46 Serial-Peripheral-Interface (SPI)-Slave-Funktionsaufrufe 2.70

- **void SPIS_Start(void)** – dies ist die bevorzugte Methode, um den Betrieb der Komponente zu starten. SPIS_Start( ) setzt die initVar-Variable, ruft die SPIS_Init( )-Funktion auf und anschließend die SPIS_Enable( )-Funktion.
- **void SPIS_Stop(void)** – deaktiviert die Interrupts der SPI-Slave-Komponente. Hat keinen Einfluss auf den SPIS-Betrieb.
- **void SPIS_EnableTxInt(void)** – aktiviert den internen Tx-Interrupt-irq.
- **void SPIS_EnableRxInt(void)** – aktiviert den internen Rx-Interrupt-irq.
- **void SPIS_DisableTxInt(void)** – deaktiviert den internen Tx-Interrupt-irq.
- **void SPIS_DisableRxInt(void)** – deaktiviert den internen Rx-Interrupt-irq.
- **void SPIS_SetTxInterruptMode(uint8 intSrc)** – konfiguriert die aktivierten Tx-Interrupt-Quellen.
- **void SPIS_SetRxInterruptMode(uint8 intSrc)** – konfiguriert die aktivierten Rx-Interrupt-Quellen.
- **uint8 SPIS_ReadTxStatus(void)** – gibt den aktuellen Zustand des Tx-Statusregisters zurück. Weitere Informationen finden Sie im Abschnitt Status Register Bits dieses Datenblatts.
- **uint8 SPIS_ReadRxStatus(void)** – gibt den aktuellen Zustand des Rx-Statusregisters zurück. Weitere Informationen finden Sie im Abschnitt Status Register Bits dieses Datenblatts.
- **void SPIS_WriteTxData(uint8/uint16 txData)** – legt 1 Byte in den Übertragungsbuffer, das zur nächsten verfügbaren Buszeit gesendet wird.
- **void SPIS_WriteTxDataZero(uint8/uint16 txData)** – legt 1 Byte/Wort direkt in das Schieberegister zur Übertragung. Dieses Byte/Wort wird während der nächsten Taktphase an das Master-Gerät gesendet.
- **uint8/uint16 SPIS_ReadRxData(void)** – liest das nächste Byte der Daten, die über die SPI empfangen wurden.
- **uint8 SPIS_GetRxBufferSize(void)** – gibt die Anzahl der Bytes/Wörter der derzeit im Rx-Buffer gehaltenen empfangenen Daten zurück.

15.46 Serial-Peripheral-Interface (SPI)-Slave-Funktionsaufrufe 2.70

- **uint8 SPIS_GetTxBufferSize(void)** – gibt die Anzahl der Bytes/Wörter der derzeit im Tx-Puffer gehaltenen Daten, die bereit zur Übertragung sind, zurück.
- **void SPIS_ClearRxBuffer(void)** – löscht das Rx-Bufferspeicher-Array und den Rx-Hardware-FIFO von allen empfangenen Daten. Löscht den Rx-RAM-Buffer, indem sowohl die Lese- als auch die Schreibzeiger auf null gesetzt werden. Das Setzen der Zeiger auf null zeigt an, dass keine Daten zum Lesen vorhanden sind. Daher werden das Schreiben bei Adresse 0 fortgesetzt und alle Daten überschrieben, die möglicherweise noch im RAM vorhanden waren.
- **void SPIS_ClearTxBuffer(void)** – löscht das Tx-Bufferspeicher-Array von Daten, die auf die Übertragung warten. Löscht den Tx-RAM-Buffer, indem sowohl die Lese- als auch die Schreibzeiger auf null gesetzt werden. Das Setzen der Zeiger auf null zeigt an, dass keine Daten zum Übertragen vorhanden sind. Daher werden das Schreiben bei Adresse 0 fortgesetzt und alle Daten überschrieben, die möglicherweise noch im RAM vorhanden waren.
- **void SPIS_TxEnable(void)** – wenn der SPI Slave so konfiguriert ist, dass er einen einzigen bidirektionalen Pin verwendet, wird dieser bidirektionale Pin auf Senden gesetzt.
- **void SPIS_TxDisable(void)** – wenn der SPI Slave so konfiguriert ist, dass er einen einzigen bidirektionalen Pin verwendet, wird dieser bidirektionale Pin auf Empfangen gesetzt.
- **void SPIS_PutArray(uint8/uint16 *buffer, uint8 byteCount)** – schreibt verfügbare Daten aus RAM/ROM in den Tx-Buffer, solange Platz vorhanden ist. Versuchen Sie es weiter, bis alle Daten an den Tx-Buffer übergeben wurden. Wenn Sie Modi verwenden, bei denen CPHA = 0, rufen Sie die SPIS_WriteTxDataZero( )-Funktion auf, bevor Sie die SPIS_PutArray( )-Funktion aufrufen.
- **void SPIS_ClearFIFO(void)** – löscht die Rx- und Tx-FIFO aller Daten für einen frischen Start.[31]
- **void SPIS_Sleep(void)** – dies ist die bevorzugte Routine, um die Komponente auf Niedrigleistungsmodi vorzubereiten. Die SPIS_Sleep( )-Routine speichert den aktuellen Zustand der Komponente. Dann ruft sie die SPIS_Stop( )-Funktion auf, um die Hardwarekonfiguration zu speichern. Rufen Sie die SPIS_Sleep( )-Funktion auf, bevor Sie die CyPmSleep( )- oder die CyPmHibernate( )-Funktion aufrufen.
- **void SPIS_Wakeup(void)** – dies ist die bevorzugte Routine, um die Komponente in den Zustand zurückzubringen, als SPIS_Sleep( ) aufgerufen wurde. Die SPIS_Wakeup( )-Funktion ruft die SPIS_RestoreConfig( )-Funktion auf, um die Konfiguration wiederherzustellen. Wenn die Komponente vor dem Aufruf der SPIS_Sleep( )-Funktion aktiviert war, wird die SPIS_Wakeup( )-Funktion die Komponente auch wieder aktivieren. Löscht alle Daten aus Rx-Buffer, Tx-Buffer und Hardware-FIFO.

---

[31] Löscht das Statusregister der Komponente.

- **void SPIS_Init(void)** – initialisiert oder stellt die Komponente gemäß den Einstellungen des Configure-Dialogfelds des Customizer wieder her. Es ist nicht notwendig, SPIS_Init( ) aufzurufen, da die SPIS_Start( )-Routine diese Funktion aufruft und die bevorzugte Methode ist, um den Betrieb der Komponente zu starten.
- **void SPIS_Enable(void)** – ermöglicht SPIS den Betriebsstart. Startet den internen Taktgeber, wenn so konfiguriert. Wenn ein externer Taktgeber konfiguriert ist, muss er separat gestartet werden, bevor diese API aufgerufen wird. Die SPIS_Enable( )-Funktion sollte aufgerufen werden, bevor SPIS-Interrupts aktiviert werden. Dies liegt daran, dass diese Funktion die Interrupt-Quellen konfiguriert und dann die internen Interrupts aktiviert, wenn so konfiguriert. Eine SPIS_Init( )-Funktion muss zuvor aufgerufen worden sein.
- **void SPIS_SaveConfig(void)** – leere Funktion; enthalten für die Konsistenz mit anderen Komponenten.
- **void SPIS_RestoreConfig(void)** – leere Funktion; enthalten für die Konsistenz mit anderen Komponenten.

15.47 Universal Asynchronous Receiver Transmitter (UART) 2.50

Die UART-Komponente ermöglicht asynchrone Kommunikation, die allgemein als RS232 oder RS485 bezeichnet wird, und kann für Voll-/Halb-Duplex-, nur Rx- oder nur Tx-Versionen konfiguriert werden. Die verschiedenen Implementierungen variieren nur hinsichtlich der Menge der verwendeten Ressourcen. Zur Verarbeitung von UART-Empfangs- und Sendungsdaten werden unabhängige Empfangs- und Senderingbuffer, größenkonfigurierbare Buffer in SRAM und Hardware-FIFO bereitgestellt, die sicherstellen, dass Daten nicht verloren gehen und die für die UART-Bedienung benötigte Zeit reduzieren. Typischerweise können die Baudrate, Parität, Anzahl der Datenbits und Anzahl der Startbits des UART nach Bedarf neu konfiguriert werden. „8N1", eine gängige Konfiguration für RS232 für 8 Datenbits, keine Parität und 1 Stoppbit, ist die Standardkonfiguration. UART können auch in Multidrop-RS485-Netzwerken verwendet werden. Ein 9-bit-Adressierungsmodus mit Hardwareadresserkennung und ein Tx-Ausgangsaktivierungssignal zur Aktivierung des Tx-Transceivers während der Übertragungen wird ebenfalls unterstützt. Im Laufe der Zeit gab es viele Physical-Layer- und Protocol-Layer-Variationen. Dazu gehören unter anderem RS423, DMX512, MIDI, LIN-Bus, Legacy-Terminal-Protokolle und IrDa. Um die gängigen UART-Variationen zu unterstützen, wird die Unterstützung des Universal Asynchronous Receiver Transmitter (UART) bereitgestellt, Auswahl der Anzahl der Datenbits, Stoppbits, Parität, Hardwareflusssteuerung und Paritätserzeugung und -erkennung. Eine hardwarekompilierte Option ermöglicht es dem UART, einen Takt und einen seriellen Datenstrom auszugeben, der aus Datenbits auf der steigenden Flanke des Takts besteht. Ein unabhängiger Takt- und Datenausgang wird sowohl für Tx als auch Rx bereitgestellt, um die automatische Berechnung des Daten-CRC durch Anschluss einer CRC-Komponente an den UART zu ermöglichen.

15.47 Universal Asynchronous Receiver Transmitter (UART) 2.50

9-bit-Adressmodus mit Hardwareadresserkennung, Baudraten von 110 bis 921.600 bps oder beliebig bis zu 4 Mbps, Rx- und Tx-Buffer = 4 bis 65.535, Erkennung von Framing-/Parität-/Overrun-Fehlern, nur Tx-/nur Rx-optimierte Hardware, 2 von 3 Abstimmungen pro Bit, Break-Signal-Erzeugung und -Erkennung und 8x oder 16x Oversampling werden ebenfalls unterstützt [102].

15.47.1 UART-Funktionen 2.50

- **UART_GetChar( )** – gibt das nächste Byte der empfangenen Daten zurück.
- **UART_GetByte( )** – liest den UART-Rx-Buffer sofort und gibt das empfangene Zeichen und den Fehlerzustand zurück.
- **UART_GetRxBufferSize( )** – gibt die Anzahl der im Rx-Buffer verfügbaren empfangenen Bytes zurück.
- **UART_ClearRxBuffer( )** – löscht das Speicher-Array aller empfangenen Daten.
- **UART_SetRxAddressMode( )** – legt den softwaregesteuerten Adressierungsmodus fest, der vom Rx-Teil des UART verwendet wird.
- **UART_SetRxAddress1( )** – legt die erste von zwei hardwareerkennbaren Adressen fest.
- **UART_SetRxAddress2( )** – legt die zweite von zwei hardwareerkennbaren Adressen fest.
- **UART_EnableTxInt( )** – aktiviert den internen Interrupt-irq.
- **UART_DisableTxInt( )** – deaktiviert den internen Interrupt-irq.
- **UART_SetTxInterruptMode( )** – konfiguriert die aktivierten Tx-Interrupt-Quellen.
- **UART_WriteTxData( )** – sendet 1 Byte ohne Überprüfung auf Bufferplatz oder Status.
- **UART_ReadTxStatus( )** – liest das Statusregister für den Tx-Teil des UART.
- **UART_PutChar( )** – gibt 1 Byte Daten in den Sendebuffer, das gesendet wird, wenn der Bus verfügbar ist.
- **UART_PutString( )** – legt Daten aus einer Zeichenkette in den Speicherbuffer für die Übertragung.
- **UART_PutArray( )** – legt Daten aus einem Speicher-Array in den Speicherbuffer für die Übertragung.
- **UART_PutCRLF( )** – schreibt 1 Byte Daten, gefolgt von einem Wagenrücklauf und Zeilenumbruch in den Sendebuffer.
- **UART_GetTxBufferSize( )** – gibt die Anzahl der Bytes im Tx-Buffer zurück, die darauf warten, übertragen zu werden.
- **UART_ClearTxBuffer( )** – löscht alle Daten aus dem Tx-Buffer. Überträgt ein Break-Signal auf den Bus.
- **UART_SetTxAddressMode( )** – konfiguriert den Sender, um die nächsten Bytes als Adresse oder Daten zu signalisieren.

- **UART_LoadRxConfig( )** – lädt die Empfängerkonfiguration. Halb-Duplex-UART ist bereit für Empfangsbyte.
- **UART_LoadTxConfig( )** – lädt die Senderkonfiguration. Halb-Duplex-UART ist bereit für Sendungsbyte.
- **UART_Sleep( )** – stoppt den UART-Betrieb und speichert die Benutzerkonfiguration.
- **UART_Wakeup( )** – stellt die Benutzerkonfiguration wieder her und aktiviert sie. UART_Init( ) initialisiert die Standardkonfiguration, die mit dem Customizer bereitgestellt wird.
- **UART_Enable( )** – aktiviert den UART-Blockbetrieb.
- **UART_SaveConfig( )** – speichert die aktuelle Benutzerkonfiguration.
- **UART_RestoreConfig( )** – stellt die Benutzerkonfiguration wieder her.

15.47.2 UART-Funktionsaufrufe 2.50

- **void UART_Start(void)** – dies ist die bevorzugte Methode, um den Betrieb der Komponente zu beginnen. UART_Start( ) setzt die initVar-Variable, ruft die UART_Init( )-Funktion auf und anschließend die UART_Enable( )-Funktion.
- **uint8 UART_ReadControlRegister(void)** – gibt den aktuellen Wert des Steuerregisters zurück.
- **void UART_WriteControlRegister(uint8 control)** – schreibt einen 8-bit-Wert in das Steuerregister. Beachten Sie, dass das Steuerregister zuerst mit der Funktion UART_ReadControlRegister gelesen, modifiziert und dann geschrieben werden muss.
- **void UART_EnableRxInt(void)** – aktiviert den internen Empfänger-Interrupt.
- **void UART_DisableRxInt(void)** – deaktiviert den internen Empfänger-Interrupt.
- **uint8 UART_ReadRxData(void)** – gibt das nächste Byte der empfangenen Daten zurück. Diese Funktion gibt Daten zurück, ohne den Status zu überprüfen. Sie müssen den Status separat überprüfen.
- **uint8 UART_ReadRxStatus(void)** – gibt den aktuellen Zustand des Empfängerstatusregisters und den Überlaufstatus des Softwarebuffers zurück.
- **uint8 UART_GetChar(void)** – gibt das zuletzt empfangene Byte der Daten zurück. UART_GetChar( ) ist für ASCII-Zeichen konzipiert und gibt ein uint8 zurück, bei dem 1 bis 255 Werte für gültige Zeichen sind und 0 anzeigt, dass ein Fehler aufgetreten ist oder keine Daten vorhanden sind.
- **uint16 UART_GetByte(void)** – liest sofort den UART-Rx-Buffer, gibt das empfangene Zeichen und den Fehlerzustand zurück.
- **uint8/uint16 UART_GetRxBufferSize(void)** – gibt die Anzahl der im Rx-Buffer verfügbaren empfangenen Bytes zurück. Rx-Softwarebuffer ist deaktiviert (Rx-Buffergrößenparameter ist gleich 4): gibt 0 für leeren Rx-FIFO oder 1 für nicht leeren Rx-FIFO zurück. Rx-Softwarebuffer ist aktiviert: gibt die Anzahl der im Rx-Softwarebuffer verfügbaren Bytes zurück. Verfügbare Bytes im Rx-FIFO werden nicht berücksichtigt.

15.47 Universal Asynchronous Receiver Transmitter (UART) 2.50

- **void UART_ClearRxBuffer(void)** – löscht den Empfängerspeicherbuffer und den Hardware-Rx-FIFO aller empfangenen Daten.
- **void UART_SetRxAddressMode(uint8 addressMode)** – legt den von der Software gesteuerten Adressierungsmodus fest, der vom Rx-Teil des UART verwendet wird.
- **void UART_SetRxAddress1(uint8 address)** – legt die erste von zwei hardwareerkennbaren Empfängeradressen fest.
- **void UART_SetRxAddress2(uint8 address)** – legt die zweite von zwei hardwareerkennbaren Empfängeradressen fest.
- **void UART_EnableTxInt(void)** – aktiviert den internen Sender-Interrupt.
- **void UART_DisableTxInt(void)** – deaktiviert den internen Sender-Interrupt.
- **void UART_WriteTxData(uint8 txDataByte)** – legt 1 Byte Daten in den Sendebuffer, das gesendet wird, wenn der Bus verfügbar ist, ohne das Tx-Statusregister zu überprüfen. Sie müssen den Status separat überprüfen.
- **uint8 UART_ReadTxStatus(void)** – liest das Statusregister für den Tx-Teil des UART.
- **void UART_PutChar(uint8 txDataByte)** – legt 1 Byte Daten in den Sendebuffer, das gesendet wird, wenn der Bus verfügbar ist. Dies ist ein blockierendes API, das wartet, bis der Tx-Buffer Platz hat, um die Daten aufzunehmen.
- **void UART_PutString(const char8 string[])** – sendet eine NULL-terminierte Zeichenkette zur Übertragung an den Tx-Buffer.
- **void UART_PutArray(const uint8 string[], uint8/uint16 byteCount)** – legt N Byte Daten aus einem Speicher-Array zur Übertragung in den Tx-Buffer.
- **void UART_PutCRLF(uint8 txDataByte)** – schreibt 1 Byte Daten, gefolgt von einem Wagenrücklauf (0x0D) und Zeilenumbruch (0x0A) in den Sendebuffer.
- **uint8/uint16 UART_GetTxBufferSize(void)** – gibt die Anzahl der Bytes im Tx-Buffer zurück, die darauf warten, übertragen zu werden. Tx-Softwarebuffer ist deaktiviert (Tx-Buffergrößenparameter ist gleich 4): gibt 0 für leeren Tx-FIFO, 1 für nicht vollen Tx-FIFO oder 4 für vollen Tx-FIFO zurück. Tx-Softwarebuffer ist aktiviert: gibt die Anzahl der Bytes im Tx-Softwarebuffer zurück, die darauf warten, übertragen zu werden. Verfügbare Bytes im Tx-FIFO werden nicht berücksichtigt.
- **void UART_ClearTxBuffer(void)** – löscht alle Daten aus dem Tx-Buffer und dem Hardware-Tx-FIFO.
- **void UART_SendBreak(uint8 retMode)** – sendet ein Break-Signal auf dem Bus.[32] Dies kann die Break-Länge für einige UART-Varianten begrenzen. In diesen Fällen kann die GPIO-Funktionalität für die Erzeugung einer längeren Break-Länge verwendet werden.
- **void UART_SetTxAddressMode(uint8 addressMode)** – konfiguriert den Sender so, dass die nächsten Bytes als Adresse oder Daten signalisiert werden.

---

[32] Die Länge des Break-Signals wird durch die UART-Bitzeit definiert; der maximale Wert beträgt 14 bit.

- **void UART_LoadRxConfig(void)** – lädt die Empfängerkonfiguration im Halbduplexmodus. Nach dem Aufrufen dieser Funktion ist das UART bereit, Daten zu empfangen.
- **void UART_LoadTxConfig(void)** – lädt die Senderkonfiguration im Halbduplexmodus. Nach dem Aufrufen dieser Funktion ist das UART bereit, Daten zu senden.
- **void UART_Wakeup(void)** – dies ist das bevorzugte API, um die Komponente in den Zustand zurückzusetzen, als UART_Sleep( ) aufgerufen wurde. Die Funktion UART_Wakeup( ) ruft die Funktion UART_RestoreConfig( ) auf, um die Konfiguration wiederherzustellen. Wenn die Komponente vor dem Aufruf der Funktion UART_Sleep( ) aktiviert wurde, wird die Funktion UART_Wakeup( ) die Komponente auch wieder aktivieren.
- **void UART_Init(void)** – initialisiert oder stellt die Komponente gemäß den Einstellungen des Configure-Dialogfelds des Customizer wieder her. Es ist nicht notwendig, UART_Init( ) aufzurufen, da das API UART_Start( ) diese Funktion aufruft und die bevorzugte Methode ist, um den Betrieb der Komponente zu beginnen.
- **void UART_Enable(void)** – aktiviert die Hardware und beginnt den Betrieb der Komponente. Es ist nicht notwendig, UART_Enable( ) aufzurufen, da das UART_Start( )-API diese Funktion aufruft, was die bevorzugte Methode ist, um den Betrieb der Komponente zu beginnen.
- **void UART_SaveConfig(void)** – diese Funktion speichert die Konfiguration der Komponente und nicht speichernden Register. Sie speichert auch die aktuellen Parameterwerte der Komponente, wie sie im Configure-Dialogfeld definiert oder durch geeignete APIs geändert wurden. Diese Funktion wird von der UART_Sleep( )-Funktion aufgerufen.
- **void UART_RestoreConfig(void)** – stellt die Benutzerkonfiguration von nicht speichernden Registern wieder her.

15.47.3 UART-Bootloader-Unterstützungsfunktionen 2.50

- **UART_CyBtldrCommStart( )** – startet die UART-Komponente und aktiviert ihren Interrupt.
- **UART_CyBtldrCommStop( )** – deaktiviert die UART-Komponente und deaktiviert ihren Interrupt.
- **UART_CyBtldrCommReset( )** – setzt die Empfangs- und Sendekommunikationsbuffer zurück.
- **UART_CyBtldrCommRead( )** – ermöglicht es dem Aufrufer, Daten vom Bootloader-Host zu lesen. Diese Funktion verwaltet das Polling, um einen Block von Daten vollständig vom Hostgerät zu empfangen.
- **UART_CyBtldrCommWrite( )** – ermöglicht es dem Aufrufer, Daten an den Bootloader-Host zu schreiben. Diese Funktion verwendet eine blockierende Schreibfunktion zum Schreiben von Daten mit der UART-Kommunikationskomponente.

15.47.4 UART-Bootloader-Unterstützungsfunktionsaufrufe 2.50

- **void UART_CyBtldrCommStart(void)** – startet die UART-Kommunikationskomponente.
- **void UART_CyBtldrCommStop(void)** – diese Funktion deaktiviert die UART-Komponente und deaktiviert ihren Interrupt.
- **void UART_CyBtldrCommReset(void)** – setzt die Empfangs- und Sendekommunikationsbuffer zurück.
- **cystatus UART_CyBtldrCommWrite(const uint8 pData[], uint16 size, uint16 * count, uint8 timeOut)** – ermöglicht es dem Aufrufer, Daten an den Bootloader-Host zu schreiben. Diese Funktion verwendet eine blockierende Schreibfunktion zum Schreiben von Daten mit der UART-Kommunikationskomponente.

15.48 Full Speed USB (USBFS) 3.20

Die USBFS-Komponente bietet ein Vollgeschwindigkeits-USB-Geräteframework konform zu Kap. 9 für den Aufbau von HID-basierten und generischen USB-Geräten und einen Low-Level-Treiber für den Steuerungsendpunkt, der Anfragen vom USB-Host decodiert und weiterleitet. Ein GUI-basierter Konfigurationsdialog zur Unterstützung beim Aufbau von Deskriptoren ermöglicht eine vollständige Gerätedefinition, die importiert und exportiert werden kann. USBFS-Geräteschnittstellentreiber-Unterstützung für Interrupt-, Steuerungs-, Bulk- und isochrone Übertragungstypen, Laufzeitunterstützung für die Auswahl von Deskriptorsets, USB-String-Deskriptoren, USB-HID-Klasse, Bootloader-Unterstützung, Audioklasse (siehe den USBFS Audio-Abschnitt), MIDI-Geräte (siehe den USBFS MIDI-Abschnitt), Kommunikationsgeräteklasse („communication device class", CDC, siehe den USBUART (CDC)-Abschnitt), Massenspeichergeräteklasse („mass storage device class", MSC, siehe den USBFS MSC-Abschnitt), häufig verwendete Deskriptorvorlagen werden mit der Komponente bereitgestellt und können bei Bedarf in Ihrem Design importiert werden. Ein Satz von USB-Entwicklungstools, genannt SuiteUSB, ist kostenlos verfügbar, wenn er mit Cypress-Silizium [46] verwendet wird.

15.48.1 USBFS-Funktionen 3.20

- **USBFS_Start( )** – aktiviert die Komponente zur Verwendung mit dem Gerät und dem spezifischen Spannungsmodus.
- **USBFS_Init( )** – initialisiert die Hardware der Komponente.
- **USBFS_InitComponent( )** – initialisiert die globalen Variablen der Komponente und initiiert die Kommunikation mit dem Host durch Hochziehen der D+-Leitung.
- **USBFS_Stop( )** – deaktiviert die Komponente.

- **SBFS_GetConfiguration( )** – gibt die aktuell zugewiesene Konfiguration zurück. Gibt 0 zurück, wenn das Gerät nicht konfiguriert ist.
- **USBFS_IsConfigurationChanged( )** – gibt den Konfigurationsstatus zurück, der beim Lesen gelöscht wird.
- **USBFS_GetInterfaceSetting( )** – gibt die aktuelle alternative Einstellung für die angegebene Schnittstelle zurück.
- **USBFS_GetEPState( )** – gibt den aktuellen Zustand des angegebenen USBFS-Endpunkts zurück.
- **USBFS_GetEPAckState( )** – bestimmt, ob eine ACK-Transaktion an diesem Endpunkt stattgefunden hat.
- **USBFS_GetEPCount( )** – gibt die aktuelle Byteanzahl vom angegebenen USBFS-Endpunkt zurück.
- **USBFS_InitEP_DMA( )** – initialisiert DMA für EP-Datentransfers.
- **USBFS_Stop_DMA( )** – stoppt den mit dem Endpunkt verbundenen DMA-Kanal.
- **USBFS_LoadInEP( )** – lädt und aktiviert den angegebenen USBFS-Endpunkt für eine IN-Übertragung.
- **USBFS_LoadInEP16( )** – lädt und aktiviert den angegebenen USBFS-Endpunkt für eine IN-Übertragung. Dieses API verwendet die 16-bit-Endpunktregister, um die Daten zu laden.
- **USBFS_ReadOutEP( )** – liest die angegebene Anzahl von Bytes aus dem Endpunkt-RAM und platziert sie im durch pSrc angegebenen RAM-Array. Gibt die Anzahl der vom Host gesendeten Bytes zurück.
- **USBFS_ReadOutEP16( )** – liest die angegebene Anzahl von Bytes aus dem Endpunktbuffer und platziert sie im System-SRAM. Gibt die Anzahl der vom Host gesendeten Bytes zurück. Dieses API verwendet die 16-bit-Endpunktregister, um die Daten zu lesen.
- **USBFS_EnableOutEP( )** – ermöglicht dem angegebenen USB-Endpunkt, OUT-Übertragungen zu akzeptieren.
- **USBFS_DisableOutEP( )** – deaktiviert den angegebenen USB-Endpunkt, um OUT-Übertragungen zu NAK-quittieren.
- **USBFS_SetPowerStatus( )** – stellt das Gerät auf selbstversorgt oder busversorgt ein.
- **USBFS_Force( )** – erzwingt einen J-, K- oder SE0-Zustand an den USB-Dp/Dm-Pins; normalerweise für den Remote-Wakeup verwendet.
- **USBFS_SerialNumString( )** – stellt die Quelle der USB-Geräteseriennummer-Zeichenkettenbeschreibung während der Laufzeit bereit.
- **USBFS_TerminateEP( )** – beendet Endpunktübertragungen.
- **BusPresent( )** – bestimmt die VBUS-Präsenz für selbstversorgte Geräte.
- **USBFS_Bcd_DetectPortType( )** – bestimmt, ob der Host in der Lage ist, einen Downstream-Port zu laden.
- **USBFS_GetDeviceAddress( )** – gibt die aktuell zugewiesene Adresse für das USB-Gerät zurück.

15.48 Full Speed USB (USBFS) 3.20

- **USBFS_EnableSofInt( )** – ermöglicht die Generierung von Interrupts, wenn ein Start-of-Frame (SOF)-Paket vom Host empfangen wird.
- **USBFS_DisableSofInt** – deaktiviert die Generierung von Interrupts, wenn ein Start-of-Frame (SOF)-Paket vom Host empfangen wird.

15.48.2 USBFS-Funktionsaufrufe 3.20

- **void USBFS_Start(uint8 device, uint8 mode)** – diese Funktion führt alle erforderlichen Initialisierungen für die USBFS-Komponente durch. Nach diesem Funktionsaufruf initiiert das USB-Gerät die Kommunikation mit dem Host durch Hochziehen der D+-Leitung. Dies ist die bevorzugte Methode, um den Betrieb der Komponente zu beginnen. Beachten Sie, dass globale Interrupts aktiviert sein müssen, da Interrupts für den Betrieb der USBFS-Komponente erforderlich sind. PSoC 4200L-Geräte: Wenn die USBFS-Komponente auf DMA mit automatischer Bufferverwaltung konfiguriert ist, wird die DMA-Interrupt-Priorität in dieser Funktion auf die höchste (Priorität 0) geändert. PSoC 3-/PSoC 5LP-Geräte: Wenn die USBFS-Komponente auf DMA mit automatischer Bufferverwaltung konfiguriert ist, wird die Priorität des Arbiter-Interrupt in dieser Funktion auf die höchste (Priorität 0) geändert.
- **void USBFS_Init(void)** – diese Funktion initialisiert oder stellt die Komponente gemäß den Einstellungen des Configure-Dialogfelds im Customizer wieder her. Es ist nicht notwendig, USBFS_Init( ) aufzurufen, da die Routine USBFS_Start( ) diese Funktion aufruft und die bevorzugte Methode ist, um den Betrieb der Komponente zu beginnen.
- **void USBFS_InitComponent(uint8 device, uint8 mode)** – diese Funktion initialisiert die globalen Variablen der Komponente und initiiert die Kommunikation mit dem Host durch Hochziehen der D+-Leitung.
- **void USBFS_Stop(void)** – diese Funktion führt alle notwendigen Herunterfahr-Aufgaben aus, die für die USBFS-Komponente erforderlich sind.
- **uint8 USBFS_GetConfiguration(void)** – diese Funktion ermittelt die aktuelle Konfiguration des USB-Geräts.
- **uint8 USBFS_IsConfigurationChanged(void)** – diese Funktion gibt den löschbaren Konfigurationsstatus zurück. Sie ist nützlich, wenn der Host doppelte SET_CONFIGURATION-Anfragen mit der gleichen Konfigurationsnummer sendet oder alternative Einstellungen der Schnittstelle ändert. Nachdem die Konfiguration geändert wurde, müssen die OUT-Endpunkte aktiviert und der IN-Endpunkt mit Daten geladen werden, um die Kommunikation mit dem Host zu starten.
- **uint8 USBFS_GetInterfaceSetting(uint8 interfaceNumber)** – diese Funktion ermittelt die aktuelle alternative Einstellung für die angegebene Schnittstelle. Sie ist nützlich, um zu identifizieren, welche alternativen Einstellungen in der angegebenen Schnittstelle aktiv sind.

- **uint8 USBFS_GetEPState(uint8 epNumber)** – diese Funktion gibt den Status des angeforderten Endpunkts zurück.
- **uint8 USBFS_GetEPAckState(uint8 epNumber)** – diese Funktion bestimmt, ob eine ACK-Transaktion auf diesem Endpunkt stattgefunden hat, indem sie das ACK-Bit im Steuerregister des Endpunkts liest. Sie löscht das ACK-Bit nicht.
- **uint16 USBFS_GetEPCount(uint8 epNumber)** – diese Funktion gibt die Übertragungsanzahl für den angeforderten Endpunkt zurück. Der Wert aus den Zählregistern enthält 2 Zählungen für die 2-Byte-Prüfsumme des Pakets. Diese Funktion subtrahiert die beiden Zählungen.
- **void USBFS_InitEP_DMA(uint8 epNumber, const uint8 *pData)** – diese Funktion weist einen DMA-Kanal zu und initialisiert ihn für die Verwendung durch die USBFS_LoadInEP( )- oder USBFS_ReadOutEP( )-APIs für die Datenübertragung. Sie ist verfügbar, wenn der Parameter Endpoint Memory Management auf DMA gesetzt ist. Diese Funktion wird automatisch von den USBFS_LoadInEP( )- und USBFS_ReadOutEP( )-APIs aufgerufen.
- **void USBFS_Stop_DMA(uint8 epNumber)** – diese Funktion stoppt den DMA-Kanal, der mit dem Endpunkt verbunden ist. Sie ist verfügbar, wenn der Parameter Endpoint Buffer Management auf DMA gesetzt ist. Rufen Sie diese Funktion auf, wenn die Richtung des Endpunkts von IN auf OUT oder umgekehrt geändert wird, um eine DMA-Neukonfiguration auszulösen, wenn die Funktionen USBFS_LoadInEP( ) oder USBFS_ReadOutEP( ) das erste Mal aufgerufen werden.
- **void USBFS_LoadInEP(uint8 epNumber, const uint8 pData[], uint16 length)** – diese Funktion führt unterschiedliche Funktionen aus, abhängig von dem konfigurierten Endpoint Buffer Management der Komponente. Dieser Parameter wird im Abschnitt Descriptor Root im Fenster Component Configure definiert. Manual (Static/Dynamic Allocation): Diese Funktion lädt und aktiviert den angegebenen USB-Datenendpunkt für eine IN-Datenübertragung. DMA with Manual Buffer Management: konfiguriert DMA für eine Datenübertragung vom System-SRAM zum Endpunktpuffer. Generiert eine Anforderung für eine Übertragung.
DMA with Automatic Buffer Management:
  1. Konfiguriere DMA. Dies ist nur einmal erforderlich, wenn der Parameter pData nicht NULL ist.
  2. Initiiere eine DMA-Transaktion auf Anforderung, wenn der pData-Zeiger NULL ist. Setzt den Datenbereitschaftsstatus: Dies generiert die erste DMA-Übertragung und bereitet Daten im Endpunktbuffer vor.
- **void USBFS_LoadInEP16(uint8 epNumber, const uint8 pData[], uint16 length)** – diese Funktion führt unterschiedliche Funktionen aus, abhängig von dem konfigurierten Endpoint Buffer Management der Komponente. Dieser Parameter wird im Abschnitt Descriptor Root im Fenster Component Configure definiert. Manual (Static/Dynamic Allocation): Diese Funktion lädt und aktiviert den angegebenen USB-Datenendpunkt für eine IN-Datenübertragung. DMA with Manual Buffer Management: konfiguriert DMA für eine Datenübertragung vom System-SRAM zum End-

15.48 Full Speed USB (USBFS) 3.20

punktpuffer. Generiert eine Anforderung für eine Übertragung. DMA with Automatic Buffer Management: 1. Konfiguriere DMA. Dies ist nur einmal erforderlich, wenn der Parameter pData nicht NULL ist. 2. Initiiere eine DMA-Transaktion auf Anforderung, wenn der pData-Zeiger NULL ist. Setzt den Datenbereitschaftsstatus: Dies generiert die erste DMA-Übertragung und bereitet Daten im Endpunktpuffer vor.

- **uint16 USBFS_ReadOutEP(uint8 epNumber, uint8 pData[], uint16 length)** – diese Funktion führt unterschiedliche Funktionen aus, abhängig von dem konfigurierten Endpoint Buffer Management der Komponente. Dieser Parameter wird im Abschnitt Descriptor Root im Fenster Component Configure definiert. Manual (Static/Dynamic Allocation): Diese Funktion kopiert die angegebene Anzahl von Bytes vom Endpunktbuffer zum System-SRAM-Buffer. Nachdem die Daten kopiert wurden, wird der Endpunkt freigegeben, um dem Host das Schreiben der nächsten Daten zu ermöglichen. Die Funktion unterstützt keine partiellen Datenlesevorgänge, daher müssen alle empfangenen Bytes auf einmal gelesen werden. Das Argument length muss gleich der Anzahl der tatsächlich vom Host empfangenen Bytes sein. Rufen Sie die Funktion USBFS_GetEPCount( ) auf, um die tatsächliche Anzahl der empfangenen Bytes zu ermitteln. DMA with Manual Buffer Management: konfiguriert DMA, um Daten vom Endpunktbuffer zum System-SRAM-Buffer zu übertragen und generiert eine DMA-Anforderung. Die Firmware muss warten, bis DMA die Datenübertragung nach dem Aufruf des USB_ReadOutEP( )-API abgeschlossen hat, z. B. durch Überprüfen des Endpunktstatus:

```
while (USB\_OUT\_BUFFER\_FULL == USBFS\_GetEPState
  (OUT_\EP))
{
}
```

- **void USBFS_EnableOutEP(uint8 epNumber)** – diese Funktion aktiviert den angegebenen Endpunkt für OUT-Übertragungen. Rufen Sie diese Funktion nicht für IN-Endpunkte auf. USBFS_EnableOutEP( ) muss aufgerufen werden, um dem Host das Schreiben von Daten in den Endpunktbuffer zu ermöglichen, nachdem DMA die Datenübertragung vom OUT-Endpunktbuffer zum System-SRAM-Buffer abgeschlossen hat. Die Funktion unterstützt keine partiellen Datenlesevorgänge, daher müssen alle empfangenen Bytes auf einmal gelesen werden. Das Argument length muss gleich der Anzahl der tatsächlich vom Host empfangenen Bytes sein. Rufen Sie die Funktion USBFS_GetEPCount( ) auf, um die tatsächliche Anzahl der empfangenen Bytes zu ermitteln. DMA with Automatic Buffer Management: konfiguriert DMA, um Daten vom Endpunktpuffer zum System-SRAM-Buffer zu übertragen. Im Allgemeinen sollte diese Funktion einmal aufgerufen werden, um DMA für den Betrieb zu konfigurieren. Verwenden Sie dann USBFS_EnableOutEP( ) um den Endpunkt freizugeben und dem Host das Schreiben der nächsten Daten zu ermöglichen. Die zugewiesene Buffergröße und der Parameter length müssen gleich der maximalen

Paketgröße des Endpunkts sein. Hinweis: Wir empfehlen, sie mit einer Länge gleich der maximalen Paketgröße des Endpunkts aufzurufen, um alle empfangenen Datenbytes zu lesen. Verwenden Sie den Rückgabewert, um die tatsächliche Anzahl der empfangenen Bytes zu ermitteln.

- **void USBFS_DisableOutEP(uint8 epNumber)** – diese Funktion deaktiviert den angegebenen USBFS-OUT-Endpunkt. Rufen Sie diese Funktion nicht für IN-Endpunkte auf.
- **void USBFS_SetPowerStatus(uint8 powerStatus)** – diese Funktion setzt den aktuellen Leistungsstatus. Das Gerät antwortet auf USB GET_STATUS-Anfragen basierend auf diesem Wert. Dies ermöglicht es dem Gerät, seinen Status korrekt für die USB-Kap. 9 Konformität zu melden. Geräte können ihre Stromquelle jederzeit von selbstversorgt auf busversorgt ändern und ihre aktuelle Stromquelle als Teil des Gerätestatus melden. Sie sollten diese Funktion immer dann aufrufen, wenn Ihr Gerät von selbstversorgt auf busversorgt wechselt oder umgekehrt, und den Status entsprechend setzen.
- **void USBFS_Force(uint8 state)** – diese Funktion erzwingt einen USB-J-, -K- oder -SE0-Zustand auf den D+/D--Leitungen. Sie bietet den notwendigen Mechanismus für eine USB-Geräteanwendung, um einen USB-Remote-Wakeup durchzuführen.
- **void USBFS_SerialNumString(uint8 snString[])** – diese Funktion ist nur verfügbar, wenn die Option User Call Back in den Eigenschaften des Serial Number String-Deskriptors ausgewählt ist. Die Anwendungsfirmware kann die Quelle des USB-Geräteseriennummer-Zeichenkettendeskriptors während der Laufzeit bereitstellen. Der Standardstring wird verwendet, wenn die Anwendungsfirmware diese Funktion nicht nutzt oder den falschen Zeichenkettendeskriptor setzt.
- **void USBFS_TerminateEP(uint8 epNumber)** – diese Funktion beendet den angegebenen USBFS-Endpunkt. Diese Funktion sollte vor der Neukonfiguration des Endpunkts verwendet werden.
- **uint8 USBFS_VBusPresent(void)** – bestimmt die VBUS-Präsenz für selbstversorgte Geräte.
- **uint8 USBFS_Bcd_DetectPortType (void)** – diese Funktion implementiert den USB-Battery-Charger-Detection (BCD)-Algorithmus zur Bestimmung des Typs des USB-Host-Downstream-Ports. Dieses API ist nur für PSoC 4 Geräte verfügbar und sollte aufgerufen werden, wenn die VBUS-Spannungsübergang (OFF to ON) auf dem Bus erkannt wird. Wenn die USB-Gerätefunktionalität aktiviert ist, ruft dieses API zuerst intern das USBFS_Stop( )-API auf, um die USB-Gerätefunktionalität zu deaktivieren, und setzt dann den BCD-Algorithmus zur Erkennung des USB-Host-Porttyps um. Das USBFS_Start( )-API sollte nach diesem API aufgerufen werden, wenn die USB-Kommunikation mit dem Host initiiert werden muss. Dieses API wird nur generiert, wenn die Option „Enable Battery Charging Detection" in der „Advanced"-Registerkarte der Component GUI aktiviert ist. Die API implementiert die Schritte 2 bis 4 des BCD-Algorithmus, welche Data Contact Detect, Primary Detection und Secondary Detection sind. Der erste Schritt des BCD-Algorithmus, nämlich die VBUS-Erkennung, soll auf der Ebene der Anwendungsfirmware behandelt werden.

15.48 Full Speed USB (USBFS) 3.20

- **uint8 USBFS_GetDeviceAddress(void)** – diese Funktion gibt die aktuell zugewiesene Adresse für das USB-Gerät zurück.
- **void USBFS_EnableSofInt(void)** – diese Funktion aktiviert die Generierung von Interrupts, wenn ein Start-of-Frame (SOF)-Paket vom Host empfangen wird.
- **void USBFS_DisableSofInt(void)** – diese Funktion deaktiviert die Generierung von Interrupts, wenn ein Start-of-Frame (SOF)-Paket vom Host empfangen wird.
- **uint8 USBFS_UpdateHIDTimer(uint8 interface)** – diese Funktion aktualisiert den HID-Report-Leerlauf-Timer und gibt den Status zurück und lädt den Timer neu, wenn er abläuft.
- **uint8 USBFS_GetProtocol(uint8 interface)** – diese Funktion gibt den HID-Protokollwert für die ausgewählte Schnittstelle zurück.

15.48.3 USBFS Bootloader Support 3.20

Die USBFS-Komponente bietet ein Vollgeschwindigkeits-USB-Geräteframework konform zu Kap. 9 für den Aufbau von HID-basierten und generischen USB-Geräten. Sie bietet einen Low-Level-Treiber für den Steuerungsendpunkt, der Anfragen vom USB-Host decodiert und weiterleitet. Zusätzlich bietet die Komponente einen GUI-basierten Konfigurationsdialog zur Unterstützung beim Aufbau Ihrer Deskriptoren, der eine vollständige Gerätedefinition ermöglicht, die importiert und exportiert werden kann. Häufig verwendete Deskriptorvorlagen werden mit der Komponente geliefert und können bei Bedarf in Ihrem Design importiert werden. Cypress bietet ein Set von USB-Entwicklungstools, genannt SuiteUSB, kostenlos an, wenn sie mit Cypress-Silizium verwendet werden.[33] Funktionen beinhalten: USBFS-Geräteschnittstellentreiber, Unterstützung für Interrupt, Control, Bulk und isochrone Übertragungstypen, Laufzeitunterstützung für die Auswahl von Deskriptorsets, USB-String-Deskriptoren, USB-HID-Klassenunterstützung und Bootloader-Unterstützung, Audioklassenunterstützung (siehe den USBFS Audio-Abschnitt), MIDI-Geräteunterstützung (siehe den USBFS MIDI-Abschnitt), Unterstützung der Kommunikationsgeräteklasse (CDC, siehe den USBUART (CDC)-Abschnitt) und eine Unterstützung für Massenspeichergeräteklasse (MSC, siehe den USBFS MSC-Abschnitt).

15.48.4 USBFS-Bootloader-Support-Funktionen 3.20

- **USBFS_CyBtldrCommStart( )** – führt alle erforderlichen Initialisierungen für die USBFS-Komponente durch, wartet auf die Aufzählung und aktiviert die Kommunikation.
- **USBFS_CyBtldrCommStop( )** – ruft die USBFS_Stop( )-Funktion auf.

---

[33] SuiteUSB ist auf der Cypress-Website verfügbar: http://www.cypress.com.

- **USBFS_CyBtldrCommReset( )** – setzt die Empfangs- und Sendekommunikationsbuffer zurück.
- **USBFS_CyBtldrCommWrite( )** – ermöglicht es dem Aufrufer, Daten an den Bootloader-Host zu schreiben. Die Funktion handhabt das Polling, um zu ermöglichen, dass ein Block von Daten vollständig an das Hostgerät gesendet wird.
- **USBFS_CyBtldrCommRead( )** – ermöglicht es dem Aufrufer, Daten vom Bootloader-Host zu lesen. Die Funktion handhabt das Polling, um zu ermöglichen, dass ein Block von Daten vollständig vom Hostgerät empfangen wird.

15.48.5 USBFS-Bootloader-Support-Funktionsaufrufe 3.20

- **void USBFS_CyBtldrCommStart(void)** – diese Funktion führt alle erforderlichen Initialisierungen für die USBFS-Komponente durch, wartet auf die Aufzählung und aktiviert die Kommunikation.
- **void USBFS_CyBtldrCommStop(void)** – diese Funktion führt alle notwendigen Abschaltaufgaben aus, die für die USBFS-Komponente erforderlich sind.
- **void USBFS_CyBtldrCommReset(void)** – diese Funktion setzt die Empfangs- und Sendekommunikationsbuffer zurück.
- **cystatus USBFS_CyBtldrCommWrite(const uint8 pData[], uint16 size, uint16 *count, uint8 timeOut)** – sendet Daten an den Hostcontroller. Ein Timeout ist aktiviert. Berichtet die Anzahl der erfolgreich gesendeten Bytes.
- **cystatus USBFS_CyBtldrCommRead(uint8 pData[], uint16 size, uint16 *count, uint8 timeOut)** – empfängt Daten vom Hostcontroller. Ein Timeout ist aktiviert. Berichtet die Anzahl der erfolgreich gelesenen Bytes.

15.48.6 USB Suspend, Resume und Remote Wakeup 3.20

USB-Suspend-, -Resume- und -Remote-Wakeup-Funktionen

- **SBFS_CheckActivity( )** – gibt den Aktivitätsstatus des Busses seit dem letzten Aufruf der Funktion zurück.
- **USBFS_Suspend( )** – bereitet die USBFS-Komponente darauf vor, in den Niedrigleistungsmodus zu wechseln.
- **USBFS_Resume( )** – bereitet die USBFS-Komponente auf den Betrieb im Aktivmodus vor, nachdem der Niedrigleistungsmodus verlassen wurde.
- **USBFS_RWUEnabled( )** – gibt den aktuellen Status des Remote Wakeup zurück.

USB-Suspend-, -Resume- und -Remote-Wakeup-Funktionsaufrufe 3.20

- **uint8 USBFS_CheckActivity(void)** – diese Funktion gibt den Aktivitätsstatus des Busses zurück. Sie löscht den Hardwarestatus, um beim nächsten Aufruf dieser Funktion einen aktualisierten Status zu liefern. Sie bietet eine Möglichkeit zu bestimmen, ob eine USB-Busaktivität aufgetreten ist. Die Anwendung sollte diese Funktion verwenden, um zu bestimmen, ob die USB-Suspend-Bedingungen erfüllt sind.
- **void USBFS_Suspend(void)** – diese Funktion bereitet die USBFS-Komponente darauf vor, in den Niedrigleistungsmodus zu wechseln. Der Interrupt an der fallenden Flanke am Dp-Pin ist konfiguriert, um das Gerät aufzuwecken, wenn der Host die Resume-Bedingung ansteuert. Der Pull-up ist auf der Dp-Leitung aktiviert, während das Gerät im Niedrigleistungsmodus ist. Die unterstützten Niedrigleistungsmodi sind Deep Sleep (PSoC 4200L) und Sleep (PSoC 3/ PSoC 5LP). Hinweis: Für PSoC 4200L-Geräte sollte diese Funktion nicht aufgerufen werden, bevor das Gerät in den Sleep-Modus wechselt. Der Sleep-Modus von PSoC 4200L ist nur für das Aussetzen der CPU. Hinweis: Nach dem Wechsel in den Niedrigleistungsmodus werden die Daten, die in den IN- oder OUT-Endpunktpuffern verbleiben, nach dem Aufwachen nicht wiederhergestellt und gehen verloren. Daher sollten sie im SRAM für den OUT-Endpunkt gespeichert oder vom Host für den IN-Endpunkt gelesen werden, bevor in den Niedrigleistungsmodus gewechselt wird.
- **void USBFS_Resume(void)** – diese Funktion bereitet die USBFS-Komponente auf den Betrieb im Aktivmodus vor, nachdem der Niedrigleistungsmodus verlassen wurde. Sie stellt die aktive Moduskonfiguration der Komponente wieder her, wie z. B. die vom Host zuvor zugewiesene Geräteadresse, Endpunktbuffer, und deaktiviert den Interrupt am Dp-Pin. Die unterstützten Niedrigleistungsmodi sind Deep Sleep (PSoC 4200L) und Sleep (PSoC 3/PSoC 5LP). Hinweis: Für PSoC 4200L-Geräte sollte diese Funktion nicht aufgerufen werden, nachdem Sleep verlassen wurde. Hinweis: Um die Kommunikation mit dem Host wieder aufzunehmen, müssen die Datenendpunkte verwaltet werden; die OUT-Endpunkte müssen aktiviert und die IN-Endpunkte müssen mit Daten geladen werden. Für DMA with Automatic Buffer Management müssen alle Endpunktpuffer erneut initialisiert werden, bevor sie dem Host zur Verfügung gestellt werden.
- **uint8 USBFS_RWUEnabled(void)** – diese Funktion gibt den aktuellen Remote-Wakeup-Status zurück. Wenn das Gerät Remote Wakeup unterstützt, sollte die Anwendung diese Funktion verwenden, um zu bestimmen, ob Remote Wakeup vom Host aktiviert wurde. Wenn das Gerät ausgesetzt ist und feststellt, dass die Bedingungen für die Initiierung eines Remote Wakeup erfüllt sind, sollte die Anwendung die USBFS_Force( )-Funktion verwenden, um die entsprechenden J- und K-Zustände auf den USB-Bus zu zwingen, was ein Remote Wakeup signalisiert.

15.48.7 Link Power Management (LPM) Support

Der ADC kann im Single-ended-Modus für Spannungsmessungen des Stromwandlers konfiguriert werden (0–4,096-V-Bereich oder 0–2,048-V-Bereich). Der ADC kann auch im differentiellen Modus konfiguriert werden (±2,048-V-Bereich), zur Unterstützung der Fernerfassung von Spannungen, bei denen die Remote-Bezugsmasse über eine PCB-Leiterbahn an PSoC zurückgeführt wird. In Fällen, in denen die zu überwachende analoge Spannung Vdda oder den ADC-Bereich erreicht oder übersteigt, werden externe Widerstandsteiler empfohlen, um die überwachten Spannungen auf einen geeigneten Bereich herunterzuskalieren. Weitere Eigenschaften: Schnittstellen zu bis zu 32 DC-DC-Stromwandlern, misst Ausgangsspannungen und Lastströme des Stromwandlers mit einem DelSig-ADC, überwacht die Gesundheit der Stromwandler und erzeugt Warnungen und Fehler basierend auf benutzerdefinierten Schwellwerten, Unterstützung für die Messung anderer Hilfsspannungen im System und 3,3- und 5-V-Chipstromversorgungen.

Link-Power-Management (LPM)-Support-Funktionen

- **USBFS_Lpm_GetBeslValue( )** – gibt den vom Host gesendeten BESL-Wert zurück.
- **USBFS_Lpm_RemoteWakeUpAllowed( )** – gibt die vom Host für das Gerät festgelegte Berechtigung für den Remote Wakeup zurück.
- **USBFS_Lpm_SetResponse( )** – legt die Antwort für das vom Host empfangene LPM-Token fest.
- **USBFS_Lpm_GetResponse( )** – gibt die aktuelle Antwort für das vom Host empfangene LPM-Token zurück.

Link-Power-Management (LPM)-Support-Funktionsaufrufe

- **uint32 USBFS_Lpm_GetBeslValue (void)** – diese Funktion gibt den Best-Effort-Service-Latency (BESL)-Wert zurück, der vom Host als Teil der LPM-Token-Transaktion gesendet wurde.
- **uint32 USBFS_Lpm_RemoteWakeUpAllowed (void)** – diese Funktion gibt die Berechtigung für den Remote-Wakeup zurück, die vom Host für das Gerät als Teil der LPM-Token-Transaktion festgelegt wurde.
- **void USBFS_Lpm_SetResponse(uint32 response)** – diese Funktion konfiguriert die Antwort im Handshake-Paket, das das Gerät senden muss, wenn ein LPM-Token-Paket empfangen wird.
- **uint32 USBFS_Lpm_Get response(void)** – diese Funktion gibt den aktuell konfigurierten Antwortwert zurück, den das Gerät als Teil des Handshake-Pakets senden wird, wenn ein LPM-Token-Paket empfangen wird.

15.49 Status Register 1.90

Das Status Register ermöglicht es der Firmware, digitale Signale zu lesen, und unterstützt ein Statusregister mit bis zu 8 bit und Interrupts [89].

15.49.1 Status-Register-Funktionen 1.90

- **StatusReg_Read( )** – liest den aktuellen Wert des Statusregisters.
- **StatusReg_InterruptEnable( )** – aktiviert die Interrupts des Statusregisters.
- **StatusReg_InterruptDisable( )** – deaktiviert die Interrupts des Statusregisters.
- **StatusReg_WriteMask( )** – schreibt den dem Maskenregister zugewiesenen Wert.
- **StatusReg_ReadMask( )** – gibt den aktuellen Interrupt-Maskenwert aus dem Maskenregister zurück.

15.49.2 Status-Register-Funktionsaufrufe 1.90

- **uint8 StatusReg_Read (void)** – liest den Wert eines Statusregisters.
- **void StatusReg_InterruptEnable (void)** – aktiviert den Interrupt des Statusregisters. Das Standardverhalten ist deaktiviert. Dies ist nur gültig, wenn das Statusregister einen Interrupt erzeugt.
- **void StatusReg_InterruptDisable (void)** – deaktiviert den Interrupt des Statusregisters. Dies ist nur gültig, wenn das Statusregister einen Interrupt erzeugt.
- **void StatusReg_WriteMask (uint8 mask)** – schreibt den aktuellen Maskenwert, der dem Statusregister zugewiesen ist. Dies ist nur gültig, wenn das Statusregister einen Interrupt erzeugt.
- **uint8 StatusReg_ReadMask (void)** – liest den aktuellen Interrupt-Maskenwert, der für das Statusregister zugewiesen ist. Dies ist nur gültig, wenn das Statusregister einen Interrupt erzeugt.

15.50 Counter 3.0

Diese Komponente bietet eine Methode zum Zählen von Ereignissen. Sie kann eine grundlegende Zählerfunktion implementieren und bietet erweiterte Funktionen wie Erfassung, Komparatorausgabe und Steuerung der Zählrichtung. Für PSoC 3- und PSoC 5LP-Geräte kann die Komponente mit FF-Blöcken oder UDB implementiert werden. PSoC 4-Geräte unterstützen nur die UDB-Implementierung. Eine UDB-Implementierung hat in der Regel mehr Funktionen als eine FF-Implementierung. Wenn das Design einfach genug ist, kann ein FF verwendet werden, um UDB-Ressourcen für andere Zwecke zu schonen [22].

15.50.1 Counter-Funktionen 3.0

- **Counter_Start( )** – setzt die initVar-Variable, ruft die Counter_Init( )-Funktion auf und anschließend die Enable-Funktion.
- **Counter_Stop( )** – deaktiviert den Counter.
- **Counter_SetInterruptMode( )** – aktiviert oder deaktiviert die Quellen des Interrupt-Ausgangs.
- **Counter_ReadStatusRegister( )** – gibt den aktuellen Zustand des Statusregisters zurück.
- **Counter_ReadControlRegister( )** – gibt den aktuellen Zustand des Steuerregisters zurück.
- **Counter_WriteControlRegister( )** – setzt das Bitfeld des Steuerregisters.
- **Counter_WriteCounter( )** – schreibt einen neuen Wert direkt in das Counter-Register.
- **Counter_ReadCounter( )** – erzwingt eine Erfassung und gibt dann den Erfassungswert zurück.
- **Counter_ReadCapture( )** – gibt den Inhalt des Erfassungsregisters oder den Ausgang des FIFO zurück.
- **Counter_WritePeriod( )** – schreibt das Periodenregister.
- **Counter_ReadPeriod( )** – liest das Periodenregister.
- **Counter_WriteCompare( )** – schreibt das Vergleichsregister.
- **Counter_ReadCompare( )** – liest das Vergleichsregister.
- **Counter_SetCompareMode( )** – setzt den Vergleichsmodus.
- **Counter_SetCaptureMode( )** – setzt den Erfassungsmodus.
- **Counter_ClearFIFO( )** – leert den Erfassungs-FIFO.
- **Counter_Sleep( )** – stoppt den Counter und speichert die Benutzerkonfiguration.
- **Counter_Wakeup( )** – stellt die Benutzerkonfiguration wieder her und aktiviert sie.
- **Counter_Init( )** – initialisiert oder stellt den Counter gemäß den Einstellungen des Configure-Dialogfelds wieder her.
- **Counter_Enable( )** – aktiviert den Counter.
- **Counter_SaveConfig( )** – speichert die Counter-Konfiguration.
- **Counter_RestoreConfig( )** – stellt die Counter-Konfiguration wieder her.

15.50.2 Counter-Funktionsaufrufe 3.0

- **void Counter_Start(void)** – dies ist die bevorzugte Methode, um den Betrieb der Komponente zu starten. Counter_Start( ) setzt die initVar-Variable, ruft die Counter_Init( )-Funktion auf und anschließend die Counter_Enable( )-Funktion.
- **void Counter_Stop(void)** – diese Funktion deaktiviert den Counter nur in Software-enable-Modi.

15.50 Counter 3.0

- **void Counter_SetInterruptMode(uint8 interruptSource)** – diese Funktion aktiviert oder deaktiviert die Quellen des Interrupt-Ausgangs.
- **uint8 Counter_ReadStatusRegister(void)** – diese Funktion gibt den aktuellen Zustand des Statusregisters zurück.
- **uint8 Counter_ReadControlRegister(void)** – diese Funktion gibt den aktuellen Zustand des Steuerregisters zurück.
- **void Counter_WriteControlRegister(uint8 control)** – diese Funktion setzt das Bitfeld des Steuerregisters. Sie ist nur verfügbar, wenn einer der im Steuerregister definierten Modi tatsächlich verwendet wird.
- **void Counter_WriteCounter(uint8/16/32 count)** – diese Funktion schreibt einen neuen Wert direkt in das Counter-Register.
- **uint8/16/32 Counter_ReadCounter(void)** – diese Funktion erzwingt eine Erfassung und gibt dann den Erfassungswert zurück. Die dabei auftretende Erfassung wird nicht als Erfassungsereignis betrachtet und führt nicht dazu, dass der Counter zurückgesetzt oder ein Interrupt ausgelöst wird.
- **uint8/16/32 Counter_ReadCapture(void)** – diese Funktion gibt den Inhalt des Erfassungsregisters oder den Ausgang des FIFO (nur UDB) zurück.
- **void Counter_WritePeriod(uint8/16/32 period)** – diese Funktion schreibt das Periodenregister.
- **void Counter_WriteCompare(uint8/16/32 compare)** – diese Funktion schreibt das Komparatorregister. Sie ist nur für die UDB-Implementierung verfügbar.
- **uint8/16/32 Counter_ReadCompare(void)** – diese Funktion liest das Komparatorregister. Sie ist nur für die UDB-Implementierung verfügbar.
- **void Counter_SetCaptureMode(uint8 captureMode)** – diese Funktion setzt den Erfassungsmodus. Sie ist nur für die UDB-Implementierung verfügbar und wenn der Parameter Capture Mode auf Software Controlled gesetzt ist.
- **void Counter_ClearFIFO(void)** – diese Funktion löscht den Erfassungs-FIFO. Sie ist nur für die UDB-Implementierung verfügbar.
- **void Counter_Sleep(void)** – dies ist die bevorzugte Routine, um die Komponente auf den Schlafmodus vorzubereiten. Die Counter_Sleep( )-Routine speichert den aktuellen Zustand der Komponente. Dann ruft sie die Counter_Stop( )-Funktion auf und anschließend Counter_SaveConfig( ), um die Hardwarekonfiguration zu speichern. Rufen Sie die Counter_Sleep( )-Funktion auf, bevor Sie die CyPmSleep( )- oder die CyPmHibernate( )-Funktion aufrufen.
- **void Counter_Wakeup(void)** – dies ist die bevorzugte Routine, um die Komponente in den Zustand zurückzubringen, in dem Counter_Sleep( ) aufgerufen wurde. Die Counter_Wakeup( )-Funktion ruft die Counter_RestoreConfig( )-Funktion auf, um die Konfiguration wiederherzustellen. Wenn die Komponente vor dem Aufruf der Counter_Sleep( )-Funktion aktiviert war, aktiviert die Counter_Wakeup( )-Funktion die Komponente auch wieder.
- **void Counter_Init(void)** – initialisiert oder stellt die Komponente gemäß den Einstellungen des Configure-Dialogfelds des Customizer wieder her. Es ist nicht not-

wendig, Counter_Init( ) aufzurufen, da die Counter_Start( )-Routine diese Funktion aufruft und die bevorzugte Methode ist, um den Betrieb der Komponente zu starten.
- **void Counter_Enable(void)** – aktiviert die Hardware und beginnt den Betrieb der Komponente. Es ist nicht notwendig, Counter_Enable( ) aufzurufen, da die Counter_Start( )-Routine diese Funktion aufruft, die die bevorzugte Methode ist, um den Betrieb der Komponente zu starten. Diese Funktion aktiviert den Counter für einen der beiden softwaregesteuerten Enable-Modi.
- **void Counter_SaveConfig(void)** – diese Funktion speichert die Konfiguration der Komponente und die nicht speichernden Register. Sie speichert auch die aktuellen Parameterwerte der Komponente, wie sie im Configure-Dialogfeld definiert oder durch geeignete APIs modifiziert wurden. Diese Funktion wird von der Counter_Sleep( )-Funktion aufgerufen.
- **void Counter_RestoreConfig(void)** – diese Funktion stellt die Konfiguration der Komponente und die nicht speichernden Register wieder her. Sie stellt auch die Parameterwerte der Komponente auf den Zustand zurück, den sie vor dem Aufruf der Counter_Sleep( )-Funktion hatten.

15.51 Basic Counter 1.0

Die Komponente Basic Counter bietet einen Aufwärtszähler mit wählbarer Breite, der in PLD-Makrozellen implementiert ist. Dieser Zähler sollte verwendet werden, wenn der gebusste Zählerwert geroutet werden muss, oder wenn eine kleine Grundzählerfunktionalität ausreicht, z. B. als:

- Mux Sequencer – verbinde den cnt-Ausgang mit dem Eingang eines Mux, um Signale einfach zu sequenzieren.
- Kleiner Counter – zähle Pegelereignisse am en-Eingang, ohne Datenpfadressourcen zu verbrauchen.
- Kleiner Timer – um die Anzahl der Takte zwischen Ereignissen zu messen, ohne Datenpfadressourcen zu verbrauchen [12].

15.52 Basic-Counter-Funktionen 1.0

Keine.

15.53 Cyclic Redundancy Check (CRC) 2.50

Die Standardverwendung der Komponente Cyclic Redundancy Check (CRC) besteht darin, den CRC aus einem seriellen Bit-Stream beliebiger Länge zu berechnen. Die Eingangsdaten werden bei steigender Flanke des Datentakts abgetastet. Der CRC-Wert wird

15.53 Cyclic Redundancy Check (CRC) 2.50

vor dem Start auf 0 zurückgesetzt oder kann optional mit einem Anfangswert belegt werden. Nach Abschluss des Bit-Stream kann der berechnete CRC-Wert ausgelesen werden. Merkmale sind: 1–64 bit, Time-Division-Multiplexing-Modus, benötigt Takt und Daten für seriellen Bit-Stream-Eingang, serielle Dateneingabe, paralleles Ergebnis, Standard-[CRC-1 (Paritätsbit), CRC-4 (ITU-T G.704), CRC-5-USB usw.] oder benutzerdefiniertes Polynom, Standard- oder benutzerdefinierter Startwert, und Enable-Eingang ermöglicht synchronisierten Betrieb mit anderen Komponenten [23].

15.53.1 CRC-Funktionen 2.50

- **CRC_Start( )** – initialisiert Seed- und Polynomregister mit Anfangswerten. Die Berechnung des CRC beginnt mit der steigenden Flanke des Eingangstakts.
- **CRC_Stop( )** – stoppt die CRC-Berechnung.
- **CRC_Sleep( )** – stoppt die CRC-Berechnung und speichert die CRC-Konfiguration.
- **CRC_Wakeup( )** – stellt die CRC-Konfiguration wieder her und startet die CRC-Berechnung mit der steigenden Flanke des Eingangstakts.
- **CRC_Init( )** – initialisiert die Seed- und Polynomregister mit Anfangswerten.
- **CRC_Enable( )** – startet die CRC-Berechnung mit der steigenden Flanke des Eingangstakts.
- **CRC_SaveConfig( )** – speichert die Seed- und Polynomregister.
- **CRC_RestoreConfig( )** – stellt die Seed- und Polynomregister wieder her.
- **CRC_WriteSeed( )** – schreibt den Seed-Wert.
- **CRC_WriteSeedUpper( )** – schreibt die obere Hälfte des Seed-Werts. Nur generiert für 33- bis 64-bit-CRC.
- **CRC_WriteSeedLower( )** – schreibt die untere Hälfte des Seed-Werts. Nur generiert für 33- bis 64-bit-CRC.
- **CRC_ReadCRC( )** – liest den CRC-Wert.
- **CRC_ReadCRCUpper( )** – liest die obere Hälfte des CRC-Werts. Nur generiert für 33- bis 64-bit-CRC.
- **CRC_ReadCRCLower( )** – liest die untere Hälfte des CRC-Werts. Nur generiert für 33- bis 64-bit-CRC.
- **CRC_WritePolynomial( )** – schreibt den CRC-Polynomwert.
- **CRC_WritePolynomialUpper( )** – schreibt die obere Hälfte des CRC-Polynomwerts. Nur generiert für 33- bis 64-bit-CRC.
- **CRC_WritePolynomialLower( )** – schreibt die untere Hälfte des CRC-Polynomwerts. Nur generiert für 33- bis 64-bit-CRC.
- **CRC_ReadPolynomial( )** – liest den CRC-Polynomwert.
- **CRC_ReadPolynomialUpper( )** – liest die obere Hälfte des CRC-Polynomwerts. Nur generiert für 33- bis 64-bit-CRC.
- **CRC_ReadPolynomialLower( )** – liest die untere Hälfte des CRC-Polynomwerts. Nur generiert für 33- bis 64-bit-CRC.

15.53.2 CRC-Funktionsaufrufe 2.50

- **void CRC_Start(void)** – initialisiert Seed- und Polynomregister mit Anfangswerten. Die Berechnung von CRC beginnt mit der steigenden Flanke des Eingangstakts.
- **void CRC_Stop(void)** – stoppt die CRC-Berechnung.
- **void CRC_Sleep(void)** – stoppt die CRC-Berechnung und speichert die CRC-Konfiguration.
- **void CRC_Wakeup(void)** – stellt die CRC-Konfiguration wieder her und startet die CRC-Berechnung mit der steigenden Flanke des Eingangstakts.
- **void CRC_Init(void)** – initialisiert die Seed- und Polynomregister mit Anfangswerten.
- **void CRC_Enable(void)** – startet die CRC-Berechnung mit der steigenden Flanke des Eingangstakts.
- **void CRC_SaveConfig(void)** – speichert die Anfangswerte der Seed- und Polynomregister.
- **void CRC_RestoreConfig(void)** – stellt die Anfangswerte der Seed- und Polynomregister wieder her.
- **void CRC_WriteSeed(uint8/16/32 seed)** – schreibt den Seed-Wert.
- **void CRC_WriteSeedUpper(uint32 seed)** – schreibt die obere Hälfte des Seed-Werts. Nur generiert für 33- bis 64-bit-CRC.
- **void CRC_WriteSeedLower(uint32 seed)** – schreibt die untere Hälfte des Seed-Werts. Nur generiert für 33- bis 64-bit-CRC.
- **uint8/16/32 CRC_ReadCRC(void)** – liest den CRC-Wert.
- **uint32 CRC_ReadCRCUpper(void)** – liest die obere Hälfte des CRC-Werts. Nur generiert für 33- bis 64-bit-CRC.
- **uint32 CRC_ReadCRCLower(void)** – liest die untere Hälfte des CRC-Werts. Nur generiert für 33- bis 64-bit-CRC.
- **void CRC_WritePolynomial(uint8/16/32 polynomial)** – schreibt den CRC-Polynomwert.
- **void CRC_WritePolynomialUpper(uint32 polynomial)** – schreibt die obere Hälfte des CRC-Polynomwerts. Nur generiert für 33- bis 64-bit-CRC.
- **void CRC_WritePolynomialLower(uint32 polynomial)** – schreibt die untere Hälfte des CRC-Polynomwerts. Nur generiert für 33- bis 64-bit-CRC.
- **uint8/16/32 CRC_ReadPolynomial(void)** – liest den CRC-Polynomwert.
- **uint32 CRC_ReadPolynomialUpper(void)** – liest die obere Hälfte des CRC-Polynomwerts. Nur generiert für 33- bis 64-bit-CRC.
- **uint32 CRC_ReadPolynomialLower(void)** – liest die untere Hälfte des CRC-Polynomwerts. Nur generiert für 33- bis 64-bit-CRC.

15.54 Precision Illumination Signal Modulation (PrISM) 2.20

Die Komponente Precision Illumination Signal Modulation (PrISM) verwendet ein lineares Rückkopplungsschieberegister („linear feedback shift register", LFSR), um eine pseudozufällige Sequenz zu erzeugen. Die Sequenz gibt einen pseudozufälligen Bit-Stream sowie bis zu 2 benutzeranpassbare pseudozufällige Pulsdichten aus. Die Pulsdichten können von 0 bis 100 % variieren. Das LFSR ist von der Galois-Form (manchmal auch als modulare Form bekannt) und verwendet die bereitgestellten Maximallängencodes. Die PrISM-Komponente läuft kontinuierlich, nachdem sie gestartet wurde und solange das Enable-Eingangssignal auf high gehalten wird. Der pseudozufällige Zahlengenerator von PrISM kann mit jedem gültigen Seed-Wert gestartet werden, ausgenommen 0. Zu den Funktionen gehören: programmierbare flimmerfreie Dimm-Auflösung von 2–32 bit, 2 Pulsdichtenausgänge, programmierbare Ausgangssignaldichte, serieller Ausgangsbit-Stream, kontinuierlicher Laufmodus, benutzerkonfigurierbarer Sequenzstartwert, Standard- oder benutzerdefinierte Polynome für alle Sequenzlängen, Kill-Eingang deaktiviert Pulsdichtenausgänge und zwingt sie auf low, Enable-Eingang ermöglicht synchronisierten Betrieb mit anderen Komponenten, Reseteingang ermöglicht Neustart am Sequenzstartwert zur Synchronisation mit anderen Komponenten und Terminal-Count-Output für 8-, 16-, 24- und 32-bit-Sequenzlängen [67].

15.54.1 PrISM-Funktionen 2.20

- **PrISM_Start( )** – die Startfunktion setzt Polynom-, Seed- und Pulsdichteregister, die vom Customizer bereitgestellt werden.
- **PrISM_Stop( )** – stoppt die PrISM-Berechnung.
- **PrISM_SetPulse0Mode( )** – legt den Pulsdichtentyp für Density0 fest.
- **PrISM_SetPulse1Mode( )** – legt den Pulsdichtentyp für Density1 fest.
- **PrISM_ReadSeed( )** – liest das PrISM-Seed-Register.
- **PrISM_WriteSeed( )** – schreibt das PrISM-Seed-Register mit dem Startwert.
- **PrISM_ReadPolynomial( )** – liest das PrISM-Polynomial-Register.
- **PrISM_WritePolynomial( )** – schreibt das PrISM-Polynomial-Register mit dem Startwert.
- **PrISM_ReadPulse0( )** – liest das PrISM-Pulse-Density0-Wertregister.
- **PrISM_WritePulse0( )** – schreibt das PrISM-Pulse-Density0-Wertregister mit dem neuen Pulse-Density-Wert.
- **PrISM_ReadPulse1( )** – liest das PrISM-Pulse-Density1-Wertregister.
- **PrISM_WritePulse1( )** – schreibt das PrISM-Pulse-Density1-Wertregister mit dem neuen Pulse-Density-Wert.
- **PrISM_Sleep( )** – stoppt und speichert die Benutzerkonfiguration.
- **PrISM_Wakeup( )** – stellt die Benutzerkonfiguration wieder her und aktiviert sie.

- **PrISM_Init( )** – initialisiert die Standardkonfiguration, die mit dem Customizer geliefert wird.
- **PrISM_Enable( )** – aktiviert den PrISM-Blockbetrieb.
- **PrISM_SaveConfig( )** – speichert die aktuelle Benutzerkonfiguration.
- **PrISM_RestoreConfig( )** – stellt die aktuelle Benutzerkonfiguration wieder her.

15.54.2 PrISM-Funktionsaufrufe 2.20

- **void PrISM_Start(void)** – dies ist die bevorzugte Methode, um den Betrieb der Komponente zu starten. PrISM_Start( ) setzt die initVar-Variable, ruft die PrISM_Init( )-Funktion auf und anschließend die PrISM_Enable( )-Funktion. Die Startfunktion setzt Polynom-, Seed- und Pulsdichteregister, die vom Customizer bereitgestellt werden. Die PrISM-Berechnung beginnt mit der steigenden Flanke des Eingangstakts.
- **void PrISM_Stop(void)** – stoppt die PrISM-Berechnung. Ausgänge bleiben konstant.
- **void PrISM_SetPulse0Mode(uint8 pulse0Type)** – legt den Pulsdichtentyp für Density0 fest. Less Than or Equal (<=) oder Greater Than or Equal (>=).
- **uint8/16/32 PrISM_ReadSeed(void)** – liest das PrISM-Seed-Register.
- **void PrISM_WriteSeed(uint8/16/32 seed)** – schreibt das PrISM-Seed-Register mit dem Startwert.
- **uint8/16/32 PrISM_ReadPolynomial(void)** – liest das PrISM-Polynom.
- **void PrISM_WritePolynomial(uint8/16/32 polynomial)** – schreibt das PrISM-Polynom.
- **uint8/16/32 PrISM_ReadPulse0(void)** – liest das PrISM-Pulse-Density0-Wertregister.
- **void PrISM_WritePulse0(uint8/16/32 pulseDensity0)** – schreibt das PrISM-Pulse-Density0-Wertregister mit dem neuen Pulse-Density-Wert.
- **uint8/16/32 PrISM_ReadPulse1(void)** – liest das PrISM-Pulse-Density1-Wertregister.
- **void PrISM_WritePulse1(uint8/16/32 pulseDensity1)** – schreibt das PrISM-Pulse-Density1-Wertregister mit dem neuen Pulse-Density-Wert.
- **void PrISM_Sleep(void)** – dies ist die bevorzugte API, um die Komponente auf den Schlafmodus vorzubereiten. Das PrISM_Sleep( )-API speichert den aktuellen Zustand der Komponente. Dann ruft es die PrISM_Stop( )-Funktion auf und anschließend PrISM_SaveConfig( ), um die Hardwarekonfiguration zu speichern. Rufen Sie die PrISM_Sleep( )-Funktion auf, bevor Sie die CyPmSleep( )- oder die CyPmHibernate( )-Funktion aufrufen.
- **void PrISM_Wakeup(void)** – dies ist das bevorzugte API, um die Komponente in den Zustand zurückzuversetzen, als PrISM_Sleep( ) aufgerufen wurde. Die PrISM_Wakeup( )-Funktion ruft die PrISM_RestoreConfig( )-Funktion auf, um die Konfiguration wiederherzustellen. Wenn die Komponente vor dem Aufruf der PrISM_Sleep( )-Funktion aktiviert war, aktiviert die PrISM_Wakeup( )-Funktion die Komponente auch wieder.

- **void PrISM_Init(void)** – initialisiert oder stellt die Komponente gemäß den Einstellungen des Configure-Dialogfelds des Customizer wieder her. Es ist nicht notwendig, PrISM_Init( ) aufzurufen, da das PrISM_Start( )-API diese Funktion aufruft und die bevorzugte Methode ist, um den Betrieb der Komponente zu starten.
- **void PrISM_Enable(void)** – aktiviert die Hardware und beginnt den Betrieb der Komponente. Es ist nicht notwendig, PrISM_Enable( ) aufzurufen, da das PrISM_Start( )-API diese Funktion aufruft, die die bevorzugte Methode ist, um den Betrieb der Komponente zu starten.
- **void PrISM_SaveConfig(void)** – diese Funktion speichert die Konfiguration der Komponente und nicht speichernden Register. Sie speichert auch die aktuellen Parameterwerte der Komponente, wie sie im Configure-Dialogfeld definiert oder durch geeignete APIs geändert wurden. Diese Funktion wird von der PrISM_Sleep( )-Funktion aufgerufen.
- **void PrISM_RestoreConfig(void)** – diese Funktion stellt die Konfiguration der Komponente und nicht speichernden Register wieder her. Sie stellt auch die Parameterwerte der Komponente auf den Zustand zurück, den sie vor dem Aufruf der PrISM_Sleep( )-Funktion hatten.

15.55 Pseudo Random Sequence (PRS) 2.40

Die Pseudo-Random-Sequence (PRS)-Komponente verwendet ein LFSR, um eine pseudozufällige Sequenz zu erzeugen, die einen pseudozufälligen Bit-Stream ausgibt. Das LFSR ist von der Galois-Form (manchmal auch als modulare Form bekannt) und verwendet die bereitgestellte maximale Codelänge oder Periode. Die PRS-Komponente läuft kontinuierlich nach dem Start, solange der Enable Input auf high gehalten wird. Der PRS-Nummerngenerator kann mit jedem gültigen Seed-Wert außer 0 gestartet werden. Zu den Funktionen gehören: Time-Division-Multiplexing-Modus, serieller Ausgangsbit-Stream, kontinuierliche oder Einzelschritt-Laufmodi, Standard- oder benutzerdefiniertes Polynom, Standard- oder benutzerdefinierter Seed-Wert, Enable-Eingang ermöglicht synchronisierten Betrieb mit anderen Komponenten, 2–64 bit PRS-Sequenzlänge, und berechnete pseudozufällige Zahl kann direkt aus dem linearen Rückkopplungsschieberegister (LFSR) gelesen werden [68].

15.55.1 PRS-Funktionen 2.40

- **PRS_Start( )** – initialisiert Seed- und Polynomregister, die vom Customizer bereitgestellt werden. PRS-Berechnung beginnt mit steigender Flanke des Eingangstakts.
- **PRS_Stop( )** – stoppt die PRS-Berechnung.
- **PRS_Sleep( )** – stoppt die PRS-Berechnung und speichert die PRS-Konfiguration.

- **PRS_Wakeup( )** – stellt die PRS-Konfiguration wieder her und startet die PRS-Berechnung mit steigender Flanke des Eingangstakts.
- **PRS_Init( )** – initialisiert Seed- und Polynomregister mit Anfangswerten.
- **PRS_Enable( )** – startet die PRS-Berechnung mit steigender Flanke des Eingangstakts.
- **PRS_SaveConfig( )** – speichert Seed- und Polynomregister.
- **PRS_RestoreConfig( )** – stellt Seed- und Polynomregister wieder her.
- **PRS_Step( )** – erhöht die PRS um 1 bei Verwendung des API-Einzelschrittmodus.
- **PRS_WriteSeed( )** – schreibt Seed-Wert.
- **PRS_WriteSeedUpper( )** – schreibt obere Hälfte des Seed-Werts. Nur generiert für 33- bis 64-bit-PRS.
- **PRS_WriteSeedLower( )** – schreibt untere Hälfte des Seed-Werts. Nur generiert für 33- bis 64-bit-PRS.
- **PRS_Read( )** – liest PRS-Wert.
- **PRS_ReadUpper( )** – liest obere Hälfte des PRS-Werts. Nur generiert für 33- bis 64-bit-PRS.
- **PRS_ReadLower( )** – liest untere Hälfte des PRS-Werts. Nur generiert für 33- bis 64-bit-PRS.
- **PRS_WritePolynomial( )** – schreibt PRS-Polynomwert.
- **PRS_WritePolynomialUpper( )** – schreibt obere Hälfte des PRS-Polynomwerts. Nur generiert für 33- bis 64-bit-PRS.
- **PRS_WritePolynomialLower( )** – schreibt untere Hälfte des PRS-Polynomwerts. Nur generiert für 33- bis 64-bit-PRS.
- **PRS_ReadPolynomial( )** – liest PRS-Polynomwert.
- **PRS_ReadPolynomialUpper( )** – liest obere Hälfte des PRS-Polynomwerts. Nur generiert für 33- bis 64-bit-PRS.
- **PRS_ReadPolynomialLower( )** – liest untere Hälfte des PRS-Polynomwerts. Nur generiert für 33- bis 64-bit-PRS.

15.55.2 PRS-Funktionsaufrufe 2.40

- **void PRS_Start(void)** – initialisiert die Seed- und Polynomregister. Die PRS-Berechnung beginnt mit der steigenden Flanke des Eingangstakts.
- **void PRS_Stop(void)** – stoppt die PRS-Berechnung.
- **void PRS_Sleep(void)** – stoppt die PRS-Berechnung und speichert die PRS-Konfiguration.
- **void PRS_Wakeup(void)** – stellt die PRS-Konfiguration wieder her und startet die PRS-Berechnung mit der steigenden Flanke des Eingangstakts.
- **void PRS_Init(void)** – initialisiert die Seed- und Polynomregister mit Anfangswerten.

15.56 Pulse Width Modulator (PWM) 3.30

- **void PRS_Enable(void)** – startet die PRS-Berechnung mit der steigenden Flanke des Eingangstakts.
- **void PRS_SaveConfig(void)** – speichert die Seed- und Polynomregister.
- **void PRS_RestoreConfig(void)** – stellt die Seed- und Polynomregister wieder her.
- **void PRS_Step(void)** – erhöht die PRS um 1, wenn der API-Einzelschrittmodus verwendet wird.
- **void PRS_WriteSeed(uint8/16/32 seed)** – schreibt den Seed-Wert.
- **void PRS_WriteSeedUpper(uint32 seed)** – schreibt die obere Hälfte des Seed-Werts. Nur generiert für 33- bis 64-bit-PRS.
- **void PRS_WriteSeedLower(uint32 seed)** – schreibt die untere Hälfte des Seed-Werts. Nur generiert für 33- bis 64-bit-PRS.
- **uint8/16/32 PRS_Read(void)** – liest den PRS-Wert.
- **uint32 PRS_ReadUpper(void)** – liest die obere Hälfte des PRS-Werts.
- **void PRS_WritePolynomialUpper(uint32 polynomial)** – schreibt die obere Hälfte des PRS-Polynomwerts. Nur generiert für 33- bis 64-bit-PRS.
- **void PRS_WritePolynomialLower(uint32 polynomial)** – schreibt die untere Hälfte des PRS-Polynomwerts. Nur generiert für 33- bis 64-bit-PRS.
- **int8/16/32 PRS_ReadPolynomial(void)** – liest den PRS-Polynomwert.
- **uint32 PRS_ReadPolynomialUpper(void)** – liest die obere Hälfte des PRS-Polynomwerts. Nur generiert für 33- bis 64-bit-PRS.
- **uint32 PRS_ReadPolynomialLower(void)** – liest die untere Hälfte des PRS-Polynomwerts. Nur generiert für 33- bis 64-bit-PRS.

15.56 Pulse Width Modulator (PWM) 3.30

Die PWM-Komponente bietet Komparatorausgänge zur Erzeugung von einzelnen oder kontinuierlichen Timing- und Steuersignalen in der Hardware. Der PWM bietet eine einfache Methode zur Erzeugung komplexer Echtzeitereignisse mit hoher Genauigkeit und minimalem CPU-Eingriff. PWM-Funktionen können mit anderen analogen und digitalen Komponenten kombiniert werden, um benutzerdefinierte Peripheriegeräte zu erstellen. Für PSoC 3- und PSoC 5LP-Geräte kann die Komponente mit FF-Blöcken oder universellen digitalen Blöcken (UDB) implementiert werden. Eine UDB-Implementierung hat in der Regel mehr Funktionen als eine FF-Implementierung. Wenn das Design einfach genug ist, sollten Sie FF verwenden und UDB-Ressourcen für andere Zwecke sparen. Der PWM erzeugt bis zu 2 links- oder rechtsausgerichtete PWM-Ausgänge oder einen zentriert ausgerichteten oder Dualflanken-PWM-Ausgang. Die PWM-Ausgänge sind doppelt gebuffert, um Störungen durch Änderungen des Tastverhältnisses während des Betriebs zu vermeiden. Links ausgerichtete PWM werden für die meisten allgemeinen PWM-Anwendungen verwendet. Rechts ausgerichtete PWM werden in der Regel nur in speziellen Fällen verwendet, die eine Ausrichtung entgegen der links ausgerichteten PWM erfordern. Zentriert ausgerichtete PWM werden am häufigsten in der AC-Motorsteuerung verwendet, um die Phasenausrichtung zu erhalten. Dualflanken-PWM sind für das Umrichten optimiert, bei dem die Phasenausrichtung angepasst werden muss. Die optionale Totbandfunktion bietet komplementäre Ausgänge mit einstellbarer Totzeit, in der beide Ausgänge zwischen jedem Übergang low sind. Die komplementären Ausgänge und die Totzeit werden am häufigsten verwendet, um Leistungsgeräte in Halbbrückenkonfigurationen zu steuern, um Durchschussströme und daraus resultierende Schäden zu vermeiden. Ein Kill-Eingang ist ebenfalls verfügbar, der die Totbandausgänge sofort deaktiviert, wenn er aktiviert ist. Vier Kill-Modi sind verfügbar, um mehrere Anwendungsszenarien zu unterstützen. Zwei Hardware-Dither-Modi werden bereitgestellt, um die PWM-Flexibilität zu erhöhen. Der erste Dither-Modus erhöht die effektive Auflösung um 2 bit, wenn Ressourcen oder Taktfrequenz eine Standardimplementierung im PWM-Zähler ausschließen. Der zweite Dither-Modus verwendet einen digitalen Eingang, um einen der beiden PWM-Ausgänge auf einer Zyklus-für-Zyklus-Basis auszuwählen; dieser Modus wird in der Regel verwendet, um eine schnelle Transientenreaktion in Leistungswandlern zu bieten. Trigger- und Reseteingänge ermöglichen die Synchronisation der PWM mit anderer interner oder externer Hardware. Ein optionaler Trigger-Eingang ist mit dem Trigger-Mode-Parameter konfigurierbar. Für den Start des PWM ist in der Komponente nur Hardware-Trigger verfügbar. Der PWM kann nicht mit einem API-Aufruf getriggert werden. Eine steigende Flanke am Reseteingang führt dazu, dass der PWM-Zähler seinen Zählstand zurücksetzt, als ob der Endzählstand erreicht wurde. Der Enable-Eingang bietet eine Hardwarefreigabe, um den PWM-Betrieb auf Basis eines Hardwaresignals zu steuern. Ein Interrupt kann so programmiert werden, dass er unter jeder Kombination der folgenden Bedingungen erzeugt wird: wenn die PWM den Endzählstand erreicht oder wenn ein Komparatorausgang auf high geht. Funktionen umfassen: 8- oder 16-bit-Auflösung, mehrere Pulsbreitenausgangsmodi, konfigurierbarer Trigger, konfigurierbare Erfassung, konfigurierbare Hardware-/Softwarefreigabe, konfigurierbares Totband, mehrere konfigurierbare Kill-Modi, benutzerdefiniertes Konfigurationstool und eine Fixed-Function (FF)-Implementierung für PSoC 3- und PSoC 5LP-Geräte [70].

15.56.1 PWM-Funktionen 3.30

- **PWM_Start( )** – initialisiert den PWM mit den Standardwerten des Customizer.
- **PWM_Stop( )** – deaktiviert den PWM-Betrieb. Löscht das Enable-Bit des Steuerregisters für einen der softwaregesteuerten Enable-Modi.
- **PWM_SetInterruptMode( )** – konfiguriert die Interrupt-Maskensteuerung des Interrupt-Quellenstatusregisters.
- **PWM_ReadStatusRegister( )** – gibt den aktuellen Zustand des Statusregisters zurück.
- **PWM_ReadControlRegister( )** – gibt den aktuellen Zustand des Steuerregisters zurück.

15.56 Pulse Width Modulator (PWM) 3.30

- **PWM_WriteControlRegister( )** – setzt das Bitfeld des Steuerregisters.
- **PWM_SetCompareMode( )** – schreibt den Vergleichsmodus für den Komparatorausgang, wenn der PWM Mode auf Dither-Modus, Center-Align-Modus oder One-Output-Modus eingestellt ist.
- **PWM_SetCompareMode1( )** – schreibt den Vergleichsmodus für den compare1-Ausgang in das Steuerregister.
- **PWM_SetCompareMode2( )** – schreibt den Vergleichsmodus für den compare2-Ausgang in das Steuerregister.
- **PWM_ReadCounter( )** – liest den aktuellen Zählerwert (Softwareerfassung).
- **PWM_ReadCapture( )** – liest den Erfassungswert aus dem Erfassungs-FIFO.
- **PWM_WriteCounter( )** – schreibt einen neuen Zählerwert direkt in das Zählerregister. Dies wird nur für den derzeit laufenden Zeitraum implementiert.
- **PWM_WritePeriod( )** – schreibt den Periodenwert, der von der PWM-Hardware verwendet wird.
- **PWM_ReadPeriod( )** – liest den Periodenwert, der von der PWM-Hardware verwendet wird.
- **PWM_WriteCompare( )** – schreibt den Vergleichswert, wenn die Instanz als Dither-Modus, Center-Align-Modus oder One-Output-Modus definiert ist.
- **PWM_ReadCompare( )** – liest den Vergleichswert, wenn die Instanz als Dither-Modus, Center-Align-Modus oder One-Output-Modus definiert ist.
- **PWM_WriteCompare1( )** – schreibt den Vergleichswert für den compare1-Ausgang.
- **PWM_ReadCompare1( )** – liest den Vergleichswert für den compare1-Ausgang.
- **PWM_WriteCompare2( )** – schreibt den Vergleichswert für den compare2-Ausgang
- **PWM_ReadCompare2( )** – liest den Vergleichswert für den compare2-Ausgang.
- **PWM_WriteDeadTime( )** – schreibt den Totzeitwert, der von der Hardware in der Totbandimplementierung verwendet wird.
- **PWM_ReadDeadTime( )** – liest den Totzeitwert, der von der Hardware in der Totbandimplementierung verwendet wird.
- **PWM_WriteKillTime( )** – schreibt den Kill-Zeit-Wert, der von der Hardware verwendet wird, wenn der Kill-Modus auf Minimum Time eingestellt ist.
- **PWM_ReadKillTime( )** – liest den Kill-Zeit-Wert, der von der Hardware verwendet wird, wenn der Kill-Modus auf Minimum Time eingestellt ist.
- **PWM_ClearFIFO( )** – löscht alle Erfassungsdaten aus dem Erfassungs-FIFO.
- **PWM_Sleep( )** – stoppt und speichert die Benutzerkonfiguration.
- **PWM_Wakeup( )** – stellt die Benutzerkonfiguration wieder her und aktiviert sie.
- **PWM_Init( )** – initialisiert die Parameter der Komponente auf die im Customizer auf dem Schaltplan festgelegten Werte.
- **PWM_Enable( )** – aktiviert den PWM-Blockbetrieb.
- **PWM_SaveConfig( )** – speichert die aktuelle Benutzerkonfiguration der Komponente.
- **PWM_RestoreConfig( )** – stellt die aktuelle Benutzerkonfiguration der Komponente wieder her.

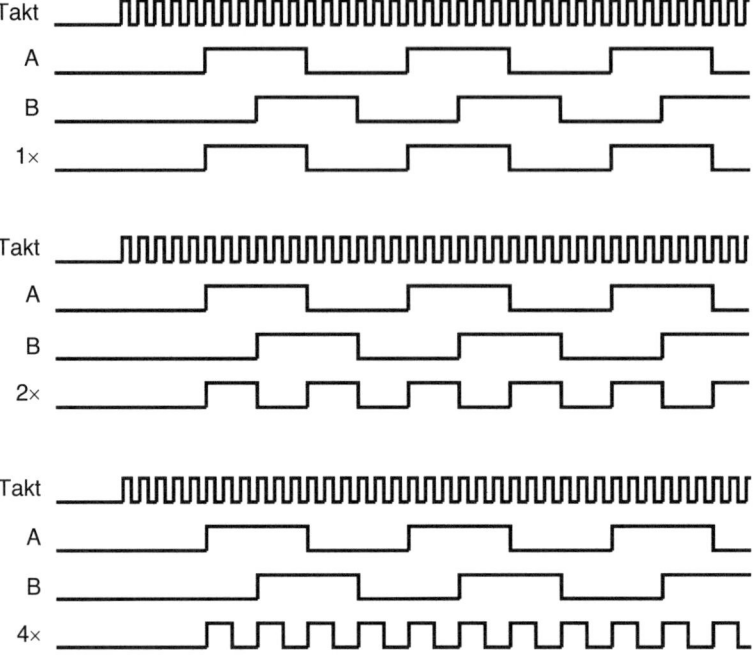

Abb. 15.1 Quadraturbeispiel

15.56.2 PWM-Funktionsaufrufe 3.30

- **void PWM_Start(void)** – diese Funktion soll den Betrieb der Komponente starten. PWM_Start( ) setzt die Variable initVar, ruft die Funktion PWM_Init auf und anschließend die Funktion PWM_Enable.
- **void PWM_Stop(void)** – deaktiviert den PWM-Betrieb durch Zurücksetzen des siebten Bits des Steuerregisters für einen der softwaregesteuerten Enable-Modi. Deaktiviert den Fixed-Function-Block, der ausgewählt wurde.
- **void PWM_SetInterruptMode(uint8 interruptMode)** – konfiguriert die Interrupt-Maskensteuerung des Interrupt-Quellenstatusregisters.
- **uint8 PWM_ReadControlRegister(void)** – gibt den aktuellen Zustand des Steuerregisters zurück. Dieses API ist nur verfügbar, wenn der Enable-Modus nicht „Hardware Only" ist oder der Vergleichsmodus zumindest für einen Kanal softwaregesteuert ist.
- **void PWM_WriteControlRegister(uint8 control)** – setzt das Bitfeld des Steuerregisters. Dieses API ist nur verfügbar, wenn der Aktivierungsmodus nicht „Hardware Only" ist oder der Vergleichsmodus zumindest für einen Kanal softwaregesteuert ist. Siehe den Control (FF)-Abschnitt für die Implementierung der festen Funktion.

15.56 Pulse Width Modulator (PWM) 3.30

- **void PWM_SetCompareMode(enum comparemode)** – schreibt den Vergleichsmodus für den Vergleichsausgang, wenn der PWM Mode auf Dither-Modus, Center-Align-Modus oder One-Output-Modus eingestellt ist.
- **void PWM_SetCompareMode1(enum comparemode)** – schreibt den Vergleichsmodus für den compare2-Ausgang in das Steuerregister.
- **void PWM_SetCompareMode2(enum comparemode)** – schreibt den Vergleichsmodus für den compare2-Ausgang in das Steuerregister. Dieses API ist nur für die UDB-Implementierung gültig und nicht für die Implementierung des Fixed-Function-PWM verfügbar.
- **uint8/16 PWM_ReadCounter(void)** – liest den aktuellen Zählerwert (Softwareerfassung). Dieses API ist nur für die UDB-Implementierung gültig und nicht für die Implementierung der festen Funktion PWM verfügbar.
- **uint8/16 PWM_ReadCapture(void)** – Liest den Erfassungswert aus dem Erfassungs-FIFO. Dieses API ist nur für die UDB-Implementierung gültig und nicht für die Implementierung des Fixed-Function-PWM verfügbar.
- **void PWM_WriteCounter(uint8/16 counter)** – schreibt einen neuen Zählerwert direkt in das Zählerregister. Dies wird für die aktuell laufende Periode und nur für diese Periode implementiert. Dieses API ist nur für die UDB-Implementierung gültig und nicht für die Implementierung des Fixed-Function-PWM verfügbar.
- **void PWM_WritePeriod(uint8/16 period)** – schreibt den Periodenwert, der von der PWM-Hardware verwendet wird.
- **uint8/16 PWM_ReadPeriod(void)** – liest den Periodenwert, der von der PWM-Hardware verwendet wird.
- **void PWM_WriteCompare(uint8/16 compare)** – schreibt die Vergleichswerte für den Vergleichsausgang, wenn der PWM-Mode-Parameter auf Dither-Modus, Center-Align-Modus oder One-Output-Modus eingestellt ist.
- **uint8/16 PWM_ReadCompare(void)** – liest den Vergleichswert für den Vergleichsausgang, wenn der PWM-Mode-Parameter auf Dither-Modus, Center-Align-Modus oder One-Output-Modus eingestellt ist.
- **void PWM_WriteCompare1(uint8/16 compare)** – schreibt den Vergleichswert für den compare1-Ausgang.
- **uint8/16 PWM_ReadCompare1(void)** – liest den Vergleichswert für den compare1-Ausgang.
- **void PWM_WriteCompare2(uint8/16 compare)** – schreibt den Vergleichswert für den compare2-Ausgang. Dieses API ist nur für die UDB-Implementierung gültig und nicht für die Implementierung des Fixed-Function-PWM verfügbar.
- **uint8/16 PWM_ReadCompare2(void)** – liest den Vergleichswert für den compare2-Ausgang. Dieses API ist nur für die UDB-Implementierung gültig und nicht für die Implementierung des Fixed-Function-PWM verfügbar.
- **void PWM_WriteDeadTime(uint8 deadband)** – schreibt den Totzeitwert, der von der Hardware in der Totbandimplementierung verwendet wird.

- **uint8 PWM_ReadDeadTime(void)** – liest den Totzeitwert, der von der Hardware in der Totbandimplementierung verwendet wird.
- **void PWM_WriteKillTime(uint8 killtime)** – schreibt den Kill-Zeit-Wert, der von der Hardware verwendet wird, wenn der Kill Mode auf Minimum Time eingestellt ist. Dieses API ist nur für die UDB-Implementierung gültig und nicht für die Implementierung des Fixed-Function-PWM verfügbar.
- **uint8 PWM_ReadKillTime(void)** – liest den Kill-Zeit-Wert, der von der Hardware verwendet wird, wenn der Kill Mode auf Minimum Time eingestellt ist. Dieses API ist nur für die UDB-Implementierung gültig und nicht für die Implementierung des Fixed-Function-PWM verfügbar.
- **void PWM_ClearFIFO(void)** – löscht den Erfassungs-FIFO von zuvor erfassten Daten. Hier wird PWM_ReadCapture( ) aufgerufen, bis der FIFO leer ist. Dieses API ist nur für die UDB-Implementierung gültig und nicht für die Implementierung des Fixed-Function-PWM verfügbar.
- **void PWM_Sleep(void)** – stoppt und speichert die Benutzerkonfiguration.
- **void PWM_Wakeup(void)** – stellt die Benutzerkonfiguration wieder her und aktiviert sie.
- **void PWM_Init(void)** – initialisiert die Parameter der Komponente auf diejenigen, die im Customizer auf dem Schaltplan eingestellt sind. Die Vergleichsmodi werden durch Setzen der entsprechenden Bits des Steuerregisters eingestellt. Die Interrupts werden als Ausgabe aus dem Statusregister gewählt. Wenn Sie den Fixed-Function-Modus verwenden, wird der gewählte Fixed-Function-Block aktiviert. Der FIFO wird gelöscht, um das FIFO-voll-Bit im Statusregister zu setzen. Wird normalerweise in PWM_Start( ) aufgerufen.
- **void PWM_Enable(void)** – aktiviert den Betrieb des PWM-Blocks durch Setzen des siebten Bits des Steuerregisters. Die Ausgänge und das Verhalten der Komponente spiegeln den Zustand der Komponentenaktivierung nach 2 Taktzyklen wider.
- **void PWM_SaveConfig(void)** – speichert die aktuelle Benutzerkonfiguration der Komponente. Die Perioden-, Totband-, Zähler- und Steuerregisterwerte werden gespeichert.
- **void PWM_RestoreConfig(void)** – stellt die aktuelle Benutzerkonfiguration der Komponente wieder her.

15.57 Quadrature Decoder (QuadDec) 3.0

Die Quadrature-Decoder (QuadDec)-Komponente ermöglicht es Ihnen, Übergänge auf einem Paar von digitalen Signalen zu zählen. Die Signale werden typischerweise von einem Geschwindigkeits-/Positionsfeedbacksystem bereitgestellt, das auf einem Motor oder Trackball montiert ist. Die Signale, typischerweise A und B genannt, sind um 90° phasenverschoben positioniert, was zu einem Gray-Code-Ausgang führt. Ein Gray-Code ist eine Sequenz, bei der sich bei jeder Zählung nur 1 bit ändert. Dies ist wesentlich, um

15.57 Quadrature Decoder (QuadDec) 3.0

Störungen zu vermeiden. Es ermöglicht auch die Erkennung von Richtung und relativer Position (Abb. 15.1). Ein drittes optionales Signal, Index genannt, wird als Referenz verwendet, um einmal pro Umdrehung eine absolute Position festzulegen. Merkmale sind: einstellbare Zählergröße von 8, 16 oder 32 bit, Zählerauflösung von 1x, 2x oder 4x der Frequenz der A- und B-Eingänge für eine genauere Bestimmung von Position oder Geschwindigkeit, optionaler Indexeingang zur Bestimmung der absoluten Position und optionale Störungsfilterung zur Reduzierung der Auswirkungen von systemerzeugtem Rauschen auf die Eingänge [71].

15.57.1 QuadDec-Funktionen 3.0

- **QuadDec_Start( )** – initialisiert UDB und andere relevante Hardware.
- **QuadDec_Stop( )** – schaltet UDB und andere relevante Hardware aus.
- **QuadDec_GetCounter( )** – berichtet den aktuellen Wert des Zählers.
- **QuadDec_SetCounter( )** – setzt den aktuellen Wert des Zählers.
- **QuadDec_GetEvents( )** – berichtet den aktuellen Status der Ereignisse.
- **QuadDec_SetInterruptMask( )** – aktiviert oder deaktiviert Interrupts aufgrund der Ereignisse.
- **QuadDec_GetInterruptMask( )** – Berichtet die aktuellen Interrupt-Maskeneinstellungen.
- **QuadDec_Sleep( )** – bereitet die Komponente darauf vor, in den Schlafmodus zu gehen.
- **QuadDec_Wakeup( )** – bereitet die Komponente darauf vor, aufzuwachen.
- **QuadDec_Init( )** – initialisiert oder stellt die Standardkonfiguration wieder her, die mit dem Customizer bereitgestellt wird.
- **QuadDec_Enable( )** – aktiviert den Quadrature Decoder.
- **QuadDec_SaveConfig( )** – speichert die aktuelle Benutzerkonfiguration.

15.57.2 QuadDec Funktionsaufrufe 3.0

- **void QuadDec_Start(void)** – initialisiert UDB und andere relevante Hardware. Setzt den Zähler auf 0 zurück und aktiviert oder deaktiviert alle relevanten Interrupts. Beginnt mit der Überwachung der Eingänge und dem Zählen.
- **void QuadDec_Stop(void)** – schaltet UDB und andere relevante Hardware aus.
- **int8/16/32 QuadDec_GetCounter(void)** – berichtet den aktuellen Wert des Zählers.
- **void QuadDec_SetCounter(int8/16/32 value)** – setzt den aktuellen Wert des Zählers.
- **uint8 QuadDec_GetEvents(void)** – berichtet den aktuellen Status der Ereignisse. Diese Funktion löscht die Bits des Statusregisters.
- **void QuadDec_SetInterruptMask(uint8 mask)** – aktiviert oder deaktiviert Interrupts, die durch die Ereignisse verursacht werden. Für den 32-bit-Zähler können die

Überlauf-, Unterlauf- und Reset-Interrupts nicht deaktiviert werden; diese Bits werden ignoriert.
- **uint8 QuadDec_GetInterruptMask(void)** – berichtet die aktuellen Einstellungen der Interrupt-Maske.
- **void QuadDec_Sleep(void)** – dies ist die bevorzugte Routine, um die Komponente auf den Schlafmodus vorzubereiten. Die QuadDec_Sleep( )-Routine speichert den aktuellen Zustand der Komponente. Dann ruft sie die QuadDec_Stop( )-Funktion auf und anschließend QuadDec_SaveConfig( ), um die Hardwarekonfiguration zu speichern. Rufen Sie die QuadDec_Sleep( )-Funktion auf, bevor Sie die CyPmSleep( )- oder die CyPmHibernate( )-Funktion aufrufen.
- **void QuadDec_Wakeup(void)** – dies ist die bevorzugte Routine, um die Komponente in den Zustand zurückzuversetzen, als QuadDec_Sleep( ) aufgerufen wurde. Die QuadDec_Wakeup( )-Funktion ruft die QuadDec_RestoreConfig( )-Funktion auf, um die Konfiguration wiederherzustellen. Wenn die Komponente vor dem Aufruf der QuadDec_Sleep( )-Funktion aktiviert war, wird die QuadDec_Wakeup( )-Funktion die Komponente auch wieder aktivieren.
- **void QuadDec_Init(void)** – initialisiert oder stellt die Komponente gemäß den Einstellungen des Configure-Dialogfelds des Customizer wieder her. Es ist nicht notwendig, QuadDec_Init( ) aufzurufen, da die QuadDec_Start( )-Routine diese Funktion aufruft und die bevorzugte Methode ist, um den Betrieb der Komponente zu beginnen.
- **void QuadDec_Enable(void)** – aktiviert die Hardware und beginnt den Betrieb der Komponente. Es ist nicht notwendig, QuadDec_Enable( ) aufzurufen, da die QuadDec_Start( )-Routine diese Funktion aufruft, was die bevorzugte Methode ist, um den Betrieb der Komponente zu beginnen.
- **void QuadDec_SaveConfig(void)** – diese Funktion speichert die Konfiguration der Komponente und nicht speichernden Register. Diese Funktion speichert auch die aktuellen Parameterwerte der Komponente, wie sie im Configure-Dialogfeld definiert oder durch geeignete APIs geändert wurden. Diese Funktion wird von der QuadDec_Sleep( )-Funktion aufgerufen.
- **void QuadDec_RestoreConfig(void)** – diese Funktion stellt die Konfiguration der Komponente und nicht speichernden Register wieder her. Diese Funktion stellt auch die Parameterwerte der Komponente auf den Zustand zurück, den sie vor dem Aufruf der QuadDec_Sleep( )-Funktion hatten.

15.58 Shift Register (ShiftReg) 2.30

Die Shift-Register (ShiftReg)-Komponente ermöglicht das synchrone Verschieben von Daten in und aus einem parallelen Register. Das parallele Register kann von der CPU oder DMA gelesen oder beschrieben werden. Die Shift-Register-Komponente bietet universelle Funktionalität ähnlich wie Standard-74xxx-Serien-Logikschieberegister,

15.58 Shift Register (ShiftReg) 2.30

einschließlich 74164, 74165, 74166, 74194, 74299, 74595 und 74597. In den meisten Anwendungen wird die Shift-Register-Komponente in Verbindung mit anderen Komponenten und Logik verwendet, um höherwertige anwendungsspezifische Funktionalität zu erstellen, wie z. B. einen Zähler, um die Anzahl der verschobenen Bits zu zählen. Im allgemeinen Gebrauch funktioniert die Shift-Register-Komponente als ein 2- bis 32-bit-Schieberegister, das Daten bei steigender Flanke des Takteingangs verschiebt. Die Verschieberichtung ist konfigurierbar. Es kann eine Rechtsverschiebung sein, bei der das MSB den Eingang verschiebt und das LSB den Ausgang verschiebt, oder eine Linksverschiebung, bei der das LSB den Eingang verschiebt und das MSB den Ausgang verschiebt. Der Wert des Schieberegisters kann jederzeit von der CPU oder DMA geschrieben werden. Die steigende Flanke des Komponententakts überträgt anstehende FIFO-Daten (vorher von der CPU oder DMA geschrieben) zum Shift Register, wenn das Ladesignal gesetzt ist. Eine steigende Flanke des Komponententakts überträgt den aktuellen Wert des Shift Register zum FIFO, wenn eine steigende Flanke des optionalen Speichereingangs erkannt wurde, wo er später von der CPU gelesen werden kann. Merkmale sind: einstellbare Größe des Schieberegisters von 2 bis 32 bit, gleichzeitiges Ein- und Ausschieben, Rechts- oder Linksverschiebung, Reseteingang zwingt alle Schieberegister auf 0, Schieberegisterwert lesbar durch CPU oder DMA und Schieberegisterwert schreibbar durch CPU oder DMA [83].

15.58.1 ShiftReg-Funktionen 2.30

- **ShiftReg_Start( )** – startet das Shift Register und aktiviert alle ausgewählten Interrupts.
- **ShiftReg_Stop( )** – deaktiviert das Shift Register.
- **ShiftReg_EnableInt( )** – aktiviert die Shift-Register-Interrupts.
- **ShiftReg_DisableInt( )** – deaktiviert die Shift-Register-Interrupts.
- **ShiftReg_SetIntMode( )** – legt die Quelle für den Interrupt fest.
- **ShiftReg_GetIntStatus( )** – ruft den Shift-Register-Interrupt-Status ab.
- **ShiftReg_WriteRegValue( )** – schreibt einen Wert direkt in das Shift Register.
- **ShiftReg_ReadRegValue( )** – liest den aktuellen Wert aus dem Shift Register.
- **ShiftReg_WriteData( )** – schreibt Daten in den Eingabe-FIFO des Shift Register.
- **ShiftReg_ReadData( )** – liest Daten aus dem Ausgabe-FIFO des Shift Register.
- **ShiftReg_GetFIFOStatus( )** – gibt den aktuellen Status des Eingabe- oder Ausgabe-FIFO zurück.
- **ShiftReg_Sleep( )** – stoppt die Komponente und speichert alle nicht speichernden Register.
- **ShiftReg_Wakeup( )** – stellt alle nicht speichernden Register wieder her und startet die Komponente.
- **ShiftReg_Init( )** – initialisiert oder stellt die Standardkonfiguration des Shift Register wieder her.

- **ShiftReg_Enable( )** – aktiviert das Shift Register.
- **ShiftReg_SaveConfig( )** – speichert die Konfiguration des Shift Register.
- **ShiftReg_RestoreConfig( )** – stellt die Konfiguration des Shift Register wieder her.

15.58.2 ShiftReg-Funktionsaufrufe 2.30

- **void ShiftReg_Start(void)** – dies ist die bevorzugte Methode, um den Betrieb der Komponente zu starten. ShiftReg_Start( ) setzt die initVar-Variable, ruft die ShiftReg_Init( )-Funktion auf und anschließend die ShiftReg_Enable( )-Funktion. Beachten Sie, dass ein Komponententaktpuls erforderlich ist, um die Komponentenlogik zu starten, nachdem diese Funktion aufgerufen wurde.
- **void ShiftReg_Stop(void)** – deaktiviert das Shift Register.
- **ShiftReg_EnableInt(void)** – aktiviert die Interrupts des Shift Register.
- **void ShiftReg_DisableInt(void)** – deaktiviert die Interrupts des Shift Register.
- **void ShiftReg_SetIntMode(uint8 interruptSource)** – legt die Quelle für den Interrupt fest. Mehrere Quellen können zusammen OR-verknüpft werden.
- **uint8 ShiftReg_GetIntStatus(void)** – ruft den Status für die Interrupts des Shift Register ab.
- **void ShiftReg_WriteRegValue(uint8/16/32 shiftData)** – schreibt einen Wert direkt in das Shift Register.
- **uint8/16/32 ShiftReg_ReadRegValue(void)** – gibt den aktuellen Wert aus dem Shift Register zurück.
- **cystatus ShiftRe_WriteData(uint8/16/32 shiftData)** – schreibt Daten in den Eingabe-FIFO des Shift Register. Ein Datenwort wird bei einer steigenden Flanke des Ladeeingangs in das Shift Register übertragen.
- **uint8/16/32 ShiftReg_ReadData(void)** – liest Daten aus dem Ausgabe-FIFO des Shift Register. Ein Datenwort wird bei einer steigenden Flanke des Speichereingangs in das Ausgabe-FIFO übertragen.
- **uint8 ShiftReg_GetFIFOStatus(uint8 fifoId)** – gibt den aktuellen Status des Eingabe- oder Ausgabe-FIFO zurück.
- **void ShiftReg_Sleep(void)** – dies ist die bevorzugte Routine, um die Komponente auf den Schlafmodus vorzubereiten. Die ShiftReg_Sleep( )-Routine speichert den aktuellen Zustand der Komponente. Dann ruft sie die ShiftReg_Stop( )-Funktion auf und anschließend ShiftReg_SaveConfig( ), um die Hardwarekonfiguration zu speichern. Rufen Sie die ShiftReg_Sleep( )-Funktion auf, bevor Sie die CyPmSleep( )- oder die CyPmHibernate( )-Funktion aufrufen.
- **void ShiftReg_Wakeup(void)** – dies ist die bevorzugte Routine, um die Komponente in den Zustand zurückzubringen, als ShiftReg_Sleep( ) aufgerufen wurde. Die ShiftReg_Wakeup( )-Funktion ruft die ShiftReg_RestoreConfig( )-Funktion auf, um die Konfiguration wiederherzustellen. Wenn die Komponente vor dem Aufruf der ShiftReg_Sleep( )-Funktion aktiviert war, wird die ShiftReg_Wakeup( )-Funktion die

Komponente auch wieder aktivieren. Beachten Sie, dass ein Komponententaktpuls erforderlich ist, um nach dem Aufruf dieser Funktion zur normalen Betriebsweise zurückzukehren.
- **void ShiftReg_Init(void)** – initialisiert oder stellt die Komponente gemäß den Einstellungen des Configure-Dialogfelds des Customizer wieder her. Es ist nicht notwendig, ShiftReg_Init( ) aufzurufen, da die ShiftReg_Start( )-Routine diese Funktion aufruft und die bevorzugte Methode ist, um den Betrieb der Komponente zu starten.
- **void ShiftReg_Enable(void)** – aktiviert die Hardware und beginnt den Betrieb der Komponente. Es ist nicht notwendig, ShiftReg_Enable( ) aufzurufen, da die ShiftReg_Start( )-Routine diese Funktion aufruft, was die bevorzugte Methode ist, um den Betrieb der Komponente zu starten.
- **void ShiftReg_SaveConfig(void)** – diese Funktion speichert die Konfiguration der Komponente und nicht speichernden Register. Diese Funktion speichert auch die aktuellen Parameterwerte der Komponente, wie sie im Configure-Dialogfeld definiert oder durch geeignete APIs geändert wurden. Diese Funktion wird von der ShiftReg_Sleep( )-Funktion aufgerufen.
- **void ShiftReg_RestoreConfig(void)** – diese Funktion stellt die Konfiguration der Komponente und nicht speichernden Register wieder her. Diese Funktion stellt auch die Parameterwerte der Komponente auf den Zustand zurück, den sie vor dem Aufruf der ShiftReg_Sleep( )-Funktion hatten.

15.59 Timer 2.80

Die Timer-Komponente bietet eine Methode zur Messung von Intervallen. Sie kann eine grundlegende Timer-Funktion implementieren und bietet erweiterte Funktionen wie Erfassung mit Erfassungszähler und Interrupt-/DMA-Erzeugung. Für PSoC 3- und PSoC 5LP-Geräte kann die Komponente mit FF-Blöcken oder UDB implementiert werden. PSoC 4-Geräte unterstützen nur die UDB-Implementierung. Eine UDB-Implementierung hat in der Regel mehr Funktionen als eine FF-Implementierung. Wenn das Design einfach genug ist, sollten Sie FF verwenden und UDB-Ressourcen für andere Zwecke sparen. Hinweis: Für PSoC 4-Geräte gibt es auch eine Timer/Counter/Pulse-Width-Modulator (TCPWM)-Komponente zur Verwendung. Die folgende Tabelle zeigt die wichtigsten Unterschiede zwischen FF und UDB. Es gibt auch viele spezifische funktionale Unterschiede zwischen den FF- und UDB-Implementierungen und Unterschiede zwischen den FF-Implementierungen in verschiedenen Geräten. Funktionen beinhalten: UDB-Implementierung für alle Geräte; FF-Implementierung für PSoC 3- und PSoC 5LP-Geräte; 8-, 16-, 24-, oder 32-bit-Timer; optionaler Erfassungseingang; Enable-, Trigger- und Reseteingänge, zur Synchronisation mit anderen Komponenten; kontinuierliche oder Einzellauf-Betriebsmodi [95].

15.59.1 Timer-Funktionen 2.80

- **Timer_Start( )** – setzt die initVar-Variable, ruft die Timer_Init( )-Funktion auf und anschließend die Enable-Funktion.
- **Timer_Stop( )** – deaktiviert den Timer.
- **Time_SetInterruptMode( )** – aktiviert oder deaktiviert die Quellen des Interrupt-Ausgangs.
- **Timer_ReadStatusRegister( )** – gibt den aktuellen Zustand des Statusregisters zurück.
- **Timer_ReadControlRegister( )** – gibt den aktuellen Zustand des Steuerregisters zurück.
- **Timer_WriteControlRegister( )** – setzt das Bitfeld des Steuerregisters.
- **Timer_WriteCounter( )** – schreibt einen neuen Wert direkt in das Zählregister (nur UDB).
- **Timer_ReadCounter( )** – erzwingt eine Erfassung und gibt dann den Erfassungswert zurück.
- **Timer_WritePeriod( )** – schreibt das Periodenregister.
- **Timer_ReadPeriod( )** – liest das Periodenregister.
- **Timer_ReadCapture( )** – gibt den Inhalt des Erfassungsregisters oder den Ausgang des FIFO zurück.
- **Timer_SetCaptureMode( )** – legt die Hardware- oder Softwarebedingungen fest, unter denen eine Erfassung erfolgen wird.
- **Timer_SetCaptureCount( )** – legt die Anzahl der Erfassungsereignisse fest, die gezählt werden sollen, bevor das Zählregister in den FIFO übertragen wird.
- **Timer_ReadCaptureCount( )** – berichtet über die aktuelle Einstellung der Anzahl der Erfassungsereignisse.
- **Timer_SoftwareCapture( )** – Erzwingt eine Erfassung des Zählers in das Erfassungs-FIFO.
- **Timer_SetTriggerMode( )** – legt die Hardware- oder Softwarebedingungen fest, unter denen ein Trigger erfolgen wird.
- **Timer_EnableTrigger( )** – aktiviert den Trigger-Modus des Timer.
- **Timer_SetInterruptCount( )** – legt die Anzahl der Erfassungen fest, die gezählt werden sollen, bevor ein Interrupt ausgelöst wird.
- **Timer_ClearFIFO( )** – leert den Erfassungs-FIFO.
- **Timer_Sleep( )** – stoppt den Timer und speichert seine aktuelle Konfiguration.
- **Timer_Wakeup( )** – stellt die Timer-Konfiguration wieder her und aktiviert den Timer erneut.
- **Timer_Init( )** – initialisiert oder stellt den Timer gemäß den Einstellungen des Configure-Dialogfelds wieder her.
- **Timer_Enable( )** – aktiviert den Timer.
- **Timer_SaveConfig( )** – speichert die aktuelle Konfiguration des Timer.
- **Timer_RestoreConfig( )** – stellt die Konfiguration des Timer wieder her.

15.59.2 Timer-Funktionsaufrufe 2.80

- **void Timer_Start(void)** – dies ist die bevorzugte Methode, um den Betrieb der Komponente zu starten. Timer_Start( ) setzt die initVar-Variable, ruft die Timer_Init( )-Funktion auf und anschließend die Timer_Enable( )-Funktion.
- **void Timer_Stop(void)** – für feste Funktionen deaktiviert dies den Timer und schaltet ihn aus. Bei UDB-Implementierungen wird der Timer nur in Software-enable-Modi deaktiviert.
- **void Timer_SetInterruptMode(uint8 interruptMode)** – aktiviert oder deaktiviert die Quellen des Interrupt-Ausgangs.
- **uint8 Timer_ReadStatusRegister(void)** – gibt den aktuellen Zustand des Statusregisters zurück.
- **uint8 Timer_ReadControlRegister(void)** – gibt den aktuellen Zustand des Steuerregisters zurück. Dieses API ist nicht verfügbar, wenn das Steuerregister nicht benötigt wird (UDB-Implementierung, Enable-Modus ist „Hardware only", Erfassungsmodus nicht softwaregesteuert und Trigger-Modus nicht softwaregesteuert).
- **void Timer_WriteControlRegister(uint8 control)** – setzt das Bitfeld des Steuerregisters. Dieses API ist nicht verfügbar, wenn das Steuerregister nicht benötigt wird (UDB-Implementierung, Enable-Modus ist „Hardware only", Erfassungsmodus nicht softwaregesteuert und Trigger-Modus nicht softwaregesteuert).
- **void Timer_WriteCounter(uint8/16/32 counter)** – schreibt einen neuen Wert direkt in das Zählerregister. Diese Funktion ist nur für die UDB-Implementierung verfügbar.
- **uint8/16/32 Timer_ReadCounter(void)** – erzwingt eine Erfassung und gibt dann den Erfassungswert zurück.
- **void Timer_WritePeriod(uint8/16/32 period)** – schreibt das Periodenregister.
- **uint8/16/32 Timer_ReadPeriod(void)** – liest das Periodenregister.
- **void Timer_SetCaptureMode(uint8 captureMode)** – setzt den Erfassungsmodus. Diese Funktion ist nur für die UDB-Implementierung verfügbar und wenn der Capture-Mode-Parameter auf Software Controlled eingestellt ist.
- **void Timer_SetCaptureCount(uint8 captureCount)** – setzt die Anzahl der Erfassungsereignisse, die gezählt werden sollen, bevor eine Erfassung durchgeführt wird. Diese Funktion ist nur für die UDB-Implementierung verfügbar und wenn der Enable-Capture-Counter-Parameter im Configure-Dialogfeld ausgewählt ist.
- **uint8 Timer_ReadCaptureCount(void)** – liest den aktuellen Wert für den captureCount-Parameter, wie er in der Timer_SetCaptureCount( )-Funktion eingestellt wurde. Diese Funktion ist nur für die UDB-Implementierung verfügbar und wenn der Enable-Capture-Counter-Parameter im Configure-Dialogfeld ausgewählt ist.
- **void Timer_SoftwareCapture(void)** – erzwingt eine Softwareerfassung des aktuellen Zählerwerts in den FIFO. Diese Funktion ist nur für die UDB-Implementierung verfügbar.

- **void Timer_SetTriggerMode(uint8 triggerMode)** – setzt den Trigger-Modus. Diese Funktion ist nur für die UDB-Implementierung verfügbar und wenn der Trigger-Mode-Parameter auf Software Controlled eingestellt ist.
- **void Timer_EnableTrigger(void)** – aktiviert den Trigger. Diese Funktion ist nur verfügbar, wenn der Trigger Mode auf Software Controlled eingestellt ist.
- **void Timer_DisableTrigger(void)** – deaktiviert den Trigger. Diese Funktion ist nur verfügbar, wenn der Trigger Mode auf Software Controlled eingestellt ist.
- **void Timer_SetInterruptCount(uint8 interruptCount)** – setzt die Anzahl der Erfassungen, die gezählt werden sollen, bevor ein Interrupt für die InterruptOnCapture-Quelle erzeugt wird. Diese Funktion ist nur verfügbar, wenn InterruptOnCapture-Count aktiviert ist.
- **void Timer_ClearFIFO(void)** – löscht den Erfassungs-FIFO. Diese Funktion ist nur für die UDB-Implementierung verfügbar.
- **void Timer_Sleep(void)** – dies ist die bevorzugte Routine, um die Komponente auf den Schlafmodus vorzubereiten. Timer_Sleep( ) speichert den aktuellen Zustand der Komponente. Dann ruft sie die Timer_Stop( )-Funktion auf und anschließend Timer_SaveConfig( ), um die Hardwarekonfiguration zu speichern. Rufen Sie die Timer_Sleep( )-Funktion auf, bevor Sie die CyPmSleep( )- oder die CyPmHibernate( )-Funktion aufrufen.
- **void Timer_Sleep( )** – ohne Aufruf von Timer_Stop( ).
- **void Timer_Wakeup(void)** – dies ist die bevorzugte Routine, um die Komponente in den Zustand zurückzubringen, in dem Timer_Sleep( ) aufgerufen wurde. Die Timer_Wakeup( )-Funktion ruft die Timer_RestoreConfig( )-Funktion auf, um die Konfiguration wiederherzustellen. Wenn die Komponente vor dem Aufruf der Timer_Sleep( )-Funktion aktiviert war, aktiviert die Timer_Wakeup( )-Funktion auch die Komponente erneut.
- **void Timer_Init(void)** – initialisiert oder stellt die Komponente gemäß den Einstellungen im Configure-Dialogfeld des Customizer wieder her. Es ist nicht notwendig, Timer_Init( ) aufzurufen, da die Timer_Start( )-Routine diese Funktion aufruft und die bevorzugte Methode ist, um den Betrieb der Komponente zu starten.
- **void Timer_Enable(void)** – aktiviert die Hardware und beginnt den Betrieb der Komponente. Es ist nicht notwendig, Timer_Enable( ) aufzurufen, da die Timer_Start( )-Routine diese Funktion aufruft, die die bevorzugte Methode ist, um den Betrieb der Komponente zu starten. Diese Funktion aktiviert den Timer für beide softwaregesteuerten Enable-Modi.
- **void Timer_SaveConfig(void)** – diese Funktion speichert die Konfiguration der Komponente und die nicht speichernden Register. Sie speichert auch die aktuellen Parameterwerte der Komponente, wie sie im Configure-Dialogfeld definiert oder durch geeignete APIs geändert wurden. Diese Funktion wird von der Timer_Sleep( )-Funktion aufgerufen.
- **void Timer_RestoreConfig(void)** – diese Funktion stellt die Konfiguration der Komponente und die nicht speichernden Register wieder her. Sie stellt auch die Parameter-

werte der Komponente auf den Zustand zurück, den sie vor dem Aufruf der Timer_Sleep( )-Funktion hatten.

15.60 AND 1.0

Logikgatter bieten grundlegende boolesche Operationen. Die Ausgabe eines Logikgatters ist eine boolesche Kombinationsfunktion der Eingänge. Es gibt 7 grundlegende Logikgatter: AND, OR, Inverter (NOT), NAND, NOR, XOR und XNOR. Merkmale sind: Industriestandard-Logikgatter, konfigurierbare Anzahl von Eingängen bis zu 8 und optionales Array von Gattern [32].

15.60.1 AND-Funktionen 1.0

Keine.

15.61 Tri-State Buffer (Bufoe) 1.10

Die Komponente Tri-State Buffer (Bufoe) ist ein nicht invertierender Buffer mit einem aktiven hohen Ausgangsaktivierungssignal. Wenn das Ausgangsaktivierungssignal true ist, funktioniert der Buffer als Standardbuffer. Wenn das Ausgangsaktivierungssignal falsch ist, schaltet der Buffer ab. Merkmale sind: ein Buffer mit Output-Enable-Signal, der als Schnittstelle zu einem gemeinsam genutzten Bus wie I2C verwendet wird, und ein Feedback-Signal. Tri-State Buffer sollten nicht für interne Logik verwendet werden und können nur mit einem I/O-Pin verwendet werden [99].

15.61.1 Tri-State-Buffer (Bufoe)-Funktionen 1.10

Keine.

15.62 D Flip-Flop 1.30

Das D Flip-Flop speichert einen digitalen Wert. Merkmale sind: asynchroner Reset oder Preset, synchroner Reset, Preset oder beides und konfigurierbare Breite für D-Flip-Flop-Arrays [25].

15.62.1 D-Flip-Flop-Funktionen 1.30

Keine.

15.63 D Flip-Flop w/ Enable 1.0

Das D Flip-Flop w/ Enable erfasst selektiv einen digitalen Wert. Merkmale sind: Enable-Eingang ermöglicht selektives Erfassen des d-Eingangs und konfigurierbare Breite für D-Flip-Flop-Arrays mit einem einzigen Enable [24].

15.64 D-Flip-Flop-w/-Enable-Funktionen 1.00

Keine.

15.65 Digital Constant 1.0

Die Digital Constant bietet eine bequeme Möglichkeit, digitale Werte in Designs darzustellen. Merkmale sind: stellt einen digitalen Wert klar auf einem Schaltplan dar, Anzeige in hexadezimal oder dezimal und konfigurierbare Breite bis zu 32 bit [30].

15.65.1 Digital-Constant-Funktionen 1.00

Keine.

15.66 Lookup Table (LUT) 1.60

Diese Komponente ermöglicht die Erstellung einer Lookup Table (LUT), die jede Logikfunktion mit bis zu 5 Eingängen und 8 Ausgängen ausführt. Dies geschieht durch Generierung von Logikgleichungen, die in den UDB-PLD realisiert werden. Optional können die Ausgänge registriert werden. Diese Register werden in PLD-Makrozellen implementiert. Alle Makrozellenflipflops werden beim Einschalten und nach jedem Zurücksetzen des Geräts auf einen Nullwert initialisiert. Merkmale sind: 1 bis 5 Eingänge, 1 bis 8 Ausgänge, Konfigurationstool und optional registrierte Ausgänge [59].

15.66.1 Lookup-Table (LUT)-Funktionen 1.60

Keine.

15.67 Digital Multiplexer und Demultiplexer 1.10

Die Multiplexer-Komponente wird verwendet, um 1 von n Eingängen auszuwählen, während die Demultiplexer-Komponente verwendet wird, um 1 Signal auf n Ausgänge zu leiten. Die Multiplexer-Komponente implementiert einen 2- bis 16-Eingangs-Mux, der einen einzigen Ausgang bereitstellt, basierend auf Hardwaresteuerungssignalen. Die Demultiplexer-Komponente implementiert einen 2- bis 16-Ausgangs-Demux von einem einzigen Eingang, basierend auf Hardwaresteuerungssignalen. Es darf nur eine Eingangs- oder Ausgangsverbindung gleichzeitig hergestellt werden. Merkmale sind: digitaler Multiplexer, digitaler Demultiplexer und bis zu 16 Kanäle [33].

15.67.1 Digital-Multiplexer- und Demultiplexer-Funktionen 1.10

Keine.

15.68 SR Flip-Flop 1.0

Das SR Flip-Flop speichert einen digitalen Wert, der gesetzt oder zurückgesetzt werden kann. Merkmale sind: getaktet für sichere Verwendung in synchronen Schaltungen, konfigurierbare Breite für SR-Flip-Flop-Arrays [87].

15.69 SR-Flip-Flop-Funktionen 1.0

Keine.

15.70 Toggle Flip-Flop 1.0

Das Toggle Flip-Flop erfasst einen digitalen Wert, der umgeschaltet werden kann. Merkmale sind: T-Eingang schaltet Q-Wert um, konfigurierbare Breite für Toggle-Flip-Flop-Arrays [97].

15.70.1 Toggle-Flip-Flop-Funktionen 1.0

Keine.

15.71 Control Register 1.8

Das Control Register ermöglicht es der Firmware, digitale Signale auszugeben und unterstützt bis zu 8 bit [20].

15.71.1 Control-Register-Funktionen 1.8

- **Control_Reg_Write( )** – schreibt ein Byte in ein Control Register.
- **Control_Reg_Read( )** – liest den aktuellen Wert, der einem Control Register zugewiesen ist.
- **Control_Reg_SaveConfig( )** – speichert den Wert des Control Register.
- **Control_Reg_RestoreConfig( )** – stellt den Wert des Control Register wieder her.
- **Control_Reg_Sleep( )** – bereitet die Komponente auf den Eintritt in den Energiesparmodus vor.
- **Control_Reg_Wakeup( )** – stellt die Komponente nach dem Aufwachen aus dem Energiesparmodus wieder her.

15.71.2 Control-Register-Funktionsaufrufe 1.8

- **void Control_Reg_Write (uint8 control)** – schreibt 1 Byte in das Control Register.
- **uint8 Control_Reg_Read (void)** – liest den aktuellen Wert, der einem Control Register zugewiesen ist.
- **void Control_Reg_SaveConfig (void)** – speichert den Wert des Control Register.
- **void Control_Reg_RestoreConfig (void)** – stellt den Wert des Control Register wieder her.
- **void Control_Reg_Sleep (void)** – bereitet die Komponente auf den Eintritt in den Energiesparmodus vor.
- **void Control_Reg_Wakeup (void)** – stellt die Komponente nach dem Aufwachen aus dem Energiesparmodus wieder her.

15.72 Status Register 1.90

Das Status Register ermöglicht es der Firmware, digitale Signale zu lesen und beinhaltet bis zu 8 bit und Unterstützung für Interrupts [89].

15.72.1 Status-Register-Funktionen 1.90

- **StatusReg_Read( )** – liest den aktuellen Wert des Status Register.
- **StatusReg_InterruptEnable( )** – aktiviert den Interrupt des Status Register.
- **StatusReg_InterruptDisable( )** – deaktiviert den Interrupt des Status Register.
- **StatusReg_WriteMask( )** – schreibt den dem Maskenregister zugewiesenen Wert.
- **StatusReg_ReadMask( )** – gibt den aktuellen Interrupt-Maskenwert aus dem Maskenregister zurück.

15.72.2 Status-Register-Funktionsaufrufe 1.90

- **uint8 StatusReg_Read (void)** – liest den Wert eines Status Register.
- **void StatusReg_InterruptEnable (void)** – aktiviert die Interrupts des Status Register. Das Standardverhalten ist deaktiviert. Dies ist nur gültig, wenn das Status Register einen Interrupt erzeugt.
- **void StatusReg_InterruptDisable (void)** – deaktiviert die Interrupts des Status Register. Dies ist nur gültig, wenn das Status Register einen Interrupt erzeugt.
- **void StatusReg_WriteMask (uint8 mask)** – schreibt den aktuellen Maskenwert, der dem Status Register zugewiesen ist. Dies ist nur gültig, wenn das Status Register einen Interrupt erzeugt.
- **uint8 StatusReg_ReadMask (void)** – liest den aktuellen Interrupt-Maskenwert, der für das Status Register zugewiesen ist. Dies ist nur gültig, wenn das Status Register einen Interrupt erzeugt.

15.73 Debouncer 1.00

Mechanische Schalter und Relais neigen dazu, Verbindungen für eine endliche Zeit herzustellen und zu unterbrechen, bevor sie sich in einem stabilen Zustand einpendeln. Während dieser Einpendelzeit kann die digitale Schaltung mehrere Übergänge sehen, da die Schalterkontakte zwischen Herstell- oder Unterbrechungsbedingungen hin und her springen. Die Entpreller-Komponente nimmt ein Eingangssignal von einem prellenden Kontakt und erzeugt ein sauberes Ausgangssignal für digitale Schaltungen. Die Komponente gibt das Signal nicht an den Ausgang weiter, bis die vorbestimmte Zeit abgelaufen ist, in der das Prellen des Schalters abklingt. Auf diese Weise reagiert die Schaltung nur auf eine einzige Pulserzeugung, die durch das Drücken oder Loslassen des Schalters ausgeführt wird, und nicht auf mehrere Zustandsübergänge, die durch Kontaktprallen verursacht werden. Beseitigt unerwünschte Oszillationen auf digitalen Eingangsleitungen [5,26].

15.73.1 Debouncer-Funktionen 1.00

Keine.

15.74 Digital Comparator 1.00

Die Komponente Digital Comparator bietet einen Komparator mit wählbarer Breite und wählbarem Typ, implementiert in PLD-Makrozellen. Merkmale umfassen: 1 bis 32 bit Configurable Digital Comparator und sechs wählbare Vergleichsoperatoren [29].

15.74.1 Digital-Comparator-Funktionen 1.00

Keine.

15.75 Down Counter 7-bit (Count7) 1.00

Die Count7-Komponente ist ein 7-bit-Abwärtszähler, dessen Zählwert als Hardwaresignale verfügbar ist. Dieser Zähler wird mit einer spezifischen Konfiguration eines universellen digitalen Blocks (UDB) implementiert. Zur Implementierung des Zählers werden Teile der Steuer- und Statusregister zusammen mit der im UDB speziell für diese Funktion vorhandenen Zählerlogik verwendet. Funktionen umfassen: 7-bit-Lese-/Schreibperiodenregister, 7-bit-Zählregister, das gelesen/geschrieben werden kann, automatisches Nachladen der Periode in das Zählregister bei Endzahl und geroutete Lade- und Enable-Signale [36].

15.75.1 Down-Counter-7-bit (Count7)-Funktionen 1.00

- **Count7_Start( )** – führt alle erforderlichen Initialisierungen für die Komponente durch und aktiviert den Zähler.
- **Count7_Init( )** – initialisiert oder stellt die Komponente gemäß den Einstellungen des Customizer wieder her.
- **Count7_Enable( )** – aktiviert die Softwareaktivierung des Zählers.
- **Count7_Stop( )** – deaktiviert die Softwareaktivierung des Zählers.
- **Count7_WriteCounter( )** – diese Funktion schreibt den Zähler direkt. Der Zähler sollte vor dem Aufruf dieser Funktion deaktiviert sein.
- **Count7_ReadCounter( )** – liest den Zählwert.
- **Count7_WritePeriod( )** – schreibt das Periodenregister.
- **Count7_ReadPeriod( )** – liest das Periodenregister.

15.75 Down Counter 7-bit (Count7) 1.00

- **Count7_Sleep( )** – ist das bevorzugte API, um die Komponente auf den Betrieb im Niedrigleistungsmodus vorzubereiten.
- **Count7_Wakeup( )** – ist das bevorzugte API, um die Komponente in den Zustand zurückzuversetzen, als Count7_Sleep( ) aufgerufen wurde.
- **Count7_SaveConfig( )** – speichert den Wert des Zählregisters der Komponente vor dem Eintritt in den Niedrigleistungsmodus.
- **Count7_RestoreConfig( )** – stellt den Wert des Zählregisters der Komponente wieder her, der zuvor gespeichert wurde.

15.75.2 Down-Counter-7-bit (Count7)-Funktionsaufrufe 1.00

- **void Count7_Start(void)** – führt alle erforderlichen Initialisierungen für die Komponente durch und aktiviert den Zähler. Beim ersten Ausführen der Routine wird die Periode so eingestellt, wie sie im Customizer konfiguriert ist. Wenn der Zähler nach einem Count_Stop( )-Aufruf neu gestartet wird, bleibt der aktuelle Periodenwert erhalten.
- **void Count7_Init(void)** – initialisiert oder stellt die Komponente gemäß den Einstellungen des Customizer wieder her. Es ist nicht notwendig, Count7_Init( ) aufzurufen, da das Count7_Start( )-API diese Funktion aufruft und die bevorzugte Methode ist, um den Betrieb der Komponente zu beginnen.
- **void Count7_Enable(void)** – aktiviert die Softwareaktivierung des Zählers. Der Zähler wird durch eine Softwareaktivierung und eine optionale Hardwareaktivierung gesteuert. Es ist nicht notwendig, Count7_Enable( ) aufzurufen, da das Count7_Start( )-API diese Funktion aufruft, welches die bevorzugte Methode ist, um den Betrieb der Komponente zu beginnen.
- **void Count7_Stop(void)** – deaktiviert die Softwareaktivierung des Zählers. Dieses API stoppt den Zähler. Daher wird er, wenn Sie ihn erneut starten (Count7_Start( )-Aufruf), ab dem letzten Zählerwert weiterzählen.
- **void Count7_WriteCounter(uint8 count)** – diese Funktion schreibt den Zähler direkt. Der Zähler sollte vor dem Aufruf dieser Funktion deaktiviert sein.
- **uint8 Count7_ReadCounter(void)** – diese Funktion liest den Zählerwert.
- **void Count7_WritePeriod(uint8 period)** – diese Funktion schreibt das Periodenregister. Die tatsächliche Periode ist um 1 größer als der Wert im Periodenregister, da die Zählsequenz mit dem Wert des Periodenregisters beginnt und bis 0 (einschließlich) herunterzählt. Die Periode des Zählerausgangs ändert sich nicht, bis der Zähler nach dem Endzählwert von 0 oder aufgrund eines Hardwareladesignals neu geladen wird.
- **uint8 Count7_ReadPeriod(void)** – diese Funktion liest das Periodenregister.
- **Count7_Sleep( )** – dies ist das bevorzugte API, um die Komponente auf den Betrieb im Niedrigleistungsmodus vorzubereiten. Das Count7_Sleep( )-API speichert den aktuellen Zustand der Komponente mit Count7_SaveConfig( ) und deaktiviert den Zähler.

- **void Count7_Wakeup(void)** – dies ist das bevorzugte API, um die Komponente in den Zustand zurückzuversetzen, als Count7_Sleep( ) aufgerufen wurde. Die Count7_Wakeup( )-Funktion ruft die Count7_RestoreConfig( )-Funktion auf, um die Konfiguration wiederherzustellen.
- **void Count7_SaveConfig(void)** – diese Funktion speichert den aktuellen Zählerwert vor dem Eintritt in den Niedrigleistungsmodus. Diese Funktion wird von der Count7_Sleep( )-Funktion aufgerufen.
- **void Count7_RestoreConfig(void)** – diese Funktion stellt den Zählerwert wieder her, der zuvor gespeichert wurde. Diese Funktion wird von der Count7_Wakeup( )-Funktion aufgerufen.

15.76 Edge Detector 1.00

Die Komponente Edge Detector tastet das verbundene Signal ab und erzeugt einen Impuls, wenn die ausgewählte Flanke auftritt. Funktionen beinhalten: Erkennung der steigenden Flanke, fallenden Flanke oder beider Flanken.

15.76.1 Edge-Detector-Funktionen 1.00

Keine.

15.76.2 Digital Vergleicher 1.0

Die Komponente Kantendetektor nimmt das verbundene Signal ab und erzeugt einen Impuls, wenn die ausgewählte Kante auftritt. Erkennt steigende Kante, fallende Kante oder beide Kanten [37].

15.76.3 Funktionen des digitalen Vergleichers 1.00

Keine.

15.77 Frequency Divider 1.0

Die Komponente Frequency Divider erzeugt einen Ausgang, der den Takteingang durch den angegebenen Wert teilt. Funktionen beinhalten: Takt- oder beliebige Signalteilung durch einen angegebenen Wert und Enable- und Reseteingänge zur Steuerung und Ausrichtung des geteilten Ausgangs [45].

15.77.1 Frequency-Divider-Funktionen 1.00

Keine.

15.78 Glitch Filter 2.00

Glitch-Filtering ist der Prozess der Entfernung unerwünschter Impulse von einem digitalen Eingangssignal, das normalerweise high oder low ist. Störungen treten häufig auf Leitungen auf, die Signale von Quellen wie RF-Empfängern tragen. Elektrische oder in einigen Fällen sogar mechanische Störungen können einen unerwünschten Störungsimpuls vom Empfänger auslösen. Dieses Design gibt nur dann eine „1" aus, wenn die aktuellen und vorherigen N Abtastwerte „1" sind, und eine „0" nur dann, wenn die aktuellen und vorherigen N Abtastwerte „0" sind. Andernfalls bleibt der Ausgang unverändert von seinem aktuellen Wert [5,47].

15.78.1 Glitch-Filter-Funktionen 2.00

Keine.

15.79 Pulse Converter 1.00

Die Komponente Pulse Converter erzeugt einen Puls bekannter Breite, wenn ein Puls beliebiger Breite auf p_in abgetastet wird. Anschlüsse sind für out_clk und sample_clk zur Konfigurierbarkeit der Abtastrate und Pulsbreite vorhanden [69].

15.79.1 Pulse Converter-Funktionen 1.00

Keine.

15.80 Sync 1.00

Die Komponente Sync resynchronisiert eine Reihe von Eingangssignalen mit der steigenden Flanke des Taktsignals. Diese Komponente kann verwendet werden, wenn es notwendig ist, ein Signal aus einem Taktbereich in einem anderen Taktbereich zu verwenden, um die Übergänge dieses Signals mit dem Taktbereich des Ziels abzustimmen. In diesem Fall wird die Sync-Komponente mit dem gleichen Takt wie das Ziel getaktet. Sie kann 1 bis 32 Eingangssignale synchronisieren [91].

15.81 Sync-Funktionen 1.00

Keine.

15.82 UDB Clock Enable (UDBClkEn) 1.00

Die Komponente UDB Clock Enable (UDBClkEn) unterstützt eine präzise Steuerung des Taktverhaltens. Funktionen beinhalten: Unterstützung der Taktaktivierung und Hinzufügung einer Synchronisation zu einem Takt [101].

15.82.1 UDB-Clock-Enable (UDBClkEn)-Funktionen 1.00

Keine.

15.83 LED Segment and Matrix Driver (LED_Driver) 1.10

Die Komponente LED Segment and Matrix Driver (LED_Driver) ist ein Multiplex-LED-Treiber, der bis zu 24-Segment-Signale und 8-Verband-Signale verarbeiten kann. Er kann verwendet werden, um 24 7-Segment-LEDs, acht 14-/16-Segment-LEDs, acht RGB-7-Segment-LEDs oder eine Dreifarbenmatrix von bis zu 192 LEDs in einem 8×8-Muster anzusteuern. APIs werden bereitgestellt, um alphanumerische Werte in ihre Segmentcodes umzuwandeln und die Helligkeit jedes der Verbände kann unabhängig gesteuert werden. Diese Komponente wird für PSoC 3 und PSoC 5LP unterstützt. Das Multiplexing der LEDs ist eine effiziente Möglichkeit, GPIO-Pins zu sparen, jedoch müssen die Verbände bei einer konstanten Rate multiplext werden. Um dieses letztere Problem zu lösen, verwendet die Komponente DMA und UDB des PSoC, um die LEDs ohne CPU-Overhead zu multiplexen. Dies beseitigt Fälle von nicht periodischer Aktualisierung, da das Multiplexing ausschließlich mit Hardware gehandhabt wird. Die CPU wird somit nur verwendet, wenn die Anzeigeinformationen aktualisiert werden und um die Helligkeitseinstellungen zu ändern. Bei der Anzeige der 7-/14-/16-Segment-Ziffern müssen diese Ziffern nicht als eine einzige numerische Anzeige gruppiert werden. Eine 8-stellige Anzeige könnte beispielsweise in eine 2-stellige und zwei 3-stellige Anzeigen aufgeteilt werden. Im LED-Matrix-Modus müssen die einzelnen Anzeigen nicht in einer Matrix angeordnet sein, sondern können verschiedene einzelne oder gruppierte LEDs sein. Die Komponente unterstützt auch die Anzeige kombinierter Ziffern mit Anzeigen. Funktionen beinhalten: bis zu acht RGB-7-Segment-Ziffern oder 24 monochrome 7-Segment-Ziffern, bis zu acht 14-Segment- oder 16-Segment-Ziffern, bis zu 192 LEDs in einer 8×8-Dreifarbenmatrix, Aktiv-high- oder Aktiv-low-Verbände, Aktiv-high- oder

15.83 LED Segment and Matrix Driver (LED_Driver) 1.10

Aktiv-low-Segmente, Treiber ist multiplext und benötigt keinen CPU-Overhead oder Interrupts, Funktionen für numerische und Zeichenkettenanzeige mit 7-, 14- und 16-Segmenten und unabhängige Helligkeitsstufen für jedes Verbandsignal [57].

15.83.1 Funktionen des LED Segment and Matrix Driver (LED_Driver) 1.10

- **LED_Driver_Init( )** – löscht die Anzeigen und initialisiert die Anzeige-Arrays und Register.
- **LED_Driver_Enable( )** – initialisiert die DMA und aktiviert die Komponente.
- **LED_Driver_Start( ) LED_Driver_Stop( )** – aktiviert und startet die Komponente.
- **LED_Driver_Stop( )** – löscht die Anzeige, deaktiviert die DMA und stoppt die Komponente.
- **LED_Driver_SetDisplayRAM( )** – schreibt einen Wert direkt in den Anzeige-RAM an der angegebenen Position.
- **LED_Driver_SetRC( )** – setzt das Bit im Anzeige-RAM in der angegebenen Zeile und Spalte.
- **LED_Driver_ClearRC( )** – löscht das Bit im Anzeige-RAM in der angegebenen Zeile und Spalte.
- **LED_Driver_ToggleRC( )** – wechselt das Bit im Anzeige-RAM in der angegebenen Zeile und Spalte.
- **LED_Driver_GetRC( )** – gibt den Bitwert im Anzeige-RAM in der angegebenen Zeile und Spalte zurück.
- **LED_Driver_ClearDisplay( )** – löscht die Anzeige für den angegebenen Verband auf 0.
- **LED_Driver_ClearDisplayAll( )** – löscht die gesamte Anzeige auf 0.
- **LED_Driver_Write7SegNumberDec( )** – zeigt eine 7-Segment-Hexadezimalzahl mit bis zu 8 Char Länge an, beginnend an der angegebenen Position und über eine bestimmte Anzahl von Ziffern.
- **LED_Driver_Write7SegNumberHex( )** – zeigt eine 7-Segment-null-terminierte Zeichenkette an, beginnend an der angegebenen Position und endend entweder am Ende der Zeichenkette oder am Ende der Anzeige.
- **LED_Driver_WriteString7Seg( )** – zeigt ein 7-Segment-ASCII-codiertes Zeichen an der angegebenen Position an.
- **LED_Driver_PutChar7Seg( )** – zeigt eine einzelne 7-Segment-Ziffer (0…9) auf der angegebenen Anzeige an. Zeigt eine einzelne 7-Segment-Ziffer (0…F) auf der angegebenen Anzeige an.
- **LED_Driver_Write7SegDigitDec( )** – zeigt eine einzelne 7-Segment-Ziffer (0…9) auf der angegebenen Anzeige an.
- **LED_Driver_Write7SegDigitHex( )** – zeigt eine einzelne 7-Segment-Ziffer (0…F) auf der angegebenen Anzeige an.

- **LED_Driver_Write14SegNumberDec( )** – zeigt ein vorzeichenbehaftetes 14-Segment-Integer mit bis zu 8 Char Länge an, beginnend an der angegebenen Position und über eine bestimmte Anzahl von Ziffern.
- **LED_Driver_Write14SegNumberHex( )** – zeigt eine 14-Segment-Hexadezimalzahl mit bis zu 8 Char Länge an, beginnend an der angegebenen Position und über eine bestimmte Anzahl von Ziffern.
- **LED_Driver_WriteString14Seg( )** – zeigt eine 14-Segment-null-terminierte Zeichenkette an, beginnend an der angegebenen Position und endend entweder am Ende der Zeichenkette oder am Ende der Anzeige.
- **LED_Driver_PutChar14Seg( )** – zeigt ein 14-Segment-ASCII-codiertes Zeichen an der angegebenen Position an.
- **LED_Driver_Write14SegDigitDec( )** – zeigt eine einzelne 14-Segment-Ziffer (0…9) auf der angegebenen Anzeige an.
- **LED_Driver_Write14SegDigitHex( )** – zeigt eine einzelne 14-Segment-Ziffer (0…F) auf der angegebenen Anzeige an.
- **LED_Driver_Write16SegNumberDec( )** – zeigt ein 16-Segment-Integer mit bis zu 8 Char Länge an, beginnend an der angegebenen Position und über eine bestimmte Anzahl von Ziffern.
- **LED_Driver_Write16SegNumberHex( )** – zeigt eine 16-Segment-Hexadezimalzahl mit bis zu 8 Char Länge an, beginnend an der angegebenen Position und über eine bestimmte Anzahl von Ziffern.
- **LED_Driver_WriteString16Seg( )** – zeigt eine 16-Segment-Hexadezimalzahl mit bis zu 8 Char Länge an, beginnend an der angegebenen Position und über eine bestimmte Anzahl von Ziffern.
- **LED_Driver_PutChar16Seg( )** – zeigt eine 16-Segment-null-terminierte Zeichenkette an, beginnend an der angegebenen Position und endend entweder am Ende der Zeichenkette oder am Ende der Anzeigen.
- **LED_Driver_Write16SegDigitDec( )** – zeigt eine 16-Segment-null-terminierte Zeichenkette an, beginnend an der angegebenen Position und endend entweder am Ende der Zeichenkette oder am Ende der Anzeigen.
- **LED_Driver_Write16SegDigitHex( )** – zeigt ein 16-Segment-ASCII-codiertes Zeichen an der angegebenen Position an.
- **LED_Driver_PutDecimalPoint( )** – zeigt eine einzelne 16-Segment-Ziffer (0…9) auf der angegebenen Anzeige an. Zeigt eine einzelne 16-Segment-Ziffer (0…F) auf der angegebenen Anzeige an.
- **LED_Driver_GetDecimalPoint( )** – setzt oder löscht den Dezimalpunkt an der angegebenen Position.
- **LED_Driver_EncodeNumber7Seg( )** – gibt 0 zurück, wenn der Dezimalpunkt nicht gesetzt ist, und 1, wenn der Dezimalpunkt gesetzt ist.
- **LED_Driver_EncodeChar7Seg( )** – konvertiert die unteren 4 bit der Eingabe in 7-Segment-Daten, die die Zahl in Hex auf einer Anzeige darstellen.

15.83 LED Segment and Matrix Driver (LED_Driver) 1.10

- **LED_Driver_EncodeNumber14Seg( )** – konvertiert das ASCII-codierte Alphabetzeichen in die 7-Segment-Daten, die das Alphabetzeichen auf einer Anzeige darstellen.
- **LED_Driver_EncodeChar14Seg( )** – konvertiert die unteren 4 bit der Eingabe in 14-Segment-Daten, die die Zahl in Hex auf einer Anzeige darstellen.
- **LED_Driver_EncodeNumber16Seg( )** – konvertiert das ASCII-codierte Alphabetzeichen in die 14-Segment-Daten, die das Alphabetzeichen auf einer Anzeige darstellen.
- **LED_Driver_EncodeChar16Seg( )** – wandelt den ASCII-codierten Alphabetzeichen-Eingang in die 14-Segment-Daten um, die das Alphabetzeichen auf einer Anzeige darstellen.
- **LED_Driver_SetBrightness( )** – legt den gewünschten Helligkeitswert für den ausgewählten Verband fest (0 = Anzeige aus; 255 = Anzeige bei voller Helligkeit).
- **LED_Driver_GetBrightness( )** – gibt den Helligkeitswert für den angegebenen Verband zurück.
- **LED_Driver_Sleep( )** – stoppt die Komponente und speichert die Benutzerkonfiguration.
- **LED_Driver_Wakeup( )** – stellt die Benutzerkonfiguration wieder her und aktiviert die Komponente.

15.83.2 Funktionsaufrufe des LED Segment and Matrix Driver (LED_Driver) 1.10

- **void LED_Driver_Init(void)** – löscht die Anzeige und initialisiert die DMA. Initialisiert auch das Helligkeits-Array, wenn die Helligkeitssteuerung aktiviert ist.
- **void LED_Driver_Enable(void)** – aktiviert die DMA und aktiviert den PWM, wenn die Helligkeitssteuerung aktiviert ist. Sobald diese abgeschlossen sind, wird die Komponente aktiviert.
- **void LED_Driver_Start(void)** – konfiguriert die Hardware (DMA und optional PWM) und aktiviert die LED-Anzeige durch Aufrufen von LED_Driver_Init( ) und LED_Driver_Enable( ). Wenn LED_Driver_Init( ) zuvor aufgerufen wurde, dann werden die LEDs die Werte anzeigen, die derzeit im Display-RAM sind. Ist es der erste Aufruf, dann wird der Anzeige-RAM gelöscht.
- **void LED_Driver_Stop(void)** – löscht den Anzeige-RAM, deaktiviert alle DMA-Kanäle und stoppt den PWM (wenn Helligkeit aktiviert).
- **void LED_Driver_SetDisplayRAM(uint8 value, uint8 position)** – schreibt „value" direkt in den Anzeige-RAM. Diese Funktion schreibt ein einzelnes Byte in den Anzeige-RAM, der mit einem Satz von 8 Segmenten verknüpft ist, die durch das Argument „position" bezeichnet werden.

- **void LED_Driver_SetRC(uint8 row, uint8 column)** – setzt das Bit im Anzeige-RAM, das der LED in der angegebenen Zeile und Spalte entspricht. Beachten Sie, dass die Zeilen die Segmente und die Spalten die Verbände sind.
- **void LED_Driver_ClearRC(uint8 row, uint8 column)** – löscht das Bit im Anzeige-RAM, das der LED in der angegebenen Zeile und Spalte entspricht.
- **void LED_Driver_ToggleRC(uint8 row, uint8 column)** – wechselt das Bit im Anzeige-RAM, das der LED in der angegebenen Zeile und Spalte entspricht.
- **uint8 LED_Driver_GetRC(uint8 row, uint8 column)** – gibt den Bitwert im Anzeige-RAM zurück, der der LED in der angegebenen Zeile und Spalte entspricht.
- **void LED_Driver_ClearDisplay(uint8 position)** – löscht die Anzeige (deaktiviert alle LEDs) für einen Satz von 8 Segmenten, die durch das Argument „position" bezeichnet werden.
- **void LED_Driver_ClearDisplayAll(void)** – löscht die gesamte Anzeige, indem Nullen an alle Anzeige-RAM-Stellen geschrieben werden.
- **void LED_Driver_Write7SegNumberDec(int32 number, uint8 position, uint8 digits, uint8 alignment)** – zeigt ein bis zu 8 Char langes 7-Segment-Integer an, beginnend bei „position" und sich über „digits" Zeichen erstreckend. Das Minuszeichen verbraucht eine Ziffer, wenn es benötigt wird. Wenn die Zahl die angegebenen Ziffern übersteigt, werden die niedrigstwertigen Ziffern angezeigt, z. B., wenn die Zahl −1234 ist, die Position 0 und die Ziffern 4 sind, wird das Ergebnis −234 sein. Beachten Sie, dass die Positionen der Ziffern kontinuierlich sind und es dem Benutzer überlassen bleibt, die richtige Position für die Anwendung zu wählen. Beachten Sie auch, dass alle Ziffern, die über die konfigurierte Anzahl von Verbänden hinausgehen, verworfen werden.
- **void LED_Driver_Write7SegNumberHex(uint32 number, uint8 position, uint8 digits, uint8 alignment)** – zeigt eine bis zu 8 Char lange 7-Segment-Hexadezimalzahl an, beginnend bei „position" und sich über „digits" Zeichen erstreckend. Wenn die Zahl die angegebenen Ziffern übersteigt, werden die niedrigstwertigen Ziffern angezeigt. Zum Beispiel, wenn die Zahl 0xDEADBEEF ist, die Position 0 und die Ziffern 4 sind, wird das Ergebnis BEEF sein. Beachten Sie, dass die Positionen der Ziffern kontinuierlich sind und es dem Benutzer überlassen bleibt, die richtige Position für die Anwendung zu wählen. Beachten Sie auch, dass alle Ziffern, die über die konfigurierte Anzahl von Verbänden hinausgehen, verworfen werden.
- **void LED_Driver_WriteString7Seg(char8 const character[], uint8 position)** – zeigt eine 7-Segment-null-terminierte Zeichenkette an, beginnend bei „position" und endend entweder am Ende der Zeichenkette oder am Ende der konfigurierten Anzahl von Verbänden. Nicht darstellbare Zeichen erzeugen ein Leerzeichen. Beachten Sie, dass die Positionen der Ziffern kontinuierlich sind und es dem Benutzer überlassen bleibt, die richtige Position für die Anwendung zu wählen.
- **void LED_Driver_WriteString7Seg(char8 const character[], uint8 position)** – zeigt eine 7-Segment-null-terminierte Zeichenkette an, beginnend bei „position" und

15.83 LED Segment and Matrix Driver (LED_Driver) 1.10

endend entweder am Ende der Zeichenkette oder am Ende der konfigurierten Anzahl von Verbänden. Nicht darstellbare Zeichen erzeugen ein Leerzeichen.[34]

- **void LED_Driver_PutChar7Seg(char8 character, uint8 position)** – zeigt ein 7-Segment-ASCII-codiertes Zeichen an der Position „position" an. Diese Funktion kann alle alphanumerischen Zeichen anzeigen. Die Funktion kann auch „−", „.", „_", „," und „=" anzeigen. Alle unbekannten Zeichen werden als Leerzeichen angezeigt.[35]
- **void LED_Driver_Write7SegDigDec(uint8 digit, uint8 position)** – zeigt eine einzelne 7-Segment-Ziffer auf der angegebenen Anzeige an. Die Zahl in „digit" (0–9) wird an „position" platziert.[36]
- **void LED_Driver_Write7SegDigHex(uint8 digit, uint8 position)** – zeigt eine einzelne 7-Segment-Ziffer auf der angegebenen Anzeige an. Die Zahl in „digit" (0–F) wird an „position" platziert.[37]
- **void LED_Driver_Write14SegNumberDec(int32 number, uint8 position, uint8 digits, uint8 alignment)** – zeigt ein 14-Segment-Integer mit bis zu 8 Char Länge an, beginnend bei „position" und sich über „digits" Zeichen erstreckend. Das Minuszeichen wird eine Ziffer verbrauchen, wenn es erforderlich ist. Wenn die Zahl die angegebenen Ziffern übersteigt, werden die niedrigstwertigen Ziffern angezeigt. Zum Beispiel, wenn die Zahl −1234 ist, die Position 0 und die Ziffer 4 sind, wird das Ergebnis −234 sein.
- **void LED_Driver_Write14SegNumberHex(uint32 number, uint8 position, uint8 digits, uint8 alignment)** – zeigt eine 14-Segment-Hexadezimalzahl mit bis zu 8 Char Länge an, beginnend bei „position" und sich über „digits" Zeichen erstreckend. Wenn die Zahl die angegebenen Ziffern übersteigt, werden die niedrigstwertigen Ziffern angezeigt. Zum Beispiel, wenn die Zahl 0xDEADBEEF ist, die Position 0 und die Ziffern 4 sind, wird das Ergebnis BEEF sein.
- **void LED_Driver_WriteString14Seg(char8 const character[], uint8 position)** – zeigt eine 14-Segment-null-terminierte Zeichenkette an, beginnend bei „position" und endend entweder am Ende der Zeichenkette oder am Ende der Anzeige. Nicht darstellbare Zeichen erzeugen ein Leerzeichen.
- **void LED_Driver_PutChar14Seg(char8 character, uint8 position)** – zeigt ein 14-Segment ASCII-codiertes Zeichen an „position" an. Diese Funktion kann alle

---

[34] Die Positionen der Ziffern sind durchgehend, und es liegt am Benutzer, die richtige Position für die Anwendung zu wählen.

[35] Die Positionen der Ziffern sind durchgehend, und es liegt am Benutzer, die richtige Position für die Anwendung zu wählen.

[36] Die Positionen der Ziffern sind durchgehend, und es liegt am Benutzer, die richtige Position für die Anwendung zu wählen.

[37] Die Positionen der Ziffern sind durchgehend, und es liegt am Benutzer, die richtige Position für die Anwendung zu wählen.

alphanumerischen Zeichen anzeigen. Die Funktion kann auch „-", „..", „_", „," und „=" anzeigen. Alle unbekannten Zeichen werden als Leerzeichen angezeigt.
- **void LED_Driver_Write14SegDigDec(uint8 digit, uint8 position)** – zeigt eine einzelne 14-Segment-Ziffer auf der angegebenen Anzeige an. Die Zahl in „digit" (0–9) wird an „position" platziert.
- **void LED_Driver_Write14SegDigHex(uint8 digit, uint8 position)** – zeigt eine einzelne 14-Segment-Ziffer auf der angegebenen Anzeige an. Die Zahl in „digit" (0–F) wird an „position" platziert.
- **void LED_Driver_Write16SegNumberDec(int32 number, uint8 position, uint8 digits, uint8 alignment)** – zeigt ein 16-Segment-Integer mit bis zu 8 Char Länge an, beginnend bei „position" und sich über „digits" Zeichen erstreckend. Das Minuszeichen wird eine Ziffer verbrauchen, wenn es erforderlich ist. Wenn die Zahl die angegebenen Ziffern übersteigt, werden die niedrigstwertigen Ziffern angezeigt. Zum Beispiel, wenn die Zahl −1234 ist, die Position 0 und die Ziffern 4 sind, wird das Ergebnis −234 sein.
- **void LED_Driver_Write16SegNumberHex(uint32 number, uint8 position, uint8 digits, uint8 alignment)** – zeigt eine 16-Segment-Hexadezimalzahl mit bis zu 8 Char Länge an, beginnend bei „position" und sich über „digits" Zeichen erstreckend. Wenn die Zahl die angegebenen Ziffern übersteigt, werden die niedrigstwertigen Ziffern angezeigt. Zum Beispiel, wenn die Zahl 0xDEADBEEF ist, die Position 0 und die Ziffern 4 sind, wird das Ergebnis BEEF sein.
- **void LED_Driver_WriteString16Seg(char8 const character[], uint8 position)** – zeigt eine 16-Segment-null-terminierte Zeichenkette an, beginnend bei „position" und endend entweder am Ende der Zeichenkette oder am Ende der Anzeige.[38]
- **void LED_Driver_PutChar16Seg(char8 character, uint8 position)** – zeigt ein 16-Segment-ASCII-codiertes Zeichen an „position" an. Diese Funktion kann alle alphanumerischen Zeichen anzeigen. Die Funktion kann auch „-", „..", „_", „," und „=" anzeigen.[39]
- **void LED_Driver_Write16SegDigDec(uint8 digit, uint8 position)** – zeigt eine einzelne 16-Segment-Ziffer auf der angegebenen Anzeige an. Die Zahl in „digit" (0–9) wird an „position" platziert.
- **void LED_Driver_Write16SegDigHex(uint8 digit, uint8 position)** – zeigt eine einzelne 16-Segment-Ziffer auf der angegebenen Anzeige an. Die Zahl in „digit" (0–F) wird an „position" platziert.
- **void LED_Driver_PutDecimalPoint(uint8 dp, uint8 position)** – setzt oder löscht den Dezimalpunkt an der angegebenen Position.
- **uint8 LED_Driver_GetDecimalPoint(uint8 position)** – gibt 0 zurück, wenn der Dezimalpunkt nicht gesetzt ist, und 1, wenn der Dezimalpunkt gesetzt ist.

---

[38] Nicht darstellbare Zeichen erzeugen ein Leerzeichen.

[39] Alle unbekannten Zeichen werden als Leerzeichen angezeigt.

15.83 LED Segment and Matrix Driver (LED_Driver) 1.10

- **uint8 LED_Driver_EncodeNumber7Seg(uint8 number)** – konvertiert die unteren 4 bit der Eingabe in 7-Segment-Daten, die die Zahl in Hex auf einer Anzeige darstellen werden. Die zurückgegebenen Daten können direkt in den Anzeige-RAM geschrieben werden, um die gewünschte Zahl anzuzeigen. Es ist nicht notwendig, diese Funktion zu verwenden, da höhere APIs bereitgestellt werden, um sowohl den Wert zu decodieren als auch ihn in den Anzeige-RAM zu schreiben.
- **uint8 LED_Driver_EncodeChar7Seg(char8 input)** – konvertiert die ASCII-codierte Alphabetzeicheneingabe in die 7-Segment-Daten, die das Alphabetzeichen auf einer Anzeige darstellen werden. Die zurückgegebenen Daten können direkt in den Anzeige-RAM geschrieben werden, um die gewünschte Zahl anzuzeigen. Es ist nicht notwendig, diese Funktion zu verwenden, da höhere API bereitgestellt werden, um sowohl den Wert zu decodieren als auch ihn in den Anzeige-RAM zu schreiben.

15.83.3 Character-LCD-Funktionsaufrufe 2.00

- **void LCD_Char_Start(void)** – diese Funktion initialisiert das LCD-Hardwaremodul wie folgt:
  1. aktiviert die 4-bit-Schnittstelle,
  2. löscht die Anzeige,
  3. aktiviert die automatische Cursorinkrementierung,
  4. setzt den Cursor auf die Startposition zurück.

  Sie lädt auch einen benutzerdefinierten Zeichensatz in das LCD, wenn dieser in der GUI des Customizer definiert wurde.
- **void LCD_Char_Stop(void)** – schaltet die Anzeige des LCD-Bildschirms aus.
- **void LCD_Char_DisplayOn(void)** – schaltet die Anzeige ein, ohne sie zu initialisieren. Sie ruft die Funktion LCD_Char_WriteControl( ) mit dem entsprechenden Argument auf, um die Anzeige zu aktivieren.
- **void LCD_Char_DisplayOff(void)** – schaltet die Anzeige aus, setzt jedoch das LCD-Modul in keiner Weise zurück. Sie ruft die Funktion auf.
- **void LCD_Char_PrintString(char8 const string[])** – schreibt eine null-terminierte Zeichenkette auf den Bildschirm, beginnend an der aktuellen Cursorposition.
- **void LCD_Char_DisplayOn(void)** – schaltet die Anzeige ein, ohne sie zu initialisieren. Sie ruft die Funktion LCD_Char_WriteControl( ) mit dem entsprechenden Argument auf, um die Anzeige zu aktivieren.
- **void LCD_Char_PutChar(char8 character)** – schreibt ein einzelnes Zeichen an der aktuellen Cursorposition auf den Bildschirm.[40]

---

[40] Wird verwendet, um benutzerdefinierte Zeichen durch ihre benannten Werte anzuzeigen (LCD_Char_CUSTOM_0 bis LCD_Char_CUSTOM_7).

- **void LCD_Char_DisplayOn(void)** – schaltet die Anzeige ein, ohne sie zu initialisieren. Sie ruft die Funktion LCD_Char_WriteControl( ) mit dem entsprechenden Argument auf, um die Anzeige zu aktivieren.
- **void LCD_Char_Position(uint8 row, uint8 column)** – bewegt den Cursor an die Position, die durch die Argumente Zeile und Spalte angegeben ist. uint8 row: Die Zeilennummer, an der der Cursor positioniert werden soll. Minimaler Wert ist 0.[41]
- **void LCD_Char_DisplayOn(void)** – schaltet die Anzeige ein, ohne sie zu initialisieren. Sie ruft die Funktion LCD_Char_WriteControl( ) mit dem entsprechenden Argument auf, um die Anzeige zu aktivieren.
- **void LCD_Char_WriteData(uint8 dByte)** – schreibt Daten in den aktuellen Position des LCD-RAM. Nach Abschluss des Schreibvorgangs wird die Position je nach festgelegtem Eingabemodus erhöht oder verringert.
- **void LCD_Char_WriteControl(uint8 cByte)** – schreibt ein Befehlsbyte in das LCD-Modul. Verschiedene LCD-Modelle können ihre eigenen Befehle haben.
- **void LCD_Char_ClearDisplay(void)** – löscht den Inhalt des Bildschirms und setzt die Cursorposition auf Zeile und Spalte 0 zurück. Sie ruft LCD_Char_WriteControl( ) mit dem entsprechenden Argument auf, um die Anzeige zu aktivieren.
- **void LCD_Char_IsReady(void)** – pollt das LCD, bis das Ready-Bit gesetzt ist oder ein Timeout auftritt.[42]
- **void LCD_Char_Sleep(void)** – dies ist die bevorzugte Routine, um die Komponente auf den Schlafmodus vorzubereiten. Die LCD_Char_Sleep( )-Routine speichert den aktuellen Zustand der Komponente. Dann ruft sie die LCD_Char_Stop( )-Funktion auf und anschließend LCD_Char_SaveConfig( ), um die Hardwarekonfiguration zu speichern. Rufen Sie die LCD_Char_Sleep( )-Funktion auf, bevor Sie die CyPmSleep( )- oder die CyPmHibernate( )-Funktion aufrufen. Initialisieren Sie die Komponente erneut nach dem Speichern oder Wiederherstellen der Zustände der Komponentenpins.
- **void LCD_Char_Wakeup(void)** – stellt die Konfiguration der Komponente wieder her und schaltet das LCD ein.
- **void LCD_Char_Init(void)** – führt die für die normale Arbeit der Komponente erforderliche Initialisierung durch.[43]
- **void LCD_Char_Enable(void)** – schaltet die Anzeige ein.
- **void LCD_Char_SaveConfig(void)** – leert das API, das bereitgestellt wurde, um alle erforderlichen Daten vor dem Eintritt in den Schlafmodus zu speichern.
- **void LCD_Char_RestoreConfig(void)** – leert das API, das bereitgestellt wurde, um gespeicherte Daten nach dem Verlassen des Schlafmodus wiederherzustellen.

---

[41] uint8 column ist die Spaltennummer, an der der Cursor positioniert werden soll.
[42] Diese Funktion ändert Pins zu HI-Z.
[43] LCD_Char_Init( ) lädt auch den benutzerdefinierten Zeichensatz, wenn dieser im Configure-Dialogfeld definiert wurde.

15.84 Character LCD 2.00

Die Komponente Character LCD enthält eine Reihe von Bibliotheksroutinen, die eine einfache Verwendung von ein-, zwei- oder vierzeiligen LCD-Modulen ermöglichen, die der 4-bit-Schnittstelle des Hitachi 44780-Standards folgen. Die Komponente bietet APIs zur Implementierung von horizontalen und vertikalen Balkendiagrammen, oder Sie können Ihre eigenen benutzerdefinierten Zeichen erstellen und anzeigen. Funktionen umfassen: implementiert das Industriestandard-Hitachi HD44780 LCD-Display-Treiberchip-Protokoll, benötigt nur 7 I/O-Pins an einem I/O-Port, enthält einen integrierten Zeicheneditor zur Erstellung benutzerdefinierter Zeichen und unterstützt horizontale und vertikale Balkendiagramme [16].

15.84.1 Character-LCD-Funktionen 2.00

- **LCD_Char_Start( )** – startet das Modul und lädt den benutzerdefinierten Zeichensatz in das LCD, falls dieser definiert wurde.
- **LCD_Char_Stop( )** – schaltet das LCD aus.
- **LCD_Char_DisplayOn( )** – schaltet die Anzeige des LCD-Moduls ein.
- **LCD_Char_DisplayOff( )** – schaltet die Anzeige des LCD-Moduls aus.
- **LCD_Char_PrintString( )** – gibt eine null-terminierte Zeichenkette auf den Bildschirm aus, Zeichen für Zeichen.
- **LCD_Char_PutChar( )** – sendet ein einzelnes Zeichen an das Datenregister des LCD-Moduls an der aktuellen Position.
- **LCD_Char_Position( )** – setzt die Position des Cursors entsprechend der angegebenen Zeile und Spalte.
- **LCD_Char_WriteData( )** – schreibt ein einzelnes Byte Daten in das Datenregister des LCD-Moduls.
- **LCD_Char_WriteControl( )** – schreibt eine einzelne Byteanweisung in das Steuerregister des LCD-Moduls.
- **LCD_Char_ClearDisplay( )** – löscht die Daten vom Bildschirm des LCD-Moduls.
- **LCD_Char_IsReady( )** – pollt das LCD, bis das Ready-Bit gesetzt ist oder ein Timeout auftritt.
- **LCD_Char_Sleep( )** – bereitet die Komponente auf den Schlafmodus vor.
- **LCD_Char_Wakeup( )** – stellt die Konfiguration der Komponenten wieder her und schaltet das LCD ein.
- **LCD_Char_Init( )** – führt die für die normale Arbeit der Komponente erforderliche Initialisierung durch.
- **LCD_Char_Enable( )** – schaltet das Display ein.
- **LCD_Char_SaveConfig( )** – leere API, bereitgestellt, um alle erforderlichen Daten vor dem Eintritt in den Schlafmodus zu speichern.

- **LCD_Char_RestoreConfig( )** – leere API, bereitgestellt, um gespeicherte Daten nach dem Verlassen des Schlafmodus wiederherzustellen.

15.85 Character LCD with I2C Interface (I2C LCD) 1.20

Die I2C-LCD-Komponente steuert ein 2-Zeilen-16-Zeichen-LCD mit I2C-Schnittstelle. Die I2C-LCD-Komponente ist ein Wrapper um eine I2C-Master-Komponente und nutzt eine bestehende I2C-Master-Komponente. Wenn ein Projekt noch keine I2C-Master-Komponente hat, ist eine solche für den Betrieb erforderlich. Wenn eine der API-Funktionen aufgerufen wird, ruft diese Funktion eine oder mehrere der I2C-Master-Funktionen auf, um mit dem LCD zu kommunizieren. Merkmale sind: Kommunikation über einen Zweileiter-I2C-Bus; API-kompatibel mit der aktuellen Zeichen-LCD-Komponente; eine Komponente kann ein oder mehrere LCDs auf dem gleichen I2C-Bus steuern; kann auf einem bestehenden I2C-Bus koexistieren, wenn der PSoC der I2C-Master ist; Unterstützung für das NXP PCF2119x-Befehlsformat [17].

15.85.1 Funktionen des Character LCD with I2C Interface (I2C LCD) 1.20

- **I2C_LCD_Start( )** – startet das Modul und lädt den benutzerdefinierten Zeichensatz auf das LCD, wenn dieser definiert wurde.
- **I2C_LCD_Stop( )** – schaltet das LCD aus.
- **I2C_LCD_Init( )** – führt die für die normale Arbeit der Komponente erforderliche Initialisierung durch.
- **I2C_LCD_Enable( )** – schaltet die Anzeige ein.
- **I2C_LCD_DisplayOn( )** – schaltet die Anzeige des LCD-Moduls ein.
- **I2C_LCD_DisplayOff( )** – schaltet die Anzeige des LCD-Moduls aus.
- **I2C_LCD_PrintString( )** – gibt eine null-terminierte Zeichenkette auf den Bildschirm aus, Zeichen für Zeichen.
- **I2C_LCD_PutChar( )** – sendet ein einzelnes Zeichen an das Datenregister des LCD-Moduls an der aktuellen Position.
- **I2C_LCD_Position( )** – setzt die Position des Cursors entsprechend der angegebenen Zeile und Spalte.
- **I2C_LCD_WriteControl( )** – schreibt eine einzelne Byteanweisung in das Steuerregister des LCD-Moduls.
- **I2C_LCD_ClearDisplay( )** – löscht die Daten vom Bildschirm des LCD-Moduls. Diese Funktion ermöglicht es dem Benutzer, die Standard-I2C-Adresse des LCD zu ändern.
- **I2C_LCD_SetAddr( )** – diese Funktion ermöglicht es dem Benutzer, die Standard-I2C-Adresse des LCD zu ändern.

15.85 Character LCD with I2C Interface (I2C LCD) 1.20

- **I2C_LCD_PrintInt8( )** – gibt eine zweistellige ASCII-Zeichen-Hexadezimaldarstellung des 8-bit-Werts auf das Zeichen-LCD-Modul aus.
- **I2C_LCD_PrintInt16( )** – gibt eine vierstellige ASCII-Zeichen-Hexadezimaldarstellung des 16-bit-Werts auf das Zeichen-LCD-Modul aus.
- **I2C_LCD_PrintNumber( )** – gibt den Dezimalwert eines 16-bit-Werts als linksbündige ASCII-Zeichen aus.
- **I2C_LCD_HandleOneByteCommand( )** – dieser Befehl fügt eine Unterstützung für das Senden von benutzerdefinierten Befehlen mit einem 1-Byte-Parameter hinzu.
- **I2C_LCD_HandleCustomCommand( )** – führt das Senden des Befehls aus, der variable Parameter hat.

15.85.2 Funktionsaufrufe des Character LCD with I2C Interface (I2C LCD) 1.20

- **void I2C_LCD_Start(void)** – wenn diese Funktion das erste Mal aufgerufen wird, initialisiert sie das LCD-Hardwaremodul wie folgt:
  1. Schaltet das Display ein.
  2. Aktiviert die automatische Cursorinkrementierung.
  3. Setzt den Cursor auf die Startposition zurück.
  4. Löscht das Display.
  5. Sie lädt auch einen benutzerdefinierten Zeichensatz in das LCD, wenn dieser in der GUI des Customizer definiert wurde. Setzt den Cursor auf die Startposition zurück.
  Alle folgenden Aufrufe dieser Funktion schalten nur das LCD-Modul ein.[44] Der I2C-Master muss initialisiert und globale Interrupts müssen aktiviert sein, bevor diese Funktion aufgerufen wird, und wenn das NXP-kompatible LCD-Modul verwendet wird, dann ist ein 1-ms-Resetimpuls vor dem Aufruf von I2C_LCD_Start( ) erforderlich.
- **void I2C_LCD_Stop(void)** – schaltet die Anzeige des LCD-Bildschirms aus, stoppt aber nicht die I2C-Master-Komponente.
- **void I2C_LCD_PrintString(char8 const string[])** – schreibt eine null-terminierte Zeichenkette auf den Bildschirm, beginnend an der aktuellen Cursorposition.[45]
- **void I2C_LCD_PutChar(char8 character)** – schreibt ein einzelnes Zeichen an der aktuellen Cursorposition auf den Bildschirm. Wird verwendet, um benutzerdefinierte

---

[44] Diese Funktion sendet Befehle an das Display über den I2C-Master.
[45] Aufgrund des Zeichensatzes, der im NXP-PCF2119x-LCD-Modul fest codiert ist, das im PSoC 4-Prozessormodul verwendet wird, können einige Zeichen nicht angezeigt werden.

Zeichen über ihre benannten Werte anzuzeigen (I2C_LCD_CUSTOM_0 bis I2C_LCD_CUSTOM_7).[46]

- **void I2C_LCD_Position(uint8 row, uint8 column)** – bewegt den Cursor an die durch die Argumente Zeile und Spalte angegebene Position.
- **void I2C_LCD_WriteData(uint8 dByte)** – schreibt Daten in den LCD-RAM an der aktuellen Position. Nach Abschluss des Schreibvorgangs wird die Position je nach angegebenem Eingabemodus erhöht oder verringert.
- **void I2C_LCD_WriteControl(uint8 cByte)** – schreibt ein Befehlsbyte in das LCD-Modul. Verschiedene LCD-Modelle können ihre eigenen Befehle haben. Überprüfen Sie das spezifische LCD-Datenblatt für Befehle, die für dieses Modell gültig sind.
- **void I2C_LCD_ClearDisplay(void)** – löscht den Inhalt des Bildschirms und setzt die Cursorposition auf Zeile und Spalte 0 zurück. Sie ruft I2C_LCD_WriteControl( ) mit dem entsprechenden Argument auf, um die Anzeige zu aktivieren.
- **void I2C_LCD_SetAddr (uint8 address)** – mit dieser Funktion können Sie die Standard-I2C-Adresse des LCD ändern. Diese Funktion wird nicht für Designs mit einem einzigen LCD verwendet. Systeme, die 2 oder mehr LCDs auf einem einzigen I2C-Bus haben, verwenden diese Funktion, um das entsprechende LCD auszuwählen.
- **void I2C_LCD_PrintInt8(uint8 value)** – gibt eine zweistellige ASCII-Zeichendarstellung des 8-bit-Werts auf dem Zeichen-I2C-LCD-Modul aus.
- **void I2C_LCD_PrintInt16(uint16 value)** – gibt eine vierstellige ASCII-Zeichendarstellung des 16-bit-Werts auf dem Zeichen-I2C-LCD-Modul aus.
- **void I2C_LCD_PrintNumber(uint16 value)** – gibt den Dezimalwert eines 16-bit-Werts als linksbündige ASCII-Zeichen aus.
- **void I2C_LCD_HandleOneByteCommand(uint8 cmdId, uint8 cmdByte)** – dieser Befehl fügt eine Unterstützung für das Senden von benutzerdefinierten Befehlen mit einem 1-Byte-Parameter hinzu.
- **void I2C_LCD_HandleCustomCommand(uint8 cmdId, uint8 dataLength, uint8 const cmdData[])** – führt das Senden des Befehls aus, der variable Parameter hat.

15.86 Graphic LCD Controller (GraphicLCDCtrl) 1.80

Die Komponente Graphic LCD Controller (GraphicLCDCtrl) stellt die Schnittstelle zu einem LCD-Panel bereit, das über einen LCD-Treiber, aber keinen LCD-Controller verfügt. Dieser Paneltyp enthält keinen Framebuffer. Der Framebuffer muss extern bereitgestellt werden. Diese Komponente stellt auch eine Schnittstelle zu einem extern bereitgestellten Framebuffer bereit, der mit einem 16-bit-breiten asynchronen SRAM-Gerät implementiert ist. Diese Komponente ist darauf ausgelegt, mit der SEGGER em-

---

[46] Aufgrund des Zeichensatzes, der im NXP-PCF2119x-LCD-Modul fest codiert ist, das im PSoC 4-Prozessormodul verwendet wird, können einige Zeichen nicht angezeigt werden.

15.86 Graphic LCD Controller (GraphicLCDCtrl) 1.80

Win-Grafikbibliothek zu arbeiten. Diese Bibliothek bietet eine vollständige Palette von Grafikfunktionen zum Zeichnen und Rendern von Text und Bildern.[47] Merkmale sind: voll programmierbare Bildschirmgrößenunterstützung bis zu HVGA-Auflösung mit QVGA (320×240) @ 60 Hz, 16 bpp, WQVGA (480×272) @ 60 Hz, 16 bpp, HVGA (480×320) @ 60 Hz, 16 bpp, unterstützt den Betrieb mit virtuellem Bildschirm, kann mit der SEGGER emWin-Grafikbibliothek verwendet werden, führt Lese- und Schreibtransaktionen während der Ausblendintervalle durch, erzeugt kontinuierliche Timing-Signale für das Panel ohne CPU-Eingriff, unterstützt bis zu 23-bit-Adressen und ein asynchrones 16-bit-Daten-SRAM-Gerät, das als extern bereitgestellter Frame-Puffer verwendet wird, und erzeugt einen wählbaren Interrupt-Impuls am Ein- und Ausgang der horizontalen und vertikalen Ausblendintervalle [50].

15.86.1 Graphic-LCD-Controller (GraphicLCDCtrl)-Funktionen 1.80

- **GraphicLCDCtrl_Init( )** – initialisiert oder stellt die Komponentenparameter auf die Einstellungen zurück, die mit dem Component-Customizer bereitgestellt wurden.
- **GraphicLCDCtrl_Enable( )** – aktiviert den GraphicLCDCtrl.
- **GraphicLCDCtrl_Start( )** – startet die GraphicLCDCtrl-Schnittstelle.
- **GraphicLCDCtrl_Stop( )** – deaktiviert die GraphicLCDCtrl-Schnittstelle.
- **GraphicLCDCtrl_Write( )** – initiiert eine Schreibtransaktion zum Framebuffer.
- **GraphicLCDCtrl_Read( )** – initiiert eine Lesetransaktion aus dem Framebuffer.
- **GraphicLCDCtrl_WriteFrameAddr( )** – legt die Startadresse des Framebuffers fest, die beim Aktualisieren des Bildschirms verwendet wird.
- **GraphicLCDCtrl_ReadFrameAddr( )** – liest die Startadresse des Framebuffers, die beim Aktualisieren des Bildschirms verwendet wird.
- **GraphicLCDCtrl_WriteLineIncr( )** – legt den Adressabstand zwischen benachbarten Zeilen fest.
- **GraphicLCDCtrl_ReadLineIncr( )** – liest den Adressenzuwachs zwischen den Zeilen.
- **GraphicLCDCtrl_Sleep( )** – speichert die Konfiguration und deaktiviert den GraphicLCDCtrl.
- **GraphicLCDCtrl_Wakeup( )** – stellt die Konfiguration wieder her und aktiviert den GraphicLCDCtrl.
- **GraphicLCDCtrl_SaveConfig( )** – speichert die Konfiguration des GraphicLCDCtrl.
- **GraphicLCDCtrl_RestoreConfig( )** – stellt die Konfiguration des GraphicLCDCtrl wieder her.

---

[47] Die emWin-Grafikbibliothek ist verfügbar für PSoC 3-, PSoC 4- und PSoC 5LP-Geräte: www.cypress.com/go/comp_emWin.

15.86.2 Graphic-LCD-Controller (GraphicLCDCtrl)- Funktionsaufrufe 1.80

- **void GraphicLCDCtrl _Init(void)** – diese Funktion initialisiert oder stellt die Komponentenparameter auf die Einstellungen zurück, die mit dem Component-Customizer bereitgestellt wurden. Die Kompilierzeitkonfiguration, die die Timing-Generierung definiert, wird auf die Einstellungen zurückgesetzt, die mit dem Customizer bereitgestellt wurden. Die Laufzeitkonfiguration für die Framebufferadresse wird auf 0 gesetzt; für den Zeilenzuwachs wird sie auf die Anzeigenzeilengröße gesetzt.[48]
- **void GraphicLCDCtrl_Enable(void)** – diese Funktion aktiviert die Hardware und beginnt den Betrieb der Komponente. Es ist nicht notwendig, GraphicLCDCtrl_Enable( ) aufzurufen, da die GraphicLCDCtrl_Start( )-Routine diese Funktion aufruft, was die bevorzugte Methode ist, um den Betrieb der Komponente zu beginnen.
- **void GraphicLCDCtrl_Start(void)** – konfiguriert die Komponente für den Betrieb, beginnt die Generierung des Takts, der Timing-Signale, des Interrupt und startet das Aktualisieren des Bildschirms aus dem Framebuffer. Setzt die Framebufferadresse auf 0 und die Anzahl der Einträge zwischen den Zeilen auf die Zeilenbreite.
- **void GraphicLCDCtrl_Stop(void)** – deaktiviert die GraphicLCDCtrl-Komponente.
- **void GraphicLCDCtrl_Write(uint32 addr, uint16 wrData)** – initiiert eine Schreibtransaktion zum Framebuffer unter Verwendung der bereitgestellten Adresse und Daten. Der Schreibvorgang ist ein geposteter Schreibvorgang, so dass diese Funktion zurückkehrt, bevor der Schreibvorgang tatsächlich auf der Schnittstelle abgeschlossen ist. Wenn die Befehlswarteschlange voll ist, kehrt diese Funktion nicht zurück, bis Platz vorhanden ist, um diese Schreibanforderung in die Warteschlange zu stellen.
- **uint16 GraphicLCDCtrl_Read(uint32 addr)** – initiiert eine Lesetransaktion aus dem Framebuffer. Die Leseoperation wird ausgeführt, nachdem alle derzeit geposteten Schreibvorgänge abgeschlossen sind. Die Funktion wartet, bis die Leseoperation abgeschlossen ist, und gibt dann den gelesenen Wert zurück.
- **void GraphicLCDCtrl_WriteFrameAddr(uint32 addr)** – legt die Startadresse des Framebuffers fest, die beim Aktualisieren des Bildschirms verwendet wird. Dieses Register wird während jedes vertikalen Ausblendintervalls gelesen. Um eine atomare Aktualisierung dieses Registers zu implementieren, sollte es während des aktiven Aktualisierungsbereichs geschrieben werden.
- **uint32 GraphicLCDCtrl_ReadFrameAddr(void)** – liest die Startadresse des Framebuffers, die beim Aktualisieren des Bildschirms verwendet wird.

---

[48] Diese Funktion löscht keine Daten aus den FIFO und setzt keine Komponentenhardwarezustandsmaschinen zurück.

- **void GraphicLCDCtrl_WriteLineIncr(uint32 incr)** – legt den Adressabstand zwischen benachbarten Zeilen fest. Standardmäßig ist dies die Anzeigegröße einer Zeile. Diese Einstellung kann verwendet werden, um Zeilen an eine andere Wortgrenze auszurichten oder um eine virtuelle Zeilenlänge zu implementieren, die größer ist als der Anzeigebereich.
- **uint32 GraphicLCDCtrl_ReadLineIncr(void)** – liest den Adressenzuwachs zwischen den Zeilen.
- **void GraphicLCDCtrl_Sleep(void)** – deaktiviert den Betrieb des Blocks und speichert seine Konfiguration. Sollte vor dem Eintritt in den Schlafmodus aufgerufen werden.
- **void GraphicLCDCtrl_Wakeup(void)** – aktiviert den Betrieb des Blocks und stellt seine Konfiguration wieder her. Sollte nach dem Aufwachen aus dem Schlafmodus aufgerufen werden.
- **void GraphicLCDCtrl_SaveConfig(void)** – diese Funktion speichert die Konfiguration der Komponente und nicht speichernden Register. Sie speichert auch die aktuellen Parameterwerte der Komponente, wie sie im Configure-Dialogfeld definiert oder durch geeignete APIs geändert wurden. Diese Funktion wird von der GraphicLCDCtr_Sleep( )-Funktion aufgerufen.
- **void GraphicLCDCtrl_RestoreConfig(void)** – diese Funktion stellt die Konfiguration der Komponente und nicht speichernden Register wieder her. Sie stellt auch die Parameterwerte der Komponente auf das zurück, was sie vor dem Aufruf der GraphicLCDCtrl_Sleep( )-Funktion waren.

15.87 Graphic LCD Interface (GraphicLCDIntf) 1.80

Die Graphic-LCD-Interface (GraphicLCDIntf)-Komponente [49] stellt die Schnittstelle zu einem grafischen LCD-Controller und Treibergerät bereit. Diese Geräte sind häufig in ein LCD-Panel integriert. Die Schnittstelle zu diesen Geräten wird häufig als i8080-Schnittstelle bezeichnet. Dies ist eine Referenz auf das historische parallele Busschnittstellenprotokoll des Intel 8080-Mikroprozessors. Diese Komponente ist darauf ausgelegt, mit der SEGGER emWin-Grafikbibliothek zu arbeiten. Diese Bibliothek bietet eine vollständige Reihe von Grafikfunktionen zum Zeichnen und Rendern von Text und Bildern.[49] Merkmale beinhalten: 8- oder 16-bit-Schnittstelle zum grafischen LCD-Controller, kompatibel mit vielen Grafikcontroller-Geräten, kann mit der SEGGER emWin-Grafikbibliothek verwendet werden, führt Lese- und Schreibtransaktionen durch, 2 bis 255 Zyklen für die Lese-low-Pulsbreite, 1 bis 255 Zyklen für die Lese-high-Pulsbreite und implementiert die typische i8080-Schnittstelle [51].

---

[49] Die emWin-Grafikbibliothek ist verfügbar für PSoC 3-, PSoC 4-, PSoC 5LP-Geräte: www.cypress.com/go/comp_emWin.

15.87.1 Graphic-LCD-Interface (GraphicLCDIntf)-Funktionen 1.80

- **GraphicLCDIntf_Start( )** – startet die GraphicLCDIntf-Schnittstelle.
- **GraphicLCDIntf_Stop( )** – deaktiviert die GraphicLCDIntf-Schnittstelle.
- **GraphicLCDIntf_Write8( )** – initiiert eine Schreibtransaktion auf der 8-bit-Parallelschnittstelle.
- **GraphicLCDIntf_Write16( )** – initiiert eine Schreibtransaktion auf der 16-bit-Parallelschnittstelle.
- **GraphicLCDIntf_WriteM8( )** – initiiert mehrere Schreibtransaktionen auf der 8-bit-Parallelschnittstelle.
- **GraphicLCDIntf_WriteM16( )** – initiiert mehrere Schreibtransaktionen auf der 16-bit-Parallelschnittstelle.
- **GraphicLCDIntf_Write8_A0( )** – initiiert eine Schreibtransaktion auf der 8-bit-Parallelschnittstelle, d_c-Leitung low.
- **GraphicLCDIntf_Write16_A0( )** – initiiert eine Schreibtransaktion auf der 16-bit-Parallelschnittstelle, d_c-Leitung low.
- **GraphicLCDIntf_Write8_A1( )** – initiiert eine Schreibtransaktion auf der 8-bit-Parallelschnittstelle, d_c-Leitung high.
- **GraphicLCDIntf_Write16_A1( )** – initiiert eine Schreibtransaktion auf der 16-bit-Parallelschnittstelle, d_c-Leitung high.
- **GraphicLCDIntf_WriteM8_A0( )** – initiiert mehrere Schreibtransaktionen auf der 8-bit-Parallelschnittstelle, d_c-Leitung low.
- **GraphicLCDIntf_WriteM16_A0( )** – initiiert mehrere Schreibtransaktionen auf der 16-bit-Parallelschnittstelle, d_c-Leitung low.
- **GraphicLCDIntf_WriteM8_A1( )** – initiiert mehrere Schreibtransaktionen auf der 8-bit-Parallelschnittstelle, d_c-Leitung high.
- **GraphicLCDIntf_WriteM16_A1( )** – initiiert mehrere Schreibtransaktionen auf der 16-bit-Parallelschnittstelle, d_c-Leitung high.
- **GraphicLCDIntf_Read8( )** – initiiert eine Lesetransaktion auf der 8-bit-Parallelschnittstelle.
- **GraphicLCDIntf_Read16( )** – initiiert eine Lesetransaktion auf der 16-bit-Parallelschnittstelle.
- **GraphicLCDIntf_ReadM8( )** – initiiert mehrere Lesetransaktionen auf der 8-bit-Parallelschnittstelle.
- **GraphicLCDIntf_ReadM16( )** – initiiert mehrere Lesetransaktionen auf der 16-bit-Parallelschnittstelle.
- **GraphicLCDIntf_Read8_A1( )** – initiiert eine Lesetransaktion auf der 8-bit-Parallelschnittstelle, d_c-Leitung low.
- **GraphicLCDIntf_Read16_A1( )** – initiiert eine Lesetransaktion auf der 16-bit-Parallelschnittstelle, d_c-Leitung low.

15.87 Graphic LCD Interface (GraphicLCDIntf) 1.80

- **GraphicLCDIntf_ReadM8_A1( )** – initiiert mehrere Lesetransaktionen auf der 8-bit-Parallelschnittstelle, d_c-Leitung high.
- **GraphicLCDIntf_ReadM16_A1( )** – initiiert mehrere Lesetransaktionen auf der 16-bit-Parallelschnittstelle, d_c-Leitung high.
- **GraphicLCDIntf_Sleep( )** – speichert die Konfiguration und deaktiviert das GraphicLCDIntf.
- **GraphicLCDIntf_Wakeup( )** – stellt die Konfiguration wieder her und aktiviert das GraphicLCDIntf.
- **GraphicLCDIntf_Init( )** – initialisiert oder stellt die Standardkonfiguration von GraphicLCDIntf wieder her.
- **GraphicLCDIntf_Enable( )** – aktiviert das GraphicLCDIntf.
- **GraphicLCDIntf_SaveConfig( )** – speichert die Konfiguration und deaktiviert das GraphicLCDIntf.
- **GraphicLCDIntf_RestoreConfig( )** – stellt die Konfiguration des GraphicLCDIntf wieder her.

15.87.2 Graphic-LCD-Interface (GraphicLCDIntf)-Funktionsaufrufe 1.80

- **void GraphicLCDIntf_Start(void)** – diese Funktion aktiviert die Active-Mode-Power-Template-Bits oder die Taktsteuerung, je nach Bedarf. Konfiguriert die Komponente für den Betrieb.
- **void GraphicLCDIntf_Stop(void)** – diese Funktion deaktiviert die Active-Mode-Power-Template-Bits oder steuert die Takte, je nach Bedarf.
- **void GraphicLCDIntf_Write8(uint8 d_c, uint8 wrData)** – diese Funktion initiiert eine Schreibtransaktion auf der 8-bit-Parallelschnittstelle. Der Schreibvorgang ist ein geposteter Schreibvorgang, daher gibt diese Funktion zurück, bevor der Schreibvorgang tatsächlich auf der Schnittstelle abgeschlossen ist. Wenn die Befehlswarteschlange voll ist, gibt diese Funktion nicht zurück, bis Platz vorhanden ist, um diese Schreibanforderung in die Warteschlange zu stellen.
- **void GraphicLCDIntf_Write16(uint8 d_c, uint16 wrData)** – diese Funktion initiiert eine Schreibtransaktion auf der 16-bit-Parallelschnittstelle. Der Schreibvorgang ist ein geposteter Schreibvorgang, daher gibt diese Funktion zurück, bevor der Schreibvorgang tatsächlich auf der Schnittstelle abgeschlossen ist. Wenn die Befehlswarteschlange voll ist, gibt diese Funktion nicht zurück, bis Platz vorhanden ist, um diese Schreibanforderung in die Warteschlange zu stellen.
- **void GraphicLCDIntf_WriteM8(uint8 d_c, uint8 wrData[], uint16 num)** – diese Funktion initiiert mehrere Schreibtransaktionen auf der 8-bit-Parallelschnittstelle. Das Schreiben mehrerer Bytes mit einer Ausführung von GraphicLCDIntf_WriteM8, anstatt mehrerer Ausführungen von GraphicLCDIntf_Write8, erhöht die Schreibleistung auf der Schnittstelle.

- **void GraphicLCDIntf_WriteM16(uint8 d_c, uint16 wrData[], uint16 num)** – diese Funktion initiiert mehrere Schreibtransaktionen auf der 16-bit-Parallelschnittstelle. Das Schreiben mehrerer Wörter mit einer Ausführung von GraphicLCDIntf_WriteM16, anstatt mehrerer Ausführungen von GraphicLCDIntf_Write16, erhöht die Schreibleistung auf der Schnittstelle.
- **void GraphicLCDIntf_Write8_A0(uint8 wrData)** – diese Funktion initiiert eine Befehlsschreibtransaktion auf der 8-bit-Parallelschnittstelle mit dem d_c-Pin auf 0 gesetzt. Der Schreibvorgang ist ein geposteter Schreibvorgang, daher gibt diese Funktion zurück, bevor der Schreibvorgang tatsächlich auf der Schnittstelle abgeschlossen ist. Wenn die Befehlswarteschlange voll ist, gibt diese Funktion nicht zurück, bis Platz vorhanden ist, um diese Schreibanforderung in die Warteschlange zu stellen. Parameter: wrData: Daten, die auf den do_lsb[7:0]-Pins gesendet werden.
- **void GraphicLCDIntf_Write16_A0(uint8 wrData)** – diese Funktion initiiert eine Befehlsschreibtransaktion auf der 16-bit-Parallelschnittstelle mit dem d_c-Pin auf 0 gesetzt. Der Schreibvorgang ist ein geposteter Schreibvorgang, daher gibt diese Funktion zurück, bevor der Schreibvorgang tatsächlich auf der Schnittstelle abgeschlossen ist. Wenn die Befehlswarteschlange voll ist, gibt diese Funktion nicht zurück, bis Platz vorhanden ist, um diese Schreibanforderung in die Warteschlange zu stellen.
- **void GraphicLCDIntf_Write8_A1(uint8 wrData)** – diese Funktion initiiert eine Datenschreibtransaktion auf der 8-bit-Parallelschnittstelle mit dem d_c-Pin auf 1 gesetzt. Der Schreibvorgang ist ein geposteter Schreibvorgang, daher gibt diese Funktion zurück, bevor der Schreibvorgang tatsächlich auf der Schnittstelle abgeschlossen ist. Wenn die Befehlswarteschlange voll ist, gibt diese Funktion nicht zurück, bis Platz vorhanden ist, um diese Schreibanforderung in die Warteschlange zu stellen.
- **void GraphicLCDIntf_Write16_A1(uint8 wrData)** – diese Funktion initiiert eine Datenschreibtransaktion auf der 16-bit-Parallelschnittstelle mit dem d_c-Pin auf 1 gesetzt. Der Schreibvorgang ist ein geposteter Schreibvorgang, daher gibt diese Funktion zurück, bevor der Schreibvorgang tatsächlich auf der Schnittstelle abgeschlossen ist. Wenn die Befehlswarteschlange voll ist, gibt diese Funktion nicht zurück, bis Platz vorhanden ist, um diese Schreibanforderung in die Warteschlange zu stellen.
- **void GraphicLCDIntf_WriteM8_A0(uint8 wrData[], int num)** – diese Funktion initiiert mehrere Datenschreibtransaktionen auf der 8-bit-Parallelschnittstelle mit dem d_c-Pin auf 0 gesetzt. Der Schreibvorgang ist ein geposteter Schreibvorgang, daher gibt diese Funktion zurück, bevor der Schreibvorgang tatsächlich auf der Schnittstelle abgeschlossen ist. Wenn die Befehlswarteschlange voll ist, gibt diese Funktion nicht zurück, bis Platz vorhanden ist, um diese Schreibanforderung in die Warteschlange zu stellen.
- **void GraphicLCDIntf_WriteM16_A0(uint16 wrData[], int num)** – diese Funktion initiiert mehrere Datenschreibtransaktionen auf der 16-bit-Parallelschnittstelle mit dem d_c-Pin auf 0 gesetzt. Der Schreibvorgang ist ein geposteter Schreibvorgang, daher gibt diese Funktion zurück, bevor der Schreibvorgang tatsächlich auf der Schnittstelle abgeschlossen ist. Wenn die Befehlswarteschlange voll ist, gibt diese Funktion nicht zurück, bis Platz vorhanden ist, um diese Schreibanforderung in die Warteschlange zu stellen.

15.87 Graphic LCD Interface (GraphicLCDIntf) 1.80

- **void GraphicLCDIntf_WriteM8_A1(uint8 wrData[], int num)** – diese Funktion initiiert mehrere Datenschreibtransaktionen auf der 8-bit-Parallelschnittstelle mit dem d_c-Pin auf 1 gesetzt. Der Schreibvorgang ist ein geposteter Schreibvorgang, daher gibt diese Funktion zurück, bevor der Schreibvorgang tatsächlich auf der Schnittstelle abgeschlossen ist. Wenn die Befehlswarteschlange voll ist, gibt diese Funktion nicht zurück, bis Platz vorhanden ist, um diese Schreibanforderung in die Warteschlange zu stellen.
- **void GraphicLCDIntf_WriteM16_A1(uint16 wrData[], int num)** – diese Funktion initiiert mehrere Datenschreibtransaktionen auf der 16-bit-Parallelschnittstelle mit dem d_c-Pin auf 1 gesetzt. Der Schreibvorgang ist ein geposteter Schreibvorgang, daher gibt diese Funktion zurück, bevor der Schreibvorgang tatsächlich auf der Schnittstelle abgeschlossen ist. Wenn die Befehlswarteschlange voll ist, gibt diese Funktion nicht zurück, bis Platz vorhanden ist, um diese Schreibanforderung in die Warteschlange zu stellen.
- **uint8 GraphicLCDIntf_Read8(uint8 d_c)** – diese Funktion initiiert eine Lesetransaktion auf der 8-bit-Parallelschnittstelle. Die Lesetransaktion wird ausgeführt, nachdem alle derzeit geposteten Schreibvorgänge abgeschlossen sind. Diese Funktion wartet, bis die Lesetransaktion abgeschlossen ist, und gibt dann den gelesenen Wert zurück.
- **uint16 GraphicLCDIntf_Read16(uint8 d_c)** – diese Funktion initiiert eine Lesetransaktion auf der 16-bit-Parallelschnittstelle. Die Lesetransaktion wird ausgeführt, nachdem alle derzeit geposteten Schreibvorgänge abgeschlossen sind. Diese Funktion wartet, bis die Lesetransaktion abgeschlossen ist, und gibt dann den gelesenen Wert zurück.
- **void GraphicLCDIntf_ReadM8 (uint8 d_c, uint8 rdData[], uint16 num)** – diese Funktion initiiert eine Lesetransaktion auf der 8-bit-Parallelschnittstelle. Die Lesetransaktion wird ausgeführt, nachdem alle derzeit geposteten Schreibvorgänge abgeschlossen sind. Diese Funktion wartet, bis die Lesetransaktion abgeschlossen ist, und gibt dann den gelesenen Wert zurück.
- **void GraphicLCDIntf_ReadM16 (uint8 d_c, uint16 rdData[], uint16 num)** – diese Funktion initiiert eine Lesetransaktion auf der 16-bit-Parallelschnittstelle. Die Lesetransaktion wird ausgeführt, nachdem alle derzeit geposteten Schreibvorgänge abgeschlossen sind. Diese Funktion wartet, bis die Lesetransaktion abgeschlossen ist, und gibt dann den gelesenen Wert zurück.
- **uint8 GraphicLCDIntf_Read8_A1(void)** – diese Funktion initiiert eine Datenlesetransaktion auf der 8-bit-Parallelschnittstelle mit dem d_c-Pin auf 1 gesetzt. Die Lesetransaktion wird ausgeführt, nachdem alle derzeit geposteten Schreibvorgänge abgeschlossen sind. Diese Funktion wartet, bis die Lesetransaktion abgeschlossen ist, und gibt dann den gelesenen Wert zurück.
- **uint16 GraphicLCDIntf_Read16_A1(void)** – diese Funktion initiiert eine Datenlesetransaktion auf der 16-bit-Parallelschnittstelle mit dem d_c-Pin auf 1 gesetzt. Die Leseoperation wird ausgeführt, nachdem alle derzeit geposteten Schreibvorgänge ab-

geschlossen sind. Diese Funktion wartet, bis die Leseoperation abgeschlossen ist und gibt dann den gelesenen Wert zurück.
- **void GraphicLCDIntf_ReadM8_A1 (uint8 rdData[], uint16 num)** – diese Funktion initiiert eine Lesetransaktion auf der 8-bit-Parallelschnittstelle mit dem d_c-Pin auf 1 gesetzt. Die Leseoperation wird ausgeführt, nachdem alle derzeit geposteten Schreibvorgänge abgeschlossen sind. Diese Funktion wartet, bis die Leseoperation abgeschlossen ist und gibt dann den gelesenen Wert zurück.
- **void GraphicLCDIntf_ReadM16_A1 (uint16 rdData[], uint16 num)** – diese Funktion initiiert eine Lesetransaktion auf der 16-bit-Parallelschnittstelle mit dem d_c-Pin auf 1 gesetzt. Die Leseoperation wird ausgeführt, nachdem alle derzeit geposteten Schreibvorgänge abgeschlossen sind. Diese Funktion wartet, bis die Leseoperation abgeschlossen ist und gibt dann den gelesenen Wert zurück.
- **void GraphicLCDIntf_Sleep(void)** – stoppt den Komponentenbetrieb und speichert die Benutzerkonfiguration.
- **void GraphicLCDIntf_Wakeup(void)** – stellt die Benutzerkonfiguration wieder her und setzt den Zustand der Komponente zurück.
- **void GraphicLCDIntf_Init(void)** – diese Funktion initialisiert oder stellt die Komponente gemäß den Einstellungen des Configure-Dialogfelds des Customizer wieder her. Es ist nicht notwendig, GraphicLCDIntf_Init( ) aufzurufen, da die GraphicLCDIntf_Start( )-Routine diese Funktion aufruft und die bevorzugte Methode ist, den Betrieb der Komponente zu starten. Nur die statische Komponentenkonfiguration, die die Lese-low- und -high-Pulsbreiten definiert, wird auf ihre Anfangswerte zurückgesetzt.
- **void GraphicLCDIntf_Enable(void)** – diese Funktion aktiviert die Hardware und beginnt den Betrieb der Komponente. Es ist nicht notwendig, GraphicLCDIntf_Enable( ) aufzurufen, da die GraphicLCDIntf_Start( )-Routine diese Funktion aufruft, die die bevorzugte Methode ist, den Betrieb der Komponente zu starten.
- **void GraphicLCDIntf_SaveConfig(void)** – diese Funktion speichert die Konfiguration der Komponente und nicht speichernden Register. Diese Funktion wird von der GraphicLCDIntf_Sleep( )-Funktion aufgerufen.
- **void GraphicLCDIntf_RestoreConfig(void)** – diese Funktion stellt die Konfiguration der GraphicLCDIntf und nicht speichernden Register wieder her. Das API wird von der GraphicLCDIntf_Wakeup-Funktion aufgerufen.

15.88 Static LCD (LCD_SegStatic) 2.30

Die Static-Segment-LCD (LCD_SegStatic)-Komponente kann direkt 3,3-V- und 5,0-V-LCD-Glas ansteuern. Diese Komponente bietet eine einfache Methode zur Konfiguration des PSoC-Geräts für Ihr benutzerdefiniertes oder standardmäßiges Glas. Jedes LCD-Pixel/Symbol kann entweder ein- oder ausgeschaltet sein. Die statische Segment-LCD-Komponente bietet auch erweiterte Unterstützung zur Vereinfachung der folgenden Arten

15.88 Static LCD (LCD_SegStatic) 2.30

von Anzeigestrukturen innerhalb des Glases: 7-Segment-Ziffer, 14-Segment-Alphanumerik, 16-Segment-Alphanumerik, 1–255-Element-Balkendiagramm, 1–61 Pixel oder Symbole und 10–150 Hz Aktualisierungsrate. Funktionen umfassen benutzerdefinierte Pixel- oder Symbolkarte mit optionalen 7-Segment-, 14-Segment-, 16-Segment- und Balkendiagrammberechnungsroutinen und direktes Ansteuern statischer (ein Verband) LCDs [88].

15.88.1 LCD_SegStatic-Funktion 2.30

- **LCD_SegStatic_Start( )** – startet die LCD-Komponente und DMA-Kanäle. Initialisiert den Framebuffer. Löscht nicht den Framebuffer-RAM, wenn er zuvor definiert wurde.
- **LCD_SegStatic_Stop( )** – deaktiviert die LCD-Komponente und zugehörige Interrupts und DMA-Kanäle. Löscht nicht den Framebuffer.
- **LCD_SegStatic_EnableInt( )** – aktiviert die LCD-Interrupts.
- **LCD_SegStatic_DisableInt( )** – deaktiviert den LCD-Interrupt.
- **LCD_SegStatic_ClearDisplay( )** – löscht den Anzeige-RAM des Framebuffers.
- **LCD_SegStatic_WritePixel( )** – setzt oder löscht ein Pixel basierend auf PixelState. Das Pixel wird durch eine gepackte Nummer adressiert.
- **LCD_SegStatic_ReadPixel( )** – liest den Zustand eines Pixels im Framebuffer. Das Pixel wird durch eine gepackte Nummer adressiert.
- **LCD_SegStatic_WriteInvertState( )** – invertiert die Anzeige basierend auf einem Eingabeparameter.
- **LCD_SegStatic_ReadInvertState( )** – gibt den aktuellen Wert des Anzeigeinvertierungsstatus zurück: normal oder invertiert.
- **LCD_SegStatic_Sleep( )** – stoppt das LCD und speichert die Benutzerkonfiguration.
- **LCD_SegStatic_Wakeup( )** – stellt die Benutzerkonfiguration wieder her und aktiviert sie.
- **LCD_SegStatic_Init( )** – konfiguriert jeden Frame-Interrupt und initialisiert den Framebuffer.
- **LCD_SegStatic_Enable( )** – aktiviert die Taktgenerierung für die Komponente.
- **LCD_SegStatic_SaveConfig( )** – speichert die LCD-Konfiguration.
- **LCD_SegStatic_RestoreConfig( )** – stellt die LCD-Konfiguration wieder her.

15.88.2 LCD_SegStatic-Funktionsaufrufe 2.30

- **uint8 LCD_SegStatic_Start(void)** – startet die LCD-Komponente, DMA-Kanäle, Framebuffer und Hardware. Löscht nicht den Framebuffer-RAM.

- **void LCD_SegStatic_Stop(void)** – deaktiviert die LCD-Komponente und zugehörige Interrupts und DMA-Kanäle. Löscht automatisch die Anzeige, um Schäden durch Gleichspannungsverschiebungen zu vermeiden. Löscht nicht den Framebuffer.
- **void LCD_SegStatic_EnableInt(void)** – aktiviert die LCD-Interrupts. Ein Interrupt tritt nach jedem LCD-Update (TD-Abschluss) auf.
- **void LCD_SegStatic_DisableInt(void)** – deaktiviert die LCD-Interrupts.
- **void LCD_SegStatic_ClearDisplay(void)** – diese Funktion löscht den Anzeige-RAM des Seitenbuffers.
- **uint8 LCD_SegStatic_WritePixel(uint16 pixelNumber, uint8 pixelState)** – diese Funktion setzt oder löscht ein Pixel im Framebuffer basierend auf dem PixelState-Parameter. Das Pixel wird mit einer gepackten Nummer adressiert.
- **uint8 LCD_SegStatic_ReadPixel(uint16 pixelNumber)** – diese Funktion liest den Zustand eines Pixels im Framebuffer. Das Pixel wird durch eine gepackte Nummer adressiert.
- **uint8 LCD_Seg_WriteInvertState(uint8 invertState)** – diese Funktion invertiert die Anzeige basierend auf einem Eingabeparameter.
- **uint8 LCD_Seg_ReadInvertState(void)** – diese Funktion gibt den aktuellen Wert des Anzeigeinvertierungsstatus zurück: normal oder invertiert.
- **void LCD_SegStatic_Init(void)** – initialisiert oder stellt die Komponente gemäß den Einstellungen des Configure-Dialogfelds des Customizer wieder her. Es ist nicht notwendig, LCD_SegStatic_Init( ) aufzurufen, da die LCD_SegStatic_Start( )-Routine diese Funktion aufruft und die bevorzugte Methode ist, den Komponentenbetrieb zu starten. Konfiguriert jeden Frame-Interrupt und initialisiert den Framebuffer.
- **void LCD_SegStatic_Enable(void)** – aktiviert die Taktgenerierung für die Komponente.
- **void LCD_SegStatic_Sleep(void)** – dies ist die bevorzugte Routine, um die Komponente auf den Schlafmodus vorzubereiten. Die LCD_Sleep( )-Routine speichert den aktuellen Zustand der Komponente. Dann ruft sie die LCD_SegStatic_Stop( )-Funktion auf und anschließend LCD_SegStatic_SaveConfig( ), um die Hardwarekonfiguration zu speichern. Rufen Sie die LCD_SegStatic_Sleep( )-Funktion auf, bevor Sie die CyPmSleep( )- oder die CyPmHibernate( )-Funktion aufrufen.
- **void LCD_SegStatic_Wakeup(void)** – dies ist die bevorzugte Routine, um die Komponente in den Zustand zurückzuführen, als LCD_SegStatic_Sleep( ) aufgerufen wurde. Die LCD_SegStatic_Wakeup( )-Funktion ruft die LCD_SegStatic_RestoreConfig( )-Funktion auf, um die Konfiguration wiederherzustellen. Wenn die Komponente vor dem Aufruf der LCD_SegStatic_Sleep( )-Funktion aktiviert war, wird die LCD_SegStatic_Wakeup( )-Funktion die Komponente auch wieder aktivieren.
- **void LCD_SegStatic_SaveConfig(void)** – diese Funktion speichert die Konfiguration der Komponente und nicht speichernden Register. Sie speichert auch die aktuellen Parameterwerte der Komponente, wie sie im Configure-Dialogfeld definiert oder durch geeignete APIs geändert wurden. Diese Funktion wird von der LCD_SegStatic_Sleep( )-Funktion aufgerufen.

- **void LCD_SegStatic_RestoreConfig(void)** – diese Funktion stellt die Konfiguration der Komponente und nicht speichernden Register wieder her. Sie stellt auch die Parameterwerte der Komponente auf den Zustand zurück, den sie vor dem Aufruf der LCD_SegStatic_Sleep( )-Funktion hatten.

15.88.3   Optionale Hilfs-APIs (LCD_SegStatic)-Funktionen

- **LCD_SegStatic_Write7SegDigit_n** – zeigt eine hexadezimale Ziffer auf einem Array von 7-Segment-Anzeigeelementen an.
- **LCD_SegStatic_Write7SegNumber_n** – zeigt eine Integer-Position auf einem linearen oder kreisförmigen Balkendiagramm an.
- **LCD_SegStatic_PutChar14Seg_n** – zeigt ein Zeichen auf einem Array von 14-Segment-alphanumerischen Zeichenanzeigeelementen an.
- **LCD_SegStatic_WriteString14Seg_n** – zeigt eine null-terminierte Zeichenkette auf einem Array von 14-Segment-alphanumerischen Zeichenanzeigeelementen an.
- **LCD_SegStatic_PutChar16Seg_n** – zeigt ein Zeichen auf einem Array von 16-Segment-alphanumerischen Zeichenanzeigeelementen an.
- **LCD_SegStatic_WriteString16Seg_n** – zeigt eine null-terminierte Zeichenkette auf einem Array von 16-Segment-alphanumerischen Zeichenanzeigeelementen an.

15.88.4   Optionale Hilfs-APIs (LCD_SegStatic)-Funktionsaufrufe

- **void LCD_SegStatic_Write7SegDigit_n(uint8 digit, uint8 position)** – diese Funktion zeigt eine hexadezimale Ziffer auf einem Array von 7-Segment-Anzeigeelementen an. Ziffern können hexadezimale Werte im Bereich von 0 bis 9 und A bis F sein. Die Customizer-Display-Helpers-Funktion muss verwendet werden, um den mit den 7-Segment-Anzeigeelementen verbundenen Pixelsatz zu definieren. Mehrere 7-Segment-Anzeigeelemente können im Framebuffer definiert und über das Suffix (n) im Funktionsnamen adressiert werden. Diese Funktion ist nur enthalten, wenn ein 7-Segment-Anzeigeelement im Komponenten-Customizer definiert ist.
- **void LCD_SegStatic Write7SegNumber_n(uint16 value, uint8 position, uint8 mode)** – diese Funktion zeigt einen 16-bit-Integer-Wert auf einem ein- bis fünfstelligen Array von 7-Segment-Anzeigeelementen an. Die Customizer-Display-Helpers-Funktion muss verwendet werden, um den mit den 7-Segment-Anzeigeelementen verbundenen Pixelsatz zu definieren. Mehrere 7-Segment-Anzeigeelementgruppen können im Framebuffer definiert und über das Suffix (n) im Funktionsnamen adressiert werden. Die Umwandlung von Vorzeichen, die Anzeige von Vorzeichen, Dezimalpunkte und andere benutzerdefinierte Funktionen müssen durch anwendungsspezifischen Benutzercode behandelt werden. Diese Funktion ist nur enthalten, wenn ein 7-Segment-Anzeigeelement im Komponenten-Customizer definiert ist.

- **void LCD_SegStatic_WriteBargraph_n(uint16 location, int8 Mode)** – diese Funktion zeigt eine 8-bit-Integer-Position auf einem 1- bis 255-Segment-Balkendiagramm (von links nach rechts nummeriert) an. Das Balkendiagramm kann eine benutzerdefinierte Größe zwischen 1 und 255 Segmenten haben. Ein Balkendiagramm kann auch in einem Kreis erstellt werden, um die Drehposition anzuzeigen. Die Customizer-Display-Helpers-Funktion muss verwendet werden, um den mit den Balkendiagrammanzeigeelementen verbundenen Pixelsatz zu definieren. Mehrere Balkendiagrammanzeigen können im Framebuffer erstellt und über das Suffix (n) im Funktionsnamen adressiert werden. Diese Funktion ist nur enthalten, wenn ein Balkendiagrammanzeigeelement im Komponenten-Customizer definiert ist.
- **void LCD_SegStatic_PutChar14Seg_n(uint8 character, uint8 position)** – diese Funktion zeigt ein 8-bit-Zeichen auf einem Array von 14-Segment-alphanumerischen Zeichenanzeigeelementen an. Die Customizer-Display-Helpers-Funktion muss verwendet werden, um den mit dem 14-Segment-Anzeigeelement verbundenen Pixelsatz zu definieren. Mehrere 14-Segment-alphanumerische Zeichenanzeigeelementgruppen können im Framebuffer definiert und über das Suffix (n) im Funktionsnamen adressiert werden. Diese Funktion ist nur enthalten, wenn ein 14-Segment-Element im Komponenten-Customizer definiert ist.
- **void LCD_SegStatic_WriteString14Seg_n(uint8 const character[], uint8 position)** – diese Funktion zeigt eine null-terminierte Zeichenkette auf einem Array von 14-Segment-alphanumerischen Zeichenanzeigeelementen an. Die Customizer-Display-Helpers-Funktion muss verwendet werden, um den mit den 14-Segment-Anzeigeelementen verbundenen Pixelsatz zu definieren. Mehrere 14-Segment-alphanumerische Zeichenanzeigeelementgruppen können im Framebuffer definiert und über das Suffix (n) im Funktionsnamen adressiert werden. Diese Funktion ist nur enthalten, wenn ein 14-Segment-Anzeigeelement im Komponenten-Customizer definiert ist.
- **void LCD_SegStatic_PutChar16Seg_n(uint8 character, uint8 position)** – diese Funktion zeigt ein 8-bit-Zeichen auf einem Array von 16-Segment-alphanumerischen Zeichenanzeigeelementen an. Die Customizer-Display-Helpers-Funktion muss verwendet werden, um den mit den 16-Segment-Anzeigeelementen verbundenen Pixelsatz zu definieren. Mehrere 16-Segment-alphanumerische Zeichenanzeigeelementgruppen können im Framebuffer definiert und über das Suffix (n) im Funktionsnamen adressiert werden. Diese Funktion ist nur enthalten, wenn ein 16-Segment-Anzeigeelement im Komponenten-Customizer definiert ist.
- **void LCD_SegStatic PutChar16Seg_n(uint8 character, uint8 position)** – diese Funktion zeigt ein 8-bit-Zeichen auf einem Array von 16-Segment-alphanumerischen Zeichenanzeigeelementen an. Die Customizer-Display-Helpers-Funktion muss verwendet werden, um den mit den 16-Segment-Anzeigeelementen verbundenen Pixelsatz zu definieren. Mehrere 16-Segment-alphanumerische Zeichenanzeigeelement-

gruppen können im Framebuffer definiert und über das Suffix (n) im Funktionsnamen adressiert werden. Diese Funktion ist nur enthalten, wenn ein 16-Segment-Anzeigeelement im Komponenten-Customizer definiert ist.
- **(void) LCD_SegStatic_WriteString16Seg_n(uint8 const character[], uint8 position)** – diese Funktion zeigt eine null-terminierte Zeichenkette auf einem Array von 16-Segment-alphanumerischen Zeichenanzeigeelementen an. Die Customizer-Display-Helpers-Funktion muss verwendet werden, um den mit den 16-Segment-Anzeigeelementen verbundenen Pixelsatz zu definieren. Mehrere 16-Segment-alphanumerische Zeichenanzeigeelementgruppen können im Framebuffer definiert und über das Suffix (n) im Funktionsnamen adressiert werden. Diese Funktion ist nur enthalten, wenn ein 16-Segment-Anzeigeelement im Komponenten-Customizer definiert ist.

15.88.5 Pins-API (LCD_SegStatic)-Funktionen

- **LCD_SegStatic_ComPort_SetDriveMode** – legt den Ansteuerungsmodus für den von einer Verbandleitung der statischen Segment-LCD-Komponente verwendeten Pin fest.
- **LCD_SegStatic_SegPort_SetDriveMode** – legt den Ansteuerungsmodus für alle von den Segmentleitungen der statischen Segment-LCD-Komponente verwendeten Pins fest.

15.88.6 Pins-API (LCD_SegStatic)-Funktionsaufrufe

- **void LCD_SegStatic_ComPort_SetDriveMode(uint8 mode)** – legt den Ansteuerungsmodus für den von einer Verbandleitung der statischen Segment-LCD-Komponente verwendeten Pin fest.
- **LCD_SegStatic_SegPort_SetDriveMode(uint8 mode)** – legt den Ansteuerungsmodus fest.

15.89 Resistive Touch (ResistiveTouch) 2.00

Diese resistive Touchscreen-Komponente wird verwendet, um eine Schnittstelle zu einem resistiven Vierleiter-Touchscreen zu schaffen. Die Komponente bietet eine Methode zur Integration und Konfiguration der resistiven Touch-Elemente eines Touchscreens mit der emWin-Graphics-Bibliothek. Sie integriert hardwareabhängige Funktionen, die vom Touchscreen-Treiber, der mit emWin geliefert wird, beim Abfragen des Touch-Panels aufgerufen werden. Diese Komponente ist darauf ausgelegt, mit der SEG-

GER emWin-Graphics-Bibliothek zu arbeiten.[50] Diese Grafikbibliothek bietet eine vollständige Reihe von Grafikfunktionen zum Zeichnen und Rendern von Text und Bildern. Funktionen umfassen: Unterstützung für resistive Vierleiter-Touchscreen-Schnittstelle, Unterstützung des Delta Sigma Converter sowohl für die PSoC 3- als auch PSoC 5LP-Geräte und Unterstützung des ADC Successive Approximation Register für PSoC 5LP-Geräte [72].

15.89.1 Resistive-Touch-Funktionen 2.00

- **ResistiveTouch_Start( )** – ruft die ResistiveTouch_Init( )- und ResistiveTouch_Enable( )-APIs auf.
- **ResistiveTouch_Stop( )** – stoppt den ADC und die AMux-Komponente.
- **ResistiveTouch_Init( )** – ruft die Init( )-Funktionen der ADC- und AMux-Komponenten auf.
- **ResistiveTouch_Enable( )** – aktiviert die Komponente.
- **ResistiveTouch_ActivateY( )** – konfiguriert die Pins zur Messung der Y-Achse.
- **ResistiveTouch_ActivateX( )** – konfiguriert die Pins zur Messung der X-Achse.
- **ResistiveTouch_TouchDetect( )** – erkennt eine Berührung auf dem Bildschirm.
- **ResistiveTouch_Measure( )** – gibt das Ergebnis der ADC-Umwandlung zurück.
- **ResistiveTouch_SaveConfig( )** – speichert die Konfiguration des ADC.
- **ResistiveTouch_Sleep( )** – bereitet die Komponente auf den Eintritt in den Energiesparmodus vor.
- **ResistiveTouch_RestoreConfig( )** – stellt die Konfiguration des ADC wieder her.
- **ResistiveTouch_Wakeup( )** – stellt die Komponente nach dem Aufwachen aus dem Energiesparmodus wieder her.

15.89.2 Resistive-Touch-Funktionsaufrufe 2.00

- **void ResistiveTouch_Start(void)** – setzt die ResistiveTouch_initVar-Variable, ruft die ResistiveTouch_Init( )-Funktion auf und anschließend die ResistiveTouch_Enable( )-Funktion.
- **void ResistiveTouch_Stop(void)** – ruft die Stop( )-Funktionen der ADC- und der AMux-Komponenten auf.
- **void ResistiveTouch_Init(void)** – ruft die Init( )-Funktionen der ADC- und AMux-Komponenten auf.

---

[50] Diese Grafikbibliothek wird von Cypress zur Verwendung mit Cypress-Geräten bereitgestellt und ist auf der Cypress-Website unter www.cypress.com/go/comp_emWin verfügbar.

- **void ResistiveTouch_Enable(void)** – ruft die Enable( )-Funktion der ADC-Komponente auf.
- **void ResistiveTouch_ActivateX(void)** – konfiguriert die Pins zur Messung der X-Achse.
- **void ResistiveTouch_ActivateY(void)** – konfiguriert die Pins zur Messung der Y-Achse.
- **int16 ResistiveTouch_Measure(void)** – gibt das Ergebnis der ADC-Umwandlung zurück.
- **uint8 ResistiveTouch_TouchDetect(void)** – erkennt eine Berührung auf dem Bildschirm.
- **void ResistiveTouch_SaveConfig(void)** – speichert die Konfiguration des ADC.
- **void ResistiveTouch_RestoreConfig(void)** – stellt die Konfiguration des ADC wieder her.
- **void ResistiveTouch_Sleep(void)** – bereitet die Komponente auf den Eintritt in den Energiesparmodus vor.
- **void ResistiveTouch_Wakeup(void)** – stellt die Komponente nach dem Aufwachen aus dem Energiesparmodus wieder her.

15.90 Segment LCD (LCD_Seg) 3.40

Die Segment-LCD (LCD_Seg)-Komponente kann direkt eine Vielzahl von LCD-Gläsern auf verschiedenen Spannungsebenen mit Multiplexverhältnissen von bis zu 16 ansteuern. Diese Komponente bietet eine einfache Methode zur Konfiguration des PSoC-Geräts, um Ihr individuelles oder standardisiertes Glas anzusteuern. Die interne Bias-Generierung eliminiert die Notwendigkeit für externe Hardware und ermöglicht eine softwarebasierte Kontrastanpassung. Mit dem Boost Converter kann die Glas-Bias-Spannung höher sein als die PSoC-Versorgungsspannung. Dies ermöglicht eine erhöhte Displayflexibilität in tragbaren Anwendungen. Jedes LCD-Pixel/Symbol kann entweder ein- oder ausgeschaltet sein. Die Segment-LCD-Komponente bietet auch erweiterte Unterstützung zur Vereinfachung der folgenden Arten von Displaystrukturen innerhalb des Glases: 7-Segment-Ziffern, 14-Segment-Alphanumerik, 16-Segment-Alphanumerik, 5×7- und 5×8-Punkt-Matrix-Alphanumerik.[51] Funktionen beinhalten: 2 bis 768 Pixel oder Symbole, 1/3, 1/4 und 1/5 Bias unterstützt, 10- bis 150-Hz-Aktualisierungsrate, integrierte Bias-Generierung zwischen 2,0 und 5,2 V mit bis zu 128 digital gesteuerten Bias-Stufen für dynamische Kontraststeuerung, unterstützt sowohl Typ A- (Standard) als auch Typ B- (niedriger Stromverbrauch) Wellenformen, Pixelzustand des Displays kann für negatives Bild invertiert werden, 256 Byte Anzeigespeicher (Framebuffer), benutzerdefinierte

---

[51] Die gleiche Look-up-Tabelle für 5×7 und 5×8 wird für beide verwendet. Alle Symbole in der Look-up-Tabelle haben die Größe von 5×7 Pixeln.

Pixel- oder Symbolkarte mit optionalen 7-, 14- oder 16-Segment-Zeichen, 5×7- oder 5×8-Punkt-Matrix und Balkendiagramm-Berechnungsroutinen [79].

15.90.1 Segment-LCD (LCD_Seg)-Funktionen 3.40

- **LCD_Seg_Start( )** – setzt die initVar-Variable, ruft die LCD_Seg_Init( )-Funktion auf und anschließend die LCD_Seg_Enable( )-Funktion.
- **LCD_Seg_Stop( )** – deaktiviert die LCD-Komponente und zugehörige Interrupts und DMA-Kanäle.
- **LCD_Seg_EnableInt( )** – aktiviert die LCD-Interrupts; nicht erforderlich, wenn LCD_Seg_Start( ) aufgerufen wird.
- **LCD_Seg_DisableInt( )** – deaktiviert den LCD-Interrupt; nicht erforderlich, wenn LCD_Seg_Stop( ) aufgerufen wird
- **LCD_Seg_SetBias( )** – setzt den Bias-Pegel für das LCD-Glas auf einen von bis zu 64 Werten.
- **LCD_Seg_WriteInvertState( )** – invertiert die Anzeige basierend auf einem Eingabeparameter.
- **LCD_Seg_ReadInvertState( )** – gibt den aktuellen Wert des Anzeigeinvertierzustands zurück: normal oder invertiert.
- **LCD_Seg_ClearDisplay( )** – löscht die Anzeige und den zugehörigen Framebuffer-RAM.
- **LCD_Seg_WritePixel( )** – setzt oder löscht ein Pixel basierend auf PixelState.
- **LCD_Seg_ReadPixel( )** – liest den Zustand eines Pixels im Framebuffer.
- **LCD_Seg_Sleep( )** – stoppt das LCD und speichert die Benutzerkonfiguration.
- **LCD_Seg_Wakeup( )** – stellt die Benutzerkonfiguration wieder her und aktiviert sie. – Speichert die LCD-Konfiguration.
- **LCD_Seg_RestoreConfig( )** – stellt die LCD-Konfiguration wieder her.
- **LCD_Seg_Init( )** – initialisiert oder stellt das LCD gemäß den Einstellungen des Configure-Dialogfelds wieder her.
- **LCD_Seg_Enable( )** – aktiviert das LCD.

15.90.2 Segment-LCD (LCD_Seg)-Funktionsaufrufe 3.40

- **uint8 LCD_Seg_Start(void)** – startet die LCD-Komponente und aktiviert die erforderlichen Interrupts, DMA-Kanäle, den Framebuffer und die Hardware. Löscht nicht den Framebuffer-RAM.
- **void LCD_Seg_Stop(void)** – deaktiviert die LCD-Komponente und zugehörige Interrupts und DMA-Kanäle. Löscht automatisch die Anzeige, um Schäden durch Gleichspannungsverschiebungen zu vermeiden. Löscht nicht den Framebuffer.

15.90 Segment LCD (LCD_Seg) 3.40

- **void LCD_Seg_EnableInt(void)** – aktiviert die LCD-Interrupts. Ein Interrupt tritt nach jedem LCD-Update (TD-Abschluss) auf. Wenn das PSoC 5LP-Gerät verwendet wird, aktiviert dieses API auch einen LCD-Weck-Interrupt. Diese Funktion sollte immer aufgerufen werden, wenn der Betrieb der Komponente im Schlafmodus gewünscht ist.
- **void LCD_Seg_DisableInt(void)** – deaktiviert „jeden Unterframe" und LCD-Weck-Interrupts.
- **uint8 LCD_Seg_SetBias(uint8 biasLevel)** – diese Funktion setzt den Bias-Pegel für das LCD-Glas auf einen von bis zu 64 Werten. Die tatsächliche Anzahl der Werte wird durch die analoge Versorgungsspannung, Vdda, begrenzt. Die Bias-Spannung darf Vdda nicht überschreiten. Eine Änderung des Bias-Pegels beeinflusst den LCD-Kontrast.
- **uint8 LCD_Seg_WriteInvertState(uint8 invertState)** – diese Funktion invertiert die Anzeige basierend auf einem Eingabeparameter. Die Inversion erfolgt in der Hardware, und es sind keine Änderungen am Anzeige-RAM im Framebuffer erforderlich.
- **uint8 LCD_Seg_ReadInvertState(void)** – diese Funktion gibt den aktuellen Wert des Anzeigeinvertierungsstatus zurück: normal oder invertiert.
- **void LCD_Seg_ClearDisplay(void)** – diese Funktion löscht die Anzeige und den zugehörigen Framebuffer-RAM.
- **uint8 LCD_Seg_WritePixel(uint16 pixelNumber, uint8 pixelState)** – diese Funktion setzt oder löscht ein Pixel basierend auf dem Eingabeparameter PixelState. Das Pixel wird durch eine gepackte Nummer adressiert.
- **void LCD_Seg_ClearDisplay(void)** – diese Funktion löscht die Anzeige und den zugehörigen Framebuffer-RAM.
- **uint8 LCD_Seg_WritePixel(uint16 pixelNumber, uint8 pixelState)** – diese Funktion setzt oder löscht ein Pixel basierend auf dem Eingabeparameter PixelState. Das Pixel wird durch eine gepackte Nummer adressiert. uint8 pixelState: Die angegebene Pixelnummer wird auf diesen Pixelzustand gesetzt.
- **uint8 LCD_Seg_ReadPixel(uint16 pixelNumber)** – diese Funktion liest den Zustand eines Pixels im Framebuffer. Das Pixel wird durch eine gepackte Nummer adressiert.
- **void LCD_Seg_Sleep(void)** – dies ist die bevorzugte Routine, um die Komponente auf den Schlafmodus vorzubereiten. Die LCD_Seg_Sleep( )-Routine speichert den aktuellen Zustand der Komponente. Dann ruft sie die LCD_Seg_Stop( )-Funktion auf und anschließend LCD_Seg_SaveConfig( ), um die Hardwarekonfiguration zu speichern. Rufen Sie die LCD_Seg_Sleep( )-Funktion auf, bevor Sie die CyPmSleep( )- oder die CyPmHibernate( )-Funktion aufrufen.
- **void LCD_Seg_Wakeup(void)** – dies ist die bevorzugte Routine, um die Komponente in den Zustand zurückzuversetzen, als die LCD_Seg_Sleep( )-Funktion aufgerufen wurde. Die LCD_Seg_Wakeup( )-Funktion ruft die LCD_Seg_RestoreConfig( )-Funktion auf, um die Konfiguration wiederherzustellen. Wenn die Komponente

vor dem Aufruf der LCD_Seg_Sleep( )-Funktion aktiviert wurde, wird die LCD_Seg_Wakeup( )-Funktion die Komponente auch wieder aktivieren.
- **void LCD_Seg_Sleep(void)** – dies ist die bevorzugte Routine, um die Komponente auf den Schlafmodus vorzubereiten. Die LCD_Seg_Sleep( )-Routine speichert den aktuellen Zustand der Komponente. Dann ruft sie die LCD_Seg_Stop( )-Funktion auf und anschließend LCD_Seg_SaveConfig( ), um die Hardwarekonfiguration zu speichern. Rufen Sie die LCD_Seg_Sleep( )-Funktion auf, bevor Sie die CyPmSleep( )- oder die CyPmHibernate( )-Funktion aufrufen.
- **void LCD_Seg_Wakeup(void)** – dies ist die bevorzugte Routine, um die Komponente in den Zustand zurückzuversetzen, als die LCD_Seg_Sleep( )-Funktion aufgerufen wurde. Die LCD_Seg_Wakeup( )-Funktion ruft die LCD_Seg_RestoreConfig( )-Funktion auf, um die Konfiguration wiederherzustellen. Wenn die Komponente vor dem Aufruf der LCD_Seg_Sleep( )-Funktion aktiviert wurde, wird die LCD_Seg_Wakeup( )-Funktion die Komponente auch wieder aktivieren. CYRET_LOCKED: einige der DMA-TD oder ein Kanal ist bereits in Gebrauch; CYRET_SUCCESS: Funktion erfolgreich abgeschlossen.
- **void LCD_Seg_SaveConfig(void)** – diese Funktion speichert die Konfiguration der Komponente. Dies wird nicht speichernde Register speichern. Diese Funktion wird auch die aktuellen Parameterwerte der Komponente speichern, wie sie im Configure-Dialogfeld definiert oder durch geeignete APIs geändert wurden. Diese Funktion wird von der LCD_Seg_Sleep( )-Funktion aufgerufen.
- **void LCD_Seg_RestoreConfig(void)** – diese Funktion stellt die Konfiguration der Komponente wieder her. Dies wird nicht speichernde Register wiederherstellen. Diese Funktion wird auch die Parameterwerte der Komponente auf den Zustand vor dem Aufruf der LCD_Seg_Sleep( )-Funktion zurücksetzen.
- **tvoid LCD_Seg_Init(void)** – initialisiert oder stellt die Komponentenparameter gemäß den Einstellungen des Configure-Dialogfelds wieder her. Es ist nicht notwendig, LCD_Seg_Init( ) aufzurufen, da die LCD_Seg_Start( )-Routine diese Funktion aufruft und die bevorzugte Methode ist, um den Betrieb der Komponente zu beginnen. Konfiguriert und aktiviert alle erforderlichen Hardwareblöcke und löscht den Framebuffer.
- **void LCD_Seg_Enable(void)** – aktiviert die Stromversorgung für die fest verdrahtete LCD-Hardware und ermöglicht die Erzeugung von UDB-Signalen.

15.90.3 Segment LCD (LCD_Seg) – Optionale Hilfs-APIs-Funktionen

- **LCD_Seg_Write7SegDigit_n** – zeigt eine hexadezimale Ziffer auf einem Array von 7-Segment-Anzeigeelementen an.
- **LCD_Seg_Write7SegNumber_n** – zeigt einen Integer-Wert auf einem 1- bis 5-stelligen Array von 7-Segment-Anzeigeelementen an.

- **LCD_Seg_WriteBargraph_n** – zeigt eine Integer-Position auf einem linearen oder kreisförmigen Balkendiagramm an.
- **LCD_Seg_PutChar14Seg_n** – zeigt ein Zeichen auf einem Array von 14-Segment-alphanumerischen Anzeigeelementen an.
- **LCD_Seg_WriteString14Seg_n** – zeigt eine null-terminierte Zeichenkette auf einem Array von 14-Segment-alphanumerischen Anzeigeelementen an.
- **LCD_Seg_PutChar16Seg_n** – zeigt ein Zeichen auf einem Array von 16-Segment-alphanumerischen Anzeigeelementen an.
- **LCD_Seg_WriteString16Seg_n** – zeigt eine null-terminierte Zeichenkette auf einem Array von 16-Segment-alphanumerischen Anzeigeelementen an.
- **LCD_Seg_PutCharDotMatrix_n** – zeigt ein Zeichen auf einem Array von Punkt-Matrix-alphanumerischen Anzeigeelementen an.
- **LCD_Seg_WriteStringDotMatrix_n** – zeigt eine null-terminierte Zeichenkette auf einem Array von Punkt-Matrix-alphanumerischen Anzeigeelementen an.

15.90.4 LCD_Seg – Optionale Hilfs-APIs-Funktionsaufrufe

- **void LCD_Seg_Write7SegDigit_n(uint8 digit, uint8 position)** – diese Funktion zeigt eine hexadezimale Ziffer auf einem Array von 7-Segment-Anzeigeelementen an. Ziffern können hexadezimale Werte im Bereich von 0 bis 9 und A bis F sein. Die Customizer Display Helpers-Funktion muss verwendet werden, um das mit den 7-Segment-Anzeigeelementen verbundene Pixelset zu definieren. Mehrere 7-Segment-Anzeigeelemente können im Framebuffer definiert und über den Suffix (n) im Funktionsnamen adressiert werden. Diese Funktion ist nur enthalten, wenn ein 7-Segment-Anzeigeelement im Komponenten-Customizer definiert ist.
- **void LCD_Seg Write7SegNumber_n(uint16 value, uint8 position, uint8 mode)** – diese Funktion zeigt einen 16-bit-Integer-Wert auf einem 1- bis 5-stelligen Array von 7-Segment-Anzeigeelementen an. Die Customizer-Display-Helpers-Funktion muss verwendet werden, um den mit dem/den 7-Segment-Anzeigeelement(en) verbundenen Pixelsatz zu definieren. Mehrere 7-Segment-Anzeigeelementgruppen können im Framebuffer definiert und über das Suffix (n) im Funktionsnamen adressiert werden. Die Umwandlung von Zeichen, die Anzeige von Zeichen, Dezimalpunkte und andere benutzerdefinierte Funktionen müssen durch anwendungsspezifischen Benutzercode behandelt werden. Diese Funktion ist nur enthalten, wenn ein 7-Segment-Anzeigeelement im Komponenten-Customizer definiert ist.
- **LCD_Seg_WriteBargraph_n(uint8 location, uint8 mode)** – diese Funktion zeigt eine 8-bit-Integer-Position auf einem 1- bis 255-Segment-Balkendiagramm (von links nach rechts nummeriert) an. Das Balkendiagramm kann eine benutzerdefinierte Größe zwischen 1 und 255 Segmenten haben. Ein Balkendiagramm kann auch in einem Kreis erstellt werden, um die Drehposition anzuzeigen. Die Customizer-Display-Helpers-Funktion muss verwendet werden, um das mit den Balkendiagramm-

Anzeigeelementen verbundene Pixelset zu definieren. Mehrere Balkendiagrammanzeigen können im Framebuffer erstellt und über das Suffix (n) im Funktionsnamen adressiert werden. Diese Funktion ist nur enthalten, wenn ein Balkendiagramm-Anzeigeelement im Komponenten-Customizer definiert ist.

- **void LCD_Seg_PutChar14Seg_n(uint8 character, uint8 position)** – diese Funktion zeigt ein 8-bit-Zeichen auf einem Array von 14-Segment-alphanumerischen Zeichenanzeigeelementen an. Die Customizer-Display-Helpers-Funktion muss verwendet werden, um den mit dem 14-Segment-Anzeigeelement verbundenen Pixelsatz zu definieren. Mehrere 14-Segment-alphanumerische Zeichenanzeigeelementgruppen können im Framebuffer definiert und über das Suffix (n) im Funktionsnamen adressiert werden. Diese Funktion ist nur enthalten, wenn ein 14-Segment-Element im Komponenten-Customizer definiert ist.

- **void LCD_Seg_WriteString14Seg_n(uint8 const character[], uint8 position)** – diese Funktion zeigt eine null-terminierte Zeichenkette auf einem Array von 14-Segment-alphanumerischen Zeichenanzeigeelementen an. Die Customizer-Display-Helpers-Funktion muss verwendet werden, um den mit den 14-Segment-Anzeigeelementen verbundenen Pixelsatz zu definieren. Mehrere 14-Segment-alphanumerische Zeichenanzeigeelementgruppen können im Framebuffer definiert und über das Suffix (n) im Funktionsnamen adressiert werden. Diese Funktion ist nur enthalten, wenn ein 14-Segment-Anzeigeelement im Komponenten-Customizer definiert ist.

- **void LCD_Seg_PutChar16Seg_n(uint8 character, uint8 position)** – diese Funktion zeigt ein 8-bit-Zeichen auf einem Array von 16-Segment-alphanumerischen Zeichenanzeigeelementen an. Die Customizer-Display-Helpers-Funktion muss verwendet werden, um den mit dem/den 16-Segment-Anzeigeelement(en) verbundenen Pixelsatz zu definieren. Mehrere 16-Segment-alphanumerische Zeichenanzeigeelementgruppen können im Framebuffer definiert und über das Suffix (n) im Funktionsnamen adressiert werden. Diese Funktion ist nur enthalten, wenn ein 16-Segment-Anzeigeelement im Komponenten-Customizer definiert ist.

- **void LCD_Seg_WriteString16Seg_n(uint8 const character[], uint8 position)** – diese Funktion zeigt eine null-terminierte Zeichenkette auf einem Array von 16-Segment-alphanumerischen Zeichenanzeigeelementen an. Die Customizer-Display-Helpers-Funktion muss verwendet werden, um den mit den 16-Segment-Anzeigeelementen verbundenen Pixelsatz zu definieren. Mehrere 16-Segment-alphanumerische Zeichenanzeigeelementgruppen können im Framebuffer definiert und über das Suffix (n) im Funktionsnamen adressiert werden. Diese Funktion ist nur enthalten, wenn ein 16-Segment-Anzeigeelement im Komponenten-Customizer definiert ist.

- **void LCD_Seg_PutCharDotMatrix_n(uint8 character, uint8 position)** – diese Funktion zeigt ein 8-bit-Zeichen auf einem Array von Punkt-Matrix-alphanumerischen Zeichenanzeigeelementen an. Die Customizer-Display-Helpers-Funktion muss verwendet werden, um den mit den Punkt-Matrix-Anzeigeelementen

verbundenen Pixelsatz zu definieren. Mehrere Punkt-Matrix-alphanumerische Zeichenanzeigeelementgruppen können im Framebuffer definiert und über das Suffix (n) im Funktionsnamen adressiert werden. Diese Funktion ist nur enthalten, wenn ein Punkt-Matrix-Anzeigeelement im Komponenten-Customizer definiert ist.
- **void LCD_Seg_WriteStringDotMatrix_n(uint8 const character[], uint8 position)** – diese Funktion zeigt eine null-terminierte Zeichenkette auf einem Array von Punkt-Matrix-alphanumerischen Zeichenanzeigeelementen an. Die Customizer-Display-Helpers-Funktion muss verwendet werden, um den mit den Punkt-Matrix-Anzeigeelementen verbundenen Pixelsatz zu definieren. Mehrere Punkt-Matrix-alphanumerische Zeichenanzeigeelementgruppen können im Framebuffer definiert und über das Suffix (n) im Funktionsnamen adressiert werden. Diese Funktion ist nur enthalten, wenn ein Punkt-Matrix-Anzeigeelement im Komponenten-Customizer definiert ist.

15.90.5   LCD_Seg – Pins-Funktionen

- **LCD_Seg_ComPort_SetDriveMode** – legt den Ansteuerungsmodus für alle von den Verbandleitungen der Segment-LCD-Komponente verwendeten Pins fest.
- **LCD_Seg_SegPort_SetDriveMode** – legt den Ansteuerungsmodus für alle von den Segmentleitungen der Segment-LCD-Komponente verwendeten Pins fest.

15.90.6   LCD_Seg – Pins-Funktionsaufrufe

- **void LCD_Seg_ComPort_SetDriveMode(uint8 mode)** – legt den Ansteuerungsmodus für alle von den Verbandleitungen der Segment-LCD-Komponente verwendeten Pins fest.
- **LCD_Seg_SegPort_SetDriveMode(uint8 mode)** – legt den Ansteuerungsmodus für alle von den Segmentleitungen der Segment-LCD-Komponente verwendeten Pins fest.

15.91 Pins 2.00

Die Pins-Komponente ermöglicht es Hardwareressourcen mit einem physischen Port-Pin zu verbinden und Zugang zu externen Signalen über einen entsprechend konfigurierten physischen IO-Pin zu erhalten. Sie ermöglicht auch die Auswahl von elektrischen Eigenschaften (z. B. Drive Mode) für einen oder mehrere Pins; diese Eigenschaften werden dann von PSoC Creator verwendet, um die Signale innerhalb der Komponente automatisch zu platzieren und zu routen. Pins können mit schematischen Drahtverbindungen, Software oder beidem verwendet werden. Um auf eine Pins-Komponente von Component APIs zuzugreifen, muss die Komponente zusammenhängend und nicht übergreifend sein. Dies stellt sicher, dass die Pins garantiert in einen einzigen physischen Port abgebildet werden. Pins-Komponenten, die Ports überspannen oder nicht zusammenhängend sind, können nur von einem Schaltplan oder mit den globalen Per-Pin-APIs aufgerufen werden. Es werden #defines für jeden Pin in der Pins-Komponente erstellt, die mit globalen APIs verwendet werden können. Eine Pins-Komponente kann in viele Kombinationen von Typen konfiguriert werden. Für die Bequemlichkeit bietet der Component Catalog vier vorkonfigurierte Pins-Komponenten: Analog, Digital Bidirectional, Digital Input und Digital Output. Diese Komponente ermöglicht eine schnelle Einrichtung aller Pin-Parameter und Drive-Modi, automatische Platzierung und Routing von Signalen durch PSoC Creator und Interaktion mit einem oder mehreren Pins gleichzeitig [64].

15.91.1 Pins-Funktionen 2.00

- **uint8 Pin_Read(void)** – liest den zugehörigen physischen Port (Pinstatusregister) und maskiert die erforderlichen Bits entsprechend der Breite und Bitposition der Komponenteninstanz.
- **void Pin_Write(uint8 value)** – schreibt den Wert in den physischen Port (Datenausgaberegister), maskiert und verschiebt die Bits entsprechend.
- **uint8 Pin_ReadDataReg(void)** – liest das Datenausgaberegister des zugehörigen physischen Ports und maskiert die korrekten Bits entsprechend der Breite und Bitposition der Komponenteninstanz.
- **void Pin_SetDriveMode(uint8 mode)** – legt den Drive-Modus für jeden der Pins der Pins-Komponente fest.
- **void Pin_SetInterruptMode(uint16 position, uint16 mode)** – konfiguriert den Interrupt-Modus für jeden der Pins der Pins-Komponente. Alternativ können Sie den Interrupt-Modus für alle in der Pins-Komponente angegebenen Pins festlegen.
- **uint8 Pin_ClearInterrupt(void)** – löscht alle aktiven Interrupts, die mit der Komponente verbunden sind, und gibt den Wert des Interrupt-Statusregisters zurück, der es ermöglicht zu bestimmen, welche Pins ein Interrupt-Ereignis erzeugt haben.

15.91.2 Pins-Funktionsaufrufe 2.00

- **uint8 Pin_Read (void)** – liest den zugehörigen physischen Port (Pinstatusregister) und maskiert die erforderlichen Bits entsprechend der Breite und Bitposition der Komponenteninstanz. Das Pinstatusregister gibt den aktuellen Logikpegel zurück, der am physischen Pin vorhanden ist.
- **void Pin_Write (uint8 value)** – schreibt den Wert in den physischen Port (Datenausgaberegister), maskiert und verschiebt die Bits entsprechend. Das Datenausgabe-

register steuert das auf den physischen Pin angewendete Signal in Verbindung mit dem Drive-Mode-Parameter. Diese Funktion vermeidet die Änderung anderer Bits im Port durch Verwendung der geeigneten Methode („read-modify-write" oder „bit banding"). Hinweis: Diese Funktion sollte nicht auf einem Hardware-Digitalausgangspin verwendet werden, da er vom angeschlossenen Hardwaresignal gesteuert wird.
- **uint8 Pin_ReadDataReg (void)** – liest das Datenausgaberegister des zugehörigen physischen Ports und maskiert die korrekten Bits entsprechend der Breite und Bitposition der Komponenteninstanz. Das Datenausgaberegister steuert das auf den physischen Pin angewendete Signal in Verbindung mit dem Drive-Mode-Parameter. Dies ist nicht dasselbe wie das bevorzugte Pin_Read( )-API, da die Pin_ReadDataReg( ) das Datenregister anstelle des Statusregisters liest. Für Ausgangspins ist dies eine nützliche Funktion, um den gerade auf den Pin geschriebenen Wert zu bestimmen.
- **void Pin_SetDriveMode (uint8 mode)** – legt den Drive-Modus für jeden der Pins der Pins-Komponente fest. Hinweis: Dies betrifft alle Pins in der Pins-Komponenteninstanz. Verwenden Sie die Per-Pin-APIs, wenn Sie die Drive-Modi einzelner Pins steuern möchten. Hinweis: USBIOs haben eine eingeschränkte Drive-Funktionalität. Weitere Informationen finden Sie im Drive-Mode-Parameter.
- **void Pin_SetInterruptMode (uint16 position, uint16 mode)** – konfiguriert den Interrupt-Modus für jeden der Pins der Pins-Komponente. Alternativ können Sie den Interrupt-Modus für alle in der Pins-Komponente angegebenen Pins festlegen.[52]
- **uint8 Pin_ClearInterrupt (void)** – löscht alle aktiven Interrupts, die mit der Komponente verbunden sind, und gibt den Wert des Interrupt-Statusregisters zurück, der es ermöglicht zu bestimmen, welche Pins ein Interrupt-Ereignis erzeugt haben.

15.91.3 Pins – Energieverwaltungsfunktionen 2.00

- **void Pin_Sleep(void)** – speichert die Pin-Konfiguration und bereitet den Pin auf den Eintritt in die Deep-Sleep-/Hibernate-Modi des Chips vor. Diese Funktion muss für SIO- und USBIO-Pins aufgerufen werden. Sie ist nicht notwendig, wenn GPIO- oder GPI_OVT-Pins verwendet werden.
- **void Pin_Wakeup(void)** – stellt die Pin-Konfiguration wieder her, die während Pin_Sleep( ) gespeichert wurde.

15.91.4 Pins – Energieverwaltungsfunktionen 2.00

- **void Pin_Sleep (void)** – speichert die Pin-Konfiguration und bereitet den Pin auf den Eintritt in die Tiefschlaf-/Ruhezustandsmodi des Chips vor. Diese Funktion gilt

---

[52] Der Interrupt ist portweit und daher kann jeder aktivierte Pin-Interrupt ihn auslösen.

nur für SIO- und USBIO-Pins. Sie sollte nicht für GPIO- oder GPIO_OVT-Pins aufgerufen werden. Hinweis: Diese Funktion ist nur in PSoC 4 verfügbar.

- **void Pin_Wakeup (void)** – stellt die Pin-Konfiguration wieder her, die während Pin_Sleep( ) gespeichert wurde. Diese Funktion gilt nur für SIO- und USBIO-Pins. Sie sollte nicht für GPIO- oder GPIO_OVT-Pins aufgerufen werden. Für USBIO-Pins wird das Aufwachen nur für Interrupts mit fallender Flanke ausgelöst. Hinweis: Diese Funktion ist nur in PSoC 4 verfügbar.

15.92   Trim and Margin 3.00

Die Komponentenanpassung und Steuerung der Ausgangsspannung von bis zu 24 DC-DC-Wandlern zur Erfüllung der Systemstromversorgungsanforderungen. Benutzer dieser Komponente geben die Nennausgangsspannungen des Spannungswandlers, den Spannungstrimmbereich, die Einstellungen für Margin high und Margin low in die intuitive, grafische Konfigurations-GUI ein, und die Komponente berechnet alle erforderlichen Parameter für das Einspeisen eines pulsweitenmodulierten Signals in das Rückkopplungsnetzwerk eines Spannungswandlers. Die Komponente unterstützt den Benutzer auch bei der Auswahl geeigneter externer passiver Komponentenwerte basierend auf Leistungsanforderungen. Die bereitgestellten Firmware-APIs ermöglichen es den Benutzern, die Ausgangsspannungen des Spannungswandlers manuell auf ein beliebiges gewünschtes Niveau innerhalb der Betriebsgrenzen des Spannungswandlers zu trimmen. Aktives Trimmen oder Marginalisieren in Echtzeit wird über eine kontinuierlich laufende Hintergrundaufgabe mit einer vom Benutzer gesteuerten Aktualisierungsfrequenz unterstützt. Merkmale sind: kompatibel mit den meisten einstellbaren DC-DC-Wandlern oder -Reglern, einschließlich Low-Dropouts (LDO), Schaltern und Modulen. Merkmale umfassen Unterstützung für positive und negative Rückkopplungsschleifen, bis zu 24 DC-DC-Wandler, PWM-pseudo-DAC-Ausgänge mit 8 bis 10 bit Auflösung, aktives Closed-Loop-Trimmen in Echtzeit bei Verwendung in Verbindung mit der Power-Monitor- oder ADC-Komponente und eingebaute Unterstützung für Marginalisieren [100].

15.92.1   Trim-and-Margin-Funktionen 3.00

- **TrimMargin_Start( )** – startet den Betrieb der Komponente.
- **TrimMargin_Stop( )** – deaktiviert die Komponente.
- **TrimMargin_Init( )** – initialisiert die Parameter der Komponente.
- **TrimMargin_Enable( )** – ermöglicht die Erzeugung von PWM-Ausgängen.
- **TrimMargin_SetMarginHighVoltage( )** – setzt den Parameter für die Margin-high-Ausgangsspannung.

15.92 Trim and Margin 3.00

- **TrimMargin_GetMarginHighVoltage( )** – gibt den Parameter für die Margin-high-Ausgangsspannung zurück.
- **TrimMargin_SetMarginLowVoltage( )** – setzt den Parameter für die Margin-low-Ausgangsspannung.
- **TrimMargin_GetMarginLowVoltage( )** – gibt den Parameter für die Margin-low-Ausgangsspannung zurück.
- **TrimMargin_SetNominalVoltage( )** – setzt den Parameter für die Nennausgangsspannung.
- **TrimMargin_GetNominalVoltage( )** – gibt den Parameter für die Nennausgangsspannung zurück.
- **TrimMargin_ActiveTrim( )** – passt das PWM-Tastverhältnis des angegebenen Spannungswandlers an, um die tatsächliche Ausgangsspannung des Spannungswandlers näher an die gewünschte Ausgangsspannung zu bringen.
- **TrimMargin_SetDutyCycle( )** – setzt das PWM-Tastverhältnis des mit dem angegebenen Spannungswandler verbundenen PWM.
- **TrimMargin_GetDutyCycle( )** – gibt das aktuelle PWM-Tastverhältnis des mit dem angegebenen Spannungswandler verbundenen PWM zurück.
- **TrimMargin_GetAlertSource( )** – gibt eine Bitmaske zurück, die anzeigt, welche PWM einen Alarm erzeugen.
- **TrimMargin_MarginHigh( )** – setzt die Ausgangsspannung des Spannungswandlers auf die Margin-high-Spannung.
- **TrimMargin_MarginLow( )** – setzt die Ausgangsspannung des Spannungswandlers auf die Margin-low-Spannung.
- **TrimMargin_Nominal( )** – setzt die Ausgangsspannung des Spannungswandlers auf die Nominal-Spannung.
- **TrimMargin_PreRun( )** – setzt das Vorlade-PWM-Tastverhältnis, das erforderlich ist, um die Nennspannung zu erreichen, bevor der Spannungswandler aktiviert wird.
- **TrimMargin_Startup( )** – setzt die Ausgangsspannung des Spannungswandlers auf die Startup-Spannung.
- **TrimMargin_StartupPreRun( )** – setzt das Vorlade-PWM-Tastverhältnis, um die Startup-Spannung zu erreichen, bevor der Spannungswandler aktiviert wird.
- **TrimMargin_ConvertVoltageToDutyCycle( )** – gibt das PWM-Tastverhältnis zurück, das erforderlich ist, um die gewünschte Spannung am ausgewählten Spannungswandler zu erreichen.
- **TrimMargin_PreRun( )** – setzt das Vorlade-PWM-Tastverhältnis, das erforderlich ist, um die Nennspannung zu erreichen, bevor der Spannungswandler aktiviert wird.
- **TrimMargin_Startup( )** – setzt die Ausgangsspannung des Spannungswandlers auf die Startup-Spannung.
- **TrimMargin_StartupPreRun( )** – setzt das Vorlade-PWM-Tastverhältnis, um die Startup-Spannung zu erreichen, bevor der Spannungswandler aktiviert wird.

- **TrimMargin_ConvertVoltageToDutyCycle( )** – gibt das PWM-Tastverhältnis zurück, das erforderlich ist, um die gewünschte Spannung am ausgewählten Spannungswandler zu erreichen.
- **TrimMargin_ConvertVoltageToPreRunDutyCycle( )** – gibt das Vorlade-PWM-Tastverhältnis zurück, das erforderlich ist, um die gewünschte Spannung am ausgewählten Spannungswandler zu erreichen.
- **TrimMargin_SetTrimCycleCount( )** – setzt den internen Trim-Zykluszähler, der beeinflusst, wie oft das PWM-Tastverhältnis aktualisiert wird, wenn das TrimMargin_ActiveTrim( )-API aufgerufen wird; nur für den Incremental-Controllertyp anwendbar.
- **TrimMargin_ConvertVoltageToPreRunDutyCycle( )** – gibt das Vorlade-PWM-Tastverhältnis zurück, das erforderlich ist, um die gewünschte Spannung am ausgewählten Spannungswandler zu erreichen.
- **TrimMargin_PreRun( )** – setzt das Vorlade-PWM-Tastverhältnis, das erforderlich ist, um die Nennspannung zu erreichen, bevor der Spannungswandler aktiviert wird.
- **TrimMargin_PreRun( )** – setzt das Vorlade-PWM-Tastverhältnis, das erforderlich ist, um die Nennspannung zu erreichen, bevor der Spannungswandler aktiviert wird.
- **TrimMargin_Startup( )** – setzt die Ausgangsspannung des Spannungswandlers auf die Startup-Spannung.
- **TrimMargin_StartupPreRun( )** – legt das Vorlade-PWM-Tastverhältnis fest, um die Startup-Spannung zu erreichen, bevor der Spannungswandler aktiviert wird.
- **TrimMargin_ConvertVoltageToDutyCycle( )** – gibt das PWM-Tastverhältnis zurück, das erforderlich ist, um die gewünschte Spannung am ausgewählten Spannungswandler zu erreichen.
- **TrimMargin_ConvertVoltageToPreRunDutyCycle( )** – gibt das Vorladungs-PWM-Tastverhältnis zurück, das erforderlich ist, um die gewünschte Spannung am ausgewählten Spannungswandler zu erreichen.
- **TrimMargin_SetTrimCycleCount( )** – legt den internen Trim-Zykluszähler fest, der beeinflusst, wie oft das PWM-Tastverhältnis aktualisiert wird, wenn das TrimMargin_ActiveTrim( )-API aufgerufen wird; nur für den Incremental-Controllertyp anwendbar.
- **TrimMargin_Startup( )** – legt die Ausgangsspannung des Spannungswandlers auf die Startup-Spannung fest.
- **TrimMargin_StartupPreRun( )** – legt das Vorlade-PWM-Tastverhältnis fest, um die Startup-Spannung zu erreichen, bevor der Spannungswandler aktiviert wird.
- **TrimMargin_ConvertVoltageToDutyCycle( )** – gibt das PWM-Tastverhältnis zurück, das erforderlich ist, um die gewünschte Spannung am ausgewählten Spannungswandler zu erreichen.
- **TrimMargin_ConvertVoltageToPreRunDutyCycle( )** – gibt das Vorlade-PWM-Tastverhältnis zurück, das erforderlich ist, um die gewünschte Spannung am ausgewählten Spannungswandler zu erreichen.

- **TrimMargin_SetTrimCycleCount( )** – legt den internen Trim-Zykluszähler fest, der beeinflusst, wie oft das PWM-Tastverhältnis aktualisiert wird, wenn das TrimMargin_ActiveTrim( )-API aufgerufen wird; nur für den Incremental-Controllertyp anwendbar.
- **TrimMargin_SetTrimCycleCount( )** – legt den internen Trim-Zykluszähler fest, der beeinflusst, wie oft das PWM-Tastverhältnis aktualisiert wird, wenn das TrimMargin_ActiveTrim( )-API aufgerufen wird; nur für den Incremental-Controllertyp anwendbar.

15.92.2 Trim-and-Margin-Funktionsaufrufe 3.00

- **void TrimMargin_Start(void)** – startet den Betrieb der Komponente. Ruft das TrimMargin_Init( )-API auf, wenn die Komponente zuvor nicht initialisiert wurde. Ruft das TrimMargin_Enable( )-API auf.
- **void TrimMargin_Stop(void)** – deaktiviert die Komponente; stoppt die PWM.
- **void TrimMargin_Init(void)** – initialisiert die Parameter der Komponente auf die im Customizer festgelegten Werte. Es ist nicht notwendig, TrimMargin_Init( ) aufzurufen, da die TrimMargin_Start( )-Routine diese Funktion aufruft, was die bevorzugte Methode ist, um den Betrieb der Komponente zu beginnen. PWM-Tastverhältnisse werden auf Vorlaufwerte gesetzt, um das Startspannungsziel zu erreichen, vorausgesetzt, dass die Spannungswandler noch nicht eingeschaltet sind (deaktiviert).
- **void TrimMargin_Enable(void)** – aktiviert die Erzeugung von PWM-Ausgängen.
- **void TrimMargin_SetMarginHighVoltage(uint8 converterNum, uint16 marginHiVoltage)** – legt die Margin-high-Ausgangsspannung des angegebenen Spannungswandlers fest. Dies überschreibt die aktuelle Einstellung von vMarginHigh[x] und berechnet vMarginHighDutyCycle[x] neu, um für die Verwendung durch TrimMargin_MarginHigh( ) bereit zu sein. Hinweis: Der Aufruf dieses API führt nicht zu einer Änderung des PWM-Ausgangstastverhältnisses.
- **uint16 TrimMargin_GetMarginHighVoltage(uint8 converterNum)** – gibt die Margin-high-Ausgangsspannung des angegebenen Spannungswandlers zurück

15.93 Voltage Fault Detector (VFD) 3.00

Die VFD-Komponente ermöglicht die Überwachung von bis zu 32 Spannungseingängen mit benutzerdefinierten Über- und Unterspannungsgrenzen. Gut/schlecht-Statusergebnis („power good" oder pgood[x] für jede überwachte Spannung. Die Komponente arbeitet vollständig in Hardware ohne Eingriff des PSoC-CPU-Kerns, was zu einer bekannten, festen Fehlererkennungslatenz führt. Merkmale sind: Überwachung von bis zu 32 Spannungseingängen möglich, benutzerdefinierte Über- und Unterspannungsgrenzen, digitaler Gut/schlecht-Statusausgang, programmierbare Glitch-Filterlänge [105].

15.93.1 Voltage-Fault-Detector (VFD)-Funktionen 3.00

- **VFD_Start( )** – startet den Komponentenbetrieb.
- **VFD_Stop( )** – stoppt die Komponente.
- **VFD_Init( )** – initialisiert die Komponente.
- **VFD_Enable( )** – aktiviert Hardwareblöcke.
- **VFD_GetOVUVFaultStatus( )** – gibt den Über-/Unterspannungsfehlerstatus jeder Spannungseingabe zurück (anwendbar, wenn der Compare-Typ auf OV/UV eingestellt ist).
- **VFD_GetOVFaultStatus( )** – gibt den Überspannungsfehlerstatus jeder Spannungseingabe zurück (anwendbar, wenn der Compare-Typ auf OV eingestellt ist).
- **VFD_GetUVFaultStatus( )** – gibt den Unterspannungsfehlerstatus jeder Spannungseingabe zurück (anwendbar, wenn der Compare-Typ auf UV eingestellt ist).
- **VFD_SetUVFaultThreshold( )** – setzt den Unterspannungsfehlerschwellenwert für den angegebenen Spannungseingang.
- **VFD_GetUVFaultThreshold( )** – gibt den Unterspannungsfehlerschwellenwert für den angegebenen Spannungseingang zurück.
- **VFD_SetOVFaultThreshold( )** – setzt den Überspannungsfehlerschwellenwert für den angegebenen Spannungseingang.
- **VFD_GetOVFaultThreshold( )** – gibt den Unterspannungsfehlerschwellenwert für den angegebenen Spannungseingang zurück.
- **VFD_SetUVGlitchFilterLength( )** – setzt die Länge des Glitch-Filters.
- **VFD_GetUVGlitchFilterLength( )** – gibt die Länge des Glitch-Filters zurück.
- **VFD_SetUVDac( ) Sets UV DAC** – Wert jedes Kanals.
- **VFD_GetUVDac( ) Gets UV DAC** – Wert für den angegebenen Spannungseingang.
- **VFD_SetOVDac( ) Sets OV DAC** – Wert jedes Kanals.
- **VFD_GetOVDac( ) Gets OV DAC** – Wert für den angegebenen Spannungseingang.
- **VFD_Pause( )** – pausiert die Zustandsmaschine und die Fehlererkennungslogik.
- **VFD_IsPaused( )** – überprüft, ob die Komponente pausiert ist.
- **VFD_Resume( )** – setzt die Steuerungszustandsmaschine und die Fehlererkennungslogik fort.
- **VFD_SetUVDacDirect( )** – ermöglicht die manuelle Steuerung des UV-VDAC-Werts.
- **VFD_GetUVDacDirect( )** – gibt den aktuellen UV-VDAC-Wert zurück.
- **VFD_SetOVDacDirect( )** – ermöglicht die manuelle Steuerung des OV-VDAC-Werts.
- **VFD_GetOVDacDirect( )** – gibt den aktuellen OV-VDAC-Wert zurück.
- **VFD_ComparatorCal( )** – führt eine Kalibrierungsroutine durch.
- **VFD_SetSpeed( )** – ermöglicht die Einstellung des Geschwindigkeitsmodus für den/die VDAC (wenn die Option Internal Reference aktiviert ist) und den/die Comparator(s).

15.93.2 Voltage-Fault-Detector (VFD)-Funktionsaufrufe 3.00

- **void VFD_Start(void)** – ruft das Init( )-API auf, wenn die Komponente zuvor nicht initialisiert wurde. Führt eine Kalibrierungsroutine für Komparatoren durch und ruft dann Enable( ) auf, um den Betrieb der Komponente zu beginnen.
- **void VFD_Stop(void)** – stoppt die Komponente; stoppt den DMA-Controller und setzt TD zurück; trennt AMux-Kanäle.
- **void VFD_Init(void)** – initialisiert oder stellt die Standard-VFD-Konfiguration wieder her, die mit dem Customizer bereitgestellt wurde; initialisiert interne DMA-Kanäle. Es ist nicht notwendig, VFD_Init( ) aufzurufen, da die VFD_Start( )-Routine diese Funktion aufruft, die die bevorzugte Methode ist, um den Betrieb der Komponente zu beginnen.
- **void VFD_Enable(void)** – aktiviert Hardwareblöcke, die DMA-Kanäle und die Steuerungszustandsmaschine. Es ist nicht notwendig, VFD_Init( ) aufzurufen, da die VFD_Start( )-Routine diese Funktion aufruft, die die bevorzugte Methode ist, um den Betrieb der Komponente zu beginnen.
- **void VFD_GetOVUVFaultStatus(uint32 * ovStatus, uint32 * uvStatus)** – weist den Über-/Unterspannungsfehlerstatus jeder Spannungseingabe seinen Parametern zu. Bits sind „sticky" und werden durch Aufrufen dieses API gelöscht; nur anwendbar, wenn der Compare-Typ auf OV/UV eingestellt ist.
- **void VFD_GetOVFaultStatus(uint32 * ovStatus)** – weist den Überspannungsfehlerstatus jeder Spannungseingabe seinem Parameter zu. Bits sind „sticky" und werden durch Aufrufen dieses API gelöscht. Nur anwendbar, wenn der Compare-Typ auf OV eingestellt ist.
- **void VFD_GetUVFaultStatus(uint32 * uvStatus)** – weist den Unterspannungsfehlerstatus jeder Spannungseingabe seinem Parameter zu. Nur anwendbar, wenn der Compare-Typ auf UV eingestellt ist.
- **cystatus VFD_SetUVFaultThreshold(uint8 voltageNum, uint16 uvFaultThreshold)** – legt die Unterspannungsfehlergrenze für den angegebenen Spannungseingang fest. Der Parameter uvFaultThreshold wird in einen VDAC-Wert umgewandelt und in einen SRAM-Buffer geschrieben, der vom DMA-Controller verwendet wird, der den UV-DAC steuert. Dieses API findet keine Anwendung, wenn die Option Enable External Reference ausgewählt ist.
- **uint16 VFD_GetUVFaultThreshold(uint8 voltageNum)** – gibt die Unterspannungsfehlergrenze für die angegebene Spannung zurück. Dieses API findet keine Anwendung, wenn die Option Enable External Reference ausgewählt ist.
- **cystatus VFD_SetOVFaultThreshold(uint8 voltageNum, uint16 ovFaultThreshold)** – legt die Überspannungsfehlergrenze für den angegebenen Spannungseingang fest. Der Parameter ovFaultThreshold wird in einen VDAC-Wert umgewandelt und in einen SRAM-Buffer geschrieben, der vom DMA-Controller verwendet wird, der den

OV-DAC steuert. Dieses API findet keine Anwendung, wenn die Option Enable External Reference ausgewählt ist.
- **uint16 VFD_GetOVFaultThreshold(uint8 voltageNum)** – gibt die Überspannungsfehlergrenze für den angegebenen Spannungseingang zurück. Dieses API findet keine Anwendung, wenn die Option Enable External Reference ausgewählt ist.
- **void VFD_SetGlitchFilterLength(uint8 filterLength)** – legt die Länge des Glitch-Filters fest.
- **uint8 VFD_GetGlitchFilterLength(void)** – gibt die Länge des Glitch-Filters zurück.
- **void VFD_SetUVDac(uint8 voltageNum, uint8 dacValue)** – legt den UV-DAC-Wert für den angegebenen Spannungseingang fest. Der Aufruf dieser API ändert die UV-VDAC-Einstellung nicht sofort. Stattdessen wird der dacValue in einen SRAM-Puffer geschrieben, der vom DMA-Controller verwendet wird, der den UV-DAC für den angegebenen Spannungseingang steuert. Diese API findet keine Anwendung, wenn die Option Enable External Reference ausgewählt ist.
- **uint8 VFD_GetUVDac(uint8 voltageNum)** – gibt den dacValue zurück, der derzeit vom DMA-Controller verwendet wird, der den UV-DAC-Wert für den angegebenen Spannungseingang steuert. Dieses API findet keine Anwendung, wenn die Option Enable External Reference ausgewählt ist.
- **void VFD_SetOVDac(uint8 voltageNum, uint8 dacValue)** – der Aufruf dieses API ändert die OV-VDAC-Einstellung nicht sofort. Stattdessen wird der dacValue in einen SRAM-Buffer geschrieben, der vom DMA-Controller verwendet wird, der den OV-DAC für den angegebenen Spannungseingang steuert. Dieses API findet keine Anwendung, wenn die Option Enable External Reference ausgewählt ist.
- **uint8 VFD_GetOVDac(uint8 voltageNum)** – gibt den dacValue zurück, der derzeit vom DMA-Controller verwendet wird, der den OV-DAC-Wert für den angegebenen Spannungseingang steuert. Dieses API findet keine Anwendung, wenn die Option Enable External Reference ausgewählt ist.
- **void VFD_Pause(void)** – pausiert die Zustandsmaschine des Controllers. Die aktuellen PGOOD-Zustände werden beibehalten, wenn die Komponente pausiert ist. Beachten Sie, dass der Aufruf dieses API die Komponente nicht stoppt, bis sie den aktuellen Prozesszyklus abgeschlossen hat. Daher sollte, wenn der Zweck des Aufrufs dieses API speziell die Änderung der VDAC-Einstellungen ist (z. B. zu Kalibrierungszwecken), ausreichend Zeit eingeräumt werden, um die Komponente bis zum Abschluss laufen zu lassen, bevor ein Versuch unternommen wird, die VDAC direkt zu erreichen. Dies kann durch Aufrufen von VFD_IsPaused( ) überprüft werden.
- **bool VFD_IsPaused(void)** – überprüft, ob die Komponente pausiert ist.
- **void VFD_Resume(void)** – aktiviert den Takt für die Zustandsmaschine des Komparatorcontrollers.
- **void VFD_SetUVDacDirect(uint8 dacValue)** – ermöglicht die manuelle Steuerung des UV-VDAC-Werts. Der dacValue wird direkt an die UV-VDAC-Komponente geschrieben; nützlich für die UV-VDAC-Kalibrierung. Beachten Sie, dass, wenn die VFD-Komponente läuft und dieses API aufgerufen wird, der Zustandsmaschinen-

15.93 Voltage Fault Detector (VFD) 3.00

controller den durch diesen API-Aufruf gesetzten UV-VDAC-Wert überschreibt. Rufen Sie das Pause-API auf, um den Zustandsmaschinencontroller zu stoppen, wenn eine manuelle UV-VDAC-Steuerung gewünscht ist. Dieses API findet keine Anwendung, wenn die Option Enable External Reference ausgewählt ist.

- **uint8 VFD_GetUVDacDirect(void)** – gibt den aktuellen UV-VDAC-Wert zurück. Der zurückgegebene dacValue wird direkt von der UV-VDAC-Komponente gelesen. Nützlich für die UV-VDAC-Kalibrierung. Hinweis: Wenn dieses API aufgerufen wird, während die Komponente läuft, ist es nicht möglich zu wissen, mit welchem Spannungseingang der zurückgegebene UV-VDAC-Wert verbunden ist. Rufen Sie das Pause-API auf, um den Zustandsmaschinencontroller zu stoppen, wenn eine manuelle UV-VDAC-Steuerung gewünscht ist. Dieses API findet keine Anwendung, wenn die Option Enable External Reference ausgewählt ist.
- **void VFD_SetOVDacDirect(uint8 dacValue)** – ermöglicht die manuelle Steuerung des OV-VDAC-Werts. Der dacValue wird direkt an die OV-VDAC-Komponente geschrieben. Nützlich für die OV-VDAC-Kalibrierung. Beachten Sie, dass, wenn die VFD-Komponente läuft und dieses API aufgerufen wird, der Zustandsmaschinencontroller den durch diesen API-Aufruf gesetzten OV-VDAC-Wert überschreibt. Rufen Sie das Pause-API auf, um den Zustandsmaschinencontroller zu stoppen, wenn eine manuelle OV-VDAC-Steuerung gewünscht ist. Dieses API findet keine Anwendung, wenn die Option Enable External Reference ausgewählt ist.
- **uint8 VFD_GetOVDacDirect(void)** – gibt den aktuellen OV-VDAC-Wert zurück. Der zurückgegebene dacValue wird direkt von der VDAC-Komponente gelesen. Dies ist nützlich für die OV-VDAC-Kalibrierung. Hinweis: Wenn dieses API aufgerufen wird, während die Komponente läuft, ist es unmöglich zu wissen, mit welchem Spannungseingang der zurückgegebene OV-VDAC-Wert verbunden ist. Rufen Sie das Pause-API auf, um den Zustandsmaschinencontroller zu stoppen, wenn eine manuelle UV-VDAC-Steuerung gewünscht ist. Dieses API findet keine Anwendung, wenn die Option Enable External Reference ausgewählt ist.
- **void VFD_ComparatorCal(uint8 compType)** – führt eine Kalibrierungsroutine aus, die die Offsetspannung des ausgewählten Komparators misst, indem ihre Eingänge kurzgeschlossen werden. Sie korrigiert dies, indem sie in das Trim-Register des CMP-Blocks schreibt. Eine Referenzspannung im Bereich, in dem der Komparator verwendet wird, muss am negativen Eingang des Komparators angelegt werden, während die Offsetkalibrierung durchgeführt wird. Wenn die Option Enable External Reference ausgewählt ist, sind die negativen Komparatoreingänge mit den ov_ref-/uv_ref-Eingängen verbunden. Daher muss die Referenzspannung extern zur VFD-Komponente bereitgestellt werden. Wenn die interne Referenz ausgewählt ist, sind die negativen Komparatoreingänge mit den internen OV-/UV-DAC verbunden. In diesem Fall rufen Sie die Funktion SetOVDacDirect( )/SetUVDacDirect( ) auf, um die Referenzspannung bereitzustellen.

- **void VFD_SetSpeed(uint8 speedMode)** – ermöglicht die Einstellung des Geschwindigkeitsmodus für den/die VDAC (wenn die Option Internal Reference aktiviert ist) und Comparator(s).

15.94 Voltage Sequencer 3.40

Diese Komponente unterstützt die Abschaltsequenzierung von bis zu 32 Spannungswandlern. Die Anforderungen an die Sequenzierung werden in die Konfigurations-GUI eingegeben und führen dazu, dass die Sequenzierung automatisch verwaltet wird. Unterstützung wird für die Sequenzierung und Überwachung von bis zu 32 Spannungswandlerschienen bereitgestellt. Funktionen beinhalten: Unterstützung von Spannungswandlerschaltungen mit logikpegelgesteuertem Enable, Eingängen und logikpegelgesteuerten Power-good (pgood)-Statusausgängen, autonome (Standalone-) oder hostgesteuerte Betriebsweise, Sequenzreihenfolge, Timing und Abhängigkeiten zwischen den Schienen können über eine intuitive, einfach zu bedienende grafische Konfigurations-GUI eingestellt werden [107].

15.94.1 Voltage-Sequencer-Funktionen 3.40

- **Sequencer_Start( )** – aktiviert die Komponente und versetzt alle Spannungswandlerzustandsmaschinen in den entsprechenden Zustand.
- **Sequencer_Stop( )** – deaktiviert die Komponente.
- **Sequencer_Init( )** – initialisiert die Komponente.
- **Sequencer_Enable( )** – aktiviert die Komponente.
- **Sequencer_Pause( )** – pausiert den Sequenzer und verhindert Zustandsübergänge der Sequenzerzustandsmaschine.
- **Sequencer_Play( )** – setzt den Sequenzer fort, wenn er zuvor pausiert wurde.
- **Sequencer_SingleStep( )** – versetzt den Sequenzer in den Einzelschrittmodus.
- **Sequencer_EnableCalibrationState( )** – aktiviert den Kalibrierungszustand des Sequenzers, verhindert Zustandsübergänge der Sequenzerzustandsmaschine und deaktiviert die Fehlererkennung und -verarbeitung.
- **Sequencer_DisableCalibrationState( )** – setzt die Zustandsübergänge der Sequenzerzustandsmaschine fort und aktiviert die Fehlererkennung und -verarbeitung.
- **Sequencer_ForceOn( )** – zwingt den ausgewählten Spannungswandler zum Hochfahren.
- **Sequencer_ForceAllOn( )** – zwingt alle Spannungswandler zum Hochfahren.
- **Sequencer_ForceOff( )** – zwingt den ausgewählten Spannungswandler zum Herunterfahren, entweder sofort oder nach der TOFF-Verzögerung.
- **Sequencer_ForceAllOff( )** – zwingt alle Spannungswandler zum Herunterfahren, entweder sofort oder nach ihren jeweiligen TOFF-Verzögerungen.

15.94 Voltage Sequencer 3.40

- **Sequencer_GetState( )** – gibt den aktuellen Zustand der Zustandsmaschine für den ausgewählten Spannungswandler zurück.
- **Sequencer_GetPgoodStatus( )** – gibt eine Bitmaske zurück, die den pgood[x]-Status für alle Spannungswandler darstellt.
- **Sequencer_GetFaultStatus( )** – gibt eine Bitmaske zurück, die darstellt, welche Spannungswandler einen Fehler erlebt haben, der zur Deaktivierung ihrer pgood[x]-Eingänge geführt hat.
- **Sequencer_GetCtlStatus( )** – gibt eine Bitmaske zurück, die darstellt, welche ctl[x]-Eingänge dazu geführt haben, dass ein oder mehrere Wandler abgeschaltet wurden.
- **Sequencer_GetWarnStatus( )** – gibt eine Bitmaske zurück, die darstellt, welche Spannungswandler eine Warnung vor dem Herunterfahren aufgrund der TOFF_MAX_WARN-Zeitüberschreitung erlebt haben.
- **Sequencer_EnFaults( )** – aktiviert/deaktiviert die Ausgabe des Fehlersignals.
- **Sequencer_EnWarnings( )** – aktiviert/deaktiviert die Ausgabe des Warnsignals.

15.94.2 Voltage-Sequencer-Funktionsaufrufe 3.40

- **void Sequencer_Start(void)** – aktiviert die Komponente und versetzt alle Zustandsmaschinen des Leistungswandlers in den entsprechenden Zustand (OFF oder PEND_ON). Ruft das Init( )-API auf, wenn die Komponente zuvor nicht initialisiert wurde. Ruft das Enable( )-API auf.
- **void Sequencer_Stop(void)** – deaktiviert die Komponente, verhindert Zustandsübergänge der Sequenzerzustandsmaschine, System-Timer-Updates und Fehlerbehandlung.
- **void Sequencer_Init(void)** – initialisiert die Komponente. Parametereinstellungen werden basierend auf den in den verschiedenen Configure-Dialogfeldreitern eingegebenen Parametern initialisiert.
- **void Sequencer_Enable(void)** – aktiviert die Komponente. Ermöglicht Zustandsübergänge der Sequenzerzustandsmaschine, System-Timer-Updates und Fehlerbehandlung.
- **void Sequencer_Pause(void)** – pausiert den Sequenzer, verhindert Zustandsübergänge der Sequenzerzustandsmaschine, System-Timer-Updates und Fehlerbehandlung.
- **void Sequencer_Play(void)** – setzt den Sequenzer fort, wenn er zuvor pausiert wurde. Aktiviert erneut Zustandsübergänge der Sequenzerzustandsmaschine, System-Timer-Updates und Fehlerbehandlung.
- **void Sequencer_SingleStep(void)** – versetzt den Sequenzer in den Einzelschrittmodus. Wenn der Sequenzer pausiert war, wird der normale Betrieb wieder aufgenommen. Der Sequenzer läuft dann, bis es einen Zustandsübergang auf einer beliebigen Schiene gibt. Zu diesem Zeitpunkt wird der Sequenzer automatisch pausiert, bis entweder das Play( )-API oder SingleStep( ) erneut aufgerufen wird.

- **void Sequencer_EnableCalibrationState(void)** – aktiviert den Kalibrierungszustand des Sequenzers, verhindert Zustandsübergänge der Sequenzerzustandsmaschine, System-Timer-Updates und Fehlerbehandlung. Stoppt den Hardware-Schnellabschaltblock.
- **void Sequencer_DisableCalibrationState(void)** – deaktiviert den Kalibrierungszustand des Sequenzers. Aktiviert erneut Zustandsübergänge der Sequenzerzustandsmaschine, System-Timer-Updates und Fehlerbehandlung. Aktiviert den Hardware-Schnellabschaltblock.
- **void Sequencer_ForceOn(uint8 converterNum)** – zwingt den ausgewählten Leistungswandler in den Zustand PEND_ON. Alle ausgewählten Voraussetzungen für das Einschalten müssen erfüllt sein, damit der Leistungswandler eingeschaltet wird. Der Re-sequence-Zähler für die Zustandsmaschine dieses Wandlers wird neu initialisiert.
- **void Sequencer_ForceAllOn(void)** – zwingt alle Leistungswandler in den Zustand PEND_ON. Alle ausgewählten Voraussetzungen für das Einschalten müssen erfüllt sein, damit der Leistungswandler eingeschaltet wird. Der Re-sequence-Zähler für die Zustandsmaschinen dieser Wandler wird neu initialisiert.
- **void Sequencer_ForceOff(uint8 converterNum, uint8 powerOffMode)** – zwingt den ausgewählten Leistungswandler entweder sofort oder nach der TOFF-Verzögerung zum Ausschalten. Alle ausgewählten Voraussetzungen für das Ausschalten müssen erfüllt sein, damit der Leistungswandler ausgeschaltet wird.
- **void Sequencer_ForceAllOff(uint8 powerOffMode)** – zwingt alle Leistungswandler entweder sofort oder nach ihren TOFF-Verzögerungen zum Ausschalten. Alle ausgewählten Voraussetzungen für das Ausschalten müssen erfüllt sein, damit der Leistungswandler ausgeschaltet wird.
- **uint8 Sequencer_GetState(uint8 converterNum)** – gibt den aktuellen Zustand der Zustandsmaschine für den ausgewählten Leistungswandler zurück.
- **uint8/uint16/uint32 Sequencer_GetPgoodStatus(void)** – gibt eine Bitmaske zurück, die den pgood[x]-Status für alle Leistungswandler darstellt.
- **uint8/uint16/uint32 Sequencer_GetFaultStatus(void)** – gibt eine Bitmaske zurück, die darstellt, welche Leistungswandler einen Fehler erlebt haben, der zur Deaktivierung ihrer pgood[x]-Eingänge geführt hat. Bits sind „sticky", bis sie durch Aufrufen dieses API gelöscht werden.
- **uint8 Sequencer_GetCtlStatus(void)** – gibt eine Bitmaske zurück, die darstellt, welche ctl[x]-Eingänge dazu geführt haben, dass ein oder mehrere Wandler abgeschaltet wurden. Bits sind „sticky", bis sie durch Aufrufen dieses API gelöscht werden.
- **uint8/uint16/uint32 Sequencer_GetWarnStatus(void)** – gibt eine Bitmaske zurück, die darstellt, welche Leistungswandler eine Abschaltwarnung aufgrund Überschreitung des TOFF_MAX_WARN-Zeitlimits erlebt haben. Bits sind „sticky", bis sie durch Aufrufen dieses API gelöscht werden.

- **void Sequencer_EnFaults(uint8 faultEnable)** – aktiviert/deaktiviert die Ausgabe des Fehlersignals. Fehler werden weiterhin von der Zustandsmaschine verarbeitet, und der Fehlerstatus ist weiterhin über das GetFaultStatus( )-API verfügbar.

15.94.3 Voltage Sequencer – Laufzeitkonfiguration-Funktionen 3.40

- **Sequencer_SetStsPgoodMask( )** – gibt an, welche pgood[x]-Eingänge an der Erzeugung des angegebenen allgemeinen Sequenzerstatusausgangs teilnehmen.
- **Sequencer_GetStsPgoodMask( )** – gibt zurück, welche pgood[x]-Eingänge an der Erzeugung des angegebenen allgemeinen Sequenzerstatusausgangs teilnehmen.
- **Sequencer_SetStsPgoodPolarity( )** – konfiguriert die logischen Bedingungen, die dazu führen, dass der ausgewählte allgemeine Sequenzerstatusausgang aktiviert wird.
- **Sequencer_GetStsPgoodPolarity( )** – gibt die Polarität der pgood[x]-Eingänge zurück, die in der AND-Expression für den ausgewählten allgemeinen Sequenzerstatusausgang verwendet werden.
- **Sequencer_SetPgoodOnThreshold( )** – legt die Power-good-Spannungsschwelle für die Erkennung des Einschaltens fest.
- **Sequencer_GetPgoodOnThreshold( )** – gibt die Power-good-Spannungsschwelle für die Erkennung des Einschaltens zurück.
- **Sequencer_SetPowerUpMode( )** – legt den Einschaltstandardzustand für den ausgewählten Leistungswandler fest.
- **Sequencer_GetPowerUpMode( )** – gibt den Einschaltstandardzustand für den ausgewählten Leistungswandler zurück.
- **Sequencer_SetPgoodOnPrereq( )** – Bestimmt, welche pgood[x]-Eingänge Voraussetzungen für das Hochfahren der ausgewählten Leistungswandlersteuerung sind.
- **Sequencer_GetPgoodOnPrereq( )** – gibt zurück, welche pgood[x]-Eingänge Voraussetzungen für das Hochfahren der ausgewählten Leistungswandlersteuerung sind.
- **Sequencer_SetPgoodOffPrereq( )** – bestimmt, welche pgood[x]-Eingänge Voraussetzungen für das Herunterfahren der ausgewählten Leistungswandlersteuerung sind.
- **Sequencer_GetPgoodOffPrereq( )** – gibt zurück, welche pgood[x]-Eingänge Voraussetzungen für das Herunterfahren der ausgewählten Leistungswandlersteuerung sind.
- **Sequencer_SetTonDelay( )** – setzt den TON-Verzögerungsparameter für den ausgewählten Leistungswandler.
- **Sequencer_GetTonDelay( )** – gibt den TON-Verzögerungsparameter für den ausgewählten Leistungswandler zurück.
- **Sequencer_SetTonMax( )** – setzt den TON_MAX-Parameter für den ausgewählten Leistungswandler.
- **Sequencer_GetTonMax( )** – gibt den TON_MAX-Parameter für den ausgewählten Leistungswandler zurück.

- **Sequencer_SetPgoodOffThreshold( )** – setzt den Schwellenwert für die gute Spannung zur Erkennung des Herunterfahrens.
- **Sequencer_GetPgoodOffThreshold( )** – gibt den Schwellenwert für die gute Spannung zur Erkennung des Herunterfahrens zurück.
- **Sequencer_SetCtlPrereq( )** – legt fest, welcher ctl[x]-Eingang eine Voraussetzung für einen Leistungswandler ist.
- **Sequencer_GetCtlPrereq( )** – gibt zurück, welcher ctl[x]-Eingang eine Voraussetzung für einen Leistungswandler ist.
- **Sequencer_SetCtlShutdownMask( )** – bestimmt, welche ctl[x]-Eingänge das Herunterfahren des ausgewählten Leistungswandlers verursachen, wenn sie deaktiviert werden.
- **Sequencer_GetCtlShutdownMask( )** – gibt zurück, welche ctl[x]-Eingänge das Herunterfahren des ausgewählten Leistungswandlers verursachen, wenn sie deaktiviert werden.
- **Sequencer_SetPgoodShutdownMask( )** – bestimmt, welche anderen pgood[x]-Eingänge das Herunterfahren des ausgewählten Leistungswandlers verursachen, wenn sie deaktiviert werden.
- **Sequencer_GetPgoodShutdownMask( )** – gibt zurück, welche anderen pgood[x]-Eingänge das Herunterfahren des ausgewählten Leistungswandlers verursachen, wenn sie deaktiviert werden.
- **Sequencer_SetToffDelay( )** – setzt den TOFF-Verzögerungsparameter für den ausgewählten Leistungswandler.
- **Sequencer_GetToffDelay( )** – gibt den TOFF-Verzögerungsparameter für den ausgewählten Leistungswandler zurück.
- **Sequencer_SetToffMax( )** – setzt den TOFF_MAX_DELAY-Parameter für den ausgewählten Leistungswandler.
- **Sequencer_GetToffMax( )** – gibt den TOFF_MAX_DELAY-Parameter für den ausgewählten Leistungswandler zurück.
- **Sequencer_SetSysStableTime( )** – setzt den globalen System-Stable-Parameter für alle Leistungswandlersteuerungen.
- **Sequencer_GetSysStableTime( )** – gibt den globalen System-Stable-Parameter für alle Leistungswandlersteuerungen zurück.
- **Sequencer_SetReseqDelay( )** – setzt den globalen Re-sequence-Delay-Parameter für alle Leistungswandlersteuerungen.
- **Sequencer_GetReseqDelay( )** – gibt den globalen Re-sequence-Delay-Parameter für alle Leistungswandlersteuerungen zurück.
- **Sequencer_SetTonMaxReseqCnt( )** – Setzt die Re-sequence-Zählung für TON_MAX-Fehlerbedingungen.
- **Sequencer_GetTonMaxReseqCnt( )** – gibt die Re-sequence-Zählung für TON_MAX-Fehlerbedingungen zurück.

15.94 Voltage Sequencer 3.40

- **Sequencer_SetTonMaxFaultResp( )** – setzt den Abschaltmodus für eine Fehlergruppe, wenn eine TON_MAX-Fehlerbedingung am ausgewählten Masterwandler auftritt
- **Sequencer_GetTonMaxFaultResp( )** – gibt den Abschaltmodus für eine Fehlergruppe zurück, wenn eine TON_MAX-Fehlerbedingung am ausgewählten Masterwandler auftritt.
- **Sequencer_SetCtlReseqCnt( )** – setzt die Re-sequence-Zählung für Fehlerbedingungen aufgrund deaktivierter ctl[x]-Eingänge.
- **Sequencer_GetCtlReseqCnt( )** – gibt die Re-sequence-Zählung für Fehlerbedingungen aufgrund deaktivierter ctl[x]-Eingänge zurück.
- **Sequencer_SetCtlFaultResp( )** – setzt den Abschaltmodus für eine Fehlergruppe in Reaktion auf Fehlerbedingungen aufgrund deaktivierter ctl[x] Eingänge.
- **Sequencer_GetCtlFaultResp( )** – gibt den Abschaltmodus für eine Fehlergruppe in Reaktion auf Fehlerbedingungen aufgrund deaktivierter ctl[x]-Eingänge zurück.
- **Sequencer_SetFaultReseqSrc( )** – setzt die Fehler-Re-sequence-Quellen des Leistungswandlers.
- **Sequencer_GetFaultReseqSrc( )** – gibt die Fehler-Re-sequence-Quellen des Leistungswandlers zurück.
- **Sequencer_SetPgoodReseqCnt( )** – legt die Re-sequence-Zählung für Fehlerbedingungen aufgrund von deaktivierten pgood[x]-Eingängen fest.
- **Sequencer_GetPgoodReseqCnt( )** – gibt die Re-sequence-Zählung für Fehlerbedingungen aufgrund von deaktivierten pgood[x]-Eingängen zurück.
- **Sequencer_SetPgoodFaultResp( )** – legt den Abschaltmodus für eine Fehlergruppe aufgrund von deaktivierten pgood[x]-Eingängen fest.
- **Sequencer_GetPgoodFaultResp( )** – gibt den Abschaltmodus einer Fehlergruppe aufgrund von deaktivierten pgood[x]-Eingängen zurück.
- **Sequencer_SetOvReseqCnt( )** – legt die Re-sequence-Zählung für Überspannungsfehlerbedingungen („over-voltage", OV) fest.
- **Sequencer_GetOvReseqCnt( )** – gibt die Re-sequence-Zählung für Überspannungsfehlerbedingungen („over-voltage", OV) zurück.
- **Sequencer_SetOvFaultResp( )** – legt den Abschaltmodus für eine Fehlergruppe aufgrund von Überspannungsfehlerbedingungen („over-voltage", OV) fest.
- **Sequencer_GetOvFaultResp( )** – gibt den Abschaltmodus für eine Fehlergruppe aufgrund von Überspannungsfehlerbedingungen („over-voltage", OV) zurück.
- **Sequencer_SetUvReseqCnt( )** – legt die Re-sequence-Zählung für Unterspannungsfehlerbedingungen („under-voltage", UV) fest.
- **Sequencer_GetUvReseqCnt( )** – gibt die Re-sequence-Zählung für Unterspannungsfehlerbedingungen („under-voltage", UV) zurück.
- **Sequencer_SetUvFaultResp( )** – legt den Abschaltmodus für eine Fehlergruppe aufgrund von Unterspannungsfehlerbedingungen („under-voltage", UV) fest.

- **Sequencer_GetUvFaultResp( )** – gibt den Abschaltmodus für eine Fehlergruppe aufgrund von Unterspannungsfehlerbedingungen („under-voltage", UV) zurück.
- **Sequencer_SetOcReseqCnt( )** – legt die Re-sequence-Zählung für Überstromfehlerbedingungen („over-current", OC) fest.
- **Sequencer_GetOcReseqCnt( )** – gibt die Re-sequence-Zählung für Überstromfehlerbedingungen („over-current", OC) zurück.
- **Sequencer_SetOcFaultResp( )** – legt den Abschaltmodus für eine Fehlergruppe aufgrund von Überstromfehlerbedingungen („over-current", OC) fest.
- **Sequencer_GetOcFaultResp( )** – gibt den Abschaltmodus für eine Fehlergruppe aufgrund von Überstromfehlerbedingungen („over-current", OC) zurück.
- **Sequencer_SetFaultMask( )** – legt fest, welche Stromwandler eine Fehlererkennung aktiviert haben.
- **Sequencer_GetFaultMask( )** – gibt zurück, welche Stromwandler eine Fehlererkennung aktiviert haben.
- **Sequencer_SetWarnMask( )** – legt fest, welche Stromwandler Warnungen aktiviert haben.
- **Sequencer_GetWarnMask( )** – gibt zurück, welche Stromwandler Warnungen aktiviert haben.

15.94.4 Voltage Sequencer – Laufzeitkonfiguration-Funktionsaufrufe 3.40

- **void Sequencer_SetStsPgoodMask(uint8 stsNum, uint8/uint16/uint32 stsPgoodMask)** – gibt an, welche pgood[x]-Eingänge an der Erzeugung des angegebenen Allzweck-Sequenzersteuerungsausgangs (sts[x]) teilnehmen.
- **uint8/uint16/uint32 Sequencer_GetStsPgoodMask(uint8 stsNum)** – gibt zurück, welche pgood[x]-Eingänge an der Erzeugung des angegebenen Allzweck-Sequenzersteuerungsausgangs (sts[x]) teilnehmen.
- **void Sequencer_SetStsPgoodPolarity(uint8 stsNum, uint8/uint16/uint32 pgoodPolarity)** – konfiguriert die logischen Bedingungen, die dazu führen, dass der ausgewählte Allzweck-Sequenzersteuerungsausgang (sts[x]) aktiviert wird.
- **uint8/uint16/uint32 Sequencer_GetStsPgoodPolarity(uint8 stsNum)** – gibt die Polarität der pgood[x]-Eingänge zurück, die im AND-Ausdruck für den ausgewählten Allzweck-Sequenzersteuerungsausgang (sts[x]) verwendet werden.
- **void Sequencer_SetPgoodOnThreshold(uint8 converterNum, uint16 onThreshold)** – legt die Power-good-Spannungsschwelle für die Einschalterkennung fest.
- **uint16 Sequencer_GetPgoodOnThreshold(uint8 converterNum)** – gibt die Power-good-Spannungsschwelle für die Einschalterkennung zurück.
- **void Sequencer_SetPowerUpMode(uint8 converterNum, uint8 powerUpMode)** – legt den Einschaltstandardzustand für den ausgewählten Leistungswandler fest.
- **uint8 Sequencer_GetPowerUpMode(uint8 converterNum)** – gibt den Einschaltstandardzustand für den ausgewählten Leistungswandler zurück.

15.94 Voltage Sequencer 3.40

- **void Sequencer_SetPgoodOnPrereq(uint8 converterNum, uint8/uint16/uint32 pgoodMask)** – bestimmt, welche pgood[x]-Eingänge Einschaltvoraussetzungen für den ausgewählten Leistungswandler sind.
- **uint8/uint16/uint32 Sequencer_GetPgoodOnPrereq(uint8 converterNum)** – gibt zurück, welche pgood[x]-Eingänge Einschaltvoraussetzungen für den ausgewählten Leistungswandler sind.
- **void Sequencer_SetPgoodOffPrereq(uint8 converterNum, uint8/uint16/uint32 pgoodMask)** – bestimmt, welche pgood[x]-Eingänge Abschaltvoraussetzungen für den ausgewählten Leistungswandler sind.
- **uint8/uint16/uint32 Sequencer_GetPgoodOffPrereq(uint8 converterNum)** – gibt zurück, welche pgood[x]-Eingänge Abschaltvoraussetzungen für den ausgewählten Leistungswandler sind.
- **void Sequencer_SetTonDelay(uint8 converterNum, uint16 tonDelay)** – setzt den TON-Verzögerungsparameter für den ausgewählten Leistungswandler. Definiert als die Zeit zwischen dem Erfüllen aller Voraussetzungen der Leistungswandler und dem Aktivieren des en[x]-Ausgangs.
- **uint16 Sequencer_GetTonDelay(uint8 converterNum)** – gibt den TON-Verzögerungsparameter für den ausgewählten Leistungswandler zurück. Definiert als die Zeit zwischen dem Erfüllen aller Voraussetzungen der Leistungswandler und dem Aktivieren des en[x]-Ausgangs.
- **void Sequencer_SetTonMax(uint8 converterNum, uint16 tonMax)** – setzt den TON_MAX-Timeout-Parameter für den ausgewählten Leistungswandler. Definiert als die maximale zulässige Zeit zwischen dem Aktivieren des en[x] des Leistungswandlers und dem Aktivieren seines pgood[x]. Ein Versäumnis führt zu einer Fehlerbedingung.
- **uint16 Sequencer_GetTonMax(uint8 converterNum)** – gibt den TON_MAX-Timeout-Parameter für den ausgewählten Leistungswandler zurück. Definiert als die maximale zulässige Zeit zwischen dem Aktivieren des en[x] des Leistungswandlers und dem Aktivieren seines pgood[x]. Ein Versäumnis führt zu einer Fehlerbedingung.
- **void Sequencer_SetPgoodOffThreshold(uint8 converterNum, uint16 onThreshold)** – setzt die Spannungsschwelle für die Power-good-Erkennung beim Ausschalten.
- **uint16 Sequencer_GetPgoodOffThreshold(uint8 converterNum)** – gibt die Spannungsschwelle für die Power-good-Erkennung beim Ausschalten zurück.
- **void Sequencer_SetCtlPrereq (uint8 converterNum, uint8 ctlPinMask)** – legt fest, welcher ctl[x]-Eingang eine Voraussetzung für den ausgewählten Leistungswandler ist.
- **uint8 Sequencer_GetCtlPrereq (uint8 converterNum)** – gibt zurück, welcher ctl[x]-Eingang eine Voraussetzung für den ausgewählten Leistungswandler ist.
- **Sequencer_SetCtlShutdownMask(uint8 converterNum, uint8 ctlPinMask)** – bestimmt, welche ctl[x]-Eingänge das Ausschalten des ausgewählten Leistungswandlers verursachen, wenn sie deaktiviert werden.

- **uint8 Sequencer_GetCtlShutdownMask(uint8 converterNum)** – gibt zurück, welche ctl[x]-Eingänge das Ausschalten des ausgewählten Leistungswandlers verursachen, wenn sie deaktiviert werden.
- **void Sequencer_SetPgoodShutdownMask(uint8 converterNum, uint8/uint16/uint32 pgoodMask)** – bestimmt, welche pgood[x]-Eingänge des Wandlers das Ausschalten des ausgewählten Leistungswandlers verursachen, wenn sie deaktiviert werden. Beachten Sie, dass der eigene pgood[x]-Eingang eines Wandlers automatisch eine Fehlerquelle für diesen Wandler ist, unabhängig davon, ob das entsprechende Bit in der pgoodMask gesetzt ist oder nicht.
- **uint8/uint16/uint32 Sequencer_GetPgoodShutdownMask (uint8 converterNum)** – gibt zurück, welche pgood[x]-Eingänge der Wandler das Ausschalten des ausgewählten Leistungswandlers verursachen, wenn sie deaktiviert werden. Beachten Sie, dass der eigene pgood[x]-Eingang eines Wandlers automatisch eine Fehlerquelle für diesen Wandler ist und das entsprechende Maskenbit nicht zurückgegeben wird.
- **void Sequencer_SetToffDelay(uint8 converterNum, uint16 toffDelay)** – setzt den TOFF-Verzögerungsparameter für den ausgewählten Leistungswandler. Definiert als die Zeit zwischen der Entscheidung, einen Leistungswandler auszuschalten, und dem tatsächlichen Deaktivieren des en[x]-Ausgangs.
- **uint16 Sequencer_GetToffDelay(uint8 converterNum)** – gibt den TOFF-Verzögerungsparameter für den ausgewählten Leistungswandler zurück. Definiert als die Zeit zwischen der Entscheidung, einen Leistungswandler auszuschalten, und dem tatsächlichen Deaktivieren des en[x]-Ausgangs.
- **void Sequencer_SetToffMax(uint8 converterNum, uint16 toffMax)** – setzt den TOFF_MAX_DELAY-Timeout-Parameter für den ausgewählten Leistungswandler. Definiert als die maximale zulässige Zeit zwischen dem Deaktivieren des en[x] des Leistungswandlers und dem tatsächlichen Ausschalten des Leistungswandlers. Ein Versäumnis führt zu einer Warnbedingung.
- **uint16 Sequencer_GetToffMax(uint8 converterNum)** – gibt den TOFF_MAX_DELAY-Timeout-Parameter für den ausgewählten Leistungswandler zurück. Definiert als die maximale zulässige Zeit zwischen dem Deaktivieren des en[x] des Leistungswandlers und dem tatsächlichen Ausschalten des Leistungswandlers. Ein Versäumnis führt zu einer Warnbedingung.
- **void Sequencer_SetSysStableTime(uint16 stableTime)** – setzt den globalen TRESEQ_DELAY-Parameter für alle Leistungswandler. Definiert als die Zeit zwischen der Entscheidung zur Neusequenzierung und dem Beginn einer neuen Einschaltsequenz.
- **uint16 Sequencer_GetSysStableTime(void)** – Setzt den globalen TRESEQ_DELAY Parameter für alle Stromwandler. Definiert als die Zeit zwischen der Entscheidung zur Re-sequence und dem Beginn einer neuen Einschaltsequenz. Rückgabewert: uint16 stableTime; Einheiten = 8 ms pro LSB; gültiger Bereich = 0–65535 (0–534,28 s).

15.94 Voltage Sequencer 3.40

- **void Sequencer_SetReseqDelay(uint16 reseqDelay)** – setzt den globalen TRESEQ_DELAY-Parameter für alle Stromversorgungen. Definiert als die Zeit zwischen der Entscheidung zur Re-sequence und dem Beginn einer neuen Einschaltsequenz.
- **uint16 Sequencer_GetReseqDelay(void)** – gibt den globalen TRESEQ_DELAY-Parameter für alle Leistungswandler zurück. Definiert als die Zeit zwischen der Entscheidung zur Re-sequence und dem Beginn einer neuen Einschaltsequenz. Rückgabewert: uint16 reseqDelay; Einheiten = 8 ms pro LSB; gültiger Bereich = 0–65535 (0–534,28 s).
- **void Sequencer_SetTonMaxReseqCnt(uint8 converterNum, uint8 ReseqCnt)** – setzt die Re-sequence-Zählung für TON_MAX-Fehlerbedingungen.
- **uint8 Sequencer_GetTonMaxReseqCnt(uint8 converterNum)** – gibt die Re-sequence-Zählung für TON_MAX-Fehlerbedingungen zurück.
- **void Sequencer_SetTonMaxFaultResp(uint8 converterNum, uint8 faultResponse)** – legt den Abschaltmodus für alle zugehörigen Fehlergruppen fest, wenn eine TON_MAX-Fehlerbedingung am ausgewählten Leistungswandler auftritt. Gültiger Bereich: 1–32.
- **uint8 Sequencer_GetTonMaxFaultResp(uint8 converterNum)** – gibt den Abschaltmodus für alle zugehörigen Fehlergruppen zurück, wenn eine TON_MAX-Fehlerbedingung am ausgewählten Leistungswandler auftritt.
- **void Sequencer_SetCtlReseqCnt(uint8 converterNum, uint8 reseqCnt)** – legt die Re-sequence-Zählung für Fehlerbedingungen aufgrund von deaktivierten ctl[x]-Eingängen fest.
- **uint8 Sequencer_GetCtlReseqCnt(uint8 converterNum)** – gibt die Re-sequence-Zählungen für Fehlerbedingungen aufgrund von deaktivierten ctl[x]-Eingängen zurück.
- **void Sequencer_SetCtlFaultResp(uint8 converterNum, uint8 faultResponse)** – legt den Abschaltmodus für den ausgewählten Leistungswandler und Schienen in zugehörigen Fehlergruppen in Reaktion auf die Deaktivierung von ctl[x]-Eingängen fest.
- **uint8 Sequencer_GetCtlFaultResp(uint8 converterNum)** – gibt den Abschaltmodus für den ausgewählten Leistungswandler und Schienen in zugehörigen Fehlergruppen in Reaktion auf die Deaktivierung von ctl[x]-Eingängen zurück.
- **void Sequencer_SetFaultReseqSrc(uint8 converterNum, uint8 reseqSrc)** – legt die Re-sequence-Quellen für Leistungswandlerfehler fest.
- **uint8 Sequencer_GetFaultReseqSrc(uint8 converterNum)** – gibt die Re-sequence-Quelle für Leistungswandlerfehler zurück.
- **void Sequencer_SetPgoodReseqCnt(uint8 converterNum, uint8 reseqCnt)** – legt die Re-sequence-Zählung für Fehlerbedingungen aufgrund eines deaktivierten pgood[x]-Eingangs an der ausgewählten Schiene fest.
- **uint8 Sequencer_GetPgoodReseqCnt(uint8 converterNum)** – Gibt die Re-sequence-Anzahl für Fehlerbedingungen aufgrund eines deaktivierten pgood[x]-Eingangs an der ausgewählten Schiene zurück.

- **void Sequencer_SetPgoodFaultResp(uint8 converterNum, uint8 faultResponse)** – legt den Abschaltmodus für den ausgewählten Leistungswandler und Schienen in zugehörigen Fehlergruppen in Reaktion auf die Deaktivierung des pgood[x]-Eingangs des ausgewählten Leistungswandlers fest.
- **uint8 Sequencer_GetPgoodFaultResp(uint8 converterNum)** – gibt den Abschaltmodus für den ausgewählten Leistungswandler und Schienen in zugehörigen Fehlergruppen in Reaktion auf die Deaktivierung des pgood[x]-Eingangs des ausgewählten Leistungswandlers zurück.
- **void Sequencer_SetOvReseqCnt(uint8 converterNum, uint8 reseqCnt)** – legt die Re-sequence-Zählung für Überspannungsfehlerbedingungen („over-voltage", OV) fest.
- **uint8 Sequencer_GetOvReseqCnt(uint8 converterNum)** – legt die Re-sequence-Anzahl für Überspannungsfehlerbedingungen („over-voltage", OV) fest. uint8 reseqCnt 0 = keine Neusequenzierung, 31 = unendliche Neusequenzierung, 1–30 = gültige Re-sequence-Zählungen.
- **void Sequencer_SetOvFaultResp(uint8 converterNum, uint8 faultResponse)** – legt den Abschaltmodus für alle zugehörigen Fehlergruppen aufgrund von Überspannungsfehlerbedingungen („over-voltage", OV) am ausgewählten Leistungswandler fest.
- **uint8 Sequencer_GetOvFaultResp(uint8 converterNum)** – gibt den Abschaltmodus für alle zugehörigen Fehlergruppen aufgrund von Überspannungsfehlerbedingungen („over-voltage", OV) am ausgewählten Leistungswandler zurück.
- **void Sequencer_SetUvReseqCnt(uint8 converterNum, uint8 reseqCnt)** – legt die Re-sequence-Zählung für Unterspannungsfehlerbedingungen („under-voltage", UV) fest.
- **void Sequencer_SetUvFaultResp(uint8 converterNum, uint8 faultResponse)** – legt den Abschaltmodus für alle zugehörigen Fehlergruppen aufgrund von Unterspannungsfehlerbedingungen („under-voltage", UV) am ausgewählten Leistungswandler fest.
- **uint8 Sequencer_GetUvFaultResp(uint8 converterNum)** – gibt den Abschaltmodus für alle zugehörigen Fehlergruppen aufgrund von Unterspannungsfehlerbedingungen („under-voltage", UV) am ausgewählten Leistungswandler zurück.
- **void Sequencer_SetOcReseqCnt(uint8 converterNum, uint8 reseqCnt)** – legt die Re-sequence-Zählung für Überstromfehlerbedingungen („over-current", OC) fest.
- **uint8 Sequencer_GetOcReseqCnt(uint8 converterNum)** – gibt die Re-sequence-Zählung für Überstromfehlerbedingungen („over-current", OC) zurück.
- **void Sequencer_SetOcFaultResp(uint8 converterNum, uint8 faultResponse)** – legt den Abschaltmodus für alle zugehörigen Fehlergruppen aufgrund von Überstromfehlerbedingungen („over-current", OC) am ausgewählten Leistungswandler fest.

- **uint8 Sequencer_GetOcFaultResp(uint8 converterNum)** – gibt den Abschaltmodus für alle zugehörigen Fehlergruppen aufgrund von Überstromfehlerbedingungen („over-current", OC) am ausgewählten Leistungswandler zurück.
- **void Sequencer_SetFaultMask(uint8/uint16/uint32 faultMask)** – legt fest, welche Leistungswandler die Fehlererkennung aktiviert haben.
- **uint8/uint16/uint32Sequencer_GetFaultMask(void)** – gibt zurück, welche Leistungswandler die Fehlererkennung aktiviert haben.
- **void Sequencer_SetWarnMask(uint8/uint16/uint32 warnMask)** – legt fest, welche Leistungswandler Warnungen aktiviert haben.
- **uint8/uint16/uint32 Sequencer_GetWarnMask(void)** – gibt zurück, welche Leistungswandler Warnungen aktiviert haben.
- **uint8 Sequencer_GetUvReseqCnt(uint8 converterNum)** – gibt die Re-sequence-Zählung für Unterspannungsfehlerbedingungen („under-voltage", UV) zurück.

15.95 Boost Converter (BoostConv) 5.00

Die Boost-Converter (BoostConv)-Komponente ermöglicht es Ihnen, den PSoC Boost-Converter-Hardwareblock zu konfigurieren und zu steuern. Der Aufwärtswandler ermöglicht es, Eingangsspannungen, die niedriger sind als die gewünschte Systemspannung, auf die gewünschte Systemspannung zu erhöhen. Der Wandler verwendet eine externe Induktivität, um die Eingangsspannung in die gewünschte Ausgangsspannung umzuwandeln. Die BoostConv-Komponente ist standardmäßig beim Start des Chips aktiviert und hat eine Ausgangsspannung von 1,9 V. Dies ermöglicht es dem Chip, in Szenarien zu starten, in denen die Eingangsspannung zum Aufwärtswandler unter der minimal zulässigen Spannung liegt, um den Chip zu versorgen. Die in der Komponentenanpassung definierten Konfigurationsparameter (Standard VIN = 1,8 V, VOUT = 3,3 V, Schaltfrequenz = 400 kHz) werden erst wirksam, wenn die BoostConv_Start( )-API aufgerufen wird. Die Parameter der BoostConv-Komponente können auch während der Laufzeit mit den bereitgestellten APIs angepasst werden. Der Aufwärtswandler hat zwei Hauptbetriebsmodi: Der Aktivmodus ist der normale Betriebsmodus, in dem der Aufwärtswandlerregler aktiv eine geregelte Ausgangsspannung erzeugt, der Stand-by-Modus ist ein Energiesparmodus beim PSoC 3 und der Schlafmodus ist ein stromsparender Betriebsmodus beim PSoC 5LP. Merkmale sind: eine wählbare Ausgangsspannung, die höher ist als die Eingangsspannung, ein Eingangsspannungsbereich zwischen 0,5 und 3,6 V, ein erhöhter Ausgangsspannungsbereich zwischen 1,8 und 5,25 V, Quellen bis zu 75 mA abhängig von den ausgewählten Eingangs- und Ausgangsspannungsparameterwerten und zwei Betriebsmodi – aktiv und Stand-by für PSoC 3 oder Schlaf für PSoC 5LP [13].

15.95.1 Boost-Converter (BoostConv)-Funktionen 5.00

- **BoostConv_Start( )** – startet die BoostConv-Komponente und versetzt den Aufwärtswandlerblock in den Aktivmodus.
- **BoostConv_Stop( )** – deaktiviert die BoostConv-Komponente. Schaltet die Stromversorgung zur Aufwärtswandlerschaltung ab.
- **BoostConv_EnableInt( )** – aktiviert die Unterspannungs-Interrupt-Erzeugung des Aufwärtswandlerblocks.
- **BoostConv_DisableInt( )** – deaktiviert die Unterspannungs-Interrupt-Erzeugung des Aufwärtswandlerblocks.
- **BoostConv_SetMode( )** – stellt den Aufwärtswandlermodus auf aktiv oder Stand-by (PSoC 3)/Schlaf (PSoC 5LP) ein.
- **BoostConv_SelVoltage( )** – wählt die Zielausgangsspannung aus, die der Aufwärtswandler aufrechterhalten wird.
- **BoostConv_ManualThump( )** – erzwingt einen einzelnen Impuls der Aufwärtswandlerschalttransistoren.
- **BoostConv_ReadStatus( )** – gibt das Statusregister des Aufwärtswandlerblocks zurück.
- **BoostConv_ReadIntStatus( )** – gibt den Inhalt des Aufwärtswandler-Interrupt-Statusregisters zurück. BoostConv_Init( ) initialisiert das BoostConv-Register mit den aus dem Customizer bereitgestellten Anfangswerten.
- **BoostConv_Enable( )** – diese Funktion aktiviert den Aufwärtswandler (nur gültig im Aktivmodus). Komponente ist standardmäßig aktiviert.
- **BoostConv_Disable( )** – deaktiviert den Aufwärtswandler.
- **BoostConv_EnableAutoThump( )** – aktiviert den automatischen Thump-Modus (nur verfügbar, wenn der Aufwärtswandler im Stand-by-Modus und die Schaltfrequenz auf 32 kHz eingestellt ist, PSoC 3-API).
- **BoostConv_DisableAutoThump( )** – deaktiviert den automatischen Thump-Modus (PSoC 3-API).
- **BoostConv_SelExtClk( )** – legt die Quelle der 32-kHz-Frequenz fest: das 32-kHz-ECO oder 32-kHz-ILO (PSoC 3-API).
- **BoostConv_SelFreq( )** – stellt die Schaltfrequenz auf einen von zwei möglichen Werten ein: 400 kHz (intern im Aufwärtswandlerblock erzeugt) oder 32 kHz (extern zum Aufwärtswandlerblock vom Chip ECO-32kHz- oder ILO-32kHz-Oszillator). Die 32-kHz-Frequenz ist nur für PSoC 3 anwendbar (PSoC 3-API).

15.95.2   Boost-Converter-(BoostConv)-Funktionsaufrufe 5.00

- **void BoostConv_Start(void)** – startet die BoostConv-Komponente und versetzt den Aufwärtswandlerblock in den Aktivmodus. Die Komponente befindet sich in diesem Zustand, wenn der Chip hochfährt. Dies ist die bevorzugte Methode, um den Betrieb der Komponente zu beginnen.
- **BoostConv_Start( )** – setzt die initVar-Variable, ruft die BoostConv_Init( )-Funktion auf und ruft dann die BoostConv_Enable( )-Funktion auf.
- **void BoostConv_Stop(void)** – speichert die Zielausgangsspannung und den Modus des Aufwärtswandlers. Deaktiviert die BoostConv-Komponente.
- **void BoostConv_EnableInt(void)** – aktiviert die Erzeugung von Interrupts durch Unterspannung am Ausgang des Aufwärtswandlerblocks.
- **void BoostConv_DisableInt(void)** – deaktiviert die Erzeugung von Interrupts durch Unterspannung am Ausgang des Aufwärtswandlerblocks.
- **void BoostConv_SetMode(uint8 mode)** – legt den Modus des Aufwärtswandlers fest: aktiv und Stand-by für PSoC 3 oder Schlaf für PSoC 5LP.
- **void BoostConv_SelVoltage(uint8 voltage)** – wählt die Zielausgangsspannung aus, die der Aufwärtswandler beibehalten wird.
- **void BoostConv_ManualThump(void)** – erzwingt einen einzelnen Impuls der Aufwärtswandlerschalttransistoren.
- **uint8 BoostConv_ReadStatus(void)** – gibt den Inhalt des Statusregisters des Aufwärtswandlerblocks zurück.
- **void BoostConv_ReadIntStatus(void)** – gibt den Inhalt des Interrupt-Statusregisters des Aufwärtswandlerblocks zurück.
- **void BoostConv_Init(void)** – initialisiert oder stellt die Komponente gemäß den Einstellungen des Customizer-Konfigurationsdialogs wieder her. Es ist nicht notwendig, BoostConv_Init( ) aufzurufen, da die BoostConv_Start( )-API diese Funktion aufruft und dies die bevorzugte Methode ist, um den Betrieb der Komponente zu beginnen.
- **void BoostConv_Enable(void)** – diese Funktion aktiviert den Aufwärtswandlerblock im Aktivmodus. Die Komponente ist standardmäßig aktiviert. Aktiviert die Hardware und beginnt den Betrieb der Komponente. Es ist nicht notwendig, BoostConv_Enable( ) aufzurufen, da die BoostConv_Start( )-API diese Funktion aufruft, was die bevorzugte Methode ist, um den Betrieb der Komponente zu beginnen.
- **void BoostConv_Disable(void)** – diese Funktion deaktiviert den Aufwärtswandlerblock (PSoC 3-API).
- **void BoostConv_EnableAutoThump(void)** – diese Funktion aktiviert den automatischen Thump-Modus. Der AutoThump-Modus ist nur verfügbar, wenn der Aufwärtswandlerblock im Stand-by-Modus ist. Die Schaltfrequenztaktquelle für den Aufwärtswandlerblock muss auf den externen 32-kHz-Takt eingestellt sein. In diesem Modus wird der Aufwärtswandlerbetrieb im Stand-by-Modus durch Erzeugung eines Aufwärtswandlerschaltimpulses an jeder Flanke des Schalttakts erreicht, wenn die Ausgangsspannung unter dem ausgewählten Wert liegt.

- **void BoostConv_SelFreq(uint8 frequency)** – diese Funktion setzt die Schaltfrequenz auf einen von zwei möglichen Werten: 400 kHz (die intern im Aufwärtswandlerblock mit einem dedizierten Oszillator erzeugt wird) oder 32 kHz (die von den ECO-32-kHz- oder ILO-32-kHz-Chips kommt). Die 32-kHz-Frequenz ist nur für PSoC 3 anwendbar.

15.96 Bootloader und Bootloadable 1.60

Das Bootloader-System verwaltet den Prozess der Aktualisierung des Geräte-Flash-Speichers mit neuem Anwendungscode und/oder neuen Daten. PSoC Creator verwendet das Bootloader-Projekt, d. h. ein Projekt mit einer Bootloader-Komponente und Kommunikationskomponente und Bootloadable-Projekt, das eine Bootloadable-Komponente verwendet, um den Code zu erstellen. Die Funktionen umfassen: separate Bootloader- und Bootloadable-Komponenten und eine flexible Komponentenkonfiguration [14].

15.96.1 Bootloader-Funktionen 1.60

- **Bootloader_Start** – diese Funktion wird aufgerufen, um den folgenden Algorithmus auszuführen.
- **Bootloader_GetMetadata** – gibt den Wert des angegebenen Felds des Metadatenbereichs zurück.
- **Bootloader_ValidateBootloadable** – überprüft die Validierung der angegebenen Anwendung.
- **Bootloader_Exit** – plant die angegebene Anwendung und führt einen Softwarereset durch, um sie zu starten.
- **Bootloader_Calc8BitSum** – berechnet die 8-bit-Summe für die angegebenen Daten.
- **Bootloader_InitCallback** – initialisiert die Callback-Funktionalität.
- **Bootloadable_Load** – aktualisiert den Metadatenbereich für den Bootloader, der beim Gerätereset gestartet werden soll, und setzt das Gerät zurück.
- **Bootloader_Initialize** – wird für das In-Application-Bootloading aufgerufen, um das Bootloading zu initialisieren.
- **Bootloader_HostLink** – wird für das In-Application-Bootloading aufgerufen, um den Bootloader-Befehl vom Host zu verarbeiten.
- **Bootloader_GetRunningAppStatus** – gibt die Anwendungsnummer der derzeit laufenden Anwendung zurück.
- **Bootloader_GetActiveAppStatus** – gibt die Anwendungsnummer der derzeit aktiven Anwendung zurück.
- **Bootloadable_GetActiveApplication** – ermittelt die Anwendung, die nach einem nächsten Resetereignis geladen wird.
- **Bootloadable_SetActiveApplication** – legt die Anwendung fest, die nach einem nächsten Resetereignis geladen wird.

15.96.2 Bootloader-Funktionsaufrufe 1.60

- **void Bootloader_Start (void)** –
  1. Bootloadable-/Kombinationsanwendungen für den klassischen Dual-App-Bootloader/Launch-only-Bootloader (kurz Launcher).
  2. Für den klassischen Single-App-Bootloader: Wenn die Bootloadable-Anwendung gültig ist, wechselt der Ablauf nach einem Softwarereset zu ihr. Andernfalls bleibt er im Bootloader und wartet auf Befehl(e) vom Host.
  3. Für den klassischen Dual-App-Bootloader: Der Ablauf handelt gemäß der Umschalttabelle und aktivierten/deaktivierten Optionen (z. B. Autoumschaltung). Hinweis: Wenn die gültige Bootloadable-Anwendung identifiziert wird, wird die Kontrolle nach einem Softwarereset an sie übergeben. Andernfalls bleibt sie im klassischen Dual-App Bootloader und wartet auf Befehl(e) vom Host.
  4. Für den Launcher: Der Ablauf handelt gemäß der Umschalttabelle und aktivierten/deaktivierten Optionen. Hinweis: Wenn die gültige Kombinationsanwendung identifiziert wird, wird die Kontrolle nach einem Softwarereset an sie übergeben. Andernfalls bleibt sie für immer im Launcher.
  5. Validieren der Bootloader-/Launcher-Anwendung(en) (zur Entwurfszeit konfigurierbar, Option zur Validierung der Bootloader-Anwendung im Komponenten-Customizer).
  6. Ausführen einer Kommunikationsunterroutine (zur Entwurfszeit konfigurierbar, die Option Warten auf Befehl des Komponenten-Customizer). Hinweis: Dies ist NICHT anwendbar für den Launcher.
  7. Planen des Bootloadable und Zurücksetzen des Geräts. Siehe Umschaltlogiktabelle für Details.
- **uint32 Bootloader_GetMetadata (uint8 field, uint8 appId)** – gibt den Wert des angegebenen Felds des Metadatenabschnitts zurück.
- **cystatus Bootloader_ValidateBootloadable (uint8 appId)** – führt die Validierung der Bootloadable-Anwendung durch, indem die Prüfsumme des Anwendungsbilds berechnet und mit dem in dem Feld Bootloadable Application Checksum des Metadatenabschnitts gespeicherten Prüfsummenwert verglichen wird. Wenn die Option „Fast bootloadable application validation" im Komponenten-Customizer aktiviert ist und die Bootloadable-Anwendung die Validierung erfolgreich besteht, wird das Feld Bootloadable Application Verification Status des Metadatenabschnitts aktualisiert. Siehe den Abschnitt „Metadatenlayout" für Details. Wenn die Option „Fast bootloadable application validation" aktiviert ist und das Feld Bootloadable Application Verification Status des Metadatenabschnitts besagt, dass die Bootloadable-Anwendung gültig ist, gibt die Funktion CYRET_SUCCESS ohne weitere Prüfsummenberechnung zurück.

- **cystatus Bootloader_ValidateBootloadable (uint8 appId)** – führt die Validierung der Bootloadable-Anwendung durch, indem die Prüfsumme des Anwendungsbilds berechnet und mit dem in dem Feld Bootloadable Application Checksum des Metadatenabschnitts gespeicherten Prüfsummenwert verglichen wird. Wenn die Option „Fast bootloadable application validation" im Komponenten-Customizer aktiviert ist und die Bootloadable-Anwendung die Validierung erfolgreich besteht, wird das Feld Bootloadable Application Verification Status des Metadatenabschnitts aktualisiert. Siehe den Abschnitt „Metadatenlayout" für Details. Wenn die Option „Fast bootloadable application validation" aktiviert ist und das Feld Bootloadable Application Verification Status des Metadatenabschnitts besagt, dass die Bootloadable-Anwendung gültig ist, gibt die Funktion CYRET_SUCCESS ohne weitere Prüfsummenberechnung zurück.
- **uint8 Bootloader_Calc8BitSum (uint32 baseAddr, uint32 start, uint32 size)** – dies berechnet eine 8-bit-Summe für die angegebene Anzahl von Bytes, die in Flash (wenn baseAddr gleich CY_FLASH_BASE ist) oder EEPROM (wenn baseAddr gleich CY_EEPROM_BASE ist) enthalten sind.
- **void Bootloader_InitCallback(Bootloader_callback_type userCallback)** – diese Funktion initialisiert die Callback-Funktionalität.
- **void Bootloadable_Load (void)** – plant den Start des Bootloader/Launcher und führt dann einen Softwarereset durch, um ihn zu starten.
- **void Bootloadable_Load (void)** – plant den Start des Bootloader/Launcher und führt dann einen Softwarereset durch, um ihn zu starten.
- **void Bootloader_HostLink(uint8 timeOut)** – veranlasst den Bootloader, zu versuchen, Daten zu lesen, die von der Hostanwendung übertragen werden. Wenn Daten vom Host gesendet werden, wird die Kommunikationsschnittstelle eingerichtet, um alle Anfragen zu verarbeiten. Diese Funktion ist nur für die Launcher-Kombinationsarchitektur öffentlich. Für den klassischen Bootloader ist sie statisch, d. h. privat.
- **uint8 Bootloader_GetRunningAppStatus (void)** – wird für den Dual-App- oder In-App-Bootloader verwendet. Gibt den Wert der globalen Variable Bootloader_runningApp zurück. Diese Funktion sollte nur aufgerufen werden, nachdem die Funktion Bootloader_Initialize( ) einmal aufgerufen wurde.
- **uint8 Bootloader_GetActiveAppStatus (void)** – wird für den Dual-App- oder In-App-Bootloader verwendet. Gibt den Wert der globalen Variable Bootloader_activeApp zurück. Diese Funktion sollte nur aufgerufen werden, nachdem die Funktion Bootloader_Initialize( ) einmal aufgerufen wurde.
- **uint8 Bootloadable_GetActiveApplication (void)** – ermittelt die Anwendung, die nach einem nächsten Resetereignis geladen wird. Hinweis: nur für den Kombinationsprojekttyp vorgesehen!

- **cystatus Bootloadable_SetActiveApplication (uint8 appId)** – legt die Anwendung fest, die nach einem nächsten Resetereignis geladen wird. Theorie: Diese API setzt in dem Flash (Metadatenabschnitt) die gegebene aktive Anwendungsnummer.[53]

15.96.3 Bootloadable-Funktionsaufrufe 1.60

- **void Bootloadable_Load (void)** – plant den Bootloader/Launcher zu starten und führt dann einen Softwarereset durch, um ihn zu starten.
- **uint8 Bootloadable_GetActiveApplication (void)** – ermittelt die Anwendung, die nach einem nächsten Resetereignis geladen wird. Hinweis: nur für den Kombinationsprojekttyp gedacht!
- **cystatus Bootloadable_SetActiveApplication (uint8 appId)** – legt die Anwendung fest, die nach einem nächsten Resetereignis geladen wird. Theorie: Diese API legt in dem Flash (Metadatenbereich) die gegebene aktive Anwendungsnummer fest.[54] Beide Metadatenbereiche werden aktualisiert. Zum Beispiel, wenn die zweite Anwendung aktiv gesetzt werden soll, dann wird im Metadatenbereich für die erste Anwendung eine „0" geschrieben, was bedeutet, dass sie nicht aktiv ist, und für den zweiten Metadatenbereich wird eine „1" geschrieben, was bedeutet, dass sie aktiv ist.
- **void Bootloader_Initialize (void)** – wird für das In-App-Bootloading verwendet. Diese Funktion aktualisiert die globale Variable Bootloader_runningApp mit einer laufenden Anwendungsnummer. Wenn die laufende Anwendungsnummer gültig ist (0 oder 1), setzt diese Funktion auch die globale Variable Bootloader_initVar, die verwendet wird, um zu bestimmen, ob die Komponente Bootloader-Befehle verarbeiten kann oder nicht. Diese Funktion sollte einmal im Anwendungsprojekt nach einem Start aufgerufen werden.
- **uint8 Bootloader_GetRunningAppStatus (void)** – wird für Dual-App- oder In-App-Bootloader verwendet. Gibt den Wert der globalen Variable Bootloader_runningApp zurück. Diese Funktion sollte nur aufgerufen werden, nachdem die Bootloader_Initialize( ) einmal aufgerufen wurde.

---

[53] Die aktive Anwendungsnummer wird nicht direkt gesetzt, sondern das boolesche Zeichen bedeutet stattdessen, dass die Anwendung für die relativen Metadaten aktiv ist oder nicht. Beide Metadatenabschnitte werden aktualisiert. Zum Beispiel, wenn die zweite Anwendung aktiv gesetzt werden soll, wird in dem Metadatenabschnitt für die erste Anwendung eine „0" geschrieben, was bedeutet, dass sie nicht aktiv ist, und für den zweiten Metadatenabschnitt wird eine „1" geschrieben, was bedeutet, dass sie aktiv ist. Dies ist nur für den Kombinationsprojekttyp vorgesehen!

[54] Die aktive Anwendungsnummer wird nicht direkt festgelegt, sondern die boolesche Markierung bedeutet stattdessen, dass die Anwendung für die relativen Metadaten aktiv ist oder nicht.

- **uint8 Bootloader_GetActiveAppStatus (void)** – wird für Dual-App- oder In-App-Bootloader verwendet. Gibt den Wert der globalen Variable Bootloader_activeApp zurück. Diese Funktion sollte nur aufgerufen werden, nachdem die Bootloader_Initialize( ) einmal aufgerufen wurde.
- **uint8 Bootloader_Calc8BitSum (uint32 baseAddr, uint32 start, uint32 size)** – Berechnet eine 8-bit-Summe für die angegebene Anzahl von Bytes, die in Flash (wenn baseAddr gleich CY_FLASH_BASE ist) oder EEPROM (wenn baseAddr gleich CY_EEPROM_BASE ist) enthalten sind.

15.97 Clock 2.20

Die Clock-Komponente bietet zwei Schlüsselfunktionen: Sie ermöglicht es Ihnen, lokale Taktgeber zu erstellen, und sie ermöglicht es Ihnen, sich mit system- und designweiten Taktgebern zu verbinden. Alle Taktgeber werden im PSoC Creator Design-Wide Resources (DWR) Clock Editor angezeigt. Takte können auf verschiedene Weisen definiert werden, z. B. als Frequenz mit einem automatisch ausgewählten Quelltakt, eine Frequenz mit einem vom Benutzer ausgewählten Quelltakt und ein Teiler und ein vom Benutzer ausgewählter Quelltakt. Wenn eine Frequenz angegeben wird, wählt PSoC Creator automatisch einen Teiler aus, der die genaueste resultierende Frequenz liefert. Wenn erlaubt, untersucht PSoC Creator auch alle System- und designweiten Taktgeber und wählt ein Quell- und Teilerpaar aus, das die genaueste resultierende Frequenz liefert. Funktionen beinhalten: definiert schnell neue Taktgeber, bezieht sich auf System- oder designweite Taktgeber und konfiguriert die Toleranz der Taktfrequenz [18].

15.97.1 Clock-Funktionen 2.20

- **Clock_Start( )** – aktiviert den Takt.
- **Clock_StartEx( )** – startet den Takt zunächst phasenverschoben zum angegebenen Takt.
- **Clock_Stop( )** – deaktiviert den Takt.
- **Clock_StopBlock( )** – deaktiviert den Takt und wartet, bis der Takt deaktiviert ist.[55]

---

[55] Die Verwendung eines externen Bypass-Kondensators wird empfohlen, wenn das interne Rauschen durch digitales Schalten die analogen Leistungsanforderungen einer Anwendung übersteigt. Um diese Option zu nutzen, konfigurieren Sie entweder den Portpin P0[2] oder P0[4] als analogen HI-Z-Pin und schließen Sie einen externen Kondensator mit einem Wert zwischen 0,01 und 10 µF an.

15.97 Clock 2.20

- **Clock_StandbyPower( )** – wählt die Leistung für den Standby (Alternate Active)-Betriebsmodus.[56]
- **Clock_SetDivider( )** – stellt den Teiler des Takts ein und startet den Taktteiler sofort neu.
- **Clock_SetDividerRegister( )** – Stellt den Teiler des Takts ein und startet optional den Taktteiler sofort neu.
- **Clock_SetDividerValue( )** – stellt den Teiler des Takts ein und startet den Taktteiler sofort neu.
- **Clock_GetDividerRegister( )** – ruft den Wert des Taktteilerregisters ab.
- **Clock_SetMode( )** – setzt Flags, die den Betriebsmodus des Takts steuern.[57]
- **Clock_SetModeRegister( )** – setzt Flags, die den Betriebsmodus des Takts steuern.[58]
- **Clock_GetModeRegister( )** – ruft den Wert des Taktmodusregisters ab.[59]
- **Clock_ClearModeRegister( )** – löscht Flags, die den Betriebsmodus des Takts steuern.[60]
- **Clock_SetSource( )** – legt die Quelle des Takts fest.[61]
- **Clock_SetSourceRegister( )** – legt die Quelle des Takts fest.[62]
- **Clock_GetSourceRegister( )** – ruft die Quelle des Takts ab.[63]
- **Clock_SetPhase( ) [1]** – stellt die Phasenverzögerung des analogen Takts ein (nur für analoge Takte erzeugt).
- **Clock_SetPhaseRegister( )** – stellt die Phasenverzögerung des analogen Takts ein (nur für analoge Takte erzeugt).[64]
- **Clock_SetPhaseValue( )** – stellt die Phasenverzögerung des analogen Takts ein (nur für analoge Takte erzeugt).[65]
- **Clock_GetPhaseRegister( )** – ruft die Phasenverzögerung des analogen Takts ab (nur für analoge Takte erzeugt).[66]
- **Clock_SetFractionalDividerRegister( )** – stellt den Bruchteiler des Takts ein und startet den Taktteiler sofort neu (nur anwendbar auf PSoC 4-Geräte).
- **Clock_GetFractionalDividerRegister( )** – ruft den Wert des Bruchteilerregisters des Takts ab (nur anwendbar auf PSoC 4-Geräte).

---

[56] Ebd.
[57] Ebd.
[58] Ebd.
[59] Ebd.
[60] Ebd.
[61] Ebd.
[62] Ebd.
[63] Ebd.
[64] Ebd.
[65] Ebd.
[66] Ebd.

15.97.2   Clock-Funktionsaufrufe 2.20

- **void Clock_Start(void)** – startet den Takt. Hinweis: Beim Start können die Takte bereits laufen, wenn die Option „Start on Reset" im DWR Clock Editor aktiviert ist.
- **void Clock_StartEx(uint32 alignClkDiv)** – startet den Takt, phasenverschoben zum angegebenen Taktteiler. Dieses API erfordert, dass der Zielphasenverschiebungstakt bereits läuft. Daher ist das korrekte Verfahren, den Zielphasenverschiebungstakt zu starten und dann dieses API aufzurufen, um sich an diesen Zieltakt anzupassen. Wenn der Zielphasenverschiebungstakt gestoppt und neu gestartet wird, geht die Phasenverschiebung verloren, und das API sollte erneut aufgerufen werden, um neu zu synchronisieren. Hinweis: Dieses API ist nur auf PSoC 4-Geräten mit der Phase-Align-Taktfunktion verfügbar. Beim Start können die Takte bereits laufen, wenn die Option „Start on Reset" im DWR Clock Editor aktiviert ist.
- **void Clock_Stop(void)** – stoppt den Takt und kehrt sofort zurück. Dieses API erfordert nicht, dass der Quelltakt läuft, kann aber zurückkehren, bevor die Hardware tatsächlich deaktiviert ist. Wenn die Einstellungen des Takts nach dem Aufruf dieser Funktion geändert werden, kann der Takt beim Start einen Fehler aufweisen. Um den Taktfehler zu vermeiden, verwenden Sie die Funktion Clock_StopBlock( ).
- **void Clock_StopBlock(void)** – stoppt den Takt und wartet, bis die Hardware tatsächlich deaktiviert ist, bevor sie zurückkehrt. Dies stellt sicher, dass der Takt nie abgeschnitten wird (der hohe Teil des Zyklus wird beendet, bevor der Takt deaktiviert wird und das API zurückkehrt). Beachten Sie, dass der Quelltakt laufen muss, oder dieses API wird nie zurückkehren, da ein gestoppter Takt nicht deaktiviert werden kann.
- **void Clock_StandbyPower(uint8 state)** – wählt die Leistung für den Standby (Alternate Active)-Betriebsmodus aus. Hinweis: Das Clock_Start-API aktiviert den Takt im Alternate Active Mode und die Clock_Stop- und ClockStopBlock-APIs deaktivieren den Takt im Alternate Active Mode. Wenn der Takt aktiviert ist, aber im Alternate Active Mode deaktiviert werden muss, sollte Clock_StandbyPower(0) nach Clock_Start( ) aufgerufen werden. Wenn der Takt deaktiviert ist, aber im Alternate Active Mode aktiviert werden muss, sollte Clock_StandbyPower(1) nach Clock_Stop( ) aufgerufen werden.
- **void Clock_SetDivider(uint16 clkDivider)** – ändert den Taktteiler und damit die Frequenz. Wenn das Taktteilerregister auf null gesetzt oder von null geändert wird, wird der Takt vorübergehend deaktiviert, um ein Modusbit zu ändern. Wenn der Takt aktiviert ist, wenn Clock_SetDivider( ) aufgerufen wird, muss der Quelltakt laufen. Der aktuelle Taktzyklus wird abgeschnitten, und der neue Teilerwert tritt sofort in Kraft. Der Unterschied zu Clock_SetDividerValue besteht darin, dass dieses API den +1-Faktor berücksichtigen muss.
- **void Clock_SetDividerRegister(uint16 clkDivider, uint8 reset)** – ändert den Taktteiler und damit die Frequenz. Wenn das Taktteilerregister auf null gesetzt oder von null

null geändert wird, wird der Takt vorübergehend deaktiviert, um ein Modusbit zu ändern. Wenn der Takt aktiviert ist, wenn Clock_SetDivider( ) aufgerufen wird, muss der Quelltakt laufen.
- **void Clock_SetDividerValue(uint16 clkDivider)** – ändert den Taktteiler und damit die Frequenz. Wenn das Taktteilerregister auf null gesetzt oder von null geändert wird, wird der Takt vorübergehend deaktiviert, um das SSS-Modusbit zu ändern. Wenn der Takt aktiviert ist, wenn Clock_SetDivider( ) aufgerufen wird, muss der Quelltakt laufen. Der aktuelle Taktzyklus wird abgeschnitten, und der neue Teilerwert tritt sofort in Kraft.
- **uint16 Clock_GetDividerRegister(void)** – ruft den Wert des Taktteilerregisters ab.
- **void Clock_SetMode(uint8 clkMode)** – setzt Flags, die den Betriebsmodus des Takts steuern. Diese Funktion ändert nur Flags von 0 auf 1; Flags, die bereits 1 sind, bleiben unverändert. Um Flags zu löschen, verwenden Sie die Funktion Clock_ClearModeRegister( ). Der Takt muss vor der Änderung des Modus deaktiviert sein. Dieses API bietet die gleiche Funktionalität wie das SetModeRegister-API.
- **void Clock_SetModeRegister(uint8 clkMode)** – gleich wie Clock_SetMode( ). Setzt Flags, die den Betriebsmodus des Takts steuern. Diese Funktion ändert nur Flags von 0 auf 1; Flags, die bereits 1 sind, bleiben unverändert. Um Flags zu löschen, verwenden Sie die Funktion Clock_ClearModeRegister( ). Der Takt muss vor der Änderung des Modus deaktiviert sein. Dieses API bietet die gleiche Funktionalität wie das SetMode-API.
- **uint8 Clock_GetModeRegister(void)** – ruft den Wert des Taktmodusregisters ab.
- **void Clock_ClearModeRegister(uint8 clkMode)** – löscht Flags, die den Betriebsmodus des Takts steuern. Diese Funktion ändert nur Flags von 1 auf 0; Flags, die bereits 0 sind, bleiben unverändert. Der Takt muss vor der Änderung des Modus deaktiviert sein.
- **void Clock_SetSource(uint8 clkSource)** – legt die Eingangsquelle des Takts fest. Der Takt muss vor der Änderung der Quelle deaktiviert sein. Die alte und neue Taktquelle müssen laufen. Dieses API bietet die gleiche Funktionalität wie das SetSourceRegister-API.
- **Clock_SetSourceRegister(uint8 clkSource)** – gleich wie Clock_SetSource( ). Legt die Eingangsquelle des Takts fest. Der Takt muss vor der Änderung der Quelle deaktiviert sein. Die alte und neue Taktquelle müssen laufen. Dieses API bietet die gleiche Funktionalität wie das SetSource-API.
- **uint8 Clock_GetSourceRegister(void)** – ruft die Eingangsquelle des Takts ab.
- **void Clock_SetPhase(uint8 clkPhase)** – legt die Phasenverzögerung des analogen Takts fest. Diese Funktion ist nur für analoge Takte verfügbar. Der Takt muss vor der Änderung der Phasenverzögerung deaktiviert sein, um Störungen zu vermeiden. Dieses API bietet die gleiche Funktionalität wie das SetPhaseRegister-API.
- **void Clock_SetPhaseRegister(uint8 clkPhase)** – gleich wie Clock_SetPhase( ). Legt die Phasenverzögerung des analogen Takts fest. Diese Funktion ist nur für analoge Takte verfügbar. Der Takt muss vor der Änderung der Phasenverzögerung deaktiviert

sein, um Störungen zu vermeiden. Dieses API bietet die gleiche Funktionalität wie das SetPhase-API.
- **void Clock_SetPhaseValue(uint8 clkPhase)** – legt die Phasenverzögerung des analogen Takts fest. Diese Funktion ist nur für analoge Takte verfügbar. Der Takt muss vor der Änderung der Phasenverzögerung deaktiviert sein, um Störungen zu vermeiden. Gleich wie Clock_SetPhase( ), außer dass Clock_SetPhaseValue( ) zum Wert 1 hinzufügt und dann Clock_SetPhaseRegister( ) damit aufruft.
- **uint8 Clock_GetPhaseRegister(void)** – ruft die Phasenverzögerung des analogen Takts ab. Diese Funktion ist nur für analoge Takte verfügbar.
- **void Clock_SetFractionalDividerRegister(uint16 clkDivider, uint8 fracDivider)** – ändert den Taktteiler und den Bruchtaktteiler und damit die Frequenz. Der Bruchteiler funktioniert nicht mit ganzzahligen Teilerwerten von 1.
- **uint8 Clock_GetFractionalDividerRegister (void)** – ruft den Wert des Bruchtaktteilerregisters ab.

15.97.3 UDB Clock Enable (UDBClkEn) 1.00

Die UDB-Clock-Enable (UDBClkEn)-Komponente unterstützt eine präzise Steuerung des Taktverhaltens. Zu den Funktionen gehören: Unterstützung der Taktaktivierung und die Möglichkeit, bei Bedarf eine Synchronisation auf einem Takt hinzuzufügen [101].

15.97.4 UDB-Clock-Enable (UDBClkEn)-Funktionen 1.00

Keine.

15.98 Die Temperature 2.10

Die Komponente Die Temperature (DieTemp) bietet eine Anwendungsprogrammierschnittstelle (API), um die Temperatur des Die zu ermitteln. Der System Performance Controller (SPC) wird verwendet, um die Die-Temperatur zu ermitteln. Das API umfasst blockierende und nicht blockierende Aufrufe. Merkmale sind: Genauigkeit von ±5 °C Bereich −40 bis +140 °C (0xFFD8 bis 0x008C) und blockierendes und nicht blockierendes API [28].

15.98.1 Funktionen der Die Temperature 2.10

- **DieTemp_Start( )** – startet den SPC-Befehl, um die Die-Temperatur zu ermitteln.
- **DieTemp_Stop( )** – stoppt die Temperaturmessung.

- **DieTemp_Query( )** – fragt den SPC ab, um zu sehen, ob der Temperaturbefehl abgeschlossen ist.
- **DieTemp_GetTemp( )** – richtet den Befehl ein, um die Temperatur zu ermitteln, und blockiert, bis er abgeschlossen ist.

15.98.2 Funktionsaufrufe der Die Temperature 2.10

- **cystatus DieTemp_Start(void)** – sendet den Befehl und die Parameter an den SPC, um eine Die-Temperaturmessung zu starten. Diese Funktion kehrt zurück, bevor der SPC fertig ist. Dieser Funktionsaufruf muss immer mit einem Aufruf des DieTemp_Query( )-API gepaart werden, um die Die-Temperaturmessung abzuschließen.
- **void DieTemp_Stop(void)** – es besteht keine Notwendigkeit, diese Komponente zu stoppen oder zu deaktivieren. Diese Komponente ist von Natur aus ein Slave, der eine Anfrage an den SPC über das SPC-API von cy_boot sendet und auf die Bereitschaft der Daten wartet oder im Falle
- **cystatus DieTemp_Query(int16 * temperature)** – überprüft, ob der von DieTemp_Start( ) gestartete SPC-Befehl abgeschlossen ist. Wenn der Befehl noch nicht abgeschlossen ist, wird der Temperaturwert nicht gelesen und zurückgegeben. Der Aufrufer muss diese Funktion abfragen, solange der Rückgabestatus CYRET_STARTED bleibt. Dies kann nur in Verbindung mit dem DieTemp_Start( )-API verwendet werden, um erfolgreich die korrekte Die-Temperatur zu ermitteln. Die bei der ersten Sequenz von DieTemp_Start( ), gefolgt von DieTemp_Query( ) zurückgegebene Die-Temperaturmessung kann unzuverlässig sein, daher müssen Sie diese Sequenz zweimal durchführen und den Wert aus der zweiten Sequenz verwenden.
- **cystatus DieTemp_GetTemp(int16 * temperature)** – sendet den Befehl und die Parameter an den SPC, um eine Die-Temperaturmessung zu starten, und wartet, bis sie fehlschlägt oder abgeschlossen ist. Dies ist ein blockierendes API. Diese Funktion liest die Die-Temperatur zweimal und gibt den zweiten Wert zurück, um ein Problem im Silizium zu umgehen, das dazu führt, dass der erste gelesene Wert unzuverlässig ist [28].

15.99 Direct Memory Access (DMA) 1.70

Die DMA-Komponente ermöglicht Datenübertragungen zu und von Speicher, Komponenten und Registern. Der Controller unterstützt 8, 16 und 32 bit breite Datenübertragungen und kann konfiguriert werden, um Daten zwischen einer Quelle und einem Ziel zu übertragen, die unterschiedliche Byte-Reihenfolge (engl. „endianess") haben. TD können für komplexe Operationen miteinander verknüpft werden. Der DMA kann basierend auf einem Pegel- oder steigenden Flankensignal ausgelöst werden; siehe die Auswahl des Hardware-Request-Parameter für weitere Details. Merkmale sind: 24 Kanäle; 8 Prioritätsstufen; 128 Transaction Descriptors (TD); 8-, 16- und 32-bit-Datenübertragungen; konfigurierbare Quell- und Zieladressen; Unterstützung für Endian-Kompatibilität; kann einen Interrupt erzeugen, wenn die Datenübertragung abgeschlossen ist; ein DMA Wizard zur Unterstützung bei der Anwendungsentwicklung [34].

15.99.1 Direct-Memory-Access-Funktionen 1.70

- **DMA_DmaInitialize( )** – weist einen DMA-Kanal zu und initialisiert ihn für die Verwendung durch den Aufrufer.
- **DMA_DmaRelease( )** – gibt den mit dieser Instanz der Komponente verbundenen DMA-Kanal frei und deaktiviert ihn.

15.99.2 Direct-Memory-Access-Funktionsaufrufe 1.70

- **uint8 DMA_DmaInitialize(uint8 burstCount, uint8 requestPerBurst, uint16 upperSrcAddress, uint16 upperDestAddress)** – weist einen DMA-Kanal zu und initialisiert ihn für die Verwendung durch den Aufrufer.
- **void DMA_DmaRelease(void)** – gibt den mit dieser Instanz der Komponente verbundenen Kanal frei. Der Kanal kann nicht wieder verwendet werden, es sei denn, DMA_DmaInitialize( ) wird erneut aufgerufen.

15.100 DMA Library APIs (geteilt von allen DMA-Instanzen) 1.70

15.100.1 DMA-Controller-Funktionen

- **void CyDmacConfigure(void)** – erstellt eine verkettete Liste aller zuzuweisenden TD. Diese Funktion wird vom Startcode aufgerufen, wenn irgendwelche DMA-Komponenten auf den Designschaltplan gesetzt werden; normalerweise müssen Sie sie nicht aufrufen. Sie könnten diese Funktion aufrufen, wenn alle DMA-Kanäle inaktiv sind.
- **uint8 CyDmacError(void)** – gibt Fehler von der letzten fehlgeschlagenen DMA-Transaktion zurück.
- **void CyDmacClearError(uint8 error)** – löscht die Fehlerbits im Fehlerregister des DMAC.
- **uint32 CyDmacErrorAddress(void)** – wenn es mehrere Fehler gibt, wird nur die Adresse des ersten Fehlers gespeichert. Wenn CY_DMA_BUS_TIMEOUT, CY_DMA_UNPOP_ACC und CY_DMA_PERIPH_ERR auftreten, wird die Adresse des Fehlers in das Fehleradressregister geschrieben und kann mit dieser Funktion gelesen werden.

15.100.2 Kanalspezifische Funktionen 1.70

- **CyDmaChAlloc( )** – weist einen Kanal des DMA zu, der vom Aufrufer verwendet werden soll.
- **CyDmaChFree( )** – gibt einen von CyDmaChAlloc( ) zugewiesenen Kanal frei.
- **CyDmaChEnable( )** – aktiviert den DMA-Kanal zur Ausführung.
- **CyDmaChDisable( )** – deaktiviert den DMA-Kanal.
- **CyDmaClearPendingDrq( )** – löscht eine ausstehende DMA-Datenanforderung.
- **CyDmaChPriority( )** – legt die Priorität eines DMA-Kanals fest.
- **CyDmaChSetExtendedAddress( )** – legt die oberen 16 bit der Quell- und Zieladressen fest.
- **CyDmaChSetInitialTd( )** – legt den anfänglichen TD für den Kanal fest.
- **CyDmaChSetRequest( )** – fordert die Beendigung einer Kette von TD oder eines TD an oder startet den DMA.
- **CyDmaChGetRequest( )** – überprüft, ob die Anforderung von CyDmaChSetRequest( ) erfüllt wurde.
- **CyDmaChStatus( )** – bestimmt den Status des aktuellen TD.
- **CyDmaChSetConfiguration( )** – legt Konfigurationsinformationen für den Kanal fest.
- **CyDmaChRoundRobin( )** – aktiviert/deaktiviert den Round-Robin-Scheduling-Durchsetzungsalgorithmus.

15.100.3 Kanalspezifische Funktionsaufrufe 1.70

- **uint8 CyDmaChAlloc(void)** – weist einen Kanal vom DMAC zu, der in allen Funktionen verwendet wird, die einen Kanal-Handle benötigen.
- **cystatus CyDmaChFree(uint8 chHandle)** – gibt einen von CyDmaChAlloc( ) zugewiesenen Kanal-Handle frei.
- **cystatus CyDmaChEnable(uint8 chHandle, uint8 preserveTds)** – aktiviert den DMA-Kanal. Eine Software- oder Hardwareanforderung muss noch erfolgen, bevor der Kanal ausgeführt wird. Hinweis: Während der Kanal aktiviert ist und gerade vom DMA-Controller bedient wird, sollten keine anderen Konfigurationsinformationen für den Kanal geändert werden, um einen reibungslosen Betrieb zu gewährleisten.
- **cystatus CyDmaChDisable(uint8 chHandle)** – deaktiviert den DMA-Kanal. Nachdem diese Funktion aufgerufen wurde, kann CyDmaChStatus( ) aufgerufen werden, um zu bestimmen, wann der Kanal deaktiviert ist und welche TD ausgeführt wurden. Wenn der DMA-Kanal gerade ausgeführt wird, wird der aktuelle Burst natürlich abgeschlossen. Hinweis: PSoC 3 hat ein bekanntes Siliziumproblem, das möglicherweise nicht zulässt, dass der DMA ordnungsgemäß beendet wird, wenn während der kleinen Beendigungsverarbeitungsperiode eine neue Anforderung auftritt. Weitere Informationen finden Sie im Abschnitt Komponentenfehler.

- **cystatus CyDmaClearPendingDrq(uint8 chHandle)** – löscht eine ausstehende DMA-Datenanforderung.
- **cystatus CyDmaChPriority(uint8 chHandle, uint8 priority)** – legt die Priorität eines DMA-Kanals fest. Sie können diese Funktion verwenden, wenn Sie die Priorität zur Laufzeit ändern möchten. Wenn die Priorität für einen DMA-Kanal gleich bleibt, können Sie die Priorität in der .cydwr-Datei konfigurieren.
- **cystatus CyDmaChSetExtendedAddress(uint8 chHandle, uint16 source, uint16 destination)** – legt die oberen 16 bit der Quell- und Zieladressen für den DMA-Kanal fest (gültig für alle TD in der Kette).
- **cystatus CyDmaChSetInitialTd(uint8 chHandle, uint8 startTd)** – legt den anfänglichen TD fest, der für den Kanal ausgeführt werden soll, wenn die Funktion CyDmaChEnable( ) aufgerufen wird.
- **cystatus CyDmaChSetRequest(uint8 chHandle, uint8 request)** – ermöglicht dem Aufrufer, eine Kette von TD zu beenden, ein TD zu beenden oder eine direkte Anforderung zum Starten des DMA-Kanals zu erstellen.
- **cystatus CyDmaChGetRequest(uint8 chHandle)** – mit dieser Funktion kann der Aufrufer von CyDmaChSetRequest( ) feststellen, ob die Anforderung abgeschlossen wurde.
- **cystatus CyDmaChStatus(uint8 chHandle, uint8 * currentTd, uint8 * state)** – bestimmt den Status des DMA-Kanals.
- **cystatus CyDmaChSetConfiguration(uint8 chHandle, uint8 burstCount, uint8 requestPerBurst, uint8 tdDone0, uint8 tdDone1, uint8 tdStop)** – legt Konfigurationsinformationen für den Kanal fest.
- **cystatus CyDmaChRoundRobin(uint8 chHandle, uint8 enableRR)** – aktiviert oder deaktiviert den Round-Robin-Scheduling-Durchsetzungsalgorithmus. Innerhalb einer Prioritätsstufe wird ein Round-Robin-Fairness-Algorithmus durchgesetzt. Die Standardkonfiguration hat das Round-Robin-Scheduling deaktiviert.

15.100.4 Transaction-Description-Funktionen 1.70

- **CyDmaTdAllocate( )** – weist einen TD aus der freien Liste zur Verwendung zu.
- **CyDmaTdFree( )** – gibt einen TD zurück an die freie Liste.
- **CyDmaTdFreeCount( )** – ermittelt die Anzahl der verfügbaren freien TD.
- **CyDmaTdSetConfiguration( )** – legt die Konfiguration für den TD fest.
- **CyDmaTdGetConfiguration( )** – ruft die Konfiguration für den TD ab.
- **CyDmaTdSetAddress( )** – legt die unteren 16 bit der Quell- und Zieladressen fest.
- **CyDmaTdGetAddress( )** – ruft die unteren 16 bit der Quell- und Zieladressen ab.

15.100.5 Transaction-Description-Funktionsaufrufe 1.70

- **uint8 CyDmaTdAllocate(void)** – weist ein TD zur Verwendung mit einem zugewiesenen DMA-Kanal zu.
- **void CyDmaTdFree(uint8 tdHandle)** – gibt einen TD an die freie Liste zurück.
- **uint8 CyDmaTdFreeCount(void)** – gibt die Anzahl der verfügbaren freien TD zurück, die zugewiesen werden können.
- **cystatus CyDmaTdSetConfiguration(uint8 tdHandle, uint16 transferCount, uint8 nextTd, uint8 configuration)** – konfiguriert den TD.
- **cystatus CyDmaTdGetConfiguration(uint8 tdHandle, uint16 * transferCount, uint8 *nextTd, uint8 * configuration)** – ruft die Konfiguration des TD ab. Wenn ein NULL-Zeiger als Parameter übergeben wird, wird dieser Parameter übersprungen. Sie können nur die Werte anfordern, die Sie interessieren.
- **cystatus CyDmaTdSetAddress(uint8 tdHandle, uint16 source, uint16 destination)** – legt die unteren 16 bit der Quell- und Zieladressen nur für diesen TD fest.
- **cystatus CyDmaTdGetAddress(uint8 tdHandle, uint16 * source, uint16 * destination)** – ruft die unteren 16 bit der Quell- und/oder Zieladressen nur für diesen TD ab. Wenn NULL für einen Zeigerparameter übergeben wird, wird dieser Wert übersprungen. Sie können nur die Werte anfordern, die Sie interessieren.

15.101 EEPROM 3.00

Die EEPROM-Komponente bietet eine Reihe von APIs zum Löschen und Schreiben von Daten in nicht flüchtigen On-Chip-EEPROM-Speicher. Der Begriff Schreiben impliziert, dass es in einem Vorgang löscht und dann programmiert. Ein EEPROM-Speicher in PSoC-Geräten ist in Arrays organisiert. PSoC 3- und PSoC 5LP-Geräte bieten ein EEPROM-Array der Größe 512 Byte, 1 kB oder 2 kB, abhängig vom Gerät. Das EEPROM-Array kann in Sektoren unterteilt werden, die bis zu 64 Zeilen mit einer Größe von 16 Byte haben. Die API-Routinen ermöglichen es Ihnen, eine ganze EEPROM-Zeile, einzelne EEPROM-Bytes zu ändern oder einen ganzen EEPROM-Sektor in einem Vorgang zu löschen. Der EEPROM-Speicher wird nicht von der EEPROM-Komponente initialisiert: Der Anfangszustand des Speichers ist im Datenblatt des Geräts definiert. Die Standardwerte können im PSoC Creator-EEPROM-Editor geändert werden. Weitere Details finden Sie in der PSoC Creator-Help. Die EEPROM-Komponente ist eng mit verschiedenen Systemelementen verknüpft, die in der cy_boot-Komponente enthalten sind. Diese Elemente werden bei einem erfolgreichen Build generiert. Weitere Informationen zur cy_boot-Komponente und ihren verschiedenen Elementen finden Sie im System Reference Guide. Funktionen umfassen: 512 B bis 2 kB EEPROM-Speicher, 1.000.000 Zyklen, 20-jährige Datenhaltung, Lesen/Schreiben 1 Byte auf einmal, 16 Byte (eine Zeile) können auf einmal programmiert werden [38].

15.101.1 EEPROM-Funktionen 3.00

- **EEPROM_Enable( )** – aktiviert den Betrieb des EEPROM-Blocks.
- **EEPROM_Start( )** – startet den EEPROM.
- **EEPROM_Stop( )** – stoppt und schaltet den EEPROM aus.
- **EEPROM_WriteByte( )** – schreibt 1 Byte Daten in den EEPROM.
- **EEPROM_ReadByte( )** – liest 1 Byte Daten aus dem EEPROM.
- **EEPROM_UpdateTemperature( )** – aktualisiert den gespeicherten Temperaturwert.
- **EEPROM_EraseSector( )** – löscht einen EEPROM-Sektor.
- **EEPROM_Write( )** – blockiert während des Schreibens einer Zeile in den EEPROM.
- **EEPROM_StartWrite( )** – beginnt mit dem Schreiben einer Zeile Daten in den EEPROM.
- **EEPROM_Query( )** – überprüft den Zustand eines Schreibvorgangs in den EEPROM.
- **EEPROM_ByteWritePos( )** – schreibt 1 Byte Daten in den EEPROM.

15.101.2 EEPROM-Funktionsaufrufe 3.00

- **void EEPROM_Enable(void)** – aktiviert den Betrieb des EEPROM-Blocks.
- **void EEPROM_Start(void)** – startet den EEPROM. Dies muss aufgerufen werden, bevor die Schreib-/Lösch-APIs verwendet und der EEPROM gelesen werden.
- **void EEPROM_Stop(void)** – stoppt und schaltet den EEPROM aus.
- **cystatus EEPROM_WriteByte(uint8 dataByte, uint16 address)** – schreibt 1 Byte Daten in den EEPROM. Diese Funktion blockiert, bis die Funktion abgeschlossen ist. Für ein zuverlässiges Schreibverfahren sollten Sie das EEPROM_UpdateTemperature( )-API aufrufen, wenn sich die Temperatur des Siliziums um mehr als 10 °C seit dem Start der Komponente geändert hat.
- **uint8 EEPROM_ReadByte(uint16 address)** – liest 1 Byte Daten aus dem EEPROM. Obwohl die Daten in einem der Speicherbereiche vorhanden sind, bietet dies eine intuitive Benutzeroberfläche, die den EEPROM-Speicher als separaten Block mit der ersten EERPOM-Adresse 0x0000 adressiert.
- **uint8 EEPROM_UpdateTemperature(void)** – aktualisiert den gespeicherten Temperaturwert. Dies sollte aufgerufen werden, wann immer der EEPROM aktiv ist und die Temperatur sich um mehr als 10 °C geändert haben könnte.
- **cystatus EEPROM_EraseSector(uint8 sectorNumber)** – löscht einen Sektor (64 Zeilen) des Speichers, indem die Bits auf 0 gesetzt werden. Diese Funktion blockiert, bis die Operation abgeschlossen ist. Mit diesem API können Sie einen Sektor des EEPROM auf einmal löschen. Dies ist schneller als einzelne Schreibvorgänge, beeinflusst jedoch den Zyklusverbrauch der gesamten Zeile.

- **cystatus EEPROM_Write(const uint8 *rowData, uint8 rowNumber)** – schreibt eine Zeile (16 Byte) Daten in den EEPROM. Diese Funktion blockiert, bis die Funktion abgeschlossen ist. Im Vergleich zu APIs, die 1 Byte schreiben, ermöglicht dieses API das Schreiben einer ganzen Zeile (16 Byte) auf einmal.
- **cystatus EEPROM_StartWrite(const uint8 *rowData, uint8 rowNumber)** – beginnt mit dem Schreiben einer Zeile (16 Byte) Daten in den EEPROM. Diese Funktion blockiert nicht. Die Funktion kehrt zurück, sobald der SPC mit dem Schreiben der Daten begonnen hat. Diese Funktion muss in Kombination mit EEPROM_Query( ) verwendet werden. EEPROM_Query( ) muss aufgerufen werden, bis sie einen Status zurückgibt, der nicht CYRET_STARTED ist. Das zeigt an, dass das Schreiben abgeschlossen ist. Bis EEPROM_Query( ) erkennt, dass das Schreiben abgeschlossen ist, wird der SPC als gesperrt markiert, um eine weitere SPC-Operation zu verhindern. Für ein zuverlässiges Schreibverfahren sollten Sie das EEPROM_UpdateTemperature( )-API aufrufen, wenn sich die Temperatur des Siliziums um mehr als 10 °C seit dem Start der Komponente geändert hat.
- **cystatus EEPROM_StartErase(uint8 sectorNumber)** – beginnt mit dem Löschen eines EEPROM-Sektors. Diese Funktion blockiert nicht. Die Funktion kehrt zurück, sobald der SPC mit dem Schreiben der Daten begonnen hat. Diese Funktion muss in Kombination mit EEPROM_Query( ) verwendet werden. EEPROM_Query( ) muss aufgerufen werden, bis es einen Status zurückgibt, der nicht CYRET_STARTED ist. Das zeigt an, dass das Löschen abgeschlossen ist. Bis EEPROM_Query( ) erkennt, dass das Löschen abgeschlossen ist, wird der SPC als gesperrt markiert, um eine weitere SPC-Operation zu verhindern.
- **cystatus EEPROM_Query(void)** – überprüft den Status eines früheren Aufrufs von EEPROM_StartWrite( ) oder EEPROM_StartErase( ). Diese Funktion muss aufgerufen werden, bis sie einen Wert zurückgibt, der nicht CYRET_STARTED ist. Sobald dies der Fall ist, wurde das Schreiben abgeschlossen und der SPC ist entsperrt.
- **cystatus EEPROM_ByteWritePos(unit8 dataByte, uint8 rowNumber, uint8 byteNumber)** – schreibt 1 Byte Daten in den EEPROM. Im Vergleich zu EEPROM_WriteByte( ) ermöglicht dieses API das Schreiben eines bestimmten Bytes in einer bestimmten EEPROM-Zeile. Dies ist ein blockierender Aufruf. Er kehrt nicht zurück, bis die Funktion erfolgreich ist oder fehlschlägt.

15.102 Emulated EEPROM 2.20

Die Emulated-EEPROM-Komponente emuliert ein EEPROM-Gerät im PSoC-Geräte-Flash-Speicher. Merkmale sind: EEPROM-ähnlicher Non-Volatile Storage, einfach zu verwendende Read- und Write-API-Funktionen, Optional Wear Levelung und optionalen Redundant EEPROM Copy Storage [39].

15.102.1 Emulated-EEPROM-Funktionen 2.20

Diese Komponente enthält eine Reihe von komponentenspezifischen Wrapper-Funktionen, die einen vereinfachten Zugriff auf die grundlegende Cy_Em_EEPROM-Operation bieten. Diese Funktionen werden während des Build-Prozesses generiert und sind alle mit dem Namen der Komponenteninstanz vorangestellt [39].

- **Em_EEPROM_1_Init( )** – füllt die Startadresse des EEPROM in die Komponentenkonfigurationsstruktur und ruft die Cy_Em_EEPROM_Init( )-Funktion auf.
- **Em_EEPROM_1_Read( )** – ruft die Cy_Em_EEPROM_Read( )-Funktion auf.
- **Em_EEPROM_1_Write( )** – ruft die Cy_Em_EEPROM_Write( )-Funktion auf.
- **Em_EEPROM_1_Erase( )** – ruft die Cy_Em_EEPROM_Erase( )-Funktion auf.
- **Em_EEPROM_1_NumWrites( )** – ruft die Cy_Em_EEPRO_NumWrites( )-Funktion auf.

15.102.2 Emulated-EEPROM-Funktionsaufrufe zu Wrapper-Funktionen 2.20

- **cy_en_em_eeprom_status_t EmEEPROM_1_Init (uint32 startAddress)** – füllt die Startadresse des EEPROM in die Komponentenkonfigurationsstruktur und ruft die Cy_Em_EEPROM_ Init( )-Funktion auf.
- **cy_en_em_eeprom_status_t EmEEPROM_1_Write (uint32 addr, void * eepromData, uint32size)** – ruft die Cy_Em_EEPROM_Write( )-Funktion auf.
- **cy_en_em_eeprom_status_t EmEEPROM_1_Read (uint32 addr, void * eepromDdata, uint32 size)** – ruft die Cy_Em_EEPROM_Read( )-Funktion auf.
- **cy_en_em_eeprom_status_t EmEEPROM_1_Erase (void)** – ruft die Cy_Em_EEPROM_ Erase( )-Funktion auf.
- **uint32 EmEEPROM_1_NumWrites (void)** – ruft die Cy_Em_EEPROM_NumWrites( )-Funktion auf.

15.103 External Memory Interface 1.30

Diese Komponente ermöglicht den Zugriff der CPU oder DMA auf Speicher-IC, die sich außerhalb des PSoC 3/PSoC 5LP befinden. Sie erleichtert die Einrichtung der External-Memory-Interface (EMIF)-Hardware sowie der UDB und GPIOs nach Bedarf. Das EMIF kann synchrone und asynchrone Speicher steuern, ohne dass UDB in synchronen und asynchronen Modi konfiguriert werden müssen. Im UDB-Modus müssen UDB konfiguriert werden, um externe Speicherkontrollsignale zu erzeugen. Funktionen umfassen: 8, 16, 24 bit Adressbusbreite, 8, 16 bit Datenbusbreite, unterstützt externen synchronen Speicher, unterstützt externen asynchronen Speicher, unterstützt eine benutzerdefinierte

15.103 External Memory Interface 1.30

Schnittstelle für Speicher, unterstützt eine Reihe von Geschwindigkeiten externer Speicher (von 5 bis 200 ns), unterstützt externe Speicherabschaltung, Schlaf- und Aufwachmodi [40].

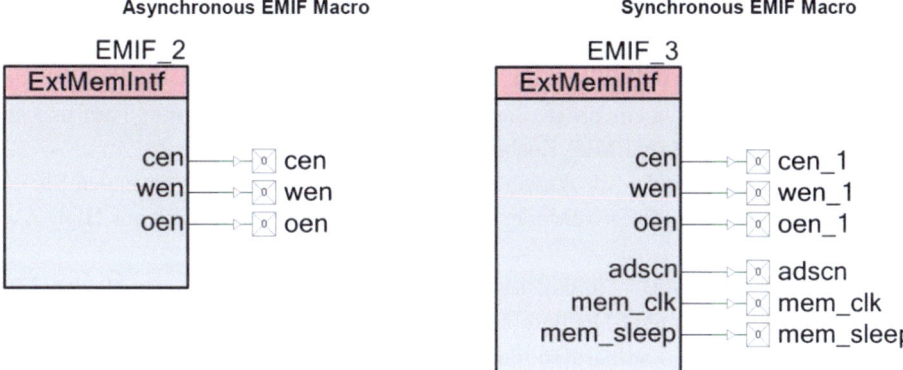

15.103.1 External-Memory-Interface-Funktionen 1.30

- **EMIF_Start( )** – ruft EMIF_Init( ) und EMIF_Enable( ) auf.
- **EMIF_Stop( )** – deaktiviert den EMIF-Block.
- **EMIF_Init( )** – initialisiert oder stellt die EMIF-Konfiguration auf den aktuellen Customizer-Zustand zurück.
- **EMIF_Enable( )** – aktiviert den EMIF-Hardwareblock, zugehörige I/O-Ports und Pins.
- **EMIF_ExtMemSleep( )** – setzt das externe Speicherschlafsignal auf high; beachten Sie, dass das Signal je nach verwendetem externen Speicher-IC invertiert werden muss.
- **EMIF_ExtMemWakeup( )** – setzt das externe Speicherschlafsignal auf low; beachten Sie, dass das Signal je nach verwendetem externen Speicher-IC invertiert werden muss.
- **EMIF_SaveConfig( )** – speichert die Benutzerkonfiguration der nicht beibehaltenen EMIF-Register. Diese Routine wird von EMIF_Sleep( ) aufgerufen, um die Komponentenkonfiguration vor dem Eintritt in den Schlafmodus zu speichern.
- **EMIF_Sleep( )** – stoppt den Betrieb des EMIF und speichert die Benutzerkonfiguration zusammen mit dem Aktivierungszustand des EMIF.
- **EMIF_RestoreConfig( )** – stellt die Benutzerkonfiguration der nicht beibehaltenen EMIF-Register wieder her. Diese Routine wird von EMIF_Wakeup( ) aufgerufen, um die Komponentenkonfiguration beim Verlassen des Schlafmodus wiederherzustellen.

- **EMIF_Wakeup( )** – stellt die Benutzerkonfiguration und den Aktivierungszustand wieder her.

15.103.2 External-Memory-Interface-Funktionsaufrufe 1.30

- **void EMIF_Start(void)** – dies ist die bevorzugte Methode, um den Betrieb der Komponente zu beginnen. EMIF_Start( ) ruft die Funktion EMIF_Init( ) auf und anschließend die Funktion EMIF_Enable( ).
- **void EMIF_Stop(void)** – deaktiviert den EMIF-Block. Hinweis: Verwenden Sie die Funktion CyPins_SetPinDriveMode, um den Zustand der EMIF-Pins auf High-Z zu ändern.
- **void EMIF_Init(void)** – initialisiert oder stellt die Komponente gemäß den Einstellungen des Configure-Dialogfelds des Customizer wieder her. Es ist nicht notwendig, EMIF_Init( ) aufzurufen, da die Routine EMIF_Start( ) diese Funktion aufruft und die bevorzugte Methode ist, um den Betrieb der Komponente zu beginnen.
- **void EMIF_Enable(void)** – aktiviert die Hardware und beginnt den Betrieb der Komponente. Es ist nicht notwendig, EMIF_Enable( ) aufzurufen, da die Routine EMIF_Start( ) diese Funktion aufruft, was die bevorzugte Methode ist, um den Betrieb der Komponente zu beginnen.
- **void EMIF_ExtMemSleep(void)** – setzt das Bit „mem_pd" im Register EMIF_PWR_DWN. Dies setzt das externe Speicherschlafsignal auf high. Je nach verwendetem externen Speicher-IC muss das Signal möglicherweise invertiert werden.
- **void EMIF_ExtMemWakeup(void)** – setzt das Bit „mem_pd" im Register EMIF_PWR_DWN zurück. Dies setzt das externe Speicherschlafsignal auf low. Je nach verwendetem externen Speicher-IC muss das Signal möglicherweise invertiert werden.
- **void EMIF_SaveConfig(void)** – diese Funktion speichert die Konfiguration der Komponente. Dies wird die nicht speichernden Register speichern. Diese Funktion wird auch die aktuellen Parameterwerte der Komponente speichern, wie sie im Configure-Dialogfeld definiert oder durch geeignete APIs geändert wurden. Diese Funktion wird von der Funktion EMIF_Sleep( ) aufgerufen.
- **void EMIF_Sleep(void)** – dies ist die bevorzugte Routine, um die Komponente auf den Schlafmodus vorzubereiten. Die Routine EMIF_Sleep( ) speichert den aktuellen Zustand der Komponente. Dann ruft sie die Funktion EMIF_Stop( ) auf und anschließend EMIF_SaveConfig( ), um die Hardwarekonfiguration zu speichern. Rufen Sie die Funktion EMIF_Sleep( ) auf, bevor Sie die Funktion CyPmSleep( ) oder die Funktion CyPmHibernate( ) aufrufen. Weitere Informationen zu den Funktionen zur Energieverwaltung finden Sie im PSoC Creator System Reference Guide.
- **void EMIF_RestoreConfig(void)** – diese Funktion stellt die Konfiguration der Komponente wieder her. Dies wird die nicht speichernden Register wiederherstellen. Diese Funktion wird auch die Parameterwerte der Komponente auf den Zustand vor dem Aufruf der Funktion EMIF_Sleep( ) zurücksetzen.

- **void EMIF_Wakeup(void)** – dies ist die bevorzugte Routine, um die Komponente in den Zustand zurückzubringen, als EMIF_Sleep( ) aufgerufen wurde. Die Funktion EMIF_Wakeup( ) ruft die Funktion EMIF_RestoreConfig( ) auf, um die Konfiguration wiederherzustellen. Wenn die Komponente vor dem Aufruf der Funktion EMIF_Sleep( ) aktiviert war, wird die Funktion EMIF_Wakeup( ) die Komponente auch wieder aktivieren.

15.104 Global Signal Reference (GSRef) 2.10

Die Global-Signal-Reference-Komponente ermöglicht den Zugriff auf gerätespezifische globale Signale, die auf Systemebene verwendet werden müssen. Dazu gehören Interrupts von gemeinsam genutzten Ressourcen und systemweite Interrupts. Die Global-Signal-Reference-Komponente kann für den Zugriff auf globale Gerätesignale verwendet werden: Watchdog-Interrupts und Time Period Interrupts, Interrupts durch Weckquellen wie CTBm, LP-Komparator und I/O-Ports, Statusbedingungen wie PLL Lock, Niederspannungserkennung, Energiemanagement und Interrupts für nicht blockierende Flash-Schreibvorgänge und Fehlerbedingungen wie XMHz Error und Cache Interrupt [48].

15.104.1 Global-Signal-Reference (GSRef)-Funktionen 2.10

Keine.

15.105 ILO Trim 2.00

Die ILO-Trim-Komponente ermöglicht es einer Anwendung, die Genauigkeit des ILO zu bestimmen. Sie bietet eine Skalierungsfunktion, um der Anwendung zu ermöglichen diese Ungenauigkeit zu kompensieren. Für PSoC 3- und PSoC 5LP-Geräte kann sie auch direkt die Genauigkeit des ILO verbessern, indem sie einen vom Benutzer definierten Referenztakt mit höherer Frequenz und höherer Genauigkeit verwendet, um die Anzahl der ILO-Taktzyklen zu zählen. Die abgeleiteten Informationen werden dann verwendet, um die ILO-Trim-Register zu trimmen, um sich schrittweise der gewünschten ILO-Frequenz zu nähern. Die Komponente unterstützt sowohl UDB- als auch Fixed-Function-Implementierungen. Der ILO besteht aus zwei Niedriggeschwindigkeitsoszillatoren („low-speed oscillators", LSO): 100 kHz und 1 kHz. Diese werden verwendet, um ILO-Taktfrequenzen von 1, 33 oder 100 kHz zu erzeugen. Nach dem werkseitigen Trim, hat der 1-kHz-LSO eine Genauigkeit von −50 bis 100 % und der 100-kHz-LSO eine Genauigkeit von −55 bis 100 % über den gesamten Betriebsspannungs- und Temperaturbereich. Während der Trimming-Operation zur Laufzeit werden die Trim-DAC und der Bias-Block unter Verwendung der ILO-Trim-Register angepasst. Funktionen beinhalten:

trimmt 1-kHz- und 100-kHz-ILO, UDB und Fixed-Function-Modi sowie einen vom Benutzer spezifizierten Referenztakt [53].

15.105.1 ILO-Funktionen 2.00

- **ILO_Trim_Start( )** – initialisiert und startet die Komponente.
- **ILO_Trim_Stop( )** – stoppt die Komponente.
- **ILO_Trim_BeginTrimming( )** – beginnt die Implementierung des ILO-Trimming-Algorithmus.
- **ILO_Trim_StopTrimming( )** – deaktiviert den Trimming-Algorithmus.
- **ILO_Trim_CheckStatus( )** – gibt den aktuellen Status des ILO und des Trimming-Algorithmus zurück.
- **ILO_Trim_CheckError( )** – berechnet den ILO-Frequenzfehler in Teilen pro Tausend.
- **ILO_Trim_Compensate( )** – kompensiert die Ungenauigkeit des ILO-Takts, indem sie von einer gewünschten nominalen Anzahl von Taktzyklen auf die effektive Anzahl von ILO-Taktzyklen umrechnet, die aufgrund der aktuellen Genauigkeit des ILO erforderlich sind.
- **ILO_Trim_RestoreTrim( )** – stellt den werkseitigen Trim-Wert wieder her.
- **ILO_Trim_GetTrim( )** – gibt den aktuellen ILO-Trim-Wert zurück.
- **ILO_Trim_SetTrim( )** – gibt die aufgerufene Anzahl von Wörtern von der gegebenen Adresse zurück. Wenn eine Adresse nicht zum zugewiesenen Registerbereich gehört, wird ein Fehler zurückgegeben.
- **ILO_Trim_Sleep( )** – stoppt die Komponente und speichert die Benutzerkonfiguration.
- **ILO_Trim_Wakeup( )** – stellt die Benutzerkonfiguration wieder her und aktiviert die Komponente.
- **ILO_Trim_SaveConfig( )** – speichert die aktuelle Benutzerkonfiguration der Komponente.
- **ILO_Trim_RestoreConfig( )** – stellt die aktuelle Benutzerkonfiguration der Komponente wieder her.

15.105.2 ILO-Funktionsaufrufe 2.00

- **void ILO_Trim_Start(void)** – beginnt mit der Messung der ILO-Genauigkeit.
- **void ILO_Trim_Stop(void)** – beendet die Messung der ILO-Genauigkeit. Wenn das Trimmen derzeit aktiv ist, wird auch der Trimming-Algorithmus an diesem Punkt beendet.
- **void ILO_Trim_BeginTrimming(void)** – beginnt mit der Implementierung des ILO-Trimming-Algorithmus. Der Algorithmus benötigt mehrere ILO-Taktperioden, um

mit einer genau getrimmten ILO-Taktfrequenz zu konvergieren. Diese Funktion ist nicht blockierend und kehrt zurück, nachdem sie einen Interrupt-Prozess zur Implementierung des Trimming-Algorithmus konfiguriert hat. ILO_Trim_CheckStatus( ) und ILO_Trim_CheckError( ) können verwendet werden, um den aktuellen Status des Algorithmus zu bestimmen. Sobald der Trimming-Algorithmus auf eine genau getrimmte ILO-Frequenz konvergiert, wird der Hintergrund-Trimming-Algorithmus deaktiviert (nicht unterstützt für PSoC 4).

- **void ILO_Trim_StopTrimming(void)** – deaktiviert den Trimming-Algorithmus, der durch die Funktion ILO_Trim_BeginTrimming( ) gestartet wurde. Diese Funktion wird nur verwendet, um den Trimming-Algorithmus frühzeitig zu beenden. Der normale Betrieb des Trimming-Algorithmus verwendet diese Funktion nicht, da der Algorithmus das Trimmen deaktiviert, sobald die ILO-Genauigkeit erreicht wurde.
- **uint8 ILO_Trim_CheckStatus(void)** – gibt den aktuellen Status des ILO und des Trimming-Algorithmus zurück.[67]
- **int16 ILO_Trim_CheckError(void)** – berechnet den ILO-Frequenzfehler in Teilen pro Tausend. Eine positive Zahl zeigt an, dass der ILO zu schnell läuft, und eine negative Zahl zeigt an, dass der ILO zu langsam läuft. Dieser Fehler ist relativ zum Fehler im Referenztakt, so dass der absolute Fehler höher sein wird und von der Genauigkeit der Referenz abhängt.[68]
- **uint16 ILO_Trim_Compensate(uint16 clocks)** – kompensiert die Ungenauigkeit des ILO-Takts, indem sie von einer gewünschten nominalen Anzahl von Taktzyklen auf die effektive Anzahl von ILO-Taktzyklen umrechnet, die aufgrund der aktuellen Genauigkeit des ILO erforderlich sind. Der zurückgegebene Wert kann dann anstelle des Nennwerts verwendet werden, wenn Timer konfiguriert werden, die auf dem ILO basieren. Wenn das berechnete Ergebnis die Kapazität des 16-bit-Rückgabewerts überschreitet, wird es auf den maximalen 16-bit-Wert gesättigt. Hinweis: Diese Funktion ist eine Alternative zum Trimmen der Frequenz des ILO und sollte nicht in Verbindung mit der Funktion BeginTrimming( ) verwendet werden. Diese Funktion erfordert, dass ein vollständiger ILO-Zyklus vor dem Lesen des ILO-Genauigkeitsergebnisses auftritt. Die Anwendung sollte eine Worst-Case-Verzögerung basierend auf der gewählten ILO-Frequenz (z. B. 32 kHz +100 %) zwischen ILO_Trim_Start( ) und dem Aufruf dieser Funktion einfügen.
- **void ILO_Trim_RestoreTrim(void)** – stellt den werkseitigen Trim-Wert wieder her (nicht unterstützt für PSoC 4).
- **uint8 ILO_Trim_GetTrim(void)** – gibt den aktuellen ILO-Trim-Wert zurück (nicht unterstützt für PSoC 4).

---

[67] Der Genauigkeitsstatus ist erst zuverlässig, nachdem 2 ILO-Taktzyklen seit dem Start der Komponente vergangen sind.

[68] Der Genauigkeitsfehler ist erst zuverlässig, nachdem 2 ILO-Taktzyklen seit dem Start der Komponente vergangen sind.

- **void ILO_Trim_SetTrim(uint8 trim)** – setzt den ILO-Trim-Wert (nicht unterstützt für PSoC 4).
- **void ILO_Trim_Sleep(void)** – bereitet die Komponente auf den Schlaf vor. Wenn die Komponente derzeit aktiviert ist, wird sie deaktiviert und durch ILO_Trim_Wakeup( ) wieder aktiviert.
- **void ILO_Trim_Wakeup(void)** – stellt den Zustand der Komponente vor dem Aufruf von ILO_Trim _Sleep( ) wieder her. Um den ILO nach dem Aufwachen aus einem Niedrigleistungsmodus zu trimmen, muss die Funktion ILO_Trim_BeginTrimming( ) aufgerufen werden.
- **void ILO_Trim_SaveConfig(void)** – speichert die Konfiguration der Komponente. Diese Routine wird von ILO_Trim_Sleep( ) aufgerufen, um die Konfiguration zu speichern.
- **void ILO_Trim_RestoreConfig(void)** – stellt die Konfiguration der Komponente wieder her. Diese Routine wird von ILO_Trim_Wakeup( ) aufgerufen, um die Konfiguration wiederherzustellen.

15.106 Interrupt 1.70

Die Interrupt-Komponente definiert hardwaregesteuerte Interrupts. Sie ist ein integraler Bestandteil des Interrupt-Design-Wide-Resource-Systems. Es gibt 3 Arten von System-Interrupt-Wellenformen, die vom Interrupt-Controller verarbeitet werden können: Level: IRQ-Quelle ist „sticky" und bleibt aktiv, bis die Firmware die Quelle der Anforderung mit einer Aktion (z. B. „clear on read") löscht. Die meisten Peripheriegeräte mit fester Funktion haben pegelsensitive Interrupts, einschließlich der UDB-FIFO und Statusregister. Pulse: Idealerweise ist ein Pulse-IRQ ein einzelner Bustakt, der eine anstehende Aktion protokolliert und sicherstellt, dass die ISR-Aktion nur einmal ausgeführt wird. Keine Firmwareaktion an das Peripheriegerät ist erforderlich. Edge: Eine beliebige synchrone Wellenform ist der Eingang zu einer Edge-Detect-Schaltung und die positive Flanke dieser Wellenform wird zu einem synchronen Ein-Zyklus-Puls (Pulse-Modus).[69] Unabhängig von der InterruptType-Multiplexerauswahl ist der Interrupt-Controller immer noch in der Lage, Level-, Edge- oder Pulse-Wellenformen zu verarbeiten. Merkmale sind: definiert hardwaregesteuerte Interrupts, bietet ein Software-API um (hardwareverbundene) Interrupts anzuhängen [55].

---

[69] Diese Interrupt-Wellenformtypen unterscheiden sich von den Einstellungen, die im Configure-Dialogfeld für den InterruptType-Parameter vorgenommen werden. Der Parameter konfiguriert nur die Multiplexerauswahllinien. Er verarbeitet das „IRQ"-Signal, das auf der Grundlage der Multiplexerauswahl (Level, Edge) an den Interrupt-Controller gesendet werden soll.

15.106.1 Interrupt-Funktionen 1.70

- **ISR_Start( )** – richtet den Interrupt zur Funktion ein.
- **ISR_StartEx( )** – richtet den Interrupt zur Funktion ein und setzt die Adresse als ISR-Vektor für den Interrupt.
- **ISR_Stop( )** – deaktiviert und dekonfiguriert den Interrupt.
- **ISR_Interrupt( )** – der Standard-Interrupt-Handler für ISR.
- **ISR_SetVector( )** – setzt die Adresse als neuen ISR-Vektor für den Interrupt.
- **ISR_GetVector( )** – ermittelt die Adresse des aktuellen ISR-Vektors für den Interrupt.
- **ISR_SetPriority( )** – setzt die Priorität des Interrupt.
- **ISR_GetPriority( )** – ermittelt die Priorität des Interrupt.
- **ISR_Enable( )** – aktiviert den Interrupt für den Interrupt-Controller.
- **ISR_GetState( )** – ermittelt den Zustand (aktiviert, deaktiviert) des Interrupt.
- **ISR_Disable( )** – deaktiviert den Interrupt.
- **ISR_SetPending( )** – veranlasst, dass der Interrupt in den Pending-Zustand übergeht, eine Softwaremethode zur Erzeugung des Interrupt.
- **ISR_ClearPending( )** – löscht einen ausstehenden Interrupt.

15.106.2 Interrupt-Funktionsaufrufe 1.70

- **void ISR_Start(void)** – richtet den Interrupt ein und aktiviert ihn. Diese Funktion deaktiviert den Interrupt, setzt den Standard-Interrupt-Vektor, setzt die Priorität aus dem Wert im Design-Wide Resources Interrupt Editor und aktiviert dann den Interrupt im Interrupt-Controller.
- **void ISR_StartEx(cyisraddress address)** – richtet den Interrupt ein und aktiviert ihn. Diese Funktion deaktiviert den Interrupt, setzt den Interrupt-Vektor basierend auf der übergebenen Adresse, setzt die Priorität aus dem Wert im Design-Wide Resources Interrupt Editor und aktiviert dann den Interrupt im Interrupt-Controller. Bei der Definition von ISR-Funktionen sollten die Makros CY_ISR und CY_ISR_PROTO verwendet werden, um eine konsistente Definition über Compiler hinweg zu gewährleisten:

```
Function definition example:
CY\_ISR(MyISR)
{
        /* ISR Code here */
}
Function prototype example:
CY\_ISR\_PROTO(MyISR);
```

- **void ISR_Stop(void)** – deaktiviert und entfernt den Interrupt.
- **void ISR_Interrupt(void)** – die Standard-ISR für die Komponente. Fügen Sie benutzerdefinierten Code zwischen den START- und END-Kommentaren ein, um zu verhindern, dass die nächste Version dieser Datei Ihren Code überschreibt. Hinweis: Sie können entweder die Standard-ISR verwenden, indem Sie dieses API verwenden, oder Sie können Ihre eigene separate ISR über ISR_StartEx( ) definieren.
- **void ISR_SetVector(cyisraddress address)** – ändert den ISR-Vektor für den Interrupt. Verwenden Sie diese Funktion, um den ISR-Vektor auf die Adresse einer anderen Interrupt-Dienstroutine zu ändern. Beachten Sie, dass der Aufruf von ISR_Start( ) jegliche Wirkung, die dieses API gehabt hätte, aufhebt. Um den Vektor einzustellen, bevor die Komponente gestartet wurde, verwenden Sie stattdessen ISR_StartEx( ). Bei der Definition von ISR-Funktionen sollten die Makros CY_ISR und CY_ISR_PROTO verwendet werden, um eine konsistente Definition über Compiler hinweg zu gewährleisten:

```
Function definition example:
CY\_ISR(MyISR)
{
        /* ISR Code here */
}
Function prototype example:
CY\_ISR\_PROTO(MyISR);
```

- **cyisraddress ISR_GetVector(void)** – ermittelt die Adresse des aktuellen ISR-Vektors für den Interrupt.
- **void ISR_SetPriority(uint8 priority)** – setzt die Priorität des Interrupt. Hinweis: Der Aufruf von ISR_Start( ) oder ISR_StartEx( ) hebt jegliche Wirkung, die dieses API gehabt hätte, auf. Dieses API sollte nur aufgerufen werden, nachdem ISR_Start( ) oder ISR_StartEx( ) aufgerufen wurde. Um die anfängliche Priorität für die Komponente festzulegen, verwenden Sie den Design-Wide Resources Interrupt Editor.
- **uint8 ISR_GetPriority(void)** – ermittelt die Priorität des Interrupt.
- **void ISR_Enable(void)** – aktiviert den Interrupt im Interrupt-Controller. Rufen Sie diese Funktion nicht auf, es sei denn, ISR_Start( ) wurde aufgerufen oder die Funktionalität der ISR_Start( )-Funktion, die den Vektor und die Priorität setzt, wurde aufgerufen.
- **uint8 ISR_GetState(void)** – ermittelt den Zustand (aktiviert, deaktiviert) des Interrupt.
- **void ISR_Disable(void)** – deaktiviert den Interrupt im Interrupt-Controller.
- **void ISR_SetPending(void)** – veranlasst, dass der Interrupt in den ausstehenden Zustand übergeht; ein Software-API zur Erzeugung des Interrupt.
- **void ISR_ClearPending(void)** – löscht einen ausstehenden Interrupt im Interrupt-Controller. Hinweis: Einige Interrupt-Quellen sind „clear on read" und erfordern, dass das Block-Interrupt-/-Statusregister mit dem entsprechenden Block-API (GPIO,

UART [102] usw.) gelesen/gelöscht wird. Andernfalls bleibt die ISR in einem Pending-Zustand, obwohl der Interrupt selbst mit diesem API gelöscht wurde.

15.107 Real Time Clock (RTC) 2.00

Die Real-Time-Clock (RTC)-Komponente liefert genaue Zeit- und Datumsinformationen für das System. Die Zeit und das Datum werden jede Sekunde basierend auf einem Ein-Puls-pro-Sekunde-Interrupt von einem 32.768-kHz-Kristall aktualisiert. Die Genauigkeit der Uhr basiert auf dem bereitgestellten Quarz und beträgt typischerweise 20 ppm. Die RTC hält die Sekunde, Minute, Stunde, den Wochentag, den Tag des Monats, den Tag des Jahres, den Monat und das Jahr fest. Der Wochentag wird automatisch aus dem Tag, Monat und Jahr berechnet. Die Sommerzeit kann optional aktiviert werden und unterstützt jedes Start- und Enddatum sowie eine programmierbare Sparzeit. Die Start- und Enddaten können absolut sein, wie z. B. der 24. März, oder relativ, wie der zweite Sonntag im Mai. Der Alarm bietet Übereinstimmungserkennung für eine Sekunde, Minute, Stunde, Wochentag, einen Tag des Monats, Tag des Jahres, Monat und ein Jahr. Eine Maske wählt aus, welche Kombination von Zeit- und Datumsinformationen zur Erzeugung des Alarms verwendet wird. Die Flexibilität des Alarms unterstützt periodische Alarme wie jede 23. Minute nach der Stunde oder einen einzelnen Alarm wie 4:52 Uhr morgens am 14. September 1941. Benutzercode-Stubs werden für periodische Codeausführung basierend auf jedem der primären Zeitintervalle bereitgestellt. Timer-Intervalle werden bereitgestellt für eine Sekunde, eine Minute, eine Stunde, einen Tag, eine Woche, einen Monat und ein Jahr. Zu den Funktionen gehören: mehrere Alarmoptionen, mehrere Überlaufoptionen und die Option für die Sommerzeit („Daylight Savings Time", DST) [73].

15.107.1 Real-Time-Clock (RTC)-Funktionen 2.00

- **RTC_WriteAlarmDayOfYear( )** – schreibt den Alarm-DayOfYear-Softwareregisterwert.
- **RTC_ReadSecond( )** – liest den Sec-Softwareregisterwert.
- **RTC_ReadMinute( )** – liest den Min-Softwareregisterwert.
- **RTC_ReadHour( )** – liest den Hour-Softwareregisterwert.
- **RTC_ReadDayOfMonth( )** – liest den DayOfMonth-Softwareregisterwert.
- **RTC_ReadMonth( )** – liest den Month-Softwareregisterwert.
- **RTC_ReadYear( )** – liest den Year-Softwareregisterwert.
- **RTC_ReadAlarmSecond( )** – liest den Alarm-Sec-Softwareregisterwert.
- **RTC_ReadAlarmMinute( )** – liest den Alarm-Min-Softwareregisterwert.
- **RTC_ReadAlarmHour( )** – liest den Alarm-Hour-Softwareregisterwert.

- **RTC_ReadAlarmDayOfMonth( )** – liest den Alarm-DayOfMonth-Softwareregisterwert.
- **RTC_ReadAlarmMonth( )** – liest den Alarm-Month-Softwareregisterwert.
- **RTC_ReadAlarmYear( )** – liest den Alarm-Year-Softwareregisterwert.
- **RTC_ReadAlarmDayOfWeek( )** – liest den Alarm-DayOfWeek-Softwareregisterwert.
- **RTC_ReadAlarmDayOfYear( )** – liest den Alarm-DayOfYear-Softwareregisterwert.
- **RTC_WriteAlarmMask( )** – schreibt das Alarm-Mask-Softwareregister mit 1 bit pro Zeit/Datumseintrag.
- **RTC_WriteIntervalMask( )** – konfiguriert, welche Intervall-Handler von der RTC-ISR aufgerufen werden.
- **RTC_ReadStatus( )** – liest das Status-Softwareregister, das Flags für DST, Schaltjahr (LY), AM/PM (AM_PM) und Alarm active (AA) hat.
- **RTC_WriteDSTMode( )** – schreibt das DST-Mode-Softwareregister.
- **RTC_WriteDSTStartHour( )** – schreibt das DST-Start-Hour-Softwareregister.
- **RTC_WriteDSTStartDayOfMonth( )** – schreibt das DST-Start-DayOfMonth-Softwareregister.
- **RTC_WriteDSTStartMonth( )** – schreibt das DST-Start-Month-Softwareregister.
- **RTC_WriteDSTStartDayOfWeek( )** – schreibt das DST-Start-DayOfWeek-Softwareregister.
- **RTC_WriteDSTStartWeek( )** – schreibt das DST-Start-Week-Softwareregister.
- **RTC_WriteDSTStopHour( )** – schreibt das DST-Stop-Hour-Softwareregister.
- **RTC_WriteDSTStopDayOfMonth( )** – schreibt das DST-Stop-DayOfMonth-Softwareregister.
- **RTC_WriteDSTStopMonth( )** – schreibt das DST-Stop-Month-Softwareregister.
- **RTC_WriteDSTStopDayOfWeek( )** – schreibt das DST-Stop-DayOfWeek-Softwareregister.
- **RTC_WriteDSTStopWeek( )** – schreibt das DST-Stop-Week-Softwareregister.
- **RTC_WriteDSTOffset( )** – schreibt das DST-Offset-Register.
- **RTC_Init( )** – initialisiert und stellt die Standardkonfiguration bereit, die mit dem Customizer geliefert wird.
- **RTC_Enable( )** – aktiviert die Interrupts, einen Puls pro Sekunde und die Interrupt-Erzeugung bei OPPS-Ereignis.

15.107.2 Real-Time-Clock (RTC)-Funktionsaufrufe 2.00

- **void RTC_Start(void)** – aktiviert die RTC-Komponente. Diese Funktion konfiguriert den Zähler, richtet Interrupts ein, führt alle erforderlichen Berechnungen durch und startet den Zähler.
- **void RTC_Stop(void)** – stoppt den Betrieb der RTC-Komponente.
- **void RTC_EnableInt(void)** – aktiviert Interrupts von der RTC-Komponente.

- **void RTC_DisableInt(void)** – deaktiviert Interrupts von der RTC-Komponente; Zeit und Datum stoppen.
- **RTC_TIME_DATE* RTC_ReadTime(void)** – liest die aktuelle Zeit und das Datum.
- **void RTC_WriteTime(const RTC_TIME_DATE * timeDate)** – schreibt die Zeit- und Datumsangaben als aktuelle Zeit und Datum. Überträgt nur Sekunde, Minute, Stunde, Monat, Tag des Monats und Jahr.
- **void RTC_WriteSecond(uint8 second)** – schreibt den Wert des Sec-Softwareregisters.
- **void RTC_WriteMinute(uint8 minute)** – schreibt den Wert des Min-Softwareregisters.
- **void RTC_WriteHour(uint8 hour)** – schreibt den Wert des Hour-Softwareregisters.
- **RTC_TIME_DATE* RTC_ReadTime(void)** – liest die aktuelle Zeit und das Datum.
- **void RTC_WriteTime(const RTC_TIME_DATE * timeDate)** – schreibt die Zeit- und Datumsangaben als aktuelle Zeit und Datum. Überträgt nur Sekunde, Minute, Stunde, Monat, Tag des Monats und Jahr.
- **void RTC_WriteSecond(uint8 second)** – schreibt den Wert des Sec-Softwareregisters.
- **void RTC_WriteMinute(uint8 minute)** – schreibt den Wert des Min-Softwareregisters.
- **void RTC_WriteHour(uint8 hour)** – schreibt den Wert des Hour-Softwareregisters.
- **void RTC_WriteAlarmHour(uint8 hour)** – schreibt den Wert des Alarm-Hour-Softwareregisters.
- **void RTC_WriteAlarmDayOfMonth(uint8 dayOfMonth)** – schreibt den Wert des Alarm-DayOfMonth-Softwareregisters.
- **void RTC_WriteAlarmMonth(uint8 month)** – schreibt den Wert des Alarm-Month-Softwareregisters.
- **void RTC_WriteAlarmYear(uint16 year)** – schreibt den Wert des Alarm-Year-Softwareregisters.
- **void RTC_WriteAlarmDayOfWeek(uint8 dayOfWeek)** – schreibt den Wert des Alarm-DayOfWeek-Softwareregisters.
- **void RTC_WriteAlarmDayOfYear(uint16 goodyear)** – schreibt den Wert des Alarm-DayOfYear-Softwareregisters.
- **uint8 RTC_ReadSecond(void)** – liest den Wert des Sec-Softwareregisters.
- **uint8 RTC_ReadMinute(void)** – liest den Wert des Min-Softwareregisters.
- **uint8 RTC_ReadHour(void)** – liest den Wert des Hour-Softwareregisters.
- **uint8 RTC_ReadDayOfMonth(void)** – liest den Wert des DayOfMonth-Softwareregisters.
- **uint8 RTC_ReadMonth(void)** – diese Funktion liest den Wert des Month-Softwareregisters.
- **uint16 RTC_ReadYear(void)** – liest den Wert des Year-Softwareregisters.

- **uint8 RTC_ReadAlarmSecond(void)** – liest den Wert des Alarm-Sec-Softwareregisters.
- **uint8 RTC_ReadAlarmMinute(void)** – liest den Wert des Alarm-Min-Softwareregisters.
- **uint8 RTC_ReadAlarmHour(void)** – liest den Wert des Alarm-Hour-Softwareregisters.
- **uint8 RTC_ReadAlarmDayOfMonth(void)** – liest den Wert des Alarm-DayOf-Month-Softwareregisters.
- **uint8 RTC_ReadAlarmMonth(void)** – liest den Wert des Alarm-Month-Softwareregisters.
- **uint16 RTC_ReadAlarmYear(void)** – liest den Wert des Alarm-Year-Softwareregisters.
- **uint8 RTC_ReadAlarmDayOfWeek(void)** – liest den Wert des Alarm-DayOfWeek-Softwareregisters.
- **uint16 RTC_ReadAlarmDayOfYear(void)** – liest den Wert des Alarm-DayOfYear-Softwareregisters.
- **void RTC_WriteAlarmMask(uint8 mask)** – schreibt das Alarm-Mask-Softwareregister mit 1 bit pro Zeit-/Datumsangabe. Alarm ist true, wenn alle maskierten Zeit-/Datumsangaben mit den Alarm-Werten übereinstimmen.
- **void RTC_WriteIntervalMask(uint8 mask)** – konfiguriert, welche Intervall-Handler von der RTC-ISR aufgerufen werden. Siehe den Abschnitt Interrupt Service Routines für Informationen zur Verwendung dieser Funktion.
- **uint8 RTC_ReadStatus(void)** – liest das Status-Softwareregister, das Flags für DST, Schaltjahr (LY), AM/PM (AM_PM) und Alarm active (AA) hat.
- **void RTC_WriteDSTMode(uint8 mode)** – schreibt das DST-Mode-Softwareregister, das DST-Änderungen aktiviert oder deaktiviert und das Datum setzt.
- **void RTC_WriteDSTStartHour(uint8 hour)** – schreibt das DST-Start-Hour-Softwareregister. Wird für die absolute Datumeingabe verwendet. Wird nur generiert, wenn DST aktiviert ist.
- **void RTC_WriteDSTStartDayOfMonth(uint8 dayOfMonth)** – schreibt das DST-Start-DayOfMonth-Softwareregister. Wird für die absolute Datumseingabe verwendet. Wird nur generiert, wenn DST aktiviert ist.
- **void RTC_WriteDSTStartMonth(uint8 month)** – Schreibt das DST Start Month-Softwareregister. Wird für die absolute Datumseingabe verwendet. Wird nur generiert, wenn DST aktiviert ist.
- **void RTC_WriteDSTStartDayOfWeek(uint8 dayOfWeek)** – Schreibt das DST Start DayOfWeek-Softwareregister. Wird für die relative Datumseingabe verwendet. Wird nur generiert, wenn DST aktiviert ist.
- **void RTC_WriteDSTStartWeek(uint8 week)** – Schreibt das DST Start Week-Softwareregister. Wird für die relative Datumseingabe verwendet. Wird nur generiert, wenn DST aktiviert ist.

- **void RTC_WriteDSTStopHour(uint8 hour)** – Schreibt das DST Stop Hour-Softwareregister. Wird für die absolute Datumseingabe verwendet. Wird nur generiert, wenn DST aktiviert ist.
- **void RTC_WriteDSTStopDayOfMonth(uint8 dayOfMonth)** – schreibt das DST-Stop-DayOfMonth-Softwareregister. Wird für die absolute Datumseingabe verwendet. Wird nur generiert, wenn DST aktiviert ist.
- **void RTC_WriteDSTStopMonth(uint8 month)** – schreibt das DST-Stop-Month-Softwareregister. Wird für die absolute Datumseingabe verwendet. Wird nur generiert, wenn DST aktiviert ist.
- **void RTC_WriteDSTStopDayOfWeek(uint8 dayOfWeek)** – schreibt das DST-Stop-DayOfWeek-Softwareregister. Wird für die relative Datumseingabe verwendet. Wird nur generiert, wenn DST aktiviert ist.
- **void RTC_WriteDSTStopWeek(uint8 week)** – schreibt das DST-Stop-Week-Softwareregister. Wird für die relative Datumseingabe verwendet. Wird nur generiert, wenn DST aktiviert ist.
- **void RTC_WriteDSTOffset(uint8 offset)** – schreibt das DST-Offset-Register. Ermöglicht eine konfigurierbare Erhöhung oder Verringerung der Zeit zwischen 0 und 255 min. Die Erhöhung erfolgt beim DST-Start und die Verringerung beim DST-Stopp. Wird nur generiert, wenn DST aktiviert ist.
- **void RTC_Init (void)** – initialisiert oder stellt die Komponente gemäß den Einstellungen des Configure-Dialogfelds des Customizer wieder her. Es ist nicht notwendig, RTC_Init( ) aufzurufen, da das RTC_Start( )-API diese Funktion aufruft und die bevorzugte Methode ist, um den Betrieb der Komponente zu beginnen.
- **void RTC_Enable(void)** – aktiviert die Interrupts, einen Puls pro Sekunde und die Interrupt-Erzeugung bei OPPS-Ereignis.

15.108 Sleep Timer 3.20

Die Sleep-Timer-Komponente kann verwendet werden, um das Gerät aus den Modi Alternate Active und Sleep zu einem konfigurierbaren Intervall zu wecken. Sie kann auch so konfiguriert werden, dass sie einen Interrupt zu einem konfigurierbaren Intervall ausgibt. Funktionen beinhalten: weckt Geräte aus den Energiesparmodi Alternate Active und Sleep, enthält konfigurierbare Option für die Ausgabe von Interrupts, erzeugt periodische Interrupts, während das Gerät im Active-Modus ist und unterstützt 12 diskrete Intervalle: 2, 4, 8, 16, 32, 64, 128, 256, 512, 1024, 2048 und 4096 ms [84].

15.108.1 Sleep-Timer-Funktionsaufrufe 3.20

- **SleepTimer_Start( )** – startet den Sleep-Timer-Betrieb.
- **SleepTimer_Stop( )** – stoppt den Sleep-Timer-Betrieb.

- **SleepTimer_EnableInt ( )** – ermöglicht es der Sleep-Timer-Komponente, beim Aufwachen einen Interrupt auszugeben.
- **SleepTimer_DisableInt( )** – verhindert, dass die Sleep-Timer-Komponente beim Aufwachen einen Interrupt ausgibt.
- **SleepTimer_Subinterval( )** – legt das Intervall fest, nach dem der Sleep Timer aufwachen soll.
- **SleepTimer_Gestates( )** – gibt den Wert des Power Manager Interrupt Status Register zurück und löscht alle Bits in diesem Register.
- **SleepTimer_Init( )** – initialisiert und stellt die Standardkonfiguration wieder her, die mit dem Customizer bereitgestellt wird.
- **SleepTimer_Enable( )** – aktiviert den 1-kHz-ILO und den CTW-Zähler.
- **SleepTimer_initVar** – gibt an, ob der Sleep Timer initialisiert wurde. Die Variable wird auf 0 initialisiert und auf 1 gesetzt, wenn SleepTimer_Start( ) zum ersten Mal aufgerufen wird. Dies ermöglicht es der Komponente, nach dem ersten Aufruf der SleepTimer_Start( )-Routine ohne erneute Initialisierung neu zu starten. Wenn eine erneute Initialisierung der Komponente erforderlich ist, kann die Funktion SleepTimer_Init( ) vor der Funktion SleepTimer_Start( ) oder SleepTimer_Enable( ) aufgerufen werden.

15.108.2 Sleep-Timer-Funktionsaufrufe 3.20

- **void SleepTimer_Start(void)** – dies ist die bevorzugte Methode, um den Betrieb der Komponente zu beginnen. SleepTimer_Start( ) setzt die initVar-Variable, ruft die SleepTimer_Init( )-Funktion auf und anschließend die SleepTimer_Enable( )-Funktion. Aktiviert den 1-kHz-ILO-Takt und lässt ihn aktiviert, nachdem die Sleep-Timer-Komponente gestoppt wurde.
- **void SleepTimer_Stop(void)** – stoppt den Sleep-Timer-Betrieb und deaktiviert das Aufwachen und den Interrupt. Das Gerät wacht nicht auf, wenn der CTW-Zähler die Endzahl erreicht, und es wird kein Interrupt ausgelöst.
- **void SleepTimer_EnableInt(void)** – aktiviert den CTW-Endzahl-Interrupt.
- **void SleepTimer_DisableInt(void)** – deaktiviert den CTW-Endzahl-Interrupt.
- **void SleepTimer_Subinterval(uint8 interval)** – legt die CTW-Intervallperiode fest. Das erste Intervall kann von 1 bis (Periode + 1) ms variieren. Weitere Intervalle treten in der nominalen Periode auf. Sie können den Intervallwert nur ändern, wenn CTW deaktiviert ist, was Sie tun können, indem Sie die Komponente stoppen.
- **uint8 SleepTimer_Gestates(void)** – gibt den Zustand des Statusregisters des Sleep Timer zurück und löscht das anstehende Interrupt-Statusbit. Der Anwendungscode muss diese Funktion immer nach dem Aufwachen aufrufen, um das ctw_int-Statusbit zu löschen. Der Code muss diese Funktion aufrufen, unabhängig davon, ob der Interrupt des Sleep Timer deaktiviert oder aktiviert ist.

- **void SleepTimer_Init(void)** – initialisiert oder stellt die Komponente gemäß den Einstellungen des Configure-Dialogfelds des Customizer wieder her. Es ist nicht notwendig, SleepTimer_Init( ) aufzurufen, da das SleepTimer_Start( )-API diese Funktion aufruft und die bevorzugte Methode ist, um den Betrieb der Komponente zu beginnen. Legt die CTW-Intervallperiode fest und aktiviert oder deaktiviert den CTW-Interrupt (gemäß den Einstellungen des Customizer).
- **void SleepTimer_Enable(void)** – aktiviert den 1-kHz-ILO und den CTW und beginnt den Betrieb der Komponente. Es ist nicht notwendig, SleepTimer_Enable( ) aufzurufen, da das SleepTimer_Start( )-API diese Funktion aufruft, welches die bevorzugte Methode ist, um den Betrieb der Komponente zu beginnen.

15.109 Fan Controller 4.10

Die Fan-Controller-Komponente ist eine systemweite Lösung, die alle notwendigen Hardwareblöcke einschließlich PWM oder TCPWM für PSoC 4, Tachometer-Eingangserfassungs-Timer, Steuerregister, Statusregister und einen DMA-Controller umfasst, wodurch die Entwicklungszeit und der Aufwand reduziert werden. Die Komponente ist über eine grafische Benutzeroberfläche anpassbar, die es Entwicklern ermöglicht, elektromechanische Lüfterparameter wie die Zuordnung von Tastverhältnis zu Umdrehungen pro Minute und die physische Organisation von Lüfterbänken einzugeben. Leistungsparameter wie PWM-Frequenz und -Auflösung sowie offene oder geschlossene Regelungsmethoden können über die gleiche Benutzeroberfläche konfiguriert werden. Sobald die Systemparameter eingegeben sind, liefert die Komponente die optimale Implementierung, um Ressourcen innerhalb von PSoC zu sparen und die Integration anderer Funktionen für das thermische Management und das Systemmanagement zu ermöglichen. Einfach zu verwendende APIs werden bereitgestellt, um Firmwareentwicklern einen schnellen Einstieg zu ermöglichen.[70] Unterstützt bis zu 16 PWM-gesteuerte, bürstenlose Vierleiter-DC-Lüfter für PSoC 3-/PSoC 5LP-Geräte und bis zu 6 Lüfter für PSoC 4, 25 kHz, 50 kHz oder benutzerspezifizierte PWM-Frequenzen, Lüftergeschwindigkeiten bis zu 25.000 U/min, 4-Pol- und 6-Pol-Motoren, Lüfterstau-/Rotorblockierungserkennung bei allen Lüftern, firmwaregesteuerte oder hardwaregesteuerte Lüftergeschwindigkeitsregelung für PSoC 3/PSoC 5LP, firmwaregesteuerte Lüftergeschwindigkeitsregelung für PSoC 4, individuelle oder gruppierte PWM-Ausgänge mit Tachometereingängen und einen anpassbaren Alarmpin für die Meldung von Lüfterfehlern [42].

---

[70] Designs, die die Lüftersteuerungskomponente verwenden, sollten die Energiesparmodi Sleep oder Hibernate von PSoC nicht verwenden. Das Betreten dieser Modi verhindert, dass die Lüftersteuerungskomponente die Lüfter steuert und überwacht.

15.109.1 Fan-Controller-Funktionen 4.10

- **FanController_Start( )** – startet die Komponente.
- **FanController_Stop( )** – stoppt die Komponente und deaktiviert Hardwareblöcke.
- **FanController_Init( )** – initialisiert die Komponente.
- **FanController_Enable( )** – aktiviert Hardwareblöcke innerhalb der Komponente.
- **FanController_EnableAlert( )** – aktiviert Alarme von der Komponente.
- **FanController_DisableAlert( )** – deaktiviert Alarme von der Komponente.
- **FanController_SetAlertMode( )** – konfiguriert Alarmquellen.
- **FanController_GetAlertMode( )** – gibt derzeit aktivierte Alarmquellen zurück.
- **FanController_SetAlertMask( )** – aktiviert die Maskierung von Alarmen von jedem Lüfter.
- **FanController_GetAlertMask( )** – gibt den Maskierungsstatus von Alarmen für jeden Lüfter zurück.
- **FanController_GetAlertSource( )** – gibt ausstehende Alarmquelle(n) zurück.
- **FanController_GetFanStallStatus( )** – gibt eine Bitmaske zurück, die den Stillstandstatus jedes Lüfters darstellt.
- **FanController_GetFanSpeedStatus( )** – gibt eine Bitmaske zurück, die den Geschwindigkeitsregelungsstatus jedes Lüfters im Hardwaresteuerungsmodus darstellt.
- **FanController_SetDutyCycle( )** – legt das PWM-Tastverhältnis für den angegebenen Lüfter oder Lüfterbank fest.
- **FanController_GetDutyCycle( )** – gibt das PWM-Tastverhältnis für den angegebenen Lüfter oder Lüfterbank zurück.
- **FanController_SetDesiredSpeed( )** – legt die gewünschte Lüftergeschwindigkeit für den angegebenen Lüfter im Hardwaresteuerungsmodus fest.
- **FanController_GetDesiredSpeed( )** – gibt die gewünschte Lüftergeschwindigkeit für den angegebenen Lüfter im Hardwaresteuerungsmodus zurück.
- **FanController_GetActualSpeed( )** – gibt die tatsächliche Geschwindigkeit für den angegebenen Lüfter zurück.
- **FanController_OverrideAutomaticControl( )** – ermöglicht es der Firmware, die automatische Lüftersteuerung zu überschreiben.
- **FanController_SetSaturation( )** – ändert die Sättigung des PID-Reglerausgangs.
- **FanController_SetPID( )** – ändert die PID-Reglerkoeffizienten für den gesteuerten Lüfter.

15.109.2 Fan-Controller-Funktionsaufrufe 4.10

- **FanController_SetPID( )** – ändert die PID-Reglerkoeffizienten für den gesteuerten Lüfter.
- **void FanController_Start(void)** – aktiviert die Komponente. Ruft das Init( )-API auf, wenn die Komponente zuvor nicht initialisiert wurde. Ruft das Enable( )-API auf.

- **void FanController_Stop(void)** – deaktiviert die Komponente. Alle PWM-Ausgänge werden auf 100 % Tastverhältnis gefahren, um sicherzustellen, dass die Kühlung fortgesetzt wird, während die Komponente nicht in Betrieb ist. Hinweis: Aufgrund von PSoC 4-Ressourcenbeschränkungen werden die PWM-Ausgänge auf low gesetzt.
- **void FanController_Init(void)** – initialisiert die Komponente.
- **void FanController_Enable(void)** – aktiviert Hardwareblöcke innerhalb der Komponente.
- **void FanController_EnableAlert(void)** – aktiviert die Erzeugung des Alarmsignals. Welche Alarmquellen aktiviert sind, wird mit den APIs FanController_SetAlertMode( ) und FanController_SetAlertMask( ) konfiguriert.
- **void FanController_DisableAlert(void)** – deaktiviert die Erzeugung des Alarmsignals.
- **void FanController_SetAlertMode(uint8 alertMode)** – konfiguriert Alarmquellen aus der Komponente. Zwei Alarmquellen sind verfügbar: (1) Fan Stall (Lüfterstau) oder Rotor Lock (Rotorblockierung), (2) Fehlregulierung der Geschwindigkeit im Hardware-Steuermodus.
- **uint8 FanController_GetAlertMode(void)** – gibt die aktivierten Alarmquellen zurück.
- **void FanController_SetAlertMask(uint16 alertMask)** – aktiviert oder deaktiviert Alarme von jedem Lüfter durch eine Maske. Die Maskierung gilt sowohl für Lüfterstaualarme als auch für Fehlregulierungsalarme der Geschwindigkeit.
- **uint16 FanController_GetAlertMask(void)** – gibt den Alarmmaskenstatus von jedem Lüfter zurück. Die Maskierung gilt sowohl für Lüfterstaualarme als auch für Fehlregulierungsalarme der Geschwindigkeit.
- **uint8 FanController_GetAlertSource(void)** – gibt anstehende Alarmquellen aus der Komponente zurück. Dieses API kann verwendet werden, um den Alarmstatus der Komponente abzufragen. Alternativ kann, wenn der Alarmpin zur Erzeugung von Interrupts an den CPU-Kern von PSoC verwendet wird, die Interrupt-Service-Routine dieses API verwenden, um die Quelle des Alarms zu bestimmen. In beiden Fällen können die APIs FanController_GetFanStallStatus( ) und FanController_GetFanSpeedStatus( ) weitere Informationen darüber liefern, welcher Lüfter einen Fehler hat, wenn dieses API einen Wert ungleich null zurückgibt.
- **uint16 FanController_GetFanStallStatus(void)** – gibt den Stau-/Rotorblockierungsstatus aller Lüfter zurück.
- **uint16 FanController_GetFanSpeedStatus(void)** – gibt den Status der Geschwindigkeitsregelung im Hardware-Lüftersteuerungsmodus aller Lüfter zurück. Geschwindigkeitsregelungsfehler treten in zwei Fällen auf: (1) wenn die gewünschte Lüftergeschwindigkeit die aktuelle tatsächliche Lüftergeschwindigkeit übersteigt, aber das Tastverhältnis des Lüfters bereits bei 100 % liegt, (2) wenn die gewünschte Lüftergeschwindigkeit unter der aktuellen tatsächlichen Lüftergeschwindigkeit liegt, aber das Tastverhältnis des Lüfters bereits bei 0 % liegt.

- **void FanController_SetDutyCycle(uint8 fanOrBankNumber, uint16 dutyCycle)** – setzt das PWM-Tastverhältnis des ausgewählten Lüfters oder der Lüfterbank in Hundertstel Prozent. Im Hardware-Lüftersteuerungsmodus, wenn eine manuelle Tastverhältnissteuerung wünschenswert ist, rufen Sie das API FanController_OverrideHardwareControl( ) auf, bevor Sie dieses API aufrufen. Hinweis: Aufgrund von PSoC 4-Ressourcenbeschränkungen wird das Einstellen eines 100-%-Tastverhältnisses kein kontinuierliches High-Signal am entsprechenden „Fan"-Ausgang erzeugen.
- **uint16 FanController_GetDutyCycle(uint8 fanOrBankNumber)** – gibt das aktuelle PWM-Tastverhältnis des ausgewählten Lüfters oder der Lüfterbank in Hundertstel Prozent zurück.
- **void FanController_SetDesiredSpeed(uint8 fanNumber, uint16 rpm)** – setzt die gewünschte Geschwindigkeit des angegebenen Lüfters in Umdrehungen pro Minute (RPM). Im Hardware-Lüftersteuerungsmodus wird der RPM-Parameter an die Steuerungshardware als neue Ziel-Lüftergeschwindigkeit zur Regelung übergeben. Im Firmware-Lüftersteuerungsmodus wird der RPM-Parameter basierend auf den in die Fans-Registerkarte des Customizer eingegebenen Lüfterparametern in ein Tastverhältnis umgewandelt und an den entsprechenden PWM geschrieben. Dies bietet der Firmware eine Methode zur Initiierung einer groben Geschwindigkeitssteuerung. Eine feine Geschwindigkeitssteuerung auf Firmwareebene kann dann mit dem API FanController_SetDutyCycle( ) erreicht werden.
- **uint16 FanController_GetDesiredSpeed(uint8 fanNumber)** – gibt die derzeit gewünschte Geschwindigkeit für den ausgewählten Lüfter zurück.
- **uint16 FanController_GetActualSpeed(uint8 fanNumber)** – gibt die aktuelle tatsächliche Geschwindigkeit für den ausgewählten Lüfter zurück. Diese Funktion sollte das erste Mal im Design nur aufgerufen werden, nachdem der angeforderte Lüfter eine vollständige Umdrehung gemacht hat. Dies kann sichergestellt werden, indem die Funktion nach der Erzeugung des „End-of-cycle (eoc)-Pulses" aufgerufen wird.
- **void FanController_OverrideAutomaticControl(uint8 override)** – ermöglicht es der Firmware, die Lüftersteuerung im Hardware-Lüftersteuerungsmodus zu übernehmen. Beachten Sie, dass dieses API nicht im Firmware-Lüftersteuerungsmodus aufgerufen werden kann.
- **void FanController_SetSaturation(uint8 fanNum, uint16 satH, uint16 satL)** – ändert die Sättigung des PID-Reglerausgangs. Dies begrenzt das PWM-Signal zum Lüfter und verhindert den sogenannten Windup.
- **void FanController_SetPID (uint8 fanNum, uint16 kp, uint16 ki, uint16 kd)** – ändert die PID-Reglerkoeffizienten für den gesteuerten Lüfter. Die Koeffizienten sind Integers, die proportional zur Verstärkung sind.

15.110 RTD Calculator 1.20

Die Komponente Resistance Temperature Detector (RTD) Calculator erzeugt eine Polynomnäherung zur Berechnung der RTD-Temperatur in Bezug auf den RTD-Widerstand für einen PT100-, PT500- oder PT1000-RTD. Das Fehlerbudget der Berechnung ist vom Benutzer wählbar und bestimmt die Ordnung des Polynoms, das für die Berechnung verwendet wird (von 1 bis 5). Ein geringeres Fehlerbudget der Berechnung führt zu einer rechenintensiveren Berechnung. Zum Beispiel wird ein Polynom fünfter Ordnung eine genauere Temperaturberechnung liefern als Polynome niedrigerer Ordnung, benötigt aber mehr Zeit zur Ausführung. Nachdem die maximalen und minimalen Temperaturen und das Fehlerbudget ausgewählt wurden, erzeugt die Komponente den maximalen Temperaturfehler und ein Fehler-gegen-Temperatur-Diagramm für alle Temperaturen im Bereich, zusammen mit einer Schätzung der Anzahl der CPU-Zyklen, die für die Berechnung mit dem ausgewählten Polynom notwendig sind. Die Auswahl des niedrigsten Fehlerbudgets wählt das Polynom höchster Ordnung. Für den gesamten RTD-Temperaturbereich, −200 bis 850 °C, kann die Komponente einen maximalen Fehler von <0,01 °C mit einem Polynom fünfter Ordnung liefern. Merkmale sind: Die Berechnungsgenauigkeit beträgt 0,01 °C für den Temperaturbereich von −200 bis 850 °C; eine einfache API-Funktion für die Umrechnung von Widerstand in Temperatur und ein Diagramm des Fehlers gegen die Temperatur [74].

15.110.1 RTD-Calculator-Funktionen 1.20

- **int32 RTD_GetTemperature(uint32 res)** – berechnet die Temperatur aus dem RTD-Widerstand.

15.110.2 RTD-Calculator-Funktionsaufrufe 1.20

- **int32 RTD_GetTemperature(uint32 res)** – berechnet die Temperatur aus dem RTD-Widerstand.

15.111 Thermistor Calculator 1.20

Der Thermistor Calculator berechnet die Temperatur basierend auf einer bereitgestellten Spannung, die von einem Thermistor gemessen wurde. Die Komponente ist an die meisten NTC-Thermistoren anpassbar. Sie berechnet die Koeffizienten der Steinhart-Hart-Gleichung basierend auf dem Temperaturbereich und den entsprechenden vom Benutzer bereitgestellten Referenzwiderständen. Die API-Funktionen, die die erzeugten Koeffizienten verwenden, um den Temperaturwert zurückzugeben, basieren auf gemessenen Spannungswerten. Diese Komponente verwendet keinen ADC oder AMUX intern und erfordert daher, dass diese Komponenten separat in Ihren Projekten platziert werden. Merkmale sind: Die Komponente ist anpassbar für die Mehrheit der Thermistoren mit negativem Temperaturkoeffizienten (NTC), Look-Up-Table (LUT) oder Gleichung-Implementierungsmethoden, wählbarer Referenzwiderstand, basierend auf dem Thermistorwert, wählbarer Temperaturbereich und wählbare Berechnungsauflösung für die LUT-Methode [93].

15.111.1 Thermistor-Calculator-Funktionen 1.20

- uint32 Thermistor_GetResistance(int16 vReference, int16 vThermistor) – die digitalen Werte der Spannungen über den Referenzwiderstand und den Thermistor werden dieser Funktion als Parameter übergeben. Diese können als Eingaben für die Komponente betrachtet werden. Die Funktion gibt den Widerstand zurück (gibt ihn aus), basierend auf den Spannungswerten.
- int16 Thermistor_GetTemperature(uint32 resT) – der Wert des Thermistorwiderstands wird dieser Funktion als Parameter übergeben. Die Funktion gibt die Temperatur zurück (gibt sie aus), basierend auf dem Widerstandswert. Die Methode zur Berechnung der Temperatur hängt davon ab, ob Equation oder LUT ausgewählt wurde.

15.111.2 Thermistor-Calculator-Funktionsaufrufe 1.20

- uint32 Thermistor_GetResistance(int16 vReference, int16 vThermistor) – die digitalen Werte der Spannungen über den Referenzwiderstand und den Thermistor werden dieser Funktion als Parameter übergeben. Diese können als Eingaben für die Komponente betrachtet werden. Die Funktion gibt den Widerstand zurück (gibt ihn aus), basierend auf den Spannungswerten.
- **Thermistor_GetTemperature (uint32 resT)** – der Wert des Thermistorwiderstands wird dieser Funktion als Parameter übergeben. Die Funktion gibt die Temperatur zurück (gibt sie aus), basierend auf dem Widerstandswert. Die Methode zur Berechnung der Temperatur hängt davon ab, ob Equation oder LUT ausgewählt wurde.

15.112 Thermocouple Calculator 1.20

Bei der Temperaturmessung mit Thermoelementen wird die Temperatur des Thermoelements auf der Grundlage der gemessenen Thermospannung berechnet. Die Umrechnung von Spannung in Temperatur wird vom National Institute of Standards and Technology (NIST) charakterisiert. Das NIST stellt Tabellen und Polynomkoeffizienten

15.112 Thermocouple Calculator 1.20

für die Umrechnung von Thermospannung in Temperatur zur Verfügung.[71] Die Temperaturmessung mit Thermoelementen beinhaltet auch die Messung der Referenzverbindungstemperatur des Thermoelements und deren Umwandlung in eine Spannung. Die Komponente Thermocouple Calculator vereinfacht den Prozess der Temperaturmessung mit Thermoelementen, indem sie APIs für die Umrechnung von Thermospannung in Temperatur und umgekehrt für alle oben genannten Thermoelementtypen bereitstellt und Polynome zur Kompilierzeit generiert. Die Thermoelementkomponente wertet das Polynom effizient aus, um die Rechenzeit zu reduzieren. Funktionen beinhalten: Unterstützung für B, E, J, K, N, R, S und T Type Thermocouples, Funktionen für die Umrechnung von Thermospannung in Temperatur und Temperatur in Spannung und zeigt ein Diagramm Calculation Error Vs. Temperature an [94].

15.112.1 Thermocouple-Calculator-Funktionen 1.20

- **int32 Thermocouple_GetTemperature(int32 voltage)** – berechnet die Temperatur aus der Thermospannung in µV.
- **int32 Thermocouple_GetVoltage(int32 temperature)** – berechnet die Spannung anhand der Temperatur in 1/100 °C. Wird zur Berechnung der Kompensationsspannung der kalten Verbindung auf der Grundlage der Temperatur an der kalten Verbindung verwendet.

15.112.2 Thermocouple-Calculator-Funktionsaufrufe 1.20

- **int32 Thermocouple_GetTemperature(int32 voltage)** – berechnet die Temperatur aus der Thermospannung in µV
- **int32 Thermocouple_GetVoltage(int32 temperature)** – berechnet die Spannung anhand der Temperatur in 1/100 °C. Wird zur Berechnung der Kompensationsspannung der kalten Verbindung auf der Grundlage der Temperatur an der kalten Verbindung verwendet.

---

[71] Die NIST-Tabellen und Polynomkoeffizienten finden Sie unter folgendem Link: http://srdata.nist.gov/its90/download/download.html.

15.113 TMP05 Temp Sensor Interface 1.10

Die Komponente TMP05 Temp Sensor Interface ist in der Lage, mit den digitalen Temperatursensoren TMP05/06 von Analog Device im Daisy-Chain-Modus zu kommunizieren und kann so konfiguriert werden, dass sie die Temperaturmessungen auf eine von zwei Arten überwacht [96]:

1. Kontinuierliche Aufzeichnung von Temperaturen, mit einer Abtastrate, die vom Temperatursensor(en) vorgegeben wird.
2. Der Einzelschrittmodus löst die Temperaturmessung in einem von Ihnen steuerbaren Rhythmus aus.

Der erste Modus ist für den Einsatz in einer Umgebung vorgesehen, in der Temperaturschwankungen abrupt auftreten und häufig überwacht werden müssen. Die zweite Option sollte verwendet werden, wenn Temperaturmessungen nur gelegentlich erfasst werden müssen oder in Anwendungen, bei denen die Minimierung des Stromverbrauchs wichtig ist. Da die Komponente nur digitale Temperatursensoren im Daisy-Chain-Modus unterstützt, muss das Gerät auch dann im Daisy-Chain-Modus konfiguriert sein, wenn nur ein einziges Gerät angeschlossen ist. Diese Komponente unterstützt bis zu 4 digitale Temperatursensoren TMP05 oder TMP06, die nur im Daisy-Chain-Modus angeschlossen sind, kontinuierliche und Einzelschrittbetriebsmodi, Frequenzen von 100 bis 500 kHz und Temperaturen von 0 bis 70 °C.

15.113.1 TMP05-Temp-Sensor-Interface-Funktionen 1.10

- **TMP05_Start( )** – startet die Komponente.
- **TMP05_Stop( )** – stoppt die Komponente.
- **TMP05_Init( )** – initialisiert die Komponente.
- **TMP05_Enable( )** – aktiviert die Komponente.
- **TMP05_Trigger( )** – löst die an die Schnittstelle angeschlossenen TMP05-Sensoren aus, um die Temperaturmessung je nach Betriebsmodus zu starten.
- **TMP05_GetTemperature( )** – berechnet die Temperatur(en) in Grad Celsius.
- **TMP05_SetMode( )** – legt den Betriebsmodus der Komponente fest.
- **TMP05_DiscoverSensors( )** – erkennt automatisch, wie viele Temperatursensoren an die Komponente angeschlossen sind.
- **TMP05_ConversionStatus( )** – gibt den aktuellen Zustand der Temperaturumwandlung zurück (beschäftigt, abgeschlossen oder Fehler).
- **TMP05_SaveConfig( )** – speichert den aktuellen Zustand der Komponente vor dem Eintritt in den Energiesparmodus.

- **TMP05_RestoreConfig( )** – stellt den vorherigen Zustand der Komponente nach dem Aufwachen aus dem Energiesparmodus wieder her.
- **TMP05_Sleep( )** – versetzt die Komponente in den Energiesparmodus.
- **TMP05_Wakeup( )** – weckt die Komponente aus dem Energiesparmodus auf.

15.113.2 TMP05-Temp-Sensor-Interface-Funktionsaufrufe 1.10

- **void TMP05_Start(void)** – startet die Komponente. Ruft das TMP05_Init( )-API auf, wenn die Komponente zuvor nicht initialisiert wurde. Ruft das Enable-API auf.
- **void TMP05_Stop (void)** – deaktiviert und stoppt die Komponente.
- **void TMP05_Init(void)** – initialisiert die Komponente.
- **void TMP05_Enable(void)** – aktiviert die Komponente
- **void TMP05_Trigger (void)** – liefert einen gültigen Abtastimpuls-/Trigger-Ausgang am conv-Terminal.
- **int16 TMP05_GetTemperature (uint8 SensorNum)** – berechnet die Temperatur in Grad Celsius.
- **void TMP05_SetMode (uint8 mode)** – legt den Betriebsmodus der Komponente fest.
- **uint8 TMP05_DiscoverSensors (void)** – dieses API wird für Anwendungen bereitgestellt, die möglicherweise eine variable Anzahl von Temperatursensoren angeschlossen haben. Es erkennt automatisch, wie viele Temperatursensoren an die Komponente angeschlossen sind. Der Algorithmus beginnt damit zu überprüfen, ob die tatsächlich angeschlossene Anzahl von Sensoren mit der Einstellung des Parameters NumSensors im Basic Tab des Komponenten-Customizer übereinstimmt. Wenn nicht, wird er es erneut versuchen, mit der Annahme, dass 1 Sensor weniger angeschlossen ist. Dieser Vorgang wird wiederholt, bis die tatsächliche Anzahl der angeschlossenen Sensoren bekannt ist. Die Bestätigung, ob ein Sensor angeschlossen ist oder nicht, dauert einige Hundert Millisekunden pro Sensor pro Iteration des Algorithmus. Um die Erfassungszeit zu begrenzen, reduzieren Sie die Einstellung des Parameters NumSensors im Basic Tab des Komponenten-Customizer auf die maximale Anzahl möglicher Sensoren im System.
- **uint8 TMP05_ConversionStatus (void)** – ermöglicht es der Firmware, sich mit der Hardware zu synchronisieren.
- **void TMP05_SaveConfig (void)** – speichert die Benutzerkonfiguration der nicht speichernden Register von TMP05. Diese Routine wird von TMP05_Sleep( ) aufgerufen, um die Konfiguration der Komponente vor dem Eintritt in den Schlafmodus zu speichern.
- **void TMP05_RestoreConfig (void)** – stellt die Benutzerkonfiguration der nicht speichernden Register von TMP05 wieder her. Diese Routine wird von TMP05_Wakeup( ) aufgerufen, um die Konfiguration der Komponente beim Verlassen des Schlafmodus wiederherzustellen.

- **void TMP05_Sleep (void)** – stoppt den Betrieb von TMP05 und speichert die Benutzerkonfiguration zusammen mit dem Aktivierungszustand von TMP05.
- **void TMP05_Wakeup (void)** – stellt die Benutzerkonfiguration wieder her und stellt den Aktivierungszustand wieder her.

15.114 LIN Slave 4.00

Die LIN-Slave-Komponente[72] implementiert einen LIN 2.2-Slave-Knoten auf PSoC 3-, PSoC 4- und PSoC 5LP-Geräten. Optionen für LIN 2.0, LIN 1.3 oder SAE J2602-1 Konformität sind ebenfalls verfügbar.[73] Diese Komponente besteht aus den notwendigen Hardwareblöcken zur Kommunikation auf dem LIN-Bus und einem API, das es dem Anwendungscode ermöglicht, einfach mit der LIN-Bus-Kommunikation zu interagieren. Die Komponente bietet ein API, das dem von der LIN 2.2-Spezifikation festgelegten API entspricht. Diese Komponente bietet eine gute Kombination aus Flexibilität und Benutzerfreundlichkeit. Ein Customizer für die Komponente wird bereitgestellt, der es Ihnen ermöglicht, alle Parameter des LIN Slave einfach zu konfigurieren. Nur für PSoC 4-Geräte ist die LIN-Slave-Komponente von der C&S group GmbH auf Basis der Standardprotokoll- und Datenverbindungsschicht-Konformitätstests zertifiziert. Ein vollständiger Zertifizierungsbericht kann auf Anfrage zur Verfügung gestellt werden. Für PSoC 3- und PSoC 5LP-Geräte ist die LIN-Slave-Komponente eine Prototypkomponente, da sie für diese Geräte nicht zertifiziert ist. Funktionen beinhalten: Full LIN 2.2, 2.1 oder 2.0, Slave-Node-Implementierung, unterstützt die Konformität mit der LIN 1.3-Spezifikation und teilweise Konformität mit der SAE J2602-1-Spezifikation, automatische Baudratensynchronisierung, vollständige Implementierung eines Diagnostic Class I Slave Node, vollständige Transportschichtunterstützung, automatische Erkennung von Businaktivität, vollständige Fehlererkennung, automatische Konfigurationsdienste, Customizer für schnelle und einfache Konfiguration, Import von *.ncf-/*.ldf-Dateien und *.ncf-Dateiexport und ein Editor für *.ncf-/*.ldf-Dateien mit Syntaxprüfung [58].

15.114.1 LIN-Slave-Funktionen 4.00

- **l_bool_rd( )** – liest und gibt den aktuellen Wert des Signals für 1-bit-Signale zurück.
- **l_u8_rd( )** – liest und gibt den aktuellen Wert des Signals für Signale von 2–8 bit zurück.

---

[72] Diese Komponente wird in PSOC 3 und PSoC 5LP nicht unterstützt, aber in PSoC 4.

[73] Das J2602-Protokoll wird nicht vollständig unterstützt; SAE J2602-2 und SAE J2602-3 werden von der Komponente nicht vollständig unterstützt.

- **l_u16_rd( )** – liest und gibt den aktuellen Wert des Signals für Signale von 9–16 bit zurück.
- **l_bytes_rd( )** – liest und gibt die aktuellen Werte der ausgewählten Bytes im Signal zurück.
- **l_bool_wr( )** – setzt den aktuellen Wert des Signals für 1-bit-Signale auf v.
- **l_u8_wr( )** – setzt den aktuellen Wert des Signals für Signale von 2–8 bit.
- **l_u16_wr( )** – setzt den aktuellen Wert des Signals für Signale von 9–16 bit.
- **l_bytes_wr( )** – setzt die aktuellen Werte der ausgewählten Bytes im Signal.
- **l_u16_wr( )** – setzt den aktuellen Wert des Signals für Signale von 9–16 bit.
- **l_bytes_wr( )** – setzt die aktuellen Werte der ausgewählten Bytes im Signal.

15.114.2 LIN-Slave-Funktionsaufrufe 4.00

- **l_bool_rd( )** – liest und gibt den aktuellen Wert des Signals für 1-bit-Signale zurück. Wenn ein ungültiger Signal-Handle in die Funktion übergeben wird, wird keine Aktion ausgeführt – die Funktion gibt 0x00 zurück.
- **l_u8_rd( )** – liest und gibt den aktuellen Wert des Signals zurück. Wenn ein ungültiger Signal-Handle in die Funktion übergeben wird, wird keine Aktion ausgeführt – die Funktion gibt 0x00 zurück.
- **l_u16_rd( )** – liest und gibt den aktuellen Wert des Signals zurück. Wenn ein ungültiger Signal-Handle in die Funktion übergeben wird, wird keine Aktion ausgeführt – die Funktion gibt 0x00 zurück.
- **l_bytes_rd( )** – liest und gibt die aktuellen Werte der ausgewählten Bytes im Signal zurück. Die Summe der Start- und Zählparameter darf niemals größer sein als die Länge des Byte-Arrays. Beachten Sie, dass bei einer Summe von Start und Zählung, die größer ist als die Länge des Signalbyte-Arrays, versehentlich Daten gelesen werden. Wenn ein ungültiger Signal-Handle in die Funktion übergeben wird, wird keine Aktion ausgeführt. Nehmen Sie an, dass ein Byte-Array 8 Byte lang ist, nummeriert von 0 bis 7. Das Lesen von Bytes von 2 bis 6 aus einem vom Benutzer ausgewählten Array erfordert, dass Start auf 2 gesetzt wird (Byte 0 und 1 überspringen) und Zählung auf 5. In diesem Fall wird Byte 2 in user_selected_array[0] geschrieben und alle aufeinanderfolgenden Bytes werden in aufsteigender Reihenfolge in user_selected_array geschrieben.
- **l_u8_wr( )** – schreibt den Wert v in das Signal. Wenn ein ungültiger Signal-Handle in die Funktion übergeben wird, wird keine Aktion ausgeführt.
- **l_bool_wr( )** – schreibt den Wert v in das Signal. Wenn ein ungültiger Signal-Handle in die Funktion übergeben wird, wird keine Aktion ausgeführt.
- **l_u16_wr( )** – schreibt den Wert v in das Signal. Wenn ein ungültiger Signal-Handle in die Funktion übergeben wird, wird keine Aktion ausgeführt.
- **l_bytes_wr( )** – schreibt den aktuellen Wert der ausgewählten Bytes in das Signal, das durch den Namen sss angegeben wird. Die Summe von Start und Zählung darf

niemals größer sein als die Länge des Byte-Arrays, obwohl der Gerätetreiber dies zur Laufzeit nicht durchsetzen muss. Beachten Sie, dass bei einer Summe von Start und Zählung, die größer ist als die Länge des Signalbyte-Arrays, ein versehentlicher Speicherbereich betroffen ist. Wenn ein ungültiger Signal-Handle in die Funktion übergeben wird, wird keine Aktion ausgeführt. Nehmen Sie an, dass ein Byte-Array-Signal 8 Byte lang ist, nummeriert von 0 bis 7. Das Schreiben von Byte 3 und 4 dieses Arrays erfordert, dass Start auf 3 gesetzt wird (Bytes 0, 1 und 2 überspringen) und Zählung auf 2. In diesem Fall wird Byte 3 des Byte-Array-Signals aus user_selected_array[0] geschrieben und Byte 4 wird aus user_selected_array[1] geschrieben.

Literatur

1. 8-Bit Current Digital to Analog Converter (IDAC8) 2.0, Document Number: 001-84984 Rev. *D. Cypress Semiconductor (2017)
2. 8-Bit Voltage Digital to Analog Converter (VDAC8) 1.90, Document Number: 001-84983 Rev *D. Cypress Semiconductor (2017)
3. 8-Bit Waveform Generator (WaveDAC8) 2.10, Document Number: 002-10431 Rev. *A. Cypress Semiconductor (2017)
4. ADC Successive Approximation Register (ADC_SAR) 3.10, Document Number: 002-20501 Rev. **. 3.10. Cypress Semiconductor. Revised July 26, 2017
5. M. Ainsworth, Switch Debouncer and Glitch Filter with PSoC® 3, PSoC 4 and PSoC 5LP. AN60024. Document No. 001-60024 Rev. *P. Cypress Semiconductor (2016)
6. Analog Hardware Multiplexer (AMuxHw) 1.50, Document Number: 001-61006 Rev. *I. Cypress Semiconductor (2018)
7. Analog Multiplexer (AMux) 1.80, Document Number: 001-51245 Rev. *F. Cypress Semiconductor (2018)
8. Analog Multiplexer Sequencer (AMuxSeq) 1.80, Document Number: 001-87569 Rev. *F. Cypress Semiconductor (2018)
9. Analog Mux Constraint, Document Number: 001-79340 Rev. *C. Cypress Semiconductor (2017)
10. Analog Net Constraint 1.50, Document Number: 001-79342 Rev. *C. Cypress Semiconductor (2017)
11. Analog Resource Reserve, Document Number: 001-63056 Rev. *H. Cypress Semiconductor (2017)
12. Basic Counter 1.0, Document Number: 001-84887 Rev. *C. Cypress Semiconductor (2017)
13. Boost Converter (BoostConv) 5.0, Document Number: 001-88522 Rev. *C. Cypress Semiconductor (2017)
14. Bootloader and Bootloadable 1.60, Document Number: 002-21055 Rev. *D. Cypress Semiconductor (2018)
15. Capacitive Sensing (CapSense® CSD) 3.50, Document Number: 001-96759 Rev. *B. Cypress Semiconductor (2017)
16. Character LCD 2.20, Document Number: 002-03681 Rev. *A. Cypress Semiconductor (2017)
17. Character LCD with I2C Interface (I2C LCD) 1.20, Document Number: 001-92579 Rev. *A. Cypress Semiconductor (2017)
18. Clock 2.20, Document Number: 001-90285 Rev. *C. Cypress Semiconductor (2018)

19. Comparator (Comp) 2.0, Document Number: 001-84985 Rev. *C. Cyptress Semiconductor (2017)
20. Control Register 1.80, Document Number: 001-96684 Rev. *B. Cypress Semiconductor (2017)
21. Controller Area Network (CAN) 3.0, Document Number: 001-96130 Rev. *E. Cypress Semiconductor (2017)
22. Counter 3.0, Document Number: 001-96201 Rev. *B. Cypress Semiconductor (2017)
23. Cyclic Redundancy Check (CRC) 2.50, Document Number: 002-20387 Rev. *A. Cypress Semiconductor (2017)
24. D Flip-Flop Enable 1.0, Document Number 001-84897 Rev. *B. Cypress Semiconductor (2017)
25. D Flip Flop 1.30, Document Number: 001-84971 Rev. *B. Cypress Semiconductor (2017)
26. Debouncer 1.0, Document Number: 001-82820 Rev. *C. Cypress Semiconductor (2017)
27. Delta-Sigma Analog to Digital Converter(ADC_DelSig) 3.30, Document Number: 002-22359 Rev. **. Cypress Semiconductor (2017)
28. Die Temperature (DieTemp) 2.10, Document Number: 002-22308 Rev. **. Cypress Semiconductor (2017)
29. Digital Comparator 1.0, Document Number: 001-84891 Rev. *B. Cypress Semiconductor (2017)
30. Digital Constant 1.0, Document Number: 001-84899 Rev. *D. Cypress Semiconductor (2017)
31. Digital Filter Block (DFB) Assembler 1.40, Document Number: 001-90472 Rev. *C. Cypress Semiconductor (2017)
32. Digital Logic Gates 1.0, Document Number: 001-50454 Rev. *F. Cypress Semiconductor (2017)
33. Digital Multiplexer and Demultiplexer 1.10, Document Number: 001-73370 Rev. *C. Cypress Semiconductor (2017)
34. Direct Memory Access (DMA) 1.70, Document Number: 001-84992 Rev. *E. Cypress Semiconductor (2017)
35. Dithered Voltage Digital to Analog Converter (DVDAC) 2.10, Document Number: 001-95076 Rev *A. Cypress Semiconductor (2017)
36. Down Counter 7-bit (Count7) 1.0, Document Number: 001-88468 Rev. *B (2017)
37. Edge Detector 1.0, Document Number: 001-84890 Rev. *A. Cypress Semiconductor (2017)
38. EEPROM 3.0, Document Number: 001-96734 Rev. *A. Cypress Semiconductor (2017)
39. Emulated EEPROM (Em_EEPROM) 2.20, Document Number: 002-24582 Rev. *A. Cypress Semiconductor (2018)
40. External Memory Interface (EMIF) 1.30, Document Number: 001-84998 Rev. *D. Cypress Semiconductor (2017)
41. EZI2C Slave 2.0, Document Number: 001-96746 Rev. *B. Cypress Semiconductor (2017)
42. Fan Controller 4.10, Document Number: 002-19745 Rev. *B. Cypress Semiconductor (2017)
43. File System Library (emFile) 1.20, Document Number: 001-85083 Rev. *H. Cypress Semiconductor (2017)
44. Filter 2.30, Document Number: 001-85031 Rev. *E. Cypress Semiconductor (2017)
45. Frequency Divider 1.0, Document Number: 001-84894 Rev. *D. Cypress Semiconductor (2017)
46. Full Speed USB (USBFS) 3.20, Document Number: 002-19744 Rev. *A. Cypress Semiconductor (2017)
47. Glitch Filter 2.0, Document Number: 001-82876 Rev. *C. Cypress Semiconductor (2017)
48. Global Signal Reference (GSRef) 2.10, Document Number: 002-17915 Rev. *B. Cypress Semiconductor (2017)

49. Graphic LCD Interface (GraphicLCDIntf) 1.80, Document Number: 002-24090 Rev. ** (2018)
50. Graphic LCD Controller (GraphicLCDCtrl) 1.80, Document Number: 002-24089 Rev. **. Cypress Semiconductor (2018)
51. Graphic LCD Interface (GraphicLCDIntf) 1.80, Document Number: 002-24090 Rev. **. Cypress Semiconductor (2018)
52. I2C Master/Multi-Master/Slave 3.50, Document Number: 001-97376 Rev. *C. Cypress Semiconductor (2107)
53. ILO Trim 2.0, Document Number: 001-95019 Rev. *F. Cypress Semiconductor (2017)
54. Inter-IC Sound Bus (I2S) 2.70, Document Number: 002-03587 Rev. *A. Cypress Semiconductor (2017)
55. Interrupt 1.70, Document Number: 001-85137 Rev. *G. Cypress Semiconductor (2017)
56. Inverting Programmable Gain Amplifier (PGA_Inv) 2.0, Document Number: 001-84662 Rev. *C. Cypress Semiconductor (2017)
57. LED Segment and Matrix Driver (LED_Driver) 1.10, Document Number: 001-90024 Rev. *A. Cypress Semiconductor (2017)
58. LIN 5.0, Document Number: 002-26390 Rev. *A. Cypress Semiconductor (2019)
59. Lookup Table (LUT) 1.60, Document Number: 002-21309 Rev. **. Cypress Semiconductor (2017)
60. MDIO Interface 1.20, Document Number: 002-03587 Rev. *A. Cypress Semiconductor (2017)
61. Mixer 2, Document Number: 001-85078 Rev. *D. Cypress Semiconductor (2017)
62. Net Tie 1.50, Document Number: 001-79344 Rev. *C. Cypress Semiconductor (2017)
63. Operational Amplifier (Opamp) 1.90, Document Number: 001-84986 Rev. *D. Cypress Semiconductor (2017)
64. Pins 2.20, Document Number: 001-98278 Rev. *D. Cypress Semiconductor (2017)
65. Power Monitor 1.60, Document Number: 001-94248 Rev. *C. Cypress Semiconductor. 920170
66. Programmable Gain Amplifier (PGA) 2.0, Document Number: 001-84660 Rev. *D. Cypress Semiconductor (2017)
67. Precision Illumination Signal Modulation (PrISM) 2.20, Document Number: 001-84994 Rev. *C. Cypress Semiconductor (2017)
68. Pseudo Random Sequence (PRS) 2.40, Document Number: 001-88524 Rev. *B. Cypress Semiconductor (2017)
69. Pulse Converter 1.0, Document Number: 001-84896 Rev. *B. Cypress Semiconductor (2017)
70. Pulse Width Modulator (PWM) 3.30, Document Number: 001-97110 Rev. *D (2017)
71. Quadrature Decoder (QuadDec) 3.0, Document Number: 001-96233 Rev. *B (2017)
72. Resistive Touch (ResistiveTouch) 2.0, Document Number: 001-96234 Rev. *B. Cypress Semiconductor (2017)
73. Real-Time Clock (RTC) 2.0, Document Number: 001-88461 Rev. *C. Cypress Semiconductor (2017)
74. RTD Calculator 1.20, Document Number: 001-86910 Rev. *C. Cypress Semiconductor (2017)
75. Sample/Track and Hold Component 1.40, Document Number: 001-85166 Rev. *D. Cypress Semiconductor (2017)
76. Scanning Comparator (ScanComp) 1.10, Document Number: 001-95018 Rev. *A. Cypress Semiconductor (2017)
77. SC/CT Comparator (SCCT_Comp) 1.0, Document Number: 001-88026 Rev. *C. Cypress Semiconductor (2017)
78. S/PDIF Transmitter (SPDIF_Tx) 1.20, Document Number: 001-85017 Rev. *D. Cypress Semiconductor (2017)

79. Segment LCD (LCD_Seg) 3.40, Document Number: 001-88604 Rev. *F. Cypress Semiconductor (2017)
80. Sequencing Successive Approximation ADC (ADC_SAR_Seq) 2.10, Document Number: 002-20508 Rev. **. Cypress Semiconductor (2017)
81. Serial Peripheral Interface (SPI) Master 2.50, Document Number: 001-96814 Rev. *D. Cypress Semiconductor (2017)
82. Serial Peripheral Interface (SPI) Slave, Document Number: 001-96790 Rev. *C. Cypress Semiconductor (2017)
83. Shift Register (ShiftReg) 2.30, Document Number: 001-87851 Rev. *B. Cypress Semiconductor (2017)
84. SleepTimer 3.20, Document Number: 001-85000 Rev. *C. Cypress Semiconductor (2017)
85. SMBus and PMBus Slave 5.20, Document Number: 002-10834 Rev. *C. Cypress Semiconductor (2017)
86. Software Transmit UART 1.50, Document Number: 002-03685 Rev. *A. Cypress Semiconductor (2017)
87. SR Flip-Flop 1.0, Document Number: 001-84900 Rev. *B. Cypress Semiconductor (2017)
88. Static Segment LCD (LCD_SegStatic) 2.30, Document Number: 001-88605 Rev. *E. Cypress Semiconductor (2017)
89. Status Register 1.90, Document Number: 001-96683 Rev. *A. Cypress Semiconductor (2017)
90. Stay Awake 1.50, Document Number: 001-63288 Rev. *I. Cypress Semiconductor (2017)
91. Sync 1.0, Document Number: 001-65569 Rev. *E. Cypress Semiconductor (2017)
92. Terminal Reserve, Document Number: 001-63058 Rev. *H. Cypress Semiconductor (2017)
93. Thermistor Calculator 1.20, Document Number: 001-86908 Rev. *D. Cypress Semiconductor (2017)
94. Thermocouple Calculator 1.20, Document Number: 001-86911 Rev. *D. Cypress Semiconductor (2017)
95. Timer 2.80, Document Number: 002-19919 Rev. **. Cypress Semiconductor (2017)
96. TMP05 Temp Sensor Interface 1.10, Document Number: 001-86295 Rev. *. Cypress Semiconductor (2017)
97. Toggle Flip Flop 1.0, Document Number: 001-84903 Rev. *B. Cypress Semiconductor (2017)
98. Trans-Impedance Amplifier (TIA) 2.0, Document Number: 001-84989 Rev. *C. Cypress Semiconductor (2017)
99. Tri-State Buffer (Bufoe) 1.10, Document Number: 001-50451 Rev. *f (2017)
100. Trim and Margin 3.0, Document Number: 002-10607 Rev. *A. Cypress Semiconductor (2017)
101. UDB Clock Enable (UDBClkEn) 1.0, Document Number: 001-65568 Rev. *E. Cypress Semiconductor (2017)
102. Universal Asynchronous Receiver Transmitter (UART 2.50), Document Number: 001-97157 Rev. *D. Cypress Semiconductor (2017)
103. Vector CAN 1.10, Document Number: 001-85031 Rev. *E. Cypress Semiconductor (2017)
104. Virtual Mux 1.0, Document Number: 001-51245 Rev. *F. Cypress Semiconductor (2017)
105. Voltage Fault Detector (VFD) 3.0, Document Number: 001-97794 Rev. *B. Cypress Semiconductor (2017)
106. Voltage Reference (Vref) 1.70, Document Number: 002-10643 Rev. *A. Cypress Semiconductor (2017)
107. Voltage Sequencer 3.40, Document Number: 001-96670 Rev. *C. Cypress Semiconductor (2017)

Weiterlesen

1. Ainsworth, Mark. PSoC 3 8051 Code Optimization. Application Note: AN60630. Cypress Semiconductor Corporation. (2011)
2. Ainsworth, Mark. PSoC 3 zu PSoC 5LP Migration Guide. AN77835. Dokument Nr. 001-77835Rev.*D1. Cypress Semiconductor. (2020)
3. Allen, Paul. Idea Man: A Memoir by the Cofounder of Microsoft. Portfolio; Reprint edition. (30. Oktober 2012)
4. Antoniou, A. Realization of Gyrators Using Operational Amplifiers and Their Use in RC-ActiveNetwork Synthesis. Proc. IEEE, 116(11), 1838–1850 (1969)
5. Anu, M D., Rastogi, Tush. PSoC 3/PSOC 5 *I2C* Bootloader. (AN60317). Document No. 001-60317 Rev. *L1. Cypress Semiconductor. (2020)
6. Appleton, E. V. Automatic synchronization of triode oscillators, Proc. Cambridge Phil. Soc., 21(Teil III):231 (1922–1923)
7. Ashenden, Peter, J. Das VHDL Cookbook. First Edition. http://tams-www.informatik.uni-hamburg.de/vhdl/doc/cookbook/VHDL-Cookbook.pdf (1990)
8. Ashenden, Peter J. The Designers Guide to VHDL. 3. Auflage. Elsevier, New York. (2008)
9. Ball, Roy und Pratt, Roger. Engineering Applications of Microcomputers Instrumentation andControl. Prentice Hall. (1984)
10. de Bellescize, Henri. La réception Synchrone, L'Onde Electrique 11: 230–240. (Juni 1932)
11. Best, Roland E. Phase-Locked Loops, Theory Design, and Applications 5. Auflage, McGraw Hill. (2003)
12. Birkner, John M., Chua, Hua-Thye, Programmable array logic circuit, U. S. Patent 4124899 (eingereicht am 23. Mai 1977, ausgestellt am 7. November 1978)
13. Birkner, John M., PAL PAL Programmable Array Logic Handbook. Santa Clara: Monolithic Memories, (1978)
14. Birkner, John M. PAL Programmable Array Logic Handbook. Santa Clara:Monolithic Memories. (1978)

15. Birkner, John; Coli, Vincent, PAL PAL Programmable Array Logic Handbook (2 ed.), MonolithicMemories, Inc. (1981)
16. Black, Harold S. Stabilized Feedback Amplifiers. Bell System Technical Journal, Vol. 13, Nr. 1,S. 1-, Januar (1934)
17. Black, Harold S. Inventing the Negative Feedback Amplifier. IEEE Spectrum. (Dezember, 1977)
18. Boehm, Barry. A Spiral Model of Software Development and Enhancement. Computer. (1988)
19. Borrie, John A. Modern Control Systems – A Manual of Design Methods. Prentice Hall. (1986)
20. Brennan, Paul V. Phase-locked loops: Principles & Practice. MacMillan. (1996)
21. Briggs, William L. und Henson, Van Emden. The An Owner's Manual for the Discrete FourierTransform. SIAM, Society for Industrial and Applied Mathematics. Philadelphia. PA. (1995)
22. Butterworth, S. On the Theory of Filter Amplifiers. Experimental Wireless and the WirelessEngineer. S. 536–541, Oktober (1930)
23. Cady, Walter Guyton. Piezoelectricity, An Introduction to the Theory and Application ofElectromechanical Phenomenon in Crystals. McGraw Hill Book Company, Inc. Erste Auflage. (1946)
24. Cavlan, Napoleone. Field Programmable logic array circuit. U. S. Patent 4,422,072 (eingereicht am 30. Juli 1981, ausgestellt am 20. Dezember 1983)
25. Chassaing, Rulph und Reay, Donald. Digital Signal Processing. Wiley Interscience. (2008)
26. P. Ciureanu und S. Middelhoek. 1992. Thin Film Resistive Sensors, New York: Institute ofPhysics Publishing. (1992)
27. Cline, R. A Single-Chip Sequential Logic Element, IEEE International Solid Sate Circuits Conference, Digest of Technical Papers, 15–17, S. 204–205, Feb (1978).
28. Coppens, A.B. Simple equations for the speed of sound in Neptunian waters. J. Acoust. Soc. Am. 69(3), S. 862–863. (1981) (1981).
29. Crawford, James A. Advanced Phase-Lock Techniques, Artech House, Boston, MA. (2008)
30. Crenshaw, Jack. A primer on Karnaugh Maps. Programmers Toolbox. EE Times Design. (2003)
31. E. Denton. Tiny Temperature Sensors for Portable Systems. National Semiconductor (2001)
32. Dijkstra Edsger, W. My recollections of operating system design. Operating Systems Review. Operating Systems Review 39(2): S. 4–40. (2005)
33. Doboli, Alex N., Currie, Edward H. Introduction to Mix-Signal, Embedded Design. Springer-Verlag. (2010)
34. Donglin, Lui; Xiabo, Hu; Lemmon, Sharon; Michael, D.; und Qiang, Ling. Firm Real-TimeSystem Scheduling Based on a Novel QoS Constraint, Vol. 55, Nr. 3, März (2006).

35. Staub, Todd und Reynolds, Greg. AN82156. Designing PSoC Creator Components with UDBDatapaths. www.cypress.com. Document Nor. 001-82156Rev. *I. Cypress Semiconductor. (2018)
36. Dust, Todd. PSoC 3 / PSoC 5LP – Temperature Measurement With Thermocouples. AN75511. Document No. 001-75511Rev.*F17. Cypress Semiconductor. (2017)
37. Anu M D., Tushar Rastogi. PSoC 3 and PSoC 5LP I2C Bootloader. Document No. 001-60317 Rev. *L1. AN60317. Cypress Semiconductor. (2020)
38. Egan, William F. Phase-Lock Basics, Zweite Auflage, John Wiley und Söhne, (2008).
39. Edwin Hewitt & Robert E. Hewi. The Gibbs-Wilbraham Phenomenon: An Episode in FourierAnalysis. Archive for History of Exact Sciences, Band 21. Springer-Verlag. (1979)
40. Elliott Bros And Autonetics Fit Verdan Computers To Polaris Submarines. Electronics Weekly. 2. Januar 2018.
41. Evans, J.P. und Burns, G.W. A Study of Stability of High Temperature Platinum ResistanceThermometers, in Temperature – Its Measurement and Control on Science and Industry, Reinhold, New York. (1962)
42. Fraden, J. AIP Handbook of Modern Sensors. Physics, Design and Application. American Institute of Physics. (1993)
43. Gardner, Floyd M. Phaselock Techniques. John Wiley and Sons, Brisbane, 2. Auflage. (1979)
44. Fernandez, Daniel; Garnier, A; Blanco, A.; Duran, A.; Jimenez-Jorquera, Cecilia; de Fuentes, Olimpia und Arias. Portable measurement system for FET type microsensors based on PSoCmicrocontroller. Journal of Physics Conference Series. (März 2013)
45. Gilbert, B. Translinear circuits: An historical overview 9, 95–118 (1996) https://doi.org/10.1007/BF00166408
46. Gilbert, Barrie. A High-Performance Monolithic Multiplier Using Active Feedback. IEEE Journal of Solid-State Circuits, Vol. SC-9, Nr. 6, Dezember (1974)
47. Goldstein, Gordon; J, Neumann, Albrecht (April 1957). COMPUTERS. U. S. A. Autonetics, RECOMP, Downey, Calif. Digital Computer Newsletter. BAND 9, NUMMER 2. 9: 2 via DTIC.
48. Goldstein, Gordon; J, Neumann, Albrecht. COMPUTERS. U. S. A. Autonetics, RECOMP, Downey, Calif. Digital Computer Newsletter. BAND 9, NUMMER 2. 9: 2 über DTIC. (April 1957)
49. Gray, Paul R. und Meyer. Analysis and Design of Analog Integrated Circuits. John Wiley and Sons, Brisbane, 3. Auflage. (1993)
50. Gray, Paul R., Hurst, Paul J., Lewis, Stephen H. und Meyer, Robert G. Analysis and Design of Analog Integrated Circuits. John Wiley and Sons, Brisbane, 4. Auflage. (2001)

51. Gupta, Sacchinb und Ntarajan, Lakshmi. Migrating from PSoC 3 to PSoC 5. Application Note: AN62083. Cypress Semiconductor Corporation. (2011)
52. Harbort, Bob und Brown, Bob. Karnaugh Maps. https://www.slideshare.net/hangkhong/karnaugh (2001).
53. Hastings, Mark. AN69133. PSoC 3/PSoC 5LP Easy Waveform Generation with the WaveDAC8 Component. Document No. 001-69133Rev. *F1.AN69133. Cypress Semiconductor. (2017)
54. Irvine, Robert G. Operational Amplifier Characteristics and Applications. Prentice Hall. (1994).
55. Janicke, J.M. The Magnetic Measurement Handbook, Magnetic Research Press, New Jersey. (1994)
56. Jayalalitha D.S. und Susan D. Grounded Simulated Inductor – A Review. Middle-East Journal of Scientific Research 15 (2): 278–286. (2013)
57. Johnson, J. B. Thermal Agitation of Electricity in Conductors. Phys. Rev. 32, 1928, S. 97. (1928)
58. Jung, Walt. OpAmp Applications Handbook. Newnes. (1994)
59. Kamen, E.W. und Heck, B.S. Fundamentals of Signals and Systems. 3. Auflage, Prentice-Hall. (2007)
60. Kannan, Vivek Shankar. PSoC 3 and PSoC 5 Interrupts. AN54460. Document No. 001-54460 Rev. *D 1. Cypress Semiconductor (2012).
61. Kannan, Vivek Shankar ; Chen, Julie. PSoC 3, PSoC 4,and PSoC 5LP Temperature Measurement with a Diode. AN60590. Document No. 001-60590 Rev. *K 1 Cypress Semiconductor. (2020)
62. Kathuria, Jaya und Keeser, Chris. Implementing State Machines with PSoC 3, PSoC 4, and PSoC 5LP. AN62510. Document No. 001-62510 Rev. *F. Cypress Semiconductor. (2017)
63. Keeser, Chris. PSoC Designer Boot Process, from Reset to Main. AN73617. Document No. 001-73617Rev. *C1. Cypress Semiconductor. (2017)
64. Kester, Walter. ADC Architecture III: Sigma-Delta Basics. TT-022 Tutorial. Analog Devices. (2008)
65. Kingsbury, Max. PSoC 3 Startup Procedure. Application Note AN60616. Cypress Semiconductor Corporation. (2011)
66. Kingsbury, Max. PSoC 3 and PSoC 5LP Clocking Resources. Application Note AN60631. Cypress Semiconductor Corporation. (2017)
67. Kingsbury, Max. PSoC 3 and PSoC 5LP External Crystal Oscillators. Application Note AN54439. Cypress Semiconductor Corporation (2019).
68. Klingman, Edwin E. Microprocessor Systems Design. Prentice Hall. (1977).
69. Konstas, Jason. PSoC 3 and LP Intelligent Fan Controller. Cypress Semiconductor. (2011)
70. H. Kreiger, H. VERDAN Technical Reference Manual. EM-1319-1. Autonetics A Division of North American Rockwell Corporation. (1959). Überarbeitet am 13. Juni 1962

71. Krishswamy, Arvind und Gupta, Rajiv. Profile Guided Selection of ARM and Thumb Instructions. LCTES'02-Scopes'02, 19. bis 21. Juni. (2002)
72. Labrosse, Jean J. Embedded Systems Building Blocks, Zweite Ausgabe. CMP Bücher. (2002)
73. Lancaster, Don. Active Filter Cookbook, Zweite Ausgabe. Elsevier. (1998)
74. Lee, Edward A. The Problem with Threads. Technical Report UCB/EECS-2006-1. http://www.eecs.berkeley.edu/Pubs/TechRpts/2006/EECS-2006-1.html. (2006)
75. Lemieux, Joe. Introduction to ARM Thumb. Embedded Systems Design. September (2003).
76. Lenk, John D. Logic Designer's Manual, Reston Publishing. (1977)
77. Lenz, J.E. Review of Magnetic Sensors, Proc IEEE, Vol. 78, Nr. 6:973–989. Juni 1990.
78. J.E. Lenz et al. A Highly Sensitive Magnetoresistive Sensor, Proc Solid State Sensor and Actuator Workshop. (1992)
79. Levine, John R. Linkers and Loaders. Morgan Kaufmann Publishers, Kalifornien. (2000)
80. Long, Eric MARDAN Computer Photo, National Air and Space Museum, Smithsonian Institution (2015)
81. Lossio, Rodolfo. PSoC 3, PSoC 4, and PSoC 5LP Temperature Measurement with a TMP05/TMP06 Digital Sensor. AN65977 (2016).
82. Lui, Donglin; Hu, Xiabo Sharon; Lemmon D. Michael; und Ling, Qiang. Firm Real-Time System Scheduling Based on a Novel QoS Constraint. IEEE Transactions of Computers, Vol. 55, Nr. 3, März 2006.
83. Marrivagu, Vijay Kumar /Fernandez, Antonio Rohit De Lima. PSoC Creator -Implementing Programmable Logic Designs with Verilog. AN82250. Document NUMBER: 001-82250Rev.*J1. Cypress Semiconductor. (2018)
84. Meador, Don. Analog Signal Processing with Laplace transforms and Active Filter Design. Delmar. (2002)
85. Megretsk, A. MULTIVARIABLE CONTROL SYSTEMS. Massachusetts Institute of Technology. Department of Electrical Engineering and Computer Science. 3. April 2004.
86. Meijering, E. H. W. A chronology of interpolation: From ancient astronomy to modern signal and image processing, Proc. IEEE, Bd. 90, Nr. 3, S. 319–342, März 2002
87. Mendelson, Elliot. Schaum's Outline of Theory and Practice of Boolean Algebra. McGraw- Hill. (1970)
88. Meyers, C.H. Coiled Filament Resistance Thermometers. NBS Journal of Research, Vol. 9. (1932)
89. Miller, John H. Dependence on the Input Impedance of a Three-Electrode Vacuum Tube Upon the Load in the Plate Circuit. Scientific Papers of the Bureau of Standards, 15(351) S. 367–385. (1920).

90. Mohan, Anup. SAR ADC in PSoC 3. AN60832. Cypress Semiconductor April (2010).
91. Murphy, Robert. USB 101: An Introduction to Universal Serial Bus 2.0. Cypress Application Note AN57294 (2011).
92. Murphy, Robert. PSoC 3 and PSoC 5LP–Introduction to Implementing USB Data Transfers. AN56377. Document No. 001-56377 Rev.*Cypress Semiconductor. (2017)
93. Nekoogar, Farzad und Moriarty, Gene. Digital Control Using Digital Signal Processing. Prentice Hall. (1999)
94. Nyquist, Harry. Certain topics in telegraph transmission theory. Trans. AIEE. 47 (2): 617–644. April 1928.
95. Nyquist, H. Thermal Agitation of Electronic Charge in Conductors. Phys. Rev. 32, 1928, S. 110. (1928)
96. O'Donnell, C. F. Inertial Navigation Analysis and Design., S. 139–176 und S. 251–302. McGraw Hill Company. (1964)
97. Ohba, R. Intelligent Sensor Technology. John Wiley. (1992)
98. Orfinidis, Sophocles JH. Introduction to Signal Processing. Prentice Hall. (1996)
99. Paliy, Svyatoslav und Bilynskyy, Andrij. PSoC 1 – Interface to Four-Wire Resistive Touchscreen. Application Note AN2376. Cypress Semiconductor Corporation. (2011)
100. B.B. Pant. Herbst 1987. Magnetoresistive Sensors, Scientific Honeyweller, Bd. 8, Nr. 1:29–34.
101. Park, Sangil. Principals of Sigma-Delta Modulation for Analog-to-Digital Converters. Motorola. (1993)
102. Parr, E.A. The Logic Designer's Guidebook. McGraw-Hill. (1984)
103. Peckol, James K. Embedded Systems, A Contemporary Design Tool. John Wiley & Sons. (2008)
104. Pellerin, David und Holley, Michael. Practical Design Using Programmable Logic. Prentice-Hall. (1991)
105. Phelan, Richard. Improving Arm Code Density and Performance (New Thumb Extensions to the Arm Architecture). Arm Limited, Juni 2003.
106. P. Phalguna. PSoC 3 and PSoC 5LP SPI Bootloader. AN84401. PSoC 3 and PSoC 5LP SPI Bootloader. Document No. 001-84401Rev.*D. Cypress Semiconductor. (2017)
107. Poincare, Henri. Science and Method, p 68. Translated by Maitland, Francis. Thomas Nelson and Sons, London, Dublin, New York. (1908)
108. Prandoni P. und Vetterli, M. Signal Processing for Communications. EPFL Press. (2008).
109. PSoC 3, PSoC 5 Architecture TRM (Technical Reference Manual). Document No. 001-50234 Rev D, Cypress Semiconductor. (2009)
110. Madaan, Pushek. Maintaining accuracy with small magnitude signals. EE Times Design (http://www.eetimes.com/design) (Januar 2011)

111. Ramsden, E. Measuring Magnetic Fields with Fluxgate Sensors. Sensors: 87–90. 1(1994.)
112. Reynolds, Greg. PSoC 3 and PSoC5LP Low-Power Modes and Power Reduction Techniques. AN77900. Document No. 001-77900 Rev.*G1. (2017)
113. Riewruja, V und Rerkratn, A. Analog multiplier using operational amplifiers. India Journal of Pure and Applied Physics. Bd. 48 Januar 2010, S. 67–70.
114. Ripka, P. Review of Fluxgate Sensors, Sensors and Actuators A, 33:129–141,(1996).
115. Rogatto, William D. (Hrsg.), The Infrared and Electro-Optical Systems Handbook, **3**, S. 326–328, SPIE Optical Engineering Press, Bellingham, Washington. (1993)
116. Sadasivan, Shyam. An Introduction to the ARM Cortex-M3 Processor. ARM White Paper. 2006 https://class.ece.uw.edu/474/peckol/doc/StellarisDocumentation/IntroToCortex-M3.pdf
117. Sallen, R.P. Practical Method of Designing RC Filters. IRE Transactions Circuit Theory, vol CT-2, pp 75–84, März 1955.
118. Schmitt, Otto H. A Thermionic Trigger. Journal of Scientific Instruments, Journal of Scientific Instruments, Vol. XV, S. 24–26. (1938)
119. User's Reference Manual for emWin V5.14. SEGGER Microcontroller GmbH & Co. KG. (2012)
120. Sequine, Dennis. PSoC1 – Correlated Doubled Sampling for Thermocouple Measurement. AN2226, Cypress Semiconductor Corporation. (2011)
121. Shannon, Claude E., A Mathematical Theory of Communication. Bell System Technical Journal. 27 (3): 379–423. (1948)
122. Shannon, Claude E. Communication in the presence of noise. Proceedings of the Institute of Radio Engineers. 37 (1): 10–21. https://doi.org/10.1109/jrproc.1949.232969. S2CID 52873253. (1949)
123. Singh, Gaurav, Shetty, Shivprasad, Romit Pednekar. Implementation of a wireless sensor node using PSoC and CC2500 RF module. 2014 International Conference on Advances in Communication and Computing Technologies (ICACACT). (2014)
124. Smith, Carl H., Caruso, Michael J., und Schneider, Robert W. A New Perspective on Magnetic Sensing. www.sensorsmag.com. (1998)
125. Smith, Steven W. The Scientists and Engineers Guide to Digital Signal Processing. California Technical Publishing. (1997)
126. Ross Fosler/Srinivas NVNS. PSoC 3 and PSoC 5LP – Phase-Shift Full-Bridge Modulation and Control. AN76439. Document No. 001-76439 Rev. *A 1. (2017)
127. Stallings, William. Computer Organization and Architecture: Designing for Performance. Prentice-Hall. (1996)
128. Steinhart, J.S. und Hart, Stanley R. Calibration curves for thermistors, Deep Sea Research and Oceanographic Abstracts, Band 15, Ausgabe 4, Seiten 497–503, August 1968.

129. Sweet, Dan. Detection with PSoC 3 and PSoC 5LP. AN60321. Document No. 001-60321Rev.*I. Cypress Semiconductor. (2015).
130. Sweet, Dan. Implementing Accurate Peak Detection. Cypress White Paper. Cypress Semiconductor. (2012).
131. Tanenbaum, Andrew S. Structured Computer Organization, Prentice-Hall. (2006)
132. Tellegen, B.D.H. The Gyrator. A New Electric Circuit Element. Philips Res. Rpt, 3,81–101 (Apr. 1948)
133. Van Dyke, Karl S. The electric network equivalent of the piezoelectric quartz resonator. Phys. Rev., v. 25, p.895. (1925).
134. Van Dyke, Karl S. The Piezoelectric Quartz Resonator. http://www.minsocam.org/ammin/AM30/AM30_214.pdf
135. Van Ess, David. PSoC 1 Temperature Measurement With Thermistor. PSoC 1 Temperature Measurement With Thermistor. Document No. 001-40882 Rev. *E. Cypress Semiconductor. (2002)
136. Van Ess, David. Application Note: Comparator with Independently Programmable Hysteresis Thresholds (AN2310). Cypress Semiconductor, S. 1–3, S. 1–2. (2005)
137. Van Ess, David, Learn Digital Design with PSoC, One Bit at a Time. CreateSpace Independent Publishing Platform. (2014)
138. Van Ess, D. E. Currie und Doboli A. Laboratory Manual for Introduction to Mixed-Signal Embedded Design, ISBN: 978-0-9814679-1-7. (2008).[1]
139. Warp™ Verilog Reference Guide. Document #001-483-52 Rev. *A. Cypress Semiconductor, San Jose, CA. (2009)
140. Wickert, Mark A. Phase Locked Loops with Applications. ECE 5675/4675 Lecture Notes Spring-Verlag. (2011)
141. Wilbraham, H. Cambridge und Dublin Math. Jour., 3 S198. (1848)
142. Wolaver, Dan H. Phase-Locked Loop Circuit Design. 1. Auflage. Prentice Hall, New Jersey. (1991)
143. Yarlagadda, Archana. PSoC 3 and PSoC 5LP Correlated Double Sampling to Reduce Offset, Drift, and Low-Frequency Noise. AN66444. Document No. 001-66444 Rev. *D. Cypress Semiconductor. (2017)
144. http://de.wikipedia.org.
145. Yuill, Simon; Fuller, Mathew (Hrsg.), Software Studies: A Lexicon, Cambridge, Massachusetts, London, England: The MIT Press. 2008
146. Noise Analysis in Operational Amplifier Circuits. App Note: SLVA043B. Texas Instruments. (2007)
147. A Primer on Jitter, Jitter Measurement and Phase-Locked Loops. AN687. Silicon Laboratories. Rev.0.1. (2012)
148. Digital Computers for Aircraft. Flight International. 85 (2867): 288. ISSN 0015-3710. Feb 1964.

---

[1]Umgestellt auf PSoC 3 von Anurag Umbarkar, Varun Subramanian und Alex Doboli.

149. The Amazing MARDAN – Accelerating Vector. https://acceleratingvector.com/2014/06/21/theamazing-mardan.
150. MARDAN Computer – Time and Navigation. https://timeandnavigation.si.edu/multimedia-asset/mardan-computer.
151. Recomp III Service Manual. A3958-501. Autonetics Division von North American Rockwell. 20. August 1959
152. MCS-51 Microcontroller Family User's Manual. Kapitel 2, S. 28–75. Intel Corporation. (1993)
153. PSoC 3 Architecture Technical Reference Manual. Document No. 001-50235 Rev. *M. Cypress Semiconductor. 8. April 2020.
154. PSoC 5LP Architecture Technical Reference Manual. Document No. 001-78426 Rev. *G. Cypress Semiconductor. 6. November 2019.
155. CE210514-PSoC3, PSoC 4, and PSoC 5LP Temperature Sensing with a Thermistor. Document No. 002-10514Rev.*B. Cypress Semiconductor. (2018)
156. CE202479 -PSoC 4 Capacitive Liquid Level Sensing. Document No. 002-02479Rev. Cypress Semiconductor Corporation. (2015)
157. PSoC 4 Magsense. Inductive Sensing. Document Number: 002-24878 Rev.**. Cypress Semiconductor. Überarbeitet am 20. August 2018.
158. https://www.planetanalog.com/design-considerations-the-analog-signal-chain-part-1-of-2/. 30. Januar 2011.
159. https://www.planetanalog.com/design-considerations-the-analog-signal-chain-part-2-of-2/#. 4. Februar 2011.
160. Complex Programmable Logic Devices (CPLD) Information. Auf GlobalSpec. N.p., n.d. Web. 6. Apr. 2013. www.globalspec.com/learnmore/analog_digital_ics/programmable
161. Xilinx. Programmable Logic Design – Quick Start Handbook, 2. Auflage, Jan 2002.

Eine Zusammenfassung der PSoC 3-Spezifikationen

PSoC 3, ein Mitglied der CY8C36-Familie, besteht aus einer MCU, einem Speicher und Analog- und Digitalperipheriefunktionen in einem einzigen Chip. Die unterstützte Signalfunktionalität umfasst die Signalakquisition, -verarbeitung und -steuerung mit hoher Genauigkeit, hoher Bandbreite und hoher Flexibilität. Die analoge Fähigkeit reicht von Thermoelementen (nahe DC-Spannungen) bis zu Ultraschallsignalen. Die CY8C36-Familie kann Dutzende von Datenerfassungskanälen und analogen Eingängen an jedem GPIO-Pin verarbeiten. Es handelt sich um ein leistungsstarkes, konfigurierbares, digitales System mit optionalen Schnittstellen wie USB, Multi-Master I2C und CAN. Zusätzlich zu Kommunikationsschnittstellen verfügt diese Familie von Systemen auf (einem) Chip über ein einfach zu konfigurierendes Logik-Array, bietet flexibles Routing zu allen I/O-Pins und nutzt einen leistungsstarken, einzelzyklischen, 8051-Mikroprozessorkern. Designs auf Systemebene können mit einer umfangreichen Bibliothek von vorgefertigten Komponenten und booleschen Primitiven mit PSoC Creator, einem hierarchischen schematischen Schaltplaneingabetool leicht erstellt werden.

Merkmale

- 8051-Einzelzyklus-CPU-Kern,
- DC bis 67 MHz,
- Anweisungen zum Multiplizieren und Teilen,
- Flash-Programmspeicher, bis zu 64k 10.000 Schreibzyklen, 20 Jahre Aufbewahrung,
- bis zu 8 KB Flash ECC oder Konfigurationsspeicher,
- bis zu 24 DMA-Kanäle:
  - programmierbare verkettete Deskriptoren und Prioritäten,
  - Unterstützung von 32-bit-Übertragungen mit hoher Bandbreite,
- niedrige Spannung, extrem niedriger Stromverbrauch:
- großer Betriebsspannungsbereich: 0,5–5,5 V,
- Hochleistungs-Boost-Regler von 0,5 V Eingang auf 1,8–5,0 V Ausgang,

- 330 µA bei 1 MHz, 1,2 mA bei 6 MHz und 5,6 mA bei 40 MHz,
- Niedrigleistungsmodi einschließlich:
  * 200 nA Ruhezustand mit RAM-Erhaltung und LVD,
  * 1-µA-Schlafmodus mit Echtzeituhr und Niederspannungsrücksetzung,
- vielseitiges I/O-System:
  * 28–72 I/O (62 GPIO, 8 SIO, 2 USBIO[1]),
  * jedes GPIO zu jeder digitalen oder analogen Peripherie schaltbar,
  * LCD-Direktantrieb von jedem GPIO, bis zu 46×16 Segmente [1],
  * 1,2–5,5 V I/O-Schnittstellenspannungen, bis zu vier Domänen,
  * maskierbare, unabhängige IRQ auf jedem Pin oder Port,
  * Schmitt-Trigger-TTL-Eingänge,
  * alle GPIO konfigurierbar als „open drain high/low", „pull-up/down", „high Z" oder „strong output",
  * konfigurierbarer GPIO-Pinzustand beim Power-on-Reset (POR),
  * 25 mA Senke auf SIO,
- digitale Peripheriegeräte:
  * 16–24 programmierbare PLD-basierte „universal digital blocks",
  * Vollgeschwindigkeit (FS) USB 2.0 12 Mbps mit internem Oszillator [1],
  * bis zu vier 16-bit-konfigurierbare Timer-, Zähler- und PWM-Blöcke,
  * Bibliothek von Standardperipheriegeräten,
  * 8-, 16-, 24- und 32-bit-Timer, -Zähler und -PWM,
  * SPI, UART, I2C,
  * viele andere im Katalog verfügbar,
- Bibliothek von erweiterten Peripheriegeräten,
- zyklische Redundanzprüfung (CRC),
- Pseudozufallssequenzgenerator („pseudo random sequence", PRS),
- LIN 2.0-Bus,
- Quadraturdecoder,
- analoge Peripheriegeräte (1,71 V $\leq V dda \leq$ 5,5 V):
  - 1,024 V ± 0,9 % interne Spannungsreferenz über −40 bis +85 °C (14 ppm/°C),
  - konfigurierbarer Delta-Sigma ADC mit 12-bit-Auflösung:
    * programmierbare Verstärkungsstufe: x0,25 bis x16,
    * 12-bit-Modus, 192 ksps, 70 dB SNR, 1 bit INL/DNL,
  - 67 MHz, 24-bit-Festkomma-Digitalfilterblock (DFB) zur Implementierung von FIR- und IIR-Filtern [1],
  - bis zu vier 8-bit-8-Msps-IDAC oder 1-Msps-VDAC,
  - vier Komparatoren mit einer Reaktionszeit von 75 ns,
  - bis zu vier unverbindliche OpAmps mit einer Treiberkapazität von 25 mA,
  - bis zu vier konfigurierbare, multifunktionale, analoge Blöcke; Beispielkonfigurationen sind PGA, TIA, Mischer und Abtasten und Halten,

- Programmierung, Debug und Trace:
  - JTAG (vier Leiter), Schnittstellen „serial wire debug" (SWD, zwei Leiter) und „single wire viewer" (SWV),
  - acht Adresshaltepunkte und ein Datenhaltepunkt,
  - 4-kB-Tracebuffer,
  - Bootloader-Programmierung unterstützbar durch I2C, SPI, UART, USB und andere Schnittstellen,
- präzise, programmierbare Taktgebung:
  - interner 1–66-MHz-Oszillator mit 1 % Genauigkeit (über den gesamten Temperatur- und Spannungsbereich) mit PLL,
  - 4–33-MHz-Quarzoszillator für Quarz-PPM-Genauigkeit,
  - interne PLL-Taktgenerierung bis zu 67 MHz,
  - 32,768-kHz-Quarzoszillator,
  - interner Niedrigleistungsoszillator bei 1 und 100 kHz,
- Temperatur und Verpackung:
  - -40 bis $+85$ °C Industrietemperatur,
  - 48-poliges SSOP, 48-polig.

PSoC 5LP-Spezifikationsübersicht

PSoC 5LP ist Teil der CY8C56LP-Familie, einem programmierbaren System-on-Chip, das von der Cypress Semiconductor Corporation entwickelt wurde. Es handelt sich um ein programmierbares, eingebettetes System-on-Chip, das konfigurierbare analoge/digitale Peripheriegeräte, Speicher und einen Mikrocontroller auf einem einzigen Chip integriert. Seine Architektur nutzt einen 32-bit-ARM®Cortex®-M3-Kern und einen DMA-Controller sowie einen digitalen Filterprozessor, der mit bis zu 80 MHz betrieben werden kann. Neben dem Betrieb auf einem extrem niedrigen Leistungsniveau über den branchenweit breitesten Spannungsbereich unterstützt die Architektur von PSoC 5LP eine breite Palette von digitalen und analogen Peripheriegeräten sowie benutzerdefinierte Funktionen. Das System ermöglicht eine flexible Zuordnung einer beliebigen seiner zahlreichen analogen/digitalen Peripheriefunktionen zu jedem Pin. Die PSoC-Gerätefamilie verwendet eine hochkonfigurierbare System-on-Chip-Architektur für das eingebettete Steuerungsdesign. Die integrierten, konfigurierbaren, analogen/digitalen Schaltungen werden von einem On-Chip-Mikrocontroller gesteuert. Ein einzelnes PSoC-Gerät kann bis zu 100 digitale und analoge Peripheriefunktionen integrieren, wodurch die Entwurfszeit, der Platinenplatz, der Stromverbrauch und die Systemkosten reduziert und gleichzeitig die Systemqualität verbessert werden.

Merkmale

- Betriebsmerkmale:
  - Spannungsbereich: 1,71–5,5 V, bis zu sechs Leistungsbereiche,
  - Temperaturbereich (Umgebung): −40 bis 85 °C;[1] erweiterte Temperaturteile: −40 bis 105 °C,
  - Gleichstrombetrieb bis 80 MHz,

- Leistungsmodi:
  * Aktivmodus 3,1 mA bei 6 MHz und 15,4 mA bei 48 MHz,
  * 300-nA-Ruhemodus mit RAM-Erhaltung,
  * Boost-Regler von 0,5-V-Eingang bis zu 5-V-Ausgang,
- Leistung:
  - 32-bit-ARM Cortex-M3 CPU, 32 Interrupt-Eingänge,
  - 24-Kanal-Direktspeicherzugriff (DMA)-Controller,
  - 24-bit-64-Schritt-Festkomma-Digitalfilterprozessor (DFB),
- Speicher:
  - bis zu 256 kB Programmspeicher, mit Cache und Sicherheitsfunktion,
  - bis zu 32 kB zusätzlicher Flash-Speicher für Fehlerkorrekturcode (ECC),
  - bis zu 64 kB RAM,
  - 2 kB EEPROM,
- digitale Peripheriegeräte:
  - vier 16-bit-Timer, -Zähler und -PWM (TCPWM)-Blöcke,
  - I^2C, 1 Mbps Busgeschwindigkeit,
  - vollständiges CAN 2.0*b*, 16*Rx*, 8-Tx-Buffer,
  - 20–24 universelle digitale Blöcke (UDB), programmierbar zur Erstellung einer beliebigen Anzahl von Funktionen: 8-, 16-, 24- und 32-bit-Timer, -Zähler und -PWM · I^2C-, UART-, *SPI*-, *I2S*-, LIN 2.0-Schnittstellen,
  - zyklische Redundanzprüfung (CRC),
  - Quadraturdecoder,
  - Logikfunktionen auf Gatterebene.
- programmierbare Taktgebung:
  - interner 3–74-MHz-Oszillator, 1 % Genauigkeit bei 3 MHz, externer 4–25-MHz-Quarzoszillator,
  - interne PLL-Taktgenerierung bis zu 80 MHz,
  - interner Niedrigleistungsoszillator bei 1, 33 und 100 kHz,
  - externer 32,768-kHz-Quarzoszillator,
  - zwölf Taktteiler, die zu jedem Peripheriegerät oder I/O routbar sind,
- analoge Peripheriegeräte:
  - konfigurierbarer 8- bis 12-bit-Delta-Sigma-ADC,
  - bis zu zwei 12-bit-SAR-ADCs,
  - vier 8-bit-DACs,
  - vier Komparatoren,
  - vier Operationsverstärker,
  - vier programmierbare analoge Blöcke für die Erstellung von:
  - programmierbaren Verstärkern mit einstellbarer Verstärkung („programmable gain amplifier", PGA),
  - Transimpedanzverstärkermischer („transimpedance amplifier", TIA),
  - Abtast- und Halteschaltung,
  - CapSense®-Unterstützung, bis zu 62 Sensoren,
  - 1,024 V ± 0,1 % interne Spannungsreferenz,

- vielseitiges I/O-System:
  - 48–72 I/O-Pins – bis zu 62 allgemeine I/Os (GPIOs),
  - bis zu acht Leistungs-I/O (*SIO*)-Pins:
    * 25 mA Stromsenke,
    * programmierbare Eingangsschwelle und hohe Ausgangsspannungen,
    * kann als Allzweckkomparator fungieren,
    * Hot-Swap-Fähigkeit und Überspannungstoleranz,
  - zwei USBIO-Pins, die als GPIOs verwendet werden können,
  - leitet jedes digitale oder analoge Peripheriegerät zu jedem GPIO,
  - LCD-Direktantrieb von jedem GPIO, bis zu 46×16 Segmente,
  - CapSense-Unterstützung von jedem GPIO,
  - 1,2- bis 5,5-V-Schnittstellenspannungen, bis zu vier Leistungsdomänen,
- Programmierung, Debug und Trace:
  - JTAG (vier Leiter), „serial wire debug" (SWD) (zwei Leiter), „single wire viewer" (SWV) und Traceport (fünf Leiter) Schnittstellen,
  - In den CPU-Kern eingebettete ARM-Debug- und Trace-Module,
  - Bootloader-Programmierung über I^2C-, SPI-, UART-, USB- und andere Schnittstellen,
- Paketoptionen:
  - 68-Pin-QFN, 100-Pin-TQFP und 99-Pin-CSP,
- Entwicklungssupport mit kostenlosem PSoC Creator Tool:
  - Unterstützung bei Schaltplan- und Firmware-Design,
  - über 100 PSoC-Komponenten™ integrieren mehrere ICs und Systemschnittstellen in einen PSoC. Komponenten sind kostenlose eingebettete ICs, die durch Symbole dargestellt werden. Ziehen und Ablegen von Komponentensymbolen zum Entwerfen von Systemen in PSoC Creator.
  - Beinhaltet kostenlosen GCC-Compiler, unterstützt Keil/ARM-MDK-Compiler.
  - Unterstützt die Programmierung und das Debugging von Geräten.

Spezielle Funktionsregister (SFRs)

SFRPRT0DR = 0x80;

sfr SP = 0x81;
sfr DPL = 0x82;
sfr DPH = 0x83;
sfr DPL1 = 0x84;
sfr DPH1 = 0x85;
sfr DPS = 0x86;

sfr SFRPRT0PS = 0x89;
sfr SFRPRT0SEL = 0x8A;
sfr SFRPRT1DR = 0x90;
sfr SFRPRT1PS = 0x91;

sfr DPX = 0x93;
sfr DPX1 = 0x95;

sfr SFRPRT2DR = 0x98;
sfr SFRPRT2PS = 0x99;
sfr SFRPRT2SEL = 0x9A;

sfr P2AX = 0xA0;
sfr *CPUCLK_DIV* = 0xA1;
sfr SFRPRT1SEL = 0xA2;
sfr IE = 0xA8;
sbit EA = IE^7;
sfr SFRPRT3DR = 0xB0;
sfr SFRPRT3PS = 0xB1;
sfr SFRPRT3SEL = 0xB2;

sfr SFRPRT4DR = 0xC0;
sfr SFRPRT4PS = 0xC1;
sfr SFRPRT4SEL = 0xC2;
sfr SFRPRT5DR = 0xC8;
sfr SFRPRT5PS = 0xC9;
sfr SFRPRT5SEL = 0xCA;

sfr PSW = 0xD0;
sbit P = PSW^0;
sbit F1 = PSW^1;
sbit OV = PSW^2;
sbit RS0 = PSW^3;
sbit RS1 = PSW^4;
sbit F0 = PSW^5;
sbit AC = PSW^6;
sbit CY = PSW^7;
sfr SFRPRT6DR = 0xD8;
sfr SFRPRT6PS = 0xD9;
sfr SFRPRT6SEL = 0xDA;
sfr ACC = 0xE0;
sfr SFRPRT12DR = 0xE8;
sfr SFRPRT12PS = 0xE9;
sfr MXAX = 0xEA;
sfr B = 0xF0;

sfr SFRPRT12SEL = 0xF2;
sfr SFRPRT15DR = 0xF8;
sfr SFRPRT15PS = 0xF9;
sfr SFRPRT15SEL = 0xFA;

Mnemonik

ADC	Analog-Digital-Umsetzer (auch A/D)
ALU	Arithmetisch logische Einheit
AMD	Analogmodulator
ARM	Erweiterte ISC-Maschine
ATM	Automatischer Thump-Modus (Boost-Wandler)
CAN	Controller Area Network
CDAC	Strom-digital-analog-Wandler
CapSense	Kapazitive Erfassung
CLK	Taktgeber
CLR	Clear
CMOS	Komplementärer Metall-Oxid-Halbleiter
CPU	Zentrale Recheneinheit
CRC	Zyklische Redundanzprüfung
DAC	Digital-analog-Konverter (auch D/A)
DDA	Digitaler Differentialanalysator
DEC	Dezimierer
DFB	Digitaler Filterblock
DOC	Debug-on-Chip
DUT	Device under test
DSM	Delta-Sigma-Modulator
EPROM	Elektrisch programmierbarer Read-only-Memory
EEPROM	Elektrisch löschbarer/programmierbarer Read-only-Memory
FIFO	First-in-first-out
GP	Mehrzweck...
GPIO	Mehrzweck-Eingang/Ausgang
I2C	Inter-Integrated Circuit
ICO	Interner Quarzoszillator
ILO	Interner lokaler Oszillator
IMO	Interner Hauptoszillator

IPGA	Invertierender Verstärker mit programmierbarer Verstärkung
IAV	Interrupt-Adressvektor
INT	Interrupt
LCD	Flüssigkristallanzeige
LED	Lichtemittierende Diode
LUT	Nachschlagetabelle
MIPS	Millionen von Anweisungen pro Sekunde
MMIO	Speichergebundener Ein-/Ausgang
MUX	Multiplexer
NMI	Nicht maskierbarer Interrupt
NOP	Kein Betrieb
PFD	Phasenfrequenzdetektor
PGA	Programmierbarer Verstärker
PLL	Phasenregelschleife
PMIO	Portgebundener Ein-/Ausgang
PRT	Port (GPIO/SIO)
PWM	Pulsweitenmodulator
RISC	Reduced-Instruction-Set-Computer
PSC	Programmierbare Signaländerung
SPISTK	SPI-Stack
SFR	Sonderfunktionsregister
SIO	Spezielle Ein-/Ausgabe
SWD	Serial wire debugging
TACH	Tachometer
TMR	Timer
TST	Test
UART	Universal asynchronous receiver transmitter
VDAC	Spannung-digital-analog-Wandler
VCO	Spannungsgesteuerter Oszillator
VLT	Niederspannungsreferenz
WDT	Watchdog-Timer

Glossar

Akkumulator   In einer CPU ist ein Register, in dem Zwischenergebnisse gespeichert werden. Ohne einen Akkumulator wäre es notwendig, das Ergebnis jeder Berechnung (Addition, Subtraktion, Verschiebung usw.) in den Hauptspeicher zu schreiben und es zurückzulesen. Der Zugriff auf den Hauptspeicher ist langsamer als der Zugriff auf den Akkumulator, der in der Regel über direkte Pfade zur und von der Arithmetik- und Logikeinheit (ALU) verfügt.

Activehigh   Ein Logiksignal, dessen erklärter Zustand der Logikzustand 1 ist. Ein Logiksignal, bei dem der Logikzustand 1 der höhere Spannungszustand der beiden Zustände ist.

Active low
1. Ein Logiksignal, dessen erklärter Zustand der Logikzustand 0 ist.
2. Ein Logiksignal, dessen Logikzustand 1 die niedrigere Spannung der beiden invertierten Logikzustände ist.

Adresse   Das Etikett oder die Nummer, die den Speicherort (RAM, ROM oder

	Register) identifiziert, an dem eine Informationseinheit gespeichert ist.
Algorithmus	Ein Verfahren zur Lösung eines mathematischen Problems in einer endlichen Anzahl von Schritten, die häufig die Wiederholung einer Operation beinhalten.
Umgebungstemperatur	Die Temperatur der Luft in einem bestimmten Bereich, insbesondere dem Bereich um das PSoC-Bauteil herum.
Analog	Siehe analoge Signale.
Analogblöcke	Die grundlegenden programmierbaren OpAmp-Schaltungen, d. h. Schaltkondensatoren („switched capacitor", SC) und analoge Kontinuierliche-Zeit-Blöcke („continuous time", CT). Diese Blöcke können miteinander verbunden werden, um ADCs, DACs, Mehrpolfilter, Verstärkungsstufen usw. bereitzustellen.
Analogausgang	Ein Ausgang, der in der Lage ist, jede Spannung zwischen den Versorgungsleitungen zu liefern, anstatt nur eine logische 1 oder logische 0.
Analoges Signal	Ein Signal, das in kontinuierlicher Form in Bezug auf kontinuierliche Zeiten dargestellt wird, da analoge Signale im Gegensatz zu einem digitalen Signal in diskreter (diskontinuierlicher) Form in einer Zeitsequenz dargestellt werden.
Analog-digital-Wandler (ADC)	Ein Gerät, das ein analoges Signal in ein digitales Signal der entsprechenden Größe umwandelt. Typischerweise wandelt ein ADC eine Spannung in eine digitale Zahl um. Der Digital-analog-Wandler (DAC) führt die umgekehrte Operation aus.

UND	Siehe boolesche Algebra.
Apodization	Bezieht sich auf die Änderung eines Signals, um es aus rechnerischer und mathematischer Sicht „glatter" und handhabbarer zu machen.
Anwendungsprogrammschnittstelle (API)	Eine Reihe von Softwareroutinen, die eine Schnittstelle zwischen einer Computeranwendung und niedrigere Dienste und Funktionen (z. B. Benutzermodule und Programmierschnittstellenbibliotheken) bilden. APIs ermöglichen es Modulen, als Bausteine für Programmierer zu dienen und dadurch die Herausforderungen bei der Erstellung komplexer Anwendungen zu reduzieren.
Array	Auch als Vektor oder Liste bezeichnet, ist eines der einfachsten Datenstrukturen in der Computerprogrammierung. Arrays speichern eine feste Anzahl von gleich großen Datenelementen, in der Regel vom gleichen Datentyp. Auf einzelne Elemente wird über einen Index mit einer aufeinanderfolgenden Reihe von Ganzzahlen zugegriffen, im Gegensatz zu einem assoziativen Array. Die meisten Hochsprachen haben Arrays als eingebauten Datentyp. Einige Arrays sind mehrdimensional, d. h., sie werden durch eine feste Anzahl von Ganzzahlen indiziert; z. B. durch eine Gruppe von zwei Ganzzahlen. Ein- und zweidimensionale Arrays sind am häufigsten. Außerdem kann ein Array eine Gruppe von Kondensatoren oder Widerständen sein, die in

Assembler

Asynchron

Dämpfung

Bandabstandsreferenz

Bandbreite

irgendeiner gemeinsamen Form verbunden sind.
Eine symbolische Darstellung der Maschinensprache eines spezifischen Prozessors. Assemblersprache wird durch den Assembler in Maschinencode umgewandelt. Normalerweise erzeugt jede Zeile des Assemblercodes eine Maschinenanweisung, obwohl die Verwendung von Makros üblich ist. Assembler gelten als niedrigstufige Sprachen; wohingegen C als Hochsprache betrachtet wird.
Ein Signal, dessen Daten unabhängig von einem Taktsignal sofort erkannt oder verarbeitet werden.
Die Verringerung der Intensität eines Signals infolge der Absorption von Energie und der Streuung außerhalb des Weges zum Detektor, jedoch ohne die Verringerung durch geometrische Streuung. Die Dämpfung wird gewöhnlich in dB ausgedrückt.
Ein stabiles Spannungsreferenzdesign, das den positiven Temperaturkoeffizienten von VT mit dem negativen Temperaturkoeffizienten von VBE abgleicht, um eine Referenz mit dem Temperaturkoeffizienten 0 (idealerweise) zu erzeugen.
1. Der Frequenzbereich einer Nachricht oder eines Informationsverarbeitungssystems, gemessen in Hertz.
2. Die Breite des Spektralbereichs, über den ein Verstärker (oder Absorber) eine erhebliche Verstärkung (oder Ver-

	lust) hat; sie wird manchmal spezifischer dargestellt, z. B. als Halbwertsbreite.
Bias	1. Eine systematische Abweichung eines Wertes von einem Referenzwert. 2. Der Betrag, um den der Durchschnitt einer Reihe von Werten von einem Referenzwert abweicht. 3. Die elektrische, mechanische, magnetische oder andere Kraft (Feld), die auf ein Gerät ausgeübt wird, um einen Referenzwert für den Betrieb des Geräts festzulegen.
Biasstrom	Der konstante niedrige Gleichstrom, der verwendet wird, um einen stabilen Betrieb in Biasstromverstärkern zu erzeugen. Dieser Strom kann manchmal geändert werden, um die Bandbreite eines Verstärkers zu verändern.
Binär	Der Name für das Zahlensystem der Basis 2. Das gebräuchlichste Zahlensystem ist das Zahlensystem der Basis 10. Die Basis eines Zahlensystems gibt die Anzahl der Werte an, die für eine bestimmte Position innerhalb einer Zahl für dieses System existieren können. Zum Beispiel kann in der Basis 2, binär, jede Position einen von zwei Werten haben (0 oder 1). Im Zahlensystem der Basis 10, dezimal, kann jede Position einen von zehn Werten haben (0, 1, 2, 3, 4, 5, 6, 7, 8 und 9).
Bit	Eine einzelne Ziffer einer binären Zahl. Daher kann 1 bit einen Wert von „0" oder „1" haben. Eine Gruppe von 8 bit wird Byte ge-

nannt. Da der M8CP von PSoC ein 8-bit-Mikrocontroller ist, ist die native Datenblockgröße von PSoC 1 Byte.

Bitrate (BR) Die Anzahl der Bits, die pro Zeiteinheit in einem Bitstrom auftreten, normalerweise ausgedrückt in Bitrate (BR) Bits pro Sekunde (bps).

Block
1. Eine funktionale Einheit, die eine einzelne Funktion ausführt, z. B. ein Oszillator.
2. Eine funktionale Einheit, die so konfiguriert werden kann, dass sie eine von mehreren Funktionen ausführt, wie z. B. ein digitaler oder analoger PSoC-Block.

Boolesche Algebra In der Mathematik und Informatik sind boolesche Algebren oder boolesche Gitter algebraische Strukturen, die die „Essenz" der logischen Operationen UND, ODER und NICHT sowie der mengentheoretischen Operationen, d. h. Vereinigung, Schnittmenge und Komplement, „einfangen". Die boolesche Algebra definiert auch einen Satz von Theoremen, die beschreiben, wie boolesche Gleichungen manipuliert werden können. Zum Beispiel werden diese Theoreme verwendet, um boolesche Gleichungen zu vereinfachen, was die Anzahl der zur Implementierung der Gleichung benötigten logischen Elemente reduziert. Die Operatoren der booleschen Algebra können auf verschiedene Weisen dargestellt werden. Oft werden sie einfach als AND, OR und NOT geschrieben.

Bei der Beschreibung von Schaltkreisen können auch NAND (NOT AND), NOR (NOT OR), XNOR (exklusives NOT OR) und XOR (exklusives OR) verwendet werden. Mathematiker verwenden oft + (z. B. $A+B$) für OR und AND (z. B. $A*B$) (da diese Operationen in gewisser Weise analog zu Addition und Multiplikation in anderen algebraischen Strukturen sind) und stellen NOT durch eine Linie dar, die über dem Ausdruck gezogen wird, der verneint wird (z. B. A, A, $!A$).

Trennen vor Make   Die beteiligten Elemente durchlaufen einen getrennten Zustand beim Eintritt (Trennen), bevor der neue verbundene Zustand (Make) erreicht wird.

Buffer
1. Ein Speicherbereich für Daten, der dazu dient, einen Geschwindigkeitsunterschied auszugleichen, wenn Daten von einem Gerät auf ein anderes übertragen werden. Bezieht sich normalerweise auf einen Bereich, der für I/O-Operationen reserviert ist, in den Daten gelesen werden oder aus dem Daten geschrieben werden.
2. Ein Teil des Speichers, der zur Speicherung von Daten reserviert ist, oft bevor sie an ein externes Gerät gesendet werden oder während sie von einem externen Gerät empfangen werden.
3. Ein Verstärker, der dazu dient, die Ausgangsimpedanz eines Systems zu verringern.

Bus	1. Eine benannte Verbindung von Netzen. Das Bündeln von Netzen in einem Bus erleichtert das Routen von Netzen mit ähnlichen Routing-Mustern. 2. Eine Gruppe von Signalen, die eine gemeinsame Funktion ausführen und ähnliche Daten übertragen. Sie wird normalerweise mit Hilfe der Vektorschreibweise dargestellt; z. B. Adresse[7:0]. 3. Ein oder mehrere Leiter, die als gemeinsame Verbindung für eine Gruppe von zusammengehörigen Geräten dienen.
Byte	Eine digitale Speichereinheit, bestehend aus 8 bit.
C	Eine Hochsprache.
Kapazität	Ein Maß für die Fähigkeit von zwei benachbarten Leitern, getrennt durch einen Isolator, eine Ladung zu halten, wenn eine Spannungsdifferenz zwischen ihnen angelegt wird. Die Kapazität wird in der Einheit Farad gemessen.
Erfassen	Informationen automatisch durch die Verwendung von Software oder Hardware extrahieren, im Gegensatz zur manuellen Eingabe von Daten in eine Computerdatei.
Verkettung	Verbindung von zwei oder mehr 8-bit-Digitalblöcken zur Bildung von 16-, 24- und 32-bit-Funktionen. Die Verkettung ermöglicht es, dass bestimmte Signale wie Vergleich, Übertrag, Aktivierung, Erfassung und Gatter von einem Block zum anderen erzeugt werden.

Prüfsumme	Die Prüfsumme eines Datensatzes wird gebildet, indem der Wert jedes Datenworts zu einer Summe hinzugefügt wird. Die tatsächliche Prüfsumme kann einfach die Summe sein oder ein Wert, der zur Summe hinzugefügt werden muss, um einen vorgegebenen Wert zu erzeugen.
Clear	Ein Bit/Register auf den Logikwert „0" setzen.
Taktgeber	Das Bauteil, das ein periodisches Signal mit einer festen Frequenz und einem festen Tastverhältnis erzeugt. Ein Taktgeber wird manchmal verwendet, um verschiedene Logikblöcke zu synchronisieren.
Taktgenerator	Eine Schaltung, die verwendet wird, um ein Taktsignal zu erzeugen.
CMOS	Die Logikgatter, die aus CMOS-Transistoren aufgebaut sind und komplementär zueinander geschaltet sind. CMOS ist ein Akronym für „complementary metal-oxide semiconductor" (komplementärer Metall-Oxid-Halbleiter).
Komparator	Eine elektronische Schaltung, die eine Ausgangsspannung oder einen Ausgangsstrom erzeugt, wenn zwei Eingangspegel gleichzeitig vorbestimmte Amplitudenanforderungen erfüllen.
Compiler	Ein Programm, das eine Hochsprache wie z. B. C in Maschinensprache übersetzt.
Konfiguration	In einem Computersystem eine Anordnung von Funktionseinheiten entsprechend ihrer Konfiguration nach Art, Anzahl und Hauptmerkmalen. Die Konfiguration bezieht sich auf Hardware, Software,

	Firmware und Dokumentation. Die Konfiguration wirkt sich auf die Systemleistung aus.
Konfigurationsraum	Der PSoC-Registerbereich, auf den zugegriffen wird, wenn das XIO-Bit im *CPU_F*-Konfigurationsraumregister auf „1" gesetzt ist.
CPLD	Komplexes PLD, bestehend aus mehreren SPLD.
	FPGA (Field-Programmable Gate Array): ist ein feldprogrammierbares Gerät, das sehr komplexe logische Funktionen ermöglicht. Während CPLD logische Ressourcen mit einer großen Anzahl von Eingängen (AND-Ebenen) bieten, bieten FPGA engere logische Ressourcen. FPGA bieten auch ein höheres Verhältnis von Flipflops zu logischen Ressourcen als CPLD.
Klemmschaltung	Eine Art von Überspannungsschutz, der schnell einen niederohmigen Shunt (typischerweise einen SCR) von dem Signal zu einer der Stromversorgungsleitungen legt, wenn die Ausgangsspannung einen vorbestimmten Wert überschreitet.
Quarzoszillator	Ein Oszillator, bei dem die Frequenz durch einen piezoelektrischen Quarz gesteuert wird. Typischerweise ist ein piezoelektrischer Quarz weniger empfindlich gegenüber der Umgebungstemperatur als andere Schaltungskomponenten.
Cyclic Redundancy Check (CRC)	Eine Berechnung, die zur Fehlererkennung in der Datenkommunikation verwendet wird, typischerweise wird diese als zyklische Redundanz mit einem linear rückgekoppelten Schiebe-

	register durchgeführt. Ähnliche Berechnungen können für eine Vielzahl anderer Zwecke wie Datenkompression verwendet werden.
Datenbus	Ein bidirektionale Satz von Signalen, die von einem Computer verwendet werden, um Informationen von einem Datenbusspeicherort zur zentralen Verarbeitungseinheit und umgekehrt zu übertragen. Allgemeiner gesagt, wird ein Signalset verwendet, um Daten zwischen digitalen Funktionen zu übertragen.
Datenstrom	Eine Sequenz digital codierter Signale, die zur Darstellung von Informationen bei der Übertragung verwendet wird.
Datenübertragung	Das Senden von Daten von einem Ort zu einem anderen mit Hilfe von Signalen, die über einen Kanal übertragen werden.
Debugger	Ein Hardware- und Softwaresystem, das es dem Benutzer ermöglicht, den Betrieb des zu entwickelnden Systems zu analysieren. Mit einem Debugger kann der Entwickler in der Regel die Firmware Schritt für Schritt durchlaufen, Haltepunkte setzen und den Speicher analysieren.
Totband	Eine Zeitspanne, in der sich keines von zwei oder mehr Signalen im aktiven Zustand oder in einem Totbandübergang befindet.
Dezimal	Ein Zahlensystem mit der Basis 10, das die Symbole 0, 1, 2, 3, 4, 5, 6, 7, 8 und 9 als Dezimalzahlen (genannt Ziffern) zusammen mit dem Dezimalpunkt und den Vorzeichensymbolen + (Plus) und −

	(Minus) zur Darstellung von Zahlen verwendet.
Standardwert	Bezieht sich auf die vordefinierte anfängliche, ursprüngliche oder spezifische Einstellung, Bedingung, Wert oder Standardwertaktion, die ein System annimmt, verwendet oder ausführt, wenn der Benutzer keine Anweisungen gibt.
Gerät	Das in diesem Handbuch erwähnte Gerät (Bauteil) ist der PSoC-Chip, sofern nicht anders angegeben.
Die	Ein unverpackter integrierter Schaltkreis (IC), normalerweise aus einem Wafer geschnitten.
Digital	Ein Signal oder eine Funktion, deren Amplitude durch einen von zwei diskreten (digitalen) Werten gekennzeichnet ist: „0" oder „1".
Digitale Blöcke	Die 8-bit-Logikblöcke, die als Zähler, Timer, serieller Empfänger, serieller Sender, CRC-Generator, Pseudozufallszahlengenerator oder SPI fungieren können.
Digitale Logik	Eine Methodik zur Behandlung von Ausdrücken mit zweistelligen Variablen, die das Verhalten eines Schaltkreises oder Systems beschreiben.
Digital-analog-Wandler (DAC)	Ein Gerät, das ein digitales Signal in ein analoges Signal entsprechender Größe umwandelt. Der Analog-digital-Wandler (ADC) führt die umgekehrte Operation aus.
Direkter Zugriff	Die Fähigkeit, Daten von einem Speichergerät abzurufen oder Daten in ein Speichergerät einzugeben, und zwar in einer von ihrer relativen Position unabhängigen Reihenfolge mit Hilfe von Adres-

	sen, die den physischen Ort der Daten angeben.
Tastverhältnis	Das Verhältnis zwischen dem Höchst- und dem Tiefstwert einer Periode, ausgedrückt in Prozent.
Emulator	Dupliziert (emuliert) die Funktionen eines Systems mit einem anderen System, so dass sich das zweite System wie das erste System zu verhalten scheint.
Externer Reset (XRES)	Ein high-aktives Signal, das in das PSoC-Gerät eingespeist wird. Es bewirkt, dass alle Operationen der CPU gestoppt werden, unterbricht die Interrupts und bringt das System in einen vordefinierten Zustand zurück.
Abfallende Flanke	Ein Übergang von einer logischen 1 zu einer logischen 0. Auch bekannt als negative Flanke.
Feedback	Die Rückführung eines Teils des Ausgangs oder eines verarbeiteten Teils des Ausgangs eines (normalerweise aktiven) Geräts an den Eingang.
Filter	Ein Gerät oder Prozess, durch den bestimmte Frequenzkomponenten eines Signals abgeschwächt werden.
Firmware	Die Software, die in einem Hardwaregerät eingebettet ist und von der CPU ausgeführt wird.
Flag	Die Software kann vom Endbenutzer ausgeführt werden, darf aber nicht verändert werden. Eine der verschiedenen Arten von Indikatoren, die zur Identifizierung einer Bedingung oder eines Ereignisses verwendet werden (z. B. ein Zeichen, das die Beendigung einer Übertragung signalisiert).

Flash	Eine elektrisch programmierbare und löschbare, flüchtige Technologie, die dem Benutzer dieProgrammierbarkeit und Datenspeicherung von EPROMs sowie die Möglichkeit des Löschens im System. Nichtflüchtig bedeutet, dassdie Daten auch bei ausgeschalteter Stromversorgung erhalten bleiben.
Flash-Bank	Eine Gruppe von Flash-ROM-Blöcken, bei denen die Flash-Blocknummern immer mit „0" in einer individuellen Flash-Bank beginnen. Eine Flash-Bank hat auch ihre eigenen blockebenen Schutzinformationen.
Flash-Block	Die kleinste Menge an Flash-ROM-Speicherplatz, die auf einmal programmiert werden kann und die kleinste Menge an Flash-Speicherplatz, der geschützt werden kann. Ein Flash-Block enthält 64 Bytes.
Flipflop	Ein Gerät mit zwei stabilen Zuständen und zwei Eingangsanschlüssen (oder Arten von Eingangssignalen), von denen jeder einem der beiden Zustände entspricht. Die Schaltung verbleibt in einem der beiden Zustände, bis sie durch Anlegen des entsprechenden Signals in den anderen Zustand versetzt wird.
Frequenz	Die Anzahl der Zyklen oder Ereignisse pro Zeiteinheit bei einer periodischen Funktion.
Verstärkung	Das Verhältnis von Ausgangsstrom, -spannung oder -leistung zu Eingangsstrom, -spannung oder -leistung. Die Verstärkung wird in der Regel in dB ausgedrückt.

Gatter	1. Ein Gerät mit einem Ausgangskanal und einem oder mehreren Eingangskanälen, so dass der Zustand des Ausgangskanals vollständig durch die Zustände der Eingangskanäle bestimmt wird, außer während Schalttransienten. 2. Eine von vielen Arten von kombinatorischen Logikelementen mit mindestens zwei Eingängen, z. B. AND, OR, NAND und NOR (boolesche Algebra).
Masse	1. Der elektrische Neutralleiter, der das gleiche Potenzial wie die umgebende Erde hat. 2. Die negative Seite der Gleichstromversorgung. 3. Der Bezugspunkt für ein elektrisches System. 4. Die Leiterbahnen zwischen einem Stromkreis oder einem Gerät und der Erde oder einem leitenden Körper, der anstelle der Erde dient.
Hardware	Ein umfassender Begriff für alle physischen Teile eines Computers oder eingebetteten Systems, im Unterschied zu den Daten, die sie enthält oder auf denen sie arbeitet, und der Software, die Anweisungen für die Hardware bereitstellt, um Aufgaben zu erfüllen.
Hardwarereset	Ein Reset, der durch einen Schaltkreis verursacht wird, wie z. B. ein POR, Watchdog-Reset oder externer Reset. Ein Hardwarereset stellt den Zustand des Geräts wieder her, wie er war, als es zum ersten Mal eingeschaltet wurde.

	Daher werden alle Register auf den POR-Wert gesetzt, wie in den Registertabellen in diesem Dokument angegeben.
Harvard-Architektur	Für Programmanweisungen und Daten werden separate Speicherbereiche verwendet. Zwei oder mehr interne Datenbusse werden eingesetzt, um einen gleichzeitigen Zugriff auf Daten und Anweisungen zu ermöglichen. Die CPU holt Programmanweisungen, die von der CPU auf dem Programmspeicherbus abgerufen werden.
HCPLD	PLD mit hoher Kapazität, z. B. FPGA und CPLD. Field-Programmable Device (FPD): eine Art programmierbarer integrierter Schaltung zur Implementierung digitaler Hardware, bei der der Chip vom Endbenutzer konfiguriert werden kann. Die Programmierung eines solchen Geräts beinhaltet oft das Platzieren des Chips in eine spezielle Programmiereinheit, aber einige Chips können auch im System konfiguriert werden. Eine anderer Bezeichnung für FPD lautet „programmierbare Logikgeräte" („programmable logic devices", PLD); obwohl PLD die gleichen Arten von Chips wie FPD umfassen, bevorzugen wir den Begriff FPD, weil historisch gesehen das Wort PLD auf relativ einfache Arten von Geräten verwiesen hat.
Hexadezimal	Ein Zahlensystem der Basis 16 (oft abgekürzt und Hex genannt), normalerweise geschrieben mit den Symbolen 0–9 und A–F. Es

ist ein nützliches System in Computern, da es eine einfache Zuordnung von 4 bit zu einer einzelnen Hexadezimalziffer gibt. So kann man jedes Byte als zwei aufeinanderfolgende Hexadezimalziffern darstellen. Vergleichen Sie die binären, hexadezimalen und dezimalen Darstellungen:

bin	hex	dec a
0000	0x0	0
0001	0x1	1
0010	0x2	2
...	...	...
1001	0x9	9
1010	0xA	10
1011	0xB	11
...	...	...
1111	0xF	15

So kann die Dezimalzahl 79, deren binäre Darstellung 01001111b ist, als 4Fh in Hexadezimal (0x4F) geschrieben werden.

High-Time   Die Zeitspanne, in der das Signal in einer Periode den Wert „1" hat, bei einem periodischen digitalen-High-Time-Signal.

I2C   Ein serieller Zweileitercomputerbus von Phillips Semiconductors. I2C ist ein Inter-Integrated Circuit. Er wird verwendet, um langsame Peripheriegeräte in einem eingebetteten System zu verbinden. Das ursprüngliche System wurde Anfang der 1980er-Jahre als Batteriesteuerungsschnittstelle geschaffen, wurde aber später als einfaches internes Bussystem für die Erstellung von Steuerelektronik verwendet. I2C verwendet nur zwei bidirektionale

	Pins, Taktgeber und Daten, beide laufen bei +5 V und werden mit Widerständen hochgezogen. Der Bus arbeitet im Standardmodus mit 100 kbit/s und im Schnellmodus mit 400 kbit/s. I2C ist eine Marke von Philips Semiconductors.
ICE	Der In-Circuit-Emulator, der es Benutzern ermöglicht, das Projekt in einer Hardwareumgebung zu testen, während die Debuggingaktivitäten des Bauteils in einer Softwareumgebung (PSoC Designer) angezeigt werden.
Leerlaufzustand	Ein Zustand, der immer dann vorliegt, wenn keine Benutzernachrichten übertragen werden, aber der Leerlaufzustandsdienst sofort zur Verfügung steht.
Impedanz	1. Die Reaktion auf den Stromfluss, verursacht durch resistive, kapazitive oder induktive Geräte in einer Schaltung. 2. Der gesamte passive Widerstand, der dem Stromfluss entgegengeboten wird. Beachten Sie, dass die Impedanz durch die spezielle Kombination von Widerstand, induktiver Reaktanz und kapazitiver Reaktanz in einer gegebenen Schaltung bestimmt wird.
Eingabe	Ein Punkt, der Daten in einem Gerät, Prozess oder Kanal annimmt.
Eingabe/Ausgabe	Ein Gerät, das Daten in ein System einführt oder aus einem System extrahiert.
Befehl	Ein Ausdruck, der eine Operation spezifiziert und ihre Operanden, falls vorhanden, in einer An-

	weisungsprogrammiersprache wie C oder Assembler identifiziert.
Integrierter Schaltkreis (IC)	Ein Gerät, in dem Komponenten wie Widerstände, Kondensatoren, Dioden und Transistoren auf der Oberfläche eines einzigen Halbleiterstücks gebildet werden.
Schnittstelle	Die Mittel, durch die zwei Systeme oder Geräte miteinander verbunden sind und miteinander interagieren.
Interrupt	Eine Unterbrechung eines Prozesses, wie z. B. die Ausführung eines Computerprogramms, verursacht durch ein Ereignis, das außerhalb dieses Prozesses liegt und auf eine Weise durchgeführt wird, dass der ursprüngliche Prozess fortgesetzt werden kann.
Interrupt-Service-Routine	Ein Codeblock, auf den die normale Codeausführung umgeleitet wird, wenn der M8CP einen Hardware-Interrupt empfängt. Viele Interrupt-Quellen können jeweils mit ihrer eigenen Prioritätszeile (ISR) und ihrem individuellen ISR-Codeblock existieren. Jeder ISR-Codeblock endet mit der RETI-Anweisung, die das Gerät an den Punkt im Programm zurückführt, an dem es die normale Programmausführung verlassen hat.
Jitter	1. Eine Verschiebung des Timings eines Übergangs von seiner idealen Position. Eine typische Form der Jitter-Verfälschung, die bei seriellen Datenströmen auftritt. 2. Unerwünschte, abrupte Änderungen einer oder mehrerer Signaleigenschaften, z. B.

	des Intervalls zwischen aufeinanderfolgenden Impulsen, der Amplitude aufeinanderfolgender Zyklen oder der Frequenz oder Phase aufeinanderfolgender Zyklen.
Keeper	Eine Schaltung, die ein Signal auf dem zuletzt angesteuerten Wert hält, selbst wenn das Signal nicht mehr angesteuert wird.
Latenz	Die Zeit oder Verzögerung, die ein Signal benötigt, um durch einen gegebenen Schaltkreis oder ein Netzwerk zu durchlaufen.
Niedrigstwertiges Bit (LSb)	Die Binärziffer oder das Bit in einer Binärzahl, das den niedrigstwertigen Bitwert darstellt (typischerweise das rechte Bit). Die Unterscheidung zwischen Bit und Byte wird durch die Verwendung von einem Kleinbuchstaben für ein Bit in LSb gemacht.
Niedrigstwertiges Byte (LSB)	Das Byte in einem Multibytewort, das die niedrigstwertigen Werte darstellt (typischerweise das am wenigsten signifikante Byte, das rechte Byte). Die Unterscheidung zwischen Byte und Bit wird durch die Verwendung eines Großbuchstabens für Byte in LSB gemacht.
Linear ruckgekoppeltes Schieberegister (LFSR)	Ein Schieberegister, dessen Dateneingabe als XOR von zwei oder mehr Elementen in der Registerkette erzeugt wird.
Little-endian	Das niederwertigste Byte wird an der niedrigeren Adresse und das höherwertige Byte an der höheren Adresse gespeichert (vgl. Big-endian).
Last	Die elektrische Anforderung eines Prozesses ausgedrückt als Leistung

	(W), Strom (A) oder Widerstand (Ω).
Logikblock	Ein relativ kleiner Schaltkreisblock, der in einem Array in einem FPD repliziert wird. Wenn eine Schaltung in einem FPD implementiert wird, wird sie zunächst in kleinere Unterschaltkreise zerlegt, die jeweils in einen Logikblock abgebildet werden können. Der Begriff Logikblock wird hauptsächlich im Kontext von FPGA verwendet, könnte aber auch auf einen Block von Schaltkreisen in einem CPLD verweisen.
Logikkapazität	Die Menge an digitaler Logik, die in einen einzigen FPD abgebildet werden kann. Dies wird in der Regel in Einheiten der äquivalenten Anzahl von Gatter in einem traditionellen Gatter-Array gemessen. Mit anderen Worten, die Kapazität eines FPD wird durch die Größe des Gatter-Arrays gemessen, mit dem es vergleichbar ist. Einfacher ausgedrückt, kann die Logikkapazität als die Anzahl der 2-Eingangs-NAND-Gatter betrachtet werden.
Logikdichte	Die Logik pro Flächeneinheit in einem FPD.
Logikfunktion	Eine mathematische (boolesche) Funktion, die eine digitale Operation auf digitalen Daten ausführt und einen digitalen Wert zurückgibt.
Look-up-Tabelle (LUT)	Ein Logikblock, der mehrere Logikfunktionen implementiert. Die Logikfunktion wird mittels Auswahllinien ausgewählt und auf die Eingänge des Blocks angewendet. Beispielsweise kann

	eine 2-Eingangs-LUT mit vier Auswahllinien verwendet werden, um eine von 16 Logikfunktionen auf die beiden Eingänge auszuführen, was zu einem einzigen logischen Ausgang führt. Die LUT ist ein kombinatorischer Baustein; daher ist das Eingabe/Ausgabe-Verhältnis kontinuierlich, d. h., nicht abgetastet.
Low-Time	Die Zeitspanne, in der das Signal einen bestimmten Wert in einer Periode hat, bei einem periodischen digitalen Signal.
Niederspannungserkennung (LVD)	Eine Schaltung, die Vdd erfasst und eine Systemunterbrechung verursacht, wenn Vdd unter einen ausgewählten Schwellenwert fällt.
M8CP	Ein 8-bit-Mikroprozessor mit Harvard-Architektur. Der Mikroprozessor koordiniert alle Aktivitäten innerhalb eines PSoC, indem er mit dem Flash, SRAM und dem Registerbereich interagiert.
Makro	Ein Makro in einer Programmiersprache ist eine Abstraktion, bei der ein bestimmtes Textmuster gemäß einem definierten Regelwerk ersetzt wird. Der Interpreter oder Compiler ersetzt automatisch die Makroinstanz durch den Makroinhalt, wenn eine Instanz des Makros auftritt. Daher werden, wenn ein Makro fünfmal verwendet wird und die Makrodefinition 10 Byte an Codespeicher benötigt, insgesamt 50 Byte an Codespeicher benötigt.
Maske	1. Verschleiern, Verbergen oder anderweitig verhindern, dass Informationen aus einem Maskensignal abgeleitet wer-

	den können. Es ist in der Regel das Ergebnis einer Wechselwirkung mit einem anderen Signal, wie z. B. Rauschen, Rauschen, Störsignale oder andere Formen der Störung. 2. Ein Bitmuster, das verwendet werden kann, um Segmente eines anderen Bitmusters zu erhalten oder zu unterdrücken, in Computer- und Datenverarbeitungssystemen.
Mastergerät	Ein Gerät, das das Timing für Datenaustausche zwischen zwei Geräten steuert. Das Mastergerät ist das Gerät, das das Timing für den Datenaustausch zwischen den kaskadierten Geräten und einer externen Schnittstelle steuert. Das gesteuerte Gerät wird als Slave-Gerät bezeichnet.
Mikrocontroller	Ein integrierter Schaltkreis, der hauptsächlich für Steuerungssysteme und Produkte entwickelt wurde. Neben einer CPU enthält ein Mikrocontroller typischerweise Speicher, Timing-Schaltkreise und I/O-Schaltkreise. Ziel ist es, einen Controller mit einer minimalen Anzahl von Chips zu realisieren, um eine maximale Miniaturisierung zu erreichen. Dies wiederum reduziert das Volumen und die Kosten des Controllers. Der Mikrocontroller wird normalerweise nicht für allgemeine Berechnungen verwendet, wie dies bei einem Mikroprozessor der Fall ist.
Mixed-Signal	Die Bezugnahme auf eine Schaltung, die sowohl analoge als auch

	digitale Techniken und Komponenten enthält.
Mnemoniken	Ein Werkzeug, das dazu bestimmt ist, den Speicher zu unterstützen. Mnemoniken verlassen sich nicht nur auf Wiederholung, um Fakten zu erinnern, sondern auch auf die Schaffung von Assoziationen zwischen leicht zu merkenden Konstrukten und Datenlisten. Eine 2–4 Zeichen lange Zeichenkette, die eine Mikroprozessoranweisung darstellt.
Modus	Eine bestimmte Betriebsmethode für Software oder Hardware. Zum Beispiel kann der PSoC-Block digitale Modulation entweder im Zählermodus oder im Timermodus sein. Eine Reihe von Techniken zur Codierung von Informationen auf einem Trägersignal, typischerweise einem Sinuswellensignal. Ein Gerät, das die Modulation durchführt, wird als Modulator bezeichnet.
Modulator	Ein Gerät, das ein Signal auf einen Träger aufprägt.
MOS	Ein Akronym für Metall-Oxid-Halbleiter.
Höchstwertiges Bit (MSb)	Die Binärziffer oder das Bit in einer Binärzahl, das den höchsten Wert darstellt (typischerweise das linke Bit). Die Unterscheidung zwischen Bit und Byte wird durch die Verwendung eines Kleinbuchstabens für Bit in MSb gemacht.
Höchstwertiges Byte (MSB)	Das Byte in einem Multibytewort, das die signifikantesten Werte repräsentiert (typischerweise das am weitesten links stehende Byte). Die Unterscheidung zwischen Byte und Bit wird durch die Ver-

	wendung eines Großbuchstabens für Byte in MSB gemacht.
Multiplexer (Mux)	1. Eine logische Funktion, die einen binären Wert oder eine Adresse verwendet, um zwischen mehreren Eingängen auszuwählen und Daten vom ausgewählten Eingang zum Ausgang zu übertragen.
	2. Eine Technik, die es verschiedenen Eingangs (oder Ausgangs)-Signalen ermöglicht, die gleichen Leitungen zu unterschiedlichen Zeiten zu nutzen, gesteuert durch ein externes Signal. Multiplexing wird verwendet, um Verkabelung und I/O-Ports zu sparen.
NAND	Siehe boolesche Algebra.
Negative Flanke	Ein Übergang von einer Logik 1 zu einer Logik 0. Auch bekannt als fallende Flanke.
Netz	Die Verbindung zwischen Geräten.
Netz	Ein Signal, das durch den Mikrocontroller geleitet wird und von vielen Blöcken oder Systemen zugänglich ist.
Nibble	Eine Gruppe von 4 bit, das ist die Hälfte eines Byte.
Rauschen	1. Eine Störung, die ein Signal beeinflusst und die die von dem Signal übertragene Information verzerren kann.
	2. Die zufälligen Schwankungen einer oder mehrerer Eigenschaften einer Entität wie Spannung, Strom oder Daten.
NOR	Siehe boolesche Algebra.
NOT	Siehe boolesche Algebra.
OR	Siehe boolesche Algebra.

Oszillator	Eine Schaltung, die quarzgesteuert sein kann und zur Erzeugung einer Taktfrequenz verwendet wird.
Ausgabe	Das elektrische Signal oder die Signale, die von einem analogen oder digitalen Block erzeugt werden.
Parallel	Die Kommunikationsmethode, in der digitale Daten als mehrere Bits gleichzeitig gesendet werden, wobei jedes gleichzeitige Bit über eine separate Leitung gesendet wird.
Parameter	Merkmale für einen gegebenen Block, die entweder charakterisiert wurden oder vom Entwickler definiert werden können.
Parameterblock	Ein Speicherort im Speicher, an dem Parameter für die SSC-Anweisung vor der Ausführung platziert werden.
Parität	Eine Technik zur Überprüfung von übertragenen Daten. Typischerweise wird eine Binärziffer zu den Daten hinzugefügt, um die Summe aller Ziffern der Binärdaten entweder immer gerade (gerade Parität) oder immer ungerade (ungerade Parität) zu machen.
Pfad	1. Die logische Abfolge von Anweisungen, die von einem Computer ausgeführt werden. 2. Der Fluss eines elektrischen Signals durch einen Schaltkreis.
Ausstehende Interrupts	Ein Interrupt, der ausgelöst, aber noch nicht bearbeitet wurde, entweder, weil der Prozessor mit der Bearbeitung eines anderen Interrupts beschäftigt ist oder globale Interrupts deaktiviert sind.
Phase	Die Beziehung zwischen zwei Signalen, normalerweise derselben

	Frequenz, die die Verzögerung zwischen ihnen bestimmt. Diese Verzögerung zwischen den Signalen wird entweder durch Zeit oder Winkel (Grad) gemessen.
Phasenregelschleife (PLL)	Eine elektronische Schaltung, die einen Oszillator steuert, so dass er einen konstanten Phasenwinkel relativ zu einem Referenzsignal beibehält.
Pin	Ein Terminal auf einer Hardwarekomponente. Auch als Leitung bezeichnet.
Pinouts	Die Zuordnung der Pinnummern: die Beziehung zwischen den logischen Ein- und Ausgängen des PSoC-Bauteils und ihren physischen Entsprechungen auf der Leiterplatte (PCB). Pinbelegungen beinhalten Pinnummern als Verbindung zwischen Schaltplan und PCB-Design (beide sind computergenerierte Dateien) und können auch Pinnamen enthalten.
Port	Eine Gruppe von Ein-/Ausgangspins, normalerweise acht.
Positive Flanke	Ein Übergang von einer Logik 0 zu einer Logik 1. Auch bekannt als steigende Flanke.
Gesendete Interrupts	Ein Interrupt, der von der Hardware erkannt wurde, aber möglicherweise nicht durch sein Maskenbit aktiviert ist. Nicht maskierte gesendete Interrupts werden zu ausstehenden Interrupts.
Power-on-Reset (POR)	Eine Schaltung, die das PSoC-Bauteil dazu zwingt, sich zurückzusetzen, wenn die Spannung unter einem voreingestellten Level liegt. Dies ist eine Art von Hardwarereset.

Programmzähler	Der Befehlszeiger (auch Programmzähler genannt) ist ein Register in einem Computerprozessor, das anzeigt, wo im Speicher die CPU-Befehle ausgeführt werden. Je nach den Details der jeweiligen Maschine enthält es entweder die Adresse des ausgeführten Befehls oder die Adresse des nächsten auszuführenden Befehls.
Programmable Array Logic (PAL)	Ein kleines FPD, das eine programmierbare AND-Ebene gefolgt von einer festen OR-Ebene hat.
Programmable Logic Array (PLA)	Ein kleines FPD, bestehend aus einer AND-Ebene und einer OR-Ebene, die programmierbar sind.
Programmierbarer Schalter	Ein benutzerprogrammierbarer Schalter, der ein Logikelement mit einem Verbindungsdraht verbinden kann oder einen Verbindungsdraht mit einem anderen.
Protokoll	Ein Satz von Regeln. Insbesondere die Regeln, die die vernetzte Kommunikation regeln.
PSoC	Programmable System-on-Chip (PSoC) Mixed-Signal-Array von Cypress MicroSystems. PSoCund Programmable System-on-Chip sind Warenzeichen von Cypress MicroSystems, Inc.
PSoC-Blöcke	Siehe analoge Blöcke und digitale Blöcke.
PSoC Designer	Die Software für die programmierbare System-on-Chip-Technologie von Cypress MicroSystems.
Puls	Eine schnelle Änderung einer bestimmten Eigenschaft eines Signals (z. B. Phase oder Frequenz), von einem Basiswert zu einem höheren oder niedrigeren Wert, ge-

	folgt von einer schnellen Rückkehr zum Basiswert.
Pulsweitenmodulator (PWM)	Ein Ausgang in Form eines Tastverhältnisses, das sich in Abhängigkeit von der angelegten Messgröße ändert.
RAM	Ein Akronym für „random access memory". Ein Datenspeichergerät, aus dem Daten ausgelesen und neue Daten geschrieben werden können.
Register	Ein Speichergerät mit einer bestimmten Kapazität, wie 1 bit oder Byte.
Reset	Eine Möglichkeit, ein System auf einen bekannten Zustand zurückzubringen; siehe Hardwarereset und Softwarereset.
Widerstand	Der Widerstand gegen den Fluss von elektrischem Strom, gemessen in Ohm für einen Leiter.
Revisions-ID	Ein eindeutiger Identifikator des PSoC-Bauteils.
Ripple-Teiler	Ein asynchroner Ripple-Zähler, der aus Flipflops besteht. Das Taktsignal wird an die 1. Stufe des Zählers geführt. Ein n-bit-Binärzähler, bestehend aus n Flipflops, der binär von 0 bis 2^{n-1} zählen kann.
Steigende Flanke	Siehe positive Flanke.
ROM	Ein Akronym für „read-only memory". Ein Datenspeichergerät, von dem Daten gelesen werden können, in das jedoch keine neuen Daten geschrieben werden können.
Routine	Ein Codeblock, der von einem anderen Codeblock aufgerufen wird und der eine allgemeine oder häufige Verwendung haben kann.
Routing	Physisches Verbinden von Objekten in einem Design gemäß den

RPM Umdrehungen pro Minute.

Runt-Impuls In digitalen Schaltkreisen sind dies schmale Impulse, die aufgrund von Anstiegs- und Abfallzeiten des Signals, die nicht 0 sind, kein gültiges hohes oder niedriges Niveau erreichen. Beispielsweise kann ein Runt-Impuls auftreten, wenn zwischen asynchronen Taktgebern umgeschaltet wird oder als Ergebnis eines Wettlaufzustands, bei dem ein Signal zwei separate Wege durch einen Schaltkreis nimmt. Diese Wettlaufbedingungen können unterschiedliche Verzögerungen haben und werden dann wieder kombiniert, um einen Glitch zu bilden oder wenn der Ausgang eines Flipflops metastabil wird.

Abtastung Der Prozess der Umwandlung eines analogen Signals in eine Reihe von digitalen Werten oder umgekehrt.

Schaltplan Ein Diagramm, eine Zeichnung oder eine Skizze, in der die Elemente eines Systems detailliert dargestellt sind, z. B. die Elemente eines elektrischen Schaltkreises oder die Elemente eines Logikdiagramms für einen Computer.

Startwert Ein anfänglicher Wert, der in ein lineares rückgekoppeltes Schieberegister oder in einen Zufallszahlengenerator geladen wird.

Seriell
1. Bezieht sich auf einen Prozess, bei dem alle Ereignisse nacheinander auftreten.
2. Bezieht sich auf das sequenzielle oder aufeinanderfolgende

	Auftreten von zwei oder mehr verwandten Aktivitäten in einem einzigen Gerät oder Kanal.
Set	Ein Bit/Register auf einen Logikwert von 1 zu zwingen.
Einschwingzeit	Die Zeit, die ein Ausgangssignal oder Wert benötigt, um sich zu stabilisieren, nachdem der Eingang von einem Wert auf einen anderen geändert wurde.
Verschiebung	Die Bewegung jedes Bits in einem Wort, eine Position entweder nach links oder rechts. Zum Beispiel, wenn der HEX-Wert 0x24 eine Stelle nach links verschoben wird, wird er zu 0x48. Wenn der HEX-Wert 0x24 eine Stelle nach rechts verschoben wird, wird er zu 0x12.
Schaltregister	Ein Speichergerät, das ein Wort sequenziell nach links oder rechts verschiebt, um einen Strom von seriellen Daten auszugeben.
Vorzeichenbit	Die bedeutendste binäre Ziffer oder Bit einer signierten binären Zahl. Wenn es auf eine logische 1 gesetzt ist, repräsentiert dieses Bit eine negative Menge.
Signal	Eine erkennbare übertragene Energie, die zur Informationsübertragung genutzt werden kann. Im Bereich der Elektronik bezieht sich dies auf jegliche übertragene elektrische Impulse.
Silizium-ID	Ein eindeutiger Identifikator des Siliziums im PSoC.
Verzerrung	Der Unterschied in der Ankunftszeit von Bits, die gleichzeitig bei paralleler Übertragung gesendet werden.
Slave-Gerät	Ein Gerät, das einem anderen Gerät erlaubt, die Zeitsteuerung

für Datenaustausche zwischen zwei Geräten zu kontrollieren. Oder wenn Geräte in der Breite kaskadiert sind, ist das Slave-Gerät dasjenige, das einem anderen Gerät erlaubt, die Zeitsteuerung von Datenaustauschen zwischen den kaskadierten Geräten und einer externen Schnittstelle zu kontrollieren. Das steuernde Gerät wird als Mastergerät bezeichnet.

Software Ein Satz von Computerprogrammen, Verfahren und zugehöriger Dokumentation, die sich mit dem Betrieb eines Datenverarbeitungssystems befassen (z. B. Compiler, Bibliotheksroutinen, Handbücher und Schaltpläne). Software wird oft zuerst als Quellcode geschrieben und dann in ein binäres Format umgewandelt, das spezifisch für das Gerät ist, auf dem der Code ausgeführt wird.

Softwarereset Ein partieller Reset, der von der Software ausgeführt wird, um einen Teil des Systems in einen bekannten Zustand zurückzubringen. Ein Softwarereset stellt den M8CP in einen bekannten Zustand zurück, jedoch nicht PSoC-Blöcke, Systeme, Peripheriegeräte oder Register. Bei einem Softwarereset werden die CPU-Register (CPU_A, CPU_F, CPU_PC, CPU_SP und CPU_X) auf $0x00$ gesetzt. Daher beginnt die Codeausführung an der Flash-Adresse $0x0000$.

SPLD Einfaches PLD, typischerweise ein PAL oder PLA.

SRAM Ein Akronym für statischen „random access memory". Ein Speichergerät, das Benutzern er-

	möglich, Daten mit hoher Geschwindigkeit zu speichern und abzurufen. Der Begriff statisch wird verwendet, weil, sobald ein Wert in eine SRAM-Zelle geladen wurde, dieser unverändert bleibt, bis er explizit geändert wird oder bis die Stromversorgung des Geräts unterbrochen wird.
SROM	Ein Akronym für „supervisory read-only memory". Das SROM enthält Code, der zum Booten des Geräts, zur Kalibrierung der Schaltung und zur Durchführung von Flash-Operationen verwendet wird. Die Funktionen des SROM können im normalen Benutzercode, der aus dem Flash betrieben wird, zugegriffen werden.
Stack	Ein Stack ist eine Datenstruktur, die nach dem Last-in-first-out (LIFO)-Prinzip arbeitet. Das bedeutet, dass das letzte Element, das auf den Stack gelegt wird, das erste Element ist, das entfernt werden kann.
Stackzeiger	Ein Stack kann in einem Computer als innerhalb von Speicherzellenblöcken dargestellt werden, wobei der Boden an einem festen Ort ist und ein variabler Stackzeiger auf die aktuelle obere Zelle zeigt.
Zustandsmaschine	Die tatsächliche Implementierung (in Hardware oder Software) einer Funktion, die als eine Reihe von Zuständen betrachtet werden kann, durch die sie sequenziert.
Sticky	Ein Bit in einem Register, das seinen Wert über die Zeit des Ereignisses, das seinen Übergang verursacht hat, beibehält.

Stoppbit	Ein Signal nach einem Zeichen oder Block, das das Empfangsgerät auf den Empfang des nächsten Zeichens oder Blocks vorbereitet.
Umschalten	Die Steuerung oder Weiterleitung von Signalen in Schaltkreisen zur Ausführung logischer oder arithmetischer Operationen oder zur Übertragung von Daten zwischen bestimmten Punkten in einem Netzwerk.
Schalterphasierung	Der Taktgeber, der einen bestimmten Schalter, PHI1 oder PHI2, in Bezug auf die Schaltkondensator (SC)-Blöcke steuert. Die PSoC-SC-Blöcke haben zwei Gruppen von Schaltern. Eine Gruppe dieser Schalter ist normalerweise während PHI1 geschlossen und während PHI2 geöffnet. Die andere Gruppe ist während PHI1 geöffnet und während PHI2 geschlossen. Diese Schalter können im normalen Betrieb gesteuert werden oder im umgekehrten Modus, wenn die PHI1- und PHI2-Taktgeber umgekehrt sind.
Synchron	1. Ein Signal, dessen Daten erst mit der nächsten aktiven Flanke eines Taktsignals quittiert oder verarbeitet werden. 2. Ein System, dessen Betrieb durch ein Taktsignal synchronisiert wird.
Tap	Die Verbindung zwischen zwei Blöcken eines Gerätes, die durch die Reihenschaltung mehrerer Blöcke/Bauelemente erreicht wird, z.B. ein Schieberegister oder ein resistiver Spannungsteiler.

Endzählerstand	Der Zustand, in dem ein Zähler auf null heruntergezählt wird.
Schwelle	Der Mindestwert eines Signals, der vom System oder Sensor unter der zu berücksichtigenden Schwelle erkannt werden kann.
Transistor	Ein Transistor ist ein Halbleiterbauelement im Festkörperzustand, das zur Verstärkung und zum Schalten verwendet wird und drei Anschlüsse hat: Ein kleiner Strom oder eine kleine Spannung, die an einen Anschluss angelegt wird, steuert den Strom durch die anderen beiden Anschlüsse. Es ist die Schlüsselkomponente in allen modernen elektronischen Geräten. In digitalen Schaltkreisen werden Transistoren als sehr schnelle elektrische Schalter verwendet, und Anordnungen von Transistoren können als Logikgatter, RAM-artiger Speicher und andere Geräte fungieren. In analogen Schaltkreisen werden Transistoren im Wesentlichen als Verstärker verwendet.
Tri-State	Eine Funktion, deren Ausgabe drei Zustände annehmen kann: 0, 1 und Z (hochohmig). Die Funktion treibt im Zustand Z keinen Wert an und kann in vielerlei Hinsicht als von dem Rest der Schaltung getrennt betrachtet werden, was es einem anderen Ausgang ermöglicht, das gleiche Netz anzutreiben.
UART	Ein „universal asynchronous receiver-transmitter" übersetzt zwischen parallelen Datenbits und seriellen Bits.
UDB	Universeller Digitalblock.

Benutzer	Die Person, die das PSoC-Bauteil verwendet und dieses Lehrbuch liest.
Benutzermodule	Vorgefertigte, vorgetestete Hardware-/Firmwareperipheriefunktionen, die sich um die Verwaltung und Konfiguration der untergeordneten analogen und digitalen PSoC-Blöcke kümmern. Benutzermodule bieten auch eine hochrangige API („application programming interface") für die Peripheriefunktion.
Benutzerraum	Der Bank-0-Bereich der Registerkarte. Die Register in dieser Bank werden wahrscheinlich häufiger während der normalen Programmausführung geändert und nicht nur während der Initialisierung. Register in Bank 1 werden höchstwahrscheinlich nur während der Initialisierungsphase des Programms geändert.
V_{dd}	Ein Name für ein Stromnetz, das „Spannungsabfluss" bedeutet. Die positivste Stromversorgung. Normalerweise 5 oder 3,3 V.
Flüchtig	Nicht garantiert, den gleichen Wert oder das gleiche Niveau zu behalten, wenn es nicht im Geltungsbereich ist.
V_{ss}	Ein Name für ein Stromnetz, das „Spannungsquelle" bedeutet. Das negativste Stromversorgungssignal.
von Neumann-Architektur	Daten und Programmanweisungen werden im gleichen Speicherbereich gespeichert. Es gibt einen einzigen internen Datenbus, der Anweisungen und Daten über den gleichen Pfad abruft.

Watchdog-Timer	Ein Timer, der regelmäßig gewartet werden muss. Wenn er nicht gewartet wird, wird die CPU nach einer festgelegten Zeit zurückgesetzt.
Wellenform	Darstellung eines Signals als Amplituden-Zeit-Diagramm.
XOR	Siehe boolesche Algebra.

MIX
Papier aus verantwortungsvollen Quellen
Paper from responsible sources
FSC® C105338

If you have any concerns about our products,
you can contact us on
ProductSafety@springernature.com

In case Publisher is established outside the EU,
the EU authorized representative is:
**Springer Nature Customer Service Center GmbH
Europaplatz 3, 69115 Heidelberg, Germany**

Printed by Libri Plureos GmbH
in Hamburg, Germany